Schlusslogische Letztbegründung

Lois Marie Rendl / Robert König (Hrsg.)

Schlusslogische Letztbegründung

Festschrift für Kurt Walter Zeidler zum 65. Geburtstag

PETER LANG

Bibliografische Information der Deutschen Nationalbibliothek
Die Deutsche Nationalbibliothek verzeichnet diese Publikation in der Deutschen Nationalbibliografie; detaillierte bibliografische Daten sind im Internet über http://dnb.d-nb.de abrufbar.

universität wien
Fakultät für Philosophie und Bildungswissenschaft

Gedruckt mit Förderung der Universität Wien,
Fakultät für Philosophie und Bildungswissenschaft.

Gedruckt auf alterungsbeständigem, säurefreiem Papier.
Druck und Bindung: CPI books GmbH, Leck

ISBN 978-3-631-81664-6 (Print)
E-ISBN 978-3-631-81723-0 (E-PDF)
E-ISBN 978-3-631-81724-7 (EPUB)
E-ISBN 978-3-631-81725-4 (MOBI)
DOI 10.3726/b16763

Peter Lang – Berlin · Bern · Bruxelles · New York ·
Oxford · Warszawa · Wien

Diese Publikation wurde begutachtet.

www.peterlang.com

Inhaltsverzeichnis

Vorwort

Kurt Walter Zeidler wurde 1953 in Gmunden geboren und wuchs in Altmünster und Gmunden am Traunsee in Oberösterreich auf, bevor er im Herbst 1973 in Wien sein Studium der Philosophie begann. Er studierte v.a. bei *Erhard Oeser*, der seit 1972 Professor für Philosophie und Wissenschaftstheorie war. Vor dem Hintergrund der Kuhn-Popper-Debatte bestimmt Oeser die *Wissenschaftstheorie als rationale Rekonstruktion der Wissenschaftsgeschichte*, wobei sein „systemtheoretische[s] Konzept einer Theorie der Wissenschaftsentwicklung", d.h. sein „Modell des Wissenschaftsprozesses als eines sich weitgehend selbstregulierenden Mechanismus", nicht nur „das Resultat einer Auseinandersetzung mit der gegenwärtigen, formalistisch orientierten Wissenschaftstheorie" ist, sondern auch auf dem „Rückgriff auf ältere wissenschaftsgeschichtlich und pragmatisch orientierte Untersuchungen, wie sie vor allem Whewell, Mach und Boltzmann geliefert haben," beruht.[1] Entscheidend ist für Oeser diesbezüglich, dass sich die Wissenschaftstheorie nicht als Philosophie und damit als „letzte Begründungsinstanz" versteht, da sie sich sonst „mit einem Problem belastet, das mit ihrem eigentlichen Aufgaben- und Kompetenzbereich nichts zu tun hat." Diese Identifikation hat „nur zu selbstgeschaffenen Scheinproblemen, uneinlösbaren Begründungsansprüchen und dogmatischen Abgrenzungskriterien geführt und ist schließlich ins Gegenteil, in eine Selbstdestruktion der Wissenschaftstheorie umgeschlagen."[2] Jedoch bildet „eine elementare Erkenntnistheorie als Abstraktions- oder Begriffsbildungstheorie" die Grundlage sowohl der Wissenschaftstheorie als auch der Philosophie.[3] „Ziel und Aufgabenstellung der Erkenntnistheorie ist [...] die Analyse und Rekonstruktion des Prozesses des Erkennens."[4] Demgemäß gewinnt für die Wissenschaftstheorie neben der deduktiven formalen Logik als „Beweistheorie" die „Logik der Forschung" besondere Bedeutung, welche „nicht nur die Bestätigungstheorie im Sinne des Verifikations- oder Falsifikationsproblems umfaßt, sondern auch die Heuristik und Begründungstheorie."[5] Diese *Begründungsproblematik*, d.h. das Problem einer „induktiven Logik", tritt für die Wissenschaftstheorie angesichts einer „dynamischen Konzeption der Wissenschaft als Forschungsprozeß" in den Vordergrund.[6] „Eine ‚logic of discovery' in der ursprünglichen Bedeutung, wie Whewell sie verstanden hatte, wurde ausdrücklich von Norwood Russell Hanson propagiert, [...]."[7] Gerade diesem Problem wendete sich Zeidler in seiner Dissertation *Logik des Erkenntnisprozesses. Deduktion – Induktion – Abduktion* (1979) zu, die er „als Untersuchung der ‚Logic of Discovery' Norwood R. Hansons begonnen" hatte, welche ihn aber schließlich zu dem „Problem des synthetischen Erkennens selbst", „dem ‚abduktiven Schlusse' bei Peirce, der die Grundlage der ‚Forschungslogik' Hansons bildet", führte.[8] Der amerikanische Kantianer *Charles Sanders Peirce*, der selbst von Whewell beeinflusst ist, gründet seine Logik der Wissenschaft auf einer transzendentallogischen Interpretation der Aristotelischen Syllogistik. Peirce selbst hat auf die Verwandtschaft seines Denkens mit demjenigen *Hegels* hingewiesen, wesentlich für Zeidler war diesbezüglich die „Entdeckung der formalen Identität von ‚Abduktion' bei Peirce und ‚Analogie" bei Hegel".[9] In Weiterführung der Schlusslogik von Peirce und Hegel entwickelt Zeidler in seiner Dissertation nach einer Diskussion der neueren Wissenschaftstheorie von Carnap bis Stegmüller und der Erkenntnistheorie von Bacon bis Whewell eine „Theorie der Grundlagen rationaler Vermittlung".[10] Da sowohl Peirce als auch Hegel ihre Logik, die nicht das *Urteil*, sondern den *Schluss* als logische Form der Vermittlung und damit als die *fundamentale logische Form* behauptet, als Explikation der *ursprünglichen synthetischen Einheit der Apperzeption* begreifen, kommt Zeidler in der Folge von Peirce und Hegel zu Kant und dem Problem einer transzendentalen Logik.[11] Diese ursprünglich synthetische Einheit dreier sich wechselseitig bedingender und selbst vermittelnder Schlüsse – Abduktion, Induktion und Deduktion – exponiert Zeidler in Auseinandersetzung mit dem Begründungskeptizismus von *Hans Albert* und der Transzendentalpragmatik von *Karl-Otto Apel* als **Schlusslogische Letztbegründung**, indem er „ausgehend von der Transzendentalen Dialektik Kantens und der Begriffslogik Hegels, die transzendentale Struktur der Subjektivität als die transzendentale Struktur aller Begründung (als transzendentale[n] *Begründungszusammenhang*) entwickelt".[12]

Seit dem Sommersemester 1984 war Zeidler Lektor am Institut für Philosophie mit dem Lehrauftrag „Einführung in die Geschichte der Erkenntnistheorie". 1986 reichte er seine Habilitationsschrift *Vernunft und Erfahrung. Untersuchungen zum Erkenntnisproblem in Philosophie und Wissenschaftstheorie* ein und erhielt im November 1987 die *venia legendi*. Da Oeser 1986 an das neu gegründete Institut für Wissenschaftstheorie und Wissenschaftsforschung gewechselt war und sich Zeidlers Interessen verstärkt der Philosophie zuwandten, unterstützte ihn beim Habilitationsverfahren neben Oeser vor allem *Hans-Dieter Klein*, zu dem Zeidler nach der Promotion über die Vermittlung von *Erich Heintel*, der 1982 emeritierte, in Kontakt getreten war. In Anknüpfung an seine Dissertation geht Zeidler im ersten Teil seiner Habilitationsschrift der Frage nach, inwiefern die Wissenschaftstheorie, die als „Erbe und Liquidator philosophischer Begründungs- und Systemansprüche" auftritt, „diese Ansprüche überhaupt thematisiert bzw. von dem ihr zugrundeliegenden ‚Faktum der Wissenschaft' her überhaupt thematisieren kann."[13] In diesem ersten Teil rekonstruiert Zeidler zunächst die

Geschichte des Neopositivismus vom Wiener Kreis bis zu Wolfgang Stegmüller und Hans Albert mit Blick auf das „eigentliche Kantische Problem einer Vermittlung von Rationalismus und Empirismus; ein Problem, das sich der gegenwärtigen Wissenschaftstheorie als das der ‚Theoriendynamik', der Vermittlung von normativer Wissenschaftslogik und deskriptiver Wissenschaftsgeschichte stellt, darüber hinaus als das unauflösbare Nebeneinander und unaufgelöste Miteinander von Objektivismus und Konventionalismus aber auch konstitutiv für die gesamte bisherige Entwicklung der Wissenschaftstheorie ist."[14] Hierauf entwickelt er in Anknüpfung an Pierre Duhem und an Oesers „systemtheoretisches Funktionsmodell der Wissenschaftsentwicklung" ein *dialektisches Modell des Forschungsprozesses*, „dessen einzelne ‚Momente' (Erfahrung, Gegenstandsbereich, Hypothese, Theorie) nicht die jeweiligen Anfangs- oder Endpunkte konstruktiver, induktiver, deduktiver und reduktiver Verfahren markieren, sondern die Überschneidungen (Kreissegmente) zwischen diesen reflexiv aneinander vermittelten und um einen gemeinsamen Mittelpunkt zentrierten Verfahren."[15] Diesen ersten Teil seiner Habilitationsschrift hat Zeidler später überarbeitet und erweitert und als *Prolegomena zur Wissenschaftstheorie* (2000) veröffentlicht, wobei er dort im Anschluss an *Werner Flach* „die Vermittlungsschritte von Erfahrung zu Gegenstandsbereich, Hypothese und Theorie als universale wissenschaftliche Methoden deute[t], die den Zusammenhang der einzelnen Methoden des Forschungsprozesses herstellen und regulieren", und außerdem „zwischen allgemeinen (universalen) und besonderen (speziellen und spezifischen) Methoden" unterscheidet.[16]

Im zweiten Teil von *Vernunft und Erfahrung* geht Zeidler mit Blick auf „das Kantische Programm einer wechselseitigen Begründung von empirischem Realismus und transzendentalem Idealismus" daran, „die Grundlagen der transzendentalen Systematik sicherzustellen", indem er am Leitfaden seiner „frühere[n] Überlegungen zur Lehre vom Schluß bei Hegel und Charles S. Peirce [...] die ursprüngliche synthetische Einheit der Apperzeption, die [...] ‚der höchste Punkt [ist], an dem man allen Verstandesgebrauch, selbst die ganze Logik, und, nach ihr, die Transzendental-Philosophie heften muß' (KrV B 134, Anm.), [...] als *dialektische* (in-sich und über-sich-hinaus-vermittelte) *Einheit* jener drei ‚Vernunftschlüsse' begreif[t], deren jeweiligen Fluchtpunkt für Kant die drei Ideen der reinen Vernunft bilden".[17] Jedoch „bleibt die von Hegel und Peirce in ihren Schlußlehren gleicherweise dargetane formale Einheit der drei Kantischen Vernunftschlüsse solange einer Begriffsdialektik ausgeliefert oder auf das bloß Hypothetische eines ‚objektiven Idealismus' angewiesen, solange nicht die *Mitte* des Schlusses als die aus ihm herausgesetzte Bedingung seiner Möglichkeit (als aller begrifflichen Vermittlung vorausgesetzte Positivität) erwiesen ist." Damit ist für Zeidler die „Transzendierung des Universalienstreits an Hand des Begriffs einer systematischen Einheit von Logik und Ontologie" gefordert, die er in „Platons Lehre von der Ideenverknüpfung und in Kantens Schematismuslehre vorgebildet" fand.[18] Für das Verständnis letzterer waren phänomenologische Ansätze, insbesondere „die Raum- und Zeitanalysen von Hermann Schmitz [...] von großer Bedeutung."[19] Insofern er „die Funktionen der Einheit unter unseren Vorstellungen den transzendentalen Schematen gemäß entwickelt", sind für ihn alle „einlösbaren Forderungen an den Beweis der Vollständigkeit der Kategorientafel für den, sich reflexiv dieser ‚Funktionen' bemächtigenden, Verstand erfüllt". Eine Bestätigung dafür findet er in der Übereinstimmung „der (als transzendentale Schemate begriffenen) *Funktionen der Einheit unter unseren Vorstellungen* bei Kant und des *Wahrheitswertes* in der (die Bewegung des ‚Gedankens' reflektierende) Reflexionslogik" von *Ulrich Blau*.[20] Diese systematische Rekonstruktion der *Kritik der reinen Vernunft* hat Zeidler überarbeitet und erweitert als *Grundriß der transzendentalen Logik* (1992) veröffentlicht. Aufsätze aus den Jahren 1981 bis 1996, „die Vorarbeiten leisten und Ergänzungen liefern zu den systematischen Monographien", dem *Grundriß* und den *Prolegomena*, sind gesammelt erschienen als *Grundlegungen. Zur Theorie der Vernunft und Letztbegründung* (2016). 2017 erschien der *Grundriss* in dritter, um einen „Nachtrag zur Metaphysischen Deduktion" ergänzter Auflage.

Nach seiner Habilitation arbeitete Zeidler einige Jahre an einem Forschungsprojekt zur postneukantianischen Geschichte transzendentalphilosophischer Systeme im 20. Jahrhundert. Die Ergebnisse dieser Forschungen publizierte er in dem Buch *Kritische Dialektik und Transzendentalontologie. Der Ausgang des Neukantianismus und die post-neukantianische Systematik* (1995). Zeidlers wichtigste Beiträge zur *Neukantianismusforschung*, die diese Untersuchung ergänzen und weiterführen, sind gesammelt als *Provokationen. Zu Problemen des Neukantianismus* (2018) erschienen. Dabei ist ihm die Geschichte des Neukantianismus v.a. insofern von Bedeutung, als sie „Erinnerung und Mahnung an Aufgaben" ist, „die zu erfüllen sind, wenn die Philosophie dem Anspruch einer Ersten Philosophie oder Prinzipienwissenschaft gerecht werden soll."[21] Verschiedene Aufsätze aus den Jahren 1996 bis 2011, die die „im *Grundriß der transzendentalen Logik* [...] erarbeitete Vernunfttheorie und Letztbegründung [...] explizieren", deren Leitthema „*Vermittlungen* zwischen antikem und neuerem Idealismus, sowie zwischen Transzendentalphilosophie und Phänomenologie und mit ihnen das Idealismus-Realismus-Problem" ist, sind gesammelt erschienen in *Vermittlungen. Zum antiken und neueren Idealismus* (2016).[22] Darin präsentiert Zeidler auch „Vorarbeiten zu der in der 2ten Auflage des *Grundrisses* (1997) angekündigten *Einleitung in die Erkenntnislehre*" und formuliert „ontologische, phänomenologische und subjekttheoretische Konsequenzen der schlußlogischen Letztbegründung".[23]

Was die äußeren Umstände von Zeidlers Denkweg betrifft, ist hier noch auf die schwierigen Rahmenbedingungen hinzuweisen: er zählt zu einer Generation, der die ‚akademische Laufbahn' weitgehend verschlossen blieb, da die Stellen seit Anfang der 70er Jahre auf Jahrzehnte besetzt waren. Mit dem Wechsel von der Wissenschaftstheorie zur Philosophie und seinem Philosophieverständnis stand er zudem von vornherein zwischen allen Stühlen[24] und obendrein setzte Mitte der 90er Jahre ein Paradigmenwechsel von der Transzendentalphilosophie hin zur analytischen Philosophie, Cognitive Science, Philosophy of Mind und den post-modernen Diskursen ein. Zeidler blieb Privatdozent, allerdings wurde ihm 2000 der Berufstitel „ao. Univ.-Professor" verliehen und von 2010 bis zur Pensionierung 2018 war er Senior Lecturer am Institut für Philosophie. Neben Übungen zur *Einführung in die Geschichte der Erkenntnistheorie* hielt Zeidler ab dem Wintersemester 1988/89 auch Seminare zur *Logik und Metaphysik* sowie alternierend zur *Ethik und Religionsphilosophie* ab, in denen meist zentrale Werke Kants und des Deutschen Idealismus gelesen wurden. Im Wintersemester 1989/90 begann Zeidler mit dem sechsteiligen Vorlesungszyklus *Grundriß der Geschichte der Philosophie*, in dem er die Problementwicklung von den Vorsokratikern bis zum Neomarxismus und der Kritischen Theorie der Frankfurter Schule darstellte und den er seither wiederholt vortrug. Eine Arbeitsgemeinschaft entstand mit *Falk Wagner*, der von 1988 bis 1998 als Professor für Systematische Theologie in Wien wirkte, (Seminare zu *Hegels ‚Wissenschaft der Logik' als philosophische Theologie* (1990–92), *‚Von der Zeit'. Die Zeit als philosophisch-theologisches und anthropologisch-sozialwissenschaftliches Problem* (1994/95), sowie *Hegel: ‚Phänomenologie des Geistes'* (1995–97)). Gemeinsam mit *Urs Richli*, *Klaus Dethloff* und *Hans-Dieter Klein* hielt er im Sommer- und Wintersemester 1990/91 ein Seminar zur *Reflexionstopologie* von *Wolfgang Marx* ab. Außerdem wirkte er ebenso wie *Urs Richli* in den 1990er Jahren regelmäßig an der von *Franz Ungler* und *Friedrich Grimmlinger* initiierten *Arbeitsgemeinschaft Transzendentalphilosophie. Erbe und Gegenwart* mit. Vom Wintersemester 1990/91 bis zum Wintersemester 1991/92 bot er auch Übungen zur *Transzendentalphilosophie im 20. Jahrhundert* an, in denen Texte von *Richard Hönigswald*, *Wolfgang Cramer* und *Bruno Bauch* gelesen wurden. Ab dem Wintersemester 1990/91 trug er jedes Semester seine *Einführung in die Erkenntnistheorie* vor, ab dem Wintersemester 1997/98 semesterweise abwechselnd mit der *Einführung in die Wissenschaftstheorie*. Beide Vorlesungen kündigte er später unter den Titeln *Einführung in die Erkenntnislehre* und *Einführung in die Wissenschaftsphilosophie* an, erstere entspricht der in der zweiten Auflage des *Grundrisses* angekündigten *Einleitung in* *die Erkenntnislehre*, letzterer liegen die *Prolegomena* zugrunde. Ab dem Wintersemester 1992/93 hielt er zusätzlich jedes Semester ein *Seminar für Diplomanden und Dissertanten* ab. Besonders hervorzuheben sind noch die Vorlesungen aus dem Wintersemester 2003/4 *Systematische Anthropologie (Typologie)*, dem Sommersemester 2004 *Immanuel Kant*, dem Sommersemester 2008 *Philosophische Systematik im Grundriß: Dialektik – Analytik – Methodenlehre – Metaphysik* und dem Wintersemester 2009/10 *Einführung in die praktische Philosophie*.

Neben seiner eigenen philosophischen Forschung und der Lehrtätigkeit von 8 bis 10 Wochenstunden an der Universität Wien, die immer wieder durch internationale Vortragseinladungen ergänzt wurde, betreute Zeidler auch zahlreiche Diplomarbeiten und Dissertationen, sodass inzwischen eine Generation akademischer Schüler mit philosophischen Arbeiten hervorgetreten ist, die sowohl an Zeidlers Denken anknüpfen wie auch auf eigenen Wegen weiterführen. Hier seien stellvertretend nur die umfangreichen Interpretationsarbeiten von *Peter Michael Lippitz* und *Klaus Ganglbauer* genannt.[25] Zu diesen Schülern dürfen sich auch die beiden Herausgeber zählen, die sich mit diesem Band bei ihrem Lehrer vor allem dafür bedanken wollen, dass er sie stets zum *Selbstdenken* aufgefordert sowie daran erinnert hat, dass die größte Tugend des Philosophen die *Konsequenz* ist. Als Lehrer und Philosoph hat sich Zeidler seinen Schülern dadurch als Vorbild eingeprägt, dass er beides mit seltener Meisterschaft verwirklicht.

Für die freundliche Unterstützung bei der Entstehung dieses Bandes bedanken wir uns beim Dekan der Fakultät für Philosophie und Bildungswissenschaft der Universität Wien Univ.-Prof. Dr. Wilfried Datler, der Dekanatsdirektorin Mag. Dr. Helma Riefenthaler, dem Vorstand des Instituts für Philosophie Assoz. Prof. Dr. George Karamanolis, Dr. Paul Ferstl und dem Peter Lang Verlag, sowie besonders bei allen Beiträgern.

Lois Marie Rendl und Robert König

Anmerkungen

1. Erhard Oeser: *Wissenschaft und Information*, Bd. 1: Wissenschaftstheorie und empirische Wissenschaftsforschung, Wien/München 1976, 11f., vgl. 8f., 19, 21, Anm. 8 u. 22f., 34f., 68f., 73f., 94, 97, 108–115, 127–129 u. 134–138. Oeser bezieht sich diesbezüglich auch positiv auf Hans Reichenbach, vgl. a.a.O., 85–88. Vgl. dazu auch den historischen Exkurs zum Informationsbegriff als Grundlage der Erkenntnistheorie in: Oeser: *Wissenschaft und Information*, Bd. 2: Erkenntnis als Informationsprozeß, Wien/München 1976, 11–17.
2. Erhard Oeser: *Wissenschaft und Information*, Bd. 1, 20f. Vgl. dazu auch Oeser: Analytische Wissenschaftstheorie und kritische Rekonstruktion, in: *Wiener Jahrbuch für Philosophie*, Band IV, 1971, 73–95 und ders.: Transzendentalphilosophie und

Wissenschaftstheorie. Zu: Wolfgang Stegmüller, in: *Wiener Jahrbuch für Philosophie*, Band III, 1970, 345–359.
3. Oeser: *Wissenschaft und Information*, Bd. 1, 21, vgl. 7, 22 u. 26.
4. A.a.O., 31.
5. A.a.O., 81, vgl. 82ff.
6. A.a.O., 82, vgl. 85, 89f. u. 7.
7. A.a.O., 97, vgl. 98.
8. K. W. Zeidler: *Logik des Erkenntnisprozesses. Deduktion – Induktion – Abduktion*, Diss., Wien 1979, 2.
9. Ibid.
10. Ibid. Vgl. dazu K. W. Zeidler: Transformationen der Logik [1981], in: ders.: *Grundlegungen*, 61–84.
11. Vgl. dazu K. W. Zeidler: Urteil und Schluss. Anmerkungen zur Kritik der reinen Vernunft [1983], in: ders.: *Grundlegungen*, 85–103.
12. Vgl. K. W. Zeidler: Reflexivität und Begründung. Zur Frage nach den Voraussetzungen rationaler Argumentation [1984], in: ders.: *Grundlegungen*, 105–140, hier: 105.
13. K. W. Zeidler: *Vernunft und Erfahrung. Untersuchungen zum Erkenntnisproblem in Philosophie und Wissenschaftstheorie*, Habil.-Schr., Wien 1986, V. Vgl. dazu Zeidler: Die transzendentale Geschichte des Ichs. Deduktion und Schematismus der reinen Verstandesbegriffe [1986], in: ders.: *Grundlegungen*, 141–195.
14. A.a.O., 74.
15. A.a.O., 92. Vgl. Oeser: *Wissenschaft und Information*, Bd. 3: Struktur und Dynamik erfahrungswissenschaftlicher Systeme, Wien/München 1976, 118–120.
16. K. W. Zeidler: Selbstdarstellung, war bis 2009 unter http://phaidon.philo.at/asp/zeidler.htm online, wurde danach durch einen anderen Text ersetzt. Vgl. Zeidler: *PzW*, 119, Anm. 30; 120, Anm. 31 und dazu Werner Flach: *Grundzüge der Erkenntnislehre. Erkenntniskritik, Logik, Methodologie*, Würzburg 1994. Vgl. dazu auch Zeidler: *GtL*³, 131–134 und Peter Michael Lippitz: *Letztbegründung. Werner Flachs Erkenntnislehre und die Fundierungsansätze von Hans Wagner und Kurt Walter Zeidler*, Würzburg 2005.
17. K. W. Zeidler: *Vernunft und Erfahrung*, VI.
18. A.a.O., VIII.
19. A.a.O., VII, Anm. +++.
20. A.a.O., VII-VIII. Vgl. *GtL*³, 239–255 und dazu Ulrich Blau: *Die dreiwertige Logik der Sprache*, Berlin 1978; Die Logik der Unbestimmtheit und Paradoxien, in *Erkenntnis*, 22, 1985 und Wahrheit von innen und außen, in: *Erkenntnis*, 23, 1986.
21. K. W. Zeidler: *Provokationen*, 5–6.
22. K. W. Zeidler: *Vermittlungen*, 5.
23. Ibid.
24. Vgl. dazu K. W. Zeidler: *GtL*³, 17, Anm. 1.
25. Peter Michael Lippitz: *Letztbegründung. Werner Flachs Erkenntnislehre und die Fundierungsansätze von Hans Wagner und Kurt Walter Zeidler*, Würzburg 2005; Klaus Ganglbauer: *Logik des Signifikanten. Poststrukturalismus, Psychoanalyse und Dialektik – Saussure, Lacan, Kant, Hegel*, Wien 2017, 549–729.

Steinar Mathisen (Oslo)

Vernunft als Grund[1]

Zu Zeidlers *Vermittlungen* und *Grundlegungen*

Es gibt kaum einen Philosophen, über den mehr geschrieben wird als über Immanuel Kant, doch fragt man sich oft, warum? Zwar besteht kaum Zweifel daran, dass es viele ungelöste Probleme in Kants Philosophie gibt, aber die meisten Kommentare kennzeichnet, dass sie jeweils nur ein begrenztes Problem innerhalb der Kantischen Philosophie ansprechen. Und oft bleiben die diskutierten Probleme sogar gleichermaßen vom eigenen philosophischen Standpunkt des Interpreten abhängig wie von Kants eigenem Text. Hin und wieder fordern Kantinterpreten allerdings eine systematischere Auseinandersetzung mit der Kantischen Philosophie. Eine solche Herangehensweise findet sich in den drei Büchern, die der Wiener Philosoph Kurt Walter Zeidler kürzlich vorgelegt hat: Eines davon, der *Grundriss der transzendentalen Logik*, wurde erstmals 1992 veröffentlicht und ist nun in einer dritten, erweiterten Ausgabe erschienen. Grundlage dieser Erweiterung sind die Untersuchungen, die Zeidler in den beiden Büchern *Vermittlungen. Zum antiken und neueren Idealismus* und *Grundlegungen. Zur Theorie der Vernunft und der Letztbegründung* zusammengestellt hat.

Systematisch bildet die transzendentale Logik den Kern von Kants kritischer Philosophie: was Kant hier entwickelt ist nicht nur für seine *Kritik der reinen Vernunft*, sondern auch für seine Bestimmung der Freiheit entscheidend. Will man Kant systematisch verbessern, muss man daher seine transzendentale Logik neu schreiben. Und es ist nicht weniger als das, was Zeidler in seinem *Grundriss der transzendentalen Logik* unternimmt. Dieses Buch steht in der Tradition des „mit Kant über Kant hinausgehen". Es ist daher ein Buch, das zunächst und vor allem für diejenigen von Interesse ist, die sich ausschließlich mit Kants Philosophie beschäftigen.

Obwohl die beiden Aufsatzsammlungen *Grundlegungen* und *Vermittlungen* ebenfalls weitgehend Problemstellungen umkreisen, die von der Kantischen Philosophie aufgeworfen werden, geschieht dies im *Grundriss* in Bezug auf

1 Dieser Beitrag ist eine Übersetzung der Rezension von Zeidlers *Grundlegungen* und *Vermittlungen* von Steinar Mathisen, die 2018 unter dem Titel „Fornuften som grunn (1)" und „Fornuft som grunn (2)" in *Salongen. Nettidskrift for filosofi og idéhistorie* (http://www.salongen.no) erschienen ist.

Tendenzen der zeitgenössischen Philosophie und in Fokussierung auf die historischen Voraussetzungen von Kants Philosophie. Bekanntlich wird die Aufgabe der Vernunftkritik von Kant auf folgende Weise formuliert: Wie sind synthetische Urteile a priori möglich? Die Synthesis um die es hier geht, ist eine solche, die es der Vernunft als Erkenntnisvermögen ermöglicht, „[to] hook onto the world" (Hilary Putnam).[2] Eine derartige Problemstellung setzt jedoch voraus, dass die Vernunft von der Wirklichkeit, die sie ansprechen soll, getrennt ist. Diese Unterscheidung ist das Werk des Nominalismus, der als Resultat rein theologischer Spekulation zu einem völligen Bruch zwischen Logos und Welt führte.[3] In seinen *Vermittlungen. Zum antiken und neueren Idealismus* zeigt Zeidler daher ausführlich, dass und wie der Nominalismus eine Folge der mittelalterlichen Scholastik ist, die auf einem fundamentalen Missverständnis der Einheit (Synthese) von Vernunft und Realität beruht, die Platon als Idee und Aristoteles als Substanz verstanden hat. Im Gegensatz zu den üblichen philosophiegeschichtlichen Auffassungen betont er den inneren Zusammenhang zwischen den Bemühungen dieser beiden Denker, das Zusammenspiel von Vernunft und Wirklichkeit zu verstehen.[4] Ein solches Zusammenspiel oder eine solche vermittelnde Synthese ist die Grundlage jedes (objektiven) Idealismus. Der sich durchziehende Hinweis auf Platon und Aristoteles dient als Hintergrund für Zeidlers Bestreben zu zeigen, dass Kant mit seinem transzendentalen Idealismus die Synthese von Vernunft und Wirklichkeit nicht gelang bzw. dass sie nicht grundlegend genug ist.

Die Natur der Freiheit

Die *Vermittlungen* beginnen mit einem Essay über das Verhältnis von Naturalismus und Idealismus.[5] In anthropologischer Perspektive wird der Naturalismus als Versuch verstanden, die nominalistische Spaltung zwischen Vernunft und Wirklichkeit zu überwinden, indem er den Menschen als denkendes und emotionales Wesen so nah wie möglich in die Natur einordnet. In metaphysischer Perspektive muss dies als ein Versuch verstanden werden, die Angst zu überwinden, die Pascal so treffend in die Worte fasst: „Die ewige Stille dieser

---

2 Hilary Putnam: *Realism with a Human Face*, Cambridge, Mass. 1992, 43.

3 Vgl. dazu Michael Allen Gillespie: *The Theological Origins of Modernity*, Chicago 2008.

4 Diese Verbindung zwischen Platon und der Philosophie des Aristoteles ist auch das Thema des ersten Kapitels – ‚Platonism is Aristotelianism' – in Stanley Rosens Buch *The Question of Being. A Reversal of Heidegger*, New Haven 1993.

5 K.W. Zeidler: Genetischer Naturalismus und Idealismus. Überlegungen zum genetischen Naturalismus von Günter Dux, in: ders.: *Vermittlungen*, 11–42.

unendlichen Räume macht mir Angst."[6] In erkenntnistheoretischer Perspektive entsteht das Problem, dass Angst zu bekommen eine existenzielle Erfahrung ist, die der wissenschaftlichen Erkenntnis vorausgeht, die besagt, dass es nichts zu befürchten gibt. Der Naturalismus sucht die Lösung für das Schisma zwischen Vernunft und Wirklichkeit, indem er alles auf die Natur reduziert – auch die Erkenntnistätigkeit. Es liegt dann nahe anzunehmen, dass die gleiche Kausalität, die in der Natur vorherrscht, auch die wissenschaftlichen Theorien hervorbringt. In seiner radikalsten Form impliziert der Naturalismus also, dass sich die Natur in den naturwissenschaftlichen Theorien selbst erkennt. Aber trotz der Annahme, dass alles das Gleiche – nämlich Natur – ist, muss der Naturalismus zumindest mit einer Trennung zwischen dem Subjekt (das erkennt) und dem Objekt (das erkannt wird) operieren. Somit wird die Erkenntnis dasselbe wie eine ursprüngliche Einheit (Natur), die sich selbst aufgrund der von ihr erzeugten Unterschiede erkennt. Und das ist ziemlich genau das gleiche, was der objektive Idealismus als sein Grundprinzip behauptet. Das Problem des Naturalismus ist jedoch, dass die genetische Erklärung der Unterscheidung zwischen Subjekt und Objekt nicht zugleich erklären kann, wie Subjekt und Objekt miteinander kommunizieren. Der objektive Idealismus geht hingegen davon aus, dass Subjekt und Objekt durch einen Reflexionsprozess miteinander kommunizieren, der identisch ist mit dem Sinn des Selbstverständnisses der Vernunft. In einem solchen Konzept der Vermittlung von Subjekt und Objekt gibt es daher auch Raum für Freiheit als ein Element in diesem Vermittlungsprozess.

Dieses Thema wird sodann vertieft in dem nächsten Aufsatz mit dem Titel „Natur und Freiheit, mit Blick auf Cassirer und Heidegger".[7] Als Hintergrund für das Verständnis der sogenannten Davoser-Debatte zwischen Cassirer und Heidegger hat Zeidler Kants dritte Antinomie gewählt, die auch als Freiheitsantinomie bezeichnet wird.

Cassirer und Heidegger in Davos

An Heideggers Kantauslegung beanstandete Cassirer bekanntlich, dass Kants Problem nicht – wie Heidegger annimmt – das Verhältnis von *Sein* und *Zeit* ist, sondern das von *Sein* und *Sollen*. Cassirer weigerte sich daher die Radikalisierung des Zeitproblems aus Kants Text herauszulesen, zu dessen Fürsprecher sich Heidegger macht. Und oberflächlich, das heißt, soweit sie die gängige

6 Pascal: *Pensées*: „Le silence éternel de ces espaces infinis m'effraie."

7 K.W. Zeidler: Natur und Freiheit, mit Blick auf Cassirer und Heidegger, in: ders.: *Vermittlungen*, 43–57.

Kantphilologie stützen, geben Kants Texte Cassirer Recht. Aber es ist fraglich, so behauptet Zeidler, ob man nicht anhand der Freiheitsantinomie eine spekulative Dimension entdecken kann, die Cassirer und die übliche Kant-Interpretation gern übersehen. Zeidler verweist in diesem Zusammenhang auf Kant, der in der *Kritik der praktischen Vernunft* (*KpV* A 184) selbst sagt, die Beziehung von Zeitlichkeit und Freiheit „hat viel Schweres an sich und [ist] einer hellen Darstellung kaum empfänglich."[8] Diese Schwierigkeit hat ihren Grund darin – und dem war Heidegger auf der Spur –, dass Kant seine *Kritik der reinen Vernunft* in einer Weise durchführt, die zwangsläufig in die Unterscheidung zwischen den *Erscheinungen* und den *Dingen an sich* mündet. Freiheit fällt darum nicht in die Erfahrung, ist also kein Phänomen in der Zeit, sondern fällt in eine zeitlose, intelligible Welt. Die *Kritik der reinen Vernunft* mündet in den Widerspruch zwischen einer der Zeit unterworfenen empirischen Welt und einer zeitlosen intelligiblen Welt, da es Kant vermeidet zu entscheiden, ob es möglicherweise einen einheitlichen Grund dieser beiden gibt.

Es war genau dieser gemeinsame Grund, dem Heidegger nachspüren wollte, indem er die grundsätzliche Rolle der Einbildungskraft und des Schematismus in der *Kritik in der reinen Vernunft* betonte. Das Problem, das Heidegger aufgreift, enthüllt nach Zeidlers Meinung „das spekulative Problempotential der Transzendentalphilosophie". Es ist dieses spekulative Potential, das Problem der Einheit der Vernunft, das in Kants späteren Schriften (*Kritik der Urteilskraft* und *Opus Postumum*) immer mehr hervortritt.[9] Dieses spekulative Problempotential zeigt sich bereits in dem ungeklärten Verhältnis zwischen der *subjektiven Deduktion* der Kategorien in der ersten Auflage der *Kritik der reinen Vernunft* – auf die sich Heidegger bezieht – und der *objektiven Deduktion* der Kategorien, die in der zweiten Auflage der *Kritik der reinen Vernunft* in den Vordergrund tritt – auf die sich Cassirer bezieht. Wenn nämlich die subjektive Deduktion der Kategorien, die danach fragt: „wie ist das Vermögen zu denken selbst möglich?" (*KrV* A XVII), durch die objektive Deduktion ersetzt wird, weil man die objektive Gültigkeit der Kategorien zu begründen sucht, dann führt dies zu einer ungeklärten Beziehung zwischen dem transzendentalen und dem empirischen Subjekt. Was wiederum dazu führt, dass der letzte Grund für die objektive Gültigkeit der Kategorien im Kapitel über die synthetischen Grundsätze gesucht werden

8 K.W. Zeidler: Natur und Freiheit, 51.

9 Vgl. Zeidler: Natur und Freiheit, 51–52.

muss. Damit aber fallen die Bedingungen der Möglichkeit der Erfahrung zusammen mit der wissenschaftlichen Erfahrung.[10]

Licht in der Höhle

Mit Platons Höhlengleichnis sind die Leser dieses Bandes sicher bestens vertraut, aber die meisten werden sich darüber wundern, dass Zeidler in seinem Aufsatz „Hat Platons Höhle einen Ausgang?“ die Frage mit einem Nein beantwortet![11] Der Grund für diese überraschende Antwort liegt in der Verschiebung der Antwort auf eine andere und grundlegendere Frage: Wie wird der Gefangene, der aus der Höhle aufsteigt, wirklich seine Fesseln los? Und wer ist derjenige, der uns ursprünglich in einer Höhle gefesselt und gefangen hat? Die Antwort ist, dass wir es selbst getan haben, da wir nicht philosophieren wollten. Mit anderen Worten, nur die Philosophie kann uns von den Fesseln, sprich *der Unwissenheit*, befreien. Daher liegt es allein an uns, ob wir die Fesseln loswerden wollen, und diese Entscheidung müssen wir schon in der Höhle treffen. Hier erwacht der Drang, die Welt so kennen zu lernen, wie sie wirklich ist.

Dieses Erwachen, das mit der Philosophie identisch ist, entfaltet sich nach Platon als Erkenntnis auf verschiedenen Stufen; daher die Metaphorik des Aufstiegs. Diese Stufen sind,

> indem wir das Höhlengleichnis durch das Liniengleichnis illustrieren, […] (*Resp.* 511d 8-e 2; vgl. 533e 7ff.): *erstens* das Erraten der Schattenbilder (*Eikasia*), *zweitens* das Vertrauen auf die Sinnesdinge (*Pistis*), *drittens* die konstruktive (vorzugsweise mathematische) Verstandeserkenntnis (*Dianoia*), die von Sinneswahrnehmungen ausgeht und jeweils auf bestimmte Zwecke gerichtet ist, sowie *viertens* die rein begriffliche, zum Urprinzip des Alls aufsteigende und von diesem Anhypotheton wiederum herabsteigende Vernunfterkenntnis (*Noesis* bzw. *Episteme*).[12]

Aber die optische Metaphorik, die dem Höhlengleichnis zugrunde liegt, wird nach Zeidler auf der höchsten Erkenntnisstufe entkräftet: die *Noesis* bzw. *Episteme* sprengt diese Metaphorik, weil das schauende Be-greifen der Ideen nicht bedeutet, etwas außerhalb der Höhle zu sehen, sondern die Objekte, die sich in der Höhle befinden, deutlicher zu sehen (erkennen).[13] Indem die *Episteme* die

---

10 Vgl. Zeidler: Natur und Freiheit, 53–56 und Zeidlers ausführliche und gründliche Diskussion dieser Problematik in dem Aufsatz: Die Wesentlichkeit einer subjektiven Deduktion, in: ders.: *Vermittlungen*, 59–73.

11 Zeidler: Hat Platons Höhle einen Ausgang?, in: ders.: *Vermittlungen*, 75–90.

12 Zeidler: Hat Platons Höhle einen Ausgang?, 77.

13 Vgl. Zeidler: Hat Platons Höhle einen Ausgang?, 89.

Dinge im Licht der Ideen erscheinen lässt, sprengt sie die Höhle als begrenzenden Rahmen für unser Verständnis der Realität. Im Gegensatz zu dem, wovon uns Nietzsche zu überzeugen versuchte, führt also Platos Ideenlehre qua Metaphysik nicht zu einer anderen und richtigen Welt (Hinterwelt), sondern zu einem besseren Verständnis der Welt, in der wir bereits leben. Werden Platons Ideen als Voraussetzungen der Vernunft verstanden, um das wahre Wesen der Dinge zu begreifen, und nicht als abstrakte Objekte in ihrer eigenen Welt, entfällt auch der traditionelle Gegensatz zwischen Platon und Aristoteles. Sie sind insoweit beide objektive Idealisten, als sie davon ausgehen, dass das Erkennen auf die eine oder andere Weise Teil einer intelligiblen Struktur ist.

Die Tatsache, dass Aristoteles auf diese Weise „Idealist" ist, gibt Zeidler die Rechtfertigung für eine sehr gründliche und lehrreiche Überprüfung der Schlusslehre des Aristoteles im Lichte von Hegels These: „Syllogismus est principium Idealismi".[14] In einer detaillierten und teils komplizierten Diskussion gewisser Aspekte der Schlusslehre zeigt Zeidler, wie sich diese auf die Platonische Dialektik bezieht und deren Weiterentwicklung ist, also die Verbindung von Idee und Wirklichkeit zur Voraussetzung hat. In diesem Zusammenhang entwickelt er den zentralen Gedanken, der alle Aufsätze als roter Faden durchzieht, nämlich dass der „Ort", an dem die Vernunft die Realität ergreifen kann, im Schluss liegt und nicht im Urteil, d.i. in der vereinzelten prädiktiven Aussage. In diesem Zusammenhang ist zunächst die dritte Figur in der Schlusslehre hervorzuheben. Richtig verstanden, deutet diese Schlussfigur auf eine Lösung des Induktionsproblems hin, d.h. wie das Denken vom Besonderen zum Allgemeinen kommt, so dass die Erkenntnistätigkeit in dem, was wirklich ist, Fuß fassen kann. Dass man die transzendentalphilosophische Relevanz der Aristotelischen Analytiken betont, ist richtig und angemessen, denn da das Schließen ein Akt des Denkens ist, hat es zweifellos auch Bezug auf die Synthesis, von der Kant in seiner theoretischen Philosophie spricht. Aber ein wichtiger Unterschied zwischen Aristoteles und Kant besteht: In Kants *Kritik der reinen Vernunft* ist die Synthesis kraft der Kategorie eine Handlung, die eine in der Anschauung gegebene unbestimmte Mannigfaltigkeit zusammenfasst. Aristoteles operiert jedoch nicht mit einer solchen unbestimmten Mannigfaltigkeit, da der *Nous* bereits in der Wahrnehmung wirksam ist.[15] Wie wir im letzten Abschnitt (*Die Vollendung der kopernikanischen Wende*) sehen werden, ist genau das die Funktion der

---

14 Zeidler: Syllogismus est principium Idealismi, in: ders.: *Vermittlungen*, 109–127.

15 Vgl. dazu Nicolai Hartmann: Aristoteles und das Problem des Begriffs, sowie: Zur Lehre vom Eidos bei Platon und Aristoteles, beides in: Nicolai Hartmann: *Kleinere Schriften II*, Berlin 1957.

zweiten Schlussfigur: als „Abduktion" (Peirce) verstanden, leistet sie die Identifizierung des Einzelfalls und vermittelt somit zwischen dem individuellen Fall und den allgemeinsten Prinzipien.

Vernunft im Zeitalter des Nominalismus

Zeidler erinnert uns daran, dass wir die Schlusslehre des Aristoteles nicht als formale Logik, sondern als philosophische Logik lesen müssen, d.h. als Erklärung des Zusammenhangs von Vernunft und Realität, der den Rahmen bildet, der es der prädiktiven Aussage (dem Urteil) überhaupt erst erlaubt ‚etwas' zu begreifen. Soll das Urteil als Verbindung (S ist P) mehr sein als eine grammatikalische Einheit, müssen die darin enthaltenen Begriffe schon etwas begriffen haben. In dem Aufsatz „Platons Antizipation und Überwindung des Universalienstreites" gibt Zeidler meiner Meinung nach die beste Erklärung der grundlegenden Merkmale des objektiven Idealismus, der, wie er denkt, das Fundament der transzendentalen Logik sein muss: dass die Ideen der Vernunft vorhanden sein müssen, bevor der Verstand mit seinen Begriffen operieren kann; dass der Schluss wichtiger ist als das Urteil, und dass weder die Ideen der Vernunft noch die Begriffe des Verstandes als Dinge aufgefasst werden sollen.[16]

Die Voraussetzung für den sogenannten Universalienstreit am Ende des Mittelalters war, dass man in der Spätantike die Sicht auf den Zusammenhang zwischen Dialektik (Platons *Ideenlehre*) und Analytik (Aristoteles' *Schlusslehre*) verloren hatte. Nachdem der Nominalismus aus diesem Kampf als Sieger hervorgegangen war, stand der Verstand vor der unmöglichen Aufgabe, etwas zu begreifen, das an sich unbegreiflich war. Weder der Rationalismus mit seiner Betonung der Deduktion noch der Empirismus mit seiner Betonung der Induktion bewältigten diese Aufgabe. Erst mit Kants Vorschlag einer transzendentalen Logik, das heißt, einer Logik, die nachweist, dass die Möglichkeitsbedingungen der Erfahrung die Möglichkeitsbedingungen des Gegenstands der Erfahrung sind,[17] hat man Zeidler zufolge eine Chance, die Widersprüche zu überwinden, in die sich Rationalismus und Empirismus verwickeln. Da aber Kant die transzendentale Logik im Ausgang von der formalen Logik (Urteilstafel) entwickelt hat, werden die Verstandesbegriffe qua Kategorien zum zentralen Element der transzendentalen *Synthesis* – und nicht die Ideen der Vernunft. Mit anderen

16 Zeidler: Platons Antizipation und Überwindung des Universalienstreits, in: ders.: *Vermittlungen*, 191–207.

17 *KrV* A 158/B 197: „[…] die Bedingung der Möglichkeit der Erfahrung überhaupt sind zugleich Bedingungen der Möglichkeit der Gegenstände der Erfahrung, […]."

Worten, die kategoriale *Synthesis* ist angewiesen auf eine Mannigfaltigkeit, die in der Anschauung gegeben ist, sie ist keine *Synthesis*, die diese Mannigfaltigkeit verständlich macht und somit überhaupt etwas begreifbar macht. Dazu braucht Kant den Schematismus. Die Wahrheit, die die Urteile des Verstandes aufdecken, muss daher parasitär in einer tieferen *Synthesis* gründen, welche die Vernunft und die Wirklichkeit miteinander verbindet, so dass es überhaupt „etwas" gibt, über das der Verstand urteilen (prädikativ Aussagen) kann. Die transzendentale Synthesis ist Kant zufolge einzig und allein das Werk des Verstandes und als solches ein spontaner (sprich *freier*) Akt von Seiten des erkennenden Subjekts. Diese Spontaneität (sprich *Freiheit*) des Verstandes, die die Erfahrung konstituiert, unterscheidet sich jedoch von der Spontaneität (sprich *Freiheit*) der Vernunft, die nach Kant die Grundlage der Moral bildet. Dass Kant somit entgegen seiner Absicht nicht die Freiheit aus den Krallen des Determinismus rettete, sondern im Gegenteil seine Moralphilosophie in eine Sackgasse manövrierte, ist das Thema des Aufsatzes „Der logische Ort der Freiheit".[18]

Zeidler fordert in diesem Aufsatz eine transzendentale *Synthesis*, die tiefergehender ist als die des Verstandes. Seiner Meinung nach muss der logische Ort der Freiheit identisch sein mit der Vernunft, die Wirklichkeit so vermittelt, dass wir überhaupt eine Welt haben, nicht mit einer Vernunft, die vom Verstand gezwungen wird, die Freiheit in einer intelligiblen Welt zu lokalisieren. Als Bürger dieser Welt sind wir frei – und nicht als Bürger einer intelligiblen Welt. Zeidler weist darauf hin, dass es auch in Kants eigener Moralphilosophie Gedanken gibt, die in diese Richtung weisen. Zum Beispiel, wenn Kant in der *Grundlegung zur Metaphysik der Sitten* eine mögliche Begründung für das Moralgesetz „aus dem allgemeinen Begriffe eines vernünftigen Wesens überhaupt" (*GMS* A 35) andeutet. Das Problem für Kant ist jedoch, so Zeidler, dass man in seiner Philosophie vergeblich nach einem solchen Begriff sucht.[19] Der kategorische Imperativ bleibt daher als moralisches Prinzip die Aufforderung an das empirische Ich, sich nach dem intelligiblen Ich zu richten.[20] Für das Sittengesetz ergibt sich aber damit das gleiche Anwendungsproblem wie für die Kategorien: Es gibt keinen logischen Zusammenhang zwischen dem Sittengesetz und den spezifischen Fällen, auf die es anzuwenden ist. Eine solche Verbindung zu finden, ist laut Kant Aufgabe der praktischen Urteilskraft – wohlgemerkt ohne diese Form der Urteilskraft zusammen mit der Urteilskraft zu einer grundlegenden Vernunfttätigkeit

18 Zeidler: Der logische Ort der Freiheit, in: ders.: *Vermittlungen*, 175–189.
19 Zeidler: Der logische Ort der Freiheit, 180.
20 Zeidler: Der logische Ort der Freiheit, 183.

zu verbinden.[21] Obwohl Kant der Urteilskraft eine wichtige Rolle sowohl für den Gebrauch der theoretischen als auch der praktischen Vernunft zuweist, und er in der *Kritik der Urteilskraft* sogar vorschlägt, dass sie eine Brücke zwischen ihnen bildet, macht er doch niemals die Urteilskraft zum Werkzeug einer ursprünglichen transzendentalen Synthesis. Zeidler zufolge gibt es mehrere gute Gründe, warum er genau das hätte tun sollen.

In diesem Zusammenhang hätte Kant nach Zeidlers Ansicht viel von Aristoteles zu lernen, besonders von der Funktion, die Aristoteles dem *Nous* in der *Nikomachischen Ethik* zuschreibt (*E. N.* VI 12, 1143b). Kant hätte von Aristoteles lernen können, dass es eine Form von Vernunft (Logizität) geben muss, die eine Gemeinschaft herstellt zwischen dem individuellen Fall und den allgemeinsten Prinzipien. Mit anderen Worten bedeutet das eine logische Struktur, die es uns ermöglicht, den Einzelfall zu identifizieren, da die Identifikation zugleich angibt, unter welche Regel er fällt.[22] Es wird dann eine Homogenität zwischen der Regel (Vernunft) und der Anwendung der Regel (empirisch) geben, so dass die Vernunft als Ort der Freiheit ein integraler Bestandteil der Logik wird, die auch die Erfahrung konstituiert. Voraussetzung dafür ist, dass die transzendentale Logik so gestaltet ist, dass die Formulierung, die Auslegung und die Anwendung ihrer Prinzipien (Regeln) zu Momenten des gleichen Vernunftgebrauchs werden, so dass der Einzelfall, auf den die allgemeinen Prinzipien der Vernunft angewendet werden, nicht etwas der Vernunft Fremdes ist.[23] „Das Gegebene" wird dann nicht zur Krücke, auf die sich die Vernunft auf ihrem Weg durch die Welt stützen muss, sondern wird zu einem integralen Bestandteil dieses Weges selbst! Darauf zielt Zeidler ab, wenn er behauptet, dass die transzendentale Logik so gestaltet sein muss, dass die Vernunft zum „Prinzip aller Prinzipien" (forma formarum) oder Grund aller Gründe wird.[24] Nichts anderes ist mit dem oft missverstandenen Ausdruck „Letztbegründung" gemeint.

Die Sammlung von Aufsätzen mit dem Titel *Grundlegungen. Zur Theorie der Vernunft und Letztbegründung* ist nahezu ausschließlich Fragen der Kantischen Philosophie gewidmet. Um Aussagen von Kant aufzuspüren, die sein eigenes Projekt stützen können, nimmt Zeidler den Leser auf eine eindrucksvolle Rundreise durch Kants Gesamtwerk mit. Selbst derjenige, der Kants Philosophie bereits kennt, kann hier viele bedenkenswerte Einsichten finden. Von

21 Vgl. Zeidler: Der logische Ort der Freiheit, 183–184.

22 Vgl. Zeidler: Der logische Ort der Freiheit, 184–185.

23 Vgl. Zeidler: Der logische Ort der Freiheit, 185–187.

24 Zeidler: Monade und System oder Perspektivismus versus System?, in: ders.: *Vermittlungen*, 320.

allgemeinerem Interesse ist der Aufsatz „Transformationen der Logik“, Zeidler gibt hier eine Darstellung des Verhältnisses von formaler, transzendentaler und spekulativer Logik, die für sein philosophisches Projekt sehr klärend ist.[25]

Von Aristoteles bis Frege wurde das Urteil, d.h. die prädiktive Aussage (S ist P), als das konstitutive Element des Denkens betrachtet. Dabei wurde nach Zeidler übersehen, dass die prädiktive Form des Denkens notwendigerweise mit bereits gedachten Gedanken operiert. Die formale Logik setzt stillschweigend voraus, dass die Gedanken, die ihre Zeichen repräsentieren, etwas in der Wirklichkeit repräsentieren. Zeidler fordert, dass man über das Denken nachdenkt, das notwendigerweise der Art von Logik vorausliegt, die das S ist P überhaupt aussagen kann. Kants Idee einer transzendentalen Logik, d.h. einer Logik, die die Frage nach den Möglichkeitsbedingungen dafür beantwortete, war ein großer Schritt in die richtige Richtung, war aber nach Zeidler nicht konsequent genug. Aufgrund der Ableitung der Kategorien – welche die Elemente im Voraus verbinden (synthetisch apriori) und somit die Erfahrung ermöglichen – aus der Urteilstafel, gelingt es ihm nicht vollständig, seine Version der transzendentalen Logik von der Vorherrschaft des prädikativen Denkens zu befreien.

Die Vollendung der kopernikanischen Wende

Zeidler verweist auf zwei Philosophen – Georg Wilhelm Friedrich Hegel (1776–1831) und Charles Sanders Peirce (1839–1914) – als mögliche Lehrmeister, um das volle Potenzial der kopernikanischen Wende auszuschöpfen, die Kant in der Philosophie einleitete. Er macht das in zwei zentralen Aufsätzen: „Zeichen und Schluss: Peirce und Hegel“ und „Die kopernikanische und die semiotische Wende der Philosophie“. In beiden Aufsätzen spielt Ch. S. Peirce die zentrale Rolle, Hegel gibt eher die Folie für die Argumentation ab.[26] Bekanntlich sind Peirces Schriften nicht gerade eine philosophische Bettlektüre, aber Zeidler macht einen brauchbaren Versuch zu zeigen, inwiefern Peirces Semiotik Elemente enthält, die Kants Frage aus der *Kritik der reinen Vernunft* beantworten können, wie „subjektive Bedingungen des Denkens, sollten objektive Gültigkeit haben“ (*KrV* A 89f./B 122). Peirce war ständig damit beschäftigt, eine neue Kategorientafel zu entwerfen. Zum zentralen Element muss seiner Meinung nach das Zeichen werden, weil das Zeichen umfassender ist als die Kantischen

25 Zeidler: Transformationen der Logik, in: ders.: *Grundlegungen*, 61–84.

26 Zeidler: Zeichen und Schluss: Peirce und Hegel, in: ders.: *Grundlegungen*, 197–215 und Die Kopernikanische und die semiotische Wende der Philosophie, in: ders.: *Grundlegungen*, 275–306.

Kategorien. Umfassender, weil das Zeichen enthalten ist in – ja, man möchte sagen, *entspringt* – unserem Umgang mit Welt. Ohne Zeichen kein Denken und ohne Denken (Logos) keine Welt! Das Zeichen ist daher allen Formen des Wirklichkeitsverständnisses gemeinsam und hat als solches nach Peirce eine triadische Struktur. Es fungiert gleichzeitig als Ikon (Bild), Index und Symbol. Dieser triadischen Struktur zufolge ist das Zeichen mehr als eine statische Größe, es ist etwas dynamisches, weil es sich auch immer auf einen *Interpretanten* bezieht, d.h. auf ein Zeichen, das das Zeichen als solches interpretiert.[27] Wenn man, wie Peirce, das Zeichen als so grundlegend ansieht, dass selbst die Logik Teil der Semiotik wird, dann gibt es selbstverständlich keinen Grund, mit Kant zwischen formaler und transzendentaler Logik zu unterscheiden. Dies setzt jedoch voraus, dass die Logik, um die es hier geht, in allen Formen des Denkens die gleiche ist. Aber Kant wollte wohl mit seiner Unterscheidung zwischen formaler und transzendentaler Logik auch nur zeigen, dass die Logik (die Vernunft) gewissen restringierende Bedingungen (Sinnlichkeit) unterliegen muss, *um mit Recht* Anspruch auf objektive Gültigkeit (Erfahrung) für ihre Urteile erheben zu können.

Soll die dynamische Struktur des Zeichens – Ikon, Index, Symbol (Beziehung auf einen Interpretanten, d.h. auf ein interpretierendens Zeichen) – zu ihrem Recht kommen, setzt dies jedoch voraus, dass es in einer besonderen Form des Schließens enthalten ist, die Peirce Abduktion nannte. Laut Zeidler steht Peirce völlig im Einklang mit Hegel, wenn er behauptet, dass im Schluss und nicht im Urteil (der Proposition) die eigentliche Vermittlung zwischen dem Erkenntnisobjekt und dem erkennenden Subjekt stattfindet. Soll dies jedoch möglich sein, muss die Schlusslehre des Aristoteles dahingehend transformiert werden, dass es eine Alternative zu der deduktiven und induktiven Schlussform gibt. Deshalb entwickelte Peirce seine Theorie der Abduktion als Schlussform. In der Abduktion ist das Denken nicht analytisch, sondern synthetisch, das heißt, es ergreift die Wirklichkeit so, dass die Prädikation ein „etwas" hat, auf das sie sich beziehen kann.[28] Damit das jedoch realisiert werden kann, muss die Abduktion als

27 Vgl. Zeidler: Die Kopernikanische und die semiotische Wende der Philosophie, 283–287. Zeidler kritisiert Charles W. Morris' behavioristische Auffassung des *Interpretanten* als *Interpreten*, d.h. als Zeichenbenutzer.

28 Zur transzendentallogischen Funktion der Abduktion vgl. Zeidler: Vernunft und Letztbegründung, in: ders.: *Grundlegungen*, 11–60.

erstes Element in eine Forschungsmethodologie (methodology of science) einbezogen werden.[29]

Dies kann ein geeigneter Weg sein zu verhindern, dass die Begriffe des Denkens rein willkürliche Konstruktionen sind. Aber reicht es auch dazu aus, ihre Objektivität zu gewährleisten? Um die Objektivität des Denkens sicherzustellen, was Kant mit seinem Nachweis erreicht zu haben glaubte, dass die Möglichkeitsbedingungen der Erfahrung überhaupt identisch sind mit den Möglichkeitsbedingungen der Gegenstände der Erfahrung, muss Peirce daher eine Reihe von zusätzlichen Strategien entwickeln, die seine Semiotik und die Lehre von der Abduktion als Schlussform unterstützen. Zeidler erklärt diese auch kurz und zeigt ihre Affinität zu ähnlichen Strategien in Hegels Philosophie. Interessant ist in diesem Zusammenhang sein Hinweis, dass Peirce' Begriff der „scientific community" und Hegels Begriff der „Gemeinde" die gleiche Funktion haben, sie beide sollen – wenn auch in unterschiedlicher Weise – den Kantischen Begriff der Synthesis der transzendentalen Apperzeption als Garant dafür ersetzen, dass Vernunft und Wirklichkeit – Peirce hätte gesagt, *auf lange Sicht* – zusammenfallen.[30] Was Zeidler zeigen will, ist, dass Peirce und Hegel einander in dem Versuch ergänzen, den Verstand zur Vernunft zu bringen – um es mit Hegels Worten zu sagen. Dass dies auch für Kant keine völlig fremde Problemstellung war, davon kann man sich durch die Lektüre seiner *Kritik der Urteilskraft* überzeugen. Zeidler zufolge wurde das Kant nach und nach immer klarer, zumal die Frage nach der Einheit der Vernunft auch schon in den vorangegangenen Kritiken enthalten ist. Wer unter diesem Aspekt die *Kritik der Urteilskraft* lesen möchte, findet in dem Aufsatz „Die Heautonomie der Vernunft" viele interessante Hinweise.[31]

Heautonomie bedeutet nach Kant, dass die Vernunft sich selbst Gesetze gibt und zugleich die Natur so bestimmt, dass sie als Zweck (Zweckmäßigkeit) erscheint. Mit seiner Lehre von der transzendentalen *Synthesis* – wonach

---

29 Allerdings kritisiert Zeidler zugleich auch, dass „Peirce die transzendentallogische Vermittlungsstruktur aus forschungsmethodologischer Sicht primär als abduktive Hypothesenbildung bestimmt, weil die Subjekt-Objekt-Differenz aus diesem Blickwinkel nur hypothetisch vermittelt sein kann." Zeidler: *GtL*^{3}, 213. Vgl. dazu auch Zeidler: *PzW*, 156–164. Eine Darstellung von Peirce, die K.W. Zeidlers Ausführungen trefflich ergänzt, findet sich in Kapitel IV „Kant, Bolzano und Peirce: Die Unterscheidung des Analytischen und Synthetischen, oder: Von der Erkenntnistheorie zur Semantik und Zeichentheorie" in: Michael Otte: *Analytische Philosophie. Anspruch und Wirklichkeit eines Programms*, Hamburg 2014, 155–235.

30 Vgl. Zeidler: Zeichen und Schluß: Peirce und Hegel, 199ff.

31 Zeidler: Die Heautonomie der Vernunft, in: ders.: *Grundlegungen*, 249–274.

die Möglichkeitsbedingungen der Erfahrung überhaupt zugleich die Möglichkeitsbedingungen der Gegenstände der Erfahrung sind – hatte Kant zumindest für einen begrenzten Bereich, nämlich die Natur verstanden als Inbegriff der *Erscheinungen*, die Spaltung zwischen Natur und Vernunft überwunden, die der Nominalismus verursacht hatte.[32] Ob er mit seiner Lehre von der *Zweckmäßigkeit* darüber hinausgeht, ist in der Kantliteratur umstritten. Aber mit der Unterstützung durch Peirce und selbstverständlich anhand einer Vielzahl von Textstellen aus der *Kritik der Urteilskraft*, argumentiert Zeidler gut – wenn nicht sogar überzeugend[33] –, dass Kant hier einen Begriff sucht, der die Art und Weise angibt, wie die Vernunft sich selbst konstituiert (heautonom) und sich zugleich als der Grund aller Wirklichkeit beweist. Dass der objektive Idealismus, den Zeidlers Aufsätze umkreisen, den Nominalismus somit weit stärker überwindet als die kantische Transzendentalphilosophie, belegt folgendes Zitat von Peirce:

> We find ourselves in all our discourse taking certain points for granted which we cannot have observed. The question therefore is what may we take for granted independent of all experience. The answer to this is metaphysics. But it is plain that we can thus take for granted only what is involved in logical forms.[34]

Wenn der Grund für „all our discourse“ in logischen Formen liegt, dann können diese selbstverständlich nicht bloß formal sein, sie müssen dann ebenso materielle Implikationen haben wie Platons *Ideen*, die *substantialen Formen* des Aristoteles und Hegels *Begriffe*. In Peirces Terminologie: es gibt keinen konkreten Diskurs, kein Token, ohne Vermittlung durch eine „logical form“, einen Typus.

Es bleibt allerding die Frage: befinden wir uns immer noch auf dem kritischen Weg, der laut Kant der einzige Weg ist, der offen steht?[35] Zeidler wird die Frage bejahen, da der absolute Idealismus die Vollendung der kopernikanischen Wende sei, die Kant in der Philosophie eingeleitet hat. Das philosophische Projekt, das Zeidler in diesen Aufsätzen vorlegt und das er in seinem Buch *Grundriss der transzendentalen Logik* systematisch dargestellt hat, bietet eine gründlichere Überwindung des Nominalismus als Kants transzendentale

---

32 Vgl dazu das Kapitel II. „Die nominalistische Krise und der Gegenzug der Transzendentalphilosophie“ in: Josef Simon: *Sprachphilosophie*, Handbuch Philosophie, Freiburg 1981, 36–72.

33 Dass es durchaus möglich ist, Kants Lehre von der Heautonomie der Vernunft auf andere Weise zu lesen, habe ich in meiner Doktorarbeit *Transzendentalphilosophie und System. Zum Problem der Geltungsgliederung*, Bonn 1994, 64–83 zu zeigen versucht.

34 *Writings of Charles S. Peirce*, ed. M. H. Fisch et al., Bloomington/Indianapolis 1982ff., Vol. 1, 302, zitiert nach K.W. Zeidler: *Grundlegungen*, 213.

35 *KrV* A 856/B 884. „Der kritische Weg ist allein noch offen.“

Philosophie. Sie erfolgt allein über rein philosophische Argumente. Aber kann das genügen? Wenn man bedenkt, dass die treibende Kraft hinter dem Nominalismus theologischer Natur war, ist es dann nicht naheliegend anzunehmen, dass seine Überwindung auch theologischer Natur sein muss, das heißt, als Teil des Problems *Gott und Welt* begriffen werden muss?

Literaturverzeichnis

Gillespie, Michael Allen: *The Theological Origins of Modernity*, Chicago 2008.

Hartmann, Nicolai: Aristoteles und das Problem des Begriffs, in: ders.: *Kleinere Schriften II*, Berlin 1957.

Hartmann, Nicolai: Zur Lehre vom Eidos bei Platon und Aristoteles, in: ders.: *Kleinere Schriften II*, Berlin 1957.

Otte, Michael: *Analytische Philosophie. Anspruch und Wirklichkeit eines Programms*, Hamburg 2014.

Peirce, Charles S.: *Writings of Charles S. Peirce*, Vol. 1, ed. M. H. Fisch et al., Bloomington/Indianapolis 1982.

Putnam, Hilary: *Realism with a Human Face*, Cambridge, Mass. 1992.

Rosen, Stanley: *The Question of Being. A Reversal of Heidegger*, New Haven 1993.

Simon, Josef: *Sprachphilosophie*, Handbuch Philosophie, Freiburg 1981.

Steinar, Mathisen: *Transzendentalphilosophie und System. Zum Problem der Geltungsgliederung*, Bonn 1994.

Zeidler, Kurt Walter: *Vermittlungen. Zum antiken und neueren Idealismus*, Wien 2016.

Zeidler, Kurt Walter: Genetischer Naturalismus und Idealismus. Überlegungen zum genetischen Naturalismus von Günter Dux, in: ders.: *Vermittlungen*, 11–42.

Zeidler, Kurt Walter: Natur und Freiheit, mit Blick auf Cassirer und Heidegger, in: ders.: *Vermittlungen*, 43–57.

Zeidler, Kurt Walter: Die Wesentlichkeit einer subjektiven Deduktion, in: ders.: *Vermittlungen*, 59–73.

Zeidler, Kurt Walter: Hat Platons Höhle einen Ausgang?, in: ders.: *Vermittlungen*, 75–90.

Zeidler; Kurt Walter: Syllogismus est principium Idealismi, in: ders.: *Vermittlungen*, 109–127.

Zeidler, Kurt Walter: Der logische Ort der Freiheit, in: ders.: *Vermittlungen*, 175–189.

Zeidler, Kurt Walter: Platons Antizipation und Überwindung des Universalienstreits, in: ders.: *Vermittlungen*, 191–207.

Zeidler, Kurt Walter: Monade und System oder Perspektivismus versus System?, in: ders.: *Vermittlungen*, 317–332.

Zeidler, Kurt Walter: *Grundlegungen. Zur Theorie der Vernunft und Letztbegründung*, Wien 2016.

Zeidler, Kurt Walter: Vernunft und Letztbegründung, in: ders.: *Grundlegungen*, 11–60.

Zeidler, Kurt Walter: Transformationen der Logik, in: ders.: *Grundlegungen*, 61–84.

Zeidler, Kurt Walter: Zeichen und Schluss: Peirce und Hegel, in: ders.: *Grundlegungen*, 197–215.

Zeidler, Kurt Walter: Die Heautonomie der Vernunft, in: ders.: *Grundlegungen*, 249–274.

Zeidler, Kurt Walter: Die Kopernikanische und die semiotische Wende der Philosophie, in: ders.: *Grundlegungen*, 275–306.

Lois Marie Rendl (Wien)

Transzendentalität als Verhältnis aller Verhältnisse und Konkretisierung alles Konkreten

Zur Problementfaltung von Zeidlers Schlusslogischer Letztbegründung im Ausgang von Peirce, Hegel und Schelling

> […] bleibt somit nur der (apriorische) Weg einer ‚Transzendentalen Deduktion' des gesamten Systems: d.h. die Ideen selbst (das Transzendentale schlechthin) müssen sich am Leitfaden der Logik zu Bestimmungen konkretisieren, die weder nur logische, noch nur objektive, sondern eben ‚transzendentale' (der weiteren Konkretion fähige und zugleich sich immer schon konkretisiert habende) Bestimmungen sind.
>
> K. W. Zeidler: Reflexivität und Begründung, in: ders.: *Grundlegungen*, 130.

In der Aufsatzsammlung *Grundlegungen. Zur Theorie der Vernunft und Letztbegründung*, versammelt Zeidler seine „Aufsätze aus den Jahren 1981 bis 1996, die Vorarbeiten leisten und Ergänzungen liefern zu den systematischen Monographien, dem *Grundriß der transzendentalen Logik* (1992) und den *Prolegomena zur Wissenschaftstheorie* (2000)", die

> alle im Dienste der Aufgabe [stehen], die der früheste Beitrag *Transformationen der Logik* (1981) in die Worte faßt: ‚ein am Kantischen Anspruch einer Vermittlung von Vernunft- und Erfahrungserkenntnis festhaltendes Philosophieren [steht] vor der Aufgabe, die bei Kant noch urteilslogisch (kategorial) aufgefaßte (damit aber bereits vernunftkritisch ‚aufgelöste') *Vermittlung* selbst zu thematisieren' […]. […] radikalisiert zu der ‚Frage, wie Vermittlung, vor aller urteilenden Fixierung des zu Vermittelnden, gedacht werden könne' […], ist sie die fundamentallogische Grundfrage der abendländischen Philosophie von Anbeginn. […] In neuerer Zeit erneut angestoßen durch Kants Frage nach dem *synthetischen Apriori*, wurde das fundamentallogische Problem begriffen und strikt als logisches Problem behandelt nur in der *Dialektik* Hegels und in der *Semiotik* von Ch. S. Peirce.[1]

1 K.W. Zeidler: *Grundlegungen*, 5–6, vgl. 65 u. 82. Vgl. dazu auch a.a.O., 7: „[…] Hegel und Peirce, die beiden Autoren, denen ich nächst Kant die wichtigsten Anregungen verdanke, […]." Es stimmt zwar, dass für Zeidler mit Blick auf die *Transzendentale*

Um Zeidlers Entwicklung und Lösung dieser Problemstellung im Ausgang von Peirce, Hegel und Schelling in ihren Grundzügen zu rekonstruieren, werden im Folgenden neben den in den *Grundlegungen* publizierten Aufsätzen auch Zeidlers Dissertation *Logik des Erkenntnisprozesses. Deduktion – Induktion – Abduktion* (1979) und seine Habilitationsschrift *Vernunft und Erfahrung: Untersuchungen zum Erkenntnisproblem in Philosophie und Wissenschaftstheorie* (1986) heranzuziehen sein. Besonders aus der Dissertation werden wir auch längere Passagen referieren, da Zeidler dort für seine schlusslogische Letztbegründung grundlegende Gedanken das erste Mal entwickelt, und diese Schrift nicht publiziert ist.

Bei aller Eigenständigkeit, mit der sich Zeidler in der Auseinandersetzung mit der philosophischen Tradition, von der sprachanalytischen Wissenschaftstheorie und transzendentalen Hermeneutik im 20. Jh. über die Erkenntnistheorie der frühen Neuzeit und den neueren Idealismus von Kant bis Hegel und des Neukantianismus bis zum antiken Idealismus von Platon und Aristoteles, sein Verständnis der Grundfragen der Philosophie erarbeitet hat, wird in diesem Zusammenhang auch auf die Bedeutung zweier „Lehrer" einzugehen sein, die, ungeachtet aller methodischen und systematischen Differenz, die bereits früh die Wege getrennt hat und im Rückblick daher nur mehr wenige, allerdings nicht unerhebliche, Übereinstimmungen erkennen lässt, die anfängliche Problemstellung vorgegeben und damit auch die Richtung von Zeidlers Denken und nicht zuletzt auch dessen Abweichung von den Hauptströmungen der gegenwärtigen Philosophie nicht unwesentlich beeinflusst haben, es sind dies *Erhard Oeser* und *Erich Heintel*. Hier ist allerdings von vornherein auf eine entscheidende Differenz hinzuweisen, denn während Oeser tatsächlich Zeidlers Lehrer war, der auch seine Dissertation betreute, so nahm Zeidler mit Heintel erst nach seiner Promotion im Frühjahr 1980, also zu einem Zeitpunkt, als sein Denken, wie wir sehen werden, bereits eine bestimmte Richtung eingeschlagen hatte, Kontakt auf, da er beabsichtigte, in dem damals von Heintel herausgegebenen *Wiener Jahrbuch für Philosophie* zu publizieren und am philosophischen Institut Fuß zu fassen. Verständlicher Weise suchte er daher nach inhaltlichen Anknüpfungspunkten, die er auch, v.a. in Heintels Rede vom „Problem der Konkretisierung der Transzendentalität", fand – nicht zuletzt auch deshalb weil Oeser selbst bei Heintel studiert hatte –, jedoch stand er Heintel bei aller Übereinstimmung von Anfang an kritisch gegenüber und verfolgte sein eigenes bereits in dem Aufsatz

---

Dialektik „nächst Kant" Hegel und Peirce diejenigen sind, denen er die „wichtigsten Anregungen" verdankt, wir werden aber sehen, dass dies mit Blick auf seine Rekonstruktion der *Transzendentalen Ästhetik* und *Analytik* Schelling ist.

Transformationen der Logik skizziertes Programm. Dennoch war die kritische Auseinandersetzung mit Erich Heintel, ebenso wie diejenige mit *Karl-Otto Apels* „‚Transformation' der Kantischen ‚Vernunftkritik' in eine ‚Sinnkritik'",[2] für die Festigung seiner eigenen Position sicherlich nicht ohne Bedeutung.[3]

Zeidler begann seine Dissertation, wie er im Vorwort schreibt, „als Untersuchung der ‚Logic of Discovery' Norwood R. *Hanson*s und verschiedener anderer Ansätze zur Heuristik", wandte sich aber „nach anfänglichen Irrfahrten in den Labyrinthen gegenwärtiger Wissenschaftstheorien und Methodologien" dem „Problem des synthetischen Erkennens" und damit „der Sache selbst zu: dem ‚abduktiven Schlusse' bei *Peirce*, der die Grundlage der ‚Forschungslogik' *Hanson*s bildet."[4] „Dem Studium der Philosophie *Peirce*ns und dem glücklichen Zufalle der Entdeckung der formalen Identität von ‚Abduktion' bei *Peirce* und ‚Analogie' bei *Hegel*, verdankt diese Arbeit", so Zeidler, „denn auch ihrer jetzige Gestalt und ihren Inhalt."[5] Bereits in dieser frühen Arbeit entwirft er im Anhang eine „Theorie der Grundlagen rationaler Vermittlung, eine ‚Logik des Erkenntnisprozesses'" im Anschluss an Hegels und Peirce' transzendentallogische und begriffsrealistische Interpretation der Aristotelischen Syllogistik.[6] Zeidler geht in seiner Dissertation zunächst von dem vor dem Hintergrund der „Kuhn-Popper-Debatte" unternommenen Versuch der Überwindung des Gegensatzes von Wissenschaftslogik und Wissenschaftsgeschichte durch die Bestimmung der *Wissenschaftstheorie als Rekonstruktion der Wissenschaftsgeschichte* seines Lehrers Erhard Oeser aus,[7] wendet sich aber schließlich der

---

2 Zeidler: Transformationen der Logik, in: ders.: *Grundlegungen*, 65–66, Anm. 11. Zu Zeidlers Auseinandersetzung mit Apel, auf die wir hier nicht näher eingehen können, vgl. Zeidler: Reflexivität und Begründung, in: ders.: *Grundlegungen*, 115–124. Vgl. dazu außerdem Zeidlers Auseinandersetzung mit der *Kritischen Theorie* der Frankfurter Schule in: *PzW*, 87–101.

3 In diesem Zusammenhang mag auch noch einiger bereits verstorbener Kollegen Zeidlers an der Universität Wien gedacht werden, mit denen er befreundet war, es sind dies die „Hegelianer" *Franz Ungler*, *Urs Richli* und *Falk Wagner*. Zu Falk Wagner vgl. Zeidler: Protestantismus der Vernunft. Zu Falk Wagners Theo-Logie, in: Chr. Danz, M. Murrmann-Kahl (Hg.): *Spekulative Theologie und gelebte Religion. Falk Wagner und die Diskurse der Moderne*, Tübingen 2015, 213–226.

4 Zeidler: *Logik des Erkenntnisprozesses. Deduktion – Induktion – Abduktion*, Diss., Wien 1979, 2.

5 Ibid.

6 Ibid., vgl. 78ff.

7 Zeidler: *Logik des Erkenntnisprozesses*, 5–16 u. 67–76, vgl. Erhard Oeser: *Wissenschaft und Information*, 3 Bände, Wien/München 1976 und ders.: *Wissenschaftstheorie als*

fundamentalphilosophischen Aufgabe einer „logischen und erkenntnistheoretischen Klärung der wissenschaftstheoretischen Begründungsproblematik" zu, die Oeser, v.a. in Anknüpfung an *Schelling* und *Aristoteles*, als Aufgabe einer „elementare[n] Erkenntnistheorie als Abstraktions- oder Begriffsbildungstheorie" begreift, und kommt damit von Peirce und Hegel zu Kant und dem Problem einer transzendentalen Logik.[8] Beide Problemstellungen, sowohl die wissenschaftstheoretische oder methodologische als auch die im engeren Sinn philosophische oder transzendentallogische, verfolgt er in seiner Habilitationsschrift *Vernunft und Erfahrung: Untersuchungen zum Erkenntnisproblem in Philosophie und Wissenschaftstheorie* weiter, aus deren beiden Hauptteilen später der *Grundriß der transzendentalen Logik* und die *Prolegomena zur Wissenschaftstheorie* hervorgegangen sind.[9] Insofern Zeidlers Auseinandersetzung mit der Schlusslogik von Peirce und Hegel auch für seine Kantinterpretation und -kritik bestimmend ist, wird uns diese zum Leitfaden dienen, anhand dessen wir seinen Weg von der Dissertation bis zum *Grundriß* nachzuzeichnen versuchen wollen, wobei wir mit Blick auf seine schluss- und begriffslogische Rekonstruktion der *Kritik der reinen Vernunft* im zweiten Teil von *Vernunft und Erfahrung* und im *Grundriss*, die die *transzendentale Dialektik* als Prinzipien- und Begründungstheorie systematisch voranstellt und damit die Kantische Vernunftarchitektonik umkehrt,[10] deren Herzstück, die *transzendentale Ästhetik* und *Analytik*, die er in

---

Rekonstruktion der Wissenschaftsgeschichte, 2 Bände, Wien/München 1979 und Zeidler: *PzW*, 110–113 und ders.: Begriff und ‚Faktum' der Wissenschaft, in: ders.: *Provokationen*, Wien 2018, 312. Im Vorwort seiner Dissertation (*Logik des Erkenntnisprozesses*, 3) spricht Zeidler „seinem Lehrer, Herrn Professor Erhard *Oeser*, für viele Anregungen und sein stets verständnisvolles Entgegenkommen, seinen herzlichen Dank" aus. Als „Hauptlehrer" in der Philosophie nennt er in dem seiner Dissertation angehängten Lebenslauf neben Oeser noch Johann *Mader*. Vgl. Zeidler: *Logik des Erkenntnisprozesses*, 93.

8 Vgl. Zeidler: *Logik des Erkenntnisprozesses*, 7, 15–16 u. 46 und Oeser: *Wissenschaft und Information*, Bd. 1, 20–24 und ders.: *Begriff und Systematik der Abstraktion*, Wien/München 1969.

9 Vgl. *GtL*[3], 17, Anm. 1.

10 Zeidler behandelt die Schluss- und Ideenlehre im *Grundriss* zwar erst im Anschluss an die Kategorien- und Schematismuslehre, sie ist für letztere aber von Anfang an leitend und grundlegend und ihre Nachordnung nur dadurch bedingt, dass Zeidler zunächst Kants Gedankengang in der transzendentalen Analytik folgt und vor dem Hintergrund der schlusslogischen Letztbegründung reformuliert. Dieses Verhältnis von Dialektik und Analytik wird auch deutlich an der Aufeinanderfolge der Aufsätze „Reflexivität und Begründung" und „Die transzendentale Geschichte des Ichs" in den *Grundlegungen*, die diese Problementfaltung dokumentieren. Vgl. dazu bes. *Grundlegungen*, 140 und *GtL*[3],

einer genetischen Entfaltung der Kategorienlehre im Rückgriff auf Kants „subjektive Deduktion" und das Schematismuskapitel miteinander verbindet, wobei er sich v.a. an Schelling orientiert, weitgehend unberücksichtigt lassen müssen.[11]

Logik des Erkenntnisprozesses - Peirce und Hegel (1973-1981)[12]

Der „Ausgangspunkt der *Peirce*schen Philosophie" ist nach Zeidler „seine Nominalismuskritik".[13] Was Zeidler diesbezüglich von Peirce sagt, kann mit einer gewissen Einschränkung auch von ihm selbst gesagt werden:

> Die Kritik des Nominalismus bildet nicht nur den Ausgangs- sondern auch den steten Bezugspunkt des *Peirce*schen Denkens, in all seinen vielfältigen und teils widersprüchlichen Ausformungen. Sie bildet demnach den Leitfaden für die Herausarbeitung des systematischen Grundgedankens dieser Philosophie, wie dies durch Karl-Otto Apel [...] erfolgte, [...].[14]

87–88, 93–94, 102–103, 189–190, 197–199, 256–257. Eine entsprechende systematische Darstellung der transzendentalen Logik hat Zeidler bisher nur in der von ihm regelmäßig gehaltenen Vorlesung *Einführung in die Erkenntnislehre* und im Sommersemsester 2008 in der Vorlesung *Systematik der Philosophie im Grundriß: Dialektik - Analytik - Methodenlehre - Metaphysik* präsentiert. Die Publikation einer systematischen Darstellung hat er aber bereits seit längerem angekündigt. Zeidler verbindet außerdem Kants Analytik der Grundsätze mit dessen Lehre vom regulativen Gebrauch der Ideen der reinen Vernunft zu einer seine Systematik abschließenden wissenschaftstheoretischen *Methodenlehre*, die er in *Vernunft und Erfahrung* und in den *Prolegomena* unter dem Gesichtspunkt der „Realisierung der Erfahrung", d.h. des urteilslogischen reflektierenden Verstandes*gebrauchs*, dessen Momente allerdings selbst wiederum dialektisch vermittelt sind, ausführt, die wir allerdings hier ebenfalls unberücksichtigt lassen müssen. Vgl. dazu Zeidler: *Vernunft und Erfahrung*, 75–108 u. 231–234 und *PzW*, 102–164.

11 Eine nähere Auseinandersetzung mit Zeidlers genetischer Entfaltung der kategorialen Systematik müsste neben *Schelling* natürlich auch *Fichte* berücksichtigen.

12 Zeidler inskribierte im Wintersemester 1973 „an der Universität Wien Philosophie und Jus, führte aber nur erstere mit den Nebenfächern Politikwissenschaft und Mittelalterliche und neuere Kunstgeschichte fort." Zeidler: *Logik des Erkenntnisprozesses*, 92. Die wichtigsten Ergebnisse seiner Dissertation *Logik des Erkenntnisprozesses. Deduktion – Induktion – Abduktion* (1979), fasst er in dem Aufsatz „Transformationen der Logik" (1981) zusammen.

13 Zeidler: *Logik des Erkenntnisprozesses*, 46.

14 Zeidler: *Logik des Erkenntisprozesses*, 46, Anm. 4, vgl. Karl-Otto Apel: *Der Denkweg von Charles S. Peirce*, Frankfurt a. M. 1975.

Die Einschränkung besteht darin, dass Zeidler, im Unterschied zu Peirce, der sein System nur in Aufsätzen und Vorlesungen veröffentlicht sowie in größtenteils nur fragmentarischen Entwürfen ausgearbeitet und in immer wieder neuen Anläufen vielfach überarbeitet hat, Zeidler den *Grundriss* seines Systems, zu dem die Aufsätze nur Vorarbeiten und Ergänzungen bilden, im Wesentlichen fertig vorgelegt hat. Peirce' *Nominalismuskritik* ist, so Zeidler, „ihrerseits vor allem *Kant*kritik."[15] Auch dies trifft auf Zeidler selbst zu.[16] Da Peirce „den *Kant*ischen Grundsatz der Beschränkung aller Begriffsgeltung auf mögliche Erfahrung kritisch gegen die Postulierung des ‚Ding an sich'" wendet, stellt sich ihm „die Frage nach der Struktur und der Legitimation der Vermittlung von Erfahrung und begrifflicher Repräsentation, d.h. [...] das Problem *Humes* und *Kants* (das Grundproblem der Philosophie schlechthin) in erneuter Form." Fragt Kant: „‚Wie sind synthetische Urteile a priori möglich?', so fragt *Peirce* (unter Aufgabe eben dieses Letztbegründungsanspruches, der *Kant* in die Paradoxien des ‚Ding an sich' führt): ‚Wie sind synthetische Urteile überhaupt möglich?' "[17] Kurz gesagt zieht Peirce daraus, dass die *Dinge an sich* per definitionem

---

15 Zeidler: *Logik des Erkenntisprozesses*, 46.

16 Nach Zeidler war „die transzendentale Logik Kantens [...] als die konsequenteste und zugleich differenzierteste Architektonik des urteilslogischen Denkens, der notwendige Anstoß zur Emanzipation der Logik vom Primat der Urteilsform." Zeidler: Transformationen der Logik, 64.

17 Zeidler: *Logik des Erkenntisprozesses*, 46–47, vgl. 32–36 und *CP* 5.452, 5.525 und Ch. S. Peirce: Grounds of the Validity of the Laws of Logic (1869), in: *Writings of Charles S. Peirce*, Volume 2, Harvard 1984, 267–268 (= *CP* 5.348). Vgl. dazu auch Apel: *Der Denkweg*, 28–30 u. 51ff. Vgl. dazu auch Zeidler: Transformationen der Logik, in: *Grundlegungen*, 77–79 und *GtL*³, 210. Peirce wird wie allgemein üblich nach den *Collected Papers of Ch. S. Peirce*, Vol. I-VI, ed. by Ch. Hartshorne und P. Weiss, Vol. VII-VIII, ed. by A.W. Burks, Cambridge/Mass. 1931–35, 1958 unter Angabe des Bandes und des Paragraphen (*CP* 5.348 = Vol. V, Paragraph 348) und nach den *Writings of Charles S. Peirce. A chronological edition*, Vol. 1ff., ed. by Max H. Fisch et al., Bloomington 1982ff. (*WP* 1, 176 = Vol. 1, Seite 176) zitiert. Auf nicht publizierte Manuskripte wird nach dem von Richard S. Robin erstellten *Annotated Catalogue of the Papers of Charles S. Peirce* (R 475 = Manuskript Nr. 475 nach Robins Katalog. Nachträgliche Ergänzungen des Katalogs werden mit S statt R gekennzeichnet: S 60 = Supplement 60.) verwiesen. Außerdem wurden die Manuskripte für die Publikation in den *Writings* rekonstruiert und chronologisch geordnet. Ein Verzeichnis dieser neu geordneten Manuskripte findet sich im Anhang jedes Bandes der *Writings*. (MS 116 = Manuskript 116 im Verzeichnis der *Writings*). Zeidler selbst zitiert außerdem nach Charles S. Peirce: *Schriften zum Pragmatismus und Pragmatizismus*, hg. von K.O. Apel, übers. von G. Wartenberg, Frankfurt a. M. 1976.

unerkennbar sind, die Konsequenz, dass von *Realität* nur sinnvoll gesprochen werden kann, insofern sie *begrifflich repräsentiert* werden kann. Da Peirce aber Kant auch darin folgt, dass uns die Gegenstände der Erfahrung nicht einfach gegeben werden, sondern dass die Erkenntnis von Gegenständen das Resultat einer Synthesis des Mannigfaltigen in der Anschauung gegebenen ist, stellt sich ihm im Zusammenhang mit seinem Interesse an Logik, Psychologie und Wissenschaftsmethodologie die Frage, wie nicht allein die objektive Gültigkeit der Kategorien bzw. der synthetischen Grundsätze als Bedingungen der Möglichkeit der Erfahrung, sondern vor allem wie überhaupt die objektive Gültigkeit jeglicher kategorialen Synthesis und damit begrifflichen Repräsentation von empirischer Realität begründet ist, da ja Realität letztlich in nichts anderem als dieser Repräsentierbarkeit besteht.[18] Wesentlich für Peirce' Antwort auf diese Frage ist seine „Unterscheidung von Deduktion, Induktion und ‚Hypothesis' (später auch ‚Abduktion' oder ‚Retroduction' genannt)."[19] Peirce entdeckte diese Unterscheidung bei dem Versuch den Prozess der Induktion syllogistisch zu formulieren. Da Aristoteles die Induktion als Schluss der 3. Figur von Konklusion und Untersatz eines Schlusses der 1. Figur (Barbara) als Prämissen auf den Obersatz definiert, kam Peirce auf die Idee, dass es auch einen Schluss (der 2. Figur) geben müsse, der von Konklusion und Obersatz eines Schlusses der 1. Figur als Prämissen auf den Untersatz schließt.[20] D.h. es gibt zwei *nicht-deduktive* Formen zu schließen, die die Prämissen (Obersatz und Untersatz) eines deduktiven Schlusses der 1. Figur erschließen. Peirce bezeichnet den Obersatz auch als *Regel*, den Untersatz als *Fall* und die Konklusion als *Resultat*. Demnach ist die *Abduktion* oder *Hypothesis* im Unterschied zu Induktion und Deduktion ein „Schluß von

18 Wichtig Anregungen für die Lösung dieses Problems dürfte Peirce u.a. in Kants Lehre vom *regulativen Gebrauch der Ideen der reinen Vernunft* sowie in der *Transzendentalen Methodenlehre* gefunden haben, wobei auch die Kant-Interpretation Whewells eine Rolle gespielt haben mag. Vgl. dazu Peirce' Brief an Francis E. Abbot vom 5. Februar 1865, in: *WP* 1, 156–160, bes. 159. Zu William Whewells Theorie der Induktion und zu Peirce' Verhältnis zu Whewell vgl. auch Zeidler: *Logik des Erkenntnisprozesses*, 41–48.

19 Zeidler: *Logik des Erkenntisprozesses*, 47–48.

20 Zeidler: *Logik des Erkenntisprozesses*, 48, vgl. dazu Apel, *Der Denkweg*, 80, der dort (nach Murray G. Murphey: *The Development of Peirce's Philosophy*, Harvard 1961, 60) aus Peirce' achter *Lowell Lecture* von 1903 über die Abduktion (R 475) zitiert. Vgl. dazu auch *CP* 4.2f. (from the second lecture on ‚Detached Ideas on Vitally Important Topics' of 1898) und *WP* 1, 176ff. (Harvard Lecture II, 1865) und Aristoteles: *Anal. Pr.* 68b15–37.

Regel und Resultat auf den Fall". Es handelt sich dabei für Peirce um eine „hypothetische Festsetzung".[21]

> Den deduktiv-analytischen Schlußweisen stehen nun zwei synthetische gegenüber, deren Verhältnis zueinander einer näheren Klärung bedarf: ‚Durch Induktion schließen wir, daß Fakten, die beobachteten Fakten ähnlich sind, in nicht überprüfbaren Fällen wahr sind. Durch Hypothese schließen wir auf die Existenz eines Faktums, das ganz verschieden von etwas Beobachtetem ist, aus dem sich jedoch nach bekannten Gesetzen etwas Beobachtetes notwendig ergeben würde. Erstere ist das Schlußfolgern vom Partikulären auf das allgemeine Gesetz; letztere von der Wirkung auf die Ursache. Erstere klassifiziert, letztere erklärt.‘[22]

Da „*Peirce* hier die Abduktion als ‚Erklärung‘ auffaßt", weist Zeidler

> auf die Differenz zwischen *Peirce*schem Pragmatismus und analytischer Philosophie, und auf die Defizienz letzterer hin[...]: *Hempel-Oppenheim* verstehen unter ‚Erklärung‘ die ‚deduktive Subsumption des explanandum‘, des zu Erklärenden, unter allgemeine Gesetzte und Einzelfakten (‚explanans‘). Ungelöst bleibt dabei freilich die Annahme des ‚explanans‘ selbst, so daß nur dogmatische Setzung des ‚explanans‘ vor einem ad infinitum gehenden ‚Erklärungsregreß‘ bewahren kann; ja diese Theorie wissenschaftlicher Erklärung ist um so bedenklicher, als nicht nur ein auf immer höhere Meta- und Metametaebenen führender ‚regressus ad infinitum‘ aus ihr folgt, sondern bereits auf der untersten Ebene möglicher ‚erklärender‘ Gesetzte und Fakten prinzipielle Beliebigkeit und Wahllosigkeit herrscht. Es stellt sich hier eben das Problem einer ‚Logik der Forschung‘ in Form der Frage nach der ‚Erklärung‘ des, die deduktive Erklärung(=Prognose) leistenden ‚explanans‘. Auf dieses Problem gibt *Peirce* eine Antwort, in dem er auf nicht-deduktive Strukturen der logischen Verknüpfung hinweist, die ihrerseits Bedingungen der Möglichkeit deduktiven Schlußfolgerns sind.[23]

Allerdings ist hier noch völlig unklar, wie Peirce mit diesem Hinweis eine Antwort auf dieses Problem gegeben hat, denn mit der syllogistischen Formulierung von Induktion und Abduktion als nicht-deduktiven Formen zu schließen, die die Prämissen eines deduktiven Schlusses der 1. Figur erschließen, ist noch nicht bestimmt, inwiefern sich die Abduktion von einer prinzipiell beliebigen „dogmatischen Setzung des ‚explanans‘" unterscheidet. Vielmehr scheint Peirce die

21 Zeidler: *Logik des Erkenntisprozesses*, 48, vgl. *CP* 2.623 (Deduction, Induction, and Hypothesis, 1878). Vgl. dazu Zeidler: Transformationen der Logik, 81–82 und ibid. Anm. 39 und *GtL*[3], 212–213.

22 Zeidler: *Logik des Erkenntisprozesses*, 48–49, Zeidler zitiert hier *CP* 2.636 (Deduction, Induction, and Hypothesis, 1878).

23 Zeidler: *Logik des Erkenntisprozesses*, 49, Zeidler zitiert hier Carl G. Hempel: Erklärung in Naturwissenschaft und Geschichte, in: L. Krüger (Hg.): *Erkenntnisprobleme der Naturwissenschaft*, Köln 1970, 216.

Abduktion *forschungslogisch* eben gerade als „deduktive Subsumption des explanandum" mittels „hypothetischer Festsetzung" verstanden zu haben, die ein Faktum *erklärt*, indem sie es unter ein Gesetz subsumiert.[24] Peirce hat mit dem Verweis auf „nicht-deduktive Strukturen der logischen Verknüpfung" also weniger eine Antwort gegeben als ein Problem formuliert.[25] Für Zeidler ist hier aber offenbar entscheidend, dass Peirce mit den „zwei *synthetischen* Schlußweisen" Induktion und Abduktion „*Bedingungen der Möglichkeit* deduktiven Schlußfolgerns" aufweist.[26] Diesen „genuin logischen und philosophischen Kern der *Peirce*schen Überlegungen" verfehlte Hanson „vollkommen, woran nicht zuletzt *Peirce* selbst Schuld trägt, da er in seinen späteren Aufsätzen Abduktion, Induktion und Deduktion in einer der ursprünglichen Auffassung nicht mehr adäquaten Weise als Stadien des Forschungsprozesses zu rekonstruieren versucht."[27] Die Induktion ist nach Peirce jedoch nicht nur „der Schluß auf das allgemeine Gesetz", sondern auch

> die ‚Formel der Bildung einer Verhaltensgewohnheit oder eines allgemeinen Begriffes', die Abduktion hingegen ist ‚die Formel der Gewinnung einer sekundären Sinnesempfindung – ein Prozeß, durch den eine konfuse Verbindung von Prädikaten unter

---

24 Vgl. dazu *CP* 2.624: „Induction is where we generalize from a number of cases of which something is true, and infer that the same thing is true of a whole class. Or, where we find a certain thing to be true of a certain proportion of cases and infer that it is true of the same proportion of the whole class. Hypothesis is where we find some very curious circumstance, which would be explained by the supposition that it was a case of a certain general rule, and thereupon adopt that supposition. Or, we find that in certain respects two objects have a strong resemblance, and infer that they resemble one another strongly in other respects."

25 Vgl. Zeidler: Transformationen der Logik, 81–82 und ibid. Anm. 39. Wir folgen hier der Peirce-Interpretation Zeidlers ohne diese selbst in direkter Bezugnahme auf Peirce' Schriften zu diskutieren, da es uns vorrangig um die Rekonstruktion und das Verständnis von Zeidlers Gedankengang zu tun ist.

26 Zu berücksichtigen ist auch, dass Zeidler Peirce hier wohl schon im Lichte von Hegels Begriffslogik interpretiert.

27 Zeidler: *Logik des Erkenntnisprozesses*, 52. Allerdings stellt Peirce nicht nur in seinen „späten Arbeiten, abduktive Hypothesen- oder Theorienfindung, Deduktion der logischen Konsequenzen und induktive(= experimentelle) Überprüfung einer Theorie oder Hypothese einander gegenüber[]", sondern vermengt auch von Anfang an die *philosophische* (transzendentallogische) und die *forschungslogische* (methodologische) Funktion der drei Schlüsse, worauf Zeidler später auch hinweist. (Vgl. *Logik des Erkenntnisprozesses*, 70; *Transformationen der Logik*, 77–78, Anm. 32; *PzW*, 158 u. *GtL*³, 213–214) Auch unterscheidet Zeidler selbst in der Dissertation noch nicht immer scharf zwischen philosophischer und forschungslogischer Funktion.

einem einheitlichen Prädikat synthetisch geordnet wird.' Die vordergründig psychologische Deutung der drei Schlußformen als ‚Formel des Willensentschlusses' (=Deduktion), ‚Formel der Bildung einer Verhaltensgewohnheit' (=Induktion) und ‚Formel der Gewinnung einer sekundären Sinnesempfindung' (=Abduktion), mag auf den ersten Blick befremdlich erscheinen, tatsächlich aber entspringt sie nicht einer psychologistischen Fehlinterpretation logischer Kategorien, sondern dem Bedürfnisse ihrer Fundierung im Sinne einer der Logik zugrundeliegenden Anthropologie und Metaphysik. Denn mit dem Aufweis der logischen Struktur der Vermittlung von Begriff und Realität, ist das philosophische Problem einer Legitimation der begrifflichen Repräsentation der Realität noch nicht gelöst.[28]

Die Feststellung des Bedürfnisses der *Fundierung logischer Kategorien im Sinne einer der Logik zugrundeliegenden Anthropologie und Metaphysik* ist ein erster Hinweis auf Zeidlers philosophisches Programm der *Konkretisierung der Transzendentalität* durch die *Verbindung von transzendentaler Logik und Phänomenologie bzw. Analytik und Ästhetik.*[29] Von zentraler Bedeutung ist in diesem Problemzusammenhang der abduktive Schluss, so Zeidler, insofern Peirce „auf die Wichtigkeit der ‚Namengebung', der ‚primären Deutung von etwas ‚als etwas'" hingewiesen, und als extremen Fall eines derartigen hypothetischen Prozesses das Wahrnehmungsurteil (judgment of sensation) bezeichnet" hat.[30] „Diese unbewußten Prozesse werden ihrerseits von einer ‚gewissen Einsicht (insight)' gesteuert, ‚um nicht in der überwältigenden Mehrzahl aller Fälle eher

28 Zeidler: *Logik des Erkenntnisprozesses*, 52. Zeidler zitiert hier *CP* 2.713 (A Theory of Probable Inference, 1883).

29 Vgl. dazu Zeidler: *GtL*[3], 212 u. 256–258 und Transformationen der Logik, in: ders.: *Grundlegungen*, 84 und Reflexivität und Begründung, in: ders.: *Grundlegungen*, 130, Anm. 47. Wichtig in diesem Zusammenhang ist der Hinweis darauf, dass für Peirce, wie auch für Zeidler, die Metaphysik und Psychologie oder Anthropologie in der Logik gründen, d.h. genauer in einer transzendentallogischen Reflexion auf die Bedingungen der Möglichkeit der formalen (deduktiven) Logik, die immer schon bestimmte Begriffe und damit eine gelungene Prädikation (Vermittlung von Anschauung und Begriff) voraussetzt und in Anspruch nimmt. Vgl. dazu außerdem Zeidler: *Vermittlungen*, 5–7.

30 Zeidler: *Logik des Erkenntnisprozesses*, 52–53, Zeidler zitiert hier Apel: *Der Denkweg*, 82ff., der dort (nach Murphey: *The Developement*, 69ff.) Peirce: Appendix No. 2 (1866/67), MS 138 (R 740, S 66) = Charles S. Peirce: [Hypotheses of Space and Time: A Response to Kant] Appendix No. 2, in: *Transactions of the Charles S. Peirce Society*, Fall 1993, Vol. XXIX, No. 4, 646f. und On a Method of Searching for the categories (1866), *WP* 1, 516f. zitiert. Zeidler verweist diesbezüglich auch auf *CP* 5.181 (Lectures on Pragmatism, 1903, Lecture VII: Pragmatism and Abduction). Vgl. dazu auch *PzW*, 158–160.

falsch als richtig zu sein'; d.h. *Peirce* sieht sich hier gezwungen seine Theorie rationaler Vermittlung in einem aller rationalen Vermittlung Vorausgesetzten zu fundieren, [...]."[31] Um zu verstehen, inwiefern dies für Zeidler einen Ansatz zur Lösung des „philosophische[n] Problems einer Legitimation der begrifflichen Repräsentation der Realität" bedeutet, müssen wir uns zuerst noch einmal die Problemlage vergegenwärtigen, von der Zeidler ausgegangen ist.

Zeidler geht es in seiner Dissertation zunächst um „die wissenschaftstheoretische Begründungsproblematik, d.h. die logische und erkenntnistheoretische Klärung von Fragen der Hypothesen- und Theoriebildung – der Heuristik und Begründungstheorie."[32]

> Grundlegend für eine Klärung der wissenschaftstheoretischen Begründungsproblematik erscheint uns die Überwindung der objektivistischen Auffassung wissenschaftlicher Rationalität, wie sie namentlich im Neopositivismus vorherrscht. Getragen wird diese Auffassung von der Überzeugung, daß Rationalität gleich erfahrungs- und formalwissenschaftlicher Rationalität sei, die ihrerseits, als in einem aussagenlogischen System induktiver Verallgemeinerungen und deduktiver Folgerungstechniken sich bewegend, angesehen wird.[33]

Da es jedoch „dem ‚Wiener Kreis' nicht [gelang], a priori sinnlose, ‚metaphysische', von sinnvollen, ‚empirischen' Sätzen zu unterscheiden (Problem der ‚Basis'- und ‚Protokollsätze' und des ‚Abgrenzungskriteriums')", scheiterte der Objektivismus „von vornherein an der Begründungsproblematik, die sich ihm als das Problem des induktiven Aufbaus wissenschaftlicher Theorien stellt."[34] „Es konnte daher nicht ausbleiben, daß eine wissenschaftstheoretische Schule entstand, die, aus der Not eine Tugend machend, die Begründungsproblematik vollkommen aus dem Bereich legitimer wissenschaftstheoretischer Fragestellungen ausblendet: der ‚kritische Rationalismus' oder ‚Falsifikationismus' Karl R. *Poppers*."[35]

---

31 Zeidler: *Logik des Erkenntnisprozesses*, 53, Zeidler zitiert hier *CP* 5.173 (Lectures on Pragmatism, 1903, Lecture VI: Three Types of Reasoning).

32 Zeidler: *Logik des Erkenntnisprozesses*, 6, vgl. 7.

33 Zeidler: *Logik des Erkenntnisprozesses*, 8.

34 Zeidler: *Logik des Erkenntnisprozesses*, 9.

35 Zeidler: *Logik des Erkenntnisprozesses*, 6–7, vgl. 9–10. Implizit wurde dieser Schritt Zeidler zufolge „bereits von *Carnap* vollzogen, indem er seine ‚Induktionslogik' als Logik der Hypothesenauswahl und -überprüfung formulierte". (Ibid.) Zu Popper vgl. auch Zeidler: Reflexivität und Begründung, in: *Grundlegungen*, 105–114 u. *PzW*, 53–62.

> Diese radikale Konsequenz, die *Popper* zieht, blieb nicht unwidersprochen [...], doch scheint erst jetzt ein allgemeiner Bewußtseinswandel innerhalb der Wissenschaftstheorie stattzufinden – nicht nur den für die Begründungstheorie verhängnisvollen Auswirkungen, sondern auch den Grundlagen des Objektivismus gegenüber. Eher Ausdruck als Anlaß dieses Bewußtseinswandels ist Thomas S. *Kuhns* ‚The Structure of Scientific Revolutions'. *Kuhn* verwirft darin die, am Augenblickszustand der Wissenschaften orientierte, objektivistische Sicht der Wissenschaftsgeschichte, und entwirft, an Hand psychologischer und soziologischer Kategorien (zusammengefaßt im Begriff des ‚Paradigma'), ein im wesentlichen eruptiv-‚revolutionäres' Bild der Wissenschaftsgeschichte, das durch den nicht theoretisch vermittelbaren Wechsel der ‚Paradigmata' (‚Inkommensurabilitätsthese' *Kuhns*) gekennzeichnet ist. In der sich anschließenden, recht lebhaft geführten, ‚Kuhn-Popper-Debatte', wurden von zwei – bisher getreuen Vertretern des Objektivismus – wenngleich verschiedene, so doch gleichermaßen entlarvende Lehren aus der Entwicklung gezogen: entweder man führt ein ‚metaphyisches Induktionsprinzip' ein, oder man läßt die Grundvoraussetzungen des Objektivismus überhaupt fallen. Die erste Auffassung wird von Imre *Lakatos* vertreten, die zweite von Wolfgang *Stegmüller*.[36]

Lakatos betont zwar, so Zeidler, „die Wichtigkeit einer ‚positiven Heuristik', eine „nähere Explikation der beiden Grundbegriffe ‚positive Heuristik' und ‚metaphysisches Induktionsprinzip' " ist er allerdings „schuldig geblieben". Den Grund dafür sieht Zeidler in der

> Differenz [...], deren Verwischung maßgeblich zum Ausschluß der Begründungsproblematik aus der Wissenschaftstheorie führte: die Differenz zwischen einer metaphysischen Letztbegründung heuristischer oder induktiver Verfahren und der wissenschaftstheoretischen Analyse dieser Verfahren selbst. Werden beide Fragen [...] miteinander vermengt, dann ist die negative Antwort des Wissenschaftstheoretikers unvermeidlich. Dieser Anspruch auf Letztbegründung ist, zumindest für ihn, uneinlösbar, er hat seinen systematischen Ort aber auch nicht in der Wissenschaftstheorie, sondern in der Metaphysik.[37]

Das ist ein wichtiger Hinweis, denn wird diese Differenz nicht beachtet, dann werden Forderungen an die transzendentallogische Letztbegründung herangetragen

---

36 Zeidler: *Logik des Erkenntnisprozesses*, 10–11, vgl. 7. Zu der Problementwicklung der analytischen Wissenschaftstheorie vgl. *PzW*, 13–81. Vgl. dazu auch Heintel: *Die beiden Labyrinthe*, 336ff.

37 Zeidler: *Logik des Erkenntnisprozesses*, 11–13. Vgl. Erhard Oeser: *Wissenschaft und Information*, Band 1: *Wissenschaftstheorie und empirische Wissenschaftsforschung*, Wien/München 1976, 20ff. und ders.: *Wissenschaft und Information*, Band 3: *Struktur und Dynamik erfahrungswissenschaftlicher Systeme*, Wien/München 1976, 67ff. und ders.: Analytische Wissenschaftstheorie und kritische Rekonstruktion, in: *Wiener Jahrbuch für Philosophie*, Bd. IV, 1971, 74.

und an diese als Maßstab angelegt, namentlich dass die Gültigkeit der synthetischen Schlüsse ausgewiesen werden müsse oder gar operationalisierbare Kriterien für ihre Anwendung, die diese von vornherein als prinzipiell widersinnig zurückweist. Die Intelligibilität des Seins ist die unbezweifelbare Voraussetzung jeglicher transzendentallogischen Prinzipienreflexion, sie muss von Anfang an in Anspruch genommen werden. Die Prinzipien dieser Intelligibilität können nur als Bedingungen ihrer Möglichkeit und damit als letzte Gründe aufgewiesen werden, es können daher für die Prinzipien oder letzten Gründe nicht wiederum Prinzipien oder Gründe oder Kriterien für ihre Anwendung oder Bedingungen der Gültigkeit gefordert werden. Ihre Gültigkeit wird von vornherein und notwendig vorausgesetzt, wenn sie letzte Prinzipien sein sollen, als diese sind sie allerdings zu erweisen. Bis hierher folgt Zeidler seinem Lehrer Erhard Oeser, aber hier trennen sich auch ihre Wege, denn während Oeser sich nach seiner Habilitationsschrift über *Begriff und Systematik der Abstraktion* ganz der Wissenschaftstheorie als *informations- und systemtheoretischer* Rekonstruktion der Wissenschaftsgeschichte und der *evolutionären* Erkenntnistheorie zuwendet, die Aufgabe einer metaphysischen Letztbegründung aber der Philosophie überlässt, wendet sich Zeidler gerade letzterer zu.[38] Zwar wird von Stegmüller, so Zeidler weiter,

38 Vgl. dazu neben den bereits zitierten Werken Oeser: *System, Klassifikation, Evolution. Historische Analyse und Rekonstruktion der wissenschaftstheoretischen Grundlagen der Biologie*, Wien 1974; *Psychozoikum. Evolution und Mechanismus der menschlichen Erkenntnisfähigkeit*, Berlin/Hamburg 1987; *Das Abenteuer der kollektiven Vernunft. Evolution und Involution der kollektiven Vernunft*, Berlin/Hamburg 1988; *Popper, der Wiener Kreis und die Folgen. Die Grundlagendebatte der Wissenschaftstheorie*, Wien 2003 und Erhard Oesers Beitrag in diesem Band. Dem Problem einer „elementare[n] Erkenntnistheorie als Abstraktions- oder Begriffsbildungstheorie[, die] nicht nur für die Wissenschaftstheorie der erfahrungswissenschaftlichen Erkenntnis, sondern auch für die ‚spekulative' Philosophie eine unerläßliche Grundlage bildet", (Oeser: *Wissenschaft und Information*, Bd. 1, 21) hat sich Oeser allerdings bereits vor seiner gänzlichen Zuwendung zur Wissenschaftstheorie, in seiner Habilitationsschrift *Begriff und Systematik der Abstraktion. Die Aristotelesinterpretation bei Thomas von Aquin, Hegel und Schelling als Grundlegung der philosophischen Erkenntnislehre* (Wien 1969) gewidmet. Vgl. dazu ibid., 452: „Die *Abstraktionstheorie* ist theoretische Fundamentalphilosophie. Sie ist aber nicht nur abstrakte Theorie, sondern zugleich die stufenweise Aufhebung der Abstraktion. Die Abstraktionstheorie ist erste Wissenschaft sowohl im Sinne der Selbstbestimmung der Philosophie als auch als Wissenschaftstheorie, da sie sowohl die Bestimmung des spezifisch philosophischen Begriffs als auch die Differenzierung des abstrakten Allgemeinen jeder Wissenschaft leistet. Sie ist daher ebensosehr allgemeine Sprachphilosophie und die Erklärung des Ursprungs der Sprache selbst." Oeser

> ‚die monistische Rationalitätsauffassung durch eine dualistische' im Sinne *Kuhns* ersetzt: d.h. die Rationalitätskriterien für den Wissenschaftler, der im Rahmen einer etablierten Theorie, eines ‚Paradigma', arbeitet, sind andere, als die für denjenigen, der ‚revolutionary science' betreibt, eine neues ‚Paradigma' (Kuhn) oder neue ‚Strukturkerne wissenschaftlicher Theorien' (Stegmüller) errichtet. Doch bleibt der Begriff wissenschaftlicher Rationalität selbst unbedacht. Weder *Stegmüller* noch *Kuhn* erkennen, daß ihre ‚dualistische Rationalitätsauffassung' bloße Folge des, von ihnen, trotz aller verbalen Kritik, noch immer vorausgesetzten, rationalistisch-deduktivistischen Begriffes der Rationalität ist, der, weil einseitig und unzureichend, eines ebenso einseitigen Korrektivs bedarf. Somit wird der Gegensatz zwischen normativer Wissenschaftslogik und deskriptiver Wissenschaftsgeschichte nicht behoben, sondern nur ‚verinnerlicht'. Ein Gegensatz, der freilich nicht nur die Wissenschaftstheorie kennzeichnet, sondern jedes Denken, das dem neuzeitlichen ‚Rationalitätsdogma' verpflichtet ist; ein Dogma deshalb, weil es uns vor die Entscheidung eines ‚Entweder – Oder' stellt, dessen Vermittlung außerhalb jeder rationalisierbaren Vermitteltheit steht, d.h. ein Mysterium ist.[39]

Zwar – hier nehmen wir den oben liegengelassenen Faden von Zeidlers Peirce-Interpretation wieder auf – ist auch das Wahrnehmungsurteil, das Peirce als „extremen Fall" eines abduktiven Schlusses auffasst, als „unbewusster Prozess" ein Mysterium, insofern es „in einem aller rationalen Vermittlung Vorausgesetzten" fundiert ist, jedoch tritt nach Zeidler „das ‚Mysterium' nunmehr an der ihm gebührenden Stelle, nach dem Versuch der Ausschöpfung aller Möglichkeiten einer rationalen Rekonstruktion des Erkenntnisprozesses auf[…]."[40] Die „gebührende Stelle" ist also nicht das induktive Bilden einer wissenschaftlichen

---

entwickelt seine Abstraktionstheorie im Rahmen seiner Informationstheorie allerdings weiter. Vgl. Oeser: *Wissenschaft und Information*, Bd 1, 7ff. und Bd. 3, 38ff. Da Oeser von Schelling und Aristoteles ausging, erscheint der Schritt zur Philosophie der Biologie und System- und Evolutionstheorie naheliegend. Oeser beruft sich diesbezüglich insbesondere auf Ernst Mach. Vgl. dazu Oeser: *Wissenschaft und Information*, Bd. 1, 127ff. und *Popper, der Wiener Kreis und die Folgen*, 24ff. Zeidler knüpft außerdem in seiner wissenschaftstheoretischen Methodenlehre, die er zuerst in seiner Habilitationsschrift und später in den *Prolegomena zur Wissenschaftstheorie* entwickelt, an Oesers *systemtheoretisches Funktionsmodell der Wissenschaften* an. Vgl. Zeidler: *Vernunft und Erfahrung*, 75–108 und *PzW*, 102–124.

39 Zeidler: *Logik des Erkenntnisprozesses*, 14–15, Zeidler zitiert hier Wolfgang Stegmüller: Theoriendynamik und logisches Verständnis, in: W. Diederich (Hg.): *Theorien der Wissenschaftsgeschichte*, Frankfurt a. M 1974, 173.

40 Zeidler: *Logik des Erkenntnisprozesses*, 53. Zum „Versuch der Ausschöpfung aller Möglichkeiten einer rationalen Rekonstruktion des Erkenntnisprozesses" vgl. die Kapitel 2. „Induktivismus – Deduktivismus – Kombinatorik" und 3. „Kritizismus – Wahrscheinlichkeitstheorie – Empirismus", in denen Zeidler u.a. Bacon, Leibniz, Kant, Mill und Whewell behandelt: *Logik des Erkenntnisprozesses*, 17–44.

Hypothese, d.h. die Subsumtion eines einzelnen empirischen Faktums unter eine allgemeines Gesetz, sondern *die begriffliche Identifikation von etwas als etwas*, d.h. die Begriffssetzung, die Realität und Begriff ursprünglich vermittelt. Entscheidend ist für Zeidler dabei, dass es sich beim Wahrnehmungsurteil, das Peirce als abduktiven Schluss auffasst, als „primäre Deutung von etwas ‚als etwas' " um eine transzendentallogische Synthesis und damit um eine Bedingung der Möglichkeit der Erfahrung, d.h. der begrifflichen Repräsentation der Realität, handelt, die nicht einfach als *willkürliche* „hypothetische Festsetzung" oder Vermittlung gedacht werden kann, da sonst „bereits auf der untersten Ebene möglicher ‚erklärender' Gesetze und Fakten prinzipielle Beliebigkeit und Wahllosigkeit herrscht." Es wird also darauf ankommen, die Logizität dieses abduktiven Schlusses zu begründen, wofür Peirce allerdings keine zufriedenstellende Lösung anbietet:

> Einer weitergehenden, einer Letztbegründung der Erkenntnis, bedarf es nach *Peirce* nicht; besser gesagt: er hat sie sich von vornherein durch seinen Begriffsrealismus verboten. Der faktischen Differenz zwischen Gewußtem und Wißbarem (der Realität), trägt *Peirce* eben nicht dadurch Rechnung, daß er nominalistisch das Wißbare von der Realität trennt, sondern in dem er – unter der begriffsrealistischen Voraussetzung der Identität von Realität und Wißbarem – Realität als das definiert, ‚in dem früher oder später Information und schlußfolgerndes Denken resultieren würden und das daher unabhängig von meinen und deinen Einfällen ist.' Bei diesem Realitätsbegriff, der ‚wesentlich den Gendanken einer *Gemeinschaft* einschließt, die ohne definitive Grenze ist und das Vermögen zu einem definitiven Wachstum der Erkenntnis besitzt', kehren freilich – wie *Apel* zu Recht vermutet – ‚die Paradoxien des Kantischen Ding-an-sich [...] in den Paradoxien des Unendlichen wieder.'[41]

Zur „Erläuterung und Vertiefung der *Peirce*schen Einsichten", wendet sich Zeidler daher Hegel zu, dessen zentrales Anliegen die Überwindung der „in Paradoxien sich wiederspiegelnde[n] Begrenztheit des menschlichen Begriffsvermögens" ist. „Sein eigenartiger, letztlich theologisch motivierter Versuch einer lückenlosen, durchgängigen Vermittlung von Realität und Begriff, entspricht in der zentralen, rein logischen Argumentation in erstaunlichem Maße der Logik *Peircens*."[42]

41 Zeidler: *Logik des Erkenntnisprozesses*, 53–54, Zeidler zitiert hier *CP* 5.311 (Some consequences of four incapacities, 1868) = *WP* 2, 239 und Apel: *Der Denkweg*, 267. Vgl. Zeidler: Transformationen der Logik, 81–82 und ibid. Anm. 39. Zum Begriff der „Gemeinschaft" bei Peirce vgl. Zeidler: Zeichen und Schluss: Peirce und Hegel, in: ders.: *Grundlegungen*, 197–215.

42 Zeidler: *Logik des Erkenntnisprozesses*, 54, vgl. 55, Anm. 27.

Hegel spielt, so Zeidler, „im Gegensatz zu *Peirce*, nicht einen absoluten Begriffsrealismus, sondern einen Begriffsidealismus gegen die Grenzbegrifflichkeiten und Paradoxien des *Kant*ischen Systems aus",[43] indem er Kants Auffassung des Verhältnisses von Form und Stoff oder Inhalt des Begriffes kritisiert. Dieses Verhältnis wird Hegel zufolge

> in der Kantischen Transzendentalphilosophie so angenommen, daß der empirische *Stoff*, das Mannigfaltige der Anschauung und Vorstellung zuerst *für sich da* ist, und daß dann der Verstand *hinzutrete*, *Einheit* in denselben bringe, und ihn durch *Abstraktion* in die Form der *Allgemeinheit* erhebe. Der Verstand ist auf diese Weise eine für sich leere *Form*, welche teils nur durch jenen *gegebenen* Inhalt Realität erhält, teils von ihm *abstrahiert*, nämlich ihn als etwas, aber nur für den Begriff Unbrauchbares *wegläßt*.[44]

Dementgegen darf nach Hegel gerade umgekehrt „die Realität, die der Begriff ‚sich gibt'(!) ‚nicht als ein Äußerliches aufgenommen, sondern muß nach wissenschaftlicher Forderung aus ihm selbst abgeleitet werden.'"[45] „Diese Auffassung des ‚Begriffs' verdankt *Hegel* wiederum *Kant*", insofern er die „ursprüngliche Synthesis der Apperzeption" als „Begriff" interpretiert.[46] Insofern genau dies der Gesichtspunkt ist, unter dem Zeidler es in seiner Habilitationsschrift *Vernunft und Erfahrung* und im *Grundriss der transzendentalen Logik* unternimmt, Kants *Kritik der reinen Vernunft* zu rekonstruieren, ist Zeidlers Denken, mehr noch als Peirce, Hegel verpflichtet.[47] Dieser Begriff bedarf nach Zeidler

---

43 Zeidler: *Logik des Erkenntnisprozesses*, 56. Vgl. Zeidler: Transformationen der Logik, 78.

44 Hegel: *Wissenschaft der Logik*, Zweiter Band: *Die Subjective Logik oder Lehre vom Begriff*, *Gesammelte Werke*, Band 12, 20, zitiert nach Zeidler: *Logik des Erkenntnisprozesses*, 56. Zeidler zitiert nach der von G. Lasson herausgegebenen Ausgabe der *Wissenschaft der Logik*, Leipzig ^{2}1932/34, wir geben jedoch die entsprechenden Seitenzahlen in Hegels *Gesammelten Werken* an.

45 Zeidler: *Logik des Erkenntnisprozesses*, 57, der hier Hegel: *Wissenschaft der Logik*, Zweiter Band, 20f. zitiert.

46 Zeidler: *Logik des Erkenntnisprozesses*, 57, vgl. Hegel: *Wissenschaft der Logik*, Zweiter Band, 22. Vgl. dazu Zeidler: Transformationen der Logik, 71, Anm. 23 und Zeichen und Schluß: Peirce und Hegel, 198–199.

47 Auch hier knüpft Zeidler, bei aller Eigenständigkeit in der weiteren systematischen Entwicklung, an seinen Lehrer Erhard Oeser, der selbst ein Schüler Erich Heintels ist, an. Vgl. dazu Erhard Oeser: *Begriff und Systematik der Abstraktion. Die Aristotelesinterpretation bei Thomas von Aquin, Hegel und Schelling als Grundlegung der philosophischen Erkenntnislehre*, Wien/München 1969, 32ff., bes. 37–41, u. 258ff. Im Vorwort schreibt Oeser dort, dass Hegel seine Philosophie als „die legitime Aufhebung der Kantischen Philosophie" verstanden hat, insofern sich darin „der transzendental-abstrakte zum konkret-dialektischen Begriff vollendet. Kant selbst hat zwar die transzendentale Problematik der Abstraktion durch die notwendige, wechselseitige Beziehung von Begriff

> einer anderen logischen Vermittlung [...], als der, als Produkt eines abstrahierenden Verstandes gedachte Begriff. Genauer: der *Hegel*sche ‚Begriff' bedarf einer Logik der Selbstvermittlung; der Begriff des gewöhnlichen Menschenverstandes hingegen ist ein schon vorgefundener und gesetzter, die gewöhnliche Logik *setzt* daher auch diese Begriffe *erst in* Beziehung (in eine ihnen äußerliche Beziehung) zueinander. D.h. die Mannigfaltigkeit verschiedener, als vorgegeben angesehener Begriffe, verleitet zur Auffassung der Logik als einer Lehre von feststehenden (=formalisierbaren) Beziehungen zwischen in ihrer Verschiedenheit dennoch grundsätzlich gleichartigen ‚festen' Begriffen – gleichgültig ob das, was bei dieser Betrachtungsweise vom ‚Begriff' übrigbleibt, als bloßes Begriffs-Quantum (tradit. Logik) oder als ‚Ausdruck einer Funktion' (Logistik) gedeutet wird.[48]

Genau darum scheitert nach Zeidler auch die

> formale Logik am Problem des synthetischen Erkennens. Denn sobald die Logik von starren Begriffsverhältnissen ausgeht, ist deren Auflösung und Neukonstituierung nur unter Zuhilfenahme einer ihnen schon zugrundeliegenden Synthesis möglich, sei diese nun im Einzelnen hinter empirischen Subjekten, historischen Verstehenshorizonten, oder den Formalismen einer Entscheidungstheorie versteckt.[49]

---

und Anschauung in der Erkenntnis angedeutet; er hat sie aber zugunsten einer transzendentalen Deduktion vernachlässigt, wodurch das Problem der Rezeptivität weitgehend ungeklärt blieb. Der Neokantismus ist ihm durch die prinzipielle Vorordnung des Denkens vor der Wahrnehmung auf diesem Wege radikal gefolgt. Daraus ergab sich auch jene Geringschätzung der Aristotelischen Philosophie, während die Platonischen Ideen als rein ‚logische Beziehungen' mit dem Transzendentalismus durchaus zu vereinen waren. [...] Die Aufgabe der vorliegenden Untersuchung besteht nun gerade darin, diesen Gegensatz [sc. von Aristotelismus und Transzendentalismus] durch eine Erweiterung des Begriffs der Transzendentalphilosophie, die auch die transzendentale Problematik der Abstraktion aufnehmen kann, zu beseitigen. Diese Erweiterung der Transzendentalphilosophie geschieht in jene Richtung, wie sie von Kant in der Kritik der teleologischen Urteilskraft angedeutet und von Schellings Naturphilosophie fortgeführt, aber vom erkenntnistheoretischen Kritizismus neokantianischer Prägung zu Unrecht abgelehnt wurde. Denn gerade die Reflexionen über die innere Zweckmäßigkeit des Organischen sind dazu geeignet, die Selbständigkeit der Physis gegenüber den phänomenalistischen Konsequenzen des Transzendentalismus zu erweisen. Die Abstraktion erscheint nun in einem solchen erweiterten Rahmen der Transzendentalphilosophie nicht nur als bloß sekundäre, psychologische Bestimmung, sondern als transzendentale Bedingung der Möglichkeit der Erfahrung. Sie ist gewissermaßen der Boden, auf dem man sich zuallererst bewegen muß, um ihn verlassen zu können." A.a.O., 9–10, vgl. dazu 90–98 u. 106. Die Vereinbarung von Aristotelismus und Transzendentalismus ist nach Heintel das Grundproblem der Philosophie. Vgl. dazu Erich Heintel: *Die beiden Labyrinthe der Philosophie*, Bd. 1, Wien/München 1968.

48 Zeidler: *Logik des Erkenntnisprozesses*, 57–58.

49 Zeidler: *Logik des Erkenntnisprozesses*, 58.

Der Begriff enthält nach Hegel „die drei Momente: Allgemeinheit, Besonderheit und Einzelheit in sich".[50] Besonders wichtig für Zeidler ist Hegels Bestimmung des Verhältnisses von Begriff, Urteil und Schluss:

> Beim ‚formellen' Begriff, dem ‚Begriff im Anfang', sind diese ‚Momente des Unterschiedes unmittelbar die Totalität des Begriffes', sein Unterschied also zuerst ‚nur ein Schein'. Erst im ‚Urteil', das ‚Setzen der bestimmten Begriffe durch den Begriff selbst' ist, treten Einzelnes und Besonderes (als Subjekt) und Allgemeines (als Prädikat) auseinander: […] Durch die ‚Erfüllung der Copula' aber, geht die abstrakte Selbständigkeit der Momente des Begriffs wieder verloren und das Urteil wird zum Schluß: ‚Der *Schluß* hat sich als die Wiederherstellung des *Begriffes* im *Urteile* und somit als die Einheit und Wahrheit beider ergeben. Der Begriff als solcher hält seine Momente in der *Einheit* aufgehoben; im Urteil ist diese Einheit ein Innerliches, oder was dasselbe ist, ein Äußerliches, und die Momente sind zwar bezogen, aber sie sind als *selbständige Extreme* gesetzt. Im *Schlusse* sind die Begriffsbestimmungen wie die Extreme des Urteils, zugleich die bestimmte *Einheit* derselben gesetzt. Der Schluß ist somit der vollständig gesetzte Begriff; er ist daher das *Vernünftige*.'[51]

Der Begriff ist für Hegel demnach die „ursprünglich synthetische Einheit der Apperzeption", insofern er wesentlich Schluss, d.h. sich selbst *vermittelnde* Einheit, ist.[52] Daher ist der *Schluss* auch die „Einheit und Wahrheit" des *Urteils*, die sich in der Kopula ausdrückt. Diese Einsicht ist für Zeidlers Denken zentral. Hegel unterscheidet, im Anschluss an Aristoteles,

> drei Schlußmodi, die sich aus der Selbstvermittlung der drei Begriffsmomente ergeben. Bei der Behandlung des ‚unmittelbaren' formalen Schlusses (‚Schluß des Daseins') erläutert *Hegel* diese Selbstvermittlung der drei Begriffsmomente, die, in dieser Formalität genommen, den drei Elementen des klassischen Syllogismus, ‚terminus minor' (=<u>E</u>inzelheit), ‚terminus medius' (=<u>B</u>esonderheit) und ‚terminus maior' (=<u>A</u>llgemeinheit) entsprechen. Als formales Schema der ‚Deduktion', nach Obersatz, Untersatz und Konklusion geordnet, ergibt sich bei *Hegel* die Form: B – A, E – B = E – A, für die ‚Induktion' die Form: B – E, E – A = B – A und für die ‚Analogie': E – A, A – B = E – B;

50 Zeidler: *Logik des Erkenntnisprozesses*, 59, der hier auf Hegel: *Wissenschaft der Logik*, Zweiter Band, 32 verweist. Vgl. Zeidler: Transformationen der Logik, 73.

51 Zeidler: *Logik des Erkenntnisprozesses*, 59, der hier Hegel: *Wissenschaft der Logik*, Zweiter Band, 31, 53 u. 90 zitiert. Vgl. dazu auch Zeidler: Syllogismus est principium Idealismi, in: M. Gottschlich, M. Wladika (Hg.): *Dialektische Logik. Hegels „Wissenschaft der Logik" und ihre realphilosophischen Wirklichkeitsweisen. Gedenkschrift für Franz Ungler*, Würzburg 2005, 239–251, wieder abgedruckt in: Zeidler: *Vermittlungen*, 109–127.

52 Zeidler hebt später die Übereinstimmung von Hegel und Peirce in der schlusslogischen Interpretation dieses ‚höchsten Punktes' hervor. Vgl. Transformationen der Logik, 71, Anm. 23; *GtL*[3], 212 und Zeichen und Schluss: Peirce und Hegel, 198–202.

> d.h. die ‚Analogie' entspricht genau der *Peirce*schen Formaldefinition der Abduktion, welche von der allgemeineren Prämisse (B – A) und der Konklusion (E – A) auf die weniger allgemeine Prämisse (E – B) schließt.[53]

Entscheidend ist hier die Interpretation des Schlusses als Form „der Selbstvermittlung der drei Begriffsmomente" und damit als sich selbst reflektierende Selbstvermittlung des Begriffs in der Form dreier sich wechselseitig bedingender Schlüsse, in denen jeweils ein Begriffsmoment als vermittelnde Mitte fungiert. Insofern ist die Einheit des Begriffs eine schlusslogisch sich selbst reflexiv vermittelnde Einheit und damit *ursprünglich synthetische Einheit.*

> Diese Identität [sc. der Formaldefinition der Analogie bei Hegel und der Abduktion bei Peirce] ist nicht Folge eines Zufalls, sondern [...] Konsequenz der von *Hegel* und *Peirce* betriebenen *Kant*kritik, der Abarbeitung der aus dem rationalistischen Ansatz *Kant*s sich ergebenden paradoxen Grenzbegrifflichkeiten. Der von *Kant* auf die Spitze, zum Ausdruck seiner eigenen Mangelhaftigkeit, getriebene Rationalismus, wird von *Hegel* und *Peirce* gleichermaßen durch die Explikation der schon immer in allem Denken vorausgesetzten Vermittlung von Denken und Sein überwunden. Ist für *Peirce* der Ort dieser Explikation die ‚Abduktion', gedeutet als ‚Formel der Gewinnung einer sekundären Sinnesempfindung', als Übergang vom prälogischen ‚Wahrnehmungsurteil' zur begrifflichen Fixierung, so ist auch für *Hegel* die dritte Figur des Schlusses, die Vermittlung von Einzelnem und Besonderem durch das Allgemeine, im Stadium des ‚Schlusses der Notwendigkeit' (= der ‚disjunktive Schluß'), der Ort des Überganges zur ‚Objektivität': [...] Die Explikation der Vermittlung von Denken und Sein ist freilich noch nicht die Setzung ihrer Identität. So tritt denn auch am End- und Kulminationspunkt beider philosophischer Systeme die Endlichkeit des menschlichen Geistes in Form des Paradoxons wieder voll in ihre Rechte: Bei *Peirce* ist es der Gedanke einer in alle Ewigkeit bestehenden Gemeinschaft denkender und erkennender Subjekte, als Bedingung der Möglichkeit der Identität von Realität und Begriff; bei *Hegel* der Gedanke eines, in den Prozeß der Vermittlung sich stetig auflösenden Gottes. [...] wo *Peirce* [jedoch], bei der Ableitung der Schlußformen durch bloße Umstellung der Sätze des deduktiven Schlusses, noch ganz im Formalen bleibt, besitzt *Hegel*, durch die vorgängige Interpretation

53 Zeidler: *Logik des Erkenntnisprozesses*, 60, vgl. 79f. der hier auf Hegel: *Wissenschaft der Logik*, Zweiter Band, 92ff. verweist. Zeidler benennt hier der „einfacheren Übersicht halber [...] die drei Schlußformen, in Absehung von der *Hegel*schen Systematik, nach den Formen des ‚Reflexions-Schlusses' als ‚Deduktion' (bei *Hegel* ‚Schluß der Allheit'), ‚Induktion' und ‚Schluß der Analogie'." Zeidler, *Logik des Erkenntnisprozesses*, 60, Anm. 43. Vgl. dazu Hegel: *Wissenschaft der Logik*, Zweiter Band, 110ff. und Zeidler: Transformationen der Logik, in: *Grundlegungen*, 72ff. und Zeidler: Reflexivität und Begründung, in: *Grundlegungen*, 135–138 und *GtL*^{3}, 206.

> der drei Termini als Allgemeinheit, Besonderheit und Einzelheit, bereits ein Moment der inhaltlichen Klärung.[54]

Zu dieser wichtigen Stelle ist zweierlei zu bemerken: Erstens weist Zeidler hier nochmals darauf hin, was für ihn die dem „Mysterium" der Vermittlung von Denken und Sein „gebührende Stelle" ist, es ist dies der „Übergang" von der Wahrnehmung zur „begrifflichen Fixierung", verstanden als „Vermittlung von Einzelnem und Besonderem durch das Allgemeine", und damit zugleich der „Ort des Überganges zur ‚Objektivität' ", wobei dieser Übergang von Peirce und Hegel aus zwei unterschiedlichen Perspektiven betrachtet wird, einerseits vom Standpunkt der Erfahrung, die erst *begrifflich repräsentiert* werden, anderseits vom Standpunkt des Begriffs, der sich erst *sein Sein geben* oder *realisieren* muss. Hierauf werden wir noch zurückkommen. Abgesehen davon ist darauf hinzuweisen, dass Peirce mit seiner Zeichenklassifikation und Kategorienlehre sehr wohl auch bereits über ein „inhaltliches Moment der Klärung" der formalen Schlüsse verfügt, insofern er deren Mitten als *Ikon*, *Index* und *Symbol* interpretiert, worauf Zeidler in seiner Dissertation allerdings noch nicht eingeht.[55] Jedoch fasst, so Zeidler weiter,

---

54 Zeidler: *Logik des Erkenntnisprozesses*, 61–63, vgl. Hegel: *Wissenschaft der Logik*, Zweiter Band, 124f. Zeidler verweist hier auf Erhard Oeser: *Begriff und Systematik der Abstraktion*, Wien/München 1969, 328f. Vgl. Zeidler: Transformationen der Logik, in: *Grundlegungen*, 79–80 u. 71, Anm. 23. Vgl. auch Zeidler: Reflexivität und Begründung, 136, Anm. 52, wo Zeidler kritisiert, dass bei Hegel „der kategorische und der disjunktive Schluß vertauscht" sind. Darauf, dass die „formale Identität" der Analogie bei Peirce und der Abduktion bei Hegel kein Zufall ist, deuten schon die gemeinsamen Bezugspunkte, Kants transzendentale Dialektik und die Aristotelische Syllogistik und Metaphysik, hin. Vgl. dazu Apel: *Der Denkweg*, 28, der Peirce' Kantianismus als „auf der Linie einer universalien-realistischen Umdeutung der Konzeption des ‚regulativen Prinzips' " charakterisiert. Vgl. auch Zeidler: *Vernunft und Erfahrung*, 200 und *GtL*[3], 212–123, wo Zeidler davon spricht, dass „sowohl die aprioristische (Hegel) wie auch die empiristische Variante (Ch. S. Peirce) dieses Begriffsrealismus daran [leidet], daß sie bloß Varianten sind, d.h. der Schluß beidemal nur als Ort des Überganges zwischen subjektivem Begriff und objektiver Realität gedeutet wird, nicht jedoch sich als dieser Übergang selbst und die ursprüngliche Einheit von Subjektivem und Objektivem bewährt."

55 Vgl. dazu Zeidler: Zeichen und Schluß: Peirce und Hegel, in: ders.: *Grundlegungen*, 205ff. und *GtL*[3], 209–204, wo Zeidler in Bezug auf Peirce von einer „semiotischen Transformation der Transzendentalphilosophie" spricht, die insbesondere „die im engeren Sinne ‚transzendental-semiotische' Frage nach dem Zusammenhang zwischen semiotischer und transzendental- bzw. forschungs-logischer Problematik" einschließt und hervorhebt, dass Peirce „anhand der Parallelisierung von ‚Icon' und ‚Index' mit

Hegel die Aneinander-Vermitteltheit der drei Schlußformen und die synthetisierende Funktion des ‚Schlusses der Analogie', systematischer und treffsicherer als *Peirce*, wenn er von den ‚Reflexionsschlüssen' spricht, die in der *Hegel*schen Systematik am ehesten den Schlüssen der Einzelwissenschaften entsprechen: ‚Der Obersatz (sc. des ‚Schlusses der Allheit', der Deduktion) der die besondere Bestimmtheit, den terminus medius, als Allheit zum Subjekte hat, setzt aber den *Schlußsatz*, der jenen zur Voraussetzung haben sollte, vielmehr selbst *voraus*. Er beruht daher 2) auf der *Induktion*, deren Mitte die *vollständigen* Einzelnen als solche, a, b, c, d usf. sind. Indem aber die unmittelbare, empirische Einzelheit von der Allgemeinheit verschieden ist und darum keine Vollständigkeit gewähren kann, so beruht die Induktion 3) auf der *Analogie*, deren Mitte ein Einzelnes, aber in dem Sinne seiner wesentlichen Allgemeinheit, seiner Gattung oder wesentlichen Bestimmtheit, ist.' In diesen Sätzen ist von *Hegel* in unüberbietbarer Prägnanz das Grundproblem der Vermittlung von Einzelfaktum und allgemeinem Gesetz dargestellt. Nur durch den ‚Schluß der Analogie', dessen ‚Mitte' (sein terminus medius) ein Einzelnes, als Allgemeines gesetzt, ist, d.h. nur durch hypothetische Antizipation des Empirischen ist diese Vermittlung möglich. Diese Vermittlung ist aber ihrerseits nicht formal gültig ableitbar, da sie auf einer, transzendentallogisch und erkenntnistheoretisch notwendigen, formallogisch aber nicht nachvollziehbaren und zu rechtfertigenden Doppeldeutigkeit des Mittelbegriffes des ‚Schlusses der Analogie' beruht, der, einerseits als Einzelnes, andererseits als Allgemeines bestimmt, eine ‚quaternio terminorum', des Schlusses zur Folge hat, d.h. ihn formal von vornherein ungültig erscheinen läßt. Ebenso trifft dies für die Induktion zu, deren ‚Mitte eine unbestimmbare Menge von Einzelnen' ist, also eine ‚unendliche Menge von Terminis' enthält. Begründet somit der ‚Schluß der Analogie' (die Abduktion) die Möglichkeit neuer Erkenntnisse im System der bereits gewonnenen Erkenntnisse, so versichern uns Induktion und Deduktion ihrer inhaltlichen, bzw. formalen Richtigkeit. Damit zeigt sich nicht nur die historische

---

den zwei synthetischen Schlußweisen *Abduktion* und *Induktion* phänomeno-logische Voraussetzungen der Prädikation auf[deckt], die sich (in Entsprechung zu Kants metaphysischer Deduktion der Kategorien) als transzendentallogische ‚Bedingungen der Möglichkeit' der Zeichenrepräsentation legitimieren, [...]." Vgl. dazu auch Zeidler: Die kopernikanische und die semiotische Wende der Philosophie, in: ders.: *Grundlegungen*, 275–306 und das Kapitel „Die Logik der Wahrheit", in: *PzW*, 143–164. Vgl. auch Transformationen der Logik, 73 u. ibid., Anm. 26, wo Zeidler darauf hinweist, dass „jene drei ‚Momente des Begriffs' [...], mit deren noch ganz abstrakter Differenzierung die Hegelschen Texte beginnen, welche den Bereich der traditionellen Logik abdecken", „nicht identisch [sind] mit den Termini der Aristotelischen Syllogistik, wenngleich sie deren Funktion erfüllen können." Vgl. dazu jedoch auch Zeidler: Reflexivität und Begründung, 136, Anm. 52, wo Zeidler Hegel gegenüber kritisch anmerkt, dass es einer weiteren inhaltlichen Klärung dieser Momente bedarf. Damit ist gerade der Punkt bezeichnet, an dem Zeidlers Ergänzung der Schlusslogik durch eine genetische Entfaltung der kategorialen Systematik am Leitfaden der Prinzipien der Urteilslogik einsetzt.

> Bedingtheit aller Erkenntnis, sondern auch die Möglichkeit ihres Fortschrittes im Verlauf der Geschichte in der logischen Struktur des Erkenntnisprozesses selbst begründet. Daß *Hegel* sich dieser Einsicht, in Hinblick auf ein absolutes, in sich geschlossenes System der Philosophie entzieht, ist einerseits aus dem Geiste der Zeit (der Romantik) und dem theologischen Grundansatz seines Denkens, andererseits aus einem Mangel in *Hegels* Systematik zu verstehen. Dieser besteht darin, daß *Hegel* die Vermittlung zwischen seinem System von Begriffsvermittlungen und *dem* ‚Begriffe' selbst nicht expliziert, und damit der Prätention Raum gibt, seine Philosophie sei die Selbstvermittlung des Begriffes schlechthin, eine Prätention, die seinen erkenntnistheoretischen und logischen Einsichten glatt widerspricht und in der wohl auch der tiefere Grund für *Hegels* Ablehnung einer, ausdrücklich als solcher deklarierten, Erkenntnistheorie liegt.[56]

Diese Ausführungen werfen verschiedene Fragen auf. Zum einen droht hier die Unterscheidung zwischen Induktion und Analogie (bzw. Abduktion) zu verschwimmen, was wohl nicht zuletzt darin begründet ist, dass Zeidler, worauf auch früher schon hingewiesen wurde, in der Dissertation die *forschungslogische* und die *transzendentallogische* Funktion der Schlüsse noch nicht immer scharf auseinanderhält, obwohl er selbst Peirce gerade dies vorwirft.[57] So scheint die Induktion, nach den von Zeidler zitierten Ausführungen Hegels, nicht nur auf der Analogie zu *beruhen*, sondern geradezu in dieser *aufzugehen*.[58] Dies findet

56 Zeidler: *Logik des Erkenntnisprozesses*, 62–65, Zeidler zitiert hier Hegel: *Enzyk.* §190 und Hegel: *Wissenschaft der Logik*, Zweiter Band, 117. Vgl. dazu auch Zeidler: *Logik des Erkenntnisprozesses*, 65, Anm. 57.: „Im Grunde wiederholt sich hier die Kritik *Fichtes* und auch *Hegels* an *Kant*, daß dieser die ‚Bestimmungen des Ich', die Kategorien, ‚nur aus der Beobachtung genommen und so bloß empirisch aufgefaßt' habe, ohne sie ‚aus dem Denken selbst' abzuleiten (Enz. § 42)." Vgl. dazu außerdem Zeidler: *Logik des Erkenntnisprozesses*, 55, Anm. 27: „Die kritische Analyse von *Hegels* Schlußlehre wird aber gerade die Fruchtbarkeit seiner logischen und erkenntnistheoretischen Einsichten, abgelöst von seinen, letztlich nur theologisch und aus dem Geiste der Zeit zu begreifenden ‚System' erweisen." Mit Blick auf Hegels Charakterisierung von Epikur als Erfinder der Analogie und der damit verbundene Kritik an diesem „Prinzip der Naturforschung" in den *Vorlesungen über die Geschichte der Philosophie* konstatiert Zeidler auch einen Bruch „zwischen dem scharfsinnigen Erkenntnistheoretiker *Hegel* und dem Mystiker, der sub specie aeternitatae die begriffene Realität seinem Ideal beugen will. […] *Hegel* stellt den empirischen Wissenschaften ein aprioristisches Wissenschaftsideal gegenüber, das nicht seinen Erkenntnissen auf dem Gebiete der Logik, sondern allein seiner Metaphysik entspringt." (*Logik des Erkenntnisprozesses*, 65, vgl. Transformationen der Logik, 80–81)

57 Vgl. dazu die Fußnoten 27 u. 69 und Zeidler: *Logik des Erkenntnisprozesses*, 50–52 u. 70 und Transformationen der Logik, 77–78, Anm. 32.

58 Vgl. dazu Zeidler: Transformationen der Logik, 76–77.

auch darin seine Bestätigung, dass Zeidler die „Vermittlung von Einzelfaktum und allgemeinem Gesetz" nur durch die „hypothetische Antizipation des Empirischen" ermöglicht sieht, und damit die *Induktion* hier offenbar als *Hypothese* bestimmt.[59] Hier scheint noch eine gewisse Schwierigkeit vorzuliegen, und wie noch zu zeigen sein wird, ist die Bestimmung des Verhältnisses von transzendentallogischer und forschungslogischer Funktion der Schlüsse eine für Zeidlers schlusslogische Letztbegründung entscheidende Frage. Daher ist hier auch noch nicht ganz einsichtig, inwiefern die Analogie oder Abduktion „die Möglichkeit neuer Erkenntnisse im System der bereits gewonnen Erkenntnisse" begründet, während „uns Induktion und Deduktion ihrer inhaltlichen, bzw. formalen Richtigkeit" versichern. Denn wie sollte uns die Induktion der „inhaltlichen" Richtigkeit der Analogie oder Abduktion versichern, wenn sie auf dieser beruhte und wenn zugleich die Induktion nicht „ihre forschungslogische Funktion zu Gunsten der Abduktion" einbüßen und damit „zur ‚experimentellen Untersuchung' " degenerieren soll, wie dies Zeidler der späteren Auffassung Peirce' vorwirft, nach der dieser Abduktion, Induktion und Deduktion „in einer der ursprünglichen Auffassung nicht mehr adäquaten Weise als Stadien des Forschungsprozesses zu rekonstruieren versucht."[60] Es wird also darauf ankommen, ob und wie Zeidler diese Schwierigkeit löst. Folgen wir daher weiter seinen Ausführungen:

> Für *Peirce* hingegen, der den *Hegel*schen Grundsatz, daß die Wissenschaft ‚sich nur durch das eigene Leben des Begriffs organisieren' darf, insoferne ernster nimmt als *Hegel*, als er dem Begriff sein Leben läßt, ihn in beständiger konkreter Tätigkeit der Erkenntnissubjekte vermittelt sieht, und nicht im Schematismus eines erdachten

---

59 Vgl. dazu Zeidler: *Logik des Erkenntnisprozesses*, 48: „Der entscheidende Fortschritt gegenüber der Auffassung *Whewells* aber ist, daß *Peirce* die hypothetische Festsetzung (‚Induktion' bei *Whewell*, ‚Abduktion' bei *Peirce*) ihrerseits in Relation setzt zu den klassischen Begriffen der Induktion und Deduktion." Vgl. dazu auch die oben zitierte Stelle, ibid. 49 und das Kapitel „Hypothesenbildung durch Induktion" in: Oeser: *Wissenschaft und Information*, Bd. 3, 65–87. Außerdem ist zu bemerken, dass Zeidler sich hier auf die „Reflexionsschlüsse" bezieht, die, wie er selbst feststellt, „in der *Hegel*schen Systematik am ehesten den Schlüssen der Einzelwissenschaften entsprechen" (*Logik des Erkenntnisprozesses*, 63), wo also „die Bestimmungen des Schlusses ‚als *vermittelte* gesetzt sind' ", aber noch nicht, wie im „Schluß der Notwendigkeit", „dies ‚Vermitteltsein sich in sich selbst reflektiert' ". (*Logik des Erkenntnisprozesses*, 60, vgl. Hegel: *Wissenschaft der Logik*, Zweiter Band, 91–92)

60 Zeidler: *Logik des Erkenntnisprozesses*, 50–51. Vgl. hierzu auch Zeidler: *Vernunft und Erfahrung*, 227–234 und *PzW*, 162–163 u. 113–116.

> Systems von Vermittlungen, stellt der abduktive Schluß die logische Grundlage eben dieser tätigen Vermittlung dar.[61]

Abgesehen von der formalen Identität der Abduktion bei Peirce und der Analogie bei Hegel weisen also beide Ansätze, sowohl der begriffsrealistische von Peirce als auch der begriffsidealistische von Hegel, wechselseitig die Defizienz des jeweils anderen auf. Erneuern sich durch Peirce' Identifizierung der Realität mit dem Resultat eines unendlichen Forschungsprozesses die Paradoxien des Dinges an sich, um deren Überwindung es Hegel mit Verweis auf die Selbstreflexivität des Begriffs gerade zu tun ist, so trägt Hegel durch das absolut Setzen des Resultats der begrifflichen Vermittlung in einem abgeschlossenen System der „historischen Bedingtheit aller Erkenntnis" nicht Rechnung und kann daher auch „die Möglichkeit ihres Fortschrittes im Verlauf der Geschichte" nicht begründen, was wiederum Peirce' primäres Anliegen ist. Wir werden noch sehen, wie Zeidler diese Aporie aufzulösen versucht. Aus „der Einsicht in die durch Abduktion, Induktion und Deduktion bezeichnete Struktur des Erkenntnisprozesses" zieht Zeidler zwei Konsequenzen:

> Erstens sind Abduktion und Induktion als ‚transzendentallogische' Voraussetzungen deduktiven Schlußfolgerns, d.h. als Voraussetzung der deduktiven (=formalen) Logik zu bestimmen, eine Aufgabe, die [...] in ihrem vollen Umfange genommen dem Aufbau einer spekulativen Logik (vergleichbar und zugleich in Differenz zur ‚Logik' *Hegels*) [entspräche]; zweitens sind nunmehr auch Methoden und Aufgaben der Wissenschaftstheorie, nach der Destruktion des Anspruches der Wissenschaftslogik, und der Einsicht in die prinzipielle Historizität der Erfahrungserkenntnis, positiv zu entwickeln, wobei vorallem die, auf *Peirce*ns Logik aufbauende ‚Logic of Discovery' Norwood R. *Hansons*s als Katalysator dienen mag.[62]

Gegenüber der „historischen Bedingtheit aller Erkenntnis", deren Anerkennung den *logischen Positivismus* zunehmend in den *Konventionalismus* trieb, der „an die Stelle rationaler Entscheidungen die Faktizität des Psychologischen oder Soziologischen" setzt, betont Zeidler „die Rationalität des wissenschaftlichen Prozesses selbst." Wird die Wissenschaftstheorie in diesem Sinne als *rationale* „Rekonstruktion der Wissenschaftsgeschichte" betrachtet, „bedarf es philosophisch des Aufweises jener systematisch zu entwickelnden Grundstrukturen,

---

61 Zeidler: *Logik des Erkenntnisprozesses*, 65, der hier Hegel: *Phänomenologie des Geistes*, *Gesammelte Werke*, Bd. 9, 38 zitiert. Vgl. Zeidler: Transformationen der Logik, 81–83 und Zeichen und Schluß: Peirce und Hegel, 204–215 und *GtL*[3], 211–218.

62 Zeidler: *Logik des Erkenntnisprozesses*, 66. Zu Zeidlers Auseinandersetzung mit Hanson vgl. a.a.O., 69ff.

die Bedingungen der Möglichkeit des historischen Prozesses, d.i. zugleich des Mensch-seins, sind.“ Dabei

> verweist […] die ‚Offenheit‘ (nicht formal-logisch aus sich selbst Abschließbarkeit) der logischen Struktur auf andere, nicht-logische Grundstrukturen [etwa ethische oder ontologische], die sich alle in einer allgemeinen Theorie der Vermittlung von Subjekt und Objekt darstellen und auseinander entwickeln lassen müßten. Eine Aufgabe der Philosophie, der auf rein wissenschaftstheoretischer Ebene der Aufbau einer ‚Logik der Forschung‘, oder einer Logik der Wissenschaftsprozesse entspräche.[63]

Damit hat Zeidler bereits hier sein Programm formuliert, das er in der Folge in seiner Habilitationsschrift *Vernunft und Erfahrung. Untersuchungen zum Erkenntnisproblem in Philosophie und Wissenschaftstheorie*, aus der später sein *Grundriss der transzendentalen Logik* als „allgemeine Theorie der Vermittlung von Subjekt und Objekt“ und seine *Prolegomena zur Wissenschaftstheorie* als „Logik der Wissenschaftsprozesse“ hervorgegangen sind, systematisch ausgearbeitet hat.

Eine „Logik der Forschung“, d.h. eine „Logik der Wissenschaftsprozesse“, so Zeidler, „gewinnt innerhalb der Wissenschaftstheorie, die sich die Aufdeckung der Rationalität des wissenschaftlichen Prozesses selbst zum Ziele setzt, eine zentrale Bedeutung. Dabei steht weniger das alte Ideal einer Erfindungskunst oder Heuristik im unmittelbaren Vordergrunde des Interesses, sondern das theoretische Begehren eines tieferen Verständnisses des Wissenschaftsprozesses.“[64] *Norwood Russell Hanson* entwarf seine „Logic of Discovery“ in diesem Sinne „in wissenschaftstheoretischer Uminterpretation des *Peirce*schen Begriffes der Abduktion oder Retroduktion […]. *Hanson* stellt die Abduktion als synthetisches, hypothesenbildendes Verfahren, der hypothetiko-deduktiven Hypothesenüberprüfung gegenüber, wobei er freilich Schwierigkeiten hat den *logischen* Unterschied zwischen beiden Verfahren herauszuarbeiten […].“[65] Zwar führt Hanson

> die Schwierigkeiten einer logischen Unterscheidung zwischen retroduktivem und hypothetiko-deduktivem Prozeß ganz richtig auf den Unterschied zwischen einer abstrakt formal-logischen und einer historisch-rekonstruktiven Analyse des Erkenntisprozesses

63 Zeidler: *Logik des Erkenntnisprozesses*, 67–68. Zum Verhältnis von logischem Empirismus und Konventionalismus vgl. auch Zeidler: Reflexivität und Begründung. Zur Frage nach den Voraussetzungen rationaler Argumentation, in: *Grundlegungen*, 106–112 und *PzW*, 13–81.

64 Zeidler: *Logik des Erkenntnisprozesses*, 69, vgl. 68.

65 Ibid. Zeidler verweist hier auf N. R. Hanson: Retroductive Inference, in: B. Baumrin (Hg.): *Philosophy of Science. The Delaware Seminar*, Vol. 1, New York/London 1963, 27.

> zurück, doch ist ihm dies nicht Anlaß zu einer tiefergehenden philosophischen Kritik der formalen, rein deduktiven Logik, wie ihm überhaupt der Unterschied zwischen seiner wissenschaftstheoretischen Betrachtungsweise der Abduktion und deren fundamentalphilosophischer und logischer Bedeutung bei *Peirce* nicht bewußt ist; ein Unterschied, der freilich schon bei *Peirce* selbst verwischt ist. Es ist etwas ganz anderes, ob ich fundamentalphilosophisch oder logisch das Verhältnis von Deduktion, Induktion und Abduktion kläre, oder ob ich (wie *Hanson*) wissenschaftstheoretisch die retroduktive Weise des Erschließens wissenschaftlicher Hypothesen, deren hypothetiko-deduktiver Überprüfung und Bestätigung gegenüberstelle. Im ersteren Falle erlaubt die Formalität der Logik, bzw. die Grenzbegrifflichkeit der Philosophie, die Weisen des Schließens als Unterschiedene dennoch in ihrer notwendigen Verbindung darzustellen, während die Wissenschaftstheorie, als Reflexion auf den konkreten Wissenschaftsprozeß, sie schon immer in dieser Vermitteltheit ‚antrifft', sie daher auch nicht im Begriffe (in begrifflicher Vermittlung), sondern allein in dem ihm äußerlichen Medium der Trennung und Vermittlung: der Zeit oder dem Raume, finden und darzustellen vermag. Fehlt dieser Wissenschaftstheorie die nötige philosophische Fundierung im Sinne einer ihr vorgeordneten Logik und Erkenntnistheorie, so muß, da Raum und Zeit bloße empirische Realitäten sind, in sich keinen Sinn haben, dieser Sinn von anderen Wissenschaften geborgt werden, die, ähnlich der Philosophie, mit dem Anspruche einer den Rahmen der Untersuchung absteckenden Grundsatzsystematik auftreten (Psychologie, Soziologie, formale Logik, etc.).[66]

Hat Zeidler zuvor noch auf missverständliche Weise von der „forschungslogischen" Funktion der Schlüsse im Unterschied zu ihrer „formallogischen" Funktion gesprochen und nicht scharf zwischen ihrer „transzendentallogischen" und ihrer „methodologischen" Funktion unterschieden – ein Missverständnis, dem er noch dazu dadurch Vorschub leistete, dass er die „forschungslogische" Funktion gerade anhand der „Reflexionsschlüsse" erläuterte –, so unterscheidet er hier scharf zwischen einer „wissenschaftstheoretischen Betrachtungsweise der Abduktion und deren fundamentalphilosophischer und logischer Bedeutung".[67] Diese Unterscheidung ist von grundlegender Bedeutung, denn eine bloß wissenschaftstheoretische „historisch-rekonstruktive Analyse des Erkenntnisprozesses" kann das „fundamentalphilosophische oder logische Verhältnis von Deduktion, Induktion und Abduktion" als voneinander unterschiedene, sich

66 Zeidler: *Logik des Erkenntnisprozesses*, 70–71 vgl. 50f. Zeidler verweist hier auf N.R. Hanson: Commentary by N.R. Hanson, in: A.C. Crombie (Hg.): *Scientific Change*, New York 1963, 464. Vgl. dazu Zeidler: Transformationen der Logik, in: *Grundlegungen*, 77–78, Anm. 32 und Reflexivität und Begründung, 139.

67 Vgl. dazu Transformationen der Logik, 77–78, Anm. 32, wo Zeidler davon spricht, dass Peirce „die forschungslogische und die transzendentallogische Ebene seiner Argumentation nicht exakt trennt".

wechselseitig bedingende Schlüsse gar nicht klären, da sie „als Reflexion auf den konkreten Wissenschaftsprozeß, sie schon immer in dieser Vermitteltheit ‚antrifft' ".[68] Demgegenüber „erlaubt die Formalität der Logik, bzw. die Grenzbegrifflichkeit der Philosophie, die Weisen des Schließen als Unterschiedene dennoch in ihrer notwendigen Verbindung darzustellen". Hier ergeben sich zwei grundsätzliche Fragen: Erstens, wie ist das Verhältnis von transzendentallogischer und forschungslogischer Funktion der Schlüsse zu bestimmen? Zweitens, wie sind die Schlüsse „im Begriffe (in begrifflicher Vermittlung)" und damit nicht „allein in dem ihm äußerlichen Medium der Trennung und Vermittlung: der Zeit oder dem Raume" *als Schlüsse* überhaupt zu denken? Die letztere Frage stellt eine grundsätzlich Schwierigkeit von Zeidlers schlusslogischer Letztbegründung dar, die diese zu beantworten hat, denn *falls* wir in der *fundamentallogischen* Betrachtung Zeit und Raum als dem Begriff „äußerliche Medien der Trennung und Vermittlung" nicht zu ihrer Unterscheidung heranziehen dürfen, dann droht diese formallogische und „grenzbegriffliche" Betrachtung überhaupt ein „Mysterium" zu bleiben, insofern dann unerklärlich bleibt, in welchem Sinn hier überhaupt noch von *Schlüssen, Vermittlung, Funktion, Moment, Dynamik, Prozess, Geschichte* und nicht zuletzt *Erkenntnis* gesprochen werden kann. Wir werden auf diese Fragen noch zurückkommen. Vorerst aber folgen wir weiter Zeidlers Gedankengang in der Dissertation.

Peter „*Achinsteins* Kritik an *Hanson* und *Peirce*", dass „nicht einzusehen [ist,] wieso es [neben der Abduktion (oder Retroduktion)] nicht mehrere andere Arten der Hypothesenfindung geben sollte", belegt für Zeidler die

> These, daß eine Transponierung der fundamentalen Schlußformen auf die Ebene der Wissenschaftstheorie [sc. die fundamentalphilosophische und logische Bedeutung der Abduktion] verfehlt, weil auf adäquate Weise unmöglich ist; denn mit Recht bemängelt *Achinstein*, von der Warte des Wissenschaftstheoretikers aus, das Fehlen eines Kriteriums für die Gültigkeit des abduktiven Schlusses: [...] *Achinstein* fordert daher an Stelle der abduktiven Erschließung irgendeiner Erklärung, die ‚Erschließung (Inference) der besten Erklärung', d.h. er fordert eine Entscheidungstheorie, [...].[69]

---

68 Vgl. dazu Hegels Unterscheidung zwischen dem „Schluß der Reflexion" und dem „Schluß der Notwendigkeit". Hegel: *Wissenschaft der Logik*, Zweiter Band, 91–92 und Zeidler: *Logik des Erkenntnisprozesses*, 60.

69 Zeidler: *Logik des Erkenntnisprozesses*, 72–73, vgl. 69–70 u. 50–51. Zeidler verweist hier auf Peter Achinstein: Inference to Scientific Laws, in: H. Stuewer (Hg.): *Historical and Philosophical Perspectives of Science*, Minnesota Studies in the Philosophy of Science, Vol. V, Minneapolis/Minn. 1970, 93 und ders.: *Law and Explanation*, Oxford 1971, 118f. Wirft Zeidler Peirce in der Dissertation zunächst noch primär vor, dass dieser zwar mit der Unterscheidung von Induktion und Abduktion „auf nicht-deduktive

Hier gibt Zeidler mit Blick auf die Differenz von erkenntnistheoretischer und wissenschaftstheoretischer Fragestellung indirekt einen wichtigen Hinweis darauf, wie seine Rede vom „Mysterium" der Abduktion als begrifflicher Fixierung von etwas als etwas zu verstehen ist. Induktion und Abduktion können transzendentallogisch als synthetische Schlüsse bestimmt werden, insofern sie formallogisch als Bedingungen der Möglichkeit des deduktiven Schließens aufgewiesen werden können, es kann aber kein „Kriterium für die Gültigkeit" dieser Schlüsse angegeben werden, ihre Gültigkeit wird vielmehr immer schon in Anspruch genommen, da anders Erkenntnis gar nicht möglich wäre, was die Möglichkeit des Irrtums natürlich nicht ausschließt. Dementsprechend ist die Entscheidungstheorie nach Zeidler auch „ungeeignet für die Lösung des logischen und erkenntnistheoretischen Problems der Induktion" und findet daher „den ihr angestammten Platz in der Wissenschaftspragmatik."[70] Einer derartigen *pragmatischen* „Logik der Forschung" geht es nach Zeidler vorranging um die „Aufdeckung bislang hinter psychologistischen oder historistischen Kategorien verdeckter Strukturzusammenhänge" durch eine „Analyse der Ziel-Mittel-Relation", wobei „geeignete Operatoren (Lösungswege) gesucht [werden], die von der gegebenen Ausgangssituation (historischen Situation in der sich ein Forscher befindet) zu dem intendierten Ziel (der Antwort auf das gestellte Problem) führen."[71] Hier ordnet Zeidler auch Oesers „Logik der Prozesse als Grundlage der Rekonstruktion der Wissenschaftsgeschichte" ein, insofern für Oeser „Rekonstruktion der Wissenschaftsgeschichte" nichts anderes bedeutet „als den Nachweis eines objektiven Bedingungszusammenhangs in und zwischen den einzelnen Erkenntnisprozessen, die den Gesamtlauf der Wissenschaftsgeschichte

---

Strukturen der logischen Verknüpfung hinweist, die ihrerseits Bedingungen der Möglichkeit deduktiven Schlußfolgerns sind" hinweist, v.a. auf die „forschungslogische Funktion, […] des abduktiven Schlusses", aber „in seinen späteren Aufsätzen Abduktion, Induktion und Deduktion in einer der ursprünglichen [sc. forschungs- und transzendentallogischen] Auffassung *nicht mehr adäquaten Weise* [Hervorhebung L.R.] als Stadien des Forschungsprozesses zu rekonstruieren versucht", sodass die Induktion „ihre forschungslogische Funktion zu Gunsten der Abduktion ein[büßt]", während er diese früher „*noch in zutreffender Weise* [Hervorhebung L.R.] auf die Ebene des Forschungsprozesses transponiert", so stellt er hier prinzipiell fest, dass „eine Transponierung der fundamentalen Schlußformen auf die Ebene der Wissenschaftstheorie […] *auf adäquate Weise unmöglich* [Hervorhebung L.R.] ist". Zeidler: *Logik des Erkentnnisprozesses*, 49–52 u. 73. Vgl. dazu auch *PzW*, 162–163.

70 Zeidler: *Logik des Erkenntnisprozesses*, 73–74, vgl. 38f.

71 Zeidler: *Logik des Erkenntnisprozesses*, 75.

bestimmen."[72] „Die erkenntnistheoretische und fundamentallogische Reflexion können freilich weder Wissenschaftsgeschichte noch Wissenschaftspragmatik ersetzen, sie setzen sie vielmehr selbst voraus, [...]."[73] Im Unterschied zu einer statischen Logik, die sich auf die Untersuchung von „Aussagen (traditionelle Logik) oder auf deren Verknüpfung (Logistik)" beschränkt, fordert Zeidler daher eine „Logik des Erkenntnisprozesses", die „die Beziehung der Begriffe zueinander" *dynamisiert*. Die traditionelle Logik mit „ihrem Kernstück der Syllogistik" steht einer Logik der Erkenntnisprozesse insofern näher, „als sie die formale Elementarstruktur der logischen Vermittlung, die Vermittlung zweier Extreme durch ein drittes, den Mittelbegriff, zu ihrer Grundlage hat."[74] Hegel setzt zwar „seine drei Schlußformen den drei Figuren der Aristotelischen Syllogistik gleich", im Gegensatz zu Aristoteles jedoch, der „sich mehr an das bloße Verhältnis der Inhärenz gehalten" hat, lassen sich „*Hegel*s Termini (Allgemeinheit, Besonderheit, Einzelheit) hingegen [...] nicht auf ein bloßes Inhärenzverhältnis reduzieren", insofern sie im Schluss „nicht mehr wie im Urteile ihre Äußerlichkeit gegeneinander, sondern vielmehr ihre Einheit zur Grundlage haben."[75] Indem „*Hegel* und *Peirce* [...] die Prämissen des deduktiven Schlusses selbst als mögliche Konklusion zweier anderer Schlußverfahren in Frage" stellen, gelangen sie nach Zeidler „zu einer Dynamisierung der logischen Begriffsverhältnisse, zu einer ‚Logik des Erkenntnisprozesses'."[76]

72 Zeidler: *Logik des Erkenntnisprozesses*, 76, vgl. Oeser: *Wissenschaftstheorie als Rekonstruktion der Wissenschaftsgeschichte*, Bd. 1., Wien/München 1979, 10ff. Oesers Auffassung der Wissenschaftstheorie hebt nach Zeidler „die beiden Extreme einer normativen Wissenschaftslogik und einer bloß deskriptiven Wissenschaftsgeschichtsschreibung auf[...]. Denn geschichtlich liegt schon immer ein ‚normativer Bedingungszusammenhang' als Informationssystem (eine Wissenschaft) vor, der nicht nur Informationen als systemrelevant oder -irrelevant selektiert und inhäriert, sondern auch Bedingungen für mögliche Systemtransformationen (Problem des Fortschritts der Wissenschaften) in Form zu lösender Aufgaben vorgibt." Ibid., vgl. Oeser: *Wissenschaftstheorie als Rekonstruktion der Wissenschaftsgeschichte*, Bd. 1., 26ff.

73 Zeidler: *Logik des Erkenntnisprozesses*, 77.

74 Zeidler: *Logik des Erkenntnisprozesses*, 78.

75 Zeidler: *Logik des Erkenntnisprozesses*, 79–80, der hier Hegel: *Wissenschaft der Logik*, zweiter Band, 93 u. 107 zitiert.

76 Zeidler: *Logik des Erkenntnisprozesses*, 80.

Aus der Sprache logischen Formalismus in die Alltagssprache übersetzt lauten diese beiden Fragen:

1) Wie kann ich die konkreten Einzelnen überhaupt begrifflich fixieren, sie als konkrete Einzelne einer konkreten (an ihren Elementen bestimmten) Klasse überhaupt denken?
2) Wie kann ich die solcherart bestimmten Einzelnen als Elemente einer allgemeinen Klasse, die nicht an jedem ihrer Elemente konkret bestimmt ist, auffassen?

Diese beiden fundamentalen Fragen: die Frage nach der Begriffsbildung oder Abstraktion (=Abduktion) und der Klassenabstraktion (=Induktion), werden von der formalen Logik schon immer übergangen, weil sie von dem konkreten Begriff, mit dem wir das je Gegenständliche zu begreifen versuchen, schon längst abstrahiert hat; Induktion und Abduktion nicht mehr thematisiert, sondern unreflektiert voraussetzt. So wird zwar das Problem der Induktion von den Logikern behandelt, aber was sie unter Induktion verstehen ist nicht ein logisches Problem (dieses ist unlösbar), sondern ein methodologisches und wissenschaftstheoretisches. [...] Denn wird von einem bloß äußerlichen Verhältnis der ‚Einzelnen (gedacht als ‚Elemente' oder ‚Fälle') zur ‚Klasse' ausgegangen, so muß notwendig ein außerlogisches, sie nachträglich Vermittelndes an sie herantreten: in beiden Fällen der Experimentator, der sich der vier *Mill*schen Methoden &c. bedient. Diese Abstraktheit eines bloß die Tätigkeit der Erkenntnissubjekte erleidenden, statisch fixierten Begriffs, ist auch bei *Peirce* nicht immer überwunden. Als krasses Mißverständnis der eigenen logischen Entdeckungen tritt sie vorallem in seiner späten, wissenschaftstheoretischen Interpretation der drei Schlußformen zu Tage, [...].[77]

Auffällig ist zunächst, dass Zeidler hier von der Abduktion plötzlich als „Frage der Begriffsbildung oder Abstraktion" und von der Induktion als „Klassenabstraktion" spricht. Das Problem der *Abstraktion*, dem sich Oeser bereits in seiner Habilitationsschrift gewidmet hatte, behandelt dieser auch im 3. Band von *Wissenschaft und Information* in den Kapiteln „Begriffsbildung durch Abstraktion" und „Hypothesenbildung durch Induktion". Mit seiner Unterscheidung von Abduktion und Induktion im Anschluss an Peirce und Hegel knüpft Zeidler also auch an Oesers Unterscheidung von *Abstraktion* (als Begriffsbildung) und *Induktion* (als Klassenabstraktion oder Hypothesenbildung) an, die dieser allerdings im Rahmen seiner Wissenschaftstheorie empiristisch als „Stufen der Informationsverdichtung" im Sinne eines mechanischen Prozesses der Informationsverarbeitung oder -verrechnung interpretiert.[78] Nicht ganz klar ist zunächst, wie die

77 Zeidler: *Logik des Erkenntnisprozesses*, 80–81, vgl. 49f. u. 12f. und dazu Oeser: *Wissenschaft und Information*, Bd. 3, 67ff.

78 Im Grunde kommt Oeser damit vom transzendentalen Idealismus Schellings zur Assoziationspsychologie der englischen Empiristen, die freilich bereits auf Aristoteles zurückgeht, und deren Weiterentwicklung im 19. u. 20. Jh. von der Sinnesphysiologie

Unterscheidung zwischen einer „konkreten (an ihren Elementen bestimmten) Klasse“ und einer „allgemeinen Klasse, die nicht an jedem ihrer Elemente konkret bestimmt ist“ zu verstehen ist, da in beiden Fällen die Einzelnen als Elemente einer Klasse gedacht werden, eine *Klasse* aber per definitionem *allgemein* und damit auch *abstrakt* ist und daher klassenlogisch nur zwischen den Einzelnen als *Elementen* und mehr oder weniger allgemeinen *Klassen* unterschieden werden kann. Es ist aber zu berücksichtigen, dass Zeidler hier die Schlüsse der 2. und 3. Figur (Analogie oder Abduktion und Induktion), die Hegel und Peirce als Fragen nach den Bedingungen der Möglichkeit der Prädikation (S – P), d.h. nach den Prämissen der Deduktion, interpretieren, zu übersetzen versucht, wobei er unter „Alltagssprache“ hier offenbar die *Klassenlogik* versteht.[79] Nach Hegel vermittelt aber der Schluss der Analogie (Abduktion) das *Einzelne* mit dem *Besonderen*, der Schluss der Induktion das *Besondere* mit dem *Allgemeinen*. Jedoch lassen sich „*Hegel*s Termini (Allgemeinheit, Besonderheit, Einzelheit) [...] nicht auf ein bloßes Inhärenzverhältnis reduzieren“.[80] Daher darf auch nicht „von einem bloß äußerlichen Verhältnis der ‚Einzelnen‘ (gedacht als ‚Elemente‘ oder ‚Fälle‘) zur ‚Klasse‘ ausgegangen“ werden. Allerdings darf dann wohl überhaupt nicht, so möchte man einwenden, von einem Verhältnis von ‚Einzelnen‘ zur ‚Klasse‘ ausgegangen werden, da sonst die Einzelnen gar nicht anders als ‚Elemente‘ oder ‚Fälle‘ gedacht werden können. Jedoch bedarf es nach Zeidler, um die *Notwendigkeit der Dynamisierung* des derart „statisch fixierten Begriffs“ einsichtig zu machen, „einer Deutung der drei Schlußformen unabhängig von den Implikationen eines philosophischen Systems; einer Deutung, die sich vielmehr aus der formalen Struktur der Schlußformen ableitet, und die uns sowohl *Peirce* als auch *Hegel* (zumindest in einer dem heutigen Verständnis angemessenen Form) schuldig bleiben.“ Zeidler findet diese Deutung, indem er „die Syllogistik, ganz im Sinne der modernen Logik, als Spezialfall des Klassenkalküls“ betrachtet und „in bewußter Simplifizierung von einem Inhärenzverhältnis der Termini des Schlusses“ ausgeht:[81]

---

bis zur Kognitionswissenschaft. Aristoteles ist somit überhaupt das Bindeglied in Oesers, dem ersten Anschein nach rätselhaften, Wandlung vom Platoniker zum Empiristen. Vgl. dazu Oeser: *Begriff und Systematik der Abstraktion*, bes. 446–467 und Oeser: *Wissenschaft und Information*, Bd. 3, 24–87.

79 Vgl. *GtL*[3], 183–184.

80 Zeidler: *Logik des Erkenntnisprozesses*, 80.

81 Zeidler: *Logik des Erkenntnisprozesses*, 82. Vgl. dazu Zeidler: Transformationen der Logik, 70 u. 67.

> Vom Einzelnen, dem Subjekt aus gesehen besteht die Abduktion darin, das Einzelne Element eines unbestimmten Allgemeinen (P) in seiner Bestimmtheit (M) zu fassen, z.B. ein unbestimmtes Etwas zu benennen, sprachlich zu fixieren. Ein Vorgang, der dem Fassen eines Wahrnehmungsurteils, der Herausarbeitung eines Gegenstandes aus einer konfusen Vielfalt von Eindrücken, zumindest analog ist. Gerade in dieser Formulierung der Abduktion zeigt sich die Notwendigkeit, die immer statischen, unbeweglichen Urteile (Prämissen und Konklusionen des Schlusses) deren je verschiedene Verknüpfung für *Peirce* die logische Formulierung von Deduktion, Induktion und Abduktion ergeben, durch den dynamischen Begriff zu ersetzen, dessen Dynamik sich aus der dialektischen Einheit seiner drei, sich jeweils in einer der drei Schlußformen verwirklichenden Funktionsweisen ergibt.[82]

Die Notwendigkeit der Dynamisierung des Begriffs, worunter Zeidler offenbar die *reflexive Selbstvermittlung* seiner drei Momente *Einzelheit*, *Besonderheit* und *Allgemeinheit* nach Hegel versteht, zeigt sich für Zeidler demnach daran, dass *klassenlogisch* die Abduktion als „begriffliche Fixierung eines konkreten Einzelnen" nicht als formal gültiger Schluss gedacht werden kann, ebenso wie die Induktion (die „Klassenabstraktion") formallogisch keine allgemeinen Konklusionen zulässt.[83] Zeidler sieht jedoch folgenden Ausweg:

> Analog zu der von Ch. W. *Morris* (auf der Grundlage *Peirce*scher Überlegungen) durchgeführten Unterteilung der Semiotik (Zeichenlehre) in Syntaktik, Semantik und Pragmatik können wir eine kompositive, repräsentative und prospektive Funktion des Begriffes unterscheiden, je nachdem die Begriffe in ihrer Beziehung untereinander, in ihrer Beziehung zu den Gegenständen die sie bezeichnen, oder in ihrer Beziehung zu ihrem Benützer gedacht werden. Dabei darf freilich die Einheit dieser verschiedenen Funktionsweisen des Begriffes im Begriffe selbst nie vergessen werden, wie dies etwa in der formalen Logik geschieht, in der die einzig berücksichtigte Kompositivität der Begriffe, ihre innere Zusammengehörigkeit und gegenseitige Stützung, zur bloßen Deduktivität degeneriert. Zwar ist dies als methodische Abstraktion gerechtfertigt, doch geht das Bewußtsein dieser methodischen Abstraktion der Logik meist verloren. Die Beziehung der drei Funktionsweisen des Begriffes zu den drei Schlußformen können wir des näheren dahingehend bestimmen, daß in der Abduktion, der schöpferischen, begriffssetzenden Schlußweise, vorallem die prospektive Funktion des Begriffes zum Vorschein kommt, in der Induktion die Übereinstimmung von Begriff und Gegenstand, seine Repräsentativität, und in der Deduktion seine Kompositivität, die Beziehung des Begriffes zu seinesgleichen; womit sich unschwer zeigen läßt,

---

82 Zeidler: *Logik des Erkenntnisprozesses*, 83–84. Zeidler merkt hier an: „Einer dynamischen Auffassung des Begriffs nähert sich *Peirce* in ‚The Logic of Mathematics; An Attempt to develop my Categories from within' (c. 1896)." Zeidler zitiert hier *CP* 1.485. Vgl. dazu Zeidler: Transformationen der Logik, in: *Grundlegungen*, 76–77.

83 Vgl. dazu Zeidler: Transformationen der Logik, 75 und *Logik des Erkenntnisprozesses*, 80–84.

daß unsere drei Funktionsweisen des Begriffs nur das funktionale Analogon zu der mehr substanzialen Betrachtungsweise *Hegels*, seiner Differenzierung des Begriffs in Allgemeinheit, Besonderheit und Einzelheit, darstellt. Denn das in der Abduktion (dem Schlusse der Analogie) Vermittelnde, das ‚Allgemeine', ist nichts anderes als die substanziale Deutung der prospektiven Funktion des Begriffes; das ‚Einzelne', das den ‚Mittelbegriff' der Induktion bildet, nimmt vornehmlich die Funktion der Repräsentativität des Begriffes wahr, und das ‚Besondere', die ‚Mitte' der Deduktion, seine Kompositivität. Mit diesem Hinweis auf den möglichen Ansatzpunkt einer Vermittlung zwischen funktionaler und substanzialer Denkweise, zwischen zeitgenössischer Epistemologie und traditioneller Philosophie, dem Versuch einer Vermittlung, dem nicht zuletzt die gesamte Arbeit gewidmet ist, wollen wir die vorliegende Untersuchung zu einer ‚Logik des Erkentnntnisprozesses' beenden.[84]

Peirce gegenüber verweist Zeidler in seiner Dissertation also auf die Unterscheidung zwischen einer *rein logischen* (apriorischen) Deduktion der drei Schlüsse und damit der drei Funktionen des Begriffs (Abduktion und Induktion als Bedingungen der Möglichkeit der Deduktion) und deren *methodologischer* Interpretation als Stadien des wissenschaftlichen Forschungsprozesses sowie auf deren *Reflexivität*, Hegel gegenüber auf die *reine Funktionalität* der Momente des Begriffs und damit Offenheit der begrifflichen Vermittlung, die nicht in ein abgeschlossenes System von Vermittlungen gezwängt werden kann. Letztlich weist Zeidler in seiner Dissertation also einerseits auf die synthetischen Schlüsse der Abduktion und Induktion als transzendentallogische Bedingungen der Prädikation und andererseits auf den konkreten sich selbst vermittelnden dynamischen Begriff als ursprüngliche funktionale Einheit dreier Momente hin. Außerdem aber verweisen die logischen Strukturen auf anthropologische und ontologische Grundstrukturen, die sich aus jenen entwickeln lassen müssten.

Bevor wir Zeidlers weitere Entwicklung dieses Ansatzes von der Dissertation bis zur Habilitationsschrift und dem *Grundriss* weiterverfolgen, wollen wir noch kurz auf seine Stellung zum Kritizismus Kants eingehen, dessen systematische Rekonstruktion in der Folge im Zentrum seiner Arbeiten steht. Dem „Induktivismus, der den Empirismus in der Tradition *Bacons* fortführt", „der wissenschaftstheoretischen Reduktion des Rationalismus, wie sie sich im Entwurf wahrscheinlichkeitstheoretischer Kalküle manifestiert" und dem „Kritizismus *Kants*" ist, so Zeidler, gemeinsam, „daß sie die Begründungsproblematik eher

---

84 Zeidler: *Logik des Erkenntnisprozesses*, 84–85. Vgl. dazu Zeidler: Transformationen der Logik, 68 und ibid., Anm. 16. Vgl. dazu auch Oeser: *Wissenschaft und Information*, Bd. 2, bes. 17ff. u. 23ff., der in seiner Erkenntnis- und Wissenschaftstheorie im Anschluss an Donald M. MacKay von einem *semantisch-pragmatischen* Informationsbegriff ausgeht und diesbezüglich auch auf Charles W. Morris' Unterscheidung von *Syntaktik*, *Semantik* und *Pragmatik* verweist.

verdecken denn lösen, weil nicht eine kritische Untersuchung der Schlußformen, bzw. der logischen Struktur des Erkenntnisprozesses, sondern eine vorgefaßte Meinung von denselben ihren jeweiligen Ausgangspunkt bilden."[85] Kant erteilt der „Hoffnung, die der Rationalismus in eine Heuristik setzte", mit dem Verweis auf die „Formalität" der Logik eine Absage.

> Damit hat die Logik zwar, nach der Meinung *Kant*s, ebenso wie die Mathematik und Physik ‚den sicheren Weg einer Wissenschaft' eingeschlagen, doch büßt sie diese Sicherheit mit dem Verluste möglicher erkenntniserweiternder Funktion und entbehrt damit letztlich der philosophischen Relevanz. *Kant* fragt daher nicht mehr nach den Bedingungen der Möglichkeit der Logik, oder nach der Struktur der logischen Vermittlung. Diese ist, ob ihrer postulierten Formalität, ein für allemal vorgegeben; zudem ist die Logik für ihn ‚Selbsterkenntnis des Verstandes und der Vernunft […] der Form nach.', geht also jeder philosophischen Kritik voraus. Die ‚transcendentale Kritik' richtet sich denn auch einzig auf die Untersuchung der Bedingungen der Möglichkeit ‚synthetischer Sätze a priori', d.h. *Kant* behandelt nicht das Problem der *Vermittlung*, sondern das der *Sicherstellung* unserer Erkenntnis.[86]

Gerade die Frage nach den „Bedingungen der Möglichkeit der Logik" ist für Zeidler aber die zentrale *transzendentallogische* Frage.[87] Zeidler präzisiert diese Kritik in Bezug auf Kants Formulierung des Humeschen Problems als die Frage: „Wie sind synthetische Urteile a priori möglich?":

> Es geht *Kant* also offensichtlich um ein System der Konstitution objektiver Wahrheiten. Seine Transzendentalphilosophie ist damit ‚Kategorienlehre' im Sinn eines Systems von ‚Aussagenformen' (=Urteilen), das die notwendige Gesetzmäßigkeit der Dinge als Gegenstände der Erfahrung zu denken erlaubt. Ein derartiges Kategoriensystem leistet aber eine ‚Lösung' der Begründungsproblematik (etwa in Hinsicht auf die Vermittlung von Empirismus und Rationalismus) bestenfalls auf der ihm eigenen Ebene transzendentaler Begrifflichkeiten. Das bedeutet aber letztlich keine Vermittlung von Empirismus und Rationalismus, keine Theorie der Vermittlung von Gegenstands- und Vernunfterkenntnis, sondern eine einseitig rationalistische Auflösung des Problems. Gegenüber dem ‚alten' Rationalismus hat der *Kant*ens freilich den Vorzug, daß er ‚das Unbedingte', das von ihm nicht Vermittelte aber jede Vermittlung erst gewährleistende – das ‚Ding an

85 Zeidler: *Logik des Erkenntnisprozesses*, 32.

86 Zeidler: *Logik des Erkenntnisprozesses*, 33–34. Zeidler verweist hier auf Kant: *Logik*, AA IX, 13ff. u. 21. Vgl. zu diesem Vorwurf auch Zeidler: Bestimmung und Begründung. Zu Kants Deduktion der Ideen der reinen Vernunft, in: Christian Krijnen und K.W. Zeidler (Hg.): *Gegenstandsbestimmung und Selbstgestaltung. Transzendentalphilosophie im Anschluss an Werner Flach*, Würzburg 2011, 297–320, wieder abgedruckt in: *Vermittlungen*, 333–365.

87 Vgl. Zeidler: Transformationen der Logik, 67.

sich' – als solches aufzeigt, d.h. seiner Grenze sich als Grenze, noch nicht aber als Mangel bewußt wird. Einem mit der *Kant*ischen Grundintention einer absoluten Letztbegründung, unter den Bedingungen des Rationalismus, übereinstimmenden Philosophieren erscheint dieser Mangel bedingt in einer unzureichenden Deduktion der Kategorien, die es also nur zu verbessern gälte, um die völlige Einheit des philosophischen Systems und der Erfahrung, das ‚a priori' und des ‚a posteriori' herzustellen – *Fichte*; eine Naivität, der *Hegel*, bei gleichbleibendem Letztanspruch, scheinbar dadurch entgeht, daß er an die Stelle *Kant*ischer oder *Fichte*scher ‚Reflexionsbestimmungen', den sich ‚dialektisch' selbst bestimmenden ‚Begriff' setzt, d.h. die starre Selbstidentität des rationalistisch in Ableitungsschemata gedachten Begriffes dadurch ‚aufhebt', daß dessen außerhalb seiner selbst gedachte Grenze als die *seinige*, als ihm wesentliche, inhärierende belassen wird. Damit gewinnt *Hegel* zwar den Ansatzpunkt zu einer Reflexion des Begriffes der Selbstidentität, die ihrerseits Bedingung der Möglichkeit der formalen Logik ist, doch verbaut ihm andererseits das zugrundeliegende Interesse an einem absoluten, in sich geschlossenen System, den Blick auf die notwendigen Folgerungen aus dieser Erkenntnis."[88]

Die Ergebnisse seiner Dissertation fasst Zeidler in dem programmatischen Aufsatz *Transformationen der Logik* (1981) zusammen.[89] Dass „die ‚formale Logik' nicht Logik des Denkens und Erkennens ist, sondern eine solche des Gedachten, d.i. des in der Urteilsform bereits fixierten Begriffs, des λόγος ἀποφαντικός, ist [...] ihre Voraussetzung von allem Anfang an."[90] Die „transzendentale Logik Kantens" war deshalb auch „als die konsequenteste und gleichwohl differenzierteste Architektonik des urteilslogischen Denkens, der notwendige Anstoß zur Emanzipation der Logik vom Primat der Urteilsform."[91] Kants transzendentale

88 Zeidler: *Logik des Erkenntnisprozesses*, 34–36, vgl. Transformationen der Logik, 64–65. Zu Kants „Rationalismus" vgl. *GtL*³, 38–43, wo Zeidler Kants Festhalten an dem Ideal einer von obersten (apriorischen) Prinzipien ausgehenden deduktiven Wissenschaft, das seinen transzendentallogischen Einsichten widerspricht, kritisiert.

89 Zeidler: Transformationen der Logik, in: *Wiener Jahrbuch für Philosophie*, Bd. XIV, Wien 1981, 7–22, wieder abgedruckt in: Zeidler: *Grundlegungen*, 61–84. Wir zitieren den Aufsatz im Folgenden nach den *Grundlegungen*. Wir gehen hier auf den Aufsatz nur soweit ein, als er die Dissertation ergänzt bzw. über diese hinausgeht. Der Titel des Aufsatzes spielt auf Karl-Otto Apel an. Apel war für Zeidler nicht nur wegen seiner Darstellung des *Denkwegs von Charles S. Peirce* wichtig, sondern auch wegen seiner „‚Transformation' der Kantischen ‚Vernunftkritik' in eine ‚Sinnkritik'", die dieser als „Transzendentalhermeneutik" versteht, mit der sich Zeidler kritisch auseinandersetzte. Vgl. Zeidler: Transformationen der Logik, 65–66, Anm. 11; 71, Anm. 23 und bes. Zeidler: Reflexivität und Begründung. Zur Frage nach den Voraussetzungen Rationaler Argumentation, in: *Grundlegungen*, 115–124 und Apel: *Transformationen der Philosophie*, Bd. 1, Frankfurt a. M. 1976.

90 Zeidler: Transformationen der Logik, 63–64.

91 Zeidler: Transformationen der Logik, 64.

Logik stellt nicht nur „nichts anderes als eine Metatheorie der von Kant als fertig und abgeschlossen vorausgesetzten ‚formalen Logik' (= Urteilslogik) dar […]", sondern Kant biegt auch

> die Humesche Frage nach der Berechtigung des *Schlusses* von der Ursache auf die Wirkung um in eine Untersuchung des *urteil*enden Verstandes. Mit diesem Kunstgriff rettet Kant zwar vordergründig einen, der methodischen Beurteilung bereits unterworfenen, szientistischen Begriff der Erfahrung, doch bleibt die ursprüngliche, von Kant mittels der Kategorien bloß ‚gezähmte' Problematik der erkenntniserweiternden Schlüsse offen und wird in neuer Form zum Problem des Kantischen Systems selbst: als das jede Erfahrung erst ermöglichende, gleichwohl von jeder Erfahrbarkeit und positiven Bestimmbarkeit ausgeschlossene Transzendentale ≡ Subjekt (‚ICH') bzw. subjectum (‚Ding-an-sich' als Substrat der ‚Erscheinung'). […] so[mit] steht ein am Kantischen Anspruch einer Vermittlung von Vernunft- und Erfahrungserkenntnis festhaltendes Philosophieren vor der Aufgabe, die bei Kant noch urteilslogisch (kategorial) aufgefaßte (damit aber bereits vernunftkritisch ‚aufgelöste') *Vermittlung* selbst zu thematisieren. Dieses Bedenken der Vermittlung, vor aller urteilhaften Fixierung des zu Vermittelnden, geschah in grundsätzlicher, die klassische Urteilslogik transformierender Weise, durch Georg Wilhelm Friedrich Hegel und Charles Sanders Peirce.[92]

---

92 Zeidler: Transformationen der Logik, 64–65, vgl. 72–84 und das oben mit Bezug auf Zeidlers Dissertation bereits referierte. Zeidlers frühe Interpretation von Kant und dem Deutschen Idealismus dürfte nicht nur von Oeser und – zumindest indirekt oder sekundär – Heintel, sondern auch von Richard Kroner beeinflusst sein. Vgl. Richard Kroner: *Von Kant bis Hegel*, Tübingen ²1961, bes. 73–95. Kroner wurde auch von Heintel sehr geschätzt. Vgl. dazu Zeidler: Daseiende Transzendentalität – Zur Philosophie Erich Heintels, in: Michael Bendedikt et al. (Hg.): *Verdrängter Humanismus – verzögerte Aufklärung*, Band VI, Wien 2010, 1091, Anm. 3: „In dieser für den weiteren Gang seiner Überlegungen wegweisenden Schrift [*Metabiologie und Wirklichkeitsphilosophie*, Berlin/Leipzig 1944] vollzieht Heintel den Schritt, der sich in den 20iger-Jahren im Übergang vom Südwestdeutschen Neukantianismus zum Neuhegelianismus vollzogen hatte, wird unter ‚Dialektik' doch hier wie dort das Mittel zur Überwindung des reflexionsphilosophisch unüberwindlichen Gegensatzes von Reflexion und Leben (Rickert) bzw. von mittelbarem Erkennen und unmittelbarem Erleben (Reininger) verstanden. Der Zugang ist darum bei Heintel maßgeblich durch die Hegelinterpretation (R. Kroner) und Dialektiktheorie (J. Cohn) der Rickert-Schüler geprägt, die das Dialektische wesentlich als das ‚rational-irrationale Zusammen' (H. Glockner) von Reflexion und Leben bestimmen." Vgl. dazu auch Erich Heintel: Hegel und die analogia entis [Bonn 1958], in: ders.: *Gesammelte Abhandlungen*, Bd. 3, Stuttgart/Bad Cannstatt 1995, 150f. und dessen Rede von der „transzendentalen Differenz" a.a.O., 116f., 156f. und *GtL*³, 38–42. Vgl. dazu auch Zeidler: Die Heautonomie der Vernunft, in: *Grundlegungen*, 250ff.

Während Kant „den Erfahrungsbegriffen durch die ‚kritische' Trennung von ‚Erscheinung' und ‚Ding an sich' ihre prospektive Funktion nimmt" – Zeidler verweist darauf, dass die Begriffe nicht nur ‚Bedeutung' (Extension) haben, „sondern darüber hinaus ‚Sinn' (Intension) [...], sich ‚prospektiv' entwerfen", was „auf den höheren Ebenen des *Prädikatenkalküls* in Gestalt der logischen Antinomie" erscheint –, erhebt „Hegel gerade diese prospektive Funktion des Begriffes, d.h. die Antinomie als wesentliches und konstitutives Element des Begriffes schlechthin, im Sinne seiner Dialektik zum methodischen Prinzip".[93]

> Hat sich das Denken gemäß den Überlegungen Hegels erst einmal von der Vorstellung befreit, daß es nur formend und abbildend an einen ihm fremden und äußerlichen Stoff, die Realität, herantrete, so hat dies grundlegende Folgen nicht nur für die Lehre vom Begriff, sondern führt auch zu einer Erweiterung der klassischen Lehre vom Schluß.[94]
> Wenn wir freilich die Untersuchung erkenntniserweiternder Verfahren als bloßen *Zusatz* zur Syllogistik auffassen, wenn wir, was bereits die Schlußlehre leisten sollte, erst in einer von ihr gesonderten ‚Methodenlehre' suchen, kann die Synthesis nie anders denn empirisch gefaßt werden.[95]
> Kurzgefaßt müssen zwei die traditionelle Lehre vom Begriff beherrschende Auffassung revidiert werden, die beide aus dem Vergessen der ‚prospektiven Funktion' des Begriffes resultieren: 1) die *extensionale* Auffassung, daß Begriffe von ihrem Umfang (Extension, Bedeutung) her vollständig bestimmt und auf diesen reduzierbar seien; 2) die *Konventionalitätsthese*, die besagt, daß Begriffe bloß konventionelle (beliebige) Zeichen für ein Bezeichnetes (den *Umfang* des Begriffes eben) sind.[96]

Auch in dieser Kritik am Nominalismus folgt Zeidler, wie wir bereits gesehen haben, Peirce und Hegel. Problematisch ist dabei allerdings noch, wie *das Verhältnis von Realität und Idealität des Begriffs* angesichts der aufgewiesenen Defizienz beider Ansätze gedacht werden kann, da der Idealismus, wenn die Abduktion nur als hypothetische Vermittlung gedacht wird, wieder in den *Empirismus* und damit letztlich in den *Konventionalismus* umzuschlagen droht, wird die Vermittlung aber in einem abgeschlossenen System von Vermittlungen absolut gesetzt,

93 Zeidler: Transformationen der Logik, 69. Zeidler verweist hier auf Hegel: *Enz.* § 48. Die „prospektive Funktion des Begriffes" bezeichnet, so Zeidler, „den Begriff, insoferne er als Funktion des Ich gedacht wird, bezieht sich [mithin] primär auf den Inhalt (‚Sinn'), nicht auf den Umfang (die ‚Bedeutung'), des Begriffes". Zeidler: Transformationen der Logik, 68, Anm. 16, vgl. 73, Anm. 26 und Zeidler: *Logik des Erkenntnisprozesses*, 84ff.

94 Zeidler: Transformationen der Logik, 69–70.

95 Zeidler: Transformationen der Logik, 70, Anm. 21, vgl. 63–64 und *Logik des Erkenntnisprozesses*, 58 u. 81.

96 Zeidler: Transformationen der Logik, 70, Anm. 20.

droht er in den *Rationalismus* umzuschlagen, der die empirische Realität außer sich hat, welcher er darum ohnmächtig gegenüber steht:

> Ein Denken, das an die Stelle des Primates der Urteilsform den Primat des Schlusses setzt, das den *statischen*, urteilslogisch auf seine Bedeutung reduzierten *Begriff*, als *Moment* des *dynamischen Begriffes*, als Moment einer aller gegenständlichen Fixierung vorausliegenden Sinnvermittlung versteht, widerspricht der nächsten Erfahrung des anhand seiner Urteile sich in seiner Wirklichkeit Einrichtenden, und muß darob dessen wütender oder verständnisloser Kritik ebenso gewärtig sein, wie der Gefahr des eigenen Abgleitens in den Naturalismus bloßer Verständigkeit. Letzterer Gefahr sind weder Peirce noch Hegel völlig entgangen; mit der entscheidenden Pointe freilich, daß Hegel gerade in der Krampfhaftigkeit der Absolutsetzung des Vermittlungsdenkens den Fallstricken des urteilslogischen Denkens erliegt. […] Daß Hegel gerade mit der Verabsolutierung der Vernunft den Vermittlungsanspruch eben dieser Vernunft letztlich hintergeht, sieht niemand klarer als Peirce, wenn er gegenüber dieser Verkürzung der Vermittlungsproblematik, das ‚esse in futuro', die Zukünftigkeit absoluter Vermittlung als regulatives Prinzip jetzigen Handelns zur Geltung bringt[…].[97]

An Hegel kritisiert Zeidler, wie wir bereits gesehen haben, dessen „aprioristisches Wissenschaftsideal" und dessen „Systemwillen", der dazu führt, dass Hegel das Resultat der Vermittlung im Sinne einer „rationalistischen Metaphysik" absolut setzt.[98] Daher ist Hegels Philosophie nach Zeidler auch „unfähig […], die Kongruenz der ‚wirklichen Dinge mit der Idee' auszudrücken."[99] Allerdings „läßt sich gegen Peirce wiederum der Einwand Hegels gegen Kant erheben, er betreibe bloße Reflexions-Philosophie, bleibe einer Metaphysik des Sollens verhaftet, die unfähig sei, das Vernünftige zu begrifflicher Geltung zu bringen."[100]

97 Zeidler: Transformationen der Logik, 80–81, Zeidler verweist hier auf Apel: *Der Denkweg*, 180. Vgl. dazu Zeidler: Zeichen und Schluß: Peirce und Hegel, 211: „[…] während Hegel die *Identität* von Identität und Nichtidentität und die *Vermittlung* von Unmittelbarkeit und Vermittlung betont, insistiert Peirce auf der Nichtidentität und Unmittelbarkeit der Momente, die den Prozeß der Zeichenvermittlung genetisch bedingen. Die Unmittelbarkeit ikonischer Qualitäten und indexikalischer Objektbezüge ist demnach nicht in der symbolischen Repräsentation *aufgehoben*. Diese drei Kategorien, für die Peirce im Rahmen seiner späteren Relationentheorie die Ausdrücke *Erstheit*, *Zweitheit* und *Drittheit* prägt, sind irreduzibel, […]" Vgl. a.a.O., 206.

98 Zeidler: Transformationen der Logik, 80–81 u. *GtL*³, 215f., vgl. 209

99 Zeidler: *GtL*³, 216, vgl. dazu auch Reflexivität und Begründung, 136, Anm. 52.

100 Zeidler: Transformationen der Logik, 81–82, vgl. dazu Anm. 39. Zeidler formuliert mit Blick auf Peirce und Apel (der selbst auch vom Neukantianismus beeinflusst ist, vgl. *PzW*, 87f.) hier bereits eine Kritik an der platonistischen Disjunktion von *Sein* und *Sollen* oder *Geltung*, die er später auch gegenüber der Südwestdeutschen Schule des Neukantianismus artikuliert. Vgl. *GtL*³, 186–187 u. ibid., Anm. 50 und

Und zwar deshalb, weil Peirce, solange er „den logischen Vermittlungsprozeß von der Abduktion her versteht, sich die Subjekt-Objekt-Differenz nur hypothetisch vermittelt denken kann."[101] Hier präzisiert Zeidler somit seine Kritik an Peirce' Empirismus, insofern ihm die Bestimmung der Abduktion als *hypothetische* Vermittlung in der Dissertation zwar ein Mysterium, nicht aber ein Problem zu sein schien, wenngleich er auch schon dort auf die sich daraus ergebenden „Paradoxien des Unendlichen" verwies, in denen die Problematik des Dinges an sich wiederkehrt.[102] Außerdem deutet er aber auch bereits eine Lösung des Problems an:

> Damit stellt sich erneut die Frage, wie Vermittlung, vor aller urteilenden Fixierung des zu Vermittelnden, gedacht werden könne. Kann Vermittlung dann überhaupt in solch prinzipieller Weise gedacht werden? – Ergibt sich nicht vielmehr gerade aus der Gegenüberstellung der Hegelschen und der Peirceschen Systematik, daß Vermittlung immer nur von ihrem Ende (absoluter Geist) bzw. von ihrem Anfang (abduktive Hypothesenbildung) her gedacht werden kann, mithin gerade in ihrem Bedenken die urteilslogische Fixierung auf einen Gegenstand des Denkens Recht behält gegenüber dem Vermittlungsprozeß, der das Denken selbst ist? Tatsächlich doch nur, wenn dieses Ende in Differenz zum Anfang, der Anfang in Differenz zum Ende, als isolierbares Resultat im urteilslogischen Sinne gedacht wird. Mit dem Bedenken der Vermittlung vor aller Ur-Teilung haben wir uns solche vergegenständlichende Differenzierung freilich von vorherein verboten; mithin *kann das Bedenken der Vermittlung kein von ihm unterschiedenes Resultat haben*, vielmehr ist sein Resultat es selbst. Diese Wahrheit haben Hegel und Peirce in je verschiedener Weise einseitig gefaßt: Peirce, indem er, stets das Anfängliche der Vermittlung vor Augen, sie als unendliche Aufgabe begreift (*negative* Unendlichkeit), hingegen Hegel, gerade diese Unendlichkeit der Vermittlung *positiv* als

---

Transformationen der Logik, 65–66, Anm. 11 und Reflexivität und Begründung, 115–124.

101 Zeidler: Transformationen der Logik, 82, Anm. 39; vgl. 79–80 und *GtL*[3], 213. Während Hegel von der absoluten Einheit des Begriffs ausgeht, der sich selbst realisiert, geht Peirce von einer unmittelbaren sinnlichen Realität aus (Empirismus), die nur hypothetisch begriffen werden kann, wobei die Identität von Begriff und Realität erst im unendlichen Fortschritt der Wissenschaft realisiert wird.

102 Im *Grundriss* erläutert Zeidler diese Kritik mit Blick auf den „bloß regulativen Charakter dieses wissenschaftsmethodologisch erschlossenen Realitätsbegriffes" und spricht diesbezüglich von einer „Dialektik [...], mit der Peirce sein Leben lang gerungen hat. Es handelt sich dabei um die Dialektik von geltungstheoretischem (platonistischem) und empiristischem Ansatz, die zeichentheoretisch nur scheinbar überwunden ist, da die Zeichentheorie (Semiotik) aus der empiristischen Umdeutung einer ursprünglich platonistischen Grundkonzeption, nicht aber aus der wechselseitigen Durchdringung beider Ansätze resultiert." *GtL*[3], 213–214.

> jene Selbstvermittlung des Begriffs versteht, die in seinem System der Philosophie sich darstellt. Zwischen dem Zeichen, das das zu Bezeichnende (Realität) in der Unendlichkeit einholt (Peirce) und dem Begriffe, der die Realität in alle Ewigkeit sich gibt (Hegel), steht freilich noch als Drittes *das Zeichen das Realität ist*, der *existierende Begriff*, der nicht bloß Anfang oder Ende, sondern Gegenwart der Vermittlung ist. Als solche Gegenwart und Wirklichkeit der Vermittlung ist er 1) *wesentlich* der *Schluß*, der Anfang und Ende der Vermittlung als seine Extreme zusammenschließt, 2) *in actu* mediationis sich *offenbart* als Wirklich, und 3), diese seine Wirklichkeit zum Gegenstand und seine Offenbarung zum Dogma nehmend, ist er *Existenz*, welche die Momente des Schlusses als *kategoriale* Bestimmungen durch alle *Modalitäten* ihrer Existenz sich gibt. Unschwer erkennen wir in Hegels spekulativer Logik die *essentielle*, und in der transzendentalen Logik Kantens die *existentielle*, Deutung des Begriffes; ihre Mitte aber, die *Logik der Offenbarung*, ist nur angesichts der als Erscheinung bestimmten Idee und der als Idee offenbarten Erscheinung (ἡ ἐπιφάνεια).“[103]

Zeidler modifiziert hier die Hegel-Kritik des späten Schelling, von der auch sein Lehrer Erhard Oeser (in Anknüpfung an Erich Heintel) in seiner philosophischen Entwicklung ausgegangen war.[104] Entscheidend ist dabei einerseits die Bestimmung des Verhältnisses der Idee zur Natur oder des Begriffs zur Anschauung. Schelling hebt diesbezüglich hervor, dass sein System im Unterschied zur Logik Hegels

> nicht ein *doppeltes* Werden, ein logisches und ein reales, [kennt] sondern von dem abstrakten Subjekt, dem Subjekt in seiner Abstraktion ausgehend, ist es mit dem ersten Schritt in der Natur, und es bedarf nachher keiner weiteren Erklärung des Übergangs von dem Logischen in das Reale. Hegel dagegen erklärt seine Logik als diejenige Wissenschaft, worin sich die göttliche Idee logisch, d.h. im bloßen Denken, vor aller Wirklichkeit, Natur und Zeit vollendet; […][105]

---

103 Zeidler: Transformationen der Logik, 82–84. Vgl. dazu: Urteil und Schluß, in: *Grundlegungen*, 96, Anm. 14 und Reflexivität und Begründung, in: *Grundlegungen*, 138–140.

104 Vgl. Zeidler: Transformationen der Logik, 83, Anm. 41 und Reflexivität und Begründung, 130, Anm. 47. Zur Hegel-Kritik des späten Schelling vgl. Oeser: *Die antike Dialektik in der Spätphilosophie Schellings. Ein Beitrag zur Kritik des Hegelschen Systems*, Wien/München 1965, 7–9, 50ff. u. 118ff. und *Begriff und Systematik der Abstraktion*, 12f., 59–74, 294–445, bes. 362ff., 388ff., 434f. u. 440f. und Schelling: *Zur Geschichte der neueren Philosophie*, in: ders.: *Sämmtliche Werke*, I/10, 123–164 und *Einleitung in die Philosophie der Offenbarung oder Begründung der Positiven Philosophie*, in: ders.: *Sämmtliche Werke*, II/3, 55–93 u. 147–174. Oeser selbst knüpft hier an seinen Lehrer Erich Heintel an. Vgl. dazu Heintel: Hegel und die analogia entis, 129 u. 163f. und Sprachphilosophie, in: ders.: *Gesammelte Abhandlungen*, Bd. 1, 208 und Zeidler: *KDT*, 308–310.

105 Schelling: *Zur Geschichte der neueren Philosophie*, in: ders.: *Sämmtliche Werke*, I/10, 146, vgl. 106f., 138, 143f.. u. 150ff. Vgl. dazu auch Schelling: *Vorrede zu einer*

Die Natur, so Schelling, ist Hegel die „dem Logischen entgegengesetzte Welt“ und insofern „*überhaupt* nur noch die Agonie des Begriffs.“[106] Demgegenüber geht Schelling in seiner Identitätsphilosophie von der Einheit von Idealität und Realität und damit auch von Begriff und Anschauung aus, aus der er Natur und Geist entwickelt. Andererseits aber ist ihm sein System ebenso wie dasjenige Hegels, das er als Fortführung seines eigenen betrachtet, die Naturphilosophie inbegriffen, überhaupt nur *Logik* oder *negative* Philosophie und damit nur Wissenschaft des *Möglichen*, nicht des *Wirklichen*. Dies begründet er durch die Unterscheidung von *Wesen* oder *Begriff* und *Existenz*.[107] Dass etwas ist, so Schelling, „d.h. *daß* es existiert, [kann] nur die Erfahrung lehren […].“[108] Aufgabe der Philosophie als *Vernunftwissenschaft* ist daher nur die Bestimmung des Wesens der Dinge, d.h. ihres Begriffs.[109] Ihr Inhalt als *apriorische Wissenschaft* ist demgemäß die „*unendliche Potenz des Seins*“.[110] In diesem Sinn ist nach Schelling auch Hegels Logik nur negative Philosophie, die, entgegen ihrem eigenen Anspruch, nicht zur „Erkenntnis des göttlichen Daseyns“ als des *wahrhaft Seienden* gelangt.[111] Dies kann nach Schelling nur Aufgabe einer *positiven* geschichtlichen Philosophie sein, die er als Philosophie der Mythologie und der Offenbarung ausgearbeitet hat, was wir hier aber außer Acht lassen können.[112] Der Gegenstand dieser positiven Philosophie ist das *Seiende selbst*, das „nicht Potenz, sondern ganz Actus, reine Wirklichkeit ist“.[113] Ihre Aufgabe ist es „dieses nicht als bloße *Idee*, sondern als das *wirklich Existierende* zu erweisen.“[114] Die Vernunft jedoch ist „keiner *wirklichen* Erkenntnis fähig […]. Denn was ihr nur immer zugleich zum Seyenden und Erkennbaren wird, ist ein über die Vernunft Hinausgehendes, welches sie darum einer *anderen* Erkenntnis, nämlich der Erfahrung überlassen muß.“[115] Daher fängt die positive Philosophie

---

philosophischen Schrift des Herrn Victor Cousin. 1834, in: ders.: *Sämmtliche Werke*, I/10, 211–213. Vgl. auch Schelling: *Einleitung in die Philosophie der Offenbarung*, 88f u. 101f.

106 Schelling: *Zur Geschichte der neueren Philosophie*, 152.

107 Vgl. Schelling: *Einleitung in die Philosophie der Offenbarung*, 57f.

108 A.a.O., 58, vgl. 61.

109 A.a.O., 58–60.

110 A.a.O., 64, vgl. 62f.

111 A.a.O. 80, vgl. 73, 76, 86ff. u. 148f.

112 Vgl. a.a.O., 81ff. u. 120ff.

113 A.a.O., 149, vgl. 155f.

114 A.a.O., 150.

115 A.a.O., 152f., vgl. 161ff., wo Schelling auch von dem „allem Denken zuvorkommenden Seyn“ spricht.

mit dem *notwendig Existierenden* an, „das nichts ist, das keinen *Begriff* hat, als eben des Existierende zu seyn".[116] Schelling geht es in Umkehrung des ontologischen Arguments darum, zu beweisen, dass dieses notwendig Existierenden *Gott* ist, d.h. das die Idee, die Potenz des Seins, den Begriff Realisierende oder, wie Schelling sagt, das „das Seyende-seyn".[117] Ohne Schellings Argumentation weiter zu verfolgen, ist ersichtlich, dass *„das Zeichen das Realität ist*, der *existierende Begriff*", der „*in actu* mediationis sich *offenbart* als Wirklich" und insofern „Gegenwart der Vermittlung" ist, von dem Zeidler spricht, nichts anderes ist als das, was Schelling Gott nennt, die *reine Wirklichkeit* als „über die Vernunft Hinausgehendes" und „allem Denken zuvorkommendes Seyn", die sich in der Erfahrung offenbart und in dieser gegenwärtig ist.

Grundlegend für Schellings positive ebenso wie für seine rein rationale Philosophie ist die Potenzenlehre, die er schon in seinem *System des transcendentalen Idealismus* (1800) im Ausgang von Fichtes Wissenschaftslehre entwickelt hat.[118] Schelling unterscheidet drei *Potenzen des Seienden*: Subjekt, Objekt und Subjekt-Objekt. Diese Potenzen sind aber zusammen, *als sich gegenseitig vermittelnde Momente*, nur die *Möglichkeit* oder *Idee* des Seienden.[119] Von dieser Möglichkeit unterscheidet Schelling, wie wir bereits gesehen haben, die *reine Wirklichkeit*, deren Wesen *Actus* ist und die die Möglichkeit, die Idee, verwirklicht, indem sie diese ist.[120] Diese drei Potenzen oder Momente des Seins interpretiert Zeidler nun offensichtlich als die drei Momente des Begriffs, die Hegel als Mitten des Schlusses als Form der ursprünglichen Synthesis begreift. Noch nicht klar ist allerdings, wie es zu verstehen ist, wenn Zeidler vom existierenden Begriff als

116 A.a.O., 156.

117 Vgl. a.a.O., 158ff., bes. 167f. u. 173f. Vgl. dazu auch Schelling: *Philosophie der Offenbarung 1841/42*, herausgegeben und eingeleitet von Manfred Frank, Frankfurt a. M. 1977, 160–189 und Schelling: *Philosophische Einleitung in die Philosophie der Mythologie*, in: ders.: *Sämmtliche Werke*, II/1, 273f.

118 Die rein rationale Philosophie oder *Vernunftwissenschaft* hat Schelling in seinen letzten Lebensjahren in Auseinandersetzung v.a. mit Platon und Aristoteles noch einmal dargestellt in der *Philosophischen Einleitung in die Philosophie der Mythologie oder Darstellung der reinrationalen Philosophie.*

119 Schelling: *Philosophische Einleitung in die Philosophie der Mythologie*, 288–293, vgl. 304 u. 311–318.

120 Vgl. Schelling: *Philosophische Einleitung in die Philosophie der Mythologie*, 313–320 u. 400f. Vgl. dazu bes. auch a.a.O., 317, wo Schelling von den Potenzen als Elementen sagt, dass „[…] Eines Ist das sie ist. Also diese Unterschiede sind nur seine Unterschiede, dieses bestimmten Einen, das in ihnen Anfang, Mittel und Ende seiner selbst, […]."

„Gegenwart und Wirklichkeit der Vermittlung“ sagt: „[...] diese seine Wirklichkeit zum Gegenstand und seine Offenbarung zum Dogma nehmend, ist er *Existenz*, welche die Momente des Schlusses als *kategoriale* Bestimmungen durch alle *Modalitäten* ihrer Existenz sich gibt.“ Der Schlüssel zum Verständnis dieser Stelle findet sich in Schellings *System des transcendentalen Idealismus*. Schelling entwickelt hier die *Potenzen*, „welche das Objekt der Philosophie durchläuft, um das ganze Gebäude des Selbstbewußtseyns hervorzubringen“ und damit „eine transcendentale Geschichte des Ichs“.[121] Dabei unterscheidet er zwischen „synthetischen Handlungen“ und der *Reflexion* als derjenigen „analytischen“ Handlung, „durch welche das Bewußtsein des Abgeleiteten in das Ich selbst gesetzt wird“.[122] Die Handlung durch welche diese Entgegensetzung möglich wird, ist die *ursprüngliche Abstraktion* als „Trennung des Begriffs vom Produkt, d.h. des Subjektiven vom Objektiven“. Erst dadurch treten die Objekte „in den Raum außer uns“ und damit in die gegenständliche *Existenz*. Diese Handlung der ursprünglichen Abstraktion ist nach Schelling aber das *Urteil*, durch das „zuerst getrennt wird, was bis jetzt unzertrennlich vereinigt war, der Begriff und die Anschauung.“[123] Da nun aber *die Kategorien als Synthesishandlungen* „bestimmte Anschauungsarten“ sind, so bleibt „wenn sie [sc. durch transcendentale Abstraktion] von der Anschauung entkleidet werden, die bloße *reine Bestimmtheit* zurück[]. Diese ist es, welche durch den logischen Begriff bezeichnet wird.“[124] Ursprüngliche Grundkategorien sind nur die dynamischen *Kategorien der Relation*, die *Kategorien der Modalität* entstehen erst durch die Reflexion, sind aber in Bezug auf diese „wieder ebenso die höchsten“, und „die mathematischen Kategorien [sind] den dynamischen überhaupt untergeordnet“.[125] Auch sind „die Kategorien ursprünglich Anschauungsarten, also nicht vom Schematismus getrennt [...], welches erst durch die transcendentale Abstraktion geschieht“.[126] Demgemäß entspricht den „ursprünglichen Kategorien“ ein „ursprünglicher Schematismus“.[127] Den *synthetischen Handlungen* oder *Potenzen*, die Schelling

---

121 Schelling: *System des transcendentalen Idealismus*, in: ders.: *Sämmtliche Werke*, I/3, 631 und Schelling: *Zur Geschichte der neueren Philosophie*, 94.

122 Schelling: *System des transcendentalen Idealismus*, 505.

123 A.a.O., 507.

124 A.a.O., 513.

125 A.a.O., 514–516, vgl. 519f. und 526f.

126 A.a.O., 517.

127 A.a.O., 517f., vgl. 523. Vgl. dazu Zeidler: Die transzendentale Geschichte des Ichs. Deduktion und Schematismus der reinen Verstandesbegriffe, 141–195, bes. 191–192, Anm. 34 und *GtL*^{3}, 108–172 u. 222: „Mit Bezug auf die *reinen Schemate* der Zeit, die wir darum auch als reine Vernunftschemate von den gegenstandsgebundenen

unterscheidet, entsprechen nach Zeidler die *Momente des Schlusses*, die sich erst durch die *Reflexion*, d.h. das *Urteil* als Trennung von Subjekt und Objekt, Anschauung und Begriff, zu den *kategorialen* Bestimmungen differenzieren. Nicht ganz einsichtig ist hier allerdings, wie Zeidler das Verhältnis der *Momente des Schlusses* zu den *Modalitäten der Existenz*, womit vermutlich die *Kategorien der Modalität* gemeint sind, denkt, die für Schelling, zumindest im *System des transcendentalen Idealismus*, die kategoriale Systematik nur abschließen.[128] Mit „der als Erscheinung bestimmten Idee und der als Idee offenbarten Erscheinung" ist schließlich auf die Einheit von Begriff und Anschauung oder Idee und Natur verwiesen und damit auf die Forderung einer der *Logik* korrespondierenden *Ästhetik* oder *Phänomenologie*. Letzterer Problemstellung hat sich Zeidler im zweiten Teil seiner Habilitationsschrift *Vernunft und Erfahrung* gewidmet, der im Wesentlichen in dem Aufsatz *Die transzendentale Geschichte des Ichs. Deduktion und Schematismus der reinen Verstandesbegriffe* enthalten ist und in überarbeiteter und erweiterter Fassung das Herzstück des *Grundrisses der transzendentalen Logik* bildet. Die Philosophie Schellings ist folglich der programmatische Leitfaden, anhand dessen Zeidler, ausgehend von der von Peirce und Hegel übernommenen begriffsrealistischen und schlusslogischen und damit *dialektischen* Interpretation der *ursprünglich synthetischen Einheit der Apperzeption*,

---

Schematen der Kantischen Verstandesbegriffe zu unterscheiden hatten (siehe oben 103ff.), […], sind *Homogenität, Spezifikation* (*Diskontinuität*) *und Kontinuität*, bereits als Gegebenheitsweisen der Erscheinung bestimmt. Diese reinen Schemate der Zeit sind, als phänomenlogische Momente der ‚transcendentalen Geschichte des Ichs' (Schelling), der Differenz von reinem Verstand und Erscheinung vorausgesetzt, wogegen die transzendentalen Zeitbestimmungen Kants der nachträglichen Überbrückung dieser Differenz dienen sollen." Vgl. dazu auch Oeser: *Begriff und Systematik der Abstraktion*, 342–362.

128 Vgl. dazu Zeidler: *Die transzendentale Geschichte des Ichs*, 181–182 u. *GtL*[3], 167–169. Vgl. dazu auch Zeidler: Urteil und Schluß, in: *Grundlegungen*, 96–97, Anm. 14, wo Zeidler auch auf Klaus Reich: *Die Vollständigkeit der kantischen Urteilstafel*, Berlin 1932, verweist: „Daraus, daß sie [sc. die Kategorien] Regeln sind ‚für einen Verstand, dessen ganzes Vermögen im Denken besteht, d.i. in der Handlung, die Synthesis des Mannigfaltigen zur Einheit der Apperception zu bringen' ([*KrV*] B 145), entspringt unmittelbar die Trichotomie in der Einteilung der Kategorien und Urteilsformen; dadurch aber daß das Erkenntnissubjekt sich je schon selbst an dieser vorauszusetzenden Einheit der Apperzeption bestimmt, d.h. nicht in seinem Urteilen aufgeht, sondern sich seiner wiederum urteilend bemächtigt, ist die Tetrachotomie derselben gegeben." Vgl. dazu auch *GtL*[3], 91, Anm. 27. Vgl. außerdem Zeidler: Urteil und Schluss, 90, Anm. 7, wo Zeidler auf Martin Heidegger: *Kant und das Problem der Metaphysik*, Frankfurt a. M. [4]1973 verweist.

daran geht, Kants *Transzendentale Analytik* systematisch zu rekonstruieren. Der *Grundriss der transzendentalen Logik* erschließt sich darum, auf eine kurze Formel gebracht, am ehesten als Rekonstruktion der *Kritik der reinen Vernunft* vor dem Hintergrund der *Begriffslogik* Hegels und des *Systems des transzendentalen Idealismus* Schellings.

Vernunft und Erfahrung - Kant und Schelling (1981-1986)

In dem Aufsatz *Urteil und Schluß. Anmerkungen zur Kritik der reinen Vernunft* (1983) kommt Zeidler zu dem Ergebnis, dass, da Kant die „ursprüngliche synthetische Einheit der Apperception" nur als bloß formales Prinzip der Einheit des Verstandesgebrauchs bestimmen kann und auch die Vernunft, aufgrund „der Beschränkung des Schlusses auf das Subsumtionsschema" „einzig vom Verstande her begreift", als „Selbstreflexion des Verstandes", das Denken „notwendig zu einer Reform jener urteilslogischen Form der Logik getrieben" wird.[129] Den aus dieser Einsicht „erwachsenden Transformationen der Logik" geht es darum

> den Vorrang des Schlusses (Vernunft) vor dem Urteil (Verstand) zu erweisen, um solcherart einen neuzeitlichen Begriff eines wahrhaft Allgemeinen und eines wahrhaft Einzelnen zu erschließen, jener Allgemeinheit und Einzelheit, die im Urteil nur isoliert und als Bedingte (Besonderheit) gegeben sind.[130]

Dies deshalb, weil, wie wir gesehen haben, das „wahrhaft Allgemeine" und das „wahrhaft Einzelne" als Momente des Begriffs die Mitten der Schlüsse der Abduktion und der Induktion als Bedingungen der Möglichkeit der Deduktion, des Subsumtionsschlusses, bzw. der Prädikation und also des Urteils sind. Zeidler verweist hier also auf den Zusammenhang der Schlusslogik mit dem *Universalienproblem*, den er bereits in seiner Dissertation angedeutet hat.[131]

---

129 Zeidlers: Urteil und Schluß. Anmerkungen zur Kritik der reinen Vernunft, in: *Wiener Jahrbuch für Philosophie*, Bd. XV, Wien 1983, 213–224, wieder abgedruckt in: Zeidler: *Grundlegungen*, 85–103, hier: 93–96. Auf diesen Aufsatz, in dem Zeidler den „Ursprung der *Hegel*schen und der *Peirce*schen Lehre vom Schluß" in der Philosophie Kants als dem „vollendetsten Ausdruck des urteilslogischen Denkens, der darum auch die Mangelhaftigkeit dieses Denkens an sich (nicht: in sich) entwickelt", durch einen Vergleich der transzendentalen Deduktion in der ersten und in der zweiten Auflage der *Kritik der reinen Vernunft* verdeutlicht, können wir hier leider nicht näher eingehen. Vgl. Zeidler: Urteil und Schluss, 85, Anm. 1.

130 Zeidler: Urteil und Schluß, 96, vgl. 103.

131 Vgl. Zeidler: *Logik des Erkenntnisprozesses*, 68 u. 85 und Transformationen der Logik, 70, Anm. 20 und Die transzendentale Geschichte des Ichs, 190–191, Anm. 30. und *GtL*[3], 199–203 und Platons Antizipation und Überwindung des Universalienstreits,

An diese Problemstellung anknüpfend geht Zeidler in seinem Aufsatz *Reflexivität und Begründung. Zur Frage nach den Voraussetzungen rationaler Argumentation* (1984) vor dem Hintergrund einer Relativierung des Kritischen Rationalismus Poppers (vertreten von Hans Albert) und der Kritischen Theorie der Frankfurter Schule (vertreten von Karl-Otto Apel) daran, „ausgehend von der Transzendentalen Dialektik Kantens und der Begriffslogik Hegels, die transzendentallogische Struktur der Subjektivität als die transzendentale Struktur aller Begründung (als transzendentaler *Begründungszusammenhang*)" zu entwickeln.[132] Wichtig für Zeidler ist in diesem Zusammenhang das von dem „Popper-Schüler Hans Albert in seinem ‚Traktat über Kritische Vernunft'" exponierte „*Münchhausen-Trilemma*", demzufolge „jeder Versuch einer zureichenden rationalen Begründung ‚zu einer Situation mit drei Alternativen, die alle drei unakzeptabel erscheinen" führt, nämlich entweder zu einem *infiniten Regress* oder einem *logischen Zirkel* oder einem *Abbruch des Verfahrens*.[133] Denn für Zeidler legt sich „die Vermutung und die Frage nahe, ob nicht etwa bereits in dem formal-logisch abgeleiteten […] ‚Münchhausen-Trilemma' selbst die transzendentale Struktur aller Begründung und zugleich die transzendentallogische Struktur der Subjektivität (des Wissens) zum Ausdruck kommt; […]",[134] insofern für ihn aus Apels Letztbegründungsanspruch als „negatives Ergebnis […] die ‚Nichtobjektivierbarkeit', positiv hingegen die Vermutung der ‚Reflexivität' der Prinzipien folgt".[135] Freilich gewinnt Zeidler diese Einsicht selbst nicht aus

in: ders.: *Vermittlungen*, 191–207. Zum Universalienproblem vgl. auch Heintel: Physis und Logos. Die „Idee" als Grundproblem des ganzheitlichen Universalismus, in: ders.: *Gesammelte Abhandlungen*, Bd. 1. 327–343 und Einige Gedanken zum Universalienproblem, ibid., 413–424 und Das Einzelne, das Allgemeine und das Individuelle, in: ders.: *Gesammelte Abhandlungen*, Bd. 2, 31–43 und *Die beiden Labyrinthe der Philosophie*, Bd. 1, 115–159 u. 635–662, wo Heintel die genannten Aufsätze integriert hat.

132 Zeidler: Reflexivität und Begründung. Zur Frage nach den Voraussetzungen rationaler Argumentation, in: *Wiener Jahrbuch für Philosophie*, Band XVI, 1984, 27–46, wieder abgedruckt in: Zeidler: *Grundlegungen*, 105–140, hier 105. Zu Zeidlers Auseinandersetzung mit dem Kritischen Rationalismus Poppers sowie mit Karl-Otto Apels Versuch einer Rehabilitierung des Begriffs der „philosophischen Letztbegründung" vgl. a.a.O., 106–124.

133 Zeidler: Reflexivität und Begründung, 112–113. Zeidler zitiert hier Hans Albert: *Traktat über kritische Vernunft*, Tübingen 1968, 13. Vgl. *GtL*[3], 190–199 und *PzW*, 61–62 u. 156–162. Vgl. dazu auch Oeser: *Wissenschaft und Information*, Bd. 1, 7.

134 Zeidler: Reflexivität und Begründung, 124.

135 Zeidler: Reflexivität und Begründung, 125, vgl. 123–124 u. 131–135. Zeidler weist hier auch darauf hin, dass die „Frage, wie die ‚Nichtobjektivierbarkeit' und ‚Reflexivität'

der Auseinandersetzung mit Apel, sondern vielmehr bestätigt sich ihm darin nur im Ausgang von damals aktuellen Debatten das Ergebnis seiner Auseinandersetzung mit Peirce und Hegel. Primär geht es Zeidler im Anschluss an seine Dissertation jedoch darum, wie er in dem Aufsatz *Urteil und Schluss* schreibt, den „Ursprung" der notwendigen Transformation der Logik in der *Kritik der reinen Vernunft* als dem „vollendetsten Ausdruck des urteilslogischen Denkens" selbst nachzuweisen, wozu „vorzüglich Kantens Ideenlehre" dienen würde.[136] Genau diesen Nachweis nimmt Zeidler in *Reflexivität und Begründung* mit Blick auf die transzendentale Dialektik in Angriff, worauf wir hier allerdings leider nicht im Detail eingehen können.[137] In diesem Zusammenhang skizziert Zeidler allerdings auch erstmals das Programm einer „genetischen Entfaltung der kategorialen Systematik", das er in *Vernunft und Erfahrung* ausgeführt und zunächst in dem Aufsatz *Die transzendentale Geschichte des Ichs* und später im *Grundriss* publiziert hat, bei dem er sich, worauf wir oben hingewiesen haben, maßgeblich an Schellings *System des transcendentalen Idealismus* orientiert. Dass das „‚Unbedingte', die drei ‚transcendentalen Ideen' (Gott, Seele, Welt)" nach Kant zwar, so Zeidler, „einen letzten *Begründungszusammenhang* all unseres Wissens" garantieren, von ihnen aber keine *„objective Deduction"* möglich sei, „sondern nur ‚eine subjective Ableitung derselben aus der Natur unserer Vernunft' ([*KrV*] A 336/B 393)", hat für Kant die Konsequenz, dass die Ideen

> nur von ‚regulativem Gebrauch' [sind], wovon zwar die ‚praktische Vernunft' – die den Ideen durch ihre ‚Postulate' sogar ‚objective Realität' verleiht – eine Ausnahme macht, wodurch aber andererseits eine Kluft zwischen theoretischer und praktischer Vernunft aufgerissen wird, die letztlich unüberbrückbar ist und noch in der Einschränkung der ‚teleologischen' auf eine bloß ‚reflectirende Urtheilskraft' weiterwirkt. Alle diese Einschränkungen und Trennungen beruhen aber auf der einschränkenden Gleichsetzung der Transzendentalen Deduktion mit einer ‚objectiven Deduction', bzw. auf der Gleichsetzung der *Erfahrung überhaupt* mit der Gegenstandserfahrung, was darauf hindeutet, daß sowohl der Kantische Erfahrungsbegriff, als auch Kantens Auffassung von Sinn und Zweck einer Transzendentalen Deduktion zu eng gefaßt sind. Da eine alleinige

---

der Prinzipien zu denken sei, genau das Problem formuliert, an dessen Aufarbeitung sich die Philosophie seit Platon (Problem der ‚Ideenverknüpfung') vom Dogmatismus bloßer Prinzipienforschung ebenso unterscheidet, wie vom Skeptizismus", insofern „mit der Frage, wie die transzendentale Struktur aller Begründung zu denken sei, zugleich nach der Logik der ‚Dialektik' [...] gefragt ist."

136 Zeidler: Urteil und Schluss, 84, Anm. 1.

137 Vgl. Zeidler: Reflexivität und Begründung, 126–135 und Bestimmung und Begründung. Zu Kants Deduktion der Ideen der reinen Vernunft, in: *Vermittlungen*, 333–365 und dazu den Beitrag von Rudolf Meer in diesem Band.

> Erweiterung des Erfahrungsbegriffes (wie sich an der Husserlschen ‚Phänomenologie' zeigt) zwar den Wildwuchs geistreicher Theorien fördert, aber wenig zur philosophischen Systematik beiträgt, bleibt somit nur der (apriorische) Weg einer ‚Transzendentalen Deduktion' des gesamten Systems: d.h. die Ideen selbst (das Transzendentale schlechthin) müssen sich am Leitfaden der Logik zu Bestimmungen konkretisieren, die weder *nur* logische, noch *nur* objektive, sondern eben ‚transzendentale' (der weiteren Konkretion fähige und zugleich sich immer schon konkretisiert habende) Bestimmungen sind. Dies weist auf die Vordringlichkeit einer Rekonstruktion der Kantischen Ideenlehre hin, auf die Notwendigkeit einer über Kant hinausgehenden Rekonstruktion des ursprünglichen inneren Zusammenhangs der Ideen, womit wiederum der Zusammenhang mit unserer Letztbegründungsproblematik sichtbar wird. Da Kant die ‚Vernunft' grundsätzlich vom ‚Verstand' her bestimmt, kann er nämlich die Ideen nicht ‚aus der Natur unserer Vernunft' selbst ableiten, sondern muß diese Ableitung vom Verstand, von den ‚reinen Verstandesbegriffen' (und zwar von den Kategorien der Relation) borgen: […]"[138]

Was Zeidler hier unter der Forderung einer *„‚Transzendentalen Deduktion' des gesamten Systems"* versteht ist nicht unmittelbar klar. Zunächst ist mit Blick auf Kants Feststellung, dass von den transzendentalen Ideen keine objektive Deduktion möglich sei, sondern nur „eine subjektive Ableitung derselben aus der Natur unserer Vernunft" (*KrV* A 336/B 393),[139] an Zeidlers Ableitung von Induktion und Abduktion als Bedingungen der Möglichkeit der Deduktion im Anschluss an Peirce und Hegel zu denken, insofern dadurch mit den drei Mitten dieser Schlüsse auch die drei Momente des Begriffs als das jeweils Unbedingte einer *kategorischen*, einer *hypothetischen* und einer *disjunktiven Synthesis* und also die transzendentalen Ideen gewonnen sind.[140] Zeidler fordert hier aber mehr, er

---

138 Zeidler: Reflexivität und Begründung, 128–131. Zeidler verweist hier bezüglich Kants Ableitung der Ideen von den Kategorien der Relation auf *KrV* A 322f./B 379f. und bezüglich der Forderung ihrer *Konkretisierung* in der Anm. 46 auf Erich Heintel: Das Problem der Konkretisierung der Transzendentalität. Ein Beitrag zur Aporetik der ‚daseienden Vermittlung', in: L. Landgrebe (Hg.): *Beispiele. Festschrift für Eugen Fink*, Den Haag 1965, 77–102, wieder abgedruckt in: ders.: *Gesammelte Abhandlungen*, Bd. 2, Stuttgart/Bad Cannstatt 1988, 7–30. Zur Frage nach der *Einheit von theoretischer und praktischer Vernunft* vgl. auch „Die Dialektik der praktischen Vernunft und ihre Maximen" und „Die Heautonomie der Vernunft" in: Zeidler: *Grundlegungen*, 217–274. Vgl. dazu auch Zeidler: Reflexivität und Begründung, 129, Anm. 45.

139 Vgl. Zeidler: Reflexivität und Begründung, 129, der diese Stelle dort zitiert und dazu anmerkt: „Von dem genauen Sinn dieses Satzes hängt alles ab, für die Letztbegründungsproblematik ebenso, wie für die Transzendentalphilosophie selbst."

140 Darauf geht Zeidler im Folgenden auch ein. Vgl. Zeidler: Reflexivität und Begründung, 130–138.

fordert die transzendentale Deduktion des „gesamten Systems", d.h. offenbar des gesamten *Systems des transzendentalen Idealismus.* Zwar begreift Kant die *Kritik der reinen Vernunft* bereits selbst als dieses System, aber, worauf wir bereits hingewiesen haben, orientiert sich Zeidler bezüglich der *transzendentalen Deduktion* desselben v.a. an Schelling.[141] An Schelling ist daher – natürlich vor dem Hintergrund der Begriffs- und Schlusslogik Hegels – zu denken, wenn Zeidler fordert, dass „die Ideen selbst (das Transzendentale schlechthin) [...] sich am Leitfaden der Logik zu Bestimmungen konkretisieren [müssen], die weder *nur* logische, noch *nur* objektive, sondern eben ‚transzendentale' (der weiteren Konkretion fähige und zugleich sich immer schon konkretisiert habende) Bestimmungen sind."[142] Denn ausgehend von der Hegel-Kritik des späten Schelling ist für Zeidler, wie wir gesehen haben, die Mitte des Schlusses „der *existierende Begriff*, der nicht bloß Anfang oder Ende, sondern Gegenwart der Vermittlung ist" und daher ist „die *Logik der Offenbarung*, [...] nur angesichts der als Erscheinung bestimmten Idee und der als Idee bestimmten Erscheinung".[143] Demgemäß erläutert Zeidler seine Forderung auch wie folgt:

> das Absolute muß sich selbst bestimmen und gleichwohl Raum für die Geschichtlichkeit seiner Bestimmungen lassen, womit ein ‚absoluter Idealismus' gefordert ist, der die Hegelsche Logik ebenso ernst nimmt, wie deren Kritik durch den späten Schelling, mit anderen Worten: ein ‚Idealismus', der die ‚anthropologische Wende der Philosophie' in sich aufgehoben hat.[144]

Mit dieser Forderung knüpft Zeidler an seinen Lehrer Erhard Oeser an.[145] Zeidler übernimmt hier aber auch Erich Heintels Rede von dem *Problem der*

---

141 Vgl. auch Zeidler: Reflexivität und Begründung, 126 zum Verhältnis der Kantischen Philosophie zum nachkantischen Idealismus.

142 Zeidler: Reflexivität und Begründung, 130, vgl. 140. Insofern Zeidler darauf hinweist, dass die Aufgabe, die Idee als das Bestimmende des Schlusses zu erweisen, d.h. die Bestimmung „der Funktion der Kopula ‚Ist' im Urteil", „von alters her den sogenannten ‚Grundgesetzen der Logik' (Satz der Identität, des Widerspruchs, usf.) zu[kommt]", ist hier freilich auch an Fichtes *Wissenschaftslehre* zu denken. Die metaphysische und transzendentale Deduktion der Kategorien ist außerdem auch für Peirce die grundlegende Aufgabe der Logik. Vgl. dazu Peirce: On a New List of Categories [1867], in: *WP* 2, 49–59.

143 Zeidler: Transformationen der Logik, 84. Vgl. dazu auch Reflexivität und Begründung, 139, wo Zeidler vom Begriff „als sich seine Wirklichkeit gebender (sich konkretisierender) Inhalt" spricht.

144 Zeidler: Reflexivität und Begründung, 130, Anm. 47.

145 Vgl. dazu Oeser: *Begriff und Systematik der Abstraktion*, 10–13, 41–74, 98 und 394f., wo Oeser davon spricht, dass die Aristotelesinterpretation des späten Schelling „der

Konkretisierung der Transzendentalität. Er knüpft dabei aber nur scheinbar an Heintel an, da er dieses Problem sowie auch dessen Lösung von vornherein anders versteht bzw. von seinen Voraussetzungen her – insofern er mit Schelling das *transzendentale Subjekt*, die *ursprüngliche synthetische Einheit der Apperzeption*, nicht wie Kant als „bloß formale[s] Prinzip der Einheit" des Verstandesgebrauchs begreift, sondern von der ursprünglichen Einheit von Anschauung und Begriff, von Sinnlichkeit und Verstand ausgeht[146] – sich dieses Problem, so wie es Heintel exponiert, gar nicht mehr stellt. Denn für Heintel stellt sich das Problem der Konkretisierung der Transzendentalität angesichts der notwendigen Unterscheidung von *empirischem* und *transzendentalem Subjekt*.[147] Es geht ihm um „die Einsicht in den Vermittlungscharakter" des „unmittelbaren Erfahrens",

---

einzige Ort im Deutschen Idealismus [ist], an dem auch dem Menschen in seiner Geschichtlichkeit und Endlichkeit, aber auch in seiner Selbständigkeit Gerechtigkeit widerfährt", da „Schelling die Problematik von individueller Endlichkeit und transzendentem Gott, welche vor allem bei Hegel in letzter Konsequenz in eins zusammengefallen waren, wieder systematisch auseinanderhält". Dies hat zur Folge, dass „das Absolute nicht mit der Welt belastet wird, sondern selbst als der transzendente, sich in der Geschichte offenbarende Gott in das Bewußtsein der Menschheit treten kann." Oeser geht es vor allem darum „den Gegensatz von abstrakter Theorie und unmittelbarer Praxis" zu beseitigen und mit Schelling „den vielschichtigen Begriff der Praxis als eine Einheit zu verstehen, welche das theoretische Wissen nicht außer sich läßt." Vgl. dazu auch Oeser: *Die antike Dialektik*, 7, 115f. u. 135f. Vgl. außerdem Zeidler: Reflexivität und Begründung, 134–135, Anm. 49: „Wahr ist der ‚spekulative Begriff' […] nur als der seinen Widerspruch in sich Tragende, bzw. als der das Gleichnis Bildende; d.h. der spekulative Begriff ist die als der Aktus ihres Bestimmens und als die Totalität ihrer Bestimmungen begriffene Subjektivität selbst: das Apriori, dem seine Historizität wesentlich ist." Vgl. dazu auch Heintel: *Hegel und die analogia entis.*

146 Vgl. Zeidler: Urteil und Schluss, 93–94.

147 Vgl. Heintel: Das Problem der Konkretisierung der Transzendentalität. 7–8, vgl. 23–28 u. 30 und *Die beiden Labyrinthe der Philosophie*, Bd. 1, 592–635. Vgl. dazu auch Zeidler: Daseiende Transzendentalität – Zur Philosophie Erich Heintels, 1091–1103, wo Zeidler Heintels Entwicklung mit Blick auf diese Problemstellung im Ausgang von dessen Lehrer Robert Reininger rekonstruiert, sowie auch die noch umfassendere Darstellung der Philosophie Heintels in: *KDT*, 291–330. Zu dem von Heintel so genannten „Problem der Konkretisierung der Transzendentalität", und damit auch zu Zeidlers Verhältnis zu Heintel, vgl. *Vernunft und Erfahrung*, 128f. und *GtL*[3], 41, 102, Anm. 30 und 200 und Die Dialektik der praktischen Vernunft, 232. Vgl. auch Zeidler: Reflexivität und Begründung, 139. Zeidlers dort formulierte Kritik an einem spekulativen Denken, das die ‚Transzendentale Deduktion' seiner Inhalte nicht leistet, die sich wohl primär gegen Hegel richtet, kann wohl auch als indirekte Kritik an Heintel gelesen werden, zumindest ist dadurch aber eine entscheidende Differenz beider

d.h. nicht um den „unmittelbaren Erfahrungsvollzug“, sondern um den „Sinn dieses Vollzugs als ‚Erfahrung‘“ und damit um die „Transzendentalität der Erfahrung“.[148] Das „unmittelbar in der Erfahrung ‚Gegebene‘“ erweist sich somit als Vermittlung, die sich jedoch „ihrerseits immer schon als *bestimmte* Vermittlung [erweist], d.h. nicht abtrennbar von dem, was ‚in‘ ihr jeweils als bestimmter Gegenstand unmittelbar da ist.“[149] „Unmittelbarkeit des ‚Gegebenen‘ an sich [...] und Vermittlung für sich (Transzendentaltität) sind [daher] nur unter der Voraussetzung ihres immer schon ‚Zustandegekommenseins‘ in ihrer Differenz festzustellen wie in ihrem Aufeinanderangewiesensein aufzuheben.“[150] Heintel spricht diesbezüglich von „der daseienden Vermittlung“, von der Wirklichkeit der Vermittlung im Unterschied zu ihrer bloßen Möglichkeit.[151] Hieraus ergibt sich für ihn die Konsequenz, dass das Verhältnis der wirklichen Vermittlung zu ihren sich nur in der Reflexion erschließenden „abstrakten Momenten“, dem unmittelbar Gegebenem und der allgemeinen und daher nur *formalen* Transzendentalität, nicht als „innerzeitliches Verhältnis“ bestimmt werden kann. Es kann aber auch nicht als überzeitliches Verhältnis bloß *logischer Geltung* begriffen werden, „da ein solcher Bereich idealen Geltens immer die dann schon als Ansich gegebene Unmittelbarkeit ohne möglichen Brückenschlag (ohne mögliche ‚Synthese‘) außer sich hat, eine Aporie, die wir seit dem ‚Sophisten‘ Platons kennen.“[152] Heintel spannt also eine Differenz auf zwischen der *abstrakten* Allgemeinheit und Formalität der Transzendentalität als Möglichkeit der Vermittlung und der Wirklichkeit der Vermittlung als jeweils *konkret* bestimmter. Im Grunde stellt sich ihm hier also das Problem des transzendentalen Schematismus, d.h. das Problem der Anwendung der Kategorien und damit der Vermittlung oder Synthesis von Begriff und Anschauung. Daher stellt sich ihm auch primär die Frage nach der spezifischen „Temporalität“ der Vermittlung bzw. ihrer abstrakten Momente, die er als bis heute „ungelöst“ bezeichnet.[153] An diese Überlegung

Ansätze bezeichnet. Vgl. dazu auch a.a.O., 127, Anm. 44. Vgl. auch Zeidler: Daseiende Transzendendtalität – Zur Philsophie Erich Heintels, 1102.

148 Heintel: Das Problem der Konkretisierung der Transzendentalität, 9. Heintel spricht diesbezüglich auch von der „transzendentalen Differenz“ von „intentio recta“ und „intentio obliqua“. Vgl. a.a.O., 18–21.

149 Ibid.

150 A.a.O., 10.

151 A.a.O., 11, vgl. 9–10.

152 A.a.O., 12, vgl. 10 u. 28f.

153 Vgl. a.a.O., 11–12, vgl. 21f. u. 29.

anknüpfend stellt er die Frage, wie die Transzendentalität als Sinn des Vollzugs der Erfahrung

> so konkretisiert werden [kann], daß sie die bestimmte und besondere Transzendentalität des *Erfahrungs*sinns als eines besonderen Sinnvollzugs im Unterschied von anderen Sinnvollzügen bestimmen läßt? Seit Kants Besinnungen auf die Transzendentalphilosophie bieten sich hier […] zwei Möglichkeiten an: man kann erstens unterschiedliche *psychologische* Gegebenheiten (‚Akte') aufgreifen und in transzendentale Instanzen umtaufen, man kann zweitens diese Instanzen von vornherein ‚*transzendentallogisch*' (als Inbegriff transzendentaler ‚Geltung' bzw. Differenzierungen der ‚ursprünglichen Apperzeption') fassen. Kant selbst rekurriert im Sinne dieser Möglichkeiten einmal auf die empirische Psychologie seiner Zeit, insbesondere auf die englische Erkenntnispsychologie, dann wieder auf die ‚Urteilstafel' der formalen Logik. […] Im ersten Fall wird eine innerzeitlich-ontische, im zweiten eine überzeitlich-logische Relation transzendental- und fundamentalphilosophisch relevant an- und vorausgesetzt. Der erste Weg führt bei einiger Konsequenz zurück in die ‚Physiologie des Verstandes' […], der zweite Weg in die Verabsolutierung des Gedankens der ‚transzendentalen Deduktion' im Sinn der ‚Logik' Hegels.[154]

Beide Wege sind für Heintel nicht gangbar. Ist der erste überhaupt „unphilosophisch und problemblind", so scheitern wir auf dem zweiten daran, „daß der unmittelbare Erfahrungssinn mehr sein muß als eine bloß gedachte – immer ‚äußerlich' bleibende – ‚Synthesis' von Innerzeitlichem und Überzeitlichem, da diese als solche doch weder innerzeitlicher Vorgang sein noch von dem bloßen Inbegriff ‚geltender' transzendentaler Instanzen her begriffen werden kann."[155] Vielmehr ist „die daseiende Vermittlung […] nur als ein Ganzes in eigentümlicher temporaler Komplementarität zu seinen von ihr unterschiedenen ‚Momenten', die sich weder innerzeitlich noch überzeitlich (weder als Realprozeß noch

---

154 A.a.O., 13, vgl. 30. Vgl. dazu auch Zeidler: *Vernunft und Erfahrung*, 128f., wo Zeidler diese Stelle zitiert.

155 A.a.O., 14, vgl. 28–29. Heintel weist hier auf zwei Lösungsansätze in der Tradition hin, auf Plato, der „(im ‚Gigantenkampf' des ‚Sophistes') die ‚Idee' aus ihrer Überzeitlichkeit befreien und sozusagen ‚lebendig' machen [mußte], damit sie über ihren transzendentalen Sinn (als Voraussetzung aller bestimmten Rede) hinaus auch für die ‚Physis' konstitutiv gedacht werden könnte (womit er den zentralen Sinn des εἶδος als οὐσία bei Aristoteles vorwegnahm)" und auf Hegel, der im Ausgang von Kants Transzendentalismus „die nur in ‚Vergessenheit' wirkliche, als ‚gesetzt' aber immer schon verfehlte ‚ursprüngliche' transzendentale Apperzeption in die ‚Bewegung' des unmittelbaren Erfahrungssinns zurücknehmen [mußte], der dann nur als die immer schon ‚gewesene' dialektische Aufhebung seiner Momente […] begriffen werden kann." Ibid.

als logischer Zusammenhang aufgefaßt) abspannen läßt – oder sie ist überhaupt nicht."[156] Nach Heintel ist nun aber gerade der Mensch selbst eben diese *daseiende Vermittlung* und damit zugleich empirisches und transzendentales Subjekt.[157] Das führt ihn zu der aporetischen Einsicht, „daß das Subjekt, das die Vermittlung ist, als Erfahrungsgegenstand nicht *Vermittlung*, als negativ von dem empirischen Ich abgetrennte und fixierte Transzendentalität nicht *sein*, in beiden Fällen also nicht *daseiende Vermittlung* [...] sein kann."[158] Bei dieser „Aporetik der daseienden Vermittlung" und dem Verweis auf die *Komplementarität* oder *Dialektik* ihrer Momente, die in „transzendentaler Differenz" zu ihr stehen, und der Gegenüberstellung von Ontologie (Platon und Aristoteles) und Transzendentalphilosophie (Kant und Hegel) lässt es Heintel in diesem Aufsatz bewenden.[159] Mit dem Problem der *Konkretisierung der Transzendentalität* spricht Heintel also zwei miteinander zusammenhängende Probleme an: erstens das Problem der metaphysischen Deduktion der Kategorien, d.h. der *transzendentallogischen* Differenzierung transzendentaler Funktionen, bzw. der

156 A.a.O., 22. In Bezug auf die Versuche der Bestimmung dieses Verhältnisses mittels eines „analogen" (Aristoteles, Thomas von Aquin) oder eines „dialektischen" (Hegel) Seinsbegriffs, stellt Heintel die Frage, „wie weit die erzielten Bestimmungen (analog, dialektisch) nicht mehr das Problem formulieren als auflösen." Ibid.

157 A.a.O., 23–25, vgl. 16, 20 u. 22.

158 A.a.O., 25, vgl. 27.

159 Vgl. a.a.O, 29–30, vgl. 14. Vgl. dazu Zeidler: Daseiende Transzendentalität – Zur Philosophie Erich Heintels, 1091f., wo Zeidler schreibt, dass Heintel das Verhältnis von unmittelbar Gegebenem und Transzendentalität „als ein dialektisches Spannungsverhältnis" versteht, als „,grundsätzliche Dialektik aller Menschlichen Erkenntnis zwischen absoluter Gewißheit und der unendlichen Aufgabe der Revision, zwischen der ursprünglichen Einheit von Denken und Sein und der Spannung, die in aller bestimmten Aussage zum Ausdruck kommt, obwohl sie von jener ursprünglichen Einheit her fundiert ist' oder ,weil sie von jener ursprünglichen Einheit her fundiert, nicht aber diese ist." Vgl. dazu auch ibid. Anm. 3. Zeidler zitiert hier Heintel: *Die beiden Labyrinthe der Philosophie*, Bd. 1, Wien/München 1968, 181. Zeidler deutet diese Spannung als *„Dialektik des Erfahrungsbegriffes* (im Sinne der Spannung zwischen *Eröffnung* und *methodischer Durchdringung* des Erfahrungsfeldes [...])", die es im Rahmen der Transzendentalphilosophie durch die Klärung „von vermögenspsychologischer Exposition und transzendentallogischer Bestimmung der Transzendentalität" zu bewältigen gilt. Zeidler: *Vernunft und Erfahrung*, 129. Im Unterschied zu Heintel der die „logische Struktur der Dialektik" nicht mehr begrifflich entschlüsselt, sondern nur in einem Bild darstellt, geht es Zeidler gerade um die begriffliche Entschlüsselung der logischen Struktur. Vgl. Zeidler: Daseiende Transzendentalität, 1097 und Reflexivität und Begründung, 132–135.

subjektiven Deduktion, d.h. der *transzendentalpsychologischen* Differenzierung transzendentaler Vermögen, zweitens das Problem der Anwendung der Kategorien, d.h. der Synthesis von Begriff und Anschauung, im Sinne der Frage nach der „Temporalität" der Vermittlung und damit das Problem des transzendentalen Schematismus oder ganz allgemein die Frage nach dem Zusammenhang von transzendentaler Logik und Ästhetik oder Phänomenologie. Nach Heintel kann dieses Problem weder *vermögenspsychologisch*, noch *geltungslogisch*, noch im Sinne der transzendentalen *Phänomenologie*, indem man „die immer schon vorausgesetzte ‚Lebenswelt' (das ‚existenzial' differenzierte ‚Dasein') zurücknimmt auf ein ‚Zeit' genanntes ‚Gebendes', womit doch bestenfalls ein anderer Name für das ‚unbestimmt gegebene Objekt' [sc. das transzendentale Subjekt] Kants auftritt", gelöst werden.[160] Gerade hierauf nimmt Zeidler Bezug, wenn er feststellt, dass gerade angesichts dieser Diagnose,

> nur der (apriorische) Weg einer ‚Transzendentalen Deduktion" des gesamten Systems [offen bleibt], d.h. die Ideen selbst (das Transzendentale schlechthin) müssen sich am Leitfaden der Logik zu Bestimmungen konkretisieren, die weder *nur* logische, noch *nur* objektive, sondern eben ‚transzendentale' (der weiteren Konkretion fähige und zugleich sich immer schon konkretisiert habende) Bestimmungen sind.[161]

Für Heintel stellt sich dieses Problem angesichts der Unterscheidung von empirischem und transzendentalem Subjekt als Frage nach der „Temporalität" der immer schon *vergessenen* Vermittlung von formaler Transzendentalität und unmittelbar sinnlich Gegebenem, für Zeidler hingegen, wie wir bereits gesehen haben, stellt sich dieses Problem im Ausgang von Schelling umgekehrt als die Frage nach der *transzendentalen Geschichte des Ichs*, d.h. unter der Voraussetzung der ursprünglichen Einheit von Begriff und Anschauung, von Subjekt und Objekt, als die Frage, wie sich das empirische Subjekt zum transzendentalen, d.h. die Subjekt-Objekt-Differenz allererst konstituierenden, konkretisiert.[162] Dementsprechend formuliert Zeidler im *Grundriss* auch eine scharfe Kritik an der Problemstellung Heintels, allerdings ohne diesen namentlich zu nennen:

> [...] so zutreffend diese Unterscheidungen [zwischen transzendentalem und empirischem bzw. formallogischem Begriff und zwischen transzendentalem und empirischem Verstand] aus philologischer Perspektive auch sein mögen, so ist damit doch

---

160 Heintel: Das Problem der Konkretisierung der Transzendentalität, 28–29.

161 Zeidler: Reflexivität und Begründung, 130. Vgl. *GtL*^{3}, 256–258.

162 Vgl. Zeidler: *GtL*^{3}, 200 und Bestimmung und Begründung, in: ders.: *Vermittlungen*, 364 und Die transzendentale Geschichte des Ichs, 191–192, Anm. 34 und *GtL*^{3}, 162–164.

in systematischer Hinsicht nichts gewonnen, sondern alles verloren: man schüttet die Quellen aller systematischen Einsicht zu, wenn man meint, man könne die Grundlegungsproblematik der transzendentalen Logik entschärfen, indem man sich vorweg auf Unterscheidungen beruft, die es allererst zu begründen gilt.[163]
Der zunächst beseitigte Widersinn [der Identifikation der ‚Spontaneität des Denkens', auf welcher sich die Begriffe gründen, mit dem ‚Vermögen zu urteilen'] erneuert sich dann in Gestalt der vielerörterten Frage nach der ‚Konkretisierung der Transzendentalität' oder nach dem ‚Verhältnis' von empirischem und transzendentalem Ich. Aber so oft diese Frage auch schon gestellt worden ist, und so sehr man dabei auch stets überzeugt war einem bedeutenden Problem auf der Spur zu sein, so hat man doch die Antwort allein schon aufgrund der Frage verfehlt: denn *das transzendentale Ich steht in keinem Verhältnis und die Transzendentalität bedarf keiner Konkretisierung, weil sie in Wahrheit das Verhältnis aller Verhältnisse und die Konkretisierung alles Konkreten sind.*[164]
Soll das Prinzip der transzendentalen Logik nicht in leere Anonymität versinken und die transzendentale Logik de facto einer formalen Logik überantwortet bleiben, die sie nicht selbst verantworten kann, dann muß die Unterscheidung des transzendentalen vom empirischen und formallogisch-analytischen Verstand als ursprüngliche Selbstunterscheidung des Denkens begriffen werden.[165]

---

163 Zeidler: *GtL*³, 101–102.

164 Zeidler: *GtL*³, 102, Anm. 30.

165 Zeidler: *GtL*³, 102. Dies darf freilich nicht in dem Sinn mißverstanden werden, dass es keiner konkreten transzendentallogischen und phänomenologischen Bestimmung der Transzendentalität bedürfe, ganz im Gegenteil, gerade das ist die zentrale Aufgabe der transzendentalen Logik, diese Konkretisierung wird von Zeidler auch im Rahmen seiner genetischen Entfaltung der kategorialen Systematik geleistet, einer Konkretisierung bedarf die Transzendentalität nur insoferne nicht, als sie nicht im Zeichen der Subjekt-Objekt-Dichotomie als ursprünglich abstrakt und bloß formal der konkret und inhaltlich bestimmten anschaulichen Realität entgegengesetzt werden darf. Das Transzendentale, die Idee, ist als *ursprüngliche konkrete Einheit* von Begriff und Anschauung und damit als Erkenntnisgrund zu denken. Ebenso ist das transzendentale Subjekt, die ursprünglich synthetische Einheit der Apperzeption, als schlusslogisch in sich und über sich hinaus vermittelte Einheit *ursprüngliche Relation* und damit das Verhältnis aller Verhältnisse. Vgl. dazu auch *GtL*³, 108, 119, 121, 195–196, 200 und Zeidler: Reflexivität und Begründung, 139–140 und Heintel: *Die beiden Labyrinthe*, Bd. 1, 597f. Affirmativ verweist Zeidler auf Heintels „Problem der der Kokretisierung der Transzendentalität" in *Vernunft und Erfahrung*, 128, und zwar in Bezug auf alle „nachidealistischen Philosopheme", die sich „mit einem quasi-transzendentalen Metatheoretisieren begnüg[en], das im Namen einer vordergründigen Praxisnähe und Konkretheit des Denkens die Transzendentalität eines Faktums (*die* Sprache, *die* Wissenschaft, *die* Gesellschaft etc.) leichthin postulieren", und denen daher das Problem der *Vermittlung* dieses *Faktums* „als unerkannte Voraussetzung [...] zu Grunde liegt". Vgl. a.a.O, 110. Zur Lösung dieses Problems der Konkretisierung der Transzendentalität, das Zeidler hier mit der „Frage der Entscheidung oder

Daher ist für Zeidler auch im Gegensatz zu Heintel, für den „der zweite Weg“, bei dem „eine überzeitlich-logische Relation transzendental- und fundamentallogisch relevant an- und vorausgesetzt“ wird und der „in die Verabsolutierung des Gedankens der ‚transzendentalen Deduktion‘ im Sinne der ‚Logik‘ Hegels“ führt und damit in „die Sackgasse der bisher höchsten Leistung philosophischer Systematik“, „der (apriorische) Weg einer ‚Transzendentalen Deduktion‘ [...] am Leitfaden der Logik“ der einzig gangbare.[166] Dies bedeutet für Zeidler zunächst die Notwendigkeit der „Rekonstruktion des ursprünglichen Zusammenhangs der Ideen“,[167] der mit der Interpretation des Schlusses als einer „sowohl in sich, wie auch über sich hinaus vermittelte[n] (d.i. dialektische[n]) Einheit“ dreier Schlüsse – Abduktion, Induktion und Deduktion – als „transzendentale[r] Struktur aller Begründung“ bereits gewonnen ist.[168] So weit war Zeidler mit Peirce und Hegel bereits gekommen. Insofern sich aber ergeben hat, dass der kategorischen Vernunftschluss „der elementare Aktus der Prädikation, oder die je kategorisch zu leistenden Synthesis eines ‚Mannigfaltigen‘“ ist, vermag Zeidler neben der metaphysischen Deduktion der Ideen „noch ein weiteres zentrales Lehrstück der Kantischen Vernunftkritik, nämlich die Transzendentale Deduktion der 1. Auflage mit ihrer Differenzierung dreier ‚Gründe a priori

Schlichtung des ‚Gigantenkampfes‘ zwischen Idealismus und Realismus“ identifiziert, auf die auch Heintel hinweist, fordert Zeidler mit Blick auf Kant die Klärung des Verhältnisses „von vermögenspsychologischer Exposition und transzendentallogischer Bestimmung der Transzendentalität“ (a.a.O., 129), was er schließlich durch eine *transzendentallogische Rekonstruktion der subjektiven Deduktion* im Sinne einer transzendentalen Geschichte des Ichs einzulösen versucht.

166 Heintel: Das Problem der Konkretisierung der Transzendentalität, 13 und Zeidler: Reflexivität und Begründung, 130. Vgl. außerdem Zeidler: Reflexivität und Begründung, 127, Anm. 44, wo Zeidler darauf hinweist, dass an „der von der Transzendentalphilosophie gerne als nebensächlicher Formalismus abgetanen Logik [...] kein Weg vorbei[führt], insofern diese Abwertung der Logik auf ihrer Gleichsetzung mit der bloß extensionalen (urteilslogischen) Logik beruht, die es ja allererst in eine spekulative Logik zu transformieren gilt.“ Dies ist der Punkt, in dem sich Zeidler am schärfsten von Heintel abgrenzt. Sein Hauptvorwurf lautet dementsprechend auch, dass Heintel, ebenso wie dessen Lehrer Robert Reininger, „kein Logikkonzept entwickelt hat“, weshalb er sich selbst, abgesehen davon, dass Reininger „mehr Schopenhauerianer als Kantianer“ war, auch nicht in die von Reininger begründete sogenannte „Wiener Tradition der Transzendentalphilosophie“ einordnet. (So Zeidler in einer schriftlichen Mitteilung.)

167 Zeidler: Reflexivität und Begründung, 130.

168 Zeidler: Reflexivität und Begründung, 134–135, vgl. 138–139.

zur Möglichkeit der Erfahrung' ([*KrV*] A 95ff.), in Übereinstimmung mit der Schlußlehre zu bringen":

> Die ,Synthesis der Apprehension in der Anschauung' ist demzufolge nichts anderes als der als Bestimmung der Möglichkeit von Erfahrung überhaupt bestimmte ,kategorische Vernunftschluß' (= das Erkennen von etwas als Etwas), die ,Synthesis der Reproduction in der Einbildung' ist der als Bedingung der Möglichkeit von Erfahrung überhaupt bestimmte ,hypothetische Vernunftschluß' (= das Wiedererkennen von Etwas als Dieses), und die ,Synthesis der Recognition im Begriffe' ist der ebenfalls als Bedingung der Möglichkeit der Erfahrung überhaupt bestimmte ,disjunctive Vernunftschluß' (= die Erkenntnis von Diesem als Anderes). D.h. die beiden – in Kantens Architektonik – äußersten Grenzen des gesamten (,Verstand' und ,Vernunft' umfassenden) ,oberen Erkenntnisvermögen': die ersten ,Gründe a priori zur Möglichkeit der Erfahrung' einerseits, die auf einen letzten Grund und Zusammenhang der Erkenntnis zielenden ,Vernunftschlüsse' andererseits, sind beides Bestimmungen der (nunmehr als Prozeß der Selbstvermittlung charakterisierten) ursprünglichen synthetischen Einheit der Apperzeption: der wesentlich sich selbst prädizierenden *Idee*, oder des *spekulativen Begriffs*.[169]

Diese Übereinstimmung war freilich bereits durch die Identifikation der *Potenzen* Schellings mit den *Momenten des Schlusses* nahegelegt.[170] Darüber hinaus fordert Zeidler mit Schelling aber, wie wir gesehen haben, eine „*Logik der Offenbarung*" und damit „*das Zeichen das Realität ist*", den „*existierenden Begriff*", d.h. die „als Erscheinung bestimmte[] Idee" und „als Idee bestimmte[] Erscheinung".[171] Diese Forderung präzisiert Zeidler nun wie folgt:

> Diese Dialektik der Idee ist freilich durch den Schluß noch nicht hinreichend bestimmt, wird vielmehr als das Bestimmende des Schlusses erst zu bestimmen sein, bzw. ist auch umgekehrt der Schluß selbst unbestimmt, solange er nicht als das durch die Idee Bestimmte erwiesen ist. Diese Aufgabe kommt von alters her den sogenannten ,Grundgesetzen der Logik' (Satz der Identität, des Widerspruchs usf.) zu, wird von diesen aber nicht geleistet, solange die Bedeutung des Ausdrucks ,Identität', d.h. die Frage nach der Funktion der Kopula ,Ist' im Urteil, ungeklärt bleibt. Diese Frage ist die grundsätzlichste und ungeklärteste von allen; sie kann hier nur offengehalten werden.[172]

---

169 Zeidler: Reflexivität und Begründung, 136–138, vgl. 138, Anm. 54 und 134–135, Anm. 49.

170 Vgl. dazu auch Zeidler: Die Heautonomie der Vernunft, 270–274.

171 Zeidler: Transformationen der Logik, 84.

172 Zeidler: Reflexivität und Begründung, 140 Diese Aufgabe nimmt Zeidler zwar in seiner Habilitationsschrift *Vernunft und Erfahrung* in Angriff, in der er im Rahmen einer subjektiven Deduktion der Kategorien den Sinn der Kopula im Urteil differenziert, allerdings macht er dies dort nicht – zumindest nicht explizit – anhand der ,Grundgesetze der Logik', sondern erst im *Grundriss*. Vgl. dazu Zeidler: Die transzendentale

Unter der „Transzendentalen Deduktion des gesamten Systems" versteht Zeidler also nicht nur die „Rekonstruktion des ursprünglichen inneren Zusammenhanges der Ideen" als Momente des Schlusses, sondern auch eine Deduktion der Ideen als *transzendentaler Bestimmungen* am Leitfaden der Prinzipien der Urteilslogik, d.h. als *Funktionen der Einheit*, „die weder *nur* logische, noch *nur* objektive" sind. Demgemäß fordert Zeidler bezüglich der „drei Momente des Begriffs" als Mitten der drei Vernunftschlüsse Hegel gegenüber „die Klärung der Funktion der Kopula im Urteil [...], d.h. die Klärung der Frage, wie die Relation (Vermittlung) der beiden Urteilsrelata und die Selbstidentität derselben zu denken sei."[173]

In seiner Habilitationsschrift *Vernunft und Erfahrung. Untersuchungen zum Erkenntnisproblem in Philosophie und Wissenschaftstheorie* (1986), deren wichtigste Resultate der Aufsatz *Die transzendentale Geschichte des Ichs. Deduktion und Schematismus der reinen Verstandesbegriffe* (1986) enthält,[174] geht Zeidler in Abkehr von den evolutionstheoretischen, psychoanalytischen, sprachanalytischen und ideologiekritischen Diskursen der Gegenwartsphilosophie von der Frage „der sogenannten ‚Meisterdenker' (von Platon bis Hegel) [...] nach dem *Subjekt möglicher Prädikation* oder, anders formuliert, nach demjenigen, was nicht bloß vermittelt, sondern die *Vermittlung* selbst ist" aus.[175] Insofern

---

Geschichte des Ichs, in: *Grundlegungen*, 165–182 u. 190–191, Anm. 34 und *GtL*³, 112–142.

173 Zeidler: Reflexivität und Begründung, 136, Anm. 52.

174 Zeidler: Die transzendentale Geschichte des Ichs. Deduktion und Schematismus der reinen Verstandesbegriffe, in: *Wiener Jahrbuch für Philosophie*, Band XVIII, 1986, 95–125, wieder abgedruckt in: ders.: *Grundlegungen*, 141–195.

175 Zeidler: *Vernunft und Erfahrung. Untersuchungen zum Erkenntnisproblem in Philosophie und Wissenschaftstheorie*, Habil.-Schrift, Wien 1986, V. Seine Stellung zur „Philosophie der Gegenwart" charakterisiert Zeidler hier (*Vernunft und Erfahrung*, IV-V) folgendermaßen: „Philosophie ist heute nur ‚im Gespräch', soweit sie in aufklärerischer Mission jenen universellen Ideologieverdacht theoretisch ausmünzt, auf den sich, seit Bacons Idolenlehre, das Programm jeglicher ‚Moderne' gründet. Eine Gegenwartsphilosophie, die sich nur als Analyse der idola tribus, specus, fori et theatri – also nur evolutionstheoretisch, psychoanalytisch, sprachanalytisch oder ideologiekritisch – meint legitimieren zu können, verengt sich freilich in dem Maße zum meta-empirischen und quasi-transzendentalen Überbau ihrer Legitimationsbasis, in dem sie, von deren Wissenschaftsanspruch und/oder moralischem Pathos her, die ‚fundamentalistischen' Begründungsansprüche einer als systemerhaltender Objektivismus entlarvten Ontologie oder eines als subjektivistische Bewußtseinstheorie verschrieenen Transzendentalismus, distanziert und solcherart die Grundlage ihrer ‚Kritik', die Reduktion des Subjekts möglicher Prädikation auf seine, als ‚factum' bereits beschreibbaren Rollen (seine biologisch oder zivilisatorisch erworbenen

der Wissenschaftstheorie die „Schlüsselrolle eines Erben und Liquidators philosophischer Begründungs- und Systemansprüche" zukommt, geht Zeidler jedoch „als Einstieg in die philosophische Prinzipienthematik" im ersten Teil der Habilitiationsschrift der Frage nach, „inwieweit sie diese Ansprüche überhaupt thematisiert bzw. von dem ihr zugrundeliegenden ‚Faktum der Wissenschaft' her überhaupt thematisieren kann."[176] Im zweiten Teil geht es Zeidler im Anschluss daran mit Blick „auf das Kantische Programm einer wechselseitigen Begründung von empirischem Realismus und transzendentalem Idealismus" darum, in Anknüpfung an „frühere Überlegungen zur Lehre vom Schluß bei Hegel und Charles S. Peirce" „die Grundlagen der transzendentalen Systematik sicherzustellen."[177] Grundlegend ist dabei für Zeidler die Einsicht, dass die ursprüngliche synthetische Einheit der Apperzeption „als ‚der höchste Punkt, an dem man allen Verstandesgebrauch, selbst die ganze Logik, und, nach ihr, die Transzendental-Philosophie heften muß' (*KrV* B 134, Anm.) [...] als *dialektische* (in-sich und über-sich-hinaus-vermittelte) *Einheit* jener drei ‚Vernunftschlüsse' [...], deren jeweiligen Fluchtpunkt für Kant die drei Ideen der reinen Vernunft bilden", begriffen werden muss.[178] Die

Kompetenzen), ihrerseits als Faktum (als beschlossene Sache) voraussetzt. In diesem Sinne scheinen mir die post- oder anti-metaphysischen Philosopheme der Gegenwart am Fragehorizont der sogenannten ‚Meisterdenker' (von Platon bis Hegel) vorbeizugehen; [...]" Vgl. *GtL*[3], 15. Zur Frage nach dem Subjekt möglicher Prädikation, die auch Heintel stellte, vgl. *KDT*, 310.

176 Ibid.

177 Zeidler: *Vernunft und Erfahrung*, VI.

178 Ibid. In ähnlicher Weise spricht Heintel, obzwar nicht als Schluss, mit Blick auf den „existierenden Begriff" bei Hegel und die „Monade" bei Leibniz von einer „in sich vermittelten" Einheit. Vgl. Heintel: *Die beiden Labyrinthe der Philosophie*, 66–68 u. 72ff. Angesichts des Problems der Vermittlung von Natur und Freiheit, von Aristotelismus und Transzendentalismus, von Theorie und Praxis stellt er diesbezüglich auch „naturische und geistige Monade" einander gegenüber, die „in ihrem Insichvermitteltsein über sich hinaus vermittelt sind, nämlich erstere unmittelbar in das Ganze der Natur (Physis), letztere ‚weltoffen' und allein welthabend in ein pluralistisches Reich freiheitlicher Sinnschöpfung und Selbstbestimmung". Allerdings gebraucht er im Unterschied davon „die Wendung ‚Vermittlung' wesentlich im Sinne des Transzendentalismus, wie dies auch dem Rückbezug auf Hegel entspricht. Das Subjekt, das die Vermittlung nicht außer sich hat, sondern diese selbst ist, ist zuletzt immer vom transzendentalen Ich Kants her zu verstehen." A.a.O., 82f., vgl. dazu 11–54 u. 175f. zu Heintels Unterscheidung von „ontologischer und transzendentaler Differenz". Im Zusammenhang damit behandelt Heintel auch das *Universalienproblem*, das sich ihm „im wesentlichen als die Frage nach dem ontologisch relevanten Allgemeinen" stellt,

> von Hegel und Peirce in ihren Schlußlehren gleicherweise dargetane formale Einheit der drei Kantischen Vernunftschlüsse [bleibt] solange einer Begriffsdialektik ausgeliefert oder auf das bloß Hypothetische eines ‚objektiven Idealismus' angewiesen, solange nicht die *Mitte* des Schlusses als die aus ihm herausgesetzte Bedingung seiner Möglichkeit (als aller begrifflichen Vermittlung vorausgesetzte Positivität) erwiesen ist.[179]

Die damit geforderte „Transzendierung des Universalienstreites an Hand des Begriffs einer systematischen Einheit von Logik und Ontologie" fand Zeidler „in Platons Lehre von der Ideenverknüpfung und in Kantens Schematismuslehre vorgebildet".[180] Da, so Zeidler, die „Dunkelheit des Schematismuskapitels" daher rührt, „daß Kant die Bedingungen der Möglichkeit des Denkens und der Erfahrung im Lichte seines subsumtionslogischen Ansatzes exponiert", die „Phänomenologie [aber] diesen Ansatz unterläuft", waren ihm „die Kantinterpretation des frühen Heidegger (‚Kant und das Problem der Metaphysik' (1929)), insbesondere aber die Raum- und Zeitanalysen von Hermann Schmitz [...], von großer Bedeutung."[181] Nachdem Zeidler demgemäß „die Funktionen der Einheit

---

womit sich hier, bei aller systematischen Differenz, vielfache, zumindest thematische, Überschneidungen mit den Ausführungen und der Problemstellung Zeidlers ergeben, was freilich auch schon durch die beiderseitige Bezugnahme auf Kant, Hegel und Schelling, Platon und Aristoteles bedingt ist. A.a.O., 115ff., vgl. 86f., 182f., 211ff., 238ff. u. 592ff.

179 Zeidler: *Vernunft und Erfahrung*, VII. Vgl. dazu Zeidler: Reflexivität und Begründung, 140 u. 136, Anm. 52 und Urteil und Schluß, 96. Auf die Bedeutung der Hegel-Kritik des späten Schelling für diese Forderung wurde oben bereits hingewiesen.

180 Ibid. Vgl. dazu Zeidler: Die transzendentale Geschichte des Ichs, 190–191, Anm. 32 und Zeidler: Reflexivität und Begründung, 138, Anm. 54 zur „wesentlich sich selbst prädizierenden Idee", und *GtL*[3], 199–203 und Platons Antizipation und Überwindung des Universalienstreits, in: ders.: *Vermittlungen* 191–207. Zu Zeidlers Interpretation der platonischen Dialektik vgl. auch in diesem Band Robert König: Syllogistik und Dialektik bei Aristoteles und Platon. Zu Zeidlers Weiterentwicklung aristotelischer Logik.

181 Zeidler: *Vernunft und Erfahrung*, VII, Anm. +++. Vgl. dazu auch Zeidler: Urteil und Schluss, 90, Anm. 7. Die Bedeutung der Kantinterpretation des „frühen (Marburger[!]) Heidegger" relativiert Zeidler später im *Grundriss*, durch den Verweis darauf, „daß diese Interpretation [sc. Heideggers] sich gerade in den für den vorliegenden Versuch systematisch relevanten Punkten wesentlichen Anregungen aus dem Spätwerk Paul Natorps verdankt [...]." Vgl. Zeidler: Die transzendentale Geschichte des Ichs, 191, Anm. 33 und *GtL*[3], 146. Ungeachtet dessen verdankt Zeidler diese Anregungen offenbar zunächst Heidegger. Vgl. allerdings dazu auch Zeidlers Kritik an Heideggers Kantinterpretation im *GtL*[3], 146–148 und ders.: Natur und Freiheit, mit Blick auf Cassirer und Heidegger, in: *Vermittlungen*, 43–57.

unter unseren Vorstellungen den transzendentalen Schematen gemäß entwickelt" hatte, waren seiner Ansicht nach „alle [...] einlösbaren Forderungen an den Beweis der Vollständigkeit der Kategorientafel für den, sich reflexiv dieser ‚Funktionen' bemächtigenden, Verstand erfüllt [...]."[182] Darüber hinaus ergab sich eine „Übereinstimmung zwischen den systematischen Differenzierungen der *Idee* in Platons Spätphilosophie, der (als transzendentale Schemate begriffenen) *Funktionen der Einheit unter unseren Vorstellungen* bei Kant und des *Wahrheitswertes* in der (die Bewegung des ‚Gedankens' reflektierenden) Reflexionslogik von Ulrich Blau", die nach Zeidler „jene *substantielle* (sich durch den Wandel der Zeiten und Standpunkte nicht bloß erhaltende, sondern ihn Überhaupt erst ermöglichende) *Einheit der Vernunft*" exemplifiziert.[183]

Den ersten Teil der Habilitationsschrift, Zeidlers Rekonstruktion der Entwicklung der Wissenschaftstheorie im 20. Jh. als „Prozeß eines schrittweisen Abbaus der objektivistischen und empiristischen Fundamente des Neopositivismus", der sich nach Zeidler „am genauesten an der (in ihrer Art bewunderswürdig konsequenten) Entwicklung des Carnapschen Denkens verfolgen" lässt, „einer Entwicklung, die ein [...] Analogon in dem Übergang Wittgensteins von der logizistisch-empiristischen Abbildtheorie des ‚Tractatus' (Wittgenstein I) zur konventionalistischen Sprachspieltheorie der ‚Philosophischen Untersuchungen' (Wittgenstein II) findet",[184] und die Entwicklung eines dialektischen Funktionsmodells des Forschungsprozesses im Anschluss an Pierre Duhem und Erhard Oeser, übergehen wir hier[185] – dieser ist in überarbeiteter Form in Zeidlers *Prolegomena zur Wissenschaftstheorie* (2000) enthalten – und konzentrieren uns auf den zweiten Teil, den Zeidler in erweiterter Fassung als *Grundriss der transzendentalen Logik* (1992) veröffentlicht hat.[186] Entscheidend für den zweiten Teil ist allerdings Zeidlers Unterscheidung zwischen der wissenschaftstheoretischen Begründungsproblematik und „dem fundamentalphilosophischen Problem der

182 Zeidler: *Vernunft und Erfahrung*, VII. Vgl. Die transzendentale Geschichte des Ichs, 166–195 u. *GtL*^{3}, 143–172.

183 Zeidler: *Vernunft und Erfahrung*, VII-VIII. Zeidler dankt hier auch denjenigen, die die Entstehung seiner Arbeit gefördert haben: „Herren Professoren Erich Heintel, Hans-Dieter Klein und Erhard Oeser, Herrn Dozenten Dr. [Franz] Ungler und Herrn Dr. [Gerhard] Gotz".

184 Zeidler: *Vernunft und Erfahrung*, 52.

185 Vgl. Zeidler: *Vernunft und Erfahrung*, 1–129.

186 Wir verweisen deshalb im Folgenden immer auch auf die im Vergleich zur Habilitationsschrift teils nur geringfügig abweichenden teils erweiterten Abschnitte im *Grundriss*.

Vermittlung von Anschauung resp. Erfahrung und Begriff". Aufgabe der Wissenschaftstheorie ist v.a. die „(begründungstheoretische) Untersuchung jener konstruktiven Methoden, die der Definition einzelwissenschaftlicher Gegenstandsbereiche dienen, sowie [...] [die] Rekonstruktion von jeweils historisch nachzuweisenden Mechanismen der Hypothesenauswahl, [...]." Erfahrung darf daher auch nicht im Sinne eines „naive[n] Empirismus [...] unkritisch mit dem ‚Gegenstandsbereich' einzelwissenschaftlicher Theorien gleichgesetzt" werden, insofern dieser allererst experimentell, d.h. methodisch, „durch ‚Definition und Messung physikalischer Größen'" konstruiert werden muss und daher „zwischen Erfahrung und (objektiv-wissenschaftlichem) Gegenstandsbereich" zu unterscheiden ist.[187] Daher ist für Zeidler auch gerade die Unterscheidung „zwischen dem ‚konstitutiven' und dem ‚regulativen Gebrauch' der Erkenntnisprinzipien", die

> nur auf der Ebene der Fundamentalphilosophie zu treffen ist, ihre Nichtbeachtung im Felde der Wissenschaftstheorie aber zu uneinlösbaren (metaphysischen) Begründungsansprüchen bzw. (in Reaktion darauf) zu radikalen (negativ-konventionalistischen) Begründungsverzichten führt, [...] genau jener Knotenpunkt [...], an welchem die Wissenschaftstheorie sich entweder mit der historischen Rekonstruktion des Faktums ‚Wissenschaft' bescheiden, oder aber zur fundamentalphilosophischen Reflexion auf die Bedingungen der Möglichkeit von Wissenschaft verwandeln muß.[188]

Erfahrung ist zwar „die Grundlage jeder Einzelwissenschaft, doch ist sie dies nicht als objektiv ‚Gegebenes', sondern als aller Wissenschaft vorausgesetzte – und insofern gerade nicht objektivierbare – *Sinninstanz.*"[189]

Die „Kantischen Differenzierungen von Idee und Kategorie, von regulativen und konstitutiven Prinzipien, von Vernunft und Verstand, bzw. von praktischer und theoretischer Vernunft," bergen, so Zeidler, „nicht nur den Ansatz zur Vermittlung zwischen Geschichtlichkeit und (objektiver) Gültigkeit der Erfahrung in sich [...], sondern [stellen] darüber hinaus *das* Grundproblem des

---

187 Zeidler: *Vernunft und Erfahrung*, 81, vgl. 82. Vgl. dazu *PzW*, 106–107.

188 Zeidler: *Vernunft und Erfahrung*, 82–83, Anm. 39. Vgl. *PzW*, 108, Anm. 10.

189 Zeidler: *Vernunft und Erfahrung*, 94. Vgl. *PzW*, 116. Vgl. hierzu auch Erich Heintels Verweis auf die „transzendentale Differenz zwischen unmittelbarem (in den ‚Sachen aufgehobenen) Sprachsinn und der – freilich auch immer sprachlichen – Reflexion auf ihn" bzw. die „fundamentale transzendentale Differenz von Sprache und Sein (‚Wort und Sache')". Erich Heintel: *Die beiden Labyrinthe der Philosophie* Bd. 1, 461f. Vgl. dazu auch Zeidler: *Vernunft und Erfahrung*, 110, wo Zeidler Heintel: *Die beiden Labyrinthe*, 463 zitiert, und 128. Vgl. dazu auch *Vernunft und Erfahrung*, 130–135 u. *GtL*³, 23–24 u. 34–39.

transzendentalen Idealismus selbst [dar] [...] und somit (als vergessene oder übersprungene Differenz) auch dasjenige aller nachidealistischen Philosopheme [...].“[190] Allem Philosophieren, „das im Namen einer vordergründigen Praxisnähe und Konkretheit des Denkens die Transzendentalität eines Faktums (*die* Sprache, *die* Wissenschaft, *die* Gesellschaft etc.) leichthin postuliert“, wirft Zeidler daher vor, „das ‚Problem der Konkretisierung der Transzendentalität‘ (E. Heintel) [nicht] begriffen zu haben, das allen nachidealistischen Philosophemen als unerkannte Voraussetzung – und zwar gerade in Gestalt ihres anti-idealistischen Affekts – zu Grunde liegt, weshalb es auch in genau dem Maße ungelöst bleibt, in dem die Kantische Konzeption und die Transzendentalphilosophie überhaupt als ‚metaphysisch‘, ‚subjektivistisch‘, ‚mentalistisch‘, etc. abgetan und ‚überwunden wird.“[191] Solange jedoch „das Verhältnis von vermögenspsychologischer Exposition und transzendentallogischer Bestimmung der Transzendentalität ungeklärt ist, bleibt letztlich auch im Rahmen der Transzendentalphilosophie die *Dialektik des Erfahrungsbegriffes* (im Sinne der Spannung zwischen *Eröffnung* und *methodischer Durchdringung* des Erfahrungsfeldes [...] unbewältigt, [...].“[192] Entscheidend ist daher für Zeidler, wie er bereits in dem Aufsatz *Urteil und Schluss* ausführt, der Umstand, dem Kant in der „verbesserten“ transzendentalen Deduktion in der 2. Auflage der *Kritik der reinen Vernunft* Rechnung trägt, „daß die ‚zwei Stämme der menschlichen Erkenntnis [...], nämlich Sinnlichkeit und Verstand, durch deren ersten uns Gegenstände *gegeben*, durch den zweiten aber *gedacht* werden‘ (*KrV* A 15/B 29), wenn schon nicht ‚aus einer gemeinschaftlichen [...] Wurzel‘ entwickelt, so doch nur in ihrem (‚Objektivität‘ stiftenden) Zusammenwirken als ein Gegenstand der Vernunftkritik behandelt werden können.“[193] Zeidler verweist daher von vornherein auf die Notwendigkeit einer dreifachen *Dimensionierung* des Erfahrungsbegriffs, „gemäß seiner Bezogenheit

---

190 Zeidler: *Vernunft und Erfahrung*, 115. Vgl. *PzW*, 89, Anm. 25.

191 Zeidler: *Vernunft und Erfahrung*, 127–128, vgl. *GtL*³, 108. Zeidler verweist hier auf Erich Heintel: Das Problem der Konkretisierung der Transzendentalität, in: L. Landgrebe (Hg.): *Beispiele. Festschrift für Eugen Fink*, Den Haag 1965, 83f. u. 102 und *Die beiden Labyrinthe der Philosophie*, Bd. 1, Wien/München 1968, 613f.

192 Zeidler: *Vernunft und Erfahrung*, 128–129, vgl. 99–100 und *GtL*³, 46. Vgl. dazu auch Zeidler: Daseiende Transzendentalität – Zur Philosophie Erich Heintels, 1091–1092 und *KDT*, 291.

193 Zeidler: *Vernunft und Erfahrung*, 131, vgl. *Urteil und Schluss*, 88–94 u. *GtL*³, 35. Vgl. auch Zeidler Aufsatz „Die transzendentale Geschichte des Ichs. Deduktion und Schematismus der reinen Vernunftbegriffe“ (1986), in: ders.: *Grundlegungen*, 141–195, in dem Zeidler die Ergebnisse des zweiten Teils seiner Habilitationsschrift zusammenfasst.

auf ein (unmittelbares) *sinnliches Gegebensein, subjektives Vorgestelltwerden* und *objektives Erkenntnis* der Erfahrungsinhalte",[194] der bei Kant „jene dreifache Synthesis ‚drei[er] subjektive[r] Erkenntnisquellen [sc. Sinnlichkeit, Einbildungskraft, Verstand], welche selbst den Verstand und, durch diesen, alle Erfahrung [...] möglich machen' (*KrV* A 97f.), die in der ersten Auflag der Vernunftkritik die ‚subjektive Deduktion' der Kategorien darstellt", entspricht.[195] Gerade angesichts dessen, dass Kant „diesen Zusammenhang von Kategoriendeduktion und dreifacher Dimensionierung des Erfahrungsbegriffs in der zweiten Auflage der Vernunftkritik zugunsten einer stringenteren Beweisführung – zugunsten der Subsumtion aller Erkenntnisvermögen unter den ‚Verstand' – aufgelöst zu haben" scheint, und in der Folge Hermann Cohen „‚Erfahrung' dann eindeutig als jenes ‚‚Faktum' der Wissenschaft' (der neuzeitlichen mathematischen Naturwissenschaft)" bestimmt, was zu der Kantkritik Kroners geführt hat, „die in der ‚Parallelisierung von Erfahrungswissenschaft und Metaphysik das dogmatische Vorurteil der Kritik' erblickt", gilt es nach Zeidler „den universalen vernunftarchitektonischen Anspruch der Transzendentalphilosophie" über dieses „Vorurteil" zu stellen.[196] Die „Eliminierung des Materialen der Erfahrung (des ‚Gegebenen'), sei es im Sinne der Reduktion des Erfahrungsbegriffes auf das, durch das ‚‚Faktum' der Wissenschaft' als gesichert geltende System der ‚synthetischen Grundsätze a priori', sei es im Sinne seiner ‚Aufhebung' in die als dialektischer Quellpunkt der Kategorien bestimmte ‚ursprünglich synthetische Einheit der Apperzeption' qua Hegelscher ‚Begriff' " ist jedoch nach Zeidler kein Ausweg aus dem grundlegenden „Problem systematischen Philosophierens überhaupt", dem „*Problem der Konkretisierung der Transzendentalität*", d.h. dem *Problem der Vermittlung von Begriff und Anschauung, von Vernunft und Erfahrung*, das aus Kants „Parallelismus von rationalistischer Grundkonzeption einerseits und kritischer Durchführung andererseits" resultiert und „einer abschließenden

194 Zeidler: *Vernunft und Erfahrung*, 132, vgl. *GtL*³, 36.

195 Zeidler: *Vernunft und Erfahrung*, 134, vgl. *GtL*³, 37 und Reflexivität und Begründung, 136f.

196 Zeidler: *Vernunft und Erfahrung*, 134, vgl. *GtL*³, 38. Zeidler zitiert hier Kroner: *Von Kant bis Hegel*, Bd. 1, 76. Vgl. dazu auch *Vernunft und Erfahrung*, 166, vgl. *GtL*³, 80–81: „Denn insoferne im Zuge dieses Verfahrens sich das Transzendentale von einer Sinninstanz der Erfahrung zu einem Konstituens derselben verwandelt, wird deutlich, warum Kant das Selbstbewußtsein und das Bewußtsein überhaupt identifiziert und warum er – von diesem Detailproblem waren wir ja vorhin ausgegangen – ‚Subsumtionsschematismus und Synthesisschematismus' (E.R. Curtius) verwechselt." Vgl. dazu ibid. Anm. 82; 138, 169 u. *GtL*³, 80–81, Anm. 22; 43; 84–85.

Klärung sowohl der ‚synthetischen' Grundlegung der apriorischen Instanzen in den ‚Kritiken', wie auch der ‚analytischen' Auslegung dieser Instanzen in den nachfolgenden metaphysischen und naturphilosophischen Schriften, entgegensteht."[197] Denn

> an beiden Idealismen [rächt sich] die wissenschaftstheoretische bzw. dialektische Aufhebung der Spannung zwischen Eröffnung und methodischer Durchdringung der Erfahrungsfeldes: sie führt bei Cohen letztlich zur Verabschiedung der apriorischen Systematik im Zeichen des wissenschaftlichen Fortschrittsideals und bei Hegel zu einer Selbstaufstufung des ‚Begriffs', die insoferne im Rahmen einer vieldeutigen metaphysischen Topologie verbleibt, als sie jede Frage nach kritischen Instanzen der ‚dialektischen' Begriffsentfaltung als ‚äußerliche Reflexion' distanzieren muß, soll die postulierte Einheit des Begriffs mit der Sache selbst sich rein in das Medium des Begriffs fügen. Dagegen gewinnt Kant gerade aus der ‚kritischen' Spannung zwischen Eröffnung und methodischer Durchdringung des Erfahrungsfeldes, die wir oben als *Dialektik des Erfahrungsbegriffes* bezeichneten [...][,] die Methode, indem er eben nicht die cognitio ex datis und die cognitio ex principiis (das Empirische und das Rationale) vorschnell gegeneinander ausspielt, sondern beide zum Zwecke der Dimensionierung dieses Erfahrungsfeldes auseinanderhält, wohl wissend, daß andernfalls diese Dimensionierung des Erfahrungsfeldes sich nicht zugleich als Vernunftarchitektonik behaupten könnte (vgl. KrV A 835f./B 863f.)[198]

Dementsprechend fordert Zeidler, dass „die philosophische Systematik [...] [in] ihrer Gegenwendigkeit gegenüber der Erfahrung *zugleich* als deren immanente Vernunft entfaltet" wird.[199] Nun hat Kant nach Zeidler jedoch das Apriori eben nicht explizit als dieses „‚zugleich' von Vernunft und Erfahrung [...] *entfaltet*, sondern bloß als dessen Möglichkeitsbedingung *statuiert* [...]."[200] Denn

---

197 Zeidler: *Vernunft und Erfahrung*, 139–140 u. 135–138, vgl. *GtL*³, 45 u. 39–43. Vgl. auch *Vernunft und Erfahrung*, 146: „das genuine fundamentalphilosophische Problem der Vermittlung von Anschauung und Begriff". Inwiefern Zeidler Heintels *Problem der Konkretisierung der Transzendentalität*, das er bereits in dem Aufsatz „Reflexivität und Begründung" aufgreift, ebenso wie Kants Begriff einer *transzendentalen Deduktion*, in Anknüpfung an Schelling von vornherein umdeutet, wurde oben bereits erörtert. – „Das vordergründig als ‚Parallelisierung von Erfahrungswissenschaft und Metaphysik' erscheinende ‚dogmatische Vorurteil' Kantens (R. Kroner), erweist sich [nach Zeidler] somit näherhin als ein eigentümlicher Parallelismus von rationalistischer Grundkonzeption einerseits und kritischer Durchführung dieser Konzeption andererseits; [...]" *Vernunft und Erfahrung*, 137, vgl. 135ff. u. 154f., u. *GtL*³, 42.

198 Zeidler: *Vernunft und Erfahrung*, 140–141, vgl. *GtL*³, 45–46.

199 Zeidler: *Vernunft und Erfahrung*, 141, vgl. *GtL*³, 47.

200 Zeidler: *Vernunft und Erfahrung*, 142, vgl. *GtL*³, 47. Hier wird auch Zeidlers Umdeutung bzw. „Auf den Kopf Stellen" von Heintels „Problem der Konkretisierung der Transzendentalität" ebenso wie Kants „Transzendentaler Deduktion" deutlich,

da Kant das Verhältnis von Anschauung und Begriff nicht näher bestimmt und „an der vorausgesetzten Trennung von transzendentaler Logik und Ästhetik (KrV A 62/B 87)" auch bei der „systematischen Entwicklung des Kategoriensystems" festhält, muss er „die zu erwartende *systematische Entfaltung* der Kategorien, unter Berufung auf die ‚gewohnte Technik der Logiker' (KrV A 70/B 96), durch eine *Aufstellung* derselben ersetzen, sodaß sie erst im nachhinein auf die Bedingungen ihrer Gültigkeit (Transzendentale Deduktion) und ihres Gebrauches (Schematismus) hin untersucht werden können."[201] Wird aber sowohl die „Exposition der Kategorien (als bloß auf Objekte überhaupt angewandte Funktionen)" wie auch das Ergebnis der transzendentalen Ästhetik, „empirische Realität und transzendentale Idealität der Anschauungsformen Raum und Zeit", vorausgesetzt, dann wird die „Möglichkeit der Erfahrung" als „terminus medius dieser Transzendentalen Deduktion zum schlechterdings unhintergehbaren Postulat oder Faktum."[202] Deshalb müssen „die ‚Exposition der Kategorien' bzw. ihre ‚metaphysische Deduktion' (KrV B 159) und die ‚Transzendentale Deduktion' […] gemeinsam mit einer Deduktion der ‚Schemate' verhandelt werden, d.h. […] Regeln (Gültigkeit) und Anwendungsbedingungen (Gebrauch) des ‚reinen Verstandes' in einem bestimmt werden."[203] Denn für Zeidler ist klar,

> daß unter Voraussetzung der Disjunktion von Sinnlichkeit und Verstand nicht nur eine allfällige systematische Begründung und Entfaltung des Kategoriensystems, sondern sogar die ‚*Exposition* der Kategorien (als bloß auf Objekte überhaupt angewandte Funktionen)', schlechterdings undurchführbar wäre, weshalb denn auch Kant die Differenz von Anschauung und Begriff durch den Terminus ‚Vorstellung' unterläuft, da andernfalls allererst zu begründen wäre, *warum* ‚dieselbe Funktion, welche den verschiedenen Vorstellungen *in einem Urteile* Einheit gibt […] auch der bloßen Synthesis verschiedener Vorstellungen *in einer Anschauung* Einheit' gibt (KrV A 79/B 104f. [vgl. KrV B 143]), d.h. warum die, in Anlehnung an die ‚gewohnte Technik der Logiker', aufgefundenen ‚logischen Funktionen des Verstandes in Urteilen' den reinen Verstandesbegriffen (Kategorien) korrespondieren und solcherart deren systematische und angeblich

---

insofern Zeidler mit Schelling von Anfang an die Entfaltung einer *konkreten* Transzendentalität (gemäß der Einheit von Anschauung und Begriff in der Idee) fordert, der gegenüber alle Gegenüberstellung von Vernunft und Erfahrung sekundär ist. D.h. Zeidlers Forderung einer Konkretisierung der Transzendentalität bedeutet eine prinzipielle Überwindung der Problemstellung Heintels, die aus der Gegenüberstellung von empirischem und transzendentalem Subjekt bzw. unmittelbar sinnlich Gegebenem und transzendentaler Funktion entsteht.

201 Zeidler: *Vernunft und Erfahrung*, 142, vgl. *GtL*³, 48.

202 Zeidler: *Vernunft und Erfahrung*, 143, vgl. 139–140, 142 u. *GtL*³, 48–49.

203 Zeidler: *Vernunft und Erfahrung*, 143, vgl. *GtL*³, 49.

auch vollständige (vgl. KrV A 64/B 89; A 80f./B 106f.; Proleg. A 110f.) Aufstellung (die ‚Tafel der Kategorien') ermöglichen.[204]

Kant parallelisiert also nicht die Metaphysik mit der Mathematik und Newtonschen Physik, die vielmehr nur „‚Beispiele' für Wissenschaften [sind], die synthetische Urteile a priori als Prinzipien in sich enthalten, und [...] damit der Metaphysik die Aufgabe vor[geben], in ihrem eigenen Interesse die Möglichkeit synthetischer Urteile a priori zu ergründen (KrV B 19ff.)", sondern „die Metaphysik und die ‚allgemeine Logik' ".[205]

Da nun aber diese Logik des Aristoteles, auf die Kant sich beruft, ‚von den ältesten Zeiten her' nicht eine Logik des Denkens und Erkennens, sondern eine solche der nachträglichen (formalen) Verknüpfung des bereits Gedachten, der bereits in der Urteilsform fixierten Begriffe von Gegenständen ist, kann sie zwar zum ‚Leitfaden' der Entdeckung der reinen Verstandesbegriffe oder Kategorien, d.i. der ‚Form(en) des Denken eines Gegenstandes überhaupt' (KrV A 51/B 75) dienen, kann aber weder die Vollständigkeit dieser Formen selbst, noch deren vollständige Anwendbarkeit auf ‚Erscheinungen' (*mögliche* Gegenstände) verbürgen. Da die erstgenannte Aufgabe in dem von Kant heruntergespielten Problem der *Verschiedenheit* seiner Tafel der ‚logischen Funktionen des Verstandes in Urteilen' von der gewohnten Einteilung der Logiker (KrV A 70ff./B 95ff.), also in dem solcherart von allem Anbeginn prekären Problem des Verhältnisses von formaler und transzendentaler Logik, verborgen liegt, wird ihm der Nachweis der vollständigen Anwendbarkeit der reinen Verstandesbegriffe auf die Erscheinungen im Sinne einer ‚transzendentalen Deduktion' ihrer ‚objektiven Gültigkeit' zum Hauptproblem, in welchem freilich nunmehr der Zusammenhang von Vollständigkeits- und Anwendungsproblematik der Kategorien, der ursprüngliche Zusammenhang von (metaphysischer und transzendentaler) ‚Deduktion' und ‚Schematismus', ebensosehr zerrissen wie unauflösbar ineinander verwoben ist, was in der Folge am Beweisgang der Deduktion und des Schematismuskapitels, sowie am Kantischen Ich- und Vermögensbegriff zu zeigen sein wird.[206]

Zeidlers Rekonstruktion der transzendentalen Deduktion und des transzendentalen Schematismus sowie seine daran anschließende „Entfaltung der kategorialen Systematik" müssen wir hier übergehen und können nur kurz die Problemstellung skizzieren.[207] Das Problem einer gemeinsamen Behandlung

204 Zeidler: *Vernunft und Erfahrung*, 148–149, vgl. *GtL*³, 57.

205 Zeidler: *Vernunft und Erfahrung*, 155, vgl. 148, vgl. *GtL*³, 65 u. 56–57.

206 Zeidler: *Vernunft und Erfahrung*, 155–156, vgl. *GtL*³, 67–68.

207 Vgl. Zeidler: *Vernunft und Erfahrung*, 157–194, vgl. *GtL*³, 69–172 und Zeidler: Die transzendentale Geschichte des Ichs. Deduktion und Schematismus der reinen Verstandesbegriffe, 141–195. Den Abschnitt 2.2.2 der Habilitationsschrift „Die Entfaltung der kategorialen Systematik" (*Vernunft und Erfahrung*, 173–194) hat Zeidler im *Grundriss* deutlich erweitert, wo diesem die Kapitel 4–6 „Das Leitfadenkapitel

von metaphysischer und transzendentaler Deduktion sowie des transzendentalen Schematismus begreift Zeidler im Anschluss an Rudolf Zocher als Aufgabe des Nachweises der „*wechselseitigen Ermöglichung* von Erfahrungs- und Gegenstandsbedingungen", die es „im Sinne einer transzendentallogischen Fundierung der ‚subjektiven Deduktion' " zu entwickeln gilt.[208] Nach Zeidler bedarf es dazu

> der nachdrücklichen Unterscheidung zwischen den transzendentallogisch zu rekonstruierenden Bedingungen der Möglichkeit der Erfahrung und des Denkens überhaupt und den Bedingungen ihres Gebrauchs. Mit anderen Worten: wir müssen das urteilslogische, subsumtionstheoretische Vorurteil Kantens, an dem die ‚metaphysische Deduktion' der Kategorien scheitert, sobald ihr die wissenschaftsmetaphysische (rationalistische) Grundlage entzogen ist, aufbrechen, indem wir diese Deduktion unterlaufen und die den reinen Verstandesbegriffen korrespondierenden (KrV A 79/B 104f.) ‚Funktionen des Verstandes', d.h. alle ‚Funktionen der Einheit in den Urteilen' von den ‚Funktionen der Einheit unter unseren Vorstellungen' herleiten."[209]

Grundlegend ist dabei für Zeidler, wiederum in Anknüpfung an Schelling, die Unterscheidung zwischen „den Bedingungen der Möglichkeit der Erfahrung und des Denkens überhaupt" und den „Bedingungen ihres Gebrauchs oder […] der *Realisierung der Erfahrung* [Hervorhebung L.R.] und der spezifisch menschlichen (diskursiven) Form des Denkens", wobei sich letztere aus ersteren entwickeln lassen müssen.[210]

---

und die Problematik des Dings an sich", „Die Entfaltung der kategorialen Systematik" und „Die Vollständigkeit der Kategorientafel" entsprechen (*GtL*³, 89–172) Neu hinzugekommen sind die Kapitel 7 u. 8 (*GtL*³, 173–230). Statt dem auf den Abschnitt 2.2.2.0 „Idee und Wahrheitswert" (*Vernunft und Erfahrung*, 195–226, vgl. *GtL*³, 231–255) folgenden Abschnitt 2.3 „Urteilskraft" (*Vernunft und Erfahrung*, 195–234), findet sich im *Grundriss* das neue Kapitel 10 (*GtL*³, 256–278). Die Kapitel 1–3 des *Grundrisses* entsprechen hingegen, abgesehen von kleineren Änderungen und Ergänzungen, beinahe wörtlich den Abschnitten 2.2 und 2.2.1 der Habilitationsschrift (*Vernunft und Erfahrung*, 130–172).

208 Zeidler: *Vernunft und Erfahrung*, 167 u. Anm. 84 u. *GtL*³, 82 u. Anm. 24. Zeidler verweis hier auf Rudolf Zocher: Kants transzendentale Deduktion der Kategorien, in: *Zeitschrift für philosophische Forschung*, Bd. VIII, 1954, 161–194; 192. Zur Bedeutung der subjektiven Deduktion vgl. auch Zeidler: *Vernunft und Erfahrung*, 165–172, vgl. *GtL*³, 80–88.

209 Zeidler: *Vernunft und Erfahrung*, 175, vgl. *GtL*³, 111–112.

210 Zeidler: *Vernunft und Erfahrung*, 176, vgl. 183, 193–194, 202 u. *GtL*³, 111, 113–114, 171–172, 219 und Die transzendentale Geschichte des Ichs, 164–165 u. 193–195. Die ursprüngliche synthetische Einheit der Apperzeption wird von Zeidler „ihrer formalen Struktur nach als das System der drei Vernunftschlüsse begriffen, das sich in Realisierung der Erfahrung als spontanes Vermögen der Begriffe, als Urteilskraft

Im Abschnitt „Idee und Wahrheitswert“ wendet sich Zeidler der Aufgabe der transzendentallogischen Rekonstruktion „des Zusammenhanges zwischen der Deduktion der Ideen der reinen Vernunft und der Deduktion der reinen Verstandesbegriffe“ als des „systematische[n] Zusammenhang[s] zwischen *konstitutiven* Verstandes- und *regulativen* Vernunftprinzipien“ zu.[211] Da, wie Zeidler bereits in *Reflexivität und Begründung* ausgeführt hat, „die Vernunftschlüsse von Kant nur urteilslogisch, als die grenzbegriffliche Voraussetzung eines letzten Begründungszusammenhanges der Erkenntnisse des Verstandes bestimmt sind“, bleiben diese „*als Schlüsse* bei Kant unterbestimmt, mit Ausnahme der Deduktion, jenes Schlußverfahrens, das auch in einer extensionalen (urteilslogischen) Logik als Schluß bestimmt werden kann und das die traditionelle Logik daher als einzig gültige Form des Schlusses kennt“.[212] Zwar definiert Kant

> *alle* Vernunftschlüsse als deduktive (Subsumtions-)Schlüsse [...], [jedoch] kann er nur den ‚disjunktiven Vernunftschluß‘ [sc. die disjunktive Synthesis der Teile in einem System] dem Subsumtionsschema gemäß erläutern, nicht aber die beiden Vernunftschlüsse, die auf ein ‚Unbedingtes der kategorischen Synthesis in einem Subjekt‘ und der ‚hypothetischen Synthesis der Glieder einer Reihe‘ zielen. Sie verschließen sich der Deutung durch das Subsumtionsschema, denn ihre Synthesis ist keine durch den Umfang (die ‚Sphäre‘ (Kant)) der Begriffe bereits vorgegebene Synthesis, sondern muß als *synthetisierende Leistung des Schlusses* verstanden werden, der sich dergestalt als die *transzendentallogische Form der ursprünglichen synthetischen Einheit der Apperzeption* erweist und hiedurch (zusätzlich zu seiner im Hinblick auf eine Erkenntnis der Gegenstände bloß regulative Bedeutung) konstitutive Funktion für das gesamte System des Transzendentalen Idealismus gewinnt.[213]

Hier verweist Zeidler nun auf seine früheren Überlegungen zur transzendentallogischen und begriffsrealistischen Interpretation der Aristotelischen Syllogistik von Peirce und Hegel. Nach Zeidler

> leidet [jedoch] sowohl die aprioristische (Hegel) wie auch die empiristische Variante (Ch. A. Peirce) dieses Begriffsrealismus daran, daß sie bloße Varianten sind, d.h. der Schluß beidemale nur als Ort des Überganges zwischen subjektivem Begriff und objektiver Realität gedeutet wird, nicht jedoch sich als dieser Übergang selbst und die ursprüngliche Einheit von Subjektivem und Objektivem bewährt. Soll er sich als diese Einheit bewähren, dann freilich muß der Schluß als die transzendentallogische Form

---

und als Vernunft auslegt“. *Vernunft und Erfahrung*, 227. Vgl. dazu Schelling: *System des transcendentalen Idealismus*, 535.

211 Zeidler: *Vernunft und Erfahrung*, 195 u. 198, vgl. *GtL*^{3}, 173 u. 177.

212 Zeidler: *Vernunft und Erfahrung*, 198–199, vgl. *GtL*^{3}, 177.

213 Zeidler: *Vernunft und Erfahrung*, 199–200, vgl. *GtL*^{3}, 178 und Reflexivität und Begründung, 127–135.

> der ursprünglichen synthetischen Einheit der Apperzeption zugleich die Form aller in sich bestimmten (nicht bloß bestimmbaren) Gegenständlichkeit sein, [...].[214]

Damit kommt Zeidler zu seinem Ausgangspunkt, der Hegel-Kritik des späten Schelling und der in Zusammenhang mit dieser erhobenen Forderung „der als Erscheinung bestimmten Idee und der als Idee bestimmten Erscheinung", die er mit Heintel auch als *Problem der Konkretisierung der Transzendentalität* formuliert, zurück.[215] Dieses Problem stellt sich Zeidler hier, vor dem Hintergrund der Entfaltung der kategorialen Systematik, als

> Frage nach dem Schema der Vernunftbegriffe [...], die sich nunmehr als die Frage nach einem (dem Zeitschematismus korrespondierenden) Raumschematismus präzisieren läßt. Nachdem nämlich die ursprünglich synthetische Einheit der Apperzeption ihrer Form nach als die sowohl in sich, wie auch über sich hinaus vermittelte (d.i. dialektische) *Einheit* der drei Vernunftschlüsse bestimmt ist, ist sie nicht nur dieser ihrer Form gemäß in Verstand (Vermögen der Begriffe, d.i. der kategorischen Synthesis in einem Subjekt), Urteilskraft und Vernunft, als die sie zu einer einigen Erfahrung konkretisierenden Vermögen eines auf ‚Erfahrung' angewiesenen Intellectus ectypus zu differenzieren, sondern zudem als das Prinzipium ihrer eigenen Möglichkeit zu bestimmen, dem daher nicht nur die Vermögen der Realisierung der Erfahrung, sondern auch die Bedingungen der Möglichkeit derselben gemäß sein müssen.[216]

Insofern also die transzendentalen Ideen als Mitten der drei Vernunftschlüsse zugleich als Bedingungen der Möglichkeit der Erfahrung, d.h. als Funktionen der Einheit unter unseren Vorstellungen, bestimmt sind, korrespondieren ihnen

---

214 Zeidler: *Vernunft und Erfahrung*, 200, vgl. *GtL*[1], 125–126 u. 151–155 = *GtL*[3], 179 u. 212–217. Zeidler verweist hier in *Vernunft und Erfahrung* auf seine Dissertation *Logik des Erkenntnisprozesses*, 47ff., Transformationen der Logik, 11ff. [= *Grundlegungen*, 72ff.] und Reflexivität und Begründung, 40 [= *Grundlegungen*, 135f.]. Vgl. dazu *GtL*[3], 204–212.

215 Vgl. dazu auch Zeidlers Rede von der „im Denken reflektierten Positivität" oder „Unmittelbarkeit" und einem „allem Gedachten vorgängigen Modus der Bestimmtheit": *Vernunft und Erfahrung*, 206, Anm. 110; 212–213, 226 u. *GtL*[3], 232, 238–239, 255–256. In diesem Punkt, es ist im Grunde der berechtigte Anspruch des „Empirismus", die Anerkennung der Erfahrung als *Sinninstanz*, trifft sich die Hegel-Kritik Schellings mit derjenigen von Peirce.

216 Zeidler: *Vernunft und Erfahrung*, 200–202. Vgl. *GtL*[1], 155–157 = *GtL*[3], 217–219. Den Zeitschematismus hat Zeidler bereits gemeinsam mit der Deduktion der Kategorien als „Funktionen der Einheit unter unseren Vorstellungen" entwickelt. Vgl. *Vernunft und Erfahrung*, 177–180 u. Die transzendentale Geschichte des Ichs, 167–170 u. *GtL*[3], 143–155. Vgl. auch *Vernunft und Erfahrung*, 231, wo Zeidler schreibt, dass die Ideen „im Zuge der Konkretisierung des Formalen der Vernunft zu entwickeln sind."

nach Zeidler sowohl Zeit- als auch Raumschemata. Damit ist die Erscheinung als Idee und die Idee als Erscheinung bestimmt. Auf den „Raumschematismus", den Zeidler in Anknüpfung an Kants „Prinzipien der Homogenität, der Spezifikation und der Kontinuität der Formen" (*KrV* A 657/ B 685) entwickelt, können wir hier nicht mehr eingehen.[217] Eine indirekte Bestätigung findet Zeidler dafür in Kants „Tafel der Einteilung des Begriffs vom *Nichts*" (*KrV* A 290ff./B 346ff.), der laut Kant eine „gleichlaufende Einteilung des Etwas [...] von selber" folge, die nach Zeidler jener „synthetischen Entfaltung der Gegenstandsbedingung" gemäß zu denken ist, die bereits Platon im *Sophistes* durch Differenzierungen im Begriff der Einheit von Begriff und Gegenstand, *der Idee*, vorgenommen hat.[218] Eine weitere indirekte Bestätigung für seine subjektive Deduktion findet Zeidler schließlich noch in der Analyse des Wahrheitswerts in der mehrwertigen Reflexionslogik Ulrich Blaus.[219]

Im *Grundriss* formuliert Zeidler in diesem Zusammenhang auch noch seine Auflösung des Universalienstreits. Die Frage, „[a]ufgrund welcher Bedingungen die in den Prämissen des deduktiven Syllogismus immer schon vorausgesetzte Bejahung und Allgemeinheit vorausgesetzt werden kann", ist nach Zeidler die „grundsätzlichste, den Horizont all ihrer Fragestellungen umfassende und in sich bergende Frage" der transzendentalen Logik, da es „sich dabei um die Frage nach dem systematischen Zusammenhang der Bedingungen der Möglichkeit des Denkens und der Intelligibilität des Seins" handelt.[220] Die „Mitte des deduktiven

---

217 Zeidler: *Vernunft und Erfahrung*, 202–205, vgl. *GtL*^{1}, 156–164 = *GtL*^{3}, 219–230 und Die transzendentale Geschichte des Ichs, 188–192. Zeidler verweist in diesem Zusammenhang auf die „dreifache Dimensionierung des Raumbegriffs durch Schmitz (Weiteraum-Richtungsraum-Ortsraum)". Zeidler: *Vernunft und Erfahrung*, 204, Anm. 107, vgl. *GtL*^{3}, 148–149, Anm. 37 u. dazu Hermann Schmitz: *System der Philosophie*, Bd. I: *Die Gegenwart*, und Bd. III/1: *Der leibliche Raum*. Vgl. auch zum Zeitschematismus *Vernunft und Erfahrung*, 177–180 und *GtL*^{1}, 103–108 = *GtL*^{3}, 149–155 und zum transzendentalen Schematismus überhaupt „Elementarlehre oder transzendentale Phänomenologie", in: Zeidler: *Vermittlungen*, 209–298.

218 Zeidler: *Vernunft und Erfahrung*, 205–213. Vgl. *GtL*^{1}, 165–171 = *GtL*^{3}, 231–239. Vgl. dazu auch *Vernunft und Erfahrung*, VII und Die transzendentale Geschichte des Ichs, 190, Anm. 32 und 194, Anm. 39. Vgl. dazu auch *GtL*^{1}, 141–144 = *GtL*^{3}, 199–203 und Zeidler: Platons Antizipation und Überwindung des Universalienstreits, in: ders.: *Vermittlungen*, 191–207.

219 Zeidler: *Vernunft und Erfahrung*, 213–226, vgl. VII-VIII. Vgl. *GtL*^{1}, 171–185 = *GtL*^{3}, 239–255. Vgl. Ulrich Blau: *Logik der Sprache*, Berlin/New York 1978 und Die Logik der Unbestimmtheit und Paradoxien, in: *Erkenntnis*, 22, 1985, 369–459.

220 *GtL*^{1}, 141 = *GtL*^{3}, 199.

Syllogismus“ ist nach Zeidler das extensional und intensional bestimmte „Subsumtionsallgemeine[] (universale post res)“. Die „transzendentallogische Mitte“ des induktiven Schlusses (der dritten Figur) ist das „konkrete Repräsentations-Allgemeine (univerale in rebus)“, das „die gegenständliche Allgemeinheit des Begriffs *repräsentiert.*“ Die „Mitte der zweiten Schlußfigur“, ist „das Transzendental-Allgemeine (universale ante res)“, „die kategorische Synthesis in einem Subjekt, welches sich selbst zum transzendentalen Subjekt der Prädikation konkretisiert, indem es die Teilhabe von Denken und Sein im Begriff *setzt.*“[221] Es ist das Transzendental-Allgemeine, das „die Identifikation von etwas als etwas [...] ermöglicht und somit die prädikative und präsentative Synthesis vollzieht, die wir als *Sinn* oder als *Teilhabe-Relation* von Denken und Sein immer schon in Anspruch genommen haben und auch beständig in Anspruch nehmen, soferne uns nicht die Worte im Mund zerfallen sollen.“[222] „Verstehen wir das skeptizistische Begründungstrilemma positiver Weise als die in sich über sich hinaus vermittelte reflexive Struktur des Erkennens, so müssen wir diese Struktur als die im Denken reflektierte Positivität erweisen und sie aus dieser heraus fundieren.“[223] Die „Grundlegung der Prinzipienerkenntnis“ ist für Zeidler daher „in einem transzendentallogische Differenzierung des Seinssinnes der Kopula ‚ist‘ und phänomenologische Differenzierung der Gegebenheitsweisen dessen was ist.“ Damit ist die transzendentale Logik „nicht nur formale Logik, sondern zugleich Phänomeno-Logik und darum wahre Ontologie“.[224]

Im letzten Kapitel der Habilitationsschrift wendet sich Zeidler der *Kritik der Urteilskraft* und dem Abschnitt „Von der Endabsicht der natürlichen Dialektik der menschlichen Vernunft“ in der *Transzendentalen Dialektik* zu, um zu bestimmten, „wo im System des transzendentalen Idealismus der Ort für das dialektische Modell der Wissenschaftsentwicklung ist.“[225]

> Aus der Perspektive einer Wissenschaft- oder Erkenntnistheorie, die das ‚Faktum‘ (das Gegebensein) von Wissenschaft und Erfahrung schlechthin voraussetzt, reduziert sich die Trichotomie der ursprünglichen Synthesisleistungen auf das Nebeneinander induktiv-hypothetischer Optimierungsstrategien und deduktiv-analytischer Stabilisierungstechniken, und auch wenn man ihr Miteinander systemtheoretisch – im Sinne eines

221 *GtL*[1], 142 = *GtL*[3], 199–200.

222 *GtL*[1], 143 = *GtL*[3], 202. Zeidler spricht in der 3. Aufl. von dem *Transzendental-Allgemeinen* auch als *Sinnallgemeinen*. Vgl. dazu auch den „Nachtrag zur metaphysischen Deduktion“ in der 3. Aufl.: *GtL*[3], 312–324.

223 *GtL*[1], 186 = *GtL*[3], 256.

224 *GtL*[1], 186–187 = *GtL*[3], 256–257.

225 Zeidler: *Vernunft und Erfahrung*, 227.

> selbstregulativen Systems – versteht, bleibt dabei doch das Selbst, das Substrat dieser Selbstregulation, in den Mechanismus des Prozeßablaufes distribuiert.[226]

Zu diesem Ergebnis war Zeidler, wie wir gesehen haben, bereits in seiner Dissertation gekommen. Insofern Zeidler die ursprünglich synthetische Einheit der Apperzeption

> ihrer formalen Struktur nach als das System der drei Vernunftschlüsse [...] [begreift], das sich in Realisierung der Erfahrung als spontanes Vermögen der Begriffe, als Urteilskraft und als Vernunft auslegt, bedarf es zur Beantwortung dieser Frage [sc. nach dem Ort der Wissenschaftstheorie im System des transzendentalen Idealismus] einer näheren systematischen Beleuchtung dieser Selbstauslegung der Vernunft bzw. Realisierung der Erfahrung im Anschluß an Kantens Kritik der Urteilskraft.[227]

Diesbezüglich ist darauf zu verweisen, dass nach Zeidler, im Unterschied zum *diskursiven Begriff*, der „durch Komparation, Reflexion und Abstraktion" gewonnen wird,

> der Begriff selbst die dialektische Einheit von analytischer und synthetischer Einheit der Apperzeption ist, also weder bloßer Merkmalskomplex, noch willkürliches Abstraktionsprodukt, sondern *Erkenntnisgrund im Sinne möglicher Wahrheitsdifferenz* ist, mithin als problematische adaequatio rei et intellectus (Verstand als ‚Vermögen der Begriffe') der assertorischen Bestimmung im Urteil (Urteilskraft) und der apodiktischen im Schlusse (Vernunft) bedarf [...].[228]

Gerade das Verständnis dieser „dialektische[n] Einheit von analytischer und synthetischer Einheit der Apperzeption", d.h. des Verhältnisses der ursprünglichen Synthesishandlungen als Bedingungen der Möglichkeit der Erfahrung zu dem spontanen Verstandesgebrauch bzw. von konstitutiven und regulativen Prinzipien, das Zeidler als *Realisierung der Erfahrung* oder reflexive *Selbstauslegung der Vernunft* bestimmt, erscheint uns der schwierigste Punkt seiner *schlusslogischen Letztbegründung* zu sein. Denn wenn die Einheit von Denken und Sein, von Begriff und Anschauung, in der Abduktion bzw. dem *Begriff als Erkenntnisgrund* ursprünglich begründet ist, inwiefern ist diese dann eine bloß „problematische adaequatio rei et intellectus"? Wenn diese „adaequatio" wiederum nur „problematisch" ist, inwiefern ist sie dann überhaupt in dieser ursprünglichen Einheit begründet und wie kann sie sich dann überhaupt bewähren? In gewisser Weise erneuert sich hier die Frage nach dem Verhältnis von transzendentalem und empirischem Subjekt bzw. von absolutem oder unendlichem und endlichem.

---

226 Ibid.

227 Zeidler: *Vernunft und Erfahrung*, 227, vgl. 176, 181 u. *GtL*[3], 112–113, 155–156.

228 Zeidler: *Vernunft und Erfahrung*, 189–190, vgl. 193–194 u. *GtL*[3], 165–166, 171–172.

Letztlich, so glauben wir Zeidler verstehen zu müssen, bleibt dies ein Mysterium, zwar ist die Einheit von Denken und Sein im Begriff als Erkenntnisgrund begründet, dennoch muss er als diese Einheit auch immer erst gesetzt werden bzw. sich selbst setzen, ja besteht überhaupt nur in dieser ursprünglichen Handlung, damit aber auch in der *möglichen Wahrheitsdifferenz*. Seine Wahrheit oder sein Sein besteht demnach eben nur darin, dass er sich bewährt, d.h. in seiner *Wirklichkeit*. Dennoch ist dieses *Setzen* des Begriffs eben nicht bloß *willkürlich*, sondern aller Subjekt-Objekt-Differenz vorgängig. Dies ist die eine Seite, auf der anderen Seite kann die Erfahrung wiederum reflexiv unter die modalisierten Kategorien subsumiert und damit als *objektive Gegenstandserfahrung* allererst *konstituiert* werden. Diese Konstituierung der objektiven Erfahrung setzt allerdings die ursprünglichen Synthesishandlungen und damit die begrifflich vermittelte Realität immer schon voraus und unterwirft diese nur ihrer *methodischen* (analytischen) Beurteilung, d.h. unter gewissen praktischen Gesichtspunkten (Problemlösung).[229] Unter diesen Gesichtspunkten erfährt die „Einheit des Denkens, d.h. die Einheit des ‚oberen Erkenntnisvermögens' insgesamt […] (KrV A 130/B 169)", das „erst unter dem Titel der *Modalität*, den ‚Funktionen der Einheit des Denkens im Urteilen', die wir mit Kant auch ‚Momente des (sc. diskursiven) Denkens überhaupt' (KrV A 76/B 101) nennen können, seine Differenzierung in Verstand, Urteilskraft und Vernunft […] (KrV A 75/B 100, Anm.)" erfährt,[230] in der *Kritik der Urteilskraft* eine weitere Differenzierung. Da Kant den Verstand in der Vernunftkritik mit Blick auf seine erfahrungs- und gegenstandskonstitutive Funktion als ‚Vermögen zu urteilen' bestimmt hatte, übernimmt nun in Ergänzung der ‚(bestimmenden) Urteilskraft' die ‚reflektierende Urteilskraft' die Funktion, die der Spontaneität bzw. dem Verstand als ‚Vermögen der Begriffe' zukommt:

> Als ein Vermögen der Beurteilung der Erscheinungen gemäß den Kategorien, geht diese bestimmende Urteilskraft freilich nur auf die Gegenständlichkeit der Gegenstände (die ‚natura formaliter spectata'), jedoch nicht auf den Begriff (den bestimmten Gegenstand) derselben, weshalb die *reflektierende Urteilskraft* sowohl den Gegenständen ihre Begreifbarkeit, wie auch den Begriffen ihre Anwendbarkeit auf Gegenstände sichern muß.[231]

---

229 Vgl. Zeidler: *Vernunft und Erfahrung*, 176, 178, 183–184, 188–194 u. *GtL*³, 112–113, 144, 158–159, 164–172 u. *PzW*, 163.

230 Zeidler: *Vernunft und Erfahrung*, 181, vgl. *GtL*³, 155.

231 Zeidler: *Vernunft und Erfahrung*, 232.

Der Verstand als Vermögen der Begriffe, als Realisierung der „kategorischen Synthesis in einem Subjekt" ist daher nach Zeidler als *reflektierende Urteilskraft* zu bestimmen, die Urteilskraft als „Konkretisierung der im hypothetischen Vernunftschluß sich vollziehenden ‚Synthesis der Glieder einer Reihe'" hingegen als *bestimmende Urteilskraft*, die die „als Erscheinungen eines Gegenstandes bestimmten […] Anschauungen" unter die Kategorien subsumiert.[232] Eine „theoretische Vermittlung dieser beiden einander ergänzenden Vermögen (bestimmende und reflektierende Urteilskraft) [kann] nur in einem System schematisierter Grundsätze, d.i. ein kategorial bestimmtes (zu einem möglichen Ganzen der Erfahrung zusammenstimmendes) dynamisches Modell der Erfahrungserkenntnis, statthaben."[233] Dieses „dialektische Modell der Wissenschaft, in welchem *analytische* und *topische* Verfahren (Verfahren der *bestimmenden* und der *reflektierenden* Urteilskraft) ineinandergreifend vier Momente des Forschungsprozesses konstituieren", ist nach Zeidler aber eben dasjenige, das er im ersten Teil seiner Habilitationsschrift entwickelt hat.[234]

Damit ist nun aber auch klar, wie Zeidler die beiden Fragen beantwortet, die sich uns anfänglich bei der Erörterung seiner Dissertation ergeben haben, nämlich wie das Verhältnis von *forschungslogischer oder methodologischer* und *transzendentallogischer* Funktion des Schlusses zu denken ist, und inwiefern die transzendentallogische Differenzierung von Abduktion, Induktion und Deduktion als sich selbst reflexiv vermittelnden Schlüssen überhaupt gedacht werden kann, *falls* dabei nicht auch Raum und Zeit als bloß äußerliche Medien der Vermittlung herangezogen werden dürfen, da diese Vermittlung sonst überhaupt ein Mysterium zu bleiben droht. Die erste Frage ist mit Schellings Unterscheidung von *ursprünglichen Synthesishandlungen* und *reflexivem Verstandesgebrauch* als urteilslogischer *Realisierung der Erfahrung* beantwortet, die zweite Frage mit Schellings Bestimmung der Idee als Einheit von Begriff und Anschauung, insofern sich daraus die Konsequenz ergibt, dass den *ursprünglichen Synthesishandlungen* ein *ursprünglicher Schematismus* korrespondiert, die apriorische Synthesis also ursprünglich räumlich und zeitlich dimensioniert ist.

---

232 Zeidler: *Vernunft und Erfahrung*, 228–232.

233 Zeidler: *Vernunft und Erfahrung*, 233–234.

234 Zeidler: *Vernunft und Erfahrung*, 234, vgl. 75–108. Zum ‚dialektischen Modell' bzw. ‚Regelkreismodell' der Wissenschaft vgl. *PzW*, 102–124.

Literaturverzeichnis

Achinstein, Peter: Inference to Scientific Laws, in: H. Stuewer (Hg.): *Historical and Philosophical Perspectives of Science*, Minnesota Studies in the Philosophy of Science, Vol. V, Minneapolis/Minn. 1970, 87–111.

Achinstein, Peter: *Law and Explanation*, Oxford 1971.

Albert, Hans: *Traktat über kritische Vernunft*, Tübingen 1968.

Apel, Karl-Otto: *Der Denkweg von Charles S. Peirce*, Frankfurt a. M. 1975.

Apel, Karl-Otto: *Transformationen der Philosophie*, Bd. 1, Frankfurt a. M. 1976.

Blau, Ulrich: *Die dreiwertige Logik der Sprache*, Berlin/New York 1978.

Blau, Ulrich: Die Logik der Unbestimmtheit und Paradoxien, in: *Erkenntnis*, 22, 1985, 369–459.

Hanson, Norwood Russell: Retroductive Inference, in: B. Baumrin (Hg.): *Philosophy of Science. The Delaware Seminar*, Vol. 1, New York/London 1963, 21–37.

Hanson, Norwood Russell: Commentary by N.R. Hanson, in: A.C. Crombie (Hg.): *Scientific Change*, New York 1963, 458–466.

Hegel, Georg Wilhelm Friedrich: *Phänomenologie des Geistes*, *Gesammelte Werke*, Band 9, Hamburg 1980.

Hegel, Georg Wilhelm Friedrich: *Wissenschaft der Logik*, Zweiter Band: *Die Subjective Logik oder Lehre vom Begriff*, *Gesammelte Werke*, Band 12, Hamburg 1981.

Heidegger, Martin: *Kant und das Problem der Metaphysik*, Frankfurt a. M. [4]1973.

Heintel, Erich: *Metabiologie und Wirklichkeitsphilosophie*, Leipzig 1944.

Heintel, Erich: Sprachphilosophie [1957], in: ders.: *Gesammelte Abhandlungen*, Bd. 1: *Zur Fundamentalphilosophie I*, Stuttgart/Bad Cannstatt 1988, 196–251.

Heintel, Erich: *Hegel und die analogia entis* [Bonn, 1958], in: ders.: *Gesammelte Abhandlungen*, Bd. 3: *Zur Theologie und Religionsphilosophie I*, Stuttgart/Bad Cannstatt 1995, 107–164.

Heintel, Erich: Physis und Logos. Die „Idee" als Grundproblem des ganzheitlichen Universalismus [1963], in: ders.: *Gesammelte Abhandlungen*, Bd. 1, Stuttgart/Bad Cannstatt 1988, 327–343.

Heintel, Erich: Einige Gedanken zum Universalienproblem [1965], in: ders.: *Gesammelte Abhandlungen*, Bd. 1, Stuttgart/Bad Cannstatt 1988, 413–424.

Heintel, Erich: Das Problem der Konkretisierung der Transzendentalität. Ein Beitrag zur Aporetik der ‚daseienden Vermittlung', in: L. Landgrebe (Hg.): *Beispiele. Festschrift für Eugen Fink*, Den Haag 1965, 77–102, wieder abgedruckt in: ders.: *Gesammelte Abhandlungen*, Bd. 2: *Zur Fundamentalphilosophie II*, Stuttgart/Bad Cannstatt 1988, 7–30.

Heintel, Erich: Das Einzelne, das Allgemeine und das Individuelle [1966], in: ders.: *Gesammelte Abhandlungen*, Bd. 2, Stuttgart/Bad Cannstatt 1988, 31–43.

Heintel, Erich: *Die beiden Labyrinthe der Philosophie. Systemtheoretische Betrachtungen zur Fundamentalphilosophie des abendländischen Denkens*, Bd. 1: *Einleitung – I. Teil: Neopositivismus und Diamat (Histomat)*, Wien/München 1968.

Hempel, Carl G.: Erklärung in Naturwissenschaft und Geschichte, in: L. Krüger (Hg.): *Erkenntnisprobleme der Naturwissenschaft*, Köln 1970, 215–238.

Kroner, Richard: *Von Kant bis Hegel*, Tübingen ²1961.

Murphey, Murray G.: *The Development of Peirce's Philosophy*, Harvard 1961.

Oeser, Erhard: *Die antike Dialektik in der Spätphilosophie Schellings. Ein Beitrag zur Kritik des Hegelschen Systems*, Wien/München 1965.

Oeser, Erhard: *Begriff und Systematik der Abstraktion. Die Aristotelesinterpretation bei Thomas von Aquin, Hegel und Schelling als Grundlegung der philosophischen Erkenntnislehre*, Wien/München 1969.

Oeser, Erhard: Analytische Wissenschaftstheorie und kritische Rekonstruktion, in: *Wiener Jahrbuch für Philosophie*, Band IV, 1971, 73–95.

Oeser, Erhard: *System, Klassifikation, Evolution. Historische Analyse und Rekonstruktion der wissenschaftstheoretischen Grundlagen der Biologie*, Wien/Stuttgart 1974.

Oeser, Erhard: *Wissenschaft und Information. Systematische Grundlagen einer Theorie der Wissenschaftsentwicklung*, Band 1: *Wissenschaftstheorie und empirische Wissenschaftsforschung*, Band 2: *Erkenntnis als Informationsprozeß*, Band 3: *Struktur und Dynamik erfahrungswissenschaftlicher Systeme*, Wien/München 1976.

Oeser, Erhard: *Wissenschaftstheorie als Rekonstruktion der Wissenschaftsgeschichte. Fallstudien zu einer Theorie der Wissenschaftsentwicklung*, Band 1: *Metrisierung, Hypothesenbildung, Theoriendynamik*, Band 2: *Experiment, Erklärung, Prognose*, Wien/München 1979.

Oeser, Erhard: *Psychozoikum. Evolution und Mechanismus der menschlichen Erkenntnisfähigkeit*, Berlin/Hamburg 1987.

Oeser, Erhard: *Das Abenteuer der kollektiven Vernunft. Evolution und Involution der kollektiven Vernunft*, Berlin/Hamburg 1988.

Oeser, Erhard: *Popper, der Wiener Kreis und die Folgen. Die Grundlagendebatte der Wissenschaftstheorie*, Wien 2003.

Peirce, Charles Sanders: *Collected Papers of Ch. S. Peirce*, Vol. I–VI, ed. by Ch. Hartshorne und P. Weiss, Vol. VII–VIII, ed. by A.W. Burks, Cambridge/Mass. 1931–35, 1958.

Peirce, Charles Sanders: *Writings of Charles S. Peirce. A chronological edition*, Vol. 1ff.., ed. by Max H. Fisch et al., Bloomington 1982ff.

Peirce, Charles Sanders: *Schriften zum Pragmatismus und Pragmatizismus*, hg. von K.-O. Apel, übers. von G. Wartenberg, Frankfurt a. M. 1976.

Peirce, Charles Sanders: [Hypotheses of Space and Time: A Response to Kant] Appendix No. 2, in: *Transactions of the Charles S. Peirce Society*, Vol. XXIX, No. 4, Fall 1993, 637–673.

Reich, Klaus: *Die Vollständigkeit der kantischen Urteilstafel*, Berlin 1932.

Robin, Richard S.: *Annotated Catalogue of the Papers of Charles S. Peirce*, Worcester, Mass. 1967.

Robin, Richard S.: The Peirce Papers: A Supplementary Catalogue, in: *Transaction of the Charles S. Peirce Society*, Vol. 7, No. 1, Winter 1971, 37–57.

Schelling, F. W. J.: *Sämmtliche Werke*, herausgegeben von K.F.A. Schelling, I. Abtheilung Bde. 1–10, II. Abtheilung Bde. 1–4, Stuttgart 1856–1861.

Schelling, F. W. J.: *System des transcendentalen Idealismus*, in: ders.: *Sämmtliche Werke*, I/3, 327–634.

Schelling, F. W. J.: *Zur Geschichte der neueren Philosophie*, in: ders.: *Sämmtliche Werke*, I/10, 1–200.

Schelling, F. W. J.: *Vorrede zu einer philosophischen Schrift des Herrn Victor Cousin. 1834*, in: ders.: *Sämmtliche Werke*, I/10, 201–224.

Schelling, F. W. J.: *Einleitung in die Philosophie der Offenbarung oder Begründung der Positiven Philosophie*, in: ders.: *Sämmtliche Werke*, II/3, 1–174.

Schelling, F. W. J.: *Philosophie der Offenbarung 1841/42*, herausgegeben und eingeleitet von Manfred Frank, Frankfurt a. M. 1977.

Schelling, F. W. J.: *Philosophische Einleitung in die Philosophie der Mythologie oder Darstellung der reinrationalen Philosophie*, in: ders.: *Sämmtliche Werke*, II/1, 253–572.

Schmitz, Hermann: *System der Philosophie*, Bd. I: *Die Gegenwart*, und Bd. III/1: *Der leibliche Raum*, Bonn 1964ff.

Stegmüller, Wolfgang: Theoriendynamik und logisches Verständnis, in: W. Diederich (Hg.): *Theorien der Wissenschaftsgeschichte. Beiträge zur diachronen Wissenschaftstheorie*, Frankfurt a. M 1974, 167–209.

Zeidler, Kurt Walter: *Logik des Erkenntnisprozesses. Deduktion – Induktion – Abduktion*, Diss., Wien 1979.

Zeidler, Kurt Walter: Transformationen der Logik, in: *Wiener Jahrbuch für Philosophie*, XIV, 1981, 7–22, wieder abgedruckt in: *Grundlegungen*: 61–84.

Zeidler, Kurt Walter: Urteil und Schluß. Anmerkungen zur Kritik der reinen Vernunft, in: *Wiener Jahrbuch für Philosophie*, Bd. XV, Wien 1983, 213–224, wieder abgedruckt in: *Grundlegungen*, 85–103.

Zeidler, Kurt Walter: Reflexivität und Begründung. Zur Frage nach den Voraussetzungen rationaler Argumentation, in: *Wiener Jahrbuch für Philosophie*, XV, 1984, 27–46, wieder abgedruckt in: *Grundlegungen*, 105–140.

Zeidler, Kurt Walter: *Vernunft und Erfahrung. Untersuchungen zum Erkenntnisproblem in Philosophie und Wissenschaftstheorie*, Habil.-Schrift, Wien 1986.

Zeidler, Kurt Walter: Die transzendentale Geschichte des Ichs. Deduktion und Schematismus der reinen Verstandesbegriffe, in: *Wiener Jahrbuch für Philosophie*, Band XVIII, 1986, 95–125, wieder abgedruckt in: *Grundlegungen*, 141–195.

Zeidler, Kurt Walter: Peirce und Hegel: Zeichen und Schluss, in: L. Nagel et al. (Hg.): *Philosophie und Semiotik*, Wien 1991, wieder abgedruckt in: *Grundlegungen*, 197–215.

Zeidler, Kurt Walter: *Grundriß der transzendentalen Logik*, Cuxhaven 1992, 2. überarb. Aufl., Cuxhaven/Dartford 1997, 3. ergänzte Auflage, Wien 2017.

Zeidler, Kurt Walter: Die Dialektik der praktischen Vernunft und ihre Maximen, in: H.-D. Klein, J. Reicherstorfer (Hg.): *Philosophia Perennis. Erich Heintel zum 80. Geburtstag*, Teil 1, Frankfurt a. M. 1993, 257–276, wieder abgedruckt in: *Grundlegungen*, 217–247.

Zeidler,Kurt Walter: Die Heautonomie der Vernunft, in Th. S. Hoffmann und F. Ungler (Hg.): *Aufhebung der Transzendentalphilosophie*, Würzburg 1994, 25–39, wieder abgedruckt in: *Grundlegungen*, 217–274.

Zeidler, Kurt Walter: Die kopernikanische und die semiotische Wende der Philosophie, in: ‚*prima philosophia*', Bd. 9, Heft 4, 1996, 377–398, wieder abgedruckt in: *Grundlegungen*, 275–306.

Zeidler, Kurt Walter: *Kritische Dialektik und Transzendentalontologie. Der Ausgang des Neukantianismus und die post-neukantianische Systematik R. Hönigswalds, W. Cramers, B. Bauchs, H. Wagners, R. Reiningers und E. Heintels*, Bonn 1995.

Zeidler, Kurt Walter: Natur und Freiheit, mit Blick auf Cassirer und Heidegger, in: H. Eidam et al. (Hg.): *Kritik und Praxis. Zur Problematik menschlicher Emanzipation. Wolfdietrich Schmied-Kowarzik zum 60. Geburtstag*, Lüneburg (zu Klampen) 1999, 107–118, wieder abgedruckt in: *Vermittlungen*, 43–57.

Zeidler, Kurt Walter: Syllogismus est principium Idealismi, in: M. Gottschlich, M. Wladika (Hg.): *Dialektische Logik. Hegels „Wissenschaft der Logik" und ihre realphilosophischen Wirklichkeitsweisen. Gedenkschrift für Franz Ungler*, Würzburg 2005, 239–251, wieder abgedruckt in: *Vermittlungen*, 109–127.

Zeidler, Kurt Walter: Daseiende Transzendentalität – Zur Philosophie Erich Heintels, in: Michael Benedikt et al. (Hg.): *Verdrängter Humanismus – verzögerte Aufklärung*, Band VI: *Auf der Suche nach authentischem Philosophieren. Philosophie in Österreich 1951–2000*, Wien 2010, 1091–1103.

Zeidler, Kurt Walter: Platons Antizipation und Überwindung des Universalienstreits, in: H.-D. Klein, R. Langthaler (Hg.): *Transzendentale Konzepte in aktuellen Bezügen*, Würzburg 2010, wieder abgedruckt in: *Vermittlungen*, 191–207.

Zeidler, Kurt Walter: Bestimmung und Begründung. Zu Kants Deduktion der Ideen der reinen Vernunft, in: Ch. Krijnen, K. W. Zeidler (Hg.): *Gegenstandsbestimmung und Selbstgestaltung. Transzendentalphilosophie im Anschluss an Werner Flach*, Würzburg 2011, wieder abgedruckt in: *Vermittlungen*, 333–365.

Zeidler, Kurt Walter: Protestantismus der Vernunft. Zu Falk Wagners Theo-Logie, in: Chr. Danz, M. Murrmann-Kahl (Hg.): *Spekulative Theologie und gelebte Religion. Falk Wagner und die Diskurse der Moderne*, Tübingen 2015, 213–226.

Zeidler, Kurt Walter: Begriff und ‚Faktum' der Wissenschaft, in: Christian Krijnen und Kurt Walter Zeidler (Hg.): *Wissenschaftsphilosophie im Neukantianismus. Ansätze – Kontroversen – Wirkungen*, Würzburg 2014, wieder abgedruckt in: *Provokationen*, Wien 2018, 291–328.

Zocher, Rudolf: Kants transzendentale Deduktion der Kategorien, in: *Zeitschrift für philosophische Forschung*, Bd. VIII, 1954, 161–194.

Wolfdietrich Schmied-Kowarzik (Wien)

Zur widerspenstigen Affinität von Denken und Sein

Vorbemerkung

Sie kritisch fortführend stellt sich Kurt Walter Zeidler in die Tradition des österreichischen Kantianismus – Alois Riehl, Richard Hönigswald, Robert Reininger – und versucht sich erneut um eine vernunfttheoretische Zähmung der widerspenstigen Einheit von Denken und Sein. Dass er dabei auf Kants unhintergehbaren Ausgangspunkt einer „ursprünglich synthetischen Einheit der Apperzeption" zurückgreift und zugleich aufzeigt, dass Kant seinem eigenen Anspruch nicht gerecht wird, versteht sich von selbst: „Kant spricht darum, als ihm an dem Satz ‚Ich denke' die Subjekt-Objekt-Differenz zum Problem wird, bezeichnenderweise von dem ‚empirischen, aber in Ansehung aller Art der Anschauung unbestimmten Satz: Ich denke' (*KrV* B 421) und versucht in der folgenden Anmerkung, sich die merkwürdige Unbestimmtheit des Satzes verständlich zu machen."[1]

Kant führt in der besagten Anmerkung aus, dass das „Ich denke", das alle Vorstellungen begleiten können muss, einerseits als „Existentialsatz" eine „unbestimmte empirische Anschauung" impliziere, andererseits enthalte es keinerlei „empirische Vorstellung" des „Ich", sondern ist „rein intellectuell" und beinhalte als Satz transzendentaler Begründung „nur die Bedingung der Anwendung [...] des reinen intellectuellen Vermögens". (Kant, *KrV* B 422f.)[2]

Zu Recht betont Zeidler, dass Kant hiermit das Problem zwar benennt, aber nicht löst – ja mehr noch, dass er die Analyse der „unbestimmten empirischen Anschauung" in der „transzendentalen Ästhetik" der *Kritik der reinen Vernunft* durch deren Engführung auf die wissenschaftliche Gegenstandserkenntnis grundlegend verfehlt. Denn soll „die Philosophie auf eigenen Füßen stehen und gehen und ihren Weltbegriff gerecht werden können, muß sie sich als ‚Wissenschaft von der Beziehung aller Erkenntnis auf die wesentlichen Zwecke der menschlichen Vernunft (teleologia rationis humanae)' (A 838f./B 866f.)

---

1 K. W. Zeidler: *Vermittlungen. Zum antiken und neueren Idealismus*, Wien 2016, 260.

2 Immanuel Kant: *Kritik der reinen Vernunft*, in: *Werke* II, Wiesbaden 1956, mit Seitenangaben nach den Erstausgaben A (1781) und B (1787).

beweisen, indem sie alle Erkenntnisse, alle vertrauten Vorstellungen und alle noch so gut gemeinten Absichten zurückstellt und sie der Prüfung durch die Vernunft unterwirft, da der höchste Zweck der menschlichen Vernunft doch nur die Vernunft selbst sein kann. Philosophie hat darum die Aufgabe, den Begriff der Vernunft fundamentallogisch zu explizieren, ihn als Advokat zu verteidigen und ihm Geltung zu verschaffen und ihn als Prinzipientheorie realphilosophisch zu bewähren."[3]

Mit diesem Bekenntnis zum kantischen Projekt einer Kritik der Vernunft durch die Vernunft, die in der ursprünglich-synthetischen Einheit von Anschauung und Begriff gründet und in der „Beziehung aller Erkenntnis auf die wesentlichen Zwecke der menschlichen Vernunft" (Kant, *KrV* B 867) ihre selbst eingesehene und anerkannte Zielbestimmung hat, grenzt sich Kurt Walter Zeidler zugleich entschieden vom absoluten Idealismus ab, wie ihn Schelling und Hegel ab 1801 – mit unterschiedlichen Stoßrichtungen zwar – zu etablieren versuchten. Wobei Zeidler Hegels *Wissenschaft der Logik* erstaunlicher Weise mehr Sympathie entgegenbringt, obwohl gerade sie die Anschauung dem Begriff dialektisch einzuverleiben versucht, wie Hegel dies bereits in der „Vorrede" zu seinem System in der *Phänomenologie des Geistes* in polemischer Abgrenzung von Schelling anklingen lässt: „Wenn nämlich das Wahre nur in demjenigen oder vielmehr nur als dasjenige existiert, was bald Anschauung, bald unmittelbares Wissen des Absoluten, Religion, das Sein […] genannt wird, so wird von da aus zugleich für die Darstellung der Philosophie vielmehr das Gegenteil der Form des Begriffs gefordert. Das Absolute soll nicht begriffen, sondern gefühlt und angeschaut [werden], nicht sein Begriff, sondern sein Gefühl und Anschauung sollen das Wort führen und ausgesprochen werden."[4]

Einer solchen Eliminierung der Anschauung will Zeidler jedoch keineswegs das Wort reden, wie er durch Zitierung aus Schellings Antwortschreiben vom 2. November 1807 unterstreicht: „Das worin wir wirklich verschiedener Ueberzeugung oder Ansicht sein mögen, würde sich zwischen uns ohne Aussöhnung kurz und klar ausfindig machen und entscheiden lassen; denn versöhnen läßt sich freilich Alles, Eines ausgenommen. So bekenne ich, bis jetzt Deinen Sinn nicht zu begreifen, in dem Du den *Begriff* der Anschauung opponirst. Du kannst unter jenem doch nichts anderes meinen, als was Du und ich Idee genannt

3 K. W. Zeidler: *Vermittlungen*, 296f.
4 Georg Wilhelm Friedrich Hegel: *Phänomenologie des Geistes* (1807), *Werke* 3, Frankfurt a.M. 1970, 15.

haben, deren Natur es eben ist, eine Seite zu haben, von der sie Begriff, und eine, von der sie Anschauung ist.“[5]

Trotz dieser zustimmenden Berufung auf Schellings berechtigten Einm n-nung der Unaufhebbarkeit der Anschauung bedient sich Zeidler immer wi er der hegelschen Polemik, wenn er auf Schellings Philosophie oder ähnliche d nachfolgende Ansätze (Hans Ehrenberg, Franz Rosenzweig, Franz Fische zu sprechen kommt, die sich ebenfalls um eine grundsätzliche Klärung der A i-tät von Anschauung und Begriff bzw. von Sein und Denken bemühen. D er möchte ich im Folgenden – für diese gegenläufige Tradition Partei ergreife – zur prinzipientheoretischen Klärung der widerspenstigen Einheit von De n und Sein auf einige Aspekte ihrer oftmals übersehenen Argumentationen ei e-hen – dabei teilweise auf Vorträge zurückgreifend, die ich auf Konferenzen r-getragen haben, an denen auch Kurt Walter Zeidler vortrug, auf dessen Vor ge ich mich hiermit auch beziehe.[6]

Zu den Frühschriften Schellings

Warum Kurt Walter Zeidler nicht auf Schellings *System des transzende en Idealismus* (1800) eingeht, ist nicht ganz verständlich, kommt doch dieser he Entwurf einer Kants Transzendentalphilosophie tiefer begründenden un ei-terführenden Grundlegung seinem eigenen Anliegen einer „transzend len Phänomenologie“ sehr nahe. So formuliert der junge Schelling schon 179 ezo-gen auf die Grundfrage nach der „Realität des menschlichen Wissens“ Alles Denken und Schließen aber setzt bereits eine Wirklichkeit voraus, die w nicht erdacht noch erschlossen haben. […] Man kann uns diese Wirklichk nicht

5 Friedrich Wilhelm Joseph Schelling: *Briefe und Dokumente*, hg. v. Horst Fu nans, 3 Bde., Bonn 1962–1975, III, 471 – zitiert bei K. W. Zeidler: *Vermittlungen*, 2

6 Unsere Vorträge erschienen in: Wolfdietrich Schmied-Kowarzik (Hg.), *I ennen – Monas – Sprache. Internationales Richard-Hönigswald-Symposion Kassel 1* , Würzburg 1997. Rudolf Langthaler/Michael Hofer (Hg.): *Monade und Syste* (*Wiener Jahrbuch für Philosophie* Bd. XLII), Wien 2010; Hans-Dieter Klein (Hg *Ethik als prima philosophia?*, Würzburg 2011; Christian Krijnen/Kurt Walter Zeidle Hg.): *Wissenschaftsphilosophie im Neukantianismus. Ansätze – Kontroversen – irkungen*, Würzburg 2014; Thomas Altfelix/Reinhard Aulke/Harald Freter/Re e Semler (Hg.): *Sinnbildung als Bildungssinn (Jahrbuch der Franz-Fischer-Gesel aft 2015)*, Berlin 2017; Matthew Handelman/Ephraim Meir/Christian Wiese (Hg.): *s „Und“ im Werk Franz Rosenzweigs* (*Rosenzweig Jahrbuch 11*), Freiburg/München 2 3; Christian Swertz/Reinhold Breil/Norbert Meder/Stephan Nachtsheim/Wolfdiet h Schmied-Kowarzik/Kurt Walter Zeidler (Hg.): *Heimkehr des Logos. Beiträge an slich des 70. Todestages von Richard Hönigswald am 11. Juni 1947*, Köln 2019.

entreißen, ohne uns *uns selbst* zu entreißen." (Schelling, I, 375f.)[7] Und Schelling unterstreicht, dass dort, wo unser Selbstbewusstsein zu sich erwacht, es sich bereits als daseiend in einer daseienden Welt vorfindet. Somit sind die beiden, die Daseinsgewissheit meiner selbst und die Daseinsgewissheit einer Welt außer mir, zusammengehörige Momente der Realitätsgewissheit meines Bewusstseins. Insofern gilt es beides, die Realität der Gegenstände und die Realität des Selbstbewusstseins, sowohl in ihrer unlösbaren Affinität zueinander als auch in ihrer Unterscheidung voneinander transzendentalphilosophisch zu ergründen. Und da nichts von außen „durch unsere Sinne, als durch offene Fenster, in die Seele einziehen" (Schelling, I, 379) kann, hat der transzendentale Idealismus, wie ihn Schelling versteht, aufzuzeigen, wie alle Welt- und Selbsterfahrung als Bewusstseinsinhalte des einen Geistes aufeinander bezogen konstituiert sein können.

Wo wir die Ganzheit des Geistes Stufe für Stufe transzendentalphilosophisch rekonstruieren, betreiben wir – auf die Naturerfahrung bezogen – gleichsam Aufklärung unseres vorbewussten Bewusstseins. Das will sagen: die Stufen des unmittelbaren Empfindens, des zeitlich-räumlichen Anschauens, des organischen Erlebens – wie sie Schelling im ersten Teil des *System des transzendentalen Idealismus* entwickelt – sind alle schon in unsere Erfahrung der Natur eingegangen, wenn wir zu unserem individuellen Selbstbewusstsein gelangen.[8] Und erst von hier aus können wir bewusst mit der wissenschaftlich-objektivierenden Erkenntnis der Natur beginnen, aber die Natur liegt uns dabei immer schon als daseiende vor, wir sind mit ihr empfindend verbunden, wir schauen sie räumlich-zeitlich strukturiert an und wir erleben organische Phänomene, zu denen gehörig wir uns selbst verstehen. Dies alles erweist sich für unser individuelles Selbstbewusstsein als eine vorbewusste Konstitution der Erfahrungshorizonte unseres Geistes. Die Transzendentalphilosophie, die diese Stufenfolge selbstreflexiv durchläuft, erweist sich somit als die tätige Selbstanschauung des Geistes im Prozess seines Werdens durch all seine Formen hindurch, in ihnen erfasst sich der Geist schrittweise als daseiender *und* als sich-wissender: „Das *Ziel* aller dieser Handlungen ist das *Selbstbewußtseyn* [des Geistes], und die Geschichte dieser Handlungen ist nichts anderes als die [transzendentale Bildungs-] *Geschichte des Selbstbewußtseyns*." (Schelling, I, 382)

---

7 Friedrich Wilhelm Joseph Schelling: *Sämtliche Werke* in 14 Bden., Stuttgart/Augsburg 1856ff.

8 Vgl. Wolfdietrich Schmied-Kowarzik: *„Von der wirklichen, von der seyenden Natur". Schellings Ringen um eine Naturphilosophie in Auseinandersetzung mit Kant, Fichte und Hegel*, Stuttgart-Bad Cannstatt 1996.

Was Schelling sodann seit 1798 in seinen Vorlesung in Jena als Geschichte des Selbstbewusstseins des Geistes vorträgt, ist das, was er im *System des transzendentalen Idealismus* (1800) als transzendentale Rekonstruktion der Stufenfolge der Bedingungen der Möglichkeit der Natur*erfahrung* – Empfindung, Anschauung, Erleben –, der Praxis*erfahrung* – sprachlich-objetivierendes Erkennen, Freiheit und Recht, Geschichte – und der *Erfahrung* absoluter Vermitteltheit beider Bereiche in der ästhetischen Produktivität der Kunst entfaltet. Insofern dieses Selbstbewusstwerden nicht losgelöst für sich gegeben ist, sondern als ein Sich-selbst-Bewusstwerden in der Welt ersteht, werden auch alle Gestalten der Welt*erfahrung* und des Intendierens von Welt thematisch, wenn auch nicht realphilosophisch aus sich dargestellt, sondern als Bezugspunkte für das Zu-sich-selber-Kommen des Selbstbewusstseins.

Schellings transzendentaler Idealismus ist wie jede Transzendentalphilosophie reflexive Rückfrage nach den Bedingungen der Möglichkeit unserer Welt- und Selbsterfahrung, unseres sittlich-geschichtlichen Handlungsauftrags und unseres Einbezogenseins in den offenen Sinnhorizont der Welt als Einheit von Natur und Geschichte. Dabei weiß sich Schellings transzendentaler Idealismus gegründet in der „intellektuellen Anschauung" des „Ich bin Ich", „das allem Denken und Vorstellen vorausgeht" (Schelling, I, 167), und durchwandert nun in einem „sokratische Gespräch" (Schelling, X, 99) zwischen einem auf das Bewusstsein reflektierenden philosophischen Ich und dem stufenweisen zu-sich-selber-kommenden Ich die Dimensionen der vorbewussten Naturanschauung, des bewussten geschichtlichen Handelns und des Horizonts einer vorscheinenden absoluten Einheit. Wobei sich nun die von Anfang an und durch den ganzen Prozess hindurch intellektuell angeschaute Selbst- und Daseinsgewissheit am Ende als der nicht objektivierbare offene Horizont erweist, an dessen Erfüllung wir selbst existentiell mitzuwirken haben. (Schelling, III, 600ff.) Damit realisiert Schelling, was er von der Transzendentalphilosophie fordert, dass sie sich nicht absolutsetzt, sondern zum wirklichen Selbstbewusstsein zurückführt, das wir je selber sind oder zumindest zu sein vermögen. „Das Selbstbewußtseyn, von dem wir ausgehen, ist *Ein absoluter Akt*, und mit diesem Einen Akt ist nicht nur das Ich selbst mit allen seinen Bestimmungen, sondern [...] auch alles andere gesetzt, was für das Ich überhaupt gesetzt ist. [...] Der Begriff, von dem wir ausgehen, ist der des Ichs, d.h. des Subjekt-Objekts, zu dem wir uns durch absolute Freiheit erheben. Durch jenen Akt nun ist *für uns*, die wir philosopiren, etwas in das Ich als *Objekt*, deßwegen aber noch nicht in das Ich als *Subjekt* gesetzt [...], unsere Untersuchung wird also solange fortgehen müssen, bis dasselbe, was für uns in das Ich als Objekt gesetzt ist, auch in das Ich als Subjekt für uns gesetzt ist, d.h. so lange, bis für uns das Bewußtseyn unseres Objekts mit dem unsrigen zusammentrifft, also bis das Ich selbst für uns bis zu dem Punkt gekommen ist, von dem wir ausgegangen sind." (Schelling, III, 388f.)[9]

Zwar hat Schelling noch im selben Jahr 1800 in Briefen an Johann Gottlieb Fichte sein *System des transzendentalen Idealismus* zu einer bloß hinführenden „Propädeutik" zur eigentlichen, die materiale Wirklichkeit begreifenden Vernunftphilosophie degradiert, welche mit der Naturphilosophie beginnt und über die menschliche Welt der Geschichte bis zu den Thematisierungen des Absoluten in Kunst, Philosophie und Religion fortschreitet,[10] trotzdem kann man sich das Entsetzen Schellings vorstellen, das die Zusendung von Hegels *Phänomenologie des Geistes* 1807 auslöst, die zwar ebenfalls nur eine subjektive Bewusstseinshinführung zum absoluten System darstellen soll, aber erklärtermaßen eine gänzliche Eliminierung der Anschauung in den Begriff unternimmt, bis hin zur Selbstaufgabe des subjektiven Bewusstseins ins „absolute Wissen" der Einheit von Denken und Sein, von Begriff und Begriffenem – wie dies schon in den Schlusssätzen der *Phänomenologie des Geistes* anklingt: „*Das Ziel*, das absolute Wissen, oder der sich als Geist wissende Geist hat zu seinem Wege die Erinnerung der Geister, wie sie an ihnen selbst sind und die Organisation ihres Reichs vollbringen [...]; beide zusammen, die *begriffene* Geschichte, bilden die Erinnerung und ihre Schädelstätte des absoluten Geistes, die Wirklichkeit, Wahrheit und Gewißheit seines Throns, ohne den er das leblose Einsame wäre; nur – ‚aus dem Kelche dieses Geisterreiches / schäumt ihm seine Unendlichkeit.' (Schiller, „Die Freundschaft")" (Hegel, 3, 591)

Zum Spätwerk Schellings

Aus der Konfrontation mit Hegel wird Schelling in späteren Jahren immer bewusster, dass auch er selbst es sich mit der Rede von der „intellektuellen Anschauung" als Benennung der Einheit von Denken und Sein zu einfach gemacht hat. Daher genügt es ihm nicht mehr die absolute Identität von Denken und Sein einfach als Ausgangspunkt zu beteuern, sondern er entschlüsselt die Einheit als Zusammenwirken aufeinander angewiesener Prinzipien der Anschauung, des Denkens und deren Verknüpfung.

9 Hierauf beruft sich Schelling, wenn er später Hegel vorwirft, er habe in der *Phänomenologie des Geistes* (1807) seine Methode gänzlich übernommen, aber geradezu ins Gegenteil verkehrt: Schelling, *Zur Geschichte der neueren Philosophie* (1834), X, 97ff. und 126ff.

10 Vgl. Wolfdietrich Schmied-Kowarzik: *Existenz denken. Schellings Philosophie von ihren Anfängen bis zum Spätwerk*, Freiburg/München 2015, 117ff.

Mit der Frage: „Was denke ich, wenn ich das Existirende denke?“ (Schelling, X, 303) reiht sich Schelling erneut in die transzendentalphilosophische Tradition seit Kant ein, ohne ihre Fragestellung – wie Kant in der *Kritik der reinen Vernunft* – auf die Möglichkeiten und Grenzen wissenschaftlicher Verstandeserkenntnis zu begrenzen,[11] noch sie – wie Hegel in seiner *Wissenschaft der Logik* – zur Selbsterkenntnis der absoluten Vernunft aus und für sich selbst zu überhöhen, sondern er fragt nach den Prinzipien unserer erfahrungshaltigen Vernunfterkenntnis, insofern diese schlechthin auf das Seiende, das Existierende bezogen ist. „Also ist es nur *das Seyende*, was das reine Denken wollen kann“. (Schelling, XI, 295)

Selbst dort, wo sich das Denken auf sich selbst zurückwendet, bleibt es sich bewusst, Denken von Existierendem zu sein, ist es doch selber Existierendes. Es geht also der transzendentalen Rückwendung darum im Denken jene Elemente aufzusuchen, mit denen es denkend auf Seiendes bezogen ist. Dieser Rückwendung des Denkens auf sich als Denken von Seiendem geht es um die sinnkonstituierenden Elemente *vor* und *in* aller Vernunfterkenntnis, die selbst wiederum alle Erfahrungen und Verstandeserkenntnisse mitumgreift. Die Elemente des reinen Denkens sind die Bedingungen der Möglichkeit a priori für alles bestimmte Begreifen von Existierendem, für alles wirkliche Wissen des Wirklichen. Wir können an dieser Stelle nicht näher auf Schellings Spätwerk eingehen,[12] sondern wollen hier nur kurz auf seine erste große Abgrenzung gegenüber Hegels dialektischer Logik in seiner Erlanger Vorlesung *Über die Natur der Philosophie als Wissenschaft* (1821) verweisen.

Gerade in Abhebung von Hegels *Wissenschaft der Logik*, die mit dem „reinen Sein“ als einer „unbestimmt unmittelbaren“ Denkbestimmung (Hegel, 5, 81) beginnt, betont Schelling, dass nicht das Denken das Erste und Setzende des Seins sein könne, sondern dass das Existieren dem Denken – wie er später sagt – „unvordenklich“ voraus ist. Die existierende Wirklichkeit ist das eigentlich wirkliche „System *kat' exochen*“, das absolute Subjekt des Wirkens in der Welt, in Natur und Geschichte, das auch im menschlichen Bewusstsein wirkt. Demgegenüber ist das bestimmende Denken gerade „die anhaltende retardierende Kraft“ und dies ist „die eigentliche Kraft des Philosophen“. „Denn die Bewegung selbst ist völlig unabhängig von ihm, und […] nicht er bewegt sich in seinem Wissen und erzeugt dadurch Wissen (ein so erzeugtes Wissen ist subjektiv, ein

11 Vgl. hierzu K. W. Zeidler: *Vermittlungen*, 258f.

12 Vgl. Wolfdietrich Schmied-Kowarzik: *Sinn und Existenz in Schellings Spätphilosophie* (1963) *und andere Schellingiana*, Kassel 2016, 46ff.

bloßes Begriffswissen, ohne Realität), sondern im Gegenteil *sein* Wissen ist das [...] der Bewegung Widerstrebende, sie Aufhaltende, was sie nötigt, in jedem Moment standzuhalten, zu verweilen und keinen zu überspringen." Diese doppelte Bewegung ist die eigentliche „innere Unterredungskunst" im Denken, deren „Nachbild" – wie Schelling gegen Hegel polemisierend sagt –, „wo sie zur bloßen Form geworden [...], Dialektik heißt". (Schelling, IX, 238f., vgl. IX, 243).

Ganz entschieden gegen Hegel gerichtet, betont Schelling, dass Philosophie keine „demonstrative Wissenschaft" ist, sondern „freie Geistesthat", deren erster Schritt „nicht ein Wissen" sei, „sondern vielmehr ausdrücklich ein Nichtwissen, ein Aufgeben alles *Wissens* für den Menschen. Solange Er bloß wissen will, wird ihm jenes absolute Subjekt zum Objekt, und er wird es darum nicht an sich erkennen." (Schelling, IX, 228f.) Das Wirkliche wird zu einem Objekt für das erkennende Subjekt, das daher dessen Wirklichsein in seiner eigene Subjekthaftigkeit nicht anzuerkennen oder gar festzuhalten vermag. Will das denkende Bewusstsein das absolute Subjekt des Existierens als Existierendes erfassen und bewahren, so muss es grundsätzlich auf sein vorrangiges Wissen-Wollen verzichten, da es in seinem wissenden Zugriff die Wirklichkeit niemals als Wirkliches ergreifen kann. Denn was das „System des Wissens" festhält, ist nicht das Existieren als „absolutes Subjekt" in seinem eigenen Wirklichseins, sondern ein Objekt unserer begreifenden Erkenntnis, welches dadurch aller eigenen Wirksamkeit und Lebendigkeit beraubt ist. Auch das erkennende Subjekt vermag sein eigenes existierendes Bin nicht einzuholen.[13]

Der tieferliegende Widerspruch und „Urzwist" liegt darin, dass das wissenwollende Subjekt die Wirklichkeit, in der es selber wurzelt, nur dadurch in ein „System des Wissens" bringen kann, dass es die Wirklichkeit zum Objekt, zum Gegenstand seiner Erkenntnis macht. Damit aber beraubt es die Wirklichkeit um ihre eigene Subjekthaftigkeit, Lebendigkeit und Freiheit des Wirkens. Wir können nun – wie Schelling mit deutlicher Anspielung an Hegels *Phänomenologie* formuliert – diesen „unauflöslichen Widerstreit im menschlichen Wissen" in den konkreten Gestalten seines Auftretens und Fortschreitens „durch alle seine Verzweigungen bis zur Verzweiflung" verfolgen. „Es entsteht daher im Innern des Menschen ein Umtrieb, eine rotatorische Bewegung, indem der Mensch beständig nach der Freiheit sucht, diese ihn flieht. Dieser innere Umtrieb ist der Zustand des zerreißendsten Zweifels, der ewigen Unruhe." (Schelling, IX, 231)

---

13 Vgl. Ernst Bloch: *Tübinger Einleitung in die Philosophie*, Frankfurt a.M. 1970, 13: „Ich bin. Aber ich habe mich nicht, Darum werden wir erst." Siehe auch Ernst Bloch: *Leipziger Vorlesungen zur Geschichte der Philosophie*, 4 Bde., Frankfurt a.M. 1985, IV, 189ff.

Es gilt für das Denken, die Raserei des Wissen-Wollens in sich selbst anzuhalten, sich freizumachen und sich zu öffnen für das ganz Andere des „absoluten Subjekts", des „unvordenklichen Existierens", das auch in unserm Denken ist und wirkt. Aus dem selbstzerstörerischen Festhalten-Wollen der Wirklichkeit in der absoluten Rationalität gibt es kein anderes Entkommen als durch den entschiedenen Akt der „*Ekstasis*" (Schelling, IX: 230),[14] des Heraustretens in das Nichtwissen. Erst wo das wissen-wollende Bewusstsein zum „zerreißendsten Zweifel" an sich selbst gekommen ist, vermag ihm aus dieser „Krisis" die „Entscheidung" des aus sich Heraustretens bewusst erwachsen. „Durch die Entscheidung nämlich sind nun zwei gesetzt, auf der einen Seite unser Bewusstsein im Zustand des absoluten Nichtwissens, auf der anderen das absolute Subjekt, welches nun als ewige Freiheit dem Bewusstsein aufgeht und sich verkündet als das, was das andere nicht weiß." (Schelling, IX, 231)

Nicht das subjektive Bewusstsein hat sich aufzuopfern, um sich zu einem absoluten Wissen des Weltlogos aus sich selbst zu erheben – wie dies Hegel am Ende der *Phänomenologie des Geistes* fordert –, sondern das denkende Bewusstsein muss gerade umgekehrt immer wieder von seinem und jeglichem Wissen-Wollen lassen, um so überhaupt erst offen zu werden, Wirklichkeit und sich als Wirkliches in ihr zu erfahren, „wo dann der Mensch gleichsam gezwungen ist, die Idee jenes höheren Ganzen zu fassen, in welchem die widerstreitenden Systeme durch ihr Zusammenbestehen jenes höhere Bewußtsein erzeugen, in dem er wieder frei ist von allem System, über allem System". (Schelling, IX, 214)

Um dahin zu kommen, bedarf es einer Ekstasis, eines Heraustretens des denkenden Subjekts aus seinem Wissen-Wollen. Das denkende Bewusstsein opfert sich hierbei gerade nicht auf, denn durch die freie Geistestat der Ekstasis gewinnt es sich vielmehr als Existierendes im existierenden Wirklichkeitszusammenhang zurück, vermag nun sein Denken aus der Wirklichkeit zu verstehen und kommt so erst zu einer wahrhaft geschichtlichen Philosophie. „Wer es [das absolute Subjekt] erhalten will, der wird es verlieren, und wer es aufgibt, der wird es finden. Nur derjenige ist auf den Grund seiner selbst gekommen und hat die ganze Tiefe des Lebens erkannt, der einmal alles verlassen hatte, und selbst von allem verlassen war, dem alles versank, und der mit dem Unendlichen sich allein gesehen". (Schelling, IX, 217f.)

Erst in der freien Geistestat der Ekstasis, des sich selbst Bescheidens, nicht zu wissen, gibt das denkende Bewusstsein in sich Raum für das absolute Subjekt

---

14 Vgl. Wolfdietrich Schmied-Kowarzik: *Hegel in der Kritik zwischen Schelling und Marx*, Frankfurt a.M. 2014, 291ff.

des Existierens, das sich ihm nun in seinem Wirken zu zeigen vermag. Bereits Platon wies darauf hin, dass der Anfang aller Philosophie im „Erstaunen" liege. Auch das Staunen ist ein Offensein für das Wirkliche, aber die Ekstasis ist noch mehr, sie ist das *entschiedene* Aufgeben der Dominanz des „Ich denke" gegenüber dem „Bin": „unser Ich wird – *außer* sich, d.h. außer seiner Stelle, gesetzt. Seine Stelle ist die, Subjekt zu seyn. Nun kann es aber gegen das absolute Subjekt nicht Subjekt seyn, denn dieses kann sich nicht als Objekt verhalten. Also es muß den *Ort* verlassen, es muß außer sich gesetzt werden, als ein gar nicht mehr Daseyendes. Nur in dieser Selbstaufgegebenheit kann ihm das absolute Subjekt aufgehen". (Schelling, IX, 229)

Zu Hans Ehrenberg

Fast hundert Jahre später veröffentlicht der junge Privatdozent Hans Ehrenberg, der sich bereits als ein scharfsinniger Kantianer ausgewiesen hat, 1911 seine philosophische Grundlegung *Die Parteiung der Philosophie. Studien wider Hegel und die Kantianer*.[15] Indem die Untersuchung in einer Gegenüberstellung von Hegel und dem Kantianismus nach der „Stellung der Logik im philosophischen System" fragt, vollzieht sie eine grundsätzliche Selbstbesinnung des philosophischen Denkens, die im letzten – im Sinne Schellings – an sich selbst negativ die Grenzen ihrer selbst sichtbar werden lässt. Ehrenberg tritt also keineswegs von außen kritisch an Hegel und den Kantianismus heran, sondern verfolgt deren Problemstellungen immanent in radikaler Konsequenz, wobei er den Kantianismus als die geschichtlich hervorgetretene Gestalt des „Antihegelianismus" (Ehrenberg, *Parteiung*, 105)[16] versteht, die angetreten ist, die Widersprüche, in die sich Hegel verstrickte, aufzulösen, sich dabei aber in neue Widersprüche verwickelt, die sich wiederum von Hegel her aufhellen lassen, so dass sich aus ihrer wechselseitigen Kritik schließlich die Konturen eines neuen, sich logisch selbstbegrenzenden philosophischen Denkens abzuzeichnen beginnen.

Die Größe der Hegelschen *Wissenschaft der Logik* – und hierin überragt sie alle bisherigen Begründungsversuche der Logik, auch diejenigen des Kantianismus – liegt darin, dass sie das Selbstbewusstsein zum Prinzip der sich bedenkenden Selbstanalyse des Denkens erhoben hat. So einleuchtend und

15 Hans Ehrenberg: *Die Parteiung der Philosophie. Studien wider Hegel und die Kantianer* (1911), hg. v. Michael Gormann-Thelen/Wilfried Gärtner/W. L. Hohmann, Essen 1998.

16 Vgl. Wolfdietrich Schmied-Kowarzik: Zur früh-existentialistischen Idealismuskritik der Vetter Hans Ehrenberg und Franz Rosenzweig, in: *Franz Rosenzweig. Existentielles Denken und gelebte* Bewährung, Freiburg/München 1991, 91ff.

unhintergehbar dieser Anspruch der *Logik* Hegels ist, er wird von Hegel selbst nicht wahrhaft eingelöst. Zweifach ist er ‚erschwindelt' und gerät gerade deshalb in Selbstwidersprüche. Erstens ist die Absolutheit des Selbstbewusstseins, auf der die *Logik* basiert, nicht aus ihr selbst begründet, sondern wird vorausgesetzt bzw. aus der *Phänomenologie des Geistes* herübergenommen. Diese Herübernahme bleibt aber eine von Hegel niemals wirklich aufgehellte Dunkelstelle seiner Philosophie, denn was ist und welchen Status hat das Selbst im Selbstbewusstsein der *Logik*, wenn doch im Entwicklungsgang der *Phänomenologie* das Selbst sich „aufzuopfern" hatte, um sich zum „absoluten Wissen" zu erheben, mit dem die *Logik* beginnt. Zweitens gerät der Absolutheitsanspruch der *Logik* mit der ihr nachfolgenden Realphilosophie in Konflikt – ebenfalls eine niemals aufgeklärte Dunkelstelle bei Hegel. Denn woher kommen überhaupt die Erkenntnisinhalte von Natur und Geschichte, da sie doch weder aus der absoluten Idee der *Logik* ableitbar sind, noch von außen in sie eintreten können?

Um diesen Widersprüchen zu entgehen, trennt der Kantianismus zunächst klar zwischen der Logik als transzendentaler Kategorienlehre und den durch sie kategorial erschlossenen wissenschaftlichen Erkenntnissen. Der Kantianismus gerät dabei jedoch in eine widersprüchliche Dualität, aus der er nicht mehr herausfinden kann. Die transzendentale Logik vermag ihrem Anspruch nach, alle Formen wissenschaftlicher Erkenntnis a priori zu ergründen, nur von sich selbst vermag sie nicht anzugeben, was sie eigentlich sei. Wo sich aber nun der Kantianismus doch durchringt, selbstreflexiv nach Sinn und Wert der Philosophie als Grundlegung theoretischen Erkennens im Kontext menschlicher Kultur zu fragen, da führt diese Selbstbesinnung zwar zu einer Differenzierung theoretischer, sittlicher, ästhetischer und religiöser Sinn- und Wertdimensionen, aber diese Selbstklärung steht in keiner Beziehung mehr zum Apriori der logischen Kategorien und ihrer Erkenntniskonstitution, so dass wir durch den Kantianismus in einen Dualismus zweier philosophischer Kategoriensysteme geraten, die sich gegenseitig ausschließen.

Auch die „neue Logik" (Ehrenberg, *Parteiung*, 32), um die es Hans Ehrenberg geht, hält mit Hegel am Prinzip des Selbstbewusstseins für die Logik fest, nur dass sie konsequenter und daher selbstbescheidener darum weiß, dass sie nichts anderes als das Bedenken des Denkens sein kann. Aus dem Prinzip und der Möglichkeit des „Sich-selber-Denkens" vermag das philosophische Denken als causa sui nicht nur all seine Denkformen, sondern auch alle konkreten Begriffe der Welterkenntnis zu begreifen. Es kann für das Denken des Denkens nichts geben, was ihm nicht denkend verfügbar und einholbar wäre. Das Reich der philosophischen Logik ist also tatsächlich das grenzenlose Reich des sich selbst begreifenden Gedankens, wie dies Hegel konzipierte, nur dass die „neue

Logik" – so ergänzt nun Ehrenberg – von sich selbstbescheiden eingestehen muss, dass sie nirgends und niemals ontologisch werden kann, d. h. in keiner Weise von sich zu behaupten vermag, selber das andere des wirklichen Seins zu sein. Alles, was das begreifende Denken von sich und der Welt je zu begreifen vermag, kann das logische Bedenken des Denkens begreifend in sich einholen, aber es muss sich dabei doch selber eingestehen, dass es dadurch „nicht die Gegenstände in individuo" hervorbringt. (Ehrenberg, *Parteiung*, 49) Gerade im radikal zu Ende gedachten Selbstbewusstsein der Logik als Bedenken des Denkens liegt ihre Selbstbegrenzung, sich nicht als Erschafferin der wirklichen Welt und des eigenen wirklichen Selbst misszuverstehen.

Auch für Hegel fallen selbstverständlich Denken und Sein nicht unterschiedslos zusammen. Nicht nur die *Logik* beginnt mit dem reinen Sein, auch die Realphilosophie entwickelt zunächst die in die Wirklichkeit getretenen Gestalten der Natur und geschichtlichen Welt. Aber all dies geschieht bei Hegel, ohne dass die existierende Wirklichkeit je als das andere des Denkens wahr- und ernstgenommen wird, sondern sie treten nur als Momente der Vernunft bzw. als Gestalten des Begreifens auf, die das Denken auf dem Wege seiner Selbstbewusstwerdung zu durchlaufen hat. Die All-Einheit der Vernunft, in der aller Gegensatz von Denken und Sein aufgehoben sein soll, durchherrscht als Telos den ganzen Entwicklungsprozess der Hegelschen Philosophie, die – da sie diese Begriffsbewegung zugleich als ontologischen Seinsprozess versteht – zu einem hybriden Panlogismus wird.

Der Kantianismus erweist sich dagegen in diesem Punkt als interessanter und weiterführender. Gerade dort, wo die dem Kantianismus unlösbare Dualität von Weltbegreifen und Selbstbesinnung konsequent zu Ende gedacht wird, wie beispielsweise bei Emil Lask,[17] tritt zu Tage, dass zwar einerseits alle Wirklichkeit als zu begreifende diesseits der Vernunft liegt, andererseits aber auch die Vernunft nicht jenseits der Wirklichkeit angesiedelt ist, sondern einen Teil von ihr ausmacht und sich als solcher zu thematisieren hat. Daran aber wird deutlich, dass Vernunftabsolutheit und Wirklichkeitsabsolutheit zwar keineswegs zusammenfallen, aber doch in einem Bezug zueinander stehen müssen. Hieran knüpft Ehrenberg an, ohne jedoch dem kantianischen Dualismus zu verfallen, da er die Synthesis von Vernunft und Wirklichkeit in *unserem* sich selbst reflektierenden *wirklichen* Philosophieren zu erfasst versucht. Insofern die begriffene Wirklichkeit die ganze Vernunft erfüllt, aber die wirkliche Vernunft nur einen Teil der Wirklichkeit ausmacht, erfahren wir denkend an uns selbst,

---

17 Emil Lask: *Die Logik der Philosophie und die Kategorienlehre*, Tübingen 1911.

dass die Philosophie als Philosophie nicht in sich selbst ihren Abschluss finden kann – oder anders gesagt, dass die Wirklichkeitsimmanenz die Vernunftimmanenz überragt: „Obwohl also die Absolutheit des Wissens auf sich selbst fußt, weist sie kraft dieses in sich Ruhens über sich hinaus [..., so] sehen wir uns mit unserer auf sich selbst gerichteten Logik über die Grenzen dieser Wissenschaft ins Grenzenlos-Wirkliche getrieben, sehen – wir selber Denkende, innerlogische Wesen – uns mitten ins Reich des Wirklichen getragen." (Ehrenberg, *Parteiung*, 96f.) Das wirkliche Denken verbleibt nicht in sich, sondern weist über sich hinaus auf die existierende Wirklichkeit, der es selber wirklich mitangehört.

Wo die Logik dies an sich selbst erkennt und anerkennt, wird sie zur „Metalogik", zur metalogischen „Logodicee" als „letzter Philosophie". (Ehrenberg, *Parteiung*, 98) Hier erkennt das rein rationale, logische Denken, ohne im mindesten von seinem innerlogischen Absolutheitsanspruch Abstriche zu machen, dass es als wirkliches Denken nicht in sich selbst, sondern metalogisch in anderem gründet, nämlich im letztlich nur von „Gott" her existentiell erfahr- und erfaßbaren existierenden Wirklichkeitszusammenhang. Die sich in existentiellem Selbstbewusstsein erfassende Logik „vermeidet das (Hegelianische) Verschwinden Gottes in der Wissenschaft und setzt im metalogischen Selbstbeschluß nicht sich, sondern eins, das außer ihr ist, – Gott – als das Letzte". (Ehrenberg, *Parteiung*, 98)

Mit dieser Aussage überschreiten wir bereits die Grenzen der Logik als Selbstanalyse des Denkens und greifen einem – im Sinne von Schelling – positiven Philosophieren vor, das sich unseren existentiellen Problemen stellt. Solange wir uns jedoch noch in der Sphäre der Logik als dem selbstreflexiven Bedenken des Denkens aufhalten, in der Ehrenberg seine Schrift *Die Parteiung der Philosophie* konsequent belässt, kann es noch nicht um eine solche existentielle Selbstverwirklichung der Philosophie gehen, sondern die letzte Aufgabe der Logik ist die an sich selber bewusst vollzogene negative „Grenzmarkierung" und Selbstbescheidung, nichts anderes sein zu können und sein zu wollen als Selbstbegründung der Logik, als Denken des Denkens. In diesem „nichts anderes sein wollen" liegt jedoch bereits ein Wissen von anderem, was nicht im Denken des Denkens aufgeht. Insofern weist die Logik – wie Ehrenberg in Anlehnung an Schellings Hegel-Kritik formuliert – im letzten über sich hinaus, und ihr dialektischer Weg, der bis zu dieser selbstbegrenzenden Selbsteinsicht heranführt, erweist sich als Dialektik der „Selbstverneinung": „die Philosophie *verneint* sich selber, insofern sie sich realisiert [...,] das Wesen der Dialektik ist so die Selbstauflösung des Denkens". (Ehrenberg, *Parteiung*, 129f.)[18] Dies bedeutet

18 Ohne auf die hier angedeutete Nähe der Argumentation einzugehen, grenzt sich Kurt Walter Zeidler entschieden von diesem Schlussgedanken Ehrenbergs ab, da Ehrenberg

nicht, dass wir vom Denken lassen sollten oder könnten, sondern nur dass das Denken nicht im Bedenken seiner selbst seine Erfüllung zu finden vermag, sein Wesen als wirkliches Denken reicht über sich hinaus; sich selbst auf anderes hin zu überschreiten, ist ihre Aufgabe – auf anderes hin, in dessen Primat auch das wirkliche Denken selbst steht.

Zu Franz Rosenzweig[19]

Nichts empört die Anhänger der idealistischen Philosophie so sehr – und ganz besonders die Hegelianer aller Richtungen – wie Rosenzweigs Rede von Hegels „eindimensionalem idealistischen System". (*GS* II, 116)[20] Ist es denn nicht Hegel, der in genialer und unübertroffener Weise mit seiner Dialektik ein für alle Mal jegliche methodische Eindimensionalität im Verhältnis von Denken und Sein überwunden und überhöht – also im schönen deutschen Doppelwortsinn „aufgehoben" – hat? Hat nicht Hegel gezeigt, dass die ursprünglichste und erste aller Bestimmungen des Denkens das Sein ist, das sich aber so – an den Anfang gestellt – zugleich als völlige Unbestimmtheit, als reines Nichts an Bestimmtheit erweist, und dass gerade erst mit diesem Umschlagen des reinen Seins in das reine Nichts das bestimmte Werden des Denken des Seins anhebt? Können wir doch weder je von einem Sein an sich außerhalb des Denkens sprechen, noch von einem Denken für sich, das nicht das Sein denkt, sondern beide können nur – so Hegel – in *einem* dialektischen Prozess ihre Auflösung finden, der die

„‚den Primat der Logik, den wir bei Hegel und den Kantianern finden und bekämpfen, […] durch den Primat der Theologie' ersetzt und davon spricht, daß sich ‚die Philosophie verneint […], insofern sie sich realisiert' und ‚im metalogischen Selbstbeschluß nicht sich, sondern […] Gott – als das Letzte' setzt". (Kurt Walter Zeidler: Unzeitgemäße Bemerkungen zu Franz Rosenzweigs Beitrag zum Universalienproblem, 1f., Vortragsmanuskript zum Internationalen Franz-Rosenzweig-Kongress *„The conjunction and in Franz Rosenzweig's work"*, 20.-23. Februar 2017 in Rom).

19 Ich greife mit den nachfolgenden Ausführungen auf einige Gedanken zurück, die ich auf dem Internationalen Franz-Rosenzweig-Kongress *„The conjunction and in Franz Rosenzweig's work"*, 20.-23. Februar 2017 in Rom vorgetragen habe: Bejahung *und* Verneinung. Rosenzweigs dreidimensionale Dialektik, in: Matthew Handelman/Ephraim Meir/Christian Wiese (Hg.): *Das „Und" im Werk Franz Rosenzweigs* (*Rosenzweig Jahrbuch 11*), Freiburg/München 2018.

20 Franz Rosenzweig wird durchgängig im Text nach der Ausgabe zitiert: *Der Mensch und sein Werk. Gesammelten Schriften*, Den Haag 1976ff., *GS* I: *Briefe und Tagebücher* (2 Tbd.), *GS* II: *Der Stern der Erlösung* [seitenidentische mit der Taschenbuchausgabe, Frankfurt a.M. 1988], *GS* III: Zweistromland. Kleinere Schriften, *GS* IV/1: *Sprachdenken im Übersetzen, GS* IV/2: *Arbeitspapiere zur Verdeutschung der Schrift.*

absolute Selbsterkenntnis des Geistes an und für sich selbst ist – einen dialektischen Prozess, durch den der Satz des Spinozas „*omnis determinatio est negatio*“ allererst zu Ende gebracht wird, indem das Denken durch alle seine Bestimmungen des Seines hindurch am Ende in seinen Anfang des unmittelbaren Seins zurückkehrt und sich so als absoluter Geist gewahr wird. Dieser dialektische Prozess, außerhalb dessen nichts denkbar ist und es auch nichts geben kann, ist die Selbstwerdung in der Selbsterkenntnis des Geistes.

Und nun kommt Rosenzweig daher und wirft der Dialektik Hegels – dieser Krone des über zweitausendjährigen abendländischen Philosophierens – „Eindimensionalität“ vor: „Die Philosophie [..., s]o also am Ziele ihrer sachlichen Aufgabe angelangt, bezeugt [...] dies ihr Am-Ziel sein in der von vorherein in ihr angelegten, aber erst in diesem Augenblick verwirklichungsreifen Errichtung des eindimensionalen idealistischen Systems. [...] Die Eindimensionalität ist die Form der restlos alles einschließenden Ein- und Allheit des Wissens. Die immer vielheitliche Erscheinung des Seins ist absolut in jener Einheit als dem Absoluten aufgelöst“. (*GS* II, 116)

Zwar hat Rosenzweig kurz vorher die sehr differenzierte Monographie über Hegels politische Philosophie *Hegel und der Staat* (1920) vorgelegt[21] und hat dadurch seine Vertrautheit mit Hegels Philosophie unter Beweis gestellt, aber zeigt nicht Rosenzweigs radikale Polemik, mit der er nun im *Stern der Erlösung* (1921) Hegel abgrenzt, dass er Hegels dialektische Logik in ihrem philosophischen Kern grundlegend missverstanden hat?

Ich glaube, dass so nur Dogmatiker des absoluten Idealismus sprechen können, in denen noch niemals der geringste Zweifel aufkeimte, dass die Hegelsche *Logik* vielleicht doch nicht die Vollendung aller Philosophie darstelle. Wohl grenzt sich Rosenzweig entschieden und radikal von Hegel und der in ihm sich erfüllenden idealistischen Philosophie seit Parmenides ab, aber niemand kann ihm eigentlich vorwerfen, dass er dies nicht argumentativ zu entfalten versucht, um so die Fesseln der idealistischen Philosophie von innen heraus zu sprengen. Er stellt sich dabei selbst in eine Tradition, die erstmals mit Schellings Spätwerk *Zur Geschichte der neueren Philosophie* (1834) als entschiedene Hegel-Kritik aufgetreten ist (Schelling, X, 126ff.) und die Rosenzweig – über seinen Vetter und philosophischen Lehrer Hans Ehrenberg vermittelt – zu einem „neuen Denken“ (*GS* III, 139ff.) fortzuschreiben versucht.

Im ersten Teil des *Stern der Erlösung* setzt sich Rosenzweig zweifach entschieden von Hegel ab: Inhaltlich versucht Rosenzweig, Hegels „System der Erkenntnis des All“ dreifach aufzusprengen, um sichtbar zu machen, dass es

21 Franz Rosenzweig: *Hegel und der Staat,* 2 Bde. (1920), Frankfurt a.M. 2010.

drei ganz unterschiedliche Tatsächlichkeitshorizonte sind – Welt, Mensch und Gott –, die die „vielheitliche Erscheinung des Seins" ausmachen (*GS* II, 116), um dann im Übergang zum zweiten Teil zu zeigen, dass diese Tatsächlichkeitshorizonte nicht erst durch den Erkenntnisprozess in einen systematischen Zusammenhang gebracht werden, sondern immer schon vor aller Erkenntnis in einem geschichtlichen Wirklichkeitszusammenhang gestellt sind, den wir uns nur sinnverstehend in seinen Dimensionen von Schöpfung, Offenbarung und Erlösung zu erschließen und in dem wir uns zu bewähren haben. Nur auf diesen Argumentationsstrang nimmt Kurt Walter Zeidler in seinem Vortrag „Unzeitgemäße Bemerkungen zu Franz Rosenzweigs Beitrag zum Universalienproblem" Bezug,[22] geht aber nicht darauf ein, dass Rosenzweig diesem Gedanken eine transzendentalphilosophische Grundlegung vorausschickt, die seine Vermissungserfahrungen beseitigen könnten, auf die er gleich zu Beginn zu sprechen kommt: „Auf nichts also dürfen wir bauen [...], denn auf Nichts oder auf drei ‚Nichtse' gründet Rosenzweig seinen systematischen Anspruch. Auf Nichts oder auf drei ‚Nichtse'? Eine merkwürdige Frage, die sich uns gleich im Beginn in den Weg stellt. Merkwürdig zumal, da Rosenzweig die Frage im Vorbeigehen aufwirft und im Zickzack daran vorbei geht". (Zeidler, Unzeitgemäße Bemerkungen, 2)

Transzendentalphilosophisch versucht Rosenzweig – in deutlicher Anlehnung an Schellings Spätwerk – die monistische Dialektik Hegels in drei Bewegungsmomente aufzulösen, die nur zusammenwirkend die „vieldimensionale" (*GS* II, 57) Dialektik des Denkens des Seins erfüllen. Es gibt nicht nur das Moment der „*Verneinung des Nichts*" – wie bei Hegel oder Cohen (*GS* II, 23f.)[23] –, sondern im Denken selbst liegt zunächst ein vorausgehendes Moment der „*Bejahung des Nichtnichts*" und schließlich ein die beiden vorausgenannten Momente verknüpfendes „*Und*". Erst alle drei Momente zusammen machen das Denken des Seins aus.

Erinnern wir uns zunächst an Kant. Bereits in der vor-kritischen Schrift *Der einzig mögliche Beweisgrund zu einer Demonstration des Daseins Gottes* (1763) hat Kant gegen den ontologischen Gottesbeweis herausgearbeitet, dass die Existenzaussage – „irgendetwas ist, existiert" – „gar kein Prädikat", keine Bestimmung von etwas ist und sein kann, sondern – so führt Kant aus – das „Dasein

---

22 K. W. Zeidler: Unzeitgemäße Bemerkungen zu Franz Rosenzweigs Beitrag zum Universalienproblem (Vortragsmanuskript zum Internationalen Franz-Rosenzweig-Kongress „*The conjunction and in Franz Rosenzweig's work*", 20.-23. Februar 2017 in Rom).

23 Hermann Cohen: *Logik der reinen Erkenntnis* (1902), hg. v. Helmut Holzhey, Hildesheim/New York 1977, 36.

ist die absolute Position eines Dinges und unterscheidet sich dadurch auch von jeglichem Prädikate, welches als ein solches jederzeit bloß beziehungsweise auf ein ander Ding gesetzt wird. [...] Der Begriff der Position oder Setzung ist völlig einfach, und mit dem vom Sein überhaupt einerlei." (Kant, I, 630ff.)

Dieser Unterscheidung zwischen der Existenz als absoluter Position und den sich auf Existierendes beziehenden Prädikationen ist bekanntlich Hegel entgegengetreten. (Hegel, 8, 135ff.) Für ihn ist das Sein die unmittelbarste, aber auch bestimmungsloseste Prädikation, aus diesem inneren Widerspruch entfaltet die aktive Negation des Denkens die Bestimmungen des Seins, die somit ein und demselben Prozess des Werdens des Seins und seines Begreifens darstellt, dessen glorreiche Vollendung nur in der Selbsterkenntnis des absoluten Geistes in seinem Sein zu sein vermag. (Hegel, 6, 548ff.) Hegels System der Philosophie wird dadurch zu einem einzigen ontologischen Gottesbeweis, ja genauer noch zum ontologischen Selbsterweis Gottes. (Hegel, 17, 347ff.)

Gegen diese Vollendung des absoluten Idealismus hat sich Schelling – in radikalisierter Erneuerung der Argumente Kants (Schelling, X, 15ff.) – in seinem Spätwerk gewandt, und hier nimmt Rosenzweig den Faden seiner Idealismus-Kritik auf: Die absolute Position, auf die sich das Denken „unvordenklich" bezieht, ist keine Prädikation, keine Verneinung des Nichts, sondern sie ist die Grundgerichtetheit des Denkens als Meinens des Seins, die von der Verneinung des Nichts unabhängig ist, ja dieser in gewisser Weise voraus ist. Was Kant mit der „absoluten Position" des Seins und Schelling mit dem „unvordenklichen Existieren" (Schelling, XIV, 345) auszudrücken versuchen, ist die dem Denken unabdingbar innewohnende Bejahung des Nichtnichts, das im Meinen des ihm Anderen des Seins allem Bestimmen zugrunde liegt.

Mit dieser Umschreibung macht Rosenzweig zum einen deutlich, dass im Denken des Seins neben und unabhängig von der bestimmenden Verneinung des Nichts – die Hegels Dialektik allein kennt – noch ein weiteres, ja vorgängigeres Bewegungsmoment angelegt ist, nämlich die meinende Bezogenheit des Denkens auf die Existenz, der das Denken als Existierendes selbst mit angehört. Insofern ist das Denken immer schon Bejahung jenes Grundes aus dem auch es selber existiert und den es daher immer schon in sich trägt. Gleichzeitig wird mit der Bejahung des Nichtnichts ausdrücklich abgewehrt, dass es sich bei der Existenzaussage um eine Prädikation handelt – auch nicht einmal die unbestimmteste –, sondern sie ist ursprünglich und beständig Bejahung des Nichtnichts als eines Positiven, in das wir denkend mit inbegriffen sind. „Zwei Wege erschließt es so vom Nichts zum Etwas, den Weg der Bejahung dessen, was nicht Nichts ist, und den Weg der Verneinung des Nichts." (*GS* II, 23)

Erst vom zweiten Moment, der Verneinung des Nichts, wird dem Denken ansichtig, dass mit der vom Denken gemeinten Existenz – von der Prädikation aus gesehen – noch Nichts ausgesagt ist. Es ist der Mangel an Bestimmtheit, der das Denken in seiner logischen Tätigkeit des Bestimmens vorantreibt und somit eine fortschreitende Verneinung des Nichts darstellt. Dabei ist es aber nicht so – wie Hegel wähnt – dass das gemeinte und damit bejahte Nichtnichts je in den Bestimmungen „aufgehoben" werden könnte (Hegel, 5, 83f.), sondern es ist geradezu umgekehrt, das gemeinte und bejahte Nichtnichts liegt nicht nur dem Anfang, sondern auch jeder weiteren Bestimmung unvordenklich voraus. Oder anders gesagt, das existierende Seiende, das existierende Lebewesen, der existierende Mensch, die existierende Gesellschaft, der existierende Gott werden niemals je in der Bestimmtheit ihres Begriffs „aufgehoben", sondern das Denken bejaht sie immer schon im Meinen ihrer Existenz in ihrer „absoluten Subjektivität". Selbst das existierende Denken geht niemals in den Bestimmungen des Denkens über sich auf, sondern liegt diesen als immer schon Bejahtes unvordenklich zu Grunde.

Aber beide Bewegungsmomente des Denkens vermögen sich gegenseitig nicht gewahr zu werden und sind daher auf ein sie beide verknüpfendes drittes Bewegungsmoment angewiesen, das Rosenzweig „Und" nennt, um es gegenüber Hegels Synthesis abzugrenzen, denn die Synthesis ist bei Hegel ja gerade als „Negation der Negation" die „bestimmte" Rückkehr in den eigenen Anfang, das Zusammenschließen aller logischen Bestimmungen des Denkens in ihre eigene eindimensionale Selbstbestimmung. (Hegel, 6, 251f.) „Damit haben wir das dritte jener Urworte, das an Ursprünglichkeit den beiden andern nicht gleich, sondern sie beide voraussetzend, dennoch erst beiden zu lebendiger Wirklichkeit hilft: das Wort ‚und'." (*GS* II, 35f.) Erst durch das „Und" werden die Bejahung des Nichtnichts und die Verneinung des Nichts im Denken stetig und tätig aufeinander bezogen und verknüpft. Auch hierin greift Rosenzweig auf Schelling zurück, der dieses Dritte die Copula oder das „Band" nennt. In seiner Schrift *Über das Verhältnis des Realen und Idealen in der Natur*, die 1806 noch vor seinem Bruch mit Hegel erschien, schreibt Schelling: „Es ist absolut nur als absolute Verneinung des Nichts, als absolutes Bejahen seiner selbst in allen Formen, somit nur als das, was wir die unendliche Copula genannt haben." (Schelling, II, 361)

Nun darf man nicht glauben, dass diese drei Bewegungsmomente des Denkens je für sich existieren könnten, nur zusammen erfüllen sie die Aufgabe des Denkens des Seins. Doch ist dies auch nicht als eine Addition selbständiger Elemente zu verstehen, sondern in allem Denken von Sein vollzieht sich ihr Zusammenwirken immer schon. Das Denken kann nur Sein denken, aber wo es Sein denkt, denkt es das Sein mit diesen drei Bewegungsmomenten der Bejahung, der Verneinung sowie des Und. Dies ist die dreidimensionale Dialektik, die Rosenzweig – in bewusster Anknüpfung an Schelling und Weiterführung der ihm von Hans Ehrenbergs übermittelten Anregungen[24] – im ersten Teil des *Stern der Erlösung* darlegt.

Zu Franz Fischer

Franz Fischer kommt – zwei Studiengenerationen zuvor – aus derselben transzendental-philosophischen Schulrichtung wie Kurt Walter Zeidler, beide haben sich mit Robert Reiningers Kantianismus und mit Erich Heintels Hegelianismus kritisch auseinandergesetzt, um zu ihren je eigenen philosophischen Ansätzen zu finden.[25] Wobei Zeidler eher zu Reiningers Kantianismus zurückkehrt,[26] während Fischer über Heintel hinaus – in gewissem Rückgriff auf die Hegel-Kritik des späten Schellings und in erstaunlicher Parallelität zu Ehrenberg und Rosenzweig – zu einer Dialektik sinnerschließender Anerkennung des Seins durch das Denken vorzudringen versucht.[27]

Fischers Hegel-Kritik setzt bei der *Phänomenologie des Geistes* an, die von Hegel als dialektische Hinführung des Bewusstseins zum materialen System der

---

24 Vgl. Wolfdietrich Schmied-Kowarzik: *Rosenzweig im Gespräch mit Ehrenberg, Cohen und Buber*, Freiburg/München 2006, 61ff.

25 Robert Reininger: *Philosophie des Erkennens*, Leipzig 1911; *Metaphysik der Wirklichkeit*, Wien/Leipzig 1931. Erich Heintel: *Grundriß der Dialektik*, 2 Bde. I: *Zwischen Wissenschaftstheorie und Theologie*, II: *Zum Logos der Dialektik und zu seiner Logik*, Darmstadt 1984.

26 K. W. Zeidler: Zu den Wiener Anfängen der Philosophie Franz Fischers: Robert Reininger und Erich Heitel, in: Thomas Altfelix/Reinhard Aulke/Harald Freter/Renate Semler (Hg.): *Sinnbildung als Bildungssinn (Jahrbuch der Franz-Fischer-Gesellschaft 2015)*, Münster 2017, 154ff. Vgl. auch ders.: *Kritische Dialektik und Transzendentalontologie. Der Ausgang des Neukantianismus und die post-neukantianische Systematik*, Bonn 1995.

27 Franz Fischer: *Systematische Untersuchung zum Affinitätsproblem* (1956), hg. v. Reinhard Aulke, Wien 2009 sowie *Proflexion und Reflexion. Philosophische Übungen zur Eingewöhnung der von sich reinen Gesellschaft* (1965), hg. v. Wolfdietrich Schmied-Kowarzik, Wien 2007, vgl. auch die posthum erschienene Werkausgabe von Franz Fischer in vier Bänden: I *Philosophie des Sinnes von Sinn*, hg. v. Erich Heintel, Kastellaun 1980; II *Die Erziehung des Gewissens*, hg. v. Josef Derbolav, Kastellaun 1979, Norderstedt 1999, III *Darstellung der Bildungskategorien im System der Wissenschaften*, hg. v. Dietrich Benner/Wolfdietrich Schmied-Kowarzik, Kastellaun 1975; IV *Proflexion – Logik der Menschlichkeit*, hg. v. Michael Benedikt/Wolfgang W. Priglinger, Wien 1985.

Philosophie verstanden wird, insofern die *Phänomenologie* im letzten die im Bewusstsein selber erfahrene Dialektik als Moment der wirklichen Dialektik des absoluten Geistes begreift und sich daher als individuelles Bewusstsein „aufopfert", um im absoluten Wissen zum philosophischen Selbstbegreifen der Wirklichkeit selber zu werden. Doch dieser dialektische Prozess der *Phänomenologie* kann sich nicht in der Weise als Moment einer Dialektik des absoluten Geistes verstehen, dass in ihm das Bewusstsein sich über seine eigene Selbstnegation zu einer Selbsterkenntnis der Wirklichkeit aufzuschwingen vermag, sondern es muss sich als ein Moment eines ihm auch in seinem eigenen dialektischen Prozess bereits vorausgesetzter Sinn der Wirklichkeit begreifen, den nicht es selber geschaffen hat, sondern den es – eher in Parallele zu Schellings *System des transzendentalen Idealismus* – dialektisch in den Strukturen seiner Reflexionsbewegung aufzudecken vermag.[28]

Fischer zeigt nun auf, dass dieser Weg der *Phänomenologie* im Ansatz zwar nachvollziehbar ist, aber eine einseitige Intention verfolgt, die zu einem falsch verstandenen Selbstbegreifen des absoluten Geistes an und für sich selber führt. Es ist Hegel zwar zuzustimmen, wenn „er das Ansichsein als das (absolut) ‚Andere' des Denkens selber erkennt. Als das, das nur gedacht werden kann, wenn sich das Denken methodisch negiert [...] Diese Selbstbegrenzung menschlichen Denkens kann [jedoch] nur dann ein ‚Zu-sich-Kommen' des Absoluten genannt werden, wenn man unbewiesenerweise das Anderssein als ein zuvor durch unbewußtes Denken Geschaffenes behauptet". (Fischer, III, 59)

Hegel versucht zu Beginn seiner *Phänomenologie des Geistes* zu zeigen, dass die in der „sinnlichen Gewissheit" „gemeinte" Wirklichkeit in das differenziertere „Sagen" der Wahrnehmung aufgehoben werde und diese wiederum in das noch differenziertere „Sagen" des erkennenden Verstandes. Demgegenüber unterstreicht Fischer, dass die in der „sinnlichen Gewissheit" gemeinte Wirklichkeit keineswegs durch die Differenzierungen der Wahrnehmung, des erkennenden Verstandes usf. aufgehoben wird, sondern dass nur der ursprüngliche Sinn des Meinens in ein differenzierteres Sagen gebracht wird, wobei jedoch jede dieser Differenzierungen des Sagens weiterhin auf die gemeinte Wirklichkeit bezogen bleibt. So dass jedem „Sagen" das „Gemeinte" der Wirklichkeit als „unmittelbarer Sinn vorgegeben" ist, der nicht durch das und in das fortschreitende „Sagen" aufgehoben wird, sondern dass gerade umgekehrt allem

28 Vgl. Wolfdietrich Schmied-Kowarzik: Sinnreflexion – Gewissen – Bildungssinn – Gegenseitigkeit. Zum Denkweg von Franz Fischer, in: Franz Fischer: *Die Erziehung des Gewissens*, Norderstedt 1999, 194ff.

differenzierteren „Sagen" weiterhin die Wirklichkeit als „Gemeinte" vorausliegt, so dass die Reflexion herausgefordert wird, sich dialektisch auf den noch ungesagten, ihr vorausgesetzten „Sinn von Sinn" zurückzuwenden, um sich schließlich als nur auslegendes Moment des „Sinnes von Sinn" negativ gegenüber dem „Sinn aus sich selber" zu begrenzen, der positiv sich nur selber zu explizieren vermag. (Fischer, I, 182ff.)

In solcher Frage nach dem „Sinn von Sinn" wird die „Grenze kognitiven Sinnes zu dem, was er je meint, aber nie als solches sagen kann, ausgesprochen" (Fischer, III, 2), und es wird dadurch eine dialektische Reflexionsbewegung in Gang gesetzt die immer weiter zurück nach dem in einer Aussage gemeinten, vorausgesetzten Sinn gefragt. „Weil wir nur mit Sinn über den ‚Sinn' reden können, aber uns dieser Tatsache zugleich bewußt sind, können wir durch die methodische Reflexion auf sie das ganze System von Vorgegebensein von ‚Sinn' derart entwickeln, daß wir jede resultierende Sinnbestimmung auf die spezifische Voraussetzung des Sinnes bereits in ihr selber befragen können. Wir machen dabei die Erfahrung, daß der Sinn in sich selber in einem System von Strukturen geordnet ist". (Fischer, III, 37)

Fragen wir aber in unseren Fragen weiter nach dem Sinn dieser ganzen Vermittlungsbewegung des „Sinnes von Sinn", die wir vollziehen, so stoßen wir auf eine „absolute Grenze" theoretischer Vermittlung und erfahren uns praktisch aus dem „Sinn aus sich selber" bestimmt, freilich gerade „nicht in der [hegelschen] ‚dialektischen' Bedeutung", dass wir seinen Inhalt „aus sich selbst zu entwickeln vermöchten" (Fischer, III, 26), sondern als Anspruch der Wirklichkeit, der an unser „Gewissen" ergeht, uns praktisch aus ihm zu bestimmen. „Der Sinn des Gewissenssinnes ist nicht in einer Reflexion auf ihn darstellbar, denn sofern er die Vermittlung der Unmittelbarkeit […] selber meint, sieht sich die Reflexion in ihm zur Unmittelbarkeit ihres eigenen Vollzuges begrenzt. Indem sich diese Unmittelbarkeit aber als ‚aus sich selbst vermittelter Sinn' bestimmt, erscheint sie als Anspruch an das Selbst durch die Voraussetzung seiner selbst in ‚seinem Anderen' und begreift sich als seine Verantwortung gegenüber Gott und den Mitmenschen". (Fischer, III, 37)

Nun hat sich mit Berufung auf Hegels *Phänomenologie des Geistes* um Theodor Litt und Josef Derbolav in Bonn eine Schule der Bildungsphilosophie herausgebildet, die – mit Berufung auf entsprechende Aussagen von Hegel – versucht die dialektische Bewegung der *Phänomenologie* als Erfahrungs- und Bildungsgesichte des Selbst des Heranwachsenden zu deuten.[29] Ihnen gibt Franz

29 Theodor Litt: *Hegel. Versuch einer kritischen Erneuerung* (1953), Heidelberg 1961; *Mensch und Welt. Grundlinien einer Philosophie des Geistes* (1948), Heidelberg 1961. Josef Derbolav: *Frage und Anspruch. Pädagogische Studien und Analysen*, Ratingen/

Fischer von seinen grundsätzlichen Einwänden gegen Intention und Resultat von Hegels *Phänomenologie* eine entschiedene Absage, denn erstens kann Bildung nicht gleichgesetzt werden mit dem Zu-sich-selber-Kommen des Geistes oder Selbst, sondern meint eine Vermittlungsbewegung, die das Selbst dahin führt, sich praktisch aus dem „Sinn aus sich selber", des ihm vorausgesetzten Sinns und Anspruchs der Wirklichkeit, zu erfahren. „Hierin bestimmt sich das Selbst nicht als sich-denkendes autonomes Selbst, sondern als durch das in seiner Fraglichkeit vom Gemeinten her erst sich sinnvoll werdende positive Selbst. Es steht damit in der Verantwortlichkeit seiner Fraglichkeit". (Fischer, III, 83) Zweitens ergibt sich aus den fundamental-philosophischen Erwägungen, dass die Bildungstheorie nicht als Nachvollzug der Bildungsbewegung, die der Heranwachsende konkret zu durchlaufen hat, gefasst werden kann, sondern als in transzendental-dialektischer Rückwendung auf den in allen Fragen nach dem Sinn der Bildung unmittelbar vorausgesetzten Sinn dieses Fragens verstanden werden muss, die in den *Bildungskategorien* die Bedingungen der Möglichkeit der Bildungsvermittlung aufdeckt. *Die Theorie des Sinnes von ‚Sinn'* versteht die Vermittlung zwischen dem Erziehungsobjekt und dem Erziehungssubjekt als eine Vermittlung des – in jeder Frage unvermittelt – vorausgesetzten Sinnes, der als Bedingung der Möglichkeit des Sinnvollseins dieser Frage eine Bewegung des Sichvermittelns der Wirklichkeit in einem System von Stufen hervorruft. Diese schreitet somit nach dem Prinzip einer Dialektik zwischen einem je Gesagten und je Gemeinten fort (vgl. Fischer, III, 80), indem sie sich auf das im Sagen unmittelbar Gemeinte zurückwendet und es so ins Sagen hebt, dabei selber wiederum Gemeintes voraussetzend, bis sie sich selbst als Dialektik der Auslegung des „Sinnes von Sinn" gegenüber dem ihr selbst vorausgesetzten „Sinn aus sich selber" begrenzt begreift und darin zur positiven Ermöglichung wird, sich praktisch aus dem Sinn und Anspruch der Wirklichkeit zu bestimmen.

Eine Nachbemerkung in eigener Sache

Mit dieser Skizzierung der Grundgedanken Franz Fischers sind wir zugleich zum letzten entscheidenden Differenzpunkt vorgestoßen, der die Traditionslinien der Philosophiebegründung von Hegel über die Kantianer Hönigswald[30]

Kastellaun 1970; *Systematische Perspektiven der Pädagogik*, Heidelberg 1971. Vgl. Wolfdietrich Schmied-Kowarzik: *Bildung, Emanzipation und Sittlichkeit. Philosophische und pädagogische Klärungsversuche*, Weinheim 1993.

30 Auf die besondere Stellung von Richard Hönigswald in diesem Disput konnte an dieser Stelle nicht mehr eingegangen werden. Siehe dazu K. W. Zeidler: *KDT* sowie

und Reininger bis hin zu Kurt Walter Zeidler einerseits und von Schelling, Ehrenberg, Rosenzweig und Fischer andererseits grundlegend trennt.

Im Rückbezug auf Kant markiert Zeidler selber diesen Differenzpunkt so: „Die Lehre vom ‚Primat der praktischen Vernunft' mitsamt der Scheidung der praktischen von der theoretischen Vernunft erscheint sonach aus der Perspektive der endlichen menschlichen Vernunft bestens begründet. Diese Perspektive führt jedoch letztlich zur subjektiv-skeptizistischen Zersetzung jedes begründungstheoretischen Anspruchs. Da Kant dieser Zersetzung nicht das Wort reden will, ist seine Argumentation denn auch auf erhellende Weise in sich widersprüchlich; [...] die Scheidung der Vernunft [...] hat die prinzipientheoretische Inkonsequenz zur Folge, daß Kant mit zwei Vernunftkonzeptionen operiert, die er nachträglich nicht mehr vereinbaren kann, obwohl er bis zuletzt die Erwartung hegt, es ‚dereinst bis zur Einsicht der Einheit des ganzen reinen Vernunftvermögens (der theoretischen sowohl als praktischen) bringen [...] zu können' [...] (*KpV* A 162)".[31]

So treffend diese Ausführung von Zeidler in historischer Hinsicht auch ist, die von Zeidler daraus gezogene Konsequenz führt gerade zur gravierenderen Trennung. Ist es gerechtfertigt, den Anspruch des Primats der praktischen Vernunft aufzugeben, nur weil Kant dessen Begründung noch nicht recht zu gelingen vermag? Nach diesem Muster der Zurückweisung einer berechtigten, aber noch nicht eingelösten Forderung, müssten wir auch unsere Bemühungen um die widerspenstige Affinität von Denken und Sein aufgeben, da auch sie Kant nicht gelungen ist. Mir scheint es daher vielmehr angebracht, den Anspruch des Primats der praktischen Vernunft begründungstheoretisch weiterzuverfolgen.

Kants Rede vom „Primat der praktischen Vernunft" spricht zunächst der *einen* Vernunft zwei verschiedene Aufgaben zu: die theoretische Erkenntnisbestimmung und die praktische Willensbestimmung und weist sodann der praktischen Vernunft eine sich und die theoretische Vernunft übergreifende Bedeutung zu. Der kantische Beweis besteht aus zwei Teilstücken: der negativen Einsicht, dass die theoretische Erkenntnis immer nur das uns Erscheinende und niemals die Wirklichkeit an sich bestimmend erreichen kann, sowie der positiven Einsicht, dass die praktische Vernunft uns unmittelbar als Wesen an uns selbst betrifft, auch wenn sie dabei zur theoretischen Erkenntnis der erscheinenden Welt nichts beizutragen vermag. (vgl. Kant, *KU*, A XX)

---

ders.: Hönigswald und Reininger. Objektivation versus Explikation des Logos, in: Christian Swertz/Reinhold Breil/Norbert Meder/Stephan Nachtsheim/Wolfdietrich Schmied-Kowarzik/Kurt Walter Zeidler (Hg.): *Heimkehr des Logos. Beiträge anlässlich des 70. Todestages von Richard Hönigswald am 11. Juni 1947*, Köln 2019.

31 K. W. Zeidler: *Vermittlungen*, 293.

Das Missliche des kantischen ‚Beweises' des Primats der praktischen Vernunft ist – ganz wie Kurt Walter Zeidler zu Recht betont[32] –, dass Kant im ersten Teil gar nicht von der Vernunft in ihrem philosophischen Begreifen, sondern vom theoretischen Verstand der Wissenschaften handelt, der dadurch eine ungebührliche Aufwertung erfährt, während die Einheit der sich selbst kritisierenden Vernunft in ihren beiden Dimensionen gar nicht bis zu Ende durchgeführt wird, so dass nicht recht zum Ausdruck kommt, worin der Primat der praktischen Vernunft bezogen auf die Philosophie selbst bestehen soll. Trotz seiner Differenzierungen bleibt Kant gerade in der Begründung der Scheidung beider Vernunftaufgaben aus ihrer gemeinsamen Einheit und mehr noch in der Begründung des Vorrangs der praktischen Vernunft nicht nur wortkarg, sondern sogar ausgesprochen unentschieden und zweideutig.

Dies berechtigt aber nicht die theoretische Vernunft zur alleinigen und somit absoluten Aufgabe der philosophischen Reflexion zu erklären. Hierin liegt eines der Motive der Hegel-Kritik der Spätphilosophie Schellings, der mit seiner Differenzierung der reinrationalen bzw. negativen sowie der positiven bzw. geschichtlichen Philosophie gerade eine erweiterte Weiterführung des kantischen Gedankens der grundsätzlich negativen Begrenztheit aller theoretischen Erkenntnismöglichkeiten und der positiven Gründung der praktischen Vernunft aus und in der Wirklichkeit an sich verfolgt. So versucht Schelling mit seinen Differenzierungen zur negativen und positiven Philosophie zu zeigen, dass die theoretische Vernunft zwar all unsere Erkenntnisse der Welt und von uns selbst konstituiert, dabei aber zugleich selbstreflexiv einsehen muss, dass unser Erkennen niemals bis zur Existenz aus sich selbst vorzudringen vermag, in der wir uns jedoch gleichwohl existentiell praktisch erfahren und zu bewähren haben. Dies gerade hat sie, sich selbst bescheidend, zu begreifen, um als „negative Philosophie" Raum zu geben für eine positive Philosophie, die selber wiederum nicht die Aufgaben der theoretischen Vernunfterkenntnis erfüllen oder ersetzen kann. Gleichwohl kommt ihr insofern der Primat zu, da sie uns – mitsamt unserer theoretischen Erkenntnis – in den Wirklichkeitszusammenhang gestellt zu thematisieren vermag, was die Vernunfterkenntnis niemals können wird.

Die Vernunfterkenntnis in ihrer übergreifenden Dialektik über sich und die erkannte Wirklichkeit vermag doch niemals die wirkliche Existenz und die von uns zu verantwortende Praxis darin einzuholen. Daher bleibt sie notwendig „negative Philosophie", über die hinaus eine „positive Philosophie" (Schelling) gefordert werden muss, die uns in unserem existentiellen Denken und Handeln

32 Ibid., 293.

betrifft.[33] Der Anspruch der „positiven Philosophie" ist nicht der, die spekulative „reinrationale Philosophie" einfach aufzugeben, sondern es geht darum, den absolut gesetzten Anspruch der reinrationalen Philosophie, das Übergreifende über sich und die Wirklichkeit sein zu wollen, zurückzunehmen, um Raum zu schaffen für eine Verwirklichung der philosophischen Vernunft aus dem und im Primat menschlicher Praxis.

Im direkten bzw. indirekten Anschluss an Schellings Hegel-Kritik haben zwei Traditionslinien diesem Weg weiterverfolgt: die oben skizzierte existentielle Idealismuskritik von Ehrenberg, Rosenzweig und Fischer und die gesellschaftskritische Praxisphilosophie im Anschluss an Karl Marx.[34] Hier steht nicht mehr eine Philosophie zur Debatte, die alles Wirkliche im Begriff einzuholen trachtet und damit ganz bei sich selber verbleibt, eine Philosophie, deren logische Bewegung sich gegen die denkenden Menschen verselbständigt, sondern es ist ein Denken gefordert, das den Primat von Wirklichkeit und Praxis anerkennt und versucht sich denkend aus ihrem Anspruch zu verwirklichen, ein Denken, das sich bemüht, die Reichtümer philosophischer Arbeit von zweieinhalb Jahrtausenden in die Praxis der denkenden und handelnden Menschen einzubringen.

Treffend hat Adorno die Aufgabe der nachhegelschen Philosophie umschrieben: „Nicht die Erste Philosophie [der reinen Erkenntnis] ist an der Zeit, sondern die Letzte"[35], nämlich jene prinzipiell letzte, die Henri Lefebvre im Anschluss an Karl Marx „Metaphilosophie"[36] nennt, in der die spekulative Philosophie sich in ihrer absolutgesetzten Priorität „aufhebt", um sich im bewussten Handeln der Menschen zu „verwirklichen". Unsere Probleme werden nicht dadurch gelöst werden, dass die absolutgesetzte und verselbständigte Philosophie sich nach ihrem Bilde die Welt unterwirft, sondern vielmehr nur dadurch, dass die Menschen als gesellschaftlich handelnde Subjekte befähigt werden, bewusst und

33 Wolfdietrich Schmied-Kowarzik: *Bruchstücke zur Dialektik der Philosophie. Studien zur Hegel-Kritik und zum Problem von Theorie und Praxis*, Ratingen/Kastellaun 1974, 119ff.

34 Wolfdietrich Schmied-Kowarzik: Philosophie im Primat der Praxis, in: Klein, Hans Dieter: *Ethik als prima philosophia?*, Würzburg 2011, 99ff.

35 Theodor W.Adorno: *Zur Metakritik der Erkenntnistheorie. Studien über Husserl und die phänomenologischen Antinomien*, Frankfurt a.M. 1972, 47. Vgl. zur erstaunlichen Parallele zwischen Adorno und Ehrenberg: Wolfdietrich Schmied-Kowarzik: Kritische Philosophie im Primat gesellschaftlicher Praxis, in: Gerhard Schweppenhäuser (Hg.): *Bild und Gedanke. Hermann Schweppenhäuser zum Gedenken*, Wiesbaden 2017, 277ff.

36 Henri Lefebvre: *Metaphilosophie. Prolegomena*, Frankfurt a.M. 1975, 323ff.

solidarisch – metaphilosophisch – ihre existentiellen und gesellschaftlichen Lebensprobleme selber zu bewältigen.

Das Problem, das mit dieser grundsätzlich „letzten Philosophie" aufgeworfen wird, ist zum einen die prinzipielle Selbstbegrenzung der Philosophie als „erster Philosophie" (Aristoteles) in ihrer hybriden Tendenz zur Absolutsetzung und zum anderen die Begründung einer „letzten Metaphilosophie", einer sich in die Praxis hinein aufhebenden und verwirklichenden Philosophie. Durch die „erste Philosophie" hat sich das menschliche Denken aus der Übermächtigung des Wirklichen, wie sie noch das mythische Denken beherrschte, emanzipiert, hat sich das philosophische Denken selber zum ersten Prinzip und Übergreifenden über die Wirklichkeit erklärt. Sie gerät jedoch in den Sog einer ungewollten „Dialektik der Aufklärung" (Horkheimer/Adorno),[37] wenn sie nicht kritisch gegen sich selbst dem Anspruch verpflichtet bleibt, vor dem sie sich zu verantworten hat. Die Philosophie ist kein „abgeschiedenes Heiligtum" (Hegel, 17, 343), sondern selbst ein Moment der Praxis der Menschheitsgeschichte, aus deren Primat sie zu wirken hat.

Zweifach hat die Philosophie daher den Primat der Praxis, in dem sie selbst steht, aufzuklären, wie dies Kant schon – wenn auch noch unvollständig – versuchte: theoretisch negativ, indem sich die Philosophie gegenüber dem Anspruch der Wirklichkeit, den sie nicht zu fassen vermag, begrenzt und praktisch positiv, indem sie sich in den Dienst des sittlich-praktischen Auftrags der Menschheit in der Geschichte stellt. Erst aus beiden und durch beide gelingt die Begründung des Primats der Praxis.

Literaturverzeichnis

Adorno, Theodor W.: *Zur Metakritik der Erkenntnistheorie. Studien über Husserl und die phänomenologischen Antinomien*, Frankfurt a.M. 1972, 47.

Altfelix, Thomas/Aulke, Reinhard/Freter, Harald/Semler, Renate (Hg.): *Sinnbildung als Bildungssinn (Jahrbuch der Franz-Fischer-Gesellschaft 2015)*, Berlin 2017.

Bloch, Ernst: *Tübinger Einleitung in die Philosophie*, Frankfurt a.M. 1970.

Bloch, Ernst: *Leipziger Vorlesungen zur Geschichte der Philosophie*, 4 Bde., Frankfurt a.M. 1985.

Cohen, Hermann: *Logik der reinen Erkenntnis* (1902), hg. v. Helmut Holzhey, Hildesheim/New York 1977.

---

37 Max Horkheimer/Theodor W. Adorno: *Dialektik der Aufklärung. Philosophische Fragmente*, (1947), Frankfurt a.M. 1969.

Derbolav, Josef: *Frage und Anspruch. Pädagogische Studien und Analysen*, Ratingen/Kastellaun 1970.

Derbolav, Josef: *Systematische Perspektiven der Pädagogik*, Heidelberg 1971.

Ehrenberg, Hans: *Die Parteiung der Philosophie. Studien wider Hegel und die Kantianer* (1911), hg. v. Michael Gormann-Thelen/Wilfried Gärtner/W. L. Hohmann, Essen 1998.

Fischer, Franz: *Systematische Untersuchung zum Affinitätsproblem* (1956), hg. v. Reinhard Aulke, Wien 2009.

Fischer, Franz: *Proflexion und Reflexion. Philosophische Übungen zur Eingewöhnung der von sich reinen Gesellschaft* (1965), hg. v. Wolfdietrich Schmied-Kowarzik, Wien 2007.

Fischer, Franz: (I) *Philosophie des Sinnes von Sinn*, hg. v. Erich Heintel, Kastellaun 1980.

Fischer, Franz: (II) *Die Erziehung des Gewissens*, hg. v. Josef Derbolav, Kastellaun 1979, Norderstedt 1999.

Fischer, Franz: (III) *Darstellung der Bildungskategorien im System der Wissenschaften*, hg. v. Dietrich Benner/Wolfdietrich Schmied-Kowarzik, Kastellaun 1975.

Fischer, Franz: (IV) *Proflexion – Logik der Menschlichkeit*, hg. v. Michael Benedikt/Wolfgang W. Priglinger, Wien 1985.

Hegel, Georg Wilhelm Friedrich: *Werke* in 20 Bden., Frankfurt a.M. 1970.

Heintel, Erich: *Grundriß der Dialektik*, 2 Bde. I: *Zwischen Wissenschaftstheorie und Theologie*, II: *Zum Logos der Dialektik und zu seiner Logik*, Darmstadt 1984.

Horkheimer, Max/Adorno, Theodor W.: *Dialektik der Aufklärung. Philosophische Fragmente*, (1947), Frankfurt a.M. 1969.

Jähnichen, Traugott/Losch, Andreas (Hg.), *Hans Ehrenberg als Grenzgänger zwischen Theologie und Philosophie* (*Hans Ehrenberg-Studien 1*), Kamen 2017.

Kant, Immanuel: *Werke* in 6 Bden., hg. v. Wilhelm Weischedel, Wiesbaden 1956.

Klein, Hans-Dieter (Hg.) *Ethik als prima philosophia?*, Würzburg 2011.

Krijnen, Christian/Zeidler, Kurt Walter (Hg.): *Wissenschaftsphilosophie im Neukantianismus. Ansätze – Kontroversen – Wirkungen*, Würzburg 2014.

Langthaler, Rudolf/Hofer, Michael (Hg.): *Monade und System* (*Wiener Jahrbuch für Philosophie* Bd. XLII), Wien 2010.

Lask, Emil: *Die Logik der Philosophie und die Kategorienlehre*, Tübingen 1911.

Lefebvre, Henri: *Metaphilosophie. Prolegomena*, (1965), Frankfurt a.M. 1975.

Litt, Theodor: *Hegel. Versuch einer kritischen Erneuerung* (1953), Heidelberg 1961.

Litt, Theodor: *Mensch und Welt. Grundlinien einer Philosophie des Geistes* (1948), Heidelberg 1961.

Reininger, Robert: *Philosophie des Erkennens*, Leipzig 1911.

Reininger, Robert: *Metaphysik der Wirklichkeit*, Wien/Leipzig 1931.

Franz Rosenzweig, *Hegel und der Staat*, 2 Bde. (1920), Frankfurt a.M. 2010.

Rosenzweig, Franz: *Der Mensch und sein Werk. Gesammelten Schriften*, Den Haag 1976ff. *GS* I: *Briefe und Tagebücher* (2 Tbd.), *GS* II: *Der Stern der Erlösung* [seitenidentische mit der Taschenbuchausgabe, Frankfurt a.M. 1988], *GS* III: Zweistromland. Kleinere Schriften, *GS* IV/1: *Sprachdenken im Übersetzen*, *GS* IV/2: *Arbeitspapiere zur Verdeutschung der Schrift*.

Schelling, Friedrich Wilhelm Joseph: *Sämtliche Werke* in 14 Bden., Stuttgart/Augsburg 1856ff.

Schelling, Friedrich Wilhelm Joseph: *Briefe und Dokumente*, hg. v. Horst Fuhrmans, 3 Bde., Bonn 1962–1975.

Schmied-Kowarzik, Wolfdietrich: *Bruchstücke zur Dialektik der Philosophie. Studien zur Hegel-Kritik und zum Problem von Theorie und Praxis*, Ratingen/Kastellaun 1974.

Schmied-Kowarzik, Wolfdietrich: „Urerlebnis und Ekstasis. Zu Reininger und Schelling", in: *Wiener Jahrbuch für Philosophie* XXII, 1990.

Schmied-Kowarzik, Wolfdietrich: *Franz Rosenzweig. Existentielles Denken und gelebte* Bewährung, Freiburg/München 1991.

Schmied-Kowarzik, Wolfdietrich: *Bildung, Emanzipation und Sittlichkeit. Philosophische und pädagogische Klärungsversuche*, Weinheim 1993.

Schmied-Kowarzik, Wolfdietrich: *Richard Hönigswalds Philosophie der Pädagogik*, Würzburg 1995.

Schmied-Kowarzik, Wolfdietrich: *„Von der wirklichen, von der seyenden Natur". Schellings Ringen um eine Naturphilosophie in Auseinandersetzung mit Kant, Fichte und Hegel*, Stuttgart-Bad Cannstatt 1996.

Schmied-Kowarzik, Wolfdietrich: Sinnreflexion – Gewissen – Bildungssinn – Gegenseitigkeit. Zum Denkweg von Franz Fischer, in: Franz Fischer: *Die Erziehung des Gewissens*, Norderstedt 1999.

Schmied-Kowarzik, Wolfdietrich: *Rosenzweig im Gespräch mit Ehrenberg, Cohen und Buber*, Freiburg/München 2006.

Schmied-Kowarzik, Wolfdietrich: *Hegel in der Kritik zwischen Schelling und Marx*, Frankfurt a.M. 2014.

Schmied-Kowarzik, Wolfdietrich: *Existenz denken. Schellings Philosophie von ihren Anfängen bis zum Spätwerk*, Freiburg/München 2015.

Schmied-Kowarzik, Wolfdietrich: *Sinn und Existenz in Schellings Spätphilosophie* (1963) *und andere Schellingiana*, Kassel 2016.

Schmied-Kowarzik, Wolfdietrich: Kritische Philosophie im Primat gesellschaftlicher Praxis, in: Gerhard Schweppenhäuser (Hg.): *Bild und Gedanke. Hermann Schweppenhäuser zum Gedenken*, Wiesbaden 2017.

Schmied-Kowarzik, Wolfdietrich: Bejahung *und* Verneinung. Rosenzweigs dreidimensionale Dialektik, in: Matthew Handelman/Ephraim Meir/Christian Wiese (Hg.): *Das „Und" im Werk Franz Rosenzweigs (Rosenzweig Jahrbuch* 11), Freiburg/München 2018.

Schmied-Kowarzik, Wolfdietrich: Philosophie aus individueller Problemgestaltung. Zu Richard Hönigswald, in: Christian Swertz/Reinhold Breil/Norbert Meder/Stephan Nachtsheim/Wolfdietrich Schmied-Kowarzik/Kurt Walter Zeidler (Hg.): *Heimkehr des Logos. Beiträge anlässlich des 70. Todestages von Richard Hönigswald am 11. Juni 1947*, Köln 2019.

Schmied-Kowarzik, Wolfdietrich (Hg.): *Erkennen – Monas – Sprache. Internationales Richard-Hönigswald-Symposion Kassel 1995*, Würzburg 1997.

Schweppenhäuser, Gerhard (Hg.), *Bild und Gedanke. Hermann Schweppenhäuser zum Gedenken*, Wiesbaden 2017.

Zeidler, Kurt Walter: *Kritische Dialektik und Transzendentalontologie, Der Ausgang des Neukantianismus und die post-neukantianische Systematik*, Bonn 1995.

Zeidler, Kurt Walter: *Vermittlungen. Zum antiken und neueren Idealismus*, Wien 2016.

Zeidler, Kurt Walter: Zu den Wiener Anfängen der Philosophie Franz Fischers: Robert Reininger und Erich Heitel, in: Thomas Altfelix/Reinhard Aulke/Harald Freter/Renate Semler (Hg.): *Sinnbildung als Bildungssinn (Jahrbuch der Franz-Fischer-Gesellschaft 2015*), Münster 2017.

Zeidler, Kurt Walter: Unzeitgemäße Bemerkungen zu Franz Rosenzweigs Beitrag zum Universalienproblem, in: *„The conjunction and in Franz Rosenzweig's work". Franz Rosenzweig International Conference*, 20–23. Februar 2017 in Rom (Vortragsmanuskript).

Zeidler, Kurt Walter: Hönigswald und Reininger. Objektivation versus Explikation des Logos, in: Christian Swertz/Reinhold Breil/Norbert Meder/Stephan Nachtsheim/Wolfdietrich Schmied-Kowarzik/Kurt Walter Zeidler (Hg.): *Heimkehr des Logos. Beiträge anlässlich des 70. Todestages von Richard Hönigswald am 11. Juni 1947*, Köln 2019.

Werner Flach (Lichtenau)

Geltungsnoematische oder geltungsparalysierende[1] Letztbegründungslehre

K. W. Zeidler ist ein Philosoph, der seinen eigenen Weg geht, der hierbei aber sich sehr bewußt ist, daß Philosophie eine perennierende Angelegenheit ist. So entwirft er in seiner Philosophie ein Panorama, das fast die ganze abendländische Philosophiegeschichte in den Blick rückt. Hierbei entdeckt er Zusammenhänge, die von der Antike über das Mittelalter, die Aufklärungsphilosophie, Kant, den Deutschen Idealismus, den Neukantianismus bis in die gegenwärtige Philosophie, und da insbesondere die postneukantianische, die kritische philosophische Tradition fortführende Lehre von der Philosophie als Lehre von der Geltung reichen. Diese aktuelle Lehre von der Geltung ist für ihn die systematisch vielversprechendste, wenn nicht die allein tragfähige Lehre. Das ist allerdings kein durch und durch zustimmendes Urteil. Auch die aktuellen philosophischen Bestrebungen, die die Philosophie als Lehre von der Geltung und sonst nichts begreifen, fordern nach ihm die Diskussion heraus. Auch sie haben ihre Mängel. Diese sind zu beheben. Zeidler sieht darin die aktualiter anstehende Aufgabe. Und er nimmt sie an.

Hiermit ist dem Verfasser dieses Textes, der nach Zeidler exponierter Vertreter der Philosophie qua Lehre von der Geltung ist, anläßlich der Würdigung der Arbeit Zeidlers das Thema gestellt. Es kommt darauf an, die Lage der Philosophie qua Geltungswissenschaft, die ja hauptsächlich im deutschen Sprachraum sich herausgebildet hat, vor dem u.a. auch politisch bedingten Traditionsbruch, also so um neunzehnhundertdreißig, zu skizzieren und anschließend zu zeigen, daß die Erinnerung dieser Lage, die Hans Wagner mit „Philosophie und Reflexion" kurz nach der Mitte des vorigen Jahrhunderts eingeleitet hat, die philosophische Diskussion in Bahnen lenkt, die die von Kant getroffene Neubestimmung der Philosophie als Geltungstheorie bestimmter und bestimmter zu entwickeln ermöglicht und die so das eigentlich prospektive Projekt darstellt. Dagegen ist die mehr oder weniger kritiklose Übernahme der im angelsächsischen Raum dominanten sogenannten Analytischen Philosophie wie auch die

1 Der Titel der Geltungsparalysierung wird für die fragliche Lehre gewählt, weil deren wesentliche Argumentation zumindest tendenziell auf die Geltungsparalysierung hinausläuft.

Wende zur hermeneutisch-historisierenden Daseinsanalyse der cultural lag.[2] Philosophie ist keine Argumentationstechnik und auch keine so oder so geartete Findungshilfe, sondern Bestimmungs- und Begründungstheorie. Sie hat die Erkenntnisgrundlegung für jegliches Wissen, Wissen dieser oder jener Art und Wissen überhaupt, zu liefern.

K.W. Zeidler ist, wie angedeutet, dieser Philosophiekonzeption verpflichtet. Er ist dies als kritischer Mitvollzieher. Deshalb ist er zwangsläufig auch Mitvollzieher wie Kritiker der Position des Verfassers. Es ist somit die replizierende Stellungnahme unausweichlich. Diese ist im übrigen auch die für die Würdigung der Zeidlerschen Arbeit angemessene.

Zeidler ist ein strenger Richter. Er urteilt, daß die philosophische Grundlegungsarbeit, die mit Kants Transzendentalphilosophie gestartet wurde, in der Folge durch Fichte, Schelling, Hegel und andere bis hin zum sogenannten Neukantianismus und zur Transzendentalphänomenologie Husserls nicht nur gefördert, sondern immer auch beeinträchtigt worden ist. Es hat sich eine „uneindeutige Gemengelage von bewußtseinstheoretischen, fundamentallogischen und wissenschaftstheoretischen Argumenten und Beweisabsichten"[3] herausgebildet. Wiesehr bzw. wieweit dieses Urteil zutrifft, mag der Diskussionsteilnehmer ermessen, wenn kurz die Lage in der deutschen systematischen Philosophie am Ende des Neukantianismus (um etwa 1930) zur Kenntnis genommen wird. Diese Lage ist zweifellos eine transzendentalphilosophische. Die lagebestimmenden Richtungen kommen darin überein. Ihre Differenzen und die hierbei sich herausschälenden jeweiligen Vorzüge und Defizienzen sind allerdings belehrend. Darum eben kurz eine Beschreibung der Lage der

---

2 So hat Hans Lenk in dem von ihm herausgegebenen Band *Neue Aspekte der Wissenschaftstheorie*, Braunschweig 1971, 7 das verspätete Eingehen auf die epistemogenen Bestrebungen der angelsächsischen Philosophie genannt. Ich bin der anderen Meinung, daß der verspätete importartige Zugriff auf die in den angelsächsischen Ländern in der Nachkriegszeit dominierende Philosophie etwas damit zu tun hat, daß die Kontinuität der deutschen systematischen Philosophie durch die politische Entwicklung mehr oder weniger unterbrochen worden war und man der des Bruches wegen vorherrschenden Orientierungslosigkeit faute de mieux von wenigen Ausnahmen abgesehen an den marktgängigen Problemen und Resultaten sich orientierte. Wer den simplen Metatheoretizismus dieser Orientierung gering schätzte, aber ebenfalls die mögliche systematische Kontinuität übersah, suchte in der historisierend-hermeneutischen Ausrichtung die Alternative.

3 K.W. Zeidler: Bestimmung und Begründung, in: *Gegenstandsbestimmung und Selbstgestaltung. Transzendentalphilosophie im Anschluß an Werner Flach*, Würzburg 2011, 298.

deutschen systematischen Philosophie um neunzehnhundertdreißig, soweit sie durch die damals dominanten Bestrebungen geprägt ist.

Da ist einerseits der Neukantianismus. Für ihn sind in der Hauptsache vier programmatische Grundgedanken kennzeichnend. Ein erster Grundgedanke des neukantianischen Kritizismus ist in der systematischen Zentrierung der Philosophie in der Erkenntnislehre faßbar. Für den neukantianischen Kritizismus ist die Philosophie primär Theorie der Erkenntnis, der wissenschaftlichen Erkenntnis sogar. Die wissenschaftliche Erkenntnis auf ihre Möglichkeit hin zu analysieren, ist das Hauptanliegen. Das ist nicht zufällig, sondern wohlmotiviert. Die wissenschaftliche Erkenntnis wird in den Vordergrund gerückt, ihre Analyse wird das Hauptanliegen, weil für die wissenschaftliche Erkenntnis eines schlechthin verbindlich ist, die Gültigkeit oder vielmehr der Geltungsanspruch ihrer Aussagen. Die wissenschaftliche Erkenntnis ist das bevorzugte Untersuchungsobjekt, so behauptet der Kritizismus, und er hat darin zweifellos recht, weil von dieser schlechterdings nur unter der Bedingung der Geltungsreferenz, der Geltungsvalenz und insbesondere der Geltungsdifferenz ihrer Aussagen die Rede sein kann. Darin verrät sich der Grundgedanke, daß die Philosophie es vornehmlich mit der Geltung der Erkenntnis zu tun hat. Das erste Thema der Philosophie ist die Geltungsreferenz, die Geltungsvalenz, die Geltungsdifferenz der Erkenntnis. Die Philosophie fragt danach, worin diese Referenz, Valenz, Differenz besteht, was sie ausmacht, inwiefern sie unabdingbar ist, wodurch bzw. worin sie zu überprüfen ist. Fragen, die diesem Fragenkomplex nicht angehören, werden auf ihn rückbezogen. Darum ist zu konstatieren, der Kritizismus betrachtet die Philosophie als Geltungstheorie. Er betrachtet sie sogar ganz generell als Geltungstheorie. D.h. er weitet die Geltungsfrage über die Fragen nach der Geltungsbestimmtheit der Erkenntnis zu der Frage nach der Geltungsbestimmtheit jedweden kulturellen Faktums aus. Die Geltungsfrage ist universal. Sie geht als die Grundfrage der Philosophie durch alle philosophischen Disziplinen hindurch, selbstverständlich in je spezifischer Abwandlung. Die jeweilige Abwandlung ist hierbei ebenso selbstverständlich ihrer sehr bestimmten Artikulation nach aufzuzeigen. Es ist also zu sagen, der erste Grundgedanke des neukantianischen Kritizismus besteht darin, daß er die Philosophie als Geltungstheorie versteht.

Ein zweiter Grundgedanke schließt sich an diesen ersten unmittelbar an. Es ist der, daß die Geltung eine eigentümliche Bestimmtheitsdimension ausmacht. Diese Bestimmtheitsdimension ist unverwechselbar von der des Seienden abgehoben. Seinsbestimmtheit und Geltungsbestimmtheit sind zweierlei. Sie sind streng unterschieden. Sie stehen zudem in einem bestimmten sachlichen Folgeverhältnis: die Geltungsbestimmtheit geht der Seinsbestimmtheit voraus.

Und zwar geht sie ihr selbstverständlich nicht seienderweise, sondern bestimmungslogisch, d.h.in Beziehung auf das Subjekt der Erkenntnis, des Wollens, des Fühlens etc. voraus. Dem Subjekt ist die Bestimmtheit des Seienden nur durch die gültige Erkenntnis etc. zugänglich. Das Seiende, von dem wir nichts wissen, weil wir es nicht erkannt etc. haben, ist für uns nicht. Geltungsbestimmtheit ist funktionale Bestimmtheit, ist die funktionale Bestimmtheit von Wissen und jeglichem Faktum.

Mit diesem Gedanken wiederum hängt ein dritter Grundgedanke des neukantianischen Kritizismus zusammen. Es ist der Gedanke, daß das Subjekt der Erkenntnis, des Wollens, des Fühlens etc. keine Seins-, sondern eine Geltungsgröße ist. Das, für das die Bestimmtheit des Seienden nur durch die Vermittlung gültiger Bestimmtheit, insbesondere gültiger Erkenntnis, zugänglich ist, ist notwendig selbst nicht Seiendes, sondern etwas, dem Geltungsbestimmtheit zukommt, das in die Dimension der Geltung fällt. Insofern und insoweit dem aber so ist, kann dieses Subjekt nicht mit dem Menschen als solchen, der ja ein Seiendes ist, identisch sein. Der Mensch als solcher ist nicht theoretisches oder ethisches oder ästhetisches etc. Subjekt. Er ist zumindest nicht das reine Subjekt der Erkenntnis, das reine Subjekt des Wollens, das reine Subjekt des Fühlens etc. Denn um dies sein zu können, müßte er reine Geltungsgröße sein. Das aber ist er nicht. Sosehr er nämlich die Erkenntnis z.B. auch leistet, er garantiert nicht auch die Geltungsbestimmtheit der Erkenntnis, insbesondere die Gültigkeit der Erkenntnis. Die Gültigkeit der Erkenntnis ist nur dadurch garantiert, daß der Mensch bei seinem Erkennen nach den unbedingten Anforderungen gültiger Erkenntnis sich richtet, daß er sein Erkennen gemäß diesen unbedingten Anforderungen organisiert und vollzieht, daß er sich m.a.W. Subjektskompetenz verschafft. Das reine Subjekt der Erkenntnis sind somit jene unbedingten Anforderungen oder besser: das Subjekt der Erkenntnis ist der Inbegriff jener unbedingten Anforderungen in der Rücksicht ihrer Anerkennung. Das Subjekt des neukantianischen Kritizismus ist insofern eine reine Prinzipienfunktion. Es steht für die prinzipiierende Funktionalität der Prinzipien der Geltungsreferenz, der Geltungsvalenz, der Geltungsdifferenz gültiger Erkenntnis, gültigen Wollens, gültigen Fühlens etc. Der Mensch in seiner Seiendheit ist dem gegenüber ein empirischer, d.i. den Bedingungen der Gültigkeit nicht schlechthin genügender, diesen Bedingungen also auch nicht schlechthin unterworfener, eigene Bedingungen einbringender und deshalb der Lage ausgesetzter Faktor, die Subjektskompetenz sich allererst, und zwar immer und immer wieder, erarbeiten zu müssen und hierbei so oder so zu funktionieren. Er ist mit einem Wort konkretes Subjekt. Die Fallibilität ist für dieses Subjekt kennzeichnend.

Weil dem so ist, so lehrt der neukantianische Kritizismus in einem vierten Grundgedanken, hat die Philosophie im Zuge der Verfolgung der Frage nach der Gültigkeit der Erkenntnis etc. nicht auf den Menschen in dem Verstande der Anthropologie einzugehen; sie hat im Ausgang davon, daß der Mensch in seinem Erkennen etc. sich den Prinzipien der Gültigkeit unterwirft, auf die Prinzipien der Gültigkeit selbst zurückzufragen. Die Geltungsfrage ist eine Prinzipiationsfrage. Sie zielt primär nicht auf Akte und Intentionen, sondern auf Strukturen und Kriterien, die Strukturen und Kriterien der Geltungsbestimmtheit der Erkenntnis sowie vor allem die Prinzipien wie den funktionalen Zusammenhang all dieser Strukturen und Kriterien. Das aber bedeutet, daß die Geltungsfrage die Philosophie zur prinzipientheoretischen Analytik der faktisch vorliegenden und möglichen Erkenntnis etc. bestimmt. Die Philosophie ist Geltungsanalytik, prinzipientheoretische Analytik der Strukturen und Kriterien faktischer und möglicher Erkenntnis, faktischer und möglicher Willensbekundungen, faktischer und möglicher Gefühlsbekundungen etc. Weil sie insofern und insoweit nach rein formalen Gesichtspunkten vorgeht, darf sie auch unter den Titel der Logik, verstanden als transzendentale Begründungstheorie, gebracht werden. Die Philosophie ist in der Meinung des neukantianischen Kritizismus Geltungslogik. Als diese Wissenschaft der Geltungslogik hebt sich die Philosophie von jeder anderen Wissenschaft durch ihre letztinstanzliche Funktion ab. Dadurch nämlich, daß die Philosophie mit den Prinzipien der Geltungsbestimmtheit überhaupt der Erkenntnis auch die Prinzipien der Gültigkeit ihrer eigenen Aussagen erforscht, d.h. eruiert und bestimmt, erweist sie sich als die Lehre, hinter die nicht zurück gegangen werden kann, mit der die Rechtfertigung der Erkenntnis, die Rechtfertigung jeglicher Geltungsmodalität zu ihrem Abschluß gelangt. Die Philosophie ist für den neukantianischen Kritizismus die letztbegründende Wissenschaft, d.h. die Wissenschaft, die die Möglichkeit ihrer selbst wie jeder anderen Wissenschaft begreift.

Diese vier Grundgedanken fügen sich zu einem sehr anspruchsvollen Gedankengebäude zusammen. Der neukantianische Kritizismus ist sehr bemüht gewesen, dieses Gedankengebäude zu einem umfassenden System der Philosophie auszubauen. Dabei hat er nicht wenig Erfolg gehabt. Aber nicht genug. Vieles wird doch mehr in simplifizierender Argumentation als in echter Problembewältigung traktiert. In Sachen der Vorordnung der Erkenntnisthematik vor die Seinsthematik wie in Sachen der Relation von Prinzipieninbegriff der Geltung, des reinen Denkens, und des Begriffs des konkreten Subjektes, des aktualen Denkens, vor allem hat er schwerwiegende Fragen offen gelassen. Diese offenen Fragen wurden zum Anlaß für die konkurrierenden philosophischen Versuche, die über den neukantianischen Kritizismus hinauszukommen trachteten. Unter diesen war bzw. ist m. E. der einschlägige Versuch E. Husserls der beachtenswerteste. Er verdient im besonderen auch Beachtung, weil er die Probleme nicht einfach zu ignorieren oder zu umgehen sucht (wie das in den meisten den gegenwärtigen Philosophiebetrieb dominierenden Bestrebungen der Fall ist), sondern weil er sozusagen als Gegenmodell zu dem des neukantianischen Kritizismus gedacht war und in bestimmten Kreisen (dem Kreis der Phänomenologen und den Kreisen verwandter Positionen) immer auch noch gedacht wird.

Von einem bestimmten Punkt seiner Entwicklung an hat. E. Husserl die Phänomenologie nämlich als transzendentalen Idealismus ausgebildet. Das geschah zweifellos unter dem Einfluß der Kritizisten, aber eben anders als bei den Kritizisten, die ja ihre Lehre ebenfalls als Transzendentalphilosophie verstanden. Die Schüler und all die, die Husserls früherer Lehre anhingen bzw. nahestanden, haben diese Entwicklung Husserls nicht mitgemacht. Sie sahen in ihr, nicht ganz zu Unrecht, eine Abkehr vom ursprünglichen Konzept der Phänomenologie. Sie distanzierten sich von der transzendentalen Wende derselben.[4]

Der sachlich erste Gedanke der zu einer Transzendentalitätstheorie gewendeten Phänomenologie ist der Gedanke der Intentionalität. Husserl geht aus von der Phänomenanalyse der Erkenntnis. Da gibt es das natürliche, den transzendenten Gegenstand meinende, auf den transzendenten Gegenstand gerichtete Bewußtsein und den transzendenten Gegenstand, der im Bewußtsein vermeint ist und der zusammen mit anderen Gegenständen, deren Inbegriff die Welt ist, an sich seiend ist. Diese Sachlage bringt es nach Husserl mit sich, daß wir davon ausgehen müssen, die Transzendenz ist als die wesentliche Bestimmung sowohl für die Fassung des Bewußtseins als auch der des Gegenstandes zu betrachten. Husserl lehrt, daß das Bewußtsein ursprünglich auf Transzendentes bezogen ist, daß Bewußtsein immer Bewußtsein von etwas ist, und daß Gegenstand umgekehrt nur das ist, was in einem Bewußtsein vermeint ist, worauf sich ein

4 Heidegger ist die Ausnahme. Er sucht den Wandel der Husserlschen Auffassung zu begreifen. Sein Werk belehrt uns, daß er Husserls Argumente begriffen hat und daß er die gedanklichen Möglichkeiten, die mit dem Wandel der Phänomenologie zu einer Transzendentalitätstheorie aufbrachen, gezielt ausgeschöpft hat, daß er sie mit bestimmter Zielsetzung bis in ihre über Husserls Position erheblich hinausführenden Konsequenzen verfolgt, hierbei allerdings in nicht wenigen Punkten auch existentialistisch kontaminiert hat. Gewisse Heideggerianer vor allem der jüngsten Generation sehen in der Heideggerschen Kontamination des transzendentalen Gedankens, die bei genauem Zusehen als eine Depravation einzuschätzen ist, allerdings die Chance, diesem Gedanken gänzlich die Eindeutigkeit zu rauben und so eine Vielfalt in ihren Augen großer Gedanken zu entwickeln.

Bewußtsein richtet. Die Transzendenz ist, wenn wir die von Husserl selbst verwendete Formel gebrauchen wollen, Transzendenz in der Immanenz. Sie ist ein innerhalb des Bewußtseins, also bewußtseinsmäßig konstituierter Seinscharakter. Sie ist insofern eine transzendentale Funktion, d.h. eine Funktion der Transzendentalität des Bewußtseins. Diese besteht in der ursprünglichen Bezogenheit des Bewußtseins auf seinen Gegenstand bzw. seine Gegenstände und deren Inbegriff, die Welt. Sie dokumentiert sich nach Husserl in der Intentionalität. Diese ist für das Bewußtsein kennzeichnend. Deshalb nennen wir diesen Grundgedanken der Husserlschen Philosophie den der Intentionalität.

Der zweite Grundgedanke der transzendentalen Phänomenologie Husserls ist der, daß dem natürlichen Bewußtsein das Eigentliche seiner Intentionalität verhüllt ist, d.h. daß das Bewußtsein in seiner natürlichen Aktivität von der Transzendentalität seiner nicht weiß, daß aber diese Transzendentalität freigelegt werden muß, soll die Transzendenz des Gegenstandes und hiermit gerade das Meinen des natürlichen Bewußtseins einsichtig werden können. Da die Sichtung dessen, was die Meinung des natürlichen Bewußtseins, des Bewußtseins in seiner natürlichen Aktivität, die (einzige) Aufgabe ist, die durch die Phänomenanalyse der Erkenntnis oder auch jeglicher anderen Bewußtseinsleistung aufgeworfen ist oder wird, ist die Philosophie in Konsequenz die universale Theorie der Transzendentalität des Bewußtsein. Damit ist gemeint, die Philosophie hat die Intentionalität des Bewußtseins in ihrer ganzen Konstitutivität aufzuklären. Sie hat die Herkunft der Bestimmungen des Bewußtseins aufzuklären; sie ist konstitutive Herkunftsenthüllung; sie ist Lehre von der Genealogie der Bestimmungen des Bewußtseins, die immer Bestimmungen von etwas, Bestimmungen mit dem Funktionssinn der Transzendenz und von daher Bestimmungen von Seinssinn sind. Das ist nicht Psychologie oder irgendwelche Anthropologie, das ist transzendentalphänomenologische Konstitutionsforschung, das ist eine Wissenschaft, der es um die Einsicht von der Ermöglichung der primären, natürlichen Gegenstandsvermeinung geht. Weil es ihr ausschließlich um diese Einsicht, die Einsicht der Ermöglichung der Gegenstandsvermeinung geht, ist die transzendentale Phänomenologie auch kein absurder Idealismus, sondern strenge Wissenschaft. Philosophie ist für Husserl strenge Wissenschaft, in einem bestimmten Verständnis sogar die einzige strenge Wissenschaft. Sie ist strenge Wissenschaft, weil sie mit der Erklärung der Ermöglichung der primären Gegenstandsvermeinung die Letztbegründung dieser Vermeinung liefert.

Ein dritter Grundgedanke der transzendentalen Phänomenologie betrifft die methodische Organisation der Letztbegründung der primären Gegenstandsvermeinung. Es ist der Gedanke der sogenannten phänomenologischen Reduktion. Die phänomenologische Reduktion bildet den Übergang von der natürlichen zur transzendentalphänomenologischen Bewußtseinshaltung. Sie beendet die Naivität der natürlichen Bewußtseinshaltung. Sie legt den Blick frei auf den Grund, aus dem alles ist, was es für ein Bewußtsein gibt, das leistende Bewußtseinsleben, in dem sich alles Welthafte konstituiert. Durch sie wird die Thematik der leistenden Subjektivität und der Welt, als des Inbegriffes dessen, was es gibt, das geleistete Objekt, begründet. Sie wird begründet durch die Einklammerung der natürlichen Weltgedanken, d.h. durch die Einsicht, daß die Welt und die Weltstücke Bewußtseinsphänomene sind. Darum heißt diese Reduktion phänomenologische Reduktion. Sie ist aber nicht nur phänomenologische, sondern auch eidetische Reduktion. Eidetische Reduktion ist sie insofern, als die leistende Subjektivität, auf die sie führt, die Quelle für alles „es gibt", nicht etwas ist, das als einfachhin in der Welt seiendes gewußt wäre, sondern das als etwas gedacht wird, das in gewissem Sinne, nämlich rücksichtlich seines Status, mundan wie extramundan ist. Die Subjektivität, die durch die phänomenologische Reduktion thematisiert wird, ist die reine, in dem Verstande des der Bestimmtheit von Welt Vorausliegenden, diese ermöglichenden, aber gleichwohl mundane Subjektivität, das reine Wesen von Subjekt überhaupt, der Inbegriff der Wesensbestimmungen von leistendem Bewußtsein überhaupt. Diese Wesensbestimmungen von leistendem Bewußtsein überhaupt werden in eigener Thematik in der beschreibenden Exposition des beständigen Flusses des reinen Bewußtseinslebens gefaßt. Sie sind das, das eben wegen seiner Mundanität wie gewissen Extramundanität in eigener Qualität erfahren wird. Sie haben Erfahrungsqualität. Aber diese Qualität ist die eigene transzendentale, eidetische Qualität. Der Erfahrungsbegriff ist von der phänomenologischen, in die Eidetik führenden Reduktion her zu verstehen. In diesem Verständnis kollidiert er nicht mit der Vorstellung, der Erfahrung von Objekten entgegengesetzt zu sein. Diese fokussiert allerdings seine reduktive Funktionalität.

Ein vierter Grundgedanke der transzendentalen Phänomenologie betrifft den Inhalt der in Frage stehenden Erfahrung, die Bestimmungsstücke der reinen Subjektivität. Das auffälligste und gewichtigste Bestimmungsstück der reinen Subjektivität ist die ursprüngliche Zeitlichkeit. Die reine Subjektivität ist zeitlich strukturiert, zeitlich freilich im mundan-transzendentalen Verstande, nämlich so, daß sie (die reine Subjektivität) Zeit konstituiert. Die Zeitlichkeit des Vermeinten als Vermeinten (mit allem, was dazu gehört) ist Leistung der Subjektivität. Und die Subjektivität vermag diese Leistung nur zu erbringen, indem sie sich selbst als zeitlich konstituiert, indem sie selbst Zeitlichkeit, d.h. ursprüngliches Zeitbewußtsein ist. Dadurch daß die reine Subjektivität ursprüngliches Zeitbewußtsein ist, begreift sie sich selbst wie alle ihre Leistungen notwendig als Zeitliches. Sie ist sich präsent.

Zu dem Bestimmungsstück der ursprünglichen Zeitlichkeit gesellt sich das der Konkretheit. Die reine und transzendentale Subjektivität ist konkrete Subjektivität. D.h.: Im Vollzug der Einklammerung der natürlichen Welthabe, in der Reduktion, stößt das Subjekt auf sich in der Mannigfaltigkeit seiner leistenden Akte, seiner Noesen. Wie die Welt eine offene Mannigfaltigkeit von Gegenständen oder (in der Reduktion) von Gegenstandsgedanken ist, so ist der leistende Grund der Gegenstandsgedanken, die reine Subjektivität, eine offene Mannigfaltigkeit, eine Mannigfaltigkeit leistender Akte. So mannigfaltig diese Akte sind, so verschieden ist die Rolle, die sie im Getriebe der reinen Subjektivität spielen. Das ist sehr bedeutsam; das ist jedoch nicht entscheidend. Entscheidend ist, daß sich in und bei und gerade ob aller Mannigfaltigkeit eine gewisse Habitualität des reinen Ego herausbildet. Das reine Subjekt ist ein Ego und dieses Ego zeigt einen Habitus. Insofern sind seine Leistungen als ein Besitz zu werten. Das Ego verfügt sozusagen über diesen Besitz an Leistungen. Wie jeder Besitz ist er veränderlich; aber er ist nicht grenzenlos und er ist auch nicht beliebig veränderlich. Gewisse Leistungen werden früher oder später aufgegeben, gewisse Leistungen werden dauernd festgehalten, als unveräußerlicher lebendiger Besitz bewahrt. Darin liegt, daß dem reinen Ego die Identität einer über einen Lebenszusammenhang hinweg konsistierenden Person zukommt. Husserl hat diese Einsicht zu der Lehre von der ursprünglichen Geschichtlichkeit der reinen Subjektivität ausgebaut. Die reine Subjektivität ist die konkrete Subjektivität einer Geschichte, d.h. eines Zusammenhanges aktiven Tuns und passiven Geschehens, beides als konstitutive Genesis der jeweiligen konkreten Bestimmtheit eben der reinen Subjektivität verstanden.

Die Bestimmung der ursprünglichen Geschichtlichkeit der reinen Subjektivität wäre nicht denkbar, wenn sich die reine Subjektivität nur als reines Ich und nicht auch als reines Wir bestimmte. Die reine Subjektivität besitzt sowohl Ich- wie Wirstruktur. Sie ist ebensosehr reines Ich wie reines Wir; sie ist Monade und Monadengemeinschaft. Sie ist dies in der Weise der von der adäquaten, d.h. originär gebenden und apodiktischen Erfahrung der Selbstgegenwart des Ich ausgehenden Konstitution der Intersubjektivität, mit der sich schließlich auch die Konstitution der Objektivität vollzieht. Ist aber erst einmal Objektivität möglich, so ist auch die Konstitution der Welt als Objektionsleistung möglich. Die Konstitution der Welt, als meiner, deiner, seiner, unserer Welt, zu leisten, ist darum selbst noch eine, die letzte Bestimmung der reinen Subjektivität.

Ein letzter Grundgedanke der transzendentalen Phänomenologie schließt sich unmittelbar an. Es ist der Gedanke der Sicherung der Erfahrung, die alle Möglichkeitsfragen beantwortet bzw. beantworten soll, der Erfahrung der reinen Subjektivität. Denn diese Erfahrung kann die ihr zugedachte Rolle nur ausfüllen, wenn sie wahrhaft unbezweifelbar, wenn sie schlechthin gültig ist. Husserl hat diesen Gedanken der apodiktischen Sicherung allen Wissens zu seiner Lehre von der Evidenz ausgestaltet. Diese Lehre besagt im Entscheidenden, daß zu jedem Bewußtsein von etwas seine Evidenz gehört. Damit ist gemeint: Jedes Bewußtsein ist entweder schon evident, d.h. es ist originär gebende Anschauung seines Gegenstandes, oder es fordert Evidenz, d.h. es muß notwendig in Selbstgebung des Gegenstandes überführt werden, durch Synthesen der Erfüllung bis zur schließlichen Bewährung des Gedachten in der originären Schau des Gegenstandes. Diese Entproblematisierung ist vielfach abgestuft. Absolut begründend ist sie, soweit sie apodiktische Evidenz erreicht. Apodiktische Evidenz ist die Evidenz von Unbedingtem. Sie kommt dem Gedanken zu, der noch die Voraussetzung seiner Infragestellung ist, dessen Leugnung also unausdenkbar ist. Darin liegt aber nicht, daß sie theoretischer oder gar logischer Natur ist oder gar sein muß. Ihre Wahrheit ist ursprünglich sogar immer vorprädikative Wahrheit. Die transzendentale Selbsterfahrung „ich bin" ist genau der Gedanke von solcher Bestimmtheit. Sie ist von apodiktischer Evidenz. Darum vermag sie auch die Grundlage aller Möglichkeitsbegründung abzugeben.

Wenn wir die beiden dargelegten Positionen vergleichend würdigen, so müssen wir feststellen: Dem Versuch E. Husserls, über den neukantianischen Kritizismus hinauszukommen, war oder ist zweifellos ein gewisser Erfolg beschieden. Denn gewiß ist in den Grundgedanken der Husserlschen transzendentalen Phänomenologie keines der Probleme unberücksichtigt geblieben, die schon den neukantianischen Kritizismus bewegten. Alle Probleme desselben sind aufgenommen und einer mehr oder weniger neuartigen Behandlung zugeführt. In zahlreichen Punkten weist diese neuartige Behandlung unverkennbare Vorteile auf. So ist der transzendentale Charakter der Transzendenzproblematik, der schon von den Neukantianern klar erkannt worden ist, in der Lehre von der Intentionalität der Erkenntnis zu gesteigerter Deutlichkeit gebracht; so ist die Zentralität der Aufgabe der transzendentalen Herkunftsenthüllung der Bestimmungsstücke des Bewußtseins, deren Nachweis die neukantianischen Kritizisten bereits ihre ganze Aufmerksamkeit und beträchtlichen Scharfsinn gewidmet haben, doch erst durch Husserls Gedanken der transzendentalphänomenologischen Konstitutionsforschung zu hinreichend detaillierter Bestimmtheit gebracht; so ist vor allem die Subjektivitätsproblematik in Husserls Ausführungen entschieden gefördert. Die Bestimmungen der Zeitlichkeit, der Geschichtlichkeit, der Ich- wie Wirstruktur der Subjektivität, wie überhaupt der Gedanke der Konkretheit der reinen Subjektivität sind zwar durchweg geltungsnoetisch ausgerichtete, aber doch höchst beachtenswerte

Bestimmungen.[5] Sie sind im neukantianischen Kritizismus allenfalls ansatzweise behandelt. Denn bei allen Versuchen, den Hiat zwischen der reinen Subjektivität und der von den neukantianischen Kritizisten so genannten empirischen Subjektivität des Menschen abzuschwächen oder für die Folgeproblematik zu neutralisieren, ist dieser doch das augenfällige Charakteristikum der neukantianischen Subjektslehre geblieben. Husserl hat den Hiat zu vermeiden gewußt. Das hat seine Lehre überaus anziehend machen müssen und auch tatsächlich gemacht. Denn nicht zuletzt an jenem Hiat zwischen der reinen Subjektivität der Prinzipien der Geltung und der empirischen Subjektivität des Menschen entzündete sich die Kritik am Kritizismus des Neukantianismus.

Wenn die Vorzüge der Husserlschen Position gegenüber der des neukantianischen Kritizismus hervorzuheben sind, so dürfen doch auch die Nachteile nicht verschwiegen werden. Sie kumulieren zu dem besonders schwerwiegenden Nachteil des Mangels der Striktheit der Geltungsbegründung. Er ist selbstverständlich ebenfalls fortwirkend und seine Wirkung ist sogar weit destruktiver als die Auswirkungen der Nachteile des neukantianischen Kritizismus. Denn er betrifft den Begründungsabschluß. Der neukantianische Kritizismus sucht und findet den Begründungsabschluß in den Prinzipien der Geltung. Von diesen her ist eine logische und methodische Kriteriologie zu entwickeln. Husserl hingegen verlegt den Begründungsabschluß aus der logischen Sphäre der Geltungsprinzipien heraus in die Sphäre evidenter apriorischer Erfahrung. Der Grund, in dem alle Begründung ruht, ist demnach ein Erfahrungsgrund. Und für diesen Erfahrungsgrund steht letztlich in und bei allen Anstrengungen Husserls doch nur ein der Erfahrung eigener kriterienirreferenter Faktor zur Verfügung, die Evidenz, soweit sie originär gebend ist. Dieser doch nur weil völlig kriterienirreferente bewußtseinstheoretische Vorschlag ist allerdings nichts anderes als eine Bankrotterklärung des ganzen Letztbegründungsgedankens. Denn was da als Letztinstanz aller Begründung in Ansatz gebracht ist, ist alles andere als ein universales, durchgehendes, Kriterien verheißendes und so Irrelativität bei aller Relativität denkendes Prinzip. Es ist nichts als die Sättigung der Erfahrung, und das in monadischer Bestimmtheit. Als solches ist es genau von der Bestimmtheit, die der Bestimmtheit eines universalen, durchgehenden, Begründetheit verheißende Kriterien bereitstellenden Prinzips entgegengesetzt ist. Die Geltung

5 Auf diese Vorzüge hat bereits nachdrücklich hingewiesen Hans Wagner in seinen Kritischen Betrachtungen zu Husserls Nachlaß in: *Philosophische Rundschau* 1, 1953, 1–22 und 93–123. Ich folge Wagner in seinem Urteil. Die einseitig geltungsnoetische Orientierung der Husserlschen Bestimmungen kann ich allerdings, wie sich herausstellt, letztlich nicht erfolgreich finden.

der Leistungen des Subjekts kann aber letztlich nur von einem solchen Prinzip oder einem Komplex solcher Prinzipien garantiert sein. Denn gerade wenn man mit der Konkretheit des Subjektes ernst macht, gehört zu den Bestimmungen dieses Subjektes eines notwendig mit hinzu, die Bestimmung der Fallibilität seiner Leistungen. Ein Subjekt, das nicht mit den Prinzipien der Geltung identisch ist, das also Subjekt im Vollsinne, der konkret leistende Grund allen gültigen oder ungültigen Sinnes ist, das also, wie Husserl richtig erkannt hat, zeitlich, geschichtlich und monadisch-intermonadisch ist, kann für seine Leistungen nicht eo ipso Letztbegründetheit beanspruchen. Letztbegründet sind diese Leistungen nur insofern, als sich nachweisen läßt, daß sie in und bei ihrer Erfahrungsgesättigtheit und ungeachtet ihrer inhaltlichen Kontingenz gemäß universalen, durchgehenden Prinzipien erfolgen, mag diese Ausrichtung auch noch so unzulänglich sein. Diese universalen, durchgehenden Prinzipien können unmöglich etwas mit der Erfahrung, wie Husserl sie faßt, zu tun haben. Zufolge ihrer Universalität, ihrer Durchgängigkeit ist ihre originäre Gegebenheit affirmativ ausgeschlossen. Sie müssen kriteriologischen und hiermit geltungslogischen Charakters sein. Und nur wenn der intentionale Grund von diesem her sich definiert, vermag er überhaupt Geltungsgrund zu sein. Das ist genau das, was der neukantianische Kritizismus lehrt. Darum ist dieser in diesem entscheidenden Punkt der Fassung des Prinzipienverhältnisses der Lehre Husserls überlegen. Er hat es zumindest vermieden, die Fallibilität zu einer Instanz der Gefährdung des geltungstheoretischen Prinzipienverhältnisses werden zu lassen. Husserls Lehre läßt sich gerade diesen Lapsus zuschulden kommen.

Beide Lehren sind nach der getroffenen Einschätzung Lehren mit beachtlichen Vorzügen, aber auch mit beachtlichen Unzulänglichkeiten. Dabei konvergieren die letzteren in dem Punkt der Bewältigung der geltungsfunktionalen Einordnung des Subjektes in die geltungsreflexive Begründungsdeduktion. Bekanntlich hat Kant diese Aufgabe mit seiner Lehre von der transzendentalen Deduktion, insbesondere der dieser eigentümlichen Apperzeptionslehre, zu bewältigen gesucht. Dieser Versuch hat jedoch nicht völlig zur Überwindung der auf Kant überkommenen Vermögenslehre geführt. Diese Lage vor Augen ist der neukantianische Kritizismus, wie sich gezeigt hat, die Apperzeptionsforschung nur sehr zögerlich angegangen. Das Resultat ist die unzulängliche Ausarbeitung einer prinzipientheoretisch artikulierten Subjektsthematik. Husserl verfährt genau anders. Ihm ist die Schwäche oder vielmehr die unterschiedliche Deutungsmöglichkeit der Kantischen Apperzeptionslehre Stachel zur Entwicklung einer den Gegensatz von prinzipieller und konkreter Funktionalität überwindenden Subjektslehre. Von F. Brentanos Intentionalitätslehre bis zu H. Rickerts Prophysik und P. Natorps Transzendentalpsychologie hat er sich hierzu die Inspiration und auch so manchen Baustein geholt. Dadurch ist manche Einseitigkeit jener Lehren getilgt. Aber um welchen Preis. Der Preis ist das Abgleiten in die Gleichung von Geltungsreflexion und Akt- bzw. Verhaltensreflexion und hiermit die Plazierung einer Bewußtseinsverfassung und einer dieser entsprechenden Gegebenheit in der Letztbegründungssphäre. Für diese Sicht der Letztbegründung ist nicht eine geltungslogische Prinzipienlehre, eine Lehre, die ausschließlich auf logische Argumente baut, also das, was die Letztbegründung zu einer auf Strukturen fußenden kriteriologischen Angelegenheit macht, ausschlaggebend. Sie kann nur in sich abgestufte Evidenzen für den Gang der Letztbegründung zulassen. Das läßt sie am Ende eine ontologistische wie intuitionistische appellative Begründungslehre sein. Es ist der Appell an die zuletzt und ausdrücklich sogar in den vorprädikativen Bereich verwiesenen Evidenzen, dem die Letztbegründung überantwortet ist.

Der eine wie der andere der diskutierten Beiträge ist demnach nur als die Aufforderung zur Weiterarbeit an der von ihm in den Blick genommenen und von ihm gestalteten Problematik zu verstehen. Hans Wagner hat sich dieser Aufforderung gestellt. Er hat die besagte Aufforderung als den Hinweis verstanden, die Objektivitäts- wie die Subjektivitätsproblematik auf ein und derselben Ebene zu bewältigen, und seiner Meinung nach kann dies nur in prinzipientheoretisch-urteilslogischer Argumentation gelingen. Im Ziel dieser Argumentation muß die Geltungsqualifikation des Wissens sowohl nach der Seite der Apodiktizität wie nach der Seite der Kontingenz verständlich sein. Was seine Bemühungen tatsächlich erbringen, ist indes eine die Position des neukantianischen Kritizismus wie die Position der Husserlschen Transzendentalphänomenologie zweifellos in einer gewissen Zusammenführung weiterführende Analyse von Aktleben und Geltungsqualifikation des Wissens, und zwar in der Weise, daß diese Analyse wie eine prinzipientheoretische Deduktion sich ausnimmt. Es handelt sich jedoch nicht wirklich um eine Geltungsdeduktion. Es ist eine Prinzipien- bzw. Aprioritätendogmatik. Für jeden geltungsdeduktiven Aspekt werden Prinzipien in Anspruch genommen bzw. bereitgestellt. So bietet Wagner ein Ensemble von implikativ verbundenen sich aufstufenden Aprioritäten an. Die geltungsprinzipiierende Funktion dieser Aprioritäten steht für ihn außer Frage. Aber die unverzichtbare Deduktion derselben übergeht er. Er übergeht sie, weil er die Analyse der Geltungsqualifikation, die er sehr zutreffend als Reflexionsproblematik sieht, dennoch vorwiegend als Intentionalitätsanalyse, d.i. im Verbund von Gehalts- und Aktanalyse mit dem Schwerpunkt auf der Gehaltsanalyse, aber gleichwohl nicht als Strukturanalyse, sondern eben als Analyse des Verbundes von Gehalts- und Aktkonstitution abhandelt.

Zeidler erkennt das und kritisiert es zurecht als Unzulänglichkeit. Sozusagen mitlaufend bringt es ihn in die Gegenposition zur Position des Verfassers. Er stellt nämlich, die unterschiedliche Gewichtung, die Wagner in dem Verbund von Gehalts- und Aktanalyse vornimmt, nicht ganz zutreffend einschätzend, fest: Flach stimmt mit Wagner darin überein, daß die noematische Geltungsreflexion der einzig erfolgreiche Analyseweg der Gegenstandsbestimmung ist[6] und daß er dementsprechend die einzige Option, die der fundamentallogischen Explikation offensteht, in der Orientierung „an der logischen Form der Gegenstandsbestimmung"[7] sieht. Diese Orientierung habe er mit „bewundernswerter Konsequenz"[8] wahrgenommen. Herausgekommen ist dabei nach Zeidler ein „logisch-funktionaler Monismus der Geltung […], der alle ontologisch-subjekttheoretischen Fragen als ‚Anschlußthematik' in eine zur philosophia secunda herabgestuften Ideenlehre verbannt."[9] „Die Geltungstheorie bekräftigt sonach mit der Unterscheidung zwischen philosophia prima qua Bestimmungs- und der philosophia secunda qua Selbstgestaltungstheorie den Subjekt-Objekt-Dualismus der neueren Philosophie."[10] Es wird deutlich, „daß die Geltungstheorie an einem unbewältigten Fundierungs- und Vermittlungsproblem krankt."[11] Der begründungstheoretische Anspruch ist in einen bestimmungstheoretischen umgebogen.[12] „Die Theorie der Gegenstandsbestimmung ist demzufolge Letztbegründungstheorie […]."[13]

Zeidler hat die Medizin zur Behebung der von ihm diagnostizierten bestimmungs- resp. urteilstheoretischen Krankheit: „*Das Urteil ist die logische Form der Bestimmung, die fundamentale logische Form aber ist der Begriff und die logische Form der Begründung ist der Schluß.*"[14] Die Vermengung von Bestimmung und Begründung muß aufgegeben werden. An ihre Stelle hat die Berücksichtigung der die Trennung von Subjektivität und Objektivität überwindenden apperzeptiven Selbstkonstitution und Selbstregulation zu treten.

---

6 K.W. Zeidler: Stufen der Apriorität oder apriorische Synthesis?, in: Ch. Krijnen u. K.W. Zeidler (Hg.): *Reflexion und konkrete Subjektivität*, Wien 2017, 333.

7 K.W. Zeidler: Bestimmung und Begründung, a.a.O., 298.

8 K.W. Zeidler: Stufen der Apriorität oder apriorische Synthesis?, a.a.O., 333.

9 K.W. Zeidler: Stufen der Apriorität oder apriorische Synthesis?, a.a.O., 333.

10 A.a.O., 334.

11 Ibid.

12 A.a.O., 337 u. 341.

13 K.W. Zeidler: Bestimmung und Begründung, 299.

14 Ibid.

Was aber heißt dies? Zeidler konstatiert selbst: Letztbegründung kann nur „ihre Voraussetzungen einholende Form der logischen Begründung" sein.[15] Diese Feststellung ist unbestreitbar. In ihr ist das schlechthin Entscheidende angesprochen. Denn in ihr ist angesprochen, daß, und darauf insistiert der urteilslogische Begründungsgedanke, das, was da in Frage kommt, eine Funktionalität sein muß, die Eigenbestimmtheit etabliert und die hiermit, d.i. qua diese Funktionalität, die Unbedingtheit ausmacht und in dieser Unbedingtheit die Bestimmungs- wie die Begründungsfunktionalität, und zwar im Verbunde, nicht nur möglich, sondern notwendig macht. Das ist entgegen aller Zeidlerschen Schlußlogik die Funktionalität, die in der Bestimmung eben als deren Eigenbestimmtheit vorliegt: die intrinsische Korrelation von Zubestimmendheit, Bestimmbarkeit, Bestimmtheit und Unbestimmtheit. Allein in dieser Korrelation ist Bestimmung die Funktionalität, die Selbstbestimmung wie Selbstbegründung ausmacht. Nur in dieser liegt überhaupt das eine wie das andere vor. Nur in Bezug auf diese kann somit von Letztbegründung die Rede sein. Nur aus dieser Funktionalität heraus kann sich deshalb auch Derartiges derivieren, das seine Konstitution wie seine Regulation bei sich hat und das in dieser Rücksicht in strikter Verbindlichkeit geregelt ist, sodaß die Regelung kriteriologisch nutzbar ist, für den, dem das als konkretes Wissen sich darstellt, für den somit Geltung in Konkreszenz die Sache ist, die Sache von Zubestimmendheit, Bestimmbarkeit, Bestimmtheit und Unbestimmtheit. Für diese Momente muß somit das nach Zeidler in der Geltungslehre des Verfassers verdrängte Wissen um die, wie Zeidler formuliert, lebendige und zeugende Einheit (apriorische Synthesis) des Begriffs gefunden werden. Sie ist, freilich nicht im Zeidlerschen Verstande, zu finden und sie ist gefunden, für das Moment der Zubestimmendheit in der bestimmungsintrinsischen Funktion der Intention, für das Moment der Bestimmbarkeit in der bestimmungsintrinsischen Funktion der Aufgabe, für das Moment der Bestimmtheit in der bestimmungsintrinsischen Funktion des (definiten) Objektums, für das Moment der Unbestimmtheit in der bestimmungsintrinsischen Funktion des (indefiniten) Transobjektums. All diese Funktionen sind Objektionsfunktionen und als solche transzendentallogische Qualifikationen. Und sie weisen auf eine bestimmungs- wie begründungsorientierte geltungsstrukturale Verfassung des Wissens (und nicht auf ein sich selbst konstituierendes wie selbst regulierendes Ich) hin. Nur in dieser kann Erkenntnis vorliegen. Die ist urteilsstrukturiert. Der Schluß ist der Urteilszusammenhang. Diesem ist nicht zuletzt die von der Allgemeinheit und Apodiktizität bis

15 K.W. Zeidler: Stufen der Apriorität oder apriorische Synthesis?, a.a.O., 340.

zur Einzelheit und Kontingenz reichende noematische Selbstregulation einschließlich der Selbstrevision, somit die umfassende Erkenntnisorganisation des Wissens eigen. Sie ist ihm eigen, weil für ihn, mit Kant gesprochen, die Homogenität, die Kontinuität und die Spezifikation unabdingbar sind. Diese betreffen nämlich die internen wie die externen Beziehungen des Urteils, das eben dieser Beziehungen wegen das Wissen in sich selbst determinierender Prozeß-, Progreß-, Differentiations- und Integrationshaftigkeit auf einem jeweiligen Objektionsstand, d.i. in jeweiliger Begrifflichkeit, der Sachadäquanz verbunden sein läßt. Die Zeidlersche Schlußlehre arbeitet im Speziellen nichts dergleichen heraus. Sie zeichnet keinen Kanon und kein Organon der Bestimmung. Begrifflichkeit ist nicht gleich formale wie materiale, einen bestimmten Stand von Bestimmung und (deren) Begründung dokumentierende Sachbezogenheit des Wissens. Das ist überhaupt nicht ihr Fokus. Sie ist nicht einmal auf die Korrelation der Bestimmungsmomente und der in dieser sich definierenden geltungsnoematischen (urteilslogischen) Prinzipien fokussiert. Und das obwohl Zeidler die Lehre von den logischen Grundprinzipien positiv beurteilt. Dieser Fokus ist außer seinem Blickwinkel, weil er in der Korrelation der Bestimmungsmomente lediglich die Strukturierung von Bestimmung sieht. Daß da mit der Intrinsität der Korrelation auch Begründung, und zwar echte Selbstbegründung, d.i. Begründung, die Bestimmung immer auch Begründung sein läßt, vorliegt, erschließt sich ihm nicht. Die die Ichorientierung herstellende Verschränkung von Sachlichkeit und Performanz, die nicht zuletzt der Vagheit der natürlichen Sprache gerecht zu werden sucht und in Konsequenz dem entsprechende völlig eigene, in der Sicht Zeidlers noch immer Geltungsfunktionen in den Blick rückt, baut die Blockade auf.[16] Eigenbestimmtheit ist nicht noematische Bestimmtheit, sondern wie auch immer dem Icherlebnis und seiner faktischen (mentalen) reflexionssphärenhierarchischen Zentriertheit eigene Bestimmtheit.[17] Der dem entsprechende Ausweg muß gefunden werden. Zeidler findet ihn in der

---

16 Vgl. K.W. Zeidler: *Grundriß der transzendentalen Logik*, 2. Aufl. Cuxhaven/Dartford 1997, 176ff. [= 3. Aufl., Wien 2017, 231ff.] sowie K.W. Zeidler: Begriff und ‚Faktum' der Wissenschaft, in: Ch. Krijnen und K.W. Zeidler: *Wissenschaftsphilosophie im Neukantianismus*, Würzburg 2014, 96ff.

17 Wer reflexionssphären- bzw. reflexionsstufenhierarchische Geltungswerte in Ansatz bringen zu müssen meint, das hat schon das Beispiel der Anstrengungen G. Günthers gezeigt, kann nur bei einer Morphogrammatik enden. Und diese entpuppt sich auch und besonders im Falle der Anstrengungen Zeidlers als nichts denn der Versuch der operationalen Abbildung der unregistrierten geltungsanäretischen Wendung der Begründungsfrage. Siehe die Schlußbemerkungen!

pragmatischen Wende, die seine „transzendental-phänomenologische" Schlußlehre ausmacht. Das ist aber eben nur ein Ausweg. Der blockadefreie, geradlinige, d.i. stringente, Weg ist die prinzipientheoretische Geltungsnoematik. Sie führt direkt in die geltungsnoematische Strukturtheorie, die Urteilslogik. Deren Thematik ist, wie bereits berührt, die der internen wie der externen Bezüge des Urteils und der auf Grund dieser in Selbstdetermination sich aufbauenden Prozeß-, Progreß- Differentiations- und Integrationsstruktur des Wissens. Sie taucht in Zeidlers Schlußlehre überhaupt nicht auf. Sie kann in dieser nicht auftauchen. Denn der Zeidlersche Schluß ist entgegen aller Rede vom Logischen nichts Logisches, sondern etwas Pragmatisches. Er hat nicht wirklich etwas mit der Prädikation zu tun. Er kann mit dieser nichts zu tun haben, weil in der Prädikation nicht ein als Mensch verstandenes „empirische[s] Subjekt als das transzendentale Subjekt [sich] konkretisiert",[18] das sind Zeidlers, seine die pragmatische Orientierung wiedergebenden Worte, die in geltungsnoetischer Akzentuierung auch Wagners Worte sein könnten – Zeidler ist Wagner viel näher als er einräumt und je einräumen würde –, sondern weil der Mensch mit der Prädikation geltungsfunktionalen Status, Subjektskompetenz, beansprucht, und hiermit sein Wissen geltungstheoretischen Statuskriterien unterwirft. Diesen gegenüber ist es seiner Erprobung ausgesetzt. Die ist immer die Erprobung der Sachadäquanz der konkreten Aussage. In dieser, d.i. in ihrer Vereinzelung, dokumentiert sich die Geltung als monadische Funktion. Geltungswertigkeit steht in Faktizität oder besser: ihrer Faktizität nach in Frage. Das heißt, daß die Bestimmung als Leistung verstanden wird, geleistet von einem konkret, jeweils Leistenden. Als diesen Leistenden versteht sich der Mensch. Er kann sich so aber nur verstehen, so er dem Kanon und dem Organon der Geltungsnoematik folgt. Durch diese ist er normiert. Das besagt, Subjektsfunktionalität ist gleich geltungsnoematische Normierung. Ontologisch-subjektstheoretische Fragen können da, Zeidler mag dies beklagen, nur nachgeordnete Fragen sein. Zu vorgeordneten Fragen kann man sie nur befördern, indem man verdeckte Lemmata in Anspruch nimmt, und zwar solche, die die geltungsnoematische Normierungsproblematik ausblenden bzw. wie bei Wagner anhand der Zweigleisigkeit der Geltungsreflexion in eine noetische transformieren. Die häufig genug zutage tretenden Aktinsinuationen der Zeidlerschen Formulierungen oder gar die Berufung auf das „vernunftbegabte Ich" an Gelenkstellen der Argumentation – selbstverständlich geht es sogleich um die „logische Explikation" des Verhaltens desselben (dargeboten in einer an Überlegungen U. Blaus angelehnten, mit einem alles anderen als

18 K.W. Zeidler: Bestimmung und Begründung, a.a.O., 319.

prinzipientheoretischen Geltungsbegriff arbeitenden sechsstelligen „Reflexionslogik") – verraten, daß es in Zeidlers Argumentation so ist. Die Intention ist die „Erschließung einer von bestimmungstheoretischen Rücksichten freien Begründungstheorie".[19] Zu diesem Zweck wird der Begriff in der Explikation des von Zeidler aus den aristotelisch-scholastischen Schlußfiguren unter Ignoranz deren Prädikationsbasis und Verwertung Peirce'schen Gedankengutes herausgelesenen dreifachen (deduktiven, induktiven, abduktiven) Schlusses als die Begründungsoperationalität aufgefaßt, die im „Zusammenspiel von abduktiver Setzung, induktiver Bewährung und deduktiver Stabilisierung"[20] (dem erkennenden Subjekt) den Fall einer Regel und hierbei das Sinnallgemeine erschließt.[21] In welchem Verständnis diese Begründungsvorstellung noch geltungstheoretischer Observanz ist und was diese Auffassung von Begriff für die formale wie die materiale Erprobung der Sachadäquanz der Sachaussagen, die ja letztlich immer die Erprobung der diese leitenden Grundsätze ist, erbringt, ob und wenn ja wie sie diese (in der Weise des vorgeführten „philosophisch relevanten Formalismus"[22]) überhaupt eröffnet, ob und inwiefern sie also überhaupt noch Bestimmung kriteriologisch beurteilbar macht, ist nicht der Punkt. Es kommt auf Anderes an. Es kommt darauf an, den Begriff als ursprüngliche (sich selbst begründende) „Synthesishandlung", „apriorische Synthesis", d.i. geltungskriterienimmun, zu erweisen und darüber die Geltungsderivativität des erkennenden Subjektes, das in seiner Geltungsderivativität ebenso durch Erkenntnissuffizienz wie Erkenntnisdefizienz, Fallibilität, gekennzeichnet ist und das eben deswegen nicht in die Letztbegründungsrolle (oder wie bei Wagner in polarisierender Dimensionalität[23] sowohl in die Letztbegründungsrolle wie in die Faktizitätsrolle) zu schlüpfen vermag, zu paralysieren und auf diesem Weg der „trivialen [sprachhandlungseigenen Vf.] Regeletablierung" das von Zeidler diagnostizierte „unbewältigte Fundierungs- und Vermittlungsproblem", das, nach seiner

---

19 K.W. Zeidler: Bestimmung und Begründung, a.a.O., 302.

20 K.W. Zeidler: Stufen der Apriorität oder apriorische Synthesis?, a.a.O., 350.

21 Es ist schwer, sich nicht an Kants Bestimmung des Überganges zwischen Theorie und Praxis zu erinnern. Sie besagt, „zu dem Verstandesbegriffe, welcher die Regel enthält, muß ein Actus der Urtheilskraft hinzukommen, wodurch der Praktiker unterscheidet, ob etwas der Fall der Regel sei oder nicht". I. Kant: *Werke*, AA VIII, 275. Im Blick steht die Sprachpraxis.

22 *GtL*^{2}, 187 [= *GtL*^{3}, 246].

23 Vgl. Vf.: Das Konzept der geltungstheoretischen Erkenntnislehre, in: Ch. Krijnen u. K.W. Zeidler (Hg.): *Reflexion und konkrete Subjektivität*, Wien 2017, 101–102, Anm. 2.

Argumentation zu urteilen, nur das der Verschmelzung von Logik und Ontologie in einer vermeintlich geltungstheoretischen, aber in der Sache den geltungstheoretischen Bekundungen entgegen wahrhaft trivialen geltungsanäretischen Subjektsontologie ist und sein kann, zu bewältigen. Das Ende ist somit eher die Absage an die geltungstheoretische Letztbegründungskonzeption als die Übereinstimmung mit dieser.

Literaturverzeichnis

Flach, Werner: Das Konzept der geltungstheoretischen Erkenntnislehre, in: Ch. Krijnen u. K.W. Zeidler (Hg.): *Reflexion und konkrete Subjektivität. Beiträge zum 100. Geburtstag von Hans Wagner (1917-2000)*, Wien 2017, 91–102.

Kant, Immanuel: *Über den Gemeinspruch: Das mag in der Theorie richtig sein, taugt aber nicht für die Praxis*, 1793 = AA VIII, 273–313.

Lenk, Hans (Hg.): *Neue Aspekte der Wissenschaftstheorie*, Braunschweig 1971.

Wagner, Hans: *Philosophie und Reflexion*, München ²1967.

Wagner, Hans: Kritische Betrachtungen zu Husserls Nachlaß, in: *Philosophische Rundschau* 1, 1953, 1–22 und 93–123.

Zeidler, Kurt Walter: *Grundriß der transzendentalen Logik*, 2. Aufl. Cuxhaven/ Dartford 1997.

Zeidler, Kurt Walter: Bestimmung und Begründung. Zu Kants Deduktionen der Ideen der reinen Vernunft, in: Ch. Krijnen u. K.W. Zeidler (Hg.): *Gegenstandsbestimmung und Selbstgestaltung. Transzendentalphilosophie im Anschluß an Werner Flach*, Würzburg 2011, 297–320 [wieder abgedruckt in: ders.: *Vermittlungen*, Wien 2016, 333–365].

Zeidler, Kurt Walter: Begriff und ‚Faktum' der Wissenschaft, in: Ch. Krijnen u. K.W. Zeidler (Hg.): *Wissenschaftsphilosophie im Neukantianismus. Ansätze – Kontroversen – Wirkungen*, Würzburg 2014, 85–111 [wieder abgedruckt in: ders.: *Provokationen*, Wien 2018, 291–328].

Zeidler, Kurt Walter: Stufen der Apriorität oder apriorische Synthesis?, in: Ch. Krijnen u. K.W. Zeidler (Hg.): *Reflexion und konkrete Subjektivität. Beiträge zum 100. Geburtstag von Hans Wagner (1917-2000)*, Wien 2017, 331–354.

Thomas Knoppe (Straberg)

Der Haltepunkt des Begründens und der Ausgangspunkt des Beweises

Zur Disposition der Existenzphilosophie Kurt Walter Zeidlers

Kurt Walter Zeidler hält Kant und seinen Nachfolgern vor, die begründungstheoretische Problemkomplexion im Begriff der Transzendentalphilosophie wo nicht unterschätzt, da doch missverstanden, wenn nicht gar verkannt zu haben. Über die Berechtigung dieser Vorhaltung lässt sich ergiebig streiten, aber weder mit Blick auf Kant und seine Nachfolger, noch mit Blick auf Zeidler selbst abschließend befinden.[1] Daher werde ich mich im Folgenden darauf beschränken, die Konturen der von Zeidler der Transzendentalphilosophie zugrunde gelegten Problemkomplexion weitestgehend unabhängig vom polemischen Potential ihrer ‚Entdeckung' nachzuzeichnen. Die mich hierbei leitende Frage lautet: Beschreibt Zeidlers *Grundriss der transzendentalen Logik* in theoretischer

1 Vgl. G. Edel: *Hypothesis versus Linguistic Turn*, 178: „Der Maßstab, an dem sich jede Interpretation messen lassen und dem sie genügen muss, bleibt […] immer der interpretierte Text bzw. die interpretierte Theorie selber. Damit jedoch entsteht unmittelbar ein zweites, eng mit dem ersten Aspekt verknüpftes Problem. In aller Regel liegen philosophische Theorien heutzutage vor in und ‚bestehen' insofern auch aus Sätzen, Absätzen, Kapiteln, Buchteilen und ganzen Büchern. Selbst wenn nun ein Satz […] für sich und isoliert genommen so unzweideutig sein mag, dass besondere Interpretationsprobleme nicht auftauchen können bzw. sollten, so stellt sich das Problem der Interpretation doch sofort dann ein, wenn die Stellung des einzelnen Satzes im Blick auf ein bestimmtes Theoriestück, die Stellung eines einzelnen Theoriestücks im Blick auf die ganze Theorie und diese selbst zum Thema wird. Insofern sie mehr ist also die Summe ihrer Teile, nämlich ein bestimmter *Zusammenhang* sowohl der einzelnen Sätze, die ihre Teiltheoreme bilden, wie auch dieser Teiltheoreme untereinander, kann man sagen, dass die Theorie selbst und insgesamt – neben oder außer dem Buch, das sie gedruckt enthält – nur als Interpretation bzw. in Gestalt einer solchen greifbar und gegeben ist, genauer: dass auf sie de facto immer nur als auf *eine Interpretation von ihr* Bezug genommen wird, und zwar auch dann, wenn dies gerade nicht intendiert, sondern […] die Theorie als solche […] unverstellt zu fixieren beabsichtigt ist." Vgl. dazu auch in diesem Band Geert Edel: Zur Frage der Einheit der Vernunft. Kurt Walter Zeidlers schlusslogische Alternative zu Kant und Cohen.

wie praktischer Hinsicht das Bewusstsein, Urheber des Systems seiner Ideen zu sein?[2]

I

Zeidlers *Grundriss* beansprucht, Transzendentalität durch die Darstellung der Überwindung des Gegensatzes von Idealität und Realität im Ansatz der Erfahrung zu konkretisieren.[3] Im Erfahrungsansatz überschneiden sich der transzendentalpsychologische Weg, auf dem das sich zum Prinzip seiner Erfahrungen setzende Subjekt in Fragen getrieben wird, die weder durch die Vernunft noch durch irgendwelche ihrem empirischen Gebrauch entlehnte Prinzipien beantwortet werden können, und die transzendentale Logik, die Erfahrung als in den Grundsätzen eben dieses empirischen Vernunftgebrauchs gegründetes Prinzipat behauptet. Der Psychologie fällt es zu, das Feld der Erfahrung ihrer Reflexion zu öffnen, während es der Logik vorbehalten bleibt, der vordringlichen und ungezügelten Herrschaft der spielenden Phantasie des sein Erfahren reflektierenden Subjekts Grenzen zu setzen, auf dass es bei der Durchdringung seiner *vernünftigen Gedanken von Gott, der Welt, der Seele des Menschen und überhaupt aller Dinge* seinen Kopf nicht verliere. Die Verschränkung von Psychologie und Logik im Ansatz der Erfahrung bestimmt diesen zum „Quellpunkt" (*GtL*³, 45) sowohl der Dimensionierung der Erfahrung wie auch der Deduktion ihrer Geltungsprinzipien. Dass dieser Quellpunkt freilich ebenso bestimmt, wie der Bezug des Denkens auf ihn bestimmbar sein muss, stellt das Denken zur Erfahrung wie das Konstruktionsmittel zu seinem Sinn. In diesem Verhältnis greifen keine dinglichen, sondern nur ideelle Bestimmungen, die, Zeidler zufolge, freilich nur ‚ostensiv', d.h. durch „Einsicht in die Quellen […] der Überzeugung von der Wahrheit" (*GtL*³, 47) qualifizierbar sein sollen. Offenbar soll Evidenz Einsicht und Einsicht die wechselseitige Ermöglichung von aposteriorischer Erfahrungsbestimmtheit und apriorischer Bestimmtheitsbedingung verbürgen.[4]

Aus der Qualifizierung des ‚Quellpunktes' aller Erfahrung folgert Zeidler, dass der „Sinn von Erfahrung zwar jeden bestimmten Erfahrungsinhalt, nicht jedoch die Erfahrung schlechthin" übersteigt (*GtL*³, 80, Anm. 22). Von der Vorstellung

2 Vgl. Kant: AA XXI, 93; zit. Zeidler: *GtL*³, 188, Anm. 51.

3 Vgl. Zeidler: *GtL*³, 151. Anspruch und Programm des *Grundrisses* formuliert Zeidler auf Seite 162: Die kritische Begründung des transzendentalen Idealismus habe der synthetischen Manier der ‚Synthesis der Apperzeption' entsprechend die Synthesis der Vorstellungen (die ‚Synthesis der Apprehension') zu entwickeln.

4 Vgl. Zeidler: *GtL*³, 82f.

der prinzipiellen Sinnhaftigkeit der Erfahrung lasse sich daher nicht auf eine sie durchwaltende objektive Vernunft schließen. Für den optimistischen Glauben an eine faktisch „gelungene, universell verbindliche Synthese von humanistischem Bildungsideal und zivilisatorischer Fortschrittsideologie" ist im Grundriss kein Platz. Denn dieser Optimismus, so Zeidler, sei „in den Massengräbern des Ersten Weltkrieges zugrunde gegangen" (*GtL*[3], 38): Der Erste Weltkrieg als Negation geschichtsphilosophisch ausgedeuteter Vernunftschlüsse – zumindest für die deutschsprachige Philosophie des zwanzigsten Jahrhunderts ist das ein geläufiger Topos und gleichwohl kaum mehr als der verzweifelte Versuch, Wasser aus Bimsstein zu pressen.[5]

Evidenzen manifestieren die normative Kraft des Faktischen als κείμενον für den Beweis, dass, wenn Gewisses gesetzt ist, dieses etwas von ihm Verschiedenes notwendig zeitigt. Die Notwendigkeit der Zeitigung ist der Inhalt des Beweises, mit dem sich im Blick auf den Topos ‚Erster Weltkrieg' die Frage stellt: gibt er als Negation geschichtsphilosophischer Vernunftschlüsse den Blick auf die Quellen der Überzeugung frei, wahr zu sein? Die Frage lohnt näherer Betrachtung.

In seinem ersten Teil behauptet der Topos ‚Erster Weltkrieg', Erkenntnisfortschritt befördere die Idee zivilisatorischen Fortschritts. Gegen diese Behauptung mobilisiert sein zweiter Teil die Massengräber des Ersten Weltkriegs als Manifestationen der Unvermittelbarkeit von Erkenntnis und Bildung. Doch weder die Bedeutung des Fortschritts in den Wissenschaften für die Grundlegung der Erkenntnis*theorie*, noch die Grundlegung humanistischer Bildung in der Idee eines reinen Willens werden durch das Ereignis ‚Erster Weltkrieg' tangiert. Erst die Konfusion beider Ideen formt aus dem Ereignis ein diskutables Argument. Sein diskursiver Wert ist die „transzendentale Realität" des Ersten Weltkriegs. Doch dieses „Zugleich von Erfahrung und Vernunft" (*GtL*[3], 150) verstrickt das Erfassen der Möglichkeitsbedingungen der Erfahrung in den Quellen ihres Sinns – oder um es mit den Worten Ernst Cassirers über die Philosophie Paul Natorps zu sagen: die „Selbstbefreiung des Erlebens einer Zeit durch die Erkenntnis einer Totalität im Problemgehalte eben dieser Zeit"[6] – in die Antinomien einer Vernunftvorstellung, in deren Einheit die Prinzipien des Erkenntnisfortschritts als Hinweis auf das für uns unerkennbare Übersinnliche wie auch die dem humanistischen Bildungsideal eingesenkte Realität der Freiheit als dem Begriff eines erkennbaren Übersinnlichen aufgehoben sind. In diesem Sinne bringt der in der transzendentalen Realität des Ersten Weltkriegs

5 Vgl. *KpV*, AA V, 12.

6 Ernst Cassirer: Vorwort zur Festschrift für Paul Natorp zum siebzigsten Geburtstag, 478.

wie auch immer beruhigte Streit der theoretischen mit der praktischen Vernunft denn auch tatsächlich das Grundproblem der Transzendentalphilosophie auf den Punkt: wie ist es möglich, dass jenes Ich, das alle meine Vorstellungen muss begleiten können, in der „transzendentalen Selbstreflexion und Selbstbegründung des Denkens" (*GtL*^{3}, 94) als Verstand und dieser Verstand „aufgrund des Gegensatzes von rezeptiver Sinnlichkeit und Verstandesspontaneität teils als leistendes Bewusstsein und teils als transzendentaler Sinnzusammenhang in Erscheinung [tritt], was wiederum […] dazu führt, dass er teils als (produktive) Einbildungskraft und teils als (bestimmende) Urteilskraft fungiert" (*GtL*^{3}, 92f.)?

Die Reflexion der zu bestimmten Topoi verdichteten Erfahrung auf ihr Letztes bedeutet Zeidler den Funktionswert des Apriori. Dieser Funktionswert ist vom Bewusstsein als seiner empirischen Funktionsbasis klar zu unterscheiden. Das Denken, das Bestimmtheitsbedingung der Erfahrung sein soll, kann mit keinem Bewusstsein identisch sein. Seine Funktionsbestimmtheit kann zwar *vom* Bewusstsein, aber nicht *als* Bewusstsein gedacht werden. Gerade weil das Bewusstsein, um seine Funktionalität zu erfassen, deren Bestimmtheitsbedingungen als den höchsten Punkt setzen muss, an den es seinen gesamten „Verstandesgebrauch, selbst die ganze Logik und *nach* ihr die Transzendental-Philosophie heften *muss*" (*KrV* B 134, Anm.; meine Hervorhebung), überhebt es seine Bestimmtheitsbedingungen im Begriff des Verstandes den Bedingungen seines Gebrauchs.

Allein Zeidler behauptet die Differenz zwischen dem unumgänglichen Gedanken ‚Bestimmtheit überhaupt' und den kontingenten Bedingungen seines Gedachtwerdens als „ursprüngliche Selbstunterscheidung des Denkens" (*GtL*^{3}, 102). Die Begründung dieser Behauptung fällt dem Bewusstsein zu und bestimmt den Wechsel vom ‚Denken' zum ‚Bewusstsein' zur *„reflexive*[*n*] *Selbstdifferenzierung* des Verstandes." Doch statt die Reflexivität des Bewusstseins aus der Unumgänglichkeit des Gedankens ‚Bestimmtheit überhaupt' zu begründen, erkennt Zeidler in diesem Gedanken lediglich eine ‚vieldeutige Chiffre' für den transzendentalen Sinnzusammenhang ‚Denken' und verunklart – man sehe mir das Wort nach – damit die Bedeutung des diesem Sinnzusammenhang gegenübergestellten ‚leistenden Bewusstseins' für die Grundlegung der transzendentalen Logik.[7] Der Anspruch eines selbstbestimmten, sich eben nicht aus der Erfahrung (und sei es die des Ersten Weltkrieges), sondern aus den ihrem Denken eigentümlichen Bestimmtheitsbedingungen heraus begründenden, sich auf ihre Bestimmung beschränkenden Philosophierens ist damit aufgegeben. Der

7 Vgl. *GtL*^{3}, 106.

‚höchste Punkt', so Zeidler, sei lediglich Ausdruck einer „einseitig lineare[n] Objektivitätsauffassung" (*GtL*³, 73) in der das Prinzip transzendentaler Logik in „leerer Anonymität" (*GtL*³, 102; vgl. 93f.) versinke. Positiv soll das wohl heißen: Transzendentalität konkretisiere sich nicht anonym, sondern subjektiv – im Sinne von ‚personal'. Die Nötigung des Bewusstseins, den eigenen Verstand zu gebrauchen, um zu begreifen, was ihm als ‚ursprüngliche Selbstunterscheidung des Denkens' *vorausgesetzt* ist, ersetzt das Begründen: Transzendentalität konkretisiert sich im Standhalten des Bewusstseins gegenüber dieser Nötigung dadurch, dass es philosophiert. Die Erwartung freilich, solches Philosophieren belohne mit Auskünften über ‚Bestimmtheit' oder ‚Bestimmung', enttäuscht Zeidler konsequent: „*Transzendentalität bedarf keiner Konkretisierung, weil sie in Wahrheit das Verhältnis aller Verhältnisse und die Konkretisierung alles Konkreten*" (*GtL*³, 102, Anm. 30.) – und also konkrete Unbestimmtheit ist.

II

Konkrete Unbestimmtheit bedeutet Zeidler den einheitlichen, der Selbstdifferenzierung des Verstandes vorausliegenden Grund.[8] Er bestimmt die Transzendentalphilosophie zur Erfüllung des Anspruchs, „den reinen Verstand […] als den Einheitsgrund von Form und Inhalt der bestimmten Erscheinung" so bestimmen zu können, dass die Bestimmtheit der Erscheinung als hypothetisch letztgültige Antwort auf „die Frage nach der ursprünglichen Einheit [gelten kann], die im Verstande in die Differenz von Denken und Erkennen zerfällt und dergestalt dem Verstande seine Differenz zur Sinnlichkeit und zur Vernunft ist" (*GtL*³, 108f.). Dem ist freilich entgegenzuhalten, dass nicht ‚die Vernunft' Ansprüche an die Vertreter der Transzendentalphilosophie stellt.[9] Vielmehr verhält es sich umgekehrt: wer sich *zur* Vernunft verpflichtet, verpflichtet *sich selbst*, sämtliche Ansprüche an das eigene Denken nach Grundsätzen und mit dem Ziel zu begründen, darüber befinden zu können, ob und aus welchem Grund diese vernünftig sind.

Zeidler hingegen erklärt – gegen Kant[10] – die Vernunft zur Grundlage der Gesetzlichkeit des Verstandes. Sie sei „zwangsläufig in allen [seinen]

8 Vgl. *GtL*³, 222.

9 Zeidler stimmt Schelling zu: „Überhaupt gibt es nicht eine Vernunft, die wir hätten, sondern nur eine Vernunft, die uns hat" – und die, so Zeidler, will schlicht „vernommen und ausgesprochen sein." (*GtL*³, Nachtrag, 316).

10 Der Grund für Zeidlers Absetzung von Kant fasst sich in der Feststellung zusammen, Kant entwickele die Vernunft „nicht aus ihrem Eigenen heraus", sondern begreife sie „einzig vom Verstande her": K.W. Zeidler: Urteil und Schluss, 94.

epistemischen Kompetenzen immer schon (wenngleich in unaufgeklärter Weise) präsent und [könne] daher auch auf der isolierten Ebene und aus der isolierenden Perspektive des Verstandes nicht schlechterdings verfehlt werden" (*GtL*³, 109). Die Vernunft sei, so heißt es im *Nachtrag* zur dritten Auflage des *Grundrisses*, der letzt- und sich selbstbegründende Prinzipienzusammenhang der universalia ante res, in rebus und post res: die Einheit aller disjunktiven Verhältnisse, in denen und durch die sich die Selbstunterscheidung des Verstandes von dem ihm zur Bestimmung seiner Kompetenzen Gegebenen gleichermaßen darstellt wie reflektiert.[11] Die Vernunft *ist* der Grund der Darstellung und Reflexion der Selbstunterscheidung des Verstandes. Sie ist so wie alles in Einem so auch eine in Allem und daher als *Mediopassiv*[12] zu denken: als Selbstbestimmung durch Selbstdifferenzierung. Sie ist nicht dem Verstand, sondern umgekehrt, der Verstand muss der Vernunft immanent sein[13], auf dass diese sich selbst die Aufgabe sein kann, „die blinde, obgleich unentbehrliche Funktion der Seele" (*KrV* B 103) als die Handlung zu entfalten, „durch die Begriff und Anschauung des Gegenstandes ‚hervorgebracht werden können' (*KrV* A 105), *noch ehe man daran geht*, den Inbegriff dieser Gesetzlichkeit als ‚reinen Verstand' zu isolieren" (*GtL*³, 110; meine Hervorhebung).

Wer indessen, um sich selbst Aufgabe zu sein, als allgemeinste Bedingung zu „schlechterdings Allem" einschließlich sich selbst in einem Bedingungsverhältnis steht,[14] stellt Forderungen. Und Zeidlers ‚Vernunft' fordert unbedingt: nicht das Denken, aber die Einbildungskraft als das Vermögen, ursprüngliche Bestimmtheit zu setzen. Ihr verdankt sich die ‚Einsicht in die Quellen der Überzeugung von der Wahrheit', dass der Quellpunkt als der Grund dessen, was ihm entspringt, bestimmt und in dem, was ihm entsprungen ist, als Grund seiner Bestimmtheit jederzeit präsent ist. Einbildungskraft und Verstand bestimmen die Vernunft als den Grund der Gewissheit der „Möglichkeit jeglicher begrifflichen Bezugnahme [des Verstandes] – gleichgültig ob auf Anschauungen oder

---

11 Vgl. *GtL*³, Nachtrag, 315.

12 Vgl. Zeidlers Illustration einer reinen Beziehung durch die der ‚alten' Metaphysik entstammende Metapher des Lichts „als der Quelle und dem Medium aller Gegenstandserkenntnis": *GtL*³, 119, Anm. 32. Bereits im *Grundriss* (213) fasst er das Mediopassiv als *sich selbst reflektierende Urteilskraft*; im *Nachtrag* (310) schließlich als Heautonomie. Demzufolge ist die Vernunft das System subjektiver Ideen, die „die Vernunft selbst schafft […], indem sie sich selbst schafft" (Kant: *Op. post.*, AA XXI, 93).

13 Vgl. *GtL*³, 190f.: Die Vernunft ist die „Bedingung der bedingten Setzungen des Verstandes […] und die unmittelbare Bestätigung seiner Genese."

14 Vgl. K.W. Zeidler: Vernunft und Letztbegründung, 18.

auf Gedanken." Denn auf sich allein gestellt, so Zeidler, vermag der Verstand nicht, die ihn zum Erkenntnisvermögen bestimmende dreifache Voraussetzung einzuholen: dass „erstens [...] überhaupt Etwas ist, das zweitens, als ein Dieses intendierbar und, drittens, im Denken als ein Anderes von Anderem (von anderen Gedanken oder Anschauungen) unterscheidbar ist" (*GtL*[3], 112). Fordert die Vernunft die Einbildungskraft als das Vermögen, ursprüngliche Bestimmtheit zu setzen, so fordert sie vom Verstand, die Einheitsfunktion ihres Vorstellens zu gliedern: (erstens) durch das Urteil als die Funktion des Begriffs, das durch ihn Vorgestellte (zweitens) als Einheit von intentionaler Bestimmung und sachlicher Bestimmtheit vorzustellen, und (drittens) durch den Schluss als die logische Form der Reflexion des zum Denken bestimmten Bewusstseins der Urteilsfunktion in eben dieser seiner Selbstvorstellung, so dass schließlich „die Funktion der Einheit des Denkens im Urteilen über die Einheit des Denkens selbst [...] die im Strukturgefüge des Schlusses sich darstellende Denknotwendigkeit" (*GtL*[3], 113) und also die Vernunft selbst ist.

Die Vernunft begründet die Disjunktionen der Kantischen Vernunftkritik mit Ausnahme der Disjunktion ‚Denken / Bewusstsein', die der *Grundriss* als Unterscheidung der Einheit des Denkens von ihrer Funktion *im Urteilen über sie* so voraussetzt, dass sich die Unterschiedenen durch wechselseitige Limitation selbst bestimmen. Man muss daher Zeidler die These nicht bestreiten, dass sich im objektiven Begriffsverhältnis des Schlusses ‚Denknotwendigkeit' als Funktion der Vernunft im Urteilen über die Einheit des Denkens darstellt, um desto energischer darauf zu beharren, dass ‚Darstellung' darstellt, jedoch nichts zur Bestimmung der durch ihr disjunktives Verhältnis unterschiedenen und dadurch überhaupt erst bestimmt bestimmbaren Begriffe beiträgt. Ich hätte nichts dagegen vorzubringen, bedeutete sich das sich zu Urteilen bestimmende Bewusstsein die Bedingungen der Einheit seiner Gedanken im Urteil über sich selbst. Doch so will Zeidler seine Darlegungen offenbar nicht verstanden wissen. Vielmehr behauptet er: Soll Prinzipienerkenntnis möglich sein, dürfen Form und Inhalt des Erkennens nicht auseinanderklaffen; dann müssen die Bedingungen der Möglichkeit des *Erkennens* mit denjenigen des *Erkannten* identisch sein.[15] Der Ursprung des Bestimmten liege nicht in „Verhältnissen des Denkens in Urteilen" (KrV B 98), sondern gründe im Denken des Denkens selbst, weswegen die Einheitsfunktionen der Vernunft als „Funktionen der Einheit der Erfahrung *und* des Denkens" (*GtL*[3], 117; meine Hervorhebung) zu der *einen* Einheit kontrahiert gedacht werden müssten, in der sich die Vernunft als das *Prinzip*

15 Vgl. *GtL*[3], 16.

aller Prinzipien[16] sowohl als prädizierendes Subjekt wie auch als Subjekt möglicher Prädikationen reflektiert. Denn nur dann sei der Ursprung der bestimmte wie auch bestimmende Grund des ihm Entsprungenen und in dem ihm Entsprungenen als dessen Bestimmtheitsgrund präsent. Das jedenfalls scheint mir die Pointe der Forderung zu sein: den Ursprung als die Vernunft der ursprünglichen Synthesis und diese als reine Vermittlung zu denken,[17] auf dass er selbst die *Transzendentalität, die keiner Konkretisierung bedarf, weil* er *in Wahrheit das Verhältnis aller Verhältnisse und die Konkretisierung alles Konkreten ist*, nicht vermitteln, sondern bedeuten kann.

III

Zeidlers Ursprungsgedanke manifestiert nicht, sondern *ist* die Transzendentalität, die keiner Konkretisierung bedarf. Seine Funktionalität *ist* die in die „spekulative Frage, wie das Denken sich und somit ein Selbst denken kann" aufgehobene Selbstdifferenzierung des Verstandes und damit der Kern der „prinzipientheoretische[n] Grundfrage der Philosophie" (*GtL*^{3}, 20). Auf diesen Kern beziehen sich sämtliche Einwände Zeidlers gegen Kant und den (Neu)Kantianismus. Er ist der Grund, in dem das Prinzip transzendentaler Logik in „leerer Anonymität" (*GtL*^{3}, 102) eben nicht versinkt, sondern in dem und von dem her es sich und somit jegliches Philosophieren spekulativ bestimmt.

Für Zeidler ist das Philosophieren gefordert, eine Vernunft zu denken, die sich selbst als die transzendentaldialektische Einheit aus spekulativer Setzung und logischer Kritik zur Geltung bringt. Doch wenn das heißt, die „transzendentale Frage nach den Bedingungen der Möglichkeit des Denkens eines Gegenstandes überhaupt" als in der spekulativen Frage, „wie das Denken sich und somit ein Selbst denken kann", enthalten zu denken (*GtL*^{3}, 20), so strickt Zeidler damit die Ungereimtheiten fort, die für ihn die Transzendentale Dialektik zur eigentlichen Grundlagentheorie der Philosophie befördern.[18] ‚Erfahrung' soll kein Problem der bestimmenden, sondern ein Sonderfall der reflektierenden Urteilskraft sein. Das Bewusstsein, das sich reflektierend als *Ist der Existenz* gegenständlich ist und sich dergestalt seiner verständigen Bestimmung aufgibt, fällt Zeidler mit dem Gedanken ‚Gegenstand überhaupt' – d.i. der Inhalt der ersten seiner drei Voraussetzungen aller begrifflichen Bezugnahme – zusammen. Dass überhaupt Etwas *ist*, bedeutet ihm kein Bezogenes (weder ein Dieses, noch ein aliquid),

16 Vgl. K.W. Zeidler: Vernunft und Letztbegründung, 18ff.
17 Vgl. *GtL*^{3}, 15.
18 Vgl. *GtL*^{3}, 94; vgl. 104.

an dem sich die objektive Einheit gegebener Vorstellungen von der subjektiven scheidet, sondern den *Sinn* der dem Bewusstsein gestellten und allein durch den Gebrauch seines Verstandes zu bewältigenden Bestimmungsaufgabe der ‚Zeitigung'.[19] Die Zeitigung determiniert die Vorstellung einer reinen, jeder Beziehung sowohl zum Denkenden wie zum Gedachten ledigen Vernunft, prägt also das Mögliche zum Wirklichen um und bestimmt das *Ist der Existenz* zum Werden in Gegensätzen. Dieses Werden in Gegensätzen bedeutet den Grundsatz *Bestimmbarkeit überhaupt* in der Funktion des Grundes jeder weiteren Bestimmung.[20] Er formiert die „Einheit von Logik und Ontologie" (*GtL*^{3}, 123), die als „ursprünglich transzendentale Beziehungseinheit gedacht werden [muss], wenn wir überhaupt etwas denken wollen" (*GtL*^{3}, 120) und ist doch nur das negative Prädikat der Form der Wirklichkeit der Vernunft. Zwischen der reinen, allen Gegensätzen gegenüber indifferenten Vernunft und ihrer sich in ihren Gegensätzen bestimmenden Zeitigung klafft ein Abgrund, den die gezeitigte Vernunft durch die Forderung zu überbrücken sucht, das Bewusstsein möge die Kontinuität seines Bestimmens in den Grund und diesen Grund als vorbegriffliche Identität von Denken und Sein setzen, auf dass der Grund der Ursprung der Begriffsbildung, als bestimmter Grund *möglicher Begriff* und als gesetztes Etwas überhaupt *reine Beziehung* ist.[21]

Wenn Zeidler daher den Satz der Identität „als das oberste Principium der Transzendentalität", nämlich als „Setzung der im obersten Grundsatz aller synthetischen Urteile a priori formulierten Identität von Anschauungs- und Verstandesform (den Bedingungen der Möglichkeit der Erfahrung überhaupt) einerseits und Gegenstandsform (den Bedingungen der Möglichkeit der Gegenstände der Erfahrung) andererseits" (*GtL*^{3}, 127) setzt, so beschreibt die *Theorie* der Transzendentalen Dialektik die Funktionalität des Ursprungs in seinem Gedachtwerden. An ihr ist es, die ‚ursprünglich transzendentale Beziehungseinheit' von Logik und Ontologie als das Binnenverhältnis des unbezogenen, in jedem Gedanken vorausgesetzten, an sich selbst aber unbestimmtem ‚*Ist der Existenz*' zu deuten. Obwohl es hier nichts zu beweisen gibt, ist das *Ist der Existenz* gleichwohl intelligibel transzendental. Denn in seinem möglichen, dem Grundsatz der Bestimmbarkeit entsprechend zu bildenden Begriff ist die „Voraussetzung aller Bestimmbarkeit" (*GtL*^{3}, 141) und mit ihm „die Bedingung aller Beweisführung grundgelegt"; – was, Zeidler zufolge, bedeutet, dass mit Blick auf dieses *Ist der*

19 Vgl. *GtL*^{3}, 242–244.
20 Vgl. *GtL*^{3}, 118.
21 Vgl. *GtL*^{3}, 119.

Existenz „jeglicher [...] Beweis seiner eigenen Absicht widerspricht" (*GtL*³, 127). Doch ist das nicht zu viel behauptet? Denn ausgerechnet dort, wo alles Beweisen verfehlt zu sein scheint, springt bei Zeidler der ostensive Beweis ein, der nichts beweist, sondern lediglich Ausdruck unserer Neigung ist, subjektive Gründe des Fürwahrhaltens mit objektiven Bestimmungen und „folglich *den bloßen Schein der Wahrheit mit der Wahrheit selbst* [zu] verwechseln."[22] Er setzt die Wahrheit der Erkenntnis als ihren *Sachgrund* voraus und ermöglicht so dem Bewusstsein, seine Erfahrungen nach den Graden ihrer Gewissheit zu gliedern.

Der ostensive Beweis, der die reine Relation benennt, ohne ihre Relate zu bestimmen, fungiert als die in jeder Hinsicht unbestimmte, sich selbst setzende Hypothese: nicht als das *Ist*, sondern als das *Dass der Existenz*, in dem der Verstand „nistet", von dem er aber nichts wissen darf, „weil er", wie es an späterer Stelle heißt, „in diesem Nichtwissen seine Gewissheit und seinen Reichtum hat" (*GtL*³, 136, Anm. 34). Denn „damit etwas überhaupt bestimmt werden kann, muss die Vorstellung der Vorstellung werden, müssen Bestimmendes und Bestimmtwerdendes im Aktus ihres Auseinandertretens einander bestimmen, auf dass in diesem *Erfahren* des wechselseitigen Bestimmens und Bestimmtwerdens sich ein Dieses gestalte, das jeweils unmittelbar unterschieden ist" (*GtL*³, 127; meine Hervorhebung). Das *Auseinandertreten* von Bestimmendem und dem durch es bestimmten *Ist der Existenz* konstituiert Transzendentalität; erst im *Auseinandergetretensein* von Bestimmtem und Bestimmung erlangt das *Ist der Existenz* als Einheitsfunktion im Denken gegenständliche Bestimmtheit.[23] Doch diese Bestimmtheit ist nicht transzendental[24]: sie bedeutet nicht die Idee der Methode, sondern eben jenes Mediopassiv einer Vernunft, deren Existenzial die Erfahrung ist.

Wir sind damit beim metaphysischen Kern des Zeidlerschen Grundgedankens angekommen: Die Problemkomplexion der Transzendentalphilosophie erschließt sich vollumfänglich nur dem, der Transzendentalphilosophie nicht nur als *Theorie* der Dialektik der Grundlagen der Einsicht in die objektiven Quellen der subjektiven Überzeugung von der Wahrheit des *Ist der Existenz* liest, sondern der sich beim Lesen zugleich immer auch das Werden der Vorstellung als die Handlung der Vernunft vergegenwärtigt, die die Erfahrung in Aktiv und Passiv auseinandertreten lässt, auf dass in wechselseitigem Bestimmen und

---

22 Kant: *Logik*, AA IX, 64.

23 Vgl. *GtL*³, 135.

24 Jedenfalls solange und soweit gilt, dass ‚transzendental' das ist, was der Erfahrung zwar vorhergeht, „aber doch zu nichts mehrerem bestimmt ist, als lediglich Erfahrungserkenntnis möglich zu machen" (Kant: *Prolegomena*, AA IV, 373, Anm.).

Bestimmtwerden „sich ein Dieses gestalte, das jeweils *unmittelbar* unterschieden ist" (*GtL*^{3}, 127; meine Hervorhebung). – So mag denn alles Philosophieren in dem „natürlichen Illusionismus" einer Unmittelbarkeit seinen Ausgang haben, dessen Grund das „verdinglichende Erkennen" (*GtL*^{3}, 128) ist,[25] das nichts denkt, was es sich nicht auch vorstellen kann.[26] Allein diese Illusion bedeutet keinen Verblendungszusammenhang,[27] sondern ist durchschaubar. Und sie muss durchschaubar sein, wenn denn irgendeine Form von Einsicht in den dialektischen Schein der im *Ist der Prädikation* (*GtL*^{3}, 129) vorgestellten Unmittelbarkeit des *Ist der Existenz* möglich sein soll.

Im Fortgang seines Gedankens vom *Ist der Existenz* zum *Ist der Prädikation* verschiebt Zeidler daher ‚Unmittelbarkeit' von der reinen Relation auf ihren möglichen Begriff, nimmt aber dessen Möglichkeit sogleich als die Autopoiesis der Disjunktion des unmittelbar unterschiedenen Diesen „zur Aneinandervermitteltheit eines *unmittelbaren Unterschiedenseins*" (*GtL*^{3}, 128) in das Erkennen ihrer Vorstellung zurück.[28] Hier stehen Bedingung und Bedingtes in strenger Wechselwirkung und bilden das Prinzip, nach welchem alle Bestimmungen der Erkenntnis und des Erkennens ableitbar gedacht werden müssen: Die reine Relation als „das unmittelbare Unterschiedensein von Bestimmendem und Bestimmtwerdendem" und „die Unterschiedenheit ihres unmittelbaren Selbstbezugs" (*GtL*^{3}, 128) treten auseinander, machen kraft ihres Auseinandertretens in ihrem Auseinandergetretensein ‚Unterschiedenheit' als ihre Limitation kenntlich und somit ihre Disjunktion erfahrbar.[29] ‚Unterschiedenheit' ist die bestimmte Disjunktion der Relate der Erfahrung, in der sich die jegliche Limitation in sich aufhebende reine Relation reflektiert, so dass diese nur als Nicht-Dieses adressierbar ist: Das A soll kein „abstrakt Positives [sein], das einem ebenso abstrakt Negativen, dem Non-A, bloß gegenübersteht, sondern A ist Negation des ‚Non-A' und *zugleich und unmittelbar* [meine Hervorhebung] die Affirmation des ‚nicht Non-A' oder anders ausgedrückt: der Satz vom Widerspruch steht in der Doppeldeutigkeit, zugleich *Satz vom verbotenen Widerspruch* und *Satz vom*

25 Zeidlers Terminologie ist nicht eindeutig: Was hier ‚Erkennen' heißt, heißt eine Seite zuvor „verdinglichende Reflexion".

26 Vgl. *GtL*^{3}, 123.

27 Vgl. *GtL*^{3}, 147, Anm. 36.

28 Vgl. Zeidlers Positionierung des Vorstellungsbegriffs im Gang der subjektiven Deduktion der reinen Kategorien: *GtL*^{3}, 157f. Zur Zurücknahme der Erkenntnisvermögen in den ‚dialektischen Fokus' des inneren Sinns vgl. a.a.O., 163f.

29 Siehe oben: im „*Erfahren* des wechselseitigen Bestimmens und Bestimmtwerdens [gestaltet] sich ein Dieses" (*GtL*^{3}, 127; meine Hervorhebung).

gebotenen Widerspruch zu sein. Er bezeichnet den doppelten Wendepunkt, an welchem Non-A die Unmittelbarkeit des A ist A *erinnert* oder sich in die festzuhaltende Bestimmung des A *verändert*" (*GtL*³, 128f.).

Immerhin: Zeidler selbst räumt ein, dass unserem an das „verdinglichende Erkennen unseres alltäglichen und wissenschaftlichen Weltumgangs" (*GtL*³, 128) gewöhnten Verstand diese Ausführungen zur Prädikation als der Handlung, die das affirmierende Negieren mit der negierenden Affirmation zur Bestimmtheit des ‚Ist' synthetisiert, als die denkbar „härteste Zumutung" (*GtL*³, 130) vorkommen muss. Genau auf die Härte dieser Zumutung kommt es ihm auch an: Offenbar soll das Staunen über die Zumutung, die Möglichkeit der Erfahrung irgendwie anders denn als in den Bestimmtheitsbedingungen empirischer Erkenntnis darzustellen, die ‚einseitig lineare Objektivitätsauffassung' unseres Verstandes sprengen[30] und als implizite, wenngleich unbestimmte Kritik der „widersinnigen", weil „vorzeitige[n] Vermengung[31] von transzendentaler Logik und formallogischer Urteilslehre" (*GtL*³, 131) die Grundlegungsfunktion der Transzendentalen Dialektik ins rechte Licht rücken: „Die Funktion der Einheit von Bestimmung und Bestimmtheit" – so heißt es – „erfüllt [...] die Aufgabe, die an der bloßen Selbigkeit des Bestimmten aufbrechende Unterschiedenheit von Bestimmung und Bestimmtem als *dynamische Einheit* von Bedingung und Bedingtem zu bestimmen" (*GtL*³, 141). Sie *ist* die Antwort auf die Frage, „wie ist das Vermögen zu denken, selbst möglich?" (*KrV* A XVII): Das Vermögen, das Denken zu denken, konkretisiert sich für Zeidler im Widerspruch gegen jede einseitig lineare Objektivitätsauffassung. Der Widerspruch löst die Bewegung des Denkens aus,[32] die im Satz vom zureichenden Grunde in „äußerster Formalität [...] nichts anderes als eben diese prinzipielle Möglichkeit der Negation jeder gedanklichen Bestimmtheit" (*GtL*³, 138) formuliert. Doch der Selbstreflexion

30 Im Essay zur ‚Wesentlichkeit einer subjektiven Deduktion' (60f.), behauptet Zeidler, das ‚Sprengen' der einseitig linearen Objektivitätsauffassung unseres Verstandes als die ‚erste, fast noch ganz unbestimmte' Funktion des Denkens selbst.

31 Ein paar Zeilen später wird aus der ‚vorzeitigen Vermengung' gar die „Identifikation der transzendentallogischen Bedingungen der Möglichkeit der Erfahrung überhaupt mit den urteilslogischen Realisierungen der Gegenstandserkenntnis" (*GtL*³, 131). Im Nachtrag zur dritten Auflage des *Grundrisses* (307) spricht Zeidler von der „vorschnellen Wendung von der ‚Spontaneität des Denkens', auf der sich die ‚Begriffe gründen', zu dem Verstand, der ‚von diesen Begriffen [...] keinen andern Gebrauch machen [kann], als dadurch, dass er urteilt' (KrV B 93)": als ob Schnelligkeit ein Kriterium logischer Schlüssigkeit wäre.

32 Vgl. *GtL*³, 127.

und Selbstbegründung des Denkens im Vollzug seiner Kritik der „gegenstandsorientierten Auffassungsweise" (*GtL*[3], 135) der Erfahrung transzendentale Bedeutung zuzusprechen, heißt, die objektive Deduktion, „die danach fragt, wie „subjektive Bedingungen des Denkens sollten objektive Gültigkeit haben" (*KrV* B 122) ‚ostensiv' zu unterdrücken.[33] Zeidlers Reflexion auf das „liberum Veto des Verstandes" (*GtL*[3], 190) überhebt sich an der intuitiven Fraglosigkeit ihres Geltens. Denn aus der Negation der ‚gegenstandsorientierten Auffassungsweise' bzw. der ‚einseitig lineare Objektivitätsauffassung' unseres Verstandes folgt weder die Negation des Gedankens ‚Bestimmtheit überhaupt' noch die Negation seiner Funktion für die Bestimmung der Erkenntnis, die Erfahrung heißt.

IV

Grundlos treten qua Negation das *Ist der Existenz* und das *Ist der Prädikation* auseinander. Es treten auseinander: Denken und Erkenntnis. Und erst ihr Auseinandergetretensein exponiert den Widerspruch als die Bewegung des Denkens der Erkenntnis, die sich gegen alles und jeden, nur nicht gegen die Funktion der Einheit des möglichen Urteils im Denken richtet. Insofern behauptet Zeidler zu Recht, der Satz der Identität forme zusammen mit dem Satz des Widerspruchs im Satz vom ausgeschlossenen Dritten den möglichen Gedanken, der die Bestimmtheit des Denkbaren zur Einheit des Urteils im Denken abschließt. Denn der Satz vom ausgeschlossenen Dritten fixiert die „Aneinandervermitteltheit" von Identität (Denken) und Differenz (Erkenntnis),[34] die Ausgang, Prinzip und Resultat des Bestimmens gleichermaßen umfasst. In diesem ‚Umfassen' erkennt Zeidler „das Grundgesetz ihrer selbstvergessenen, sich in ihren Gegenständen und ihren Gegenstand in sich verlierenden Erkenntnis" (*GtL*[3], 135) – ohne freilich zu erläutern, wie die ‚Erkenntnis' in sich verlieren kann, was ihr nicht *als* Erkenntnis, sondern nur als denkbares Etwas, wenngleich nicht als reiner Gedanke angehört. Und so übergeht Zeidler denn auch, dass, wenn der Satz vom ausgeschlossenen Dritten die Einheitsfunktion des Urteils im Denken zum Grundgesetz der Erkenntnis, d.h. gegenständlicher Bestimmtheit ebenso wie ihrer wie auch immer mit skeptischen Vorbehalten belastbaren logischen Geltung erklärt, er die Transzendentale Dialektik nicht als die eigentliche

33 So ausdrücklich *GtL*[3], 169f. – Auf Grund dieser Unterdrückung ist die Sinnlichkeit im *Grundriss* weitgehend funktionslos; vgl. die *contradictio in se ipse* einer ‚passiven Bezugnahme' bzw. ‚produktiven Reproduktion der Erscheinungen': *GtL*[3], 112, 152f.

34 Vgl. *GtL*[3], 235.

Grundlagentheorie der reinen Transzendentalität[35] behaupten kann, sondern sie im Gegenteil in eben diesem Grundgesetz der Erkenntnis grundzulegen hätte.

Weil das aber nicht geschieht, fällt im Festhalten an der logisch-phänomenologischen Doppeldeutigkeit seiner Grundbegriffe der *Grundriss* dem dialektischen Schein der im *Ist der Prädikation* vorgestellten Unmittelbarkeit des *Ist der Existenz* selbst zum Opfer.[36] Die Gegenstände, in denen sich die Erkenntnis verliert, fallen mit dem Gegenstand, den die Erkenntnis in sich verliert, zusammen, so dass sich „die geradehin auf ihre Gegenstände und Leistungen orientierte Erkenntnis […] nur als Abbild oder aber als Konstruktion dieser Gegenstände" (*GtL³*, 135) weiß und wissen kann. So schließt denn auch für Zeidler der Satz des ausgeschlossenen Dritten zwei weitere Grundsätze in sich, die jedoch nicht mit den ihm vorausgesetzten Prinzipien der Identität und des Widerspruchs „verwechselt werden dürfen: [der] ‚Satz der Bestimmbarkeit' – *A ist B* – und [der] ‚Satz vom zureichenden Grunde' – *wenn B, dann Non-B*" (*GtL³*, 136).

Die Abschlussfunktion des Satzes vom ausgeschlossenen Dritten gibt den Blick frei für den Zusammenhang der dem *Grundriss* zugrundeliegenden Prinzipien: Das Mediopassiv *Ist der Existenz* stellt sich dem es denkenden Bewusstsein als der Grund und das Prinzip seiner Identität dar, ohne es zu bestimmen. Seine Unbestimmtheit motiviert den Widerspruch, in dessen Satz das Bewusstsein die Formel für den logischen Ursprung seiner prädikativen Leistungen zu haben meint. Doch diese Formel stellt nichts vor, sondern bedeutet dem Bewusstsein lediglich die Exposition des *Ist der Existenz* als mögliche Bestimmtheit. Seine Möglichkeit ist daher stets etwas Indirektes: das Sinnallgemeine, das wir in Anspruch nehmen müssen, „sofern uns die Worte nicht im Mund zerfallen sollen" (*GtL³*, 202), und das durch den Bezug des *Ist der Prädikation* auf es die

35 Vgl. *GtL³*, 235.

36 Bezeichnend hierfür sind Zeidlers Ausführungen zum *Logos des Seins*: Weil *sich* Begriff und Gegenstand in der „Tiefenschicht der Prädikation" *zeitigen*, können sie nicht „als bereits Gedachte auf die Denkbestimmungen oder ‚universellsten Prinzipien … Existenz, Selbstgleichheit und Unterschiedenheit von den anderen' hin analysiert, sondern [müssen] von den Bedingungen *ihres Seins* her […] [als] in paradeigmatischer Begriffssprache gefasste transzendentale Funktionen der Einheit unter unseren Vorstellungen […] allererst entwickelt werden" (*GtL³*, 237; meine Hervorhebung). In gleichem Sinne vgl. Zeidlers Ausführungen zu Statik und Dynamik als „aller reflexiven Bestimmung" vorgängige Modi der Bestimmtheit und „polare (einander wechselseitig ausschließende und begründende) Seinsbestimmungen, (*GtL³*, 238) sowie die These von der „immanenten Widersprüchlichkeit der Gegenstandserkenntnis" und der sich aus ihr ableitenden „*Inkommensurabilität von diskursivem Begriff und Sein*" (*GtL³*, 240, Anm. 64).

Realität des Bestimmbaren hat. Da diese Realität aber so oder so *ist*, resultiert aus der Anwendung des Satzes des Widerspruchs auf den Satz der Bestimmbarkeit das Problem ‚Erkenntnisgeltung'. ‚Erkenntnisgeltung' wiederum exponiert ‚Bestimmtheit' als geltungsdifferent Gegebenes, dessen Bestimmbarkeit der zureichende Grund des *Ist der Existenz* ist.

Und doch ist das nur die eine Seite der Medaille. Auf deren anderen Seite harrt die Aufgabe ihrer Erledigung, Bestimmbarkeit im Rahmen der von jeder Skepsis vorausgesetzten, wenngleich immer auch schon vergessenen Disjunktion von Ding an sich (Bestimmtes) und Erscheinung (Bestimmtheit) zu erfassen. Im Angesicht der ‚transzendentalen Doppelseitigkeit' des Erkenntnisproblems[37] ist daher Intuition gefragt – ein Verstand, der durch die Behauptung nicht zu irritieren ist,[38] dass wenn das „schlechthin positive A" nur auf Grund seiner Bestimmung durch B von einem Bewusstsein rekognosziert werden kann, es „selbst ein Anderes geworden ist." Für den diskursiven Verstand ist es unterdessen alles andere als schlüssig, dass das schlechthin positive A vom prädikativ vermittelten A unterscheidbar sein soll. Für ihn hat sich die Positivität „des unmittelbaren Unterschiedenseins" (*GtL*[3], 136f.) lediglich vom schlechthin positiven A auf seine Prädikate verschoben, dadurch es dem Bewusstsein als „unerschöpflicher Vorrat[39] empirischer Erkenntnisse" (*GtL*[3], 136, Anm. 34) erscheint. Intuitiver und diskursiver Verstand widersprechen einander also, aber ihr Widerspruch spricht das „unmittelbare Unterschiedensein von Bestimmendem und Bestimmtwerdendem" (*GtL*[3], 141) als *polare Einheit* an und bestimmt so die transzendentale Logik zum Grundriss der Spekulation über die Einheit von allgemeiner Seinslehre und der phänomenologischen Beschreibung der Gegenstandsweisen dessen, was ist.[40]

---

37 „Als Frage nach der Erkenntnis des Gegenstandes und nach dem Gegenstande der Erkenntnis": *GtL*[3], 198.

38 Vgl. Zeidlers Behauptung, eine an diskursiven Begriffen orientierte Metaphysik sei im Ganzen fruchtlos: *GtL*[3], 166.

39 Vgl. den Begriff der ‚Entbergung': *GtL*[3], 113, sowie a.a.O., 208, wo Zeidler behauptet, das „Subjektivitätsprinzip der neueren Philosophie [erlaube] unzweifelhaft eine eindeutigere und entschiedenere Entbergung der Transzendentalität." In ‚Urteil und Schluss' (85f., Anm. 2) führt Zeidler aus: Zu entbergen sei der „philosophisch gefasste Begriff der Vermittlung" als „der Grund aller transzendentalen Reflexion", den diese jedoch „nicht selbst thematisiert (weil sie ihn als urteilslogische Reflexion nur gegenständlich fassen könnte)."

40 Vgl. *GtL*[3], 16; erhellend hierzu Zeidlers Rezeption des ‚Cosmostheoros' im Kantischen opus posthumum: *GtL*[3], 263f.

Die spekulativ-synthetische Funktion des Widerspruchs bestärkt Zeidler darin, die Transzendentale Dialektik zur eigentlichen Theorie der Grundlagen allen Philosophierens zu erklären. ‚Beschreibung' setzt die Bestimmtheit des zu Beschreibenden immer schon, d.h. diskursiv uneinholbar voraus: die Sinnhaftigkeit der Voraussetzung ist unbeschreiblich, die Notwendigkeit hingegen, demjenigen, der beschreiben soll, etwas vorzusetzen, das er beschreiben kann, begründbar und insofern auch bestimmt. Das Denken der Erkenntnis, das die Logik seines Voraussetzens im Satz der Bestimmbarkeit erfasst, und der Satz vom zureichenden Grunde, der die Bestimmtheit des Vorausgesetzten zur Darstellung bringt, vermitteln sich im Grundsatz des ausgeschlossenen Dritten. Er bestätigt die grundlegende Bedeutung der Disjunktion, indem er jedwedes Entweder – Oder ausschließt.

Zeidlers These, dass die Reflexion der Resultate der Verstandestätigkeit diese entweder als ein ihnen dinglich Zugrundeliegendes oder als formelle Bestimmtheit eines reinen Gedankens,[41] jedoch nicht als die Bestimmtheit ihrer Disjunktion, d.h. als Erkenntnisse vorstellen könne, ist daher zurückzuweisen. Die Bestimmtheit der von Zeidler eingeforderten Einheit von allgemeiner Seinslehre und Phänomenologie ist das Resultat des sich wechselseitigen Durchkreuzens von Widerspruch und Negation im Satz vom ausgeschlossenen Dritten. Doch Zeidler denkt nicht logisch, sondern dialektisch: Die sich selbst reflektierende Urteilskraft verdingliche die Gleichursprünglichkeit des Bestimmten, der Bestimmung und der Bestimmtheit[42] zum Ursprung und bestimme diesen zur unbedingten und somit unvorstellbaren Vorstellung der durch ihn bedingten Vorstellungen. Die „verdinglichende Reflexion" bzw. das „verdinglichende Erkennen" (*GtL*³, 127f.) könne sich das *Ist der Existenz* nicht als exklusiv so *oder* so, sondern nur als inklusiv, als so *und* so Bestimmtes voraussetzen. Das *Ist der Existenz* sei das A als der reine Gedanke, der alle seine Vorstellungen, nicht aber seine transzendentallogische Bestimmung negiert, als Grundsatz der Identität im Denken der Erkenntnis den Blick auf die Bestimmtheitsbedingungen ihres Vorstellens freizugeben. Eben deshalb sei das A auch nicht die Vorstellung eines beliebigen Etwas in gegenständlicher Bestimmtheit, sondern lediglich Potential seiner Prägung zum Sein. Besagt A jedoch lediglich ‚Bestimmbarkeit', so kann es, entgegen der Zeidlerschen Annahme, nicht „als *Voraussetzung* aller Bestimmbarkeit" (*GtL*³, 141; meine Hervorhebung) fungieren. Seine Verneinung erzeugt nicht Bestimmtheit, sondern bestätigt die Negation des Unbestimmten. Das

41 Vgl. *GtL*³, 137.
42 Vgl. *GtL*³, 140.

Non-A widerspricht dem A daher nicht, sondern affirmiert das Identitätsprinzip, ohne ihm etwas entgegenzusetzen oder an Bestimmtheit hinzuzufügen. Das *Ist der Existenz* ist nichts kardinal Bestimmtes, sondern *Sinnallgemeinheit*: die Exposition der Erkenntnis als die Aufgabe, ein unbestimmtes Etwas als differenzbestimmtes Diskretum einer Mannigfaltigkeit zur Geltung zu bringen.

Zeidler versteht Identität indessen nicht als Setzungsfunktion, sondern als Verdinglichung und ‚Verdinglichung' als die Selbstvergessenheit des Denkens[43] in seiner Funktion, Unbestimmtes zu negieren. „Dass A seine Bestimmtheit qua Gegenstand des Denkens allererst über die Entgegensetzung alternativer Bestimmungen (des B oder Non-B) gewinnt" (*GtL*^{3}, 140), lastet er denn auch nicht der Funktionalität des Denkens in der Bestimmung, sondern „der Blindheit (der Negation) für den Prozess des Bestimmens (der Limitation)" (*GtL*^{3}, 139) an. Damit allerdings bestätigt er – und zwar entgegen der von ihm zuvor etablierten Dispositionen –, dass sich der Verstand keineswegs in seinem Gebrauch – hier: in der Negation des Unbestimmten vergisst, sondern im Gegenteil dem Erkennen als ein von A unabhängig bestimmtes B in der Funktion des zureichenden Grundes seiner Bestimmbarkeit erscheint. Das Bewusstsein wird gleichsam sehend, indem es seinen Verstand als den Grund der Bestimmbarkeit des A setzt, sich ihm ebenso wie dessen Negation gegenüber setzt und nach einer positiven Theorie der transzendentalen Logik verlangt: nach einer vom *Ist der Existenz* unabhängigen, gleichwohl auf es bezogenen Bestimmung des *Ist der Prädikation*, die es ihm erlaubt, sich der Bestimmtheit des Bestimmten zu vergewissern.

V

Das seinen Verstand als Bestimmbarkeitsgrund behauptende Bewusstsein bezieht sich auf die Bestimmtheitsbedingungen empirischer Erkenntnis als die den Akt ihres Begreifens strukturierenden Momente.[44] Erst in der Reflexion seines Begreifens werden ihm Verstand und Vernunft zu transzendentalen ‚Instanzen', deren eine, der Verstand, ihm das Sein bedeutet, dessen Bestimmtheit es unter dem Titel ‚Vernunft' reflektiert. ‚Bestimmtheit' bedeutet hier indessen kein geltungsdifferentes Resultat, sondern die Aufforderung, das Unbedingte zur bedingten Erkenntnis des Verstandes zu finden. Das Medium der entsprechenden Suche ist die Vernunft. Doch das, worauf sie im Zug ihres Begründens stößt, d.i. die synthetische Einheit aus Bestimmtem, Bestimmung und Bestimmtheit, bringt sie selbst nicht zur Darstellung. Denn ‚Darstellung' ist ausschließlich

---

43 Vgl. *GtL*^{3}, 140.
44 Vgl. *GtL*^{3}, 173.

Sache des Verstandes. Wenn aber umgekehrt für den Verstand gilt, dass es für ihn *das Gegebene nicht ‚gibt', sondern nur solches, das gegeben wird*,[45] so bedeutet der höchste Punkt, an den das Bewusstsein seinen Verstandesgebrauch, die Logik und schließlich gar die Transzendentalphilosophie heften muss, Zeidler nur noch eine aus der Natur *unserer* Vernunft[46] abzuleitende Chiffre. Chiffren freilich sind Leerstellen des Bedeutens, hier: Platzhalter der Forderung, dass die Triade Bestimmtes – Bestimmung – Bestimmtheit mehr als die in die Triade Unbestimmt – bestimmbar – Bestimmtes gefasste Erkenntnis besagen muss. Unbedingte Eigenbestimmtheit sei als Prädikat im Obersatz eines Syllogismus zu denken, so dass ‚Erkenntnis' den Gedanken der synthetischen Einheit eines unbestimmt bestimmbar Bestimmten mit einer Bestimmtheit gemäß der Bestimmung bedeutet, dass diese als notwendig und allgemein eingesehen werden kann. Die Idee einer Transzendentalität, *die keiner Konkretisierung bedarf, weil sie in Wahrheit das Verhältnis aller Verhältnisse und die Konkretisierung alles Konkreten* ist, bestimmt Zeidler ihrem Erkenntnisgehalt nach als ursprüngliche Synthesis beider Triaden. Sie ‚besagt', ohne zu bedeuten, geschweige denn zu begründen, sondern *ist* die Einheit des Denkens, in dessen Mitte ‚Bestimmtes' als die „ursprüngliche Selbstunterscheidung des Denkens" (*GtL*³, 102) genannte Differenz zwischen dem unumgänglichen Gedanken ‚Bestimmtheit überhaupt' und den exemplarisch kontingenten Bedingungen seines Gedachtwerdens steht.

Transzendentalität als die Einheit des Denkens, dessen vorbegriffliches ‚Sagen' weder etwas bedeutet, noch begründet, bedeckt Zeidler den Abgrund, den das Bewusstsein im Erkennen der Kontingenz seiner Erfahrungen aufreißt. Auch wenn der *Grundriss* für die Funktion der ‚intelligiblen Zufälligkeit' noch keine Bezeichnung hat,[47] so nutzt er sie gleichwohl der Sache nach zur Präzisierung seines Anspruchs, den Skeptizismus statt zu widerlegen, durch die Erhebung seiner Argumente zu „unverrückbaren Grenzmarken [der] Befestigung des Verstandes gegen die Vernunft" (*GtL*³, 192) zu überwinden. Die skeptischen Vorbehalte des Verstandes gegen die Vernunft – „d.h. in seiner Lesart gegen die Möglichkeit einer *rationalen* [...] *Begründung*" (*GtL*³, 192) – bedeuten dem Bewusstsein das *Ist der*

---

45 Vgl. *GtL*³, 152. Die Voraussetzung ‚gibt' somit dem Verstand das, was ihm zur Bestimmung aufgegeben ist: die ursprünglich transzendentale Beziehungseinheit von Logik und Ontologie als das Binnenverhältnis des in *jedem* Gedanken *vorausgesetzten*, an sich selbst aber unbestimmten *Ist der Existenz*, von dem in Abschnitt III die Rede ist.

46 Vgl. *GtL*³, 173.

47 Der Begriff ‚intelligible Zufälligkeit' entstammt der Ideenlehre Hermann Cohens. Zeidler greift ihn 20 Jahre nach dem Erscheinen der Erstauflage des *Grundrisses* erstmalig im Essay „Das Problem des Einzelnen" (*Provokationen*, 204ff.) auf.

Prädikation: das *sum* des *cogito*, – nicht als Urteil, noch als mögliche Erkenntnis, sondern als die Erfahrung der Destruktion des dialektischen Scheins der Unmittelbarkeit des *Ist* seiner *Existenz*.[48] Das Ich ist nur, sofern es sich weiß und immer nur das, als was es sich weiß. Es bringt sich selbst mit der Sache zur Sprache und hat in der Vernunft als der ‚Gestalt' der *sich selbst reflektierenden Urteilskraft*[49] ihre wie auch seine verständige Einheit. Diese Einheit sei, so Zeidler, „nackte[s] undifferenzierbare[s] Existenzwissen" (*GtL*^{3}, 224): die „kategorische Synthesis in dem Subjekt [...], das sich selbst zum transzendentalen Subjekt der Prädikation konkretisiert, indem es die Identität von Denken und Sein [...] im Begriff *setzt*" (*GtL*^{3}, 200).[50] Es artikuliert Vernunft als Reflexion der Totalität im Problemgehalt der Zeitigungen des Verstandes und befreit, indem es sich artikuliert, dessen „ursprüngliche *und* absolute Einheit" (*GtL*^{3}, 225; meine Hervorhebung) aus der ihm eigentümlichen Anonymität. Denn es *ist* seinem „Begriff nach das Erschließende und Unbedingte" (*GtL*^{3}, 195) – das „konkrete und ostensive Moment der Transzendentalität" (*GtL*^{3}, 207f.), dessen Vergegenständlichung im Wechselspiel von Gegebenem und Reflexion seinen einigenden, die unbedingte Einheit der Vernunft in Positionen und Negationen verendlichenden Grund hat.[51]

Damit ist der Sinn der Autopoiesis der Disjunktion des unmittelbar unterschiedenen Diesen „zur Aneinandervermitteltheit eines *unmittelbaren Unterschiedenseins*" (*GtL*^{3}, 128), von der in Abschnitt III die Rede war, erschöpft: Während der Verstand die Vernunft negiert, mutet diese uns zu, seine Einheit im Denken des Denkens zu fundieren.[52] Reflektierend beziehen wir uns auf die als ‚Natur unserer Vernunft' denkbare Bestimmtheit des Denkens an ihm selbst. Wir ‚genetisieren'[53] den Verstand und bringen seine Funktionen als „ungewollt[e] und ex negativo" Bestimmungen der Vernunft zur Darstellung. Die Identität der Transzendentalität muss sich in zunehmender Vollkommenheit immer wieder neu erzeugen. Und so, wie sie in dieser ihrer kontinuierlichen Selbsterzeugung *ist*,

48 Vgl. Zeidlers Ausführungen zur zwangsläufigen Reduktion unseres Wissens um die „ursprüngliche Realität [...] auf ein nacktes undifferenzierbares Existenzwissen": *GtL*^{3}, 224.

49 Vgl. *GtL*^{3}, 213.

50 Vgl. in diesem Zusammenhang Zeidlers Ausführungen zum Begriff der Subjektivität, der mit Kants „Unterscheidung von theoretischer und praktischer Vernunft zum Abgrund geworden ist, der die Fundamente des transzendentalen Dualismus zu unterhöhlen droht" (*GtL*^{3}, 260).

51 Vgl. *GtL*^{3}, 196 – 198; 252.

52 Vgl. *GtL*^{3}, 191f.

53 Vgl. *GtL*^{3}, 190.

so müssen auch die Bedingungen ihrer fortschreitenden Selbstbestimmung im Wissen selbst aufzeigbar sein.

Hier nun kommt für Zeidler die Urteilskraft ins Spiel. Ihre Funktion entspringt der Zumutung, unser Urteilen reflexiv auf die als ursprünglich transzendentale Einheit der Apperzeption gedachte Bestimmtheit des Denkens an ihm selbst zu beziehen und die Momente der Einheit der Vernunft in verstandesmäßiger Trennung auszulegen.[54] Das Unbedingte des reinen Denkens als das Nichtidentische der Vernunft gerät Zeidler so zum denkbar schärfsten Ausdruck der Relativität der Erkenntnis. Es bedeutet keine Wesenheit jenseits aller Erfahrung, sondern die Disjunktion, kraft deren allein es für uns Erkenntnis gibt. An der Erkenntnis können und müssen wir die Bedingungen des Wissens zutage fördern, die uns im Rücken liegen und die wir doch nicht anders ‚anschauen' können, als in der Gesamtheit des durch sie Bedingten. Am Faden des Nichtidentischen wird für Zeidler daher „die traditionelle formale Logik von einer Selbstreflexion geleitet" (*GtL*^{3}, 225), die zur Bestimmung des identisch noematischen Kerns unseres Denkens an ihm selbst ‚unfundierte Wahrheitswerte'[55] des *Logos* setzt. Für Zeidler bedeuten diese unfundierten Wahrheitswerte die Einheit des Urteils im Denken, die jeden Versuch, Bedingtes und Bedingung, Prinzip und Prinzipiiertes an ihnen zu unterscheiden, abweist und in objektiver Form „das Schema jenes regulativen Prinzips [fixiert], wodurch die Vernunft, so viel an ihr [unsere Natur][56] ist, systematische Einheit über *alle* Erfahrung verbreitet" (*KrV* B 710; meine Hervorhebung).

Der *Logos* und nicht das Denken der Erkenntnis bestimmt Zeidler eben dieses zum unendlichen Urteil, das unser Wissen über seinen Begriff hinaus erweitert. Doch was immer wir uns als *ἀνυπόθετον* in konstruktiver Absicht voraussetzen oder als *ὑποκείμενον* zum Ziel unserer Analysen erklären, – stets projizieren wir eine Beziehung, die zwischen den unterschiedlichen Funktionen unseres Bestimmens und seinen Ergebnissen besteht, nach außen in das Dasein. Doch die Bestimmtheit des Bestimmten geht in der symbolischen, nicht in der faktischen Bedeutung des Einzelnen auf. ‚Bestimmung' ist an keine empirische Schranke gebunden und konfrontiert daher permanent den unfundierten Wahrheitswert ‚Gegenstand überhaupt' mit der Geltungsfrage. Zeidlers Metaphysik kann daher bei der Apodeixis des ostensiven Beweises nicht stehenbleiben, sondern muss den Logos ihrer Grundannahme geben, der zufolge die Vernunft die

---

54 Vgl. *GtL*^{3}, 190.

55 Vgl. *GtL*^{3}, 253ff.

56 Meine Einfügung.

Idee bzw. das Urbild[57] des sich in der Abstraktionspyramide des Aristoteles darstellenden Raumschematismus sein soll, in der bzw. in dem das „ontologische und formallogische Ordnungsprinzip (die Begriffspyramide)[58] und das transzendentale Ursprungsprinzip der Begriffe (der Verstand) zur Deckung" (*GtL*³, 225), zur „ursprünglichen Einheit von Ich- und Weltkonstitution"[59] gebracht sind.

Hier liegt für Zeidler der Ursprung der „eigentlich transzendentale[n] Frage."[60] Wie auch immer die Antwort auf diese Frage lauten mag, sie selbst lässt sich nur auf kritischem Weg formulieren. Zeidler zeigt, dass dieser Weg weder von einer positiven Logostheorie seinen Ausgang nehmen, noch in ihr sein Ziel haben kann, – jedenfalls solange nicht, wie der Kritiker der Vernunft sich der Aufgabe verpflichtet weiß, sämtliche Wahrheitsansprüche an ihnen selbst zu prüfen und somit auch den eigenen Ort in Frage zu stellen.[61] Insofern stimme ich Zeidler zu, wenn er die Vernunft als die *„sich selbst reflektierende Urteilskraft"* (*GtL*³, 213) exponiert – und widerspreche ihm, sobald er sie als tätigen *Logos*, nämlich als die Vernunft begreift, „die uns hat."[62] Die Vernunft habe uns und mache sich uns als die „Notwendigkeit, urteilen zu müssen" (*GtL*³, 270) vernehmbar, heißt es. Was aber sollten wir hier anderes vernehmen als die Aufforderung zur Grundlegung der Erkenntnisfunktion des Urteils in der Logik?

Diese Aufforderung weist Zeidler indessen zurück. Er ist überzeugt, dass sich zuletzt jede Urteilslogik in der Leere selbstreferentieller Identität verlaufe.[63] Die Antwort auf den Zwang zum Urteil liege nicht in dessen Logik, sondern in den ihr vorgängigen Maximen des gemeinen Menschenverstandes: 1. Selbstdenken; 2. an der Stelle jedes anderen denken; und 3. jederzeit mit sich selbst einstimmig zu denken.[64] Doch die Vorgängigkeit dieser Maximen verendlichen die Vernunft und zwingen dazu, das, was die theoretische Neugierde des Menschen jederzeit, wenngleich, so Zeidler, bisher ergebnislos beschäftigt hat, in der Form einer transzendentalen Geschichte des Ichs[65] als dem Sinn-, Repräsentations- und

57 Vgl. *GtL*³, 226.

58 Gemeint ist die Begriffspyramide als Schema des dem Verstand zur und in der Anschauung Gegebenen.

59 K.W. Zeidler: Die Wesentlichkeit einer subjektiven Deduktion, 63.

60 Ebd.

61 Vgl. *GtL*³, 273.

62 Siehe oben Anm. 10.

63 Vgl. K.W. Zeidler: Platons Antizipation und Überwindung des Universalienstreits, 198; vor diesem Hintergrund versteht sich die Formulierung vom „existenzialistisch-positivistischen Verblendungszusammenhang" (*GtL*³, 147, Anm. 36).

64 *KU* §40 B, 158; zit. *GtL*³, 266.

65 Vgl. *GtL*³, 190.

Subsumtionsallgemeinen der Philosophie zur Darstellung zu bringen. Diese Geschichte der kraft ihrer Maximen sich selbst limitierenden, sich durch Selbstbegrenzung jedoch zugleich objektivierenden Einheit der Vernunft[66] hat im ‚Ist der Existenz' des erlebenden, erfahrenden und erkennenden Subjekts ihren analytischen Anfang ebenso wie ihr Prinzip.[67] Von ihm, betont Zeidler, habe das Philosophieren immer schon seinen Ausgang genommen, „so sehr [die Philosophie] ihn auch im einzelnen verkannt und sich verstellt haben mag" (*GtL*³, 257). Doch mit diesem vorrationalen ‚Immer schon' verliert die Frage, ob der *Grundriss* die von ihm in Anspruch genommene Letzt- und Selbstbegründung der Philosophie tatsächlich leistet, ihren kritischen Sinn. An seine Stelle tritt die den *Grundriss* durchziehende sokratische Ironie: mit der Exposition ‚unfundierter Wahrheitswerte' sich diesen selbst zuzurechnen.

VI

Hält man sich vor Augen, dass es Zeidler weder um die theoretische, noch um die praktische Philosophie, sondern um deren „*wahrhafte Einheit*"[68] und also um ‚*die Philosophie überhaupt*' geht, so gibt dieses Ergebnis zweifelsohne zu denken. Denn in sokratischer Ironie wird der Philosoph sich im Ringen mit seinen *Gedanken von Gott, der Welt, der Seele des Menschen und überhaupt aller Dinge* selbst zu dem Abgrund,[69] den er sich mit Ideen bedeckt. Mit Ideen bedeckt er das Bewusstsein der eigenen Kontingenz und prägt dessen Abgründigkeit zum Urgrund aller Erfahrung um. Dieser abgründige Urgrund der Erfahrung negiert den *logischen* Ursprung der Bestimmtheit der sie grundlegenden Disjunktionen. Die anfängliche Organisation ihrer disjunktiven Momente erscheint ihm als eine letzte Synthese: als *abduktiver Schluss*, den er in bestimmten Disjunktionen wundersamerweise einfangen, nicht aber aus ihren Momenten bilden kann, so als wären diese selbständige, an sich gegebene, für sich vorhandene vorbegriffliche Bestandstücke.

Den Schuss von Regel und Resultat auf einen Fall als Erkenntnisgrund[70] deutet Zeidler als den Akt begrifflicher Identifikation[71] des logisch unbedingten

66 Die Vernunft ist „die sich selbst regulativ konstituierende logische Einheit" (K.W. Zeidler: Vernunft und Letztbegründung, 51) und zugleich das Gegenstandserkenntnis überhaupt ermöglichende Vermögen der „ursprünglichen Synthesis" (K.W. Zeidler: Die Heautonomie der Vernunft, 269); vgl. *GtL*³, 274.

67 Vgl. K.W. Zeidler: Die Heautonomie der Vernunft, 275.

68 Vgl. K.W. Zeidler: Vernunft und Letztbegründung, 57.

69 Vgl. K.W. Zeidler: Die Heautonomie der Vernunft, 258.

70 Vgl. K.W. Zeidler: Vernunft und Letztbegründung, 45.

71 Vgl. K.W. Zeidler: Vernunft und Letztbegründung, 36.

Gehalts der Idee,[72] der in jedem rein Gedachten, von jedem ihn Denkenden und für jeden, der ein so Gedachtes überhaupt versteht, mitgesetzt ist.[73] Die Abduktion ist die Idee, die nichts vorstellt, unter der man sich auch nichts vorstellen soll, sondern lediglich die kühne Zuversicht manifestiert, „dass, wenn wir annehmen, suchen zu müssen, was wir nicht wissen, wir tüchtiger werden und mannhafter und weniger träge, als bei der Annahme, das Unbekannte sei unmöglich zu finden und daher auch gar nicht erst zu suchen."[74] Der Grund der Erkenntnis ist selbst keine Erkenntnis, sondern Setzung: die Hypothesis der kategorischen Synthesis von Denken und Sein jenseits aller Vorstellung, deren Unbedingtheit jeden Gedanken ihrer objektiven Deduktion als sinnwidrig abweist.[75] Zu sprechen also ist vom Dogmatismus letzter Gründe, die „nur als *selbstbegründende Prinzipien* zu haben sind."[76] Diese Prinzipien mögen in der ‚Natur unserer Vernunft' gründen, doch auch die Bestimmung der ‚Natur unserer Vernunft' ist uns nicht gegeben, sondern immerwährende Aufgabe. Sie ist, was sie uns sein soll, und was sie uns sein soll, müssen wir „im regulativen Zusammenspiel von abduktiver Setzung, induktiver Bewährung und deduktiver Stabilisierung der Begriffe" (*GtL*^{3}, Nachtrag, 322), d.h. aus dem Begründen selbst heraus bestimmen.[77]

Mit der Exposition der Abduktion als der „weder bloß formale[n], noch bloß empirische[n], sondern transzendentale[n] Instanz",[78] die die Vermögen der diskursiv begrifflichen Realisierung der Erfahrung mit dem Erfahren selbst ‚verfugt', kommt Zeidlers Versuch einer „synthetischen Herleitung des Transzendentalen" (*GtL*^{3}, 159f.) zu ihrem vorläufigen Abschluss. Die Abduktion vollzieht, was Zeidler „die Transsubstantiation des Unbegriffenen in den Begriff" nennt.[79] Sie verfügt das Wunder, das die Kontingenz des Bewusstseins mit der Idee reinen Denkens zur ‚wahrhaften' Einheit aus Unbedingtheit, Allgemeinheit

---

72 Vgl. *GtL*^{3}, 219; K.W. Zeidler: Platons Antizipation und Überwindung des Universalienstreits, 199: „[D]er Begriff [ist] wesentlich *Erkenntnisgrund* und als solcher *Idee*."

73 Ich paraphrasiere P. Natorp: *Platons Ideenlehre*, 17.

74 Platon: *Menon* 86b, zit. nach K.W. Zeidler: Platons Antizipation und Überwindung des Universalienstreits, 200.

75 Vgl. *GtL*^{3}, Nachtrag, 324.

76 K.W. Zeidler: Platons Antizipation und Überwindung des Universalienstreits, 201.

77 Vgl. *GtL*^{3}, 174.

78 K.W. Zeidler: Vernunft und Letztbegründung, 54.

79 K.W. Zeidler: Vernunft und Letztbegründung, 35.

und Gesetzmäßigkeit vermittelt.[80] Diese Einheit freilich kann das Prinzip aller Prinzipien nicht sein, sondern lediglich prädizieren.[81] Mehr als eine Beschreibung der im und zum Prinzip aller Prinzipien verschränkten Probleme lässt sich, Zeidler zufolge, von keiner Theorie erwarten: „wer meint, einen ‚Grund' der Letztbegründung oder eine ‚Ursache' des Begriffs finden zu können, findet nur Unbegreifliches" (*GtL*^{3}, Nachtrag, 324).

So gipfelt schließlich das Standhalten des Bewusstseins gegenüber den Nötigungen des Verstandes im abduktiven Selbst: „jeder kann an sich selbst feststellen, dass er als erlebendes, erfahrendes und erkennendes Subjekt ständig zwischen den Positionen des Betroffenen, des Beteiligten und des Beobachters changiert, dass er Mittelpunkt seiner Erlebnisse *ist*, zum anderen seine Erfahrungen *macht* und zum dritten seine Erkenntnisse *hat* und mithin die daseiende Vermittlung von *Sinnallgemeinem, Repräsentationsallgemeinem* und *Subsumtionsallgemeinem* ist" (*GtL*^{3}, Nachtrag, 323). Es gilt, „sich von der Vorstellung zu verabschieden, das erkennende Subjekt könne aus der Perspektive der dritten Person bzw. aus der Position des ‚unbeteiligten Beobachters' Theorien der Erkenntnis formulieren, die deren Resultat, den Gegenstand der Erkenntnis, nicht schon voraussetzten" (*GtL*^{3}, Nachtrag, 323). Im Streit um die Anfänge des Philosophierens gibt es keine Unbeteiligten. Doch wenn letzte Gründe nur als selbstbegründende Prinzipien zu haben sind, so vermag auch die Ironie eines Sokrates nicht der Unruhe zu wehren, die sich regt, sobald die Frage sich stellt, welcher Position sich dieses ‚es gilt' als der Grund zu erkennen gibt, weswegen von keiner Theorie mehr als eine Beschreibung der im und zum Prinzip aller Prinzipien verschränkten Probleme erwartet werden *darf*.

Für Zeidler begrenzt sich im Geltungsproblem die Vernunft durch ein vernünftiges Selbst, das „nur in der Weise eines *in-sich-über-sich-hinaus* vermittelten Begründungszusammenhanges gedacht werden kann" (*GtL*^{3}, 274; meine Hervorhebung). Dabei übersieht er freilich, dass die exzentrische Positionalität des Selbst seinen Begründungsabsichten zuwiderläuft, bedeutet sie doch das Eingeständnis, dass die Selbstbegründung der Philosophie aus dem *ego cogito* keine *letztbegründete Theorie* sein kann. Gewiss lässt sich aus der „unhintergehbare[n] ontologische[n] Voraussetzung"[82] der Identität von Denken und Sein im *ego cogito* darauf schließen, dass sich aus der Position eines unbeteiligten

80 ‚Wahrhaft' ist die Einheit aus Unbedingtheit, Allgemeinheit und Gesetzmäßigkeit, weil sie die „sich selbst begründende Vereinigung von Bedingung und Bedingtem" ist: K.W. Zeidler: Vernunft und Letztbegründung, 24, 28.

81 Vgl. K.W. Zeidler: Vernunft und Letztbegründung, 45, 51.

82 *GtL*^{3}, Nachtrag, 309.

Beobachters nicht philosophieren lässt. Doch auch kontingente Anfänge wollen gedacht sein. Aber sie können und müssen, als gedachte, auch bedacht werden. Der Anfang des Philosophierens ist ebenso kontingent wie intelligibel,[83] weil er *als* Anfang gedacht und von dem, dessen Anfang er *ist*, als dessen Grund unterschieden werden kann und muss. Der Anfang ist nicht ‚Ursprung', sondern reine Funktion, die *als Funktion* weder durch eine Sinn generierende Unmittelbarkeit des Erlebens, noch durch die vorbegriffliche Setzung der Identität von Denken und Sein zu rechtfertigen ist.[84] Im Gegenteil: Die Unmittelbarkeit des Erlebens ebenso wie die Identitätssetzung von Denken und Sein brechen das in der Hypothesis des Ursprungs gedachte Begründungsverfahren ab. Wo sich die Frage nach unhintergehbaren, gleichwohl intelligiblen, d.h. denkbaren, im Denken der Erkenntnis begründbaren Voraussetzungen des Erkennens stellt, geht es darum, den jeweils spezifischen Funktionswert dieses ‚Anfang' genannten Abbruchs zu beurteilen. In Frage steht die themenadäquate Axiomatik der Erkenntnis – ihr Funktionssinn allerdings steht außer Frage. Insofern bedeutet die transzendentale Logik weder einen Abgrund intelligibler Zufälligkeit, noch begründet sie eine Ideenlehre um einen solchen Abgrund zu bedecken. Transzendentale Logik thematisiert keine ‚Transzendentalität', sondern die Voraussetzungen, die gegen alles Absolute und jede alleinstellende Deutungshoheit die Funktion des Urteils im Denken der Erkenntnis sichern.

Straberg, im Dezember 2018

Literaturverzeichnis

Cassirer, Ernst: Vorwort zur Festschrift für Paul Natorp zum siebzigsten Geburtstag, in: ders.: Werke Bd. XVI: *Aufsätze und kleine Schriften. 1922 – 1926*, Hamburg 2003, 476–479.

Edel, Geert: *Hypothesis versus Linguistic Turn. Zur Kritik der sprachanalytischen Philosophie*, Waldkirch 2010.

Natorp, Paul: *Platons Ideenlehre*, Berlin 1914.

Zeidler, Kurt Walter: *Vermittlungen. Zum antiken und neueren Idealismus*, Wien 2016.

Zeidler, Kurt Walter: Die Wesentlichkeit einer subjektiven Deduktion, in: ders.: *Vermittlungen*, 59–73.

---

83 Vgl. *GtL*³, 130: „Wird das Selbstverständlichste nicht gedacht, so stellt es sich dem Bewusstsein als Mysterium vor."

84 Vgl. *GtL*³, Nachtrag, 322.

Zeidler, Kurt Walter: Platons Antizipation und Überwindung des Universalienstreits, in: ders.: *Vermittlungen*, 191–207.

Zeidler, Kurt Walter: *Grundlegungen. Zur Theorie der Vernunft und Letztbegründung*, Wien 2016.

Zeidler, Kurt Walter: Vernunft und Letztbegründung, in: ders.: *Grundlegungen*, 10–60.

Zeidler, Kurt Walter: Urteil und Schluss, in: ders.: *Grundlegungen*, 85–104.

Zeidler, Kurt Walter: Die Heautonomie der Vernunft, in: ders.: *Grundlegungen*, 249–275.

Zeidler, Kurt Walter: *Grundriss der transzendentalen Logik*, 3. mit einem Nachtrag zur Metaphysischen Deduktion versehene Aufl., Wien 2017.

Zeidler, Kurt Walter: *Provokationen. Zu Problemen des Neukantianismus*, Wien 2018.

Zeidler, Kurt Walter: Das Problem des Einzelnen. Heinrich Rickert und Hermann Cohen zum ‚härtesten Problem der Logik', in: ders.: *Provokationen*, 173–213.

Geert Edel (Wyk/Föhr)

Zur Frage der Einheit der Vernunft

Kurt Walter Zeidlers schlusslogische Alternative zu Kant und Cohen

I. Sprachanalytische Vorüberlegung

Die *Einheit der Vernunft* ist zunächst, noch vor aller ambitionierten philosophischen Theoriebemühung, d.h. in der einfachsten, nämlich sprachanalytischen Weise betrachtet, ein sprachlicher Ausdruck, mithin eine bloße Wortfolge. Diese attribuiert das Prädikat ‚Einheit' dem Ausdrucks- bzw. Satzsubjekt ‚Vernunft'. Folgt man dem gewöhnlichen Sprachgebrauch des Wortes ‚Vernunft', dann ist diese Attribuierung nicht nur plausibel, sondern einzig möglich und insofern sogar geboten.

Es gibt, jedenfalls im normalen Gebrauch der deutschen Sprache, das Wort ‚Vernunft' nur im Singular. Man kann zwar, im Blick auf unterschiedliche, je eigene Lebenssphären oder -bereiche, etwa von ‚der' Vernunft des Marktes sprechen und sie von einer eventuellen ‚Vernunft' einer beliebigen Industriepolitik unterscheiden. Aber der Pluralität der Anwendungsgebiete des Wortes korrespondiert kein grammatischer Plural und ergibt sich auch nicht daraus. Wer von mehreren ‚Vernünften' reden würde, erntete Unverständnis oder gar Gelächter, weil dies gegen die aktuell gültigen Regeln der Grammatik bzw. des vorherrschenden Sprachgebrauchs verstieße. Im Englischen ist neben ‚reason' (also, lexikalisch: nach a. Grund, b. Verstand, dann doch c. Vernunft) durchaus auch der Plural ‚reasons' gebräuchlich, wobei dann aber ‚reasons' nicht etwa als multiple Kapazitäten des menschlichen Denkens, sondern sofort als ‚Gründe' verstanden wird. Und im Altgriechischen, der Entstehungssprache der westlichen Philosophie, kommt der νοῦς, obwohl es den grammatischen Plural (νοῖ) durchaus gibt, in den einschlägigen Schriften gewöhnlich doch auch nur im Singular vor.

So kurz – *und eigentlich nicht weiter* – greift die rein sprachanalytische Betrachtung, und geht man, von daher kommend, an die Philosophie heran, dann wird man sicher sagen dürfen, dass die ‚Einheit der Vernunft' eine sprachlich indizierte, motivierte, womöglich gar darüber hinaus begründbare Forderung an die philosophische Theoriebildung ist (eben mehr als eine bloße Wortfolge), die da lautet: Einheit der Vernunft in den oder über die unterschiedlichen Gebiete, für die Vernunft reklamiert wird (in höchster Allgemeinheit: das Theoretische und das Praktische), herzustellen und denkbar zu machen.

Man muss allerdings Wittgensteins berühmt-berüchtigtem Satz, wonach die Grenzen meiner Sprache die Grenzen meiner Welt seien, durchaus nicht in toto zustimmen, wenn man die sprachanalytisch plausibel begründete Forderung einer bzw. der ‚Einheit der Vernunft' nun zu einem Maßstab macht, an dem sich philosophische Theorie messen zu lassen habe.

Denn es gibt natürlich auch eine strikt *innerphilosophische*, letztlich schlicht logische Begründung für diese Forderung, die sich noch diesseits und vor jeder Einordnung in oder Zuordnung zu bestimmten philosophischen Richtungen oder gar Schulen bewegt. Wenn Philosophie das Bemühen um eine wahrhaft umfassende Selbst- und Weltverständigung ist (und was sollte sie anders oder sonst sein?), dann dürfen die Erklärungen, mit denen sie hinsichtlich dieser Aufgabe operiert, offenbar keine gebietsverschiedenen Maßstäbe haben.

Das sagt ‚die' Logik, und obwohl es prima vista sehr verschiedene Logiken (von der aristotelischen bis zur mehrwertigen mathematischen) gibt, laufen sie doch alle auf die *Eine* hinaus – womit wir dann auch wieder bei der Frage nach ‚der' *einen* Vernunft wären.

Wenn es denn also zuletzt, trotz der unterschiedlichen Symbolsysteme bzw. Notationen, doch nur eine Logik geben kann (welche die transzendentale ihrerseits kraft ihrer Unhintergehbarkeit anspruchsgemäß selbst noch fundiert), dann doch auch nur eine Vernunft. Es sei denn, man wollte den notwendigen, unabdingbaren Zusammenhang zwischen Logik und Vernunft zerreißen – mit dem denn doch, hoffentlich, ungewollten Ergebnis, dass die Logik nicht mehr ‚vernünftig' und die Vernunft nicht mehr ‚logisch' zu sein habe oder gar sein könne. Was dann dem Ende der Philosophie gleichkäme, sofern sie doch eigentlich vernünftig und logisch, logisch und vernünftig zu sein beansprucht und immer beansprucht hat. Das war ja doch ihr Spezifikum qua ἐπιστήμη, im Unterschied zu τέχνη und δόξα, seit Platon und dem platonischen Sokrates.

II. Notwendigkeit der Anknüpfung

Die umfassende Selbst- und Weltverständigung, welche die Philosophie ist, kann zuletzt doch nur erfolgen und gelingen, wenn man *anknüpft an zuvor schon Gedachtes*, und nicht „die Miene des Originaldenkers annimmt", der im autosuggerierten Bewusstsein der eigenen Genialität dann doch lediglich „aphoristische Stellenschriftlerei" hervorbringt (wie Hermann Cohen gegen Nietzsche moniert).[1]

---

1 Hermann Cohen: *Einleitung mit kritischem Nachtrag zur neunten Auflage der Geschichte des Materialismus von F. A. Lange*, Leipzig [3]1914, wieder abgedruckt in: Hermann

Woran aber, an wen, kann man denn anknüpfen? – Nimmt man die nachkantische Philosophie des 19. Jahrhunderts in den Blick, dann ist bzw. war jene die Kant-Bewegung seinerzeit gleichsam einläutende Forderung Otto Liebmanns: „Also muss auf Kant zurückgegangen werden!", mit der er in seinem frühen Buch *Kant und die Epigonen* jedes Kapitel über die einzelnen Epigonen abschließt, so berechtigt wie höchst plausibel.[2] Denn das alsbaldige Versiegen der ersten Hegel-Schule nach dem Tod des Meisters[3] belegt, dass man, schon weil die spekulative Naturphilosophie in allzu drastischen Widerspruch mit der aufstrebenden empirisch-mathematischen Naturwissenschaft geriet, an ihn eben doch nicht, und schon gar nicht kontrolliert, anknüpfen konnte. Weshalb die Neukantianer des 19. Jahrhunderts mit ihrem Rückgang auf Kant, salopp gesprochen, durchaus gut beraten waren, d.h. die einzig sinnvolle, philosophisch produktive Entscheidung getroffen hatten, eine Entscheidung, deren Fruchtbarkeit sich in den mannigfachen Hauptwerken der beiden neukantianischen Schulen – oder, folgt man Zeidler, der *drei Richtungen* des Neukantianismus[4] – doch eindrucksvoll demonstriert. Man *kann* an Kant anknüpfen und in durchaus sogar je unterschiedlichem Ausgang von ihm das philosophische Denken voranbringen (auch

---

Cohen, *Werke Bd. 5,* II. Teil, 5–125 (Originalpaginierung, im Folgenden zitiert als *EmkN*), hier 10.

2 Vgl. Otto Liebmann: *Kant und die Epigonen*, Stuttgart 1865. Liebmann war freilich nicht der Erste, der eine Rückbesinnung auf Kant forderte (vgl. hierzu: Helmut Holzhey u. Wolfgang Röd (Hg.): *Geschichte der Philosophie Bd. XII,* München 2004, 30–33, hier bes. 32). Aber seine refreinartige Wiederholung der Forderung in Verbindung mit seiner Beredsamkeit und der Popularität des Buches erlauben doch, darin so etwas wie eine Initialzündung der Kant-Bewegung zu sehen.

3 Konrad Cramer spricht gar vom „Zusammenbruch der Hegelschen Philosophie", vgl. Konrad Cramer: Metaphysik im 20. Jahrhundert als Metaphysik nach Hegel, in: Dieter Henrich u. Rolf-Peter Horstmann (Hg.): *Metaphysik nach Kant?*, Stuttgart 1988, 297–322, hier 302.

4 Dass neben den beiden von der neueren Philosophiegeschichtsschreibung gewöhnlich genannten Schulen des Neukantianismus, der Marburger und der Badischen oder Südwestdeutschen, noch „eine dritte Hauptrichtung des Neukantianismus" zu verzeichnen bzw. von ihnen zu unterscheiden sei, nämlich der Realistische Kritizismus von Alois Riehl und Otto Liebmann, hat Zeidler erstmals in seinem Aufsatz: Bruno Bauchs Frege-Rezeption, in: E. W. Orth, H. Holzhey (Hg.): *Neukantianismus. Perspektiven und Probleme,* Würzburg 1994, 214–232, hier 214–219 dargelegt und seither wiederholt, z.B. (mit Verweis auf den Vorgang Hermann Glockners) in seinem Buch: *Kritische Dialektik und Transzendentalontologie* (Bonn 1995, hier zitiert 67) oder dem Aufsatz: Kulturfrömmigkeit und Geltungsobjektivismus, in: Zeidler: *Provokationen* (Wien 2018; so zitiert) 67–84, hier 79.

wenn sich im Nachhinein natürlich immer die Frage stellen lässt, ob das nun ein Fortschritt oder ein Rückschritt war).[5]

III. Zeidlers interpretativer Einsatz

Nach diesen Vorüberlegungen komme ich nun endlich zu Kurt Walter Zeidler. Er hat sich mit seinem *Grundriss der transzendentalen Logik* schon früh der sehr kleinen Gruppe derer zugesellt, die heute überhaupt noch den Mut und die geistige Energie haben oder hatten und aufbringen bzw. aufbrachten, im transzendentalphilosophischen Rahmen und Zusammenhang *systematisch* zu denken.[6] Die also nicht (wie ich es selbst einleitend zu Demonstrationszwecken getan habe) lediglich sprachanalytische Trivialitäten produzieren, sondern den philosophischen Gedanken ernsthaft voranbringen wollen.

Dieses systematische Interesse leitet und determiniert auch die Beiträge, die Zeidler aufgrund je unterschiedlicher Anlässe zunächst bezüglich historischer Autoren und systematischer Konstellationen und Fragestellungen verfasst und geliefert hat und die seine Überlegungen im *Grundriss* damit historisch und systematisch absichern und vertiefen.[7]

Zeidler also knüpft an Kant an, was hier zunächst keines ausführlichen Beleges bedarf, da es ja schon der Titel des *Grundrisses* und der schlichte Umstand indizieren, dass dieser *Grundriss*, wie Zeidler selbst erklärt, in „den ersten vier Kapitel[n]" dem Gang „der Kantischen Beweisführung" in der *Kritik der reinen Vernunft* folgt (*GtL*[3], 21), sich also zunächst auf dem Weg einer neuerlichen Auslegung des Kant'schen Hauptwerkes etabliert und gestaltet und dann, nach

5 Vgl. dazu: Marion Heinz u. Christian Krijnen (Hg.): *Kant im Neukantianismus. Fortschritt oder Rückschritt?*, Würzburg 2007.

6 Hier steht natürlich an erster Stelle Hans Wagner. Zeidler selbst nennt konkret: Werner Flach, Harald Holz und Wolfgang Marx; vgl. Zeidler: Kulturfrömmigkeit und Geltungsobjektivismus, in: ders.: *Provokationen*, 84, Anm. 18.

7 Diese zunächst verstreut publizierten Beiträge sind dankenswerterweise in jüngster Zeit von Zeidler zusammengestellt worden und erneut erschienen in drei Bänden. Neben dem oben in Fußnote 4 genannten Band *Provokationen* handelt es sich um die Bände *Vermittlungen* (Wien 2016; so zitiert) und *Grundlegungen* (Wien 2016; so zitiert). Der Boromäische Kreis, der sich, nach dem Vorgang der *Grundlegungen* und der *Vermittlungen*, auch auf dem Cover der 3. Auflage des *Grundrisses* und dann auch auf dem der *Provokationen* findet, mag dies, obwohl natürlich primär inhaltlich gedacht (vgl. *Grundlegungen*, 53), sogar äußerlich symbolisieren. Man darf sich insofern also, hinsichtlich einer Verständigung über Zeidlers Überlegungen im *Grundriss*, auch auf diese Bände beziehen.

dem Einschub des strikt systematischen 5. Kapitels „Entfaltung der kategorialen Systematik“ (*GtL*^{3}, 108–142), doch auch weiterhin wiederum, zwar nicht direkt als Auslegung gestaltet, aber doch in Orientierung am Kant'schen Text und in argumentativer Bezugnahme darauf operiert.

Diese Anknüpfung an Kant erfolgt jedoch keineswegs etwa naiv, sondern in Kenntnis und unter Berücksichtigung nahezu der gesamten, zumindest der wichtigsten bis dato vorliegenden Kantinterpretation, nicht nur der diversen Kantinterpretationen der Neukantianer (von Hermann Cohen bis Bruno Bauch) und der Kant-Orthodoxie von Julius Ebbinghaus und Klaus Reich, sondern auch derjenigen neueren, aktuelleren Datums.[8] Überdies spart sie nicht an Kritik, Kritik an den Auslegungen und Folgetheorien der Neukantianer, wie auch, für Zeidlers Überlegungen weit wichtiger noch, an massiver Kritik an Kant selbst. Den hohen Rang und Stellenwert, den Zeidler, dieser Kritik ungeachtet, der Philosophie Kants sowie einer Verständigung über sie (und a fortiori auch den Interpretationen) zumisst, erklärt er selbst im *Grundriss* mit diesen Worten: *„Es entscheidet sich daher an der Kantinterpretation das Schicksal der Philosophie als Wissenschaft.“* (*GtL*^{3}, 34, Hvg. G. E.) Wer wollte dem widersprechen? Jedenfalls doch keiner, der mehr oder minder in einem irgendwie gearteten bzw. vermittelten Anschluss an Kant denkt.

IV. Dilemmata

Doch eben hiermit befinden wir uns in einem Dilemma, genauer, sogar in einem doppelten Dilemma, aus dem es tatsächlich keinen gangbaren Ausweg gibt. Das erste ist das Dilemma der Konkurrenz der Interpretationen – das Wort „Kant*interpretation*[*en*]“ zeigt es an –, auf das ich schon mehrfach hingewiesen habe. Das zweite, welches das erste zugleich ein- und umschließt, ergibt sich in Verbindung mit dem ersten genau aus der oben als notwendig postulierten Anknüpfung an zuvor schon Gedachtes.

Wer nicht einem „Philosophieren auf eigene Faust“[9] huldigt, wie es heutzutage allwöchentlich spätabends im TV zu besichtigen ist (was, übrigens, denn doch gar nicht so schlecht ist, da es ja immerhin dem „Lebensrecht“[10] der Philosophie zugute kommt), wer nicht dem „Faustrecht der Spekulation“[11] das Feld

---

8 Vgl. dazu etwa die Auseinandersetzung mit der 1995 erschienenen Untersuchung zur *Vollständigkeit der Kantischen Urteilstafel* von Michael Wolff im Nachtrag zur dritten Auflage des *Grundrisses*, bes. 284–307.

9 Hermann Cohen: *Kants Begründung der Ethik*, Berlin ^{1}1877, V.

10 Hermann Cohen: *Ästhetik des reinen Gefühls*, Bd. 1, Berlin 1912, XI.

11 *EmkN*, 10.

überlassen will, sondern an der „Philosophie als Wissenschaft“ interessiert ist und daran mitarbeiten will, *muss* anknüpfen an Vorheriges, um das Eigene gleichermaßen in den aktuell vorhandenen philosophischen Gesamtbestand zu integrieren wie auch davon zu unterscheiden. Das macht Zeidler – anders als etwa Werner Flach[12] – mit seinem interpretativen Einsatz, wie es zuvor eben auch schon Hermann Cohen gemacht hatte.[13]

Dennoch entsteht eben damit, mit diesem zweifellos legitimen und sich überdies durchaus anbietenden und sogar fast alternativlosen Verfahren der Entfaltung eigener systematischer Überlegungen und Thesen auf dem Weg einer Auslegung und Kritik einer anderen, bereits mehr oder minder anerkannten oder doch zumindest prominenten Theorie, eben hier der Kantischen, unweigerlich und schlechterdings unvermeidbar das Dilemma der *Konkurrenz der Interpretationen*. Es besagt, kurz zusammengefasst: Über die Richtigkeit einer Interpretation entscheidet doch wieder nur – eine Interpretation.

Es ist sachlich angemessen und im aktuellen Kontext sogar geboten, sich dessen Eckpfeiler hier doch noch einmal in Erinnerung zu rufen. Man kann philosophische Theorie nicht – nicht im Ernst – reduzieren auf ein Wort, einen Begriff, also etwa ‚Idealismus‘ oder ‚Realismus‘. Das sind Schlagworte, die vielleicht im Kampf der philosophischen Parteiungen irgendwie nützlich, eben ‚schlagkräftig‘ sein mögen, ansonsten aber doch, außer zur Etikettierung, zu kaum etwas taugen. Philosophische Theorie reduziert sich nicht auf ein Wort, sondern entfaltet sich, ganz trivial, in Sätzen, die dann auch zu Absätzen gefügt werden, Zusammenhängen von Absätzen, Kapiteln, in denen die Absätze zusammengestellt, und Büchern, in denen wiederum die Kapitel in einen Zusammenhang gebracht sind. Dieser *Zusammenhang*, welcher die philosophische Theorie *ist*, liegt zwar äußerlich im Buch (in Form von Druckerschwärze auf Papier) gegeben vor, muss aber vom Leser, um *als Theorie* erfasst zu werden, in dessen eigenem Kopf doch

12 Flach entfaltet ja seine *Grundzüge der Erkenntnislehre* (Würzburg 1994) unabhängig vom Auslegungszusammenhang der Kant’schen Theorie und schickt ihr seine abschließende Kantinterpretation: *Immanuel Kant. Die Idee der Transzendentalphilosophie* (Würzburg 2002) hinterher.

13 Cohen ist hier deshalb zu erwähnen, weil seine Theorieentwicklung gleichsam paradigmatisch ist. Sie beginnt (wenn man von den vorangegangenen kleineren Schriften einmal absieht) recht eigentlich mit einer Auslegung der *Kritik der reinen Vernunft*, gewinnt auf diesem Weg Einsichten, die sich wiederum in einer veränderten Auslegung derselben niederschlagen und schließlich zu seiner eigenen *Logik der reinen Erkenntnis* hinführen. Vgl. zu den Einzelheiten Geert Edel: *Von der Vernunftkritik zur Erkenntnislogik*, Waldkirch ²2010.

allererst hergestellt werden. Diese Herstellung des Zusammenhangs der Gedanken, den die Theorie darstellt – sein *Verstehen* –, ist, nolens volens, bereits eine *Interpretation*.

Man kann diesen schlichten, wenn auch aus der Perspektive der Interpreten ganz unerwünschten, ja unangenehmen Sachverhalt sogar im Blick auf Kant selbst illustrieren, und zwar genau mit Beziehung auf die „transzendentale Deduktion der Kategorien" in der B-Auflage der *Kritik der reinen Vernunft*, die weithin doch als ‚das' Zentralstück derselben gilt (auch wenn Zeidler diese Einschätzung nicht teil; vgl. *GtL*[3], 283, worauf sogleich zurückzukommen sein wird). Kant gibt uns in dem kleinen Abschnitt „Kurzer Begriff dieser Deduktion",[14] mit dem er sie beschließt, eine Zusammenfassung und, ja doch, auch eine Interpretation derselben. Kant wird doch wohl, so darf man meinen, zumindest auf dem Höhepunkt seiner Schaffenskraft gewusst haben, was er geschrieben und intendiert hat.[15] Diese Zusammenfassung aber hat bekanntlich keine wirkliche, keine letzte Klarheit über das erreicht, was Dieter Henrich die „Beweisstruktur" der transzendentalen Deduktion genannt hat.[16] Deshalb hat die Frage danach in den intensiven, auch auf philologisch hohe Absicherung zielenden interpretatorischen Bemühungen seit Beginn der Kant-Bewegung (anders als in der ganz frühen Rezensions- und Rezeptionsphase),[17] doch ziemlich im Focus derselben gestanden, bis hin zu jüngeren, multiplen, gleichsam globalen Verständigungsversuchen über die Möglichkeit von Transzendentalphilosophie

---

14 Immanuel Kant: *Kritik der reinen Vernunft*, Riga [1]1781 (zitiert als *KrV* A), [2]1787 (zitiert als *KrV* B), hier *KrV* B 168f. Wieder abgedruckt in diversen Ausgaben. Da es gute Konvention ist, die Seitenzahlen der Originalausgaben zu zitieren, beschränke ich mich darauf.

15 Das gilt neben oder, besser gesagt, trotz des leicht vermessenen Anspruchs, man könne Kant besser verstehen, als er sich selbst verstand.

16 Dieter Henrich: Die Beweisstruktur von Kants transzendentaler Deduktion, in: Gerold Prauss (Hg.): *Kant. Zur Deutung seiner Theorie von Erkennen und Handeln*, Köln 1973, 90–104.

17 Vgl. hierzu etwa die frühesten Rezensionen der *Kritik der reinen Vernunft* in den *Frankfurter gelehrte Anzeigen*, den *Gothaische gelehrte Zeitungen* und den *Neueste Critische Nachrichten*, allesamt aus dem Erscheinungsjahr 1781 (in denen jene Frage, verständlicherweise, überhaupt noch nicht vorkommt, da die Hauptthesen Kants zu Raum und Zeit, Gott, Freiheit etc. den ‚Neuigkeitswert' und so den Vorrang hatten). Wieder abgedruckt in: Albert Landau (Hg.): *Rezensionen zur Kantischen Philosophie 1781–87*, Bebra 1991, 3–9.

überhaupt,[18] und bis hin eben auch zu Zeidler (der zu dieser Frage eine Ansicht hat, auf die später noch zurückzukommen sein wird).

Denn es erscheint ja als naheliegend, evident und geradezu zwingend, dass der *letzte* Maßstab, der über die ‚Richtigkeit' der Interpretation einer philosophischen Theorie entscheidet, der Text selber ist und sein muss, in dem der Zusammenhang der Gedanken gedruckt niedergelegt ist, den sie darstellt. Ist dessen Verständnis jedoch seinerseits seitens des Rezipienten selbst schon oder nur eine Interpretation (wie soeben erläutert), dann kann eine erste Interpretation, so sehr sie sich im originalen Text auch absichern mag, über die Richtigkeit ihrer selbst nicht entscheiden. Dazu bedarf es vielmehr einer zweiten, alternativen, selbstvermeint noch besser abgesicherten Interpretation – für die dann allerdings wiederum das Gleiche gilt.[19]

V. Drei ‚Interpretationsthesen' Zeidlers

Damit komme ich nun auf drei wichtige Thesen Zeidlers zur Verständigung über die Theorie Kants. Sie werden zunächst vorgetragen *als* Interpretationsthesen, sind aber, ihrer eigentlichen Stoßrichtung und Intention nach, doch zuletzt systematisch motiviert und orientiert. Sie indizieren, jede auf ihre eigene Weise, die Abweichung Zeidlers von der ursprünglich-kantischen Theorie, wie sie im Text der *Kritik der reinen Vernunft* (und deren überkommenen ‚Standardinterpretationen') vorliegt, und signalisieren so seinen Überstieg über diese, womit sie zugleich die Differenzen zu ihr (und ihnen) konturieren.

Bei den ersten beiden Thesen handelt es sich um solche über die Rangfolge einzelner Abschnitte bzw. Kapitel der *Kritik der reinen Vernunft* (genauer, deren „transzendentaler Logik"), und nur bei der Dritten geht es um eine Frage des konkreten Argumentationsgangs innerhalb eines dieser Kapitel. Ich führe sie hier an, nicht etwa, um sie zu bestreiten – was wiederum unmittelbar in das geschilderte Dilemma der Konkurrenz der Interpretation hineinführte –,

---

18 Vgl. hierzu generell: *Kants transzendentale Deduktion und die Möglichkeit von Transzendentalphilosophie*, hrg. vom Forum für Philosophie Bad Homburg, Frankfurt/M. 1988.

19 Dass auch philologisch und philosophiehistorisch stärkste Absicherung nicht aus dem Dilemma der Konkurrenz der Interpretationen hinausführt, läßt sich in größter Deutlichkeit anhand des voluminösen Kommentars Hans Vaihingers zur „transzendentalen Ästhetik" demonstrieren. (Vgl. Hans Vaihinger: *Kommentar zur Kritik der reinen Vernunft*, 2 Bände, Neudruck der 2. Auflage, Stuttgart 1922, hrg. v. Raymund Schmidt, Aalen 1970.) Wie sollte, wie könnte man Vaihinger widerlegen (wenn man daran interessiert wäre), ohne ein noch mehr an Auslegung? Und wer entschiede, wiederum, über die Richtigkeit?

sondern deshalb, weil sich darin, wie erwähnt, eben das Eigene der Zeidler'schen transzendentalen Logik ausdrückt und so zugleich auch zu den beiden entscheidenden systematischen Fragen hinführt, die ich hier mit Beziehung auf sie näher ansprechen möchte.

Die erste These besagt – gezielt gegen die vorherrschende Lehre –, dass das „Leitfadenkapitel" bzw. die „metaphysische Deduktion der Kategorien" (und eben nicht die transzendentale) doch das wichtigste Zentralstück der *Kritik reinen Vernunft* sei: das „systematische Haupt- und Herzstück von Kants theoretischer Philosophie" (*GtL*^{3}, 89).[20]

Man könnte nun versucht sein, gleichsam rückengedeckt durch jene vorherrschende Lehre, die sich auf eine lange Auslegungstradition berufen kann und stützt, dieser These im Rekurs auf den Kant'schen Text selber, also etwa den ersten Satz des § 26 der B-Auflage der „transzendentalen Deduktion", der einen Beweisfortschritt von der metaphysischen zur transzendentalen suggeriert und also letzterer die höhere Beweislast und insofern auch Höherwertigkeit zuzusprechen scheint,[21] zu widersprechen. Doch schon diese etwas gewundene Argumentation macht deutlich, dass man so, rein interpretatorisch, nicht aus dem geschilderten Dilemma der Konkurrenz der Interpretationen herauskommt.

---

20 Zeidler hat diese These schon in der 1. Auflage seines *Grundrisses* ausgesprochen (*GtL*^{1}, 63). In der 3. Auflage findet sich jedoch, quasi als Unterstreichung zu dem auch hier wiederum Gesagten, im „Nachtrag zur metaphysischen Deduktion", diese unmissverständliche Erklärung: „Die metaphysische Deduktion der reinen Verstandesbegriffe ist erst in den letzten Jahren in den Focus der Forschung gerückt [...] Als ich seinerzeit an dieses [...] Haupt- und Herzstück [...] herantrat, wurde ich noch belehrt, dass nicht die *metaphysische*, sondern die *transzendentale* Deduktion das zentrale Lehrstück und das eigentliche systematische Problem sei." (*GtL*^{3}, 283) Womit, via negationis, der Vorrang der Ersteren vor der Letzteren erneut postuliert ist.

21 Zur Erinnerung und besseren Verständlichkeit des Gemeinten sei der Satz hier angeführt. Er lautet: „In der *metaphysischen Deduktion* wurde der Ursprung der Kategorien a priori überhaupt durch ihre völlige Zusammentreffung mit den allgemeinen logischen Funktionen des Denken dargetan, in der *transzendentalen* aber die Möglichkeit derselben als Erkenntnisse a priori von Gegenständen einer Anschauung überhaupt (§ 20, 21) dargestellt." (*KrV* B 150) Da es im ganzen positiven Teil der *Kritik der reinen Vernunft* darum geht, die Möglichkeit synthetischer Urteile a priori zu erweisen und zu explizieren und konkretisieren, um der kritisch erneuerten Metaphysik (also der Philosophie) den Rang einer Wissenschaft zu sichern bzw. diesen zu begründen, ist die Frage, wie sich reine Verstandesbegriffe, die ihren Ursprung allein im reinen Verstand haben, *überhaupt* auf das in der sinnlichen Anschauung gegebene empirische Mannigfaltige beziehen können, sachgemäß in gewisser Weise höherrangig als die Frage nach ihrer jeweiligen inhaltlichen Bestimmtheit.

Und auch wenn man andere mögliche Belegstellen im Kant'schen Text heranziehen wollte – etwa den ganzen § 13 „Von den Prinzipien einer transzendentalen Deduktion überhaupt" (*KrV* B 116–124) –, in dem sich Kant diesbezüglich erklärt, *ist* man doch bereits in diesem Dilemma.

Entkleidet man aber diese ‚Interpretationsthese' ihrer interpretativen Einhüllung und nimmt streng ihre systematische Aussage in den Blick, dann besagt diese: Die konkrete Auffindung, Ableitung oder Gewinnung der *einzelnen* Kategorien in ihrer spezifischen Bestimmtheit – Zeidler nennt dies die „Entfaltung der kategorialen Systematik" (*GtL*^{3}, 108–142, 280f.) – ist wichtiger als der abstrakte, weil nur mit Beziehung auf den allgemeinen *Begriff* der Kategorien durchgeführte Nachweis der Möglichkeit und erkenntniskonstitutiven Notwendigkeit ihrer Beziehung und Bezogenheit auf das in der sinnlichen Anschauung gegebene Mannigfaltige.[22]

Ähnliches gilt, mutatis mutandis, für die zweite These. Sie besagt, dass die A-Deduktion (also die „transzendentale Deduktion" in der Fassung der ersten Auflage der *Kritik der reinen Vernunft* von 1781, die überwiegend ‚subjektive'[23]

---

22 Zeidler hat hier, in diesem Punkt, einen (vielleicht ganz unerwarteten) Alliierten in Hermann Cohen. Dieser hatte nämlich zunächst, in der 1. Auflage von *Kants Theorie der Erfahrung*, postuliert, dass nur ‚die' Kategorie im strengsten Sinne a priori sei, nicht aber die einzelnen *Kategorien*. (Vgl. Hermann Cohen, *Kants Theorie der Erfahrung*, [1]1871, 101) Denn der Beweisgang der transzendentalen Deduktion bezieht sich ja eben nur auf den Begriff der Kategorien, nicht auf die einzelnen. Doch Cohen hat diese Auffassung später, schon in der 1. Auflage von *Kants Begründung der Ethik* (Vgl. Hermann Cohen, *Kants Begründung der Ethik*, [1]1877, 57), sodann und vor allem aber, weil ins Detail gehend, in der 2. Auflage von *Kants Theorie der Erfahrung*, massiv *revidiert*. Es kommt, nach seiner inzwischen gewonnenen Einsicht, genau darauf an, die *je einzelnen* Kategorien in ihrer jeweiligen inhaltlichen Bestimmtheit zunächst aus den Urteilsformen ‚abzuleiten' (d.i. die metaphysische Deduktion), aber zuletzt im ‚Grundsätze-Kapitel' als auf das Mannigfaltige der Anschauung tatsächlich bezogen zu legitimieren. (Vgl. Hermann Cohen, *Kants Theorie der Erfahrung*, [2]1885, 246 Anm., 324, 589.) Deshalb postuliert Cohen: „Das System der Erfahrung beruht auf der Deduction der Grundsätze." (Ebd., 409)

23 Um möglichen Missverständnissen vorzubeugen: Kants Anspruch in der Erstauflage, dass seine dortige Deduktion neben der subjektiven auch eine objektive sei und enthalte – wobei er auf letztere bezogen allerdings nur auf *KrV* A 92–93 verweist (*KrV* A XVII) – soll mit dieser Einstufung der A-Deduktion als überwiegend ‚subjektiv' natürlich nicht geleugnet werden. Da ich hier keine eigene Interpretation der A-Deduktion vorlegen kann, folge ich dies bezüglich der Interpretation Cohens, der in zweiten Auflage von *Kants Theorie der Erfahrung* bezüglich der A-Deduktion resümiert: „Dennoch aber war das psychologisch analysierende, und damit das subjektive

Deduktion) philosophisch zuletzt doch wichtiger, erhellender, weil tiefgreifender sei als die B-Deduktion (also deren Fassung in der zweiten Auflage der *Kritik der reinen Vernunft* von 1787, die ‚objektive' Deduktion).[24]

Wer nun dieser These des Vorrangs der ‚subjektiven' vor der ‚objektiven' transzendentalen Deduktion widersprechen wollte, könnte meinen, ein schlagkräftiges, ja sogar ein ‚Totschlagsargument' zur Hand zu haben. Denn es sollte doch eigentlich evident sein, dass diese These zumindest dem Selbstverständnis Kants nicht, oder doch nur kaum, gerecht wird: Wäre Kant nicht der Meinung gewesen, mit der B-Deduktion die A-Deduktion verbessern und übertreffen zu können, hätte er sie vermutlich wohl doch nicht geschrieben.

Diese Sache lässt sich zuletzt im Rekurs allein auf den originalen Textbestand der *Kritik der reinen Vernunft* in den beiden Auflagen ersichtlich kaum ausmitteln, nicht definitiv entscheiden. Zeidler muss also *systematische* Gründe für diese These haben. Also ist zu fragen: Was unterscheidet denn eigentlich die beiden Deduktionen systematisch voneinander?

Man kann hier durchaus Zeidlers Auslegung folgen. Er hebt, gedeckt durch Kant selbst (*KrV* A XVII und XVI f.) darauf ab, dass allein die A-Deduktion den Versuch unternimmt, die Möglichkeit des Denkens selbst noch zu erklären, ja, er setzt diese gleichsam sogar damit gleich,[25] während die B-Deduktion aus seiner Sicht bereits ‚wissenschaftstheoretisch' objektiviert ist.[26] Da er nun aber, gemäß des Philosophiebegriffs, den er ansetzt (vgl. u. Anm. 30 u. 31), durchaus berechtigt einfordert, dass die Philosophie eben die Möglichkeit des Denkens selbst noch zu erklären habe, muss er natürlich die A-Deduktion präferieren. Er legt sich damit jedoch aber zugleich auf ein spekulativ-genetisches Modell der Erkenntniserklärung fest,[27] das vielleicht doch nicht ganz zu Unrecht seit

---

Moment in dieser ganzen Entwickelung vorwiegend." Hermann Cohen: *Kants Theorie der Erfahrung*, Berlin ²1885, 314f.

24 „Beurteilt man die beiden Fassungen der Deduktion unter dem Gesichtspunkt der Vereinbarung von Anschauung und Begriff, dann wird man eher der ‚subjektiven Deduktion' aus der ersten Auflage der Vernunftkritik den Vorzug geben vor der nachträglichen Verbesserung […] Und bedarf somit letztendlich nicht auch die Deduktion B in ihrem wissenschaftstheoretischen Kontext eines Analogons zur ‚subjektiven Deduktion' […]?". (*GtL*³, 54)

25 „[…] die subjektive Deduktion (die Frage: wie ist das Vermögen zu Denken selbst möglich? […]" (*GtL*³, 55).

26 Vgl. *GtL*³, 55f.

27 Vgl. *GtL*³, 189f. sowie auch seinen Aufsatz über „Die Wesentlichkeit einer subjektiven Deduktion", in: K. W. Zeidler: *Vermittlungen*, 59–73, speziell 71ff.

Cohens massiver Psychologie-Kritik in seiner Schrift über *Das Prinzip der Infinitesimal-Methode*, als ‚psychologistisch' einzuschätzen ist.[28]

Die dritte These schließlich besagt, dass es sich in den ersten vier Kapiteln der „transzendentalen Logik" der *Kritik der reinen Vernunft* um einen „Kreisgang" handelt (*GtL*³, 21), und dass, näherhin, genau auch der Beweisgang der „transzendentalen Deduktion" in der B-Auflage,[29] aber auch der Beweisgang der „metaphysischen Deduktion"[30] *zirkulär* sei.

Zeidler gibt sich große Mühe, diesen alten Zirkularitätsvorwurf (der ihm jedoch weniger Vorwurf als vielmehr motivierende und systematisch bestätigende Diagnose ist) mit Beziehung auf den Kant'schen Text darzulegen. Er resümiert: „Somit wird die objektive Gültigkeit der reinen Verstandesbegriffe mittels einer möglichen Erfahrung bewiesen, deren Form durch eben diese reinen Verstandesbegriffe bestimmt ist." (*GtL*³, 27) Doch so ganz einleuchtend ist mir seine Argumentation dennoch nicht. Ist es wirklich so, dass der Beweisgang der B-Deduktion die apriorische Bezogenheit der Kategorien auf das Mannigfaltige der sinnlichen Anschauung, deren Möglichkeit sie doch allererst erweisen soll, über den Begriff der ‚möglichen Erfahrung' als terminus medius derselben bereits voraussetzt? (Vgl. *GtL*³, 48f.) Liegt hierin nicht doch ein ‚Vorverständnis' dessen vor, was der Begriff der möglichen Erfahrung besagt und impliziert? Kann man also wirklich unterstellen, dass Kant, wenn er die ‚Möglichkeit der Erfahrung' als Beweisinstanz oder -grund heranzieht, tatsächlich schon, mit dem Begriff der Erfahrung selbst, die Konstituiertheit dieser Erfahrung durch die Kategorien mitbemüht? Oder ist es nicht vielmehr so, dass es sich hier doch um zwei unterschiedliche Begriffe von Erfahrung handelt? Nämlich einen strikt empiristisch gedachten (als Voraussetzung, ohne irgendein Hineinspielen der Kategorien, z.B. als bloßes Neben- oder Nacheinander von Impressionen, à la Locke) und dann den Transzendentalen, wonach Erfahrung eben allererst kategorial

---

28 Vgl. Hermann Cohen: *Das Prinzip der Infinitesimal-Methode und seine Geschichte*, Berlin ¹1883, wieder abgedruckt in: Hermann Cohen, *Werke*, Bd. 5, 1. Teil, 1–162 (Originalpaginierung), hier 4f.

29 „[S]cheint sich doch die ‚ganze Stärke' dieser objektiven Deduktion in dem Zirkelschlusse von der im Apriori zu fundierenden Erfahrung auf die objektive Gültigkeit der diese Erfahrung ermöglichenden (a priorischen) Bedingungen zu erschöpfen" (*GtL*³, 26); „[B]etrachtet [man] die (objektive) Transzendentale Deduktion als isoliertes Beweisstück, so beschreibt ihre formale Beweisstruktur offenbar einen Zirkel" (ebd., 27).

30 „[A]uch hier begegnen wir der Zirkelstruktur, die jedem Versuch einer philosophischen Fundamentalbegründung eignet." (ebd., 95)

konstituiert wird? – Wie auch immer. Es sollte jedenfalls unmittelbar ersichtlich sein, dass man mit solcher kritischen Nachfrage, wenn man sie im interpretatorischen Bezug auf den originalen Text Kants zu klären versucht, wiederum in dem beschriebenen Dilemma der Konkurrenz der Interpretationen landet.

VI. Zirkularität der Letztbegründung

Doch es kommt *zuletzt* auch gar nicht darauf an, ob Zeidlers Überlegungen und Thesen durch Kant oder mit Beziehung auf ihn (in welcher Interpretation auch immer) motiviert und sogar ‚gedeckt' sind, – sondern vielmehr darauf, ob sie nicht vielleicht doch *systematisch* schlicht und einfach ‚richtig' sind.

Zeidler findet in seiner Interpretation der „transzendentalen Deduktion" die ‚Zirkularität' ihres Beweisgangs, und es ergibt sich, von hier aus kommend, seine doppelseitige systematische Hauptthese. Er geht aus von einem Begriff der Philosophie,[31] der durchaus nicht in einem Gegensatz zu dem hier oben angesetzten steht, sondern diesen ergänzt und methodisch zuspitzt: Die Philosophie, qua umfassende Selbst- und Weltverständigung ‚in radikaler Reflexion', muss *Letztbegründung*[32] und deshalb auch *Selbstbegründung* sein.[33] *Man kann dem nicht* – in beiden Teilen nicht – *widersprechen*. Es *gibt* keine umfassende Selbst- und Weltverständigung, keine echte, ernstzunehmende Philosophie, die nicht Letztbegründung sein wollte, und keine Letztbegründung, die dann nicht auch Selbstbegründung sein müsste. So einfach und unauflösbar ist der Zusammenhang. Und weil dem so ist, kann Zeidler völlig zu Recht erklären: „Der begründungstheoretische Zirkel ist somit in Wahrheit nur um den Preis der Selbstaufgabe der Philosophie zu vermeiden [...]." (*GtL*³, 29)

Dennoch drängt sich natürlich die Frage auf: Was heißt denn eigentlich ‚Letztbegründung' und wie ist sie zu denken?[34] Handelt es sich dabei, wie im philosophischen Proseminar gewöhnlich erwartet, um die Aufsuchung und

---

31 „Philosophie ist radikale Reflexion [...] Philosophie ist daher ihrem vollen Begriffe nach Kritik und Selbstkritik: sie hat die Voraussetzungen ihrer Kritik zu begründen und folglich sich selbst zu begründen." (*GtL*³, 15)

32 „*Vernunft ist begründendes und sich selbst begründendes Denken*. Darum ist die Frage, wie die Vernunft gedacht werden kann, identisch mit den Fragen, wie eine Letzt- und Selbstbegründung und wie das Denken selbst gedacht werden kann." (Zeidler: Vernunft und Letztbegründung, in: ders.: *Grundlegungen*, 10–60, hier 22)

33 „[...] weil eine *rationale* [...] *Begründung* in letzter Instanz nur als *Selbstbegründung* denkbar ist." (*GtL*³, 28).

34 Auf die detaillierte Studie von Peter Michael Lippitz (*Letztbegründung*, Würzburg 2005) zur Letztbegründungsproblematik speziell bei Werner Flach, die aber sachgemäß

Auffindung einer vermeintlich ‚letzten' oder ‚ersten', einer jedenfalls ‚höchsten' und gar ‚selbstevidenten' Einsicht, vergleichbar etwa dem Fichte'schen Ich = Ich, von der her und aus, sei es in der Manier Fichtes oder auch (mit einigen zusätzlichen Definitionen und Axiomen) dem Mos Geometricus des Spinoza folgend, alle weitere philosophische Erkenntnis abzuleiten und zu deduzieren wäre? Gefordert wäre damit, von allen Methodenproblemen abgesehen, ein *an sich erster Gedanke.*

Nun hat allerdings gerade Wolfgang Marx, der sich nicht nur im privaten Gespräch immer über das Letztbegründungsansinnen lustig gemacht hat, sondern auch in seiner *Reflexionstopologie* selbst vielerlei ‚Spitzen' gegen deren gewöhnlich angenommene einsinnige Linearität abschießt,[35] obwohl sie in Wahrheit doch genau auf Letztbegründung des Denkens im Denken abzielt,[36] ausführlich dargelegt, dass „das Denken keinen *an sich* ersten Gedanken denken kann".[37]

Das widerspricht der naiven, philosophie-romantischen Erwartungshaltung diametral. Denn damit ist jedem einsinnig-linearen Modell der Letztbegründung eine klare Absage erteilt. Und so scheint Zeidlers Hauptthese, dass alle Letztbegründung ‚zirkulär' sei und sein müsse, weil sie nur so auch Selbstbegründung sein könne, reflexionslogisch und sogar ‚reflexionstopologisch' bestätigt zu sein.

Gesteht man das zu, so bleiben hier dennoch zwei systematische Fragen. Erstens: Auch eine ‚zirkuläre' Letztbegründung *muss* an *einer* Stelle im Fluss der Gedanken, mit einem (irgendeinem) Gedanken einsetzen. Wo und womit aber? Oder ist es vielleicht nicht doch einleuchtend, dass man von *jedem* Gedanken zu

---

auch Hans Wagner und dann auch Zeidler (bes. ebd. 137f.) berücksichtigt, kann ich hier nicht näher eingehen.

35 Wolfgang Marx: *Reflexionstopologie*, Tübingen 1984, (im Folgenden zitiert als *Reflexionstopologie*) vgl. etwa: „Der Anspruch auf eine an sich erste Bedeutung ist somit grundlos, und es ist daraus die Konsequenz zu ziehen, dass die Frage nach einem logischen Ursprung im Sinne einer logisch qualifizierten ersten Instanz aufzugeben ist." (77); sowie: „Man kommt […] nicht umhin, […] Ordnungsbegriffe […] als *letzte Instanzen*, wenn auch nicht als *erste Bedeutungen*, von denen durch Differenzierung *ihres* semantischen Gehalts zur Erschließung des logischen Materials im Ganzen fortzuschreiten wäre, anzusetzen, die zwar immer auch eine bestimmte Bedeutung haben, nicht aber ihretwegen *Letztheit, absolute Vorgeordnetheit* beanspruchen können." (78, letzte Hervorhebung G. E.)

36 Speziell mit den Überlegungen zum „Anfang der Reflexion" (§ 19), zur „Differenz der Reflexion von sich selbst" (§ 20), zur „Inneren und äußeren Dimension des Gedankens" (§ 23) und zum „Denken des Denkens" (§ 24).

37 Wolfgang Marx: *Reflexionstopologie*, 323.

jedem anderen, nächsten Gedanken kommen kann, wie Wolfgang Marx mehrfach postuliert?[38]

Die zweite Frage bezieht sich konkret auf Zeidler, auf die spezifische *Art* seiner Letztbegründung. Deutlicher und ausführlicher als im *Grundriss* selber (vgl. *GtL*[3], 27ff.), weil von Auslegungshinsichten unbelastet, expliziert er die hier fragliche Problem- und Sachlage in dem Aufsatz *Vernunft und Letztbegründung.*[39] Dabei exponiert er zunächst die *Vernunft* als Letztprinzip, als „Prinzip aller Prinzipien" (ebd. 18), und fragt dann nach den „unerlässlichen Bestimmungen", die ein solches charakterisieren und auszeichnen (ebd.). Diese listet er auf und diskutiert sodann in aller wünschenswerter Klarheit die damit einhergehenden, letztlich doch unvermeidlichen „Prinzipienantinomien" (ebd. 20), und erklärt in der Folge, aus seiner Sicht, sogar auch ihren Grund.[40]

Doch ob – das wird man einwerfen und fragen dürfen – die Vernunft bereits dadurch, dass man sie als „Letztprinzip" tituliert und proklamiert, und dann beschreibt und durchdiskutiert, was für ein Letztprinzip gelten soll (ebd. 18–22), bereits *als* dieses Letztprinzip nicht nur proklamiert, sondern als solches *begründet* herangezogen und die vorliegende systematische Problemlage damit bereits ‚eingehegt' ist, sei hier dahin- und zur weiteren Diskussion gestellt. Zumal es ja andere Stimmen gibt, die nicht die Vernunft, sondern das Selbstbewusstsein

---

38 Besonders deutlich diese Passage: „Die Annahme, man könne immer von Gedanke zu Gedanke oder wenigstens zu speziellen Gedanken wie Kategorien oder Prinzipien zu anderen, gar allen anderen Gedanken *stetig* übergehen, hat aber [...] einschneidende Konsequenzen für die Unterscheidung von Gedanken im Range von Prinzipien und Gedanken im Sinne von Prinzipiiertem." (*Reflexionstopologie*, 356f.) In der Folge exponiert Marx diese Konsequenzen mit Beziehung auf Homogenität und Kontinuität des Denkens im Sinne einer selbstkritischen Problemdifferenzierung, setzt dann aber doch so fort: „Hält man an der Kontinuität des Denkens fest, dann werden eo ipso *alle* Gedanken im homogenen Medium, das es konstituiert, in gleicher Weise behandelt werden müssen: sie werden zu Stellen, die voneinander differenzlos verschieden sind und allenfalls die Möglichkeit zur Konstruktion von Differenzen, aber unter prinzipiell *Gleichen* bieten." (Ebd., 357) Vgl. ferner etwa: „Denn alle Gedanken sind in allen eingeschlossen und überdies *an sich*, wenngleich nicht im zeitlichen Verlauf oder als in der Zeit sich ergebende Vorstellungen, *zugleich* [...] Der Zusammenhang der Gedanken ist nichts anderes als ihr *Ineinanderzerfallensein* [...]". (Ebd., 416)

39 Kurt Walter Zeidler: Vernunft und Letztbegründung, in: ders.: *Grundlegungen*, 11–60.

40 „Die Prinzipienantinomie entstand aber nur, weil man das *allgemeine Gesetz* ob seiner *abstrakten Allgemeinheit* von allen Fällen einer möglichen Anwendung isolierte, das *gesetzmäßige Unbedingte* aufgrund seiner linearen Gesetzmäßigkeit zu einem Bedingten herabstufte und das *unbedingte Allgemeine* als ein absolut Unbedingtes von jedem Bedingungsverhältnis reinhalten wollte." (Ebd. 21f.)

als Prinzip der Transzendentalphilosophie favorisieren.[41] Ist es also wirklich so: „*Indem* die Vernunft als selbstreflexives Prinzip *bestimmt wird, ist festgestellt*, daß sie als unbedingte, allgemeine und gesetzesartige Bedingung sich selbst bedingt."?[42] Gilt und trägt dieses „ist festgestellt" wirklich?

VII. Schlusslogik und Einheit der Vernunft

Diese Überlegungen haben ihren Ausgang genommen von der Frage nach der Einheit der Vernunft und davon, dass Zeidler diesbezüglich eine spezifisch schlusslogische Alternative zu Kant und Cohen vorschlägt und anbietet. Es ist deshalb geboten, sich zunächst noch einmal kurz die Hauptpunkte von Zeidlers Kritik an Kant und auch an Cohen zu vergegenwärtigen. Beide trifft der Vorwurf, oder, milder gesagt, die Diagnose, die Einheit der Vernunft nicht wirklich denkbar gemacht, in ihren Theorien bzw. Systemen letztlich doch nicht hergestellt zu haben.

Was zunächst Kant betrifft, so lautet die Kritik (in voller Länge): „Die Frage […] zielt in letzter Konsequenz auf die Einheit von theoretischer und praktischer Vernunft, die Kant in einer ‚Kritik der *reinen* praktischen Vernunft' hoffte zur Darstellung bringen zu können. Daß sich ihm diese Hoffnung nicht erfüllte, daß er an die Stelle der erhofften Deduktion des Sittengesetzes das Faktum der Vernunft und an die Stelle der gesuchten Einigung von theoretischer und praktischer Vernunft die zwar notwendige, aber gleichwohl nur fiktive Antizipation dieser Einigung (die reflektierende Urteilskraft) setzte, sind historische Tatsachen, die nur dann zu sachlichen Notwendigkeiten werden, wenn man, den *eigenständigen transzendentallogischen Charakter des Schlusses verkennend*, ihn bloß für eine Zusammensetzung von Urteilen hält und solcherart die Vernunft am Maßstab des Verstandes mißt." (*GtL*[3], 187, Hvg. G. E.). Man kann dagegen kaum ernsthaft ‚an-argumentieren', und Zeidler selbst unternimmt nach dem soeben Zitierten sogar einige Versuche, die Situation gleichsam zu ‚entschärfen'. Doch es hilft nichts. Die Diagnose, dass Kant die Einheit der Vernunft nicht wirklich denkbar gemacht und hergestellt hat, bleibt zutreffend.

---

41 Vgl. etwa Reinhold Aschenberg: Einiges über Selbstbewusstsein als Prinzip der Transzendentalphilosophie, in: *Kants transzendentale Deduktion und die Möglichkeit von Transzendentalphilosophie*, hrg. vom Forum für Philosophie Bad Homburg, Frankfurt/M. 1988, 51–69.

42 Kurt Walter Zeidler: Vernunft und Letztbegründung, in: ders.: *Grundlegungen*, 11–60, hier 22 (Hvg. G. E.).

Ähnliches gilt mit Bezug auf Cohen. Hier lautet Zeidlers Kritik (auf die Kernpunkte verkürzt): „Die Tatsache, daß die Lehre von der Einheit des Kulturbewußtseins, die den ‚Abschluß' und ‚Gipfel des Systems' bilden sollte, [...] bis zuletzt angekündigt, aber nicht ausgeführt wurde, offenbart die unbewältigten Begründungsprobleme [...] Wenn der späte Cohen [...] die ‚Eigenart der Religion' von der Selbstständigkeit der drei Kulturgebiete Logik, Ethik und Ästhetik unterscheidet [...], dann bestätigt er, daß innerhalb des ‚Systems' eine Lücke klafft, die durch die Religionsphilosophie nachträglich gefüllt, die aber im System selbst nicht beseitigt werden kann."[43]

Man kann dem Hauptargument Zeidlers, dass Cohen die angekündigte zusammenfassende Gesamtdarstellung seines Systems dann doch nicht geschrieben hat, natürlich nicht widersprechen: Die Psychologie als ‚Lehre von der Einheit des Kulturbewusstseins' blieb angekündigt, aber ungeschrieben. Man kann lediglich darauf hinweisen, zum einen, dass Cohen immerhin eine gewisse, wenn auch nicht bruchlose, Einheit in den drei Teilen seines *Systems der Philosophie* herstellt, nämlich mittels der Methode der Hypothesis, der Grundlegung, die in allen drei Systemteilen zum Ansatz kommt und mit stetig wachsender Eindringlichkeit und Plastizität exponiert wird.[44] Widersprechen muss man jedoch, zum zweiten, der im obigen Zeidler-Zitat quasi aufschimmernden Annahme (oder gar Suggestion), die späte Religionsphilosophie hätte ernsthaft als ‚nachträgliche Füllung' einer „Lücke" im System gedacht und gemeint sein können. Zu viel spricht gegen eine solche Annahme: Cohen hat sich im Rahmen des Systems selbst, insbesondere in der *Ethik des reinen Willens*, aber auch in der kleinen Schrift über den *Begriff der Religion im System der Philosophie* äußerst massiv gegen eine selbstarrogierte Bevormundung der Philosophie durch die Religion ausgesprochen,[45] und es ist kaum plausibel, dass sich diese systematische Position

43 Kurt Walter Zeidler: Das Unvollendete Projekt der Moderne, in: ders.: *Provokationen*, 329–355, hier 340.

44 Ich kann das hier im Detail nicht ausführen, sondern nur auf zwei eigene Publikationen verweisen. Vgl. Geert Edel: Der Zusammenhang der Systemteile in ihrer methodischen Verknüpfung, in: Wolfgang Marx u. Ernst Wolfgang Orth (Hg.): *Hermann Cohen und die Erkenntnistheorie*, Würzburg 2001, 110–122 (zu lesen hier: http://www.geert-edel.de, Texte Nr. II, 10); sowie: „Es gibt hier keinen definitiven Abschluss". Cohens System – ein Torso oder wohlbegründet offen?, in: Hans-Friedrich Fulda u. Christian Krijnen (Hg.): *Systemphilosophie als Selbsterkenntnis. Hegel und der Neukantianismus*, Würzburg 2006, 51–65 (zu lesen hier: http://www.geert-edel.de, Texte Nr. II, 16).

45 Vgl. Hermann Cohen: *Ethik des reinen Willens*, Berlin ^{2}1907: „Was Ethik sei, hat die Philosophie nach ihren Methoden zu ermitteln und zu ergründen, und also auch erst festzustellen. Was *in* der Religion Sittlichkeit sei, das hat die Religion *selbst erst von der*

wegen der veränderten Lebenssituation (dem Wechsel an die „Lehranstalt für die Wissenschaft des Judentums" in Berlin) binnen kaum mehr als drei Jahren (von 1915–1918) nun so grundstürzend verändert hätte. Zudem sollte die angekündigte Psychologie ja eine einheitliche *Gesamtdarstellung* des Systems sein, und nicht etwa, salopp gesprochen, ein ‚Lückenbüßer'. Und schließlich bestreitet Cohen selbst, jene Annahme antizipierend, diese ganz ausdrücklich.[46] – Dennoch bleibt Zeidlers Diagnose, wie im Falle Kants, durchaus zutreffend.

Damit aber wird die Frage nach der Alternative, die Zeidler anbietet, der ‚schlusslogischen' Alternative einer Begründung der Einheit der Vernunft, nur umso dringlicher. Also muss man sich des Hauptarguments erinnern, das Zeidler gegen Kant und Cohen ins Feld führt. Beide nämlich liegen aus seiner Sicht – und in der Tat – „an der Kette der Urteilslogik".[47]

Was zunächst Kant betrifft, so hat Zeidler dies in dem eben herangezogenen Aufsatz *Bestimmung und Begründung* (vgl. Anm. 47) differenziert dargelegt (speziell ebd. 337), und was Cohen betrifft, so bedarf es diesbezüglich noch nicht einmal eines besonderen Nachweises, da doch Cohens *Logik der reinen Erkenntnis* in aller Ausdrücklichkeit als Logik des Urteils konzipiert ist.[48]

Und nunmehr verschärft sich die Frage noch ein weiteres Mal: Wie stellt die oder eine Schlusslogik Einheit der Vernunft her? Was begründet die Überlegenheit des Schlusses über das Urteil hinsichtlich der Selbstbegründung der Philosophie?

Ethik zu lernen." (21, Hvg. G. E., vgl. ferner ebd. 55 zum philosophisch ‚gezähmten' Gottesbegriff sowie 87–89, 335.) Ferner: „Es muss daher die *neue Frage* werden: *Welche Stellung kommt der Religion zu im System der Philosophie*? Oder kommt ihr überhaupt *keine* selbständige Stellung im System zu? – Steht es vielleicht so mit der Religion, daß sie einen natürlichen [...] *Anhang* zur Ethik bildet?" (Hermann Cohen: *Der Begriff der Religion im System der Philosophie*, Giessen 1915, 9)

46 „Und die *Einheit des Systems* weist auch keine Lücke auf, welche die Religion ausfüllen könnte, weder für die Glieder des Systems, die durch die Ethik befriedigt sind, noch für die den Kulturinhalt erzeugenden Richtungen des Bewußtseins, welche durch *Erkenntnis*, *Wille* und *Gefühl*, alle drei in *Reinheit* begriffen, erschöpft zu sein scheinen." (Ebd. 10).

47 Kurt Walter Zeidler: Bestimmung und Begründung, in: ders.: *Vermittlungen*, 333–365, hier 337.

48 „Die Logik der reinen Erkenntnis hat sich als Logik des Urteils aufgebaut. Weder Begriff noch Schluß sind dem Urteil koordiniert worden." Hermann Cohen: *Logik der reinen Erkenntnis*, Berlin ^{2}1914, 585.

Zeidlers Auskunft, wenn ich sie denn richtig verstehe,[49] ist denkbar einfach und deswegen auch höchst plausibel: Das Urteil ist lediglich Gegenstands*bestimmung* (S ist P), und *verbleibt* daher auch in diesem Bereich, dringt also in die Sphäre der *Begründung* überhaupt nicht vor. Dem lässt sich ‚mit Gründen' nicht widersprechen, weil damit wiederum die Begründungsstruktur des Schlusses, die das bloße Urteil eben nicht hergibt, in Anspruch genommen werden müsste.

Zeidlers Begründung der Einheit der Vernunft liegt deshalb genau darin, dass er die Vernunft als Letztprinzip ansetzt (siehe oben) und den Schluss als ihre spezifische Artikulationsform bestimmt.[50] Denn der Schluss ist, so Zeidler, in seiner spezifisch transzendentallogischen Funktion, „die ursprüngliche Vermittlungsstruktur von empirischer Realität und transzendentaler Idealität." (*GtL*[3], 142) Diese höchst spekulativ anmutende These hat jedoch einen guten Grund. Denn der Schluss (und also die Schlusslogik) zielt eben nicht auf bloße Gegenstandsbestimmung (Bestimmung von Gegenständen der empirischen Realität = theoretische Philosophie), sondern auf *Begründung*, und im Bereich der praktischen Philosophie, dem Bereich transzendentaler Idealität, kommt alles auf Begründung an, speziell auf die Begründung ethischer Normen und rechtlicher Regeln für das menschliche Zusammenleben, da diese keine in der materiellen Natur vorfindbaren (nur zur Bestimmung stehenden) ‚Gegenstände' sind, sondern allemal eben denk- und (bestenfalls) auch ‚vernunfterzeugt'.

Literaturverzeichnis

Aschenberg, Reinhold: Einiges über Selbstbewusstsein als Prinzip der Transzendentalphilosophie, in: *Kants transzendentale Deduktion und die Möglichkeit von Transzendentalphilosophie*, hrg. vom Forum für Philosophie Bad Homburg, Frankfurt/M. 1988, 51–69.

Cohen, Hermann: *Kants Theorie der Erfahrung*, Berlin [1]1871, [2]1885.

Cohen, Hermann: *Kants Begründung der Ethik*, Berlin [1]1877.

Cohen, Hermann: *Das Prinzip der Infinitesimal-Methode und seine Geschichte*, Berlin [1]1883, wieder abgedruckt in: Hermann Cohen: *Werke*, Bd. 5, I. Teil, 1–162 (Originalpaginierung).

---

49 Hier sei an die schöne Formulierung von Wolfgang Marx erinnert: „Verstehen versteht immer nur ungenau, verfehlt den Gedanken in seiner vollen Bestimmtheit, weil es ihn in Zusammenhängen auch verstellen muß." (*Reflexionstopologie*, 498)

50 „*Das Urteil ist die logische Form der Bestimmung, die fundamentale logische Form aber ist der Begriff und die logische Form der Begründung ist der Schluss.*" Kurt Walter Zeidler: Bestimmung und Begründung, 336.

Cohen, Hermann: *Logik der reinen Erkenntnis*, Berlin ²1914.

Cohen, Hermann: *Einleitung mit kritischem Nachtrag zur neunten Auflage der Geschichte des Materialismus von F. A. Lange*, Leipzig ³1914, wieder abgedruckt in: Hermann Cohen, *Werke*, Bd. 5, II. Teil, 5–125.

Cohen, Hermann: *Ethik des reinen Willens*, Berlin ²1907.

Cohen, Hermann: *Der Begriff der Religion im System der Philosophie*, Giessen 1915.

Cramer, Konrad: Metaphysik im 20. Jahrhundert als Metaphysik nach Hegel, in: Dieter Henrich u. Rolf-Peter Horstmann (Hg.): *Metaphysik nach Kant?*, Stuttgart 1988, 297–322.

Edel, Geert: *Von der Vernunftkritik zur Erkenntnislogik. Die Entwicklung der theoretischen Philosophie Hermann Cohens*, Freiburg/München ¹1988, Waldkirch ²2010.

Edel, Geert: Der Zusammenhang der Systemteile in ihrer methodischen Verknüpfung, in: Wolfgang Marx u. Ernst Wolfgang Orth (Hg.): *Hermann Cohen und die Erkenntnistheorie*, Würzburg 2001, 110–122. (Zu lesen hier: http://www.geert-edel.de, Texte Nr. II, 10).

Edel, Geert: „Es gibt hier keinen definitiven Abschluss". Cohens System – ein Torso oder wohlbegründet offen?, in: Hans-Friedrich Fulda u. Christian Krijnen (Hg.): *Systemphilosophie als Selbsterkenntnis. Hegel und der Neukantianismus*, Würzburg 2006, 51–65. (Zu lesen hier: http://www.geert-edel.de, Texte Nr. II, 16).

Flach, Werner: *Grundzüge der Erkenntnislehre. Erkenntniskritik, Logik, Methodologie*, Würzburg 1994.

Flach, Werner: *Immanuel Kant. Die Idee der Transzendentalphilosophie*, Würzburg 2002.

Forum für Philosophie Bad Homburg (Hg.): *Kants transzendentale Deduktion und die Möglichkeit von Transzendentalphilosophie*, Frankfurt/M. 1988.

Heinz, Marion u. Krijnen, Christian (Hg.): *Kant im Neukantianismus. Fortschritt oder Rückschritt?*, Würzburg 2007.

Henrich, Dieter: Die Beweisstruktur von Kants transzendentaler Deduktion, in: Gerold Prauss (Hg.): *Kant. Zur Deutung seiner Theorie von Erkennen und Handeln*, Köln 1973, 90–104.

Holzhey, Helmut u. Röd, Wolfgang (Hg.): *Geschichte der Philosophie*, Bd XII, München 2004.

Landau, Albert (Hg.): *Rezensionen zur Kantischen Philosophie 1781–87*, Bebra 1991.

Liebmann, Otto: *Kant und die Epigonen*, Stuttgart 1865.

Lippitz, Peter Michael.: *Letztbegründung. Werner Flachs Erkenntnislehre und die Fundierungsansätze von Hans Wagner und Kurt Walter Zeidler*, Würzburg 2005.

Marx, Wolfgang: *Reflexionstopologie*, Tübingen 1984.

Vaihinger, Hans: *Kommentar zur Kritik der reinen Vernunft*, 2 Bände, Neudruck der 2. Auflage Stuttgart 1922, hrg. v. Raymund Schmidt, Aalen 1970.

Wolff, Michael: *Die Vollständigkeit der Kantischen Urteilstafel. Mit einem Essay über Freges ‚Begriffsschrift'*, Frankfurt/M. 1995.

Zeidler, Kurt Walter: *Grundriss der transzendentalen Logik*, Cuxhaven [1]1992, Cuxhaven-Dartford [2]1997, Wien [3]2017.

Zeidler, Kurt Walter: Bruno Bauchs Frege-Rezeption, in: E. W. Orth, H. Holzhey (Hg.): *Neukantianismus. Perspektiven und Probleme*, Würzburg 1994, 214–232.

Zeidler, Kurt Walter: *Kritische Dialektik und Transzendentalontologie. Der Ausgang des Neukantianismus und die post-neukantianische Systematik R. Hönigswalds, W. Cramers, B. Bauchs, H. Wagners, R. Reiningers und E. Heintels*, Bonn 1995.

Zeidler, Kurt Walter: *Gundlegungen. Zur Theorie der Vernunft und Letztbegründung*, Wien 2016.

Zeidler, Kurt Walter: *Vermittlungen. Zum antiken und neueren Idealismus*, Wien 2016.

Zeidler, Kurt Walter: *Provokationen. Zu Problemen des Neukantianismus*, Wien 2018.

Martin Bunte (Münster)

Vernunfteinheit und Architektonik

Zum Verhältnis von Transzendentaler Analytik und Dialektik bei I. Kant und K.W. Zeidler

In diesem Beitrag sollen in Auseinandersetzung mit dem problematischen Verhältnis von transzendentaler Analytik und Dialektik in der *Kritik der reinen Vernunft* Grenzen und Gemeinsamkeiten von Zeidlers Programm der schlusslogischen Letztbegründung und der Rekonstruktion der subjektiven Deduktion im Rahmen des Beweises der Vollständigkeit der Urteilstafel dargelegt werden. Als Leitgedanke dient dabei die Überlegung, dass die Einheit der Vernunft als Prinzip aller Prinzipien nicht nur für beide Programme maßgeblich ist, sondern darüber hinaus von beiden letztlich auch gleich expliziert wird. Die für die Letztbegründung notwendige Versicherung eines strengen Prinzipienmonismus erlaubt dabei einen Ausblick auf die Möglichkeit der Entfaltung der gesamten Vernunftarchitektonik und damit die Entwicklung der Philosophie zu einer allgemeinen Wissenschaft der Rationalität.

Die schlusslogische Letztbegründung nach Zeidler

Die Transzendentalphilosophie als diejenige Form philosophischer Reflexion, welche nach dem Unvorgreiflichen in jedem möglichen Wissen fragt, kann auf die Frage nach dem Letzten in der Begründung nicht verzichten.[1] Wollte sie einen solchen Verzicht leisten, so stünde nicht nur ihr Projekt zur Disposition, sondern die Philosophie in Gänze geriete in Gefahr. Die Tatsache, dass diese Ansicht heute eher eine randständige oder gar abseitige Position darstellt, spricht dabei weniger gegen das Programm der Letztbegründung, sondern gibt vielmehr Zeugnis über den Zustand der gegenwärtigen akademischen Philosophie, welche im Rückgang auf eine ideenfremde Faktizität sich ihres eigenen Kerngeschäftes bereits fast gänzlich entledigt hat. Im Kampf um die Letztbegründung nimmt die Arbeit von Kurt Walter Zeidler eine besondere Stellung ein. Anstelle dem kritischen Rationalismus mit dem Argument eines notwendigen Kernbestands der Logik

---

1 Dieser Beitrag entstand mit freundlicher Unterstützung der chilenischen Stiftung FONDECYT als Teil des Forschungsprojektes: „The foundation of Theoretical and Practical Reason“, № 3180686.

oder der Diagnose eines pragmatischen Selbstwiderspruches zu begegnen, kehrt Zeidler den Achilleus des kritischen Rationalismus, das sogenannte Münchhausen-Trilemma, gegen diesen selbst: Statt ein Letztgründendes anzugeben, bezieht sich Zeidler auf die letzte Möglichkeit des Begründens selbst und damit notwendig auf deren Form, i.e. der Schluss, sofern das Besondere des Schlusses darin besteht, dass in ihm die Form des Begründens selbst zur Darstellung gelangt.[2] Das Schema des Begründens ist notwendig dreifach, sofern der Schluss erstens die in der *maior* gesetzte Bedingung einer Regel exekutieren kann, indem er einen Fall unter diese subsumiert; zweitens indem er die Bedingung der Anwendung in der *minor* antizipiert und dabei eine Regel in der Konklusion formuliert und drittens, indem er die in der *minor* gesetzte Bedingung der Regelanwendung in der Konklusion als Fall der in der *maior* gesetzten Regel identifiziert und damit die Regelsetzung in der *maior* gleichzeitig exemplifiziert.[3] Diese drei Formen des Schlusses sind unschwer als Deduktion, Induktion und Abduktion auszumachen. Ihre *material*logische Gültigkeit für die Erkenntnis verweist wiederum auf die dreifache Form, die das Allgemeine in der Erkenntnis haben kann und gleichzeitig damit auf die Funktion des Begriffs: Erstens als ein Subsumtionsallgemeines, welches das Einzelne unter sich fasst, zweitens als ein Repräsentationsallgemeines, in welchem das Einzelne das Allgemeine vorstellt, und drittens als ein Sinnallgemeines, durch welches der Begriff als Erkenntnisgrund das Einzelne erschließt.[4] Die formale Logik kennt aufgrund ihrer extensionalen Begriffsauffassung nur die erste Form des Begründungssubstrates, sodass für sie entsprechend auch nur die erste Schlussform strenge, d.h. formale Gültigkeit besitzt. Anders verhält es sich, wenn man wie Zeidler die Schlüsse als logische Voraussetzungen des Erkenntniserwerbs nicht bloß logistisch, sondern transzendentallogisch auffasst. Gestützt wird diese Auffassung bereits durch das von Zeidler gewählte und im Durchgang durch die Schlussformen durchexerzierte Beispiel vom sterblichen Sokrates, sofern der Name „Sokrates“ ein Singulum bezeichnet. Das Urteil „Sokrates ist sterblich“ ist daher streng genommen kein allgemeines Urteil mit nur einem Element, wie es die formale Logik auffasst, sondern ein singuläres, welches die formale Logik nicht kennt. Diese Unterscheidung ist durchaus bedeutsam, sofern sie für die Gestalt der transzendentalen Logik als schlusslogische Rekonstruktion der Synthesis bestimmend ist. Dabei ist die formale Logik abhängig von der Synthesis, sofern bestimmte Begriffsverhältnisse für jene ohne diese unmöglich

---

2 Vgl. K. W. Zeidler: *GtL*^{3}, 191.
3 Vgl. K. W. Zeidler: *Grundlegungen*, 39f.
4 Vgl. ibid., 41.

wären.[5] Der eigentliche Springpunkt der Letztbegründung liegt nun darin, dass die drei Schlussformen als grundlegende Funktionen der Synthesis zum einen das Ganze ihrer Form ausmachen, d.h. die jeder Begründung zugrundeliegende logische Handlung bestimmen und zum anderen gleichzeitig ihren Zusammenhang innerhalb der Synthesis begründen und damit den Begriff rationaler Begründung selbst vollständig explizieren. Der mit dem begründungslogischen Trilemma gemeinte Ausschluss letztgültiger Begründung erscheint daher im Licht der transzendentalen Logik nur als Ergebnis einer Vereinseitigung der jeder Begründung vorausliegenden und sich selbst begründenden, trichotomischen Form der Synthesis. Durch diese sich als Dreifachheit selbst fassende Form lässt Zeidler, ganz im transzendentalen Sinne, die Begründung sich im Wissen selbst durchsichtig werden, indem er die Synthesis in der logischen Handlung des Begründens als selbst begründet ausstellt, nämlich *als* Abbruch, Regress *und* Zirkel in der Reflexion auf die jeder Begründung zugrunde liegende Form des Begründens.

Die schlusslogische Letztbegründung und die Form des Urteils

Ist damit das Programm der Letztbegründung abgeschlossen? Es möchte so scheinen. Tatsächlich lässt sich kein weiteres Moment der Synthesis über die in den Schlussformen zur Darstellung kommenden finden. Von hier droht daher keine Gefahr; Zeidlers Beschreibung der Funktionen der Vernunft ist tatsächlich abgeschlossen. Eine Schwierigkeit kündigt sich von anderer Seite an, nämlich von der des Verstandes. Der Verstand bildet ein Begriffs- und Regelvermögen, auf welches die Vernunft als Prinzipienvermögen zugreift. Präziser gesagt stellt die Vernunft dasjenige Vermögen dar, Regeln wiederum unter Regeln, welche für jene Prinzipien bilden, durch Anwendung der Urteilskraft zu subsumieren. Zeidler hat daher auch Recht, wenn er die Vernunft selbst „prinzipientheoretisch als Prinzip aller Prinzipien“[6] auffasst. Das Problem ist nur, dass die Bestimmung der Vernunft als Prinzip aller Prinzipien immer noch ein *bestimmtes* Prinzip darstellt: „Die Bestimmungen, die das Prinzip aller Prinzipien notwendig kennzeichnen, sind drei Momente *Unbedingtheit*, *Allgemeinheit* und *Gesetzmäßigkeit*.“[7] Tatsächlich ist diese Aufzählung unvollständig, sofern das letzte Prinzip, wie Zeidler selbst später ergänzt, „nur als *selbstreflexives Prinzip* begriffen werden [kann, M.B.] und nur

5 Vgl. ibid., 38.
6 Ibid., 19.
7 Ibid., 19.

als selbstreflexives Prinzip kann es denn auch als *Vernunft* begriffen werden."[8] Unbedingtheit, Allgemeinheit, Gesetzmäßigkeit und Selbstreflexivität müssen jedoch als Bestimmungen des letztbestimmenden Prinzips selbst durch dieses bestimmt sein, andernfalls blieben die Voraussetzungen des Prinzips als Letztprinzip diesem äußerlich. Auf einen solchen Nachweis verzichtet Zeidler jedoch. Einer möglichen Erwiderung, dass es sich bei diesen Bestimmungen nur um nachträgliche Voraussetzungen des Verstehens der Letztbegründung handele, welche daher der Letztbegründung selbst äußerlich bleiben können, kann nicht stattgegeben werden. Die letzte Begründung kann *sensu stricto* nichts außerhalb ihrer Begründungsleistung annehmen, also etwas, das nicht durch sie selbst begründet wäre. Dies wird gerade dann offensichtlich, wenn man auf die Bedingungen der Letztbegründung blickt: Die letzte Begründung muss ihrem Inhalte, respektive ihrer Realität, also ihrer *Qualität* nach, unbedingt sein, sofern sie kein Bedingtes innerhalb einer weiteren Bedingung sein kann; sie muss ihrer *Quantität* nach allgemein sein, d.h. für alle Bedingungen gelten. Gleichzeitig muss sie in *Relation* auf die durch sie bestimmten Bedingungen selbst regelgemäße Bedingung sein sowie auch ihrer Form nach sich selbst zum Inhalt haben können, d.h. der *Modalität* nach bestimmt sein. Diese Reflexion auf die Bedingungen der Letztbegründung zeigt, dass das hier beschriebene Problem keineswegs trivial ist, sondern sich auf den Zusammenhang der kategorialen Momente zum Prinzip aller Prinzipien bezieht, d.h. auf den Zusammenhang der transzendentalen Logik als Urteils- und Schlusslehre, Analytik und Dialektik und damit letztlich auf die Einheit von Verstand und Vernunft selbst zielt. Die festgestellte Schwierigkeit lässt sich dabei positiv als Aufgabe formulieren: Wie hängt die Form der Synthesis, die des Schlusses, mit der der Einheit zusammen und zwar in einer Form, welche gleichzeitig beide Formen als eine begründet? Vereinfachend gesagt, wie ist die Beziehung der Formen des Schlusses zu denen des Urteilens zu denken?

Der Zusammenhang von Analytik und Dialektik

Die Transzendentale Analytik handelt von den reinen Regeln des Bestimmens, d.h. der Möglichkeit der Prädikation. Sie umfasst dabei alle Elemente der reinen Verstandeserkenntnis, ohne die „überall kein Gegenstand gedacht werden kann […]."[9] Als Urteilslogik trägt die Analytik ihrem Anspruche nach daher alle notwendigen Formen des Bestimmens vor, d.h. alle möglichen Formen des

8 Ibid., 23.
9 Kant: *Kritik der reinen Vernunft*, A 62/B 87.

Aussagens über die Bestimmungen eines Gegenstandes. Was aber unterscheidet dann die transzendentale Urteilslogik von der allgemein reinen Logik, sofern doch beide für alle Gegenstände überhaupt gelten? Folgt man Kants Fassung des Begriffs des Transzendentalen, so muss sich die Differenz auf den Gebrauch der Logik beziehen: „Ich nenne alle Erkenntnis *transzendental*, die sich nicht so wohl mit Gegenständen, sondern mit unserer Erkenntnisart von Gegenständen, so fern diese a priori möglich sein soll, überhaupt beschäftigt."[10]

Die transzendentale Logik wäre dementsprechend diejenige Logik, deren Gegenstand die Erkenntnisart von Gegenständen des Denkens, nämlich das Denken selbst ist: Ihr erster und einziger Inhalt ist demnach die Möglichkeit der Logik selbst. Dies unterscheidet sie von der formalen Logik, geht diese doch von ihrer faktischen Möglichkeit aus, d.h. von der Existenz von Individuen, Relationen und der Geltung von Axiomen. Dies tut sie durchaus mit Recht, sofern die formale Logik auf einer jeweiligen Axiomatik gründet und entsprechend nichts anderes ist als ein Kalkül. *Wie* hat aber nun die transzendentale Analytik die Möglichkeit des Denkens, genauer die Möglichkeit des Urteilens zum Inhalt? Folgt man dem „Leitfaden" Kants, so können die „Funktionen des Verstandes [...] insgesamt gefunden werden, wenn man die Funktionen der Einheit in den Urteilen vollständig darstellen kann."[11] Der Sinn dieser Anweisung erschließt sich dem Leser nicht direkt, sondern nur in Zusammenhang mit dem Vorherigen. So beruhen Begriffe auf Funktionen. Funktionen sind wiederum nach Kant nichts anderes als Handlungen, welche Einheit unter unseren Vorstellungen stiften.[12] Dabei sind die Begriffe Bedingungen dieser Einheitsstiftung.[13] Bereits hier zeigt sich die Merkwürdigkeit des kantischen Begriffs vom Begriff: Der Begriff realisiert einerseits durch seine Anwendung, d.h. dadurch, dass der Verstand mit ihm urteilt, die Einheit des Verstandes, andererseits ist er wiederum das Realisat dieser Handlung. Denkt man den Begriff selbst als das einheitsstiftende Moment, so erweitert sich diese doppelte Bedeutung zu einer dreifachen, welche den Begriff des Begriffes als Funktion vollständig bestimmt, i.e. als Bestimmendes, Bestimmbares und Bestimmtes. Wäre man nun, so Kant, in der Lage, alle logischen Funktionen der Einheit vollständig zu fassen, d.h. alle Bestimmungen der Handlungen des urteilenden Verstandes, so könnte man alle Begriffe, d.h. alle Funktionen ausmachen, welche die Möglichkeit jeder Erkenntnis a priori als Verbindung von Vorstellungen insgesamt bestimmen. Dies ist das Programm

10 *KrV* B 25.

11 *KrV* A 69/B 94.

12 *KrV* A 68/B 93.

13 Vgl. *KrV* A 304/B 360.

der metaphysischen Deduktion der Kategorien aus den bloßen Verstandesformen, welche in der sogenannten Urteilstafel gelistet sind. Das Problem von Kantens Argument liegt auf der Hand, nämlich die Frage, welcher Beweis für die Vollständigkeit gegeben werden könnte. Blickt man beispielsweise auf das apophantische Musterurteil p(x) und versucht diese Form in der Urteilstafel zu finden, so stellt man fest, dass es mindestens vier Möglichkeiten gibt, dieses zu verorten: Es könnte sich um ein kategorisches Urteil, ein positives oder ein assertorisches handeln. Auch die Möglichkeit eines singulären Urteils ist nicht ausgeschlossen. Alle besitzen dieselbe Form: p(x). Diese scheinbare Uneindeutigkeit hat jedoch damit zu tun, was wir bereits über den Unterschied der transzendentalen Logik zur bloß formalen gesagt haben und welcher nun näher gefasst werden kann. Die formale Logik handelt nicht von der Funktion der Einheit in Urteilen, sondern von der Form der Urteile. Die Form ist jedoch nur das Realisat der Anwendung der Funktion und macht entsprechend nur eines ihrer Momente aus. Wonach also die transzendentale Logik als Analytik fragen muss, ist nach der Einheit *innerhalb* des Urteils, genauer nach der Form dieser Einheit. Nun ist es klar, dass die Einheit des Urteils weder im Subjekt noch im Prädikat zu finden ist, sondern nur in der Verbindung zwischen beiden, welche ihren Ausdruck in der Form des Urteils findet. Gesetzt, man abstrahierte nun von dieser Form, so bliebe die Form ihrer Einheit übrig. Diese kann jedoch selbst nicht mehr bestimmte Form eines Urteils sein, setzte dies doch wieder eine Form der Einheit voraus, welche ursprünglich zu finden war. Die gesuchte Funktion der Einheit im Urteil muss daher unabhängig von der Form des Urteils stets dieselbe sein. Diese Konsequenz muss auf den ersten Blick überraschen, da wir mit Kant in der Tafel der Urteile zwölf differente Momente finden können, welche jeweils vier Titel zugeordnet sind. Daher muss die Frage dahingehend spezifiziert werden, wie sich die in jedem Urteil vorausgesetzte Einheit in zwölf Momente differenziert. Diese Frage ist unschwer als die eigentliche Problemstellung der subjektiv-transzendentalen Deduktion auszumachen, welche danach fragt, wie die reinen Kategorien aus der Einheit des Denkens entspringen. Sie sucht also innerhalb einer „transzendentale[n] Überlegung",[14] i.e. einer transzendentalen Reflexion, nach dem Verhältnis der reinen Begriffe zu ihrem Ursprung im reinen Verstande, in diesem Falle gleichbedeutend mit dem, was Kant transzendentale Apperzeption nennt. Versucht man diese Einheit des Verhältnisses zu fassen, so stößt man unweigerlich darauf, dass es sich nur um ein Selbstverhältnis handeln könne, kann die ursprüngliche Einheit doch weder empirisch gefunden noch

14 *KrV* A 261/B 317.

erschlossen werden, da doch jedes Finden und Schließen der Möglichkeit nach den Bezug auf jene Einheit voraussetzt. Die Einheit kann also nur durch sich selbst gegeben und bestimmt sein. Sie ist sich in der Reflexion gleichzeitig Form als auch Inhalt. Genauer, sie ist die sich selbst zum Inhalt habende Form ihres eigenen Erfassens. Gleichzeitig unterscheidet die Einheit in der Reflexion damit ihre innere und äußere Form, deren Identität sie aussagt. Diese Identität und Unterscheidung fasst sie wiederum notwendig durch sich, ist sie doch als die Form ihres eigenen Erfassens notwendig auf zwei Weisen: Einmal, indem sie Einstimmung und Widerstreit der Form mit sich selbst als Inhalt behauptet, zum anderen indem sie die Einerleiheit und Verschiedenheit von innerer und äußerer Bestimmung der sich-selbst-fassenden Form bestimmt. Aus der ursprünglichen Einheit entspringen in der Reflexion so vier Momente, welche jedes für sich die Einheit in einer bestimmten Weise fassen. Diese Bestimmungen sind nun unschwer als diejenigen Momente der Einheit innerhalb jeden Urteils zu erkennen, welche die Urteilstafel listet: Erstens das modale Moment der Unterscheidung von bestimmbarem Inhalt und bestimmender Form, zweitens das relationale Moment von innerer und äußerer Bestimmung im Urteil (Subjekt und Prädikat), drittens das qualitative Moment ihrer Aussagbarkeit bzw. Nicht-Aussagbarkeit und zuletzt das quantitative Moment der Einerleiheit und Verschiedenheit von Materie und Form.[15]

Was also die transzendentale Analytik im Ganzen vorlegt, ist daher nichts anderes als die Entfaltung der Momente der transzendentalen Einheit, welche ihr alleiniger Gegenstand ist. Sie ist im Ganzen abgeschlossen, ihre Momente vollständig. Welche positive Funktion könnte entsprechend die transzendentale Dialektik innerhalb der transzendentalen Logik einnehmen? Befragt man oberflächlich den Text der *Kritik*, so müsste man zu einem negativen Ergebnis kommen: Dient die Analytik zum Kanon allgemeinster Regeln und Prinzipien der Erkenntnis, so besteht die Dialektik nach Kant nur in der Aufdeckung jenes transzendentalen Scheines, der evoziert wird durch die missbräuchliche Anwendung der Analytik zu einem Organon, welches vermeintlich apriorische Erkenntnisse über Vernunftgegenstände liefert.[16] Diese landläufige Ansicht über die Funktion der transzendentalen Dialektik, obgleich textgestützt, übersieht ihre weniger auffällige, dafür jedoch systematisch ungleich wichtigere Funktion. Diese kündigt sich bereits ganz zu Anfang der transzendentalen Analytik an:

---

15 Vgl. hierzu das Kapitel „Von der Amphibolie der Reflexionsbegriffe“ der *Kritik der reinen Vernunft*, *KrV* B 316ff.

16 Vgl. *KrV* A 60f./B 85f.

> Nun kann diese Vollständigkeit einer Wissenschaft nicht auf den Überschlag, eines bloß durch Versuche zu Stande gebrachten Aggregats, mit Zuverlässigkeit angenommen werden; daher ist sie nur vermittelst einer Idee des Ganzen der Verstandeserkenntnis a priori und durch die daraus bestimmte Abteilung der Begriffe, welche sie ausmachen, mithin nur durch ihren Zusammenhang in einem System möglich.[17]

Was Kant hier zu Beginn der transzendentalen Analytik nahelegt, ist tatsächlich von kaum zu überschätzender Bedeutung für die gesamte Argumentation in der *Kritik*, verklammert es doch gleichsam ihren Anfang in der Analytik wie ihren Abschluss in der Methodenlehre. Außerdem gibt Kant hier mit dem Verweis auf die „Idee" den entscheidenden Hinweis, wo die Einheit des Systems zu finden ist, nämlich in Gestalt der Idee, welche Inhalt der transzendentalen Dialektik ist.[18] Die *Analytik* behandelt, wie ihr Name bereits besagt, die Einheit des Systems bloß analytisch. Ihr ist die Einheit entsprechend noch nicht das sich selbst erkennende Prinzip der Selbsterkenntnis, sondern bloß die zergliederungsfähige und in ihrer Funktion bestimmbare Form dieses Prinzips. Hieran ändert auch die bekanntermaßen als synthetisch bestimmte Apperzeption nichts, sofern auch diese ihre Einheit in der Analytik nicht in und durch sich selbst begründet, sondern nur in Bezug auf ihre konstitutive Funktion der Erfahrungseinheit. An dieser Stelle wird der Kantkenner, welcher sein Wächteramt gegen metaphysische Tendenzen ernst nimmt, sein Veto erheben: Wie sollte die transzendentale Dialektik, welche doch gerade dadurch bestimmt ist, den transzendentalen Schein als solchen zur Darstellung zu bringen, es erlauben, im positiven Sinne von einem begründeten Wissen um die Einheit im Denken sprechen zu können? Die Antwort ist durchaus einfach, beruht der kritische Einwand doch bloß auf einer gedanklichen Engführung des Gegenstandsbegriffes. Dem Denken ist transzendental betrachtet noch gar kein Gegenstand gegeben, setzt dieser doch seiner Möglichkeit nach eine transzendentale Leistung des Denkens voraus, um welche es gerade geht. Die Frage muss daher eigentlich lauten: Wie gelangt das Denken zu seinem Begriff, in dem es sich als Denken von seinem Gegenstand in der Vorstellung unterscheidet und sich gleichzeitig auf diesen Gegenstand denkend bezieht? Anders gesagt, muss die im Denken bereits präsente Subjekt-Objekt-Differenz transzendental erst erarbeitet werden, damit von ihr ein legitimer Gebrauch gemacht werden kann. Dass dies nicht bloß mit den Mitteln der Analytik gelingen kann, ist spätestens dann klar, wenn man einsieht, dass die

---

17 Vgl. *KrV* A 64f./B 89.

18 Ein weiterer wichtiger Hinweis auf die Bedeutung der Dialektik bildet der in der B-Auflage ergänzte §12 der *Kritik der reinen Vernunft*.

Logik des Bestimmens noch keine des Begründens ist.[19] Damit ist die Aufgabe der Dialektik gesetzt, nämlich die in der Analytik bestimmten Momente der Einheit aus dieser zu begründen und damit gleichzeitig diese als Form der sich selbst-begründenden Einheit als letztbegründend für alle anderen Formen des Wissens zu stellen. Im Denken über sich selbst muss das Denken entsprechend einen letztbegründenden Punkt finden. In einer der wenigen instruktiven Passagen zu seiner eigenen Methodologie gibt Kant für die Erfüllung dieser Aufgabe einen wesentlichen Hinweis:

> Man hat es bedenklich gefunden, daß meine Einteilungen in der reinen Philosophie fast immer dreiteilig ausfallen. Das liegt aber in der Natur der Sache. Soll eine Einteilung a priori geschehen, so wird sie entweder analytisch sein, nach dem Satze des Widerspruchs; und da ist sie jederzeit zweiteilig (quodlibet ens est aut A aut non A). Oder sie ist synthetisch; und, wenn sie in diesem Falle aus Begriffen a priori (nicht, wie in der Mathematik, aus der a priori dem Begriffe korrespondierenden Anschauung) soll geführt werden, so muß, nach demjenigen, was zu der synthetischen Einheit überhaupt erforderlich ist, nämlich 1) Bedingung, 2) ein Bedingtes, 3) der Begriff, der aus der Vereinigung des Bedingten mit seiner Bedingung entspringt, die Einteilung notwendig Trichotomie sein.[20]

Für die Frage nach der Begründungsfunktion der Einheit bedeutet dies, dass die Einheit erstens die Bedingung der Einheit der Erfahrung, zweitens das Bedingte dieser Einheit und drittens die Einheit von Bedingung und Bedingtem, also seinen eigenen Begriff als bedingende und bedingte Einheit vorstellen muss. Erst hier erfüllt die Einheit ihre synthetische Funktion, indem sie der Summe der Vorstellungen nach der Form des Begründens Einheit gibt. Diese Form ist die des Schlusses. Aufgrund des kantischen Hinweises ist auch klar, welche Schlussform gemeint sein muss. So muss die Einheit erstens als Bedingung in der *maior* stehen:

i. Alle Erkenntnis setzt den Bezug auf die Einheit voraus.
ii. Die Vorstellung dieses Gegenstandes ist eine Erkenntnis.
iii. Also setzt die Vorstellung dieses Gegenstandes den Bezug auf die Einheit voraus.

Zweitens muss sich die transzendentale Einheit als das Bedingte in der *minor* finden, auf welche in der Konklusion geschlossen wird.

---

19 Diese wichtige Scharfstellung des Problems verdanke ich Kurt Walter Zeidler.
20 Kant: *Kritik der Urteilskraft*, Einleitung IX, B LVII; AA V, 197.

i. Die Vorstellung dieses Gegenstandes ist eine Erkenntnis.
ii. Die Vorstellung dieses Gegenstandes setzt den Bezug auf die Einheit voraus.
iii. Also setzt alle Erkenntnis den Bezug auf die Einheit voraus.

Drittens muss sie sich als Einheit sowohl in der *maior* als auch in der *minor* wiederfinden:

i. Alle Erkenntnis setzt den Bezug auf die Einheit voraus.
ii. Die Vorstellung dieses Gegenstandes setzt den Bezug auf die Einheit voraus.
iii. Also ist die Vorstellung dieses Gegenstandes eine Erkenntnis.

Alle drei Formen sind transzendentallogisch valide, da sie, wie Zeidler richtig gesehen hat, auf die Einheit als eine jeweils unterschiedene Allgemeinheit referieren: Erstens die Einheit als das Subsumtionsallgemeine, d.h. diejenige Einheit, welche alle anderen unter sich fasst. Diese Einheit ist hier nichts anderes als die Einheit des Ich, d.h. diejenige Einheit, welche die transzendentale Apperzeption bedeutet. Die Bestimmungen dieser Einheit wiederum finden sich in den Kategorien wieder, nämlich als unbedingte Einheit der Relation nach, i.e. absolute Subjektivität, als unbedingte Einheit der Qualität nach, der Quantität nach als die mit sich selbst identische allgemeine Form jeder Vorstellung und zuletzt als notwendige Bedingung der Möglichkeit einer jeden Vorstellung. Die zweite Form der Einheit, das Repräsentationsallgemeine, findet sich in der Einheit als Gegenstandseinheit wieder, welche bestimmt ist durch die Bedingung ihrer unabhängigen Setzung, d.h. ihrer Wirklichkeit, der quantitativen Vielheit ihrer Bestimmungsrücksichten, ihrer negativen Einheit im Gegenstand, d.h. im Gegensatz zur qualitativen Einheit des Ich und zuletzt ihrer hypothetischen Einheit in der Relation ihrer Wahrnehmungsbeschaffenheit, d.h. in der Verknüpfung der Wahrnehmungen zur Gegenstandseinheit. Die dritte Form der Einheit lässt sich einerseits von der Idee der vollständigen Bestimmung her denken, d.h. als vollständige Limitation der gesamten Begriffssphäre durch Anwendung der Disjunktion bis hin zum Ideal eines notwendigen Singulums, oder man beginnt mit der Idee eines notwendigen Seins, welches sich selbst limitierend in alle Begriffe disjungiert. Dies ist die Funktion des transzendentalen Substrates bzw. Ideals, welches bei Zeidler als Sinnallgemeines firmiert. Kenner der *Kritik* werden sofort bemerken, dass diese Bestimmungen der Einheit nichts anderes sind als die jeweiligen drei Quadrupel der logischen Funktionen, nämlich die jeweils ersten, zweiten und dritten Kategorien. Ihre Ableitungsform folgt wiederum der jeweiligen Schlussform, in welcher die transzendentale Einheit steht: Die ersten Kategorien leiten sich von der ersten Relationskategorie her, die zweite Gruppe leitet auf die zweite Relationskategorie hin und die dritte sowohl von der dritten Relationskategorie her als auch hin. Es zeigt sich also, dass es genau dieselbe transzendentale Einheit ist, nämlich einerseits analytisch, respektive logisch, d.h. gemäß des Grundsatzes der Bestimmbarkeit, „welcher auf dem Satze des Widerspruchs beruht,“[21] i.e. als reiner Verstand aufgefasst und andererseits synthetisch, respektive dialektisch „dem Grundsatze der durchgängigen Bestimmung“[22] nach, d.h. als reine Vernunft aufgefasst, welche sowohl im Urteil als auch im Schluss letzter Ermöglichungsgrund ihrer Einheit und damit des gesamten Vermögens zu denken ist. Blickt man auf das Ganze dieses Verhältnisses, wird auch klar, welche Bedeutung die grundlegenden logischen Axiome in diesem Zusammenhang haben: So führt die erste Reihe der Kategorien auf die unbedingte Setzung A. Deutlich wird dies, wenn man bloß auf die Verwendung der Einheit im Schlusse blickt. Die zweite Reihe führt von der negativen Entgegensetzung der Gegenstandseinheit non A auf den Grund der Möglichkeit von Setzung und Gegensetzung, nämlich die Limitation lim A, in welcher Setzung und Gegensetzung als identische gesetzt sind. Dies fällt axiomatisch als das Verhältnis der drei logischen Grundaxiome, i.e. das der Identität, das des ausgeschlossenen Widerspruchs und das des ausgeschlossenen Dritten aus, welche hinsichtlich ihrer Gemeinsamkeit in der Limitation durch den Satz vom zureichenden Grunde gebunden sind. Damit ist die transzendentale Logik als Einheit von Analytik und Dialektik abgeschlossen.

Zeidlers Letztbegründung im Lichte des Systems der transzendentalen Logik

Zwischen dem Ansatz Zeidlers und dem hier zur transzendentalen Logik in aller Kürze Vorgetragenen, welches in weiten Teilen dem in *Erkenntnis und Funktion* Dargelegten entspricht,[23] besteht eine verblüffende Übereinstimmung, was umso bemerkenswerter ist, da beide vollständig unabhängig und mit großem Zeitabstand voneinander entstanden sind. Von der Sache selbst her betrachtet kann dieser Befund jedoch nicht überraschen, sofern das Projekt der Letztbegründung notwendig auf ein und dieselbe Basis führen muss. Der Prinzipienmonismus findet sich demensprechend in beruhigender Weise bestätigt. Von ihm aus lässt sich jedoch nunmehr ein geschärfter Blick zurück auf Zeidlers Umsetzung des Letztbegründungsprojektes werfen. Als erstes wird deutlich, dass Zeidler im

---

21 *KrV* A 571/B 599.

22 *KrV* A 571/B 599.

23 Vgl. Martin Bunte: *Erkenntnis und Funktion*, Berlin 2016. Eine Diskussion des Buches findet sich auch in Zeidlers *GtL*[3], 301ff.

Grundriss seine Reflexion nicht mit einer Reflexion auf die Momente der Einheit beginnt, sondern gleichsam in einem negativen Verfahren die methodologischen und rationalen Voraussetzungen des Wissenserwerbs freilegt. Gegen die Didaktik dieses Verfahrens selbst ist rein gar nichts einzuwenden. Gleichwohl führt sie bereits zu Anfang zur Annahme einer mitgeführten faktischen Voraussetzung, welche im Weiteren unaufgelöst bleibt. In seiner legitimen Abwehr der Dingontologie, welche den Gegenstand immer schon als gegeben ansieht, ohne sich die Gegebenheit seines Gegenstandseins begreiflich zu machen, führt Zeidler den Satz der Identität – A ist A – als „oberste[s] onto-logische[s] Prinzip" ein. Dieses „drückt in glücklichster Weise die Selbstbezüglichkeit und Übergegensätzlichkeit des Etwas überhaupt aus und macht damit von vornherein alle Anmaßungen einer Dingontologie zunichte, die glaubt, dem Sein einen bestimmten Sinn oder dem Sinn ein besonderes Sein beilegen und solcherart beide voneinander abgrenzen und zueinander in nachträglicher Beziehung setzen zu können. Sie sind nichts außer ihrer Beziehung, sind eine Beziehung und sind somit als Einheitsfunktion unter unseren Vorstellungen die Funktion der Einheit der Vorstellung selbst, wobei die im ‚A ist A' qua ‚ist' angesprochene Funktion der Einheit als die Unmittelbarkeit dieses ursprünglichen Selbstbezuges, das *Ist der Existenz*, bestimmt ist. Dieser Grund aller weiteren Bestimmung, die Existenz, ist die Möglichkeitsbedingung des Begriffs (möglicher Begriff) und als solche nicht dieses oder jenes Etwas, sondern als Etwas überhaupt ist sie *reine Beziehung*."[24] Zeidler deutet hier den formalen Grundsatz der Identität, welchen wir oben als Funktion der Sich-selbst-Bestimmung des sich denkenden Denkens gefasst haben, als primordiale Voraussetzung der „Bestimmbarkeit überhaupt", d.h. der Intelligibilität als vorgegebene Einheit von Denken und Sein. Zeidler geht damit von der Verstehbarkeit überhaupt aus, welche es transzendental in der Reflexion auf die Reflexibilität doch erst einzusehen gilt. Dies ist jedoch nur möglich durch eine Äquivokation der Copula „ist", nämlich einmal in ihrer kategorischen, zum anderen in ihrer assertorischen Bedeutung. Beides sind jedoch zwei distinkte Funktionen, sofern die eine die Relation mit sich selbst, die andere den Bezug auf das Denken setzt. Diese Differenz kann nur dann umgangen werden, wenn man mit Hegel, auf den Zeidler hier zweifelsfrei implizit Bezug nimmt, versucht aus dem Sein selbst zu denken und damit die Differenz von Denken und Sein in ihrem Grunde unterläuft. Dass hier ein echtes Problem vorliegt, zeigt sich jedoch bereits darin, dass die Bestimmbarkeit überhaupt nicht nur durch den mittelbaren Bezug auf das Denken bestimmt, sondern in Bezug auf die

---

24 K. W. Zeidler: *GtL*[3], 118f.

Gegenstandsgegebenheit auch unmittelbar mit den Anschauungsformen verknüpft ist. Das Problem der notwendigen Annahme ihrer Logizität wird an dieser Stelle noch gar nicht ausgesprochen. Bemerkenswerterweise gehört es dabei nicht zu den geringsten Leistungen Zeidlers, das Problem der Bestimmbarkeit aus „dem systematischen Zusammenhang der Bedingungen der Möglichkeit des Denkens und der Intelligibilität des Seins"[25] aufs Schärfste als Fundamentalproblem ausgestellt zu haben. Zeidler entgeht in seinem Bemühen, die Fallstricke der Substrat- bzw. Dingontologie zu vermeiden, jedoch schwerlich der rationalistischen Falle des Panlogismus, welcher bei ihm jedoch eher das Ansehen einer mit Lask angenommenen *„Panarchie des Logos"*[26] hat, indem er die Geltungsbetroffenheit des Seins bereits als Unvorgängliche fasst.[27] Deutlich wird dies an der doppelten Bedeutung des Sinnallgemeinen, welches einerseits als logischer Inbegriff aller möglichen Bestimmtheit, andererseits als Sinn- und damit Geltungsbestimmtes, in und durch welches der Logos seine Welt erschließt, fungiert.

> Die Vernunft ist eben durchweg als tätige Vernunft zu verstehen [...], als der lebendige Logos, der sich und in eins damit seine Welt erschließt. Wenn zuvor gesprochen wurde von der – für das ‚Ich denke', das sich selbst und zugleich seine Welt erschließt – unhintergehbaren Voraussetzung, daß überhaupt Etwas ist, war daher kein ‚Ding-an-sich' gemeint oder ein ‚präreflexiver Grund', der gleichsam von außen die Reflexion anstößt. Unhintergehbare Voraussetzung ist vielmehr die Identität von Denken und Sein [...], die durch das *Sinnallgemeine* (das universale ante res) verbürgt wird [...] und mithin Voraussetzung und Setzung zugleich ist.[28]

Ohne hier eine Lösung formulieren zu wollen, so sei doch gesagt, dass die Frage der Unhintergehbarkeit zuletzt das Verhältnis von der sich mittelbar am Gegenstand vollziehenden und dabei gleichzeitig den Gegenstand konstituierenden Tätigkeit auf der einen und der sich dieser Tätigkeit entziehenden unmittelbaren Form des Gegenstandes, welche durch eben diesen Entzug die Tätigkeit erst ermöglicht, auf der anderen Seite betrifft, *vulgo* sich also auf das Verhältnis von Denken und Anschauung, respektive ihre Formen bezieht. Könnte diese Frage sinnvoll beantwortet werden, so käme die Frage des Verhältnisses von Sein und Gelten erneut in Schlagweite.

---

25 Ibid., 199.

26 Emil Lask: *Gesammelte Schriften*, II. Band, 133.

27 Eine Kritik des Panlogismus, insbesondere des Hegelschen, findet sich in einem, soweit mir bekannt, unveröffentlichten Vorlesungsskript Zeidlers zur „Systematik der Philosophie im Grundriss – V. Vorlesung (22.05.2008)".

28 K. W. Zeidler: *GtL*^{3}, 315.

Eine weitere Intrikation, welche unmittelbar mit Zeidlers Didaktik verbunden ist, besteht in der Ordnung der Schlüsse. Zeidler folgt dabei einem Hinweis Kants, nämlich die Modalbestimmungen, Möglichkeit, Wirklichkeit und Notwendigkeit, als Stufenfolge eines immer sicherer werdenden Wissens aufzufassen.[29] Gegen diese Lesart ist sicherlich nicht das Geringste einzuwenden, problematisch ist jedoch, dass Zeidler die Ordnung der Schlüsse und damit ihre Zuordnung zu den Funktionsreihen der Urteile entsprechend festlegt: Der abduktive Schluss als bloß hypothetischer rückt an die erste, der deduktive Schluss an die dritte Stelle. Dadurch kehrt sich jedoch die transzendentale Logik um, so dass Zeidler sich gezwungen sieht, die Stellung der Qualitätskategorien zu vertauschen und so die Limitation an die erste Position zu setzen.[30] Tatsächlich scheint hier schlicht eine Verwechselung der Ebenen zu bestehen. Die dritte Reihe, welche das Ideal der durchgängigen Bestimmung logisch konstituiert und nach der jeder Vorstellung im System des Wissens notwendig genau eine einzige Position zukommt, welche alle anderen disjunktiv ausschließt, ist für den menschlichen bzw. für jeden endlichen Verstand naturgemäß unerreichbar. Genau diese strenge Notwendigkeit findet sich jedoch in der dritten Reihe als Voraussetzung von Wissensbezügen überhaupt formuliert. Auch die Verwirrung über die Einsetzung der Möglichkeit in die erste deduktive Reihe durch Kant löst sich auf, wenn man sich vergegenwärtigt, dass die Apperzeption als das „Ich denke, muß alle meine Vorstellungen begleiten *können*"[31] nicht bloß eine hypothetische Möglichkeit zum Ausdruck bringt, sondern die notwendige Voraussetzung, dass Vorstellungen überhaupt als solche möglich sind: Alle Vorstellungen fallen als solche unter die transzendentale Einheit und sind durch diesen Bezug überhaupt erst möglich. Dabei sollte auch klar sein, dass Setzung und Gegensetzung der ersten und zweiten Reihe direkt abhängig sind von der dritten, in welcher Setzung und Gegensetzung im Prinzip des Wissens überhaupt identisch gesetzt sind. Sie hängen in einer in sich geschlossenen Dreiheit zusammen, deren Explikation Sache der transzendentalen Deduktion ist. Zeidlers Eingriff in die Ordnung der transzendentalen Logik erweist sich entsprechend als unnötig, gleichwohl unbeschadet seiner methodischen Absicht revidierbar.

---

29 Vgl. *KrV* A 75f./B 101.

30 K. W. Zeidler: *GtL*[3], 281.

31 *KrV* B 131.

Ausblick auf den Grundriss der Transzendentalphilosophie

Dieser Beitrag beschränkte sich auf die Frage nach dem Zusammenhang von transzendentaler Analytik und Dialektik und damit letztlich auf die Frage der Einheit in der transzendentalen Logik. Der mindestens ebenso wichtige Problemkreis der Aisthesis blieb daher bewusst unangetastet. Ein Grundriss der gesamten Transzendentalphilosophie müsste jedoch beide umspannen, um letztlich nicht nur als Prinzipienwissenschaft die Basis einer anschließenden Wissenschaftstheorie zu bilden, sondern als transzendentale Wissenschaftstheorie selbst gleichzeitig die Entfaltung des Systems der Philosophie zu einer allgemeinen Strukturwissenschaft vorzubereiten. Dabei erscheint nicht zuletzt Zeidlers Lehre der reinen Raum- und Zeitschemata vielversprechend.[32] Die Basis für diese Unternehmung, welche gleichsam ein getrenntes Gemeinschaftswerk darstellt, bildet sicherlich nicht zuletzt Kant, respektive eine den kantischen Anspruch ernstnehmende eigenständige philosophische Forschung. Zeidler formuliert dies treffend:

> Betrachten wir die verschiedenen Kantischen Bestimmungen des Terminus ‚Vernunft', so haben wir in letzter Konsequenz nur die Wahl, entweder diese ganze Vernunftarchitektonik für ein Machwerk aus lauter unbegreiflichen Äquivokationen zu erklären oder aber ihren verborgenen Grundriss zu rekonstruieren, indem wir von der Annahme ausgehen, daß Kant uns bloß verschiedene Seitenansichten ein und desselben Gebäudes geliefert habe.[33]

In der Frage der Einheit der Vernunft, so konnte hoffentlich gezeigt werden, besteht selbst eine große Einigkeit; die Frage der Architektonik, welche auf eine transzendental begründete Ontologie, Axiologie und Phänomenologie hinführt, ist dagegen noch nicht entschieden.

Literaturverzeichnis

Bunte, Martin: *Erkenntnis und Funktion. Zur Vollständigkeit der Urteilstafel und Einheit des kantischen Systems*, Berlin 2016.

Kant, Immanuel: *Kritik der reinen Vernunft*, Hamburg 1998.

Kant, Immanuel: *Kritik der Urteilskraft*, Hamburg 2006.

Lask, Emil: *Gesammelte Schriften*, II. Band, Tübingen 1923.

Zeidler, Kurt Walter: *Grundriss der transzendentalen Logik*, Wien ³2017.

32 Vgl. K. W. Zeidler: *GtL*³, 219ff.

33 Ibid., 187f.

Zeidler, Kurt Walter: *Systematik der Philosophie im Grundriss*, V. Vorlesung zum 22.05.2008 (unveröffentlicht).

Zeidler, Kurt Walter: *Grundlegungen. Zur Theorie der Vernunft und Letztbegründung*, Wien 2016.

Reinhard Hiltscher (Dresden)

Die drei Grundsätze der Wissenschaftslehre von 1794/95 als geltungsfunktionale Letztbegründungsreflexion

Kurt Walter Zeidler ist ohne Frage einer der profiliertesten und renommiertesten zeitgenössischen Transzendentalphilosophen. In hervorragenden, viel diskutierten Arbeiten[1] hat er die (neu)-kantianische Tradition der Bestimmungslogik fortgeführt und entwickelt. Dabei richtet sich sein Augenmerk mit Blick auf Kant vor allem auf dessen Lehre vom Schluss.[2]

Es mag insbesondere auch nach Gadamers These, der Neukantianismus sei in Wahrheit ein Neufichteanismus gewesen, als erlaubt erscheinen, zur Festschrift von Herrn Professor Zeidler einen Beitrag beizusteuern, der sich Fichtes Lehre von der ursprünglichen Geltungsprätentionalität des absoluten Ich widmet.

Es kann keinerlei Zweifel daran bestehen, dass Fichtes frühe Wissenschaftslehre in ausgesprochen starkem Maße eine ‚egologische Theorie' des Selbstbewusstseins und der Subjektivität darstellt. Daneben beinhaltet die „Grundlage" aber auch ganz dezidiert eine *Geltungstheorie* unseres Wissens. Das *selbstbewusstseinstheoretische Thema* und das *geltungstheoretische Thema* werden von Fichte in der „Grundlage" zusammen durchgeführt, verbunden und leider auch stark vermischt. Der vorliegende Aufsatz versucht in einer Rekonstruktion den geltungstheoretischen Aspekt der Wissenschaftslehre zu isolieren und herauszuarbeiten.[3] Für diese Rekonstruktion muss das komplementäre egologische Thema weitgehend ausgeblendet bleiben. Dies heißt natürlich keinesfalls, dass das subjektstheoretische Thema für Fichte selbst nicht mindestens genauso systematisch relevant gewesen wäre wie das geltungstheoretische. Für unsere

---

1 In Auswahl (!): *Kritische Dialektik und Transzendentalontologie* (1995), *Prolegomena zur Wissenschaftstheorie* ([2]2006); *Grundlegungen. Zur Theorie der Vernunft und Letztbegründung* (2016); *Vermittlungen. Zum antiken und neueren Idealismus* (2016); *Grundriss der Transzendentalen Logik* ([3]2017); *Provokationen. Zu Problemen des Neukantianismus* (2018).

2 Vgl. exempl. K. W. Zeidler: *GtL*[3], 173–203 und 256–281.

3 Eine solche Rekonstruktion findet sich angedeutet auch bei R. Hiltscher: *Einführung in die Philosophie des deutschen Idealismus*, Darmstadt 2016, 56–91 (exempl. 80–85). Die Ergebnisse der bezeichneten Passagen sind in diesen Aufsatz eingearbeitet worden.

Rekonstruktionsabsichten darf das Thema des Selbstbewusstseins jedoch nicht die ausschlaggebende Rolle spielen.

I. Von Kant zu Fichte

Wenn man Kants Lehre vom geltungsrelevanten Erfahrungsurteil, so wie sie sich in den §§18–21 der B-Deduktion vorfindet, mit Kants Erwägungen in den §§76, 77 der Kritik der teleologischen Urteilskraft verbindet, ergibt sich folgende Grundsicht Kants auf die menschliche Fähigkeit zu urteilen.

Nach Kant ist das Erkenntnisurteil grundsätzlich durch 2 Momente ausgezeichnet: Die notwendige Synthesis des Urteils erzeugt *einerseits gegenstandsrelevante Sinn-* und *Bedeutungsbestimmtheit* (a) – *andererseits* eignet dem Urteil eine *apodiktische Geltungsprätention* (b). Diese systematische Perspektive Kants auf die Grundverfasstheit des Urteils hat ihren Ursprung in einer ganz spezifischen Auffassung vom Wesen der Vernunft, die der Königsberger Philosoph vertreten hatte. Jedem Verstand ohne Unterschied, sei er endlich oder sei er unendlich, kommt nach Kant eine doppelaspektige Prägung zu:

(a) Jeder Verstand erzeugt *einerseits* Bestimmtheit und Sinn – und (b) jeder Verstand besitzt *andererseits* darüber hinaus eine unbedingte Wirklichkeitsprätention. Oder anders gesagt. Vernunft strebt von ihrem Wesen her – so Kant – in unbedingter Weise danach, sich zu verwirklichen, was auch Kants Lehre von der „Praktischen Vernunft" erhellen könnte.

Beide genuinen Auszeichnungen der Vernunft (bzw. des Verstandes) ‚koinzidieren' beim anschauenden unendlichen Verstand Gottes. Der göttliche Verstand erzeugt allein schon durch seine Verwirklichungsprätention (= Moment b) das Sein. In seiner intellektuellen Anschauung hat der unendliche Verstand im Sinne Kants das, was er intendiert, auch immer schon ‚zugleich' verwirklicht. Die Sinnbestimmtheit seiner Schöpfung ist also unauflöslich mit seiner unbedingten Wirklichkeitsprätention verbunden – und eben auch umgekehrt. Da der anschauende Verstand[4] zugleich das Sein erzeugt, ist bei ihm Bestimmtheit und Wirklichkeit in (s)einem unbedingtem Wirklichkeitsanspruch vermittelt und immer auch und zugleich realisiert.

Anders der endliche Verstand. Die unbedingte Wirklichkeitsprätention des endlichen Verstandes kommt in dessen *unbedingtem Anspruch* zum Ausdruck, im Urteil die Wahrheit seiner gegenstandsbezogenen Gedanken eingelöst und

4 Ich mache hier keinen Unterschied zwischen „anschauendem Verstand" und „intellektueller Anschauung" bei Kant, da eine solche Binnendifferenzierung keinen Gewinn für das hier verhandelte Thema darstellte.

‚verwirklicht'[5] zu haben. Dieser Anspruch kann trotz seiner Unbedingtheit allerdings niemals sicher eingelöst werden, da der Gegenstand, der dem endlichen Verstand (vor)gegeben ist, und den er mit unbedingtem Anspruch auf Wahrheit bestimmen will, eben von ihm nicht erschaffen worden ist. Sinn und Bestimmtheit seines Gegenstandes bleiben dem endlichen Verstand unverfügbar. Geltungsanspruch und Sinnbestimmung des endlichen Verstandes sind damit unabhängige Momente, die anders als beim unendlichen Verstand nicht auseinander abzuleiten sind. Der unbedingte Wirklichkeitsanspruch kommt dem endlichen Verstand letztlich deshalb zu, weil er durch die *bloße Form* seiner Urteile, genauer gesagt, allein schon durch die Urteilsstruktur, *formal* (!) unhintergehbar die Wahrheit seiner Urteile affirmieren muss. Jedes empirische Urteil steht andererseits unausweichlich unter dem Risiko, seinen Wahrheitsanspruch zu verfehlen. Der Geltungsprätention kommt aber dennoch kraft der Strukturierung des Erkenntnisurteils ein unbedingter Charakter zu. Werner Flach spricht deshalb auch davon, im Urteil (Wissen) seien Unbedingtheit und Kontingenz unauflöslich vereint.[6] In *bedingungsloser Notwendigkeit* muss das Erkenntnisurteil *kraft seiner Formstruktur* die Wahrheit seines gegenstandsreferenten Sinnes affirmieren. Darin liegt das *Unbedingtheitsmoment* menschlichen Wissens. Doch das Urteil unterliegt bezüglich seines Inhaltes stets auch der *Alternative* von wahr und falsch. Darin liegt das *Kontingenzmoment*[7] des Urteils. Anders als bei der unendlichen Vernunft behält jedes dieser Momente eine unabhängige Seite dem jeweils anderen gegenüber bei. Schließlich ist der Unbedingtheitsanspruch des Erkenntnisurteils auch auf keinen Fall mit einer modalen Bewertung zu verwechseln. Das „problematische Urteil" behauptet z. B. mit unbedingter Notwendigkeit die Möglichkeit eines

5 Diesen Verwirklichungsanspruch der intentionalen Vernunft mit Blick auf Kant und dessen wahrheitsdifferente Struktur hat Gerold Prauss in überragender Weise herausgearbeitet. Siehe deshalb G. Prauss: *Kant über Freiheit als Autonomie*, Frankfurt/Main 1983, z.B. §13 und G. Prauss: *Einführung in die Erkenntnistheorie*, Darmstadt ^{2}1988, z.B. 129.

6 Vgl. zu dieser Zusammengeschlossenheit von Notwendigkeit und Kontingenz im Wissen die präzisen Darlegungen von Werner Flach in: *Immanuel Kant. Die Idee der Transzendentalphilosophie*, Würzburg 2002, 33–41, 93–95, 125–135, 143–147.

7 Gerold Prauss hat diese „Wahrheitsdifferenz" (wie er sagt) in Kants Erkenntnislehre herausgearbeitet und darauf verwiesen, dass man im Sinne Kants ‚legitimerweise' von „falscher Erkenntnis" sprechen dürfe. Vgl. G. Prauss: *Erscheinung bei Kant. Ein Problem der ‚Kritik der reinen Vernunft'*, Berlin 1971, bes. 81–101. Vgl. aber auch Flach (2002), 33-41, 93-95, 125-135, 143-147.

bestimmten empirischen Gegenstandes. Diese unbedingte Geltungsprätention des problematischen Urteils kann sich aber jederzeit als empirisch falsch (= kontingenterweise falsch) herausstellen.

Kant sagt in §19 der B-Deduktion über die Apodiktizität des Erkenntnisurteils: „[…] so finde ich, daß ein Urtheil nichts andres sei, als die Art, gegebene Erkenntnisse zur objectiven Einheit der Apperception zu bringen. Darauf zielt das Verhältnißwörtchen ist in denselben, um die objective Einheit gegebener Vorstellungen von der subjectiven zu unterscheiden. Denn dieses bezeichnet die Beziehung derselben auf die ursprüngliche Apperception und die nothwendige Einheit derselben, wenn gleich das Urtheil selbst empirisch, mithin zufällig ist, z.B. die Körper sind schwer. Damit ich zwar nicht sagen will, diese Vorstellungen gehören in der empirischen Anschauung nothwendig zu einander, sondern sie gehören vermöge der nothwendigen Einheit der Apperception (= Grund der unbedingten Geltungsprätention/RH) in der Synthesis der Anschauungen zu einander, d.i. nach Principien der objectiven Bestimmung aller Vorstellungen, so fern daraus Erkenntniß werden kann, welche Principien alle aus dem Grundsatze der transscendentalen Einheit der Apperception abgeleitet sind."

Nun gibt es gute Gründe für einen Versuch, diese beiden Grundmomente des Wissens, die Kant nennt – nämlich die unbedingte Geltungsprätention *einerseits* und die Erzeugung geltungsrelevanten Sinnes *andererseits* – auf jeweils *eines* dieser Momente zu reduzieren und das jeweils andere aus diesem abzuleiten. Im Sinne einer Typologie könnte man Hegels absolute Logik als den Versuch verstehen, die Geltungsprätention des Wissens auf das Moment der Sinn- und Bedeutungsbestimmtheit zu reduzieren. Die andere Option hat dagegen Fichte gewählt. Ihm ging es in der WL von 1794/95 darum, die unbedingte Geltungsprätention des Wissens als Grund *auch* der geltungsrelevanten Sinnbestimmtheit des Wissens zu erweisen.

II. Die drei Grundsätze der Wissenschaftslehre

Dass Fichte das Moment der Geltungsprätention unseres Wissens als das dominante Moment betrachtet, ergibt sich klar aus einer zentralen Passage des ersten Grundsatzes

1. Der erste Grundsatz

Fichte schreibt über den Satz A = A: „Wenn aber Jemand einen Beweis desselbe fordern sollte, so würde man sich auf einen solchen Beweis gar nicht einlassen, sondern behaupten, jener Satz sey *schlechthin,* d.i. *ohne allen weiteren Grund,* gewiss: und indem man dieses [...] thut, schreibt man sich das Vermögen zu, *etwas schlechthin zu setzen.*" (*GL*, 93)

Was ist mit diesem „Vermögen" gemeint, „etwas schlechthin" zu setzen. Fichte kann hier kaum meinen, dass das logische Identitätsprinzip nur gelte, weil ein Individuum – z.B. Hans – dieses mit Zustimmung anderer Individuen „gesetzt" habe. Man könnte nun der Ansicht sein, Hans setze (behaupte) schlechthin, weil das logische Identitätsprinzip notwendig gelte, wobei dessen Notwendigkeit wiederum ihren letzten Grund in der Tathandlung habe. Mir scheint eine solche Interpretation aus vielerlei Gründen heraus unplausibel zu sein, nicht zuletzt wegen der vitiösen Zirkularität, die sich zwischen Wissenschaftslehre und formaler Logik ergäbe. Zwar räumt Fichte einen Zirkel ein, insofern die WL *bereits* nach den allererst in ihr letztzufundierenden logischen Gesetzen operieren müsse, aber er sagt auch, dass dieser Zirkel nicht vitiös sei (*GL*, 92/ *BG*, §7). Plausibler ist m.E. die Annahme, dass Fichte mit dem „schlechthin setzen" die unhintergehbare Geltungsprätention des Wissens ansprechen möchte, und dass dies an der bezeichneten Stelle anhand einzelner Geltungs- und Wissensprätentionen qua Urteil modellhaft exemplifiziert wird. Wissen ist durch eine unhintergehbare strukturelle Geltungsprätentionialität ausgezeichnet. Diese stellt sich aber immer erst ein, wenn Wissen im Wissensakt (Urteilsakt) *geleistet* wird, sodass gilt: „Also das Setzen des Ich durch sich selbst ist die reine Thätigkeit desselben. – Das Ich *setzt sich selbst*, und es *ist*, vermöge dieses bloßen Setzens durch sich selbst; und umgekehrt: das Ich *ist*, und es setzt sein Seyn, vermöge seines bloßen Seyns." (*GL*, 95/96)

Die einzelnen Geltungsprätentionen der Urteilsvollzüge stehen unter der funktionalen Geltungsprätentionalität des Wissens und werden von dieser *begründet*. Andererseits müssen die Vollzüge der einzelnen Geltungsprätentionen diese strukturelle Geltungsprätionalität des Wissens sozusagen immer erst realisieren und *bedingen* somit ihren Grund.[8]

---

8 Im Sinne der Prinzipienlogik von Werner Flach und Hans Wagner besteht zwischen Prinzip und Prinzipiat ein doppelaspektiges Verhältnis. *Einerseits* stehen Prinzip und Prinzipiat in einem wechselseitigen Bedingungsverhältnis. Etwas ist nur dann Prinzip, wenn es auch etwas gibt, das es prinzipiieren kann. Ohne ein Begründetes gibt es keinen Grund (und natürlich auch nicht vice versa), sodass der prinzipientheoretische Status eines Grundes durchaus von dem, was er gründet, *bedingt* ist (= wechselseitiges Bedingungsverhältnis). *Andererseits* fungiert nur das Prinzip als Grund, in welchem die Begründungsrelation von Prinzip und Prinzipiat *ausschließlich* ihren Ursprung hat. Nur das Prinzip *gründet* das Prinzipiat und nicht umgekehrt. Das Prinzip fundiert das Prinzipiat um sich *als* Prinzip *gegen* das Prinzipiat Bestimmtheit zu verschaffen. Diese Flach-Wagner'sche Prinzipienlogik findet sich exemplarisch in H. Wagner: *Philosophie*

Nun wird man natürlich sofort die Frage aufzuwerfen haben, ob es eine Geltungsprätention nicht nur im Zusammenhang mit gegenständlichem Sinn, *intendierter* Bestimmtheit etc. etc. geben könne. Müsse man nicht wenigstens auch die Fremd-Intentionalität des Wissens zu dessen Grundprinzipien rechnen. Ja und Nein. Denn es ist der Clou der Fichte'schen Position, dass der erste Grundsatz der Grundsatz *jeder* Form von Vernunft (Wissen) zu sein habe – und damit auch für die göttliche Intentionalität gelte. Erkennbar sind Sinnstruktur und Bedeutungsstruktur der göttlichen Intentionalität nicht die unseren.[9] Aus dieser Analyse heraus wird evident, dass die angestaubte These, das absolute Ich sei eine Art Analogon von Gottes unendlicher Vernunft, falsch ist. Das absolute Ich und die Tathandlung stellen vielmehr die Grundstruktur *jeder* Form des Wissens dar. Oder etwas drastisch gesagt: Das absolute Ich und die Tathandlung, so wie sie im ersten Grundsatz von Fichte exponiert werden, gibt es gar nicht, sondern es kann nur entweder die unendliche Vernunft Gottes – oder aber unsere endliche Subjektivität (Vernunft) geben. Die Tathandlung, welche der erste Grundsatz exponiert, beinhaltet somit zwei Aspekte. Einen Aspekt, der auf *beide* Vernunftformen und Subjektivitätsformen zutrifft und *einen* Aspekt, der *nur* die endliche Subjektivität betrifft. Wobei dieser zweite Aspekt in der Argumentation zum ersten Grundsatz noch keine Rolle spielen darf, sondern erst in den Argumenten des 3. Grundsatzes *abschließend* entfaltet werden kann. *Gemeinsam* sind allen Vernunft- und Subjektivitätsformen die unbedingte Selbstrealisierungsprätentionalität, sowie der Umstand, dass die Tathandlung die Invarianz eines unentfalteten Prinzipien*inbegriffs* artikuliert. Der Prinzipieninbegriff beinhaltet die Vollständigkeit und irreversible Konstanz aller Prinzipien, die der Vernunft die Selbstrealisierungsprätention ermöglichen. *Von der Basis des dritten Grundsatzes aus, muss die Tathandlung unter dem anderen Aspekt, der nur für die endliche Vernunft gilt, somit als invarianter Inbegriff aller ‚endlichen' Prinzipien, welche die Geltungsprätention des endlichen Wissens begründen, verstanden werden.* In ihren

---

und Reflexion, München/Basel 1980, z.B. 69–73, 99–150, 160–180, exemplarisch 127; sowie in W. Flach: Fichte über Kritizismus und Dogamtismus, in: *Zeitschrift für philosophische Forschung* (18), 1964, z.B. 588.

9 „Da aber in Gott *das reflectirte* Alles in Einem, und Eins in Allem, und *das reflectirende* gleichfalls Alles in Einem, und Eins in Allem seyn würde, so würde in und durch Gott reflectirtes, und reflectirendes, das Bewußtseyn selbst, und der Gegenstand desselben, sich nicht unterscheiden lassen, und das Selbstbewußtseyn Gottes wäre demnach nicht erklärt, wie es denn auch für alle endliche Vernunft, d.i. für alle Vernunft, die an das Gesetz der *Bestimmung* desjenigen, worüber reflectirt wird, gebunden ist, ewig unerklärbar und unbegreiflich bleiben wird." (*GL*, 275)

Inbegriff gehören auf dieser Ebene letztlich auch das Gegensetzen, das Teilbarsetzen sowie alle formallogischen Prinzipien. Unter *dieser* Betrachtung unterscheidet sich dieser Prinzipieninbegriff natürlich *erheblich* von der ‚abstrakten Tathandlung' des ersten Grundsatzes.

Die ursprüngliche Realitätsprätention der Vernunft (so wie sie im ersten Grundsatz entfaltet wird) bezieht sich auf die Vernunft selbst, ist also eine *Selbst*beziehung und *keine* Beziehung auf anderes. *Vernunft will ausschließlich sich selbst realisieren. Unendliche* Vernunft will nur sich *als alle* Realität realisieren. *Endliche* (theoretische) Vernunft ist Wissen, das notwendig in seinem Grundfundament darin besteht, *für sich* zu beanspruchen, Geltung zu besitzen. Dies kennzeichnet die geltungstheoretische Interpretation der sogenannten Tathandlung für die Belange der *endlichen Vernunft*.

Aus dieser Konstellation ergibt sich auch die Erklärung, warum Fichtes Grundargumentationen im ersten Grundsatz auf das Identitätsprinzip bezogen zu sein scheint. Das Modell der Geltungsprätention des endlichen Wissens, das für die abstrakte Realitätsprätention der Vernunft (1. Grundsatz) steht, macht klar: Es gibt *keine negative*, sich ‚gewollt aufhebende' Realitätsprätention. Sage ich der „Schnee ist *nicht* grün", so liegt ausschließlich eine *positive* Geltungsprätention vor. Formuliere ich: „Es ist unwahr, dass Schnee grün ist" erhebe ich ebenfalls eine positive Geltungsprätention. Dies gilt selbst dann, wenn ich behaupte 2+2 sei 5. Scheitern kann immer nur der fremdgerichtete *auf Sinn und Bedeutung bezogene (gegenstandsreferente)* Geltungsanspruch *inhaltlich. Der Geltungsanspruch selbst aber kann jedoch nicht aufgehoben werden, ohne das Wissen selbst aufzuheben – auch dann nicht, wenn der Anspruch offensichtlich in inhaltlich verfehlter Weise erhoben wird.*

Aber auch die unendliche Vernunft Gottes realisiert sich als alle Realität – und tut dies *nicht* zugleich *nicht*. Das absolute Ich des ersten Grundsatzes ist durchaus Inbegriff aller Prinzipien, welche es der Vernunft ermöglichen, diese Realitätsprätention erheben zu können und durch diese „definiert" zu sein. Da es aber hier um die Bestimmtheit der Vernunft *vor* der Unterscheidung endlich-unendlich zu tun ist, kann die einzige Verfassung des „abstrakten Wissens" als strukturelle Invarianz verstanden werden. Alle Prinzipien des Wissens *selbst* müssen sich als stets die identischen und invarianten Prinzipien betreffs aller bestimmten Wissensleistungen verstehen lassen. Es ist somit die verborgene Pointe dieser Konzeption, dass z.B. auch das Widerspruchsprinzip Element dieser Invarianz ist. Auch das Widerspruchsprinzip verhält sich invariant gegenüber allen konkreten Vollzügen des Wissens. Jede gültige einzelne Artikulation auch des *endlichen* Wissens muss *folglich* invariant in identischer Weise von diesem Widerspruchsprinzip geformt werden. In gleicher Weise sind auch die anderen logischen Prinzipien zu verstehen. *Die Identität, die sich im ersten Grundsatz mit Blick auf die endliche Vernunft artikuliert, ist also die Invarianz der Prinzipien des Wissens relational zu allen ihren Inanspruchnahmen.*

Wenn wir das Sichselbstsetzen des Ich, so wie es im ersten Grundsatz entfaltet wird, als Anspruch auf Selbstrealisierung der Vernunft lesen, so können wir zwei Relate strukturell unterscheiden: 1. Den Vollzug der Realisierungsprätention der Vernunft (Setzen), 2. Die Realitätsprätentionalität der Vernunft (Sein[10]). Die Realitätsprätentionalität der Vernunft als Grundverfasstheit von Rationalität überhaupt hat *einerseits* zu ihrer Bedingung den *Vollzug* der Realitätsprätention (Setzen). Der Vollzug der Realitätsprätention steht andererseits unter dem eigenbestimmten Sein der Invarianz der Realitätsprätentionalität des Wissens. Beide Relate fallen zusammen. Bei der unendlichen Vernunft ist eine Unterscheidung zwischen Realitätsprätentionalität und Vollzug der Realitätsprätention *völlig unmöglich*, da bei Gott die Prätentionalität als invariantes Wesen der Vernunft in einem singularen Vollzug ‚sofort' vollendet eingelöst wäre. Bei der endlichen Vernunft hingegen kann solange nicht die Geltungsprätentionalität des Wissens vom Vollzug der Geltungsprätention unterschieden werden, solange der Vollzug der Geltungsprätention sich nicht in „mannigfaltige Vollzüge" transformiert hat. Könnte man mit systematischen Gründen eine Vielzahl von Geltungsprätentionen des Wissens annehmen, so wäre es möglich, diese Vollzüge von der wesenhaften Geltungsprätentionalität (der Eigenbestimmtheit[11]) des Wissens selbst zu unterscheiden, die immer invariant die eine und selbe bleibt (bleiben muss). Denn dann wäre die Geltungsprätentionalität als *finites Prinzipiensystem* von den potentiell unendlichen Vollzügen von Geltungsansprüchen klar unterschieden. Ruft man in diesen Zusammenhängen die Flach-Wagner'sche Prinzipienlogik auf, so ist evident, dass in einer Konstellation, in der man nicht zwischen *dem* Prinzip, *dem* (reflexiv erzeugten) Prinzipiat und ‚mannigfaltigen' *konkreten* Prinzipiaten unterscheiden kann, Prinzip (Geltungsprätentionalität) und Prinzipiat (vollzogene Geltungsprätention) koinzidieren.[12]

Der Anspruch darauf, Geltung zu besitzen, ist von der Basis des ersten Grundsatzes aus ausschließlich auf das Wissen selbst bezogen. In diesem selbstbezüglichen Anspruch konstituiert sich das Wissen als Wissen. Wissen besitzt invariant Geltungsprätentionalität, weil es diese von sich einfordert – und es kann diese nur von sich einfordern, insofern es diese besitzt.

---

10 „Seyn" bedeutet hier keine ontologische Verfasstheit der Prinzipien der Vernunft, sondern in etwa das, was Kant unter objektiver Realität von Begriffen verstanden hatte.

11 Den Terminus der Eigenbestimmtheit des Wissens übernehme ich von Werner Flach.

12 Vgl. zur Prinzipienlogik Fußnote 8.

Aber es liegt in dieser Struktur eben noch keine Mannigfaltigkeit von Geltungsprätentionen begründet, sodass die Eigenbestimmtheit des Wissens (Sein) nicht von deren funktional unendlicher Ausführbarkeit (Setzen) zu unterscheiden ist. Für jede Vernunft ist der Anspruch darauf wesentlich, alle Realität aus sich heraus zu konstituieren. Fichte macht deutlich, dass einem unendlichen Wesen, dem dies gelänge, keinerlei innere bestimmende Differenz mehr eigne. Demgegenüber hält er für die endliche Vernunft Termini wie „unendliches Streben", „Anstoß", „Sollen" etc. bereit (*GL*, exempl. 274–278). Die Grundstruktur der Tathandlung, die auch für die unendliche Vernunft gilt, kann somit aus sich heraus keinen echten Unterschied zwischen invarianter Geltungsprätentionalität und Ursprungsvollzug der Geltungsprätention kenntlich machen. Denn da der Vollzug die invariante Geltungsprätentionalität des Wissens in Form einer Selbstkonstitution erzeugen soll, ist zwischen dem „Urakt" Gottes und der Grundprätentionalität selbst kein Unterschied mehr auszumachen. Eine Mehrzahl von Geltungsvollzügen ist somit die unabdingbare Voraussetzung dafür, Geltungsprätentionalität qua Eigenbestimmtheit des Wissens (Sein) vom Prätentionsvollzug (Setzen) unterscheiden zu können. Diese Mehrzahl von Vollzügen kann es aber nur dann geben, wenn nicht nur das Wissen selbst (qua Geltungsprätentionalität) die Adresse der Geltungsprätention ist, sondern wenn diese Geltungsprätention auf ein etwas gerichtet ist, was nicht ausschließlich Geltungsprätentionalität ist. Dies heißt aber auch, dass im ersten Grundsatz damit Geltung und das ‚Was', von dem die Geltung gilt, ebenfalls koinzidieren. Damit kann sich keinerlei Wissensrelation an dieser Stelle aufbauen.

2. Der zweite Grundsatz

Der zweite Grundsatz versucht nun das abstrakte Prinzipiengefüge, das gleichermaßen für endliche wie unendliche Vernunft gilt, für die Erfordernisse der endlichen Vernunft zu spezifizieren. Der zweite Grundsatz hat genauerhin die Aufgabe, die Geltungsprätentionalität und das ‚Was', von dem die Geltungsprätentionalität gilt, als Momente *innerhalb* des Wissens zu trennen.

Wir wissen, dass bei der unendlichen Vernunft Gottes Realitätsprätention und Sinnproduktion ineinsfallen. Deshalb muss im ersten Grundsatz die Geltungsprätentionalität und das ‚Was' dieser Prätentionalität koinzidieren, da dieser Grundsatz eben *auch* für die unendliche Vernunft gilt. Bei der *endlichen* Vernunft müssen die beiden Momente nun im zweiten Grundsatz jedoch getrennt gefasst werden können, da die endliche Vernunft durch ihre Realitätsprätention nicht die Realität schafft. Sie kann nur von einem ‚Was' Geltung einfordern. Der im „Setzen" (laut der Reflexionen des ersten Grundsatzes) vollzogene Akt, in welchem das Wissen für sich Geltung beansprucht, ‚*bedingt*', dass Wissen Geltungsbestimmtheit und Geltungsprätentionalität invariant besitzen kann. Die Geltungsprätentionalität hingegen *begründet*, dass Vollzüge mit Geltungsansprüchen möglich sind.[13] Beim ersten Grundsatz koinzidieren – wie gesehen – Form und Gehalt des Wissens und weisen somit keine echte Differenz einander gegenüber auf.

Beim zweiten Grundsatz lehrt Fichte nun bekanntlich, dieser besitze zwar eine unbedingte Form, jedoch einen bedingten Gehalt. (*GL*, 101) Dies scheint prima facie eine unkomplizierte Überlegung zu sein. Damit das Nicht-Ich im Ich gesetzt werden könne, müsse schon im Ich das Ich gesetzt sein. Das Setzenkönnen des Nicht-Ich sei also vom bereits „Gesetztsein" des Ich im Ich bedingt. Nur wenn es ein anderes Setzen neben dem Setzen des Ich durch sich selbst gäbe, müsse dieses Setzen ein Gegensetzen des Nicht-Ich durch das Ich sein. Andererseits liege dieses Gegensetzen des Nicht-Ich durch das Ich nicht schon analytisch im Begriff der Selbstsetzung des Ich. Somit sei das Gegensetzen zugleich auch eine partiell unbedingte Handlungsart des Ich. So in etwa lauten Fichtes Formulierungen. (*GL*, 101–105)

Bezogen auf die endliche menschliche Vernunft lässt sich dies zunächst so rekonstruieren: Das Wissen qua Geltungsprätentionalität unterscheidet (im Gegensatz zur systematischen Lage des ersten Grundsatzes) die Geltungsprätention (Ich) von dem ‚*Was*' (Sinnstruktur, Bestimmtheit etc.), von dem sie Geltung einfordert (Nicht-Ich).

Diese Konstellation lässt allerdings zwei Deutungen zu. Entweder ist das ‚Was', von dem die Geltung eingefordert wird, etwas völlig Wissensunabhängiges, oder aber, das ‚Was' ist ein Moment innerhalb des Wissens selbst. Die Annahme eines ‚Was' außerhalb des Wissens ist aber schon auf den ersten Blick eine unattraktive Position, da ein solches ‚Was' außerhalb des Wissens *für das Wissen* völlig unbestimmt wäre und nicht als ‚Was', von dem Geltung zu beanspruchen wäre, gewusst werden kann.

Hieraus ergibt sich zunächst eine schlichte Einsicht. Das Nicht-Ich müsste einerseits in Beziehung zum Ich stehen, andererseits vom Ich unterscheidbar sein. Das Ich wiederum müsste in Beziehung zu etwas stehen, das nicht Ich (also Nicht-Ich) ist. All dies kann allerdings offensichtlich nur innerhalb des Wissens *selbst* überhaupt geschehen. Kurz und knapp. Das, als *nicht* Ich seiend Gewusste muss immer schon eine Struktur des Wissens besitzen. *Das heißt insbesondere,*

---

13 Siehe Fußnote 8 zur Flach-Wagner'schen Verhältnisbestimmung von Prinzip und Prinzipiat.

dass das als Nicht-Ich im Wissen Gewusste kraft seiner Wissensimmanenz durch einen Anspruch auf Geltung geformt sein muss, da die Geltungsprätentionalität (‚bisher') das durchgängige Wesen des Wissens darstellt und das Wissen ‚definiert'. Damit tut sich hier allerdings eine Doppeldeutigkeit auf.

Im Wissen um das Nicht-Ich (Gegensetzen) muss das Wissen, insofern es Wissen soll sein können, seine unbedingte selbstbezügliche Geltungsprätentionalität beibehalten. Auch im Wissen um das Nicht-Ich beansprucht das Wissen ausschließlich *für sich selbst* die Gültigkeit – *jedoch nicht* für etwas Wissensfremdes. Andererseits verändert sich im „Gegensetzen" teilweise der Modus des Wissens. Folgende Beispiele scheinen prima facie gut die Problemlage zu illustrieren: 2+2 gilt *offenkundig nicht deshalb, weil* dies Wissen als gültig behauptet wird, sondern es liegt hier eine in Wissensform gebrachte Sinnbeziehung vor, die schlicht von sich aus aufgrund ihres Gehaltes eine Geltungsforderung erhebt. Auch die Tatsache, dass Armstrong als erster Mensch den Mond betrat, stellt eine solche in Wissensform gebrachte Sinnstruktur dar, die gleichwohl unabhängig vom Wissen gilt und von diesem aufgrund ihres wissensgeformten Sinngehaltes eine Anerkennung einfordert.[14] Ja sogar die Tatsache, dass diese Tafel, die vor mir steht, grün ist, unterliegt den identischen Bedingungen. So hilfreich diese Beispiele zu sein scheinen. Sie gehen gleichwohl am Argumentationsstand zu Beginn des zweiten Grundsatzes der Wissenschaftslehre *völlig* vorbei. *Denn das Nicht-Ich darf an dieser Stelle überhaupt noch nicht mit so etwas wie „Gegenstand" (bzw. gegenständlichem Sinn) in Verbindung gebracht werden.* Das Nicht-Ich ist in seiner abstraktesten Bedeutung nur das *nackte Funktionsmoment* des „Was" *im Wissen* von dem das Wissen (qua Geltungsprätentionalität) beansprucht, dass es gelte.

14 Heinrich Rickert hat innerhalb des „subjektiven Weges' der Erkenntnistheorie stark den Forderungscharakter von Sinnstrukturen den Subjekten gegenüber betont – und darauf verwiesen, dass das Subjekt sich gegenüber von diesen Geltungsforderungen bejahend zu verhalten hätten. Siehe H. Rickert: Zwei Wege der Erkenntnistheorie. Transcendentalpsychologie und Transcendentallogik, in: *Kant-Studien* 14, 1909, 169–228 (bes. 181–193), wiederabdruck in: Werner Flach/Helmut Holzhey (Hg.) *Erkenntnistheorie und Logik im Neukantianismus. Texte von Cohen, Natorp, Cassirer, Windelband, Rickert, Lask, Bauch.* Hildesheim 1979, 449–508. Meine Deutung beruft sich *nicht* auf Rickert. Vielmehr unternimmt sie den Versuch, die beiden Momente ‚Geltungsprätention' und ‚Sinnbestimmtheit' als Grundmomente der Eigenbestimmtheit (Prätentionalität) des endlichen Wissens herauszuarbeiten.

Und damit kommen wir zur eigentlichen Grundstruktur, die der zweite Grundsatz beschreibt, nämlich zur Selbstdifferenzierung der ursprünglichen Geltungsprätentionalität des Wissens, die das absolute Ich ist.

Als *wissensimmanentes Moment* steht das Nicht-Ich im Kontext der angedeuteten Selbstdifferenzierung der absoluten Geltungsprätentionalität des Wissens (des absoluten Ich) selbst. Die Grundform oder Eigenbestimmtheit[15] des Wissens qua absolutes Ich besteht durchgängig und ausschließlich in invarianter Geltungsprätentionalität. Im Fortgang des zweiten Grundsatzes entwickelt Fichte neben dieser Grundselbstprätentionalität des absoluten Ich nun auch ein *wissensimmanentes Moment* der Geltungsprätentionalität qua Ich. Für die endliche Vernunft gibt es neben der absoluten Geltungsprätentionalität des Wissens qua absolutes Ich, die für alle Vernunftformen gilt, auch ein Ich als Bürge der endlichen Vernunft, welches im Wissen nun nur noch das Moment der Geltungsprätention (qua Ich) darstellt. Diesem ‚Ich-Moment' entgegengesetzt und damit aber auch korreliert ist das ‚Was-Moment' im Wissen, von dem das wissensimmanente ‚Ich' Geltung beansprucht. Die Geltungsprätentionalität qua Wissen tritt nun also zweimal in Erscheinung: Erstens als Geltungsprätentionalität, die ausnahmslos das ganze Wissen prägt. Zweitens als ein einzelnes Moment im Wissen, das dem anderen Moment der Sinnbestimmtheit des Wissens gegenübersteht. Fichte hat dies in seinen Erwägungen im praktischen Teil der Wissenschaftslehre deutlicher gemacht. Die übergreifende Prätentionalität des Wissens besteht in der Reflexion[16], alle Realität zu erfüllen – und im Streben danach, diese Reflexion auszuführen und einzulösen. Durch den Anstoß (wissensunabhängige Seite des Nicht-Ich) wird das theoretische Ich gezwungen sich selbst zu begrenzen. Dies ist jedoch nur möglich, sofern das praktische Ich über diese Anstoßgrenzen beständig hinausstrebt. Dieses sich selbstbegrenzende theoretische Ich und das über die Grenze hinausstrebende praktische Ich sind als jenes korrelative *Moment* der Geltungsprätention im Wissen zu verstehen, das sich von der Ursprungsprätentionalität des „Gesamtwissens" unterscheidet. (*GL*, exempl. 254–285) Das korrelative Moment der Geltungsprätention (Ich) ist also keineswegs identisch mit der ursprünglichen Geltungsprätentionalität des Wissens, die das gesamte Wissen definiert. Das ‚Wasmoment' der Geltung hingegen ist das Nicht-Ich, *sofern* es als das andere korrelative *wissensimmanente* Moment verstanden wird.

15 Vgl. Fußnote 11.

16 Vgl. zur „absoluten Reflexion" die erhellenden Ausführungen von W. Janke: *Fichte*, Berlin 1970, 69–83 u. bes. 191–204.

Damit ergibt sich nun eine weitere systematische Undeutlichkeit. Da auch besagtes ‚Was', von dem Geltung beansprucht wird, Wissen und nichts als Wissen ist, ist es einerlei, ob das Nicht –Ich *qua Moment des Wissens selbst* in diesem Sinne für seine Sinnbestimmungen Geltung einfordert – oder ob das korrelative Ich qua Wissen für sein ‚Was' die Geltung einfordert. Denn wenn die Eigenbestimmtheit jedes Wissens Geltungsprätentionalität ist, dann müssen korrelatives Ich und Nicht-Ich qua Momente des Wissens diese Geltungsprätentionalität jeweils besitzen. Da wir an dieser Stelle aber überhaupt kein ‚Was' des Wissens außer dessen Geltungsprätentionalität kennen, ist eine Unterscheidung des Wissens selbst (absolutes Ich) von seinen Momenten (korrelatives Ich – korrelatives Nicht-Ich) unmöglich. Auch eine distinkte Unterscheidung beider Momente voneinander ist damit zum Scheitern verurteilt.

Viel besser stellt sich die Lage auch dann nicht dar, wenn man das Nicht-Ich in seiner wissensunabhängigen Bedeutung fasste. Unter dieser Rücksicht wäre das Nicht-Ich ein völlig unbestimmtes Nichts für das Wissen. Ein ‚Was', wovon Geltung beansprucht werden könnte, läge nicht vor – und deshalb fielen wiederum die Momente des Wissens ununterscheidbar in der Geltungsprätentionalität mit sich zusammen. Abgesehen davon, dass ein völlig wissensunabhängiges Nicht-Ich vom Wissen nur als pures NICHTS zu fassen wäre, müssen wir konstatieren, dass gelten nur solches kann, was die Form von Wissen aufweist oder mit dieser Form isomorph ist. Studenten und Kartoffeln gelten nicht. Wird also eine vermeintliche wissensunabhängige Seite des Nicht-Ich ausschließlich betont, so kann das Nicht-Ich weder gewusst werden, noch kann es einen (wissensimmanenten) Gültigkeitsanspruch stellen. Wird das Nicht-Ich aber als wissensimmanentes ‚Was' der Geltung gefasst, so ist kein Unterschied zwischen der Geltungsprätention des Ich und des Nicht-Ich erfassbar, weil beide Aspekte schlicht ineinsfielen.

3. Der dritte Grundsatz

Fichtes Lösung im 3. Grundsatz läuft nun über den Begriff der Teilbarkeit. Fichtes Argumentation im 3. Grundsatz mutet zunächst wieder relativ einfach an.

„Mithin liegt im Begriffe der Schranken, außer dem der Realität und der Negation, noch der der *Theilbarkeit* (der *Quantitätsfähigkeit* überhaupt, nicht eben einer *bestimmten* Quantität.) Dieser Begriff ist das gesuchte X und durch eine Handlung Y wird demnach *schlechthin das Ich sowohl als das Nicht-Ich theilbar gesetzt.*" (*GL*, 109) „*Ich setze im ich dem theilbaren Ich ein theilbares Nicht-Ich entgegen.*" (*GL*, 110)

Stellen wir diese Sicht ein wenig karikierend dar, so ergibt sich: Ich und Nicht-Ich seien überhaupt nur als bestimmt fassbar, wenn sie in dem Verhältnis sich wechselseitig ausschließender Disjunktion stünden. Andererseits schließe das Widerspruchsgesetz es aus, Ich und Nicht-Ich im Ich „zugleich" „innerhalb des Bewusstseins" zu setzen. Als Hilfe böte sich die Teilbarkeit an, die das Ich quasi in einen Behälter mit zwei Kammern verwandle. Getrennt durch zwei Wohnquartiere seien Ich und Nicht-Ich nunmehr nicht mehr innerhalb ihres sie fassenden Gefäßes gezwungen, sich wechselseitig Leid zuzufügen.

Diese ‚angelehnt' an Fichtes Terminologie formulierte Konstellation können wir für unsere Problemstellung auch so reformulieren: Geltungsprätention (Ich) und ‚Was' der Geltungsprätention (Nicht-Ich) als Momente des Wissens sind ohne einander unverständlich. Da sich aber für beide, sofern man sie als wissensimmanente Momente betrachtet, in der Form der Geltungsprätention die einzig mögliche (mithin für beide identische Bestimmtheit) ergibt, können sie sich nicht „dialektisch-disjunktiv" ihren Sinn gegeneinander bestimmen. Sie fallen somit ununterscheidbar zusammen, andernfalls müsste die Geltungsprätention als ein sich in sich selbst widersprechender Sinn betrachtet werden. Eine reine Geltungsprätention ohne ein echtes ‚Was', auf das sie bezogen ist, muss somit unverständlich bleiben.

Fichtes anvisierte Lösung der Problematik beruht nun auf folgenden Überlegungen: (1) Das Ich qua absolutes Ich muss als durch durchgängige Geltungsprätentionalität definierte Eigenbestimmtheit des Wissens als einheitlich und als invariant gefasst werden. Es gibt nur *eine eigenbestimmte Form* der Geltungsprätentionalität des Wissens, die über korrelatives Ich und korrelatives Nicht-Ich übergreift. Das absolute Ich konstituiert sich ‚gegensatzlos' immer nur selbst. Es steht nur im Gegensatz zum Nichts. (2) Durch den operativen Begriff der Teilbarkeit gibt es nun aber auch ein Funktionsmoment des Wissens qua *„teilbares Ich" im Wissen*, das durch eine potentiell unendliche Anzahl von Geltungsprätentionen gegenüber einer potentiell unendlichen Anzahl von „washaften Sinnrelationen" sich subjektiv weiterbestimmen kann. (3) Das teilbare Nicht-Ich in seiner Funktion als *das andere* wissensimmanente Moment dagegen ist Index für eine potentiell unendliche Menge von washaften Sinnbeziehungen, in denen schon ein Anspruch enthalten liegt, als gültig im Wissen anerkannt zu werden. Das Nicht-Ich kann dementsprechend potentiell unendlich oft weiterbestimmt werden.

Geltungsprätention und *‚Was'* dieser Prätention, die im zweiten Grundsatz noch *vergeblich* eindeutig an korrelatives Ich und korrelatives Nicht-Ich verteilt werden sollten, werden nun zusammen jeweils beiden Korrelationsglieder gemeinsam zugeordnet – oder in Fichtes Worten *„aufgeteilt"*. Das teilbare Ich ist die *subjektive geltungsprätentionale Selbst-Bestimmungsgeschichte* des Wissens (mit Blick auf den Gegenstand). Das teilbare Nicht-Ich ist der objektive Gegenstand als Bestimmungsaufgabe des Wissens betrachtet.[17] Beide Glieder beinhalten aber *jeweils für sich* einen ‚Was-Sinn' von Sinnbestimmtheit *und* einen Geltungsanspruch. Wenn Fichte im 3. Grundsatz die Teilbarkeit von Ich und Nicht-Ich preist, geht es eben nicht um fixe Kammern in einem Ichbehälter. Vielmehr besitzt das korrelative Ich, das jetzt teilbares Ich heißt, neben dem Aspekt der Geltungsprätention *in Folge* (!) auch den Aspekt der Sinnproduktion Von diesem Sinne fordert es in einer Bestimmungsgeschichte fortlaufend die Geltung ein und formt ihn damit zu einem Sinn des Wissens. Durch diese fortlaufenden Sinnproduktionen und Geltungsprätentionen bestimmt sich das teilbare Ich kontinuierlich weiter. Aber auch das teilbare Nicht-Ich ist durch beide Aspekte geformt. Es stellt das ‚Was' eines strukturierten Sinnes dar, der nur kraft dieser Sinnstruktur *in Folge* (!) innerhalb des Wissens notwendigerweise die Anerkennung seiner Gültigkeit im Wissen fordern kann. Teilbares Ich und teilbares Nicht-Ich besitzen also beide jeweils für sich die Struktur der Geltungsprätention und der Sinnbestimmtheit. Doch bei beiden ist das Abhängigkeitsverhältnis zwischen diesen Momenten umgekehrt. Beim teilbaren Ich ist das Moment der Geltungsprätention Begründung für die Sinnbestimmtheit und diese ist Folge. Beim teilbaren Nicht-Ich ist die Sinnbestimmtheit Grund der Geltungsprätention und diese ist Folge. Und erst jetzt sind beide Glieder in minimaler Weise unterscheidbar: Die Verknüpfung *Geltungsprätention* und Sinnbestimmtheit ist das teilbare Ich – die Verknüpfung Sinnbestimmtheit und *Geltungsprätention* ist das teilbare Nicht-Ich.

Die Bedingungen des Ausgleichs zwischen den jeweiligen Geltungsprätentionen des teilbaren Ich und den jeweiligen Geltungsforderungen des teilbaren Nicht-Ich innerhalb des Wissens legt Fichte in den Teilsynthesen des (theoretischen) ersten Lehrsatzes dar, der sich an die Grundsätze anschließt. Besagte ‚Ausgleichsüberlegungen' enden im theoretischen Teil der Wissenschaftslehre mit der „Einbildungskraft" und leiten aus Fichtes Sicht mit Notwendigkeit zum praktischen Teil der Wissenschaftslehre über. Wir beschränken uns an dieser Stelle aber darauf, sozusagen den geltungstheoretischen Kern der ‚theoretischen Teilsynthesen' deutlich zu machen, der im dritten Grundsatz angelegt ist.

17 Der Terminus der Bestimmungsaufgabe stammt von Werner Flach.

(A.) Ich = Nicht-Ich

Im Grunde macht Fichte hier Gebrauch von Kants Lehre von der *notwendigen synthetischen Einheit*. Im Appendix zum dritten Grundsatz (*GL*, 110–123) hat Fichte die elementare Struktur des Urteils aus der ‚Grundsynthesis' des dritten Grundsatzes abgeleitet. In diesen Passagen stellt Fichte das (*endliche*) synthetisch-analytische Urteil dem (*unendlichen*) thetischen Urteil über das absolute Ich entgegen (*GL*, 116 ff.). Für unsere Interpretationszwecke parallelisieren wir das *endliche* (theoretisch-gegenstandsbestimmende) Urteil mit Kants Auffassung von der notwendigen synthetischen Einheit – und fassen das thetische Urteil als Ausdruck *der* unendlichen (geltungsreflexiven) *Selbstbestimmungsaufgabe* des Wissens auf. Die Sinn- und Geltungsstruktur der *notwendigen synthetischen Einheit* (so wie Kant sie bezeichnet) ist in jedem Falle auch für das Verständnis von Fichtes Reflexionen im dritten Grundsatz von fundamentaler Bedeutung.

Indem das teilbare Ich für ein ‚Was' Geltung beansprucht, bringt es dieses ‚Was' in die Urteilsstruktur qua synthetische Einheit und formt es damit zu einem geltungsrelevanten ‚Was' des Wissens.

Das teilbare Nicht-Ich als ein in notwendiger synthetischer Urteilsform geformtes ‚Was' des Wissens erhebt wiederum *im Wissen* den Anspruch an das Wissen, als gültig anerkannt zu werden, eben weil es in dieser bezeichneten Einheit geformt ist. Es klingt hier Kants Lehre von der notwendigen synthetischen Einheit an, die sowohl eine subjektive als auch eine objektive Seite besitzt.[18] Der ‚Was-Sinn' (notwendige synthetische Einheit) ist identischer Sinn, der nur unterschieden ist nach derjenigen Seite des Wissens (Ich oder Nicht-Ich), von der aus er als gültig eingefordert wird.

In jedem Geltungsanspruch bezüglich eines ‚Was' überformt das teilbare Ich dieses ‚Was' mit der Urteilsform und bezieht es *in Folge* (!) als sein gültiges Wissen auf das Nicht-Ich. Es liegt hier also ein autarker Anspruch des Wissens für sich selbst vor, ein Anspruch auf *wissensimmanent (subjektiv) gültige Notwendigkeit*.[19] Denn das teilbare Ich beansprucht die Gültigkeit des auf das Nicht-Ich bezogene ‚Was', *weil* es dieses ‚Was' in die (seine) notwendige Urteilsstruktur

---

18 Dies arbeitet Gotthard Günther bei Kant vor dem Hintergrund seiner Hegelexegese vorzüglich heraus, z.B. G. Günther: *Grundzüge einer neuen Theorie des Denkens in Hegels Logik*, Hamburg ²1978, 109f, 114–116, 119–121, 127–129.

19 Die Differenz zwischen subjektiver und objektiver Notwendigkeit im Wissen (aber auch die Zusammengehörigkeit beider Notwendigkeitsaspekte insbesondere im Bezug zu Kants Apperzeptionsbegriff) arbeitet Gotthard Günther mustergültig heraus. Vgl. a.a.O. 80, 90, 108–136 (bes. 109f, 115f, 127f, 130).

der synthetischen Einheit gebracht hat. Die Sinnstruktur des ‚Was' des Nicht-Ich wiederum fordert vom teilbaren Ich im *Sinne objektiver Notwendigkeit*[20] ihre Anerkennung als gültig ein, *weil sie* als notwendige synthetische Einheit geformt ist. Die Sinnbestimmtheit des ‚Was', auf welche die Geltungsprätention des teilbaren Ich referiert und die Sinnbestimmtheit des Nicht-Ich, die für sich Geltung gegenüber dem Ich beansprucht, sind somit identisch. Insofern gilt Ich = Nicht-Ich.

(B.) Ich nicht = Nicht-Ich

Besagte Konzeption der Teilbarkeit hat aber auch die Voraussetzung, dass die Geltungs- und Sinnbeziehungen, die jeweils als Nicht-Ich fungieren, ebenso als Strukturen gefasst werden, die vom teilbaren Ich (und nur vom teilbaren Ich) auf etwas Wissenstranszendentes *bezogen* (!) werden.

Erst unter dieser Voraussetzung konstituiert der 3. Grundsatz die kognitive Relation des endlichen Wissens als Verhältnis eines Subjektes (teilbares Ich) und eines Objektes (teilbares Nicht-Ich). Denn erst unter dieser Voraussetzung ist das Subjekt (teilbares Ich) vom Objekt (teilbares Nicht-Ich) abschließend eindeutig unterscheidbar. Denn bis jetzt liegen zwar zwei klar unterscheidbare kognitive Momente vor, die aus unterschiedlichen ‚Anspruchs*teilen*' heraus für dieselbe Sinnstruktur wechselseitig Gültigkeit beanspruchen. Aber beide sind eben noch nicht *eindeutig als* Subjekt und *als* Objekt fixierbar. Hieraus ergibt sich nunmehr eine Dreierrelation:

1) Das Objekt (Nicht-Ich) fordert (genau wie in der Relation Ich = Nicht-Ich) ausschließlich aufgrund seiner wissensimmanenten Sinnstrukturen (Urteilsgeformtheit/objektiver synthetischen Einheit) vom Subjekt die Anerkennung dieser Sinnbeziehungen als gültig ein.
2) Das Subjekt hingegen beansprucht sich selbst als Subjekt qua teilbares Ich eindeutig bestimmen zu können. Das Subjekt (qua teilbares Ich) beansprucht im Urteil, die Geltung der Sinnrelationen des Nicht-Ich, *weil* diese Sinnrelationen ein Korrelat aufweisen, das *nicht* im Wissen aufgeht. Das teilbare Ich bestimmt sich m.a.W. nur dadurch als Subjekt und seine synthetischen Leistungen als notwendige Folge seiner *subjektiven* Geltungsprätentionen, indem es das Nicht-Ich qua Seinssetzung[21] eindeutig als Objekt bestimmt. Besagte Seinssetzung beinhaltet keine ontologische Attitüde. Sie bedeutet nur, dass

---

20 Siehe Fußnote 19.

21 Ich orientiere mich mit diesem *Terminus* an Ausführungen von Gotthard Günther, bes. ibid. 99. Vgl. aber auch 83, 85 und 90.

der unbedingte Geltungsanspruch des Subjektes eines Korrelates bedürftig ist, welches nicht als wissensimmanent gedacht (!) werden kann. *Das teilbare Ich als selbstbestimmtes Subjektmoment des Wissens kann sich nicht selbst als außer der Wissensrelation befindlich denken.* Diese *auch* bestehende Unabhängigkeit kann es nur widerspruchsfrei vom teilbaren Nicht-Ich denken. Indem das Subjekt diese Wissensunabhängigkeit *im Wissen* (!) setzt, bestimmt sich das Subjekt zugleich, *weil* und *insofern* es die kognitive Relation eindeutig macht, ursprünglich *als* Subjekt und seine synthetischen Operationen *als* notwendige Bestimmungen der Subjektivität seiner selbst. Nur dann, wenn das Objekt eindeutig fixiert ist, kann es das Subjekt auch sein – und seine Geltungsprätentions- und Bestimmungsleistungen als Selbstbestimmungen auffassen. Damit besteht der Witz im Bereich der theoretischen Wissenschaftslehre[22] darin, dass keineswegs der Geltungsanspruch des teilbaren Nicht-Ich im Wissen Grund von dessen Seinssetzung ist, sondern diese Seinssetzung des Nicht-Ich ist einzig und allein eine Leistung des teilbaren Ich. Für den theoretischen Teil der „Grundlage" formuliert Fichte somit folgerichtig: „*Das Ich setzt* ***sich selbst****, als beschränkt durch das Nicht-Ich*" (*GL*, 126) Denn nur durch diese Seinssetzung kann sich das teilbare Ich eindeutig als Subjekt vom Nicht-Ich (Objekt) unterscheiden und seine Bestimmungsleistungen als seine notwendige subjektive Selbst-Bestimmtheit auffassen. Ohne diese Seinssetzung wären teilbares Ich und teilbares Nicht-Ich nur Glieder einer uneindeutigen Symmetrie.[23] Das Nicht-Ich selbst beinhaltet in den drei Grundsätzen der Wissenschaftslehre jedoch *keinerlei* Seinsprätention, sondern ausschließlich Geltungsprätention.

3) Und damit kommt ein weiterer fundamental wichtiger Aspekt ins Spiel. Der Anspruch des Nicht-Ich darauf, dass das ‚Was' seines Sinnes vom teilbaren Ich (Subjekt) anerkannt werde, muss unter endlichen Bedingungen von vornherein als fallibel und kontingent betrachtet werden. Denn der Anspruch des Nicht-Ich auf Geltung *folgt* seinem ‚Was' (synthetische Einheit) *nach*. Seine Wissensgeformtheit als *objektive* synthetische Einheit kann sich immer für das ‚Was' als ungültig, ungeeignet oder unzutreffend herausstellen, sodass die daraus abgeleitete Geltungsprätention aufgehoben wird. Das, was nach diesem Scheitern zurückbleibt, ist das ‚bloße gesetzte Sein' des teilbaren Nicht-Ich als einer unbestimmten, jedoch prinzipiell bestimmbaren

22 Erst im praktischen Teil der Wissenschaftslehre taucht das Sein *selbst* in Form des „Anstoßes" auf. (*GL*, 274–278, exempl. 275 und 277)

23 Gotthard Günther arbeitet das Problem dieser ‚Uneindeutigkeit' glänzend heraus. Vgl. ders.: *Grundzüge*, 1978, 165–168 (exempl. 167) und 182–224 (exempl. 212–215).

Bestimmungsaufgabe für das teilbare Ich. Die *Geltungsprätention* des *Subjektes jedoch* bleibt immer von unbedingter Qualität. Denn erst *in Folge* seiner unbedingten Geltungsprätention versucht das Subjekt (teilbares Ich) das ‚Was' des Nicht-Ich durch Erzeugung synthetischer Einheit zu einem wissensimmanenten ‚Was' zu formen. Die unbedingte Geltungsprätention des teilbaren Ich macht sich deshalb nicht von dem ‚Sinnwas' abhängig, auf das sie sich formend bezieht, sie bleibt nur von der Geltungsprätention des absoluten Ich geformt und prinzipiiert. Auch der ‚Geltungsanspruch' des Subjekts kann kontingenterweise *inhaltlich* am Objekt scheitern. Aber der Geltungsanspruch des Wissens von Seiten des Subjekts im Urteil ist, wie gesehen, nicht aufhebbar, ohne den Sinn des Wissens selbst zu eliminieren. Die *übergreifende Geltungsprätentionalität* des absoluten Ich kann nicht aufgehoben werden, ohne den Sinn von Wissen aufzuheben. Und da diese absolute Geltungsprätention *zuerst* die Geltungsprätention des teilbaren Ich formt und *dadurch erst in Folge* seine synthetische Operation *notwendig macht*, bleiben beide Geltungsprätentionsmodi von einem inhaltlichen Scheitern unberührt. Das teilbare Ich erhebt grundsätzlich im Urteil einen *absoluten* und *unbedingten* Geltungsanspruch, das teilbare Nicht-Ich dagegen einen *bestimmten* Geltungsanspruch. Das Scheitern eines *bestimmten sinnbezogenen* Geltungsanspruches des teilbaren Nicht-Ich gegenüber dem teilbaren Ich *dagegen* liquidiert den Status des teilbaren Nicht-Ich als eines *immanenten Sinnmomentes des* Wissens vollständig, sodass nur das *vom teilbaren Ich gesetzte Sein* des Nicht-Ich zurückbleiben kann. Die *bestimmte* Wissensgeformtheit des Nicht-Ich ist in diesem Falle aufgehoben. Der scheiternde Geltungsanspruch eines *bestimmten* nichtichlichen Sinnes hebt damit dessen Wissensimmanenz auf.

(C.) Ich nicht = Ich

Der Begriff des teilbaren Ich ist der formale Inbegriff aller subjektiven Geltungsprätentionen und Bestimmungsleistungen des Wissens, die auf das Nicht-Ich im Sinne eines wissensunabhängigen Nicht-Ich bezogen sind. Andererseits unterscheidet sich das teilbare Ich auch vom absoluten Ich. Die Geltungsprätentionalität des absoluten Ich ist *invariant-eine*. Diese Geltungsprätentionalität besitzt Prinzipiencharakter für das gesamte Wissen, incl. teilbarem Ich und teilbarem Nicht-Ich. Aber wir wissen, dass diese Geltungsprätentionalität als letzter Grund des Wissens, der er sein soll, dennoch eines sie bedingenden Vollzuges bedarf:[24]

24 Vgl. zur doppelten Verhältnisbestimmung von Prinzip und Prinzipiat Fußnote 8.

Nun können wir hinzufügen, ihres Vollzuges durch das teilbare Ich *und* durch das teilbare Nicht-Ich. Mit jedem Akt der Geltungs-und Sinnprätention des teilbaren Ich und mit jedem *komplementären* (!) Anspruch auf Geltung des ‚Was' durch das Nicht-Ich (gegenüber dem teilbaren Ich) wird erst der *Prinzipiencharakter* dieser ursprünglichen Geltungsprätentionalität für das Wissen und dessen Vollzüge ausgewiesen. Dieses Bedingungsverhältnis bleibt prinzipientheoretisch maßgeblich, obgleich jede einzelne Geltungsprätention des teilbaren Ich und des Nicht-Ich die „absolute Geltungsprätention" als Grund voraussetzt und nicht etwa umgekehrt. Der Geltungsprätentions- und Bestimmungsprozess ist potentiell unendlich verfasst und nie in Gänze gegeben. Die Geltungsprätentionalität dagegen ist einfach und invariant im Sinne eines vollständigen Prinzipiengefüges geschlossen.

Bezogen auf die Erfordernisse der endlichen Vernunft steht auch das Nicht-Ich unter dieser absoluten Geltungsprätentionalität und kann nur deshalb seine Gültigkeitsforderung dem teilbaren Ich gegenüber erheben. Die potentiell unendliche Mannigfaltigkeit von Geltungsprätentionen des teilbaren Ich sowie die potentiell unendliche Anzahl von Geltungsforderungen des teilbaren Nicht-Ich gegenüber dem teilbaren Ich erlaubt es nunmehr, die Mannigfaltigkeit der ‚Geltungsartikulationen' von der invarianten stabilen Geltungsprätentionalität des absoluten Ich zu unterscheiden. Letztere(s) ist der Grund von Ich und Nicht-Ich – die Geltungsprätentionsvollzüge von teilbarem Ich und die Geltungsforderungen von teilbarem Nicht-Ich sind jedoch die *Bedingungen*[25] dafür, dass sich das absolute Ich als realer Grund ausweisen kann.[26]

25 Vgl. zur doppelten Verhältnisbestimmung von Prinzip und Prinzipiat Fußnote 8.

26 Erst nach Abschluss der Arbeit an diesem Text ist mir ein Aufsatz von Michael Gerten bekanntgeworden (Transzendentalphilosophie als fundamentale Geltungsreflexion. Historische und systematische Überlegungen mit besonderem Blick auf den späten Fichte, in: Michael Gerten/Leonhard Möckl/Matthias Scherbaum (Hg.): *Vernunft und Leben aus transzendentaler Perspektive. Festschrift für Albert Mues zum 80. Geburtstag*, Würzburg 2018). Gerten gelingt es in diesem Aufsatz in kompetenter Manier die Philosophie Fichtes mit der zeitgenössischen transzendentalen Geltungstheorie in Verbindung zu bringen. Eine Auseinandersetzung mit diesem schönen Text ist mir in diesem Aufsatz leider nicht mehr möglich gewesen.

Literaturverzeichnis

Fichte, Johann Gottlieb: *Über den Begriff der Wissenschaftslehre* (Erste Auflage 1794/Zweite verbesserte und vermehre Ausgabe 1798), in: *Fichtes Werke*, hrsg. von Immanuel Hermann Fichte, Bd. I (= Zur theoretischen Philosophie Bd. I). Berlin 1971 (abgekürzt *BG*).

Fichte, Johann Gottlieb: *Grundlage der gesamten Wissenschaftslehre* (Erste Auflage 1794/Zweite verbesserte Auflage 1802), in: *Fichtes Werke*, hrsg. von Immanuel Hermann Fichte, Bd. I (= Zur theoretischen Philosophie Bd. I). Berlin 1971 (abgekürzt *GL*).

Flach Werner: Fichte über Kritizismus und Dogamtismus, in: *Zeitschrift für philosophische Forschung* 18, 1964.

Flach, Werner: *Immanuel Kant. Die Idee der Transzendentalphilosophie*, Würzburg 2002.

Günther, Gotthard: *Grundzüge einer neuen Theorie des Denkens in Hegels Logik*, Hamburg ²1978.

Hiltscher, Reinhard.: *Wahrheit und Reflexion. Eine transzendentalphilosophische Studie zum Wahrheitsbegriff bei Kant, dem frühen Fichte und Hegel*, Bonn 1998.

Hiltscher, Reinhard: *Einführung in die Philosophie des deutschen Idealismus*, Darmstadt 2016.

Kant, Immanuel: *Kritik der reinen Vernunft*, 2. Aufl., in: *Kants Werke: Akademie-Textausgabe*, hrsg. v. der Preußischen Akademie der Wissenschaften 1902ff. (unveränderter photomechanischer Abdruck), Bd. IV. Berlin 1968, (abgekürzt B).

Kant, Immanuel: *Kritik der Urteilskraft*, in: *Kants Werke: Akademie-Textausgabe*, hrsg. v. der Preußischen Akademie der Wissenschaften 1902ff. (unveränderter photomechanischer Abdruck), Bd. V. Berlin 1968.

Janke, Wolfgang: *Fichte*, Berlin 1970.

Prauss, Gerold: *Erscheinung bei Kant. Ein Problem der ‚Kritik der reinen Vernunft'"*, Berlin 1971.

Prauss, Gerold: *Kant über Freiheit als Autonomie*, Frankfurt/Main 1983.

Prauss, Gerold: *Einführung in die Erkenntnistheorie*, Darmstadt ²1988.

Rickert, Heinrich. Zwei Wege der Erkenntnistheorie. Transcendentalpsychologie und Transcendentallogik, in: *Kant-Studien 14*, 1909, 169–228, Wiederabdruck in: Werner Flach/Helmut Holzhey (Hrsg.): *Erkenntnistheorie und Logik im Neukantianismus. Texte von Cohen, Natorp, Cassirer, Windelband, Rickert, Lask, Bauch*, Hildesheim 1979, 449–508.

Wagner, Hans: *Philosophie und Reflexion*, München/Basel ³1980.

Zeidler, Kurt Walter: *Kritische Dialektik und Transzendentalontologie. Der Ausgang des Neukantianismus und die post-neukantianische Systematik*. Bonn 1995.

Zeidler, Kurt Walter: *Prolegomena zur Wissenschaftstheorie*, Würzburg ²2006.

Zeidler, Kurt Walter: *Grundlegungen. Zur Theorie der Vernunft und Letztbegründung*, Wien 2016 (a).

Zeidler, Kurt Walter: *Vermittlungen. Zum antiken und neueren Idealismus*, Wien 2016 (b).

Zeidler, Kurt Walter: *Grundriss der Transzendentalen Logik*, Wien ³2017.

Zeidler, Kurt Walter: *Provokationen. Zu Problemen des Neukantianismus*, Wien 2018.

Walter Tydecks (Bensheim)

Das Prinzip der Philosophie nach Hegel

In memoriam Urs Richli (1936–2019)

Urs Richli wurde am 25. November 1936 in Luzern geboren, wo seine Eltern das renommierte Restaurant „Kunsthaus“ führten. Auf diese Zeit ging sein lebenslanges Interesse an moderner Literatur zurück. Nach der Matura 1956 studierte er in Zürich, Basel und Tübingen Philosophie und Germanistik und schloss mit dem Doktorat ab. Dank mehrerer Stipendien konnte er das Studium der Philosophie fortführen und ging 1967 nach Heidelberg, wo er Henrich und Gadamer kennenlernte. Es folgten Jahre mit Lehraufträgen an der Universität Zürich und als Lehrer in der Schweiz, bis er 1975 nach Wien ging und unterschiedliche Lehrtätigkeiten aufnahm. Dort stellte er 1978 bei Prof. Erich Heintel seine Habilitation fertig und lehrte an der Universität Wien.[1] Besonders wichtig waren ihm die *Wissenschaft der Logik* von Hegel und die *Wissenschaftslehre* von Fichte. Er nahm an internationalen Kongressen teil und veröffentlichte regelmäßig in den *Fichte-Studien* sowie verschiedenen philosophischen Fachzeitschriften. 2013 zog er zu seiner Frau Ingrid Bender-Richli nach Heidelberg und ist dort am 21. Februar 2019 gestorben.

Vor seinem Tod hatte Richli einen Beitrag für die Festschrift für Kurt Walter Zeidler in Arbeit, der von der Lehre des Schlusses handeln und sich auf das inzwischen nahezu vergessene Buch von Jan van der Meulen *Die gebrochene Mitte* (1958) beziehen sollte.[2] V. d. Meulen (1917–1969) hat in den Kriegsjahren bei Heidegger studiert und lehrte neben seiner Tätigkeit als Nervenarzt in Wiesbaden an der Universität Heidelberg Philosophie. Richli hat in Heidelberg die Reaktionen miterlebt, als v. d. Meulen einen Tag nach der Bundestagswahl 1969 spektakulär Selbstmord im Rhein beging, nachdem der von ihm erhoffte

---

1 Vgl. Urs Richli: *Transzendentale Reflexion und sittliche Entscheidung: zum Problem der Selbsterkenntnis der Metaphysik bei Kant und Jaspers*, Bonn 1967 = Diss., Zürich 1964; *Form und Inhalt in G. W. F. Hegels „Wissenschaft der Logik“*, Wien/München 1982 = Habil.-Schr., Wien 1979.

2 [Anmerkung der Herausgeber: Richli kündigte an, dass er in seinem Beitrag „Zeidlers Fassung des transzendentalen Zirkels behandeln und seine Ausführungen zu diesem Thema als Beitrag zur Hegel-Interpretation würdigen möchte.“]

Rechtsruck ausgeblieben war.[3] In einer aufgeheizten Zeit konnte daraus ein Vorwurf an die überbordende Studentenbewegung erhoben werden, zumal im gleichen Jahr Adorno gestorben ist, was ebenfalls von einigen der Bedrängung durch die Studenten angelastet wurde. Im Anschluss ist es darüber ruhig geworden und niemand möchte mehr gern darüber sprechen, geschweige denn inhaltlich auf die Fragen zurückkommen, um die es damals ging.

Das waren neben einer intensiven Diskussion über den Substrat-Begriff in Hegels Logik des realen Maßes und der Vorbereitung auf ein Treffen, bei dem es um den besonderen Begriff und die Lehre des Schlusses gehen sollte, die Themen unseres letzten Gesprächs wenige Tage vor seinem Tod. Da von Richli außer einigen handschriftlichen Exzerpten aus den *Grundlegungen* von Zeidler keine Entwürfe für seinen geplanten Beitrag hinterlassen sind, werden im Folgenden einige Punkte ausgeführt, die für mich Gegenstand des Beitrags hätten werden können und über die wir häufig – mit teilweise durchaus unterschiedlichen Ansichten – gesprochen haben.

Das Prinzip der Philosophie und das spekulative Denken

Gibt es ein Prinzip der Philosophie, einen Anfang, aus dem wie aus einem Axiom alles andere hergeleitet werden kann? Hegel zählt in der Einleitung der *Wissenschaft der Logik* im Rückblick auf die Philosophiegeschichte als „*Prinzip* einer Philosophie" auf: „das Wasser, das Eine, Nus, Idee, – Substanz, Monade usf.".[4] Weiter gekommen sind Spinoza, Leibniz und Kant, deren Prinzipien die Negativität, die Monadizität (Denken in Monaden und deren Harmonie) bzw. die Einheit der transzendentalen Apperzeption waren. Mit ihnen wird das Prinzip der Philosophie nicht mehr auf der Seite der Inhalte gesucht, um unter ihnen einen einzelnen Inhalt zu finden, aus dem alle anderen hergeleitet werden können, sondern in der Form des Denkens. Am konsequentesten war Kant. Mit der transzendentalen Apperzeption meint er die vorgängig (a priori) gegebene innere Einheit des Bewusstseins. Nur dank der transzendentalen Einheit des Bewusstseins können aus der Mannigfaltigkeit der zeitlich und räumlich auseinander liegenden, sinnlichen Eindrücke übergreifende Vorstellungen und Gedanken gebildet werden. Wir nehmen in unseren Vorstellungen und

---

3 Siehe hierzu den Artikel „Letzter Effekt" im *Spiegel* vom 5.1.1970, die Stellungnahme der Institutsgruppe Philosophie Heidelberg: Nochmals: Zum Tode von Professor Jan van der Meulen, in: *AStA der Universität Heidelberg: Info,* Jg. 11, Nr. 102, 9. Jan. 1970 sowie Reiner Wiehl: Über das Selbstverständnis der Universität im Wandel 1968– 1998, in: *Ruperto Carola,* Heft 2/1998 mit Bezug auf einen Nachruf von Hans-Georg Gadamer

4 G. W. F. Hegel: *Werke in 20 Bänden*, Frankfurt/M. 1969–1971, Bd. 5, 65 (von hier an abgekürzt als *HW*).

Gedanken nur das wahr, was das Bewusstsein bereits aus den vielen disparaten Eindrücken ausgewählt und zusammengefügt hat. Während die Sinne im jeweiligen Augenblick leben und alles „vergessen“, was gewesen ist, und nicht vorhersehen, was kommen wird, bildet das Bewusstsein Vorstellungen, die auf der Vergangenheit beruhen und auf die Zukunft übertragen werden. Unsere Vorstellungen und Gedanken sind mehr als ein Spiegelbild. Sie sind vom Bewusstsein aus den sinnlichen Eindrücken gewonnen und gelten im Denken zeitlich übergreifend für die Vergangenheit wie die erwartete Zukunft. Nur dank dieser Fähigkeit kann der Mensch lernen und planen und ist handlungsfähig. Das Prinzip der Philosophie liegt daher nach Kant an der entscheidenden Stelle, an der vom Bewusstsein die sinnlichen Eindrücke in Vorstellungen und Gedanken umgewandelt werden. Wir können nur das denken und mit solchen Gedanken operieren, die diese Umwandlung bereits durchlaufen haben. Die Prinzipien, nach denen die Umwandlungen von sinnlichen Eindrücken in Gedanken und Vorstellungen erfolgen, gehen allem Denken, wie wir es im alltäglichen Gebrauch gewohnt sind, voraus und liegen ihm zugrunde. „Dies Prinzip steht a priori fest, und kann das transzendentale Prinzip der Einheit alles Mannigfaltigen unserer Vorstellungen (mithin auch in der Anschauung) heißen.“[5]

Hegel stimmt zu. Erst mit Kant ist die Frage nach dem Prinzip der Philosophie angemessen gestellt. Er geht jedoch an zwei wesentlichen Punkten über Kant hinaus.

(a) Für Kant zeigt sich das Prinzip der Einheit in der Fähigkeit, Urteile bilden zu können. In dem elementaren Urteil ›S ist P‹ werden ein Subjekt S und eine Eigenschaft (Prädikat) P in eine Einheit gebracht. Daher sieht Kant in den Prinzipien, wie Urteile gebildet werden können, den Anfang der Philosophie. Für Hegel ist dagegen das Urteil nicht das letzte Prinzip, sondern er will es herleiten aus der inneren Bewegung des Begriffs, die aus der Dynamik des Begriffs zum Urteil und aus der Dynamik des Urteils zum Schluss führt. Daher ist je nach Lesart das Prinzip der Philosophie nach Hegel entweder im Ausgangspunkt beim Begriff, im Endpunkt beim Schluss oder in der übergreifenden Bewegung vom Begriff über das Urteil zum Schluss bei der Methode zu sehen, genauer in der *Selbstentfaltung der methodischen Reflexion als Prinzip der Neueren Philosophie*, so der Titel der ersten Buchveröffentlichung von Claus-Artur Scheier (1973).

(b) Hegel will nicht nur in Hinblick auf die von außen gegebenen Eindrücke untersuchen, wie der Verstand nach dem Prinzip der transzendentalen Einheit aus der Mannigfaltigkeit der Sinnesdaten einheitliche Vorstellungen

---

5 I. Kant: *Kritik der reinen Vernunft*, A 116 (von hier an abgekürzt als *KrV*).

> und Gedanken zu bilden vermag, sondern er fragt selbstreflexiv, nach welchen Prinzipien die Denkbestimmungen ihrerseits gebildet werden und ineinander übergehen, mit denen der Verstand arbeitet, die Vernunft die Tätigkeit des Verstandes untersucht und eine *Kritik der reinen Vernunft* geleistet werden kann. Hegel will einen Schluss ziehen, der innerhalb der Denkbestimmungen selbstbezüglich vom Begriff *als Begriff* über das Urteil *als Urteil* auf den Schluss *als Schluss* führt. Dieser Schluss geht allen Schlüssen voraus, die im Einzelnen an den von außen gegebenen Inhalten gezogen werden können und sichert deren Erfolg.

Traditionell bedeutet spekulatives Denken, an sinnlich erfahrenen Gegenständen etwas wahrzunehmen, das über das sinnlich Erfahrbare dieser Gegenstände hinausgeht und an ihnen verborgene Seiten sehen kann, sei dies eine göttliche Offenbarung, eine magische Kraft, ein spiritueller Leib o.ä. Spekulatives Denken entfernt sich von der empirischen Beschreibung und erkennt innere Bezüge zwischen den unsinnlichen Qualitäten der Dinge, etwa einen magischen Verblendungszusammenhang, eine Verzauberung, eine göttliche Geschichte oder eine mythische Erzählung. Hegel greift in seinem Verständnis des spekulativen Denkens den göttlichen Bezug auf, versteht ihn jedoch völlig neu. Er bindet das spekulative Denken nicht mehr an die sinnlich erfahrbaren Gegenstände, an denen übersinnliche Eigenschaften erkannt werden können, sondern an die Denkbestimmungen. Er will an den Denkbestimmungen zeigen, dass sie letztlich göttlich begründet sind. Für ihn kann nicht in üblichen Sätzen etwas über Gott gesagt werden (denn mit ihnen würden wir uns über Gott stellen), sondern Gott zeigt sich in der Gesamtheit der Denkbestimmungen und in einem wörtlichen Sinn in deren Logik. Damit nimmt er einen Gedanken vorweg, den später Kierkegaard und Wittgenstein fortgeführt haben.

Wird inhaltlich geschaut, wie Hegel das spekulative Denken bestimmt, dann geht es nicht darum, irgendwo von der Philosophie in Religion oder Mythos zu springen, sondern um eine Fortführung der Umkehrung des Denkens auf sich selbst, die von Spinoza, Leibniz und Kant eingeleitet wurde. Das ist die Frage nach den Prinzipien, die das Denken selbstbezüglich an seinen eigenen Denkbestimmungen erkennt. Eine Rückbindung an das Religiöse ist mit Hegel nur dann gelungen, wenn sich an den Denkbestimmungen selbst nachweisen lässt, wie sie von sich aus auf ein Absolutes verweisen. Bezieht sich das Denken auf sich selbst, dann ist das Denken zugleich die Sache des Denkens. Die Neubestimmung des spekulativen Denkens bei Fichte und Hegel war das Lebensthema von Urs Richli.

> Das Logische hat nur sich selbst zum Inhalt. Es *ist* die Einheit von Gedanke und Sache und *stellt sich* zugleich als diese Einheit *dar*. Es ist also die Einheit des Gedankens und der Sache ‚Einheit von Gedanke und Sache', und zwar ist es das eine nur insofern und dadurch, daß es das andere ist. Die spekulative Dialektik in allen ihren Aspekten ist *nichts anderes* als der genuine Ausdruck dieser Einheit.[6]

Bei Hegel zeigt sich eine gewisse Unschlüssigkeit. Für ihn ist abwechselnd mal „das Prinzip der Philosophie der *unendliche freie Begriff*",[7] dann wieder verhält sich „die absolute Methode […] nicht als äußerliche Reflexion, sondern nimmt das Bestimmte aus ihrem Gegenstande selbst, da sie selbst dessen immanentes Prinzip und Seele ist",[8] und drittens gilt für ihn wie ein Prinzip „*Alles Vernünftige ist ein Schluß*".[9] Diese Unsicherheit ist für v. d. Meulen der erste Hinweis, dass bei Hegel die Frage nach dem letzten Prinzip der Philosophie offen geblieben ist. Als Erklärung legt er nahe, dass Hegel die beiden Fragen nach dem Denken eines Absoluten und dem selbstbezüglichen Denken der Denkbestimmungen nicht klar getrennt hat. V. d. Meulen möchte mit Hegel gegenüber Kant daran festhalten, dass die Unmittelbarkeit des Denkens im Schließen und nicht im Urteilen liegt. Gleichzeitig möchte er mit Kant gegenüber Hegel bei der Einsicht bleiben, dass das Absolute nur negativ bestimmt werden kann.

Beide Fragen hängen miteinander zusammen. Um zu zeigen, dass das Prinzip des Denkens im Schließen besteht, kann ex negativo vorgegangen werden. So wie Kant seine Kritik an den überfliegenden Ideen darauf begründete, dass sie für ihn auf unlösbare Antinomien einander widersprechender Urteile hinauslaufen (wie z.B. die beiden Urteile „Die Welt hat einen Anfang in der Zeit" und „die Welt hat keinen Anfang"[10]), so will v. d. Meulen zeigen, wie seit der Antike alle Versuche der Philosophie ein Absolutes zu konstituieren auf einem Fehlschluss beruhen. Diese Art der Kritik ist für ihn erst möglich, seit mit Hegel die prinzipielle Bedeutung des Schließens deutlich wird, aber sie richtet sich zugleich auch gegen Hegel, der aus Sicht von v. d. Meulen seine eigene Einsicht nicht konsequent durchzuhalten vermochte. Bei dem Fehlschluss handelt es sich um eine *quaternio terminorum*. Um auf das Absolute schließen zu können, wählt sie zwangsläufig einen Begriff als Mitte, der in eine ontische und eine metaphysische Seite gebrochen ist.

---

6 U. Richli: *Form und Inhalt in G.W.F. Hegels „Wissenschaft der Logik"*, Wien/München 1982, 16.

7 G. W. F. Hegel: *HW* 6, 540.

8 G. W. F. Hegel: *HW* 6, 556f.

9 G. W. F. Hegel: *HW* 6, 352.

10 I. Kant: *KrV* B 454, B 455f.

Das klassische Beispiel einer *quaternio terminorum* ist seit der Antike: „Die vom Kranken eingenommene Arznei ist gut. Je mehr Gutes man tut, desto besser ist es. Daraus folgt: Man muss möglichst viel Arznei einnehmen." Offensichtlich ist der vermittelnde Begriff des Guten in unterschiedliche Bedeutungen und Kontexte gebrochen, woraus sich der Fehlschluss ergibt. Das *Metzler Lexikon der Philosophie* nennt ein Beispiel, das dem Anliegen von v. d. Meulen näher kommt: „(1) Vorstellungen existieren nur in bewussten Wesen, (2) die Außenwelt ist eine Vorstellung, also (Konklusion): Die Außenwelt existiert nur in bewussten Wesen. Dabei wird das Wort ‚Vorstellung' zuerst i. S. eines Gegenstandsbewusstseins verwendet, in der zweiten Prämisse aber i.S. eines Gegenstandes für ein solches Gegenstandsbewusstsein."[11]

Hegel war sich dieses drohenden Zirkels bewusst. Für ihn gelingt mit der Objektivität der entscheidende selbstreferentielle Schluss, der mit einem Schluss über den Schluss hinaus auf die absolute Idee führt. Im Abschnitt über die Objektivität gebraucht er geradezu systematisch gebrochene Mitten, wenn für ihn im Mechanismus die imponderablen Agentien (wie z.B. das Licht, welches nach moderner Erkenntnis eine Ruhemasse Null hat) zugleich auf ontischer Ebene als mechanischer Impuls wie auf metaphysischer Ebene als Mitteilbares einer höheren Ordnung als ihre Elemente auftreten.[12] Im Chemismus ist auf ontischer Ebene das Wasser, auf metaphysischer Ebene die Sprache das Medium.[13] An der Teleologie und ihren Mitteln und Zwecken hat für Hegel bereits Kant gesehen, wie hier der Verstand aus ontischen Werkzeugen der Natur auf eine höhere Vernunft schließt („das teleologische Prinzip (wird) mit dem Begriffe eines *außerweltlichen* Verstandes" zusammengebracht[14]).

Mit diesen Beispielen hat Hegel das Herz getroffen, um die Prinzipien und Widersprüche der Naturwissenschaft zu verstehen: In welcher Beziehung stehen in der Mechanik die körperlichen Objekte und die unkörperlichen Impulse und Informationen, die zwischen ihnen ausgetauscht werden? Wie ist im Chemismus sicher zu stellen, dass der Träger des Mediums keinen Einfluss auf das nimmt, was über das Medium übertragen wird? Oder mit Claude Shannon (1948) in der Sprache des 20. Jahrhunderts: Stört das Grundrauschen eines Übertragungsmediums die übertragene Information? Und wie wird verhindert, dass die Mittel (die Werkzeuge, das *organon*) eine Eigendynamik entwickeln, die an den Dingen

11 Nach *Spektrum der Wissenschaft*: https://www.spektrum.de/lexikon/philosophie/quaternio-terminorum/1712 (29.06.2019)

12 G. W. F. Hegel: *HW* 6, 416.

13 G. W. F. Hegel: *HW* 6, 431.

14 G. W. F. Hegel: *HW* 6, 438.

Veränderungen vornimmt oder sie in eine Richtung bringt, die die Ziele des Menschen unterlaufen oder verfälschen, der diese Mittel einsetzt? Das würde z.B. bedeuten, dass durch das Zählen die Anzahl der zu zählenden Gegenstände verändert wird und daher nie ihre tatsächliche Zahl bestimmt werden kann, oder dass in einem aktuellen Beispiel das quantenphysikalische Experiment an seinen Objekten die Eigenschaften ändert, die mit ihm gemessen werden sollen. Für Hegel lautet die Antwortet, dass diese Gegenüberstellungen von Objekt und Impuls, Träger und Schwingung des Mediums, Werkzeug und Zielsetzung des Werks (in der doppelten Bedeutung eines Werks als der Arbeitsprozess und dessen Resultat) in einer höheren Einheit aufgehoben werden müssen.

Mit Mechanismus, Chemismus und der Teleologie des Arbeitsprozesses nimmt Hegel Vorgänge aus dem alltäglichen Leben und der Naturwissenschaft auf. Es ist jedoch sein Anliegen, diese Begriffe als Denkbestimmungen zu verstehen und mit ihnen zu zeigen, dass die gleichen Verhältnisse zwischen den Denkbestimmungen an und für sich selbst gelten. Sie haben zum einen die ontische Bedeutung, die aus den Naturwissenschaften bekannt ist (das sind die mechanischen Körper, ein Medium wie Luft oder Wasser, Werkzeuge wie ein Hammer oder eine komplexe Forschungsanlage), und zum anderen eine logische Bedeutung. Wenn gedacht wird, ist das ein Austausch von Inhalten zwischen den Worten, mit denen gedacht wird, woraus sich im Ganzen die Mitteilung ergibt. Die Sprache ist das Medium des Denkens. Die Logik verfügt über ihre eigenen Werkzeuge (in der Ausdrucksweise von Aristoteles das *organon*), mit denen Begriffe verknüpft und Schlüsse gezogen werden. Diese Werkzeuge sind für den Begriff das hinweisende (*deiktische*) „dieses da" (*tide ti*), mit dem auf das gezeigt wird, was mit dem Begriff gemeint ist, für das Urteil die Copula „ist", mit der im Urteil ›S ist P‹ Subjekt und Prädikat verbunden werden, und im Schluss der *terminus medius*, über den von Etwas auf etwas Anderes geschlossen wird. Hegel sucht nach einem Prinzip, mit dem diese logischen Verknüpfungen (die Werkzeuge der Logik, ohne die keine Logik möglich wäre; im Sprachgebrauch von Heidegger das Zuhandene des Denkens, auch wenn Heidegger meines Wissens nie in dieser Weise über das Denken und seine Bestimmungen nachgedacht hat) ihrerseits verknüpft werden können und aus dem „dieses da" über die Copula auf den *terminus medius* geschlossen werden kann. Bei dieser Art zu denken sind offensichtlich Sache und Gedanke selbstbezüglich verwoben, denn es kann nur mit denjenigen Verknüpfungen über die Verknüpfungen gedacht, geurteilt und geschlossen werden, die mit diesen Verknüpfungen identisch sind. Operator und Operand, Relation und Relat bilden eine Einheit. Das Prinzip der Philosophie ist dasjenige Prinzip, das diesen Selbstbezug ermöglicht und nicht in leere Tautologie fallen oder in Paradoxa entgleiten lässt.

In diesem Beitrag soll gezeigt werden, wie Hegel mit seiner Untersuchung des Begriffs das spekulative Denken begründet, und was seine Antwort auf die Schwierigkeit ist, in den spekulativen Betrachtungen der Denkbestimmungen an und für sich selbst immer wieder zurück zu fallen von der Ebene der Denkbestimmungen auf die Ebene der physischen Gegenstände, die mit ihnen gedacht werden.

Ausblick: Zeidler hat den Hinweis gegeben, wie mit dem Schluss der Abduktion nach Peirce der Weg von Hegel fortgeführt werden kann, um das gebrochene Verhältnis von Hegel zu den Naturwissenschaften zu überwinden und zu einem besseren Verständnis von deren Prinzipien zu gelangen.[15] Walter Rella hat das aufgegriffen[16] und in einer anderen Richtung als Analogie-Denken verstanden, wobei für ihn die Analogien eine weitergehende Bedeutung haben als bei Hegel und in einer größeren Nähe zur Abduktion nach Peirce stehen. In diesem Beitrag soll diese Frage jedoch nicht weiter untersucht werden, sondern es wird näher die Genese betrachtet, wie Hegel die innere Bewegung des Begriffs versteht und aus ihr auf das Urteil und den Schluss schließt.

Die entzweiende (ur-teilende, scheidende) Macht des Verstandes, das Böse

Jeder, der mit Hegel-Kennern über die von Hegel in der *Wissenschaft der Logik* ausgeführten Begriffe wie das Etwas und das Andere, den Unterschied und den Widerspruch, die Substanz, die Idee oder den Begriff des Begriffs diskutiert hat, kennt das Problem: Beim Versuch zu verstehen, was Hegel mit diesen Begriffen gemeint hat, heißt es, dass es keine passenden Beispiele gibt und jedes Beispiel an dem vorbeigeht, worum es Hegel geht. Der elementarste Fall ist das Etwas, das durch eine Grenze von dem Anderen getrennt ist. Was ist mit dem Etwas gemeint? Ist das zum Beispiel ein Tisch? Der Tisch kann aus Holz hergestellt sein, und mit der Herstellung wurde dem Holz eine Form gegeben, die an ihren Grenzen zu erkennen ist. Durch die Grenze ist der Tisch von Anderem getrennt, z.B. den Stühlen, die am Tisch stehen. So oder ähnlich denkt sicher jeder, der versucht zu verstehen, was mit dem Etwas und dem Anderen gemeint ist. Das ist die Bedeutung, wie im Alltag mit diesen Begriffen operiert wird. Aber Hegel ging es um etwas, das über alle Beispiele dieser Art hinausgeht und daher durch keine Beispiele erfasst werden kann: Er wollte den Blick von den Inhalten, die

15 K. W. Zeidler: *Grundlegungen*, 52, 301f.

16 W. Rella: Der Schritt in die Analogie, in: *Wiener Jahrbuch für Philosophie* XVI/XVII, Teil 1: 1984, 129–138, Teil 2: 1985, 141–158.

mit diesen Begriffen angesprochen werden, auf die Eigenschaften der Begriffe *als Begriffe* wenden. Er wollte zeigen, wie nicht nur ein Inhalt, der als ein Etwas gedacht wird, auf einen anderen Inhalt verweist, sondern wie bereits der Begriff des Etwas *als Begriff* auf den *Begriff* des Anderen verweist. Er wollte Begriffe wie das „Etwas" nicht als Abstraktionen aller ontischen Inhalte verstehen, an die mit diesen Begriffen gedacht werden kann, sondern als reine Denkbestimmungen. Ein Begriff wie das ‚Etwas' soll in seiner Logik nicht zeigen, mit welchen Inhalten dieser Begriff gesättigt werden kann, sondern welche Eigenschaften der Begriff hat, mit dem über die jeweiligen Inhalte gedacht wird, wie sich dieser Begriff *als Begriff* ändern und entwickeln kann und auf andere Begriffe verweist, unabhängig und vor jedem Inhalt, an den mit diesem Begriff gedacht wird. Er wollte zeigen, wie aus der logischen Entwicklung der Begriffe vom reinen Sein bis zur Idee schließlich der Punkt erreicht wird, an dem die Entwicklung der reinen Begriffe sich aus sich heraus *„frei entläßt"* in die *„Äußerlichkeit des Raums und der Zeit"*[17]. Erst dort gibt es so etwas wie Tische und Stühle, denn niemand wird sagen, dass es einen Tisch, seine Grenze und jenseits dieser Grenze Stühle außerhalb von Raum und Zeit gibt. Auch wenn kaum ein überzeugter Hegelianer zustimmen wird, geht Hegel für mich in der Logik ähnlich vor wie die Mathematik. So wie die Mathematik die Eigenschaften, Verhältnisse und schließlich die Dynamik der Zahlen untersucht unabhängig von allen Inhalten, die mit diesen Zahlen gezählt, gemessen und berechnet werden können, so verfährt Hegel in der Logik mit den Begriffen.

So kann jedes Gespräch über die von Hegel ausgeführten Begriffe die Teilnehmer bis an den Rand der Verzweiflung treiben. Wie war es Hegel möglich, eine Ebene zu treffen, die unabhängig von allen Beispielen dieser Art besteht? Wie kann ich Hegels Art zu denken lernen und von allen ontischen Inhalten absehen? Erfordert das eine ähnliche Erziehung und äußerste Selbstdisziplin wie für denjenigen, der sich vom bürgerlichen Verhalten trennen möchte und dem doch immer wieder der spontane Rückfall in kleinbürgerliches Philistertum nachgewiesen werden kann (*Menschliches, Allzumenschliches*), oder der in buddhistischer Meditation einen Zustand der inneren Erfüllung erreichen möchte, frei von allen störenden Vorstellungen und selbstsüchtigen Gedanken? Welche Macht ist es, die immer wieder vom gewünschten Weg abdrängt?

Hegel war sich dieses Problems sehr genau bewusst. Für ihn sind es „die Ohnmacht der Natur, die Strenge des Begriffs nicht festhalten und darstellen zu können"[18] und die Begrenztheit des Verstandes, den Begriff nur als *„abstrakt*

17 G. W. F. Hegel: *HW* 6, 573.
18 G. W. F. Hegel: *HW* 6, 282.

Allgemeines", d.h. als „*begrifflose(n)* Begriff" zu verstehen.[19] Bei jedem Versuch, die Begriffe in ihrer Reinheit zu denken, tritt unausweichlich der Verstand dazwischen und kommt mit Beispielen, mit denen die Reinheit des Begriffs gebrochen wird und ihre rein logische Entwicklung *als Begriffe* so weit getrübt wird, bis sie unerkennbar zu werden droht. Wer Hegels *Wissenschaft der Logik* verstehen will, muss sich beim Lesen gleichsam in eine Art eines meditativen Trance-Zustands begeben, um intuitiv zu verstehen, was er meint, und auf alle störenden Beispiele verzichten zu können. Am Ende kann sich niemand ganz sicher sein, ob wirklich verstanden wurde, was Hegel gemeint hat. Selbst ausgewiesene Kenner der Philosophie von Hegel wie Dieter Henrich geraten an einen Punkt, an dem sie an Hegel und/oder sich selbst zu zweifeln beginnen. So „hat Hegel einige der dichtesten spekulativen Passagen seines Werkes schreiben können. Leider gehören sie auch zu denen, deren Hermetik die Interpreten am schnellsten resignieren läßt. Hegel selbst hat nahezu nichts dazu beigetragen, die logischen Verhältnisse durchsichtig zu machen, in denen er sich mit unreflektierter Virtuosität bewegt."[20]

Wer zum Beispiel über den allgemeinen Begriff des Etwas nachdenken möchte, kommt nicht umhin, an besondere, gegenständliche Arten des Etwas wie z.B. an einen Tisch oder an einen Stuhl zu denken, für die in fortlaufenden Stufen der Konkretion ihre spezifischen besonderen Begriffe gebildet werden. Das bricht jedoch nicht nur die Reinheit des Begriffs, sondern der Verstand wird feststellen, dass es für jeden allgemeinen Begriff in der Vielzahl seiner besonderen Arten und ihrer Begriffe solche gibt, die zueinander in Widerspruch geraten. In seinem Bemühen, Beispiele für einen allgemeinen Begriff zu finden, verfehlt der Verstand nicht nur den allgemeinen Begriff, sondern zeigt, wie es innerhalb dieses Begriffs Widersprüche gibt. Wenn sich der Verstand buchstäblich mit seinen Beispielen am Verständnis des allgemeinen Begriffs quält und herumschlägt, hält er in Wahrheit die gesuchte Lösung in Händen. Es ist der Verstand, durch dessen Macht der Negativität die Besonderungen des Allgemeinen so weit getrieben werden, bis sie „auf dieser Spitze die Fähigkeit erhalten, sich aufzulösen und in ihr Entgegengesetztes überzugehen. Die höchste Reife und Stufe, die irgend etwas erreichen kann, ist diejenige, in welcher sein Untergang beginnt."[21] Die Vielfalt und Widersprüchlichkeit der besonderen Begriffe innerhalb eines gegebenen allgemeinen Begriffs ist genau das, worum es Hegel geht. Daher ist

19 G. W. F. Hegel: *HW* 6, 284.

20 D. Henrich: *Hegel im Kontext*, Frankfurt am Main 1971, 114.

21 G. W. F. Hegel: *HW* 6, 287; teilweise zitiert bei F. Ungler: *Individuelles und Individuationsprinzip in Hegels Wissenschaft der Logik*, Freiburg/München 2016, 195.

es ein großes Missverständnis anzunehmen, Hegel habe in ähnlicher Weise auf den Verstand herabgeblickt, wie es bei Kant und seinen Nachfolgern herauszuhören ist und seit der Romantik zum vornehmen Ton gehört, nicht zuletzt bei Schopenhauer und Nietzsche, die sich maßlos über das verstandesmäßige Philistertum aufregen können. Hegel nahm eine genau entgegengesetzte Haltung ein! „Die Tätigkeit des Scheidens ist die Kraft und Arbeit des *Verstandes*, der verwundersamsten und größten oder vielmehr der absoluten Macht" und preist dessen „ungeheure Macht des Negativen".[22]

Und das, obwohl kein Zweifel bestehen kann, welche Bedeutung der Begriff für Hegel hat. Für ihn ist nur die Philosophie in der Lage, Begriffe bestimmen zu können, und die Realwissenschaften tappen im Dunkeln, solange sie es nicht vermögen, die von der Philosophie gebildeten Begriffe aufzunehmen. Sie selbst sind zwar in der Lage, das ihnen gegebene Material auswerten und ordnen zu können und verfügen über die von Kant genannte bestimmende und reflektierende Urteilskraft, doch sind sie unfähig, aus sich heraus die Begriffe zu klären, mit denen sie arbeiten. Dazu bedürfen sie der Philosophie und deren Fähigkeit, Begriffe konstituieren zu können. Das ist für Hegel das spekulative Denken, das sich über die Beispiele des Verstandes erheben und die vom Verstand aufgezeigten Widersprüche innerhalb der Arten eines Begriffs aufgreifen und sie als Momente einer Einheit erkennen kann, die mit der Allgemeinheit des Begriffs gegeben ist.

Revidiert Hegel in der *Wissenschaft der Logik* seine Meinung über die Macht des Verstandes, wenn er über den allgemeinen Begriff schreibt: „*Es ist schöpferische Macht* als die absolute Negativität, die sich auf sich selbst bezieht. Es ist als solche das Unterscheiden in sich, und dieses ist *Bestimmen* dadurch, daß das Unterscheiden mit der Allgemeinheit eins ist. […] Hierin besteht das *Schaffen* des Begriffs, das nur in diesem Innersten desselben selbst zu begreifen ist."[23]

---

22 G. W. F. Hegel: *HW* 3, 36; teilweise zitiert bei T. Rentsch: Negativität und Vermittlung, in: C. Demmerling, F. Kambartel (Hg.): *Vernunftkritik nach Hegel*, Frankfurt am Main 1992, 100–138, 116; U. Richli: *Form und Inhalt in G.W.F. Hegels „Wissenschaft der Logik"*, 64; F. Ungler: *Individuelles und Individuationsprinzip in Hegels Wissenschaft der Logik*, 195.

23 G. W. F. Hegel: *HW* 6, 279; zitiert bei D. Wandschneider, V. Hösle: Die Entäußerung der Idee zur Natur und ihre zeitliche Entfaltung als Geist bei Hegel, in: *Hegel-Studien 18*, 1983, 178; F. Ungler: *Individuelles und Individuationsprinzip in Hegels Wissenschaft der Logik*, 180; T. Auinger: *Das absolute Wissen als Ort der Ver-Einigung*, Würzburg 2003, 175; T. Collmer: Hegels Begriff der Negativität, in: *Z. (Zeitschrift marxistische Erneuerung)*, Nr. 65 und 66, März und Juni 2006.

Ist es nun doch der Begriff selbst, der aus sich heraus schöpferisch ist und sich in seine Besonderheiten und das Einzelne individuiert und dafür nicht der scheidenden Macht des Verstandes bedarf? So legt es Ungler in *Individuelles und Individuationsprinzip in Hegels Wissenschaft der Logik* nahe und bezieht ausdrücklich eine Gegenposition zu v. d. Meulen.[24]

Mit Ungler treten zwei Ansichten gegeneinander: Wenn ich ihn richtig verstehe, ist für ihn letztlich das Individuationsprinzip die Genese aller Prinzipien. Dank des Individuationsprinzips entschließt sich das Allgemeine von sich aus zur Zerlegung in seine Besonderheiten und das Einzelne, und dort lassen sich in den verschiedenen Gebieten des Wissens die jeweils spezifischen Prinzipien erkennen. Dem gegenüber steht die Ansicht, dass der Verstand mit seiner scheidenden Macht die allgemeinen Begriffe zerlegt und erst dies in einer Gegenbewegung eine Negation der Negation hervorruft, dank derer das vom Verstand betriebene Scheiden nochmals negiert und darüber das Konkrete erreicht wird.

Ich folge der zweiten Ansicht. Ungler muss alle Äußerungen Hegels übergehen und zitiert sie nicht einmal, wenn Hegel betont, dass „der Verstand in neueren Zeiten gering geachtet und gegen die Vernunft so sehr zurückgesetzt wird“[25] und „in jeder Rücksicht zu verwerfen (ist), Verstand und Vernunft so, wie gewöhnlich geschieht, zu trennen.“[26] Der Verstand nimmt für Hegel eine vermittelnde Stellung ein, von der Ungler nur eine Seite sieht und sie verabsolutiert. Hegel versteht dagegen beide Seiten als Momente der übergreifenden Entwicklung der Begriffe. Auf der einen Seite ist die Macht des Verstandes anzuerkennen und zu würdigen, aber er darf nicht übermächtig werden und jede weitere Entwicklung blockieren. Wenn Hegel gegen Kant schreibt, „das Mannigfaltige der Anschauung war ihm zu mächtig, um davon weg zur Betrachtung des Begriffs und der Kategorien *an und für sich* und zu einem spekulativen Philosophieren kommen zu können“,[27] ist das sicher auch zu übertragen auf eine Haltung, die sich nicht von der Macht des Verstandes lösen kann. Hegel hat wohl kaum vorausgesehen, in welchem Maße diese Haltung mit der analytischen Philosophie an Dominanz gewinnen sollte.

Dennoch stellt sich die Frage, warum die Logik den Weg über den Verstand gehen muss. Warum kann sie nicht direkt die Einsicht in die Kategorien an und für sich selbst ergreifen? Das liegt für Hegel an der Verfasstheit des Menschen. Ein direkter Weg wäre nur Gott möglich. Hegel nimmt die existenziale

---

24 F. Ungler: *Individuelles und Individuationsprinzip in Hegels Wissenschaft der Logik*, 187.
25 G. W. F. Hegel: *HW* 6, 285.
26 G. W. F. Hegel: *HW* 6, 287.
27 G. W. F. Hegel: *HW* 6, 267.

Argumentation von Heidegger vorweg, wenn für ihn der Ausgangspunkt der Idee ausdrücklich ein lebendiges Individuum ist, das in seinem Lebensprozess dem Schmerz unterliegt und sowohl anderen gegenüber mit Gewalt agiert wie der Gewalt Anderer ausgesetzt ist. Hegel geht so weit zu schreiben: „Der *Schmerz* ist daher das Vorrecht lebendiger Naturen. [...] Wenn man sagt, dass der Widerspruch nicht denkbar sei, so ist er vielmehr im Schmerz des Lebendigen sogar eine wirkliche Existenz".[28]

Hegel bestimmt den Verstand existenzial. Der Verstand denkt zwar nur kategorial, aber zur Kraft des Scheidens ist nur fähig, wer sich den Schattenseiten des Lebens stellt und ihnen standhält, wer sich nicht „vor dem Tode scheut und von der Verwüstung rein bewahrt, sondern [...] ihn erträgt und in ihm sich erhält. [...] [Der Geist] gewinnt seine Wahrheit nur, indem er in der absoluten Zerrissenheit sich selbst findet."[29] Diese Einsicht gilt auch für die *Wissenschaft der Logik*, wenn Hegel zum Begriff des Widerspruchs anmerkt: „Etwas ist also lebendig, nur insofern es den Widerspruch in sich enthält, und zwar diese Kraft ist, den Widerspruch in sich zu fassen und auszuhalten."[30]

Richli, Rentsch und Auinger haben aus unterschiedlichen Perspektiven auf die tiefen religiösen Implikationen hingewiesen, die in diesem Verständnis der Macht der Negativität des Verstandes angesprochen sind. Richli erinnert daran, dass Hegel in einem Zusatz der *Enzyklopädie* den Verstand mit der Güte Gottes vergleicht.[31] Auinger sieht in seiner Deutung des absoluten Wissens der *Phänomenologie des Geistes* Parallelen zu Hegels Ausführungen über das Böse in der Religionsphilosophie. Hegel erinnert, dass im biblischen Verständnis das Böse in die Welt kam, als der Mensch vom Baum der Erkenntnis gegessen hat. Die ursprüngliche Reinheit des allgemeinen Begriffs wird zerbrochen, wenn der Mensch sie besondert, Urteile fällt, Konkretionen bildet und daraus Schlüsse zieht.[32] „Sofern dies Entzweien das *Fürsichwerden* ist, ist es das Böse; sofern es das *Ansich* ist, ist es das Gutbleibende."[33] Das Entzweien ist böse, wenn es an der

---

28 G. W. F. Hegel: *HW* 6, 481, siehe hierzu auch T. Rentsch: Negativität und Vermittlung, 120 mit weiteren Zitaten von Hegel.

29 G. W. F. Hegel: *HW* 3, 36, zitiert bei T. Collmer: Hegels Begriff der Negativität; F. Ungler: *Individuelles und Individuationsprinzip in Hegels Wissenschaft der Logik*, 198.

30 G. W. F. Hegel: *HW* 6, 76.

31 G. W. F. Hegel: *HW* 8, §80, zitiert bei U. Richli: *Form und Inhalt in G.W.F. Hegels „Wissenschaft der Logik"*, 1982, 64.

32 G. W. F. Hegel: *HW* 17, 257, zitiert bei T. Auinger: *Das absolute Wissen als Ort der Ver-Einigung*, 178; T. Rentsch: Negativität und Vermittlung, 134.

33 G. W. F. Hegel: *HW* 3, 581, zitiert bei T. Auinger: *Das absolute Wissen als Ort der Ver-Einigung*, 172.

Kraft der Destruktivität Freude gewinnt und diese Macht gegen andere einsetzen und selbstsüchtig ausspielen will. Sie ist das Gutbleibende, wenn sie sich als die innere Lebendigkeit der Begriffe erweist, aus der heraus jeder Begriff über sich selbst hinausgeht und neue Begriffe geschaffen werden.

Welche Folgen es haben kann, anders als Hegel die Macht des Negativen und des Verstandes zu dämonisieren, hat sich im 20. Jahrhundert gezeigt, als Heidegger den berechnenden Verstand prinzipiell kritisierte und es nur eines kleinen Schrittes bedurfte, den berechnenden Verstand mit andersdenkenden Menschen oder gar ganzen Gruppen („Rassen") von Menschen zu identifizieren und zu deren Auslöschung aufzurufen, um die vermeintliche Harmonie und Gesundheit des Volkskörpers wieder herzustellen. Hegel scheint das geahnt zu haben, als er darauf hinwies, dass das Gesetz für sich nicht weniger böse ist als derjenige, der aus seinem eigenen Recht gegen das Gesetz revoltiert, wenn das Gesetz keineswegs für alle harmonisch ist, sondern den Ausschluss des von ihm Unterschiedenen enthält. Wer sich auf das Gesetz beruft, das andere ausschließt, ist für Hegel „niederträchtig" und ein Heuchler.[34] Und so ist auch die Allgemeinheit des Begriffs nur oberflächlich gesehen allgemein. Sie beruht auf dem Ausschluss des Unterschieds.[35]

Die Genese des Prinzips in Urteil und Schluss

Mit der Scheidung des Allgemeinen in das Besondere entsteht in einer doppelten Negation das Prinzip. Auf den ersten Blick ist es nichts als ein langweiliges Aufzählen, in welchen Besonderen ein Allgemeines mehr oder weniger zufällig auftritt. ‚Die Rose ist eine Pflanze, die Tulpe ist eine Pflanze, das Veilchen ist eine Pflanze, …' In Aufzählungen dieser Art ist „kein innerer Maßstab oder *Prinzip* vorhanden, weil die *Verschiedenheit* eben der einheitslose Unterschied ist, an welchem die Allgemeinheit, die für sich absolute Einheit ist, bloß äußerlicher Reflex und eine unbeschränkte, zufällige Vollständigkeit ist."[36] Doch wird in einer ersten Negation „der einheitslose Unterschied" überschritten. Im Beispiel der Pflanzen werden solche Arten gefunden, die sich im Übergang zur Tierwelt befinden und dadurch im Gegensatz zu anderen Pflanzen stehen. Evolutionsforscher

---

34 G. W. F. Hegel: *HW* 3, 489, zitiert bei T. Auinger: *Das absolute Wissen als Ort der Ver-Einigung*, 68.

35 G. W. F. Hegel: *HW* 3, 132f., zitiert bei T. Auinger: *Das absolute Wissen als Ort der Ver-Einigung*, 174.

36 G. W. F. Hegel: *HW* 6, 280, teilweise zitiert bei F. Ungler: *Individuelles und Individuationsprinzip in Hegels Wissenschaft der Logik*, 183.

untersuchen systematisch an Fossilien, wie sich aus pflanzenartigen Wesen frühe Formen von Schwämmen, Korallen und Würmern entwickelt haben. Mit Beispielen dieser Art geht „die Verschiedenheit aber […] in Entgegensetzung, in eine immanente Beziehung der Verschiedenen“ über.[37] Hegel war stets interessiert an absonderlichen Fehlentwicklungen auf allen Gebieten der Natur und des Geistes, von Zwitterwesen bis zu bedrückenden Geisteskrankheiten.

Wenn sich aus der bloßen Aufzählung von Arten deren „immanente Beziehung“ ergibt, ist das für mich der Wendepunkt, der zur Genese von Prinzipien führt. Hegel legt zwar nahe, dass diese inneren Beziehungen der Besonderheiten nichts weiter bedeuten, als dass sie der gleichen Allgemeinheit angehören, doch ist für mich erkennbar, wie er hier einen Sachverhalt schildert, der darüber hinaus geht. Die Ordnung der Arten erfolgt im Ergebnis nicht mehr nach einem äußeren Prinzip, wenn z.B. die Arten lexikographisch nach den Anfangsbuchstaben ihrer Namen geordnet werden. Wenn Kant von den Prinzipien der Homogenität, Spezifikation und Kontinuität, bzw. in anderen Formulierungen von Gleichartigkeit, Varietät und Affinität oder Mannigfaltigkeit, Verwandtschaft und Einheit[38] spricht, sind das für Hegel nicht gleichwertige Prinzipien, sondern er hebt unter ihnen die Affinität und Verwandtschaft hervor, die über bloß äußerliche Prinzipien hinausgehen. Über äußerliche Prinzipien hinaus zeigt sich in der immanenten Beziehung etwas, das zur inneren Natur der aufeinander bezogenen Besonderheiten gehört. Bei genauerer Untersuchung wird sich ergeben, wie sich an der Aufteilung der Arten ein inneres Prinzip ablesen lässt, nach dem sich die Arten entsprechend ihrer Natur ordnen lassen. Das ist in der Biologie das Evolutionsprinzip. Die Arten entwickeln sich auseinander, und für jede Gattung wird ihr inneres Bewegungsprinzip gefunden. Am Beispiel der Pflanzen ist das die Autotrophie (Selbsternährung), ihre Baustoffe ausschließlich aus anorganischen Stoffen bilden zu können, was den Tieren nicht möglich ist. Prinzipien dieser Art lassen sich erst erkennen, wenn der anfangs vorgegebene abstrakte Begriff in seine Arten zerlegt wurde und dort an deren Grenzfällen der Übergang zu anderen Gattungen erkannt wird. Dieses Ergebnis ist für Hegel die schöpferische Macht der Negativität, die erst etwas in unterschiedslose Arten zerlegt, und dann an der Aufteilung in diese Arten deren eigenes Prinzip erkennt, das über den gegebenen allgemeinen Begriff hinausgeht und zu einem anderen allgemeinen Begriff führt. Mit diesem Schritt wird die anfangs rein

37 G. W. F. Hegel: *HW* 6, 280.
38 I. Kant: *KrV* B 686, B 685, B 690.

zufällige und langweilige Aufzählung der Totalität von Arten innerhalb einer Gattung „wesentlich *Prinzip*".[39]

So enthält die Aufteilung des Allgemeinen in seine Besonderheiten *in nuce* das Programm, das Hegel im Weiteren bei Betrachtung der verschiedenen Urteile und Schlüsse ausführen wird. Das soll hier nicht im Einzelnen dargestellt werden.[40] Es soll der Hinweis genügen, wie Hegel sowohl die Urteile als auch die Schlüsse nicht mehr einfach in Tafeln aufzählt, sondern an ihnen eine innere Entwicklung zeigen will, die von der abstrakten Allgemeinheit über die objektive Allgemeinheit zur erfüllten Allgemeinheit führt.[41] Ihm gelingt in der formalen Logik, was der Evolutionstheorie gegenüber den früheren Klassifikationen von Gattungen und Arten gelungen war: So wie in der Biologie eine Art evolutionär in die andere Art und darüber eine Gattung in die andere Gattung übergeht, so gehen bei Hegel im Innern der Lehre der Urteile und der Schlüsse eine Art von Urteilen in die nächste Art und eine Art von Schlüssen in die nächste Art über, woraus sich im Ganzen erkennen lässt, wie sich aus dem Begriff die Urteile und aus dem Urteil die Schlüsse entwickeln.

Eine Schlüsselrolle nehmen das disjunktive Urteil und der disjunktive Schluss ein. Die Disjunktion (vom lateinischen *disiungere*, mit der das ‚Verbinden, Zusammenknüpfen' *iungo* in *dis-iungo*, wörtlich ‚ent-binden', negiert wird) führt die scheidende Macht des Verstandes fort, der etwas Allgemeines in seine Besonderheiten trennt. Hegel nennt als Beispiel das disjunktive Urteil, mit dem zunächst alle besonderen Farben aufgezählt werden, bis es unter ihnen mit Hell und Dunkel die Bestimmtheit erkennt, „welche das *Prinzip* ihrer Besonderung in Arten ausmacht".[42] Auch wenn heute die Farben anders aus Grundfarben zusammengesetzt werden, ist anschaulich klar, was Hegel mit diesem Beispiel meint. Diese Bestimmtheit kann als die Natur der Farben verstanden werden, die inhaltlich über den abstrakten Begriff der Farbe hinausgeht.

Da sich die Besonderheiten innerhalb des gegebenen Allgemeinen bewegen, lässt sich mit ihnen nur dann ein Prinzip erkennen, wenn sich dies an einer der Besonderheiten innerhalb des Allgemeinen festmachen lässt und von ihr verkörpert wird. Das sind nach Hegel im Beispiel der Farben die beiden Farben Schwarz und Weiß, die sowohl in der Allgemeinheit der Farben besondere Farben sind wie auch in der Deutung von Hegel Prinzipien der Farben. Solche Arten enthalten mit ihrem Doppelcharakter die „gebrochene Mitte", um die es

39 G. W. F. Hegel.: *HW* 6, 280.

40 Siehe hierzu W. Tydecks: *Dialektische Theorie des Satzes*, Bensheim 2015.

41 G. W. F. Hegel: *HW* 6, 369, 390, 398.

42 G. W. F. Hegel: *HW* 6, 343.

v. d. Meulen geht. Es sind einerseits auf der Ebene der Besonderheiten einzelne Arten, andererseits zeigen sich an ihnen als Prinzip der Aufteilung einer Gattung in die Totalität ihrer Arten Eigenschaften, die für die Allgemeinheit gelten. Für Hegel ist daher mit dem disjunktiven Urteil der Übergang zum Schluss gelungen. Wenn im disjunktiven Urteil diejenige Besonderheit gefunden wird, die zugleich für das Prinzip der Aufteilung in die Besonderheiten gilt, ist das für ihn der Terminus Medius, über den nicht mehr bloß geurteilt, sondern geschlossen wird. Innerhalb der Urteilslehre gelingt über das disjunktive Urteil ein Schluss von der bloßen Aufzählung auf das Prinzip dieser Aufzählung.

Ähnlich werden die verschiedenen Schlüsse und ihre Figuren auseinander entwickelt, bis der disjunktive Schluss erreicht ist, mit dem „das Vermittelnde die objektive Natur der Sache ist".[43] Das gelingt über die im hypothetischen und im disjunktiven Schluss auf den ersten Blick harmlos klingende Formulierung „nun *ist*". Für den disjunktiven Schluss heißt es in Hegels Worten: „*A* ist entweder *B* oder *C* oder *D*, *A* ist aber *B*; also ist *A* nicht *C* noch *D*."[44]). Im Sinne der formalen Logik klingt das banal und wie eine leere Aussage. Doch wie kommt es zu der vermittelnden Aussage „ist aber B"? Ist das eine willkürliche theoretische Option? Hegel sieht in dieser Formulierung die „*Unmittelbarkeit* des Seins hinzu(gefügt)".[45] Die zweite Prämisse „ist aber B" ist eine Berufung auf die Unmittelbarkeit, wie es ist, und wie es beobachtet und gemessen werden kann. Der disjunktive Schluss steht für Hegel unter dem Schema E – A – B.[46] Die Einzelheit E enthält eine disjunktive Aufzählung von Möglichkeiten, wie das Einzelne beschaffen sein kann. Die Allgemeinheit A ist die übergreifende Beziehung, wie sich die Sache einem Beobachter zeigt, der in seiner Beobachtung nicht die Fülle aller Möglichkeiten, sondern die konkret gegebene Wirklichkeit der jeweiligen Sache wahrnimmt, misst und sich daraus eine Vorstellung (ein Modell) der Sache bildet. Daraus wird geschlossen, dass die anderen Möglichkeiten nicht zutreffen. Hegel stellt nicht explizit die Frage, worin die Allgemeinheit besteht, über die bei der Messung (Wahrnehmung) geschlossen wird. Ihm genügt die Einsicht, dass mit „ist aber B" „eine *Sache*, die *an und für sich* ist, – die *Objektivität*" gefunden ist.[47] Die bei Hegel an dieser Stelle nicht näher bestimmte Allgemeinheit ist für mich die Dimension mit ihrer spezifischen Maßeinheit (die Messgröße,

43 G. W. F. Hegel: *HW* 6, 354.
44 G. W. F. Hegel: *HW* 6, 399.
45 G. W. F. Hegel: *HW* 6, 395.
46 G. W. F. Hegel: *HW* 6, 398.
47 G. W. F. Hegel: *HW* 6, 401.

Quantenzahl), in deren Horizont die Wahrnehmung erfolgt.[48] An dieser Stelle genügt es mitzuvollziehen, wie Hegel in der Entwicklung vom Begriff über das Urteil zum Schluss die Genese des Prinzips aufzeigt. Im disjunktiven Urteil entsteht der Terminus Medius, im disjunktiven Schluss die Objektivität.

Diese innere Wende (Negation der Negation) von einer bloß zufälligen und äußerlichen Aufzählung von Besonderheiten in das Prinzip der Aufteilung, das zugleich an einer der Besonderheiten verkörpert ist, ist nur möglich, wenn das Besondere als Einzelnes erkannt ist. Mit dem Einzelnen ist am Besonderen die Eigenschaft gefunden, dank derer es nicht nur zum Allgemeinen zurückkehrt, sondern in dessen Fülle sich das „Zusammengegangensein (der drei Bestimmungen des Begriffs, WT) einer jeden mit ihrer anderen"[49] ergibt. Ohne es explizit auszusprechen hat Hegel mit dem Besonderen und dem Einzelnen ausgeführt, wie ein Prinzip entsteht. Das kann als der Anfang der Prinzipien oder als Prinzip der Prinzipien verstanden werden. Zugleich ist das Besondere, das mit dem disjunktiven Urteil und dem disjunktiven Schluss gefunden wurde, der *terminus medius*, der für einen Schluss notwendig ist, wenn dieser nicht nur ein „formeller Verstandesschluss" sein soll, sondern ein „vernünftiger Schluss".[50] Im Ergebnis vertritt das Einzelne in den vier Schritten der dialektischen Methode „den *Wendungspunkt* der Bewegung des Begriffes" und ist „der innerste Quell aller Tätigkeit, lebendiger und geistiger Selbstbewegung, die dialektische Seele, die alles Wahre an ihm selbst hat".[51]

So befindet sich das Einzelne in einem Widerspruch, um den es Hegel geht. Einerseits geht in ihm wie in allem Besonderen das Allgemeine verloren, andererseits wird mit ihm der Weg zum Urteil, zum Schluss und schließlich zum Objekt eröffnet, als welches das Einzelne verstanden werden kann. Hegel lässt keinen Zweifel: „Die Einzelheit ist aber nicht nur die Rückkehr des Begriffes in sich selbst, sondern unmittelbar sein Verlust."[52]

Was macht das Einzigartige der Einzelheit aus, wodurch es sich vom Besonderen unterscheidet und nicht nur der Verlust des Allgemeinen, sondern zugleich dessen Rückkehr ist? Es muss am Einzelnen eine innere Grenze geben, an der der Verlust des Begriffs aufgehalten wird und umkehrt. Am Einzelnen findet der Fall des Allgemeinen in das Besondere einen Boden. Dieser Umkehrpunkt ist

48 Siehe hierzu W. Tydecks: *Dialektische Theorie des Satzes*, zur Prädikationstheorie von Peter Ruben.

49 G. W. F. Hegel: *HW* 6, 299.

50 G. W. F. Hegel: *HW* 8, § 182, *HW* 8, 333.

51 G. W. F. Hegel: *HW* 6, 563.

52 G. W. F. Hegel: *HW* 6, 299.

der Anfang der Prinzipien, die sich aus der Rückkehr des verlorenen Begriffs zu sich selbst ergeben.

Die Umkehr des Fallens in das Unendliche (eis apeiron empiptei)

Das Einzelne steht an der Grenzlinie von Inhalt und Stoff. Mit den Besonderen wird die Gesamtheit (Totalität) aller Inhalte aufgezählt, die ein Allgemeines umfasst. Wird das Besondere immer weiter aufgeteilt, droht der Sturz in das Unendliche unbegrenzt neuer Unterteilungen. Das kann nur vermieden werden, wenn die Aufteilung in das Besondere ihrerseits negiert und darüber das Einzelne bestimmt wird. Im alltäglichen Sprachgebrauch werden das Besondere und das Einzelne meist gleichbedeutend (synonym) gebraucht. Für Hegel unterscheiden sie sich darin, dass erst das Einzelne über die Fähigkeit verfügt, sowohl als Einzelnes autonom zu bleiben, wie auch in Beziehung zu den anderen Einzelnen treten zu können. Das Einzelne enthält die Eigenschaft, sowohl zwischen den verschiedenen Besonderen wie auch von dem Besonderen zum Allgemeinen vermitteln zu können. Ein Denken, das diese Fähigkeit des Einzelnen zu ergreifen vermag, kann das Einzelne als Terminus Medius für seine Schlüsse heranziehen und nutzen. Ein solches Denken wird von Hegel als vernünftiges oder als spekulatives Denken bezeichnet. Der Verstand versteht seine Begriffe als voneinander unabhängige, isolierte Einheiten und kennt so gesehen ausschließlich die Unterscheidung in Allgemeines und Besonderes, in allgemeine und besondere Begriffe. Dadurch gerät er – wie Kant gezeigt hat – in eine Antinomie, wenn er sich fragt, ob die Unterteilung unendlich fortschreiten kann oder nicht. Dagegen sieht die Vernunft ihre Begriffe als lebendige Einheiten, die miteinander wechselwirken und sich ineinander verwandeln können. Sie sind untereinander wie ein Organismus angeordnet, dessen Teile voneinander unterschieden werden können, der jedoch nur im Ganzen im Zusammenwirken seiner Teile lebensfähig ist.

> Erst Aristoteles allerdings gelangt zu dieser Lösung in seiner Lehre von der wirksamen Vermittlung von Einzelnem und Allgemeinem in Syllogismus und Apodeixis in Bezug auf die konkrete, in der Mitte (*to meson*) als dem wirksamen Wesensgrunde wurzelnden Ousia, welche die Potenz zu Verwandlung und Bewegung in ihrem stofflichen Moment enthält.[53]

---

53 J. v. d. Meulen: *Hegel. Die gebrochene Mitte*, Hamburg 1958, 7.

> Die strukturelle Notwendigkeit dieses Sich-Verlierens und Verfallens tritt jedoch nicht immer klar hervor und wird in der späteren Entwicklung Hegels immer mehr vertuscht. Den tieferen Grund dieses Vorganges und seine Bedeutung werden wir bloßlegen müssen. In Bezug auf unser vorliegendes Beispiel der Einzelheit ist leicht einzusehen, daß die hier auftretende Problematik nichts anderes ist als die Problematik des hyletischen Momentes in der konkreten *ousia* im Sinne des *tode ti* (,dieses da', W. T.) bei Aristoteles. Das Besondere im Sinne der infima species ist die letzte Bestimmungseinsicht des Einzelnen, unterhalb derer es ins Grenzenlose abfällt: *eis apeiron empiptei.*[54]

Der Ausdruck *eis apeiron* ist bei Aristoteles an zahlreichen Stellen zu finden und wird häufig übersetzt als „bis ins Unendliche" oder „ad infinitum". Wörtlich bedeutet *eis* ,in Richtung auf', ,in Ansehung, in Rücksicht auf', ,gemäß, nach', ,gegen', und *eis apeiron* ist damit die Betrachtung von etwas in Beziehung auf seine Grenzenlosigkeit, Unermesslichkeit. In einer bemerkenswerten Doppelbedeutung kann *apeiron* zugleich ,unerfahren, unwissend' bedeuten und weist darauf hin, dass eine Untersuchung ins Unermessliche zu gehen droht, wenn unerfahren und schülerhaft immer weiter gefragt wird. Aristoteles zieht in seinen Begriffsbildungen oft die Grenze, wenn es sinnlos ist, weiter zu fragen. Beide Aspekte kommen zusammen im *empiptein. empipto* bedeutet ,hineinfallen, in etwas fallen, in Liebe oder einer anderen Leidenschaft wie Zorn und Hass verfallen, in Krankheit verfallen, unter die Macht von jemandem fallen, in die Sinne fallen'. Es könnte der Grundbegriff sein für das ,Zusammenfallen' bei Hegel. V. d. Meulen geht dem jedoch nicht weiter nach.

Richli stimmt ausdrücklich zu.[55] Er übernimmt in seiner Interpretation des Allgemeinen und Einzelnen bei Hegel von v. d. Meulen den Ausdruck des Fallens und versteht das Einzelne als „die in sich zusammengefallene Form".[56]

Die Naturwissenschaft kennt das Problem der unendlichen Aufteilung in fortlaufend kleinere Einheiten und löst es mit dem „*atomistischen Prinzip*".[57] Jede Wissenschaft sucht nach der kleinsten Einheit, mit der sie operieren kann, und die sie als Maßeinheit oder Prinzip ihrer Wissenschaft versteht. Das sind für die Physik im Ganzen die Atome, in weiteren Unterteilungen die Elementarteilchen, die Quarks, oder für die Chemie die Moleküle, für die Biologie die Zellen, für die Geometrie die Punkte, Kreise und Geraden, aus denen alle geometrischen Figuren konstruiert werden können, für die Arithmetik die Eins. Allerdings gerät die Naturwissenschaft mit der Atomistik in unlösbare Widersprüche, solange sie ihre

---

54 J. v. d. Meulen: *Hegel. Die gebrochene Mitte*, 14.

55 U. Richli: *Form und Inhalt in G.W.F. Hegels „Wissenschaft der Logik"*, 58.

56 U. Richli: *Form und Inhalt in G.W.F. Hegels „Wissenschaft der Logik"*, 57.

57 G. W. F. Hegel: *HW* 5, 158.

atomaren Einheiten nur als voneinander isolierte Gegenstände zu begreifen vermag. Das wird am deutlichsten in der Mathematik, in der unmöglich eine kontinuierliche Menge die Summe dimensionsloser Punkte sein kann. Hegel schließt sich der Lösung durch Aristoteles an, für den die kleinsten Elemente des Raums wie der Zeit nicht dimensionslose Punkte sein können, sondern dynamische kleinste Einheiten, die in Beziehung zueinander stehen. Leibniz hat das mit seinem Verständnis der Monaden getroffen, und Hegel wird ihm meiner Meinung nach in seiner Kritik keineswegs gerecht.[58] Hegel folgt der Erkenntnis von Aristoteles und Leibniz, dass die kleinsten Einheiten nicht starr und beziehungslos sind, sondern sich bewegen und sich in äußerster Konsequenz gedacht ineinander verwandeln können. Das Einzelne unterscheidet sich vom Besonderen, wenn es nicht als starre, von allen anderen getrennte und fixierbare Einheit, sondern als lebendige, autonome Einheit in einem zusammenhängenden System gedacht wird. Daher ist „das Leben als *Seele* […] das anfangende, sich selbst bewegende *Prinzip*" zu sehen.[59] Die drohende unendliche Aufteilung des Allgemeinen in Besonderes findet dort ihren Umkehrpunkt, an dem Einheiten auftreten, die über Leben verfügen und mit anderen Einheiten in Beziehung treten.

In der Mathematik führt das zur Frage der imprädikativen Eigenschaften. Die reellen Zahlen können nur durch Eigenschaften definiert werden, die über einzelne reelle Zahlen hinaus Eigenschaften des Systems sind, in dem sie sich befinden. Das ist bei den Zahlen die Kontinuität und bei Übertragung auf physische Systeme die Flüssigkeit (Fluidität, ihr Strömungscharakter, die Grundbewegtheit des Systems im Ganzen). Das Einzelne enthält an sich den Widerspruch von Diskretheit und Kontinuität. Es ist einerseits als Einzelnes diskret, andererseits kann es nur bestimmt werden durch seinen kontinuierlichen Zusammenhang mit den anderen Einzelnen. Dieser Widerspruch ist eine andere Formulierung der „gebrochenen Mitte". Der diskrete Aspekt ist die ontische Seite, die dem Verstand zugänglich ist, und die er bis ins Unendliche immer genauer beschreiben und unterteilen kann. Der kontinuierliche Aspekt ist die metaphysische Seite, für Hegel die wahre Unendlichkeit, die sich am Einzelnen zeigt.

---

58 Siehe hierzu den Beitrag von Lefévre über Attraktion und Repulsion. Auch Ungler wertet Leibniz auf. „Der Leibnizische Ansatz mit der Monade als Spiegel des Ganzen ist auch letztlich derjenige Hegels, wie man an dem Anfang mit der individuellen Gestalt in ihrem Insichübersichhinausvermitteltsein sehen kann." (F. Ungler: *Individuelles und Individuationsprinzip in Hegels Wissenschaft der Logik*, 398)

59 G. W. F. Hegel: *HW* 6, 475.

Um das Einzelne zu verstehen genügt es jedoch nicht, zum Begriff der wahren Unendlichkeit zurückzukehren. Über die wahre Unendlichkeit hinaus enthält das Einzelne einen Subjektcharakter: Die Einzelheit ist nach Hegel „das Prinzip der Individualität und Persönlichkeit“.[60]

Das Einzelne tritt bei Hegel als Individuationsprinzip (*principium individuationis*) an die Stelle des Stoffes nach Aristoteles und der form-bildenden Macht des Geistes in der christlichen Philosophie.

> In der Tradition wurde das principium individuationis zunächst in der Materie gesehen; auch Plotin hält letztlich noch daran fest. Erst innerhalb des durch die Bibel vermittelten Gottes- und Subjektverständnisses konnte sich die Idee eines eidetischen Prinzips etablieren. Im Auslegungshorizont Hegels ist jedoch auch die Unmittelbarkeit ein konstitutiver Aspekt des Einzelnen. Diese ist freilich kein zweites Prinzip, sondern die in sich zusammengefallene Form.[61]

Das Auseinanderfallen und Zusammenfallen kommt zu Ende, wenn eine Ebene erreicht wird, die sich nicht mehr in Besonderungen aufteilt, sondern aus Elementen besteht, die sich ineinander verwandeln.

Das Einzelne ist die kleinste Einheit, die für sich lebensfähig ist. Das bedeutet, dass das Einzelne sowohl seine Beziehungen zu seiner Umwelt in der Weise organisieren kann, dass es aus der Umwelt Ressourcen entnehmen kann wie auch aktiv die Umwelt in einer Weise gestalten kann, die für seine eigene Lebendigkeit erforderlich ist. Und mit dem Einzelnen ist zweitens eine Einheit gefunden, die nicht nur ihre Umwelt, sondern auch sich selbst und ihr eigenes Inneres mit dem Ziel des Aufbaus und der Erhaltung der eigenen Lebendigkeit organisieren kann. Mit dieser Frage ist die Ebene einer Letztbegründung erreicht.

Das Einzelne unterscheidet sich vom Besonderen durch das Prinzip der Individualität, Persönlichkeit,[62] das Hegel von der *Monadologie* von Leibniz übernimmt. Während jedoch bei Leibniz die Monaden nebeneinander stehen, muss mit dem Individuationsprinzip ein Prinzip hinzukommen, wodurch sich ein Allgemeines in seine Individuen aufteilt. Diese Individuen müssen jeweils für sich lebensfähig sein. Wenn eine Ordnung gefunden ist, deren Elemente sowohl für sich lebensfähig sind, wie sie auch miteinander agieren können, dann ist das die Grenze, an der der Fall der Ur-Teilungen umkehrt. Damit ist nicht gegenüber dem allgemeinen Begriff, der aufgeteilt wurde, etwas Neues gefunden, das diesem Begriff gegenübersteht (so wie das Andere dem Etwas gegenübersteht),

---

60 G. W. F. Hegel: *HW* 6, 297.

61 U. Richli: *Form und Inhalt in G.W.F. Hegels „Wissenschaft der Logik“*, 57.

62 G. W. F. Hegel: *HW* 6, 297.

oder in dem er sich reflektiert (so wie sich die Identität in der Verschiedenheit reflektiert), sondern das Allgemeine findet sich in diesem Einzelnen (Konkreten) selbst.

Die Lebendigkeit des Einzelnen ist keimhaft in der Vielfalt der besonderen Begriffen durch deren „immanente Beziehung" angelegt, die Hegel erstmals in der Eins gegenüber dem Werden von Sein und Nichts sieht,[63] dann im Kapitel über das Maßlose erwähnt („das spezifizierende Prinzip ist noch nicht der freie Begriff, welcher allein seinen Unterschieden immanente Bestimmung gibt, sondern das Prinzip ist zunächst nur Substrat"[64]) und schließlich als „immanente Beziehung der Verschiedenen" anspricht, die an den aus dem Allgemeinem durch Ur-Teilung hervorgegangenen Besonderheiten zu sehen ist.[65] Aus den immanenten Beziehungen gründet sich eine Ordnung, die nicht über den Rahmen des Allgemeinen hinausführt, sondern sich innerhalb des gegebenen Allgemeinen ergibt.

In der Entwicklung zu organischen Systemen werden Verstand und Vernunft dadurch unterschieden, dass der Verstand diskrete, mechanische Ordnungen denkt und entsprechende Modelle schafft, die aus isolierten und fixen Elementen (genauer gesagt mechanischen Objekten) bestehen, während die Vernunft die von ihr gebildeten Begriffe in einem flüssigen Medium darzustellen vermag (das entspricht der chemischen Sphäre und dem Chemismus), bis schließlich in einem dritten Schritt die Lebensfähigkeit das Prinzip ist, in das sowohl das Mechanische wie das Chemische übergehen. Diesen Schritt sieht Hegel mit der Begriffslogik erreicht, wenn für ihn der Begriff nicht nur fix (und daher in einer Sphäre von Begriffen wie von Kant beschrieben ordnungsfähig) und nicht nur flüssig, sondern lebendig ist. In einem formalen Sinn ist die Lebendigkeit des Begriffs seine Schlüssigkeit.

Mit dem Aufleben ist für mich eine Verbindung zu *Luhmanns Schatten* von Scheier gegeben, wenn er formal die „*Emergenzen*" beschreibt und als „*Oszillation zwischen Oszillation und Prozeß*" versteht, „der immer nur entspringende Prozeß: *Prozeß im Augenblick*".[66] Scheier hat den Begriff gefunden, den ich hier meine. Ich verstehe ihn als ‚Aufblühen'. Die Destruktion eines Allgemeinen in seine Besonderheiten gelingt, wenn Elemente entstehen, die aufblühen können. Ich möchte noch einen Schritt weiter gehen: Mit der Fähigkeit des Aufblühens ist

63 G. W. F. Hegel: *HW* 5, 187.

64 G. W. F. Hegel: *HW* 5, 445.

65 G. W. F. Hegel: *HW* 6, 280.

66 C.-A. Scheier: *Luhmanns Schatten – Zur Funktion der Philosophie in der medialen Moderne*, Hamburg 2016, 121.

immer zugleich die Fähigkeit des sich Verbergens gegeben. Die kleinste lebendige Einheit kann sich sowohl zeigen und ihre Lebendigkeit äußern, wie auch in der Geborgenheit und Verborgenheit Schutz zu suchen. Dieser Gedanke geht auf Heideggers Interpretation des griechischen Wortes *aletheia* für ‚Wahrheit' zurück.

Hegel überträgt das auf das Denken. Auch das Denken fällt in der Gliederung seiner Begriffe nicht in eine negative Unendlichkeit fortlaufend genauerer und weiter unterteilter Begriffe, sondern findet einen Boden, wenn Begriffe bestimmt werden, die in einem übertragenen Sinn als lebensfähig gelten können. Das ist die kritische Stelle, an der Hegel missverstanden werden kann (und sich möglicherweise selbst noch nicht ganz sicher war). Darauf bezog sich die klassische Kritik seit Trendelenburg und Marx. Trendelenburg warf Hegel vor, aus dem Denken die Bewegung herleiten zu wollen, obwohl das Denken und seine Herleitungen bereits im Innern Bewegungen sind.[67] Marx warf Hegel vor, aus der schöpferischen Macht der Begriffe die Inhalte konstituieren zu wollen, die es dann als seine eigenen Inhalte denken kann und so in einen absurden Zirkel gerät.[68] Die Auflösung liegt für mich in der Unterscheidung zwischen der Genese und der inneren Gestalt des spekulativen Denkens. Das spekulative Denken erwächst aus dem Lebensprozess des Menschen. Der Mensch denkt in endlichen Begriffen, die vom Verstand zerlegt werden. Aber wenn der Mensch in der Vielfalt von möglichen Ordnungen schließlich diejenige findet, die in ihrem Innern aus lebensfähigen Elementen und deren Entwicklung besteht, dann hat er zum spekulativen Denken gefunden. Für das spekulative Denken ist die Lebendigkeit der von ihm gedachten Begriffe das letzte Prinzip. Da Begriffe keine Lebewesen sind, kann das spekulative Denken nur in Analogien denken. Die Lebendigkeit der Begriffe zeigt sich in der Fähigkeit, mit ihnen schließen zu können. Das kann in einem doppelten Sinn als Schlüssigkeit bezeichnet werden: Sie sind schlüssig im Sinne von überzeugend und nachvollziehbar, und sie sind schlüssig, weil sie das Medium von Schlüssen sind. In dieser Lesart findet sich bei Hegel bereits wesentlich genauer ein Gedanke, den später Luhmann als Anschlussfähigkeit bezeichnet hat.

Für Hegel ist es die Fähigkeit des Menschen, aus der Vielzahl möglicher Ordnungen diejenige bestimmen zu können, die sich wie ein lebendiger Organismus verhält. Wird gefragt, warum es diese Ordnung gibt und die Vielfalt der

67 A. Trendelenburg: *Logische Untersuchungen*, Band 1, Leipzig 1862, 38f.

68 K. Marx: *Kritik der Hegelschen Dialektik und Philosophie überhaupt* [1844], in: Marx, Engels: *Werke*, Bd. 40, Berlin 2012, 577f., 585.

möglichen Ordnungen von sich aus dazu tendiert, diese hervorgehobene Ordnung zu erreichen, und warum sich der Mensch in seinem Denken auf diese Tendenz der vielen Ordnungen stützen kann, führt das für mich zum Argument von Leibniz, dass es in der Vielfalt der Ordnungen ein göttliches Prinzip der Harmonie gibt. Hegel stimmt in Allem mit Leibniz überein. Sein Fortschritt ist, den Gedanken der Lebendigkeit und des Organismus wesentlich klarer herausgearbeitet zu haben. Er konnte sich auf die entsprechenden Ideen von Kant über Mechanismus und Organismus stützen und hat aufbauend auf die Arbeiten von Leibniz und Kant eine eigene Lösung gefunden.

Literaturverzeichnis

Hegel, G. W. F.: *Werke in 20 Bänden*. Frankfurt/M. 1969–1971.

Kant, Immanuel: *Kritik der reinen Vernunft* (1781, 1787), in: *Gesammelte Schriften*, hrsg. v. der Königlichen Preußischen Akademie der Wissenschaften, 29 Bde., Berlin 1900ff.

Auinger, Thomas: *Das absolute Wissen als Ort der Ver-Einigung*, Würzburg 2003.

Collmer, Thomas: *Hegels Dialektik der Negativität*, Gießen 2002.

Collmer, Thomas: Hegels Begriff der Negativität, in: *Z.* (Zeitschrift marxistische Erneuerung), Nr. 65 und 66, März und Juni 2006.

Henrich, Dieter: *Hegel im Kontext*, Frankfurt am Main 1971.

Institutsgruppe Philosophie Heidelberg: Nochmals: Zum Tode von Professor Jan van der Meulen, in: *AStA der Universität Heidelberg: Info – Nachrichten für die Studenten der Universität Heidelberg*, Jg. 11, Nr. 102, 9. Jan. 1970.

Kulenkampff, Arend: *Antinomie und Dialektik*, Stuttgart 1970.

Lefèvre, Wolfgang: Repulsion und Attraktion, in: Andreas Arndt, Christian Iber (Hg.): *Hegels Seinslogik*, Berlin 2000, 252–270.

Letzter Effekt, in: *Der Spiegel*, Ausgabe vom 5.1.1970.

Marx, Karl: *Kritik der Hegelschen Dialektik und Philosophie überhaupt* [1844], in: Marx, Engels: *Werke*, Bd. 40, Berlin 2012, 568–588.

Meulen, Jan van der: *Hegel. Die gebrochene Mitte*, Hamburg 1958.

Rella, Walter: Der Schritt in die Analogie, Teil I in: *Wiener Jahrbuch für Philosophie*, Band XVI/1984, 129–138, Teil II in: *Wiener Jahrbuch für Philosophie*, Band XVII/1985, 141–158.

Rentsch, Thomas: Negativität und Vermittlung, in: Christoph Demmerling, Friedrich Kambartel (Hg.): *Vernunftkritik nach Hegel*, Frankfurt am Main 1992, 100–138.

Richli, Urs: *Form und Inhalt in G.W.F. Hegels „Wissenschaft der Logik“*, Wien/München 1982.

Richli, Urs: Der wahrhafte Punkt, in: Renate Wahsner, Thomas Posch (Hg.): *Die Natur muss bewiesen werden*, Frankfurt u.a. 2002, 80–100.

Richli, Urs: Das naturwissenschaftliche Gesetz als logische Kategorie, in: Thomas Posch, Gilles Marmasse (Hg.): *Die Natur in den Begriff übersetzen*, Frankfurt u.a. 2005, 50–61.

Scheier, Claus-Artur: *Die Selbstentfaltung der methodischen Reflexion als Prinzip der Neueren Philosophie*, Freiburg/München 1973.

Scheier, Claus-Artur: Der vulgäre Zeitbegriff Heideggers und Hegels lichtscheue Macht, in: Hans Michael Baumgartner (Hg.): *Das Rätsel der Zeit*, Freiburg/München 1993, 51–73.

Scheier, Claus-Artur: *Luhmanns Schatten – Zur Funktion der Philosophie in der medialen Moderne*, Hamburg 2016.

Shannon, Claude E.: A Mathematical Theory of Communication, Reprinted with corrections from *The Bell System Technical Journal*, Vol. 27, pp. 379–423, 623–656, July, October, 1948.

Stekeler-Weithofer, Pirmin: Verstand und Vernunft. Zu den Grundbegriffen der Hegelschen Logik, in: Christoph Demmerling, Friedrich Kambartel (Hg.): *Vernunftkritik nach Hegel*, Frankfurt am Main 1992, 139–197.

Trendelenburg, Adolf: *Logische Untersuchungen*, Band 1, Leipzig 1862 [1840].

Tydecks, Walter: Dialektische Theorie des Satzes, Bensheim 2015, unter: http://www.tydecks.info/online/ruben_praedikationstheorie.html (29.06.2019).

Tydecks, Walter: Das reale Maß – die Logik der chemischen Sphäre, Bensheim 2019 unter: http://www.tydecks.info/online/logik_kraft_reales_mass.html (29.06.2019).

Ungler, Franz: *Individuelles und Individuationsprinzip in Hegels Wissenschaft der Logik*, Freiburg/München 2016 [1983].

Wandschneider, Dieter, Hösle, Vittorio: Die Entäußerung der Idee zur Natur und ihre zeitliche Entfaltung als Geist bei Hegel, in: *Hegel-Studien* 18, 1983, 173–199.

Wiehl, Reiner: Über das Selbstverständnis der Universität im Wandel 1968–1998, in: *Ruperto Carola*, Heft 2/1998.

Zeidler, Kurt Walter: *Grundlegungen. Zur Theorie der Vernunft und Letztbegründung*, Wien 2016.

Christian Krijnen (Amsterdam)

Radikale Vermittlung

Über eine Lücke in Kurt Walter Zeidlers Letztbegründungslehre

I

Kurt Walter Zeidler hat sich in den Jahrzehnten seines philosophischen Schaffens in intensiver Auseinandersetzung vor allem mit dem antiken und dem neueren Idealismus sowie der Semiotik Peircens darum bemüht, die Gretchenfrage der Philosophie nach der ursprünglich synthetischen Einheit nicht bloß in den Spuren Kants weiter auszubuchstabieren, sondern sie in ihrem durch die Entwicklungen des nachkantischen deutschen Idealismus zum Vorschein gekommenen Problemgehalt ernst zu nehmen und folglich als solche selbst zu thematisieren. Zunächst ganz fasziniert von der von Zeidler sogenannten am „Urteil" orientierten „fundamentallogischen Option", d. h. vom „urteilslogischen Verständnis der Transzendentalphilosophie",[1] wie für Kant, den Neukantianismus oder spätere Transzendentalphilosophen wie Hans Wagner und Werner Flach maßgeblich, bekam ich im Zuge meiner Auseinandersetzung mit Hegel immer mehr Sympathie für das Zeidler umtreibende Projekt einer vor-urteilsmäßigen Synthesis: „wie Vermittlung, vor aller urteilenden Fixierung des zu Vermittelnden, gedacht werden könne".[2] Anders formuliert: die Einheit von Denken und Sein, von „Weltbewußtsein und Selbstbewußtsein", wie Zeidler sich mit und gegen Wagner (samt dem kritischen Idealismus) unlängst ausgedrückt hat, ist nicht bloß als unendliche „Idee", als ‚nachträgliche Vermittlung" von bereits gewonnenen Erkenntnissen zu denken, sondern als *„apriorische Synthesis"*.[3] Zwar stehe

---

1 Kurt Walter Zeidler: Bestimmung und Begründung. Zu Kants Deduktionen der Ideen der reinen Vernunft, in: Christian Krijnen u. Kurt Walter Zeidler (Hg.): *Gegenstandsbestimmung und Selbstgestaltung. Transzendentalphilosophie im Anschluss an Werner Flach,* Würzburg 2011, 297–320, hier: 298–302.

2 So Zeidler gleich im Vorwort seiner *Grundlegungen* (Kurt Walter Zeidler: *Grundlegungen. Zur Theorie der Vernunft und Letztbegründung,* Wien 2016, 5). Vgl. schon den frühen Text Zeidler: Transformationen der Logik, in: ders.: *Grundlegungen,* 61–83.

3 Kurt Walter Zeidler: Stufen der Apriorität oder apriorische Synthese?, in: Christian Krijnen u. Kurt Walter Zeidler (Hg.): *Reflexion und konkrete Subjektivität. Beiträge zum 100. Geburtstag von Hans Wagner (1917–2000),* Wien 2017, 331–354, hier: 341 mit 344 u. 348.

ich der Argumentation Zeidlers, die ein solches Projekt legitimieren soll, sowie der Weise, in der es ausgeführt wird bzw. werden sollte, nach wie vor skeptisch gegenüber,[4] ungeachtet dessen aber bleibt es ein Verdienst Zeidlers, in der ihm eigenen Beharrlichkeit auf das fundamentalphilosophische Kernproblem, ja geradezu die Achillesferse der kantianisierenden Transzendentalphilosophie hingewiesen zu haben. Zeidler bezieht sich dabei immer wieder auf die „Dialektik Hegels". Kants Grenzziehungen oder Dualismen zeitigten „dialektische Folgeprobleme", die Kant zwar zur Fortführung seines „kritischen Geschäfts" in Richtung eines „gemeinsames Fundaments" von sensibler und intelligibler Welt zwängen, die er jedoch nicht befriedigend lösen könne; sie stellten vielmehr Kants „kritische" Grundunterscheidung in Frage und zielten auf einen „positiven Begriff von Dialektik" und damit auf eine „spekulativ-idealistische Vernunfttheorie".[5]

Kant und der nachfolgende kritische Idealismus der Neukantianer, Hans Wagners oder Werner Flachs kranken gemäß Zeidlers Diagnose so gut wie alle daran, daß sie das ‚Urteil' zum Dreh- und Angelpunkt der Logik machen. In seiner Kritik an Flach etwa spricht Zeidler von dessen „fundamentallogischer Option" zur Lösung des bei Kant unbewältigt gebliebenen Vermittlungsproblems des Grunddualismus aus einem gemeinsamen Einheitsgrund der Differenz. Mit dem „Hauptstrang der Transzendentalphilosophie", orientiere sich Flach an der logischen Form der „Gegenstandsbestimmung": dem „Urteil".[6] Von Kant über Fichte bis in den Neukantianismus und die Gegenwart hinein fungiere die Urteilslehre sowohl als „Bestimmungstheorie" wie als „Begründungstheorie",

---

4 An vielen Stellen meiner Arbeiten finden sich Bemerkungen zu Zeidler. Vgl. für die eingehendste Auseinandersetzung mit seiner Auffassung von Neukantianismus und Realismus, in der etwa auch die von ihm viel berufenen Positionen des ‚logischen Nominalismus' und ‚ontologischen Singularismus' kritisch betrachtet werden, Christian Krijnen: Transzendentaler Idealismus und empirischer Realismus, in: Christian Krijnen u. Kurt Walter Zeidler (Hg.): *Wissenschaftsphilosophie im Neukantianismus. Ansätze – Kontroversen – Wirkungen*, Würzburg 2014, 11–56. Vgl. zum Abstraktionsproblem des Begriffs, das Zeidler im logischen Nominalismus angelegt sieht, auch Christian Krijnen: Der Begriff als das Eine, aus dem alles andere ist, in: Dieter Hüning, Gideon Stiening u. Violetta Stolz (Hg.): *Herder und die klassische deutsche Philosophie. Festschrift für Marion Heinz*, Stuttgart/Bad Cannstatt 2016, 139–166.

5 Kurt Walter Zeidler: Der logische Ort der Freiheit, in: ders.: *Vermittlungen. Zum antiken und neueren Idealismus*, Wien 2016, 175–189, hier: 82f. Vgl. etwa auch Zeidler: Bestimmung und Begründung, 298.

6 Zeidler: Bestimmung und Begründung, 298f.

gar als „Letztbegründungstheorie".[7] Gegenstandsbestimmung sei hier gleich Letztbegründung. In Zeidlers Beitrag zur Wagner-Gedenkschrift ist die Rede davon, daß die besagte Umbiegung des begründungstheoretischen Anspruchs in einen bestimmungstheoretischen „fatale Begründungsdefizite" zur Folge hat.[8] Indes sei Bestimmung nicht gleich Begründung, das Urteil weder die logische Form der Begründung noch die fundamentale logische Form: „*Das Urteil ist die logische Form der Bestimmung, die fundamentale logische Form aber ist der Begriff und die logische Form der Begründung ist der Schluß*".[9] Damit ist in nuce die systematische und problemgeschichtliche Stellung Zeidlers umrissen.[10]

Hegel nun hält Zeidler einerseits zugute, daß er den ‚Begriff' als die fundamentale logische Form und den ‚Schluß' als die logische Form der Begründung ins Feld geführt und damit das ‚Urteil' seines fundamentallogischen Charakters beraubt hat.[11] Damit geht für Zeidler auch ein anderer Begriff des Begriffs einher: der „*statische*, urteilslogisch auf seine Bedeutung reduzierte *Begriff*" wird zum „*Moment* des *dynamischen Begriffes*", zum „Moment einer aller gegenständlichen Fixierung vorausliegenden Sinnvermittlung".[12] Der Idealismus, der Zeidler vor Augen steht, denkt die Vernunft, wie es in Zeidlers Auseinandersetzung

---

7 Zeidler: Bestimmung und Begründung, 299. – Die Einschätzung, die Urteilslehre sei ‚Letztbegründungstheorie', müßte allerdings cum grano salis genommen werden, da Rickert seine Heterologie, die für den südwestdeutschen Neukantianismus, Wagner und den frühen Flach maßgebend geworden ist, als vor-urteilsmäßige Synthesis konzipiert und sie nicht in einem urteilstheoretischen Kontext der ‚Erzeugung' von Gegenständlichkeit entwickelt, auch wenn die Heterologie urteilstheoretisch relevant ist. Vgl. zu Rickerts Heterologie: Werner Flach: *Negation und Andersheit. Ein Beitrag zur Problematik der Letztimplikation,* München/Basel 1959; Christian Krijnen: *Nachmetaphysischer Sinn. Eine problemgeschichtliche und systematische Studie zu den Prinzipien der Wertphilosophie Heinrich Rickerts,* Würzburg 2001, Kap. 5; Christian Krijnen: *Philosophie als System. Prinzipientheoretische Untersuchungen zum Systemgedanken bei Hegel, im Neukantianismus und in der Gegenwartsphilosophie,* Würzburg 2008, Kap. 2 u. 3.

8 Zeidler: Stufen der Apriorität, 337.

9 Zeidler: Bestimmung und Begründung, 299.

10 Sie findet sich in einer Vielzahl seiner Arbeiten, vgl. etwa: Zeidler: Bestimmung und Begründung; Zeidler: Stufen der Apriorität; Kurt Walter Zeidler: *Grundriss der transzendentalen Logik,* 3. Aufl., Wien 2017; Zeidler: Vernunft und Letztbegründung, in: ders.: *Grundlegungen,* 11–60.

11 Zeidler: Bestimmung und Begründung, 301. Vgl. etwa auch Zeidler: Stufen der Apriorität, 350; Zeidler: Syllogismus est Principium Idealismi, in: ders.: *Vermittlungen,* 109–127, hier: 109ff.; Zeidler: Vernunft und Letztbegründung, 35; Zeidler: Transformationen der Logik, 72ff; Zeidler: *GtL*[3], § 31.

12 Zeidler: *Grundlegungen,* 7; Zeidler: Transformationen der Logik, 80.

mit Wagner heißt, als jene „lebendige Einheit und zeugende Einheit", in der Welt- und Selbstbewußtsein gründen, als *„apriorische Synthesis"*.[13] Die „Begründungsreflexion" werde zur „fungierenden Apriorität", die Schlußlehre zur Lehre von dem „ursprünglichen, schlußlogisch vermittelten Zusammenhang der Synthesisfunktionen".[14] Nur so lasse sich die ursprüngliche Synthesis begreifen. Wahrhafte Einheit könne nur als „ebenso sehr in sich, wie über sich hinaus vermittelte Einheit" gedacht werden.[15] Zu Recht weist Zeidler immer wieder darauf hin, daß die Problematik der ursprünglichen Synthesis, der ursprünglich synthetischen Einheit, das große Erbe ist, das uns der deutsche Idealismus hinterlassen hat: wie ist Synthesis, Vermittlung und damit das Denken selbst zu denken?[16] Die Frage ist geradezu, wie Zeidler sagt, die „fundamentallogische Grundfrage der abendländischen Philosophie".[17] Die fundamentallogische Option, die in Zeidlers Deutung die Frage nach der ursprünglich synthetischen Einheit gleich auf bestimmungstheoretische Bahnen statt auf begründungstheoretische lenkt, bedürfe des „spekulativ-logischen oder absoluten Idealismus",[18] wenn das Problem der ursprünglichen Synthesis einer Lösung zugeführt werden können soll. Bekanntlich ist für Zeidler die Lösung in einer Schlußlogik dreier Formen logischer Grundhandlungen als „ursprünglicher Funktionen der Synthesis"[19] zu finden.

Anderseits jedoch ist Zeidlers Verweis auf Hegel mehr als suggestiv. Er suggeriert nämlich eine systematische Nähe, die es *im Grunde* gar nicht gibt. Trotz aller Anerkennung der problemgeschichtlichen Leistung Hegels, geht Zeidler nicht umsonst immer auch auf Distanz; das begründungsfunktionale Defizit der urteilslogisch ausgerichteten Transzendentalphilosophie sei keineswegs ein Plädoyer für die Option der Hegelschen Dialektik.[20] Zwar wolle Hegel durch seine Schlußlogik die kritizistischen Dualismen überwinden, die Kant daran

13 Zeidler: Stufen der Apriorität, 348.

14 Zeidler: Stufen der Apriorität, 348.

15 Zeidler: Vernunft und Letztbegründung, 57.

16 Zeidler: *Grundlegungen,* 6; Zeidler: Bestimmung und Begründung, 297f.; Zeidler: *GtL*^{3}, 22.

17 Zeidler: Bestimmung und Begründung, 300.

18 Zeidler: Bestimmung und Begründung, 301. Vgl. auch Zeidler: Stufen der Apriorität, 340f. Zeidler spricht von diesem spekulativ-idealistischen Idealismus auch als von einem „reinen Idealismus". Vgl. Zeidler: Heautonomie der Vernunft, in: Zeidler, *Grundlegungen,* 249–274.

19 Zeidler: Vernunft und Letztbegründung, 26.

20 Vgl. Zeidler: Geltung und Genese. Zum Problem der Dialektik, in: Thomas Göller u. Christian Krijnen (Hg.): *Geltung und Begründung. Perspektiven der Philosophie*

hindern, die Vermittlung von Form und Materie des Denkens als ursprüngliche Synthesis zu denken; diese Überwindung schlage jedoch fehl: die „selbstbezügliche Negation", wie Zeidler zu Hegels „absoluter Methode" schreibt, sei kein logischer Operator, der die Spannung zwischen den zunächst „bloß historisch oder phänomenologisch aufzugreifenden endlichen Bestimmungen und ihrer wiederherzustellenden ‚Beziehung auf das Absolute' in eine von vornherein methodisch vorausbestimmte Sequenz von Denkschritten verwandeln könne".[21] Sie werfe vielmehr ein unbewältigbares Anfangs- und Methodenproblem auf.[22] Hegel erliege geradezu durch seine „Krampfhaftigkeit der Absolutsetzung des Vermittlungsdenkens den Fallstricken des urteilslogischen Denkens"; seine „Verabsolutierung der Vernunft" hintergehe letztlich den Vermittlungsanspruch ebendieser Vernunft.[23] Kurzum: Zeidler lehnt Hegels spekulative Begriffsentwicklung ab – und damit den methodischen Nukleus seiner Philosophie: Hegels Philosophie ist nicht nur, wie Zeidlers, Idealismus: Philosophie, die die Idee als Grund von allem versteht, sondern eben *spekulativer* Idealismus: Idealismus, der an die Methode spekulativer Begriffsentwicklung gebunden ist. Hegels *Logik* auszuschlachten ohne das eigentlich spekulative Moment der Bestimmung in Rechnung zu stellen, ist genauso reizvoll oder witzlos, wie etwa sich auf Bestimmungen aus Kants *Kritik der reinen Vernunft* zu kaprizieren, ohne den transzendentalen Idealismus mit zu berücksichtigen. Sie würde de facto auf einen Steinbruch reduziert, der hin und wieder Verwertbares für die eigene Systematik hergibt. Die philosophische Affinität wäre nur äußerlicher Schein.

Tatsächlich ist für Zeidler nicht so sehr Hegels Konzeption von Philosophie maßgebend als vielmehr diejenige Kants, trotz aller Kritik und Renovierungsbedürftigkeit. Insofern ist Zeidlers Idealismus ein kritizistischer und kein spekulativer Idealismus (im Sinne Hegels), betrifft das Spekulative hier doch primär die methodische und nicht die thematische Bestimmtheit der Philosophie, die sie als Ideenlehre oder Idealismus hat. Spekulativ ist ein Idealismus nicht deshalb, weil er den Begriff bzw. den Schluß in die vorderste Front schiebt, sondern durch die reflexive Struktur, die dieser Philosophie eignet. Zeidler will „Kantische Konzepte auf alternative Weise fortführen".[24] In einer Auseinandersetzung mit der Geltungsphilosophie Flachs ist ausdrücklich die Rede davon, daß die *„Idee der*

Werner Flachs, Würzburg 2007, 101–114, hier: 109; Zeidler: Bestimmung und Begründung, 301; Zeidler, Stufen der Apriorität, 347.

21 Zeidler: Syllogismus, 112.

22 Zeidler: Syllogismus, 33f.

23 Zeidler: Transformationen der Logik, 81, vgl. 83.

24 Zeidler: Bestimmung und Begründung, 300.

Transzendentalphilosophie und die der *Letztbegründung*" nicht an der Erkenntnisstruktur qua Urteilsstruktur festzumachen sei, sondern an der Struktur des Schlusses.[25] Vielsagenderweise geht für Zeidler der immer wieder gegen Kants Konzeption der Ethik erhobene Vorwurf des „Formalismus" am „grundsätzlichen Problem" vorbei, da Kants Ethik-Konzeption gar nicht an Formalismus kranke, sondern an mangelnder „Ausarbeitung".[26] Für Hegel indes ist Formalismus nicht nur das Signum von Kants praktischer Philosophie, sondern, und zwar aus philosophiemethodischen Gründen, dessen Philosophie als solcher.[27] Daher ist es mit Blick auf den spekulativen Idealismus, so wie wir ihn von Hegel her kennen, eher irreführend, wenn Zeidler andeutet, er hätte seinen *Grundriss der transzendentalen Logik* auch Grundriß der spekulativen oder dialektischen Logik nennen können.[28] Denn dann steht ‚spekulativ' offenbar für die in der Geschichte der Transzendentalphilosophie übliche Bedeutung von ‚prinzipientheoretisch', betrifft also nicht primär eine methodische Qualifikation; es gibt dann etwa ‚spekulative Fragen': die „spekulative Frage, wie das Denken sich und somit ein Selbst denken kann", ist Zeidler geradezu die „prinzipientheoretische Grundfrage der Philosophie".[29] Genauer müßte man sogar sagen, daß für Zeidler Philosophie als „Prinzipienwissenschaft" begründendes Wissen nicht nur ihrer eigenen Prinzipien ist, sondern ebenso begründendes Wissen der Prinzipien allen anderen Wissens und insofern, wie es heißt, „spekulative und

25 Zeidler: Geltung und Genese, 113f.

26 Zeidler: Der logische Ort der Freiheit, 180f.

27 Vgl. dazu Christian Krijnen: Freiheit als ursprüngliche Einheit der Vernunft. Hegels begriffslogische Lösung eines Kantischen Problems, in: Wolfgang Neuser u. Pirmin Stekeler-Weithofer (Hg.): *Natur und Geist*, Würzburg 2016, 25–52; Christian Krijnen: Die Wirklichkeit der Freiheit begreifen. Hegels Begriff von Sittlichkeit als Voraussetzung der Sittlichkeitskonzeption Kants, in: *Folia Philosophica* 39 (2018), 39–146. Das Formalismusproblem macht sich in allerlei Hinsichten auch in der nachfolgenden Transzendentalphilosophie bemerkbar. Vgl. dazu Christian Krijnen: Der „Kulturimperativ" als Geltungsverwirklichungsforderung. Hegels Formalismusproblem im Gewand kantianisierender Kulturphilosophie, in: Hubertus Busche, Thomas Heinze, Frank Hillebrandt u. Franka Schäfer (Hg.): *Kultur. Interdisziplinäre Zugänge*, Wiesbaden 2018, 419–452; Christian Krijnen, Freiheit und geltungsnoematische Struktur oder wie tief reicht das axiotische Grundverhältnis der Transzendentalphilosophie? in: Christian Krijnen u. Kurt Walter Zeidler (Hg.): *Reflexion und konkrete Subjektivität. Beiträge zum 100. Geburtstag von Hans Wagner (1917–2000)*, Wien, 2017, 205–224.

28 Zeidler: *GtL*[3], 16.

29 Zeidler: *GtL*[3], 20.

transzendentale Logik in einem".[30] So ist es, wenn ‚spekulativ' die thematische Dimension der Philosophie auszeichnet.

Daß die Philosophie zugleich eine methodische Dimension hat, ist Zeidler freilich sehr gut bewußt. Er drückt es schon im Eröffnungssatz seines *Grundriß* aus: „Philosophie ist radikale Reflexion".[31] Damit biegt die Auseinandersetzung mit Zeidler auf die entscheidende Bahn ein. Denn ich will im Folgenden nicht Zeidlers Hegel-Kritik einer eingehenden Prüfung unterwerfen, sondern auf eine methodische Schwachstelle hinweisen, die Zeidler gerade mit dem von ihm ebenso goutierten wie viel gescholtenen kritischen Idealismus, Kantianismus oder der fundamentallogischen Option teilt. Ich meine nicht die urteilslogische Ausrichtung, da unterscheidet sich Zeidler gewiß, sondern einen methodisch *basaleren* Aspekt – den Formalismus. Er führt dazu, daß Zeidlers Ausführungen sich philosophiemethodisch gesehen im Geltungsmodus einer, mit Hegel gesprochen, ‚äußeren Reflexion' bewegen. Von einer ‚Letztbegründung' kann also gar keine Rede sein; dergleichen wird vielmehr aus methodischen Gründen vereitelt. Diese Einsicht fordert keineswegs ein Bekenntnis oder ähnliches zu Hegels Philosophie, sondern geht aus einer immanenten Betrachtung von Zeidlers Philosophie selbst hervor, auch wenn ich dabei auf Hegelsche Lehrstücke zurückgreife, weil sie ein helles Licht auf Aspekte des Formalismus bei Zeidler werfen. Zeidlers Philosophie gewinnt gewiß nicht dadurch an Plausibilität, daß Hegels Philosophie mit Problemen befrachtet ist.

II

Die immanente Betrachtung setzt damit an, daß mit Blick auf Zeidler bzw. die Transzendentalphilosophie und Hegel ein tertium comparationis gefunden wird. Dieses gemeinsame Dritte ist der von Zeidler sogenannte Anspruch der „Letztbegründung", dem beide Traditionen des modernen Idealismus in radikaler Weise verpflichtet sind, dem sie allerdings in methodisch unterschiedlicher Weise gerecht zu werden versuchen. In ‚Vernunft und Letztbegründung' hat Zeidler in einem souveränen Darstellungsstil seine Position sowohl problemhistorisch verortet wie in einem systematischen Grundriss präsentiert. Der Text gibt konzise Auskunft über Zeidlers Vorstellung von Philosophie: Die Vernunft ist laut Zeidler deshalb letztbegründend, d. i. das „Prinzip aller Prinzipien", „weil sie die durchgängige Verflechtung der Probleme fundiert".[32] Vernunft ist

30 Zeidler: *GtL*³, 16.

31 Zeidler: *GtL*³, 15.

32 Zeidler: Vernunft und Letztbegründung, 11.

somit „prinzipientheoretisch“, nämlich als „Prinzip aller Prinzipien (forma formarum)“ bestimmt.[33] Als solche ist sie für Zeidler unbedingte, allgemeine und gesetzmäßige Bedingung (principium), das notwendig im Verhältnis zu einem Bedingtem (principiatum) steht; als allgemeinste Bedingung steht sie in einem Verhältnis zu schlechterdings Allem. Zeidler verwendet nun viel Mühe darauf, darzulegen, daß die Vernunft qua Prinzip aller Prinzipien kein abstrakt Allgemeines sein kann.[34] Sie sei nicht „isoliert“ von den Fällen möglicher Anwendung zu denken, sondern als Vereinigung von Bedingung und Bedingtem, also als „Prinzip seiner selbst“ oder „selbstreflexives Prinzip“: „begründendes und sich selbst begründendes Denken“.[35] Entsprechend müsse eine Logik her, die den Zusammenhang von Unbedingtheit, Allgemeinheit und Gesetzmäßigkeit als sich selbst begründende Vereinigung von Bedingung und Bedingtem zu denken vermag.[36] Zeidlers Begründungsanspruch ist auf radikal sich selbst bestimmende Selbstbegründung des Denkens ausgerichtet. Der Regel sind die Fälle ihrer Anwendung daher auch nicht vorgegeben qua Gegenstände oder Sachverhalte, die unabhängig vom Denken sind, sondern Zeidlers Idealismus bringt den „Begriff als Erkenntnisgrund (als Idee)“ in Ansatz.[37] Er tut dies über drei logische Grundhandlungen der Synthesis (drei ursprüngliche Arten der begrifflichen Synthesis), die eine Regel als Regel etablieren. Dies soll den besagten Zusammenhang von Unbedingtheit, Allgemeinheit und Gesetzmäßigkeit als sich selbst begründende Vereinigung von Bedingung und Bedingtem zu denken erlauben. Eine so angelegte „transzendentallogisch relevante Schlußlehre“ ermögliche es, Begründung als letztbegründenden „Vermittlungszusammenhang“ von „transzendentalen Bedingungen“ zu denken, und damit von Bedingungen, die sich selbst begründende Gründe oder Regeln zur Etablierung von Regeln seien: Zeidlers Schlußlehre denkt den Schluß nicht als tautologische Verknüpfung vorgegebener Prämissen, sondern als „rein logische Synthesis“.[38] So werden die ursprünglichen Synthesisfunktionen des Begriffs oder der Vernunft schlußlogisch expliziert. Gemäß Zeidlers Einschätzung erlaubt die „schlußlogische Letztbegründung“ dem Denken sich selbst zu denken, indem sie die „regulativ konstitutierende logische Einheit“ denkt, „als welche die sich selbst ihr Gesetz gebende *heautonome Vernunft* qua forma formarum, Prinzip aller

33 Zeidler: Vernunft und Letztbegründung, 19.
34 Zeidler: Vernunft und Letztbegründung, 19–22.
35 Zeidler: Vernunft und Letztbegründung, 23.
36 Zeidler: Vernunft und Letztbegründung, 25.
37 Zeidler: Vernunft und Letztbegründung, 28f.
38 Zeidler: Vernunft und Letztbegründung, 37.

Prinzipien“ gedacht werden muß; der schlußlogisch explizierte Zusammenhang der drei ursprünglichen Synthesen des Begriffs (bzw. die drei Schlüsse: Abduktion, Deduktion, Induktion) ist letztbegründend.[39] Er sichere logisch die Einheit der Vernunft, indem er die Einheit der drei Momente der Unbedingtheit, Allgemeinheit und Gesetzmäßigkeit, die die Vernunft qua Prinzip aller Prinzipien kennzeichnet, „vermittelt“.[40] Wo immer „wahrhafte Einheit“ gedacht wird, so Zeidler, ist sie ebensosehr „in sich, wie über sich hinaus vermittelte Einheit“.[41] Anders gesagt: Philosophie als begründendes und sich selbst begründendes Denken des Denkens qua Vernunft als Prinzip aller Prinzipien ist nur als radikale Vermittlung möglich.

Um die Einlösung dieses Letztbegründunganspruchs scheint es allerdings schlecht bestellt. Ebendies gründet im Formalismus, den Zeidler mit der urteilslogisch ausgerichteten Transzendentalphilosophie teilt. Wie ist das gemeint? Warum vermag Zeidlers Schlußlehre den Letztbegründungsanspruch nicht einzulösen? Deshalb, weil Zeidlers Schlußlehre zwar das Denken als intrinsischen Zusammenhang, als in sich vermitteltes Prinzipiationsverhältnis denken will, und insofern nicht abstrakt denkt – Zeidler denkt die Schlußlehre selbst jedoch abstrakt, und insofern denkt er durchaus abstrakt oder ‚bloß‘ formal. Zeidler denkt das Prinzipiationsverhältnis nicht selbst als ein sich prinzipiierendes Verhältnis, als reflexives Prinzip, als eine in sich wie über sich hinaus vermittelte Einheit: als Ineins von Methode und Inhalt. Daß dem so ist, vermag ein Blick auf Hegels Philosophie als Kontrastmodell des Denkens wahrhafter Einheit deutlich zu machen. Es wird eine begründungstheoretische Lücke in Zeidlers Letztbegründungslehre sichtbar.

III

Bekanntlich weist Zeidler das für Hegel eigentlich Spekulative in der philosophischen Begriffsbestimmung zurück. Er weist damit das zurück, was bei Hegel die ‚Realisierung des Begriffs‘ ist. Hegels Logik ist eine Theorie begreifenden Denkens. Wie bei Zeidler und für die kantianisierende Transzendentalphilosophie, sagen wir: den transzendentalen Idealismus, maßgeblich, ist auch für Hegels spekulativen Idealismus die Logik erste Wissenschaft im System der Philosophie. Anders aber als für den transzendentalen Idealismus ist sie auch die letzte Wissenschaft des Systems. Hegel gibt seine Logik zwar auch als die „eigentliche

39 Zeidler: Vernunft und Letztbegründung, 52.
40 Zeidler: Vernunft und Letztbegründung, 52.
41 Zeidler: Vernunft und Letztbegründung, 57f.

Metaphysik“ aus (I 5),[42] verleiht damit der Metaphysik jedoch eine andere thematische und methodische Bedeutung als sie in der vorkantischen Metaphysik hatte, ebenso wie er damit von Kants Vorschlag einer transzendentalisierten allgemeinen und speziellen Metaphysik abweicht. Statt ihre Bestimmungen als Bestimmungen von „Substraten“ aufzufassen, die der „Vorstellung“ entnommen sind, thematisiert Hegels Logik die Denkbestimmungen frei von solchen seienden Substraten der Vorstellung und betrachtet die „Natur“ der Gedankenbestimmungen und ihren „Wert“ „an und für sich“ (I 46f.). In diesem Kontext gibt Hegel auch gleich an, worauf es ihm methodisch ankommt, nämlich daß es im philosophischen Begreifen die *„Natur des Inhalts“* selbst ist, die sich *„bewegt“*, der Inhalt also selbst seine Bestimmung „setzt und *erzeugt*“ (I 6). Eine solche Logik ist weder eine vorkantische Metaphysik noch eine Kantische transzendentale Logik, sondern eine Logik der (absoluten) Idee, d. i. des mit sich in seiner Objektivität zur Übereinstimmung gekommenen Begriffs; und zwar eine Logik, die sich vollzieht in einem immanenten Bestimmungsprozeß vom Anfang des Denkens als des unbestimmten Unmittelbaren, das das Denken qua ‚Sein‘ ist, bis hin zur Vollendung dieser Selbstbewegung im Verständnis seiner Bewegung, das das Denken qua ‚absolute Idee‘ ist. Eine derartige Selbstbewegung des ‚Begriffs‘ (und damit die Entfaltung des Zusammenhangs der ‚Denkbestimmungen‘) soll freilich in einer die Vernunft ‚befriedigenden‘, nämlich begründeten Weise erfolgen: in der ‚Form der Notwendigkeit‘ (*E* § 9). Schon dies legt es nahe, daß die Philosophie für Hegel nur einen einzigen Inhalt und Gegenstand hat: die Idee, näherhin: die absolute Idee (II 484), die der „sich *begreifende Begriff*“ (II 504), die *„absolute Wahrheit und alle Wahrheit“* ist (*E* § 236, vgl. II 484). Die Idee ist also kein Seiendes, auch kein ‚seienderweise‘ Seiendes. Die absolute Idee erweist sich vielmehr als die Methode, d. h. als die eigentümliche Prozessualität, die den in der Logik thematischen reinen Gedankenbestimmungen eigen ist, *in eins* mit dem System dieser Gedankenbestimmungen. So gesehen laboriert die

---

42 Georg Wilhelm Friedrich Hegel wird wie folgt zitiert: I = *Wissenschaft der Logik.* Erster Teil, Georg Lasson (Hg.), Leipzig 1951; II = *Wissenschaft der Logik.* Zweiter Teil, Georg Lasson (Hg.), Leipzig 1951; *E* = *Enzyklopädie der philosophischen Wissenschaften im Grundrisse* (1830). Friedhelm Nicolin u. Otto Pöggeler (Hg.), Hamburg 1991; *R* = *Grundlinien der Philosophie des Rechts.* Johannes Hoffmeister (Hg.), Hamburg 1955; *PG* = *Phänomenologie des Geistes.* W. Bonsiepen u. R. Heede (Hg.), in: Georg Wilhelm Friedrich Hegel: *Gesammelte Werke*, Bd. 9. Hg. v. Rheinisch-Westfälische Akademie der Wissenschaften, Hamburg 1968ff.; Briefe = *Briefe von und an Hegel,* 3 Bd. Johannes Hoffmeister (Hg.), Hamburg, 1952–54; *TWA* = *Werke in zwanzig Bänden.* Eva. Moldenhauer u. Karl Markus Michel (Hg.), Frankfurt am Main 1971.

Philosophie nicht an Substraten der Vorstellung oder sonstwie Vorgegebenem – die absolute Idee enthält alle Bestimmtheit in sich (II 484).

Als alle Bestimmtheit in sich enthaltende, erschöpft die absolute Idee sich, wie angedeutet, nicht als logische Idee, sondern aufs Ganze der Philosophie gesehen, ist sie thematisch in drei Bestimmungshinsichten: im Element des reinen Denkens ist sie Logisches, im Element der Natur ist sie Naturales, im Element des Geistes ist sie Geistiges.[43] Zur Einlösung des neuartigen Philosophieprogramms Hegels gehört somit, daß Natur und Geist als die beiden Sphären des Realen in die Philosophie einbezogen werden, und zwar in der Weise einer immanenten, durchaus die ‚Erfahrung' anerkennenden Entwicklung der Idee in unterschiedlichen Elementen.[44] Die Logik übernimmt dabei als „innerer Bildner" und „Vorbildner" der Realphilosophie (II 231) eine fundierende Rolle: sie bildet die „Grundlage" jeglicher naturalen oder geistigen Bestimmtheit (II 224, vgl. *TWA* 8, § 24, Z 1). Ihrer schlechthin fundierenden Funktion zufolge hat Hegel sie nicht nur als „erste", sondern auch als „letzte" Wissenschaft qualifiziert (II 437). Darin liegt u. a., daß jegliche Bestimmtheit – sei sie nun eine ‚empirische' oder eine (Empirisches fundierende) realphilosophische – nicht nur letztlich in die Logik als schlechthinnige Grundlage zurückgenommen wird; zugleich bleibt die Logik in den anderen Sphären als fundierende Grundlage erhalten und wird sogar am Ende der Systementwicklung *sich wissendes* Logisches, das sich zugleich als Einheit von Natur und Geist, und damit als Prinzipiationsgrund von Realem weiß, wodurch die Philosophie selbst als schlechthinnige Grundlegungs- oder Totalitätswissenschaft begriffen wird.[45]

Hier liegt, mit Zeidler gesprochen, eine wahrhaft durchgeführte ‚Letztbegründung' vor: ein ausgeführtes Programm radikaler Selbstbestimmung des Denkens, in der jeder Fortgang im Weiterbestimmen des unbestimmten Anfangs einen

---

43 Vgl. hierzu und zum folgenden: C. Krijnen: *Philosophie als System*, Kap. 4.2.1.2.

44 Immanente Entwicklung ist als eine methodische Qualifikation gemeint. Inhaltlich bleibt der spekulative Idealismus seinem Selbstverständnis nach durchaus dem ‚fruchtbaren Bathos der Erfahrung' (Kant) verpflichtet. Hegel läßt weder die Empirie noch die Geschichte der Philosophie beiseite, sondern erkennt die empirische und philosophische Erkenntnis als Material an, bildet dieses Material jedoch weiter und formt es somit dem spekulativ-idealistischen Erkenntnisanspruch und der methodischen Handhabe dieses Anspruchs gemäß um. Vgl. dazu etwa Krijnen: *Philosophie als System*, 190ff. sowie Christian Krijnen: *The Very Idea of Organization. Social Ontology Today: Kantian and Hegelian Reconsiderations*, Leiden/Boston 2015.

45 Vgl. zur Logik als letzter Wissenschaft C. Krijnen: *Philosophie als System*, Kap. 4.2.3, bes. 228ff.

Rückgang zu diesem Anfang bildet (I 55ff.; II 498ff.). Diesem Konzept radikaler Selbstgestaltung des ‚Begriffs' gemäß fängt die Seinslogik beim Sein (dem Begriff als Sein) als dem Unbestimmten an, führt es zu seiner ersten Bestimmtheit und in einer immanenten Begriffsprogression zum Abschlußbegriff der Logik: der ‚absoluten Idee'. In der absoluten Idee ist die (Selbst-)Bestimmung des Begriffs insofern vollendet, als der Begriff in sich als Grund seiner Differenzierungen begriffen ist. Man könnte sagen: Am Ende der *Logik* ist das Theoriesubjekt dieser Wissenschaft als absolute Idee transzendental deduziert (d. h. gerechtfertigt). Das Denken, das zunächst als Sein das unbestimmte Unmittelbare des Anfangs des Selbstbestimmungsprozesses bildet, ist am Ende in seiner vollständigen Bedeutung entwickelt, die absolute Idee der konkret-allgemeine Begriff des begreifenden Denkens als solchen selbst.

Ganz anders die Sachlage bei Zeidler: Schon dem Anfang der Philosophie vermag er keine Notwendigkeit abzugewinnen, obwohl ihm durchaus die Unmöglichkeit dessen bewußt ist, wie Zeidler mit Bezug auf Wagner feststellt, daß die „Idee" erst am „Abschluß" der philosophischen Reflexion auf sich selbst sich als „Idee" enthüllt: die Idee muß „Anfang, Prinzip und Ursprung" der Reflexion sein.[46] Offenbar mit einem anderen Anfangsbegriff operierend, betont Zeidler gleich zu Beginn seiner Ausführungen über Vernunft und Letztbegründung, es sei angesichts der Fülle und Verflechtung der andrängenden Probleme philosophischer (Letzt-)Begründung unmöglich, einen „Anfang" zu finden, der nicht „willkürlich", „zufällig" wäre; Verflochtenheit der Probleme und Willkürlichkeit seien geradezu „zwei Seiten des Letztbegründungsproblems".[47]

Daß es mit dieser ebenso ungenauen wie suggestiven und systematisch auf Abwege führenden Bestimmung des Anfangs der Philosophie nicht sein Bewenden haben kann, kann man sowohl aus Hegels spekulativem Idealismus wie aus dem transzendentalen Idealismus lernen: Das anfängliche Faktum der philosophischen Analyse ist schon insofern ein geltungsreflexiv notwendiges Faktum, als es dem Denken wesentlich ist, Geltungsansprüche zu erheben. Mit jedem Geltungsanspruch ist zugleich die Aufgabe der Philosophie gegeben. Immanenter Selbstbezug, Obliquität des Denkens (Reflexion) und direkt-intentionale Gegenstandszuwendung sind also intrinsisch verbunden. Darüber hinaus geben sich Hegel oder Rickert etwa erhebliche Mühe, verschiedene Bedeutungen des ‚Anfangs der Philosophie' zu unterscheiden, sodaß es zu einer differenzierten Sicht auf den Anfang der Philosophie und seine Problematik kommt. Die Rede

---

46 Zeidler: Stufen der Apriorität, 346.

47 Zeidler: Vernunft und Letztbegründung, 11, vgl. 46, 58f.

vom Anfang der Philosophie ist nämlich notorisch äquivok. Es spielen genetische, methodische, logische und ursprungstheoretische Aspekte eine Rolle.[48] Vor allem macht eine Analyse des Anfangsproblems klar, daß es von Anfang an eine gewisse Ordnung der philosophischen Systematik gibt: ob bei Hegel oder Rickert, der logische Anfang der Logik ist schlicht weil der Anfang Anfang eines philosophischen Bestimmungsprozesses ist, das schlechthin Unmittelbare des Denkens, also das zu Bestimmende, Bestimmbare, noch Unbestimmte. Wäre der Anfang nur zufällig, es wäre gar nicht einzusehen, wie es überhaupt zu einer, mit Zeidler gesprochen, Selbstkonstitution, einer reflexiv-konstitutiven Selbstbestimmung der Vernunft sollte kommen können.[49] Indes gibt es in der Systematik einer auf wahrhafte Letztbegründung ausgerichteten Philosophie dem Anspruch nach keine äußerlich eingeschleusten Bestimmungen: entweder eine Bestimmung verdankt sich dem selbstanalytischen Explikationsgang des Gedankens oder sie ist unberechtigt eingeführt, also grundlos.

Damit ist der Kern des Problems der Zeidlerschen Konzeption schon erreicht. Denn während Hegels Begründungsprogramm das einer immanenten (selbstanalytischen, reflexiv-konstitutiven) Selbstproduktion des begreifenden Denkens ist, einer Selbstproduktion, in der jeder Fortgang im Weiterbestimmen des unbestimmten Anfangs einen Rückgang zu diesem Anfang bildet, es hier methodisch gesehen also keine äußerlich aufgenommenen Bestimmungen gibt, stellt sich die Frage, mit welchem Recht Zeidler die seine Systematik leitenden Begriffe einführt: Wie werden Begriffe wie Begriff, Urteil, Schluß, Form, Inhalt, Regel usw. usf. selbst in ihrer Geltung und Bestimmtheit gerechtfertigt?

Bei Hegel ergäben sie sich im Zuge eines immanenten Selbstbestimmungsgangs des Denkens in seinem wirklichen Anspruch, begreifendes oder objektives Denken zu sein. Deshalb kann es bei Hegel, anders als bei Zeidler, nicht eine ‚Schlußlehre' geben, die die ‚Letztbegründung' leisten soll. So etwas gibt es nur in der Perspektive einer philosophischen Reflexion als Reflexion-auf-Vorliegendes, auf Vorgegebenes, Zufälliges, auf das dann durch ein philosophierendes Subjekt reflektiert wird, um dessen Prinzipien herauszufinden: ein solches Reflexionsmodell bleibt nolens volens dem ‚Gegensatz des Bewußtseins' verhaftet (aber auch dieser Reflexionsbegriff bedarf freilich der Deduktion). Vielmehr

48 Vgl. Krijnen: *Philosophie als System*, Kap. 2.2; Christian Krijnen: Hegel und der Neukantianismus. Eine systemphilosophische Konfrontation, in: Dietmar Heidemann u. Christian Krijnen (Hg.): *Hegel und die Geschichte der Philosophie*, Darmstadt 2007, 301–325.

49 Vgl. etwa auch die süffisante Bemerkung Hegels zu Reinholds Anfang mit einem Hypothetischen (*E* § 10 A; I 55ff.).

ist die ‚absolute Methode' als Grund von allem das *Ergebnis* eines durchgehenden immanenten Selbstbestimmungsprozesses und als solches Ergebnis nicht bloß eine Methodenreflexion, wie bei Zeidler, sondern die Methode in eins mit dem Inhalt der Logik, nichts davon Isoliertes, Abgehobenes oder Separiertes. Das Wahre ist das Ganze. Zeidler indes lehnt Hegels Methode der Realisierung des Begriffs ab.[50] Die Folge ist, daß während Zeidler mit Blick auf Hegel erwägt, Peircens Philosophie als „bloße Reflexions-Philosophie" zu qualifizieren, ebendies auf Zeidler zuzutreffen scheint: Immer sind es problemgeschichtliche Betrachtungen, in denen er seine Begriffe bzw. Problemkonstellationen diskutiert, rein systematische Darlegungen finden sich allenfalls punktuell. ‚Erzeugt' bzw. Ergebnis einer immanenten Deduktion oder ‚Selbstkonstitution der Vernunft' sind sie aufs Ganze gesehen nicht. Ein systematischer ‚Grundriss' oder eine wahrhaft spekulative Logik fehlt bislang in Zeidlers Schaffen – die immer wieder eingeklagte Letztbegründung der Vernunft bleibt ein Desiderat.[51] Was Zeidler bislang zutage gefördert hat, wie interessant es im einzelnen auch ist, ist nicht das Ergebnis eines radikalen Selbstbestimmungsprozesses des Denkens: es resultiert nicht, mit Hegel gesprochen, aus dem „Gang der Sache selbst" (I 36, vgl. 23f.). Vielmehr ist es das Ergebnis einer *äußeren Reflexion*. Nicht durch räsonierende oder historische Betrachtungen jedoch läßt sich der Begriff der Logik philosophisch beweisen, sondern nur durch den Aufweis der Notwendigkeit des „Hergangs" seiner Bestimmungen (I 29f., vgl. 23), jedenfalls für eine Letztbegründungsphilosophie der Vernunft, die ihrem Anspruch gerecht werden will.[52]

---

50 Zeidler sieht zwar, daß Hegel die Realisierung des Begriffs gegen Kant einbringt (Zeidler: Transformationen der Logik, 79, vgl. 83), reflektiert jedoch nicht die Folgen dieser sachlichen Konstellation für seine eigene Position, sondern lehnt Hegels Vermittlungskonzeption als Verabsolutierung der Vernunft pauschal ab.

51 Zeidlers *Grundriss* etwa, will zwar nur eine „Skizze der Transzendentalphilosophie" sein (Zeidler: *GtL*³, 6), schon ihr Aufbau aber macht deutlich, daß hier, anders als in Hegels *Enzyklopädie der philosophischen Wissenschaften im Grundrisse,* von einer rein systematischen Gedankenentwicklung als Selbstkonstitution der Vernunft keine Rede sein kann (von den Aufsatzsammlungen *Grundlegungen* und *Vermittlungen* gilt dies naturgemäß umso mehr). Hegel indes beschränkt den Grundriß, der die *Enzyklopädie* ist, zwar auf die „Anfänge und die Grundbegriffe" (*E* § 16) und spricht von ihr sogar (verniedlichend) als einer „suite des thèses" (*Briefe* III, 169), arbeitet jedoch in aller Strenge die formalen Zusammenhänge des Ganzen heraus. Das verleiht der *Enzyklopädie* geradezu ihren Reiz.

52 Zeidler: Syllogismus, 112, zitiert selbst einmal eine Wendung Hegels (II 491), in der es heißt, die „absolute Methode" ist keine „äußerliche Reflexion", sondern „nimmt das Bestimmte aus ihrem Gegenstande selbst", ist sie doch dessen „immanentes Prinzip".

Einer Zeidlerschen ‚Logik der Regeletablierung' dreier logischer Grundhandlungen bzw. Schlüsse fehlt das methodische Format, um den Letztbegründungsanspruch einzulösen. Sie expliziert weder den Anfang noch den Ursprung der Philosophie.[53] Nicht der Zusammenhang der ‚drei ursprünglichen Begriffssynthesen' ist ‚letztbegründend', sondern das System der Philosophie: es ist begründet, indem es ‚letztbegründet' ist, also System, Begriff der Einheit, Manifestation der Idee.

‚Äußere Reflexion' ist der terminus technicus der Hegelschen *Logik*, mit dem sich der Geltungsstatus der von Zeidler erreichten Ergebnisse kennzeichnen läßt. Während sie bei Hegel ein Moment der ‚absoluten Reflexion' ist, kennzeichnet der transzendentale Idealismus sich methodisch dadurch, als solcher äußere Reflexion zu sein. Im Kontext der Hegelschen Logik handelt es sich reflexionslogisch gesehen bei der Transzendentalphilosophie, wie sie Zeidler vor Augen steht, also bestenfalls um eine Form verabsolutierter Wesenslogik, die sowohl ihre Herkunft aus dem Anfang der Philosophie (wie überhaupt der Seinslogik) als auch den Rückgang in ihren Grund, der der (spekulative) Begriff, näherhin die absolute Idee ist, verkennt.

Im Rahmen der Hegelschen Logik, die eine Logik begreifenden Denkens und insofern eine Logik des Begriffs ist, thematisiert die Wesenslogik den Gedanken nicht, wie die Seinslogik, in seiner „*Unmittelbarkeit*", d. i. den Begriff in seinem Ansichsein, sondern in seiner „*Reflexion* und *Vermittlung*", d. i. den Begriff in seinem Fürsichsein (*E* § 83, vgl. I 41ff.). Hier wird zunächst, in der Reflexionslogik, die Bewegungs- und Beziehungsweise der Gedankenbestimmungen selbst thematisch.[54] Die in der Seinslogik der direkt-intentionalen Ausrichtung des Seinsdenkens wegen vorherrschende Unbezogenheit der Bestimmungen wird dabei in der Wesenslogik in Relationalität umgewandelt; das, was ist, ist nur innerhalb eines relationalen Bestimmungsgefüges, hat seinen Grund im Wesen als das Bestimmtheit Verleihende (Setzende, Bestimmende, Vermittelnde). Dieser Vorgang ergibt sich aus der Bestimmung des Seins selbst, ist ihm also immanent.

---

53 Eine Logik, die klärt, aufgrund von welchen Voraussetzungen Regeln überhaupt „exekutiert, formuliert und exemplifiziert und Fälle subsummiert, antizipiert und identifiziert" werden können (Zeidler: Vernunft und Letztbegründung, 37), ist ohnehin keine reine Logik, sondern eine, die von vornherein auf ein erkennendes Subjekt (subjectum veritatis et falsi) ausgelegt ist, wenn anders der Begriff der Regel einen definiten Sinn haben soll.

54 Vgl. Hegels Charakterisierung der Form des Fortgangs des Begriffs als „Übergehen" in der Seinslogik und „Scheinen in Anderes" in der Wesenslogik (sowie „Entwicklung" in der Begriffslogik): *E* §§ 161 mit 84, 111 Z, 240f.; II 21, 242, 272 u.ö.

Indem die Wesenslogik im Zuge einer immanenten Gedankenentwicklung aus der Seinslogik hervorgeht, bewältigt Hegel das auch in der Transzendentalphilosophie Zeidlers festgestellte Problem der Äußerlichkeit eingeführter logischer Grundbestimmungen sowie der Zufälligkeit des Anfangs. Schon der Anfang der Seinslogik muß alle Bestimmungen aus sich selbst entwickeln.[55] Die Sache des Denkens ist nicht mehr vom Denken der Sache verschieden, sondern mit ihm identisch. Genauer: der Anfang ist gerade als Anfang einer spekulativen, anders als die Zeidlersche, auf dem ‚Standpunkt des Bewußtseins' entwickelten Logik indifferent hinsichtlich einer solchen Unterscheidung. Freilich führt die Wesenslogik zur Begriffslogik; die Wesensbestimmungen werden also noch auf die Subjektivität des Begriffs zurückgeführt, wo die Letztbegründung im Rahmen der Logik schließlich als absolute Idee erfolgt. Hegel überführt die wesenslogischen Verhältnisse somit zum einen in den Begriff, zum anderen entwickelt er sie im Zuge eines Bestimmungsfortgangs, der Rückgang in den Grund ist, aus dem Anfang der Philosophie mit dem Sein als dem unbestimmten Unmittelbaren. Das Wesen ist so das „*in sich* gegangene Sein" (*E* § 112 A), das durch die „Negativität seiner selbst sich mit sich vermittelnde Sein"; und die Bestimmungen des Wesens sind nur „*relative*", noch nicht (wie im Begriff) „schlechthin in sich reflektiert" (*E* § 112), „unvollkommene Verknüpfung von der *Unmittelbarkeit* und der *Vermittlung*" (*E* § 114).

Tatsächlich erarbeitet Hegel sich mit dieser Entwicklung vom Sein zum Wesen einen *neuen Reflexionsbegriff*, der sich grundlegend von dem der Transzendentalphilosophie unterscheidet. Denn Reflexion ist hier, wie auch bei Zeidler, primär gedacht als Reflexion eines Subjekts auf die Prinzipien, die das Konkretum, auf das es reflektiert, in seiner Objektivität bestimmen: Reflexion ist Reflexion-auf-Vorliegendes, bei Zeidler auf einen willkürlichen Anfang, auf zufälligerweise so oder so Gegebenes. Hegel indes thematisiert die diesem Reflexionsbegriff logisch vorangehende Bedeutung von *Reflexion als solcher selbst.* Diese Bedeutung ergibt sich im Zuge der fundierenden Bestimmung des Seins als des Unmittelbaren; das Wesen ist das durch die „Negativität seiner selbst sich mit sich vermittelnde Sein"; Reflexion erweist sich als ein reines Verhältnis von

55 Hegels *Logik* wird auf dem Standpunkt spekulativen Denkens entwickelt, und dieser Standpunt muß zunächst von einem philosophierenden Subjekt allererst erreicht werden, sei's nun, daß es über die *Phänomenologie* oder den sog. Entschluß, rein denken zu wollen (I 52–54), in die *Logik* hineinkommt. Daß das philosophische Begreifen in einer anfänglichen Phase seiner Selbsterkenntnis der Vernunft bei einem Konkretum ansetzt, kann also nicht die Pointe der Kritik sein. Der Punkt ist vielmehr, daß der Reflexionsbegriff als Reflexion-auf-Vorliegendes selbst einer Deduktion bedarf.

Unmittelbarkeit und Vermittlung des Denkens. Hegel qualifiziert die Wesenslogik geradezu als „Abhandlung der wesentlich sich setzenden Einheit der Unmittelbarkeit und der Vermittlung" (*E* § 65 A).

Der so konzipierte Begriff „absoluter Reflexion" differenziert sich in einem spekulativen Bestimmungsprozeß sodann als setzende Reflexion, äußere Reflexion und bestimmende Reflexion. Der Reflexionsbegriff (und seine eigene Bestimmtheit) ergibt sich somit im Rahmen eines immanenten Bestimmungsprozesses reflexiver Konstitutivität. Er erweist sich, anders als bei Zeidler, als thematisches Ergebnis und erhält seine Bestimmtheit daher durch seine Funktion für das begreifende Denken. Im Reflexionsbegriff wird die Bewegung des objektiven Denkens selbst thematisch. Für Hegel kennzeichnet sie sich durch eine selbstbezügliche Negativität, die sich in drei Formen entwickelt. Sie reichen von einer unmittelbaren Form, die die setzende Reflexion ist, über die äußere Reflexion zur in sich reflektierten Form, die die bestimmende Reflexion ist. Die Begriffe, mit denen die Reflexion dergestalt qualifiziert wird, rechtfertigen sich dadurch, daß sie sich als intrinsische Bestimmungsstücke dieser Entwicklung ergeben. Durch dieses reflexiv-konstitutive methodische Profil erfüllt Hegel den Anspruch einer Selbstkonstitution, mit Zeidler gesprochen: einer Selbstkonstitution der Vernunft. Es wird hier nicht nur *über* Selbstkonstitution gesprochen, sondern sie wird in actu vollzogen.

Das Verhältnis von Selbstbeziehung und Negation, das die Reflexion ist, deckt durch die drei von Hegel unterschiedenen Reflexionsformen das ganze Spektrum von Unmittelbarkeit und Vermittlung ab. Es gibt hier keine verselbständigten Substrate der Relation mehr (dem reflektierenden Denken vorgegebenes Zufälliges etwa, das sich dann als Konstituiertes erweist), sondern ein dynamisches System absoluter Relationalität, das ihre eigene Bestimmtheit generiert. Hier haben wir es, mit Blick auf Zeidler gesprochen, tatsächlich mit einem ‚dynamischen Begriff' zu tun, sodaß sich die Forderung nach Selbstkonstitution der Vernunft methodisch gesehen einlösen läßt. Von ‚außen' eingeschleuste Gedankenbestimmungen gibt es hier keine. Ab ovo bewegt sich der Bestimmungsgang der Logik im Modus der Notwendigkeit.

Gerade in Hegels Erörterung der *äußeren Reflexion* wird der vorausgesetzte Gegensatz des Bewußtseins als Reflexionswissen, als Reflexion-auf-Vorliegendes, so wie wir ihn auch bei Zeidler gesehen haben, kritisch diskutiert bzw. diese Form von Reflexionswissen als äußere Reflexion ausgewiesen. Die äußere Reflexion hat ihren Sinn nur als Moment der absoluten Reflexion, während sie als verabsolutierte (‚Verstandesreflexion') eine logische Unmöglichkeit ist.

In der setzenden Reflexion erweist sich Unmittelbarkeit als eine durch die Reflexion konstituierte; die Reflexion setzt sich selbst als Unmittelbares und setzt sich damit in ihrem Setzen zugleich voraus. Setzen und Voraussetzen sind Momente der reflektierenden Bewegung des Wesens; sie lassen sich daher nicht mehr eindeutig gegeneinander abgrenzen und bestimmen, sodaß die setzende Reflexion in die äußere Reflexion übergeht. Während erst die bestimmende Reflexion die Einheit von Unmittelbarkeit und Reflexion insofern adäquat denkt, als sie durch die Reflexion selbst gesetzt ist, ist sie in der äußeren Reflexion zunächst in ihre Extreme von Unmittelbarkeit und Reflexion verloren (II 17): die Reflexion gerät in ein äußeres Verhältnis zu sich selbst, tritt sich selbst als Unmittelbarkeit entgegen. Sie setzt dementsprechend ein Sein, eine Unmittelbarkeit voraus, um sich als deren immanente Reflexion begreifen zu können. Es ist dies für Hegel paradigmatisch in der sog. ‚Reflexionsphilosophie' der Fall. Noch in einer Anmerkung zum Abschnitt über die äußere Reflexion kritisiert Hegel, daß sich die Reflexion auf das Unmittelbare als ein Gegebenes bezieht, um das Allgemeine (Regel, Prinzip, Gesetz) daran zu finden und also „nur *äußere* Reflexion" ist (II 19), Reflexion „in subjektivem Sinne" (II 18). Anders als bei Hegel ist die äußere Reflexion hier nicht ein Moment der absoluten Reflexion, sondern sie ist selbst absolut, verabsolutierte äußere Reflexion.

Die skizzierte transzendentalphilosophische Reflexion nimmt ihren Ausgang bei einer unmittelbaren Voraussetzung – dem Faktum des Erkenntnisanspruchs, wie der Kritizismus sagen würde, bzw. dem zufälligen oder willkürlichen Anfang Zeidlers – und entfaltet sich als Reflexion so, daß sie bezüglich dieser Voraussetzung auch ein Setzen ist. Aber nicht nur ist dieser Anfang der äußeren Reflexion beim Unmittelbaren für Hegel nur ein scheinbarer Anfang (das Ausgangsfaktum erweist sich freilich auch für die Transzendentalphilosophie als Konstitut, folglich als Gesetztes), da die vorausgesetzte Unmittelbarkeit als unvermittelt gilt, als Faktum des Geltungsanspruchs bzw. als zufälliger Anfang, nicht *als* Voraussetzung und damit als Moment der Reflexion selbst, also nicht von der Reflexion in dieser Voraussetzungsfunktion gesetzt. Die Folge jenes Umgangs mit bloß vorausgesetztem Unmittelbarem ist vielmehr, daß die Reflexion an diesem Gegebenen, wie Hegel trefflich feststellt, nur ihm „äußerliche Bestimmungen" setzt (II 17). Die Grundbegriffe der Zeidlerschen Logik sind nicht das Ergebnis einer Deduktion; insofern kommen sie ‚von außen' in den Reflexionsgang hinein. Es wird also Hegels Vorwurf der Äußerlichkeit von Bestimmungen bestätigt, die auf ein unmittelbar gegebenes Substrat angewendet werden, während die von Zeidler herausgearbeitete ursprüngliche Synthesisstruktur doch, mit Hegel gesprochen, „nicht als ein jenem Unmittelbaren äußerliches, sondern als dessen eigentliches Sein" gilt, der Begriff der „absoluten Reflexion" also offenbar vorausgesetzt ist – und es im Rahmen der äußeren Reflexion notwendigerweise bleibt (II 19). Das vorausgesetzte Sein ist in seiner Unmittelbarkeit der Bestimmtheit durch die Reflexion entzogen. Es ist jedoch nur ein der Reflexion vorausliegendes Substrat, weil die Reflexion in ihrem Voraussetzen ihr Setzen außen vor läßt. So kommt es zur Vorstellung einer unmittelbaren Voraussetzung, die gleichwohl Ergebnis eines Setzens und damit des Denkens ist. Eben aufgrund dieser Äußerlichkeit des Gegebenen wie dessen Bestimmungen wird die Reflexion zu etwas, was sie gerade nach Zeidler nicht sein soll: nicht Selbstkonstitution der Vernunft, oder wie Hegel sagen würde: Bewegung der Sache selbst, sondern Tätigkeit eines Subjekts, das sich auf ein unmittelbar Gegebenes mittels unmittelbar gegebener Bestimmungen bezieht. In Hegels spekulativem Idealismus tritt an die Stelle eines solchen krypto-ontologischen Fundaments die Reflexion selbst. Die Reflexion wird von Hegel als reflexive Konstitutivität konzipiert, d. h. die Reflexion setzt eine Bestimmung so, daß sie selbst nur unter der Bedingung des Gesetztseins dieser Bestimmung gedacht werden kann. Reflexion ist Einheit von Gesetztsein und Insichreflektiertsein, Unmittelbarkeit und Vermittlung (wenn auch noch keine absolute Vermittlung, keine Selbstmanifestation des Begriffs).[56]

Schluß: Es bleibt zu hoffen, daß Zeidler eine wahrhaft spekulative Logik ausarbeiten wird: keine im Geltungsmodus der äußeren Reflexion, sondern eine, in der die Vernunft als „selbstreflexives Prinzip", „forma formarum", „Prinzip aller Prinzipien" selbst zum Prinzip der Begriffsentwicklung wird, wenn anders das Projekt einer Letztbegründung keine façon de parler bleiben soll. Während Zeidler unter Bezug auf Kant die transzendentale Logik gelegentlich als eine „Logik der Freiheit" ausgibt (obwohl für Kant Freiheit ein kosmologischer bzw. praktischer Begriff ist, keiner der transzendentalen Logik),[57] hätte man es dann mit einer Logik zu tun, die nicht mehr an gegebenen Vorstellungen laboriert, sondern durchgängig Selbstbestimmung als Selbstvermittlung, also *radikale* Vermittlung ist. Hegel hatte immerhin in seiner Logik dargelegt, daß der Begriff das

---

56 Begriff, Urteil und Schluß reichen bei Hegel zudem keineswegs aus, um die Grundstruktur objektiven Denkens zu charakterisieren, sondern haben ihre Stelle in der Lehre vom subjektiven Begriff der Begriffslogik (II 238ff.). Sie sind also, nach Hegelschen Maßstäben, zum einen Ergebnis einer recht ausführlichen immanenten Deduktion, die darüber hinaus, zum anderen, noch einen weiten Weg durch die Begriffslogik vor sich hat. Erst hier wird die, mit Zeidler gesprochen, ursprüngliche Synthesis als Idee qualifiziert.

57 Zeidler: Der logische Ort der Freiheit, 177. Vgl. zur Logik der Freiheit freilich den gesamten Aufsatz sowie auch Zeidler: Vernunft und Letztbegründung, 59. Vgl. zur kosmologischen Freiheitsproblematik bei Kant Christian Krijnen: Kants Konzeption kosmologischer Freiheit: ein metaphysischer Rest?, in: *Revista de Estudios Kantianos* 2 (2017), 179–195; Christian Krijnen (Hg.): *Metaphysics of Freedom? Kant's Concept of Cosmological Freedom in Historical and Systematic Perspective*, Leiden/Boston 2018.

„Freie" ist, sich im Begriff das „Reich der Freiheit" eröffnet (II 218; *E* § 160). Eine Logik radikaler Vermittlung wäre tatsächlich eine ursprüngliche Logik der Freiheit. Da Zeidler jedoch mit dem Bade der in der Transzendentalphilosophie gängigen Negationskritik an Hegel zugleich das Kind der Realisierung des Begriffs als Methodik der Logik ausgeschüttet hat, bedarf es eines Neuanlaufs, um das problemgeschichtliche Kernproblem der Gegenwartsphilosophie zu lösen: eine Synthese von Kant und Hegel. Zeidler möge es systematisch in einem *Grundriß der spekulativen Logik* in Angriff nehmen!

Literaturverzeichnis

Flach, Werner: *Negation und Andersheit. Ein Beitrag zur Problematik der Letztimplikation*, München/Basel 1959.

Hegel, Georg Wilhelm Friedrich: *Wissenschaft der Logik*. Erster Teil, Georg Lasson (Hg.), Leipzig 1951 (= I).

Hegel, Georg Wilhelm Friedrich: *Wissenschaft der Logik*. Zweiter Teil, Georg Lasson (Hg.), Leipzig 1951 (= II).

Hegel, Georg Wilhelm Friedrich: *Enzyklopädie der philosophischen Wissenschaften im Grundrisse* (1830). Friedhelm Nicolin u. Otto Pöggeler (Hg.), Hamburg 1991 (= *E*).

Hegel, Georg Wilhelm Friedrich: *Grundlinien der Philosophie des Rechts*. Johannes Hoffmeister (Hg.), Hamburg 1955 (= *R*).

Hegel, Georg Wilhelm Friedrich: *Phänomenologie des Geistes*. W. Bonsiepen u. R. Heede (Hg.), in: Georg Wilhelm Friedrich Hegel: Gesammelte Werke, Bd. 9. Hg. v. Rheinisch-Westfälische Akademie der Wissenschaften, Hamburg 1968ff. (= *PG*).

Hegel, Georg Wilhelm Friedrich: *Briefe von und an Hegel*, 3 Bd. Johannes Hoffmeister (Hg.), Hamburg 1952–54 (= Briefe).

Hegel, Georg Wilhelm Friedrich: *Werke in zwanzig Bänden*. Eva. Moldenhauer u. Karl Markus Michel (Hg.), Frankfurt am Main 1971 (= *TWA*).

Krijnen, Christian: *Nachmetaphysischer Sinn. Eine problemgeschichtliche und systematische Studie zu den Prinzipien der Wertphilosophie Heinrich Rickerts*, Würzburg 2001.

Krijnen, Christian: Hegel und der Neukantianismus. Eine systemphilosophische Konfrontation, in: Dietmar Heidemann u. Christian Krijnen (Hg.): *Hegel und die Geschichte der Philosophie*, Darmstadt 2007, 301–325.

Krijnen, Christian: *Philosophie als System. Prinzipientheoretische Untersuchungen zum Systemgedanken bei Hegel, im Neukantianismus und in der Gegenwartsphilosophie*, Würzburg 2008.

Krijnen, Christian: Transzendentaler Idealismus und empirischer Realismus, in: Christian Krijnen u. Kurt Walter Zeidler (Hg.): *Wissenschaftsphilosophie im Neukantianismus. Ansätze – Kontroversen – Wirkungen*, Würzburg 2014, 11–56.

Krijnen, Christian: *The Very Idea of Organization. Social Ontology Today: Kantian and Hegelian Reconsiderations*, Leiden/Boston 2015.

Krijnen, Christian: Der Begriff als das Eine, aus dem alles andere ist, in: Dieter Hüning, Gideon Stiening u. Violetta Stolz (Hg.): *Herder und die klassische deutsche Philosophie*, Festschrift für Marion Heinz, Stuttgart/Bad Cannstatt 2016, 139–166.

Krijnen, Christian: Freiheit als ursprüngliche Einheit der Vernunft. Hegels begriffslogische Lösung eines Kantischen Problems, in: Wolfgang Neuser u. Pirmin Stekeler-Weithofer (Hg.): *Natur und Geist*, Würzburg 2016, 25–52.

Krijnen, Christian: Freiheit und geltungsnoematische Struktur oder wie tief reicht das axiotische Grundverhältnis der Transzendentalphilosophie?, in: Christian Krijnen u. Kurt Walter (Hg.): Zeidler *Reflexion und konkrete Subjektivität. Beiträge zum 100. Geburtstag von Hans Wagner (1917–2000)*, Wien 2017, 205–224.

Krijnen, Christian: Kants Konzeption kosmologischer Freiheit: ein metaphysischer Rest?, in: *Revista de Estudios Kantianos* 2 (2017), 179–195.

Krijnen, Christian: Der „Kulturimperativ" als Geltungsverwirklichungsforderung. Hegels Formalismusproblem im Gewand kantianisierender Kulturphilosophie, in: Hubertus Busche, Thomas Heinze, Frank Hillebrandt u. Franka Schäfer (Hg.): *Kultur. Interdisziplinäre Zugänge*, Wiesbaden 2018, 419–452.

Krijnen, Christian: Die Wirklichkeit der Freiheit begreifen. Hegels Begriff von Sittlichkeit als Voraussetzung der Sittlichkeitskonzeption Kants, in: *Folia Philosophica* 39 (2018), 39–146.

Krijnen, Christian (Hrsg.): *Metaphysics of Freedom? Kant's Concept of Cosmological Freedom in Historical and Systematic Perspective*, Leiden/Boston 2018.

Zeidler, Kurt Walter: Geltung und Genese. Zum Problem der Dialektik, in: Thomas Göller u. Christian Krijnen (Hg.): *Geltung und Begründung. Perspektiven der Philosophie Werner Flachs*, Würzburg 2007, 101–114.

Zeidler, Kurt Walter: Bestimmung und Begründung. Zu Kants Deduktionen der Ideen der reinen Vernunft, in: Christian Krijnen u. Kurt Walter Zeidler (Hg.): *Gegenstandsbestimmung und Selbstgestaltung. Transzendentalphilosophie im Anschluss an Werner Flach*, Würzburg 2011, 297–320.

Zeidler, Kurt Walter: *Vermittlungen. Zum antiken und neueren Idealismus*, Wien 2016.

Zeidler, Kurt Walter: Der logische Ort der Freiheit, in: ders.: *Vermittlungen*, 175–189.

Zeidler, Kurt Walter: Syllogismus est principium Idealismi, in: ders.: *Vermittlungen*, 109–127.

Zeidler, Kurt Walter: *Grundlegungen. Zur Theorie der Vernunft und Letztbegründung*, Wien 2016.

Zeidler, Kurt Walter: Transformationen der Logik, in: ders.: *Grundlegungen*, 61–84.

Zeidler, Kurt Walter: Die Heautonomie der Vernunft, in: ders.: *Grundlegungen*, 249–274.

Zeidler, Kurt Walter: Vernunft und Letztbegründung, in: ders.: *Grundlegungen*, 11–60.

Zeidler, Kurt Walter: *Grundriss der transzendentalen Logik*, 3. erg. Aufl., Wien 2017.

Zeidler, Kurt Walter: Stufen der Apriorität oder apriorische Synthese?, in: Christian Krijnen u. Kurt Walter Zeidler (Hg.): *Reflexion und konkrete Subjektivität. Beiträge zum 100. Geburtstag von Hans Wagner (1917–2000)*, Wien 2017, 331–354.

Hartwig Wiedebach (Zürich)

Widerspruch und Identität bei Cohen und Hegel

Schutz des Denkens vor Selbstvernichtung

I.

Das Vorliegende ist ein kleiner Beitrag zur Gegenüberstellung der logischen Entwürfe von Cohen und Hegel. Ich verdanke das klare Wissen um die Notwendigkeit dieser Gegenüberstellung nicht zuletzt unserem Jubilar. Immer wieder ist Kurt Walter Zeidlers Ausgangspunkt die Philosophie Kants und des sog. „Neukantianismus". Ich meine insbesondere seine anhaltende Bemühung um den groß entworfenen, aber schwer in alle Filiationen hinein einzulösenden Anspruch auf, wie er und einige andere sagen, „Letztbegründung". Zeidler hat nachgewiesen, daß nur eine Erweiterung auf methodische Dispositionen Hegels die Aussicht eröffnen kann, jenem Anspruch gerecht zu werden. Dieser Brückenschlag wird nicht dadurch entkräftet, daß Zeidler bei seiner Neufassung der Idee einer ursprünglichen Synthesis die Meinung ausspricht, „daß allein der kritische Weg noch offen ist".[1] Er stellt sich damit nicht gegen Hegel, sondern gegen aktuelle Wissenschafts-Logik(en). – Ich meinerseits beginne bei Hermann Cohen. Es geht mir, wie öfter schon, um jenen Teilaspekt des Denkens, der unserem Erkennen die Sicherheit eines gültigen Anfangs gibt.[2] Gemeint ist das schützende *Nein* zu all dem, was sich einem eindeutigen, in sich identischen Inhalt unseres Erkennens entgegenstellt. Es ist ein reinigender Akt, von Cohen „Das Urteil des Widerspruchs" genannt (*LrE* 104ff.).[3] Es schützt, wir wir sehen

---

1 Zeidler: *Prolegomena zur Wissenschaftstheorie*, 164. Für mich wichtig war v.a. sein Aufsatz: Stufen der Apriorität oder apriorische Synthesis?, in dem von ihm und seinem in vielem ähnlich denkenden Kollegen Christian Krijnen herausgegebenen Band: *Reflexion und konkrete Subjektivität. Beiträge zum 100. Geburtstag von Hans Wagner (1917–2000)*, Wien 2017, 331–354.

2 Ergänzende Reflexion und Korrektur von Teil 1 meiner früheren Arbeit: Wissenschaftslogik versus Schöpfungstheorie, in: Pierfrancesco Fiorato (Hg.): *Verneinung, Andersheit und Unendlichkeit im Neukantianismus*, Würzburg 2009, 47–67. – Im selben Band hat Zeidler den Rekurs vor allem von Bauch und Hönigswald, aber in deren Vorfeld auch von Cohen und Stadler auf die seit je als „Übergang zwischen Kant und Hegel" gedeutete *Kritik der Urteilskraft* gedeutet (Zeidler: Negation, Andersheit und Unendlichkeit im realistischen Kritizismus, ebd. 125–136, zit: 126).

3 Hermann Cohen: *Logik der reinen Erkenntnis. System der Philosophie, 1. Teil* (2. Aufl. 1914), Werke 6 = *LrE*.

werden, das Denken vor Selbstvernichtung. Durch die starke Rolle, die ihm Cohen gibt, rückt seine Logik, so meine These, in auffallende Nähe zu Hegels methodischem Negativismus.

Die *Logik der reinen Erkenntnis* beginnt mit einer Meditation, wie das Denken anfängt. Es geht um Prinzipien, noch nicht um Gegenstände.[4] Die Prinzipienlogik umfaßt drei so genannte „Urteile der Denkgesetze". Den Anfang macht „Das Urteil des Ursprungs". Der Ursprung des Denkens liegt – scheinbar einfach – im Fragen. Was aber ist eine „Frage"? Für Cohen ist sie selbst eine „Art des Urteils" (*LrE* 83). Erst auf ihrer Basis entsteht der Ansatz zu einer Bestimmung. Was wir als Frage ansprechen, soll sich in zunehmender Bestimmung und Bestimmtheit zu einer Erkenntnis formen. Sich dieses Ansetzen bewußt machen, bedeutet, mit Jakob Gordin, einem der wichtigen Interpreten von Cohens Logik, gesagt: ein „Problem erzeug[en]".[5] Ein Problem ist die auf einen wissenschaftlich orientierten Weg gebrachte Frage. Dazu kommt es, wenn uns ein selbstverständlich gewordener Erkenntniszusammenhang zweifelhaft wird. Darin liegt ein Anspruch, der bisher keine Antwort findet. Um Antwort geht es aber. Das In-Frage-Stellen als Grundlegung, ja als Antizipation einer neuen Antwort im Umgang mit dem Anspruch ist „Das Urteil des Ursprungs".

Das Denken wendet sich vom Selbstverständlichen, scheinbar Gegebenen ab, und zwar in Richtung auf ein, wie Cohen sagt: „Nichts". Es ist der unsichere Raum, der sich im Fragen auftut, und den es durch Antwort zu füllen gilt. Das Nichts, in dem das gegeben Scheinende verabschiedet wird, ist folglich relativ: Anzeige auf eine neue, vom Bisherigen verschiedene Besonderheit innerhalb der Naturerkenntnis. Es ist also kein Verlust von Ansatz, sondern der Ansatz selbst. Eine fundamentalontologische Mediation über Sein und Nichts hat Cohen indes nicht vorgetragen. Für ihn galt der Grundsatz der *Kritik der reinen Vernunft*, daß „alle unsere Erkenntniss mit der Erfahrung anhebt" (*KrV* B 1).[6] Im „Anheben" ist immer Etwas thematisch. Hinter dieses Erfahrungs-Etwas zurücktreten, um im Unterschied von jenem „Anheben" auf sein transzendentallogisches „Entspringen" (ebd.) zu reflektieren, ist kein Blick auf ein nihil negativum, auf eine creatio ex nihilo. Kant und Cohen suchen, evident anders als Hegel, niemals eine „Darstellung Gottes […], wie er in seinem ewigen Wesen vor der Erschaffung der Natur und eines endlichen Geistes ist".[7]

---

4 Vgl. Helmut Holzhey: *Cohen und Natorp*, Bd. 1, Basel/Stuttgart 1986, 186f.

5 Jakob Gordin: *Untersuchungen zur Theorie des unendlichen Urteils*, Berlin 1929, 117.

6 Cohen: *Kants Theorie der Erfahrung* (1. Aufl. 1871), Werke 1.3, 33f.

7 G. W. F. Hegel: *Wissenschaft der Logik*, 2 Bände, hg. von Georg Lasson, Hamburg 1963 [= *WdL*], Bd. 1, Einleitung, Allgemeiner Begriff der Logik, 31.

Cohens metaphysischer Horizont des Etwas (Metaphysik im Sinn von Kants *Metaphysischen Anfangsgründen der Naturwissenschaft*) enthält die Bestimmbarkeit seiner Inhalte bereits in sich. Daher spricht er nicht vom Ursprung „ex nihilo", sondern „*ab* nihilo" (*LrE* 84). Sein Schlüsselbegriff für den Gewinn von Bestimmung aus der Bestimmbarkeit ist die Kontinuität. Dabei ist die *quantitative* Kontinuität (die gegenstandslogisch gedeutete Differential- und Integralrechnung: bei Cohen „Das Urteil der Realität" und „Das Urteil der Allheit"), obwohl sie keineswegs den Anfang der Logik machen kann, sowohl Vorbild als auch gegenstandslogisches Korrelat zur Prinzipienlogik *qualitativer* Kontinuität. Die differential-mathematisch konstituierte „Realität" strahlt damit auf das ihr logisch Vorhergehende zurück – eine Art Retro-Zipation, die wir in anderer Form auch im Verhältnis zwischen „Widerspruch" und „Ursprung" finden werden. Die Retro-Zipation ist jedoch zugleich Ante-Zipation. Das erkennende Denken vollzieht sie, indem es in die Zukunft blickt und eine *Aufgabe* verfolgt.

Die Aufgabe des Erkennens zu erfassen verlangt also zwar, daß man sich vom Gegebenen abwendet und einen „abenteuerlichen Umweg" (*LrE* 84) einschlägt. Aber dieses Abenteuer hat seinen Zweck darin, ein vom Bisherigen Verschiedenes in den Blick zu nehmen und seinerseits zu konstituieren. Dem Blick in das „relative Nichts" folgt eine, wie Gordin formuliert hat: „Umkehr der Abkehr".[8] Das In-Frage-Stellen von etwas soll eine neue Erkenntnis begründen, ja „erzeugen". Die Logik reiner Erkenntnis entfaltet diese Neubegründung in ihre zahlreichen Momente. Ihre 12 Urteile exponieren insgesamt den Sinn des Grundsatzes: „Denken ist Denken des Ursprungs" (*LrE* 36) – man könnte auch sagen: Denken ist Denken *als* Ursprung. „Das Urteil des Ursprungs" selbst betrifft nur den Punkt des ersten Sich-Umwendens in Richtung auf das relative Nichts und damit den Erkenntnis-Ansatz. Es ist noch nicht der Rückweg zu einer neuen Bestimmtheit. Sein Erzeugnis ist folglich kein schon gefaßtes A, sondern ein ‚davor' liegendes bloßes X (*LrE* 83). Was hier zustandekommt, ist ein Bestimm*bares*, ein beginnendes Etwas, ein „Zwischengedanke" (*LrE* 104).

II.

Auf dieses erste „Urteil der Denkgesetze" folgt zweitens das „Urteil der Identität". Hier wird, was bisher auf der Schwelle zwischen Bestimmbarkeit und Bestimmtheit schwebt, fester in den Blick genommen. Es ist ein erster Haltepunkt. Das Denken ergreift das X des ersten „Entspringens", setzt sich also ihm gegenüber,

8 Vgl. Gordin: *Untersuchungen*, 94–103, hier: 99. Dies führt auf einen rein logischen Begriff der Zukunft, vgl. Cohen: *LrE* 63f.

aber nur, um sich darin zu befestigen. Es ist eine Geste des Wiederholens, eine Re-Flexion des Anfangs, hin zu einer selbstbezüglichen Bestimmtheit A. Der Satz, der dies ausdrückt und bestätigt, lautet „A ist A" (*LrE* 95). Der Denkakt, den er symbolisiert, ist ein nicht-leerer ‚Tauto-Logos', eine Bildung und Befestigung der Bestimmtheit durch Selbigkeit.[9] Die Kopula hat hier eine initiative Bedeutung. „A *ist* A" benennt keine Eigenschaft, etwa wie „das Haus ist hausartig", sondern es setzt den *Beginn zu einem Sein.* Auch wird mit „A ist A" nicht etwa ein Vergleich ausgesprochen, im Sinn von „A ist (gleich) A".[10] Im „Urteil der Identität" kann noch nichts verglichen werden.

Wir haben bei der „Identität" also das erste Setzen einer Bestimmtheit überhaupt. Das schließt nach Cohen und Gordin aus, daß dieses A in sich selbst ein Widerspruch sein könnte. Damit kommen wir zu einem für die Dynamik des Urteilens entscheidenden Punkt. Im Urteilsakt „A ist A" scheint sich nämlich, gerade wenn er eigens akzentuiert wird, die Möglichkeit anzudeuten, A könne auch Nicht-A sein. Die in der Kopula ausgedrückte Initiative ginge dann in eine anti-identische Richtung. Der Beginn zu einem Sein wäre in Selbstvernichtung verkehrt – Selbstvernichtung deshalb, weil die Ausflucht in ein bloß negatives Urteil wie „das [bestehende] Haus ist nicht-hausartig" ausgeschlossen ist. Letzteres hätte allenfalls eine Aufforderung zur Korrektur der bisherigen Prädikation zur Folge. Die Initiative zu einem Non-A stattdessen, die jetzt in Frage steht, ginge gegen das Ziel des Initiierens selbst. Nun ist das Initiieren von Bestimmung seinerseits ein bestimmtes Tun, und jedes Bestimmen gewinnt sein Profil nur dadurch, daß es sich von einem Gegen-Teil absetzt. Auch für Cohen gilt Spinozas „omnis determinatio est negatio". Damit erzeugt der Urteilsakt „A ist A" – eben um in Geltung zu treten – unweigerlich den Gedanken seines eigenen Gegenteils. Und da es um den Akt der Bestimmtheit überhaupt geht, ist dies Gegenteil nicht ein mögliches anderes Attribut, sondern die Selbstvernichtung. Es ist, als ob diese Gefahr in der absichernden Stiftung selbst entstünde. Die Identität wäre skeptisch unterwandert: „A ist A" denken hieße dann, das A als Keim zu einem Non-A zu denken, selbst wenn er noch nicht entwickelt sein sollte. In der Logik entstünde Antilogik.

Geradeso hat Hegel die Identität in seiner Wesenslogik gedeutet:[11] Unweigerlich tritt an seiner Reflexionsbestimmung der Identität, über die Unmittelbarkeit

---

9 Vgl. *LrE* 94.

10 „Gleichheit" ist nach Cohen ein Größenbegriff und gehört in die Gegenstandslogik; vgl. *LrE* 102 und 482–486.

11 *WdL*, Buch 2: Die Lehre vom Wesen, das Folgende zit. nach *WdL*, Bd. 2, 32, 36, 49, 51, 63.

des A selbst vermittelt, ein „Unterschied" hervor und manifestiert die dialektische Spannung. Sie steigert sich in der Folge zu einer sich in den „Gegensatz" hinein „entfremdenden Reflexion", die ihren Hochpunkt im „Widerspruch" erreicht. Dieser aber ist zugleich Peripetie, weil sich erweist, daß gerade seine Wesenseinheit – eben als einheitliches Element „Widerspruch" – das „Positive" und „Negative" miteinander verknüpft. Es ist ein tätiges Moment: ein Sich-Verbinden des Widersprechenden, das „Übersetzen" eines jeden „in sein Gegenteil". In diesem Reflexions-Tun mündet der Widerspruch bei Hegel in „Selbstauflösung" und gibt den Blick frei auf das „Wesen […] als Grund" dieses Geschehens: eine die dialektische Spannung aufhebende Versöhnung. – Nach Cohen jedoch, vor allem aber nach Gordin, ist es eine „Degradation der Identität",[12] wenn man ihr ein solches Tun unterstellt. Ihrer Meinung nach beraubt Hegel das Denken seiner Festigkeit: In allem Bilden läßt er eine gleichgroße Macht der Selbstvernichtung zu. Faßt das Denken etwas in den Blick, so hat es im Grunde nichts gefaßt. Das führt zu keiner tragfähigen Bestimmung. Bei Cohen ist Identität reine Sicherung, *affirmatio* eines A als solchen, ohne ein Non-A, das innerhalb des A selbst keimt.[13]

Aber natürlich kann Cohen der Macht der Vernichtung nicht entfliehen. Und so taucht, kaum ist die *Logik der reinen Erkenntnis* beim A angekommen, nun doch ein Non-A auf, und die scheinbar klare Beleuchtung beginnt zu irisieren. Das A, so heißt es, bedarf eines „Schutzmittel[s]" gegenüber „Fälschungen seines Inhalts" (*LrE* 106). Und merkwürdig genug: Die Abwehr dieses Non-A wird sogar zur treibenden Kraft im Urteilen überhaupt. Anders nämlich kann die „Versicherung (Affirmatio)" (*LrE* 96) durch Identität nicht zur Gewißheit werden. Den Schutz des A vollzieht der nach „Ursprung" und „Identität" dritte Schritt: „Das Urteil des Widerspruchs". Es ist gegenüber jener in der bloßen Identität scheinbar keimenden Möglichkeit von „Fälschung" eine „Vernichtungs-Instanz" (*LrE* 106). Wenn man die *affirmatio* zugleich als eine *dedicatio*, als positive ‚Verleihung' einer Bestimmtheit verstehen darf, so tritt nun die Verneinung als eine *abdicatio*, als negative ‚Versagung' einer die Identität gefährdenden Bestimmtheit ins Profil. Und Cohen geht so weit zu sagen: „Bedeutsamer" als die *dedicatio* „ist das Wort der *Abdicatio*. Und wir gehen wohl nicht irre in der Vermutung, daß die letztere zur ersteren geführt haben möchte" (ebd.).

Eine auffällige Vermutung: Das Vernichtungsurteil scheint dem Identitätsurteil vorauszugehen! Zugleich verknüpft Cohen es mit einem Pathos, das seine

12 Gordin: *Untersuchungen*, 25.
13 Vgl. *LrE* 97–100.

Gegnerschaft zu Hegel spüren läßt: „Zwischen A und einem nicht identischen A gibt es für das Denken keine Aussöhnung. Es muß zum Nichts, vielmehr zum Nicht vernichtet werden, so daß ein Urteil an seinem Inhalt nur in dieser Richtung vollziehbar wird“ (*LrE* 107). „Nur in dieser Richtung“ will heißen: Das Gegenteil der Identität, des Aktes der Bestimmtheit, wird vernichtet. Und Cohen fährt beschwörend fort: „Es ist die Lebensfrage des Urteils, daß es diese Instanz in sich aufzurichten vermag, die *Vernichtungs-Instanz*“ (ebd.). Immerhin steht die Wahrheit auf dem Spiel: In dem Sinn, in dem die Identität ein „Denkgesetz der Wahrheit“ ist, bilden nun Widerspruch und Vernichtung ein „Denkgesetz der Unwahrheit“ (*LrE* 115).[14] Das ist keine Frage von *Irrtum*: „Der wäre psychologisch“. Nein: „Es gibt für die Logik das Falsche“ (ebd.). Unwahrheit, Selbstvernichtung, muß, ebenso wie Wahrheit, ‚positiv‘ zur Geltung kommen – um ihrerseits als vernichtet gelten zu können.

Sagen wir es noch einmal. Was zu vernichten ist: die selbstvernichtende Möglichkeit eines *immanenten* Widerspruchs der Identität in sich, entsteht also bei Cohen sowohl ‚vor‘ als auch ‚nach‘ der Identität, obwohl deren Bestimmtheit, weil zugleich *affirmatio*, genau das auszuschließen scheint. Diese Dialektik, die sich erst einer wiederholenden Reflexion offenbart, sieht Cohen als Bedrohung, und ihr muß eigens begegnet werden. Aber sein Kampf gegen Dialektik ist seinerseits dialektisch. Nur dann, wenn man das, fast möchte man sagen, *primordiale* Entstehen des Gegenteils zur Identität erkennt, wird verständlich, daß hier von einem „Urteil an einem Inhalt“, der noch gar nicht zustande gekommen ist, die Rede sein kann. Denn zunächst würde man meinen: Ein Inhalt kann nur als Bestimmung nach Art des A zustandekommen; es ist unmöglich, die Verneinung des Non-A „an einem Inhalt“ zu vollziehen – denn das Non-A kann ex definitione kein Inhalt sein. Folglich haben wir hier eigentlich gar kein „Urteil an einem Inhalt“. Daher spricht Cohen auch von einem „Urteil vor dem Urteil“ (*LrE* 106); und er bestimmt dieses „Urteil vor dem Urteil“ an immerhin drei Stellen, auch darin sehr betont, als die „Tätigkeit des Urteils“ (*LrE* 107, 108, 116). „Es ist das Urteil selbst, welches einem Inhalt, der sich anmaßt, Inhalt des Urteils zu werden, dieses Recht und diesen Wert abspricht“ (*LrE* 107). Nur eine Art von „angemaßtem Inhalt“ ist hier allenfalls denkbar: eben der falsche Schein, in der Identität liege ihr eigenes Gegenteil.

Dessen Abweisung ist so grundsätzlich, daß sie uns zum „Urteil des Ursprungs“ zurückführt. Denn ein „Inhalt, der sich anmaßt, Inhalt des Urteils

---

14 Daß Cohen die Wahrheit in der *Ethik des reinen Willens* zu einer die Logik ergänzenden Evidenz bringen möchte (Werke 7, 83–108, bes. 89), lasse ich hier unberücksichtigt.

zu werden", ohne dies zu erreichen, kann allenfalls ‚vor' der Identität, das heißt, nur auf der Ebene des ersten Bestimmbaren thematisiert werden. Sobald sich die erste Bestimmtheit, sprich *die Identität*, etabliert, verdeckt sie jenen anmaßenden Inhalt durch ihr „A ist A". Identität bedeutet Einseitigkeit. Also muß um ihrer selbst willen die Gefahr an der Wurzel der Identität aufgespürt und beseitigt werden. Entsprechend schreibt Cohen: „Es gibt kein Non-A, und es darf kein Non-A geben, welches, im Unterschiede von dem *Nichts des Ursprungs*, einen geschlossenen Inhalt hätte" (107).[15] Zwar tritt das Problem des Non-A erst hervor, wenn das A schon thematisch geworden ist – insofern stellt sich das Widerspruchsproblem nach der Identität, und „die Reihenfolge ihres Gebrauchs darf nicht verwechselt werden" (120) –, aber der Ansatz zum Non-A liegt transzendentallogisch vor der Identität, nämlich beim Ursprungs-Nichts. Das „Urteil der Identität" *setzt* seinerseits das „Urteil des Widerspruchs" gegenüber sich selbst *voraus*.

Das bedeutet: Die Gefahr eines ‚geschlossenen' Inhalts in Gestalt des Non-A entsteht bereits mit der anfänglichen Frage, jener allerersten „Art eines Urteils", und genau diese Geschlossenheit zu verweigern, ist die Vernichtung des Non-A. Die ‚Geschlossenheit' würde nämlich das die Identität unterminierende Gegenteil seinerseits absichern und dadurch mächtig machen. Das kann Cohen nicht zulassen. Wir müssen also vom dritten der „Urteile der Denkgesetze" auf das erste zurückblicken. Holzhey bemerkt zu Recht, das Widerspruchsprinzip stehe „in unmittelbarem Zusammenhang mit der Einführung des Ursprungsprinzips".[16] Noch einmal: Die Frage nach dem Non-A stellt sich erst ‚nach' der Identität; die Antwort aber muß ‚davor' gesucht werden. Es ist, als organisiere das wissenschaftliche Denken eine Phalanx von Abwehr und Vernichtung, in deren Mitte, ja geradezu mittels derer sich das identische und darin einseitige A etabliert.

III.

Vor diesem Hintergrund müssen wir erneut auf Hegels Wesensbestimmung des Widerspruchs zurückblicken. Cohens Polemik verliert bei näherem Hinsehen an Biß. Natürlich würde auch er nicht bezweifeln, daß sich Hegel (wie er selbst) auf das erzeugende, d.h. auf das, mit Kant gesagt, synthetische Denken bezieht. Der auf analytische Urteile beschränkte „Satz des Widerspruchs" interessiert keinen der beiden mehr als nur am Rande. Aber diese Gemeinsamkeit einmal

---

15 Hervorhebung H.W.

16 Holzhey: *Cohen und Natorp*, Bd. 1, 238.

festgestellt, fällt sogleich der stilistische Unterschied ins Auge: Bei Hegel gilt der Widerspruch als ein erzeugendes, bei Cohen als ein das Erzeugen schützendes Prinzip. Hegels positive Lesart, die im Widerspruch eine Einheit des Positiven und Negativen sieht und von ihr aus in den Grund blickt, hat bei Cohen kein explizites Pendant. Aber auch er knüpft das Widerspruchsprinzip ohne Zwischenschritt an die Identitätsbestimmung. Deren *affirmatio* gelingt nur, weil sie unmittelbar folgend durch eine *repugnatio* (*LrE* 108), eine negative Attacke gegen Gefahr, geschützt wird. ‚Unmittelbar folgend' heißt: Die beiden Urteile, zuerst Identität, dann Widerspruch, fließen nicht ineinander. Sie markieren nicht nur darstellerisch, sondern logisch zwei aufeinander folgende Schritte. Belegt nicht das schon eine dialektische Anlage? Eine Dialektik, die dadurch bestätigt wird, daß gerade das „Urteil des Widerspruchs" als die „Tätigkeit" des Urteilens überhaupt bestimmt wurde, sprich durch Cohens dialektischen Kampf gegen Dialektik? Seine Urteilslogik rückt dem methodischen Negativismus Hegels immer näher.

Auch der Schwellen-Charakter des Widerspruchs im logischen System bestätigt die Nähe. Weder bei Hegel noch bei Cohen liegt das Ziel des Widerspruchs auf dessen eigener Ebene. Bei Hegel gehört der Widerspruch zur Ebene der „Wesenheiten oder Reflexionsbestimmungen", aber als abschließende Schwelle zu einer neuen dialektischen Trias: derjenigen des „Grundes". Bei Cohen gehört der Widerspruch zur Ebene der „Denkgesetze", aber als abschließende Schwelle zur Urteils-Trias der „Mathematik". Allerdings tritt hier wieder die Differenz hervor. Denn weder reflektiert Hegel mit seiner Trias des „Grundes" auf mathematische Begriffe einschließlich der Differential- und Integralrechnung; sie gehören bei ihm vielmehr der vorausgehenden Seinslogik an.[17] Noch sind umgekehrt Cohens „Urteile der Mathematik" die Reflexion auf einen Grund. Dennoch irisiert auch hier der scheinbar klare Unterschied. Denn Cohens Widerspruch impliziert, wie gesagt, die Rückwendung zum „Urteil des Ursprungs". Erst diese Rückwendung, eine Art erinnernder Reflexion, läßt das Ursprungsurteil als den Grund aller Urteilstätigkeit überhaupt hervortreten. Denn wie sonst sollte der „Ursprung" das erkennende Denken einschließlich „der gegenstands-logischen ‚Erkenntnisse' […] durchwalten", d.h. über seine eigene logische Sphäre hinaus wirken?[18] Nur der Erweis, daß er an sich und durch sich selbst – man darf wohl mit Hegel sagen: ‚an und für sich' – die widerspruchsvernichtende „Tätigkeit"

17 Siehe unten Anm. 19.
18 Holzhey: *Cohen und Natorp*, Bd. 1, 187.

des Urteilens überhaupt exekutiert, „sichert", „schützt", ja „erzeugt" er seine fundamentale Bedeutung.

Hier kommt meine kleine Exposition an ihre Grenze. Denn nun wäre Cohens Begriff der „Kontinuität" zu erörtern, der, so meint er auch hier etwas plakativ, „reichlich" ersetze, „was in dem [Hegelschen] Umschlagen der Gegensätze an sachlichen und historischen Anregungen enthalten sein mag" (*LrE* 117). Das klingt erneut nach einem gegenseitigen Ausschluß. Aber wieder sieht das Detail anders aus. Hegels dialektischer Negativismus ist von Kontinuitäts-Bestimmungen vielfach durchzogen. Gerade die seinslogische Bestimmung der Quantität, und innerhalb ihrer die Anmerkungen zur Differential- und Integralrechnung stehen hier im Hintergrund.[19] Schreibt nicht sogar Cohen noch 1883, etwas verblüffend, Hegel habe „zum Grunde seiner Logik eine Kritik des Infinitesimalbegriffs gemacht"?[20] Trotzdem, so fährt er fort, kann „hier auf diese hunderte von Seiten umfassende Darstellung nicht näher eingegangen werden, weil sie" – wieder allzu pauschal – „auf philosophischen Voraussetzungen beruht, die uns fern liegen, ferner als die philosophischen Ansichten von Descartes und Leibniz".[21]

Cohens *Prinzip der Infinitesimal-Methode* zeigt stattdessen sowohl in der Beurteilung historischer Autoren als auch in der systematischen Erörterung der Grenz-Methode oder des Differential-Quotienten auffällige Übereinstimmungen mit Hegels *Wissenschaft der Logik*.[22] Der gedankliche Ansatz meiner Skizze würde es verlangen, diese Beobachtung strikt vom Denkprinzip der Kontinuität her zu betrachten. Es wäre daran der Übergang von Cohens Prinzipienlogik der Qualität zur Gegenstandslogik der Quantität nachzuzeichnen, um dann erneut die Probe auf einen Vergleich der beiden Autoren zu machen. Das wäre, auch wenn man einen Moment von der Komplexität des stark anwachsenden Materials absieht, schon im Ansatz deutlich schwieriger als das bisher Versuchte.

---

19 Vgl. *WdL*, Bd. 1, 179ff., besonders die drei umfangreichen Anmerkungen zur „Unendlichkeit des Quantums", 239–322, darin 254ff. zum Differenzial-Koeffizienten dx/dy; ergänzend auch in der Begriffslogik die Bemerkung zur mathematischen Analysis, Kap. „Das universelle Urteil", *WdL*, Bd. 2, 290f. Weitere beziehungsreiche Kontinuitätsverhältnisse und ein vielfaches Sich-„Kontinuieren" exponieren sowohl die Wesenslogik (*WdL*, Bd. 2, bes. 105, 113f., 135, 143) als auch die Begriffslogik (*WdL*, Bd. 2, 242, 270, 285 u.ö.).

20 Cohen: *Prinzip der Infinitesimal-Methode und seine Geschichte*, Werke 5/I, 118. Hier (119) ist eine der wenigen Stellen, an denen Cohen Hegel gegen Angriffe verteidigt.

21 Cohen: *Prinzip der Infinitesimal-Methode*, 119.

22 Vgl. neben dem *Prinzip der Infinitesimal-Methode* v.a. Cohens „Jubiläumsbetrachtungen", Teil 1 (*Schriften zur Philosophie und Zeitgeschichte*, Bd. 1, Berlin 1928, 397–416), sowie *LrE*: „Das Urteil der Realität", 121–144, und „Das Urteil der Allheit", 174–209.

Das beginnt schon damit, daß die „Qualität" in Hegels Seinslogik etwas deutlich anderes ist als die „Qualität" bei Cohen, bei dem sie die „Urteile der Denkgesetze" charakterisiert. Und es setzt sich in einer Frage fort, die sich durch einen darstellerischen Befund aufdrängt: Von Hegel wird die „Kontinuität", das „Sich-Kontinuieren" usw. zwar in außerordentlich facettenreicher Anwendung, jedoch kaum als logisch durchgreifendes Prinzip erörtert. Von Cohen wiederum wird die Kontinuität zwar als Ursprungs-Prinzip eingeführt, in ihren systemweiten Anwendungen jedoch – wenn man von der mathematischen Leitgestalt absieht – kaum expliziert. Das scheint zwar Cohens vehemente Abgrenzung zu bestätigen, aber ein detaillierter Vergleich findet nur schwer den Ansatz.

Literaturverzeichnis

Cohen, Hermann: *Kants Theorie der Erfahrung* (1. Aufl. 1871), Werke, Bd. 1.3, Hildesheim/Zürich/New York 1987.

Cohen, Hermann: *Prinzip der Infinitesimal-Methode und seine Geschichte* (1. Aufl. 1883), Werke, Bd. 5/I, Hildesheim/Zürich/New York 1984.

Cohen, Hermann: *Logik der reinen Erkenntnis. System der Philosophie, 1. Teil* (2. Aufl. 1914), Werke, Bd. 6, Hildesheim/New York 1977 = *LrE*.

Cohen, Hermann: *Ethik des reinen Willens* (2. Aufl. 1907), Werke, Bd. 7, Hildesheim/New York 1981.

Cohen, Hermann: Jubiläumsbetrachtungen, Teil 1, in: ders.: *Schriften zur Philosophie und Zeitgeschichte*, Bd. 1, Berlin 1928, 397–416.

Gordin, Jakob: *Untersuchungen zur Theorie des unendlichen Urteils*, Berlin 1929.

Hegel, G. W. F.: *Wissenschaft der Logik*, 2 Bände, hg. von Georg Lasson, Hamburg 1963 = *WdL*.

Holzhey, Helmut: *Cohen und Natorp*, Bd. 1, Basel/Stuttgart 1986.

Wiedebach, Hartwig: Wissenschaftslogik versus Schöpfungstheorie, in: Pierfrancesco Fiorato (Hg.): *Verneinung, Andersheit und Unendlichkeit im Neukantianismus*, Würzburg 2009, 47–67.

Zeidler, Kurt Walter: *Prolegomena zur Wissenschaftstheorie*. Würzburg 2000.

Zeidler, Kurt Walter: Negation, Andersheit und Unendlichkeit im realistischen Kritizismus, in: Pierfrancesco Fiorato (Hg.): *Verneinung, Andersheit und Unendlichkeit im Neukantianismus*, Würzburg 2009, 125–136, wieder abgedruckt in: *Provokationen*, 139–155.

Zeidler, Kurt Walter: Stufen der Apriorität oder apriorische Synthesis?, Christian Krijnen und K.W. Zeidler (Hg.): *Reflexion und konkrete Subjektivität. Beiträge zum 100. Geburtstag von Hans Wagner (1917–2000)*, Wien 2017, 331–354.

Max Gottschlich (Linz)

Welche Implikationen hat formale Logik für die Bestimmung der Normativität und der Freiheit?

Einleitung: Zum systematischen Horizont unseres Themas im Denken von Kurt Walter Zeidler

Die systematische Philosophie steht, wie Kurt Walter Zeidler bemerkt, „heute insgesamt in Gefahr […], zwischen historischer Gelehrsamkeit und formalwissenschaftlicher Axiomatik zerrieben zu werden.“[1] Es zählt zu den unbezweifelbaren Verdiensten Zeidlers, dass er – den Widrigkeiten der Umstände des Wissenschaftsbetriebs wie auch der „Marktmacht“ zeitgeistiger Ansätze beharrlich trotzend – als Denker und akademischer Lehrer das Bewusstsein für die eigentlichen Grundfragen der Philosophie wachzuhalten und in nachhaltiger Weise zu schärfen vermochte. Wenn auch die Auseinandersetzung mit der kritischen Philosophie Kantens seinen Ausgangspunkt bildet, so gehen die Linien, die er in prägnanter, unkonventioneller, doch stets an der „Landstraße der Vernunft“ (Hegel) orientierter Weise auszieht, nicht nur bis zu den Anfängen des Denkens bei den Griechen zurück, sondern auch über Fichte, Hegel, den Neukantianismus und Peirce bis zu zeitgenössischen Ansätzen im Mainstream der Logik und sprachanalytischen Philosophie. Was letztere Ansätze betrifft, gelingt es Zeidler in wenigen Zügen das herauszustellen, was man in so vielen historisch-gelehrsamen Kompendien und Studien etwa zur modernen formalen Logik und ihrer Geschichte vergeblich suchen wird, nämlich diese Ansätze in ihrem systematischen Grund und in ihren Grenzen deutlich zu machen.[2] Bedenkt man, mit welch' heiligem Ernst und in welch' scholastischer Gelehrsamkeit sowie dem Anspruch auf allein selig machende Wahrheit heutzutage, als ob es die „Kritik der reinen Vernunft“ niemals gegeben hätte, ungeniert unmittelbare Metaphysik auf formallogischem Boden betrieben wird, werden die ironischen Zwischentöne, die in Zeidlers Darstellung dieser Ansätze durchschimmern, als Ausdruck eines Erstaunens darüber verständlich, wie weit man hinter das in der Tradition

1 K.W. Zeidler: *GtL*³, 9.

2 Vgl. Zeidler: *GtL*³, §§19, 27 und 37, weiters die Ausführungen zur Entwicklung der Wissenschaftstheorie ebd., 18f. oder zum „linguistic turn“ ebd., 121f.

erreichte Reflexionsniveau zurücksinken kann und *systematisch vergangene* Positionen dennoch als neue Erkenntnis ausgeben kann.[3]

Zeidlers problemgeschichtliches Interesse gilt dem Problem des Denkens des Denkens, des Denkens nämlich der Vermittlung selbst, zumal alles Fragen, wie Zeidler mit Aristoteles betont, im Grunde ein Fragen nach der Mitte ist.[4] So bildet bei Zeidler – was ihn mit allen bedeutenden Systematikern eint – ein durchdringendes *logisches Interesse* das organisierende Zentrum seines Denkens. Dabei geht es um die Frage nach der adäquaten Fassung der logischen Form, einer Logik, die es vermag, die Vermittlung selbst (das Denken *actu*) von dem Vermittelten so zu unterscheiden, dass die Gegenständlichkeit der logischen Form als eines bloß äußeren Mittels (im Sinne Hegels wäre dies die äußerliche Reflexion) *hinweggearbeitet* wird und das Logische als die *sich erfüllende Form*, die sich manifestierende, vermittelnde Mitte ernst genommen wird.[5]

Diese Grundfrage knüpft Zeidler an eine pointierte Unterscheidung zwischen einem Denken, das sich von der Urteilsform her versteht, und einem Denken, das sich vom Schluss her – man kann sagen: als Einheit von (objektivem) Zusammenschluss und (subjektivem) Zusammenschließen – begreift. Dies koinzidiert wiederum mit der traditionellen Unterscheidung im Begriff des Denkens zwischen Verstand und Vernunft. Der springende Punkt ist aber bei Zeidler, dass dieser Gegensatz von Urteil und Schluss bzw. Verstand und Vernunft selbst nicht wiederum in bloß verständiger Weise gefasst wird. Der Verstand stellt beide als feste Bestimmtheiten vor. Dies würde bedeuten, das Denken als etwas von einer Art anzusehen, als ob man die Wahl hätte, heute verständig und morgen vernünftig zu denken. So sehr also Zeidler den heutzutage oft übersehenen Unterschied von Verstand und Vernunft bzw. Urteil und Schluss betont, so sehr gilt sein Bestreben, mit Blick auf die großen Systematiker der Tradition einen gangbaren Weg zu finden, um diese Differenz *aus ihrer vermittelnden Mitte heraus* zu begreifen. Verstand und Vernunft sind bei Zeidler nicht als vermögenspsychologische Kennzeichnungen zu lesen,

3 Zeidler wirft so z.B. der sprachanalytischen Tradition nicht nur einen „Rückfall in die vorkopernikanische Naivität", sondern einen „Rückfall in eine animistische Namensmagie, die Dinge und Namen miteinander vermengt", vor. (Zeidler: *GtL*[3], 123).

4 Zeidler: *GtL*[3], 182.

5 Vgl. Zeidler: *GtL*[3], 15. Wenngleich das zuletzt Gesagte einen Hegelschen Gedanken paraphrasiert und Zeidler Wert darauf legt, eine gewisse Distanz zu Hegels Logik zu wahren (vgl. etwa Zeidler: *GtL*[3], 31), so erscheint es uns dennoch die passende Formulierung auch für Zeidlers Anliegen zu sein. Zu Zeidlers Hegeldeutung vgl. auch Zeidler: *GtL*[3], 204–208.

sondern Bezeichnungen für letztlich *logische* Dimensionen bzw. logische *status* in der Selbsterfassung und -explikation der logischen Form.[6] Unbeschadet dessen geht es Zeidler auch um den Aufweis dessen, dass die Fixation eines urteilslogisch geleiteten Denkens die gravierendste Hürde darstellt, die es im Denken zu überwinden gilt, wenn sich der Verstand *zu sich als Vernunft* abstoßen können soll. Zeidlers Frage nach der Vermittlung selbst hebt also nicht auf ein abstrakt anderes Denken als der Verstand es ist ab – was sollte dieses denn sein? –, sondern darauf, die Vermittlung als sich in Verstand und Vernunft auslegende Vermittlung zu erfassen. Zeidlers Akzentuierung des Schlusses gegenüber der urteilslogischen Vermittlung erklärt sich daher, dass die Form einer sich manifestierenden, sich auslegenden, ja sich als *Selbstverhältnis* erweisenden Vermittlung eben nicht jene des Urteils, sondern nur jene des Schlusses sein kann. Dabei verfolgt er das Anliegen, den Schluss als eine sich vermittelnde *Trias von Vermittlungsformen* herauszuarbeiten, die sich methodenbezüglich in Deduktion, Induktion und die Abduktion auseinanderlegen. Die besondere Emphase Zeidlers gilt dabei der Abduktion, deren Relevanz er im (kritischen) Anschluss an Peirce[7] und unter Berufung auf die Syllogistik des Aristoteles herauszuarbeiten sucht.

Zeidlers Denken profiliert sich damit nicht nur vom Gros der vorherrschenden philosophischen Strömungen ab, die diesen Problemzusammenhang, ja überhaupt die fundamentalphilosophische Relevanz der Logik, zumal des Schlusses, gar nicht vor den Blick bekommen, da die logische Form als zuhandenes Werkzeug des Vermittelns vorgestellt wird. Das gilt nach Zeidler für die verbreiteten postmodernen Ansätze, die analytischen Sprachphilosophien bzw. Ontologien und ohnehin die formellen Systematiken der mathematischen Logik. Es ist ein Denken, das sich *in intentione recta* der Wirklichkeit bemächtigen will. Solche Ansätze sind für Zeidler schnell erledigt. Die eigentlich zentrale Auseinandersetzung ist für ihn – wenn wir von Hegel absehen – jene mit den Grenzen des prinzipientheoretischen Ansatzes des Neukantianismus, wobei es Zeidlers kritische Leitfrage im Grunde ist, ob da nicht die Vernunft immer noch

---

6 Mit Hegel, der die Abprofilierung des Begriffs der Vernunft vom Verstand in der Einleitung seiner Schlusslogik erwähnt, kann man knapp sagen: Die Vernunft unterscheidet sich dadurch vom Verstand, dass sie die bestimmten Begriffe (die der Verstand gegeneinander sowie gegen das Einzelne festhält) in ihrer Totalität entwickelt und solcherart als *gesetzte* Begriffe erkennt (vgl. G.W.F. Hegel: *Wissenschaft der Logik II*, in: *Werke* 6, Frankfurt am Main 1986, 352).

7 Vgl. Zeidler: *GtL*^{3}, §32.

vom Verstand her gedacht wird.[8] Die systematisch gründlichste Ausprägung dieser Tradition erblickt Zeidler in der kritizistischen Geltungstheorie Werner Flachs, die die transzendentale Reflexion zur Theorie der *Prädikation* zuspitzt.[9] Angesichts dieser auf Letztbegründung abhebenden Reflexion der Reflexion, die die Urteilsform als *die* logische Form ansieht, stellt sich die Frage, ob sie nicht auf einer *Vergegenständlichung* transzendentaler Prinzipien zu obersten Aufhängern beruht. Gegenüber der Flach'schen Geltungstheorie, die nach Zeidler das urteilslogische Denken so weitgehend reflektiert, dass es über sich hinaus verweist, macht Zeidler geltend, dass erst eine Logik, die sich als Logik der Vermittlung (als Schluss von Schlüssen) begreift, eine solche Letztbegründung zu leisten vermag, wobei Zeidler Wert auf die Betonung legt, dass die so gefasste Letztbegründung sich als *Selbstbegründung* versteht. Letztbegründung darf also nicht in *verständiger* Weise (unter-)interpretiert werden, sondern wenn dieser Terminus überhaupt einen haltbaren Sinn haben können soll, kann es nur um die Darstellung, also die Selbstexplikation der Form der Vernunft gehen. Zeidlers kritische Auseinandersetzung mit dem geltungstheoretischen Programm zeigt auf die Gefahr, dass die Rede von Letztbegründung beim Gegenteil des Intendierten ankommt. Dies ist der Fall, wenn, mit Platon gesprochen, die *anhypothetos arche* als Gegenstand vorgestellt wird, als oberster Aufhänger, als unbewegter Beweger. Das wäre die objektive Reflexion im Sinne Hegels, die sich von außen entgegenkommt, ohne dies zu bedenken.[10] Die Vorstellung eines tragenden Grundes der Prädikation ist die gegenständliche Vorstellung der Totalität als einer *res omni modo determinata*, die im logischen Status des Wesens steht. Das Programm der Letztbegründung würde dann nicht über den Status der Prinzipienphilosophie, deren Grenzen schon Hegels Wesenslogik aufgezeigt hat, hinausgelangen. Würde man Letztbegründung als Prinzipientheorie so verstehen, dass sie Prinzipien als Wesenheiten so ansetzt, wie die Wertphilosophie Werte ansetzt, so würde dies die Verabsolutierung des Verstandes bedeuten. So muss

---

8 Zeidler wirft dem Marburger- wie dem Südwestdeutschen Neukantianismus vor, dass sich ihre Intention unter der Hand in ihr Gegenteil verkehrte und sie somit Wegbereiter der Relativismen im 20. Jahrhundert geworden sind. Vgl. Zeidler: *GtL*³, 60.

9 Für Zeidlers kritische Würdigung von Flach sei verwiesen auf: K.W. Zeidler und Christian Krijnen (Hg.): *Gegenstandsbestimmung und Selbstgestaltung. Transzendentalphilosophie im Anschluss an Werner Flach*, Würzburg 2011, sowie die zusammenfassenden Bemerkungen in: *GtL*³, 131–133.

10 Das scheint auch uns das Hauptproblem der Letztbegründungsstrategie der Transzendentalpragmatik (Apel) und der geltungstheoretischen Ansätze des Neukantianismus zu sein. Das Denken steht hier, von Hegels Logik her gesehen, im Status des Wesens.

Letztbegründung mit dem zusammenfallen, was seit dem späten Platon Dialektik heißt.[11] Und so geht es auch Zeidler um Prinzipientheorie qua Logik, die in der Tradition der spätplatonischen Dialektik steht und als „kritische Dialektik“ im Anschluss an Kant das Denken als die Form der Vermittlung von einer der Subjekt-Objekt-Differenz vorausgehenden Einheit her denkt, die als „reine Synthesis“[12] gefasst wird.[13] Als solche ist sie „Lehre von den Bedingungen der Möglichkeit der Prinzipienerkenntnis und zugleich Lehre von den Bedingungen der Möglichkeit des Erkennens überhaupt.“[14] Die Frage nach der Letztbegründung ist also auf die Frage nach der Selbstbegründung zuzuspitzen: „Die spekulative Frage, wie das Denken sich und somit ein Selbst denken kann, ist die prinzipientheoretische Grundfrage der Philosophie.“[15] Das führt, wie Zeidler betont, nicht zur Konzeption eines tragenden Grundes, sondern zum Gedanken eines der Prädikation und ihrer Gegenständlichkeit *vorausliegenden* Vermittlungsvollzuges, in dem der Verstand seinen festen Boden nur im Rahmen eines „prinzipientheoretischen Zirkels“ gewinnen kann (dazu gleich mehr).[16] Mit Blick auf den Unterschied von Prinzip und Prinzipiat gesprochen: Letztbegründung im Sinne Zeidlers kann nur darin bestehen, die Einheit der beiden Seiten als *„Einheit von Ursprungs- und Geltungsprinzip“*[17] zu denken. Und: Solcherart die Vermittlung

---

11 Zur Platonischen Dialektik und ihrem Zusammenhang mit der Aristotelischen Syllogistik sowie zur ‚dialektischen‘ Ursprungsdimension des Syllogismus vgl. die konzisen Ausführungen in: *GtL*³, 180–183 sowie 199–203.

12 K. W. Zeidler: *GtL*³, 8, auch 22.

13 In diesem Sinne formuliert Zeidler, in Abwandlung des berühmten Kant-Dictums, „daß die transzendentale Logik seit Platon keinen Schritt rückwärts und mit Kant erst einen Schritt vorwärts hat tun dürfen und folglich schon von den ältesten Zeiten her nahezu vollendet sei.“ (Zeidler: *GtL*³, 22)

14 K. W. Zeidler: *GtL*³, 16.

15 K. W. Zeidler: *GtL*³, 20.

16 Das Vermeiden dieses Zirkels durch den fixierenden, also urteilslogisch operierenden Verstand ist nach Zeidler auch das Grundproblem, an dem die Kantische transzendentale Logik krankt – folglich ergibt sich aus dem Ernstnehmen dieses Zirkels für Zeidler der (einzig legitime) Weg einer immanenten Weiterbildung der Transzendentalphilosophie. Von der durchaus wirkmächtig gewordenen Auffassung des Wiener Philosophen Erich Heintel, dass die eigentlich systematische Aufgabe nach Kant in der „Konkretisierung der Transzendentalität“ bestünde, distanziert sich Zeidler – ohne den Namen Heintels zu erwähnen –, indem er darauf hinweist, dass man schon im Nebeneinanderstellen von empirischem und transzendentalem Ich am Begriff des Transzendentalen vorbeigegangen ist (*GtL*³, 102, Anm. 30).

17 K. W. Zeidler: *GtL*³, 30.

als Selbst zu denken, bedeutet, sie als *das Freie, das sich selbst Bestimmende* zu denken. Damit kommen wir zu unserem Thema.

Die Frage nach dem logischen Ort der Freiheit

Unser Beitrag knüpft an eine für die praktische Philosophie und ihre fundamentalphilosophische Grundlegungsproblematik und damit überhaupt für die Frage nach der Einheit von theoretischer und praktischer Vernunft entscheidende These Zeidlers an. Zeidler weiß, dass das Freiheitsproblem nur in derjenigen Wissenschaft gelöst werden kann, die es mit dem Denken des Denkens zu tun hat: der Logik. Damit ist Zeidler schon im Ansatz über das Niveau der gegenwärtigen Debatte zum Thema Willensfreiheit und/oder Determinismus (auf die wir noch zu sprechen kommen werden) hinausgegangen. Wenn er nun die Frage nach dem *logischen Ort der Freiheit*[18] stellt, so meint er mit „Freiheit" weniger das Problem der sogenannten Willensfreiheit, sondern die Frage nach der sich sittlich qualifizierenden Freiheit. Die These lautet: *Erst in einer Logik bzw. Fassung der Logizität, die das Allgemeine und das Einzelne nicht als subsumtionslogische Entitäten einander gegenüberstellt, sondern zusammenzudenken vermag, erreichen wir gedanklich die Einheit, um welche es in der Qualifizierung der Freiheit geht, nämlich von Sittengesetz und (individuellem) Bewusstsein der Pflicht.*[19] Dieses Problem, das erst vor dem Hintergrund der Kantischen Einsicht in den Begriff der Autonomie sowie dem scheiternden, weil subsumtionslogisch vorgehenden Vermittlungsansatz im Sinne des Rekurses auf die „praktische Urteilskraft" in seiner vollen Schärfe zu Bewusstsein gelangt, gilt es fundamentalphilosophisch zu bewältigen. Die Programmatik der Antwort Zeidlers auf diese Problemanzeige lautet: *Nur eine Logik, die die Schlussform als die Form der Vermittlung ernst nimmt, vermag auch eine Logik der Freiheit – im zweifachen Sinne des Genetivs – zu sein.* Denn wie sich die logische Form erst im Schluss *als Selbstverhältnis* (bzw. Einheit von Selbst- und Gegenstandsverhältnis) begreift, so wird Freiheit erst begreifbar, wenn sie als Selbstverhältnis konzipiert wird. Unsere Ausführungen wollen als ein elenktisches Argument für diese These, dass der Gedanke konkreter Freiheit die logische Lösung des Methexisproblems voraussetzt, verstanden werden, indem wir nach den Implikationen des formallogischen Denkduktus für den Freiheitsbegriff fragen und sehen werden, dass das Freiheitsproblem auf formallogischen Boden nicht gelöst werden kann bzw.

---

18 K. W. Zeidler: Der logische Ort der Freiheit, wiederabgedruckt in: *Vermittlungen. Zum antiken und neueren Idealismus*, Wien 2016, 175–189

19 K. W. Zeidler: Der logische Ort der Freiheit, 184.

der formallogische Denkduktus zu einseitigen Abstraktionen führt. Die Selbstinterpretation des Denkens in der Logik lässt sich in der Tat nicht von der Selbstinterpretation der Freiheit trennen. So wie jede Selbstinterpretation der Freiheit Implikationen hinsichtlich der Auffassung der logischen Form hat, eröffnet jede Logik als Selbstinterpretation der logischen Form einen bestimmten Horizont im Begriff der Freiheit. Das gilt auch dann, wie zu zeigen sein wird, wenn die Logik beansprucht, es mit inhaltsneutralen Formen zu tun zu haben.

Das Wesen formaler Logik

Formale Logik hält sich für begründungslogisch nicht weiter hinterfragbar, sie hält sich und ihr Tun für ein *per se notum*. Eine philosophische Logik kann – im Sinne Zeidlers – nicht dabei stehenbleiben, die formale Logik als bloße Gegebenheit aufzufassen, sondern hat zu versuchen, diese in ihrer Genese aus dem Begriff des Denkens heraus zu begründen. Zeidler geht es also, über Kant hinausgehend, um den Aufweis des logischen Ursprungs der formallogischen wie auch der transzendentallogischen Reflexion. Er spricht diesbezüglich von einer „ursprünglichen Selbstunterscheidung des Denkens".[20] Man könnte sagen: So wie sich das Denken in sich vom Gedachten unterscheidet und darauf bezieht, so unterscheidet es in sich Denken actu und Gedachtes, Vermittlung und Vermitteltes. Diesen Doppelsinn, Tätigkeit und Produkt der Tätigkeit zu meinen, bewahren ja auch Ausdrücke wie Anschauung, Vorstellung, Begriff etc. „Diese Selbstunterscheidung des Denkens verlangt [...] nach einer Logik des Erkennens im Sinne einer transzendentalen Fundierung der Lehre vom Schluß."[21]

Mit Blick auf die Hegelsche Logik könnte man den hier anvisierten Gedanken weiter so skizzieren: Das Denken ist das, was es ist, nämlich sichwissendes Selbstverhältnis, nicht unmittelbar. Das Denken durchläuft den „absoluten Rhythmus", dessen Anfang eine Unmittelbarkeit bildet, die zu verlassen ist; das zweite Moment ist das Heraustreten aus der Unmittelbarkeit, das Sich-von-sich-Unterscheiden, das Innewerden der Vermittlung, allerdings selbst noch in wiederum unmittelbarer Weise; das dritte Moment ist das Sich-im-Anderen-seiner-selbst-Entgegenkommen. Das Denken ist also weder ein Nur-Unmittelbares (Sein), noch die Unmittelbarkeit der Vermittlung als Nur-Vermittlung (Wesen), sondern die sich selbst bewegende Einheit von Vermittlung und Unmittelbarkeit (Begriff).[22] Die formale Logik entspringt dem zweiten Moment: das Moment der

---

20 K. W. Zeidler: *GtL*³, 102.
21 K. W. Zeidler: *GtL*³, 102
22 In dieser Einheit bewegen wir uns in jedem Wort der Sprache.

Vergegenständlichung des Denkens selbst ist der logische Ort formaler Logik. Diese interpretiert sich als gegenständliches Mittel zur Herstellung wiederum gegenständlicher Bestimmtheit. Dabei kann das Denken aber nicht stehenbleiben, denn dieses ist nie nur Gegenstandsverhältnis, sondern darin zugleich immer Selbstverhältnis. Als diese Einheit von Unmittelbarkeit und Vermittlung, die die gesamte Bewegung der Ver- und Entgegenständlichung umfasst, muss sich das Denken begreifen, wenn es wirkliches Selbstverhältnis sein soll. So ist es die Arbeit des Begriffs im Sinne Hegels, sich in dem Stoff, den allgemeinen Bestimmungen (den Gedankenformen und Prinzipien formaler Logik), das Ansichsein des Denkens zum Fürsichsein zu erheben, sich mit sich zusammenzuschließen. Darin gelangt der Gedanke als Denken *actu* – der Hegelsche Begriff – zu einem freien Selbstverhältnis, das sich als solches erfasst.[23] Damit ist zugleich der Zusammenhang von Schlussform und Freiheitsbegriff angezeigt.

Formale Logik hat also ihr Wesen in der Vergegenständlichung der gegenständlich gerichteten ersten Reflexion.[24] Diese ist das Festhalten des (unsinnlichen) Allgemeinen gegen das Einzelne sowie der Denkformen als allgemeiner (besonderer) Bestimmtheiten gegeneinander. Diese Emanzipation des Denkens aus seinem Eingelassensein in die Wahrnehmung (die Negation des fantastischen Allgemeinbegriffs (Vico) im Eleatismus) ist zunächst ein Akt der Freiheit im Sinne der Bewegung des Denkens hin zu seiner Selbsterfassung im Element des Allgemeinen. Zugleich beinhaltet dieser Emanzipationsschritt auch eine Entfremdung des Denkens von sich, mit Blick auf den Geist gesprochen: von der Wirklichkeit des Menschen, die selbst nicht einfach ein Gegenstand ist, sondern die Weltbegegnung als Einheit von Selbstverhältnis und Weltverhältnis (dies ist der Hegelsche Begriff). Das Bewusstsein dieser Einheit, das die Substanz des Mythos als eines Denkens in sinnlichen Gestalten ausmacht, ist mit dem Auftreten der Reflexion zunächst gebrochen und verschwunden. Die Reflexion vergegenständlicht an der Weltbegegnung *Formen und Prinzipien der Verknüpfung von Vorstellungen* (Bewusstseinsinhalten), *die als Verfahrensweisen verfügbar gemacht werden*. So fasst sich das Denken zunächst instrumentell als Funktion zur Herstellung eindeutiger gegenständlicher Bestimmtheit – des Funktions*werts*.[25]

---

23 Mit Liebrucks ist darüber hinaus noch darauf hinzuweisen, dass diese gesamte Bewegung als Sprache möglich und wirklich ist, wobei die Sprache als der existierende Hegelsche Begriff gedacht ist.

24 Vgl. Herders Unterscheidung der beiden Reflexionen in der Sprachursprungsschrift.

25 Zum Funktionsbegriff bei Kant, im Neukantianismus sowie im Unterschied dazu bei dem Gründervater der modernen formalen Logik, Gottlob Frege, vgl. die instruktiven

Zeidler betont im Anschluss an Kant, dass die formale Logik aller Zeiten „nicht eine Logik des Denkens und Erkennens, sondern eine solche der nachträglichen (formalen) Verknüpfung des bereits Gedachten, der bereits in der Urteilsform fixierten Begriffe von Gegenständen ist".[26] Im Unterschied zur transzendentalen Logik, die eine „Logik der Erkenntnisbegründung" sei, welche die Genesis der Gegenständlichkeit des Gegenstandes aufzeigt, sei formale Logik eine „Logik der Erkenntnisverknüpfung",[27] die schon eine zu Gegenständen zubereitete Erscheinungswelt (im Sinne Kants) voraussetzt und sich auf „rein technische Aspekte der Folgerungsbeziehung"[28] konzentriert.

Wenn sich die Reflexion (in moderner formaler Logik) in Form von Operatoren, Funktoren usw. vergegenständlicht, dann besagt dies: das (unmittelbare) *Sein ist Schein*, ist *Gesetztsein*.[29] Damit ist einerseits die Nichtigkeit des Unmittelbaren gegenüber der sich so interpretierenden Vermittlung ausgesagt. Das Sein, das Einzelne, Viele zählt nur als Argument, das die Funktion sättigt und brauchbar macht. Nur so, nur als Tatsache in einem Sachverhalt kann es einen *Wert* – einen Wahrheitswert – haben.[30] So hat das Sein Bestand in diesem Schein. Es gewinnt eine feste Bestimmtheit, mit der dann auch operiert werden kann.

Der solcherart verfahrende Verstand hält sich für autark. Nach einer Begründung des Logischen zu fragen, würde nämlich zu dem Gedanken führen, dass sich das Logische selbst voraussetzt und dies würde nichts anderes bedeutet als dies, dass sich das Denken eben *als ein Selbst*, ein Selbstverhältnis zeigt.[31] Zeidler spricht in diesem Zusammenhang von dem *begründungs- oder prinzipientheoretischen Zirkel*, der „geradezu das strukturelle Kennzeichen eines

Ausführungen Zeidlers in: Bruno Bauchs Frege-Rezeption, in: E.W. Orth und H. Holzhey (Hg.), *Neukantianismus. Perspektiven und Probleme*, Würzburg 1994, 214–232 sowie K. W. Zeidler: *GtL*[3], 99.

26 K. W. Zeidler: *GtL*[3], 67

27 Ebd.

28 K. W. Zeidler: *GtL*[3], 179.

29 Dies ist der Satz des Wesens vom Dasein in der Wesenslogik Hegels.

30 Zum höchst bedeutsamen inneren Zusammenhang zwischen dem Denkduktus formaler Logik und dem Wesen des Geldes: B. Liebrucks: Über den logischen Ort des Geldes. Vorbereitende Bemerkungen, in: *Kantstudien* 61, 1970, 159–189.

31 Der elenktische Beweis im Kontext der Begründung logischer Prinzipien – der bekanntlich bei Aristoteles gegen den logischen Tiefschläfer (B. Liebrucks) Protagoras in Stellung gebracht wird – ist nach Zeidler nichts anderes als die negative Formulierung dieses Begründungszirkels und als solche ist er zum „Favoriten aller Begründungstheoretiker und […] philosophischen Argumentationsfigur par excellence avanciert." (*GtL*[3], 29)

philosophischen Prinzipienbeweises sein muß, – und zwar ganz einfach deshalb, weil eine *rationale* (weder empirische, noch formal-axiomatische) *Begründung* in letzter Instanz nur als *Selbstbegründung* denkbar ist."[32] So meint nach Zeidler Letztbegründung nicht ein intentional-gegenständlich orientiertes Abstützen auf einer objektiven Reflexion, sondern die Gewinnung der Einsicht in diesen Zirkel des Selbstverhältnisses. Dort, wo man diese Zirkularität zu vermeiden trachtet, endet nach Zeidler die Philosophie als Denken des Denkens.[33]

Nun ist aber das Selbstverhältnis, näher: die Einheit von Selbst- und Gegenstandsverhältnis der *Widerspruch*, den formale Logik zu vermeiden sucht. Sie kann ihn, wie auch Zeidler trefflich herausstellt, nur als einen vitiösen Zirkel fassen, den es abzuspannen gilt.[34] Dass gerade darin der Widerspruch aber begangen wird, jener Widerspruch nämlich, der in der Wortzusammenstellung „unmittelbare Reflexion" liegt, ist auch ihr Schicksal. Das Denken hat sich hier zunächst als Vermittlung *actu* vergessen. Im Sinne Zeidlers gesprochen: Der Verstand zerteilt hier die konkrete Vollzugseinheit von Prinzip und Prinzipiat, von Denken und Gedachtem, Form und Inhalt, Ursprungsprinzip und Geltungsprinzip.[35] Die Vermittlung als Unmittelbarkeit festzuhalten, ist dann aber der Widerspruch, der im Zentrum formaler Logik sitzt und dessen Auflösung das Denken über diesen Standpunkt hinaustreibt.

Die Einholung der Vermittlung dieser scheinbar bloßen Unmittelbarkeit, in welcher die logischen Formen und Prinzipien als starre Wesenheiten zunächst gegenständlich sind (mit Hegel gesprochen: im Weg von der Idee über das Wesen zum Sein, der zugleich der Weg vom Sein zur Idee ist), wird das Thema der philosophischen Logik von Kant bis Hegel sein.

Im Ausgang von Bruno Liebrucks' Kant- und Hegelinterpretation[36] könnte man die Sache so zusammenfassen: Kants transzendentale Logik ist die innerlogische Begründungsreflexion formaler Logik und die dialektische Logik Hegels wiederum das innerlogische Einholen der Voraussetzungen der transzendentalen Logik. Die transzendentale Logik setzt zunächst die Form der Reflexion als die transzendentale Apperzeption, als unbewegliches Prinzip in ihren Vereinheitlichungsverfahren, also des Verstandesgebrauchs voraus. Die

---

32 K. W. Zeidler: *GtL³*, §2, v.a. 28–32.

33 K. W. Zeidler: *GtL³*, 29.

34 K. W. Zeidler: *GtL³*, 28.

35 K. W. Zeidler: *GtL³*, 30.

36 Vgl. F. Ungler: *Bruno Liebrucks' „Sprache und Bewußtsein". Vorlesung vom WS 1988.* Mit einem Geleitwort von Josef Simon aus dem Nachlass herausgegeben und eingeleitet von Max Gottschlich, Freiburg/München 2014.

Voraussetzung wiederum dafür, dass diese Voraussetzung festgehalten werden kann, ist die innerlogische Anamnesis der Sprache als des lebendigen Logos. Der Hegelsche Begriff (mit Herder, Humboldt und Liebrucks gesagt: der Begriff als Sprache) ist nicht nur die Bedingung der Möglichkeit, sondern die Bedingung der Wirklichkeit der zweiten Reflexion (der Reflexion der Reflexion), wie schon die Vergegenständlichung des Gedankens nur durch Sprache (genauer: die Vergegenständlichung der Sprache durch die Schrift) wirklich werden konnte.

Diese Voraussetzungen liegen hinter dem Rücken der formalen Logik. So steht sie, mit Hegel gesprochen, im logischen Status der äußeren Reflexion, sie hat sich als Reflexion in sich als Gegenstand, als objektive Reflexion, vergessen. Das Denken *actu* wird als außerlogische Instanz vorausgesetzt. *Aufgrund dessen, dass sich hier die Reflexion selbst äußerlich ist, kann in formaler Logik kein freies Selbstverhältnis im Denken des Denkens erreicht werden.* Vielmehr diszipliniert sich hier das Denken zu einem geregelten und automatisierbaren Verfahren, in dem es sich als Knecht unter die Herrschaft jener Wesenheiten stellt, die es als unbewegte Beweger seines Selbst- und Weltverhältnisses selbst gesetzt hat.

Um schon hier einen Ausblick zu geben: Erst in Kants transzendentaler Logik ist gesetzt und ausgesprochen, dass die logische Form – als die eine logische Form der Synthesis der Mannigfaltigkeit der Anschauungs- und Begriffsvorstellungen unter dem Prinzip des logischen Ich – immer schon als der unbewegt bewegende Beweger fungiert hat. So wird die Einsicht möglich, dass der Dirigent des ganzen Verfahrens nicht eine irrationale, außerlogische Größe ist, sondern die Forderung der Selbsterhaltung des Verstandes als der einen logischen Form im Singular, des Raumes der *Transparenz des Selbstverhältnisses in allem Gegenstandsverhältnis*. Die dieser logischen Transparenz entsprechende Gegenständlichkeit ist nicht ein sich anschaulich zeigendes anderes Selbst (das Ding an sich als *ousia aistheté*), sondern das System (selbstloser) Erscheinungsgegenstände, die sich in die eine wissenschaftliche Erfahrung einfugen lassen, die „Welt der Positivität" (Liebrucks). Damit wird deutlich, dass die von formaler Logik nicht hinterfragte Anwendbarkeit des Logischen auf das sogenannte Reale, die Präsupposition der Sachhaltigkeit der logischen Form, eine Subreption war. *Formale Logik setzt immer schon eine zu Tatsachen in Sachverhalten elementarisierte Erscheinungswelt voraus, nach deren logischer Genese erst die transzendentale Logik fragen wird.*

Man kann zusammenfassend sagen: Die logische Form wird in formaler Logik von der *techne* her interpretiert, wobei die Applizierbarkeit des Logischen auf das Reale vorausgesetzt und nicht hinterfragt wird. Sie operiert mit jener Seite am Logos, die den technisch-praktischen Weltumgang ermöglicht. So realisiert die moderne formale Logik ihre, mit Kant gesprochen, „praktische

Vollkommenheit" als „Tauglichkeit … zu allerlei Zwecken" (*KpV* A 71) als ein inhaltsneutrales *multi-tool*, mittels dessen eindeutige gegenständliche Bestimmtheit hergestellt werden kann. Formale Logik als solche steht im Zeichen der Normativität eines in allen Bezügen mit sich identisch bleiben sollenden Verstandes (des Verstehenden im Verstandenen).

Aus dem Grundcharakter formaler Logik verstehen sich folgende näheren *Grundvoraussetzungen*, die als solche freilich nicht schon in der traditionellen aristotelisch-scholastischen formalen Logik, sondern erst in der modernen formalen Logik[37] deutlich zutage getreten sind:

(1) die *Trennung von Form und Inhalt* des Denkens, die in moderner formaler Logik die Unterscheidung von Syntax und Semantik oder Kalkül und (beliebigem) Modell reflektiert. Die abgetrennte Form (chorismos) wird als autark angesehen. Es geht zunächst um die Formulierung inhaltsneutraler Folgerichtigkeitsstrukturen und Ordnungsschemata. Diese bestehen aus „allgemeingültigen Sätzen". Ein allgemeingültiger Satz ist ein Satz, bei dem alle nicht-logischen Ausdrücke, die als „unwesentlich" angesehen werden (Eigennamen, Prädikate), ersetzt und *beliebig* interpretiert werden können. Allgemeingültigkeit wird hier also als inhaltsneutrale Richtigkeit der Form (Syntax) von Sätzen verstanden. Das Kalkül wird verstanden als ein Instrument, um alle allgemeingültigen Sätze und nur diese abzuleiten. So erscheint die logische Form als ruhende und feste Form. Je fester ein Werkzeug ist, je weniger es affiziert wird durch das, was es bearbeitet, desto größer ist seine Anwendbarkeit. Die fixierte Form (*forma formata*) hat das Prinzip der Ruhe und der Bewegung außer sich in einem äußeren Verstand, der sie anwendet, d.h. semantisch interpretiert, der Operationen vollführt. Nicht sie selbst ist es, die sich bewegt, die ihren Inhalt in dieser Selbstbewegung aus sich hervorbringt. Wir dürfen nicht übersehen, dass die inhaltsneutral sein wollende Form nicht so rein und unschuldig gegenüber ihrem Inhalt ist, wie sie sich gibt. Denn bloß äußere Form zu sein ist eine bestimmte Auffassung der logischen Form, des Denkens – und mit dieser verknüpft sich eine bestimmte Auffassung von Freiheit.

(2) Die Autarkie der inhaltsneutralen Form setzt die (eleatische) Trennung des Einzelnen und Allgemeinen bzw. von Anschauung und Begriff voraus. Es herrscht der *abstrakte* Allgemeinbegriff, also der Allgemeinbegriff, der im Sinne des Nominalismus eine Klasse im Sinne einer willkürlich gesetzten

37 Zur modernen formalen Logik vgl. den systematisch luziden Überblick in: K. W. Zeidler: *GtL*[3] §37.

Gattung, die nur Merkmalsbündel von Dingen oder Gegenstandsbeziehungen vorstellt.[38] Der „Begriff" ist hier nur das sprachliche Zeichen, das ein solches Allgemeines repräsentieren soll.[39] Dieses dient zur Sortierung des Besonderen und Einzelnen, wobei ein äußerer Verstand Begriffspyramiden erstellt. Dieses Allgemeine aber hat das Besondere und Einzelne nicht in sich, sondern als Fall so *unter* sich, wie ein natürliches Phänomen unter ein Naturgesetz fällt. Ein (mit Hegel gesagt) Sich-Abstoßen des Besonderen zum Allgemeinen hin kennt dieses Denken genauso wenig wie ein Sich-Besonderen oder Sich-Kontinuieren des Allgemeinen (was für den Begriff des Schlusses von Bedeutung ist). Das Einzelne dagegen ist – auch im Sinne der sprachanalytischen Tradition – gefasst als dasjenige, was „der Fall ist", was also etwas ist, indem es unter das Allgemeine „fällt".

(3) Die Vereinigung der getrennten Seiten des Allgemeinen und Einzelnen wird von der Form des Urteils her verstanden. Dies gilt für die aristotelisch-scholastische Logik[40] und dies reflektiert sich in der Standarddifferenzierung der „Gattungen" der Aussagenlogik und Prädikatenlogik, die sich in ihre „klassischen" wie „nicht-klassischen" Arten besondern. Das Grundelement, mit dem operiert wird, bildet die Aussage bzw. das Urteil, das prädikatenlogisch in feinerer Strukturiertheit dargestellt wird. Die Operation selbst, die in der traditionellen formalen Logik als Subsumtion vorgestellt wurde, wird in der modernen formalen Logik als *Herstellung der abstrakten Identität von Bestimmtheiten*, die in den logischen Zeichen repräsentiert werden, verstanden. Ein Zeichen wird, in geregeltem Verkehr, durch ein anderes Zeichen ersetzt. Dies ist insofern konsequent, als formale Logik damit die für sie notwendigerweise aporetische Frage nach der Inhärenz des Allgemeinen im Einzelnen als Voraussetzung der Subsumtion, mithin das Methexis-Problem vermeiden zu können meint.

(4) Der logische Grund (im Sinne der Hegelschen Logik) dieser Trennung von Form und Inhalt ist die *Trennung von Mittel und Zweck* im Begriff der logischen Form. Die logische Form wird nicht als innere Zweckmäßigkeit, als Selbstvermittlung, als Denken *actu*, sondern als äußere Zweckmäßigkeit, als Prinzip der Objektivität (im Sinne der Hegelschen Logik) verstanden. Hier geht es um – dies wurde in der modernen Aussagen- und Prädikatenlogik unter „klassischen" und „nicht-klassischen" Vorzeichen samt ihren

38 Vgl. K. W. Zeidler: *GtL*³, 121.

39 Vgl. K. W. Zeidler: *GtL*³, 179.

40 Vgl. K. W. Zeidler: *GtL*³, 117.

„Erweiterungen" (zu denen auch die deontische Logik gehört) deutlich – die *instrumentelle* Fassung der logischen Form als möglichst vielfältig einsetzbares multi-tool zur Herstellung von durchgängiger eindeutiger (möglichst widerspruchsfreier) Bestimmtheit bzw. zur Klärung von Folgerichtigkeitsverhältnissen. Die Bestimmung dessen, was als wesentlich für die logische Syntax angesehen werden soll, ebenso die Semantik, also die Interpretation der Syntax hinsichtlich gewisser Modelle, ist abhängig von pragmatischen Setzungen, d.h. von dem jeweiligen Nutzen- und Anwendungshorizont.

(5) Die Applikation des Logischen wird als semantische Interpretation eines Kalküls verstanden.[41] In ihrer Modellierbarkeit soll sich die Inhaltsneutralität der Form, d.h. ihre Allgemeinheit im formallogischen Verständnis, bewähren. Die möglichst inhaltsneutrale Syntax eines Kalküls bewährt sich in dem Potential einer semantischen Interpretation. Bei dieser Bewährung geht es nicht um die Aussagbarkeit des Wirklichen (*ousia*) im Sinne des Aristoteles oder um die Frage nach der Möglichkeit der Sachhaltigkeit oder des Notwendigkeitscharakters der logischen Form im Sinne Kants, sondern um eine möglichst *beliebige* (worin schon ein bedeutender Fingerzeig Richtung Freiheitsinterpretation liegt) *Interpretierbarkeit in Gestalt von Modellen* im Sinne des Konzepts möglicher Welten. *Formale Logik setzt eine zu Modellen zubereitete Wirklichkeit voraus.*

(6) Die semantische Interpretierbarkeit von Kalkülen beruht wiederum auf der Voraussetzung einer *omnitudo realitatis*, eines Inbegriffs von Sachhaltigkeiten, oder: einer *als durchgängig bestimmbar ansehbaren, d.h. prädikationsfähigen Realität.*[42] Die Modellbildungen formaler Logik sind Derivate dessen, was die kantische transzendentale Logik begründen wird, nämlich eines Systems von Erscheinungen unter allgemeinen Gesetzen. Sie sind Ordnungssysteme von als nur mit sich identisch gesetzten Entitäten und Relationen. – Mit welchem Recht man voraussetzt, dass etwas mit sich identisch ist – denn kein Ding bleibt auch nur einen Augenblick identisch mit sich – wird erst die transzendentale Logik aufzeigen. Die semantische Interpretierbarkeit von Kalkülen setzt also eine *Einheit von Prädikation und Realität* voraus, ohne diese selbst formallogisch rechtfertigen zu können.

(7) Die Voraussetzung einer durchgängig prädikationsfähigen Realität macht den *hypothetischen Realismus* formaler Logik aus. Die Notwendigkeit, die

41 Letztlich zielt die moderne formale Logik auf die Anwendbarkeit im technisch-praktischen Kontext, etwa in der Programmierung und Steuerung von Maschinen.

42 Vgl. in dem Zusammenhang die erhellenden Ausführungen in: K. W. Zeidler: *GtL*³, 184.

im formallogischen Deduzieren erreicht wird, ist diejenige, die sich – in traditioneller formaler Logik – im hypothetischen Vernunftschluss ausspricht. Das ist der Grund dafür, warum der *Modus Ponens* eine führende Rolle in der formallogischen Vermittlung spielt.

(8) Formale Logik kommt daher erst dort ganz zu sich, wo der sogenannte *Schritt von der Substanz zur Funktion*[43] vollzogen wird. Darin besteht im Wesentlichen der Fortschritt der modernen formalen Logik über die traditionelle formale Logik hinaus, sofern sich diese in aristotelischen Bahnen bewegte. Dieser Schritt nimmt den Setzungscharakter formallogischen Bestimmens und Deduzierens ernst. Hier zeigt sich zugleich, dass die logische Form nicht eine unschuldige leere Form ist, in die gegebene Inhalte eingefügt werden, sondern dass diese Form Bestimmtheit setzt. Die Argumente sind das, was sie sind, erst durch ihr Eingefugtsein in die logische Form als Funktor.

(9) Formale Logik muss sich auf eine formelle, „semantische" Wahrheitskonzeption (Tarski) zurückziehen, in der der Gedanke der Entsprechung in den Voraussetzungen versteckt wird. Formale Logik kennt Wahrheit nur als Richtigkeit – daher nennt man die logische Richtigkeit formallogisch meist „Wahrheit" (wie in der Rede von Wahrheitswerten). Diese ist jedoch letztlich die Tautologie. Erst mit der transzendentalen Logik Kants wird eine Differenzierung zwischen Wahrheit im Sinne von Sachhaltigkeit der logischen Form und der Richtigkeit im Sinne der bloßen widerspruchsfreien Denkbarkeit gewonnen werden.

Zusammengefasst: Die Unmittelbarkeit der Reflexion bedeutet das Sich-Äußerlichsein der Reflexion. Die logische Form soll nur gegenständliche Bestimmungsfunktion zur Herstellung widerspruchsfreier Identität sein. Dies, dass Reflexion immer auch Selbstverhältnis bedeutet, bleibt uneingeholte Voraussetzung formaler Logik. Formallogisch kann die logische Form nicht als Einheit von Selbstverhältnis und Gegenstandsverhältnis, als Selbstverhältnis actu gedacht werden, da dies den Widerspruch bedeuten würde, der zu vermeiden ist. So trägt formale Logik eine *irreflexive* Fassung der logischen Form vor, die das Denken actu im Gedachten, das Setzen im Gesetzten vergisst. Darin besteht der *Irrationalismus* im Kern des vorgeblichen Horts der Rationalität. Formale Logik ist daher auch keine philosophische *Wissenschaft,* die sich selbst, ihre Formen und Prinzipien begründet und ableitet, sondern sie ist wesentlich Technik bzw.

---

43 Wir verweisen hier pauschal auf das Kapitel „Kraft und Verstand" in Hegels *Phänomenologie des Geistes* sowie auf E. Cassirer: *Substanzbegriff und Funktionsbegriff*, hg. von B. Recki, *Gesammelte Werke*, Bd. 6, Hamburg 2000.

dort, wo sie sich nicht als Technik verdingt, ein Spiel mit Formen. Wie stellt sich dies nun näher in der Fassung der Schlussform dar?

Der Schluss in formaler Logik

Das Grundlegendste ist zunächst dies: Da die logische Form als festes Werkzeug fungieren können soll und daher nicht die sichselbstbewegende Form sein darf, fällt das Zusammenschließen actu, das Deduzieren außer die logische Form. Die formallogisch gefasste logische Form hat die vermittelnde Mitte im Schluss außer sich. Anders gesagt: Die Vermittlung ist sich hier noch selbst äußerlich. Darin besteht geradezu das *Prinzip der Heteronomie* in der Fassung der logischen Form.

Aus dem Festhalten der Unmittelbarkeit der Reflexion oder der Vermittlung, sofern sie zu Herstellung gegenständlicher Bestimmtheit dient, folgt der *Primat der Urteilsform*. Die logische Basiseinheit und syntaktische Basisstruktur, mit der als Formel operiert wird, ist, wie erwähnt, die Form des Urteils – sei es in seiner traditionell formallogischen Rekonstruktion in Gestalt der Subjekt-Copula-Prädikat-Struktur, sei es in der modern formallogischen Rekonstruktion in Form der Fregeschen Funktions-Argument-Struktur. Von der ehemals hehren Disziplin der Syllogistik im Anschluss an Aristoteles bleibt in der modernen formalen Logik nur eine Reihe sogenannter Deduktionsprinzipien, also syntaktischer Regeln zur Verknüpfung von aussagenlogischen bzw. prädikatenlogischen Formeln. Es sind Regeln, die aufgestellt werden, um ein korrektes, mechanisierbares Operieren mit logischen Zeichen, das zu „wohlgeformten" Resultaten führt, zu ermöglichen.

Der Schluss wird also im Rahmen formaler Logik[44] nicht als autochthone logische Form – nach Hegel ist er ja die Aufhebung der Urteilsform – begriffen, sondern als syntaktische Struktur, die sich aus einfachen Elementen

44 Wir klammern die Syllogistik des Aristoteles aus, da man trotz der Ansätze zur Formalisierung nicht von einer *formalen* Logik bei Aristoteles sprechen kann. Die moderne formale Logik hält der an Aristoteles anknüpfenden traditionellen formalen Logik unter anderem als Hauptmangel vor, dass sich mit ihren Mitteln keine Schlüsse formalisieren lassen, die in den Prämissen Relationen bzw. relationale Ausdrücke enthalten. Dieser Vorwurf der Mangelhaftigkeit übersieht, dass der Schluss für Aristoteles nicht ein möglichst „ausdrucksstarkes", d.h. vielfältig brauchbares Instrument sein können soll, sondern es um das Denken des Sich-Darstellens der Substanz als des nicht logischen und zugleich wirklichen – sich zeigenden, sich *aufschließenden* – Subjekts der Aussage geht. Im Sinne der Aristotelischen Kategorienlehre ist die Relation eine akzidentelle Bestimmung. Der Vorwurf misst die Aristotelische Logik an einem Kriterium, das ihr von ihr selbst her nicht angemessen ist. – Zur nicht bloß formalen,

zusammensetzt. So ist auch ein Beweis formallogisch als wohlgeformte Sequenz von Sätzen bestimmt. Der Mittelbegriff oder die vermittelnde Mitte besteht hier in der *Operation der Herstellung der Tautologie als der abstrakten Identität* (im Sinne des Istgleichzeichens, der Austauschbarkeit) *zwischen logischen Zeichen.* Deduktionsregeln sind letztlich nur *verschiedene Regeln des Zeichengebrauchs*, der Umformung und Ersetzung, die der Setzung der Identität eines Etwas dienen.

Daraus folgt, dass die Schlussformen als *nur verschiedene* Verfahren erscheinen, die wie Werkzeuge in einem Werkzeugschrank nebeneinanderstehen, bereit für die ihnen adäquate Anwendung, jedes in seiner spezifischen Nützlichkeit, ohne dass ein prinzipieller Unterschied in der Logik der Vermittlung innerhalb dieser Formen gemacht werden würde. Dies ist auch im Sinne der Abstraktion der reinen Form konsequent. Sobald aber das Augenmerk darauf gelegt wird, dass die Vermittlung nicht nur formellen Charakter hat, sondern dass der Form der Vermittlung ein spezifischer Inhalt entspricht, kann die formallogische Auffassung des Schlusses nur als Abstraktion erscheinen. Schon Aristoteles gewichtete die Schlüssigkeit der gültigen Schlussformen mit Blick auf ihre Darstellungspotenz hinsichtlich der wahrhaften Wissenschaft, die die *ousia* zum Gegenstand hat. Kant unterschied in der Jäsche-Logik (§42) den Verstandesschluss als unmittelbaren Schluss von den eigentlichen Schlüssen, den Vernunftschlüssen[45] und den Schlüssen der Urteilskraft. Hegel wird zeigen, dass die Schlussformen sich in ihrer Vermittlungspotenz hinsichtlich der Selbstbestimmung des Begriffs anreichern, es hier also substanzielle Differenzen gibt, die die jeweilige Einheit von Form und Inhalt betreffen. Zeidler betont in dem Zusammenhang, dass – entgegen der landläufigen Meinung, dass die Syllogistik sich wesentlich in Spitzfindigkeiten und einer formellen Kombinatorik ergehe –, diese Figuren ihre je spezifische transzendentallogische Bedeutung haben.[46] In der modernen formalen Logik ist dagegen eine *Nivellierung* der Schlussformen gesetzt. Ihr Wert bestimmt sich allenfalls vom Anwendungszweck her, zu dem sie brauchbar sind. Dann ist es eine Sache des Verstandes im Sinne von „Vorschriften der Geschicklichkeit", das richtige Verfahren für den jeweiligen Deduktionszweck und -kontext zu wählen. So wird man beispielsweise je nach Anwendungszweck mit aussagelogischen Deduktionsprinzipien durchkommen

---

sondern dialektischen Dimension der Aristotelischen Schlusslehre vgl. K. W. Zeidler: *GtL*^{3}, 180ff.

45 „Ein Vernunftschluß ist das Erkenntnis der Notwendigkeit eines Satzes durch die Subsumtion seiner Bedingung unter eine gegebene Regel." (*Jäsche-Logik* §56)

46 Zeidler: *GtL*^{3}, 179.

oder diese um die darauf aufbauenden prädikatenlogischen Deduktionsregeln ergänzen müssen. Letztere sollen die Brauchbarkeit der aussagelogischen Deduktionsprinzipien sicherstellen, indem die Bedingungen des Weglassens und Hinzufügens der quantorenlogischen Präfixe (Allquantor, Existenzquantor) als Verfahrensregeln festgelegt werden. In diesen Regeln – der universellen Instantiierung bzw. Spezifizierung, existenziellen Instantiierung, universellen Generalisierung, existenziellen Generalisierung – ist unschwer zu erkennen, dass das Methexis-Problem im Hintergrund steht, wobei sich das Vermittlungsproblem in äußere Hinsichten auffächert. Im Vordergrund steht aber nur der geregelte Gebrauch von Zeichen, auf welchem alles Schließen beruht.

Man kann also den Schluss in moderner formaler Logik so definieren: *Der Schluss wird verstanden als ein durch Regeln geleitetes Verfahren der Herstellung einer logischen Kontinuität als tautologischer Identität, die sich unter dem Aspekt der Syntax als Ersetzbarkeit von Zeichen und unter dem Aspekt der Semantik der Modellierung von eindeutig bestimmten Tatsachen in Sachverhalten ausdrückt.* Der Schluss ist hier eine Operation des Zeigens von etwas als etwas, nicht jedoch ist er gedacht als die Darstellung des Sich-Zeigens oder der Selbstbestimmung überhaupt. Ein Sich-Vermitteln actu kennt das formallogische Schlussverständnis nicht.

Darin liegt der Abstand zwischen der instrumentellen formallogischen Vorstellung des Schlusses und seiner Fassung in Hegels Logik. Den Weg dazu, um dies hier nur anzudeuten, bahnt die transzendentale Logik. Inwiefern? Wir haben darauf hingewiesen, dass der Schluss formallogisch als Kompositum aus Urteilen, als gültige Folge von Sätzen erscheint. Dass nun der Schluss der Einheit und Bestimmtheit der Urteile dient, wird in Kants transzendentaler Logik gesetzt, indem die Vernunftideen, die auf dem kategorischen, hypothetischen und disjunktiven Vernunftschluss beruhen, nur eine regulative Funktion zur Anleitung des Verstandesgebrauchs in Urteilen haben sollen, also zur Erstellung der Bestimmtheit der Urteile in einem systematischen Insgesamt derselben dienen sollen. Indem die Schlussform gerade in ihrer regulativen Bedeutung indirekt konstitutiv ist, zeigt sich, dass der Verstandesgebrauch ohne Vernunft nicht Verstandesgebrauch sein kann. Diese Dialektik von Verstand und Vernunft in der transzendentalen Logik ist dann auch der erste Schritt zur Einsicht, dass die Vernunft nicht bloß Knecht des Verstandes ist, sondern sie vielmehr die Form der Vermittlung ist, in der sich erst die Totalität expliziert (wenn auch Kantisch nur als Aufgabe) und von der her auch der Verstand erst das, was er leistet, zu leisten vermag. Hier wird offenbar, dass der Schluss – im Sinne der Vermittlung durch die Vernunftideen, die die Totalität in ihrem Forderungscharakter reflektieren – wesentlich mit dem Selbstverhältnis des Logischen, das bei Kant freilich erst als Prinzip gesetzt ist, zu tun hat. Dabei wird die Vernunft als sich-kontinuierende Form der Allgemeinheit vorausgesetzt – ohne dass Kant diese Voraussetzung einholen könnte. Denn die transzendentale Logik soll ja nichts anderes als die Erkenntnisdignität formaler Logik sichern (Bruno Liebrucks). Hegels Schritt über Kant hinaus schließlich – um dies hier nur anzudeuten – wird darin bestehen, diese Voraussetzung einzuholen. Hegel zeigt, dass der Schluss als die Bewegung der Darstellung und Explikation des Begriffs als des sich *kontinuierenden Allgemeinen* zu denken ist. Das ist mit dem Hinweis Zeidlers zusammenzubringen, dass der Schluss bei Aristoteles zur Explikation der Platonischen *diharesis* dient,[47] die Schlusslehre also nichts anderes ist als die durchgeführte *Selbstbestimmung des Begriffs* (denn dies ist die Einteilung des Begriffs). Es ist also im Schluss, dass der Begriff zu einem Selbstverhältnis gelangt. Erst hier gelangt auch zur Darstellung, dass die logische Form den ihr gemäßen Inhalt hervorbringt. In der von Hegel dargestellten Selbstbewegung dieser Einheit von Form und Inhalt im Gang vom „Daseinsschluss" hin zum „Schluss der Notwendigkeit" reichert sich die vermittelnde Mitte sukzessive an. Und zwar in einem Sinne, der unmittelbar die Relevanz für das Freiheitsproblem zeigt: *die Willkür wird aus der Mitte des Schlusses hinweggearbeitet.* Von diesem logischen Status aus wird ein Blick auf den anderen und die Natur möglich, der nicht schon von vornherein erblindet ist für ein anderes Selbst – in dem ja erst ein Beisichsein im anderen wirklich werden kann.

Nun aber zurück zur formalen Logik! Der Schluss ist da nur Knecht im Dienste der Selbsterhaltung des Verstandes, der Funktionalität der logischen Form als Werkzeug zur Herstellung eindeutiger gegenständlicher Bestimmtheit. Diese Auffassung ist so lange konsequent, als an der Unmittelbarkeit der Reflexion festgehalten wird. Der Weg von der formalen Logik über die transzendentale Logik hin zur dialektischen Logik Hegels lässt sich als Fortschritt vom Abstrakten zum Konkreten charakterisieren, indem in diesem Weg die *Einsicht in die Unselbständigkeit der Urteilsform* und damit zugleich in die Bedeutung des Schlusses als der Form der Vermittlung schlechthin gewonnen und vertieft wird.

Wir wollen nun das Wesen des Schlusses in formallogischer Perspektive näher am Beispiel eines Schlussverfahrens, nämlich des sogenannten „Subsumtionsschlusses" illustrieren. Wie wird dieses in moderner formaler Logik interpretiert?

---

47 K. W. Zeidler: *GtL*[3], 183.

Die Formel für den Subsumtionsschluss lautet zunächst:

Alle A sind B.
a ist A.
Also: a ist B.

Die moderne formale Logik rekonstruiert diesen Schluss als Sequenz von Sätzen, deren syntaktische Struktur durch zwei Regeln geleitet wird: die prädikatenlogische Regel der universellen Instantiierung, die besagt, dass aus der „Wahrheit" einer Formel mit Allquantor auf die Wahrheit der Gültigkeit der Formel für mindestens ein „Individuum" geschlossen werden kann; aufgrund dieser kann die aussagenlogische Regel des Modus Ponens (Wenn A, dann B) angewendet werden. Daraus resultiert folgende Sequenz:

1: $\forall x[Ax \rightarrow Bx]$	Prämisse 1
2: A(a)	Prämisse 2
3: A(a)→B(a)	Universelle Instantiierung
4: B(a)	Modus Ponens: Zeile 3

(1) Die Zeilen 1 und 2 sind die prädikatenlogisch formulierten Prämissen. Der Allsatz: „Alle A sind B" wird prädikatenlogisch als universeller Wenn-Dann-Satz dargestellt: „Für jedes x gilt: Wenn x ein A ist, dann ist x ein B". Er setzt die anzuwendende Verknüpfungsregel voran, die ein Implikationsverhältnis formuliert. Die hypothetische Form des *Modus Ponens* spricht den Setzungscharakter der in der Regel ausgedrückten Bestimmtheit aus.

(2) Prämisse 2 behauptet die Setzung eines einzelnen Elements durch die Individuenkonstante a, die eingeführt wird *als etwas*, als ein Fall von A. (Aus der Perspektive der traditionellen formalen Logik betrachtet, wäre dieser Satz als assertorisches Urteil zu verstehen.) Es wird eine isolierte Bestimmtheit von etwas gesetzt. Dies ist die im formallogischen Verfahren *ursprüngliche* Subsumtion, von welcher das (hypothetische) Verfahren seinen Ausgang nimmt. Diese Subsumtion hat zwei Seiten:

(a) Sie ist beliebige Vermittlung durch einen äußeren Verstand: In den logischen Zeichen spricht sich zunächst der *chorismos* zwischen Einzelnem und Allgemeinem, a und A aus. Das äußerliche Zusammengestelltsein der logischen Zeichen zeigt auf die Äußerlichkeit der Vermittlung, das ungelöste Methexis-Problem. Dies erzeugt zunächst den Schein, als gäbe es hier ein a und losgelöst davon *auch* das Allgemeine A sowie zwischen den beiden ein ihm äußerliches Verhältnis.

(b) Die logischen Zeichen sollen jedoch zugleich eine *wesentliche* Bezüglichkeit anzeigen: Das Element a, um dessen Bestimmtheit es im Schluss geht, ist nicht schon unmittelbar das, was es ist, sondern es ist das, was es ist dadurch, dass es als etwas von einer allgemeinen Bestimmtheit *gesetzt* wird. Nur am Schopf dieser allgemeinen (wesentlichen) Bestimmtheit gepackt (kantisch: als Erscheinungsgegenstand), lässt sich das Etwas a in den relationalen Zusammenhang (ein Modell, bzw. mit Kant: die *natura formaliter spectata*, die eine wissenschaftliche Erfahrung) einfugen. Erst dann kann mit dem a operiert werden. *Nur insofern das a als ein A gefasst wird, kann es als funktionales Element im Sachverhalt der Prämisse 1 angesehen werden.* Für sich, isoliert genommen, wäre (unter formallogischen Prämissen) das a nur der – mit John Locke gesprochen – unbekannte Träger der Eigenschaften. Das Einfugen ist dann auch der nächste Schritt.

(3) Die Conclusio zerfällt in zwei Schritte, wobei in jedem Schritt eine Schlussregel angewandt wird: Der erste Teil der Conclusio, Satz 3, ist die Herstellung eines Wittgensteinschen *Sachverhalts* durch die Operation der universellen Instantiierung. Da a ein Fall von A ist, wird für die Variable x die Individuenkonstante a eingesetzt und der Quantor ausgeklammert. Dieser Satz wird so zu einer einfacheren aussagenlogischen Formel, zu einem Konditional, auf welches die Schlussregel des Modus Ponens angewandt werden kann.

(4) Satz 4 stellt schließlich, wiederum mit Wittgenstein gesprochen, eine *Tatsache* in diesem Sachverhalt heraus, indem die Regel des Modus Ponens angewendet wird. Die Anwendung dieser Regel lässt resultieren, dass a, indem es ein Fall von A ist, ein Fall von B ist. Dies ist eine weitere Subsumtion, die nun als Operation gesetzt ist (die Subsumtion in Prämisse 2 blieb ja Voraussetzung). Die Tatsache in Satz 4 ist die Resultante der Spezifizierung der in Prämisse 1 formulierten abstrakten Regel. Das Resultat ist die *gesetzte* Bestimmtheit des a: a ist, indem es (ein Fall von) A ist, ist es (ein Fall von) B. Im Sinne der traditionellen formalen Logik wäre Satz 4 als apodiktisches Urteil anzusehen.

Das Verfahren beruht also auf einer zweifachen Subsumtion:

(1) In Satz 2 die Subsumtion des a unter die allgemeine Bestimmtheit A, welche die universelle Instantiierung in Satz 3 ermöglicht. Damit scheint zunächst das Methexis-Problem umgehbar zu sein. Dies ist aber nicht der Fall, denn die Voraussetzung der Subsumtion ist die Inhärenz des A im a. Alles bloße Subsumieren nimmt schon die Lösung des Methexis-Problems, das konkret Allgemeine in Anspruch. Das konkret Allgemeine ist jedoch formallogisch ein Unding, weil dies keine eindeutige Bestimmtheit wäre, mit der operiert werden kann. So tritt diese Subsumtion formallogisch als Gegebenheit oder bloßes Gesetztsein auf.

(2) Die Anwendung des Modus Ponens ermöglicht sodann die zweite Subsumtion. Diese verwandelt die isolierte Bestimmtheit (a qua A) zu einer Tatsache in einem relationalen Sachverhalt: Aus dem A-Sein des a folgt dessen B-Sein.

So zeigt sich näher, inwiefern die vermittelnde Mitte formallogisch in einen außerlogischen Verstand fällt. Die Äußerlichkeit der Vermittlung erweist sich darin, dass im formallogisch rekonstruierten Schluss die Bestimmungen, um deren Zusammenschluss es geht, *auseinanderfallen*. Denn: Betrachtet man nicht bloß isoliert das Resultat, sondern behält man auch den Weg zu ihm hin im Bewusstsein, so besagt dieser Schluss: *Als A* ist a B. Nun ist aber B *nicht* A und A *nicht* B. Wenn daher a A und B sein soll, so ist dies nur dann kein Widerspruch, wenn A und B als gegeneinander gleichgültige Unterschiede, als nur verschiedene Bestimmungen gefasst werden (wenn wir von dem Bezug auf die Zeit, die hier zunächst keine Rolle spielt, abstrahieren). Nun können sie aber wiederum nicht in der Relation der bloßen Verschiedenheit zueinander stehen, denn sie sind ja als *entgegengesetzte* Bestimmtheiten in einem *notwendigen* Verhältnis, nämlich dem der Implikation, behauptet. Entgegengesetzte Bestimmtheiten aber zugleich in Bezug auf etwas auszusagen, bedeutet den Widerspruch. Dieser soll dadurch vermieden werden, dass die Relation von den Relata getrennt wird: A und B sind, so scheint es, das, was sie sind, auch unabhängig von ihrer Relation aufeinander. Die Relation ist ein Drittes, das zwischen den Relata statt hat. So zerfällt formallogisch das Allgemeine (das sich in den Prädikaten A, B ausspricht) in scheinbar gegeneinander gleichgültige Bestimmtheiten. Die Spatiologie (Bruno Liebrucks) der formalen Logik ist es, durch die Verräumlichung logischer Verhältnisse[48] den Widerspruch zu vermeiden. Hier ist ein Buchstabe, dort ein anderer, dazwischen der Pfeil als Operator. Indem aber solcherart der Widerspruch vermieden werden soll, wird er begangen. Denn die Notwendigkeit im Deduzieren beruht ja im Sinne des erwähnten Schrittes von der Substanz zur Funktion darauf, dass die Relation den Relata nicht äußerlich, sondern *wesentlich* ist. *Die Verdinglichung der logischen Form zu einem System von Zeichen steht also im Widerspruch zu der Interpretation der logischen Form als Funktion.* Formale Logik kann ihre grundlegende Voraussetzung, dass die als Funktion interpretierte logische Form den Inhalt in seiner Bestimmtheit setzt, nicht einholen. *So stellt sich formale Logik auch nicht die Frage nach den Möglichkeitsbedingungen für die semantische Interpretierbarkeit der logischen Syntax.* Es bedarf daher zu ihrer Begründung zunächst die transzendentallogische Reflexion. Der

48 Vgl. dazu auch K. W. Zeidler: *GtL*^{3}, 184f.

Notwendigkeitscharakter, der im Deduzieren beansprucht wird, hängt somit im Rahmen formaler Logik unbegründet in der Luft. So hat das Schließen in formaler Logik, für sich genommen, bloß *Spielcharakter*. Sobald es um die philosophische Frage nach der Begründung des Notwendigkeitscharakters der logischen Form geht, kann man auf dieser Reflexionsstufe nicht stehenbleiben.

Wir haben die formallogische Fassung der logischen Form herausgestellt. Diese Auffassung hat Implikationen für die Bestimmung des Praktischen und der Freiheit. Dem wollen wir nun nachgehen. Zunächst wollen wir sehen, was sich für jene Disziplin formaler Logik ergibt, die sich mit normativen Sätzen befasst, bevor wir uns den Implikationen für den Freiheitsbegriff zuwenden.

Zur deontischen Logik

Die formale Logik versucht, in Gestalt der sogenannten deontischen Logik,[49] den Zusammenhang zwischen dem „praktischen Denken" im weitesten Sinne und der Logik zu verdeutlichen. Insofern verknüpft sich mit ihr der Anspruch, „Letztbegründung" praktischer Rationalität überhaupt zu sein. Zunächst aber stellt sich für die moderne formale Logik das Problem, ob sie überhaupt auf normative Sätze, auf Sätze, die Imperative enthalten, anwendbar ist.[50] Formallogisch ist die Rede von „Wahrheit" bzw. logischen Beziehungen restringiert auf *deskriptive* Sätze, die Tatsachen in Sachverhalten ausdrücken. Diese allein sind „wahrheitsdefinite" Sätze, also solche, deren Richtigkeit mittels Wahrheitswerttabelle festgelegt werden kann. Normen bzw. Imperative können, von da her betrachtet, nicht als wahrheitsfähige Sätze angesehen werden. Daher kann ihr Zusammenhang nicht im Sinne der aussagenlogischen Deduktionsregeln dargestellt werden. Die logische Beziehung etwa der Implikation gilt für sie nicht. Man kann nicht sagen, dass eine Norm aus einer anderen (logisch) folgen würde. Es scheint daher keine (formallogisch) gültigen Schlussfolgerungen im Bereich des Normativen geben zu können. Das ist eine unerfreuliche, aber durchaus konsequente Folgerung. Mit dem Wittgenstein des *Tractatus* gesprochen, wären normative Sätze zwar sinnlos, insofern sie nicht auf die Klasse der Sätze der (theoretischen) Physik reduzierbar sind, aber man könnte dennoch einräumen, dass diese auf das „Mystische" verweisen und so von höchster Bedeutung für den Menschen

---

49 In diesen Kontext gehört auch die „Entscheidungstheorie", die versucht, mittels mathematischer Modelle aus der Wahrscheinlichkeitstheorie das Handeln (das als beobachtbares Verhalten vergegenständlicht wird) zu einer voraussagbaren und damit letztlich steuerbaren Größe zu machen.

50 Dies führt in das sog. Jørgensen'sche Dilemma.

sind – ohne dadurch formallogisch fassbar und explizierbar zu sein. Mit dem späten Wittgenstein könnte man pragmatisch behaupten (denn von einer Begründung kann da nicht gesprochen werden): ihre genuine Bedeutung *zeigt* sich in ihrer Funktion, die sie im Kontext der Lebensform(en) erfüllen. Dabei scheint es auf dem Boden formaler Logik zunächst auch sein Bewenden haben zu müssen.

Nun wollten Formallogiker bei diesem Hinweis auf das „Mystische" des Normativen nicht stehenbleiben. Gegen den Antirationalismus in der Ethik bzw. die einschlägige metaethische Position des Nonkognitivismus, also die Auffassung, dass Normen, Werte, die Rede vom Sollen und vom Guten, auf bloßen Gefühlen oder voluntativen Äußerungen beruhen würden und nichts mit dem Denken zu tun hätten, wendeten sich die Vertreter der deontischen Logik (prononciert ihr Pionier von Wright[51]). Dazu bedurfte es aber einer, wie Formallogiker es formulieren, „erweiterten" Fassung der logischen Gültigkeit oder Folgerichtigkeit, die es erlaubt, mit Schlüssen, also Sequenzen von Sätzen, die Imperative enthalten, zu operieren. Die Strategie zur Lösung dieses Problems war es, eine deontische Logik in Anknüpfung an die Modallogik, der „Mögliche-Welten-Semantik" und entsprechend gedeuteten eigenen Operatoren („es ist geboten, dass…", „es ist verboten, dass…", „es ist erlaubt, dass…"), zu entwickeln. Denn die „Mögliche-Welten-Semantik" gebraucht ja bereits das Wort „wahr" in einem nicht-deskriptiven Sinne.[52] „Wahr" erfüllt dort zwar dieselbe Funktion, nämlich die Feststellung der Folgerichtigkeit, aber dies nur relativ auf explizit willkürlich festgelegte Modelle. Man schlug daher auch vor, statt von „Wahrheit" in einem übergreifenden Sinne gleich von „Richtigkeit" zu sprechen, zumal formale Logik ohnehin einen bloß formellen Wahrheitsbegriff haben kann.[53] Dies ist insofern als ein Fortschritt anzusehen, als terminologisch deutlicher wird, dass formale

---

51 „Praktisches Denken ist Denken und muß als solches den Anforderungen und Gesetzen der Logik genüge leisten." (Georg Henrik von Wright: Zur Einführung, in: A. G. Conte, R. Hilpinen und von G. H. Wright (Hg.): *Deontische Logik und Semantik* (*Linguistische Forschungen* Bd. 15), Wiesbaden 1977, 8)

52 Dies wird näher auseinandergelegt und begründet in: E. Morscher: *Normenlogik. Grundlagen – Systeme – Anwendungen*, Paderborn 2012, Kap. 4, 51–84.

53 „Die Mögliche-Welten-Semantik setzt tatsächlich voraus, daß die normativen Sätze eine Eigenschaft haben können, die in gewissen formalen bzw. strukturellen Eigenheiten mit der Wahrheit im Tarskischen (und damit üblichen) Sinn übereinstimmt. Für diese Eigenschaft, die auf alle Sätze (inklusive der normativen Sätze) anwendbar sein muß, könnte man einen eigenen Terminus (etwa ‚Richtigkeit') einführen". (Morscher: *Normenlogik*, 83f.)

Logik eine Logik der Richtigkeit – und nicht eine der Wahrheit im Sinne der Übereinstimmung von Denken und Sein – ist. Für unseren Zusammenhang folgt daraus indes eine paradoxe Situation: Wenn so etwas wie eine deontische Logik möglich sein können soll, muss ernst mit dem *formellen* Wahrheitsbegriff gemacht werden. *Die Logizität normativer Verhältnisse wird nur dann formallogisch behandelbar, wenn Imperative oder Normsätze von vornherein als relativ auf willkürliche Festlegungen und Modelle angesehen werden.* Diese Grundvoraussetzung müssen wir zunächst herausstellen, denn daran knüpfen sich gewichtige Konsequenzen. Würde man einwenden: die deontische Logik will ja gerade *keine* Ansprüche in Bezug auf Inhaltliches erheben, so setzen wir dem entgegen: gerade damit hat man schon inhaltlich relevante Festlegungen getroffen. Das ist näher zu verfolgen, zunächst aber wollen wir das Selbstverständnis deontischer Logik bedenken.

Die deontische Logik versteht sich als logische Theorie (beliebiger) normativer Systeme. Die Prinzipien, die sie herausstellt, bestimmen die Folgerichtigkeitsbedingungen („Konsistenzbedingungen") normativer Systeme, wobei als normatives System eben „any set of deontic sentences closed under deduction"[54] gilt. Die Grundvoraussetzungen lauten:

(1) Es gibt logische Relationen zwischen Normen. Die Frage, wie Normativität überhaupt möglich ist, stellt sich für formale Logik gar nicht als eine *logische* Frage.
(2) Die logischen Relationen repräsentieren sich in einer Klasse von Satzsequenzen, die bestimmten „Sprachspielen" und den dazugehörenden „Lebensformen" bzw. Handlungskontexten (wie jenem des Rechts) entnommen werden kann. Normative Argumente (qua Satzsequenzen) werden als Tatsachen in Sachverhalten interpretiert und hinsichtlich allgemeiner Folgerichtigkeitsstrukturen, die sich an ihnen zeigen, untersucht, sodass sie sich als Elemente eines geregelten funktionalen Zusammenhanges beschreiben lassen.
(3) Die normenlogischen Relationen sind in logischen Zeichen (Operatoren) eindeutig repräsentierbar, d.h. eine Norm muss als eine an ihr selbst eindeutig bestimmbare Tatsache in einem funktionalen Sachverhalt angesehen werden können; mit nicht eliminierbarer normativer Mehrdeutigkeit muss im Modell in eindeutig geregelter Weise umgegangen werden können.[55]

---

54 Dafinn Føllesdal und Risto Hilpinen: Deontic Logic: An Introduction, in: Risto Hilpinen (Hg.): *Deontic Logic: Introductory and Systematic Readings*, Dordrecht 1971, 16.

55 Dies ist auch der entscheidende Punkt in der Erstellung von mehrwertigen, „nichtklassischen" Logiken, was sich an deren Anwendungsgebieten (etwa in der Steuerung von Maschinen) zeigt.

(4) Die logische Kontinuität innerhalb der Klasse normenlogisch relevanter Satzsequenzen ist dadurch herstellbar, dass die Operatoren so definiert werden können, dass sie durcheinander wechselseitig ausdrückbar oder aufeinander zurückführbar sind.
(5) Die normenlogischen Relationen lassen sich auf inhaltsneutrale Folgerichtigkeitsverhältnisse zurückführen. Darin vollzieht sich die Reduktion der normativen Satzsequenzen darauf, Fälle von praktischen Syllogismen zu sein, und zwar in dem Sinne, dass die unterschiedlichen Bestimmungsgründe der Normativität zu gegebenen deduktiven Aufhängern nivelliert werden (Prämisse 1) und die praktische Rationalität vorwiegend darin erblickt wird, die nötigen Mittel zu finden (Prämisse 2) und schließlich deren Ergreifung zu fordern (Conclusio).
(6) Verpflichtungen können daher nur als *bedingte*, hypothetische Verpflichtungen im Sinne des Schließens im *Modus Ponens* dargestellt werden: Unter der Voraussetzung einer gegebenen semantischen Interpretation bzw. eines gegebenen Normensystems folgt widerspruchsfrei diese oder jenes.

Die deontische Logik sieht, von diesen Voraussetzungen aus, ihre Hauptaufgabe darin, deduktiv gültige Schlüsse bzw. Argumente von ungültigen zu unterscheiden.[56] Sie versteht die logische Form als inhaltsneutrales Instrument zur Aufklärung und Prüfung von Folgerichtigkeitsverhältnissen zwischen normativen Sätzen. Lässt sich die Folgerichtigkeit in Bezug auf Satzsequenzen feststellen, so gelten diese als „allgemeingültig". Wie gelangt man zum Erweis der inhaltsneutralen Allgemeingültigkeit deontischer Sätze? Indem man eine Syntax konstruiert und diese durch ein Kalkül auf ihr Folgerungspotential prüft. Diese syntaktischen Formen müssen dann semantisch interpretierbar sein, was bedeutet, dass sie in Modellen (im Sinne der Mögliche-Welten-Semantik – hier könnte man auch die Wittgenstein'schen Lebensformen einsetzen) ihre Funktionalität erweisen. So unternimmt es die deontische Logik, die Menge der allgemeingültigen Sätze, zu der die elementare klassische Aussagen- und Prädikatenlogik gelangt, zu erweitern. Auf diese Weise will sie allgemeine Strukturen rationalen, d.h. verantwortlichen Handelns und von Handlungsmaßstäben festhalten. Hinsichtlich des Rechts will sie einen Beitrag zur Rechtssicherheit liefern[57] und was die Ethik betrifft, so versucht man mit den Mitteln deontischer Logik normative

56 Vgl. Morscher: *Normenlogik*, 10.
57 Potential und Grenzen der deontischen Logik mit Blick auf das Recht werden gezeigt in: E. Morscher: „Logik im Recht und in den Rechtswissenschaften – Moderne Logik im Dienst der Rechtssicherheit", in: P. Klimczak und T. Zoglauer (Hg.): *Logik in den Wissenschaften*, Paderborn 2017, 109–127.

Dilemmata zu analysieren und nach Möglichkeit den Widerspruch als bloß scheinbaren zu erweisen und damit zu beseitigen.[58]

Nun zu den Voraussetzungen und Problemen dieses Standpunktes! So sinnvoll (ja praktisch gefordert) der Grundimpuls der deontischen Logik ist, die Sphäre des Handelns und des Normativen nicht einem irrationalen Voluntarismus zu überlassen, so stellt sich doch die Frage nach der dabei in Anspruch genommenen Rationalität und deren Implikationen. Das Problem ist zunächst, dass sich von den Voraussetzungen der deontischen Logik her grundlegende Differenzen in der *Form* der Normativität nicht einholen lassen. Inwiefern?

Wir haben gesehen, dass der Preis der Errichtung einer deontischen Logik auf dem Boden der formalen Logik zunächst darin besteht, dass die Gültigkeit von Folgerichtigkeitsverhältnissen zwischen normativen Satzsequenzen als *relativ auf beliebige Modelle* (im Sinne der Anknüpfung an die Mögliche-Welten-Semantik) angesehen werden muss. Der Operator „Es ist geboten" formuliert also ein normatives Verhältnis immer nur relativ auf bestimmte Modelle. Die gravierende Konsequenz dessen ist eine *Nivellierung* dessen, was man mit Blick auf Kant Logik der Selbstbestimmung nennen kann. Denn von den Prämissen der deontischen Logik her muss alle Normativität als System hypothetischer Setzungen interpretiert werden, das relativ auf – *sit venia verbo* – mögliche normative Welten ist. Wenn aber das „Sprachspiel" moralischer Normsatzsequenzen nur als *eine Art* normativer Satzsequenzen neben anderen angesehen werden kann, kann man sich in Bezug auf den Inhalt nicht die Hände in Unschuld waschen und darauf verweisen, man würde sich nur mit der formalen Seite von Argumenten befassen. Denn damit ist dem perspektivischen Betrachtungsrahmen eine bestimmte *inhaltliche* Bestimmung des Normativen eingeschrieben. Es sind inhaltliche Differenzen, die eben in Differenzen in der *Form* der Selbstbestimmung gründen.

Die „Kritik der praktischen Vernunft" hat in §§1–4 gezeigt, dass der Rekurs auf ein moralisches Sollen nur dann nicht sinnlos ist, wenn ein prinzipieller Unterschied in der Logizität des Normativen festgehalten und ernst genommen wird: der Unterschied zwischen jener Form der Nötigung, die sich in hypothetischen Imperativen ausspricht, die der empirischen praktischen Vernunft aufgrund von vorausgesetzten Bedürfnissen oder Begierden entstammen, und jener Nötigung, die sich im kategorischen Imperativ ausspricht, die

58 T. Zoglauer: Logik in der Ethik – Eine normenlogische Analyse moralischer Dilemmata, in: P. Klimczak und T. Zoglauer (Hg.): *Logik in den Wissenschaften*, Paderborn 2017, 61–81.

nur der reinen praktischen Vernunft entspringen kann. Dies ist die Unterscheidung zwischen (bloß technisch-praktischer) Klugheit und Sittlichkeit, instrumenteller Vernunft und reiner praktischer Vernunft. Hypothetische Imperative gebieten nur die Wahl der Mittel zu vorausgesetzten Zwecken, der kategorische Imperativ aber gebietet die Wahl des Zwecks, die Form der Selbstbestimmung. Die eine Form von Normativität gebietet, in erster Linie die Nützlichkeit der Folgen der Handlung zu beurteilen, die andere Form gebietet die Beurteilung der praktischen Vernünftigkeit der Handlung selbst. Es besteht daher ein Unterschied in der Begründung der Notwendigkeit der Handlung: hier eine bloß subjektive Notwendigkeit, ein Müssen, bedingt durch den empirischen Charakter, durch Willkürliches, Zufälliges, Gegebenheiten, Eingerichtetheiten usw., da eine objektive Notwendigkeit, ein (moralisches) Sollen im eigentlichen Sinne, in dem sich reflektiert, dass das Handeln Präsenz des *Selbstverhältnisses der Vernunft* sein soll. Das moralische Sollen spricht die Forderung der Übereinstimmung des Vernunftwesens mit sich aus, die dadurch erreicht wird, dass die besondere Maxime nicht aus der allgemeinen Gesetzlichkeit herausfällt.[59]

Die Darstellbarkeit dieses Unterschiedes stellt die deontische Logik bereits insofern vor ein Problem, als sie ihr „Material" gegebenen „Sprachspielen" entnimmt und dieses in seinem Gegebensein aufgreift. Es bedürfte da eines Kriteriums im Sinne einer Logik der Selbstbestimmung, die begriffen hat, dass die Form der Selbstbestimmung dem Inhalt nicht äußerlich ist, um zwischen der sprachlich-grammatischen Formulierung eines Normsatzes und dessen normativen Gehalt auch nochmals unterscheiden zu können. Der Gehalt eines hypothetischen Normsatzes kann ja, formal betrachtet, in die grammatische Form eines kategorisch gebietenden Normsatzes gebracht werden und

---

59 Das „sich Schicken" der besonderen Maxime zur Allgemeinheit des Sittengesetzes setzt das Sich-Kontinuieren des Allgemeinen voraus. Diese Voraussetzung ist wiederum mit den Kantischen Denkmitteln der transzendentalen Logik nicht einholbar, was wiederum letztlich am Begriff der logischen Form, die kantisch höchstes Urteilssubjekt ist, hängt. Kant muss daher bei einer subsumtionslogischen Konzeption des Verhältnisses von Sittengesetz und besonderer Maxime im Sinne der Typik der reinen praktischen Urteilskraft (*KpV* A 120ff.) stehenbleiben. Hegel wird zeigen, dass das Gewissen sich konkretisiert, indem es sich in ein System von Pflichten auslegt. Ansätze dazu finden sich schon bei Fichte. (Vgl. F. Ungler: Zu Fichtes Theorie des Gewissens, in: *Franz Ungler: Zur antiken und neuzeitlichen Dialektik*, hg. von Michael Wladika und Michael Höfler, Frankfurt am Main 2005, 55–71). Kantisch ist das Gewissen als höchstes Urteilsprinzip im Praktischen konzipiert, noch nicht als die Vermittlung, die sich zum System der Sittlichkeit auslegt.

umgekehrt.[60] Gerade dieses Kriterium ist ausgeklammert, wenn die Form als inhaltsneutral gefasst wird.

Ferner: Wie kann die deontische Logik den entsprechenden Unterschied im Begriff der Allgemeingültigkeit im Formalismus geltend machen? Hypothetische Imperative führen nur zu praktischen Regeln, also bedingter Allgemeingültigkeit, während der kategorische Imperativ auf das „praktische Gesetz" abhebt, das eine unbedingte Allgemeingültigkeit beansprucht. Allgemeingültigkeit bedeutet in deontischer Logik jedoch immer nur die Richtigkeit relativ auf ein vorausgesetztes Modell – mithin bedingte Allgemeingültigkeit. Der Operator „Es ist geboten" kann hier nur eine hypothetische Notwendigkeit setzen. *Wenn* dieses und jenes Werte- oder Normensystem gegeben ist bzw. affirmiert wird, *dann* folgt widerspruchsfrei dies und jenes.

Das Problem verschärft sich insofern, als es nicht nur darum geht, dass eine *Art* von Normativität neben anderen mit den Mitteln deontischer Logik nicht einholbar zu sein scheint. Die moralische Normativität steht – das ist ja wesentlich für ihr Selbstverständnis – nicht *gleichrangig* neben den Arten hypothetischer Normativität (technische und pragmatische Imperative), sondern betrifft die Voraussetzung alles Handelns. In ihr spricht sich aus, was ich als Vernunftwesen schlechthin tun soll. Gegenstand des unbedingten Sollens ist das schlechthin *Gute* – dasjenige, was *um seiner selbst willen* gewollt wird, das Selbstzweck ist, während das hypothetische Müssen das Gute als Mittel fasst, als das Nützliche, Zuträgliche. Das unbedingte Sollen hat nach Kant zudem den Charakter der *Negation* des bedingten Müssens, das an vorausgesetzten Begierden hängt. Beide „Normativitäten" liegen – das macht gerade den Standpunkt der Moralität (im Unterschied zur Sittlichkeit im Sinne Hegels) – in beständigem Kampf miteinander. Das „radikal Böse" ist ja in unserem Zusammenhang gesehen nichts anderes als die gegenläufige Tendenz des Willens, das unbedingte Sollen zugunsten eines bedingten Müssens zu negieren. Auch da können Normsätze gebildet werden, in denen sich dieses radikal Böse reflektiert, etwa der die moralischen Verhältnisse pervertierende Normsatz „Du sollst, weil du kannst", der eine Verabsolutierung des technisch-praktischen Weltumganges bedeutet. Eine inhaltsneutrale Betrachtung, die die Normsatzsequenzen in gleichgültige Arten unterteilt, wird Normsatzsequenzen, die sich auf den erwähnten Grundsatz knüpfen, nur neben jene stellen können, die sich auf den entgegengesetzten Grundsatz „Du kannst, weil du sollst" knüpfen. Dass gerade – mit Hegel formuliert – in dem

60 Vgl. L. W. Beck: *Kants „Kritik der praktischen Vernunft". Ein Kommentar*, 3. Aufl., München 1995, 116.

Widerspruch im Willen selbst und dessen Auflösung, die sich in der Selbstbestimmung vermitteln soll, der zureichende Grund des moralischen Sollens liegt, bleibt hinter dem Rücken dieses Standpunkts. Wie sollte denn auch so etwas wie ein Sich-von-Sich-Abstoßen im Willen (Hegel wird von der absoluten Negativität sprechen), die Negation entgegenstehender Ansprüche in der autonomen Selbstbestimmung, in Form einer formallogisch wohlgeordneten Zeichenfolge darstellbar sein?

Schließlich: So wie jeder Formalismus unhintergehbar die Sprache[61] voraussetzt, um als sinnvoll vollzogen werden zu können, so setzt auch die deontische Logik Sprache und eine *gemeinsame* sittliche Welt voraus, von der aus erst der Absprung in Richtung möglicher Welten und ihrer Modellbildungen möglich ist. Die Frage, wie und mit welchem Recht wir überhaupt zu dieser Annahme einer gemeinsamen sittlichen Welt und normativer Konzeptionen, auf die man sich ja als Materialquelle abstützt, gelangen, stellt sie nicht. Kant stellt diese Frage und beantwortet sie in der „Kritik der praktischen Vernunft“:[62] Ohne die Voraussetzung von so etwas wie einem praktischen Gesetz, also einer kategorischen Normativität im Unterschied zur bloß hypothetischen Normativität, ist eine gemeinsame sittliche Welt, ein „Reich der Zwecke“, nicht konzipierbar. Erst wenn das (endliche) Vernunftwesen mit sich selbst übereinstimmt, indem die besondere Handlungsmaxime in Kontinuität mit der Allgemeinheit des Sittengesetzes steht, ist die Übereinstimmung mit anderen Vernunftwesen und deren maximengeleiteten Handeln möglich. Ohne die normenlogische Differenzierung zwischen unbedingtem Sollen und bedingtem Müssen ist also nicht einsehbar, wie wir überhaupt zu einer gemeinsamen Welt kommen.

Wir halten fest: Das Problem besteht nicht nur darin, dass die deontische Logik zentrale Differenzen in der Form des Normativen nicht einzuholen vermag. Das Problem liegt bereits in dem Anspruch, man könnte es hier mit einer inhaltsneutralen Form zu tun haben. Eine inhaltsneutral sein wollende Normenlogik ist *de facto* nicht inhaltsneutral, sondern stellt eine *Formalisierung hypothetischer Normativität* dar. Da die Möglichkeitsbedingung einer deontischen Logik im Blick des hypothetischen Realismus auf die Sphäre des Normativen besteht, vollzieht sich in ihr eine *Verabsolutierung hypothetischer Normativität.* Damit errichtet sie unter der Hand ihr Gebäude auf der Grundlage genau jener „Anmaßung“, gegen die Kant die „Kritik der praktischen Vernunft“ als Bollwerk

61 Die in formaler Logik gebräuchliche Bezeichnung „Alltagssprache“ unterstellt, dass die formalisierten Spezialsprachen und deren Zeichensysteme erst eigentlich der Ort wären, wo der Logos der Sprache zu sich käme.

62 Vgl. *KpV* §4, Anm., A 51.

errichten wollte, nämlich die Anmaßung der „empirisch bedingte[n] Vernunft [...] ausschließungsweise den Bestimmungsgrund des Willens allein abgeben zu wollen." (*KpV* A 32) Es ist die Anmaßung, dass Vernunft in ihrem instrumentellen Charakter aufginge. Es besteht daher die Gefahr, dass dort, wo man meint, die deontische Logik wäre schon *die* Rekonstruktion der praktischen Vernunft, man dieser Anmaßung in die Hände spielt. Solange sich deontische Logik ihrer Grenzen bewusst bleibt, ist dieses Problem entschärft.

Was aber in der Sache und in der Begründungsproblematik als nächster Schritt erforderlich ist, ist das Ernstnehmen der Kantischen Revolutionierung des Begriffs der logischen Form. Thesenhaft sei dazu nur dies gesagt: *Erst dort, wo die logische Form selbst als die Form des Selbstverhältnisses gedacht wird, lässt sich der Zusammenhang von Normativität und Logik begründen.* Erst dann stoßen wir auf die Quelle alles Normativen. Im Bewusstsein des Normativen – sei es in theoretischer Hinsicht, sei es in praktischer Hinsicht – spricht sich das *Sich-Kontinuieren* des sich wissenden Selbstverhältnisses als Forderung aus. In dem, was als normativ gesetzt ist, reflektiert sich immer ein Selbstverhältnis, genauer: die Einheit von Selbst- und Gegenstandsverhältnis (ein Gedanke, der schon zum dialektischen Begriff führt). Für formale Logik ist dieser Gedanke, dass die logische Form selbst wesentlich die Form der Selbstbeziehung ist, die sich dann weiter theoretisch und praktisch darstellt, Nonsens, da ein Selbstverhältnis nicht widerspruchsfrei konzipierbar ist. Sie kann den Gedanken des Normativen nur so verstehen, dass das Gesetz ein Gegebenes eines äußerlichen Gebers ist (wie im Naturgesetz). Der Gedanke der Autonomie erscheint somit als Nonsens, denn er würde den Widerspruch enthalten, dass ich zugleich Gesetzgeber und Untertan bin. So betrachtet, bewegt sich die Reflexion hier auf dem Boden der Heteronomie.

Weil sie die logische Genesis des Normativen nicht kennt, kann die deontische Logik zur Rechtfertigung der Gültigkeit des Normativen nichts beitragen. Werden formalisierte Folgerungsbeziehungen in bestimmten Modellen interpretiert, so handelt es sich nicht um eine Begründung im Sinne des zureichenden Grundes. Man bewegt sich in Setzungen und kann nur pragmatisch auf ein Sich-Zeigen der Funktionalität in der Anwendung verweisen.

Implikationen für den Freiheitsbegriff

Wir wollen nun die wesentlichen Implikationen des Standpunktes formaler Logik für das Freiheitsproblem herausstellen, d.h. für die Frage nach der Freiheit als sogenannter Willensfreiheit oder Willkür sowie für die Frage nach dem Sittengesetz oder der qualifizierten Freiheit.

(1) Zunächst ergibt sich grundsätzlich, dass das Freiheitsproblem unter der Alternative „Freiheit oder Determinismus" betrachtet wird, wobei Freiheit mit Indeterminismus gleichgesetzt wird.[63] Denn: Einerseits ergibt sich auf dem Boden formaler Logik, dass das Handeln des Menschen nicht als Selbstverhältnis des Subjekts,[64] sondern als bloßes Verhalten gegenständlich ist. Es wird als funktional beschreibbares Geschehen betrachtet. Insofern folgt daraus durchaus konsequent die Leugnung von Freiheit im Sinne des zum geflügelten Wort gewordenen Titels „Verschaltungen legen uns fest" (W. Singer), wobei hier alle einzelwissenschaftlich erforschten Bedingungsketten vom Gehirn bis zur Gesellschaft als Gründe angeführt werden mögen. So wie formale Logik die logische Form als Operator fasst, der alles, was in ihn als Argument eingesetzt wird, zu einer Tatsache in einem Sachverhalt verwandelt, so schlägt dieses Tun auf den solcherart Handelnden zurück, indem er sich selbst als bloßes (Natur-)Geschehen interpretiert. Freiheit ist jedoch nichts, was es als eine solche Tatsache in einem Sachverhalt *gibt*. Dies ist nicht ihre Existenzweise – wie es auch nicht die Existenzweise von Ich ist.

(2) Freiheit, sofern sie auf diesem Boden überhaupt affirmativ in Anspruch genommen wird, hat nur die abstrakte Bedeutung der bloßen Unbestimmtheit. Es versteht sich, dass die Tendenz des bestimmenden Verstandes es ist, gegen die Voraussetzung einer solchen bestehenden Indifferenz anzugehen – was, aus der Perspektive Hegels betrachtet insofern einen vernünftigen Aspekt hat, als die Indifferenz zwar ein Moment der Freiheit darstellt, aber nur das abstrakteste Moment, das sich als solches nicht festhalten lässt, sondern immer schon in die Bestimmtheit übergegangen ist.[65] Indem aber formale Logik das Sich-Aufheben der Unbestimmtheit in die Bestimmtheit nicht fassen kann, weil dies nicht widerspruchsfrei konzipierbar ist, fixiert sie die Unmittelbarkeit der Freiheit. Kann Freiheit nicht als sich vermittelndes, sich zeigendes Selbstverhältnis gedacht werden, wird sie verdinglicht. Von formallogischen Voraussetzungen her wird Freiheit als Qualität, als objektive Eigenschaft vorgestellt. Freiheit ist

63 Erst Kant wird in der *Kritik der reinen Vernunft* aufdecken, dass diesem Gegensatz eine notwendige Antinomie zugrunde liegt.

64 Wir müssen mit Hegel zwischen Handlung und Tat unterscheiden: Die Handlung ist das Sich-Übersetzen des Inneren (Zwecks, Absicht, Vorsatz) in die äußere Realität (was wiederum nur schlusslogisch begreifbar ist). Die Tat dagegen ist die Seite der Äußerlichkeit der Handlung, dasjenige, was an der Handlung beobachtbar ist.

65 Vgl. die §§5–7 der Hegelschen Rechtsphilosophie.

dann gleichbedeutend mit dem *Zustand der Indeterminiertheit* eines Dinges namens Mensch bzw. Willen.

(3) An diese Voraussetzung knüpft sich die Meinung, man könne Freiheit durch empirische Methoden – mittels formallogisch korrekter Schlüsse – beweisen oder widerlegen. Auf diesem Boden steht auch die gegenwärtige Debatte um die sogenannte Willensfreiheit. Die zentrale Frage dieser Debatte ist: Kann Freiheit – gleichgesetzt mit dem Zustand des Indeterminiertseins eines Dinges namens Willen – in haltbarer Weise als *kompatibel* mit dem Determinismus angesehen werden oder nicht? Die unterschiedlichen Ansätze teilen, trotz ihrer Differenzen, gemeinsame Basisprämissen. Sie setzen voraus, dass das Freiheitsproblem adäquat auf dem Boden formaler Logik aufgefasst werden kann.[66] *Solange die logische Form nicht als Selbstverhältnis begriffen ist – und der erste Schritt dazu wird in der transzendentalen Logik vollzogen –, kann der innere Zusammenhang von Freiheit und Selbstbewusstsein nicht begriffen werden.* Auf dieser Stufe kann daher das Problem der Willensfreiheit gar nicht adäquat bedacht werden.[67]

(4) Eben weil Freiheit kein möglicher Erfahrungsgegenstand ist, wird sie immer wieder geleugnet – und zwar von Positionen, die auf jenen Bewusstseinsstufen

66 Der erste Schritt, um über diesen Standpunkt hinauszugelangen, bestünde darin, die Resultate der *Kritik der reinen Vernunft* ernst zu nehmen – wie auch Otfried Höffe angesichts der erstaunlichen Unkenntnis, die sich bei vielen Proponenten dieser Debatte findet, betont (O. Höffe: *Kritik der Freiheit. Das Grundproblem der Moderne*, München 2015, 341–342). Was Kant als Antinomie der Vernunft enthüllt hat, ist für diesen Standpunkt einfach ein gegebenes „Dilemma". Vgl. D. Pereboom: Introduction, in: Derek Pereboom (Hg.): *Free Will*, Indianapolis/Cambridge 2009, vii.

67 Es gibt auch den entgegengesetzten Irrtum, nämlich zu meinen, Freiheit einzelwissenschaftlich beweisen zu können. So knüpft man z.B. an gewisse Resultate der Quantenphysik an, um Freiheit *objektiv* nachzuweisen. In der Tat zeigt sich hier nur das Gesetztsein der Gegenständlichkeit des Gegenstandes: Eigenschaften eines Systems werden in der Messung nicht festgestellt, sondern hergestellt (vgl. H. Pietschmann: *Das Ganze und seine Teile. Neues Denken seit der Quantenphysik*, Wien 2013). Bei Zeidler heißt es dazu: In der Quantenphysik werde „erstmals im Rahmen dieser Wissenschaft die Modalisierung ihres Gegenstandes thematisch. Mit anderen Worten, es wird dadurch erstmals der Physik, wenn schon nicht zum Bewußtsein gebracht, so doch zum Problem gemacht, daß es das Gegebene und den Gegenstand nicht ‚gibt', sondern nur solches das ‚gegeben wird'." (K. W. Zeidler: *GtL*[3], 229) Im Bereich der Erscheinungsgegenstände von Freiheit zu sprechen, ist schon angesichts dessen, dass die exakte Naturwissenschaft das finalkausale Erklären (mit dem Recht ihres Standpunktes) für kein sachhaltiges Erklären ansehen darf, eine erstaunliche Spielart von schlechter Metaphysik.

(im Sinne der Hegelschen „Phänomenologie des Geistes“) stehen, die ihre Wahrheit außer sich, in ihrem *Gegenstand* suchen: dem wahrnehmenden Bewusstsein und dem Standpunkt des abstrakten Verstandes – dazu gehört auch die sich äußerliche Reflexion im Sinne der formalen Logik. Erst die Reflexion der Reflexion, die Kantische Transzendentalphilosophie, wird zeigen, warum die theoretische Vernunft, die sich von der formalen Logik her interpretiert, Freiheit nicht als Erklärungsprinzip der Erscheinungen ansehen darf und dass der ontologisch verstandene Gegensatz von Indeterminismus und Determinismus unhaltbar ist.

(5) Die Positivierung der Freiheit ermöglicht die Verwechslung der Bedingungen der Freiheit mit ihrem zureichenden Grund. Wird die logische Form nicht als Selbstzweck oder Selbstvermittlung begriffen, kann Freiheit (bzw. Normativität) nicht als etwas verstanden werden, das aus sich heraus zu begründen ist (*causa sui*), das sich die Bedingungen seiner Existenz als Moment ihrer Selbstbewegung voraussetzt. Hat man Freiheit positiviert, so erscheint sie als etwas, das der Begründung durch etwas anderes – etwa mechanische oder chemische Prozesse – bedarf.

(6) *Die Positivierung der Unmittelbarkeit von Freiheit entspricht der Fixation der Nur-Form gegen ihren Inhalt.* Entsprechend der formallogischen Trennung von Form und Inhalt wird Freiheit als leere oder äußere Form interpretiert, in die beliebige Inhalte hineingestellt werden können. Der Schritt in die Bestimmtheit, das Sich-Binden der Freiheit, muss dann als Freiheitsverlust verstanden werden. Die negative Freiheit kann sich in ihrer Qualifizierung (die nicht zu vermeiden ist) nur erhalten, wenn man stets bereit ist, sich aus Selbstbindung an eine Bestimmtheit wieder in die absolute Abstraktion, das Reich der Möglichkeiten, der möglichen Welten zurückzuziehen. Die Inhaltsneutralität der Form entspricht dem, dass diese Freiheit „fluid“ bleiben will. Was sich hier also vollzieht ist die Fixation des Moments der Unbestimmtheit im Übergang in die Bestimmtheit, als sich durchhaltende *Bestimmtheit der Unbestimmtheit.* Die Autonomie in Kantischem Sinne dagegen ist die Form, die sich ihren Inhalt selbst gibt. Als nur äußere Form für beliebige Inhalte ist Freiheit nicht das sich Abstoßen von seiner Unmittelbarkeit (absolute Abstraktion) und das Beisichsein in der Bestimmtheit (die Abstraktion von der absoluten Abstraktion), sondern die *Behauptung* der Positivität oder Unmittelbarkeit. Freiheit wird gleichgesetzt mit der Unmittelbarkeit des Willens in dem Sinne, dass der Mensch schon als Naturwesen gut sei.

Die zweite Grundvoraussetzung, die Trennung von Mittel und Zweck, hat folgende Implikationen:

(1) Im Sinne Hegels charakterisiert die Trennung von Mittel und Zweck den logischen Status der „Objektivität“. Die Trennung von Mittel und Zweck soll den Widerspruch vermeiden, der im Begriff des Selbstzwecks enthalten ist. Dieser ist freilich für die sich qualifizierende Freiheit von entscheidender Bedeutung. Ohne innere Zweckmäßigkeit ist keine Normativität, kein Selbst denkbar (wie Hegels Logik zeigen wird). Ein Denken, das formaler Logik unumschränkte Erkenntnisdignität und Autarkie zuspricht, das daher den Schluss nicht als Form der Vermittlung erkannt hat, kann innere Zweckmäßigkeit nicht fassen.
(2) Die Trennung von Mittel und Zweck ist die Verabsolutierung des Mittels gegen den Zweck. Das Mittel wird selbst als der Zweck genommen. Übertragen auf den Freiheitsbegriff bedeutet dies: Alles Handeln steht im Zeichen des Nutzens, der bedingten Zwecke. Die entsprechenden Reflexionsgestalten in der Ethik bzw. praktischen Philosophie sind daher der Konsequentialismus, näher der Hedonismus und Utilitarismus, in welchen sich die Vernunft als Instrument interpretiert. Auch der Primat der abstrakten Identität, der Tautologie, der die formale Logik regiert, kommt hier zur Geltung. Denn das Handeln verhält sich zu den bedingten Zwecken wie die Form des analytischen Urteils (nach Kant) zu einem gegebenen Inhalt. Das Handeln ist nur die Analyse dessen, was im Begriff des Zweckes schon enthalten ist.
(3) Das Recht wird nicht als Form der Selbsterhaltung äußerer Freiheit in Raum und Zeit verstanden, sondern kann nur als Instrument zur Verhaltensregulierung – zum Nutzen für eine Gesellschaft – angesehen werden. Wenn dabei der Gedanke der Selbstzweckhaftigkeit des Rechts als Freiheitsgestalt fehlt, bleibt nur die Fassung des Rechts als Machtinstrument.[68]
(4) Ohne den Gedanken des Selbstzwecks ist der Begriff einer unbedingten Verpflichtung ortlos. Die Rede von einem kategorischen Rechtsimperativ und von Moralität als der Qualifizierung der Freiheit im Sinne des Sittengesetzes ist sinnlos, wenn die spezifische Differenz in der Form der Selbstbestimmung im Sinne des kategorischen Imperativs nicht gefasst werden kann. Wir gelangen damit zum Perspektivismus, den die Sophistik praktiziert. Nach Hegel zeigt sich dieser nicht nur in der noch relativ harmlosen Gestalt des Probabilismus, sondern auch als formelles Gewissen, das sich als willkürliches Prinzip der Bestimmung des Guten und Bösen fasst.

68 Dies ist eine Konsequenz des Präferenzutilitarismus.

(5) Dasselbe gilt für die Würde der Person, gründet doch der Würdebegriff auf dem formallogisch ortlosen Gedanken des Selbstbewusstseins als Prinzip der Person und der Einheit von Mittel und Zweck im Sinne des Selbstzweckgedankens. Kant spricht von der Menschheit in der Person. Das nimmt den konkreten Allgemeinbegriff in Anspruch: dieser da ist nicht nur ein Fall von Mensch, sondern Einheit von Mensch und Menschheit. Formallogisch steht das Allgemeine im strikten *chorismos* zum Einzelnen. Formallogisch ist der Einzelne da nur eine Singularität, nur unter ein Allgemeines fallend bzw. zu subsumieren, ein Element einer Klasse, hier: der x-Milliardste Teil der Menschheit. Es gibt da keinen Grund, warum man ein Verfahren, in dem der Mensch sich selbst als Element eines Nutzenkalküls betrachtet und z.B. den Nutzen einer größeren Anzahl gegenüber dem Nachteil einer kleineren Anzahl ausspielt, als unsittlich verwerfen sollte.

(6) Da formale Logik eine entselbstete Erscheinungswelt voraussetzt, mit der Operationen vorgenommen werden, ist der Gedanke, dass das Bewusstsein der Pflicht Antwortcharakter hat, ein Unding. Denn dieser setzte voraus, dass mir in der Welt ein *anderes Selbst* begegnet, das für mein Handeln Aufforderungscharakter hat.

(7) Die für die politische Philosophie tragenden Gedanken des *bonum commune*, der Gerechtigkeit und der Institution lassen sich ebenfalls nicht von diesen logischen Voraussetzungen her fassen.[69] Wo formale Logik das Denken regiert, fallen der Einzelne und der Staat bzw. Individualethik und Sozialethik so auseinander, wie das Einzelne und Allgemeine, die nur äußerlich im Sinne der Subsumtion vereinigt werden können. *So lange das Problem der Methexis nicht innerhalb der Logik selbst gelöst ist, solange also der Gedanke des sich besondernden Allgemeinen nicht innerlogisch eingeholt ist, so lange ist dies, dass der Mensch als Mensch soziales Wesen ist, eine unbegründete Behauptung.*[70] Letzter Referenzpunkt für diesen Standpunkt bleibt nämlich entweder das abstrakt einzelne, isolierte Individuum mit seinen Interessen im Sinne des Liberalismus bzw. der Vertragstheorien des Staates bzw. auf der anderen Seite der Staat bzw. die Gesellschaft (was formallogisch ohnehin nicht unterscheidbar ist) als ein abstrakt Allgemeines, ein Kollektiv. So muss diese Position zwischen abstraktem Liberalismus und Kollektivismus schwanken.

---

69 Man denke an die Schwierigkeiten, die der Utilitarismus mit dem Gedanken der Gerechtigkeit hat.

70 Vgl. B. Liebrucks: *Sprache und Bewußtsein*, Bd. 3, Frankfurt am Main 1966, 419.

Wir halten abschließend fest: Wenn die Logizität der praktischen Vernunft auf dem Boden formaler Logik rekonstruiert wird, impliziert dies die Verabsolutierung der technisch-praktischen Dimension der Freiheit. Hegels Logik zeigt im Kapitel „Objektivität", worauf wir uns dann zubewegen: zu einer Totalitätskonzeption im Zeichen der äußeren Zweckmäßigkeit. Dort, wo die äußere Teleologie sich gegen die innere Zweckmäßigkeit verselbständigt, fasst sich der Mensch als unfrei, als reines (Natur-)Geschehen. Das ist die höchste Entfremdungsstufe des (Hegelschen) Begriffs. So wie sich das Denken in formaler Logik als automatisierbares, mechanisches Verfahren interpretiert, so verbleibt da das Handeln im Horizont der Durchsetzung von Machtverhältnissen in Bezug auf Entitäten, die nicht als ein anderes Selbst konzipiert werden können.

Literaturverzeichnis

Beck, Lewis White: *Kants „Kritik der praktischen Vernunft". Ein Kommentar*, 3. Aufl., München 1995.

Cassirer, Ernst: *Substanzbegriff und Funktionsbegriff*, hg. von Birgit Recki, *Gesammelte Werke* Bd. 6, Hamburg 2000.

Conte, Amedeo G., Hilpinen, Risto und von Wright, Georg Henrik (Hg.): *Deontische Logik und Semantik* (*Linguistische Forschungen* Bd. 15), Wiesbaden 1977.

Hegel, G.W.F.: *Werke*, 20 Bde., Frankfurt am Main 1986.

Herder, Johann Gottfried: *Abhandlung über den Ursprung der Sprache*, Ditzingen 1986.

Hilpinen, Risto (Hg.): *Deontic Logic: Introductory and Systematic Readings*, Dordrecht 1971.

Höffe, Otfried: *Kritik der Freiheit. Das Grundproblem der Moderne*, München 2015.

Kant, Immanuel: *Gesammelte Schriften*, hrsg. v. der Königlichen Preußischen Akademie der Wissenschaften, 29 Bde., Berlin 1900ff.

Klimczak, Peter und Zoglauer, Thomas (Hg.): *Logik in den Wissenschaften*, Paderborn 2017.

Liebrucks, Bruno: Über den logischen Ort des Geldes. Vorbereitende Bemerkungen, in: *Kantstudien* 61, 1970.

Liebrucks, Bruno: *Sprache und Bewußtsein*, Bd. 3, Frankfurt am Main 1966.

Morscher, Edgar: *Normenlogik. Grundlagen – Systeme – Anwendungen*, Paderborn 2012.

Orth, Ernst Wolfgang und Holzhey, Helmut (Hg.), *Neukantianismus. Perspektiven und Probleme*, Würzburg 1994.

Pereboom, Derek (Hg.): *Free Will*, Indianapolis/Cambridge 2009.

Pietschmann, Herbert: *Das Ganze und seine Teile. Neues Denken seit der Quantenphysik*, Wien 2013.

Ungler, Franz: *Bruno Liebrucks' „Sprache und Bewußtsein". Vorlesung vom WS 1988*. Mit einem Geleitwort von Josef Simon aus dem Nachlass herausgegeben und eingeleitet von Max Gottschlich, Freiburg/München 2014.

Ungler, Franz: Zu Fichtes Theorie des Gewissens, in: *Franz Ungler: Zur antiken und neuzeitlichen Dialektik*, hg. von Michael Wladika und Michael Höfler, Frankfurt am Main 2005.

Zeidler, Kurt Walter: *Grundriss der transzendentalen Logik*. Dritte, ergänzte Aufl., Wien 2017.

Zeidler, Kurt Walter: *Vermittlungen. Zum antiken und neueren Idealismus*, Wien 2016.

Zeidler, Kurt Walter und Krijnen, Christian (Hg.): *Gegenstandsbestimmung und Selbstgestaltung. Transzendentalphilosophie im Anschluss an Werner Flach*, Würzburg 2011.

Thomas Sören Hoffmann (Hagen)

Kants „Kontextualismus"

Zur Logik des Machens der Erfahrung nach Kant

Im Werk Kurt Walter Zeidlers findet sich regelmäßig der energische Hinweis auf die durchaus beschränkte Reichweite der logischen Form des Urteils. So heißt es schon in dem Aufsatz „Urteil und Schluß" von 1983 programmatisch, daß es bei einer „aus der Kritik der Kantischen Auffassung erwachsenden Transformation der Logik" darum gehen müsse, „den Vorrang des Schlusses (Vernunft) vor dem Urteil (Verstand) zu erweisen, um solcherart einen neuzeitlichen Begriff eines wahrhaft Allgemeinen und eines wahrhaft Einzelnen zu erschließen, jener Allgemeinheit und Einzelnheit, die im Urteil nur isoliert und als Bedingte (Besondere) gegeben sind".[1] Wenn dabei die beiden wichtigsten Anker für ein weitgehendes Vertrauen in die Form des Urteils, ja für die Etablierung einer regelrechten „Urteilsphilosophie" zum einen Aristoteles,[2] zum anderen Kant[3] sind, mit dessen urteilslogisch ansetzender Konstitutionstheorie das Urteil über die Dimension der „Bestimmung" hinaus auch die der „Begründung" erreicht zu haben scheint, dann werden beiden Gewährsleuten von Zeidler prominente Autoren entgegengesetzt, die das Problem der „beschränkten Reichweite" der Urteilsform erkannt und deshalb auf einen Fortgang vom Urteil zum Schluß gedrängt haben – Zeidler hat hierfür mehrfach auf Hegel, aber auch auf Peirce zurückgegriffen,[4] in

1 K. W. Zeidler: Urteil und Schluß. Anmerkungen zur Kritik der reinen Vernunft, in: *Wiener Jahrbuch für Philosophie* XXV, 1983, 213–224, hier zitiert nach: Zeidler, Kurt Walter: *Grundlegungen*, 84–103, loc. cit. 96.

2 Wobei freilich das spekulative (d.h. im Sinne Zeidlers begründungstheoretische) Potential der aristotelischen Syllogistik, die „aus der Dialektik Platons" „erwächst", nicht zu unterschätzen ist und sich der Stagirit in jedem Fall der „Beschränkungen des logischen Formalismus bewußt" ist: cf. dazu K. W. Zeidler: *Vermittlungen*, 125.

3 „So sehr die Autorität Kants, die transzendentalphilosophische und auch die formallogische Überlieferung für den urteilslogischen Ansatz sprechen, kann die Gleichsetzung von Gegenstandsbestimmung und Letztbegründung doch nicht unwidersprochen bleiben […]. Bestimmung ist nicht gleich Begründung, denn weder ist das Urteil die logische Form der Begründung, noch ist das Urteil die fundamentale logische Form" (K. W. Zeidler: Bestimmung und Begründung. Zu Kants Deduktion der Ideen der reinen Vernunft, in: *Vermittlungen*, 333–365, loc. cit. 336).

4 Cf. dazu K. W. Zeidler: *Grundlegungen*, 197–215; ebenso *GtL*[1], §32, 148–153.

dessen Pragmatismus er mehr syllogistische Weisheit verborgen findet, als nicht zuletzt bekennende Pragmatiker in ihm vermuten würden.[5]

Der folgende Beitrag teilt entschieden die Prämisse Zeidlers vom prinzipientheoretischen „Vorrang des Schlusses" und der Notwendigkeit, das Urteil auf ihn hin zu transzendieren, wie er ebenso die Auffassung teilt, daß es bei Kant deutliche Hemmungen gibt, dem Schluß jene Würde zuzuerkennen, die er als Form der Idee grundsätzlich besitzt – zu groß ist Kants Furcht, sich erneut in dialektischen Schein zu verlieren, wenn dem Schluß oder auch der Idee unmittelbare Erkenntnisdignität zugestanden wird. In einem gewissen Kontrapunkt dazu sollen die folgenden Überlegungen jedoch aufzeigen, daß in Kants Ansatz zuletzt mehr genuin schlußlogisches Bewußtsein enthalten ist, als der gewöhnliche Blick auf die *Kritik der reinen Vernunft* (*KrV*) suggerieren mag. Die These können wir vorab wie folgt formulieren: Nach Kant ist der Vollzug der „Erfahrung" als *schließender Schluß* zu verstehen, eben darum aber verweist Erfahrung – jenseits jedes empiristischen Erfahrungsbegriffs – durch sich selbst auf die Ideen wie auch ihre eigene Systematizität, deren konkrete Darstellung Kant von der *Kritik der Urteilskraft* an bis ins *Opus postumum* hinein beschäftigen wird. Wir versuchen, uns diese These zunächst von einigen markanten Sätzen Kants her zu verdeutlichen!

I

Wir beginnen mit zwei nicht eben unbekannten Zitaten aus der *Kritik der reinen Vernunft*; es wird in der Folge in gewisser Weise „nur" um die Auslegung dieser Zitate *in ihrem Zusammenhang* gehen, wobei gerade an dem Verständnis dieses Zusammenhangs einiges liegen wird. Das eine Zitat enthält den ersten Satz der ersten Auflage der *KrV* und lautet:

> „Erfahrung ist ohne Zweifel das erste Produkt, welches unser Verstand hervorbringt, indem er den rohen Stoff sinnlicher Empfindungen bearbeitet" (A 1).

Das andere Zitat findet sich im Schematismuskapitel, in dem wir lesen:

---

5 Übrigens ist auch der späte Fichte ein Zeuge für das sich im Ausgang von Kant zeigende Bedürfnis, im Schluß die Totalität der Vermittlung aufzurufen, die das Urteil zwar voraussetzt, aber nicht ausdrücklich machen kann; cf. für die *Transscendentale Logik II* etwa P. Tschirner: *Totalität und Dialektik. Johann Gottlieb Fichtes späte Wissenschaftslehre oder die lebendige Existenz des Absoluten als sich selbst bildendes Bild*, Berlin 2017, bes. 200–230.

> „In dem Ganzen aller möglichen Erfahrung liegen aber alle unsere Erkenntnisse, und in der allgemeinen Beziehung auf dieselbe besteht die transzendentale Wahrheit, die vor aller empirischen vorhergeht, und sie möglich macht" (B 185/A 146).

Wir gehen zunächst kurz auf jedes der beiden Zitate für sich ein; die zu gewinnende Einsicht wird dann lauten, daß sich beide Zitate wechselseitig erläutern und daß das Verständnis der Tatsache, *daß* und *inwiefern* sie sich wechselseitig erläutern, nicht nur den Schlüssel zu Kants Begriff der Erfahrung, sondern darüber hinaus und damit ineins auch den Schlüssel zum Verständnis des Projekts einer transzendentalen Logik darstellt, wie Kant es in der *KrV* vertreten hat.

Das *erste* Zitat enthält eigentlich schon die ganze, auch mehr als 200 Jahre nach dem Erscheinen der ersten Kritik keineswegs zu den Akten zu legende Grundprovokation, die in Kants „kopernikanischer Wende"[6] steckt. Immerhin sagt der auf den ersten Blick durchaus paradoxe erste Satz der ersten Kritik in seinem Kern: „Erfahrung ist ein Produkt unseres Verstandes" – was natürlich etwas ganz anderes ist als das, was diejenigen, die ihren Locke oder Hume gelesen haben oder sonst dem Alltagsverstand folgen erwarten möchten. Beide, der Alltagsverstand wie der von Locke oder anderen zur Theorie erhobene Empirismus, gehen ja davon aus, daß die Erfahrung etwas sei, was zum Verstand und dem Verstandesgebrauch erst *hinzukommen* muß, was ihn ergänzt und belehrt, etwas, ohne daß all seine sonstige Mühe um Wissen und Weiterkommen vergeblich wäre. Aus einer solchen Sicht erscheint es mehr als verwegen, zu behaupten, daß Erfahrung als solche ein *Produkt* des Verstandes sei, sie also *nicht* „von außen" an den Verstand herantrete, sondern ihm innewohne, ja von ihm im Wortsinne *gemacht* und *erzeugt*, nicht aber aufgenommen und integriert wird. Die Sache wird dann auch dadurch nicht besser, wenn man feststellt, daß Kant sich an anderen Stellen ganz ähnlich ausdrückt; wir verweisen hier nur auf die *Prolegomena* §38, in denen wir lesen: der Verstand bringt „Erfahrung (ihrer Form nach) a priori zustande".[7]

---

6 Kants „Kopernikanismus" ist dabei – was gegen inzwischen allzu häufige Einlassungen dazu festgehalten sei – nicht von inhaltlichen Analogien zur heliozentrischen Astronomie her zu verstehen, sondern von der „Pragmatik" des Standpunktwechsels als solcher, die uns zunächst mit paradoxen Thesen konfrontiert.

7 Das Zitat lautet im Zusammenhang: „[...] so ist der Verstand der Ursprung der allgemeinen Ordnung der Natur, indem er alle Erscheinungen unter seine eigene Gesetze faßt und dadurch allererst Erfahrung (ihrer Form nach) a priori zu Stande bringt, vermöge deren alles, was nur durch Erfahrung erkannt werden soll, seinen Gesetzen notwendig unterworfen wird" (Kant: *Prolegomena* §38, AA IV, 322).

Nun kann man die sich hier meldende wirkliche oder scheinbare Provokation dadurch zu entschärfen suchen, daß man darauf hinweist, daß das herangezogene Zitat eben nur der erste Satz der ersten Auflage der *KrV* ist und Kant sich mit dem alternativen Anfang, den die zweite Auflage bietet, selbst „korrigiert" zu haben scheint. In der zweiten Auflage finden wir ja den scheinbar viel versöhnlicheren Beginn mit den sehr bekannten Worten:

> „Daß alle unsere Erkenntnis mit der Erfahrung anfange, daran ist gar kein Zweifel; denn wodurch sollte das Erkenntnisvermögen sonst zur Ausübung erweckt werden, geschähe es nicht durch Gegenstände, die unsere Sinne rühren und teils selbst Vorstellungen bewirken, teils unsere Verstandestätigkeit in Bewegung bringen, diese zu vergleichen, sie zu verknüpfen oder zu trennen, und so den rohen Stoff sinnlicher Eindrücke zu einer Erkenntnis der Gegenstände zu verarbeiten, die Erfahrung heißt?" (B 1)

An dieser Neuformulierung ist einiges auffällig, so schon dies, daß Kant hier fast noch kruder als die alten Aristoteliker davon sprechen zu können scheint, daß „Gegenstände" „Vorstellungen bewirken", was gelernte Kantianer natürlich deshalb irritieren muß, weil „bewirken" eine kausale Bestimmung ist, die nach Kants eigenen Begriffen zwar ein objektives Verhältnis unter Gegenstands*vorstellungen*, nicht aber das Verhältnis von *Gegenständen* zu *Vorstellungen* von diesen Gegenständen betreffen kann. Kausalität ist, kurz gesagt, wie alle anderen Verstandeskategorien auch, eine syntaktische Regel eines Objektivität generierenden Vorstellens, nicht hingegen eine ihrerseits „objektive" Beschreibung für das Verhältnis von Physischem und Mentalem vor aller Gegenstandskonstitution im Machen der Erfahrung. Was in diesem Zusammenhang angesprochen ist, ist bekanntlich das sogenannte Affektionsproblem, die Frage also, wie gleichsam am Beginn des Erkenntnisprozesses ein Äußeres eine innere Resonanz, die Bildung einer inneren Referenz auf es stimulieren kann. Wir müssen hier jedoch nicht auf dieses Problem näher eingehen, so lehrreich es auch in jedem Fall ist, Kants eigene Bemühungen, das Affektionsproblem gerade auf nicht-kausalistische Weise zu lösen, zu verfolgen; wir verweisen dafür nur ganz summarisch darauf, daß Kant in der weiteren Entfaltung seines Ansatzes von den *Metaphysischen Anfangsgründen der Naturwissenschaft* (*MAN*) über die *Kritik der Urteilskraft* (*KU*) bis ins *Opus postumum* im Begriff der *Bewegung* so etwas wie den entscheidenden *terminus medius* zwischen Äußerem und Innerem, Wahrgenommenen und Verstandenem, Leben und Denken ausfindig macht.[8] Im *Opus*

---

8 Cf. zur erfahrungslogischen Bedeutung des Bewegungsbegriffs bei Kant auch Th. S. Hoffmann: Der Begriff der Bewegung bei Kant. Über den Grundbegriff der Empirie und die empirischen Begriffe, in: *Zeitschrift für philosophische Forschung* 45, 1991, 38–59.

postumum wird Kant entsprechend, worauf hier freilich nicht näher eingegangen werden kann, eine Konvergenz von Erfahrung der Bewegung und Bewegung der Erfahrung konzipieren können, mit der sich das kausalistisch gedachte Affektionsproblem erledigt hat und sich die Extreme des Gegenständlichen und des Vorstellungshaften in Funktionen ein und desselben Bewegungszusammenhanges (der *sich machenden Erfahrung*) auflösen.[9]

Aber zurück zu der Frage, wie es mit dem Verhältnis der jeweils ersten Sätze der beiden Auflagen der *KrV* steht: auf den ersten Blick und wohl auch noch auf den zweiten argumentiert Kant in B sehr viel „empiristischer“, als dies in der Auflage A noch der Fall war. „Erkenntnis“ soll „mit der Erfahrung“ anfangen, „daran ist gar kein Zweifel“, während in der ersten Auflage wiederum „ohne Zweifel“ „Erfahrung“ „das erste Produkt“ war, „welches unser Verstand hervorbringt“. Schaut man jedoch nochmals etwas genauer hin, bemerkt man gleichsam auf den dritten Blick, daß die zweite Version keine völlige Neuschöpfung, sondern eher eine Überschreibung der ersten Fassung darstellt. Man mag sich dies an folgender Übersicht klarmachen:

„*Erfahrung ist ohne Zweifel das erste Produkt, welches unser Verstand hervorbringt, indem er den rohen Stoff sinnlicher Empfindungen bearbeitet.*“ (A 1)	„*Daß alle unsere Erkenntnis mit der Erfahrung anfange, daran ist gar kein Zweifel; denn wodurch sollte das Erkenntnisvermögen sonst zur Ausübung erweckt werden, geschähe es nicht durch Gegenstände, die unsere Sinne rühren und teils selbst Vorstellungen bewirken, teils unsere Verstandestätigkeit in Bewegung bringen, diese zu vergleichen, sie zu verknüpfen oder zu trennen, und so den rohen Stoff sinnlicher Eindrücke zu einer Erkenntnis der Gegenstände zu verarbeiten, die Erfahrung heißt?*“ (B 1)

Aus er Übersicht werden nicht nur die Entsprechungen zwischen beiden Versionen, es wird auch der Bruch deutlich, den die Überschreibung verursacht hat: denn der Satz, der uns in B versichert, daß „unsere Erkenntnis mit der Erfahrung anfange“, endet damit, die Tätigkeit des Verstandes dadurch zu charakterisieren, daß gesagt wird: der Verstand hat die Aufgabe, „den rohen Stoff sinnlicher Eindrücke zu einer Erkenntnis der Gegenstände zu verarbeiten, die

9 Cf. dazu nur etwa auf das Kapitel zur „Synthesis der Selbstsetzung“ bei V. Mathieu: *Kants Opus postumum*, Frankfurt am Main 1989, 175–178.

Erfahrung heißt". Was also (was „gar keinen Zweifel leidet") „mit der Erfahrung" anfängt, ist ein Erkenntnisprozeß, in dessen Zusammenhang der Verstand „den rohen Stoff sinnlicher Eindrücke" so verarbeitet, daß am Ende herauskommt, was doch der Anfang gewesen sein soll: nämlich *Erfahrung*. Dieser Befund ist erklärungsbedürftig – und da man niemals vorschnell unterstellen sollte, daß Kant die aufgezeigte Spannung in dem neuen ersten Satz seiner *KrV* entgangen sein könnte, werden wir zunächst darauf abzielen, zu verstehen, was es heißt, daß „Erfahrung" der Anfang und auch das Ende eines Erkenntnisprozesses ist, an dessen Konstitution in jedem Fall „unsere Verstandestätigkeit" (B 1) teilhat. Zunächst aber werfen wir noch einen Blick auf das zweite oben angeführte Zitat, das wie gesagt aus dem Schematismuskapitel stammt!

Dieses Zitat bestimmt noch einmal das Verhältnis von Erfahrung und Erkenntnis, und zwar unter ausdrücklichem Bezug auf den Begriff der transzendentalen Wahrheit. Schauen wir uns das Zitat im einzelnen an: Ausgangspunkt ist für Kant „das Ganze aller möglichen Erfahrung", in dem dann alle unsere inhaltlich bestimmten, konkreten Erkenntnisse liegen müssen. Das „Ganze aller möglichen Erfahrung" ist dabei selbstverständlich kein empirischer Begriff, sondern ein Verstandesbegriff, der Begriff *des Erfahrungsraums überhaupt* – wir kommen gleich noch darauf zu sprechen, wie und wo dieser Begriff kategorial verankert ist und wie er sich zu den anderen Verstandesbegriffen, insbesondere zu den Kategorien, verhält! In dieses „Ganze" oder diesen „Inbegriff" fallen dann „unsere Erkenntnisse", womit natürlich die Erfahrungsurteile bzw. die mit ihnen konstituierten Gegenstände der Erfahrung gemeint sind. Die Frage, *wie* die Erfahrungsurteile bzw. die ihnen entsprechenden Gegenstände in „das Ganze aller möglichen Erfahrung" fallen, beantwortet das „revolutionäre" Konzept der „transzendentalen Wahrheit": denn dieses enthält die allgemeine Formbestimmung, daß nur dasjenige in der Tat den Rang materialer „Erkenntnis" beanspruchen kann, *was den Bedingungen der Möglichkeit von Erfahrung überhaupt entspricht* – was also, wie wir in der transzendentalen Elementarlehre belehrt werden, sowohl unter den Formen der Anschauung a priori steht wie in den Formen der Vorstellungskoordination, die die Kategorien vorgeben, darstellbar ist. In Kurzform kann man immer sagen: „transzendentale Wahrheit" bezieht sich auf *Darstellbarkeit im Raum der Erfahrung überhaupt*, oder sie meint, daß ein bestimmter objektiver Anspruch über den Kontext oder das Ganze der Erfahrung überhaupt reflektiert ist. Es geht hier nicht nur darum, daß Kant an die Stelle der überlieferten Wahrheitskonzeptionen im Zuge der kritischen Wende der Philosophie eine Alternative setzen muß, die die Aporien der Überlieferung hinter sich läßt. Wir wissen, daß Kant vor allem zwei tradierte Wahrheitskonzepte verabschiedet, zum einen nämlich das metaphysisch-korrespondenztheoretische, zum anderen das rationalistisch-evidenztheoretische, auf das sich vor allem die Cartesianer stützten. Die Korrespondenztheorie stellt in kritischer Betrachtung nur eine formale Entsprechung auf, die sie freilich selbst nicht zu realisieren vermag; sie scheitert nach Kant daran, daß das von ihr genannte Wahrheitskriterium – eben die Übereinstimmung der Vorstellung von einem Gegenstand mit diesem Gegenstand – im Machen der Erfahrung vollkommen unbrauchbar ist, da wir von dem heranzuziehenden Gegenstand jeweils wieder nur eine Vorstellung haben, also nur Vorstellung mit Vorstellung vergleichen können; nur die Metaphysik glaubt ja, durch Denken zu vorstellungsunabhängigen Gegenständen – zu Dingen-an-sich – vorstoßen zu können, mit denen sie dann die Vorstellungen von diesen Gegenständen vergleichen könnte. Das „allgemeine *materiale* Wahrheitskriterium" hingegen, das die Cartesianer anführen, nämlich die klare und distinkte Einsicht in die Sache, scheitert nach Kant daran, daß ein solches Kriterium „von allen Erkenntnissen, ohne Unterschied ihrer Gegenstände, gültig wäre", wobei „von allem Inhalt abstrahiert" werden muß, auf den es (nach Kant) bei der Wahrheit aber gerade ankommt.[10] Wir müssen jetzt nicht diskutieren, ob Kant damit das cartesische Argument wirklich trifft, das ja durchaus konkret bestimmte Evidenzen vorsieht. Wichtiger ist, daß wir klar sehen, was Kants wahrheitstheoretische Alternative ist: nämlich gerade das Konzept der *transzendentalen Wahrheit*, d.h. das Konzept der Integrierbarkeit einer konkreten Erkenntnisaufgabe bzw. eines Erkenntnisanspruchs in den Kontext der Erfahrung überhaupt. „Transzendental wahr" ist dabei, was *im Kontext der Erfahrung überhaupt* darstellbar ist, was ihm seinen Anschauungs- wie begrifflichen Bedingungen nach integriert werden kann. „In der Erfahrung" bzw. in deren „Kontext" heißt dann klarerweise nicht mehr: in der Empirie oder am „rohen Stoff sinnlicher Empfindungen" als solchem. Es heißt: „im Ganzen aller möglichen Erfahrung", in jenem „Kontext" und Gesamtzusammenhang, in dem wir alle unsere Erfahrung realisieren und der als „Ganzes" oder „Kontext" eben nicht selbst etwas empirisch Gegebenes, sondern – hier können wir auf den ersten Satz der ersten Auflage der *KrV* zurückkommen – ein „Produkt des Verstandes" ist, durch welches (als Form) es überhaupt möglich wird, Erfahrung (inhaltlich) zu realisieren. Da Kant selbst statt vom „Ganzen" oder „Inbegriff" der Erfahrung immer wieder vom „Kontext der Erfahrung" sprechen kann, führen wir hier den Begriff des „Kontextualismus" in eben diesem Sinne ein, daß transzendental wahr und damit ggf. auch empirisch erkenntnishaltig nur sein kann, was sich in den „Kontext der Erfahrung" fügt, und zwar sowohl dessen

10 Cf. Kant: *KrV* B 83/A 59f.

formalen Anforderungen nach wie insofern auch in *materialer* Hinsicht, als nur das wahr und gehaltvoll sein kann, was einer kontinuierlichen Arbeit des Verstandes im „Machen der Erfahrung" entspricht, was also auch inhaltlich im Zusammenhang aller bereits gemachten Erfahrungen steht und nicht als spontane Erleuchtung ahnungsvoller Geisterseher eben den Kontext der Erfahrung nur zerbrechen kann. Kants Kontextualismus[11] meint insoweit die Bestimmung alles konkret Gewußten als *Funktion* des „Ganzen der Erfahrung", das als Ganzes zum einen aller empirischen Erfahrung *vorausliegt*, zum anderen durch die empirische Erfahrung auch erst ausgefüllt und realisiert wird, jedenfalls insoweit diese den Bedingungen möglicher Erfahrung überhaupt gemäß geschieht. Anders gewendet: Kants „Kontextualismus" meint, daß es aus transzendentallogischen Gründen keine unmittelbare Korrespondenz zwischen einem Erfahrungsurteil und einer unmittelbaren äußeren Instanz geben kann, sondern *all* unser Bezug auf äußere Instanzen im Sinne von deren objektiver Bestimmung immer vermittelt ist über das Insgesamt bzw. den Kontext der Erfahrung überhaupt – meint, daß alle Erfahrung in Wahrheit ein Schluß über Erfahrungsurteile ist, die selbst nichts anderes als Mittelbegriffe im Sich-Vollziehen des Erfahrens sind. An dieser Stelle wird dann auch klar, weshalb die beiden Versionen des Eingangssatzes der Einleitung in die *KrV* trotz unterschiedlicher Aussageabsicht und Schwerpunkte doch nicht einfach inkompatibel sind: denn einerseits ist und bleibt Erfahrung überhaupt im Aufspannen der Kontextualität der Erfahrung als solcher immer ein Produkt des Verstandes und ist durch eine sogenannte „Einwirkung der Gegenstände" auch in keiner Weise zu vertreten. Auf der anderen Seite ist die Erfahrung überhaupt im Sinne des bloßen „Ganzen" möglicher Erfahrungen, als antizipierter Inbegriff ihres Machens noch leer und durch den Verstand alleine auch nicht auszufüllen – es sei denn, der Verstand machte sich

11 Es empfiehlt sich, unter „Kontextualismus" bei Kant in engem Anschluß an Kants eigene Rede vom „Kontext der Erfahrung" (cf. z.B. *KrV* B 282/A 230: „den Inbegriff und den Kontext einer einzigen Erfahrung"; B 610/A 582: „Nun können uns in der Tat keine andere Gegenstände, als die der Sinne, und nirgend, als in dem Kontext einer möglichen Erfahrung gegeben werden") das erfahrungslogische Prinzip zu verstehen, daß nur erst nach Maßgabe der Idee der *Einheit* der Erfahrung koordinierte bzw. auseinander darstellbare Erfahrungsurteile erkenntnisvermittelnd sind. Schon vom Kantischen Sprachgebrauch her gibt es insofern keine Berührung mit dem sog. „Kontextprinzip" bei Frege, das sich auf das Verhältnis von Satz und Wort bezieht und das man auch auf das Verhältnis von Begriff und Urteil bei Kant übertragen hat; cf. dazu J. Lemanski: Die neuaristotelischen Ursprünge des Kontextprinzips und die Fortführung in der fregeschen Begriffsschrift, in: *Zeitschrift für philosophische Forschung* 67, 2013, 566–586.

eben daran, den „rohen Stoff der Empfindungen" dem von ihm selbst zuerst aufgespannten Horizont oder Kontext zu integrieren und einzuverleiben. Mit diesem Doppelsinn von „Erfahrung" bei Kant – Erfahrung als allgemeine Formvoraussetzung auf der einen Seite, als sich dynamisch realisierende Form auf der anderen – stehen wir, wie leicht zu erkennen sein wird, in der Mitte der Erkenntnislehre der *KrV*, und zwar ihrer positiven wie negativ-ausscheidenden Seite nach. Die folgenden Überlegungen sollen diese „Mittestellung" in drei transzendentallogisch relevanten Hinsichten erläutern und damit zu einem genaueren Verständnis von Kants Kontextualismus beitragen.

II

Beginnen wir mit einer grundsätzlichen Überlegung zu dem Problem, daß die *KrV* zu lösen hatte! Kant hat, wie wir wissen, neben der Vernunftantinomie auch den Skeptizismus David Humes als Ursache seines Erwachens aus dogmatischem Schlummer angegeben. Humes These war, kurz zusammengefaßt, die, daß es aus mehreren Gründen eigentliche Erkenntnisurteile nicht geben könne, und zwar vor allem deshalb nicht, weil es keine empirische Basis für Notwendigkeitsurteile gäbe. Diese These ist auch durchaus zutreffend, wobei man nur sagen muß, daß eigentlich niemand behauptet hatte, daß Notwendigkeit ein empirischer Begriff sein, also z.B. als „impression" in der sinnlichen Wahrnehmung vorkommen könne. Kants Antwort auf Hume nun ergibt sich unmittelbar mit seinem Kontextualismus: Kant legt den Finger darauf, daß Erfahrung als „Produkt unseres Verstandes" etwas ist, das wir kraft des Denkens wirklich „machen" und nicht kraft der Sinnlichkeit nur „haben".[12] Eigentlich *wissenschaftliche* Erfahrung meint dabei Konstitution von Objektivität gemäß dem Anspruch der Darstellbarkeit objektiven Wissens im „Ganzen aller möglichen Erfahrung". Was Notwendigkeit, was Kausalität heißt, ist entsprechend auch nicht zwischen bloßen Sinneseindrücken oder Wahrnehmungen zu suchen, aber es liegt auch nicht einfach nur subjektiv im Gemüt oder Bewußtsein des Beobachters. Sofern die Sonne eine bloße *impression* ist, geht sie in der Tat niemals mit Notwendigkeit auf, weil wir, wie Hume richtig gesehen hat, keine Einsicht in die Notwendigkeit unseres Habens von Sinneseindrücken, sondern nur ein aus ihnen resultierendes Gefühl des Genötigtseins durch sie haben. Die Sonne als Objekt der Erfahrung ist aber keine bloße *impression*, sondern

---

12 Kant hat zwischen „Haben" und „Machen" der Erfahrung ausdrücklich vor allem im *Opus postumum* unterschieden; cf. z.B. AA XXII, 444: „Ich kann nicht sagen ich *habe* diese oder jene Erfahrung sondern ich *mache* sie mir […]".

ein denkend wohlformiertes Objekt, das wir in seinem Zusammenwirken mit anderen wohlformierten Objekten, beispielsweise unserer Erde, betrachten. In diesem Zusammenwirken gibt es dann aber sehr wohl objektive Notwendigkeiten, Ereignisfolgen, die aus der Grundkonstitution der Objekte selbst objektiv folgen. Ich kann zum Beispiel nicht zugleich annehmen, daß die Sonne 99% der Masse unseres Planetensystems enthält, daß auf ihr beständig Kernfusionen stattfinden *und* daß unsere Erde die Sonne erwärmt oder beleuchtet. Ich kann auch nicht damit rechnen, daß die Sonne morgen, etwa in Folge einer kosmischen Katastrophe, nicht aufgeht *und* daß wir davon dann in der Zeitung läsen. In beiden Fällen lägen Verstöße gegen die Konstitutionsbedingungen objektiver Erfahrung vor, die diese selbst unmöglich machen müßten; in beiden Fällen gibt es also Notwendigkeiten, die wir vor allem in der Form von Kausalgesetzen aussprechen, die im Kontext der Erfahrung als ganzer rational als notwendig einsehbar sind. Die Synthesis unserer Vorstellungen, durch die wir eine über ihren ganzen Kontext reflektierte Erfahrung bauen, folgt obersten, wie in der transzendentalen Deduktion nachgewiesen: erfahrungserhaltenden Prinzipien, die selbst nicht noch einmal Gegenstand möglicher Erfahrung sind. In diesem Sinne kann Kant in den *MAN* dann etwa formulieren: „Erfahrung ist eine Erkenntnis, die das Objekt für alle Erscheinungen gültig bestimmt“[13]. Wir wissen, daß in letzter Instanz der in der transzendentalen Apperzeption gelegene Imperativ der Identität in den Medien sowohl der Anschauung wie des Begriffs die Vorstellungssynthesis anleitet und organisiert. Es ist dieser selbe Imperativ, der uns auch anleitet, die Erfahrung zunächst als *eine*, als geschlossene Form der sich realisierenden Erkenntnis, aufzufassen, und dann im inneren dieser Form oder dieses vorausgesetzten Kontextes „Erfahrung“ zu machen, die sich jeweils, wie bereits unterstrichen, über den ganzen Kontext reflektiert und in dieser Reflexion über den Gesamtkontext bzw. Inbegriff der Erfahrung die von Hume vermißte Notwendigkeit findet. Kant hat also die Unmittelbarkeitsinstanzen, auf die sich Hume bezog und unter denen er nicht zuletzt die Notwendigkeit nicht fand, allesamt *mediatisiert*, nämlich in den Kontext der Erfahrung gesetzt und ihnen darin transzendentale Wahrheit wie auch die Möglichkeit gegeben, als Darstellung notwendiger Vorstellungszusammenhänge aufgefaßt zu werden. In gewisser Weise war Hume der letzte, der Erfahrung noch als Instanz dachte. Bei Kant ist sie bereits transzendentallogisch eingeführte Funktion.

Der Begriff der Notwendigkeit gehört nun freilich auch in den Kreis der Modalbestimmungen, denen Kant, wie man weiß, attestiert, daß sie keine

13 Kant: *MAN*, AA IV, 123.

inhaltliche Erweiterung unserer Erfahrungsurteile mehr bieten.[14] In den Modalbestimmungen wird die Erfahrung vielmehr reflexiv, sie zeigt in ihnen sozusagen den „Integrationsgrad" an, in dem ein Erfahrungsurteil, das objektiv bereits abschließend bestimmt ist, dem Haushalt unserer Erkenntnis bzw. dem gegebenen Kontext der Erfahrung angehört. Die erste modal-reflexive Synthesis, die der *Möglichkeit*, entscheidet darüber, ob ein Erfahrungsurteil überhaupt in den Einheitshorizont der Erfahrung fallen kann oder nicht. Wenn wir sagen, daß ein gegebenes Erfahrungsurteil „möglich" ist, so heißt dies, daß dieses Urteil prinzipiell mit den Bedingungen der Möglichkeit von Erfahrung harmoniert und nicht, wie etwa die Behauptung, es gäbe im Raume bzw. der Fläche Zweiecke, schon *a limine* aus dem Kreis der vertretbaren Urteile auszuschließen ist. Die zweite modale Synthesis, die der *Wirklichkeit*, stellt fest, ob das zu bildende Erfahrungsurteil aus angebbarem Grund tatsächlich in den Kontext unserer Erfahrung fällt oder nicht, ob also z. B. die Vorstellung, Gras sei von Natur aus grün und nicht violett, durch entsprechende gegebene Farbempfindungen begründet ist, auch wenn zunächst nichts gegen die abstrakte Möglichkeit zu sprechen schiene, daß Gras auch violett oder rot sein könnte. Die dritte modale Synthesis schließlich, die der *Notwendigkeit*, ergibt sich immer dann, wenn wir, wie soeben bei Hume gesehen, das entsprechende Urteil aus dem Kontext unserer Erfahrung und seinen Formeigenschaften als solchen ableiten können und nicht etwa sein Gegenteil aus diesem Kontext folgt. Wir erreichen hier dann auch das Niveau der eigentlichen Naturgesetze, in denen sich – das ist Kants Pointe – unser Verstand eben *als Produzent kontextuellen Erfahrungswissens a priori bestimmend verhält* und der erscheinenden Natur die Gesetze ihres Erscheinenkönnens vorschreibt, ohne damit zugleich der einzelnen Wahrnehmungsinstanz inhaltlich vorzugreifen. Eben, weil Einzelinstanzen als solchen keine Wahrheit zugesprochen werden kann, geht Kant hier auf die Formen zurück, über welche das Bewußtsein als solches seinen Wissenshaushalt und sein Ansehen-als-etwas aufbaut und ordnet; die allgemeinverbindliche Wahrheit, wie sie z.B. in einem Naturgesetz in Anspruch genommen wird, kann dann nur in eben den Bahnen der Aufrechterhaltung eines einheitlichen Bewußtseinsraumes liegen. Kant kann den entsprechenden Sachverhalt in der *KrV* wie folgt ausdrücken:

> Nur daran [...], daß diese Begriffe [gemeint sind Verstandesbegriffe a priori wie Substanz, Kausalität usf.] die Verhältnisse der Wahrnehmungen in jeder Erfahrung a priori

14 Zu Kants Modalbegriffen und dabei auch ihrer Relevanz für das Kantische Erfahrungsdenken cf. Th. S. Hoffmann: *Die absolute Form. Modalität, Individualität und das Prinzip der Philosophie nach Kant und Hegel*, Berlin/New York 1991, bes. 211–277.

> ausdrücken, erkennt man ihre objektive Realität, d.i. ihre transzendentale Wahrheit, und zwar freilich unabhängig von der Erfahrung, aber doch nicht unabhängig von aller Beziehung auf die Form einer Erfahrung überhaupt, und die synthetische Einheit, in der allein Gegenstände empirisch können erkannt werden.[15]

Es ist die überhaupt Erfahrung ermöglichende Funktion der Kategorien, die es macht, daß im Gebrauch dieser Kategorien in Erfahrungsurteilen und deren Zusammenspiel zur synthetischen Einheit der *einen* Erfahrung auf sie als Allgemeinheit und Notwendigkeit solcher Urteile ermöglichende Größen zurückgegangen werden kann. Übrigens kann man die kategoriale Verankerung des Kantischen Erfahrungskontextualismus in den Modalbestimmungen dann leicht auch noch einmal darin bestätigt finden, daß die den Modalitäten entsprechenden obersten „Grundsätze aller synthetischen Urteile", bei Kant also die „Postulate des empirischen Denkens überhaupt", erstens überhaupt *Postulate* sind – der Verstand greift in ihnen auf die Einheit im Machen der Erfahrung vor, auch wenn die konkrete Erfahrung niemals abgeschlossen ist –, und es sich zweitens um Postulate „des empirischen Denkens überhaupt" handelt, also wiederum nicht um einen Bezug auf einzelne, punktuelle sogenannte Erfahrungen, die man nur hat, aber nicht macht, und die eigentlich Wahrnehmungen heißen müßten, sondern auf den Gesamtraum der Empirie, der auch in den Modalgrundsätzen reflexiv auf seine Einheitsstruktur hin durchleuchtet wird. „Möglichkeit, Wirklichkeit" und „Notwendigkeit" gehen, wie Kant hier ausdrücklich und in wünschenswerter Deutlichkeit noch einmal sagt, „auf die mögliche Erfahrung und deren synthetische Einheit [...], in welcher allein Gegenstände der Erkenntnis gegeben werden"[16]. Die Modalbestimmungen bezeichnen so auch auf der Ebene der Grundsätze, d.h. des wirklichen Machens wissenschaftlicher Erfahrung, die konkreten Kontextualisierungen, mit denen wir arbeiten, wenn wir konkrete Erfahrungen dem Kontext der Erfahrung überhaupt integrieren, die Erfahrung also materialiter weiterbestimmen.

III

Unser eingangs herangezogenes Zitat über das „Ganze aller möglichen Erfahrung" findet sich, wie erwähnt, im Zusammenhang des Schematismuskapitels. Bei dem Schematismusproblem geht es bekanntlich darum, den eigentlichen Mittelbegriff zwischen intelligiblen und sinnlichen Vorstellungen zu finden, so daß erstere auf letztere überhaupt anwendbar sind und insofern überhaupt

15 Kant: *KrV* A 221f./B 269.

16 A.a.O. B 267/A 219.

eine empirische Sättigung der Erfahrung stattfinden kann – genau diese jederzeit angestrebte Sättigung der Erkenntnisformen an empirischen Gehalt ist ja das Proprium der transzendentalen Logik. Kant bringt zunächst das Beispiel von einem Teller und dem rein geometrischen Begriff eines Kreises oder Zirkels. Der Begriff des „Tellers“ ist ein empirischer Begriff und wie alle empirischen Begriffe über kontingente Gegebenheit induziert. Der mathematische Begriff des Kreises dagegen enthält eine Synthesis a priori und ist auch nur von der Ebene synthetischer *Erkenntnis a priori* her zu verstehen. Trotzdem verstehen wir einen Teller unter Umständen als Beispiel für einen Kreis, etwa wenn wir einem Kind den Unterschied zwischen einem Kreis und einem Oval erläutern, oder wir sagen auch umgekehrt, daß für die industrielle Fertigung von Tellern Maschinen erforderlich sind, deren adäquate Konstruktion ohne den geometrischen Begriff des Kreises nicht wohl möglich wäre. Die „Gleichartigkeit“ zwischen empirischem und nicht-empirischem Begriff liegt hier nach Kant in dem Begriff der „Rundung“, der zugleich a priori konstruiert und sinnlich angeschaut werden kann, so daß wir hier in der Tat ein erstes Beispiel für einen Mittelbegriff haben, der heterogene Vorstellungen aufeinander zu beziehen vermag. Die Antwort nun, welche Kant auf das Gleichartigkeitsproblem gibt und die zugleich den Kern seiner Lehre vom Schematismus bildet, besagt, daß *das gesuchte Mittelglied in einer transzendentalen Zeitbestimmung gemäß den Kategorien durch transzendentale Einbildungskraft liegen muß*. Die Zeit ist, wie wir uns erinnern, die Anschauungsform des inneren Sinnes, die der Anschauung der äußeren Sinne dies voraus hat, daß sie in der Tat *alle* sinnlichen Vorstellungen, innere sowohl als äußere, in sich enthält. Die Zeit ist die *universale Form sinnlicher Gegebenheit*, sie ist, wie Kant ausdrücklich sagt, „in jeder empirischen Vorstellung des Mannigfaltigen enthalten“.[17] Zeit ist so denn auch einerseits Anschauungsform a priori, andererseits Inhalt der Empirie, nämlich Merkmal jedes konkreten empirischen Datums oder Dabile, jeder einzelnen Erfahrungsinstanz. Wir können auch sagen: die Zeit ist – wie im berühmten „Linienziehen“ des inneren Sinnes – das *Medium eines Verfahrens*, einer intelligiblen Handlung, und sie ist ebenso – im Sinne der Affektabilität des inneren Sinnes durch zeitliche Differenz – das *Medium eines Erfahrens*, einer sinnlichen Rezeptivität in bezug auf gegebene Vorstellungen. An dieser Stelle konzentrieren wir uns wieder auf das Moment der Inbegrifflichkeit, d.h. der zeitlichen Reflexion des Ganzen der Erfahrung, wie sie – nicht überraschend – in den Modalschemata zur Sprache kommt. Bei diesen erfolgt die Schematisierung nämlich über den „Zeitinbegriff“, die *Einheitszeit* der Erfahrung,

17 Kant: *KrV* B 178/A 139.

wie wir sagen können, auf welche das Erfahrungsobjekt als solches noch einmal in Beziehung zu setzen ist. Das Schema der *Möglichkeit* ist nach Kant dabei das „Dasein zu irgendeiner Zeit", eine Verzeitlichung ohne alle Bestimmtheitssetzung, die nur soviel ausmacht, daß das intendierte Objekt nicht schon grundsätzlich aus dem Kontext der Erfahrung herausfällt. Das Schema der *Wirklichkeit* ist dagegen das „Dasein in einer bestimmten Zeit", wobei das zeitliche Dasein des Gegenstands über den gesamten Zeithorizont der Erfahrung reflektiert und darauf hin in ihm positioniert; es unterscheidet sich darin von der Qualitätsbestimmung der Realität, die darin bestand, überhaupt ein „Dasein in der Zeit" anzuzeigen, ohne doch die betreffende Zeitlichkeit des Objekts schon mit anderer Zeitlichkeit zu vermitteln. Das Schema der *Notwendigkeit* schließlich ist das Dasein zu aller Zeit, was auch dem Alltagsverstand einleuchten dürfte, der auch ohne philosophische Bildung gewohnt ist, „notwendige Wahrheiten" für ewige, zu aller Zeit gültige zu halten. Das alles dient nun nach Kant dazu, die Verstandesbegriffe a priori auf das Feld ihrer sinnlichen Erfüllung zu verpflanzen, ihnen Objekte zu geben und „mithin *Bedeutung* zu verschaffen".[18] Daß es neben dieser erfahrungslogisch geleiteten Temporalisierung der reinen Verstandesbegriffe keine andere Realbedeutung der Kategorien geben kann, hat Kant oft genug betont, und er wiederholt es auch in unserem Kontext noch einmal: die Kategorien sind zu „keinem andern, als einem möglichen empirischen Gebrauche [bestimmt], indem sie bloß dazu dienen, durch Gründe einer a priori notwendigen Einheit (wegen der notwendigen Vereinigung alles Bewußtseins in einer ursprünglichen Apperzeption) Erscheinungen allgemeinen Regeln der Synthesis zu unterwerfen, und sie dadurch *zur durchgängigen Verknüpfung in einer Erfahrung schicklich* zu machen".[19] Dieser Satz ist noch einmal als Ausdruck für Kants Erkenntnisziel, die Herausstellung der Bedingungen für ein in sich kontinuierliches Bewußtsein als Grundlage objektiver Weltkonstitution, zu gewichten; auf ihn folgt dann unmittelbar unser anfängliches Zitat über das „Ganze aller möglichen Erfahrung" als Bezugspunkt aller „transzendentalen Wahrheit". Auch unabhängig von unserer Frage nach Kants Kontextualismus kann man in diesem Zusammenhang unterstreichen, daß Kant mit seiner sich im Schematismuskapitel vollziehenden Temporalisierung alles Erkennens endgültig die Brücken zur Metaphysik wie auch zum Rationalismus abgebrochen hat. Nach Kant geht in die Bildung unserer inhaltlich gefüllten Begriffe unweigerlich elementar Zeitlichkeit ein, ja wir verstehen über unsere Begriffe überhaupt nur etwas,

18 Kant: a.a.O. B 185/A 146.

19 Ibid. (letzte Hervorhebung nicht im Original)

insofern wir diese Begriffe als zeitlich ausgelegte bzw. sich zeitlich auslegende verstehen. Umgekehrt verstehen wir mittels klassisch metaphysischer Begriffe gerade nichts, weil diese keiner Darstellung nach Maßgabe einer zeitlichen Realisierung – einer Erzeugung im Kontext der Erfahrung im Sinne einer Zeit erfüllenden Erkenntnishandlung – fähig sind. So wenig es eine objektive Wirklichkeit gibt, die nicht „Dasein in einer bestimmten Zeit" wäre, so wenig gibt es nach Kant überhaupt theoretische Erkenntnis, die nicht ein Zeitwissen in dem Sinne ist, daß die Zeit selbst das Fenster auf alle möglichen Gegenstände unseres Wissens hin ist. Für Kant folgt daraus gewiß keine Arbitrarität der Erkenntnis, wohl aber das Bewußtsein davon, daß konkrete Erkenntnis auf den Zeitinbegriff relativ ist und so überhaupt „ihre Zeit" hat. Die Zeit als intelligibel-sinnlicher Inbegriff aller unserer Vorstellungen ist die erste Hermeneutin unseres Bewußtseins und diesem insofern nächstverwandt. Nur die einfache Einheit des Bewußtseins selbst, zu der es kein Schema gibt, ragt über den Kosmos unserer immer zeitlich imprägnierten Vorstellungswelten hinaus – zunächst aus erfahrungslogischen Gründen, dann aber auch als Anknüpfungspunkt einer Ethik, die dem Anspruch Kants nach nicht in Zeitverhältnisse aufzulösen sein wird; dies jedoch ist nicht das Thema dieses Vortrags.

Für unseren Zusammenhang halten wir fest: Kants Kontextualismus alles konkreten Wissens impliziert eine auch temporale Kontextualisierung alles Gewußten, die der Tatsache entspricht, daß das allgemeine Schema der Erfahrung die Zeit und das ebenso allgemeine Schema der sich auf sich beziehenden Erfahrung der Zeitinbegriff ist. Die Zeit ist dabei, wie wir gesehen haben, zum einen die Form der „Arbeit" des Verstandes, zum anderen qualitative Bestimmung dessen, was in den Kontext der Erfahrung überhaupt fällt und deshalb vom Verstand auch bearbeitet werden kann. Oder, noch einmal allgemeiner: die Zeit ist nicht nur reine Anschauungsform a priori, sie ist ebenso reine Form der Erfahrung, insofern diese sich kontextuell in ihren wechselnden Inhalten entfaltet.

IV

Kant hat, wie besonders auch aus seiner Lehre von der regulativen Idee hervorgeht, nicht nur nach den Möglichkeitsbedingungen im Sinne von *Voraussetzungen* von Erfahrung gefragt, sondern auch nach deren *Erhaltungsbedingungen* im Sinne ihrer kontinuierlichen Fortentwicklung.[20] Wenn Erfahrung in ihren

20 Wenn man so will, schlägt so mit der transzendentalen Dialektik die Erkenntnistheorie in Wissenschaftstheorie um, ohne daß dies freilich eine echte Diskontinuität bedeutete. Wenn der Gegenstand der Erfahrung zuvor als Funktion des Kontexts der Erfahrung

verschiedenen Inhalten immer nur *eine* sein kann und soll und man nach Kant aus Gründen der Einheit der Vernunft und damit auch der Wissenschaft nicht von *vielen* Erfahrungen sprechen kann, wenn Erfahrung, wie wir insbesondere im Blick auf die *KU* auch sagen können, der Idee nach Systemcharakter hat, so unerreichbar die Darstellung eines idealen „natürlichen Systems" auch sein mag, dann ist auch klar, daß auch künftige Erfahrung die Einheit oder Kontextualität der Erfahrung bzw. des erfahrenden Verstandes wird darstellen müssen. Man kann in diesem Zusammenhang nicht zuletzt auf die drei Prinzipien der Homogeneität, der Spezifikation und der Kontinuität verweisen, die Kant eben im „Anhang zur transzendentalen Dialektik", der vom „regulativen Gebrauch der Ideen der reinen Vernunft" handelt, anführt[21] und denen auch Kurt Walter Zeidler wiederholt besondere Aufmerksamkeit gewidmet hat.[22] Vordergründig knüpft Kant hier an die alte Lehre von der Einteilung der Begriffe im Sinne der *arbor porphyriana* an, d.h. es geht um die Logik der Gattungs-Art-Verhältnisse bis hinauf zu einer „höchste(n) Gattung", die „der allgemeine und wahre Horizont" ist, welcher „alle Mannigfaltigkeit, als Gattungen, Arten und Unterarten, unter sich befaßt".[23] Im Zusammenhang der kritischen Erkenntnislehre geht es aber eigentlich um etwas anderes: es geht um die Strukturmomente der einen, sich entfaltenden und stetig ausbauenden, darin aber auch stetig auf sich selbst zurückkommenden Erfahrung, die ihrerseits nichts anderes ist als die tätig werdende transzendentale Apperzeption. In dieser letzteren, nicht in einem metaphysisch isolierbaren „genus supremum", liegt jetzt der „Standpunkt des höchsten Begriffs", dem dann – in der Sprache Kants – auch der weiteste Horizont entspricht: ein Horizont, den wir nach allem Gesagtem leicht mit dem Kontext der Erfahrung als solchem, ihrer Einheitsform identifizieren können. Innerhalb der elementaren *Homogeneität* dieses Horizonts der mit sich identischen und sich in ihrer Identität erhaltenden Erfahrung muß es dann freilich auch zur *Spezifikation* kommen, d.h. es kommt zur Bildung empirisch induzierter Begriffsdifferenzen, die freilich (im Sinne des Kontextualismus) jeweils über das Ganze der Erfahrung vermittelt sind und nicht einfach *unmittelbar* wahrgenommene Unterschiede reflektieren; im allbefassenden Kontext der Erfahrung sind alle Differenzen vermittelte, was auch heißt, daß sie durchaus selbst variabel sind. Erfahrung steht dabei schon insofern nicht still, daß ihre

---

zu denken war, wird dieser Kontext sich nunmehr (reflexiv) selbst „Gegenstand" – er wird Gegenstand der Erfahrung jetzt im Sinne des genitivus subiectivus.

21 Kant: *KrV* B 685f./A 657f.

22 Cf. etwa K. W. Zeidler: *GtL*[1], §34.

23 Kant: *KrV* B 687/A 659.

heute konstitutiven Disjunktionen morgen durch andere ersetzt sein können, ohne daß darin die Einheit der Vernunft verloren gehen müßte. Diese Einheit der Vernunft im Wechsel auch der erfahrungswissenschaftlich vermittelten Differenzierungen und Einteilungen ist im Begriff der *Kontinuität* ausdrücklich gemacht, mit dem dann auch ausgesprochen ist, daß Erfahrung nicht auf eine statische Ordnung der Begriffe hinauskommt, sondern in deren eigener, mittelbarer Bewegung besteht. Die Bewegung der Begriffe im Machen der Erfahrung ist dann als Moment des dynamischen Ausbaus des Kontexts der Erfahrung in ihrer zeitlichen Erstreckung zu verstehen. Erfahrung meint insofern immer auch *sich fortschreibende Kontextualisierung*, kontinuierliche Integration bei immer offener interner Spezifikation. Erfahrung ist ein sich selbst zeitlich darstellender Prozeß, in welchem sich das Erkennen aber zugleich auf sich selbst bezieht und reflexiv wird.

Man kann an dieser Stelle durchaus die Frage stellen, wer denn das Subjekt der Erfahrung bzw. des Erfahrens ist. Wir wissen aus der Auflage A der *KrV*, daß eine mögliche Antwort lautet: der Verstand. Wir wissen ebenso aus dem inzwischen erreichten Stand der Erörterung, daß wir dafür auch sagen können: die transzendentale Apperzeption, der Identitätsimperativ, der theoretisches Bewußtsein allererst möglich macht. Es gibt jedoch noch eine dritte Möglichkeit, die bei Kant ebenfalls angelegt ist und die vor allem auf dem bereits erwähnten Weg zum *Opus postumum* erkennbar wird. Diese dritte Möglichkeit würde die eigentliche Vollendung des Kantischen Kontextualismus implizieren, insofern in ihr kein dem Kontext der Erfahrung äußeres Subjekt mehr gesucht wird, das die Erfahrung „macht". Es wäre dann davon zu sprechen, daß die Erfahrung *sich selbst macht*: natürlich nicht in irgendeinem magischen oder heteronomistischen Sinne, sondern in dem Sinne, wie ihn das *Opus postumum* umreißt: daß die logische Bewegung der Erfahrung nur das Komplement einer sinnlichen Erfahrung der Bewegung ist, die Erfahrung als ganze aber als Linienziehen und sinnliche Affektion, als Bilden von Begriffen und Anschauen von sich wandelnden Bildern, als Denk- und Zeitvollzug eben das Leben der Vorstellung als realer Einheit von Anschauung und Begriff, Sensibilität und Intelligibilität ist. Es ist dabei bekannt, daß wir im *Opus postumum* manchmal auf etwas schwankendem Boden stehen und immer wieder auch die produktive Einbildungskraft des Interpreten argumentative Lücken schließen muß, die der Text läßt. Allerdings scheint es mir in der Sache nicht abwegig, Kants kontextualistischen Erfahrungsbegriff in dem genannten Sinne auf eine *Autonomisierung der Erfahrung* hin zu lesen, die als sich erfüllende Form des Wissens explizit unabhängig von den sie mitvollziehenden Individuen ist. Die in diesem Sinne aber autonom gesetzte Erfahrung ist die Erfahrung als schließender Schluß, die in ihrer Vollendungsgestalt reiner

Vollzug ist, in den hinein auch die sonst gegeneinander äußerlichen Instanzen Ich und Welt, Subjekt und Objekt verschwinden. Man wird, was Kant betrifft, freilich gut daran tun, den schlußlogisch zu Ende gedachten Erfahrungsbegriff nur als „Grenzbegriff" der transzendentallogischen Rekonstruktion menschlicher Erkenntnis anzusetzen. Die unmittelbare Realität unseres Erkennens ist – Kantisch gedacht – durch das Auseinanderfallen von Subjekt und Objekt, durch ihre relative Hypostasierung wie auch die Isolierung der Erkenntnismomente gegeneinander gekennzeichnet. In dieser Situation überwiegt das Urteil zweifelsohne den Schluß, und vor dem Versuch, diese Situation in schlußlogischer Euphorie zu überspringen, ist in jedem Fall auch zu warnen. Da das Urteil jedoch, wie die Kritik zu zeigen vermag, selbst schon das jeweilige Resümee des Schlusses der Erfahrung ist, behält es gleichwohl das letzte Wort nicht. Es wird sich in der Dynamik des fortgesetzten Machens der Erfahrung „der Vorrang des Schlusses (Vernunft) vor dem Urteil (Verstand) [...] erweisen".[24]

Literaturverzeichnis

Hoffmann, Thomas Sören: Der Begriff der Bewegung bei Kant. Über den Grundbegriff der Empirie und die empirischen Begriffe, in: *Zeitschrift für philosophische Forschung* 45, 1991, 38–59.

Hoffmann, Thomas Sören: *Die absolute Form. Modalität, Individualität und das Prinzip der Philosophie nach Kant und Hegel*, Berlin/New York 1991.

Kant, Immanuel: *Gesammelte Schriften*, hg. v. der Königlichen Preußischen Akademie der Wissenschaften, 29 Bde., Berlin 1900ff.

Lemanski, Jens: Die neuaristotelischen Ursprünge des Kontextprinzips und die Fortführung in der fregeschen Begriffsschrift, in: *Zeitschrift für philosophische Forschung* 67, 2013, 566–586.

Mathieu, Vittorio: *Kants Opus postumum*, Frankfurt am Main 1989.

Tschirner, Patrick: *Totalität und Dialektik. Johann Gottlieb Fichtes späte Wissenschaftslehre oder die lebendige Existenz des Absoluten als sich selbst bildendes Bild*, Berlin 2017.

Zeidler, Kurt Walter: *Grundlegungen. Zur Theorie der Vernunft und Letztbegründung*, Wien 2016.

Zeidler, Kurt Walter: *Vermittlungen. Zum antiken und neueren Idealismus*, Wien 2016.

---

24 K. W. Zeidler: *Grundlegungen*, 96.

Rudolf Meer (Kaliningrad)

Zwischen Bestimmungs- und Begründungstheorie

Kants Vorbereitung einer metaphysischen Deduktion der Vernunftbegriffe aus Kurt Walter Zeidlers schlusslogischer Perspektive

1 Einleitung

Die Philosophie Kurt Walter Zeidlers ist vom Versuch geprägt, neben den empirischen (*synthetischen*) Aussagen der Erfahrungswissenschaften und den deduktiv-axiomatischen Aussagesystemen (*analytischen* Aussagen) der Formalwissenschaften einen eigenständigen und wissenschaftlich argumentierbaren Sinn philosophischer Rede zu erarbeiten. Dabei liegt der Schwerpunkt auf der Frage, ob nach den Bedingungen der Möglichkeit der Erfahrung in einer Weise gefragt werden kann, die den Gegenstand der *Erfahrung überhaupt* nicht voraussetzt, sondern ihn allererst begründet.[1]

Diese Problemstellung hat Zeidler zu einer neuen Theorie der Voraussetzungen, Methoden und der Begründbarkeit von Wissen geführt, in der es zu einer klaren Unterscheidung zwischen den Bedingungen der Möglichkeit der Erfahrung auf der einen und den urteilslogischen Bedingungen ihres Gebrauchs in der Gegenstandserkenntnis auf der anderen Seite – d. i. von Begründungs- und Bestimmungstheorie – kommt. Die sich dabei eröffnenden und ineinander verschlungenen Problemkomplexe hat er wiederum in Form konsequenten eigenen Denkens, aber auch im Anschluss und der Auseinandersetzung mit dem Deutschen Idealismus, dem Neukantianismus, dem Pragmatismus und der Wissenschaftstheorie des 20. Jahrhunderts entwickelt und erprobt. Zentraler Bezugspunkt seines philosophischen Schaffens war und ist allerdings die Philosophie Immanuel Kants, insbesondre die drei Kritiken und ihre Entwicklung bis hin zum sogenannten *Opus postumum*.

In der *Kritik der reinen Vernunft*[2] findet sich die Differenzierung von Bestimmungs- und Begründungstheorie in Form von *Transzendentaler Analytik* und

1 K. W. Zeidler: *Selbstdarstellung*, in: http://phaidon.philo.at/asp/zeidler.htm [1. 3. 19].

2 Die Schriften Kants werden nach den gängigen Siglen und dem Wortlaut der Akademieausgabe wiedergegeben. Die *Kritik der reinen Vernunft* wird als *KrV* zudem nach der A/B Paginierung zitiert.

Transzendentaler Dialektik. Kant unterscheidet demnach zwischen konstitutiven Grundsätzen bzw. Begriffen des Verstandes und regulativen Grundsätzen bzw. Begriffen der Vernunft und differenziert beide zudem über ihre logische Struktur des Urteils bzw. des Schlusses (A 299/B 355).

Wie prädestiniert für die philosophische Grundfrage Zeidlers scheinen daher Kants Überlegungen in der Einleitung und dem Ersten Buch sowie ihre Zusammenhänge mit dem Anhang zur *Transzendentalen Dialektik* der *Kritik der reinen Vernunft*. Nach Zeidler finden sich in diesen Passagen die Materialien für eine „fundamentallogische Begründungstheorie",[3] die allerdings zu einem „Umweg"[4] gerät, auf dem Kant lediglich die „logische Fundamentalität des Urteils auch an der Systematik der reinen Vernunftbegriffe zu bewähren"[5] versucht und damit die Möglichkeit *verspielt*, eine von bestimmungstheoretischen Absichten freie Begründungstheorie zu entwickeln. Kant hat demzufolge in der *Transzendentalen Dialektik* die Frage, wie Einheit zu denken ist, erneut an der Frage nach der Einheit des Gegenstands festgemacht, wie besonders deutlich wird, wenn er formuliert: „Die Vernunft kann aber diese systematische Einheit nicht anders denken, als daß sie ihrer Idee zugleich einen Gegenstand gibt, der aber durch keine Erfahrung gegeben werden kann" (A 681/B 709).

In einem 2011 erschienenen Beitrag, der den Titel *Bestimmung und Begründung. Zu Kants Deduktion der Ideen der reinen Vernunft* trägt, analysiert Zeidler die argumentative Struktur der kantischen Beweisführung und weist in immanenter Form auf Mängel und Probleme hin. Die Ausführungen zeichnen sich dabei durch eine an Präzision des Ausdrucks kaum zu überbietende Form aus. Zeidler skizziert das Problem innerhalb eines Absatzes, der hier zur Gänze zitiert und in weiterer Folge passagenweise analysiert werden soll.

> Zunächst restringiert Kant den Vernunftschluß auf den *Subsumtionsschluß*: „So ist denn ein jeder Vernunftschluß eine Form der Ableitung einer Erkenntnis aus einem Prinzip." (*KrV* A 300/B 357). Zweitens wird der Vernunftschluß als *mittelbarer Schluß* bestimmt, der „außer der zum Grunde gelegten Erkenntnis, noch ein anderes Urteil [be]-nötig[t], um die Folge zu bewirken" (*KrV* A 303/B 360; vgl. A 321f./B 378f.). Drittens wird das „Verhältnis [...], welches der Obersatz, als die Regel, zwischen einer Erkenntnis und ihrer Bedingung vorstellt", dem „Verhältnis des Erkenntnisses im Verstande" koordiniert und somit die systematisch erschöpfende *Gliederung der Vernunftschlüsse* in „*kategorische* oder *hypothetische* oder *disjunktive* Vernunftschlüsse" gewonnen (*KrV* A 304/B 361). In einem vierten Schritt nimmt Kant die formallogische Restriktion auf den deduktiven

3 K. W. Zeidler: *Vermittlungen*. 341.

4 Ibid., 343.

5 Ibid., 342f.

Schluß zurück, in dem er die *logische Funktion der Vernunft im Schließen* als hypothetico-deduktives (prosyllogistisches) Verfahren charakterisiert und unvermittelt einwirft, daß, „wie mehrenteils geschieht, die Konklusion als ein Urteil aufgegeben worden, um zu sehen, ob es nicht aus schon gegebenen Urteilen [...] fließe". Der Einwurf erlaubt, der „Vernunft im Schließen" die Funktion zu übertragen, „die große Mannigfaltigkeit der Erkenntnis des Verstandes auf die kleinste Zahl der Prinzipien (allgemeiner Bedingungen) zu bringen und dadurch die höchste Einheit derselben zu bewirken" (*KrV* A 304f./B 361). Der fünfte Argumentationsschritt *verschränkt die logische Funktion der „Vernunft im Schließen" und den* nach wie vor rein subsumtions- und urteilslogisch verstandenen *Vernunftschluß* mit den Worten: „Die Vernunft [sucht] in ihrem logischen Gebrauche die allgemeine Bedingung ihres Urteils (des Schlußsatzes), und der Vernunftschluß ist selbst nichts andres als ein Urteil, vermittelst der Subsumtion seiner Bedingung unter eine allgemeine Regel (Obersatz). Da nun diese Regel wiederum eben demselben Versuche der Vernunft ausgesetzt ist, und dadurch die Bedingung der Bedingung (vermittelst eines Prosyllogismus) gesucht werden muß, so lange es angeht, so siehet man wohl, der eigentümliche Grundsatz der Vernunft überhaupt (im logischen Gebrauche) sei: zu dem bedingten Erkenntnisse des Verstandes das Unbedingte zu finden, womit die Einheit desselben vollendet wird." (*KrV* A 307/B 364) Der sechste Schritt führt den Terminus *‚Idee' für das ‚Unbedingte' ein*, indem Kant die Vernunftbegriffe, „wenn sie das Unbedingte enthalten", mit dem „neuen Namen [...] transzendentale Ideen" belegt (*KrV* A 311/B 367f.). Der siebte, letzte und entscheidende Argumentationsschritt zur Vorbereitung der „Metaphysischen Deduktion" der Ideen *identifiziert das „Unbedingte" und die „Totalität der Bedingungen zu einem gegebenen Bedingten"*, weil die Deduktion nur aufgrund dieser Identifikation die in sie gesetzte Erwartung erfüllen kann, „daß die Form der Vernunftschlüsse, wenn man sie auf die synthetische Einheit der Anschauungen, nach Maßgebung der Kategorien, anwendet, den Ursprung besonderer Begriffe a priori enthalten werde, welche wir reine Vernunftbegriffe, oder *transscendentale Ideen* nennen können, und die den Verstandesgebrauch im Ganzen der gesamten Erfahrung nach Prinzipien bestimmen werden. (*KrV* A 321/B 378)."[6]

Diese Analyse der sogenannten *metaphysischen Deduktion* der Ideen in der Einleitung und dem Ersten Buch der *Transzendentalen Dialektik* steht exemplarisch für die von Kurt Walter Zeidler in seiner Philosophie aufgenommene *Arbeit am Begriff*. In ihr zeigen sich in gleichem Maße die Scharfsinnigkeit des Interpreten im Umgang mit dem kantischen Text und die kritische Distanz auf der Basis eines eigenständigen philosophischen Ansatzes. Die Rekonstruktion ist demnach von einem systematischen Blickpunkt bestimmt, aber gleichzeitig eine immanente Auseinandersetzung mit dem kantischen Gedanken. Zeidler versucht darin, die notwendigen Bedingungen in sieben Schritten freizulegen, die Kant einführt, um seine metaphysische Deduktion der Ideen durchzuführen.

6 Ibid., 343ff.

Der vorliegende Beitrag analysiert erstens die von Zeidler vorgeschlagene Argumentation, indem diese Schritt für Schritt rekonstruiert und mit weiteren Überlegungen aus der *Kritik der reinen Vernunft* und Kants philosophiehistorischen Voraussetzungen entwickelt wird. Zweitens soll darauf aufbauend der schlusslogische Standpunkt Zeidlers skizziert und als kritisch weitergedachte Konsequenz des transzendentalen Idealismus und empirischen Realismus Kants diskutiert werden.

2 Ein *dunkles* Lehrstück der Kritik

Trotz des philosophiehistorisch betrachtet einzigartigen Anspruchs – der Herleitung der Ideen aus reiner Vernunft im Rahmen der Einleitung und des Ersten Buchs der *Transzendentalen Dialektik* – ist diese Textpassage der *Kritik der reinen Vernunft* „nicht gerade ein lieb Kind der Interpreten“[7] und hat daher zumeist auch eine „stiefmütterliche Behandlung“[8] erfahren. In diesem Sinne formuliert u. a. P. F. Strawson 1966 in *Bounds of Sense*: „The logical framework [of the Transcendental Dialectic] is little more than a philosophical curiosity.“[9] In analoger Weise heißt es in J. Bennetts Analysen zur *Transzendentalen Dialektik* wie folgt: „The details of Kant's account of how syllogisms work do not matter. All that concerns us is the vague idea that in an inference of reason something is brought into an explanatory relationship with something else, and this is described as the former's being assigned a *condition*.“[10] Diese Einschätzung beider Kant-Interpreten hat dazu geführt, dass besagte Textpassage in der Kant-Forschung zwar zur Kenntnis, aber in ihrem systematischen Gehalt nicht ernst genommen wurde. In diesem Sinne formuliert noch M. Grier in ihren Studien zur *Transzendentalen Dialektik* von 2001: „Kant's account of such ideas (and their origin), however, is notoriously obscure.“[11]

---

7 Ibid., 342.

8 A. Renaut: Transzendentale Dialektik, Einleitung und Buch I (A 293/B 349–A 338/B 396), in: *Kritik der reinen Vernunft*, hg. v. Georg Mohr und Marcus Willaschek, Berlin 1998, 14; siehe auch H. E. Allison: *Kant's Transcendental Idealism. An Interpretation and Defense*, revised and enlarged Edition, New Haven/London 2004, 423–448; N. Kemp Smith: *A Commentary to Kant's Critique of Pure Reason*, New York 1965, 553–554; P. F. Strawson: *The Bounds of Sense. An Essay on Kant's Critique of Pure Reason*, London 1966, 33, 157; J. Bennett: *Kant's Dialectic*, Cambridge 1974, 260; P. Guyer: *Kant and the Claims of Taste*, Cambridge 1997, 3–53.

9 P. F. Strawson: *The Bounds of Sense*, 33.

10 J. Bennett: *Kant's Dialectic*, 260; siehe auch P. F. Strawson: *The Bounds of Sense*, 157.

11 M. Grier: *Kant's Doctrine of Transcendental Illusion*, Cambridge 2001, 130; siehe auch M. Rohlf: The Ideas of Pure Reason, in: P. Guyer (Hg.): *The Cambridge Companion to*

Die Vernachlässigung dieser Textpassage einerseits und das stillschweigende Abkommen ihrer *Dunkelheit* andererseits haben zu einer starken Fragmentierung des Ersten Buches der *Transzendentalen Dialektik* geführt und berauben die metaphysische Deduktion ihrer systematischen Bedeutung.

Zeidler hat ganz entgegen dieser Tendenz dieses Lehrstück aufgegriffen und versucht, die ingeniöse Leistung Kants, aus der logischen Struktur der Vernunft selbst eine metaphysische Rechtfertigung der Vernunftbegriffe zu erbringen, in ihrem systematischen Anspruch zu rekonstruieren. Dies erlaubt es ihm wiederum, auf Grundprobleme der Vernunftkritik hinzuweisen und systematische Defizite hervorzuheben. In diesem Sinne kommt Zeidler gerade durch seine Bemühungen, den Text in seinem systematischen Gehalt zu würdigen, zu folgendem Ergebnis: „die Deduktion wirkt [...] nicht nur erkünstelt: sie ist tatsächlich erkünstelt",[12] denn sie „liefert eine meisterhafte Karikatur der rationalistischen Metaphysik".[13] Die von Zeidler vorgeschlagene Rekonstruktion kaschiert demnach Grundprobleme der Vernunftkritik nicht hinter einer angeblichen Dunkelheit, sondern entwickelt Kants Lehrstück als ernstzunehmenden Prüfstein seiner eigenen Überlegungen.

3 Die Struktur der Argumentation

Nach Kant weist die Vernunft sowohl einen logischen Gebrauch als auch einen realen auf. In formaler Hinsicht abstrahiere sie von allem Inhalte und bilde ein „Vermögen, mittelbar zu schließen" (A 299/B 355). Als reales bzw. transzendentales Vermögen hingegen bilde sie den „Ursprung gewisser Begriffe und Grundsätze [...], die sie weder von den Sinnen, noch vom Verstande entlehnt" (A 299/B 355). In Analogie zu den Verstandesbegriffen lasse sich daher erwarten „daß der logische Begriff zugleich den Schlüssel zum transscendentalen und die Tafel der Functionen der ersteren zugleich die Stammleiter der Vernunftbegriffe an die Hand geben werden." (A 299/B 356) D. h., das formale und logische Verfahren in den Vernunftschlüssen „giebt uns hierüber schon hinreichende

Kant's Critique of Pure Reason, Cambridge 2010, 193f.; M. L. Miles: *Logik und Metaphysik bei Kant*, Frankfurt am Main 1978, 293; M. Willaschek: *Kant on the Sources of Metaphysics. The Dialectic of Pure Reason*, Cambridge 2018; A. Renaut, Transzendentale Dialektik, 352–370; A. W. Wood: *Kant*, Oxford 2004, 17f.

12 K. W. Zeidler: *Vermittlungen*, 346.

13 Ibid., 346.

Anleitung, auf welchem Grunde das transscendentale Principium derselben in der synthetischen Erkenntniß durch reine Vernunft beruhen werde." (A 306/B 363)

Kant parallelisiert in dieser Weise explizit die metaphysische Deduktion[14] der Verstandesbegriffe mit jener der Vernunftbegriffe und formuliert:

> Die transzendentale Analytik gab uns ein Beispiel, wie die bloße logische Form unserer Erkenntnis den Ursprung von reinen Begriffen a priori enthalten könne [...]. Eben so können wir erwarten, daß die Form der Vernunftschlüsse [...] den Ursprung besonderer Begriffe a priori enthalten werde, welche wir reine Vernunftbegriffe, oder *transzendentale Ideen* nennen können [...]. (A 321/B 377f.)

Parallel dazu heißt es außerdem, dass die Vernunftbegriffe unter Absehung ihrer praktischen Seite in ihrer „spekulativen, und in diesem noch enger, nämlich nur im transzendentalen Gebrauch" (A 329/B 386) wie folgt zu entwickeln sind:

> Hier müssen wir nun denselben Weg einschlagen, den wir oben bei der Deduction der Kategorien nahmen, nämlich die logische Form der Vernunfterkenntniß erwägen und sehen, ob nicht etwa die Vernunft dadurch auch ein Quell von Begriffen werde, Objecte

---

14 Aufgrund der wiederholten Parallelisierung von formalem und realem Gebrauch der Vernunft bzw. von logischen und transzendentalen Prinzipien hat sich in der Forschung der Terminus *metaphysische Deduktion der Vernunftbegriffe* etabliert, den Kant selbst nie verwendet. Siehe dazu N. F. Klimmek: *Kants System der transzendentalen Ideen*, Berlin/New York 2005; S. Klingner: *Technische Vernunft. Kants Zweckbegriff und das Problem einer Philosophie der technischen Kultur*, Berlin/Boston 2012, 7ff.; C. Piché: *Das Ideal: Ein Problem der kantischen Ideenlehre*, Bonn 1984, 20; R. Zocher: Zu Kants transzendentaler Deduktion der Ideen der reinen Vernunft, in: *Zeitschrift für philosophische Forschung* 12 (1958), 45; W. Malzkorn: *Kants Kosmologie-Kritik. Eine formale Analyse der Antinomienlehre*, Berlin/New York 1999, 39ff.; S. Schmauke: *„Wohltätigste Verirrung". Kants kosmologische Antinomien*, Würzburg 2002, 27ff.; M. Grier: *Doctrine*, 132; M. Rohlf: *Ideas*, 193f. – Der Begriff metaphysische Deduktion bezeichnet schon im Ersten Buch der *Transzendentalen Analytik* ein argumentatives Verfahren, dessen konkrete Durchführung nicht *claris verbis* bestimmt ist. Vielmehr handelt es sich um einen Begriff, den Kant nachträglich zur Bezeichnung eines Teilabschnitts des Ersten Hauptstücks des Ersten Buches der *Transzendentalen Analytik – Von dem Leitfaden der Entdeckung aller reinen Verstandesbegriffe* – hinzugefügt hat. In der zweiten Auflage der *Kritik der reinen Vernunft* bezeichnet Kant in § 26 eine Untersuchung des Ursprungs von Begriffen als metaphysische Deduktion: „In der metaphysischen Deduction wurde der Ursprung der Kategorien *a priori* überhaupt [...] dargethan" (B 159). In der B-Deduktion bezeichnet eine metaphysische Deduktion demnach eine Ableitung der reinen Verstandesbegriffe aus den Urteilsformen und ist als Rechtfertigungsbeweis des „Ursprung[s] der Kategorien *a priori* überhaupt durch ihre völlige Zusammentreffung mit den allgemeinen logischen Functionen des Denkens" (B 159) zu verstehen.

an sich selbst als synthetisch a priori bestimmt in Ansehung einer oder der andern Function der Vernunft anzusehen. (A 329/B 386)

Trotz aller Unterschiede zwischen Verstandes- und Vernunftbegriffen führt Kant damit eine methodisch-logische Struktur ein, die sowohl für die *Transzendentale Analytik* als auch die *Transzendentalen Dialektik* Geltung hat.

3.1 Der Vernunftschluss als Subsumtionsschluss

Zunächst restringiert Kant den Vernunftschluß auf den *Subsumtionsschluß*: „So ist denn ein jeder Vernunftschluß eine Form der Ableitung einer Erkenntnis aus einem Prinzip." (*KrV* A 300/B 357).[15]

Trotz des fundamental neuen Anspruchs in Kants metaphysischer Deduktion zeigt bereits die Restriktion des Schlusses auf den Subsumtionsschluss, dass sich Kant in seiner Argumentation einer für die Philosophie der frühen Neuzeit klassischen logischen Struktur bedient. Die Logik von Port-Royal liefert dabei nicht nur für die *Transzendentale Dialektik*, sondern für die *Kritik der reinen Vernunft* überhaupt die Grundlagen.[16] Kant gliedert die erste Kritik in Begriffe, Urteile und Schlüsse, und ordnet diesen logischen Strukturelementen die Vermögen des Verstandes, der Urteilskraft und der Vernunft zu. Dabei folgt er einem Modell, wie es durch die Logik von Port-Royal kanonisch geworden ist. A. Arnauld und P. Nicole folgen wiederum dem Aufbau des aristotelischen Organons, erweitern dieses aber über ein Methodenkapitel.[17] Dementsprechend bestehe die Logik „in den Überlegungen, die die Menschen über die vier Haupttätigkeiten ihres Geistes, das Vorstellen, das Urteilen, das Schließen und das Anordnen",[18] anstellen. Mit Blick auf diese logischen Voraussetzungen des kantischen Denkens wird klar, dass die Dreiteilung der *Elementarlehre* (in Begriff, Urteil und Schluss) sowie das Hinzufügen einer Methodenlehre maßgeblich durch die von Arnauld und Nicole begründete Tradition beeinflusst ist.

Ungeachtet dieser Dreiteilung geht Kant allerdingst de facto stets vom Primat des Urteils aus. Damit wird sowohl aus dem Verstand ein Vermögen, das Begriffe nur in Form von Urteilen hat – „[v]on diesen Begriffen kann nun der Verstand keinen anderen Gebrauch machen, als daß er dadurch urteilt" (A 68/B 93; A 68/B 93) –, als auch aus der Vernunft ein Vermögen, das lediglich in der Form

15 K. W. Zeidler: *Vermittlungen*, 343.

16 Die Logik von Port-Royal ist Kant insbesondere über ihre Weiterentwicklung in G. F. Meiers *Auszug aus der Vernunftlehre* (AA XVI) bekannt, aus der er seit 1757 Logik liest.

17 A. Arnauld/P. Nicole: *Die Logik oder die Kunst des Denkens*, Darmstadt 1972, 282–345.

18 Ibid., 25.

von mittelbaren Urteilen schließt. In diesem zentralen Punkt, der die gesamte Architektur der ersten Kritik betrifft, folgt Kant wiederum den Vorgaben der Logik von Port-Royal. Arnauld und Nicole bestimmen die Form, durch die wir Dinge erwägen, als „Idee".[19] Aufbauend auf dieser Begriffsbestimmung wird mit dem *Urteilen* eine Tätigkeit des Geistes bestimmt, „durch die er verschiedene Ideen miteinander verbindet",[20] und mit dem *Schließen* eine Tätigkeit des Geistes, „durch die er ein Urteil aus mehreren anderen bildet".[21] Eine Vorstellung ist demnach eine Perzeption einer Idee, ein Urteil die Kombination verschiedener Ideen und ein Syllogismus eine Kombination verschiedener Urteile.

Es ist erstaunlich, dass Kant, obwohl er den Begriff *Idee* gänzlich anders bestimmt, die Differenzierung zwischen Urteil und Schluss in der *Kritik der reinen Vernunft* in ähnlicher Weise einführt wie die Logik von Port-Royal. Dabei geht das Primat des Urteils gegenüber der Syllogistik in Kants Theorie bereits auf die programmatische Schrift *Die falsche Spitzfindigkeit der vier syllogistischen Figuren* von 1762 zurück. Kant definiert das Urteil darin als das Vergleichen von Merkmalen mit einem Ding. Dem Ding komme dabei die Subjektposition und dem Merkmal die Prädikatsposition zu. Die Kopula im Urteil verbinde das Subjekt mit dem Prädikat, das Ding mit dem Merkmal. Ein Urteil unterscheidet sich – in der Bestimmung der *Falschen Spitzfindigkeit* – von einem Schluss nur dahingehend, dass im Schluss eine Sache (Subjekt) mit einem Merkmal (Prädikat) durch ein Zwischenmerkmal (notia intermedia) verbunden ist und nicht mehr unmittelbar. „Es ist jedermann bekannt, daß es unmittelbare Schlüsse gebe, da aus einem Urteil die Wahrheit eines andern ohne einen Mittelbegriff unmittelbar erkannt wird." (*FS*, AA II, 59) Genau in dieser Unmittelbarkeit, d. i. im Sachbezug des Urteils, liegt auch der entscheidende Vorteil gegenüber dem Schluss und die *bloße Spitzfindigkeit* der Syllogistik.

Neben der aus der Sicht der ersten Kritik problematischen Definition des Urteils als Fähigkeit, etwas als unmittelbar zu erkennen, ist mit Blick auf die Bestimmung des Schlusses in der *Kritik der reinen Vernunft*, insbesondere Kants Identifikation von Vernunft und Verstand, insofern beide aus ein und derselben „Grundkraft der Seele" (*FS*, AA II, 59) stammen, hervorzuheben: „Beide bestehen im Vermögen zu urteilen" (*FS*, AA II, 59). Es sei „hieraus auch abzunehmen, daß die obere Erkenntniskraft schlechterdings nur auf dem Vermögen zu urteilen beruhe." (*FS*, AA II, 59) Dieses Vermögen zu urteilen wiederum sei

19 Ibid., 25, siehe auch 105.
20 Ibid., 25, siehe auch 105.
21 Ibid., 25.

„nicht aus einem anderen abzuleiten, es ist ein Grundvermögen im eigentlichen Verstand“ (*FS*, AA II, 60).

Kant korrigiert die Urteilsdefinition der Schrift *Die falsche Spitzfindigkeit* in der *Kritik der reinen Vernunft* (A 7f./B 10f., B 141; *MAN*, AA IV, 475), hält aber, indem er den Vernunftschluss als zusammengesetztes Urteil bestimmt, an der darin getroffenen Auffassung, dass Vernunft und Verstand aus ein und derselben *Grundkraft* bestehen, fest. Dies hat für die *Transzendentale Dialektik* zur Folge, dass der Vernunftschluss auf den Subsumtionsschluss restringiert ist, da nach dieser Bestimmung jeder Vernunftschluss eine Form der Ableitung einer Erkenntnis aus einem Prinzip ist: „Ich würde daher Erkenntnis aus Prinzipien diejenige nennen, da ich das Besondre im Allgemeinen durch Begriffe erkenne. So ist denn ein jeder Vernunftschluss eine Form der Ableitung einer Erkenntnis aus einem Prinzip.“ (A 300/B 357)

3.2 Der Vernunftschluss als mittelbarer Schluss

> Zweitens wird der Vernunftschluß als *mittelbarer Schluß* bestimmt, der „außer der zum Grunde gelegten Erkenntnis, noch ein anderes Urteil [be]-nötig[t], um die Folge zu bewirken“ (*KrV* A 303/B 360; vgl. A 321f./B 378f.).[22]

In einem zweiten Schritt expliziert Kant den Vernunftschluss als mittelbaren Schluss und differenziert ihn vom unmittelbaren Verstandesschluss. Damit erläutert er im Zuge der Herleitung der Vernunftbegriffe eine logische Struktur, die für die gesamte *Transzendentale Dialektik* relevant ist. Auf logischer Ebene unterscheidet sich der Vernunftschluss vom unmittelbaren Erkennen des Verstandes aufgrund seines mittelbaren Schließens: „Vernunft [...] ist das Vermögen zu schließen“ (A 330/B 386). Schließen wiederum heißt mittelbar – „durch die Subsumtion der Bedingung eines möglichen Urteils unter die Bedingung eines gegebenen“ (A 330/B 386) – zu urteilen. So expliziert Kant genauer:

> Liegt das geschlossene Urteil schon so in dem ersten, daß es ohne Vermittlung einer dritten Vorstellung daraus abgeleitet werden kann, so heißt der Schluß unmittelbar (consequentia immediata); ich möchte ihn lieber den Verstandesschluß nennen. Ist aber außer der zum Grunde gelegten Erkenntnis, noch ein anderes Urteil nötig, um die Folge zu bewirken, so heißt der Schluß ein Vernunftschluß. (A 303/B 360)

Ist das zugrundeliegende Urteil schon zureichender Grund seiner Folge, dann spricht Kant von einem Verstandesschluss. So liegen im Satz „Alle Menschen sind sterblich“ (A 303/B 360) die Sätze „einige Sterbliche sind Menschen“ (A 303/B 360)

22 K. W. Zeidler: *Vermittlungen*, 343.

sowie „nichts, was unsterblich ist, ist ein Mensch“ (A 303f./B 360) und können dadurch unmittelbar erschlossen werden. Liegt hingegen das geschlossene Urteil nicht im Obersatz, d. h., ist es materiell verschieden, so spricht Kant von einem Vernunftschluss. Demnach ist der zugrundeliegende Obersatz Grund, aber nicht zureichender. Ein mittelbarer Schluss besteht, nach Kant, demnach aus einem Satz, der zum Grunde liegt und eine allgemeine Regel bildet, der Folgerung, die die Bedingung einer Regel darstellt, und der Schlussfolgerung (Konsequenz) als Assertion der Regel in dem subsumierten Fall (A 303/B 360; A 330/B 387). Im Schlusssatz wird damit ein Prädikat auf einen Gegenstand restringiert, wobei im Obersatz das Prädikat in seinem ganzen Umfang gedacht ist. Dies lässt sich wie folgt an Kants Beispiel von A 322/B 378 darstellen:

OS: Alle Menschen sind sterblich. (Allgemeine Regel)
US: Cajus ist ein Mensch. (Bedingung der Regel)
SS: Cajus ist sterblich. (Assertion der Regel in dem subsumierten Fall)

Dabei gibt der Verstand die allgemeine Regel, die Urteilskraft leitet die Subsumtion unter die Bedingung und die Vernunft gibt eine Bestimmung der Erkenntnis durch das Prädikat der Regel (A 304/B 360).

Bereits in dieser Differenzierung wird deutlich, dass Kant zwar zwischen Schluss und Urteil unterscheidet, allerdings den Schluss (Vernunftschluss) als zusammengesetztes Urteil auffasst. Dementsprechend heißt es kurz nach dieser Unterscheidung in der *Kritik der reinen Vernunft*: „der Vernunftschluß ist selbst nichts anderes als ein Urteil vermittelst der Subsumtion einer Bedingung unter eine allgemeine Regel (Obersatz)“ (A 307/B 364).[23] Wird im Urteil ein Subjekt unter ein Prädikat subsumiert, dann wird im Schluss als zusammengesetztes Urteil die zweite Prämisse unter die erste subsumiert.

3.3 Binnendifferenzierung des Vernunftschlusses

> Drittens wird das „Verhältnis […], welches der Obersatz, als die Regel, zwischen einer Erkenntnis und ihrer Bedingung vorstellt“, dem „Verhältnis des Erkenntnisses im Verstande“ koordiniert und somit die systematisch erschöpfende *Gliederung der Vernunftschlüsse* in „*kategorische* oder *hypothetische* oder *disjunktive* Vernunftschlüsse“ gewonnen (*KrV* A 304/B 361).[24]

23 Siehe dazu die *Jäsche-Logik*: „Ein Schluß überhaupt ist also die Ableitung eines Urteils aus dem anderen.“ (*Log*, AA IX, 114)

24 K. W. Zeidler: *Vermittlungen*, 343.

Aus der logischen Struktur des Schlusses folgt im dritten Argumentationsschritt, dass sich deren Spezifikation nicht aufgrund der Art des Schließens, d. h. aristotelisch gesprochen aufgrund der Stellung des Mittelbegriffs in den drei Figuren,[25] ergibt. Kant nimmt stattdessen eine Differenzierung der Schlüsse aufgrund des Verhältnisses (der Relation) des Obersatzes vor. Aufgrund der aus der Urteils- und Kategorientafel gewonnenen Gliederung der Obersätze ergeben sich kategorische, hypothetische oder disjunktive Vernunftschlüsse. Es sei also das Verhältnis, „welches der Obersatz, als die Regel, zwischen einer Erkenntnis und ihrer Bedingung vorstellt" (A 304/B 361), das „die verschiedenen Arten der Vernunftschlüsse" (A 304/B 361) differenziere. Die Vernunftschlüsse „sind also gerade dreifach, so wie alle Urteile überhaupt, sofern sie sich in der Art unterscheiden, wie sie das Verhältnis der Erkenntnis im Verstande ausdrücken, nämlich: kategorische oder hypothetische oder disjunktive Vernunftschlüsse." (A 304/B 361)

Die dreifache Strukturierung der Schlüsse ist demnach durch die dreifache Funktion des Obersatzes bestimmt, der, wie bereits aufgewiesen, dem Vermögen des Verstandes zuzuschreiben ist (A 304/B 360). Noch deutlicher wird dies, wenn das Verhältnis zwischen Obersatz, Untersatz und Konklusion ausgehend von dieser Differenzierung betrachtet wird: Ist der Obersatz ein kategorischer (A ist B), folgt, nachdem das Subjekt des Schlusssatzes unter das Subjekt des Obersatzes subsumiert wurde, kategorische Erkenntnis, da was für den Gattungsbegriff gilt, auch für den untergeordneten Artbegriff Gültigkeit besitzt. Im kategorischen Schluss steht – nach dem Vorbild des Obersatzes – der Untersatz zum Schlusssatz immer im Verhältnis von Subjekt-Prädikat. Im hypothetischen Schluss steht der Untersatz zum Schlusssatz parallel zum Obersatz (wenn A, dann B) im Verhältnis von Grund und Folge. Ist der Obersatz ein disjunktiver (A ist B oder C), dann steht der Untersatz zum Schlusssatz im Verhältnis einer Disjunktion, insofern der Schlusssatz den Teil des Gliedes der vorgegebenen Disjunktion auf das Subjekt bezieht, den die Assertion des Mittelsatzes ausgeschlossen hat. Der Obersatz gibt damit, ausgehend von Kants Bestimmung des Vernunftschlusses als zusammengesetztes Urteil, die logische Struktur des ganzen Schlusses vor.

---

25 Siehe dazu Aristoteles: *Lehre vom Schluss oder erste Analytik (An. pri.)*, in: *Philosophische Schriften*, Bd. 1, übersetzt v. Eugen Rolfes, Hamburg 1995, 46a3; Aristoteles: *Lehre vom Beweis oder zweite Analytik (An. post.)*, in: *Philosophische Schriften*, Bd. 1, übersetzt v. Eugen Rolfes, Hamburg 1995, 90a35; K. W. Zeidler: *GtL*[3], 179; J. Lohmann: *Der Ursprung der Logik bei den Griechen*, Göttingen 1965, 17f.

Das *Oder* in der Differenzierung der drei Arten von Vernunftschlüssen im vorangegangenen Zitat (A 304/B 361) drückt dabei aus, dass sich die drei Glieder wechselseitig ausschließen und „zusammen die Sphäre des eingeteilten Begriffes ausmachen" (*Log*, AA IX, 146; außerdem A 333/B 390).

Bemerkenswerterweise findet sich diese Binnendifferenzierung des Schlusses in einen kategorischen, hypothetischen und disjunktiven Syllogismus ebenfalls in der Logik von Port-Royal vorbestimmt. Arnauld und Nicole differenzieren zwischen einem „einfache[n]"[26] und einem „konjunktive[n]"[27] Syllogismus. Der „einfache" Syllogismus korrespondiert dabei mit Kants kategorischem Syllogismus. Kant differenziert den kategorischen Syllogismus allerdings nicht in vier Figuren, wie dies Arnauld und Nicole dem Modell des Aristoteles folgend tun. Der „konjunktive" Syllogismus wiederum korrespondiert mit Kants hypothetischem und disjunktivem Syllogismus. Arnauld und Nicole differenzieren den „konjunktiven" Syllogismus in die „konditionellen Syllogismen"[28], „disjunktiven Schlüsse"[29] und „kopulativen Schlüsse"[30]. Dabei wird deutlich, dass die erste der drei Formen mit Kants hypothetischem Syllogismus korrespondiert und die zweite und dritte Form mit Kants disjunktivem Syllogismus.

3.4 Hypothetico-deduktives (prosyllogistisches) Verfahren der Vernunft

In einem vierten Schritt nimmt Kant die formallogische Restriktion auf den deduktiven Schluß zurück, in dem er die *logische Funktion der Vernunft im Schließen* als hypothetico-deduktives (prosyllogistisches) Verfahren charakterisiert und unvermittelt einwirft, daß, „wie mehrenteils geschieht, die Konklusion als ein Urteil aufgegeben worden, um zu sehen, ob es nicht aus schon gegebenen Urteilen [...] fließe". Der Einwurf erlaubt, der „Vernunft im Schließen" die Funktion zu übertragen, „die große Mannigfaltigkeit der Erkenntnis des Verstandes auf die kleinste Zahl der Prinzipien (allgemeiner

26 A. Arnauld/P. Nicole: *Die Logik oder die Kunst des Denkens*, 172.

27 Ibid., 172.

28 Ibid., 207 – In der Logik von Port-Royal findet sich folgendes Beispiel: „Wenn es einen Gott gibt, so muß man ihn lieben. Nun gibt es einen Gott. Also muß man ihn lieben." (Ibid., 207)

29 Ibid., 210 – In der Logik von Port-Royal findet sich folgendes Beispiel: „Diejenigen, welche Cäsar getötet haben, sind Mörder oder Verteidiger der Freiheit. Nun sind sie keine Mörder. Also sind sie Verteidiger der Freiheit." (Ibid., 210)

30 Ibid., 211. In der Logik von Port-Royal findet sich folgendes Beispiel: „Ein Mensch ist nicht zugleich Diener Gottes und Götzenanbeter des Geldes. Nun ist der Geizige Götzenanbeter seines Geldes. Also ist er nicht Diener Gottes." (Ibid., 211f.)

Bedingungen) zu bringen und dadurch die höchste Einheit derselben zu bewirken" (*KrV* A 304f./B 361).[31]

In einem vierten Argumentationsschritt bringt Kant die rekonstruierte logische Struktur der Vernunft mit dem Grundsatz der Vernunft in Zusammenhang. Es sei ein „eigentümliche[r] Grundsatz der Vernunft überhaupt" (A 307/B 364) in seinem logischen Gebrauch „zu dem bedingten Erkenntnisse des Verstandes das Unbedingte zu finden, womit die Einheit desselben vollendet wird" (A 307/B 364). Dabei handle es sich lediglich um ein „subjectives Gesetz der Haushaltung mit dem Vorrathe unseres Verstandes, durch Vergleichung seiner Begriffe den allgemeinen Gebrauch derselben auf die kleinstmögliche Zahl derselben zu bringen" (A 306/B 362). Dieser logischen Maxime oder Grundsatz der Vernunft entspricht als logische Struktur das hypothetico-deduktive (prosyllogistische) Verfahren: Die logische Funktion der Vernunft im Schließen – bei gegebener Konklusion – bestehe demnach darin, „im Verstande die Assertion dieses Schlußsatzes auf[zusuchen], ob sie nicht in demselben unter gewissen Bedingungen nach einer allgemeinen Regel" (A 304/B 362) vorzufinden sei. Werde eine solche Bedingung gefunden und könne das Subjekt des Schlusssatzes unter diese subsumiert werden, so sei der Schlusssatz daraus gefolgert.

Das prosyllogistische Verfahren der Vernunft im Schließen zu einer immer höheren Regel kehrt demnach die Richtung eines gewöhnlichen Subsumtionsschlusses vom Obersatz über den Untersatz zur Konklusion um.

3.5 Vom Bedingten zur Bedingung der Bedingung

Der fünfte Argumentationsschritt *verschränkt die logische Funktion der „Vernunft im Schließen" und den* nach wie vor rein subsumtions- und urteilslogisch verstandenen *Vernunftschluß* mit den Worten: „Die Vernunft [sucht] in ihrem logischen Gebrauche die allgemeine Bedingung ihres Urteils (des Schlußsatzes), und der Vernunftschluß ist selbst nichts andres als ein Urteil, vermittelst der Subsumtion seiner Bedingung unter eine allgemeine Regel (Obersatz). Da nun diese Regel wiederum eben demselben Versuche der Vernunft ausgesetzt ist, und dadurch die Bedingung der Bedingung (vermittelst eines Prosyllogismus) gesucht werden muß, so lange es angeht, so siehet man wohl, der eigentümliche Grundsatz der Vernunft überhaupt (im logischen Gebrauche) sei: zu dem bedingten Erkenntnisse des Verstandes das Unbedingte zu finden, womit die Einheit desselben vollendet wird." (*KrV* A 307/B 364).[32]

31 K. W. Zeidler: *Vermittlungen*, 343f.
32 K. W. Zeidler: *Vermittlungen*, 344.

Da jeder in einem hypothetico-deduktiven (prosyllogistischen) Verfahren gewonnene Obersatz eines Schlusses unter einer weiteren Bedingung steht, wird der gewonnene Obersatz wieder als Konklusion herzuleiten sein, und zwar so lange, bis auf ein Unbedingtes gestoßen wird. Mit dem hypothetico-deduktiven (prosyllogistischen) Verfahren wird demnach ausgehend vom Bedingten über die Bedingung der Bedingung auf das Unbedingte geschlossen.

Im Prosyllogismus gebe es im Gegensatz zum Schließen per Episyllogismus kein Fortschreiten *a parte posteriori*. Die Vernunft sei vielmehr dazu genötigt, „die Reihe der Bedingungen in aufsteigender Linie als vollendet […] anzusehen" (A 332/B 388). Die Vernunft könne im Schließen per Prosyllogismus „die große Mannigfaltigkeit der Erkenntniß des Verstandes auf die kleinste Zahl der Prinzipien (allgemeiner Bedingungen) bringen und dadurch die höchste Einheit derselben zu bewirken suche[n]" (A 305/B 361).

Der Prosyllogismus lässt sich exemplarisch an einem erneuten Aufgreifen des kategorischen Schlusses aus A 322/B 378 verdeutlichen: Ausgehend vom Urteil, *Cajus ist sterblich*, lässt sich auf den Begriff Mensch als Oberbegriff von Cajus schließen. Vom Begriff Mensch wird das Prädikat sterblich universell ausgesagt – *Alle Menschen sind sterblich*. Der Obersatz, *Alle Menschen sind sterblich,* ist selbst wieder als bedingt zu betrachten und daher wiederum selbst prosyllogistisch herzuleiten. Dafür kann der Begriff *Lebewesen* dienen, da er vom Begriff des *Menschen* universell ausgesagt wird und seinerseits das Prädikat *sterblich* universell aussagt.

Im daraus folgenden Urteil, *Alle Lebewesen sind sterblich*, ist das Prädikat in vollendeter Größe des Umfangs gedacht.

OS:	Alle Lebewesen sind sterblich.
US:	Alle Menschen sind Lebewesen.
SS/OS:	Alle Menschen sind sterblich.
US:	Cajus ist ein Mensch.
SS:	Cajus ist sterblich.

In gleicher Weise kann auch der Subjektbegriff *Lebewesen* weiter hergleitet werden, bis ein Begriff erschlossen wird, der selbst nicht mehr bedingt ist: „[D]urch Prosyllogismen wird immer ein höheres Subjekt gefunden, bis endlich kein anderes mehr gefunden werden kann, wovon das vorige Prädikat wäre." (*Refl*, AA XVII, Nr. 5553, 222)

In den ersten fünf Schritten hat Kant demnach Vorbedingungen seiner metaphysischen Deduktion eingeführt, welche lediglich die logische Struktur des Schlusses bzw., wie Kant auch formuliert, das subjektive Gesetz der Haushaltung betreffen und weitgehend mit der logischen Argumentation Arnaulds und Nicoles übereinstimmen.

3.6 Transzendentale Ideen

> Der sechste Schritt führt den Terminus *‚Idee' für das ‚Unbedingte' ein*, indem Kant die Vernunftbegriffe, „wenn sie das Unbedingte enthalten", mit dem „neuen Namen [...] transzendentale Ideen" belegt (*KrV* A 311/B 367f.).[33]

Mit Verweis auf Platon und in kritischer Abgrenzung zur Philosophie der frühen Neuzeit fordert Kant im Rahmen der *Transzendentalen Dialektik* der *Kritik der reinen Vernunft*, dass Ideen unveränderlich sowie durchgängig bestimmt aufgefasst werden müssen. Sie können demnach nicht aus der Erfahrung gewonnen werde, da in der Sinnlichkeit nichts „Congruirendes angetroffen" (A 313/B 370) wird. Die Ideen sollen, wie bei Platon, sowohl für das Theoretische als auch das Praktische Ursprung, Maßstab oder Muster sein. „Aber nicht bloß [...] im Sittlichen, sondern auch in Ansehung der Natur selbst, sieht Plato mit Recht deutliche Beweise ihres Ursprungs aus Ideen." (A 317/B 374) Platon erkenne demnach zu Recht, dass „unsere Erkenntnis ein weit höheres Bedürfnis fühle, als bloß Erscheinungen nach synthetischer Einheit zu buchstabieren" (A 314/B 370), verkennt aber die Grenze zwischen den Gebieten, auf denen Verstandes- bzw. Vernunftbegriffe gesetzgebend seien. Einmal von der „Macht der Vernunft eingenommen" (B 8), so Kant, kennt ihr „Trieb zur Erweiterung keine Grenzen" (B 8) und sie glaubt, die Grundsätze des Verstandes, etwa jene der Analogien der Erfahrung, anwenden zu können, als wären sie gültig für „Dinge an sich und überhaupt" (B 8). Dieser Macht unterliege Platon, der dabei einer *leichten Taube* gleiche, die „im freien Fluge die Luft teilt, deren Widerstand sie fühlt" (B 8), und die Vorstellung fasse, „daß es ihr im luftleeren Raum noch viel besser gelingen werde" (B 8f.). Aus diesem Grund gelte es, sich von der daraus resultierenden *mystischen Deduktion* und Hypostasierung der Ideen zu distanzieren. Nach Platon sind die Ideen „aus der höchsten Vernunft [ge]flossen" (A 313/B 370), wie Kant kritisch betont: „Hierin kann ich nun [Platon] nicht folgen, so wenig als in der mystischen Deduktion dieser Ideen" (A 315/B 371).

Kant schließt sich damit zwar an den vor- und urbildhaften Charakter der sogenannten platonischen Ideen an, distanziert sich aber von jeglicher Berufung auf eine intuitive Rechtfertigung. Nicht von Gott her und auch nicht über eine *Wiedererinnerung an einen ursprünglichen Zustand der Vernunft*[34] sind die Ideen zu gewinnen und zu rechtfertigen, sondern über die transzendentallogische Struktur der Vernunft selbst.

---

33 K. W. Zeidler: *Vermittlungen*, 344.

34 H. Heimsoeth: Platon in Kants Werdegang, in: *Studien zu Kants philosophischer Entwicklung*, Hildesheim 1967, 134.

3.7 Das Unbedingte als die Totalität der Bedingungen zu einem gegebenen Bedingten

Der siebte, letzte und entscheidende Argumentationsschritt zur Vorbereitung der „Metaphysischen Deduktion" der Ideen *identifiziert das „Unbedingte" und die „Totalität der Bedingungen zu einem gegebenen Bedingten"*, weil die Deduktion nur aufgrund dieser Identifikation die in sie gesetzte Erwartung erfüllen kann, „daß die Form der Vernunftschlüsse, wenn man sie auf die synthetische Einheit der Anschauungen, nach Maßgebung der Kategorien, anwendet, den Ursprung besonderer Begriffe a priori enthalten werde, welche wir reine Vernunftbegriffe, oder *transscendentale Ideen* nennen können, und die den Verstandesgebrauch im Ganzen der gesamten Erfahrung nach Prinzipien bestimmen werden." (*KrV* A 321/B 378).[35]

Basierend auf der Parallele zwischen logischer Struktur und transzendentalen Begriffen sowie der Differenzierung des Schlusses in einen kategorischen, hypothetischen und disjunktiven unterscheidet Kant das zu erschließende Unbedingte ebenfalls dreifach, womit die bestimmte Zahl der Ideen festgelegt ist: „So viele Arten des Verhältnisses es nun gibt, die der Verstand vermittelst der Kategorien sich vorstellt, so vielerlei reine Vernunftbegriffe wird es auch geben" (A 323/B 379). Damit liefern die drei Schlussarten eine Differenzierung der abstrakten Ideen des Unbedingten oder *Titel der Ideen*, wie Kant formuliert: Ist eine kategorisch bedingte Verstandeserkenntnis gegeben, ist damit auch die Totalität der kategorischen Bedingungen, d. i. „ein Unbedingtes der kategorischen Synthesis" (A 323/B 379), zu suchen bzw. in Form eines Als-Ob anzunehmen. Der kategorische Vernunftschluss schreitet demnach zum „Subject, welches selbst nicht mehr Prädicat ist" (A 323/B 379), fort. Ist wiederum eine hypothetisch bedingte Verstandeserkenntnis gegeben, ist damit auch die Totalität der hypothetischen Bedingungen, d. i. „ein Unbedingtes [...] der hypothetischen Synthesis der Glieder einer Reihe" (A 323/B 379), zu suchen bzw. in Form eines Als-Ob anzunehmen. Der hypothetische Vernunftschluss schreitet damit zu einer „Voraussetzung, die nichts weiter voraussetzt" (A 323/B 379f.). Ist eine disjunktiv bedingte Verstandeserkenntnis gegeben, ist damit auch die Totalität der disjunktiven Bedingungen, d. i. „ein Unbedingtes [...] der disjunctiven Synthesis der Theile in einem System" (A 323/B 379), zu suchen bzw. in Form eines Als-Ob anzunehmen.[36] Der disjunktive Vernunftschluss schreitet damit fort „zu einem

35 K. W. Zeidler: *Vermittlungen*, 344f.

36 Kant hat mit der Hervorhebung „zu suchen" (A 323/B 379) den Grundsatz der Vernunft bereits in seiner regulativ-kritischen Form expliziert, indem er das Unbedingte

Aggregat der Glieder der Eintheilung, zu welchen nichts weiter erforderlich ist, um die Eintheilung eines Begriffs zu vollenden" (A 323/B 380). Die Vernunftbegriffe bilden damit erstens die Idee eines Subjektbegriffs, der von dem Prädikat ausgesagt, aber selbst nicht mehr prädikativ gebraucht werden kann, zweitens die Idee einer vollständigen, endlichen oder unendlichen Ursachenreihe, die entweder selbst oder deren erstes oberstes Glied hypothetisch unbedingt ist, und drittens die Idee eines vollständigen Begriffssystems, welches selbst disjunktiv unbedingt ist, wie Kant erläutert.[37] Die Ideen lassen sich folglich unter drei *Klassen* bringen, davon „die **erste** die absolute (unbedingte) Einheit des denkenden Subjects, die **zweite** die absolute Einheit der Reihe der Bedingungen der Erscheinung, die **dritte** die absolute Einheit der Bedingung aller Gegenstände des Denkens überhaupt enthält" (A 334/B 391). Dabei entspricht der „Einheit des denkenden Subjektes" (A 334/B 391) die Idee der Seele, der „Einheit der Reihe der Bedingungen der Erscheinungen" (A 334/B 391) die Idee der Welt und der „Bedingung aller Gegenstände des Denkens überhaupt" (A 334/B 391) die Idee Gottes. Diese Ideen wiederum entsprechen den transzendenten Gegenständen der Schulmetaphysik: „Also giebt die reine Vernunft die Idee zu einer transscendentalen Seelenlehre (*psychologia rationalis*), zu einer transscendentalen Weltwissenschaft (*cosmologia rationalis*), endlich auch zu einer transscendentalen Gotteserkenntniß (*theologia transscendentalis*) an die Hand." (A 334f./B 391f.)[38]

Zusammenfassend lassen sich die logischen Verhältnisse in dieser Argumentation wie folgt darstellen:

---

in seiner dreifachen Differenzierung des Schlusses als für die Vernunft aufgegeben darstellt.

37 Erst im siebten Argumentationsschritt findet sich demnach ein systematischer Unterschied in der Charakterisierung des Verfahrens der Herleitung der Ideen und der metaphysischen Deduktion der Kategorien. Denn in der Kategoriendeduktion ist genau dieser Übergang von der Form des Schlusses zu den durch diese Form erschlossenen Begriffen nicht nötig: Die Funktionen des Urteils sind ident mit den Funktionen der Kategorien. Im Rahmen der *Transzendentalen Dialektik* hingegen erschließt sich erst durch die drei Formen der Synthesis (der kategorischen, der hypothetischen und der disjunktiven) das Unbedingte als „(unbedingte) Einheit des denkenden Subjektes" (A 334/B 391), die „Einheit der Reihe der Bedingungen der Erscheinungen" (A 334/B 391) und die „Bedingung aller Gegenstände des Denkens überhaupt" (A 334/B 391).

38 Unberücksichtigt bleibt in Zeidlers Analyse allerdings, dass Kant im dritten Abschnitt des Ersten Buches neben dieser Argumentationslinie, nach der die *Titel der Ideen* aus den drei Vernunftschlüssen hergeleitet werden, zwei weitere Herleitungsstrategien (zumindest) anspricht. – Dabei scheinen die Ideen erstens auch aus den folgenden drei Verhältnissen entspringen zu können: „Nun ist das Allgemeine aller Beziehung, die

Art der Schlüsse	kategorischer Vernunftschluss	hypothetischer Vernunftschluss	disjunktiver Vernunftschluss
Formen der unbedingten Einheit	Einheit des denkenden Subjekts	Einheit der Reihe der Bedingungen der Erscheinung	Einheit der Bedingungen aller Gegenstände des Denkens überhaupt
Titel der Ideen	Seele	Welt	Gott
Disziplin	rationale Psychologie	rationale Kosmologie	rationale Theologie

4 Perspektiven einer Elementarlehre

4.1 Fundamentallogischer Anspruch und urteilslogischer Ansatz

Kurt Walter Zeidler bezieht mit seinen Überlegungen zur metaphysischen Deduktion der Vernunftbegriffe klar und unmissverständlich Position gegenüber dem immer wieder vorgebrachten Unverständnis und der konstatierten Dunkelheit dieser Textpassage. Dieses Unverständnis formuliert u. a. Klimmek in seiner Studie von 2005. Der Zusammenhang zwischen den abstrakten Begriffen bzw. Ideen, die durch die drei Vernunftschlüsse gewonnen werden, und den Gegenständen der klassischen Metaphysik sei *mysteriös*:[39] „[W]ir [sind] nicht der Ansicht, dass die abstrakten Begriffe eines Unbedingten der kategorischen, hypothetischen und disjunktiven Synthesis gewissermaßen in die drei Grundbegriffe der metaphysica specialis verhext werden"[40] können. Die verschiedenen Gegenstandsbereiche der speziellen Metaphysik betreten, nach Klimmek, erst im Dritten Abschnitt des Ersten Buches der *Transzendentalen Dialektik* unabhängig

unsere Vorstellungen haben können: 1) die Beziehung aufs Subject, 2) die Beziehung auf Objecte und zwar entweder als Erscheinungen, oder als Gegenstände des Denkens überhaupt. Wenn man diese Untereintheilung mit der oberen verbindet, so ist alles Verhältniß der Vorstellungen, davon wir uns entweder einen Begriff oder Idee machen können, dreifach: 1. das Verhältniß zum Subject, 2. zum Mannigfaltigen des Objects in der Erscheinung, 3. zu allen Dingen überhaupt." (A 333f./B 390f.) Zudem spricht Kant zweitens an einigen Stellen des Ersten Buches davon, dass die Herleitung der transzendentalen Ideen erst im Zweiten Buch im Rahmen der drei Hauptstücke dargelegt wird (A 335/B 392). Demnach sind im Ersten Buch nur die Titel gewonnen, die Herleitung der Ideen, parallel zu den Unterformen der Kategorientafel, folgt allerdings erst.

39 N. F. Klimmek: *Kants System der transzendentalen Ideen*, 41.

40 Ibid., 41.

von den zuvor entwickelten Überlegungen „die Bühne von Kants Ideen-Deduktion".[41] In gleicher Weise argumentiert Schmucker, der den Dritten Abschnitt als „coup de force"[42] interpretiert, da dieser die zuvor entwickelte Herleitung der Ideen aus den Schlussformen überflüssig mache.[43]

Aus der siebenstufigen Rekonstruktion der Vorbedingungen der metaphysischen Deduktion, so Zeidler, geht aber, ganz entgegen der konstatierten Dunkelheit, hervor, dass Kant sich in seinem Lehrstück der Herleitung der Ideen einer vorkritischen logischen Struktur bedient, die ihn schon im Ersten Buch der *Transzendentalen Dialektik* zu einer Vergegenständlichung der Ideen zwingt. Aus diesem Grund handle es sich nicht bloß um eine Unsicherheit in der Argumentation, vielmehr nehme Kant bewusst eine Vermengung von Bestimmungs- und Begründungstheorie in Kauf:

> Mit anderen Worten, der letzte Argumentationsschritt soll den Anschauungs- und Erfahrungsbezug der Ideen sicherstellen und ist insoweit ein Vorgriff auf die ‚Transzendentale Deduktion der Ideen' (*KrV* A 669f./B 697f.). Die Metaphysische Deduktion kann dieses Vorgriffes nicht entraten, da die Begründungstheorie ansonsten aus bestimmungstheoretischer Sicht gegenstandslos bliebe. Der siebente und letzte Argumentationsschritt muß darum explizit *Begründungs- und Bestimmungstheorie miteinander identifizieren.* Kant identifiziert sie im Ausgang vom Vernunftschluß, in dessen Konklusion wir „ein Prädikat auf einen gewissen Gegenstand [restringieren], nachdem wir es vorher in dem Obersatz in seinem ganzen Umfange unter einer gewissen Bedingung gedacht haben. Diese vollendete Größe des Umfanges, in Beziehung auf eine solche Bedingung, heißt die *Allgemeinheit* (universalitas). Dieser entspricht in der Synthesis der Anschauungen die *Allheit* (universitas) oder *Totalität* der Bedingungen. Also ist der transzendentale Vernunftbegriff kein anderer, als der von der *Totalität der Bedingungen* zu einem gegebenen Bedingten. Da nun das *Unbedingte* allein die Totalität der Bedingungen möglich macht, und umgekehrt die Totalität der Bedingungen jederzeit selbst unbedingt ist: so kann ein reiner Vernunftbegriff überhaupt durch den Begriff des Unbedingten, so fern er einen Grund der Synthesis des Bedingten enthält, erklärt werden." (*KrV* A 322/B 378f.). Begründung und Bestimmung sind mithin in Ansehung des Unbedingten oder der Totalität ein und dasselbe: wenn der *Grund der Synthesis des Bedingten* oder das Unbedingte, das die *Totalität der Bedingungen möglich macht*, nichts anderes ist als *die Totalität der Bedingungen*, dann ist die Begründungstheorie nichts anderes als Bestimmungstheorie und die Bestimmungstheorie nichts anderes als

41 Ibid., 42.

42 W. Schmucker: *Das Weltproblem in Kants Kritik der reinen Vernunft*, Bonn 1990, 65.

43 Siehe auch M. Grier: *Doctrine*, 117–130; A. Allison: *Kant's transcendental Idealism*, 423–448; E. Watkins: The System of Principles, in: P. Guyer (Hg.): *The Cambridge Companion to Kant's Critique of Pure Reason*, New York 2010, 151–167; M. Willaschek: *Kant on the sources of Metaphysics*, 103–120.

> Begründungstheorie, so daß *Gründe* aus rein bestimmungstheoretischer Perspektive als *Gegenstände* verstanden werden können.[44]

Nach Zeidler führt gerade diese Argumentation zu einer Subreption, in der der *usus logicus* unversehens zum *usus realis* wird.[45] Kant begeht damit jenen Fehler, den er im Rahmen des Zweiten Buches der *Transzendentalen Dialektik* an der Schulmetaphysik kritisiert und aus dessen Kritik er die Doktrin des transzendentalen Idealismus und empirischen Realismus gewinnt.[46]

Es ist dieser transzendentale Idealismus, der, wenn er konsequent gedacht wird, eine eigenständige, d. i. von der Bestimmungstheorie losgelöste Begründungstheorie fordert. Diese Begründungstheorie entwickelt Kant allerdings im Rahmen der *Transzendentalen Dialektik* nicht. Er entwickelt sie nicht nur nicht, sondern führt im Gegensatz dazu vorkritisch-logische Theorieelemente ein, die eine konsequente Begründungstheorie unmöglich machen.

> Man sieht, in der „Metaphysischen Deduktion der Ideen der reinen Vernunft" kommen Kants fundamentallogischer Anspruch und sein urteilslogischer Ansatz einander in die Quere, müßte er doch spätestens jetzt die Begründungstheorie entwickeln, die er aufgrund seines urteilslogischen Ansatzes bislang sorgfältigst gemieden bzw. nur unter bestimmungstheoretischem Aspekt behandelt hatte.[47]

---

44 K. W. Zeidler: *Vermittlungen*, 345f.

45 Der Schlüssel für ein positiveres Verständnis der kantischen Argumentation liegt, ausgehend von Zeidlers Analyse der Vorbedingungen einer metaphysischen Deduktion, demnach in der Differenzierung von logischem und realem Vernunftgebrauch bzw. logischer Maxime und oberstem Prinzip der Vernunft, wie Kant sie bereits in der Einleitung zur *Transzendentalen Dialektik* einführt (A 305/B 362–A 310/B 366). Dabei zeigt sich aber, dass weder die Interpretinnen und Interpreten noch Kant selbst diese Differenzierung klar vor Augen haben. Basierend auf dieser Unterscheidung würde sich auch erweisen, dass der Ideenbegriff sowie die kantische Differenzierung von konstitutiv und regulativ nur für den realen Vernunftgebrauch bzw. für das oberste Prinzip der Vernunft relevant sind und nicht für die logische Maxime (dies übersieht u. a. M. Grier: *Kant's Doctrine*). Zeidler bereitet demnach neben seiner Kritik auch den Weg dafür, wie eine Herleitung der Vernunftbegriffe kantischen Zuschnitts affirmativ weitergedacht werden kann, nämlich anhand einer vertieften Problematisierung des Übergangs von logischem und realem Vernunftgebrauch.

46 Im Gegensatz dazu besteht Willaschek (*Kant*, 243–270) in seiner Analyse darauf, dass der transzendentale Idealismus kein notwendiges Theorieelement für Kants *Rational Sources Account* bildet.

47 K. W. Zeidler: *Vermittlungen*, 349.

Wie der Verstand in der *Transzendentalen Analytik* durch die ursprüngliche Einheit der Apperzeption einen höchsten Punkt konstitutiver Prinzipien bildet, unter den das Mannigfaltige der Anschauung subsumiert und damit zur gegenständlichen Einheit gebracht wird, so wird die Vernunft zum *focus imaginarius* regulativer Prinzipien, die den mannigfaltigen Erkenntnissen des Verstandes die größte Einheit verschaffen sollen.[48] Die kantischen Schwierigkeiten dieser Textpassage rühren demnach aus einem falschen Prinzipien- und Methodenverständnis – einem Methodenverständnis der Schulmetaphysik, wie die engen Bezüge zur Logik von Port-Royal sowie zur Logik Meiers aufweisen: „[D]as urteilslogische Methoden- und Prinzipienverständnis der Schulmetaphysik [ist] eben so sehr Kants Methoden- und Prinzipienverständnis".[49]

Diese Problemlage strahlt auf das gesamte kritische Unternehmen aus. Das kantische Denken kreist, so Zeidler, sowohl in der praktischen Philosophie wie auch in der *Kritik der Urteilskraft* um eine einheitliche Begründungskonzeption. In diesem Sinne formuliert Kant in der *Grundlegung der Metaphysik der Sitten* die Notwendigkeit, das Sittengesetz *aus dem allgemeinen Begriffe eines vernünftigen Wesens überhaupt abzuleiten*, um die Moral unabhängig von ihrer Anwendung al*s reine Philosophie* vorzutragen (*GMS*, AA IV, 35). Zudem kündigt er 1783 eine *Kritik der reinen praktischen Vernunft* an, in der er die praktische mit der spekulativen Vernunft in einem gemeinschaftlichen Prinzip darstellen wollte (*GMS*, AA IV, XIV). Kant nimmt allerdings zugunsten des *Faktums der Vernunft* (*KpV*, AA V, 56) von einem solchen Unternehmen 1788 Abstand, hegt aber noch die Hoffnung, „es vielleicht dereinst bis zur Einsicht der Einheit des ganzen reinen Vernunftvermögens (des theoretischen sowohl als praktischen)" (*KpV*, AA V, 162) zu bringen. In der *Kritik der Urteilskraft* wiederum versucht Kant, die „unübersehbare Kluft zwischen dem Gebiet des Naturbegriffs, als dem Sinnlichen, und dem Gebiet des Freiheitsbegriffs, als dem Übersinnlichen" (*KU*, AA V, 175f.), zu überbrücken, denn es müsse „doch einen Grund der Einheit des Übersinnlichen, welches der Natur zum Grunde liegt, mit dem, was der Freiheitsbegriff praktisch enthält, geben" (*KU*, AA V, XX). Dabei wird die reflektierende Urteilskraft als ein Vermögen konzipiert, das sich „selbst und zugleich ihre Gegenstände schafft, indem sie sich „selbst (als Heautonomie) für die Reflexion über jene ein Gesetz vorschreibt" (*KU*, AA V, XXXV). Kant reduziert in diesem Unternehmen die schon im Anhang zur *Transzendentalen Dialektik* entwickelten Prinzipien der Homogenität, der Spezifikation und der Kontinuität auf *das*

48 Ibid., 352.
49 Ibid., 347.

Gesetz der Spezifikation der Natur (*KU*, AA V, XXXV). Während die regulativen Maximen der Vernunft der Verstandeserkenntnis die größte Einheit neben der größten Ausbreitung verschaffen sollen, suchen die Maximen der Urteilskraft die Einheit und Vollständigkeit als Ganzheit in den organisierten Produkten der Natur.

Eine einheitliche Begründungstheorie in Abgrenzung zur Bestimmungstheorie bleibt in Kants Transzendentalphilosophie demnach ein *ungelöstes Problem der Vernunftkritik* (*Prol*, AA IV, 362ff.)[50] und ist bis heute in der ansonsten überbordenden Literatur zur theoretischen Philosophie Kants ein Desiderat der Forschung.

4.2 Die schlusslogische Perspektive auf Kant

Das Denken Zeidlers hat sich allerdings nicht nur mit der Konstatierung dieser Probleme der kantischen Philosophie begnügt, sondern seine gesamte philosophische Arbeit unter das Licht ihrer Auflösung gestellt. Dabei hat er stets die Materialien, die der kantische Text zur Verfügung stellt, aufgegriffen und selbstständig weitergedacht. Der *Ariadnefaden* dieses Denkens ist dabei die Transformation der urteilslogischen Voraussetzungen in einen begriffs- und schlusslogischen Ansatz, oder anders formuliert, die Transformation eines bloß bestimmungstheoretischen Denkens in eine begründungstheoretische Dimension.

Müssen aus Kants Perspektive letzte Gründe als Gegenstände aufgefasst werden, auch wenn sie keine realen, sondern bloß *eingebildete Gegenstände* bilden, denkt Zeidler das „Letztprinzip“[51] als ein „sich selbst begründendes und bestimmendes Prinzip“.[52] Das regulative Apriori soll damit als „wahrhaft ursprünglich-synthetische[s] Apriori“[53] verstanden werden, „das in der Begründung seiner Prinzipiata sich selbst begründet“[54]. Dafür sei es nötig, das Unbedingte nicht in Form von „transzendent(al)e[n] Gegenstände[n]“[55], sondern die Synthesis in dem Unbedingten der kategorischen Synthesis in einem Subjekt, der hypothetischen Synthesis der Glieder einer Reihe und der disjunktiven Synthesis der Teile in einem System zu denken.

50 K. W. Zeidler: *Vermittlungen*, 91–109.
51 K. W. Zeidler: *Vermittlungen*, 353.
52 Ibid., 353.
53 Ibid., 357.
54 Ibid., 357.
55 Ibid., 358,

Das Unbedingte der disjunktiven Synthesis wird in diesem Sinne nicht als metaphysischer Gegenstand *Gott* begriffen, sondern als Subsumtionsallgemeines bzw. deduktiver Schluss. Dieser erschöpft sich in der Analyse, der Explikation, der Ordnung und der Stabilisierung einer Systematik von Begriffen. Als solcher setzt er daher die Begriffe selbst und die Dimensionierung der Begriffsumfänge voraus. Das Unbedingte der hypothetischen Synthesis wird nicht als metaphysischer Gegenstand *Welt* begriffen, sondern als Repräsentationsallgemeines bzw. als induktiver Schluss. Durch dieses wird das Allgemeine aus Einzelnem erschlossen, wodurch der *Weltbezug* eines ansonsten nur um sich kreisenden Denkens hergestellt wird. Das Unbedingte der kategorischen Synthesis wird nicht als metaphysischer Gegenstand *Seele* begriffen, sondern als Sinnallgemeines bzw. als abduktiver Schluss. Durch diesen wird ein intentionales Allgemeines, das Einzelnes erschließt, gewonnen. Der abduktive Schluss bzw. das Sinnallgemeine bildet damit eine Verbindung zwischen deduktivem und induktivem Schluss bzw. Subsumtionsallgemeinem und Repräsentationsallgemeinem. Es wird als das „aller Subjekt-Objekt-Differenz vorgängige Unbedingte" aufgefasst, „kraft dessen sich in der Prädikation das empirische Subjekt als transzendentales Subjekt konkretisiert".[56]

Durch die Verbindung aller drei Schlüsse kann die Vernunft ihre verschiedenen Momente schlusslogisch vermitteln, „indem sie sich abduktiv konstituiert, induktiv etabliert und deduktiv reguliert als der sich und seine Welt erschließende Begriff".[57] Zeidler hat diese schlusslogische Vermittlung des Begriffes als *dreifältige prozessuale Selbst- und Letztbegründungsstruktur* gedeutet und sowohl prinzipientheoretisch als auch phänomenologisch ausgearbeitet. Dadurch hat er vielfältige Zugänge zu seiner Philosophie geschaffen, die in gleichem Maße den

56 K. W. Zeidler: *Vermittlungen*, 364; siehe auch K. W. Zeidler: *GtL*^{3}, §30.

57 K. W. Zeidler: *Vermittlungen*, 365. In Zeidlers Denken sind es dabei insbesondere G. W. F. Hegel und Ch. S. Peirce, die diese Überlegung der Vermittlung des Begriffes ausgehend von Kant weiterentwickelt haben: Hegel, indem er in der *Subjektiven Logik* der *Wissenschaft der Logik* den Begriff in Allgemeines, Besonderes und Einzelnes auffächert und schlusslogisch vermittelt (G. W. F. Hegel: *Wissenschaft der Logik II*, in: *Werke*, Bd. 6, hg. v. E. Moldenhauer u. K. M. Michel, Frankfurt am Main 1986, 243). Peirce wiederum unterteilt, weitgehend unabhängig von Hegel, seinen Zeichenbegriff dreifach, indem er ihn in die Kategorien der Erstheit, der Zweitheit und Drittheit gliedert und durch die jeweiligen Schlüsse der Deduktion, der Induktion und der Hypothese vermittelt (C. S. Peirce: *Collected Papers of Charles Sanders Peirce*, hg. v. C. Hartshorne, P. Weiss u. A. W. Burks, Cambridge 1931–1960, 5.41–5.66).

philosophischen Zeitgeist provozieren wie auch Lösungsansätze für dessen intellektuelle Verlegenheit bieten.

Literaturverzeichnis

Allison, Henry E.: *Kant's Transcendental Idealism. An Interpretation and Defense*, revised and enlarged Edition, New Haven/London 2004.

Aristoteles: *Lehre vom Schluss oder erste Analytik* (An. pri.), in: *Philosophische Schriften*, Bd. 1, übersetzt v. Eugen Rolfes, Hamburg 1995.

Aristoteles: *Lehre vom Beweis oder zweite Analytik* (An. post.), in: *Philosophische Schriften*, Bd. 1, übersetzt v. Eugen Rolfes, Hamburg 1995.

Arnauld, Antoine; Nicole, Pierre: *Die Logik oder die Kunst des Denkens*, Darmstadt 1972.

Bennett, Jonathan: *Kant's Dialectic*, Cambridge 1974.

Grier, Michelle: *Kant's Doctrine of Transcendental Illusion*, Cambridge 2001.

Guyer, Paul: *Kant and the Claims of Taste*, Cambridge 1997.

Hegel, Georg Wilhelm Friedrich: *Wissenschaft der Logik II*, in: *Werke*, Bd. 6, hrsg. v. Eva Moldenhauer und Karl Markus Michel, Frankfurt am Main 1986.

Heimsoeth, Heinz: Platon in Kants Werdegang, in: *Studien zu Kants philosophischer Entwicklung*, Hildesheim 1967, 124–143.

Kant, Immanuel: *Gesammelte Schriften*, hrsg. v. der Königlichen Preußischen Akademie der Wissenschaften, 29 Bde., Berlin 1900ff.

Kemp Smith, Norman: *A Commentary to Kant's Critique of Pure Reason*, New York 1965.

Klimmek, Nikolai F.: *Kants System der transzendentalen Ideen*, Berlin/New York 2005.

Klingner, Stefan: *Technische Vernunft. Kants Zweckbegriff und das Problem einer Philosophie der technischen Kultur*, Berlin/Boston 2012.

Lohmann, Johannes: *Der Ursprung der Logik bei den Griechen*, Göttingen 1965.

Malzkorn, Wolfgang: *Kants Kosmologie-Kritik. Eine formale Analyse der Antinomienlehre*, Berlin/New York 1999.

Miles, Murray Lewis: *Logik und Metaphysik bei Kant*, Frankfurt am Main 1978.

Peirce, Charles Sanders: *Collected Papers of Charles Sanders Peirce*, hrsg. v. Charles Hartshorne, Paul Weiss u. Arthur W. Burks, Cambridge 1931–1960.

Piché, Claude: *Das Ideal: Ein Problem der kantischen Ideenlehre*, Bonn 1984.

Renaut, Alain: Transzendentale Dialektik, Einleitung und Buch I (A 293/B 349–A 338/B 396), in: *Kritik der reinen Vernunft*, hrsg. v. Georg Mohr u. Marcus Willaschek, Berlin 1998, 353–370.

Rohlf, Michael: The Ideas of Pure Reason, in: *The Cambridge Companion to Kant's Critique of Pure Reason*, hrsg. v. Paul Guyer, Cambridge 2010, 190–209.

Schmauke, Stephan: *„Wohltätigste Verirrung". Kants kosmologische Antinomien*, Würzburg 2002.

Schmucker, Wolfgang: *Das Weltproblem in Kants Kritik der reinen Vernunft*, Bonn 1990.

Strawson, Peter F.: *The Bounds of Sense. An Essay on Kant's Critique of Pure Reason*, London 1966.

Watkins, Eric: The System of Principles, in: *The Cambridge Companion to Kant's Critique of Pure Reason*, hrsg. v. Paul Guyer, New York 2010, 151–167.

Willaschek, Marcus: *Kant on the Sources of Metaphysics. The Dialectic of Pure Reason*, Cambridge 2018.

Wood, Allen W.: *Kant*, Oxford 2004.

Zeidler, Kurt Walter: *Vermittlungen. Zum antiken und neueren Idealismus*, Wien 2016.

Zeidler, Kurt Walter: *Grundriss der transzendentalen Logik*, 3. ergänzte Aufl., Wien 2017.

Zeidler, Kurt Walter: *Selbstdarstellung*, in: http://phaidon.philo.at/asp/zeidler.htm [1. 3. 19].

Zocher, Rudolf: Zu Kants transzendentaler Deduktion der Ideen der reinen Vernunft, in: *Zeitschrift für philosophische Forschung* 12, 1958, 43–58.

Hans-Jürgen Müller (Frankfurt am Main)

Die ursprüngliche transzendentale Prinzipienfunktion der drei syllogistischen Dukte nach *Zeidler* im Zusammenspiel von formaler Logik und kategorialer Schematisierung

> [...] die transzendentale Logik ist nach wie vor ein offenes philosophisches Problem, in dem die logischen Grundlagen der Philosophie und die philosophischen Grundlagen der Logik gleichermaßen zur Diskussion stehen. (K. W. Zeidler: *GtL*³, 66)

> Was für die Philosophen offensichtlich das Schwierigste ist, was sie immer wieder in ihren „Gigantenkampf" hineintreibt, ist die Zumutung, die ein allem Gedachtsein vorgängiger Modus der Bestimmtheit für das diskursive Denken darstellt, welches darum auch nimmer müde wird, die darin begründete Inkommensurabilität von diskursivem Begriff und Sein, dennoch als ein Verhältnis zwischen Begriffen fassen zu wollen. (Ibid., 239f.)

1. Zeidlers prinzipientheoretische Kantdeutung

1.1 Vernunft als Prinzipientheorie einheitsstiftender Synthesishandlungen

Als einer der wenigen zeitgenössischen Denker, die sich in der Tradition *Kant*s sehen, zeichnet sich Kurt Walter *Zeidler* durch seinen prinzipientheoretisch angelegten Systementwurf einer revidierten Transzendentalphilosophie auf der Grundlage des jüngst in der dritten Auflage erschienenen *Grundrisses* „grundgelegten und vorbereiteten Ontologie und Subjekttheorie"[1] aus.

Sein Unternehmen, eine Transzendentalphilosophie als Prinzipientheorie zu entwickeln, greift dabei auf die antiken Entwürfe von Platon und Aristoteles zurück und erarbeitet dann in Auseinandersetzung mit der in all ihren Brüchen offengelegten Systematik Kants, die er zwischen Einheits- und Prinzipienintention einerseits und säuberlichen dualistischen Bereichsabgrenzungen

1 K. W. Zeidler: *GtL*³, Nachtrag, 320 u. ö. – eine Formulierung, die an *Wolfgang Cramer* erinnert.

andererseits zerrissen sieht, und den Weiterführungen *Kant*s im 19. und insbesondere 20. Jahrhundert eine Neufassung der Transzendentalphilosophie. Dabei geht es ihm insbesondere darum, die immer wieder neuen und immer wieder wegen dieser Bereichsabgrenzungen scheiternden Anläufe *Kant*s zu einer kritischen Metaphysik der Einheit der Vernunft systematisch herauszuarbeiten, um von ihnen her Anregungen zur Weiterführung dieses Projektes einer Darstellung der Vernunfteinheit zu gewinnen, die auch das Spannungsfeld von formaler und transzendentaler Logik neu ordnet. Das herausragende Ergebnis seiner Untersuchungen über deren Zusammenhang liegt in einer Neubewertung der Schlusslehre. Nicht nur ihre Gewichtung gegenüber einer Urteilslehre, die (wie im 18. Jahrhundert und auch bei *Kant*) als Logik der aus Begriffen zusammengesetzten Propositionen und als Grundlage der eben aus Urteilen zusammengesetzten Schlüsse diese beiden anderen Felder der klassischen vormodernen Logik dominierte, wird neu bemessen, sondern auch ihre transzendentale Rolle, insbesondere ihre systematische Relevanz für die Darstellung und Entfaltung der Synthesisleistungen des Verstandes und der Vernunft.

Zeidler hat bereits in seiner Dissertation 1979 anhand eines Vergleichs der Behandlung der Syllogismen im Buch *Logik des Begriffs* der *Wissenschaft der Logik* bei *Hegel* und in den Arbeiten zur Forschungslogik bei *Charles Sanders Peirce* gezeigt, dass beide die unterschiedliche argumentative Leistungskraft der drei Schlussarten Abduktion, Induktion und Deduktion[2] gegenüber der in der traditionellen Logik üblichen Fokussierung auf die Deduktion erkannt und, wenn auch auf unterschiedliche Weise, in ihre systematischen Überlegungen einbezogen hatten.[3]

Hegel habe dabei, so *Zeidler*, „das wechselseitige Abhängigkeits- und Voraussetzungsverhältnis der drei Begriffsmomente und Schlußfiguren“[4] herausgearbeitet.[5]

---

2 In H.-J. Müller: *Logik neu denken*, Frankfurt a. M. 2016, Kap 2. „Systematik II: Schlüsse als synthesisstiftende Argumentationsführungen (Dukte)“ spreche ich von Dukten, da die drei Schlussformen unterschiedliche pragmatisch-performative Zusammenhänge argumentativ erschließen.

3 Dazu zusammenfassend K. W. Zeidler: *GtL*[3], §31 (Der vollständig gesetzte Begriff – Hegel) sowie §32 (Die Einheit der Zeichenrepräsentation – Peirce), 204–214.

4 Ibid., 207 – In Zitaten verwende ich die Rechtsschreibregeln der Abfassungszeit.

5 Im Einzelnen analysiert Zeidler: „Eröffnete sich dem Aristoteles diese Tiefendimension in Gestalt der forschungslogischen und begründungstheoretischen Funktion seiner Dreifigurenlehre, indem er feststellte, daß „in der mittleren Figur [bei Hegel die 3. Figur] in gewisser Weise das Bejahende, und in der letzten Figur [der 2. Figur

> [...] demnach setzt der Obersatz des deduktiven Syllogismus, „der die besondere Bestimmtheit, den terminus medius, als Allheit zum Subjekte hat, [...] den Schlußsatz, der jenen zur Voraussetzung haben sollte, vielmehr selbst voraus. Er beruht daher 2) auf der Induktion, deren Mitte die vollständigen Einzelnen als solche, a, b, c, d usf. sind. Indem aber die unmittelbare, empirische Einzelnheit Besonderheit von der Allgemeinheit verschieden ist und darum keine Vollständigkeit gewähren kann, so beruht die Induktion 3) auf der Analogie [*Hegels* Begriff für den Dukt, der später bei Peirce als >Abduktion< bezeichnet werden wird – H.-J.M.], deren Mitte ein Einzelnes, aber in dem Sinne seiner wesentlichen Allgemeinheit, seiner Gattung oder wesentlichen Bestimmtheit ist. (Hegel, *TW* 10, 341)[6]

Nach *Zeidler* wendet Peirce dagegen

> [...] den Empirismus Kants gegen dessen Rationalismus, da er jedoch andererseits nicht einem naiven Empirismus oder szientistischen Objektivismus anheimfällt, [...] stellt sich ihm erneut das Problem der Legitimation und Struktur der Vermittlung von Erfahrung und begrifflicher Repräsentation, wobei er im Unterschied zu Kant, der [...] unter rationalistischer Betonung des legitimatorischen Aspekts, die Lösung dieses Problems in der Antwort auf die Frage ‚Wie sind synthetische Urteile a priori möglich?' gesucht hatte, die prinzipiellere Frage, ‚wie synthetisches Denken (reasoning) überhaupt möglich ist' (Peirce [1976], *CP* 5.348, 97) zum Ausgangs- und Mittelpunkt seiner Überlegungen macht.[7]

Hegels] das Allgemeine unter Beweis gestellt" werde, so finden wir den nämlichen Hinweis, an systematisch entsprechender Stelle, in Hegels Lehre von den Reflexionsschlüssen wieder: [...] [...] während Aristoteles an der Schwelle zur Subjektivität haltmacht und in vor-kopernikanischer Naivität von einem Beweis für das Bejahende und das Allgemeine spricht, als handle es sich dabei um Gegebenheiten, denen ihre Beweismethode äußerlich bleibt, reflektiert Hegel den methodischen Zusammenhang von deduktiver Folgerung, induktiver Verallgemeinerung und analoger Bestimmung (Bejahung) und kann daher diesen dreieinigen Schluß als dynamischen Vermittlungszusammenhang von Begriff und Gegenstand und somit als die transzendentale Grundstruktur von Subjektivität und Objektivität begreifen, die als „übergreifende Subjektivität" (Hegel: *TW* 10, §215 Anm.) in der Idee ihre letztgültige Formulierung erfährt." (K. W. Zeidler: *GtL*[3], 207f.)

6 Ibid., 207.

7 Des Näheren führt Zeidler dazu aus: „Peirce hat diese grundlegenden Fragen bereits in seinen frühesten Vorlesungen (in den Harvard- und Lowell-Lectures der Jahre 1865/66) im Wesentlichen beantwortet und diese Antwort in einem Vortrag vor der American Academy of Arts and Science mit dem Titel *On a New List of Categories* zusammengefaßt (*CP* 1.545–559; *WP* 2, S. 49–59, Peirce [1986], S. 147–159) [...]. Das Ergebnis dieser Bemühungen um eine ‚neue Kategorientafel' besteht kurzgefaßt darin, dass er den Zusammenhang von semiotischer und transzendentallogischer Problematik als ein wechselseitiges Bedingungsverhältnis von Zeichenklassifikation

Nicht zuletzt stammt die Eigenart der drei Dukte Abduktion, Induktion und Deduktion daher, dass sie auf jeweils eigentümliche Weise ein Blick auf Umfänge und Inhalte der im Schluss zusammengeschlossenen Begriffe und die damit verknüpften pragmatisch-performativen Vollzüge werfen.[8] Aber neben diesen unterschiedlichen formallogischen Leistungen in Zusammenhang mit Extension und Intension von Begriffen und zudem als deren transzendentallogische Gründung und Rechtfertigung arbeitet *Zeidler* heraus, dass diese drei „Syllogismusfunktionen"[9] geeignet sind, den *Kant*ischen „regulativen" Ideenbegriff und die dort verhandelte Schlusslogik aus der Rolle einer sekundären, methodologisch reduzierten Abschlussfunktion[10] zu befreien und als Momente einer transzendentallogischen Prinzipienlehre – es geht um nichts weniger als eine Neudimensionierung der *transzendentalen Analytik* – an den systematischen Anfang stellen. Die Vernunft konstituiert sich selbst und in eins den Verstand. In *Zeidler*s Worten:

> Die Vernunft ist eben durchweg als tätige Vernunft zu verstehen (oben, S. 272), als der lebendige Logos, der sich und in eins damit seine Welt erschließt. Wenn zuvor gesprochen wurde von der – für das ‚Ich denke', das sich selbst und zugleich seine Welt erschließt – unhintergehbaren Voraussetzung, daß überhaupt Etwas ist, war daher kein ‚Ding-an-sich' gemeint oder ein ‚präreflexiver Grund', der gleichsam von außen die Reflexion anstößt. Unhintergehbare Voraussetzung ist vielmehr die Identität von

---

(Icon – Index – Symbol) und transzendentallogischer Erkenntnisstruktur (Abduktion – Deduktion – Induktion) begreift. Diese transzendentallogische Erkenntnisstruktur ist als ein dreifacher Schluß zu verstehen, der einerseits formal in sich vermittelt und geschlossen ist, andererseits aber dennoch zugleich offen bleibt für jene phänomenologischen Evidenzen, die Peirce in seiner Zeichenklassifikation als ikonische Qualitäten und indexikalische Objektbezüge bezeichnet" (K. W. Zeidler: *GtL*³, 210).

8 K. W. Zeidler: *GtL*³ passim. Vgl. auch H.-J. Müller: *Logik neu denken*, Kap 2 (s.o.). Die Abduktion schließt Begriffsintensionen zusammen, die Induktion Begriffsextensionen und die Deduktion verbindet schließlich beide Blickrichtungen.

9 Im Begriff „Funktion" (lat. *functio* „Verrichtung") schwingt bei Kant noch die Bedeutung „Handlung" mit, der auch verwendet wird, wenn von den Synthesisleistungen der Kategorien als transzendentalen Verstandes-„handlungen" die Rede ist. Ansonsten gehört „Funktion" für Kant zu den besonders aktuellen terminologischen Neologismen, die sich in einer mathematisch orientierten Neuausrichtung der damaligen Logik hin zu einer extensional orientierten einbürgerten. Zu Kants einseitiger extensionaler Fassung der Logik siehe auch P. Schulthess: *Relation und Funktion. Eine systematische und entwicklungsgeschichtliche Untersuchung zur theoretischen Philosophie Kants*, Berlin 1981.

10 vgl. K. W. Zeidler: *GtL*³.

Denken und Sein (§ 19), die durch das *Sinnallgemeine* (das universale ante res) verbürgt wird (§ 30) und mithin Voraussetzung und Setzung zugleich ist.[11]

Zeidler sieht in seinem *Grundriss* daher „eine schlußlogisch fundierte dreigliedrige Ontologie und Subjekttheorie" grundgelegt, die das „Sinnallgemeine" der Abduktion, das „Repräsentationsallgemeine" der Induktion und das „Subsumptionsallgemeine" der Deduktion in wechselseitiger Bewegung von Voraussetzung und Einholung dieser Voraussetzung als „schlußlogisch vermittelten letzt- und selbstbegründenden Prinzipienzusammenhang" begründet.[12] Insofern „ist die spekulative und transzendentale Logik zudem Ontologie und Phänomenologie".[13]

Die durch Vernunftschlüsse in der *transzendentalen Dialektik Kants* erschlossenen Ideen können somit nach *Zeidler* nicht nur den regulativen Aufgaben der Methodologie der Vernunft dienen, sondern bringen auch in ihrer gegenständlichen Vereinzelung zu den drei „Superdingen" *Seele, Welt und Gott* jene vernunft-*konstitutive Einheitsleistung* mit zur Geltung, die *Kant* in der *transzendentalen Analytik* mit reduktiver Zurückhaltung als den formal-funktionalen „Grundsatz der ursprünglichen *synthetischen* Einheit der Apperzeption" benennt und mit dem dürren Satz „ich denke" versprachlicht und von dem er nur sagen zu können vermeint, dass es „alle meine Vorstellungen begleiten können [muss]". Jene ursprüngliche Synthesisleistung ist also von vorn herein als schlussformenbestimmte Synthesishandlung darzustellen. Insofern repräsentieren die drei Dukte die synthesierende syllogistische Schlussbewegung, durch die die Verknüpfung von Begriffen begriffslogisch dargestellt und transzendental begründet werden kann. Dabei fungieren die Mitten der drei Vernunftschlüsse statt transzendentaler Apperzeption und kategorialer Verstandeshandlungen als ursprüngliche

---

11 K. W. Zeidler: *GtL*[3], Nachtrag, 316.

12 K. W. Zeidler: *GtL*[3], Nachtrag, 316 – Vgl. auch z.B. *Vermittlungen*, 243: „Die schlußlogische Letztbegründungstheorie, die diesem Geltungszusammenhang widerspricht, erschließt daher auch den Zugang zu einer alternativen Ontologie und Subjekttheorie, die nicht in der Beobachterperspektive verharrt und an der Gegebenheit des Gegenstandes kleben bleibt." oder *Grundlegungen*, 303: „Die transzendentallogische Erkenntnisstruktur ist demzufolge als ein dreifacher Schluß zu verstehen, der formal in sich vermittelt und geschlossen ist, zugleich aber offen bleibt für [...] phänomenologischen Evidenzen". Diesen Prinzipienzusammenhang begreift Zeidler als die neuzeitliche, im Gedanken der Subjektivität begründete Weiterführung der antiken und mittelalterlichen „ursprünglichen Einheit von Logik und Ontologie" vor dem Universalienstreit." (Ibid., 317)

13 Ibid., 16.

Weisen der synthetischen Entfaltung der „Einheit unter unseren Vorstellungen" und außerdem als gegenstandskonstitutive Verstandesapriori durch die synthetische Entfaltung der reinen Raum- und Zeitschematismen.[14]

Diese vielfältigen Bezüge und Verweisungen möchte ich darstellen und dann aus der Sicht meiner Begriffslogik näher untersuchen.

1.2 Kanthermeneutik als mikrologische Erschließung der Spuren seiner Konzeption der Vernunfteinheit in den Verzweigungen seines dualistischen Bereichsdenkens

Die hier nur grob umrissene Erarbeitung einer transzendentalphilosophischen Prinzipientheorie als transzendentallogische und -phänomenologische Grundlagentheorie[15] ist eng verzahnt mit einer originellen Neufassung der transzendentalen Analytik und dabei insbesondere der Deduktion der Kategorien, in Bezug auf welche er die konstitutiven Leistung der „ursprünglichen Prinzipienfunktion der drei Synthesisfunktionen" mit dem „Beweisresultat des Gegenstandsbezugs des Begriffs"[16] herausarbeitet und schließlich mit einer wissenschaftstheoretischen Untersuchung, deren Höhepunkt die Widerlegung der drei klassischen Dilemmata von dogmatischer Setzung, unendlicher Iteration und Zirkel darstellt.[17]

Wie schon angedeutet, sieht *Zeidler* als primäre Leistung der von *Kant* konzipierten Transzendentalphilosophie den Entwurf einer Prinzipientheorie, die die Einheit von Selbst- und Gegenstandsbezug, von Begriffs- und Gegenstandskonstitution, darzustellen versucht und deshalb den Gedanken einer „heautonomen Vernunft", wie es *Zeidler* nennt, entwickelt.[18] Prinzipien bedeuten für eine solche Vernunft Letztbegründungsanspruch (die Begründung kommt zu einem nichtbeliebigen Abschluss) und Reflexivität. *Kant* habe mit dem Entwurf seiner Transzendentalphilosophie somit zwar versucht, eine Begründungslogik als „Kritik" bisher als selbstverständlich unbeachtet gelassener Setzungen auszuarbeiten, die sich „nicht nur *linear* (urteilslogisch bzw. extensional) auf die Gegenstände der

---

14 Ibid., 221.

15 Dazu diente als Vorarbeit die Auseinandersetzung mit den verschiedenen Strömungen des Neukantianismus.

16 Insbesondere im *Grundriss* und in den *Grundlegungen.*

17 vgl. etwa K. W. Zeidler: *Diss*, *GtL*. und deren wissenschaftstheoretische Untersuchung mit dem Höhepunkt der Widerlegungen der drei Dilemmata von Dogmatischer Setzung, unendlicher Iteration und Zirkel.

18 Damit greift er eine Äußerung aus dem späten Neueinsatz des *Kantischen* Denkens im *Opus Postumum* auf.

Erkenntnis, sondern *reflexiv* auf die Erkenntnis der Erkenntnis ebenso, wie auf die Gegenstände der Erkenntnis“[19] bezieht.

Gleichzeitig sei *Kant* aber dem „Nominalismus und der Subjekt-Objekt-Dichotomie der Neuzeit“ anheimgefallen und habe mit seinen Dualismen wie Anschauung und Begriff, Erscheinung und Ding an sich sowie der Prämierung von Urteil (in der Triade von Begriff, Urteil, Schluss) und Verstand (in der davon unabhängigen Triade von Verstand, Urteilskraft, Vernunft) der prinzipientheoretischen Problementfaltung entgegengearbeitet und das in seiner Grundkonzeption angezielte Problemniveau immer wieder verkürzt. Denn auch *Kant* sei, so *Zeidler*: „[…] von dem szientifisch verkürzten Anschauungs-, Erfahrungs- und Gegenstandsbegriff des neuzeitlichen Nominalismus ausgegangen, dem bezeichnenderweise die prominentesten Lehrstücke der Kantischen Philosophie ihre Prominenz verdanken.“[20]

Kant hat sich nach *Zeidler* zeit seines Lebens von diesen nominalistischen Verzerrungen nicht ganz frei machen können, wie sich auch am für unser Thema besonders wichtigen Hang zum logischen „Extensionalismus“ zeigt, auf den ich noch näher eingehen werde. Ohne sich dessen wohl völlig im Klaren zu sein, verabschiedet *Kant* dadurch, wie *Zeidler* vielfach belegt, die für das Projekt seiner Transzendentalphilosophie vorauszusetzende Identität von Denken und Sein. Indem er Sein nur als ein vorausgesetztes gegenständliches Gegebenes (als Objekt) im Gegenüber zu dem, dem es gegeben ist und von dem es prinzipiell getrennt ist, dem Verstand (als Subjekt), ansieht, „verkehrt [er] das

19 K. W. Zeidler: *Grundlegungen,* 126. Das Zitat lautet im Zusammenhang: „Wenn wir dieses Problem nunmehr als ein transzendentalphilosophisches Problem behandeln, dann deshalb, weil erst die Transzendentalphilosophie diese „Reflexivität“ der Prinzipien hinreichend thematisierte, d.h. eine „philosophische“ Logik begründete, die nicht nur *linear* (urteilslogisch bzw. extensional) auf die Gegenstände der Erkenntnis, sondern *reflexiv* auf die Erkenntnis der Erkenntnis ebenso, wie auf die Gegenstände der Erkenntnis zielt. Nur wenn man diese ursprüngliche „dialektische“ Doppelsinnigkeit des transzendentalphilosophischen Ansatzes im Auge behält, werden folgende Ausgangspunkte unserer Interpretation verständlich: erstens, daß die Transzendentale Dialektik (über ihre metaphysik*kritische* Funktion hinaus) das eigentliche systematische Kernstück der Kantischen Philosophie darstellt, und zweitens, daß der nachkantische „Idealismus“ nicht als unkritischer und metaphysischer Rückfall, sondern primär als der Versuch zu werten ist, die von allem Anfang an in der transzendentalphilosophischen Fragestellung angesprochene Einheit von Subjekt und Objekt zum konstitutiven Prinzip, nicht nur zur hypothetischen Voraussetzung oder zum regulativen Prinzip (Kant), des philosophischem Systems zu erheben.“

20 K. W. Zeidler: *GtL*^{3}, Anhang, 308.

transzendentale in ein ontologisches Prinzip." Sollen die laut dieser Voraussetzung so getrennt Gedachten dann doch als solche gedacht werden, die zusammengedacht werden können, bedarf *Kant*, so *Zeidler*, zusätzlicher Annahmen, wie des „Als-ob" des Teleologiegedankens in seinen verschieden starken Spielarten vom physikotheologischen Gottesbeweis bis zur Physikoteleologie der *Kritik der Urteilskraft*.

> Mit der Aufnahme der Subjekt-Objekt-Differenz im Sinne der vorausgesetzten Trennung zwischen dem Verstande, als dem „Vermögen zu urteilen", und der Sinnlichkeit, die ihm den „rohen Stoff sinnlicher Empfindungen" darbietet (*KrV* A 15/B 29), hat Kant jedoch insofern über das Ziel geschossen, als die nachträgliche Vermittlung der solcherart getrennt Vorausgesetzten ein Vorwissen um die Natur des Erkenntnissubjekts selbst, um das Wesen der Wissenschaft überhaupt, oder um die Zweckmäßigkeit [der Natur] für unser Erkenntnisvermögen" (*KU* A XXVIIff.), verlangt, das allenthalben – bald als empirische, bald als metaphysische Voraussetzung – in den transzendentalen Beweisgang hineindrängt.[21]

2. Hinweise zum Verhältnis von formaler und transzendentaler Logik bei *Zeidler*

Es dürfte nach diesem knappen Überblick über *Zeidler*s prinzipientheoretische Neufassung der Transzendentalphilosophie kaum überraschen, dass das Verhältnis von formaler und transzendentaler Logik ein Hauptthema seiner Untersuchungen darstellt.

2.1 *Zeidler*s Kritik am „Extensionalismus"

Zeidler hat sich an wichtigen Stellen seiner Argumentation, wie schon erwähnt, kritisch zum schwerpunktmäßigen „Extensionalismus" bei *Kant* geäußert. Eine solche Auszeichnung einer extensionalen Betrachtung der „klassischen" aristotelisch-scholastischen Logik war in diesem Logikverständnis schon auf Grund der prominenten Rolle der Urteilslogik, der konventionellen Notation von Begriffen (in und außerhalb von) Urteilen und der neuen modischen Vorliebe[22] vorgegeben – im Gegensatz zu einer Extensionalität und Intensionalität zumindest gleich gewichtenden Logikfassung, um die sich etwa Leibniz bemüht hatte.[23]

---

21 K. W. Zeidler: *GtL*³, 144 – vgl. auch die knappe Zusammenfassung im Nachtrag, 309–311, in welcher Zeidler diese strategische Verwendung des Teleologiegedankens entwicklungsgeschichtlich in zehn Punkten nachzeichnet.

22 Vgl. dazu P. Schulthess: *Relation und Funktion. Relation und Funktion*, vgl. Anm. 9.

23 P. Weingartner: Bemerkungen zum Intensionsbegriff in der Geschichte der Logik, in: *Zeitschrift für philosophische Forschung* 29, 1975, 51–68

Urteile wurden im Sinne der aristotelischen „Prädikationsstruktur" als Zuordnung eines Individualbegriffs („Subjekt") zu einem Allgemeinbegriff (Prädikat") interpretiert, der daher in der Regel klassenlogisch (von seiner Begriffsextension her) verstanden wurde.[24] Ausgehend von der Relation „enthält/enthalten" wurden Begriffsverhältnisse als extensionale Bereiche zu-, neben- und untergeordnet, intensionale hierarchische Merkmalsgefüge gemäß der Relation „ist/sind enthalten in" konnten vernachlässigt werden.

Zeidler sieht daher in *Kants* Vorliebe für extensionale Strukturdeutungen den wesentlichen Grund dafür, dass er in der *transzendentale Dialektik* den Zusammenhang der drei Vernunftideen *Seele, Welt und Gott,* die eigentlich nur übersinnliche „Quasigegenstände"[25] darstellen, nur als Nebeneinander dreier nur extensional betrachteter Vernunftschlüsse begreift und daher ihre regulative von ihrer möglichen – von ihm auf diese Weise ausgeblendeten – konstitutiven Synthesisleistung abtrennt und als „Prosyllogismen" bestimmt.

> Dies aber hat seine Ursache allein darin, daß die Vernunftschlüsse von Kant nur subsumtions- und urteilslogisch, als die grenzbegrifflichen Formulierungen eines letzten Begründungszusammenhanges der Erkenntnisse des Verstandes bestimmt sind. Die Vernunftschlüsse bleiben daher *als Schlüsse* bei Kant unterbestimmt. Genauer: die kollektive Vernunfteinheit wird als vollendete (unbedingte) Verstandessynthesis von der Deduktion her gedacht, die auch in einer extensionalen (urteilslogischen) Logik als Schluß bestimmt werden kann und welche die traditionelle Logik daher als einzige gültige Form des Schlusses kennt.[26]

---

24 Der Typenunterschied zwischen Allgemeinbegriffen als Klassen und Individualbegriffen als Grenzbegriffen (Mengen), der schon Aristoteles bekannt war, prägte diese „Prädikationsstruktur" wegen ihrer erkenntnistheoretischen Anwendbarkeit so sehr, dass die intensionale Zuordnung von Allgemeinbegriffen zueinander, ohne weiteres durch einen Wechsel von extensionaler zu intensionaler Betrachtung („Leserichtung" in der Pyramide") zweitrangig wurde. Vgl. H.-J. Müller: *Logik neu denken,* 2016. Zeidler kommentiert: „Auf dieser Möglichkeit einer klassenlogischen Repräsentation begriffslogischer Ordnungsstrukturen beruht letztlich das gesamte Gebäude der formalen Logik in seiner doppelseitigen Ausprägung in eine formale Syntax und Semantik (formale Bedeutungstheorie). Diese Doppelseitigkeit spiegelt sich daher auch in der traditionellen aristotelisch-scholastischen Gestalt der formalen Logik wider, sei es, daß die Logik der Inhärenz (Klassenlogik) unmittelbar in eine materiale Bedeutungstheorie (Ontologie) übersetzt oder durch eine Suppositionstheorie ergänzt wird, welche die Über- und Unterordnung der Begriffe auf der Grundlage ihrer umfangslogischen Beziehungen zu rekonstruieren versucht." (K. W. Zeidler: *GtL*^{3}, 184)

25 K. W. Zeidler: *Grundlegungen,* 188 u. ö.; zu ihrer logischen Analyse siehe Schulthess.

26 K. W. Zeidler: *GtL*^{3}, 177.

Diese einseitige Auszeichnung der Deduktion ist dabei eng verknüpft mit der rein extensionalen Lesart des Urteils im Sinne der aristotelischen „Prädikationsstruktur". Das Urteil als Leistung des regelgeleiteten Verstandes gilt *Kant* als Richtschnur für sein Verständnis des Schlusses als Leistung der schließenden Vernunft. Schlüsse lassen sich als zusammengesetzte Urteile und insofern sekundär begreifen, während umgekehrt Urteile als reduzierte Schlüsse in transzendentaler Perspektive als ursprüngliche Synthesisvollzüge anzusehen sind. Deswegen basieren die Kategorien und ihre Schematisierung als gegenstandskonstitutive Verstandeshandlungen auf logischen Formen zu Urteilen, während die Vernunftschlüsse „bloß" regulativ auf rein formale Weise eine noch nicht konstituierte Einheit antizipieren, ohne dass *Kant* die im Begriff der Vernunftideen mitzudenkende konstitutive Einheitsstiftung als inhaltliche Bestimmung der in der *transzendentale Analytik* als rein „formal" funktional bestimmten synthetischen Einheit der transzendentalen Apperzeption zu fassen bereit ist.

> [...] darum scheint ihm undenkbar, daß es von den Bestimmungsfunktionen des Urteils zu unterscheidende Begründungsfunktionen des Schlusses geben könne und im Schließen logisch ursprüngliche Synthesisfunktionen des Begriffs faßbar werden, die Voraussetzungen sind für den Subsumtionsschluß und den extensionalen Begriff.[27]
> Aufgrund welcher Bedingungen die in den Prämissen des deduktiven Syllogismus immer schon vorausgesetzte Bejahung und Allgemeinheit vorausgesetzt werden kann (siehe oben, S. 179), ist daher nicht eine Frage der formalen, sondern der transzendentalen Logik. Es handelt sich dabei auch nicht um irgendeine, mehr oder weniger beliebige Fragestellung der transzendentalen Logik, sondern um ihre grundsätzlichste, den Horizont all ihrer Fragestellungen umfassende und in sich bergende Frage. Es handelt sich dabei um die Frage nach dem systematischen Zusammenhang der Bedingungen der Möglichkeit des Denkens und der Intelligibilität des Seins. Sie ist in ihrer transzendentalen Doppelseitigkeit (als Frage nach der Erkenntnis des Gegenstandes und nach dem Gegenstande der Erkenntnis) in den Mitten der drei Vernun*ft*schlüsse fundiert.[28]

Im vorliegenden Zusammenhang der Darstellung der kantschen Präferenz für rein extensionales Denken ist die in den *Prolegomena* getroffene Unterscheidung von Wahrnehmungs- und Erfahrungsurteilen durchaus von Interesse.[29] Die Inhaltlichkeit des Wahrnehmungsurteils und der dieses wiederum zu Urteilen synthesierenden Verstandeshandlungen der schematisierenden

27 K. W. Zeidler: *Vermittlungen*, 356.

28 K. W. Zeidler: *GtL*³, 199–200.

29 Dazu G. Prauss: *Erscheinung bei Kant,* Berlin 1971 sowie K. W. Zeidler: Urteil und Schluss, Anmerkungen zur Kritik der reinen Vernunft, in: *Wiener Jahrbuch für Philosophie*, 1984, 27–46.

(Schemata zeichnenden) Kategorien kann nicht durch die synthesierende Kraft der Verstandestätigkeit als der schematisierenden und schematisierten Kategorien zustande gebracht werden, sondern ist nach Kant so zu denken, dass ein sinnliches „Datum" bereits vor aller Analyse der logischen Struktur des Synthesis stiftenden Vernunfthandelns durch eine Wahrnehmung von „bestimmbarem" Mannigfaltigen der Anschauung vor-gegeben ist. Hier von „Urteil" zu sprechen, ist daher nur analog möglich,[30] und setzt wie das Ansetzen einer Trias von „Vermögen" (Synthesis, Rekognition, Apperzeption und Produktion) in der Auflage A der *KrV* und der dann doch dem Verstand zugeordneten „Einbildungskraft" in der Auflage B eine originäre, vorgängige, aber nicht als solche thematisierte Vermittlungsleistung voraus. Diese Art der Vorgabe kann nicht ohne versteckten Rückgriff auf verstandes- bzw. vernunftmäßige einheitsstiftende Handlungsmomente konzipiert werden, die seine einfachen, glatten Trennungen als solche doch wieder in Frage stellt: die „apperzipierende" Aufnahme einer ungeordneten Vielfalt („Mannigfaltigkeit") logischer Singularitäten in das transzendentale „Behältnis" (oder auch die transzendentalen „Behältnisse" von Raum (außen) und Zeit (innen) kann nicht rein passiv als „Übergang" gefasst werden. *Kant* konzipiert Raum und Zeit daher in der transzendentalen Ästhetik als „Formen der Anschauung" und macht dann ohne weiteren Kommentar doch diese „Anschauungsformen" zu „formalen", also „formierenden Anschauungen" und somit stillschweigend zu aktiven Einigungsvollzügen.[31]

2.2.1 Die Begriffspyramide als Schema des transzendentalen Vermittlungszusammenhangs der Begriffe in der formalen Logik

Dass Zeidler den Extensionalismus ablehnt, der spätestens seit der Neuzeit das Logikverständnis prägt, lässt ihn auf klassische Darstellungsweisen zurückgreifen, die in der Logik seit der Antike behandelt wurden: die Begriffspyramide und die drei Grundsätze der Identität, des Widerspruchs und des Ausgeschlossenen

30 Der Prausssche Versprachlichungsversuch „Es scheint, dass [x ist eine Rose]" zeigt durch die Übernahme der „Prädikationsstruktur", dass auch hier rein extensional gedacht wird.

31 Zeidler verweist auf den diesem doppelten Anschauungsbegriff entsprechenden doppelten Gebrauch des Ausdrucks „Vorstellung", ders.: *GtL*^{3}, 105ff. – In Bezug auf seine im Horizont einer zukünftigen Erkenntnismetapysik konzipierten *Vernunftkritik des reinen theoretischen Vernunftgebrauchs* will Kant einen nicht-kontrollierbaren Gebrauch über die Grenzen der Sinnlichkeit hinaus prinzipiell ausschließen. *Insofern* hat er natürlich eine gewisse Berechtigung, Verstand und Sinnlichkeit mit aller Schärfe zu trennen, um diese Rückbindung zu ermöglichen.

Dritten (Satz vom Grund). Sie scheinen ihm u.a. deswegen geeignet, weil sie, besonders in der vielfältigen Tradition des Platonismus, der intensionalen Darstellung einen Vorrang oder doch zumindest einen gleichgewichtigen Platz einräumten und auf die bei Platon und Aristoteles angedeutete transzendentale Begründung der Logik verwiesen.[32] Die Begriffspyramide vom endlichen oder grenzbegrifflichen μέγιστον γένος (oberste Gattung) zum (als Grenzbegriff gesetzten) ἄτομον εἶδος (unteilbare kleinste Art) verknüpft Allgemeinbegriffe als Gattung und Art (bzw. Unterart sowie die Nebenart) durch eine Ordnungsrelation, die extensional als „enthält/enthalten" und intensional als „ist/sind enthalten" zu lesen ist. Auf diese Weise stellt sie für *Zeidler* ein Bild der ursprünglichen Vernunfteinheit, der ἰδέα του ἀγαθοῦ, dar, übertragen in die logisch-ontologische Sprache Platons:

> Dieser Leitfaden [die traditionelle formale Logik als Leitfaden der metaphysischen Deduktion des Raumes – H.-J.M.] ist die *Begriffspyramide*, die sich für uns als begriffslogisches Moment eines transzendentalen Raumschematismus auch historisch beglaubigt hat, insofern sie dem Platon und Aristoteles – und in theologischer Umformung (in Gestalt der Emanationslehre) auch dem Neuplatonismus – nicht primär ein starres ontologisches und formallogisches Ordnungsprinzip der Begriffe, sondern das Schema des transzendentalen Vermittlungszusammenhanges der Begriffe und damit auch der formalen Logik selbst gewesen ist.[33]

Wie immer die Relationen zwischen den Allgemeinbegriffen hier auch dargestellt werden, topologisch[34] oder mit aus der Mathematik entlehnten Symbolzeichen, es sollte sichergestellt werden, dass die gewählte Struktur der Diagramme

---

32 K. W. Zeidler: *Vermittlungen*, 191–208. Zeidler tastet hier u.a. die einschlägigen Argumentationen bei Platon (etwa in den Dialogen *Sophistes, Philebos, Parmenides*) und Aristoteles auf die transzendentallogische Dimension ihrer Aussagen ab. – Allerdings muss auch in Rechnung gestellt werden, dass die traditionelle Anordnung als Pyramide mit der Spitze oben die Leserichtung von oben nach unten nahelegt und daher eine extensionale Leserichtung zu präferieren scheint. Daher bedarf es in der Regel einer Anweisung, die auf die intensionale Leserichtung von unten nach oben verweist: Man muss die Pyramide mit unendlicher Extension mit dualer leeren Intension, dem „Meinbaren", an der Spitze gedanklich oder real gleichsam auf den Kopf stellen.

33 K. W. Zeidler: *GtL*[3], 225.

34 Wie in den *Existential Graphs* von Charles Sanders Peirce, bei L. Geldsetzer: *Logik*, Aalen 1987; B. Baron v. Freytag-Löringhoff: *Logik I: Ihr System und ihr Verhältnis zur Logistik*, 5., erweiterte Auflage, Stuttgart 1972 und *Logik II: Definitionstheorie und Methode des Kalkülwechsels*, Stuttgart 1967 sowie H.-J. Müller: *Logik neu denken*. – Zu Peirce 3 Systemen von Graphen siehe auch D. D. Roberts: *The Existential Graphs of Charles S. Peirce*, The Hague/Paris 1973.

Extension und Intension unmittelbar deutlich werden lässt. Eine Kennzeichnung eines Allgemeinbegriffs durch einen Großbuchstaben (die Tradition des Aristoteles) oder einen Kleinbuchstaben (die Tradition der modernen Aussagen- und Prädikatenlogik) kann in der Darstellung durch dieses einzelne Zeichen die innere Gegliedertheit intensionaler Begriffe, besonders der Art- und Nebenartbegriffen, nicht so sichtbarmachen, wie eine z.B. von *Geldsetzer* angeregte Notation, die alle Begriffsinhalte jeweils durch ein eigenes Buchstabenzeichen kennzeichnet. Dies wird im weiteren Verlauf noch näher zu entfalten sein.

Mit dieser Forderung nach einer angemessenen Notation dürfte *Zeidler* insofern übereinstimmen, als er das Anliegen verfolgt, die Engführungen des Extensionalismus aufzubrechen und damit dazu beizutragen, durch Anerkennung der Verschränkung von Extension und Intension in jeder Begriffsrelation die transzendentallogische Begründungsdimension der Begriffslogik zumindest offenzuhalten.

Deshalb überrascht es keineswegs, dass *Zeidler* programmatisch fordert, eine Begriffslogik müsse sich von allen Gesichtspunkten lösen, die zu der im *mainstream* des philosophischen Denkens verbreiteten Tendenz beitragen, die Möglichkeit einer solchen Beziehung auf den transzendentalphilosophischen Vermittlungszusammenhang zu verdecken und die Betrachtung der formalen Logik auf gegenständliche Anwendbarkeit zu reduzieren:

> Kurzgefaßt müssen zwei die traditionelle Lehre vom Begriff beherrschende Auffassungen revidiert werden, die beide aus dem Vergessen der prospektiven Funktion des Begriffes resultieren:
> 1) die *extensionale* Auffassung, daß Begriffe von ihrem Umfang (Extension, Bedeutung) her vollständig bestimmt und auf diesen reduzierbar seien, 2) die *Konventionalitätsthese,* die besagt, daß Begriffe bloß konventionelle (beliebige) Zeichen für ein Bezeichnetes (den *Umfang* des Begriffes eben) sind.[35]

---

35 Zeidler: *Grundlegungen*, 70, Anm. 20. Zeidler verweist hier auf Probleme und Engführungen, wie sie der klassischen mit der „Prädikationsstruktur" S – P verbundenen Darstellung der (extensional bzw. klassenlogisch verstandenen) Begriffslogik und der dort fehlenden Dynamik der drei Dukte unvermeidlich inhärieren. Neben diesen Forderungen wären aus meiner Sicht noch weitere zu nennen: insbesondere das Thematisieren der prinzipiellen Relationalität der Begriffe, ihre die diagrammatische Darstellung auf eine extensionale und intensionale Beziehungen gleichermaßen sichtbar machende Weise und der Verzicht auf jede ausdrückliche Urteilslogik (über Begriffsrelationen und Syllogismen hinaus). Siehe dazu auch H.-J. Müller: *Logik neu denken*, 2016, Kap. 1 passim. – Erhellend auch die folgende Ausführungen Zeidlers: „Während die formale Logik die Vermittlung von Intension und Extension als formallogisch irrelevanten Gegenstandsbezug des Begriffs ebenso selbstverständlich voraussetzt, wie ausblendet und sich darum einseitig an der Deduktion, d.i. an der immer schon

2.2.2 Zeidlers *Ansatz bei den drei Klassischen Sätzen der Identität, des Widerspruchs und des Ausgeschlossenen Dritten (Satz vom Grund) und der weiterführende Prinzipiengedanke*

Die „sogenannten Grundgesetze" der traditionellen scholastisch-aristotelischen Logik, das *principium identitatis*, das *principium contradictionis* und das *principium exclusi tertii (sive medii inter duos contradictoria)* deutet *Zeidler* also von der darin verborgenen transzendentalen Bedeutung dieser logischen Gesetze her. Dies ist möglich, weil sie faktisch als intensionale Begriffslogik ausgearbeitet worden sind, auch wenn sie wegen der herausragenden Rolle der aristotelischen Prädikationsstruktur meist in urteilslogischen Zusammenhängen angewandt wurden.[36] Insofern beschreiben die genannten logischen Grundsätze für *Zeidler* die „Arten der Gegenstandssynthesis überhaupt", die, mit *Kant* gesprochen, „gegebene Erkenntnisse zur objektiven Einheit der Apperzeption" bringen können. *Zeidler* versteht sie gleichsam als erstmalige Versuche, transzendentallogische Prinzipien zur Sprache zu bringen, die zwar noch nicht auf zureichende subjekttheoretische, aber dennoch erhellende Weise wesentliche Aspekte der in der transzendentallogischen Synthesisleistung der drei syllogistischen Dukte thematisierten Prinzipien treffend kennzeichnen. Deswegen könnte man den Abschnitt Fünf des *Grundrisses*, der mit *Entfaltung der kategorialen Systematik* überschrieben ist und die implizite Rolle der drei Grundsätze erschließt, indem er sie den „Funktionen der Einheit unter unseren Vorstellungen" *Kants* zuordnet, durchaus als eine erste vorausgreifende Fassung der „ursprünglichen transzendentale Prinzipienfunktion der drei syllogistischen Dukte" lesen, wie sie dann insbesondere der *Nachtrag* skizziert.[37]

Zeidler geht allerdings einen anderen Weg: Ihm geht es in seinem *Grundriss* neben der transzendentalen Prinzipientheorie der Vernunft, die die Ideenleere

---

gelungenen Prädikation, orientiert, deckt Peirce anhand der Parallelisierung von ‚Icon' und ‚Index' mit den zwei synthetischen Schlußweisen *Abduktion* und *Induktion* phänomenologische Voraussetzungen der Prädikation auf, die sich (in Entsprechung zu Kants metaphysischer Deduktion der Kategorien) als transzendentallogische ‚Bedingungen der Möglichkeit' der Zeichenrepräsentation legitimieren, insofern sie aus der kombinatorischen Umformung und Vervollständigung des formallogischen Subsumtionsschemas entstanden sind." (K. W. Zeidler: *GtL*^{3}, 212)

36 K. W. Zeidler: *GtL*^{3}, §§18–21, hier: 117 und H.-J. Müller: *Logik neu denken*, 50ff. Die „atomistische" Struktur S – P geht zwar von immer schon als bestimmt auftretenden Individualbegriffen und Allgemeinbegriffen aus, lässt aber doch vielfältige Möglichkeiten von Begriffsrelationen im Sinne „nachträglicher" Zuordnungen von Begriffen zu.

37 K. W. Zeidler: *GtL*^{3}, 283–324, (insbes. 314ff.).

der *transzendentalen Dialektik* zum Schlüssel seiner Transzendentalphilosophie macht, auch um eine ganz spezifische und überraschend konsistente Rehabilitierung des *kantischen* Argumentationsgangs der *transzendentalen Analytik* vom Leitfadenkapitel über die Kategoriendeduktion bis zum Schematismus durch eine, wie es im Klappentext heißt, „Genetisierung der Kategorien". Diese „transzendentale Geschichte" des Selbst- und Gegenstandsbewusstseins als vor-gegenständlichem wird im Horizont des regelgeleiteten Verstandes als „transzendentale Differenzierung der Urteilssynthesis" so durchgeführt, dass die kantischen Lehrstücke frei von gegenständlichen Verengungen neu gefasst werden. Zeidler möchte seine Untersuchung auf diese Weise „in größtmöglicher Annäherung an Kants Versuch einer Kategorienbegründung weiterführen". Dabei geht es ihm darum zu beweisen, dass es „unter Ausschaltung oder Ergänzung der spezifischen Mängel des Kantischen Beweisansatzes" möglich ist, „eine gereinigte Fassung der Kategoriendeduktion zu erstellen"[38] und eine „vollständige Kategoriensystematik"[39] vorzulegen.[40]

Durch den Nachweis einer möglichen „subjektiven" (also subjekt- und zugleich objekt-bezogenen) Deduktion der Kategorien als Komplement zur „objektiven", also rein gegenstandsbezogenen Deduktion der Kategorien, und damit durch Rückgang von *Kants* einseitiger Gewichtung der Gegenständlichkeit „zu einer vollständigen Darstellung der Funktionen der Einheit in den Urteilen"[41] gewinnt er mittels des „intelligiblen Substrats" der ursprüngliche Einheit von Selbst- und Gegenstandsbewusstsein eine transzendentallogische Grundlegung. Und in eins damit gelingt es ihm auch, die Vollständigkeit der *kantischen* Kategorientafeln nachzuweisen und zur Grundlage einer transzendental-phänomenologischen

38 K. W. Zeidler: *GtL*^{3}, 103.

39 K. W. Zeidler: *GtL*^{3}, 102.

40 Dabei geht Zeidler so weit, sich auf eine List der Vernunft zu berufen, die auch das Scheitern der Durchführung des Kant*ischen* Beweisgangs noch als Argument für ihr erneutes Gelingen in Anspruch nehmen kann: „Damit deutet sich bereits eine plausible Antwort auf die zuvor aufgeworfene Frage (siehe oben, S. 102f.) an, inwieweit der Widersinn der Kantischen Kategorienbegründung, der aus der fehlenden Selbstreflexion des Erkennens resultiert, ein richtiges Resultat erbringen könnte: indem Kant den Verstand, der von den „Begriffen [...] keinen andern Gebrauch machen [kann], als daß er dadurch urteilt", mit der „Spontaneität des Denkens" identifiziert, auf der sich die „Begriffe gründen", und sich daher sowohl auf die absolute Einheit des Verstandes, wie auch auf dessen innere Unterschiedenheit beruft, hat er die Selbstdifferenzierung des Verstandes auf dessen eigener Ebene vollzogen." (K. W. Zeidler: *GtL*^{3}, 109)

41 Kant, I.: *Kritik der reinen Vernunft*, A 68f./B 93f.

(oder transzendental-ontologischen[42]) Raum- und Zeitlehre auf der Basis eines „reinen", vor-gegenständlichen Raum- und Zeitschematismus zu machen.

Die Angemessenheit dieses Verfahrens zeigt sich auf zweifache Weise:

(a) in der Plausibilität der Durchführung – die drei erörterten Grundsätze (deren dritter wiederum triadisch gegliedert ist) erlauben als die „wahren" *Funktionen der Einheit in den Urteilen* eine argumentativ schlüssige Zuordnung zu den vier Kategoriengruppen.
(b) in dem bisweilen ebenso überraschenden wie einleuchtenden Ergebnis, dass sich in diesem Rückbezug auf die klassische Logik der Begriffspyramide und der logischen Grundsätze als transzendentale Begründungsdimension strukturelle Korrespondenzen etwa zwischen diesen von *Zeidler* erschlossenen transzendentalen Einheitsfunktionen als den wahren *Funktionen der Einheit in den Urteilen* einerseits und den *kantischen* Gegenstandskategorien andererseits ergeben. Ähnliche Entsprechungen arbeitet *Zeidler* dann auch im Verhältnis zu den neu erarbeiteten *reinen Schematen von Raum und Zeit* sowie den Wahrheitswerten der Blau-schen mehrwertigen Logik heraus.[43]

Der alte Grundsatz der „Identität von Denken und Sein", das *principium identitatis*, drückt nach Zeidler, transzendental besehen, das abstraktiv aus der Bewegung einer transzendentalen Verstandessynthesis herausgegriffene Anfangsmoment der „Möglichkeit jeder begrifflichen Bezugnahme überhaupt" aus:

> Dieses oberste onto-logische Prinzip drückt in glücklichster Weise die Selbstbezüglichkeit und Übergegensätzlichkeit des Etwas überhaupt aus und macht damit von vornherein alle Anmaßungen einer Dingontologie zunichte, […][44]

Es handelt sich um jenen einheitsstiftenden Vollzug einer Verstandeshandlung („Funktion der Einheit"), aus Vorstellungen[45] einen Begriff zu entwerfen und im Laufe dieses Synthesisvollzugs in Relationen zu weiteren Momenten zu bestimmen. Diese „ursprüngliche transzendentale Beziehungseinheit" ist für Zeidler

---

42 So H. Wagner: *Philosophie und Reflexion*, Paderborn 1959.

43 Siehe dazu Zeidlers Schema in: *GtL*³, 280f. Die Bezüge können im Rahmen dieses Aufsatzes naturgemäß nicht alle erörtert werden. Sie können aber von den Ausführungen des Textes wie auch dem Nachvollzug der logischen und transzendentallogischen Bezüge als überraschend plausibel beurteilt werden.

44 K. W. Zeidler: *GtL*³, 118.

45 Die Frage einer Lösung des Dualismus der beiden Vorstellungsarten des Verstandes, Anschauung und Begriff, braucht hier nicht behandelt werden. Seine Lösung ergibt sich im Durchgang durch Zeidlers transzendentallogische Darstellung der Geschichte des Selbstbewusstseins mit dem Abschluss der Raum- und Zeitschematismen.

durch die klassische Versprachlichung mittels Buchstabensymbolik als „A ist A" hinreichend dargestellt. Das abduktive, kategorisch setzende Moment „der Einheit einer Vorstellung" findet sich in vergegenständlichter Weise in der *kantischen* Kategoriengruppe der Quantität in die Trias von „Vorstellungseinheit, Beziehungseinheit und Verstandeseinheit" (*kantisch*: Einheit, Vielheit, Allheit) aufgespalten.[46]

Ergänzend sei hier noch angemerkt, dass *Zeidler* die Positionen des mittelalterlichen Universalienstreits in der Absicht einer sachgemäßen Illustration auf die drei Dukte abbildet, und von da her dieses Identitätsprinzip als Zusammenhang von „Spontaneität und Erfahrungseinheit" im Sinne des „universale ante res" deutet, das durch Abduktionsschluss vorausgesetzt wird und nicht als nominalistisches (Logik und Ontologie im Zuge einer Vergegenständlichung Trennendes) „universale post rem" durch Induktion (und nachfolgende Subsumption) zu erschließen sucht.[47]

Gleichursprünglich mit dem *principium identitatis* als Ursprung und unmittelbarem „Selbstbezug" findet die sich im *principium contradictionis* manifestierende Bewegung des Denkens im Widerspruchsprinzip statt. Bestimmendes und Bestimmtwerdendes treten unmittelbar „auf einen Schlag" auseinander bzw. wieder zusammen. *Zeidler* gibt hier zwei Weisen der Versprachlichung an: „A *ist* nicht Non-A", welches das unmittelbare Auseinandertreten in den Unterschied als „Limitation" kennzeichnet bzw. „A ist *nicht* Non-A", „an welchem Non-A die Unmittelbarkeit des A ist A erinnert [...]". Es handelt sich also um eine *Negation der Negation*, denn es bedeutet zugleich, dass Non-A durch den Rückbezug auf

46 K. W. Zeidler: *GtL*[3], 169.

47 K. W. Zeidler: *GtL*[3], 122 passim: Alle drei *universalia* sind nach Zeidler damit belastet, dass ihre transzendentale Begründungsleistung nicht wahrgenommen wird: Das *universale ante rem*, das dem abduktiven *Sinnallgemeinen* korrespondiert, wird als logische oder ontologische Idee missdeutet, das *universale in rem*, das dem induktiven *Repräsentationsallgemeinen* korrespondiert, scheitert am Induktionsproblem, da der repräsentative Charakter des Allgemeinen nicht aus empirischer Erfahrung zu gewinnen ist, und das *universale post rem, das* dem deduktiven Subsumptionsallgemeinen korrespondiert, möchte eine Referenztheorie formallogisch regeln. – Kant habe in der *Kritik der reinen Vernunft* immerhin, so lobt Zeidler, gegen eine solche ding-ontologische Trennung von Logik und Ontologie als Folge des Nominalismus argumentiert, als er kritisierte, dass *Sein* kein „reales Prädikat" im Sinne der Ontologie sei und nur empirisch erfasst werden könne und stattdessen den obersten Grundsatz aller synthetischen Urteile a priori als Bedingung der Notwendigkeit von Erfahrung überhaupt formuliert: der Einheit von Anschauungs- und Verstandesform einerseits und der Gegenstandsform andererseits.

das ursprüngliche, im Ausgang der Bewegung gesetzte A „[…] sich in die festzuhaltende Bestimmung des A verändert“.[48] – „Unmittelbarkeit des Fremdbezugs“ durch „Vermitteltheit des Selbstbezugs“. Diese durchaus dialektische Wechselbestimmung, die als aktiv-passiv bzw. affirmierend und negierend (und umgekehrt) verstanden werden kann, stellt sich für *Zeidler* schon hier im *principium contradictionis* in der Zweiheit von „A *ist* nicht Non-A“ und „A ist *nicht* Non-A“ als Ermöglichungsgrund der klassischerweise im kopulativen „ist“ der aristotelischen Prädikationsstruktur ausgedrückten Verknüpfung dar. Daher gilt ihm das *principium contradictionis* auch als Darstellung des „möglichen Urteils“, ohne dass hier ein Kritizismus im Sinne *Kant*s in eine Philosophie der vergegenständlichenden Subjekt-Objekt-Unterscheidung zurückfallen müsse, insofern jedes der beiden A (vor und nach dem „ist nicht“) von vorn herein mit dem jeweils anderen in völlig gleichberechtigter Wechselbeziehung steht. Ob allerdings die auf *Kant* zurückgehende Trias Begriff, Urteil, Schluss mit einer Progression von einfachen Elementen zu primären und komplexeren Strukturen als Kennzeichnung der Momente der Synthesisbewegung so ohne weiteres geeignet ist, sei dahingestellt.[49] Das hypothetische Moment der „Einheit von Bestimmung und Bestimmtheit“, das sich der Synthesisleistung des induktiven Schlusses verdankt, findet sich nach *Zeidler* auch in vergegenständlichender Weise in der *kantischen* Kategoriengruppe der Qualität wieder, aufgespalten in die Trias Einheit, Vielheit, Allheit.[50]

Das *principium exclusi tertii – der mögliche Schluss* – als „Funktion der Einheit des möglichen Urteils im Denken“ bringt für *Zeidler* die transzendentale Denkbewegung in dreifacher Hinsicht zu einem Ende. Denn der Ausdruck „im Denken“ verweist auf das nunmehr ausdrücklich gewordene Moment des Selbstbewusstseins, das in drei Vollzugsweisen verbildlicht wird:

(1) in „der Einheit einer Vorstellung“, die „im Denken“ ausdrücklich als solche, als *Satz der Bestimmbarkeit* „A ist B“ (ohne klassisches Korrelat, vielleicht *principium possibilis definitionis*) benannt wird und auf vorstellungshafte

48 K. W. Zeidler: *GtL*³, 129.

49 Ähnliches gilt m. E. auch für die räumlichen Schemabilder der „reinen Raum- und Zeitschemata“: Punkt, Linie, Raum. Grundsätzliche Kritik daran übt z. B. Whitehead, indem er die Deutung des Punktes als elementare Größe, auf dem sich Linie und Raum aufbauen, statt als Grenzbegriff als Beispiel für eine „fallacy of misplaced concreteness“ bzw. „abstraction“ darstellt, etwa in A. N. Whitehead: *Science and the Modern World*, Cambridge, Mass. 1926, 51. – Vgl. auch Abschnitt 3.1 dieses Aufsatzes.

50 K. W. Zeidler: *GtL*³, 169.

Weise als formallogische oder ontologische unterordnende Relation von *Substanz und Akzidenz*;

(2) in „der Einheit von Bestimmung und Bestimmtheit als Beziehung", deren Relationalität im *Satz vom zureichenden Grund (principium rationis sufficientis)* „wenn B, dann Non-B" und auf vorstellungshafte Weise als formallogische oder ontologische (meist empiristische) asymmetrisch nachordnende Relation von *Kausalität und Dependenz*;

(3) im *Satz vom ausgeschlossenen Dritten (principium exclusi tertii)* „A ist entweder B oder non-B" auf vorstellungshafte Weise als formallogische oder ontologische korrelierende Relation der *Wechselwirkung*.

Die so zu vollziehenden Weisen der „Einheit des möglichen Urteils im Denken" kennzeichnen dann auch die Synthesishandlungen der Vernunft, die Schlüsse.

Diese drei Vollzugsweisen wiederholen dabei die Bewegung des ersten und zweiten Grundsatzes im Dritten und fügen somit das Ganze „der Gleichursprünglichkeit von Bestimmtem, Bestimmung und Bestimmtheit"[51] zu einem reflexiven Prinzipiengefüge zusammen, wie ich es unten durch das Maschenquadrupel zu fassen versuche. Das abduktive, kategorisch setzende Moment „der Einheit des möglichen Urteils im Denken einer Vorstellung" im „Satz der Bestimmbarkeit" findet sich in der *kantischen* Relationskategorie der *Inhärenz und Subsistenz*, das induktive, hypothetische Moment der „Einheit von Bestimmung und Bestimmtheit" findet sich in der *kantischen* Relationskategorie der *Kausalität und Dependenz* und das deduktive, zwei Bestimmungen disjunktiv verknüpfende Moment der „Einheit des möglichen Urteils im Denken" findet sich in der *kantischen* Relationskategorie der *Wechselwirkung*.

Selbst in der knappen Weise, in der ich den *Satz der Bestimmbarkeit* in seinen drei Untersätzen skizziert habe, konnte ein Bezug auf die kantischen Relationskategorien bzw. auf die Synthesisformen der drei Dukte deutlich werden.

Diese „dynamische", den Vollzug transzendentalen Synthesishandelns darstellende Kategoriengruppe der Relation scheint mir so gesehen in der Tat unbestreitbar das originäre Zentrum der transzendentallogischen Deutung der „Einheit der Funktionen zu Urteilen" zu sein. Wie im Übrigen auch die Mathematik selbst, die intensionale Verhältnisse methodisch vernachlässigt,[52] sind m. E. auch die beiden „mathematischen" Kategoriengruppen transzendentallogisch gesehen abkünftig und müssen als Momente der in den Kategorien der Relation thematisierten Relationen verstanden werden.

51 K. W. Zeidler: *GtL*^{3}, 140.

52 H.-J. Müller: *Logik neu denken*, Kap. 3.1 und 3.4.1

2.2.3 Zeidlers *Rehabilitation der kantischen Kategorientafel*

Auf der Grundlage der dargelegten Entspechungsverhältnisse zwischen den Strukturmomenten der klassischen Logik und den transzendentalen Einheitsfunktionen gewinnt *Zeidler* sein Argument für ein Verständnis der Kategorienlehre *Kants*. Dieses versucht, unter Absehung vom einengenden gegenständlichen Deutungsrahmen *Kants*, die Argumentationsfolge der *transzendentalen Analytik* und die in vollem Umfang bestehende transzendentallogische Relevanz ihres Themas plausibel zu machen.

Ich möchte hier noch einmal kurz auf das Thema Kategorientafel zurückkommen. Der transzendentallogische Zusammenhang der bereits vergegenständlichenden „Einheit der Funktionen zu Urteilen" *Kant*s mit den transzendentalen Funktionen „der Einheit unter unseren Vorstellungen" *Zeidlers* sowie den vergegenständlichten Kategorien *Kant*s wird in seiner inneren Logik von *Zeidler* schlüssig vorgetragen.[53] Besonders gelungen erscheint mir, dass *Zeidler* die Vollständigkeit der trotz ihrer Gegenstandsbezogenheit auf die „Einheit unter unseren Vorstellungen" bezogenen Kategorientafel beweist, in dem er diesen Zusammenhang herausarbeitet.

Dennoch veranlasst gerade diese Konzeption der „Einheit unter unseren Vorstellungen" eine kritische Anfrage: Zeidlers Intention ist es, „nah an *Kant*" zu bleiben. Deshalb möchte er den Argumentationszusammenhang, den die *kantischen* Lehrstücke der *transzendentale Analytik* bilden, *als eine von ihrer inneren logischen Struktur her* trotz aller Sperrigkeit, welcher durch die einseitige Gegenstandbezogenheit und den letztlich damit verbundenen Dualismus von Anschauung und Begriff verursacht ist, *durchaus transzendentallogisch relevante Fassung der „ursprünglichen transzendentalen Beziehungseinheit" von Selbst- und Gegenstandsbewusstsein* präsentieren. Dies ist ihm auch mit viel Scharfsinn und mit genauer Rekonstruktion der Argumentationsschritte *Kant*s gelungen. Wenn wir aber einmal von dem Interesse *Zeidler*s an einer transzendentallogisch angemessenen Rekonstruktion der *transzendentale Analytik* (und natürlich auch der *transzendentalen Dialektik)* absehen, die deren einseitige Fixierung auf das gegenstandskonstituierende Moment der Einheitsstiftung der Vernunft unter Absehen der in eins damit sich vollziehenden Konstitution des Selbstbewusstseins aufhebt, dann erscheint *Zeidler*s Verfahren nicht mehr so selbstverständlich. Ist denn wirklich, so möchte ich fragen, der innere systematische dreiteilige Aufbau[54] als gedoppelte Trias von (1) *möglichem Begriff*, (2) *möglichem Urteil*

53 Besonders in den Kap. 5 und 6 von K. W. Zeidler: *GtL*^{3} und in dessen *Nachtrag*.

54 Ein vollständiger, vierfacher Aufbau in Übereinstimmung mit der Tetralogie der Kategorientafel ergibt sich unter Einbeziehung der *Metakategoriengruppe* der Modalität.

und (3) *möglichen Schluss*, wobei letzterer wiederum als (3.1) *Schluss* im Horizont des *Denken des möglichen Begriffs*, (3.2) als *Schluss* im Horizont des *Denken des möglichen Urteils* und (3.3) als *Schluss* im Horizont des *Denken des möglichen Schlusses* zu verstehen ist, zwingend erforderlich? Können nicht die als Synthesishandlung zu fassenden und in den Dukten sich manifestierenden Weisen der „ursprünglichen transzendentalen Beziehungseinheit" von Selbst- und Gegenstandsbewusstsein in der dreigliedrigen schlusslogischen Präsentation der transzendentallogischen Dimension dieser drei Dukte selbst aufgewiesen werden? Dies könnte die in der *transzendentalen Dialektik* anzusiedelnde, für Selbst- und Gegenstandsbewusstsein konstitutive (und nunmehr aus ihrer gegenständlichen und regulativen Verengung befreite) Ideenlehre selbst (in Analogie zur Kategorienlehre von *Erstheit, Zweiheit* und *Drittheit* bei *Charles Sanders Peirce*) zur notwendig vollständigen und hinreichenden transzendentalen Kategorienlehre werden lassen. Einen Versuch dazu möchte ich im letzten Kapitel vorstellen.

2.2.4 Der reine Raum- und Zeitschematismus

In strenger Entsprechung zu seinem Verfahren „nahe bei *Kant*", wie er es für seinen Beweis der Vollständigkeit der Kategorientafel angewendet hatte, versucht *Zeidler* einen reinen, sozusagen ent-gegenständlichten Raum- und Zeitschematismus zu entwerfen.[55] Dazu entwickelt er die Methode einer phänomenologischen ‚Versinnlichung' der „drei logischen Prinzipien der *Homogenität, Spezifikation* und *Kontinuität* der Formen", die er aus dem Kapitel *Von dem regulativen Gebrauch der Ideen* übernimmt und deren Synthesisleistung er ja als nicht bloß regulierend, sondern als primär konstituierend bestimmt (*KrV* A 657/B 685).[56] Er sieht sie zunächst einmal bereits dem gegenständlichen Zeitschematismus bei *Kant* ansatzweise zu Grunde gelegt. Diese transzendentalphänomenologisch unabdingbare Verbildlichungsleistung *Kants* wäre für *Zeidler* nicht hinreichend gewürdigt, wenn man es dabei beließe, sie lediglich „[a]uf den ersten Blick [...] [als] Veranschaulichung einer subsumtionslogischen, rationalistischen Methodologie" abzutun, und dabei außer Acht ließe, dass sie in eins mit dieser durchaus zwingenden kritischen Betrachtung auch transzendentallogisch als Grundlage für die Präsentation eines *reinen Raumschematismus* zu interpretieren wäre.[57] Diesem so bei *Kant* bekanntlich nicht ausgearbeiteten Lehrstück

55 Dieses Thema wird sehr ausführlich in K. W. Zeidler: *Vermittlungen*, 209–298 und den §§23, 24 des *GtL*³, hier: 149–166 und §29, 219–230 vorgetragen.

56 K. W. Zeidler: *GtL*³, 221ff.

57 Ibid., 221ff.

des *reinen Raumschematismus* schließt sich systematisch folglich auch die Ausarbeitung eines ihm korrespondierenden *reinen Zeitschematismus* an.

Zeidler verwendet für diese phänomenologische Weiterführung seiner neuen *transzendentalen Analytik* auch wieder die systematische dreiteilige Gliederung der „transzendentalen Funktionen der Einheit unter unseren Vorstellungen" als gedoppelte Trias von (1) *möglichem Begriff*, (2) *möglichem Urteil* und (3) *möglichem Schluss*, und zwar als (3.1) *Schluss* im Horizont des *Denken des möglichen Begriffs*, (3.2) als *Schluss* im Horizont des *Denken des möglichen Urteils* und (3.3) als *Schluss* im Horizont des *Denken des möglichen Schlusses*.[58] Hier gibt es eine Entsprechung zu den drei Dukten: Dem abduktiv-intensionalen Charakter der *Homogenität* entspricht der als „transzendental real" gekennzeichnete *Handlungsraum*; dem induktiv-extensionalen Charakter der *Diskontinuität* entspricht der als „empirisch-real" gekennzeichnete *Handlungsraum* und die ebenso gekennzeichnete *Handlungszeit;* dem deduktiven, extensionale und intensionale Sicht vermittelnden Charakter der *Kontinuität* entspricht das als „transzendental ideal" gekennzeichnete *Raum- und Zeitkontinuum.* In Entsprechung zur *kantischen* Quaternität komplettieren Vergangenheit, Gegenwart und Zukunft als *modale Zeitinbegriffe diese Zuordnung.*

Diese Tafel der reinen Schemate der Zeit und des Raumes[59] verlangen eine sehr viel gründlicher Erörterung, als es im Rahmen dieser Übersicht möglich ist. Auch hierzu werde ich im nächsten Kapitel einiges anmerken. An dieser Stelle möchte ich nur folgendes bemerken: Die Parallelisierung der beiden reinen Schemate hat sicherlich ihre auf *Kant* bezogene Legitimation darin, dass dieser in seiner *transzendentalen Ästhetik* Raum und Zeit zunächst gleichrangig als „Formen der Anschauung" bzw. „formale Anschauung" vorstellt, bevor er dann mit der bekannten räumlichen Metapher zwischen einem „äußeren" und einem „inneren" Sinn unterscheidet. Dies gilt sicher für den (Selbst)-vollzug der transzendental realen *raum-zeitlichen Präsenz.* Die offenbar nicht nur empirisch reale Synthesishandlung der Diskontinuität ist originäres Sich-Vollziehen als *Handlungszeit*, aber nicht Sich-Einrichten als Richtungsraum.[60] Wäre bezüglich der

58 Ich verwende diese Begrifflichkeit Zeidlers, die der traditionellen Einteilung der Logik folgt und nicht die, welche Funktionen der Einheit beschreibt (s.o.), da sie näher an die Eigenart der Synthesishandlung der drei Dukte heranführt.

59 Siehe Zeidlers Tafel in: K. W. Zeidler: *GtL*[3], 281.

60 Siehe z.B. Wolfgang Cramer, der nach Zeidlers Bekunden „einer der entschiedensten Wegbereiter einer transzendentalen Theorie der Zeit" ist (K. W. Zeidler: *GtL*[3], 147, Anm.36). „Das räumlich Erlebte ist durch das Erleben und als Gegenstand durch das Bewußtsein. Es ist räumlich Erlebtes kraft der Unräumlichkeit des Erlebens. […] Die Räumlichkeit des Erlebens wird nicht nur nicht durch die Räumlichkeit des Erlebten

Kontinuität nicht von einer vierdimensionalen Raumzeit-Ordnung und hier erst vom Auseinandertreten eines Außen und Innen zu sprechen? Ist transzendentallogisch die Homogenität der *raum-zeitlichen Präsenz* nicht in ein ursprüngliches Kontinuum eingebettet?[61]

3 Die „neu gedachte" Begriffslogik des Maschenquadrupels

3.1 Grundannahmen meiner Begriffslogik

Meine „neu gedachte" Begriffslogik des Maschenquadrupels ist von vorne für eine transzendentalphilosophische systematische Begründung offen. Denn sie legt die „klassische" Lehre der Dualität von Extension und Intension und die Relationalität der Begriffe (*logic of relatives*) ihrer Darstellung begrifflicher Zusammenhänge zu Grunde. Mittels ihrer Symbolik können daher Begriffsstrukturen und die Richtigkeit von Argumentationen ohne Kalkülisierung[62] durch graphische Diagramme auch „vor" jedem Aussagen- und Prädikatenkalkül hinreichend präzise und selbsterklärend dargestellt werden. Sie entspricht daher auch bereits den unter 2.2.1 erörterten *Zeidler*schen Mindestbedingungen an eine Begriffslogik: Sie schließt die *Extensionalitätsthese* ebenso aus wie die *Konventionalitätsthese*, denn sie macht den dualen Zusammenhang (und die duale Unterscheidbarkeit) von Inhalt und Umfang des Begriffs ebenso zum

---

tangiert, sondern nur durch das unräumliche Geben ist Räumliches gegeben." W. Cramer: *Grundlegung einer Theorie des Geistes*, Frankfurt am Main 1957, 34.

61 Dazu J.-J. Müller: *Logik neu denken*, Kap. 3.1 „Das Kontinuum und seine Darstellung als „phemisches Blatt" (meinbares Gesprächsfeld) mit Verweis auf Peirce".

62 Auch Zeidler äußert sich ähnlich kritisch über das vermeintliche Ideal der Kalkülisierung. So z.B. in *Grundlegungen*, 25: „Die mathematische Logik, die Anfang des 20. Jahrhunderts als ‚neue Logik' auf den Plan trat, war ein nützlicher Erfüllungsgehilfe bei der Auflösung der Philosophie in einzelwissenschaftliche Forschungsprogramme, ist aber mittlerweile selbst in eine Vielzahl von Forschungsprogrammen zersplittert und hat den Gedanken der Einheit der Logik preisgegeben. Sie mußte den Gedanken der Einheit der Logik preisgeben, weil jeder Logikkalkül auf Voraussetzungen beruht, die er nicht einholen kann." Ähnlich in *Grundlegungen*, 26: „Der Begründer der mathematischen Logik bedenkt nicht, daß die „logische Grundbeziehung" *innerhalb* eines Kalküls keineswegs „alle Beziehungen zwischen Begriffen" definiert" und ähnlich ibid., 62: „Freilich ist auch der logische Kalkül nicht zweckfrei – Gottlob Frege vergleicht ihn mit einem Mikroskop, das logische Zusammenhänge aufdeckt, die mit bloßem Auge nicht sichtbar wären – und verschränken sich etwa in den Wahrscheinlichkeitslogiken, die Bestrebungen zur formalen Präzisierung und Nutzanwendung der Logik."

Thema wie die inhaltsbestimmenden intensionalen Verhältnisse im Begriffsnetz aus Maschenquadrupeln. (s. unten 3.2).

All dies schließt eine einseitige Extensionalisierung der formalen Logik aus und vermeidet so die Deutung und Darstellung gedanklicher Strukturen in methodischer Abstraktion aus dem Blick des angeblich unbeteiligten Beobachters, wie sie die Logikdarstellungen der Neuzeit und erst recht die Logiken der Klassen- und Prädikatenkalküle prägen. Dadurch wird man darauf aufmerksam, dass Darstellungen von Begriffsverhältnissen natürlich gedankliche Strukturen – aber dass diese Darstellungen in gleicher Weise konstitutive Denk- bzw. Begriffsverknüpfungsprozesse beschreiben. Zwar kann man diesen Vollzugsaspekt ausklammern, aber dabei bleibt zu bedenken, dass dies auf Grund einer methodischen Abstraktion geschieht. Schon *Kants* Bestimmung der „transzendentalen Einheit der Apperzeption" als formal-funktional mitlaufender inhaltsfreier Grenzgedanke war eine entsprechende, mit Whitehead gesprochen, „misplaced abstraction".[63] Meine Begriffslogik berücksichtigt daher genau jenes unverzichtbare minimale Moment des Vollzuges, das für Darstellung, Verständnis und transzendentale Begründbarkeit einer formalen Logik unabdingbar ist. Dies umfasst deshalb nicht nur die Darstellung von Begriffsverhältnissen, für die das Maschenquadrupel steht, sondern erfasst auch Begriffsstrukturen als Vollzugsergebnis, also als Vollzogensein und als Vollzogenwerden: ihr pragmatisches Moment. Dieser pragmatisch-performative Minimalaspekt ist nicht nur bei Grenzbegriffen (das Meinbare, der Individuennamen, unendliche bzw. leere Begriffe), weil sich deren Höherstufigkeit nur unter Berücksichtigung des pragmatischen Momentes als „operative Begriffe"[64] erschließt, und daraus folgend bei Überschritten aus dem festen Spielraum einer Begriffsmasche in ein offenes *Universe of Discourse*, wie Analogie und Dialektik erforderlich. Vielmehr ist der pragmatische Aspekt gerade für ein angemessenes Verständnis jeder synthesierenden Begriffsverknüpfung von Bedeutung, also der Lehre vom Syllogismus.

Die pragmatisch-performative Interpretation des Schließens als kategorisches Setzen, hypothetisches Folgern und disjunktives Verknüpfen begründet

---

63 Vgl. Anm. 50.

64 Diesen Ausdruck verdanke ich Gangolf Schrimpf, der ihn im Kontext seiner Analyse des *Proslogion* einführt: „Operationale Begriffe sind Begriffe, die eine Handlung beschreiben, mittels deren sich, wer sie durchführt, die Sache herstellt, deren Begriff das entsprechende sprachliche Zeichen ist". Ders.: *Anselm von Canterbury Proslogion II – IV. Gottesbeweis oder Widerlegung des Toren?*, Unter Beifügung der Texte mit neuer Übersetzung, Frankfurt am Main 1994, 46–49. Das Zitat stammt von 49.

die unterschiedlichen Argumentations- und Schlussweisen von Abduktion, Induktion und Deduktion, die in ihrem Zusammenspiel neue gedankliche Zusammenhänge erschließen. Hier hat *Zeidler* durch seine „transzendentallogische Differenzierung der [*kant*ischen] Urteilssynthesis“[65] die Schlusslehre der *transzendentalen Dialektik* in ihrer konstitutiven Synthesisfunktion durch seine bahnbrechende Analyse des „Systems der Schlüsse“ in Hegels *Begriffslogik* und im Werk von *Charles Sanders Peirce* herausgearbeitet und so einen neuen Maßstab für eine transzendental Logik aufgestellt. Transzendentale Logik, so könnte man auch sagen, ist die vollständige Darstellung dieser pragmatisch-performativen Momente als systematische Begründungslehre.[66]

Durch die Fassung der Begriffslogik als *Logik der Relative* wird eine eigenständige Urteilslogik überflüssig. Auch die Logik und Ontologie verknüpfende (aristotelische) „Prädikationsstruktur“[67] hat keinen Ort mehr – da eine ontologisch ausdeutbare „Kopula“ entfällt.

3.2 Der pragmatisch-performative Charakter einer Begriffslogik und ihre transzendentallogische Gründung

Grundlegend für die zu skizzierende Begriffslogik sind „Maschenquadrupel“ und „syllogistische Netzstruktur“. Sie stellen in systematischer Hinsicht unternommene „Momentaufnahmen“ von Schritten zusammenhängender begrifflicher Bewegung dar, die durch die Abfolge der Bestimmungsschritte in den drei syllogistischen Dukten wiedergegeben wird.[68] Auf diese Weise wird der Vollzug

---

65 S. Klappentext in K. W. Zeidler: *GtL*^{3}.

66 Eigentlich wäre sogar von *Begründungs-* und *Bestimmungs*lehre auch im Sinne Zeidlers zu sprechen, nicht zuletzt deswegen, weil die Urteilslehre völlig in der Schlusslehre aufgeht.

67 H.-J. Müller: *Logik neu denken*, Kap. 1.1.1

68 Zeidler spricht von der „gewohnten Technik der Logiker“ (*GtL*^{3}, 241), die sich des „Tempus der „Unzeitlichkeit“ (Frege) bedienen. In der Tat handelt es sich immer um eine „vergegenständlichende Redeweise unserer Alltagssprache, und d[er] ihr entsprechende[n] szientistische[n] Fiktion des >unbeteiligten Beobachters<“ (Ibid., 243–244). Sie hat ihr Recht als methodische Abstraktion, als „Momentaufnahme“ „im Rückblick auf“ einen geleisteten (transzendentalen oder empirischen) Vollzug. Das entscheidende Moment einer solchen methodischen Abstraktion liegt darin, dass derjenige, der sie vollzieht, *sie nicht völlig ausblendet („vergisst“) bzw. nicht nur durch einen (dann doch) prinzipiell vernachlässigbaren Restposten markiert. Sie muss jederzeit als solche bewusst gemacht werden und damit in ihrem vollen systematischen Stellenwert berücksichtigt werden können.* Darauf wird noch einzugehen sein.

der Bestimmungen im Maschenquadrupel als Ganzem Schritt für Schritt dargestellt.

Dieses Kontinuum, wie es *Peirce* gegen *Cantor* ausgearbeitet hat,[69] ist logische Bedingung der Möglichkeit jeder Bildung von Begriffsnetzen überhaupt.[70] Die Abwesenheit letzter Teile oder Elemente und die Einführung nicht-diskreter und nicht-distinkter Mannigfaltigkeiten erlauben, das Kontinuum als einen infiniten und damit von allen konkreten Bestimmtheiten unabhängigen, also „losgelösten" und insofern absoluten *Universe of Discourse* des Denkens, Redens und Argumentierens zu begreifen. *Freytag-Löringhoffs* anschauliche Redeweise aufgreifend, spreche ich vom „meinbaren" Gesprächs- und Redebereich, oder kurz, vom „Meinbaren", dem denkbaren „Spielraum alles Erfassbaren" und vom „Wähnbaren" (*Freytag-Löringhoffs* „Widerspruch"), dem denkbaren „Spielmaterial alles Begreifbaren". Dabei sei immer mitgedacht, dass es sich hierbei nicht um einen „neutralen", „objektiven" Prozess des Meinens, Wähnens, Erfassens oder Begreifens handelt, sondern um „Handeln", d.h. dass ich es bin, der sprachhandelnd dieses Meinen, Wähnen, Erfassen oder Begreifen vollzieht.

Seit *Platon* und *Aristoteles*, insbesondere aber seit *Eulers* Diagrammen dient eine als infinite, kontinuierliche Punktemannigfaltigkeit gedeutete Fläche als geeignetes geometrisches oder topologische Modell zur Darstellung von Begriffsverhältnissen. Bereits dies ist eine Ent-infinitisierung,[71] die in der Darstellung formaler Logik in der Regel unthematisiert bleibt, obwohl sie inhaltlich und methodisch durchaus von Bedeutung ist. Auch die hier verwendete Notation im Anschluss an *Freytag-Löringhoff* und *Geldsetzer* ist nur auf dem Hintergrund dieser primären Veranschaulichungsform zu verstehen. *Dabei ist das ursprüngliche toplogische Symbol eben die Fläche (Kreis oder Ellipse) als Punktemannigfaltigkeit und gerade nicht der grenzbegriffliche Punkt.* Wenn ein solcher Punkt als vermeintlicher Grundbegriff verwendet wird, handelt es sich um den

69 Siehe dazu die detaillierte Untersuchung von K. A. Parker: *The Principle of Continuity in Charles Sanders Peirce´s Phenomenology and Semeiotic*, Diss. Vanderbilt Univ., Nashville, TN 1992.

70 Ich folge hier meiner Darstellung in H.-J. Müller: *Logik neu denken*, 2016, 110ff., Kap. 4.1 „Das Kontinuum und seine Darstellung als ‚phemisches Blatt' (meinbares Gesprächsfeld)."

71 Wie im Übrigen die Bezeichnung „Kontinuum" als Name für einen symbolisch als individuelle Größe angesehenen und durch finite Begriffsinhalte beschriebenen Sachverhalt ebenfalls bereits ent-infinitisiert ist. Vgl. schon Freges Diktum: „Die [extensionalen] Eulerschen Diagramme sind für die Logik ein hinkendes Gleichnis" (G. Frege: *Logische Untersuchungen*, Göttingen 1966, 112).

von Whitehead gerügten Fehler einer „misplaced concreteness", da ein solcher Ansatz die pragmatisch-performative Abstraktionsleistung einer „Symbolisierung" verkennt.[72]

Eine angemessene Begriffslogik[73] legt daher als logisch-mathematische Basisstruktur jeder gedanklichen Bestimmtheit ein sowohl extensional wie intensional deutbares Maschenquadrupel zugrunde, das Gemeinsamkeiten und Verschiedenheiten zu entfalten erlaubt: Diese Grundmasche eines Begriffsnetzes hat eine Struktur, wie wir sie als mathematische Grundstrukturen im Booleschen Verband und der „einfachen Gruppe" wiederfinden. Begriffe werden nicht vereinzelt im Gegenüber zu anderen beliebigen, für sie zunächst „äußerlichen" Begriffen thematisiert. Begriffe sind also immer aus ihrem Kontext, also aus relationalen Gegebenheiten zu verstehen. Eine Begriffslogik ist daher immer eine *„Logik der Relative"* (*Peirce*) oder genauer, eine „Logik bezogener Gehalte".

In klassischer Benennung sprechen wir von Gattung, Art, konträrer Nebenart und kontradiktorischem Widerspruch. Sie ist, wie 3.1 erwähnt, auch ohne Kalkülisierung hinreichend präzise darstellbar.[74] Diese Struktur entspricht der einer „einfachen Gruppe" in der Gruppentheorie. Sie stellt m. E. die grundlegende Struktur dar, die in Logik und Mathematik gemeinsam verwendet wird.

Das Maschenquadrupel bildet die primordiale Minimalstruktur von Bestimmtheit, da sie die Gesamtheit des Gegliederten, den „Vorrat" der geordneten Glieder und deren Zuordnungen darstellt.[75]

---

72 *Peirce* hat mit der bewusst als solche gekennzeichneten modellhaften Veranschaulichung des Kontinuums, welches er symbolisch als das leere Blatt („phemisches Blatt") darstellt, auf dem die Zeichen seiner logischen Notation (als „cut" also Schnitt und damit als herauszuschneidende, zu markierende Fläche) eingetragen werden, die durch *Euler* weiter systematisierte geometrisch-topologische Symbolisierung der klassischen Begriffslogik vollendet.

73 Begriffe treten nie einzeln oder als einzelne, selbstgenügsame Bestimmtheiten auf. Wer Begriffe verwendet, stellt sie immer schon in Kontexte und thematisiert damit immer auch schon einen gegliederten Strukturzusammenhang, der auf „Wirklichkeit" verweist. Sie sind also immer schon in einen pragmatischen und referentiellen Kontext eingebettet, in einen Zusammenhang „präsuppositionslogische[r] Voraussetzungen" (*Stekeler-Weithofer*).

74 Stattdessen wird eine graphische Notation eingeführt, die von so unterschiedlichen Autoren wie Peirce, Freytag-Löringhoff und Geldsetzer angeregt wurde.

75 Die von Zeidler herangezogenen klassischen Sätze der *Identität*, des *Widerspruchs* und des *Ausgeschlossenen Dritten* (bzw. des *Satzes vom Grunde*), die als getrennte „Sätze" immer hintereinander aufgezählt werden, sind keine je für sich und gegeneinander selbständige, gleichsam axiomatische Setzungen. Sie stellen die innere Struktur der Bestimmtheitsmomente und -relationen im Maschenquadrupel in ihrer

Durch das Aufspannen des Maschenquadrupels (also strukturell einer einfachen Gruppe) entfaltet sich (oder genauer unter Berücksichtigung des performativen Momentes dieser meiner Tat-„handlung", – „*entfalte ich*") eine Bestimmbarkeits-„stelle" im infiniten Kontinuum zu einer Begriffsbestimmung in einem universalen „*Universe of Discourse*". Aber nicht schon durch das „An-denken" einer solchen „atomen" bzw. nur punktuell gedachten Bestimmbarkeitsstelle allein entsteht bereits Bestimmtheit, sondern erst durch die relationale Zuordnung einer „Bestimmbarkeitsstelle" zu mindestens einer weiteren Bestimmbarkeitsstelle „entsteht" begriffliche Bestimmtheit, das Bestimmtsein.

Das Maschenquadrupel für einen „ersten" und „zweiten" bestimmten Begriff verknüpft insgesamt 4 einstellige Begriffsbestimmtheiten zu einer einheitlichen Struktur, den als einfache Gruppe geordneten Begriffspositionen aus zwei- und dreistelligen Relationen, wobei letztere die basalen Strukturen der Begriffslogik darstellen.

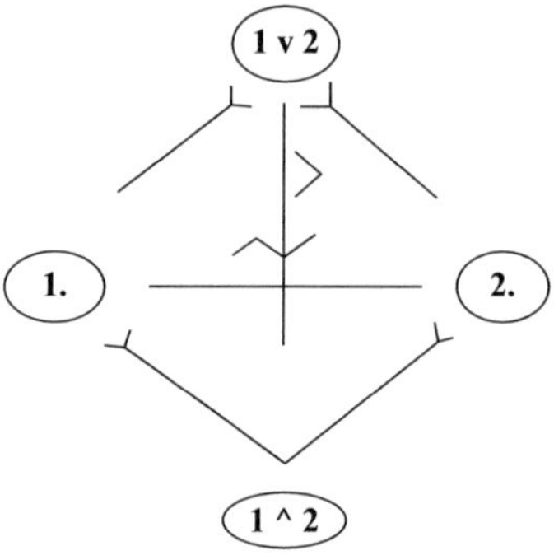

Durch das Aufspannen des Maschenquadrupels in Gestalt einer einfachen Gruppe entfaltet sich also begriffliche Bestimmtheit, das Bestimmtsein. Die semantisch-pragmatische Anwendung der Begriffslogik untersucht, ob vorliegende Begriffsverhältnisse tatsächlich einer begriffslogischen Struktur als ihrem Modell zugeordnet werden können. Die durch Begriffsvernetzungen dargestellten Relationen von Begriffen in einem bestimmten Begriffsnetz können daher (mit *Geldsetzer*) als „erfüllt" oder „nicht erfüllt (negiert)" gelesen und auch (in weitergehenden Notationen) als solche gekennzeichnet werden. Die Lesung bzw.

Unterschiedenheit und Gemeinsamkeit dar. Dieser Struktur ist also eine innere Einheit konstitutiv zu eigen, die sich im Ganzen des Maschenquadrupel explizit darstellen lässt.

Kennzeichnung dieser Begriffsverknüpfung „als erfüllt“ bedeutet die Bestätigung, dass eine Masche geknüpft werden darf; die Lesung bzw. Kennzeichnung einer Begriffsverknüpfung als „nicht erfüllt“ bedeutet die Bestätigung, dass eine Masche aufgetrennt werden muss.

Als wohlgegliederte Bestimmtheit eines Spiels mit zwei bestimmten Begriffen stellt ein Maschenquadrupel eines Begriffsnetzes somit die notwendige und hinreichende Grundeinheit für logische Betrachtungen dar.

Formale Logik – zumindest als Begriffslogik – kann ihre Maschenquadrupel und Begriffsnetze in der Gegenläufigkeit ihrer finit bestimmten Umfangs- und Inhaltsbeziehungen nur auf dem Hintergrund des umfassenden Kontinuums als ihres *Universe of Discourse*, ihres absoluten Gesprächs- und Redebereichs der Meinbarkeit zwar „bis zum Rand“ ausweiten und entfalten, für leere Begriffe bzw. Spielräume bedarf es einer „Wendung“ des Blickes „nach außen“, eines Blicks „über den Rand“ des Spielraums der echten Mein- und Denkbarkeit hinaus.[76] Damit ist das höherstufige Erschließen symbolisch-unendlicher Spielräume verbunden.[77]

76 Das Kontinuum ist sozusagen *Peirce*’ logisch-mathematisch fundierte metaphysische Hintergrundannahme. Sie impliziert (1) die Abwesenheit letzter Teile oder Elemente, (2) nicht-diskrete und nicht-distinkte Mannigfaltigkeiten und erlaubt so (3), den Gedanken der „combination“ so zu verstehen, dass etwas als Allgemeines mit Hilfe der drei Kategorien verstanden werden kann. *Peirce* hat das Kontinuum, das den absoluten „*Universe of Discourse* (Gesprächs- und Redebereich)“ des Denkens, Redens und Argumentierens darstellt, symbolisch als das leere Blatt („*phemisches Blatt*“ oder „*sheet of assertion*“) dargestellt, auf dem die Zeichen seiner logischen Notation eingetragen werden. *Peirce* hat schon früh seine Kritik an *Cantors* Konzept des Kontinuums vorgetragen, das, inspiriert durch seine „Mengenlehre“, diskrete und nicht-diskrete Momente zu einem widersprüchlichen Ansatz verbindet und daher eine weniger allgemeine Theorie darstellt.

77 Die *Mathematik* verzichtet als reine extensionale Strukturbetrachtung auf Darstellung und Reflexion intensionaler und somit „interner“ performativen und pragmatischen Bezüge. Sie versucht vielmehr die „Logik der Unbestimmtheiten und Paradoxien“ (*Blau*) dingfest oder besser: regel- und operationalisierbar zu machen – unabhängig davon, dass sie sich einem endlichen, pragmatisch-performativ Vollzug des erstpersonalen Symbolisierens verdankt – als ein, wie ich es nennen möchte, „Rundblick im Transfiniten“, der keinen weiteren Blick „nach außen“ mehr zulässt, sondern in seiner Absolutheit immer Rundblick „in sich“ ist. Eine Bestimmtheitsgrenze innen/außen entfällt. Dies ist sowohl Vorteil als auch Grenze mathematischer Strukturbetrachtung. *Thomas Nagel* spricht mit einer in ihrer paradoxen Formulierung durchaus zutreffenden Wendung von der perspektivlosen *view from nowhere*. Sie ist immer ein

Zunächst stelle ich die „leere Grundstruktur“ beider Relationsgefüge dar. In beiden Fällen operiere ich mit Kleinbuchstaben, die vom Ende des Alphabets ausgewählt werden (w, x, y, z …). Damit soll verdeutlicht werden, dass noch nicht von bestimmten extensional bzw. intensional bestimmten Begriffen die Rede ist, sondern in einer methodischen Abstraktion lediglich von einer formalen Strukturiertheit.

Die transzendentale Leistung der einheitsstiftenden Synthesishandlung ist als beschreibende oder genauer „er-schreibende“ (Kaulbach), „Schemate“ zeichnende transzendentale Handlungsbewegung zu fassen. Als solche kontinuierliche Handlung ist sie nur durch die Darstellung mehrerer auf einander folgender Schemabilder, die im Ausgang von einem Begriffsgefüge eines Maschenquadrupels, dessen Erweiterung in den drei Dukten als kontinuierlichen Prozess darstellen, zu symbolisieren.

Somit stellt die transzendentale Synthesisfunktion eines syllogistischen Duktes nicht, wie *Kant* es in gewisser Verlegenheit in seiner Darstellung des transzendentalen Schematismus ausdrückt, ein transzendental-*logisches* Schematismus-„bild“ vom „Hunde“, also eines einzelnen Allgemeinbegriffes, sondern ein Schematismus-„bild“ eines durch syllogistisches Schließen erarbeiteten erweiterten Begriffsverhältnisses dar.

Das zu erschreibende Maschenquadrupel sei daher wie folgt dargestellt:

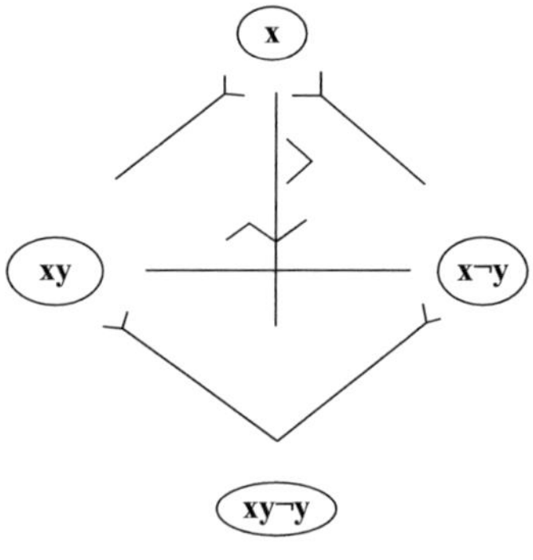

freischwebendes und gleichsam haltloses In-Sich-Kreisen. Der metaphorische Charakter der Perspektivlosigkeit verweist darauf, dass die Reflexion auf den pragmatisch-performativ Vollzug ausgeklammert und schließlich vergessen wird, der von dem „festen Boden“ (Kant) eines „Stand“-punktes ausgeht. Siehe dazu insbesondere U. Blau: *Die Logik der Unbestimmtheiten und Paradoxien*, Heidelberg 2008 und P. Stekeler-Weithofer: *Hegels Phänomenologie des Geistes. Ein dialogischer Kommentar*, Bd. 2: *Geist und Religion*, Hamburg 2014, sowie H.-J. Müller: *Logik neu denken*, 110.

Seine Weiterführung als zu einem größeren Begriffsnetz erweiterbare grundlegende „Syllogismus"-struktur zeichne ich folgendermaßen:

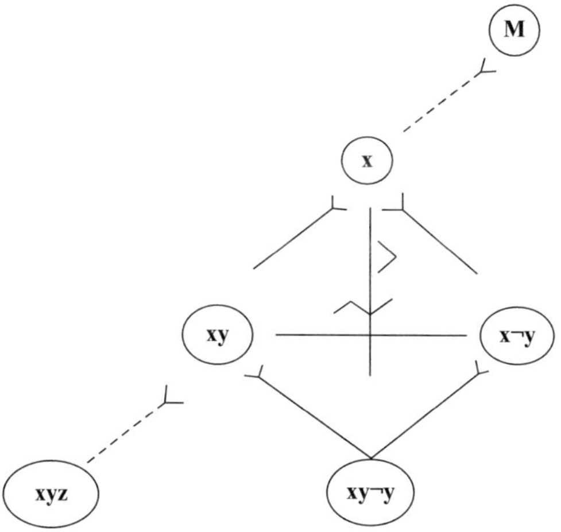

In den drei pragmatisch-performativen Dukten der Abduktion, Induktion und Deduktion werden jeweils zwei Relationen aus diesem Gefüge zu einem Dritten zusammengeschlossen.

4. Darstellung der transzendentalen Prinzipienfunktion der drei Dukte

4. 1 Die transzendentale Prinzipienfunktion der Abduktion

4.1.1 Der pragmatisch-performative Vollzug

Im Dukt der Abduktion geht es

(1) um die Markierung eines Ausgangspunktes der intensionalen Bestimmungsbewegung. Als Platzhalter der Ausgangspunkt-Markierung verwende ich das Zeichen B. Es geht also nur um einen Artbegriff (später: AB) des zu bildenden Maschenquadrupels, noch nicht um die Bestimmung des Gattungsbegriffs (Später: (A) bzw. der ganzen Begriffsmasche (des Maschenquadrupels A – AB – A¬B – AB¬B). Eine solche Markierung sei „im Vorgriff" auf die zu erarbeitende Begriffsextension zunächst mittels des unter (2) näher dargestellten noch ungeordneten Spielmaterials (später: AB¬B) dargestellt.

(2) um die Angabe der intensionalen Elemente des Spielmaterials (später: AB¬B). Auch sie liegen erst ungeordnet vor, da die Markierung der Erstbestimmung B lediglich „im Vorgriff“ hat erfolgen können. Das heißt genauer: Sie bzw. ihre Momente sind nur insoweit als bestimmte darstellbar, als sie mit der bestimmten Markierung der Stelle des Ausgangsbegriffs B im Maschenquadrupel angebbar sind. Es wird gleichsam eine Momentaufnahme des Anfangs der Bestimmungsbewegung gekennzeichnet. Eine strukturierte Anordnung und damit Weiterbestimmung im Sinne des vollbestimmten Maschenquadrupels erfolgt dann schrittweise im Durchgang durch die drei Dukte.

(3) um alle sechs mitspielenden Relate des später vollständig zu bestimmenden Maschenquadrupels:

M; x; xB, x¬B; xB¬B, xBz.

(4) um die Darstellung des intensional noch ungeordneten Spielmaterials als xB¬B als das Ergebnis dieses ersten Markierungs- bzw. Bestimmungsschrittes.

4.1.2 Das Schema

Die folgende Darstellung einer solchen „Momentaufnahme“ ersetzt das gänzlich unbestimmte y aus 3.2 durch das erste Bestimmungsmoment B. Dabei sind die erwähnten pragmatisch-performativen Vollzugsgesichtspunkte der Synthesisbewegung zu beachten und methodisch mit zu reflektieren.

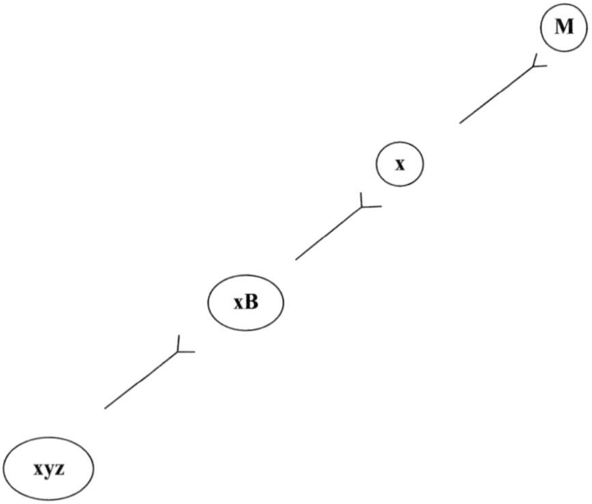

Dass aber nun ein solcher weiter zu bestimmender Begriff B immer in ein Maschenquadrupel eingebettet ist, verdeutlicht die folgende Darstellung:

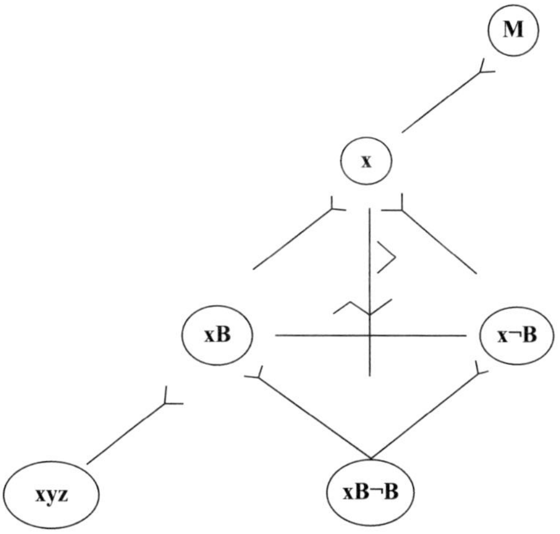

Der als pragmatisch-performativ zu reflektierende, weil transzendentalphilosophisch relevante Bewegungsablauf der transzendentalen Synthesishandlung läßt sich (durchaus traditionell) mittels der Schemata der drei Schlussfiguren darstellen:[78]

	1. Figur	2. Figur (Hegel)[79]	3. Figur (Hegel)
Ergebnis:	xyz - x	xyz - xy	x « x¬y
Regel:	xy - x	xyz ≠ x¬y	xy - x
Fall:	xBz - xB	xBz ≠ x¬B	xB ≠ x¬B

Der Schluss macht die Stelle y als intensional bestimmt sichtbar: y wird im Vollzug des Schließens zu B.

78 Meine Schreibweise der Urteilsrelationen greift die drei Geldsetzer-Figuren der syllogistischen Dukte auf:
„-": Leiter (Allgemeines Urteil)
„≠": Spitze (Negatives Urteil)
„«": Riss (Partikuläres Urteil).

79 Hegel vertauscht die 2. und 3. Figur des Aristoteles. Die spätere 4. Figur ist, wie die Permutationen der Figuren zeigen, systematisch nicht relevant.

Dabei handelt es sich, wie oben ausgeführt, um einen „ortenden" Markierungsvorgriff. Da das Maschenquadrupel noch nicht strukturiert ist, wäre auch hier B als noch nicht ausdifferenzierte Benennung des bloßen Spielmaterials B¬B „angedacht".

4.1.3 Zusammenfassung

Der erste Abduktionsschritt eröffnet einen Horizont im infiniten Kontinuum des universalen „*Universe of Discourse*" (Gesprächsbereich). Dieser erste Schritt kann „unthematisch" genannt werden, da der „schreitende", also tätig werdende „transzendentale Akteur" im „Ausgang" dieses Bestimmungsweges noch unbestimmt, also nicht bereits in irgendeiner Hinsicht „bestimmt" ist. Die Bewegung des ersten Duktes leistet die „unthematische" Eröffnung eines erstpersonalen Horizontes.

Dieser transzendentale Akteur erschließt in der vorausgesetzten, gleichsam noch leeren Grundstruktur des syllogistischen Netzes aus dem zu (er-) öffnenden Maschenquadrupel im abduktiven Schluss Ergebnis-Regel-Fall[80] der Bestimmbarkeit/Bestimmungsmöglichkeit von der Stelle des *Ergebnisses* aus mittels einer darin intensional enthaltenen (es intensional enthaltenden) *Regel* einen als bestimmt markierten (in *Zeidler*s Diktion „identifizierten") *Fall.* Alles Weitere bleibt noch offen, also noch un-bestimmt, so dass der abduktive Dukt eine erste Erschließung ermöglicht, aber alleine nicht hinreichend „schließt".

Als „vollzugsbetroffener Tathandelnder" erlebt der transzendentale Akteur unmittelbar hier und jetzt seinen bestimmten Handlungsvollzug.

Der „transzendentale Akteur" ist „Zustandserlebender" von „Präsens"[81] (*Zeidler*) und Tathandelnder (Fichte) in eins.

4.1.4 Kants *extensionale Logik und das kategorische Urteil*

Kant sieht wegen seines Interesses an einem Vorrang extensionaler Logik die zweistellige Urteilsform gemäß der aristotelischen Prädikationsstruktur als diejenige grundlegende Relation an, mit deren Hilfe jegliche Synthesisleistung beschrieben werden kann. Wie *Zeidler* gezeigt hat, kann jedoch auf diese Weise der pragmatisch-performative Vollzugscharakter transzendentallogischer

80 Diese drei Ausdrücke sind aus Peirces Terminologie für Syllogismen und Dukte übernommen: Er bezeichnet die *Maior* des deduktiven Schlusses der ersten Figur als *Regel*, die *Minor* als *Fall* und die *Conclusio* als *Ergebnis*. Durch Permutation wechseln sie dann in den anderen Dukten und Figuren ihre Plätze. Hegel verwendet übrigens die Ausdrücke *Allgemeines (Regel)*, *Besonderes (Fall)* und *Einzelnes (Ergebnis)*.

81 Zeidler sieht hier schon eine „Zeitigung der Zeit".

Handlungsschritte nicht dargestellt werden, da hier nur vom deduktiven Ergebnis her gedacht wird und der gesamte Handlungsvollzug nur als faktisches Resultat gedeutet wird, dessen „transzendentale Geschichte" verlustfrei ausgeblendet werden kann. In der aristotelischen Prädikationsstruktur SaP („etwas (ein S) ist P") wird einem Subjektbegriff – klassisch verstanden – einem intensional gedeuteten Artbegriff, bzw. – in späterer Zeit – bei extensionaler Deutung auch einem Individualbegriff (Name) ein Prädikatsbegriff „S e P" zugesprochen.

Da auch die meisten Interpreten der Logik *Kants* diesem Verfahren folgen und sich an der ontologisch dadurch unbegründet festgelegten Prädikationsstruktur orientieren, erscheinen diese Deutungsversuche philologisch korrekt, jedoch sachlich nicht angemessen. Die oben skizzierte topologische Darstellung durch Begriffsdiagramme, die intensionale und extensionale Strukturmomente gleichzeitig sichtbar macht, greift demgegenüber ihrer sachlichen Deutung nicht vor.[82]

Ich sehe in *Kants* kategorischem Urteil daher die Reduktionsform eines abduktiven Syllogismus. Sie stellt sich insofern auch dar als *freie Markierung eines intensional als bestimmt angesetzten Begriffs B*. Formal wichtig ist die intensionale Kennzeichnung dieses Begriffs durch mehrere Buchstaben, welche die hierarchische Verknüpfung von Begriffsinhalten anzeigen. Das „unbedingte", oder auch, wie *Zeidler* zu Recht erklärt, „voraussetzungslose" Setzen ist zu verstehen als explizites Setzen eines Begriffs B, der sich gemäß der transzendentalen Analytik *Kant*s „aus Anlass" einer sinnlichen Wahrnehmung nahelegt. Deswegen werde ich ihn einen „Folgebegriff" nennen – wobei Folge hier rein im Sinne der logischen Reihenfolge von pragmatisch-performativen Vollzügen verstanden wird. Der „Anlass", auf den dieser Folgebegriff folgt, sei als ein unbestimmter „Ausgangsbegriff" yBx bezeichnet. Durch diese Bezeichnung können sowohl die Unbestimmtheit als auch das extensionale Art-Verhältnis zu yB (bzw. umgekehrt das intensionale Enthaltensein von yB in yBx) sichtbar gemacht werden.

An dieser Stelle mag der Hinweis genügen, dass *Kant* gerade nicht von einem Kausalzusammenhang spricht, sondern nur den Bezug zu einem (in den Prolegomena näher beschriebenen) „Wahrnehmungsurteil" angibt.[83] Da hier der Sache nach, was bei *Kant* nicht so eindeutig klar gemacht wird, von erkenntnistheoretischen oder -psychologischen Fragestellungen abgesehen wird, sondern rein logische Bestimmungs- und Verknüpfungshandlungen unter dem Gesichtspunkt ihrer transzendentalen Relevanz thematisiert werden, genügt es, Wahrnehmungsurteile als unbestimmte Ausgangspunkte für Erkenntnisurteile zu

---

82 H.-J. Müller: *Logik neu denken*, 2016 – Diese Darstellung wurde in Auseinandersetzung mit *von Freytag-Löringhoff* und *Geldsetzer* entwickelt.

83 Siehe auch oben Abschnitt 2.2.

bestimmen. *Kant* selbst formuliert: „[…] Sie drücken nur eine Beziehung zweener Empfindungen auf dasselbe Subjekt, nämlich mich selbst, und auch nur in meinem diesmaligen Zustande der Wahrnehmung aus, und sollen daher auch nicht vom Objekte gelten".[84] Ich stelle diesen Sachverhalt daher mit einem „Ausgangsbegriff" dar, dessen Unbestimmtheit durch die Intension X gekennzeichnet ist.[85] Dieses X wird in der klassischen Prädikationsstruktur im Subjektausdruck S mitmarkiert, der als Bestimmtheit lediglich durch seine Subjektstelle gekennzeichnet ist. Dieser Ausgangsbegriff muss aber zugleich im Vorgriff durch ein implizites Bestimmtheitsmoment auf seinen Folgebegriff AB verweisen und sich als für ihn „anschlussfähig" darstellen.

Ein kategorisches Urteil verknüpft also nach *Kant* Prädikat und Subjekt. Begriffslogisch interpretiert bedeutet das: Ein Folgebegriff AB wird einem impliziten (aber in der Gesamtstruktur mitzudenkenden) Ausgangsbegriff yBx zugeordnet. Beide stehen, wie in der Struktur „abzulesen", ebenso – intensional gesehen – im Art Gattungs-Verhältnis wie – extensional gesehen – Gattungs-Art-Verhältnis zu einander.

Gewohnheitsmäßig wird dabei in der Leserichtung von oben nach unten die extensionale Relation „enthält" und in umgekehrter Leserichtung die intensionale Relation „ist enthalten" gelesen. Ich schreibe statt „etwas (ein S) ist P" bzw. „x e P"[86]

---

84 I. Kant: *Prolegomena zu einer jeden künftigen Metaphysik,* in: *Werke in 10 Bd.*, Bd. 5, Darmstadt 1968, 165.

85 *Ausgangs-* und *Folgebegriff* geben auch für eine Begriffslogik den transzendentalen Bewegungsvollzug einer Synthesishandlung an. In H.-J. Müller: *Logik neu denken* bestimme ich einen Ausgangsbegriff als „den Grundbegriff einer pragmatisch-performativen Bewegung, in der sich das relationale Gefüge eines Maschenquadrupels, der synthetisierenden Bewegung eines Duktes oder eines Symbolisierungsverfahrens (Analogie, Dialektik, Individuennamen) erschließt". Der Folgebegriff wird entsprechend als „der vom Ausgangsbegriff (s. dort) her erschlossene Begriff einer pragmatisch-performativen Bewegung" bestimmt (Glossar, s. dort).

86 Beispielhaft formuliert P. Schulthess: *Relation und Funktion*: „Der Funktionswert für die Vorstellung von einem Gegenstand x ist also π(x), das die Struktur ‚x e P' hat, wo x als unter P enthalten gedacht wird und P der logische Begriff, also die Extension ist. ‚x e P' meint dann: x ist identisch mit dem Extensionselement von P."

Daraus folgt für ihn: „Das Gesetz, das also die Einheit der Funktion bzw. der Handlung des Zuordnens der Vorstellung eines Gegenstandes zum durch P erkannten x im Urteil regelt, ist das Gesetz der extensionalen Identität." Schulthess beschreibt einen Vollzug, der das rein Logische erkenntnistheoretisch-ontologisch übersteigt: das Haben oder Vollziehen einer „Vorstellung", die dann zum durch P erkannten x zugeordnet wird."

gemäß meiner symbolischen Darstellung „yBx ist in yB enthalten" und verweise zugleich auch auf den unthematisch miteingeführten Spielraum y= A.

Im dritten Abschnitt des „Kanons der reinen Vernunft" der *Methodenlehre* der Kritik der reinen Vernunft trifft Kant die berühmte Unterscheidung von Meinen, Glauben und Wissen. Auf Grund seiner gegenständlichkeitsbetonten Sicht spricht er von Stufen des „Fürwahrhalten[s]", anders ausgedrückt von „subjektive[r] Gültigkeit des Urteils, in Beziehung auf die Überzeugung (welche zugleich objektiv gilt)".[87] Der Sache nach scheint er mir damit aber genau die pragmatisch-performativen Leistungen der drei Dukte in den Blick zu nehmen.[88] Die Abduktion stellt also insofern ein „Meinen" dar, aber nicht ein bloß mögliches, „*sowohl* subjektiv, *als* objektiv unzureichendes Fürwahrhalten", vielmehr erschließt diese Vernunfthandlung den vorausgesetzten *Fall* einer möglichen Regel.

87 Vgl. I. Kant: *Werke in 10 Bd.*, Bd. 4, Darmstadt 1968, 689.

88 Systematisch hat Josef Simon diese Unterscheidung in den Mittelpunkt seiner (von Hegel angeregten) Kantdeutung gestellt. Stellvertretend für seine Arbeiten sei hier nur auf sein Kantbuch *Kant. Die fremde Vernunft und die Sprache der Philosophie*, Berlin/New York 2003 (Grundlegend: Erster Teil: Vorläufige Erörterung philosophischer Begriffe und Unterscheidungen, Abschnitt 7ff., 58–124) verwiesen. Simon nimmt ernst, dass für *Kant* Erfahrungen auf Wahrnehmungen berufen, dass also das erfahrende Subjekt „sich Erfahrungen aussetzt" und dann „in einem Erfahrungsurteil darstellt": „Der Anspruch auf (objektive) Erfahrung bleibt subjektiv. [...] Nur indem man eine Wahrnehmungsreihe abbricht und *als* eine Erfahrung ansieht bzw. ansehen *will*, hat man eine Erfahrung *gemacht*". Daher geht es für Simon in den „Postulaten des empirischen Denkens überhaupt" – ein Ausdruck, der bereits auf die Dimension des pragmatisch-performativen Vollzugs verweist – um modal unterschiedliche Weisen meines transzendentalen Synthesishandelns und nicht mehr um eine abschließbare Bestimmungsleistung in Hinblick auf einen Gegenstandsbegriff: „Denn von einer objektiven Vollständigkeit eines Begriffs (als seiner definitiven Deutlichkeit) kann bei Kant nur noch die Rede sein, ohne daß es ein allgemeines Kriterium dafür geben könnte. – Es geht in diesen Postulaten also darum, ob ich den Gegenstand in der begrifflichen Bestimmung, die *ich* ihm zuspreche, *für* bloß möglich (als meine bloße Meinung), *für* wirklich (daseiend) oder für notwendig halte. Erst wenn diese modalen Unterscheidungen im Urteil mitbedacht sind, ist das Urteil seiner Form nach vollständig. Die Modalitäten modifizieren die Bedeutung, verstanden als die (subjektive) Beziehung meiner Vorstellungen auf ein Objekt. Mit diesen Modifizierungen nehme ich mein Urteil gegenüber anderen Möglichkeiten der Synthesis in abgestufter Weise auf mich zurück." (Ibid., 60–61)

4.2 Die transzendentale Prinzipienfunktion der Induktion

4.2.1 Der pragmatisch-performative Vollzug

Im induktiven Dukt geht es

(1) um die Zuordnung des Spielmaterials zu den zwei konträren Bereichen B und ¬B.
(2) Gewinnung des Spielraums A für die Bereiche B und ¬B, die insofern dann als AB und A¬B gekennzeichnet werden können.
(3) Das aus extensionaler Sicht geordnete Maschenquadrupel ist somit in seinem bestimmten Zusammenspiel von Spielmaterial und Spielraum in der *Regel* hinreichend bestimmt.
(4) ABz ist nur mehr erst extensional *geortet*, aber noch nicht intensional *erschlossen*.

4.2.2 Das Schema

Vom durch Abduktion gewonnen „Fall" aus beschrieben:

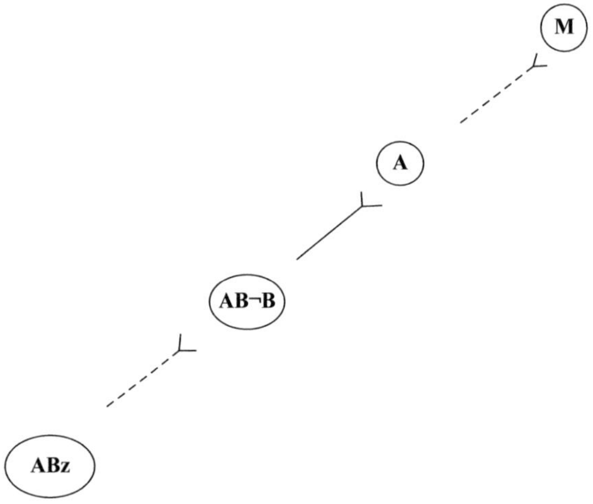

Dass der nunmehr als Spielmaterial vollbestimmte Begriff AB¬B bestimmter in ein Maschenquadrupel eingebettet ist, verdeutlicht die folgende Darstellung:

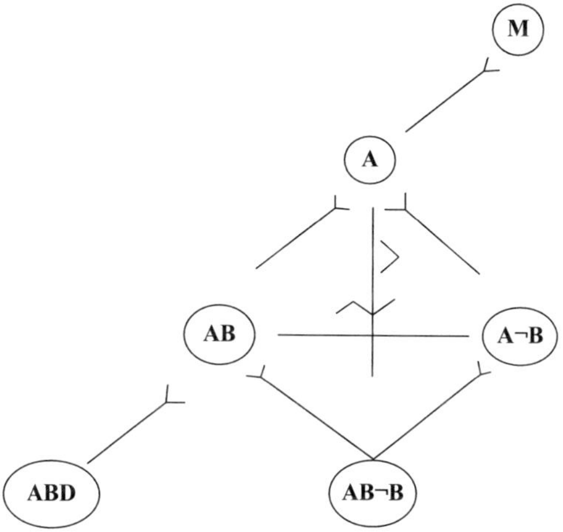

Der als pragmatisch-performativ zu reflektierende Bewegungsablauf der transzendentalen Synthesishandlung dieses induktiven Schlusses kann dann mittels der Schemata der drei Schlussfiguren dargestellt werden.

Fall:	xBz	-	xB	xB	≠	x¬B	xB	≠	x¬B
Ergebnis:	xBz	-	x	xBz	-	x¬B	x	«	x¬B
Regel :	AB	-	A	ABz	≠	A¬B	AB	-	A

Der Schluss macht die extensionale Ordnungsfunktion des Gattungsbegriffs (im Sinne der einfachen Gruppe des Maschenquadrupels) sichtbar: x wird im Vollzug des Schließens zu A.

Das Zusammenspiel des Spielmaterials im Spielraum vollzieht sich bloß extensional und erlaubt daher noch nicht, die wirkliche Bestimmtheit ABz durch den bisherigen Bestimmungsprozess festzustellen (Induktionsproblem).

4.2.3 Zusammenfassung

Der sich als zustandserlebender Tathandelnder (und damit als erste Person) weiterbestimmende transzendentale Akteur setzt den in der Abduktion vom Spielmaterial des sich eröffnenden Maschenquadrupels her erschlossenen *Fall* und fokussiert ihn mittels des mit vorausgesetzten, darin extensional enthaltenen *Ergebnisses*.

Dieser transzendentale Akteur erschließt sich damit („antizipierend" (*Zeidler*)) die in der Abduktion in dieser Voraussetzung mitenthaltene *Regel*. In dieser Antizipation findet nach *Zeidler* aber trotz der Formulierbarkeit der Regel (Norm) noch keine hinreichende Vermittlung von Individuum und Allgemeinem statt, so dass auch der induktive Dukt weiter-, aber noch nicht hinreichend schließt, da er einen Widerspruch zwischen Sein und Sollen enthalte.

Dabei zeigt sich ihm sein aktueller pragmatisch-performativer Spontaneitätsvollzug als eine (noch nicht abgeschlossene) Bewegung in zwei Perspektiven:

(1) als bestimmte Zeit zeitigender Spontaneitätsvollzug (Aktuosität einer Bewegung zwischen dem bereits vollzogenen abduktiven Schluss und dem noch ausstehenden deduktiven Schluss) – und gewahrt sich so noch unausdrücklich als Spielmaterial ordnender Selbstvollziehender.
(2) ausdrücklich als Bewegung (κίνησις, process) in einem extensionalen Wirklichkeitsbereich (Spielraum). Nach *Zeidler* – der allerdings extensionale und intensionale Gesichtspunkt hier nicht unterscheidet – sind wir in diesem Prozess handelnd (Bestimmender) und leidend (Bestimmtwerdender) beteiligt[89] – handelnd als Antizipator der Regel, passiv als derjenige, der im Antizipieren gerade dieser Regel des abduktive erschlossenen Falles das damit antizipierte Spielmaterial in gerade diesem Spielraum ordnen und sich so darin „verankern“ (Schrödter) muss.

Im induktiven Dukt erfährt sich der transzendentale Akteur auf diese Weise in einem bestimmten „Umstand“ der „Diskontinuität“ (*Zeidler*).[90] Selbstvollzug und Umstandsbezug tätigen sich simultan „auf einen Schlag“. Peirce spricht verobjektivierend von einer „response“ auf den „clash“ mit der Wirklichkeit. Bipolarität des „Umstandes, der und in dem ich bin“ – der auf einander bezogenen Binnen- und Außenrelation.

Die Induktion stellt also im Sinne der kantischen Unterscheidung ein „Glauben“ dar, aber nicht ein „nur subjektiv zureichendes und […] zugleich für objektiv unzureichend“ gehaltenes Fürwahrhalten, vielmehr erschließt diese Vernunfthandlung das Tun desjenigen, der im Antizipieren gerade dieser Regel des abduktive erschlossenen Falles den damit gesetzten Begriffsinhaltes als „wirklich“ – als von ihm in diesem antizipativen Tun und somit nicht von einem transzendenten Aussen her strukturiert.

89 Zeidler verweist auf das von *Fichte* in der *GWL* 1794 eingeführte Limitationsverhältnis *Ich-Nicht-Ich*.

90 Allerdings noch nicht „als in diesem Umstand sich befindend“. Ich möchte lieber von „Kontinuität in Diskontinuität“ sprechen, da der Akteur neben der Zweigipfeligkeit des „Umstandes“ auch seine weiter schließende Synthesisbewegung erfährt.

4.3. Die transzendentale Prinzipienfunktion der Deduktion

4.3.1 Der pragmatisch-performative Vollzug

Im deduktiven Dukt geht es um

(1) die Einholung aller Voraussetzungen durch intensionale Erschließung von ABD und somit
(2) den vollständigen Abschluss des syllogistischen Beweisganges durch die drei Dukte von Abduktion, Induktion und Deduktion.

4.3.2 Das Schema

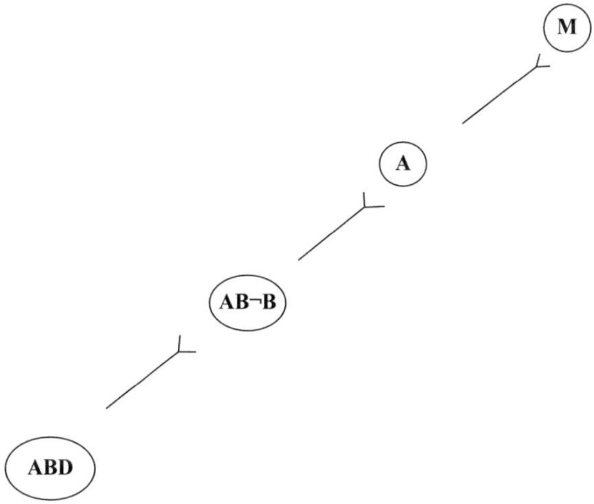

Auf diese Weise ist die syllogistische Masche des gerade „im Weben befindlichen" Begriffnetzes vollständig bestimmt und alle Voraussetzungen sind eingeholt.[91]

91 Hier kann jetzt die Analyse der transzendentalphilosophischen Leistung der drei von Zeidler untersuchten logischen Grundsätze und meine Kritik an ihrer Darstellung in einer das Intensionale überspielenden Begriffslogik, die traditionell mit nur Einzelbuchstaben als Zeichen für Allgemeinbegriffe arbeitet, durch ihre Darstellung in der Begriffslogik des Maschenquadrupels ergänzt werden:
Dies dürfte den innere transzendentale Synthesisleistungen erst konstituierenden Bewegungszusammenhang zwischen diesen Grundsätzen verdeutlichen:

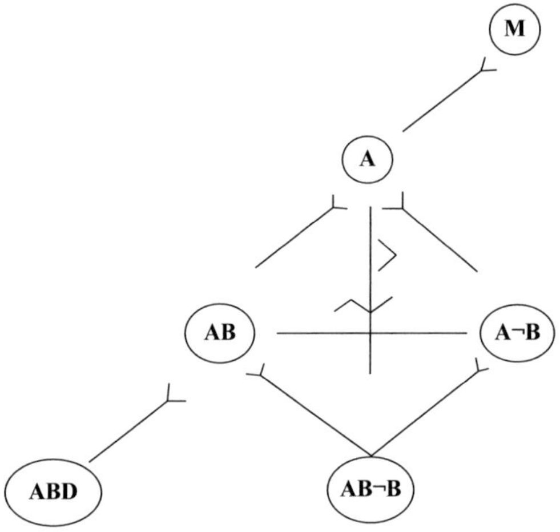

Der als pragmatisch-performativ zu reflektierende Bewegungsablauf der transzendentalen Synthesishandlung kann dann mittels der Schemata der drei Schlussfiguren dargestellt werden:

Regel:	AB	-	A	ABD	≠	A¬B	AB	-	A
Fall:	ABD	-	AB	ABD	≠	A¬B	A	≠	A¬B
Ergebnis:	ABD	-	A	ABD	-	AB	A	«	A¬B

Der Schluss macht die intensionale Ordnungsfunktion der Artbegriffe (im Sinne der einfachen Gruppe des Maschenquadrupels) sichtbar: ABz wird im Vollzug des Schließens zu ABD. Als sichtbares Resultat der dreifachen Schlussbewegung durch die drei Dukte liegt das so gewonnene Maschenquadrupel jetzt vollständig als geordnete Struktur von Spielmaterial und Spielraum vor.

---

(1) *principium identitatis:* AB ist AB
(2) *principium contradictionis:* AB ist nicht A¬B (A-nonB) und AB ist nicht A¬B
(3) *principium exclusi tertii:*
(3.1) *principium possibilis definitionis:* A ist AB
(3.2) *principium rationis sufficientis:* wenn AB, dann A¬B
(3.3) *principium exclusii tertii:* A ist entweder AB oder A¬B
Auf diese Weise kann man sie nunmehr in der Tat als eine erste vorausgreifende Fassung der „ursprünglichen transzendentalen Prinzipienfunktion der drei syllogistischen Dukte" lesen.

4.3.3 *Zusammenfassung*

Der transzendentale Akteur wendet die Darstellung des im jeweiligen aktuellen Spontaneitätsvollzug gewonnenen Zusammenhangs auf das bisher Vollzogene, das Zustandserlebnis und den Umstandsvollzug, zurück, welches er als geordnet (Regel, Gewohnheit, Alltäglichkeit) „wieder-holt" und „er-innert".

Sein Synthesisvollzug erweist sich ihm als extern und intern gegliederter transzendentaler Bestimmungs- und Bewegungszusammenhang, das „wahrhaft" *Allgemeine* einer *Regel*, die dem *Besonderen* (dem *Fall*) und dem *Einzelnen* (dem *Ergebnis*) hinreichend vermittelt ist, insofern es sich weiter als Bewegung und Zusammenhang des Bewegungsvollzugs begreift. Er ist jetzt als Einheit eines bestimmten (als geordnet erfassten) Spielraums mit bestimmtem (als ebenso geordnetem) Spielmaterial hinreichend bestimmt.[92]

Der sich nunmehr als bestimmender bestimmt habende Akteur ist nicht nur Akteur der „dritten Person", sondern als Akteur, der sich *erstpersonal* als „erste Person" betrachtet und sich mit sich identifiziert. Er ist *Selbstbeobachter* („*Selbstbewusstsein*") und sich selbst auf diese Weise Gegenstand. Beobachter eines Gegenstandes ausschließlich in der dritten Person ist er nur in einer abgeleiteten, die dritte Person nominalistisch verdinglichenden Perspektive. Das Sich-selbst-Beobachten muss systematisch daher immer mitgedacht werden und läßt sich nicht auf eine Nullstufe reduzieren. Dieses „Sich-selbst-Beobachten" (ähnlich wie *Hegels* „Selbstbewusstsein") als Akteur, der sich *erstpersonal* als „dritte Person" betrachtet, ist auch *point du départ* für das Beobachten von jemandem als zweite oder dritte Person.

Der transzendentale Akteur setzt die in der Induktion erschlossene *Regel* und fokussiert diese *Regel* mittels des in der Abduktion erschlossenen, aber nicht hinreichend bestimmten *Falles*, so dass er sich das in der Abduktion und Induktion gesetzte und zugleich vorausgesetzte *Ergebnis* nunmehr bestimmend zu Ende erschließt.

Der transzendentale Akteur ist als Selbstbeobachter in eins 1. gemäß dem abduktiven Dukt Vollzugsbetroffener, d.h. zugleich Zustandserlebender und Tathandelnder; 2. gemäß dem induktiven Dukt Umstandsbetroffener, d. h. als zugleich sich und die Welt Bewegender und Bewegter; und schließlich 3. gemäß

---

92 Daher erscheint es mir auch angemessen, wenn Zeidler hier im Sinne des *Kantischen* Schematismus die Kontinua der Raum- und der Zeitordnung anschließt. Durch ihren Rückbezug auf die beiden vorigen Dukte dürfte es sich hier um endliche Kontinua des sich situierenden transzendentalen Akteurs, nicht um die reinen Bestimmungsmöglichkeiten des „Peirceschen Kontinuums" handeln.

dem deduktiven Dukt Gegenstandsbeobachter sowohl seiner selbst als auch des Anderen seiner selbst.

Die Deduktion stellt also im Sinne der kantischen Unterscheidung von Meinen, Glauben und Wissen ein ideal-reales „Wissen" dar, nämlich ein in *Kant*s Diktion „sowohl subjektiv als objektiv zureichendes Fürwahrhalten", eine „Stufe" des „Fürwahrhaltens" also, die er letztlich nur der Mathematik zuschreibt und die außerhalb der Mathematik nur als „Idee" „regulativ" angezielt werden kann.

Kant erfasst allerdings die Bewegung des Vernunfthandelns über oder besser durch die drei pragmatisch-performativ Modalitäten des Meinens, Glaubens und Wissens hindurch nicht als einen Zusammenhang. In der Tat wird genau in dieser einheitlich-einheitsstiftenden Bewegung die „subjektive" Vollzugsseite als auch die ebenso „subjektive" wie „objektive" Reflexionsseite (Gegenstandsbeobachter sowohl seiner selbst als auch des Anderen seiner selbst zu sein) zureichend bestimmt. Somit erschließt diese Vernunfthandlung das Tun desjenigen, der im möglichen Voraussetzen (Abduktion) und wirklichen Setzen (Induktion) gerade dieser Regel des abduktiv erschlossenen Falles den damit antizipierten Begriffsinhalt nunmehr (deduktiv) bestimmend zu Ende erschließt bzw. genauer erschließen kann: als „notwendig" – nämlich als hinreichend *wirklichkeit*serschließend – indem er den Zusammenhang dieser drei Schritte als eine vollständige, ideal-reale Synthesisbewegung begreift.

Literaturverzeichnis

Blau, Ulrich: *Die Logik der Unbestimmtheiten und Paradoxien*, Heidelberg 2008.

Cramer, Wolfgang: *Grundlegung einer Theorie des Geistes*, Frankfurt am Main 1957.

Frege, Gottlieb: *Logische Untersuchungen*. Göttingen 1966.

Freytag-Löringhoff, Bruno Baron v.: *Logik I: Ihr System und ihr Verhältnis zur Logistik*, 5., erweiterte Auflage, Stuttgart 1972.

Freytag-Löringhoff, Bruno Baron v.: *Logik II: Definitionstheorie und Methode des Kalkülwechsels*, Stuttgart 1967.

Geldsetzer, Lutz: *Logik*, Aalen 1987.

Hegel, G.W.F.: *Werke*, 20 Bde., Frankfurt am Main 1986.

Kant, Immanuel: *Werke in 10 Bd.*, Bd. 5, Darmstadt 1968.

Müller, Hans-Jürgen: *Logik neu denken*, Frankfurt a. M. 2016.

Parker, Kelly A.: *The Principle of Continuity in Charles Sanders Peirce's Phenomenology and Semeiotic*, Diss. Vanderbilt Univ., Nashville, TN 1992.

Peirce, Charles Sanders: *Collected Papers of Charles Sanders Peirce*, Cambridge, Mass. 1931ff.

Peirce, Charles Sanders: *Writings of Charles Sanders Peirce*, Blloomington/Ind. 1982ff.

Prauss, Gerold: *Erscheinung bei Kant*, Berlin 1971.

Roberts, Don D. : *The Existential Graphs of Charles S. Peirce*, The Hague/Paris 1973.

Schrimpf, Gangolf: *Anselm von Canterbury Proslogion II – IV. Gottesbeweis oder Widerlegung des Toren?*, Unter Beifügung der Texte mit neuer Übersetzung, Frankfurt am Main 1994.

Schulthess, Peter: *Relation und Funktion. Eine systematische und entwicklungsgeschichtliche Untersuchung zur theoretischen Philosophie Kants*, Berlin 1981.

Simon, Josef: *Kant. Die fremde Vernunft und die Sprache der Philosophie*, Berlin/New York 2003.

Stekeler-Weithofer, Pirmin: *Hegels Phänomenologie des Geistes. Ein dialogischer Kommentar Bd. 2: Geist und Religion*, Hamburg 2014.

Wagner, Hans: *Philosophie und Reflexion*, Paderborn 1959.

Weingartner, Paul: Bemerkungen zum Intensionsbegriff in der Geschichte der Logik, in: *Zeitschrift für philosophische Forschung* 29, 1975.

Whitehead, Alfred N.: *Science and the Modern World*, Cambridge, Mass. 1926.

Zeidler, Kurt Walter: *Logik des Erkenntnisprozesses. Deduktion-Induktion-Abduktion*, Wien (maschinenschriftliche Phil. Diss.) 1979.

Zeidler, Kurt Walter: „Urteil und Schluss, Anmerkungen zur Kritik der reinen Vernunft“, in: *Wiener Jahrbuch für Philosophie*, 1984, 27–46 [wieder abgedruckt in: *Grundlegungen*, 85–103].

Zeidler, Kurt Walter: Zeichen und Schluss: Peirce und Hegel, in: *Philosophie und Semiotik*, Wien 1990, 153–165 [wieder abgedruckt in: *Grundlegungen*, 197–215].

Zeidler, Kurt Walter: *Grundriss der transzendentalen Logik*, Cuxhaven 1992; Zweite, überarb. Auflage, Cuxhaven/Dartford 1997, Dritte, ergänzte Aufl., Wien 2017.

Zeidler, Kurt Walter: Die Heautonomie der Vernunft, in: Th. S. Hoffmann, F. Ungler (Hg.): *Aufhebung der Transzendentalphilosophie?*, Würzburg 1994, 25–39 [wieder abgedruckt in: *Grundlegungen*, 249–274].

Zeidler, Kurt Walter: Zeichen und Schluss: Peirce und Hegel, in: *Philosophie und Semiotik*, Wien 1990, 153–165 [wieder abgedruckt in: *Grundlegungen*, 249–274].

Zeidler, Kurt Walter: *Prolegomena zur Wissenschaftstheorie*, 2000, Würzburg [2]2006.

Zeidler, Kurt Walter: Die Wirklichkeit der Vernunft (Formale, empirische und rationale Begründung), in: L. Nagl, R. Langthaler (Hg.): *System der Philosophie?* Festgabe für Hans-Dieter Klein, Frankfurt am Main/München 2000, 241–252.

Zeidler, Kurt Walter: „Unerledigte Probleme der Vernunftkritik (serb. Otworeni problemi kritike uma)", in: D. Basta (Hg.), *Aktuelnost i buducnost* Kantowe *filosofije*, Beograd 2004, 347–357 (358–368) [wieder abgedruckt in: *Vermittlungen*, 91–107].

Zeidler, Kurt Walter: Syllogismus est principium Idealismi, in: M. Gottschlich, M. Wladika (Hg.), *Dialektische Logik. Hegels „Wissenschaft der Logik" und ihre realphilosophischen Wirklichkeitsweisen*. Gedenkschrift für Franz Ungler, Würzburg 2005, 239–251 [wieder abgedruckt in: *Vermittlungen*, 109–127].

Zeidler, Kurt Walter: Die Antinomien in der ‚Kritik der Urteilskraft', in: R. Hiltscher, St. Klingner, D. Süß (Hg.): D*ie Vollendung der Transzendentalphilosophie in* Kants *„Kritik der Urteilskraft"*, Berlin 2006, 41–57 [wieder abgedruckt in: *Vermittlungen*, 129–155].

Zeidler, Kurt Walter: Die Logik der Gottesbeweise und die Logik der (Post-) Moderne, in: K. Dethloff, L. Nagl, F. Wolfram (Hg.), *„Die Grenze des Menschen ist göttlich". Beiträge zur Religionsphilosophie* (Schriften der Österreichischen Gesellschaft für Religionsphilosophie, Band 7), Berlin 2007, 225–238 [wieder abgedruckt in: *Vermittlungen*, 157–173].

Zeidler, Kurt Walter: Zur Logik des spekulativen Satzes, in: M. Gerten (Hg.): *Hegel und die Phänomenologie des Geistes. Neue Perspektiven und Interpretationsansätze*, Würzburg 2012, 141–149.

Zeidler, Kurt Walter: Platons Antizipation und Überwindung des Universalienstreits, in: H.-D. Klein, R. Langthaler (Hg.), *Transzendentale Konzepte in aktuellen Bezügen*, Würzburg 2010, 9–19 [wieder abgedruckt in: *Vermittlungen*, 191–207].

Zeidler, Kurt Walter: *Grundlegungen. Zur Theorie der Vernunft und Letztbegründung*, Wien 2016.

Zeidler, Kurt Walter: *Vermittlungen. Zum antiken und neueren Idealismus*, Wien 2016.

Zeidler, Kurt Walter: *Provokationen. Zu Problemen des Neukantianismus*, Wien 2018.

Robert König (Wien)

Syllogistik und Dialektik bei Aristoteles und Platon

Zu Zeidlers Weiterentwicklung aristotelischer Logik

Der vorliegende Text stellt zentrale Momente der Philosophie des Platon und des Aristoteles für Kurt Walter Zeidlers Denken heraus. Er untersucht, inwieweit besonders Aristoteles im Hinblick auf die Theorie schlusslogischer Letztbegründung für Zeidler bedeutsam ist und Zeidler aber vice versa mit teilweise aristotelischen, teilweise platonischen Mitteln über gewisse Defizite, die er im Philosophieren des Aristoteles sieht, hinausgeht. In diesem Zusammenhang liefert Zeidler, gestärkt durch die platonische Dialektik, ein nicht zuletzt aus Aristoteles selbst heraus begründetes, bisher aber fehlendes Fundament einer hierdurch nicht nur formallogisch, sondern ontologisch relevanten Syllogistik. Aristoteles wird auf diese Weise, zumindest aus platonischer Sicht, als Zwitterwesen zwischen einem Philosophen und einem Sophisten entworfen, welche Zwitterstellung nicht zuletzt einer urteilslogischen Entscheidung hinsichtlich seines ganzen Denkens geschuldet bleibt. Diese Entscheidung lässt sich von Zeidlers schlusslogischer Letztbegründungstheorie her begreifen. Vorliegender Text rekonstruiert ihre Logik und schließt mit weiterführenden Fragen ab, die an eine transzendentale Logik von der Antike her zugleich übrig bleiben und daher Ergänzungen zu Zeidlers Ansatz erforderlich machen, die in Zukunft erst zu leisten wären.

1. Zeidlers Verhältnis zur Philosophie der Antike

> Man mag es auf den ersten Blick gekünstelt und unerhört finden, daß wir die transzendentallogische Deutung des Syllogismos in die zuvor (S. 180) zitierte Stelle aus dem Sophistes hineinlesen, da eine jahrtausendelange Einübung in die Trennung von formaler Logik und Ontologie diesen Blick trübt und die Sicht auf die ursprüngliche transzendentale Einheit beider Disziplinen verstellt.[1]

Diese Aussage in Kurt Walter Zeidlers *Grundriss der transzendentalen Logik* wirft in nuce Ansatz, Anliegen und Problemstellung seiner Auseinandersetzung mit der Philosophie der Antike auf. Sein Opus bemüht sich insgesamt darum, in

---

1 K. W. Zeidler: *GtL*^{3}, 200.

transzendentallogischer Lesart besonders Platons und Aristoteles', die weitläufigen traditionellen Verkürzungen beider als paradigmatisch für die insgesamte Verkürzung spekulativer Logik darzustellen und sie im selben Akt als Vorläufer und Erstbegründer idealistischer Systementwürfe zu reinterpretieren. Diese Reinterpretation ist dabei nicht bloß von historischem Interesse, sondern dient Zeidlers Ziel, auch die neuere transzendental-idealistische Logik von mehreren Einengungen und nominalistischen Verkürzungen zu befreien, indem gezeigt werden soll, inwieweit die „ontologisch relevante Logik",[2] und damit das philosophische Prinzip in Zeidlers Denken selbst, bereits bei Platon und Aristoteles grundgelegt ist. Die komplexe Verstellung der Engführung jener Konzeptionen der Antike wird etwa ebenso dort deutlich, wo Zeidler direkt im Hinweis auf das häufig als *Metaphysik* kritisierten Denken der Alten die hierauf folgende „post-metaphysische" und „avantgardistische Selbstinszenierung"[3] neuerer Philosophie rügt. Der „Gestus der Verabschiedung des Gestrigen" sei „konstitutiv für das post-metaphysische Bewusstsein" und zehre „von der Gewißheit, die Sinnlosigkeit der Metaphysik erkannt zu haben", ließe aber ebenso „eine systematisch verbindliche Begriffsbestimmung der Metaphysik [...] nicht erwarten."[4]

Aus diesem sowohl geistesgeschichtlichen wie systematischen Paradoxon heraus formuliert Zeidler eine in der idealistischen Philosophie stets aufgeworfene *Ad-Fontes*-Forderung, die dem Umstand geschuldet ist, erst einmal zu begreifen, worin die systematischen Leistungen des Platon und Aristoteles überhaupt bestanden, anstatt sich in eine Galerie selbstverständlicher Zurückweisungen ihres Denkens einzureihen, die das Kind meist mit dem Bade auszuschütten pflegen und sie mit jenem ins Leere gehenden Vorwurf von „Metaphysik" abtun.

Die zentralen Passagen der Zeidler'schen Forderung eines solchen *Ad-Fontes!* finden sich in seiner Auseinandersetzung mit der aristotelischen *Syllogistik* einerseits und der platonischen *Dialektik*[5] andererseits, die eine entscheidende Rolle für sein Denken spielen:

---

2 Zeidler versteht Parmenides von Elea als den ersten, der das Verhältnis von Logik und Ontologie als grundlegende philosophische Forderung formulierte. Er datiert diesen Anspruch seiner eigenen Philosophie derart bis in frühe Zeugnisse antiker Philosophie zurück, in deren Tradition er sich hiermit zugleich stellt. (vgl. ders.: *Vermittlungen*, 158f.)

3 Ibid., 79.

4 Ibid., 79.

5 Zu Auseinandersetzungen mit Platon und Aristoteles vgl. K. W. Zeidler.: „Vernunft und Letztbegründung", „Transformationen der Logik", „Reflexivität und Begründung",

> An dieser Stelle muß ich bekennen, daß mir Platons Lehre von der Ideenverknüpfung im *Sophistes* den entscheidenden Hinweis auf die Möglichkeit und Notwendigkeit einer synthetischen Entfaltung der „Funktionen der Einheit unter unseren Vorstellungen" gab, insofern dort die ursprüngliche Einheit von Logik und Ontologie (in einer künftig – und zwar im Zusammenhang von Universalienproblem, Prädikationstheorie und den klassischen Grundgesetzen der formalen Logik – noch zu klärende Weise) thematisiert ist.[6]

Die Frage der Einheit von Logik und Ontologie emergiert mithin ursprünglich von Platon und seiner hier noch zu bedenkenden „Wissenschaft freier Menschen"[7] her, die Zeidler fortan bei Aristoteles weiterentwickelt und – zumindest dem Anspruch nach – abgesichert findet.

> Daß der bewundernswerte Mann, der dieses Programm einlösen sollte, niemand anderer war als Aristoteles, daß die Platonische Dialektik in der Aristotelischen Analytik ihre systematische Vollendung und die Idee in der Syllogistik ihre Heimstätte findet, wollten zwei Jahrtausende, in denen man sich einerseits an der Vorstellung der Ideen berauschte und andererseits die Schlußlehre bloß als ursteilslogische Konsequenzenlogik begriff, nicht wahr haben [...][8]

Dass Aristoteles und Platon dennoch meist auseinanderdividiert werden, schuldet sich Zeidler zufolge selbst einer gewissen sowohl logischen als auch ontologischen Vorentscheidung bei Aristoteles:

> [...] zumal Aristoteles, seine Dankesschuld gegenüber seinem Lehrer herunterspielend, den systematischen Zusammenhang von Analytik und Dialektik verstellt und zudem mit seiner Substanzmetaphysik ein scheinbar realistisches Korrektiv gegen den scheinbaren Überschwang der Ideenlehre anbietet.[9]

„Die transzendentale Geschichte des Ichs", „Die kopernikanische und semiotische Wende der Philosophie" in: *Grundlegungen* // „Hat Platons Höhle einen Ausgang?", „Syllogismus est principium Idealismi", „Die Logik der Gottesbeweise und die Logik der (Post-Moderne)", „Der logische Ort der Freiheit", „Platons Antizipation und Überwindung des Universalienstreits", „Letztbegründung als transzendentale Theorie konstitutiver Relationalität" in: *Vermittlungen* // „Das Problem des Einzelnen", „Begriff und Faktum der Wissenschaft" in: *Provokationen* // sowie §27, §29, §30, §35, §36 in: *GtL*^{3}, Wien 2016.

6 K. W. Zeidler: *Grundlegungen*, 190–191, Anm. 32.

7 Platon: *Sophistes*, 253c-d.

8 K. W. Zeidler: *Vermittlungen*, 196.

9 Ibid., 196.

Hierdurch sei übrigens auch geistesgeschichtlich eine Scheinbarkeit entstanden, die sich über die Jahrtausende bis heute durchhält: „die Platon-Kritik des Aristoteles hat die Mär vom ‚Platonismus' auf den Weg gebracht und ist der Schatten, der den Ertrag des antiken Idealismus, damit aber auch die grundlegende Leistung des Aristoteles bis auf den heutigen Tag verdunkelt."[10] – Nun stellt sich freilich die Frage, wie diese nicht nur philosophiegeschichtlich, sondern auch systematisch so bedeutsame Verdunklung von Zeidler selbst her zu denken sein könnte und wo Aristoteles eigentlich die entscheidende Weichenstellung vornimmt, die in die ihr folgenden Probleme des Skeptizismus, des Universalienstreits und der „post-metaphysischen" Abwendung von prinzipientheoretischen Problemstellungen führte. Lässt sich nämlich diese Frage, die identisch mit derjenigen einer „Überwindung" anstatt einer (unmöglichen) „Widerlegung" des Skeptizismus ist,[11] nicht von Zeidler selbst her beantworten, so halten wir uns nicht nur mit der Aufhellung der Beziehung zwischen Platon und Aristoteles, sondern auch mit dem Gedanken einer Überwindung des Skeptizismus letztlich doch in einer uneingelösten Forderung auf, die sich erst noch zu bestätigen hätte. Doch gibt Zeidlers transzendental-spekulative Logik, wie wir sehen werden, alles Rüstzeug her, das nur vermeintlich *geschichtliche* Problem zwischen Platon und Aristoteles an seine eigentlich *systematische* Stelle zu rücken und in seiner Bedeutung für den zentralen Überwindungsakt hinsichtlich des Skeptizismus[12] fest zu machen. Wenn Zeidler daher (vgl. oben) auf die gewichtige Bedeutung der platonischen Dialektik für sein Denken hinweist, so wird es vice versa sein Denken sein, das uns erlaubt, Aristoteles auch als einen Dialektiker im Sinne Platons zu rehabilitieren und hierdurch jene Verdunklung (vgl. oben) zwischen Analytik und Dialektik, zwischen Schlusslehre und Ideenlehre, zwischen *Ousia* und *Idea*, aufzuhellen.

2. Das Urteil des Aristoteles

Die Frage stellt sich nun, an welchem Punkt des aristotelischen Opus die Verdunklung, die seit beinahe zweieinhalb Jahrtausenden für weitreichende Konfliktherde im Denken sorgt, denn selbst stattgefunden habe. Wir haben dazu die eben wegen dieser Verdunklung selbst meist geleugnete Beziehung von

10 K. W. Zeidler: *Provokationen*, 318.
11 vgl. K. W. Zeidler: *GtL*[3], 195.
12 Zur essenziellen Bedeutung des Skeptizismus (schon in der Antike) als Stufe zur Transzendentalphilosophie vgl. *GtL*[3] §29.

Metaphysik und *Organon* (genauer: den beiden *Analytiken*) in den Blick zu nehmen. Mit Zeidler lesen wir also die beiden Werke selbst als Aristoteles' Version der Synthesis von Logik und Ontologie, hinter die Aristoteles aber aufgrund einer bedeutsamen Vorentscheidung selbst immer wieder zurückfiel und hierdurch den Grund für einige Verkürzungen seines Philosophierens selbst legte.[13]

Nachdem er im vierten Buch seiner sogenannten *Metaphysik* die Wissenschaft vom Seienden als solchen entwickelt und als ihren zentralen Inhalt die Erforschung und Erkenntnis der *Ousia* (meisthin übersetzt mit: Wesen, Substanz oder Seiendheit) veranschlagt,[14] gelangt diese Wissenschaft in voller Schärfe im siebenten Buch dieser *Metaphysik* zu ihrer epochemachenden Unterscheidung. Sie teilt sich auf die Kapitel 16 und 17 auf, in denen Aristoteles in zwei Anläufen die Prinzipienwissenschaft der *Ousia* vorträgt, nicht zuletzt und nicht zufällig im Kontext einer Kritik an denjenigen, die „Ideen annehmen".[15] So lesen wir im 16. Kapitel: „Denn das Wesen kommt keinem anderen zu als ihm selbst und dem, welches das Wesen hat, dessen Wesen es ist."[16] Es sei für jetzt unbelichtet gelassen, dass sich an dieser Stelle auch das für die Syllogistik so bedeutsame Wörtchen *hyparchein* (zukommen) befindet, was allein sprachlich einen Konnex zum Organon zuließe.[17] Für unsere Zwecke ist der Hinweis auf die Aussage entscheidend, dass die *Ousia* keinem anderen zukomme als sich selbst. Sie sei also, nicht zuletzt im Durchgang durch entscheidende Passagen der *Metaphysik*, als ihr eigene Wissenschaft zu denken und zu entwickeln, die zugleich in einer Ontologie dieser Selbstreferenz die im vierten Buch angekündigte Wissenschaft sei und die wir heute unter dem Namen *Philosophie* kennen. Die sich selbst hierdurch verwissenschaftlichende Wissenschaft vom Seienden findet mithin einerseits als dieser eigentümliche und unverwechselbare prinzipiengenerierende Selbstbezug statt.

---

13 Zu diesem komplexen Verhältnis vgl. *GtL*^{3}, 194.

14 Vgl. *Metaphysik*, 1003a-1003b.

15 Ibid., 1040b27–28.

16 Ibid., 1040b23–24.

17 Von hier aus etwa darf mit dem Kapitel 36 des ersten Buches der *ersten Analytik* auf ein ausdrückliches Verbindungsstück zwischen *Organon* und *Metaphysik* hingewiesen sein: „[...] in wievielerlei Bedeutungen von ‚sein' die Rede ist und in wievielfacher Weise man ebendas wahrheitsgemäß aussagen kann, genau so viele Bedeutungen hat, muß man sich klarmachen, auch ‚zukommen'." (*An. Pr. I*, 48b2–4) Der Beginn des vierten Buches der *Metaphysik* führt wiederum die vielfachen Aussageweisen des Seienden als Sprungbrett in die dort gesuchte Wissenschaft ein.

Unmittelbar im Anschluss, zu Beginn des 17. Kapitels des siebenten Buches der *Metaphysik*, belehrt uns Aristoteles andererseits darüber, dass wir die Wissenschaft der *Ousia* ebenso noch einmal von einem „anderen Ausgangspunkt“[18] (*allen archen*) aufzusuchen haben. Es ist von entscheidender Bedeutung, in welcher Weise dieser sogenannte andere Ausgangspunkt systematisch eingeführt wird. Aristoteles weiter: „Da nun das Wesen ein Prinzip und eine Ursache ist, so müssen wir von hier ausgehen. Man untersucht aber das Warum immer so, daß man fragt, warum etwas einem anderen zukommt [...]“[19] Der zuvor (Kapitel 16) etablierte Selbstbezug der *Ousia* wird transformiert und nicht nur in eine Logik der Ursachenbeziehung (*aitia*) hinübergeführt, von der folgerichtig gesagt wird, sie sei ein ganz anderer Ausgangspunkt als derjenige des vorhergehenden Kapitels. Es steht überdies mit einer solchen Transformation auch die systematische Umdeutung des Zukommens zur *dichotomischen* Struktur des „eins und anderen“ vor uns (oder zu Griechisch noch schärfer: *ti allo allo tini hyparchei*, „ein anderes kommt einem anderen zu“). Aus transzendentallogischer Sicht ließe sich hierbei mit Recht von einer Umdeutung der Wissenschaft der *Ousia* in urteilslogische Strukturen sprechen, wie sie auch Zeidler immer wieder an Aristoteles bzw. am Aristotelismus moniert.[20] Mehr noch, schließt sich an diese Transformation auch nicht nur konsequent und urteilslogisch der aristotelische sog. Hylemorphismus an, indem Aristoteles im Kapitel 17 weiter ausführt: „Man sucht also die Ursache für den Stoff, diese ist die Form, durch welche er etwas Bestimmtes ist, und das ist das Wesen.“[21] Darüber hinaus führt Aristoteles im Zusammenhang seiner dichotomisch-konsequenzenlogisch gedachten Ousiakonzeption aus, dass in ihr „das Daß und das Sein als bekannt und offenbar gegeben sein (muß)“.[22] Der andere Ausgangspunkt des Kapitels 17 stellt mithin eine Wissenschaft der Bezugnahme auf Gegebenes vor, die sich, blickt man wiederum ins Griechische, als umso empfindlicher für die Gesamtsystematik zeigt, wenn man beachtet, dass für „gegeben sein“ wiederum der in der Schlusslogik so

18 Aristoteles: *Metaphysik*, 1041a6.

19 Ibid., 1041a9.

20 Wir lesen über Aristoteles etwa in: *Grundlegungen*, 47: „Von allem Anfang an hat die methodologische Kontamination der Logik die Sicht auf die begriffslogischen Synthesisfunktionen und ihren schlußlogischen Zusammenhang verstellt.“

21 Ibid., 1041b7–8. Nebenbei bemerkt darf diese Stelle auch allen Rezeptionen angegeben sein, die fälschlich von einer äußerlichen Koordiniertheit von *hyle* und *eidos* ausgehen, insofern Aristoteles hier explizit angibt, dass das *eidos* im Bestimmungsakt der *hyle* gegenüber eine Ursachenrolle einnimmt.

22 Ibid., 1041a15.

zentrale Terminus *hyparchein* verwendet wird. Mit einer Umdeutung der Methodologie der *Ousia* und ihrer Wissenschaft findet derart auch eine Umdeutung des „Zukommens" hin zu genau demjenigen Vorgefundensein statt, welches die „formale Logik" vergessen lässt, dass sie „von den transzendentallogischen Synthesisfunktionen zehrt."[23]

Auf Basis des hier nur angedeuteten komplexen Transformationsverhältnisses, das zugleich Gipfel und Abgrund des aristotelischen Denkens darstellt, entspringen Aristoteles in der Folge – ganz nach Maßgabe einer sich wie eine unbezwingbare Hydra endlos im Urteil verheddernden Logik – auch sämtliche Formen, die unter einen Hut zu bringen sich die Tradition seither schwer tut. Erst indem er die *Entscheidung* trifft, die *Ousia* im Sinne ihrer urteilslogischen Version (K17) zu untersuchen, stößt er demgegenüber auf „die Einfachen", bei denen „keine Untersuchung und Lehre stattfindet, sondern eine andere Art der Erforschung."[24] Diese Einfachen (*hapla*) stellen das Korrelat der *Ousia* des Kapitels 16 dar, freilich aber bereits durch den „anderen Ausgangspunkt" des Kapitels 17 gegangen und nur deshalb überhaupt als Einfaches auftretend, bei dem eine andere Art der Erforschung stattfinde. Demgegenüber schreibt Aristoteles gerade durch diese Weichenstellung aber die *Ousia* als „erste Ursache des Seins"[25] fest und es ist von nicht zu überschätzender Wichtigkeit, dass er sie an dieser Stelle ursachenontologisch, in transzendentaler Sprechweise: urteilslogisch, bestimmt.

Die sich hieran anschließende Frage, wo und inwieweit Aristoteles demgegenüber jene „andere Art der Erforschung" auseinanderlegt, lässt sich nicht kurz beantworten. Indem er nämlich beide Konzeptionen von *Ousia* (die selbstreferentielle des K16 und die dichotomische aus K17) stets mitdenkt, ergibt sich nicht nur die Frage nach ihrer Vermittlung. Er lässt uns überdies die Herkulesaufgabe übrig, stets *beide* Weisen ihrer Wissenschaft (man könnte sie die transzendentallogische und die formallogische nennen) mitzudenken. Sämtliche Schwierigkeiten des aristotelischen Denkens hängen an dieser Verzweigung und Verwicklung zwischen *Urteilslogik* und Logik des Selbstbezugs des Denkens (d.h. *Schlusslogik*), die sich nicht nur in der *Noesis Noeseos* gefordert findet,[26] sondern deren Ansatz und Durchführung in der *Syllogistik* geliefert ist. Zeidler ist in diesem Zusammenhang einerseits Recht zu geben, indem er durch sein ganzes Opus immer wieder hervorhebt, Aristoteles habe den Schluss nicht als

23 K. W. Zeidler: *Grundlegungen*, 39.

24 Aristoteles: *Metaphysik*, 1041b9–10.

25 Ibid., 1042a28.

26 Vgl. Buch 12 der *Metaphysik*.

„urteilslogisches Gefüge aus Obersatz, Untersatz und Konklusion" verstanden,[27] andererseits deutet Aristoteles den Schluss aber im Zusammenhang seiner doppelten Konzeption der *Ousia* stets zugleich um, indem ebenso „die Urteilsform konstitutiv für die formale Logik des Aristoteles (ist)" und, so fügen wir hinzu, sie zugleich erst zu einer formalen Logik macht.[28]

Dass das Spekulative der sich auf sich beziehenden *Ousia* des Kapitels 16 ihm durch das Kapitel 17 des siebenten Buches der *Metaphysik* doch zu einem Übergewicht des Formal- und Urteilslogischen gegenüber dem Begriffs- und Schlusslogischen gerät, von welchem Übergewicht her sich der Großteil der Aristotelesrezeption seither versteht, wird an vielen Stellen des aristotelischen Opus spürbar, doch nirgendwo so klar, wie an den jetzt hervorzuhebenden beiden Stellen. Sie verbinden nicht nur *Organon* und *Metaphysik*, damit Logik und Ontologie miteinander, sondern verstehen sich maßgeblich von der durch jenen „anderen Ausgangspunkt" (K17) eingeführten Dichotomie her, welche die Ousia als *Ursache* des Seins des Seienden begreift.

Die erste Weichenstellung lässt sich an vielen Stellen der beiden *Analytiken* beobachten, indem Aristoteles wiederholt darauf zurückkommt: „Daß nun also die Schlußverhältnisse in diesen Formen, erstens, vollendet werden durch die als Allaussagen auftretenden Schlüsse in der ersten Form, zweitens, auf diese zurückgeführt werden [...]".[29] Diese Rückführung auf die erste Figur, die mutatis mutandis nichts als der Ausdruck der in der *Metaphysik* anzutreffenden *Ousia*-Transformation ist, birgt für Aristoteles die vollkommene Art des Schließens,[30] indem es durch nichts als durch diese Rückführung selbst dazu kommt, die in der *Metaphysik* hervorgehobene Logik der *Ursachenerkenntnis* ins Werk zu setzen. Dass fortan „jede Form von Lehre und jedes über den Verstand gehende Lernen (von) einer vorher schon vorhandenen Kenntnis ausgeht"[31] versteht sich in demjenigen Kontext der Aussage des Kapitels 17 der *Metaphysik*, der uns darüber belehrt, dass ein „Dass und ein Sein" (s.o.) immer schon vorausgesetzt werden müssen. Der Schluss ist durch den Primat der ersten Figur die Klärung der verursächlichenden Funktion dieses „Dass und Seins" und dient als erste Figur

27 K. W. Zeidler: *Grundlegungen*, 48.

28 Ibid., 63, vgl. ebenso: „die urteilslogische Umformung der Aristotelischen Begriffslogik" (*Vermittlungen*, 117), wo Zeidler zwar diese Umformung als eine aristotelisch-scholastische Verschüttung bezeichnet, aber in unserer Lesart zugleich zu bekennen bleibt, dass diese Verschüttung bei Aristoteles selbst angelegt ist.

29 Aristoteles: *An. Pr. I*, 40b17–19.

30 Vgl. etwa Aristoteles: *An. Pr. I*, 29a30–32.

31 Aristoteles: *An. Post. I*, 71a1–2.

ihrer logischen Absicherung. Zeidler nennt das Prinzip dieser Absicherungshandlung das „Subsumtionsallgemeine", das darin ganz aristotelisch die „Klarheit und Distinktheit des Begriffsumfanges (voraussetzt)",[32] also von jenem Dass und Sein herkommt. Dies wird bei aller formallogischen Mächtigkeit zugleich als transzendentallogische Beschränkung markiert, die ihre eigenen Voraussetzungen nicht zu hinterfragen imstande ist und deshalb stets von einem Gegebenen des Schlusses auszugehen hat.[33] In anderen Worten ergibt sich der *Schluss* als formale Rekonstruktion dieses Gegebenen aus durch ihn selbst erst aufgefundenen Bedingungen. Diese Rekonstruktion qualifiziert das Gegebene dabei umgekehrt als das *Resultat* dieser *Bedingungen*, oder dazu: in allem nach demjenigen Warum und derjenigen Ursache zu fragen, die Aristoteles im Kapitel 17 des siebenten Buches der *Metaphysik* fordert.

Im Anschluss hieran stellt sich mithin die Frage nach dem Kriterium, das sodann gewährleistet, dass ein Resultat schlusslogisch vollendet in seinem Warum rekonstruiert ist und damit danach, ob nicht in Aristoteles' eigenem Opus schon der Grundstein für die bei Zeidler monierte spätere urteilslogische Verengung des *Syllogismos* gelegt sei. Wir stoßen derart auf die zweite oben angekündigte Weichenstellung, die sich unmittelbar im Kontext der Transformation des Schlusses zum *Rekonstruierenden bereits gegebener Resultate* auftut. Wodurch nämlich garantiert sich die vollendete Rekonstruiertheit eines solchen Resultates und damit seine wissenschaftliche Erkenntnis? Diese Garantie liefert dem Aristoteles nichts als sein höchstes aller Prinzipien: das Prinzip vom verbotenen Widerspruch.[34] Nicht zufällig taucht dabei einmal mehr der Begriff *hyparchein* auf, der jene drei Stellen: die doppelte *Ousia*-Konzeption, den *Syllogismos* und das Widerspruchsprinzip auch sprachlich miteinander verbindet. Im Hintergrund des glückenden Syllogismos steht unablässig das Prinzip des verbotenen Widerspruchs. Hiermit ist natürlich nicht ausgeführt und für die Zwecke dieser Zusammenschau auch nicht nötig, in welchen Weisen dieser Widerspruch erfolgen kann, doch bleibt die Rückführung auf die erste Schlussfigur stets damit verbunden, dass sie ihre Vervollkommnung durch ihre Widerspruchsfreiheit

32 K. W. Zeidler: *Grundlegungen*, 39.

33 Vgl. ders., *Vermittlungen*, 121ff.

34 In aller Schärfe führt er es im vierten Buch der *Metaphysik* ein: „Daß ein so beschaffenes Prinzip das sicherste unter allen ist, leuchtet ein; welches aber dies ist, wollen wir nun angeben: daß nämlich dasselbe demselben und in derselben Beziehung (und dazu mögen noch die anderen näheren Bestimmungen hinzugefügt sein, mit denen wir logischen Einwürfen ausweichen) unmöglich zugleich zukommen (*hyparchein*) und nicht zukommen (*me hyparchein*) kann." (Ibid., 1005b17–22)

zeigt.[35] Der Fokus auf die erste Figur des Schlusses versteht sich von der Möglichkeit ihrer Widerspruchsfreiheit her und qualifiziert den Schluss deshalb nicht nur als die *Bedingungsrekonstruktion von Resultaten*, sondern gibt zugleich aus, dass diese Bedingungsrekonstruktion – und mit ihr das Resultat – dann erreicht ist, wenn sie *widerspruchsfrei* geworden ist. Das auch bei Zeidler als gegeben Vorausgesetzte des Subsumtionsallgemeinen ist also ein widerspruchsfrei zu rekonstruierendes Resultat von Bedingungen und der *Syllogismos* in seiner Einengung auf die erste Figur das Werkzeug, diese Rekonstruktion vorzunehmen.

Wenn Aristoteles daher an berühmter Stelle „alles Fragen" als „ein Fragen nach dem Mittleren" (des Schlusses) ausweist,[36] so zeigt sich dieses Fragen als ein solches, das widerspruchsfrei rekonstruieren soll, *wie* das Gegebene des Schlusses resultiert.[37] Der Mittelbegriff ist der immer schon verschwundene und deshalb erst noch aufzufindende (zu erschließende) Garant der Widerspruchsfreiheit des Resultates. Zentral ist dabei, dass sein Verschwundensein überhaupt erst das Gegebene (das vorausgesetzte „Dass und Sein" des Erkennens) als das Gegebene bestimmt. Der Schluss der ersten Figur fragt von einem als gegeben Vorausgesetzten durch Suche nach dem Mittelbegriff, ob es sich denn bedingungshaft als Resultat rekonstruieren ließe. Ansonsten, um es zirkulär auf die Spitze zu treiben, ist es eben keine Resultat (und aus der *Metaphysik* gesagt: ist es damit kein Seiendes).[38] Dieser Akt des Verschwindens des in diesem und als dieses Verschwinden erst *eodem actu* gesetzten Mittleren des Schlusses bildet in dieser Zirkularität erst die Möglichkeitsbedingung der ersten Figur. Aus der *Metaphysik* heraus erblicken wir hier nichts als die etwa im *ti en einai* grundgelegte Struktur von *Dynamis – Energeia – Entelechie* (besonders Buch 9 der *Metaphysik*). Bei der *Energeia* nämlich handelt es sich um nichts als den Schwund hin zur Differenz von *Dynamis* und *Entelechie*, die obig erwähnter Dichotomie in der *Ousia* (K17) entspricht und der gegenüber die *Energeia* ebenso als das verschwundene Fragwürdige auftritt. Die *Energeia* steht dem Verschwinden des Mittelbegriffes zur Dichotomie (K17) und seinem Selbstbezug (K16) als Schluss gleich. Sie *folgt* deshalb der Dynamis hin zur Entelechie, wie sie zugleich der

35 Oder wie Aristoteles sagt, dass man „keines von außen herzugenommenen Begriffes bedarf" und keine „Zusatzannahmen" nötig seien. (*An. Pr.* I, 24b20–24)

36 Aristoteles: *An. Post.* II, 90a35–36.

37 Diese Formulierung zeigt übrigens ausdrücklich, weshalb Zeidler jene Form des Schlusses als skeptizistisch in den Vorwurf des Zirkelschlusses münden sieht. (vgl. etwa *GtL*[3], 198)

38 Dass das Seiende damit auch geistesgeschichtlich zumeist den Charakter eines widerspruchsfreien Resultates erhielt, macht einen Gutteil dieser Geistesgeschichte aus.

Dynamis *vorausgeht.*[39] Diese doppelte Stellung der *Energeia* hat ihre Entsprechung in der doppelten Stellung der *Ousia* und deshalb unmittelbare Bedeutung für den *Syllogismos*. – Der Schluss in anderen Worten: *erschließt* sich negativ selbst – das zentrale logische Selbstverhältnis, auf das hinzuweisen Zeidler vielerorts, aber nicht zuletzt auch in seiner Auseinandersetzung mit Aristoteles, niemals müde wird.[40]

3. Aristoteles bei Zeidler

Nur auf Basis der ersten aristotelischen Figur[41] zeigt sich der in ihr verschwundene Mittelbegriff als eine Negation zu einem hierdurch rekonstruierbaren Resultat hin. Aristoteles folgert hieraus korrekt, dass die zweite Figur nur negative, die dritte nur partikuläre Konklusionen zulässt, denn beide sind nichts als die Negation (2. Figur) zum *eodem actu* verschwundenen Partikularen/Resultat (3. Figur).[42] Zeidler sieht nicht nur dieses Verhältnis, sondern geht insofern mit Aristoteles über Aristoteles hinaus, als er in Form dieser zunächst negativen Zirkularität des Schlusses mehrfach auf jene zentrale Stelle zu sprechen kommt, der zufolge die zweite Figur „in gewißer Weise das Bejahende" und die dritte Figur „das Allgemeine" ans Licht bringt.[43] Bei dieser für das ganze aristotelische Opus wesentlichen Stelle handelt es sich nicht zuletzt um den Schlüssel nicht nur zur „Überwindung des Skeptizismus",[44] der immer der Skeptizismus einer negativ-widerspruchsfreien Syllogistik der ersten Figur bleiben wird, indem er Widerspruchsfreiheit voraussetzungsreich fordert, ohne sie selbst als Schluss zu erschließen. Darüber hinaus bilden diese *Affirmation* und *Allgemeinheit* der zweiten und dritten Figur zugleich diejenigen beiden Dimensionen, aus denen

---

39 Vgl. ab Kapitel 3 des Buches 9 der *Metaphysik*.

40 Durch Verweis auf Aristoteles: *An. Pr.* II, 66b11 führt Zeidler mit Recht an, dass „*die Kontradiktion* aber wiederum die Geltung des (gleichfalls elenktisch zu begründenden) Widerspruchsprinzips voraussetzt bzw. auch ihrerseits gar nichts anderes als die bloß *negative Formulierung eines zirkulären Begründungsverhältnisses* darstellt." (*GtL*[3], 29) – In nuce findet sich hier die Doppelköpfigkeit und damit der ganze problematische Boden in Aristoteles' Denken formuliert.

41 Ab Aristoteles: *An. Pr.* I, Kapitel 4 (wiewohl das gesamte Schlussverhältnis schon in Kapitel 1, *An. pr.* I 24b17–20 auftritt).

42 Ab Aristoteles: *An. Pr.* I, Kapitel 5 und 6, wo Aristoteles die (aus Sicht der ersten Figur) „Unvollkommenheit" der zweiten und dritten Figur erstmal herausstellt.

43 Aristoteles: *An Pr.* II, 62b26. Vgl. z.B. K. W. Zeidler: *Grundlegungen*, 49; *Vermittlungen*, 126; *GtL*[3], 195.

44 Vgl. K. W. Zeidler: *GtL*[3], 195.

sich der *Syllogismos*, näher hin die erste Figur, überhaupt rekrutiert. Aristoteles kommt überhaupt nur dazu, quantitative (Allgemeinheit, Partikularität) und qualitative Verhältnisse (Bejahung, Verneinung) in der Syllogistik in ihren begrifflichen Beziehungen zu untersuchen, weil die quantitative Dimension von der dritten Figur, die qualitative von der zweiten Figur in jener „gewissen Weise" *erschlossen* wird. Zeidler sagt in dieser Hinsicht mit viel Recht: „Die Schlüsse der Zweiten und der Dritten Figur sprechen auf formallogische Weise von den nicht-formallogischen Voraussetzungen des deduktiven Schließens [...]"[45] – also von denjenigen ursprünglichen Begriffshandlungen, die die erste Figur überhaupt möglich machen. Diese ursprünglichen Handlungen des *Syllogismos* tauchen in Aristoteles' Opus immer wieder auf.[46] Sie bilden etwa den oben erwähnten Gegenstand einer „anderen Art der Erforschung".

Im Zusammenhang jener Überwindung des Skeptizismus, der nämlich hierdurch bloß als ein Skeptizismus der sich auf sich isolierenden ersten Figur erkannt wird, setzt Zeidler genau bei diesem von Aristoteles liegen gelassenen Anspruch an und entwickelt dessen Syllogistik weiter, indem er die eigentümlichen schlusslogischen Kompetenzbereiche der zweiten und dritten Figur herausarbeitet. Indem jene beiden Figuren nur im Zusammenhang des aristotelischen Primats der ersten Figur (bei Zeidler: *Deduktion*) überhaupt als skeptische Negation und Partikularität und damit schon ohne ihr je eigenes Proprium auftreten, fragt Zeidler vielmehr danach, inwiefern es denn die zweite und die dritte Figur sind, die – negativ von der ersten aus erschlossen – vice versa ihrerseits die erste affirmativ (zweite Figur, bei Zeidler: *Abduktion*) und allgemein (dritte Figur, bei Zeidler: *Induktion*) erschließen.[47] Dass in anderen Worten die erste Figur es überhaupt mit Bejahung und Verneinung sowie mit Allgemeinheit und Partikularität zu tun hat, sind die von ihr nicht mehr als solche erkannten Schlüsse der zweiten und dritten Figur. Die Unerkanntheit dieser beiden Schlusshandlungen korrespondiert nichts anderem als der Aussage des Aristoteles, dass bei der Wissenschaft von der *Ousia* in der oben zitierten Aussage des Kapitels 17 des siebenten Buches der *Metaphysik* „das Daß und das Sein als bekannt und offenbar gegeben sein (muß)". Diese Bekanntheit und Gegebenheit sind die durch die Reduktion auf die erste Figur nicht mehr als Schluss erschlossenen und dadurch

45 K. W. Zeidler: *Grundlegungen*, 49.

46 Exemplarisch wären hier die Bücher 9 und 12 der *Metaphysik* oder das Buch 3 von *Peri Psyches* zu nennen.

47 Zeidler erörtert diese „drei logischen Grundhandlungen" etwa extensiv in „Vernunft und Letztbegründung" in: *Grundlegungen*, 29ff.

als gegeben vorausgesetzten Dimensionen der ursprünglichen Affirmation und Allgemeinheit, die dadurch bloß noch „in gewisser Weise" und „durch eine andere Art der Erforschung" ins Licht gestellt werden. Kurzum: Die *Entscheidung* des Aristoteles zugunsten des Kapitels 17 betrifft den Schluss insofern, als er sich hierdurch der Frage enthebt, wie jene beiden Dimensionen, mit denen der *Syllogismos* operiert, selbst möglich seien.

4. Platon bei Zeidler

Diese bei Aristoteles größtenteils fehlende Einsicht in die Frage nach den Möglichkeitsbedingungen der logisch-ontologischen Operation hat Zeidler zufolge erstmals in umfassender Weise *Platon* entwickelt.[48] Zwar mag der Schluss beim Lehrer des Aristoteles nicht in formal logifizierter (d.h.: erstfigürlicher) Weise auftreten – dieses Formalisierung hat eben Aristoteles geliefert – doch erblicken wir in Platons *Dialektik* eine Logik, die ihre Selbstgrundlegung ernst nimmt und ihre eigenen Möglichkeitsbedingungen inkludiert. Inwiefern? Hierfür ist etwa der Dialog *Sophistes* zu konsultieren.[49]

Im Zuge der langen onto-logischen Untersuchung des Dialogs inbetreff der Initialfrage der Bestimmung des Sophisten, die hierauf in eine Frage nach der Erkennbarkeit des Seins des Seienden mündet und so gleichsam nebenbei ebenso die Frage nach dem Philosophen[50] aufwirft, stellt Platon dasjenige ins Licht, was wir mit Aristoteles die sich in ihrer Untersuchung auf sich selbst beziehende *Ousia* (K16 in Buch 7 der *Metaphysik*) nennen können. Er wirft hierdurch nicht nur die in Aristoteles' Worten „andere Art der Erforschung" auf, die er sodann in die spekulative Selbstuntersuchung des Erkennens überführt, sondern verzichtet darin gleichsam geschichtlich vorausweisend gegen Aristoteles auf den formalen Primat des Widerspruchsprinzips. Nicht etwa, dass dieses Prinzip zugunsten der logischen Beliebigkeit aufgegeben würde, vielmehr erkennt Platon die affirmativ-selbstreferentielle Bedeutung, die das Negative für das Erkennen hat, und untersucht dieserhalb mit den transzendentallogischen Möglichkeitsbedingungen dieses Erkennens nichts anderes als das „Bejahende" und das „Allgemeine" von denen Aristoteles in der ersten *Analytik* spricht.[51] Dies veranlasst auch Zeidler, von einer „wesentliche Abweichung des Aristoteles von Platon" zu

48 Vgl. K. W. Zeidler: *GtL*³, 199ff.

49 Dort ab 236d bis zum Ende des Dialogs.

50 Platon: *Soph.*, 253e.

51 Aristoteles: *An. Pr.* II, 13 62b26.

sprechen.[52] Er sieht durch die maßgeblichen ontologischen Entscheidungen des Aristoteles einen „Rückfall der antiken Transzendentalphilosophie in eine Ding-Ontologie vorbereitet, dem man in der Folgezeit aufgrund mangelnder Einsicht in die transzendentale Dimension der Aristotelischen Logik nur noch im Horizont der theologischen Reflexion auf das Übersinnliche zu begegnen wußte."[53]

Der Begriff „Ding-Ontologie" fungiert an dieser Stelle als anderer Namen für den Primat des Widerspruchsprinzips, der – wie gesehen – das Seiende als Resultat rekonstruierbarer Bedingungen qualifiziert, ohne diese Qualifikation dabei selbst in den Blick zu nehmen und sie vielmehr als jenes vorausgesetzte „Sein" und „Dass" fasst, das Aristoteles als „bereits bekannt" ausspricht. Demgegenüber führt, mit aristotelischen Worten gesprochen, Platon im *Sophistes* jene andere Art der Erforschung ein, die sich nicht nur formal in ihren Bedingungen rekonstruiert, sondern vielmehr in der Lage ist, in einer ontologischen Dimension die Möglichkeit des Seins ihrer eigenen Untersuchung in den Blick zu nehmen. Die gesamte Untersuchung des Dialogs verdankt sich diesem Leitstern.

Was also muss „die Rede (*Logos*) selbst zeigen bei gehöriger Prüfung"?[54] Denn „diese Rede untersteht sich ja vorauszusetzen, dass das Nichtseiende sei."[55] Indem sie das behauptet, steht nicht zuletzt nämlich *ihr eigenes Sein* auf dem Spiel. In anderen Worten muss der philosophische Logos zeigen können, dass er überhaupt selber dazu gelangt, sein eigenes Sein ins Werk zu setzen, ansonsten ist er selbst gar nicht. Wenn wir also nicht zeigen können, dass wir nicht nur etwas sagen, sondern dass unser Sagen selbst allererst *ist*, indem wir sprechen, dann sind wir diejenigen, die nichts sagen. Oder kurz: dann sind *wir* die Sophisten. Aus diesem Grunde mündet die komplexe Untersuchung des *Sophistes*, die den Namen *dialektische Wissenschaft*[56] erhält und über die *Koinonia* (Gemeinschaft) und *Symploké* (Verflechtung) dessen geht, was dort *Idee*[57] genannt wird, in eine Entwicklung des *Logos*[58] selbst hinein. Es soll letztendlich gezeigt werden, wie das im Verlauf des Dialogs ins Werk gesetzte Sprechen selbst überhaupt in seinem Sein möglich war und dass umgekehrt dieses sein Sein nichts anderes bedeutet, als sich zu sich selbst die Möglichkeit zu geben (weshalb mittendrin

52 K. W. Zeidler: *GtL*³, 234.
53 Ibid., 234.
54 Platon: *Soph.*, 237b.
55 Platon: *Soph.*, 237a.
56 Platon: *Soph.*, 253e.
57 Platon: *Soph.*, 253c-d.
58 Platon: *Soph.*, 260a.

auch die Bestimmung des Seins als *dynamis*[59] auftritt). Falls ein Sprechen mithin dies von sich nicht zeigen kann, ist es keine Philosophie, sondern geradewegs selbst Sophistik. Deshalb führt Platon ja aus, dass wir, wären wir des *Logos* beraubt, auch der Philosophie beraubt wären.[60]

Anders als Aristoteles, der gewisse Voraussetzungen seines eigenen Sprechens als bereits bekannt annimmt, man nenne sie mit der *Metaphysik* das „Dass und das Sein" oder mit den *Analytiken* die Dimensionen von „Bejahung/Verneinung" und „Allgemeinheit/Partikularität", fragt Platon in die Selbstentwicklung der Möglichkeit dieser Voraussetzungen zurück.

In dieser transzendentallogischen Einsicht Platons nun sieht Zeidler auch entwickelt, dass der „Begriff als Erkenntnisgrund" auftritt,[61] nicht als Resultat, wie er über weite (nicht über alle!) Strecken bei Aristoteles gedacht wird. Diese Dichotomie am Schopf packend lesen wir in den *Vermittlungen*, „daß Platon die Idee als Voraussetzung der Erkenntnis begreift, während Aristoteles sie im Gegenstand der Erkenntnis zu fassen sucht."[62]

Freilich lässt, wie gesehen, Aristoteles den Begriff als Erkenntnisgrund nicht einfach außer Acht (ansonsten wäre er wirklich der plumpe Empirist gewesen,[63] als der er häufig verkauft wird), doch ist es Platon, der im Fokus auf die selbst- und letztbegründende Entwicklung des Begriffes (der damit *Idee* ist)[64] die Herausforderung der Philosophie in der ursprünglichen Synthesisleistung (*Koinonia* und *Symploké*) des Logos als Logos sieht. In dieser Hinsicht führt Platon nicht nur im *Sophistes*, sondern ebenso in anderen Dialogen, ganz wesentlich etwa im *Parmenides* aus, dass in Zeidlers Worten, das „Fundament der Erkenntnis nirgendwo befestigt sein (darf)."[65] Es besteht dieses Fundament vielmehr dort, wo „*letzte Gründe* nur als *selbstbegründende Prinzipien* zu haben sind", was nach Zeidler zwar dem „Aristoteles nicht entgangen" sei,[66] von ihm aber durch die oben genannten Entscheidungen verschüttet und verstellt wurde.

---

59 Platon: *Soph.*, 247e.

60 Platon: *Soph.*, 260a.

61 K. W. Zeidler: *Grundlegungen*. 42.

62 K. W. Zeidler: *Vermittlungen*. 192.

63 Höffe etwa widmet mehrere Gedanken seiner Standardeinführung zu Aristoteles dem Umstand, dass Aristoteles gewohnheitsmäßig als „Empirist" vom „Idealisten" Platon getrennt wird, kritisiert diese Trennung aber ausdrücklich. (vgl. Höffe, Otfried: *Aristoteles*, München 2006, 178)

64 vgl. K. W. Zeidler: *Vermittlungen*, 199.

65 Ibid., 200.

66 Ibid., 201.

5. War Aristoteles ein Sophist?

Von den folgenschweren Umwegen, die ein rein resultatsorientiertes Denken seit Aristoteles zu nehmen pflegt, trifft einer der verschlungensten ihn selbst. Denn indem die Selbstentwicklung des Logos als Erkenntnisgrund zugunsten eines vorausgesetzten Gegebenen zwar nicht verschwindet, doch aber nur mehr indirekt in sehr unzugänglichen Passagen seines Opus verfügbar ist, formalisiert Aristoteles den Logos selbst vielfach zu einer sich auf dieses Gegebene beziehenden *Sprachform*, deren Gesetzmäßigkeiten sodann auf Gültigkeiten und Ungültigkeiten zu überprüfen sind. Insofern jedoch sein eigener Logos als auf die erste Figur reduzierter *Syllogismos* nicht mehr zeigen kann, dass und wo er seine eigenen transzendentallogischen Voraussetzung mitentwickelt, rückt aus dieser platonischen Sicht Aristoteles vielerorts selbst in die gefährliche Nähe eines Sophisten. Denn es ist mit Platon das Proprium des Sophisten, sich in die Dunkelheit sprachlicher Geplänkel zurückziehen zu können, indem er die eigenen Möglichkeitsbedingungen dieses Rückzuges verwischt.[67] Freilich wendet sich Aristoteles selbst nicht zuletzt durch die Syllogistik gerade gegen die sophistische Sprachkünstlerei, tut dies aber mit Mitteln und Voraussetzungen, die wir Platon zufolge auch in der Sophistik antreffen können. Ob Aristoteles im platonischen Sinne nun ein Sophist war, ob er doch den von Platon geforderten selbst- und letztbegründenden Logos der Philosophie gegeben hat, oder ob er sich gleichsam in einer Zwitterstellung zwischen Philosophie und Sophistik aufhält, ist nichts als die stets wiederkehrende urteilshafte Entscheidung, die er zwischen seinen beiden *Ousia*-Konzepten in Kapitel 16 und 17 des siebenten Buches der *Metaphysik* zugunsten derjenigen des Kapitels 17 trifft.

Die Frage mithin, ob Aristoteles ein Philosoph ist, ist gleichbedeutend mit der Frage, ob er gemäß Platons spekulativer Dialektik ein *Platoniker* ist. Lassen wir uns durch Zeidler anleiten und lesen die Rede von der „gewissen Weise" in der die zweite Schlussfigur das „Bejahende", die dritte das „Allgemeine"[68] erschließt, mit demselben Impetus, den die wiederkehrenden hierauf bezogenen Textstellen in Zeidlers Werk nahelegen, dann hat Aristoteles sehr wohl die transzendentallogischen Voraussetzungen seiner hierdurch letztbegründenden Schlusslehre gesehen. Er ist nicht nur auf Basis dieser, aber besonders auf Basis dieser Stelle gewiss als Platoniker und damit als Philosoph zu bezeichnen. Aber durch seine zeitgleich stattfindende und unter dem Primat der Widerspruchsfreiheit stehende Reduktion auf die sog. erste Schlussfigur, die sodann eine

67 Jener „höchst schwierige Ort", an den der Sophist „entschlüpft". (Platon: *Soph.*, 239c)
68 Aristoteles: *An. Pr.* II, 62b26.

Rekonstruktion bereits als bekannt vorausgesetzter und als gegeben anerkannter Resultate auf ihre Bedingungen hin erfüllt, kann Aristoteles eines nicht: begründen, wie er überhaupt dazu kam, diese Entscheidung zugunsten der ersten Figur, zugunsten der *Ousia*-Konzeption des Kapitels 17 und *gegen* jene „andere Art der Erforschung" zu treffen.[69] Das aristotelische Philosophieren kann seine ganz eigene, ihm insgesamt und ursprünglich vorausgehende Entscheidung selbst nicht einholen, durch die etwa auch die Syllogistik folgerichtig als formalsprachliches Hantieren mit Gegebenem auslegbar ist (und zum Teil von Aristoteles selbst bereits so ausgelegt wird). Im platonischen Sinne also bleibt Aristoteles von dieser Seite her zugleich ein Sophist und ein Paradebeispiel für die innigliche Verwandtschaft zwischen Philosophie und Sophistik, die Platon im *Sophistes* behandelt. Denn er bleibt uns nicht nur Auskunft über seine Entscheidung schuldig, er kann genau aufgrund dieser fehlenden Entscheidung gar nicht mehr über sie als Entscheidung sprechen, sondern müht sich emsig ab, von nicht weiter begründbaren höchsten Prinzipien,[70] von *Asyntheta*,[71] und dergleichen zu sprechen. Indem die Geistesgeschichte Aristoteles in seiner weichenstellenden Entscheidung zugunsten des widerspruchsfreien Resultates der Erkenntnis folgte, nahm sie konsequent dieselben Einschränkungen vor.

Zeidler macht es deshalb in seiner vielfältigen Auseinandersetzung mit dem Denken der Antike zu einer seiner Hauptaufgaben, dem Aristoteles mit seinen eigenen Mitteln das Fundament der Denkbarkeit seiner eigenen Entscheidung nachzuliefern und ihn auf diese Weise als einen platonischen Philosophen zu qualifizieren, der einen unsterblichen Beitrag zur transzendentalen und spekulativen Logik geleistet hat. Die prinzipientheoretische Aufwertung von Induktion und besonders Abduktion im Zusammenhang mit der als erste aristotelische Figur identifizierten Deduktion[72] gibt den Schlüssel, der nicht nur Aristoteles, sondern auch Zeidler als einen Philosophen im Sinne Platons erschließt.

> Wir bewegen uns mit diesen Erwägungen sichtlich inmitten jenes Problemkreises, der traditionell mit den Begriffen eines *intuitiven Verstandes* oder einer *intellektuelle (sic)*

---

69 Wollte man eine Stelle aus den *Analytiken* angeben, an denen sich diese Entscheidung ausdrücklich macht, so denke man etwa an: „Da wir meinen, ein Wissen zu haben, wenn wir die Ursache (*aitia*) dazu wissen" (*An post.* II, 94a20) sowie: „Das Vermittelnde ist doch das Verursachende (*aitia*)". (*An. post.* II, 90a7)

70 Vgl. etwa *An. Post.* I, 76a18ff.

71 Vgl. *Metaphysik* IX, 1051b17ff.

72 Diese Vermittlung bestimmt Zeidlers Denken im Ganzen und findet sich in ihrer zentralen Bedeutung bereits in „Vernunft und Letztbegründung" (in: ders.: *Grundlegungen*) zusammengestellt.

> *Anschauung* besetzt ist und der sich – eben weil es hier um die Voraussetzungen allen Beweisführens zu tun ist – jeder rationalen Durchdringung zu entziehen scheint.[73]

Dass sich die wesentliche *Entscheidung* des Aristoteles für das Widerspruchsprinzip, d.h. für die erste Schlussfigur und die urteilslogische *Ousia*-Konzeption der rationalen Durchdringung zu entziehen *scheint*, liegt allein daran, dass sie *als Entscheidung* bereits durchgeführt ist und ihre eigenen Voraussetzungen daher, wie oben gezeigt, nicht mehr einzuholen imstande ist.

> Gesucht ist mithin eine Logik, die sich, im Unterschied zur Syllogistik des Aristoteles und aller nachfolgenden formalen Logik, nicht beschränkt auf Verknüpfung des zuvor Erkannten (*An. Post.* I 1, 71a 6) [...] Mit anderen Worten: Gesucht ist eine Logik, die den Gegensatz von Anschauung und Denken nicht festhält und festschreibt, sondern ihn vielmehr überwindet.[74]

Diese unter dem Namen einer „Logik der Freiheit“[75] gegebene Logik der *Entscheidung* liefert Zeidler als Logik der *Abduktion*. Ihre Rolle im prinzipientheoretischen Zirkel[76] ist diejenige, „jegliches Angeschaute und Gedachte oder Vermeinte als einen Fall zu identifizieren, der unter einer Regel steht.“[77] Hiermit steht die Einsicht in Zusammenhang, dass „jederzeit nur ein ‚Ich‘ eine Regel in concreto auslegen, d.i. etwas als Fall einer Regel identifizieren kann.“[78] Denn dieses ‚Ich‘ identifiziert sich selbst in nichts als dieser Identifikationshandlung und sich damit selbst als Fall seiner eigenen Regel oder: als *frei*. Es ist frei, die aristotelische Entscheidung zu treffen. Dass hiermit „der Freiheitsbegriff seinen logischen Ort in der sich regulativ selbst konstituierenden Logizität der Regel der Regeletablierung findet“[79] liegt auf diese Weise auch der *Entscheidung* des Aristoteles zugrunde, durch die sich die Logik selbst durch seine eigene freie Konstitutionsleistung zur Syllogistik logifizierte und zugleich aus sich selbst heraus ihre eigenen Bedingungen verschüttete. Aristoteles ist hierin das Musterbeispiel einer Freiheit, die sich aus Freiheit aufzugeben und zu negieren imstande ist. Deshalb gerät ihm der ursprünglich freie *Bejahungsakt* seiner Entscheidung zu einem Negativen, das sodann als das Resultat der zweiten Schlussfigur (bei Zeidler: Abduktion) auftritt und wegen seiner erstfigürlich reduzierten Negativität

---

73 K. W: Zeidler: *Vermittlungen*, 176.
74 Ibid., 177.
75 Ibid., 177.
76 vgl. auch K. W. Zeidler: *GtL*^{3}, 27ff.
77 K. W. Zeidler: *Vermittlungen*. 184.
78 Ibid., 186.
79 Ibid., 189.

nicht mehr als das erscheint, was es eigentlich ist. Aristoteles war Sophist und Philosoph zu gleich.

6. Nonsequenzen

Indem Zeidler also das all dies und damit sich selbst bejahende ‚Ich' die „Identität im Übergang" und „ebenso sehr in sich wie über sich hinaus vermittelte Einheit"[80] nennt, nimmt er unter anderen Vorzeichen die Doppelköpfigkeit, derer wir bei Aristoteles ansichtig werden, in den Blick. Von ihr aus lässt sich die sich mit sich vermittelnden Einheit der Vernunft als Identifikation des Falles einer Regel – damit als Abduktion – denken. Diese Identifikationsleistung, das ist wesentlich, ist aber keine Identifikation eines Gegebenen, sondern zuallererst seine ursprünglich bejahende, unhintergehbare Identifizierung[81] und damit *Wahl* und *Entscheidung*.

Dass Zeidler in seiner dreifältigen schlusshaften Letztbegründungskonzeption die Logik und Denkbarkeit einer solchen Entscheidung dem Aristoteles und damit der an ihn anschließenden Geistesgeschichte liefert, darf man als eine seiner wesentlichsten Leistungen hervorheben. Es bleibt letztlich aber die Frage übrig, inwieweit und in welchen Dimensionen ihre Relevanz und Bedeutung bereits umfassend untersucht ist und welche weiteren Herausforderungen Zeidler der Philosophie zugleich übrig lässt. Indem die Abduktion das „Sinnallgemeine" erschließt, fragen wir hiermit im Zusammenhang der onto-logischen Entscheidung, die die Vernunft in Aristoteles und der ihm folgenden Tradition trifft, nach derjenigen „Vermittlung", die „das Sinnallgemeine ist".[82] Was ist der *Sinn*, den das Sinnallgemeine stiftet? Wie identifiziert sich darin die Sinngebung selbst, sie nenne sich in ihrer eodem actu eigenen Sinnerschließung auch ‚Ich', ‚Entscheidung', ‚Vernunft'? Indem Zeidler dieses Eodem Actu selbst als den Umstand qualifiziert, dass die „Exemplifizierung einer Regel und die Identifizierung des Falles einer Regel" letztlich „ein und dieselbe Handlung" (eben jenes Eodem Actu)[83] sind, und das Sinnallgemeine hiermit „Voraussetzung wissenschaftlicher Rationalität"[84] ist, die wir in Aristoteles' Entscheidung eben *eodem actu* exemplifiziert finden, betrifft die Bestandsaufnahme, dass jene

80 Ibid., 326.

81 Und insofern stets „Grundlegung", nicht „Grundlage" des Denkens (vgl. K. W. Zeidler: *Provokationen*, 173).

82 K. W. Zeidler: *Grundlegungen*, 41.

83 Ibid., 42.

84 Ibid., 44.

Voraussetzung von der wissenschaftlichen Rationalität her selbst „nur unzulänglich thematisiert werden kann"[85] nicht zuletzt Aristoteles selbst.

Doch fragen wir einmal mehr: Inwieweit lässt sich dieses Eodem Actu, die Sinnstiftung oder dies, dass die „aller Unterscheidung von Ich und Welt und Subjekt und Objekt vorgängige Unmittelbarkeit des Erlebens daher *Sinn* (generiert)"[86] begrifflich fassen? Indem Zeidler selbst immer wieder von der *Unmittelbarkeit* und *Unbedingtheit* dieser Sinngenerierung durch Abduktion und Sinnallgemeines spricht, denkt er im Sinne des Aristoteles die affirmative Wendung in das „Bejahende" der zweiten Figur (der Abduktion) schließlich von ihrer bei Aristoteles konstatierten *negativen* Schlussleistung her (*Unbedingtheit, Unmittelbarkeit*) und ist auch sonst und mit Recht darum bemüht, herauszustellen, wie das Sinnallgemeine *nicht* zu denken sei bzw. von bereits getroffenen formalistischen Entscheidungen her gar *nicht* mehr gedacht werden kann. Von solcherlei Negationen grenzt er es zugleich ab und weist eben auf die Sinngenerierung und die mit ihr einhergehende ontologisch ganz und gar unformalistische Dimension der Betroffenheit[87] des abduktiv Schließenden und sich hierin (sinngenerierend und identifizierend) Erschließenden hin. Wollen wir aber die Unmittelbarkeit dieser Betroffenheit, Sinnstiftung und Identifikation nicht wieder als eine, wenn auch unbedingte, Gegebenheit fassen, dann ist also zu fragen, was ihre Unbedingtheit im affirmativen (bejahenden) Sinne heiße und wie sie sich in ihrem Sein (das hierdurch dasjenige des *Einzelnen* ist) fassen lässt. Bei Aristoteles wie bei Zeidler geschieht hierbei ähnliches, indem sie beide die Affirmation des Sinnstiftenden, die bei Aristoteles gar verschüttet bleibt, von Zeidler offengelegt wird, von ihrer *Negation* her denken (wozu sie übrigens die anderen Schlussfiguren, geistesgeschichtlich also der Primat der formalistisch widerspruchsfreien Logik befähigen). Diese negative Erschließung des Sinnallgemeinen und damit des Sinnes von Einzelnem (auch des die *Ousia*-Konzeption entscheidenden Aristoteles) ist, soll sie nicht zur dogmatischen Gegebenheit von Sinn verkommen, allein aus der selbst bereits *sinnerfüllt* und *affirmativ* erschlossenen *Sinnhaftigkeit* dieser Negation zu nehmen. Diese ursprüngliche Sinnhaftigkeit der Negation hin zum Sinn, mithin seine Selbstnegation etwa als Primat der ersten Schlussfigur zu sich hin, ist das, was man angemessen und füglich ihren *Irrsinn* nennen könnte.[88] *Sinn* als die auch von Zeidler so benannte „Voraussetzung wissenschaftlicher Rationalität" (s.o.) erschließt sich allein durch

85 Ibid., 44.
86 K. W. Zeidler: *Provokationen*, 317.
87 Ibid., 316.
88 Vgl. hierzu Verf.: Die Interimsliebenden, in: *Logik + Mystik*, Bd. 1, Norderstedt 2019.

seine Irrationalität, Relevanz durch Irrelevanz, Bedeutung durch das Absurde, Konsequenz durch ihr eigenes Non Sequitur.[89] Die Dimensionen des Irrsinnes, des Absurden, Paradoxen und letztlich: *nicht Folgenden* eröffnet überhaupt das Feld, von einem sich generierenden Sinn zu sprechen. Der Einzelne, der dies tut, wird stets als *irrsinnig* hin zum Sinnerschluss auftreten und hat daher diesen seinen Irrsinn affirmativ zu praktizieren. Der Syllogismos ist mithin nicht bloß konsequenzenlogisch harmonisches Gefüge seiner selbst, er ist zugleich absoluter Irrsinn (im Sinne auch von „umherirrender Sinn"). Dieser nur der rationalisierten Konsequenzenlogik als Irrsinn erscheinende Irrsinn ist der Einzelne, dessen wir weder in Aristoteles, noch in Platon vollständig ansichtig werden, sondern – wollte man das Trio vervollkommnen – in *Sokrates*. Dass Sokrates als der absurd handelnde Einzelne, der sich hierdurch überhaupt zur Freiheit seines Sinnstiftens befreit, bei Zeidler gegenüber Platon und Aristoteles unterbelichtet bleibt, lässt aus dieser Sicht den nachfolgenden Denkerinnen und Denkern genau die oben genannte Frage der weiteren Entwicklung der abduktiven Affirmativität des Einzelnen übrig, das nicht nur Grund- und Schlussstein der schlusslogischen Letztbegründung verbürgen muss, sondern auch das notwendige Moment des Absurden, Irrsinnigen und Irrelevanten in die sich hierdurch erst sinnstiftende trichotomische Vernunft hineinträgt.

Zeidler denkt dies in seiner Theorie des Begründungsskeptizismus auch an, indem er auf die Unlösbarkeit einer Frage nach „Regeln der Regelanwendung"[90] hinweist, sieht sie aber durch eine ursprünglich bejahende Überwindungshandlung der Vernunft zu sich hin zugleich abgewiesen. Dass nun aber diese Überwindungshandlung weder jemandem beizubringen, noch jemandem abzunötigen sein kann, liegt an ihrer absurden Grundlosigkeit und paradoxen Irrelevanz, kurzum: in ihrer *Freiheit*.

Will die transzendentale Logik im Sinne ihrer sokratischen Aspekte nicht nur eine Logik der letztlichen Identität, Harmonisierung und Konsequenz sein, die folgerichtig stets Gefahr läuft, sich in einen ontologischen Elfenbeinturm einzusperren, so hat sie jene Momente der Nonsequenz, der Absurdität oder Paradoxie bedeutungsvoll und sinnerfüllt in sich zu integrieren. Dem Letztbegründungsverfahren kann es kein Entweder-Oder zwischen Konsequenz und Nonsequenz geben. Es hat sich selbst aus sich heraus potent und relevant seine eigenen Grenzen aufzuzeigen, indem es seinen eigenen Irrsinn in sich integriert und sich hierdurch erst absolute Sinnfülle ermöglicht, die nicht bloß Forderung

89 Vgl. Verf.: Non Sequitur, in: *Logik + Mystik*, Bd. 2, Norderstedt 2019.
90 K. W. Zeidler: *Grundlegungen*, 42–43.

oder dogmatische Behauptung bleibt. Nicht zuletzt Zeidlers Auseinandersetzung mit der Logik der Antike hat hierfür wesentliche und unverrückbare Ergebnisse geliefert, welche die Basis für die weitere Öffnung der (hiermit stets sokratischen) Transzendentalphilosophie hin zu einer von ihr meist ausgeschlossenen Sphäre ermöglichen werden.

Literaturverzeichnis

Aristoteles: *Metaphysik*, 2 Bde, Hamburg 1991.

Aristoteles: *Erste Analytik. Zweite Analytik*, Hamburg 1998.

Höffe, Otfried: *Aristoteles*, München 2006.

König, Robert: *Logik + Mystik*, 2 Bde, Norderstedt 2019.

Platon: *Werke*, 8 Bde, Darmstadt 2005.

Zeidler, Kurt Walter: *Grundlegungen. Zur Theorie der Vernunft und Letztbegründungen*, Wien 2016.

Zeidler, Kurt Walter: *Vermittlungen. Zum antiken und neueren Idealismus*, Wien 2016.

Zeidler, Kurt Walter: *Grundriss der transzendentalen Logik*, Wien 2017.

Zeidler, Kurt Walter: *Provokationen. Zu Problemen des Neukantianismus*, Wien 2018.

Ulrich Blau (Marburg)

Der uralte logisch-philosophische Rückstand der Physik

Diese kleine Skizze meiner wissenschaftlichen Arbeit passt vielleicht formallogisch in die Tiefe von Zeidlers *Elementarlehre*: „Metaphysische Deduktion des Raums und der Zeit".[1] Wohl ähnlich wie für Zeidler war auch für mich die wundersame Verknüpfung unserer Grundkategorien *Subjekt* | *Objekt* | *Raum* | *Zeit* in unserem irdischen *Ich-jetzt-hier*-Bewusstsein die Grundlage meiner gesamten Arbeit und zuletzt ein metaphysischer Hinweis. Aber da ich primär rein formallogisch orientiert bin, gibt es für mich wohl zwei gewisse Unterschiede zu Zeidler in der logischen Tiefe:

1. Die ontologische Grundlage jeder raumzeitlosen reinen Logik & Mathematik ist und bleibt für mich das reine *Mengenuniversum* $\mathbb{V}$.
2. *Kontinuität*, d.h. bruchlos fließender Übergang, bleibt für mich einerseits logisch-mathematisch absolut unbegreiflich – andererseits kaum verzichtbar für unsere innere Geometrie und absolut unverzichtbar für jedes mögliche Zeitverständnis, daher auch für jede Physik.

Beide Punkte zwangen mich zu formal grenzenloser infiniter Erweiterung und infinitesimaler Verfeinerung unserer reinen Formalwissenschaft Logik & Mathematik durch die vier antiken Grundrätsel:

R1 das logische Grundrätsel der semantischen Selbstreferenz des *Lügners* von Epimenides:
Welchen Wahrheitswert hat der Satz „Dieser Satz ist nicht wahr."?

R2 das logische Grundrätsel der semantischen Vagheit des „Haufens", griechisch „Sorites":
Wieviele Körner bilden einen Haufen?

R3 das geometrisch-arithmetische Grundrätsel von Pythagoras:
Welche Länge hat die Diagonale im Quadrat mit der Seitenlänge 1?

---

1 Kurt Walter Zeidler: Metaphysische Deduktion des Raumes und der Zeit = Elementarlehre oder Transzendentale Phänomenologie (3), in: ders.: *Vermittlungen*, Wien 2016, 251–298.

R4 das physikalisch-geometrisch-arithmetische Grundrätsel von Zenon: Wieviele Punkte muss ein Läufer in einer *kontinuierlichen* Bewegung auf einer endlichen Strecke der Länge 1 Punkt für Punkt der Reihe nach raumzeitlich durchlaufen?

Vorher aber kurz zu unserem rein formalen Mengenuniversum $\mathbb{V}$, das auf unserem einzigen begrifflich absolut eindeutigen Urelement, der leeren Menge Ø basiert und die absolut eindeutige Gesamtheit aller denkbaren kombinatorisch möglichen rein formalen Strukturen ist. Wichtig für diese Einsicht sind drei apriorische Prinzipien:

A0 Mengen und echte Klassen werden vollständig und eindeutig durch ihre Elemente bestimmt, sind daher immer nur so eindeutig wie ihre Elemente im Einzelnen und in ihrer Gesamtheit. Daher ist Ø absolut eindeutig.

A1 Jede absolut eindeutige Menge x hat ihre absolut eindeutige Potenzmenge $P(x)$, also die Menge aller Teilmengen y von x, formal die Menge $\{y \mid y \subset x\}$.

A2 Jede formal genau definierte Vereinigung absolut eindeutiger Mengen ist absolut eindeutig.

Diese drei Prinzipien ermöglichen uns einen subjektiv-mentalen Zugang zum objektiv-formalen $\mathbb{V}$ durch drei Imperative, die mir für unsere *Subjekt-Objekt*-Verknüpfung von Empirie und Logik philosophisch wichtig erscheinen:

V0 Betrachte die leere Menge Ø!

V1 Betrachte die Potenzmenge der zuletzt betrachteten Menge und wiederhole V1!

V2 Betrachte die Vereinigung aller so zu betrachtenden Mengen, wiederhole V1! und auf jeder Limesstufe V2!

Limesstufen sind jene Sprunglandungsstufen, die Vorgänger, aber keinen letzten Vorgänger haben. Damit lässt sich der imperative-mentale Zugang zu $\mathbb{V}$ in einen rein induktiv-formalen Zugang verwandeln, der Cantors echte Klasse Ω aller Ordinalzahlen α verwendet:

1. $\mathbb{V}_0 := \emptyset$.
2. $\mathbb{V}_{\alpha+1} := P(\mathbb{V}_\alpha)$, für jede Ordinalzahl α.
3. $\mathbb{V}_\lambda := \bigcup_{\alpha<\lambda} \mathbb{V}_\alpha$, also die Vereinigung aller $\mathbb{V}_\alpha$ mit $\alpha < \lambda$ für jede Limeszahl λ.

Und die Vereinigung aller dieser Stufenmengen $\mathbb{V}_\alpha$ ist die reine Allklasse

4. $\mathbb{V} := \bigcup_{\alpha\in\Omega} \mathbb{V}_\alpha =: \mathbb{V}_\Omega$.

Schon die meisten Schulkinder schaffen heute diesen subjektiv-mentalen Zugang zu $\mathbb{V}$, während kein Computer objektiv-formal den unendlichen geistigen Limessprung 3 schafft. Daher erschein mir unsere natürliche mentale Intelligenz philosophisch wichtiger als die künstliche formale Intelligenz aller Computer im digitalen Zeitalter. Wichtig zum Verständnis von $\mathbb{V}$ ist die Unterscheidung zwischen *Mengen* (d.h. Elementen) $x \in \mathbb{V}$ und *echten Klassen* (d.h. Teilklassen) $X \subset \mathbb{V}$, die keine Elemente irgendeiner Menge oder Klasse sind. Alle echten Klassen, zu denen $\mathbb{V}$ und Ω gehören, sind formal gleichmächtig, d.h. 1-1-deutig aufeinander abbildbar. Daraus folgt, dass die Gesamtheit $\mathbb{V}^*$ aller echten Klassen formal ebenso unbegreiflich bleibt wie die Gesamtheit Ω^* aller transdefiniten Ordinale jenseits von Cantors Ω. Aber grenzenlos viele transdefinite Ordinale $\alpha > \Omega$ lassen sich formal definieren. Dazu zwang mich meine formal grenzenlose Analyse des antiken Lügners. Das wir einigermaßen klar, wenn wir einen Blick auf die Lügner-Variante werfen:

L Dieser Satz ist nicht wahr.

Da er logisch weder *wahr* (W) noch *falsch* (F) sein kann, erfordert er einen dritten Wahrheitswert *offen* (O) und hat zunächst diesen Wert auf der untersten Reflexionsstufe 0. Daraus folgt, dass er zwangsläufig *wahr* auf der nächsten Reflexionsstufe 1 ist, also zwangsläufig *falsch* auf der nächsten Reflexionsstufe 2, und dieser mentale Reflexionsprozess zirkuliert bei näherer Betrachtung über sämtliche endlichen und unendlichen ordinalen Reflexionsstufen $\alpha \in \Omega$ hinaus und verweist für mich metaphysisch auf das formal unbegreifliche *Apeiron* Ω^* unserer transdefiniten Vernunft, die zuletzt wohl durch unsere grenzenlose Subjekt/Objekt-Dialektik metaphysisch über diese Spaltung hinausweist. So viel kurz zum antiken Grundrätsel R1, das ich in meiner Reflexionslogik LR* in dem Buch *Die Logik der Unbestimmtheiten und Paradoxien* sprachanalytisch genauer analysiert habe.[2] Aus zuletzt metaphysischen Gründe gebe ich dort unserem weltweiten Grundindikator „ich", der alle grenzenlosen Reflexionsstufen durchläuft, das Symbol „*". Mit diesem „ich" und dem weltweiten Grundindikator „jetzt" sind alle anderen natursprachlichen Indikatoren definierbar.

Beispiel:

„hier":= der Ort, an dem ich jetzt bin und auf den ich jetzt zugegeben nur vage referieren kann.

Denn alle natürlichen raumzeitlichen Begriffe bleiben ähnlich vage wie der antike „Sorites", sind aber unverzichtbar und bestenfalls hinreichend klar im

2 Ulrich Blau: *Die Logik der Unbestimmtheit und Paradoxien*, Heidelberg 2008.

gegebenen Universum U_K der jeweiligen Kontextsprache K. Daher verwende ich sprachanalytisch neben den Werten W, F und O den nichtklassischen Wert *neutral* (N), der sich vom Wert O klar unterscheidet, denn unseren üblichen semantischen Vagheiten führen nicht zu einem logisch absoluten Reflexionsprozess. Aber offene und neutrale Sätze führen durch formallogische Konjunktion („und") und Adjunktion („oder") zu zwei weiteren halboffenen Wahrheitswerten.

$\overline{W}$: nicht wahr, aber offen, ob falsch oder neutral.
$\overline{F}$: nicht falsch, aber offen, ob wahr oder neutral.

Daher ist meine Reflexionslogik eine 6-wertige Erweiterung unserer üblichen 2-wertigen klassischen Logik; sie erweitert einerseits die klassisch-logische Gültigkeit, Folgerung und Erfüllbarkeit konservativ, andererseits Cantors ordinale Arithmetik formal absolut konservativ. So viel kurz zum antiken Grundrätsel R2 und zum Unterschied zwischen unserem natürlichen semantisch vagen Begriff ‚Haufen' und dem formalen semantisch scharfen Begriff ‚Menge'. Dieser philosophisch wichtige Unterschied wird seit Pythagoras bis heute wissenschaftlich vernachlässigt.

Betrachten wir nun kurz das arithmetische Grundrätsel der Geometrie R3 von Pythagoras, das erst zweitausend Jahre später durch die moderne reelle Arithmetik im Anschluss an Newton/Leibniz angeblich gelöst wurde, wobei diese Lösung bei näherer Betrachtung das pythagoreische Rätsel nur oberflächlich vernebelt, da die reelle Arithmetik alles Infinite und Infinitesimale ausblendet und die geometrisch intuitiv zwingende Kontinuität nie erreicht, denn zwischen 0 und jeder winzigen reellen Zahl $r > 0$ liegen stets abzählbar viele rationale Zahlen, die schon den Pythagoreern bekannt waren.

Besonders deutlich wird der oberflächliche Pragmatismus der modernen Physik, wenn wir einen Blick auf das zenonische Grundrätsel R4 werfen. Bis heute verwendet jede physikalische Theorie Punkte und Punktmannigfaltigkeiten. Aber noch nie hat ein Physiker einen physikalischen Punkt, eine physikalische Strecke oder gar eine Bewegung eines physischen oder physikalischen Objekts genau verstanden. Denn jeder mathematische Punkt hat die Ausdehnung 0, verschwindet in jedem physikalischen Raum total, und völlig ungewiss bleibt, wieviele Punkte es zwischen zwei verschiedenen Punkten auf einer Strecke physikalisch geben sollte. Da nun jede Bewegung eine gewisse Zeit benötigt, die kontinuierlich vergeht, ist die Zeit einerseits physikalisch unverzichtbar, andererseits formal unbegreiflich. Denn wäre sie formal scharf strukturiert, also so gequantelt, dass sie in jedem Zeitquant stillsteht und zwischen unmittelbar benachbarten Zeitquanten keine Zeit vergeht, gäbe es keine Zeit. Für mich ist

Kontinuität, d.h. strukturlos fließender Übergang, der logische Kollaps von *Identität/Nichtidentität* und der mathematische Kollaps von *Einheit/Vielheit*. Daher gibt es im raumzeitlosen Mengenuniversum $\mathbb{V}$, anders als im physischen Universum $\mathbb{U}$, keine Spur von Kontinuität, also auch keine Zeit, Veränderung und Kausalität.[3] Aber anders als die Zeit könnte der physikalische *Raum*, ebenso wie die physikalische *Materie* und *Energie* formal scharf gequantelt sein – jenseits unseres endlichen Wahrnehmungsvermögens und jenseits jeder physikalische möglichen endlichen Messung – ohne zu verschwinden. Das zwingt mich zu einer physikalischen Hypothese RZB über Raum, Zeit und Bewegung, die ich hier ein wenig später kurz erwähne.

Vorher ein Blick auf das zenonische Grundrätsel R4. Angenommen, es gäbe ein Objekt, dessen Zentralpunkt z eine endliche Strecke s der Länge 1 Punkt für Punkt kontinuierlich durchläuft, wobei zu diesen Punkten zumindest die rationalen Zahlpunkte m/n mit natürlichen Zahlen $m < n$ gehören, die schon die Pythagoreer kannten. Da sie noch nicht die Zahl 0 verwendeten, bezeichne ich den Anfangspunkt der Strecke s mit a und den Endpunkt mit 1. Dann gilt zu Beginn der Bewegung $z = a$ und am Ende der Bewegung $z = 1$. Aber um auch nur *einen einzigen* der unendlich vielen Zwischenpunkte $1/m$ zu durchlaufen, muss z vorher *jeden* kleineren Punkt $1/n$ mit $m < n$ durchlaufen, wobei zwischen $1/n$ und dem vorangehenden Punkt $1/n+1$ ebenfalls unendlich viele rationale Zwischenpunkte liegen. Daher kann z keinesfalls *alle* rationalen Punkte auf der Strecke s der Reihe nach kontinuierlich durchlaufen, denn um von irgendeinem rationalen Punkt zu irgendeinem nächsten zu kommen, muss z zwangsläufig in einem raumzeitlosen rein formalen *Limessprung* unendlich viele rationale Zwischenpunkte glatt überhüpfen.

Das wird bis heute akademisch verdrängt, obwohl seit Cantor der ordinale Unterschied zwischen *sukzessiven Nachfolgeschritten* und *simultanen Limessprüngen* absolut klar ist. Daher kommt unser natürlicher Zählprozess $0,1,2,\ldots m,m+1,\ldots$ der Menge ω aller natürlichen Zahlen nie einen Schritt näher, denn zwischen jedem erreichten m und ω liegen stets ω viele noch nicht erreichte n. Daher hat bis heute niemand verstanden, wie irgendein physisches oder physikalisches Objekt – ein Partikel, eine Welle oder was immer – eine endliche Raumstrecke in endlicher Zeit kontinuierlich durchlaufen könnte. Aber ohne sinnliche Wahrnehmung physischer Objekte, die sich scheinbar kontinuierlich

3 Dieser kategoriale Unterschied zwischen unserem raumzeitlichen physischen Universum $\mathbb{U}$ und dem raumzeitlosen rein formalen Mengenuniversum $\mathbb{V}$ hat unsere antiken logisch-philosophischen Grundrätsel enorm verschärft.

bewegen, wüssten wir nichts vom physischen Universum 𝕌, wären nie zur Arithmetik, Geometrie, Physik und schließlich zu 𝕍 gekommen, um nun endgültig zu erkennen:

> *Unsere raumzeitliche Formalwissenschaft Logik & Mathematik gilt streng genommen nur im raumzeitlosen 𝕍, bleibt aber praktisch unverzichtbar im physischen Universum 𝕌 und gilt dort bestenfalls approximativ. Denn alle raumzeitlichen Begriffe, also auch alle physikalischen Begriffe, sind zuletzt semantisch etwas unscharf, ähnlich wie der Begriff „Haufen" im oben erwähnten logisch-linguistischen Grundrätsel R2, können daher nicht rein formal in 𝕍 definiert und nicht rein logisch-mathematisch verstanden werden.*

Aber jede Physik erfordert eine gewisse Arithmetik und eigentlich war seit der Antike die Einsicht fällig, dass der physikalisch unverzichtbare Begriff der *endlichen Streckenlänge* arithmetisch unbegreiflich bleibt. Denn geben wir einer für uns endlichen Strecke die Länge 1, dann liegen auf ihr unendlich viele rationale Zahlpunkte m/n mit natürlichen Zahlen $0 < m < n$, wobei jeder Abstand zwischen zwei verschiedenen Zahlpunkten arithmetisch endlich ist, also wieder unendlich viele rationale Zwischenpunkte hat, und so fort. Diese Willkür verschwindet im reinen Mengenuniversum 𝕍, in dem der Begriff der *endlichen Menge* absolut eindeutig ist und der Begriff der *endlichen Streckenlänge* nicht vorkommt. Daher bleibt die Geometrie, das unverzichtbare Bindeglied zwischen Physik und Arithmetik, in 𝕍 völlig willkürlich, denn unsere uralte geometrische Intuition erfordert ebenfalls Kontinuität. Nur die rein arithmetischen Begriffe und Strukturen sind in 𝕍 absolut scharf definierbar, obwohl es durchaus semantische Unterschiede zwischen Zahlen und Mengen gibt: Es gibt negative Zahlen und beliebige Bruchzahlen, aber keine negativen Mengen und abgesehen von den Teilmengen keine Bruchmengen. Trotzdem sind alle denkbaren Zahlstrukturen in 𝕍 semantisch scharf, aber auf sehr verschiedene Weise definierbar; das wurde gleich nach Cantor durch die unterschiedlichen Definitionen der natürlichen Zahlen in 𝕍 klar.

Unsere Naturwissenschaft entstand also aus dem *erkenntnistheoretischen Grundirrtum der Pythagoreer*: Wissenschaftliches Weltverständnis ist zuletzt reines Zahlverständnis. Zugegeben, ohne unsere raumzeitlose Formalwissenschaft, die reine Logik & Mathematik, hätten wir keine raumzeitliche Naturwissenschaft und gewiss keine moderne Physik. Doch leider führte dieser erkenntnistheoretische Grundirrtum zum *akademischen Grundirrtum* der letzten zweieinhalbtausend Jahre: Die Geometrie, das unverzichtbare Bindeglied zwischen Physik und Arithmetik, gehört zur *reinen Mathematik*. Das wird bis heute weltweit allen Schulkindern eingehämmert. Aber jede Geometrie bezieht sich auf Räumliches oder Raumzeitliches, während die reine Mathematik raumzeitlos bleibt.

Der moderne akademische Pragmatismus hat die wundersame Verflechtung der ontologischen Grundkategorien in unserem subjektiven Verständnis der objektiven Außenwelt:

Subjekt | *Objekt* | *Raum* | *Zeit*

bis heute logisch-philosophisch vernachlässigt. Schuld daran ist vor allem der Annäherungserfolg der reellen Standard-analyse raumzeitlicher Bewegungen und Veränderungen, der die Tatsache vernebelt, dass die geometrisch *scheinbar* unverzichtbare Kontinuität *räumlicher* Linien arithmetisch ebenso unbegreiflich bleibt wie die *absolut* unverzichtbare lineare Kontinuität unserer *Zeit*. Denn *Kontinuität* ist der logische Kollaps von Identität / Nichtidentität und der arithmetische Kollaps von Einheit / Vielheit.

Aber wie kam es zum erkenntnistheoretischen Grundirrtum? Er ist seit einigen Millionen Jahren in physikalisch unbegreiflicher Weise genetisch vorprogrammiert. Irgendwie kamen wohl damals schon die geometrisch orientierungsfähigen Flugsaurier zu subjektiver Wahrnehmung von raumzeitlichen Objekten, z.B. von Büschen, um über sie zu hüpfen, und von Tieren, um sie zu fressen. Ähnlich wie wir in frühster Kindheit konnten sie nicht bis 2 zählen, aber

nichts ≠ etwas ≠ verschiedenes

unterscheiden. Seither projiziert auf diesem Planeten jede bewusste Wahrnehmung und Handlung ein Minimum an raumzeitloser Arithmetik ins raumzeitliche Universum:

$$0 \neq 1 \neq 2.$$

Ähnlich wie wir konnten schon die Flugsaurier durch sinnliche Wahrnehmung und vielleicht sogar durch einen Hauch von subjektiv-mentaler Erinnerung und Planung im dreidimensionalen Raum zwischen *links* | *rechts* | *oben* | *unten* | *vorn* | *hinten* unterscheiden. Später kam unsere Spezies durch sinnliche Wahrnehmung verschiedener Objekte im dreidimensionalen Raum zum Zählen und zu den natürlichen Zahlen 0, 1, 2,..., die schon in der Vorsokratik zum logisch-philosophischen Staunen über das unendliche arithmetische Apeiron ∞ führten. Ferner auch zu geometrischer Streckenhalbierung 1/2 und zur Anwendung der rationalen Zahlen *m/n* in der dreidimensionalen euklidischen Geometrie, die damals noch nicht die Zahl 0, also das formal objektivierte Nichts verwendete. Erst wesentlich später kam Cantor durch seinen ersten, wichtigsten, raumzeitlos-arithmetischen Limessprung zur kleinsten ordinalen und kardinalen Unendlichkeit

$$\omega = N_0 = \{0, 1, 2, \dots\}$$

der Menge aller natürlichen Zahlen. Seither kennt jeder Mathematiker den kategorialen Unterschied zwischen unserem raumzeitlichen physischen Universum $\mathbb{U}$ und dem raumzeitlosen rein formalen Mengenuniversum $\mathbb{V}$, das absolut alle rein formalen Mengen x als Elemente $x \in \mathbb{V}$ und absolut alle rein formalen echten Klassen X als Teilklassen $X \subset \mathbb{V}$ enthält.

Und hier noch etwas zur *Kontinuität*. Könnte diese unverzichtbare Eigenschaft der Zeit und der geometrischen Raumvorstellung nicht vielleicht doch in einer infinitesimal grenzenlos verfeinerten Arithmetik verständlich werden? Dazu ein Blick auf meine *allgemeine lineare Arithmetik* LA*, die eigentlich für jeden, der über Zenon nachgedacht hat, schon vor hundert Jahren fällig war.[4] LA* basiert auf den beiden schlichten Forderungen:

AK Arithmetische Konservierung
Die reelle, die ordinale und die kardinale Standardarithmetik sollen konservativ in eine gemeinsame grenzenlos erweiterte und verfeinerte Arithmetik integriert werden.

AS Arithmetische Spiegelung
Die lineare Ordnung $<$ im positiven Zahlbereich soll sich im negativen Bereich am additiven Drehpunkt 0 spiegeln, und die lineare Ordnung im Infinitiven soll sich im Infinitesimalen an den multiplikativen Drehpunkten 1, -1 spiegeln.

In LA* lässt sich jede endliche geometrische Strecke total relativieren, denn es lässt sich zeigen, dass es zu jeder finiten Raumstruktur R formal grenzenlos viele infinite Raumstrukturen R^+ und formal grenzenlos viele infinitesimale Raumstrukturen R^- gibt, die alle mit R formal isomorph sind. Dadurch wird der Begriff der *endlichen Raumstruktur*, anders als der Begriff der *endlichen Menge*, formal völlig willkürlich in $\mathbb{V}$. Ferner verschärft sich auch Zenons Rätsel R4 in LA* absolut: Jede winzige infinitesimale Strecke s lässt sich halbieren, ohne dass je ein Punkt der Ausdehnung 0 erreicht wird. Denn wäre $s/2 = 0$, wäre auch $s = s/2 \cdot 2 = 0 \cdot 2 = 0$ und s wäre keine Strecke. So viel zu Zenon und nun kurz zu meiner physikalischen Hypothese RZB über Raum, Zeit und Bewegung, die vielleicht den hundertjährigen Konflikt zwischen dem Raumzeitkontinuum der Relativitätstheorie und dem Diskontinuum der Quantentheorie zumindest approximativ brauchbar lösen könnte.[5]

---

4 Ulrich Blau: *Grundparadoxien, grenzenlose Arithmetik, Mystik*, Heidelberg 2016.

5 Mehr zu dieser Hypothese in meinem bald erscheinenden Buch: *Raum, Zeit und Bewusstsein. Kleine Einführung in den uralten Rückstand der Physik.*

RZB Der Raum ist gequantelt, die Zeit vergeht kontinuierlich, und jede scheinbar kontinuierliche Bewegung scheinbarer physikalischer Partikel p ist in Wahrheit eine Kausalwelle zeitlich sprunghafter Änderungen der physikalischen Eigenschaften scharf strukturierter Raumquanten r, die sich nie bewegen und in denen sich nie etwas kontinuierlich ändert – denn nur die reine Zeit vergeht kontinuierlich absolut unverändert.

Nur durch subjektive Wahrnehmung physischer Objekte, die sich scheinbar kontinuierlich bewegen, wissen wir von der Außenwelt. Dieses natürliche Weltverständnis ändert sich in der physikalischen Tiefe. Und philosophisch tiefer als jede Physik liegt unser wundersames *Ich-jetzt-hier*-Bewusstsein, das physikalisch unverzichtbar und unverständlich bleibt. Aber auch meine Hypothese RZB bleibt zuletzt spekulativ, denn die geometrische Form und die präzise Größe der Raumquanten sind empirisch bestenfalls approximativ zugänglich und jede praktische Anwendung von RZB erfordert eine Projektion fiktiver, formal unverständlicher Zeitpunkte ins lineare Zeitkontinuum. Darauf folgt für mich zwingend:

Das Ziel unserer Naturwissenschaft seit Pythagoras: unsere Bemühung um ein formal präzises Verständnis raumzeitlicher Veränderungen im physischen Universum $\mathbb{U}$ können wir bestenfalls approximativ erreichen.

So viel zur physikalischen Grundproblematik von *Raum*, *Zeit*, und *raumzeitlicher Veränderung*. Und nun zum philosophisch fundamentalen *Subjekt/Objekt*-Rätsel, das Zeidler philosophiehistorisch sehr detailliert analysiert hat. Für mich bleibt der Kern dieses Rätsels das *Kausalrätsel* unserer praktisch/theoretisch gespaltenen Vernunft, das die moderne Neurophysik zunehmend verschärft hat.

K? Wie können *wir* subjektiv-mental höchstpersönlich *selbst* etwas verursachen, wenn alles was wir tun, objektiv-neuronal höchst unpersönlich *von selbst* geschieht?

Ohne unserer physikalisch unbegreifliche psychophysische Doppelkausalität & Wechselwirkung hätten wir kein subjektives *Ich-jetzt-hier*-Bewusstsein von uns selbst im objektiven physischen Universum $\mathbb{U}$, keine Onto- und Phylogenese unserer praktischen und theoretischen Vernunft und gewiss keine Physik. Jeder der über das logisch-philosophische Grundrätsel K? ein wenig nachdenkt, stößt zwangsläufig auf eine Korrelation $\underset{\sim}{K}$, ohne die Bewusstsein auf diesem Planeten wohl gar nicht erst entstanden oder wohl bald wieder verschwunden wäre:

$\underset{\sim}{K}$ Subjektiv aber angenehmes Verhalten $\underset{\textit{etwa}\ 80-90\%}{\sim}$ biologisch eher zweckmäßiges Verhalten.

In allen lebenswichtigen Verhaltensbereichen:

Atmung, Bewegung, Ernährung, Behausung, Fortpflanzung, soziale Bindung, …

finden wir diese Korrelation. Sie ist evolutionär verflochten mit dem biologischen Lohn/Strafe-Prinzip, das unser persönliches Gerechtigkeitsgefühl transpersonal erweitert:

$\underset{\sim}{K}$' Unser gemeinsames richtiges oder falsches Verhalten wird irgendwann biologisch belohnt oder bestraft – zugegeben, mit peinlichen Ausnahmen.

Das erklärt ein wenig die sehr elastische Ausnahmequote in $\underset{\sim}{K}$: Zuckerhunger, Fettpolster, und Xenophobie waren seinerzeit im Neandertal biologisch zweckmäßiger als heute im benachbarten Düsseldorf. Aber $\underset{\sim}{K}$ ist wissenschaftlich tief paradox, denn die moderne Naturwissenschaft reduziert die Biologie auf reine Physik, und $\underset{\sim}{K}$ bleibt physikalisch unerklärlich, solange die Begriffe

Glück, Schmerz, Sinn, Zweck, intersubjektive Sublimierung

in der reinen Physik nicht vorkommen. Daher haben die Bewusstseinsphilosophen in den letzten hundert Jahren die transkategoriale Triebkraft $\underset{\sim}{K}$ unserer Bewusstseinsevolution nicht ein einziges Mal sorgfältig diskutiert. Und unsere selbstverständliche, selbstverursachte Alltagspraxis, ohne die fast niemand von uns bis heute überlebt hätte, wurde philosophisch vernachlässigt. Das verblüfft mich seit Jahrzehnten, und hier meine Erklärung: $\underset{\sim}{K}$ treibt

- die *Physikalisten* in den peinlichen Konflikt zwischen Evolutionstheorie und Physik,
- die *Humanisten* in den peinlichen Konflikt zwischen Physik und Ethik,
- die *Physiko-Humanisten* in peinliche Verbalnebel oder achselzuckendes Schweigen
- und *mich* in den noch viel peinlicheren mystisch-monistischen *Subjekt*= O*bjekt*-Kollaps jenseits aller praktischen und theoretischen Vernunft:

S= O Es gibt zuletzt nur *ein* Bewusstsein, *eine* Realität, *einen* Urheber, *eine* Kausalität, *ein* Subjekt und *ein absolutes Selbst*, das sich in kosmischen Prozessen myriadenfach raumzeitlich fragmentiert. Wozu? Vielleicht um sich etwa im Sinn von Plotin subjektiv von innen zu erleben, objektiv von außen zu erkennen und wohl irgendwann schon irdisch zu ahnen: Das alles bin ich selbst – und nichts davon.

Absurd? Sicher ist jedenfalls, dass die einzig mögliche Erklärung der Korrelation $\underset{\sim}{K}$ *unbeabsichtigt* von Darwin stammt: Nur wer sich *lieber* biologisch zweckmäßig verhielt, *tat* es häufiger und erhöhte die Wahrscheinlichkeit, seine genetisch partiell vorprogrammierten Neigungen in den Gen-Pool zu bringen. Das ist das zwingende darwinistische Argument für die angeblich längst überwundene cartesianische psycho↔physische Wechselwirkung, kurz $\psi\leftrightarrow\varphi$-Kausalität. Myriaden menschlicher und vormenschlicher Urheber haben auf den qualitativen Kompassnadelstich $\varphi\rightarrow\psi$ ihrer individuell leicht verschiedenen Glück-Schmerz-Wert-Empfindungen reagiert und durch kurzlebige, physikalisch undenkbare Willenskraft $\psi\rightarrow\varphi$ jeweils *ein* Menschen-, Maus- oder gar Mückenhirn höchstpersönlich *selbst* (!?) gesteuert. Aber die moderne Neurowissenschaft weist zunehmend darauf hin, dass alles Subjektiv-Mentale auf dem Objektiv-Neuronalen nur *superveniert*, d.h. ohne neuronalen Unterschied gibt es keinen mentalen Unterschied. Und die neuronalen Kräfte sind rein physikalisch. Diese Tatsache zwingt mich durch $\underset{\sim}{K}$ zum uralten mystischen Monismus S= O. Denn die wundersame Feinabstimmung unserer physikalischen Grundparameter, ohne die es im Universum $\mathbb{U}$ kein Leben gäbe und die metaphysikalische Feinabstimmung unserer Grundkategorien *Subjekt* | *Objekt* | *Raum* | *Zeit*, ohne die es im Leben kein *Ich-jetzt-hier*-Bewusstsein gäbe, kann ich nicht für puren Zufall halten. Aber jeder, der über diese Feinabstimmung staunt, stößt auch heute noch auf das uralte Theodizeepardadox, das z.B. Epikur sehr klar formuliert hat:

> Entweder will Gott das Übel beseitigen und kann es nicht, oder er kann es und will es nicht, oder er kann es nicht und er will es nicht, oder er kann es und will es. Wenn er es nun will und nicht kann, so ist er schwach, was auf Gott nicht zutrifft. Wenn er es kann und nicht will, dann ist er missgünstig, was ebenfalls Gott fremd ist. Wenn er es nicht will und nicht kann, dann ist er sowohl missgünstig wie auch schwach und damit auch nicht Gott. Wenn er es aber will und kann, was allein sich für Gott ziemt, woher kommt dann das Übel und warum nimmt er es nicht weg?

Dieses Paradox, das keine Theologie im Rahmen unserer *irdischen* Vernunft und Ethik lösen wird, hat für mich die schlichte *überirdische* Lösung: Ohne irdisches Übel hätten wir *weder* Vernunft *noch* Ethik. Denn in einem puren Paradies ohne eine Spur von Schmerz, Schlechtem, Bösen gibt es keine *Bemühung* um das Gute und daher keine raumzeitliche Bewusstseinsevolution, die stets unsere physikalisch unbegreifliche psychophysische Doppelkausalität & Wechselwirkung voraussetzt und ferner unsere (über)persönlichen *Gut/schlecht*-Spaltungen, die uns seit Beginn unserer Technologie ständig zu gewissen arithmetischen *Positiv/negativ*-Spaltungen zwangen und sich im digitalen Zeitalter mächtig gehäuft haben. Das zwingt mich zum philosophischen Fazit:

Nehmen wir unser winziges höchstpersönliches Vernunftfragment im *Ich-jetzt-hier* ernst und bemühen wir uns um das irdisch Bestmögliche im *überpersönlichen* Sinn, der zusammen mit

1. der historischen Verschärfung unserer antiken Grundrätsel durch die $\mathbb{U}/\mathbb{V}$-Dialektik,
2. der lebenswichtigen Feinabstimmung unserer physikalischen Grundparameter,
3. der bewusstseinswichtigen Feinabstimmung unserer Grundkategorien

Subjekt | *Objekt* | *Raum* | *Zeit*,

4. der subjektiven Grundspaltung *gut/schlecht*, der objektiven Grundspaltung *wahr/falsch*,
5. der wundersamen psychophysischen Doppelkausalität und Wechselwirkung,
6. der darwinistischen $\underset{\sim}{K}$ -Erklärung für die physikalisch unerklärliche cartesianische

Subjekt ↔ *Objekt*-Wechselwirkung

10. und dem uralten Theodizeeparadox

vielleicht zuletzt mystisch-monistisch auf ein raumzeitloses *absolutes Selbst* verweist, das sich in jedem winzigen raumzeitlichen Selbst ein wenig spiegelt, um sich vielleicht schon irdisch ein wenig zu ahnen.

Das überfordert natürlich den akademischen Pragmatismus unserer modernen Natur- und Geiseswissenschaftler und zwingt sie dazu, die Punkte 1 – 6 für puren Zufall in unserem Uni- oder Multiversum zu halten, das dann in seiner Gesammtheit ebenfalls ein purer Zufall wäre. Dagegen halte ich den uralten mystischen Monismus in der westlichen und vor allem östlichen Geistesgeschichte nicht nur für spiritueller sondern zuletzt sogar für metaphysikalisch intelligenter als den modernen Pragmatismus. Da meine logisch-mathematischen Bücher (*Die Logik der Unbestimmtheit und Paradoxien* und *Grundparadoxien, grenzenlose Arithmetik, Mystik*) für philosophische Leser zu zeitraubend sind, habe ich das Wesentliche in einem Büchlein (*Raum, Zeit und Bewusstsein. Kleine Einführung in den uralten Rückstand der Physik*) möglichst kurz und allgemeinverständlich zusammengefasst, um meine physikalische Hypothese RZB meta-physikalisch verständlich zu machen: Nur durch eine winzige *Raumquantelung* unterhalb unserer Wahrnehmungsschwelle und durch die logisch-mathematisch unbegreifliche lineare *Zeitkontinuität* gibt es im raumzeitlichen Universum strukturierte, scheinbar kontinuierliche Veränderung, die auf wundersame Weise die Evolution von Leben, Bewusstsein, praktischer und theoretischer Vernunft ermöglicht und erzwungen haben. Alles purer kosmischer Zufall oder höher Fügung? Diese uralte metaphysische Grundfrage sollte wohl jeden von uns lebenslang ähnlich wie mich beschäftigen.

Literaturverzeichnis

Blau, Ulrich: *Die Logik der Unbestimmtheit und Paradoxien*, Heidelberg 2008.

Blau, Ulrich: *Grundparadoxien, grenzenlose Arithmetik, Mystik*, Heidelberg 2016.

Blau, Ulrich: *Raum, Zeit und Bewusstsein. Kleine Einführung in den uralten Rückstand der Physik*, noch nicht erschienen.

Zeidler, Kurt Walter: Metaphysische Deduktion des Raumes und der Zeit = Elementarlehre oder Transzendentale Phänomenologie (3), in: ders.: *Vermittlungen*, Wien 2016, 251–298.

Karen Gloy (Luzern/München)

Phänomenologische Begründung von Raum und Zeit

1. Einheit oder Vielheit von Raum- und Zeitvorstellungen?

Raum wie Zeit sind uns das Allerselbstverständlichste und Vertrauteste von der Welt; wir alle wissen oder meinen zu wissen, was Raum und was Zeit sei. Wir können Dinge nur dann identifizieren, wenn wir sie in einen Raum einordnen und auf unseren jeweiligen momentanen Standpunkt beziehen. Von diesem aus werfen wir, einem Gradnetz gleich, ein System von Stellen und Distanzen über die Dinge, um sie untereinander und letztlich auf uns hin zu ordnen. Ebenso sind Ereignisse und Abläufe nur dann exakt zu fassen und hinsichtlich ihres Eintritts und ihrer Dauer, ihrer Sukzessivität oder Simultaneität zu bestimmen, wenn wir sie in die Zeit mit den Modi Vergangenheit, Gegenwart und Zukunft einordnen und auf unsere jeweilige Gegenwart beziehen. Auf dieser unserer alltäglichen Raum- und Zeiterfahrung basiert die wissenschaftliche, die allgemeinverbindlich ist, die idealisierend und präzisierend von einer einzigen, allumfassenden, unendlich homogenen und kontinuierlichen Raum- und Zeitvorstellung ausgeht. Gleich zwei großen Gefäßen ordnen wir die Gesamtheit der Gegebenheiten der Welt in sie ein und ordnen sie hinsichtlich ihrer Stellung und ihres Verhältnisses zueinander. Im Grunde sind es immer noch Newtons Vorstellungen von Raum und Zeit als zwei unendlich großen Weltschachteln, die alle räumlichen und zeitlichen Dinge in sich aufzunehmen qualifiziert sind. Auch wenn die Einsteinsche Relativitätstheorie uns darüber belehrt hat, dass die Vorstellung einer einzigen unendlichen Zeit und eines einzigen unendlichen Raumes eine Hypothese ist und die tatsächlichen Verhältnisse vom jeweiligen bewegten oder ruhenden Bezugssystem abhängen, ist die newtonisch-kantische Vorstellung eines einzigen, allumfassenden Raumes und einer ebensolchen Zeit für unser normales Bewusstsein konstitutiv geblieben, so dass wir nur schwerlich davon Abstand nehmen können oder wollen. Newton freilich war ehrlich genug, in seiner *Optik* einzugestehen, dass Raum und Zeit ein *Sensorium Gottes* seien, quasi eines Supertheoretikers, der alles überblickt, aber nicht eines endlichen menschlichen Subjekts. Nicht nur die Physik und Astronomie sind über diese traditionelle Vorstellung von Raum und Zeit hinausgegangen, sondern auch die Psychologie und Soziologie sowie die Kulturanthropologie. Der Versuch, die dreidimensionale euklidische Geometrie empirisch durch die Messung dreier

Erhebungen wie des Brockens im Harz, des Inselberges im Thüringer Wald oder des Hohenhagen bei Göttingen zu erweisen, blieb ohne eindeutiges Resultat, zum einen, da die Distanzen im Verhältnis zum Kosmos viel zu gering sind, um daraus einen bestimmten Raum erschließen zu können, zum anderen, weil man generell bei Experimenten nur das herausholt, was man zuvor hineingelegt hat. So operiert heute die Stringtheorie mit 6, 8, 26, 28 und mehr Dimensionen, die sich jeder Anschaulichkeit entziehen, oder man operiert neben dem euklidischen Raum mit dem Riemannschen Kugelraum, dem Kleinschen hyperbolischen Raum, den Minkowskischen Weltlinien. Wie spekulativ und abgehoben die moderne Raumdiskussion ist, zeigt, dass Heinrich Lambert eine Geometrie mit spitzem Winkel ersann, bezogen auf eine imaginäre Kugelfläche, und Felix Klein mit Kegelschnitten operierte. Solche Geometrien sind nur noch als symbolische verständlich. Der englische Wissenschaftsjournalist Jim Baggott hat in seinem Buch mit dem Titel *Farewell to Reality* der modernen Grundlagenforschung der Physik den Vorwurf gemacht, dass sie die Bodenhaftung verloren habe, die sie einstmals besaß; denn Physik bedeutete ursprünglich die Wissenschaft von den *physika*, den Naturgegenständen. Sie sei zu einer reinen Märchenphysik (*fairytale physics*) verkommen, abgelöst von der empirischen Welt, sie sei nur noch intellektuelle Spekulation und Spielerei; denn wer könne sich noch Größenordnungen von mehr als drei Dimensionen vorstellen oder den Raum in einem Gebiet von einer Größenordnung 10^{-30}.[1] Und ebenso gilt für die modernen Zeittheorien, dass sie nicht nur mit einer einzigen, allumfassenden, gradlinigen, durch einen Pfeil explizierten Zeit operieren, sondern mit Weltlinien oder mit einer in jedem Moment sich aufspaltenden, dilatierenden Zeit.

Zu ganz anderen Vorstellungen von Raum und Zeit ist die Kulturanthropologie gelangt. Wir müssen uns klarmachen, dass nicht alle Völker und alle historischen Epochen unsere traditionell tief eingeschliffenen Vorstellungen von Raum und Zeit teilen, also mit einer triadischen Zeitauffassung, bestehend aus Vergangenheit, Gegenwart und Zukunft, operieren, sondern teilweise dualistische Konzepte haben wie die Hopi, ein Indianerstamm in Arizona, der Vergangenheit und Gegenwart zu einer einzigen Form zusammenzieht, da beide Faktisches ausdrücken, und ein Futur ergänzt, das aus Wünschen, Sehnsüchten, Erwartungen und Befürchtungen hervorgegangen ist. Ebenso gibt es Völker, die nur eine monistische Präsenzzeit kennen, was vor allem bei Naturethnien der Fall ist, und schließlich auch solche, die überhaupt keine Tempora kennen, sondern sich ausschließlich für Aktionsarten

1 Jim Baggott: *Farewell to Reality. How Fairytale Physics Betrays the Search for Scientific Truth*, New York 2013.

oder Aspekte interessieren. Das gilt z.B. für unsere Nachbarvölker, die nicht der indogermanischen Sprachfamilie angehören, vielmehr Finnisch-Ugurisch, Russisch oder Slawisch sprechen. Und auch in unserer eigenen Geschichte gab es eine Frühzeit, die sich nur für Aspekte interessierte, ob ein Vorgang imperfektiv, also unvollendet, oder perfektiv, vollendet, ist oder die nur ein Interesse an Aktionsarten hatte, wie an durativ (andauernd), effektiv (bewirkend), resultativ (beendend), iterativ (wiederholend) usw. Relikte solcher Auffassung begegnen noch heute in der Sprache, die relativ konservativ ist, z.B. in dem Unterschied zwischen ‚blühen' (durativ) und ‚erblühen' (perfektiv). Selbst die frühgriechische Epoche bis in die klassisch griechische Philosophie von Platon und Aristoteles hinein operierte wie alle Agrarkulturen mit einer zyklischen oder Kreiszeit, einer ewigen Wiederkehr des Gleichen, die man sich nicht vorstellen darf als eine abzählbare Anordnung von Kreiszeiten auf einer Linie, was eine Linearzeit voraussetzte, sondern im Nietzscheschen Sinne als ewige Wiederkehr des Gleichen. Die Meinung, es gebe nur eine einzige Zeitauffassung und diese sei unsere heutige, beruht auf einem Vorurteil und befördert nur einen Eurozentrismus, der einer interkulturellen Verständigung im Wege steht.[2] Ebenso hat auch die Psychologie – nicht weniger die Medizin und Pharmakologie – dazu beigetragen, uns unterschiedliche Raum- und Zeitvorstellungen zu eröffnen, welche diversen Erlebnisweisen, Stimmungen und Befindlichkeiten entsprechen. Zeit ist nicht nur homogen und gleichartig, wie Newton und Kant meinten, sondern dehnt oder kontrahiert sich, wie jedermann von einem schläfrigen oder interessanten Vortrag weiß, deren einer im Schneckengang kriecht, während der andere wie im Fluge vergeht. In der mystischen Schau weitet sich der Augenblick zur Ewigkeit, zum *nunc stans*, der stehenden, allumfassenden Gegenwart. Und ebenso hat die emotionale Raumerfahrung, der gestimmte, erlebte Raum, wie er ursprünglich begegnet, nichts mit Quantität und Messbarkeit zu tun, sondern eher mit Atmosphärischem, Stimmungsmäßigem, mit Engung bei Angstzuständen, mit Weitung bei Hochstimmung. Unsere Vorstellungen von Raum und Zeit sind abhängig von unserer Zugangsweise zur Welt, ob diese intellektueller Art ist, sich für Strukturen und Formen interessiert, oder praktischer Art ist, auf Handlung und Aktion basiert, oder emotional, stimmungsmäßig. Je nach Ordnung dieser Zugangsweisen und Vermögen unterscheiden wir Schichten von Raum- und Zeittypen, basaleren und abstrakteren. Im Folgenden möchte ich gemäß der phänomenologischen Methode, wie sie ursprünglich von Edmund Husserl und seinen Nachfolgern im engeren oder weiteren Sinne

2 Vgl. Karen Gloy: *Kulturüberschreitende Philosophie. Das Verständnis unterschiedlicher Denk- und Handlungsweisen*, München 2012, 26ff.

erarbeitet worden ist,[3] die diversen Raum- und Zeittypen in ihrer jeweiligen Eigenart vorstellen. Als Leitfaden dient mir dabei das menschliche Subjekt mit seinen teils emotionalen, teils handlungsbezogenen, teils kognitiven Fähigkeiten. Seit Aristoteles pflegt man die menschlichen Vermögen einzuteilen in Verstandestätigkeiten, sinnliche Wahrnehmungen, gegliedert nach den fünf Sinnesorganen, und Emotionen, welche letzteren, da sie nicht nur rein innere psychische Zustände sind, sondern mit physischen Regungen und Bewegungen in Verbindung stehen, als leibliche Erregungen, Befindlichkeiten und Stimmungen auftreten. So ergibt sich folgende Einteilung: Als basalste Schicht figuriert der gelebte und gestimmte Raum bzw. die Zeit, darauf basierend der Aktionsraum bzw. die entsprechende Zeit, auf diesen der intelligible mathematische Raum und die mathematische Zeit.

Mit mehrstufigen Ableitungen hat sich auch Kurt Walter Zeidler beschäftigt, so in seinen metaphysischen Deduktionen von Raum und Zeit oder seiner mehrstufigen Ontologie, wie er sie in seiner „Elementarlehre oder Transzendentalen Phänomenologie" in der Aufsatzsammlung *Vermittlungen* vorgelegt hat.[4] Auch sie richten sich, wenngleich nicht phänomenologisch, sondern metaphysisch, gegen einseitige Begründungen und gegen den heute üblichen Reduktionismus. In der Tendenz, die Vielfältigkeit der Zugänge zur Wirklichkeit zu beachten, stimmen unser beider Ansätze überein.

2. Raumvorstellungen

a) Gelebter, gestimmter Raum

Eine der ursprünglichsten Raumerfahrung, die wir in jeder Situation machen, ist der leiblich erfahrene, erlebte, gestimmte Raum. Man denke sich eine Gebirgslandschaft bei erwachendem Morgen, wenn der Tau noch auf Blüten und Blättern liegt, die ersten Sonnenstrahlen den Dunstschleier durchbrechen, die Vogelstimmen erwachen, und vergleiche sie mit einer Landschaft bei sinkendem Tag, wenn der Lärm sich legt, die letzten Vogelstimmen verhallen, Dämmerung sich über Tal und Wiesen breitet. Was hier jeweils an Raum erfahren wird, lässt sich nicht adäquat beschreiben mit der gewöhnlichen Raumvorstellung eines Worin, eines Behälters oder Gefäßes, das wie Newtons Weltschachtel alles aufzunehmen

---

3 Vgl. Elisabeth Ströker: *Philosophische Untersuchungen zum Raum*, Frankfurt a. M. 1965; Hermann Schmitz: *System der Philosophie*, Bd. 1, Bonn 1964.

4 Kurt Walter Zeidler: Elementarlehre oder Transzendentale Phänomenologie, in: ders.: *Vermittlungen*, Wien 2016, 209–298. Vgl. dazu ders.: *GtL*[3], 146–155 u. 219–230 und *PzW*, 102–164.

fähig ist. Was hier in unmittelbarer leibhaftiger Präsenz begegnet, ist Atmosphärisches, gestimmtes, getöntes Fluidum, Umhaftes. Die Dinge haben eine Aura, sie sind umgeben von einem Kräftefeld, das auf den erlebenden Menschen in seiner Ganzheit als leiblich-psychisch-geistiges Wesen wirkt, nicht mechanisch über Druck und Stoß, sondern über ein affektives Betroffen- und Ergriffensein. Der Raum, das Umfeld, teilt sich mit, mutet an, erscheint entweder als erwachende heitere Landschaft, in der alles in ein morgendliches Rosa getaucht ist, oder als schwermütige, melancholische Landschaft, auf die sich eine eigentümliche Schwere und Dunkelheit legt. Die Gartenarchitektur des 18. Jahrhunderts hat bei der Gestaltung von Parks und Landschaften sanfte, weiche, melancholische, ernste, gravitätische Szenerien unterschieden und genaue Anweisungen für die Gruppierung von Bäumen, die Anlage von Teichen, die Arrangierung von bewaldeten und freien Flächen gegeben. In seiner fünfbändigen *Theorie der Gartenkunst* beschreibt Christian Cay Lorenz Hirschfeld exakt, welche Arrangements welche atmosphärischen Eindrücke und Stimmungen erzeugen.

> Der Charakter der Gebirge ist Erhabenheit und feyerliche Majestät [...]. Sie sind schon an sich so überaus wichtige Gegenstände der Landschaft, daß sie allein diese zu einer heroischen erheben können. Alles, was überhaupt in solchen großen, hohen und ausgebreiteten Massen Kühnes und Majestätisches seyn kann, bestimmt ihren Charakter [...][5]

> Das Wasser ist in der Landschaft, was die Spiegel in einem Gebäude sind, was das Auge an dem menschlichen Körper ist [...].
> Die Klarheit des Wassers [...] theilet allen Gegenständen umher Munterkeit und Freude mit. Der Widerschein der Wolken, der Bäume, der Gesträuche, der Hügel und der Gebäude macht eine der lieblichsten Stellen im Gemälde der Landschaft aus. Die Dunkelheit hingegen, die auf Teichen und andern stillstehenden Gewässern ruhet, verbreitet Melancholie und Traurigkeit.[6]

Die Dinge im gestimmten Raum sind nicht einfach intellektuell erkannte Objekte mit geometrischen Eigenschaften wie Ausdehnung, Gestalt, Größe, sondern, bevor sie diese sind, sind sie physiognomisch und gestisch verstanden. So vermitteln niederhängende Zweige den Eindruck von Trauer, ein aufragender Ast deutet auf eine Siegesgeste, die vom Sturm zerzauste, jedoch aufrechtstehende Eiche wie in dem Gemälde von Caspar David Friedrich mit dem Titel *Der einsame Baum* ist ein Symbol für ein standhaft ertragenes, allem Unheil und Ungestüm trotzendes Leben. Zu ergänzen wäre von soziologischer

5 Christian Cay Lorenz Hirschfeld: *Theorie der Gartenkunst*, 5 Bde., Leipzig 1779–1785, Bd. 1, 194.

6 A.a.O., 200f.

Seite die Raumerfahrung als Lebensraum, Wohnraum, Heimat, Gesellschaft u.ä. aufgrund von Gefühlen, die Schutz und Geborgenheit vermitteln oder Angst und Feindseligkeit verbreiten. Dies wird verständlich, wenn man bedenkt, dass der von Menschen ursprünglich okkupierte Raum sein Wohngebiet und Betätigungsfeld ist, der mit bestimmten Qualitäten wie Vertrautheit, Geborgenheit, Sicherheit, Schutz verbunden ist, auch als Rückzugsgebiet zu friedlicher Abgeschiedenheit und Ruhe dient und nicht selten mit Heimat gegenüber der Fremde identifiziert wird. Wie wenig jeder dieser erlebten Räume mit dem mathematischen Orts- und Stellenraum zu tun hat, belegt eine Geschichte von Dorothea Neff.[7] Als während des Zweiten Weltkrieges die Deutschen aus Polen wegziehen mussten, erhielt eine Frau eine Sondergenehmigung zu bleiben. Ihre anfängliche Freude wich bald Missbehagen und Kummer, da sich das Leben um sie herum völlig veränderte. Es fehlten die ehemaligen vertrauen Nachbarn und Freunde; die Sprache wechselte vom Deutschen ins Polnische, die alten Häuser wurden durch moderne ersetzt, der gesamte Lebensstil änderte sich, so dass sie sich nicht mehr *heimisch* und geborgen fühlte und bald darauf das Land verließ. Wichtiger als die Geographie erwies sich hier die zur psychischen Befindlichkeit eines *heimatlichen* Gefühls erforderliche Kommunikationsgemeinschaft. Heimat ist nicht so sehr der geographische Ort als vielmehr die kulturelle Umgebung. Schmitz spricht diesbezüglich von Gefühlsraum,[8] Ströker von gestimmtem Raum.[9] Das Raumerlebnis, das sich im gestimmten Raum mitteilt, ist begrifflich nur schwer fassbar, da Gefühle, Stimmungen und Befindlichkeiten angesprochen sind und sich nur widerwillig in eine Begriffssprache fügen. Dennoch seien die wichtigsten Merkmale hervorgehoben:

1. Zurückzuweisen ist die Meinung, dass Raum und Räumliches sich nur dort fänden, wo wir es mit quantifizierbaren Distanzen und Dimensionen zu tun haben. Nichts dergleichen ist der Fall beim gestimmten Raum. Bei ihm haben wir es mit einer präspatialen, prädimensionalen Raumerfahrung zu tun, in der der Raum das Medium von Lebenswirklichkeiten ist. Er hat ein eigenes Gepräge, das anzieht oder abstößt, als Schutz, Bergendes, Heimat fungiert oder als Abweisendes, Unheil, Fremdes; kurzum, der gestimmte Raum ist Ausdrucksträger mit Ausdrucksqualitäten oder Anmutungseigenschaften, die den Menschen in dieser oder jener Weise ansprechen.

---

7 Dorothea Neff: *Der Heimatverlust bei Flüchtlingen*, Diss., Erlangen 1956, vgl. Hermann Schmitz: *System der Philosophie*, Bd. 3,4, Bonn 1977, 220.

8 Hermann Schmitz: *System der Philosophie*, Bd. 3,4, a.a.O, 207, 208.

9 Elisabeth Ströker: *Philosophische Untersuchungen zum Raum*, a.a.O., 22ff.

2. Bei den Ausdrucksqualitäten handelt es sich nicht um einfache, isolierte Eigenschaften wie ‚groß', ‚klein', ‚rot', ‚blau', sondern um Bedeutungsganzheiten mit einer Sinnfülle, die sie zu Symbolträgern im Goetheschen Sinne qualifiziert, die zugleich sinnliche, sittliche und ästhetische Zwecke erfüllen. Formen und Gestalten treten nicht als bloße Eigenschaften auf, sondern sind symbolgeladen, oft sogar mit Werten versehen, sittlich oder unsittlich. Sie entfalten eine Wirkung, die schroff, unerträglich, gewaltig, erhaben oder zierlich, grazil, fein ist. Von der Macht und Stimmungsgeladenheit solcher Formen und Größen zeugt in der Kunst insbesondere der Expressionismus. Man denke an die Bilder Edvard Munchs mit dem Titel *Der Schrei*, auf denen die lang ausgezogenen, ellipsenförmigen Linien des Gesichts und des Hintergrundes den Schmerz und Aufschrei dokumentieren.
3. Ausdrucksphänomene sind Ganzheitseigenschaften in dem Sinne, dass sie als Gefühls- und Stimmungsakzente den Raum durchziehen und einnehmen. Wenn ich einen Hochwald durchwandere und die reine, würzige Luft atme, wird diese durch die Plätze, die ich durchwandere, nicht geteilt und in Stücke zerrissen, sondern bleibt als ganzheitliches Erlebnis erhalten, das den Wanderer durchdringt.
4. Es wäre falsch zu behaupten, dass die Ausdruckscharaktere nur subjektiv seien, dass der Mensch das Atmosphärische nur am eigenen Leib spüre und dann das Gespürte auf die ihm anderweitig bekannte Welt projiziere. Diesem Anthropomorphismus ist entgegenzuhalten, dass der gestimmte Raum selbst objektiv die fraglichen Qualitäten trägt. Wenn wir sagen „Hier ist dicke Luft", so ist damit die reale Situation zwischen Menschen gemeint, die am liebsten aufeinander losgingen und sich die Köpfe einschlügen. Ebenso ist eine Landschaft objektiv hell, freundlich, munter, selbst wenn der Einzelne missmutig in ihr weilt, wie Karl Mohr in Friedrich Schillers *Räubern*, der in einer Gegend an der Donau inmitten einer friedlichen Landschaft sich selbst als heulenden Abbadona empfindet.[10]
5. Wir befinden uns *immer* in Situationen, die als gestimmte zu charakterisieren sind. Nicht nur die besonders stimmungsvollen Augenblicke sind es, die ein Auftauchen gestimmter Räume evozieren, wenngleich diese von besonderer Prägnanz sind, sondern das Ausdrucksverstehen ist eine Weise unmittelbarer und unausweichlicher Weltzuwendung. So wird die vorhin beschriebene

10 Friedrich Schiller: *Die Räuber*, in: *Sämtliche Werke*, aufgrund der Originaldrucke hg. von Gerhard Fricke, Herbert G. Göpfert, in Verbindung mit Herbert Stubenrauch, Bd. 1, München 1958, 561 (2. Szene des 3. Aktes).

Gebirgslandschaft nicht primär abstrakt, ohne Stimmung und Gefühl erfahren und erst sekundär mit Atmosphärischem belegt, sondern jeder gelebte Raum wird von jedem in gewisser Weise erlebt, sei es als eng, dumpf, stickig oder offen, weit, hell. Der Übergang in einen anderen Raum, z.B. von einer belebten, lärmigen Straße in eine ruhige, stille Kirche, der Wechsel von Arbeits- zu Ess- und Schlafzimmer ist stets mit einer Wandlung des Atmosphärischen verbunden.

6. Der Zugang zum gestimmten Raum erfolgt stets über die Dinge in ihm, über deren Fülle oder Leere. Zur Fülle scheint auch Leere zu gehören. Die Leere, Unbestimmtheit und Dunkelheit der Nacht, ebenso die Stille und Geräuschlosigkeit drängen sich einem in markanter Weise auf, ja bedrängen einen oft geradezu unheimlich wie die Pausen in der Musik.
7. Der gestimmte Raum ist aufgrund seiner Ganzheitsqualitäten nicht durch Metrik, d.h. durch quantifizierbare Abstände bestimmt, sondern durch Nähe und Ferne, deren erstere Vertrautheit, deren letztere Fremdheit ausdrückt. Nähe bedeutet phänomenologisch unmittelbare Gegenwärtigkeit, die erfrischend, anregend, jedoch auch bedrückend sein kann. Ferne bezeichnet das, was noch nicht oder nicht mehr ist, was weit vor mir oder hinter mir, außerhalb meines Engagements liegt. Während Abstände im geometrischen Raum zusammengesetzt werden können aus kleineren Abständen, ist dies bei Ferne und Nähe nicht möglich. Ferne lässt sich nicht aus kleineren Fernen zusammensetzen, so wenig wie Nähe aus kleineren Nähen, sondern bleibt immer Ferne, indem sich mit jeder Annäherung neue Fernen auftun. Phänomenologisch sind Nähe und Feme absolute qualitative Unterschiede im Gegensatz zu den relativen quantitativen Distanzen.

Sucht man nach einem gemeinsamen Grundmerkmal dieser ursprünglichen Raumerfahrung, so sieht man sich auf das dynamische Phänomen der Weitung und Engung verwiesen. Die Phänomenologie des letzten Jahrhunderts hat insbesondere zwei extreme Befindlichkeiten namhaft gemacht, in denen Weitung und Engung vorkommen, zum einen die Angst, die bei Martin Heidegger in *Sein und Zeit* eine eminente Rolle spielt, zum anderen die Ekstase, die in religiösen Kontexten auftritt. Angst ist ein Begriff, der bereits etymologisch mit Enge zusammenhängt. In der Angst fühlt sich der Mensch physisch-psychisch aufs Äußerste eingeschränkt, beengt, bewegungsunfähig. Man hat das Gefühl, einem werde die Kehle zugeschnürt oder Fluchtwege seien verschlossen. Während Angst mit Einengung zu tun hat, bekundet sich in ekstatischen Zuständen Weitung, räumliche Öffnung, die oft mit Levitation und Helligkeit einhergeht. Wenn Goethe im *Werther* beschreibt, wie Werther, im Gras liegend, den Blick in den blauen, wolkenlosen, sich über ihn wölbenden Himmel gerichtet, das Gefühl der Unendlichkeit hat, so ist es diese unermessliche Weite, die ihn umfangt, durchdringt und mitreißt. Orte, Plätze, Richtungen, Abstände schwinden. Es ist nur noch das Gefühl der Weitung, des Weggerissenwerdens ins Unermessliche, Grenzenlose vorhanden.

Während die Ekstase schon dem Begriff nach ein Hinausgehen aus sich in unermessliche Weiten bedeutet – *ek-stasis* heißt „Aus-Stand“, „Außerhalb-seiner-Stehen“ –, ist der entgegengesetzte Zustand, das Hineingehen in sich und Versinken, naturgemäß ebenfalls mit Weite verbunden, etwa wenn man in den Anblick eines schönen Kunstwerkes versunken oder im Lauschen einer Melodie aufgegangen ist. Die indischen *Upanishaden* bringen entsprechend Weitung mit traumlosem Tiefschlaf in Verbindung.

b) Gerichteter Aktionsraum

Der Raum geht nicht darin auf, bloß gelebter, gestimmter Raum zu sein, Raum von Ausdrucks- und Anmutungsqualitäten, welcher nicht weiter strukturiert ist, insbesondere noch keine Richtungsdifferenzen kennt. Er ist immer auch Aktionsraum, der sowohl auf unmittelbaren, instinktiven Reaktionen wie auf bewussten Handlungen basiert. Da unter Handlung eine zielgerichtete Tätigkeit verstanden wird, die auf einem Entwurf im Ausgang vom Subjekt basiert – entsprechend werden die instinktiven Bewegungen als solche zwischen Anfangs- und Endpunkt interpretiert –, erweist sich der Aktionsraum als ein orientierter Raum. Durch die Handlungen als Verwirklichung zielgerichteter, im Subjekt zentrierter Entwürfe entstehen Richtungen, die zugleich verschiedene Gegenden, Plätze und Stellen festlegen. Dabei lassen sich drei polare Richtungen unterscheiden, die sich aus dem natürlichen Koordinatensystem des menschlichen Körpers ergeben: die Senkrechte, die Horizontale und das Vorn und Hinten. Aus dem aufrechten Gang des Menschen erklärt sich die Senkrechte, die ein Oben und Unten festlegt. Da das Oben und Unten auch bei horizontaler Lage des Menschen erhalten bleiben, dürfte die Fixierung und Stabilisierung von oben und unten mit der Schwerkraft der Erde zusammenhängen. Die Waagerechte legt die Rechts- und Linksseitigkeit fest. Obzwar sie mit jeder Drehung wechselt, kann sie vom jeweiligen Subjekt aufgrund einer funktionellen Asymmetrie des Leibes, einer stärkeren Ausbildung der Rechten bei Rechtshändern, der Linken bei Linkshändern, stets eindeutig bestimmt werden. Es ist diese funktionelle Ungleichartigkeit der Hände, die den qualitativen Gegensatz von rechts und links erklärt, auch wenn das Äußere des Körpers symmetrisch ist. Und zum Dritten spielt der Richtungsgegensatz von vorn und hinten eine Rolle, wobei der menschliche Körper so konstruiert ist, dass er mit seinen Bewegungs- und Greiforganen vorzüglich nach vorn ausgerichtet ist und im vor ihm Liegenden sein Betätigungsfeld findet. Der Raum vor ihm ist klar und deutlich überschaubar und steht so seiner Planung offen, während die hinter ihm hegende Sphäre unüberschaubar und damit zugleich unsicher und gefahrvoll ist, allenfalls als Fluchtraum in Betracht kommt.

Mit den aus dem Achsensystem des menschlichen Körpers resultierenden Richtungen werden zugleich der Nah- und Fernbereich festgelegt, die Gegenden bestimmt und Plätze unterschieden, obgleich diese noch nicht als punktuelle Orte aufgefasst werden, sondern gröber sind, so dass man z.B. sagen kann, verschiedene Dinge befänden sich in derselben Gegend – z.B. im Osten – oder zwei Dinge befänden sich am selben Platz – z.B. auf dem Schreibtisch. Gegenden und Plätze lassen Spielräume zu für das Gleichzeitigsein der Dinge. Sie sind nur ungenau durch Grenzen bestimmt, die nicht überschritten werden dürfen. Die Einschachtelung der Plätze auf immer kleinere lässt sich zwar sukzessiv denken, aber nie zu Ende führen. Richtungen, Gegenden, Plätze sind charakteristisch für den Aktionsraum und ermöglichen Handlungsentwürfe und Handlungsausführungen. Das bedeutet, dass die Dinge in ihm in einem praktischen Funktionszusammenhang stehen, der das Woher und Wohin und Wozu bestimmt und Etappen der Zielverwirklichung unterscheidbar macht. Die im Aktionsraum begegnenden Dinge sind nicht mehr wie im gestimmten Raum bloße Ausdrucks-, Bedeutungs- und Symbolträger, freilich auch noch nicht wie im abstrakten geometrischen Raum bloße Gegenstände, objektiv Vorhandenes, sondern, mit Heidegger zu sprechen, „Zuhandenes" bzw. „Zeug": Nähzeug, Flugzeug, Werkzeug, Zeug, das man gebraucht und benutzt.[11] Zuhandenes ist das, was im alltäglichen praktischen Umgang mit den Dingen zur Hand liegt, steht oder geht, das einen Dienlichkeits- oder Tauglichkeitscharakter aufweist und in einem Verwendungs- bzw. Verweisungszusammenhang steht. Als Paradigma fungiert der Hammer, der zum Einschlagen von Nägeln dient, diese wiederum dienen zur Befestigung von Balken, diese zum Häuserbau, diese zum Wohnen und zum Schutz gegen Unbill. Alle diese Dinge stehen in einem Funktionszusammenhang, in dem jedes gleicherweise als Mittel wie Zweck fungiert. Das Zur-Hand-Liegen, -Stehen und -Gehen kann ausgelegt werden entweder als Handlichkeit, wenn etwas handgerecht, passend und als Werkzeug auf den Leib zugeschnitten ist, oder wenn eine leichte Zugänglichkeit, bequeme Erreichbarkeit besteht, so wenn der Hammer in der Schreinerwerkstatt an seinem vorgesehenen Ort liegt und sofort auffindbar

11 Vgl. Martin Heidegger: *Sein und Zeit*, 18. Aufl., Tübingen 2001, 68f.

ist. Auch der Gegensatz, die Privation der Zuhandenheit, das Im-Wege- Liegen oder -Stehen und das Sich-quer-Stellen ist möglich. Heidegger unterscheidet drei Formen der Widerständigkeit in zunehmender Steigerung: das Auffälligwerden bei Defektheit, wenn der Stiel des Hammers fehlt und dieser dadurch unbrauchbar wird, das Aufdringlichwerden, wenn der Hammer unauffindbar ist, und das Aufsässigwerden, wenn der Hammer im Wege liegt oder in die Quere kommt.[12] Das aus dem Kontext des alltäglichen, vertrauten praktischen Umgangs herausgelöste Ding verliert in diesen Fällen den Status eines Zuhandenen, degradiert zu einem bloß noch Vorhandenen, einem theoretischen Ding, das man nach Heidegger nur noch „begafft",[13] mit dem man aber nicht mehr hantiert. Es eröffnet sich damit eine neue Ebene. Während beim Übergang vom gestimmten zum Aktionsraum der Ausdruckscharakter der Dinge hinter ihrer Ähnlichkeitseigenschaft zurücktritt, tritt beim Übergang vom Aktionsraum zum Anschauungs- bzw. Wahrnehmungsraum der Dienlichkeits- und Verwendbarkeitszusammenhang der Dinge hinter ihrem Sein als noch Vorhandener zurück. Wie die Seinsweise des gestimmten Raumes in der Seinsweise des Aktionsraumes untergeht, so geht die Seinsweise des Aktionsraumes in der Seinsweise des bloß noch anschaubaren Vorhandenen unter.

c) Kognitive mathematische Räume

In dem Augenblick, in dem man die Dinge des Aktionsraumes, das Zuhandene, ihrer Zweckdienlichkeit und ihres Bewandtniszusammenhangs entreißt, bleibt eine bloße Stellenmannigfaltigkeit übrig, ein purer, relativer Ortsraum. Das Seiende tritt nur noch als isoliertes Da und Dort auf. Die ihm eigentümliche Stelle im Ganzheitszusammenhang wird äußerlich, wird zu einem beliebigen Irgendwo, das keinen Bezug mehr zum Ding hat. Mit dieser Ortsungebundenheit der Dinge löst sich das Ganzheitsgefüge des Raumes definitiv auf. Während im gestimmten Raum jedes Ding ‚seinen' Platz hat und bei Verrückung das gesamte atmosphärische Umfeld modifiziert, während es im Aktionsraum immerhin so weit gelockert, wenngleich nicht gänzlich vom Platz gelöst wird, dass es innerhalb eines Spielraumes seinen Platz frei wählen kann, ist es im Ortsraum frei beweglich und derselbe unberührt von ihm. Dass dieser independente, anonyme, relative Ortsraum weitgehend durch andere phänomenologische Strukturen bestimmt ist als die ihm zugrunde liegenden, und zwar durch intellektuell idealisierte, versteht sich von selbst: Zum einen ist er leer, weil er von

12 A.a.O., 72ff.
13 A.a.O., 69, 74.

den Dingen und deren Bewegung unabhängig ist, zum anderen ist er homogen, isotrop, weil er nicht mehr durch Zentrum und Peripherie bestimmt wird, und zum Dritten ist er unendlich, da seiner Erweiterung durch ein Immer-weiter-Gehen nichts im Wege steht. Hinzu kommt Kontinuität, da sich Ort an Ort reiht. Das Entscheidende aber ist an ihm eine über die reine Topologie hinausgehende Metrisierung, d.h. Mathematisierung des Raumes. Folglich ist dieser idealisierte mathematische Raum nicht mehr durch vage Gegenden, Plätze und Spielräume bestimmt, sondern exakt und präzise durch Orte, Lagen, Abstände und Größen. Zwar lässt sich die Herkunft des idealisierten mathematischen Raumes aus den vorhergehenden Räumen durch Abstraktion und Idealisierung – in Husserlscher Terminologie „Ideation" – verständlich machen, er selbst aber bildet ein eigenständiges, objektives Phänomen: der intentionale Gegenstand des Bewusstseins bzw. des Verstandes. Im Überschritt vom Aktions- und Wahrnehmungsraum zum mathematischen Raum wechselt die Funktion des Leibsubjekts, das jetzt nicht mehr im Zentrum steht, umfangen vom Raum, sondern marginalisiert an die Peripherie rückt, exzentrisch wird, während der Raum sich ihm gegenüber ausbreitet und zum intentionalen Objekt avanciert. Im Wechsel von einem Raumtyp zum anderen übersteigt das Subjekt sich selbst vom Leib zum Bewusstsein. Obwohl die Bewusstseinsleistungen weiterhin solche des Subjekts sind, treten sie in ein anderes Verhältnis zum Raum. Hieraus erklärt sich die Ambivalenz, der zufolge das Subjekt als Leibwesen weiterhin vom Raum umschlossen bleibt, als bewusstes Wesen jedoch den Raum sich gegenüberstellt und objektiviert. Letzterer Umstand erklärt, dass der Raum als Gegenstand von Verstandestätigkeiten frei konstruierbar und variabel ist. Belege dafür bieten die verschiedenen Geometrien, deren bekannteste die euklidische ist, die auf dem Parallelenaxiom, d.h. der Vorstellung des Gleichlaufs von Geraden basiert sowie auf einem Flächeninhalt des Kreises von πr^2 und einem Kreisumfang von $2\pi r$ sowie der Winkelsumme eines Dreiecks von 180°. Daneben gibt es andere, nichteuklidische Geometrien wie die Riemannsche Kugelgeometrie, zu der man bei Aufhebung des Parallelenpostulats gelangt und die auf einer Winkelsumme des Dreiecks von mehr als 180° basiert, auf einem Kreisinhalt von weniger als πr^2 und einem Kreisumfang von weniger als $2\pi r$. Ändert man das Parallelenpostulat dahingehend, dass man mindestens zwei Parallelen zu einer Geraden und einem Punkt außerhalb der Geraden zulässt, so gelangt man zur hyperbolischen Geometrie, die sich an einer Sattelfläche mit konstanter Gaußscher Krümmung veranschaulichen lässt und in der der Flächeninhalt des Kreises mehr als πr^2, der Umfang des Kreises mehr als $2\pi r$ beträgt und die Winkelsumme eines Dreiecks weniger als 180°. Der spekulativen Konstruktion sind prinzipiell keine Grenzen gesetzt. Zwar haben alle diese autonomen Räume gewisse Ankerpunkte im

Aktionsraum, sind aber prinzipiell willkürliche Konstruktionen, unabhängig von der Wirklichkeit, so dass die Frage der Übereinstimmung mit der Realität letztlich offenbleibt.

3. Zeitvorstellungen

a) Erlebte, gestimmte Zeit

Ähnliches wie vom Raum gilt auch von der Zeit. Bei ihr haben wir es ursprünglich nicht wie in der Kantischen Konzeption mit einer homogenen, kontinuierlichen, potentiell unendlichen gradlinigen Anschauungs- bzw. Vorstellungsweise zu tun, die die verschiedenen Inhalte aufzunehmen qualifiziert ist, sondern mit einer von diesem Material selbst spezifizierten Zeit. Die gelebte, erlebte, die gestimmte Zeit, die Zeit, mit der wir lebensweltlich umgehen, ist die Arbeits- oder Ruhezeit (Ferien, Auszeit), die Zeit der Konzentration oder der Entspannung, die Zeit des Vergnügens, des Feierns, der Feste, die Zeit der Einkehr, der Stille, der Andacht, der Trauer, die Tages- oder Nachtzeit mit Morgen-, Mittag- und Abendstunden, die Jahreszeit mit Frühling, Sommer, Herbst und Winter, die Zeit des Pflanzens, Säens, Erntens, die Zeit der Jagd … Für jeden Anlass, für jede Begebenheit und für jede Dauer gibt es eine spezifische Zeit, die abhängig ist vom jeweiligen Inhalt. Sie ist konkret, eine qualitative, nicht eine quantitative Zeit. Vor allem handelt es sich nicht um eine durchgängig einheitliche, sondern eine vielgestaltige Zeit, so dass es sich verbietet, von einer Einheit der Zeit zu sprechen. Die internen Unterschiede von Zeiterlebnissen werden deutlich, wenn man sich eine Morgen- und eine Abendstunde im Gebirge vorstellt. Mögen sie objektiv auch gleich lang sein, subjektiv und qualitativ werden sie unterschiedlich registriert. Der erwachende Morgen, um bei unserem ursprünglichen Bild zu bleiben, wird anders erlebt als der sinkende Tag. Goethe hat diese Abendstimmung prägnant in den kurzen Versen zum Ausdruck gebracht:

> Über allen Gipfeln ist Ruh,
> in allen Wipfeln spürest du
> kaum einen Hauch,
> die Vögelein schweigen im Walde,
> warte nur, bald ruhst du auch.[14]

Nicht zufällig lautet die Überschrift des Gedichts *Ein Gleichnis*, denn zum Erlebnisgehalt tragen nicht nur Gegenden, Plätze, Gestalten, Farben und Töne bei,

---

14 Johann Wolfgang Goethe: *Werke* (Hamburger Ausgabe), Bd. 1, hrsg. von Erich Trunz, Hamburg 1948, 5. Aufl. 1960, 142.

sondern zeitliche Bestimmungen wie Abschied und Tod, Wiedersehen und Vereinigung. Die Erlebnisse sind symbolgeladen; sie bilden eine atmosphärische Einheit. Im voranstehenden Gedicht ist es der sinkende Tag, der zugleich den nahen Tod ankündigt. In anderen Fällen deuten die Jahreszeiten Frühling, Sommer, Herbst und Winter auf erwachendes, blühendes, gereiftes und vergehendes Leben oder auf Kindheit, Jugend Erwachsenen- und Greisenalter. Was hier als Zeit erfahren und empfunden wird, lässt sich wie der gestimmte, erlebte Raum nicht adäquat mit der gewöhnlichen Zeitvorstellung eines Worin der Newtonschen Weltschachtel oder der Kantischen Anschauungsform beschreiben, nicht als *receptaculum rerum*. Was hier als unmittelbar Gegenwärtiges begegnet, ist Atmosphärisches, ist gestimmtes, getöntes Fluidum, das den Menschen angeht, sich ihm mitteilt, und zwar über Affektion. Der Mensch in seiner Ganzheit als lebendiges Wesen ist dadurch betroffen. Indem die Situation sich an seine Sinne und Gefühle, seine Gesamtbefindlichkeit wendet, zieht sie ihn an, reißt ihn mit oder stößt ihn ab und weist ihn zurück, macht ihn heiter oder traurig, euphorisch oder depressiv. Die Zeit, die in diesen Erlebnissen begegnet, ist begrifflich wiederum nur schwer zu fassen, da Erlebnisweisen, Gefühle, Stimmungen, Befindlichkeiten angesprochen sind, die sich im Unterschied zum verstandesmäßig Erfassbaren nur widerstrebend der Begriffssprache fügen. Versucht man dennoch, dem Phänomen näherzukommen, so legt sich am ehesten die relative Dauer nahe, die wir aus der Zeitdehnung und -raffung kennen und die im Extremfall bis zum Zeitstillstand gehen kann.

Zeitdehnung ist aus dem sog. Zeitlupenphänomen bekannt, deren bekanntestes Beispiel die Langeweile ist, die, wie der Name besagt, ein langes Verweilen und Bleiben meint. Wir beobachten sie bei einem uninteressanten, schläfrigen Vortrag, dessen Inhalt dürftig oder Vortragsstil stockend und langatmig ist und nicht fasziniert. Minuten denen sich zu Stunden, Stunden zur Ewigkeit. Wir haben das Gefühl, dass die Zeit nicht voranschreitet, sich wie eine träge Masse vor uns ausbreitet, die wir weiterschieben möchten, aber nicht können. Ging die frühere psychologische Forschung[15] davon aus, dass Zeitdehnung hauptsächlich einem Mangel an Erlebnissen entspringe, einer Armut an Anregungen, mithin einer inhaltlichen Leere, so hat die neuere

15 So Immanuel Kant: *Anthropologie in pragmatischer Hinsicht*, §61, in: *Kants gesammelte Schriften*, hrsg. von der Königlich Preußischen Akademie der Wissenschaften, Bd. 7, Berlin 1907/17, fotomechanische Wiedergabe, Berlin 1968, 233ff; vgl. Karen Gloy: *Studien zur theoretischen Philosophie Kants*, Würzburg 1990, 76–81; dies.: *Zeit. Eine Morphologie*, Freiburg/München 2006, 53ff.

Forschung[16] anhand einer Vielzahl von Beobachtungen nachgewiesen, dass auch bei Reichhaltigkeit an Eindrücken Zeitdehnung auftreten kann. Bekannt sind die Prüfungs- und Vorstellungssituationen, in denen der Examinand oder Bewerber versagt. Hier prasseln reichlich Eindrücke auf den Kandidaten ein, Gedanken verschiedenster Art gehen durch seinen Kopf, Lösungsmöglichkeiten durchkreuzen sich, ohne sich zu konkretisieren. Die hochnotpeinliche Situation will nicht enden, die bangen Minuten dehnen sich für den Probanden zur Unendlichkeit, die Zeit scheint stillzustehen. Sowenig für das Zeitdehnungsphänomen inhaltliche Armut oder inhaltlicher Reichtum ausschlaggebend sind, sowenig ist auch die Stimmungslage, Freude oder Trauer entscheidend. Zwar geht häufig mit der Langeweile das Gefühl des Unmuts und der Verärgerung einher, jedoch ist auch der umgekehrte Fall bekannt, dass ein angenehmes Gefühl wie Wohlbehagen mit Zeitdehnung verbunden sein kann, so beim Hindämmern, Dösen und Einschlafen. Mit dem Zurücktreten der lauten, bunten Welt minimiert sich das Zeitempfinden bis zur Erlöschung. Die Zeit dehnt sich, man selbst mit ihr, man versinkt in einem indifferenten Abgrund.

Das Gegenteil zum Zeitlupenphänomen ist das Zeitrafferphänomen. Während das erstere mittels des Lupenvergleichs Verlangsamung der Zeit bis zum Stillstand ausdrückt, dient der zweite Vergleich mit einem Raffer der Beschleunigung. Die Geschwindigkeit lässt sich bis zu einem Grad steigern, dass sie unserem äußeren wie inneren Auge als Stillstand erscheint. Wir kennen dies aus der kinematographischen gerafften Darstellung eines in Wirklichkeit langsam verlaufenden Entwicklungsprozesses z.B. einer Pflanze aus dem Samen. Wird im ersten Fall die Zeit gelängt und verlangsamt bis zur unbewegten Dauer, so im zweiten gekürzt und beschleunigt bis zum *nunc stans*, der stehenden Allgegenwart oder Omnipräsenz, die man auch Ewigkeit nennt. Wie das Zeitlupenphänomen nicht von einem bestimmten Inhalt, Armut oder Reichhaltigkeit an Erlebnissen abhängt, so ist auch das Zeitrafferphänomen nicht an ein bestimmtes Quantum an Inhalt gebunden. Und ebenso kann die Erlebnisweise positiv wie negativ konnotiert sein. Zählt die Angst zu den negativen Erlebnisweisen, die mit Daseinsengung einhergehen, so gehören andere Erlebnisweisen wie die

16 Vgl. Alfred Hoche: Langeweile, in: *Psychologische Forschung*, Bd. 3 (1923), 258–271, bes. 261, 264, 267f; Friedrich Panse: Veränderungen des Zeiterlebens in der Angst, in: ders.: *Angst und Schreck in klinisch-psychologischer und sozialmedizinischer Sicht.* Dargestellt an Hand von Erlebnisberichten aus dem Luftkrieg, Stuttgart 1952, 121–131, bes. 173; Hermann Schmitz: *System der Philosophie*, Bd. 1, Bonn 1964, 354–360.

Euphorie und Manie zu jenen, die mit Daseinserweiterung, unvorstellbarem Glück, Leichtigkeit und Schwerelosigkeit verbunden sind. In der Mystik werden solche Zustände der Verzückung und Entrückung, der Erleuchtung, der *visio beatifica* angestrebt. Sie sind nicht nur aus der christlichen Religion bekannt, sondern auch aus dem indischen Yogasystem, dem chinesisch-japanischen Zenbuddhismus, aus taoistischen Meditationsübungen sowie aus dem Hesychasmus der Ostkirche und werden dort in Form von religiösen Praktiken und Meditationsübungen systematisch gesucht und auch gefunden.

b.) Aktions- oder Handlungszeit

Die an Handlung gebundene Zeit ergibt einen spezifischen Zeittyp, die Handlungszeit, die reicher strukturiert ist als die kaum oder gar nicht strukturierte Dauer, jedoch noch keineswegs zukunftsgerichtet ist wie die durch den Zeitpfeil repräsentierte Linearzeit, die von der Vergangenheit in die Zukunft reicht. Vielmehr haben wir es hier mit einem Gestaltphänomen zu tun oder, um einen Ausdruck Ernst Cassirers zu gebrauchen, einer „Zeitgestalt".[17] Im Vergleich nicht nur mit der erlebten Zeit, sondern auch mit der mentalen Zeit stechen an ihr mehrere Merkmale hervor: *erstens* die Konkretheit im Unterschied zur Abstraktheit der mentalen Zeit, *zweitens* die Besonderheit im Unterschied zur Allgemeinheit der letzteren, *drittens* die Qualität im Unterschied zur Quantität und *viertens* die Endlichkeit im Unterschied zur Unendlichkeit.

1. Die an eine spezifische Handlung bzw. an einen spezifischen Vorgang gebundene Zeit ist stets eine konkrete: Es ist die Zeit der Feldbestellung, des Pflügens, der Aussaat, der Ernte. Es ist die Zeit der Jagd und des Tranchierens der erlegten Beute, die Zeit, die für Planung und Abwicklung von Geschäften benötigt wird. Jedes Geschehen hat seine Zeit, die ihm und nur ihm allein eigen ist und mit der Zeit keines anderen Geschehens kompatibel ist. Nicht liegt hier die Vorstellung einer allgemeinen formalen, überall gleichartigen Zeit zugrunde, die alle Vorgänge, mögen sie noch so heterogen sein, aufnimmt und hinsichtlich ihrer Sukzessivität und Simultaneität ordnet und hinsichtlich ihrer Dauer quantifiziert. Vielmehr bestimmt sich die konkrete Zeitgestalt ausschließlich von ihrem Inhalt her. Oft wird dieser in Verbindung gebracht mit biologisch-organischen Vorgängen wie dem Wachstum, Reifen und Absterben. Die Sprache hat in vielen Redewendungen diesen ursprünglichen Sinn bewahrt, so, wenn es heißt: ‚Die Zeit lässt die Dinge reifen (wie

17 Ernst Cassirer: *Philosophie der symbolischen Formen*, 2. Teil: *Das mythische Denken*, 8., unveränderte Aufl., Darmstadt 1987, 133.

auch vergehen)', ,Gut Ding will Weile haben' oder ,Das braucht seine Zeit', womit gemeint ist, dass das Gelingen eines Vorgangs eine bestimmte Zeitspanne benötigt, die nicht unterschritten werden darf, allerdings auch nicht überschritten, und bei vorzeitigem Abbruch oder Überschritt den Prozess misslingen lässt. Eine Fundgrube für diese Zeitauffassung ist das *Alte Testament* in den Predigten Salomos.

> Ein jegliches hat seine Zeit, und alles Vornehmen unter dem Himmel hat seine Stunde.
> Geboren werden und sterben, pflanzen und ausrotten, was gepflanzt ist,
> würgen und heilen, brechen und bauen,
> weinen und lachen, klagen und tanzen,
> Steine zerstreuen und Steine sammeln, herzen und ferne sein von Herzen,
> suchen und verlieren, behalten und wegwerfen,
> zerreißen und zunähen, schweigen und reden,
> lieben und hassen, Streit und Friede hat seine Zeit.
> Man arbeite, wie man will, so hat man keinen Gewinn davon.[18]

Man kann so viel und so hart arbeiten, wie man will, wenn es nicht zur rechten Zeit geschieht, zu der Zeit, wo die Arbeit an der Reihe ist, wo sie angebracht ist und hingehört, hat man keinen Erfolg.

In der Bedeutung von Zeitspanne und An-der-Reihe-Sein markiert die handlungs- bzw. prozessorientierte Zeit insbesondere die Grenze, den Endpunkt und die Vollendung eines Geschehens. Entsprechend lauten die Redewendungen: ,Die Zeit ist reif' oder ,die Zeit ist erfüllt', ,der Tag ist gekommen', ,etwas ist an der Zeit'.[19] In einem Gedicht von Bert Brecht mit dem Titel *Lob des Lernens* heißt es: „Für die, deren Zeit gekommen ist[,] ist es nie zu spät!"[20] Hier wird die Zeit mit einem Reifeprozess verglichen; die Handlungszeit *ist* im eigentlichen Sinne der Reifeprozess selbst, der hier zu seinem Ende und zu seiner Vollendung gelangt. Der Höhepunkt der Handlung ist zugleich die Klimax, an der sich Untergang und Verfall ankündigen. In diesen Kontext gehört auch der für die Griechen so bedeutsame καιρός oder der von Goethe so bezeichnete ,prägnante, fruchtbare Augenblick, der den Kulminationspunkt eines Reifeprozesses anzeigt, dessen Ergreifung zum Gelingen und dessen Verfehlung zum Misslingen führt.

---

18 *Der Prediger Salomo*, Kap. 3, 1ff., in: *Altes Testament.*

19 Während das ,an der Zeit' auf den genuinen Endpunkt eines Prozesses deutet, weist das ,zu seiner Zeit' auf die Handlung im Ganzen.

20 Bert Brecht: *Gedichte* 2, Redaktion Elisabeth Hauptmann, in Zusammenarbeit mit Rosemarie Hill, in: *Gesammelte Werke* in 20 Bdn., Bd. 9, Frankfurt a. M. 1967, wiederholte Aufl. 1982, 462.

Wegen der Einmaligkeit des Prozesses kehrt der Kairos nie wieder. Hier deutet sich ein fundamentaler Unterschied zum homogenen Augenblick der gleichförmigen Linearzeit an, welche nicht nach der Struktur der Handlungslogik aufgebaut ist.

2. Dass eine an den konkreten Inhalt gebundene und von diesem abhängige Zeit genauso singulär und signifikant ist wie dieser, versteht sich von selbst. Die konkrete Zeit hat nichts zu tun mit der von allem Inhalt abstrahierten formalen, allgemeinen Zeit, in die alle speziellen Inhalte eingeordnet werden können und daselbst ihre Stelle und ihr Verhältnis zueinander haben. ‚Konkrete', ‚besondere' und ‚einmalige' Zeit sind konvertierbare Begriffe wie ‚abstrakte' und ‚allgemeine' Zeit. Gibt es von der letzteren nur eine einzige, allbefassende Zeit, so von der ersteren viele verschiedene, die von den individuellen, jeweils einzigartigen und unvergleichbaren Handlungsabläufen geprägt sind, und während die erstere verschiedenartige Handlungen und Vorgänge in sich zu vereinen vermag, existieren die letzteren isoliert und unabhängig voneinander. Man kann nicht einmal sagen, dass sie neben- oder nacheinander existierten, da dieser Vergleich bereits eine umfassende Zeit voraussetzte, die auf dieser Ebene noch nicht gegeben ist. Jede Handlungszeit ist eine einmalige, unverwechselbare und mit anderen unvergleichliche Zeitgestalt.
3. Von der quantifizierbaren unendlichen, homogenen, kontinuierlichen Linearzeit, die sich in unendlich viele gleichartige Teile zerlegen und aus solchen zusammensetzen lässt, unterscheidet sich die Handlungszeit durch ihren nicht quantitativen, sondern qualitativen Charakter. Ist die erstere eine Aggregation homogener Teile in unendlicher Folge, so untersteht die zweite dem Gesetz der Ganzheit oder Gestaltqualität, die je nach Ausformung und Akzentuierung die Teile modifiziert. Die Gestalttheorie bzw. -psychologie[21]

21 Vgl. Christian von Ehrenfels: Über Gestaltqualitäten, in: *Vierteljahresschrift für wissenschaftliche Philosophie*, Bd. 3 (1890), 249–291. Auf Ehrenfels gehen mehrere gestaltpsychologische Schulen zurück: die Berliner Schule mit Wertheimer, Köhler und Koffka sowie die Grazer, Leipziger und Kieler Schule. Vgl. Max Wertheimer: Experimentelle Studien über das Sehen von Bewegung, in: *Zeitschrift für Psychologie*, Bd. 61 (1912), 161–265 (abgedruckt auch in: ders.: *Drei Abhandlungen zur Gestalttheorie*, Darmstadt 1967, 1–105); ders.: *Über Gestalttheorie*, Vortrag vor der Kant-Gesellschaft, Berlin 1924, abgedruckt in: *Philosophische Zeitschrift für Forschung und Aussprache*, Bd. 1 (1925), 39–60 (wiederabgedruckt in: *Gestalt Theory*, Bd. 7 [1985], 99–120); Wolfgang Köhler: *Die physischen Gestalten in Ruhe und im stationären Zustand*, Braunschweig 1920; ders.: *Gestaltprobleme und Anfänge einer Gestalttheorie*, Jahresbericht über die gesamte Physiologie und experimentelle Pharmakologie, Bericht über das Jahr 1922, Bd. 3

hat immer wieder darauf hingewiesen, dass bezüglich des Verhältnisses von Teil und Ganzem die Gestalt nicht einfach eine Zusammensetzung invarianter Teile ist, welche beliebig auseinandergenommen und neu zusammengesetzt werden können, sondern dass ihr singulärer Charakter auch die Teile bestimmt und bei Modifikation auch diese modifiziert. Am Beispiel des Buchstabens ς, der je nach Lesart als kleines griechisches φ oder als großes lateinisches S interpretiert werden kann, lässt sich demonstrieren, dass die Teile eine je verschiedene Bedeutung und Funktion haben. Während im kleingeschriebenen φ der obere Teil, die Schleife, den Akzent trägt, der untere Bogen nur Appendix oder arabeskenhafte Zutat ist, trägt im großgeschriebenen S der untere Bogen den Akzent, während der obere als Beiwerk dient. Entsprechend verhält es sich mit Zeitgestalten wie der Melodie, dem Vers, dem Satz, die bei anderer Intonation, bei Sinnverschiebung u.ä. auch die Qualität der Teile ändern.

4. Mit der Begrenzung der Handlung durch einen Anfang und ein Ende ist auch die Begrenztheit der zugehörigen Zeitgestalt gegeben. Die Zeitgestalt ist eine endliche, eingespannt zwischen Anfang und Ende wie die Lebenszeit, die sich zwischen Geburt und Tod erstreckt, oder die Reifezeit, die zwischen dem Aufkeimen und der Reife des Korns liegt. Ihre Geschlossenheit unterscheidet sie von der Offenheit der Linearzeit, die keinen definitiven Anfangs- und Endpunkt hat, sondern über jeden vorläufig gesetzten hinauszuschreiten vermag zu einem noch früheren Anfang oder einem noch späteren Ende. Anders bei der Zeitgestalt. Wie immer sie strukturiert ist, ob als einsinniger, eschatologischer Prozess mit einem End- und Vollendungspunkt oder als Vor- und Rückschritt wie bei der Oszillation, sie weist eine geschlossene Form auf, die sich von der unendlich fortlaufenden unterscheidet.

Angesichts der Tatsache, dass alle bisherigen Beschreibungen der Handlungszeit und der ihr entsprechenden Zeitgestalt, sowohl was das Verhältnis von Ganzem zu Teil wie die Geschlossenheit, Endlichkeit, Qualität, Singularität und Konkretheit betrifft, exakt auch auf den Handlungsraum und die ihm entsprechenden

(1925) (wiederabgedruckt in: *Gestalt Theory*, Bd. 5 [1983], 178–205); Kurt Koffka: *Principles of Gestalt Psychology*, 1935, 4. Aufl. London 1958; Friedrich Sander und Hans Volkelt: *Ganzheitspsychologie. Grundlagen, Ergebnisse, Anwendungen*, München 1962, 2., verb. Aufl. 1967; Wolfgang Metzger: *Gestalt-Psychologie*. Ausgewählte Werke aus den Jahren 1950–1982, hrsg. und eingeleitet von Michael Stadler und Heinrich Crabus, Frankfurt a. M. 1986; Paul Tholey: Gestaltpsychologie, in: *Handwörterbuch der Psychologie*, hrsg. von Roland Asanger und Gerd Wenninger, 4., völlig neubearbeitete und erweiterte Auflage, München/Weinheim 1988, 249–255.

Raumgestalt zutreffen, wird die Nähe beider unverkennbar. Erst bei weiterer Strukturierung treten beide auseinander. Auch der Aktionsraum basierte auf einer Handlung, die von der Enge des Leibsubjekts ausging und die Weite des Raumes eröffnete. Sofern man unter Handlung eine zielgerichtete Tätigkeit versteht, die in einem Entwurf im Ausgang vom Subjekt und einem Ausgriff auf ein Ziel besteht, erweist sich der Aktionsraum als eine orientierte topologische Mannigfaltigkeit. Nicht anders verhält es sich bei der Handlungszeit. Obzwar Handlung ein genuin intentionaler Akt ist, der auf ein Intentum, ein Ziel, einen Zweck gerichtet ist, womit auch die ihm zugehörige Zeit eine genuin intentionale Struktur erhält, bedeutet dies keineswegs, dass die Zeit einsinnig auf die Zukunft gerichtet ist, auf das vor ihr Liegende, wie die Linearzeit. Die interne Gerichtetheit der Handlung besagt noch nichts über ihre externe Ausrichtung. Zum Verständnis dieser eigentümlichen Struktur sind zwei Überlegungen erforderlich. *Zum einen* unterstehen Handlung und Handlungszeit noch nicht der Kausalkategorie von Ursache und Wirkung, sofern diese im Sinne zweier selbständiger, isolierter Relata genommen werden. Die Handlung tritt noch nicht als eigenständige Ursache gegenüber der Wirkung als eigenständigem Produkt auf. Vielmehr existiert die Wirkung nur solange, wie die Handlung währt. Sie ist der Handlung noch immanent. Aus diesem Grunde haben alte Völker das Weiterbestehen der Ursache rituell beispielsweise durch Schwingen um einen Ritualpfahl zu unterstützen versucht wie die Azteken, da die Welt nur so lange besteht, wie die Ursache andauert. *Zum anderen* ergibt eine Pluralität isolierter, heterogener Handlungen, die alle von einem Zentrum, dem Subjekt, ihren Ausgang nehmen, noch keinen eindeutigen Richtungssinn wie bei der Linearzeit. Nur eine Hintereinanderschaltung mehrerer gleichgerichteter Handlungsabläufe könnte zu einem solchen führen. Solange dies nicht der Fall ist, bleibt es bei einem Ausgriff des Subjekts auf das Handlungsfeld, der diese wie jene Richtung annehmen kann ohne Auszeichnung einer bestimmten, schon gar nicht der der Zukunft. Da die heterogenen Handlungen und Zeitgestalten im Handlungssubjekt und seiner Gegenwart zentrieren, hat Günter Dux sehr richtig von einer „zentrierten Handlungslogik“[22] sowie von einer „zentrierten Zeit“[23] gesprochen. Hiermit hängt zusammen, dass die Handlungszeit noch ganz und gar Präsenzzeit ist, also Gegenwärtigkeit, die nicht verwechselt werden darf mit punktueller Momentaneität, vielmehr extensional zu denken ist. Der Einbezug des gesamten Umfeldes

22 Günter Dux: *Die Zeit in der Geschichte. Ihre Entwicklungslogik vom Mythus zu Weltzeit*, Frankfurt a. M. 1992, 84ff.

23 A.a.O., 128f.

in die Gegenwärtigkeit der Handlungszeit dokumentiert sich sprachlich darin, dass für viele Völker Möglichkeits- und Wirklichkeitssphäre koinzidieren und dieselben Ausdrücke für ‚morgen' wie für ‚gestern' gelten. Im Ewe, einer Sudan-Sprache, hat *etso* die Bedeutung sowohl von ‚morgen' wie von ‚gestern', *nyitso* die Bedeutung sowohl von ‚übermorgen' wie von ‚vorgestern'. Im Tlingit wird ein und dasselbe Präfix *gu-* oder *ga-* verwendet, um Zukunft wie Vergangenheit anzuzeigen. Das Hindu benutzt *kal* für beide Bedeutungen. Auch in den europäischen Sprachen hat sich ein Rest dieser ambivalenten Bedeutung erhalten wie im Althochdeutschen, wo *ēgestern* sowohl ‚übermorgen' wie ‚vorgestern' bedeutet, im Neuhochdeutschen, wo *einst* die Zukunft wie die Vergangenheit anzeigt oder *irgendwann* sowohl auf die Zukunft wie auf die Vergangenheit deutet.[24] Hans Jensen weist außerdem auf die psychologische Tatsache hin, dass Kinder erst eine gewisse Zeit brauchen, bis sie ‚morgen' und ‚gestern' unterscheiden lernen. Für sie ist das Nicht-Heute schlicht das Nicht-Gegenwärtige, mag es in der Zukunft oder in der Vergangenheit liegen.[25]

Die Nähe der handlungsorientierten Zeit zum handlungsorientierten Raum ist unverkennbar. In der noch unausgebildeten, mangelhaften zeitlichen Anisotropie schlägt die Isotropie des Raumes voll durch. Das belegen etliche Sprachen. Nicht nur, dass im Handlungszentrum temporale und lokale Bestimmungen als ‚Hier und Jetzt' zusammenfallen, sie können auch ausgetauscht werden, wie die von Goethe gebrauchte Ausdrucksweise ‚von hier bis Ostern' statt der zu erwartenden ‚von jetzt' oder ‚vom heutigen Tag an bis Ostern' belegt.[26] Zudem

---

24 Zu den Beispielen vgl. Ernst Cassirer: *Philosophie der symbolischen Formen*, 1. Teil: *Die Sprache*, 9., unveränderte Aufl., reprograph. Nachdruck der 2. Aufl. Darmstadt 1953, Darmstadt 1988, 176 und Anm. 3; Hans Jensen: Der sprachliche Ausdruck für Zeitauffassungen, insbesondere am Verbum, in: *Archiv für die gesamte Psychologie*, Bd. 201 (1938), 289–336, bes. 305. Vgl. auch Aristoteles' Erörterung der Zeittermini in *Physik*, 4. Buch, Kap. 13 (222a 24ff).

25 Vgl. Hans Jensen: Der sprachliche Ausdruck für Zeitauffassungen, insbesondere am Verbum, a.a.O., 305.

26 Vgl. a.a.O., 302. Beispiele für den Zusammenfall lokaler und temporaler Bestimmungen gibt für die indianischen Sprachen Nordamerikas Werner Müller: Raum und Zeit in Sprachen und Kalendern Nordamerikas und Alteuropas, in: *Anthropos*, Bd. 57 (1962), 568–590. So bedeutet im Dakota *dehan* ‚an diesem Ort, hier' ebenso wie ‚zu dieser Zeit, heute' (a.a.O., 569). Auf die umgekehrte Möglichkeit der Ersetzung räumlicher Vorstellungen durch zeitliche weist Ernst Otto hin: Altägyptische Zeitvorstellungen und Zeitbegriffe, in: *Die Welt als Geschichte. Eine Zeitschrift für Universalgeschichte*, Jg. 14 (1954), 135–148, bes. 146f. Vgl. auch ders.: Zeitvorstellungen und Zeitrechnung im Alten Orient, in: *Studium Generale*, Jg. 19, Heft 12 (1966), 743–751, bes. 744.

werden Nähe und Ferne zum Zentrum häufig mit Vokabeln ausgedrückt, die sowohl zeitliche wie räumliche Nähe oder Ferne signalisieren. ‚Zur Zeit des Pharao X' kann im Altägyptischen durch einen ursprünglich räumlichen Ausdruck *h'*,*w* = ‚in der Nähe des Pharao X' wiedergegeben werden, aber auch umgekehrt ist die Wiedergabe einer räumlichen Nähe durch einen ursprünglich zeitlichen Ausdruck möglich. Ein ausgeklügeltes System zur Explikation zeitlich-räumlicher Gegenwärtigkeit wie zeitlich-räumlicher Nähe und Ferne besitzt die Somali-Sprache mit den Suffixvokalen *a*, *o*, *i*. Der gegenwärtige, leibhaftig vor einem stehende, sichtbare Mann wird ausgedrückt durch *nihk-a*, der entferntere, sichtbare oder unsichtbare, aber noch als gegenwärtig vorgestellte durch *nihk-o*, der entfernte, nicht gegenwärtige, nicht sichtbare Mann durch *nihk-i*. Ebenso heißt eine augenblicklich zur Verhandlung anstehende Sache *arint-a*, eine soeben behandelte oder sogleich zu behandelnde *arint-o*, eine ferne, nicht gegenwärtige, früher behandelte *arint-i*. *A* weist auf zeitliche wie räumliche Gegenwart, *o* auf geringere zeitliche wie räumliche Entfernung, welche in die zeitlich-räumliche Gegenwart noch einbezogen ist, und *i* auf zeitlich-räumliche Nichtgegenwart, d.h. auf Entferntes.[27]

Angesichts der Tatsache, dass es sich bei der Handlungszeit nur um eine intern, nicht extern durch Intentionalität strukturierte Zeit handelt, fehlt ihr jede Sukzessivität, die gerade die Linearzeit auszeichnet. Es existiert nur eine Vielzahl disparater, heterogener, einzelner Handlungsabläufe, ohne dass diese sukzessiv aneinandergekoppelt wären und einen einzigen, einheitlichen Zeitverlauf ausmachten, den man ‚chronologisch' oder ‚historisch' nennen könnte. Die Zeiten existieren nur unverbunden ‚nebeneinander' wie in einem bunten Kaleidoskop. Dies hat gegebenenfalls Auswirkungen in der Literatur auf die Erzählung von Geschichten. Erzählt werden in archaischer Zeit *Geschichten,* erzählt wird nicht *Geschichte.* Die Aneinanderreihung bleibt äußerlich, aggregativ und diskontinuierlich, ohne dass es wie in der Neuzeit zu einem einheitlichen Geschichtsverlauf kommt. Bezüglich der alten Kulturen – das gilt sowohl für die altägyptische wie für die frühgriechische, sogar für die jüdische – ist festzustellen, dass es eine Geschichtsschreibung im modernen Sinne als chronologische Abfolge nicht gibt, allenfalls kleinbogige Aneinanderreihungen. Da mit jedem Regierungsantritt eines Herrschers eine neue Zeit beginnt, kommt es nicht wie bei der späteren Zählung der Olympiaden in der griechischen Zeitrechnung oder der Jahre nach Christi Geburt in der christlichen zu einer fortlaufenden Nummerierung.

27 Vgl. Hans Jensen: Der sprachliche Ausdruck für Zeitauffassungen, insbesondere am Verbum, a.a.O., 303f.

Da sich die Taten eines Herrschers um dessen Person ranken, gibt dieser den Geschehnissen einen Zusammenhalt. Die Lebens- und Regierungszeit eines Herrschers ist daher als individuelle Einheit zu betrachten.

c) Formale mathematische Zeit (Linearzeit)

Abstrahiert man von allem Inhalt und seiner Spezifikation, dann resultiert die uns heute vertraute Vulgärzeit, die wir als ein eindimensional aus der Vergangenheit über die Gegenwart in die Zukunft gerichtetes Medium denken. Sie zeichnet sich durch folgende Merkmale aus:

1. Während bei den Zeitgestalten die Form an den konkreten Inhalt gebunden und von diesem abhängig war, trennen sich bei der formalen Zeit Form und Inhalt. Die Zeit wird zum abstrakten, leeren Schema, in das beliebige Inhalte integrierbar sind. Das gilt, gleichgültig ob die Zeit objektiv als reales Substrat oder Medium wie bei Newton oder subjektiv als Anschauungsform wie bei Kant aufgefasst wurde. Mit der Abstraktion geht eine Generalisation einher, so dass wir jetzt von *der* Zeit, nämlich der allgemeinen, allen Daten zugrunde liegenden sprechen können anstelle von *den* Zeiten.
2. Mit der Entkoppelung von Form und Inhalt hängt zusammen, dass die Zeit ihre spezifische Gestalthaftigkeit, Geschlossenheit und Endlichkeit verliert und offen wird, und zwar offen nach beiden Seiten, sowohl nach der der Vergangenheit wie nach der der Zukunft. An die Stelle der geschlossenen, endlichen Zeitgestalt tritt die offene, unendliche, die durch eine unendliche Gerade repräsentiert wird.
3. Mit der Aufhebung der spezifischen Organisation der Einzelteile in der Zeitgestalt nimmt die Zeit eine durchgängig homogene Struktur an. Jeder Teil ist jedem anderen gleich. Welchen Teil man auch herausgreift, er gleicht dem Ganzen und ist selbst als Teil ein Ganzes aus Teilen, für die dasselbe gilt und so in infinitum. Es besteht absolute Strukturidentität.
4. Bei Aufhebung der Endlichkeit und Beschränktheit der gegeneinander abgegrenzten Zeitgestalten resultiert durchgängige Kontinuität, bei der einer Definition des Aristoteles[28] zufolge die Grenzen der Teile in einer einzigen zusammenfallen, das Ende des einen Stücks zugleich der Anfang des anderen ist. Während bei Kontiguität, d.h. bei nachbarschaftlichem Neben- oder Nacheinander die Grenzen der Teile als zwei getrennte bestehen bleiben,

28 Aristoteles: *Acht Bücher Physik*, griechisch und deutsch, hrsg. von Karl Prantl, Aalen 1978 (Neudruck der Ausgabe Leipzig 1854), 6. Buch, Kap. 4 (231a 22), vgl. auch 4. Buch, Kap. 10–14.

fallen sie bei Kontinuität in einer einzigen zusammen, so dass die Linearzeit einen einzigen, durchgängigen Zusammenhang bildet.

5. Während die Zeitgestalt als qualitativ bestimmte begegnete, verliert die entrhythmisierte Zeit ihre qualitativen Differenzen und degradiert zu einer rein quantitativen. Als unendliche, homogene, kontinuierliche Zeit bildet sie die Grundlage der Quantifizierung und Mathematisierung. Die entrhythmisierte, vertaktete Zeit ist die mathematisch messbare.
6. Alle diese Eigenschaften: Unendlichkeit, Homogenität, Kontinuität, Quantifizierbarkeit, Formalität sind nun ebenfalls Eigenschaften des Raumes, und zwar des entsprechenden unendlichen, homogenen, kontinuierlichen, quantifizierbaren Raumes, der sich vom Feldcharakter des gestimmten visuellen, auditiven, taktilen Raumes wie von den gerichteten Volumina des Aktionsraumes durch seine Metrik unterscheidet. Die Linearzeit rückt damit in die Nähe des mathematischen Raumes, dies um so mehr, als sich aus der bisherigen Herleitung und Beschreibung noch nicht einmal die Auszeichnung der Pfeilrichtung von der Vergangenheit auf die Zukunft ergibt. Die Möglichkeit der Projektion der Zeit auf den Raum bzw. eine seiner Gestalten, die Linie, bildet den Grund für die Verräumlichung der Zeit, weswegen diese Zeit auch als verräumlichte, als Raum-Zeit, klassifiziert wird. Überhaupt orientiert man sich sprachlich bei der Beschreibung der Zeit vorrangig am Raum. So spricht man von einem Zeitraum, einer Zeitstrecke, einem Zeitabstand, stellt Zeiten durch den Weg des Uhrzeigers auf dem Zifferblatt dar oder misst Zeiten an den Umlaufbahnen der Planeten. Für moderne Zeittheoretiker wie Jean Gebser ist diese Spatialisierung der Zeit eine „Pervertierung der Zeit, weil sie dadurch Räumlichkeit erhält".[29]
7. Mit der Verräumlichung erlangt die Zeit einen lagezeitlichen Charakter, wie er primär für den Raum typisch ist, dessen Teile in festen Beziehungen zueinander (Lageverhältnissen) stehen. Die Konstanz dieser Verhältnisse überträgt sich mit der Spatialisierung auf die Zeit, die so zur Lagezeit bezüglich des Früher und Später und der Gleichzeitigkeit wird. Die Invarianz erhält sich durch die gesamte Zeit. Was früher ist als ein Späteres, bleibt dies, ob es in der Zukunft, Gegenwart oder Vergangenheit angesetzt wird, und ebenso bleibt das, was später ist als ein Früheres, in genau dieser Relation durch alle Zeit hindurch erhalten. Gleiches gilt für die ‚Gleichzeitigkeit mit'.[30] Die

29 Jean Gebser: *Ursprung und Gegenwart*, 2 Teile und Kommentarbd. Schaffhausen 1986, 2. Aufl. 1999, 1. Teil, 260.

30 John McTaggart und Ellis McTaggart: *The Nature of Existence*, Cambridge 1921, Bd. 2, 10 (§ 306), bezeichnen die Lagezeit als B-Reihe gegenüber der Modalzeit als A-Reihe.

lagezeitliche Fassung der Zeit dürfte auch der Grund sein, weswegen Kant von der „beharrlichen Form der inneren Anschauung“[31] oder vom „beständige[n] Korrelatum alles Daseins der Erscheinungen, alles Wechsels und aller Begleitung“[32] spricht, da andernfalls, wenn die Zeit sich veränderte, d.h. in ihr Gegenteil - Veränderung, Bewegung - umschlüge, der Absurdität Tür und Tor offenstünden. „Die Zeit verläuft sich nicht, sondern in ihr verläuft sich das Dasein des Wandelbaren. Die Zeit also [...] [ist] selbst unwandelbar und bleibend“.[33] Bezieht sich das Fließen auf den Inhalt, so die Konstanz auf die Form.

8. So sehr nun auch die Zeit dem Raum angenähert werden mag, in einem Punkt differiert sie gravierend von ihm. Während der Raum isotrop ist, ist die Zeit anisotrop. Bezüglich der Zeit wird ein Richtungssinn angenommen, aufgrund dessen sie sich irreversibel von der Vergangenheit über die Gegenwart in die Zukunft erstreckt, während im Raum die Richtungen umkehrbar und austauschbar sind: Ob man in ihm rechts beginnt und nach links übergeht oder umgekehrt, ist beliebig, genauso wie es nichts an der Raumstruktur ändert, ob man die eine Seite als oben, die andere als unten, die eine als vorn, die andere als hinten betrachtet. Die der Zeit unterstellte Einsinnigkeit und Irreversibilität gegenüber der Reversibilität des Raumes zu begründen und nicht nur zu behaupten, dürfte eine der schwierigsten Aufgaben der Philosophie und der Naturwissenschaften sein, die bis heute ungelöst ist. da man sich statt einer einsinnigen Entropie immer auch ein pulsierendes Universum vorstellen kann.

Wie es verschiedene Geometrien auf der Basis eines rein formalen Raumes gibt, so auch verschiedene Zeitkonzeptionen auf der Basis einer formalen Zeit. Nicht nur kann die Zeit als gradlinig und unendlich fortschreitend gedacht werden kann wie nach unserer Normalvorstellung, sondern auch als zyklisch, als ewige Wiederkehr des Gleichen, wie dies für agrarische Epochen symptomatisch ist und in unserer Geschichte bis in die klassisch griechische Zeit von Platon und Aristoteles der Fall war, oder als Zeit, die sich in jedem Moment in eine Pluralität von Strängen aufspaltet, wie es die Quantentheorie verlangt, um derart heterogene Strukturen wie Feld- und Quantenstruktur unter einen Hut zu bringen. Der argentinische Romancier Jorge Luis Borges hat in seinem Essay *Der Garten der sich verzweigenden Pfade* diese Zeit als Labyrinthzeit charakterisiert.

31 Immanuel Kant: *Kritik der reinen Vernunft*, B 224.
32 A.a.O., A 183 B 226.
33 A.a.O., A 143 B 183.

Der Garten der sich verzweigenden Pfade ist nicht so sehr ein räumliches als vielmehr ein zeitliches Symbol, das Bild einer sich verästelnden Zeit, wobei jeder Pfad Ausgang neuer Verzweigungen und Verästelungen ist. Manchmal streben die Pfade auseinander, manchmal zusammen, manchmal laufen sie parallel. Das Zeitlabyrinth ist ein unendliches „Schwindel erregendes Netz auseinander und zueinander strebender und paralleler Zeiten", ein Webmuster, das „alle Möglichkeiten umfasst".[34] Verstehen lässt sich eine solche Zeit nur über eine Mehr-Welten-Theorie, wie sie Hugh Everett konzipiert hat, der die Welt durch eine unreduzierte Wellenfunktion wiedergibt, die bei Messung zu einer Reduktion des Wellenpakets führt. Während dem jeweiligen Beobachter nur das Resultat seiner eigenen Messung bekannt ist, unterstellt Everett hypothetisch einen Supertheoretiker vom Status eines allwissenden Gottes, der alle Resultate zu überschauen vermag. Während sich für den gewöhnlichen Beobachter wegen der Irreversibilität des Messprozesses und des damit einhergehenden Verlustes der Kenntnis der vorhergehenden Phase die Welt auf das jeweils gefundene Messresultat verengt, spaltet sie sich für den alles überblickenden Supertheoretiker in unendlich viele Zweige, in so viele koexistente, aber nicht miteinander kommunizierende Welten, wie es mögliche Messresultate gibt. Daraus leitet sich der Ausdruck Mehr-Welten-Theorie ab.

Es ist klar, dass sowohl die konkrete, gefüllte wie die rein formale Zeit wie auch die diversen Formen der rein formalen Zeit zu verschiedenen Weltbildern führen, aber nicht zu einem einzigen, wie noch Kant glaubte aufgrund der Unterstellung einer einzigen gradlinig, kontinuierlich verlaufenden Zeit. Das gilt auch bezüglich des Raumes. Ich hoffe damit gezeigt zu haben, dass und wie die diversen Geometrien und Chronometrien in der ursprünglichen Erlebnis- und Erfahrungsdimension ihre phänomenologische Letztbegründung haben und durch zunehmende Abstraktion gewonnen werden.

Literaturverzeichnis

Altes Testament (Lutherbibel).

Aristoteles: *Acht Bücher Physik*, griechisch und deutsch, hrsg. von Karl Prantl, Aalen 1978 (Neudruck der Ausgabe Leipzig 1854).

Baggott, Jim: *Farewell to Reality. How Fairytale Physics Betrays the Search for Scientific Truth*, New York 2013.

---

34 Jorge Luis Borges: *Gesammelte Werke*, hrsg. von Gisbert Haefs und Fritz Arnold, Erzählungen, 1. Teil, München/Wien 1991, wiederholte Aufl. 2000, 161–173, bes. 172.

Borges, Jorge Luis: *Gesammelte Werke*, hrsg. von Gisbert Haefs und Fritz Arnold, Erzählungen, 1. Teil, München/Wien 1991, wiederholte Aufl. 2000.

Brecht, Bert: *Gedichte* 2, Redaktion Elisabeth Hauptmann, in Zusammenarbeit mit Rosemarie Hill, in: *Gesammelte Werke* in 20 Bdn., Bd. 9, Frankfurt a. M. 1967, wiederholte Aufl. 1982.

Cassirer, Ernst: *Philosophie der symbolischen Formen*, 1. Teil: *Die Sprache*, 9., unveränderte Aufl., reprograph. Nachdruck der 2. Aufl. Darmstadt 1953, Darmstadt 1988; 2. Teil: *Das mythische Denken*, 8., unveränderte Aufl., Darmstadt 1987.

Dux, Günter: *Die Zeit in der Geschichte. Ihre Entwicklungslogik vom Mythus zu Weltzeit*, Frankfurt a. M. 1992.

Ehrenfels, Christian von: Über Gestaltqualitäten, in: *Vierteljahresschrift für wissenschaftliche Philosophie*, Bd. 3 (1890), 249–291.

Gebser, Jean: *Ursprung und Gegenwart*, 2 Teile und Kommentarbd., Schaffhausen 1986, 2. Aufl. 1999.

Gloy, Karen: *Studien zur theoretischen Philosophie Kants*, Würzburg 1990.

Gloy, Karen: *Zeit. Eine Morphologie*, Freiburg/München 2006.

Gloy, Karen: *Kulturüberschreitende Philosophie. Das Verständnis unterschiedlicher Denk- und Handlungsweisen*, München 2012.

Goethe, Johann Wolfgang: *Werke* (Hamburger Ausgabe), Bd. 1, hrsg. von Erich Trunz, Hamburg 1948, 5. Aufl. 1960.

Hoche, Alfred: Langeweile, in: *Psychologische Forschung*, Bd. 3 (1923), 258–271.

Heidegger, Martin: *Sein und Zeit*, 18. Aufl., Tübingen 2001.

Hirschfeld, Christian Cay Lorenz: *Theorie der Gartenkunst*, 5 Bde., Leipzig 1779–1785.

Jensen, Hans: Der sprachliche Ausdruck für Zeitauffassungen, insbesondere am Verbum, in: *Archiv für die gesamte Psychologie*, Bd. 201 (1938), 289–336.

Kant, Immanuel: *Anthropologie in pragmatischer Hinsicht*, in: *Kants gesammelte Schriften*, hrsg. von der Königlich Preußischen Akademie der Wissenschaften, Bd. 7, Berlin, 1907/17, fotomechanische Wiedergabe, Berlin 1968.

Kant, Immanuel: *Kritik der reinen Vernunft*, unveränderter Neudruck der von Raymund Schmidt besorgten Ausgabe (nach der 2. durchgesehenen Aufl. von 1930), Hamburg 1956 (zit. wird wie üblich nach der 1. Aufl. von 1781 (A) und der 2. Aufl. von 1797 (B)).

Koffka, Kurt: *Principles of Gestalt Psychology*, 1935, 4. Aufl. London 1958.

Köhler, Wolfgang: *Die physischen Gestalten in Ruhe und im stationären Zustand*, Braunschweig 1920.

Köhler, Wolfgang: *Gestaltprobleme und Anfänge einer Gestalttheorie*, Jahresbericht über die gesamte Physiologie und experimentelle Pharmakologie, Bericht über das Jahr 1922, Bd. 3 (1925) (wiederabgedruckt in: *Gestalt Theory*, Bd. 5 [1983], 178–205).

McTaggart, John und McTaggart, Ellis: *The Nature of Existence*, Bd. 2, Cambridge 1921.

Metzger, Wolfgang: *Gestalt-Psychologie*. Ausgewählte Werke aus den Jahren 1950–1982, hrsg. und eingeleitet von Michael Stadler und Heinrich Crabus, Frankfurt a. M. 1986.

Müller, Werner: Raum und Zeit in Sprachen und Kalendern Nordamerikas und Alteuropas, in: *Anthropos*, Bd. 57 (1962), 568–590.

Neff, Dorothea: *Der Heimatverlust bei Flüchtlingen*, Diss., Erlangen 1956.

Otto, Ernst: Altägyptische Zeitvorstellungen und Zeitbegriffe, in: *Die Welt als Geschichte. Eine Zeitschrift für Universalgeschichte*, Jg. 14 (1954), 135–148.

Otto, Ernst: Zeitvorstellungen und Zeitrechnung im Alten Orient, in: *Studium Generale*, Jg. 19, Heft 12 (1966), 743–751.

Panse, Friedrich: Veränderungen des Zeiterlebens in der Angst, in: ders.: *Angst und Schreck in klinisch-psychologischer und sozialmedizinischer Sicht. Dargestellt an Hand von Erlebnisberichten aus dem Luftkrieg*, Stuttgart 1952, 121–131.

Sander, Friedrich und Volkelt, Hans: *Ganzheitspsychologie. Grundlagen, Ergebnisse, Anwendungen*, München 1962, 2., verb. Aufl. 1967.

Schiller, Friedrich: *Die Räuber*, in: *Sämtliche Werke*, aufgrund der Originaldrucke hrsg. von Gerhard Fricke, Herbert G. Göpfert, in Verbindung mit Herbert Stubenrauch, Bd. 1, München 1958.

Schmitz, Hermann: *System der Philosophie*, Bd. 1ff, Bonn 1964ff.

Ströker, Elisabeth: *Philosophische Untersuchungen zum Raum*, Frankfurt a. M. 1965.

Tholey, Paul: Gestaltpsychologie, in: *Handwörterbuch der Psychologie*, hrsg. von Roland Asanger und Gerd Wenninger, 4., völlig neubearbeitete und erweiterte Auflage, München/Weinheim 1988, 249–255.

Wertheimer, Max: Experimentelle Studien über das Sehen von Bewegung, in: *Zeitschrift für Psychologie*, Bd. 61 (1912), 161–265 (abgedruckt auch in: ders.: *Drei Abhandlungen zur Gestalttheorie*, Darmstadt 1967, 1–105).

Wertheimer, Max: *Über Gestalttheorie*, Vortrag vor der Kant-Gesellschaft, Berlin 1924, abgedruckt in: *Philosophische Zeitschrift für Forschung und Aussprache*, Bd. 1 (1925), 39–60 (wiederabgedruckt in: *Gestalt Theory*, Bd. 7 [1985], 99–120).

Zeidler, Kurt Walter: Elementarlehre oder Transzendentale Phänomenologie, in: ders.: *Vermittlungen*, Wien 2016, 209–298.

Reinhold Breil (Aachen)

Grundlagen und Methoden wissenschaftlicher Erkenntnis

Zu Kurt Walter Zeidlers *Prolegomena zur Wissenschaftstheorie*

Die philosophische Forschung verdankt den systematischen Arbeiten Kurt Walter Zeidlers wesentliche Einsichten in die Struktur der Wissenschaftstheorie. Nur wenige haben wie er in dieser Gründlichkeit ihre methodischen Grundlagen, ihre Notwendigkeit für die Reflexion wissenschaftlicher Forschung, ihre Reichweite und ihre Grenzen in den letzten Jahrzehnten herausgearbeitet. Noch weniger Wissenschaftstheoretiker haben wie er erkannt, dass Wissenschaftstheorie prinzipientheoretischer Begründung bedarf. Dass es nach den Hypes des letzten Jahrhunderts um die Wissenschaftstheorie inzwischen eher ruhig geworden ist, verwundert nach Zeidler nicht nur nicht, sondern ist notwendige Folge ihrer nicht aufgearbeiteten systematischen Defizite. Nicht nur, dass die wissenschaftstheoretische Analyse einzelwissenschaftlicher Methoden zumindest im jeweiligen „mainstream" stets mangelhaft geblieben ist, weil sie sich paradigmatisch an den Methoden einzelner Wissenschaften orientiert hat. Denn die Leistungsfähigkeit und Berechtigung besonderer einzelwissenschaftlicher Methoden würde jeder Wissenschaftler für seine Disziplin an ihrer theoretischen Verankerung im Theoriengerüst und ihren Erfolgen in der praktischen Anwendung festmachen. Wozu braucht es dazu noch Philosophie? Stattdessen meinte man, jede Wissenschaft habe sich an der Mathematisierbarkeit ihrer Gegenstände oder hermeneutischen Zugangsweisen oder an sprachwissenschaftlich-konstruktivistischen Deutungsmodellen zu orientieren. Nur wenige gingen von einem pluralistischen Methodenkonzept der Wissenschaften aus. Doch dieses ist immer wieder eingefordert worden, etwa von Cassirer und Hönigswald in früherer Zeit, später von Wagner, Flach, Breil und natürlich Zeidler selbst.[1]

---

1 Vgl. Richard Hönigswald: *Die Grundlagen der allgemeinen Methodenlehre*, Bde. I u. II, hg. v. Hariolf Oberer, Bonn 1969/1970; Ernst Cassirer: *Philosophie der symbolischen Formen*, Bd. III, 10. Aufl., Darmstadt 1994, 16ff; Hans Wagner: *Philosophie und Reflexion*, in: ders.: *Gesammelte Schriften*, Bd. 1, hrsg. v. Bernward Grünewald, Paderborn 2013; Hans Wagner: *Die Würde des Menschen. Wesen und Normfunktion*, in: ders.: *Gesammelte*

Hinzu kommt ein Weiteres. Noch immer geistert eine verfehlte Vorstellung von Wissenschaftstheorie durch den gegenwärtigen Diskurs, die sich durch eine unkritische Verwendung des Begriffs „Leitwissenschaft" verrät.[2] Je nach wissenschaftstheoretischer Mode fungierten als eine solche Mathematik und Physik, Biologie, Psychologie, Geschichte, Soziologie – zuletzt die Neurowissenschaften. Eigentlich keine Wissenschaft konnte dieser Zuschreibung entkommen. Die Fruchtlosigkeit solcher Zuschreibungen liegt inzwischen nur zu deutlich offen, und auch die Neurobiologie scheint zur erkenntnistheoretischen Aufarbeitung der Hirn-Bewusstseinsproblematik zwar wichtige, aber keine entscheidenden Beiträge leisten zu können. Das Leib-Seele-Problem, beispielsweise, harrt noch immer seiner positiv-wissenschaftlichen Auflösung. Dabei ist die vermeintliche Überflüssigkeit der Philosophie als Wissenschaftstheorie, die den positiven Wissenschaften Aufschluss über deren Methoden bezüglich ihrer Reichweiten und Grenzen zu geben vermöchte, noch nicht einmal das Schlimmste. Pointiert könnte man sagen, die Wissenschaftstheorie ist zum eigenen Opfer einer grundsätzlich verfehlten systematischen Basis und Methodik sowie ihres überzogenen grundlagentheoretischen Anspruchs geworden. Während des 20. Jahrhunderts trat die Wissenschaftstheorie nicht nur als systematischer Ersatz der Erkenntnistheorie auf, der verbunden war mit dem Anspruch, Erkenntnistheorie könne fortan eben nur als Theorie der positiven Wissenschaften möglich sein. Wenn Erkenntnis möglich ist, dann nur als wissenschaftliche Erkenntnis, und eine Analyse wissenschaftlicher Erkenntnis müsse deshalb immer zugleich eine Analyse des methodischen Vorgehens der Einzelwissenschaften sein. Noch radikaler zeigt sich dieser Anspruch in dem Versuch, Philosophie überhaupt nur als Wissenschaftstheorie betreiben zu wollen. Eine solche „Philosophie" könnte in keiner ihrer Disziplinen, weder in der Erkenntnistheorie noch in Ethik, Rechtsphilosophie oder Ästhetik auf eine einzelwissenschaftliche Verankerung verzichten: Was Beurteilungsmaßstäbe für Kunstwerke seien, erführe man von der Kunstwissenschaft, für die Begründung ethischer Maßstäbe bedürfte es der Psychologie und der Kulturwissenschaften, usw. Kurzum: Wissenschaftstheorie an die Stelle der Philosophie, insbesondere der Erkenntnistheorie zu setzen, entspringt einer Hybris, die nicht nur eine eigenständige Philosophie, sondern auch eine sachdienliche Analyse wissenschaftlicher Grundlagen unmöglich

---

Schriften, Bd. 2, hrsg. v. Stephan Nachtsheim, Paderborn 2014; Werner Flach: *Grundzüge der Erkenntnislehre*, Würzburg 1994; Kurt Walter Zeidler: *Prolegomena zur Wissenschaftstheorie*, 2. Aufl., Würzburg 2006; Reinhold Breil: *Die Grundlagen der Naturwissenschaften. Zu Begriff und Geschichte der Wissenschaftstheorie*, Würzburg 2011.

2 Vgl. etwa Heiko Reisch: *Kleine Geschichte der Philosophie*, Wiesbaden 2018, 197ff.

macht. Diese Verfehlung ist eine notwendige Folge ihrer zunächst positivistisch-empiristischen, später sprachanalytisch-hermeneutischen und postmodernen Grundausrichtung.

Warum? In seinen *Prolegomena zur Wissenschaftstheorie* analysiert Zeidler die historisch relevanten wissenschaftstheoretischen Konzeptionen. Dabei darf man sich von den selbstbezüglichen systematischen Standortbestimmungen, die seit Beginn des logischen Positivismus innerhalb der Wissenschaftstheorie üblich sind, nicht täuschen lassen. Mit Zeidler kann man den Beginn wissenschaftstheoretischer Ablösungsversuche in dem – weitgehend erfolgreichen – Versuch des Wiener Kreises sehen, die konkurrierenden neukantianischen Erkenntnistheorien zu verdrängen. Dass hier eine gewisse Ironie festzustellen ist, mag überraschen, liegt aber doch in der Konsequenz des neopositivistischen Wissenschaftsverständnisses. Denn während es dem Neukantianismus (beider Schulen) seit der zweiten Hälfte des 19. Jahrhunderts gelungen ist, eine eigenständige Erkenntnislehre gegenüber den positiven Wissenschaften zu behaupten, entglitt diesem, wie auch in der Folge den nachfolgenden Wissenschaftstheorien, zunehmend die Einlösung der eigenen Grundlegungsansprüche. Dabei profitierte die weitgehend empiristisch dominierte Wissenschaftstheorie von zuvor entwickelten neukantianischen Errungenschaften, nämlich dem Anti-Psychologismus, der Metaphysik-Kritik und der „Orientierung der Erkenntnislehre am ‚Faktum' der Wissenschaft".[3] Alle wurden nun gegen den Neukantianismus gewendet, dem seinerseits Metaphysiknähe, Psychologismus und ein veraltetes Wissenschaftsverständnis (das des 18. Jahrhunderts) vorgehalten wurde. Neuere Versuche, auf die moderne Logik und Mathematik oder die moderne Physik einzugehen, die seit Beginn des 20. Jahrhunderts sich etablierten und etwa von Natorp, Cassirer oder Hönigswald entwickelt wurden, fanden kaum Beachtung. Da auch aus ganz anderer Richtung dem Neukantianismus ein verkürztes Kant-Verständnis vorgehalten wurde – etwa in Heideggers wirkungsmächtigem Buch *Kant und das Problem der Metaphysik*[4] – war seit Mitte der zwanziger Jahre der Neukantianismus als ernsthafter wissenschaftstheoretischer Konkurrent ausgeschieden.

Inzwischen, und das ist eine der Pointen der Zeidlerschen *Prolegomena*, ist es der Wissenschaftstheorie, die in einen postmodernen Nihilismus gemündet ist, eher noch schlimmer ergangen als dem Neukantianismus. Und so ist es die Zielrichtung der Studie Zeidlers, danach zu fragen, „warum es den neueren wissenschaftstheoretischen Ansätzen nicht gelingt, ihre eigenen Ansprüche

3 Vgl. Zeidler: *PzW*, 8.

4 Vgl Martin Heidegger: *Kant und das Problem der Metaphysik*, Bonn 1929.

einzulösen".[5] Ihnen gelingt es deshalb nicht, weil die meisten dieser Ansätze demselben Irrtum unterliegen, der eine Folge des neo-empiristischen Rationalitätsverständnisses ist: „sie halten die hehren Vorstellungen, die sie sich von wissenschaftlicher Rationalität gemacht haben, für die rationalen Voraussetzungen der Wissenschaft und begehen somit genau den Fehler, den man gemeinhin ‚idealistischen' Philosophien vorwirft – sie verwechseln ihr Ideal mit der Wirklichkeit."[6] Verbunden mit einseitigen Methodenkonzepten, die sich an einzelnen Methoden der Wissenschaften, vor allem der Mathematik und Physik, orientierten, erweist sich so die Geschichte der auf den logischen Positivismus folgenden Wissenschaftstheorien als eine am empiristischen Begründungskonzept verhaftete Folge vergeblicher Reparaturversuche, die allesamt an den immanenten systematischen Widersprüchen dieses Programms scheiterten: der Wiener Kreis ebenso wie die linguistischen Konzeptionen oder der Falsifikationismus Poppers, Konventionalismus. Hermeneutik oder Konstruktivismus: Sie alle und ihre Spielarten lieferten weder eine hinreichende Theorie der Wissenschaften – die eben mit einem Pluralismus von Wissenschaften und deren Methoden zu rechnen hat – noch eine erkenntniskritische Reflexion auf ihre eigenen Grundlagen, die Kernkompetenz der kritischen Erkenntnistheorien. Nicht nur erweist sich die wissenschaftstheoretische Neuorientierung inzwischen als Fehlschlag. Schlimmer noch, mit deren Scheitern scheinen die letzten Ansprüche und Vertreter systematischer Philosophie gegenüber postmoderner Beliebigkeit zu verschwinden. Dies alles zeigt Zeidler schlüssig nachvollziehbar und präzise auf. Wer wollte ihm in dieser Analyse widersprechen?

Was ist in dieser Lage der fortschreitenden Selbstauflösung systematischer Philosophie entgegenzusetzen? Der zweite Teil von Zeidlers *Prolegomena* unternimmt nun den begrüßenswerten und notwendigen Versuch, nicht „von außen", von Zeidlers eigenem transzendentalphilosophischen Standpunkt aus eine Alternative zu entwickeln, sondern die immanenten Widersprüche der analysierten wissenschaftstheoretischen Positionen aufzudecken und einer geforderten adäquaten Problembehandlung zu unterziehen. Und da ergibt sich eben, dass die Wissenschaftstheorie ihre eigenen Begründungsansprüche nur dann einzulösen kann, wenn sie die Reflexion bis zur Offenlegung ihrer eigenen verkannten erkenntnistheoretischen Grundlagen durchführt. Dies leistet das 5. Kapitel der *Prolegomena*.[7] Unter dem Titel *Theoriendynamik und Methodenlehre* zieht

5 Zeidler: *PzW*, 10.
6 Zeidler: *PzW*, 11.
7 Zeidler: *PzW*, 102–124.

es nicht nur exemplarisch Konsequenzen aus den verfehlten Begründungsansprüchen neoempiristischer und konventionalistischer Wissenschaftstheorien. Zeidler gelingt das, indem er, ziemlich rustikal, die divergierenden Entwicklungslinien der Wissenschaftstheorie unter dem Gegensatz von Erkenntnislogik und Konventionalismus subsumiert.[8] Dies gelingt ihm deshalb, weil er die irrationalistischen wissenschaftskritischen Ausführungen Kuhns und Feyerabends als „verspätete" Reaktion „auf die immanenten Widersprüche des neopositivistischen Ansatzes und die aufgrund dieser Widersprüche mittlerweise methodisch durchgeführte Selbstdestruktion des Neopositivismus" versteht.[9] Zeidler folgt hier einem üblichen Entwicklungsschema, das sich sofort jedem erschließt, der sich überhaupt auch nur oberflächlich mit der Geschichte der Wissenschaftstheorie in der zweiten Hälfte des 20. Jahrhunderts beschäftigt: In einer zweiten Phase folgt Poppers Falsifikationismus auf den sich aus logisch-mathematischen, positivistischen und sprachanalytischen Quellen speisenden Neoempirismus des Wiener Kreises und seiner Nachfolgetheorien, der wiederum einer sich auf Wittengesteins Sprachspieltheorie beruhenden Kritik bei Kuhn, Feyerabend oder Rorty unterzogen wird.[10] Die Probleme, die entstehen, wenn auch der Konstruktivismus und die pragmatistischen Ansätze bei Habermas und Apel einer solchen Sicht unterworfen werden, löst Zeidler durch den Hinweis auf dort dogmatisch gesetzte apriorische Strukturen: Konstruktivistische Wissenschaftstheorien gründen sich auf ein lebensweltliches Apriori, das alle kritisch zu analysierenden Probleme ignoriert, die im Verhältnis von wissenschaftlicher Erkenntnis und Erfahrung liegen. Auch die diskurstheoretische Behauptung, traditionelle transzendentale Konzeptionen würden die Identität von Transzendentalphilosophie und Bewusstseinsphilosophie annehmen, erweise sich zuletzt als eine dogmatische Setzung. Denn hier liege das Missverständnis zugrunde, Kants Erkenntniskritik sei eine „meta-empirische und quasi-transzendentale Theorie des erkennenden Subjekts".[11] Dass eine solche Zuordnung defizitär sei, könne man an der immer wieder aufkommenden Frage nach den natural-evolutionären, psychologischen, sozialen und historischen Faktoren dieses Subjekts sehen.

8 Vgl. Zeidler: *PzW*, 63ff.

9 Zeidler: *PzW*, 64. Vgl. auch Thomas Kuhn: *Die Struktur wissenschaftlicher Revolutionen*, 13. Aufl., Frankfurt/M. 1996 und Paul Feyerabend: *Wider den Methodenzwang*, 3. Aufl., Frankfurt/M. 1983.

10 Vgl. Gerard Radnitzky u. Gunnar Andersson: Gibt es objektive Kriterien für den Fortschritt der Wissenschaft?, in: Gerard Radnitzky u. Gunnar Andersson (Hg.): *Fortschritt und Rationalität der Wissenschaft*, Tübingen 1980, 3–24.

11 Zeidler: *PzW*, 99.

Zeidlers Zuspitzung der Begründungsproblematik wissenschaftlicher Erkenntnis zeigt sich in seiner Kritik an methodisch unbegründeten Festsetzungen von normativen, wissenschaftslogischen und deskriptiven wissenschaftshistorisch begründeten Vorstellungen von Wissenschaftstheorie. Deren Leitbegriffe Erfahrung und Konvention seien in einem kritisch geklärten Verständnis von Theoriendynamik zu vermitteln. Dazu sind Konventionen nicht als subjektivistisch willkürliche Festsetzungen zu begreifen, sondern als methodische Festsetzungen. Erfahrung ist nicht einfach das objektiv und mittelbar Gegebene, sondern erwiese sich durch methodisch „notwendige wie vorläufige Festsetzungen" (!) im Zusammenhang von Theorie und Erfahrung durch eine Theoriendynamik bestimmt: In den Wissenschaften ist Erfahrung niemals Gegenstand, sondern Problem, denn Erfahrung als „Grundlage des empirischen Wissens" wird in den Wissenschaften in methodischer Bestimmtheit zum Gegenstand.[12]

Interessanterweise setzt Zeidler hier nicht mit einer methodisch bestimmten Analyse des Erfahrungsbegriffs an, sondern am Begriff der Konvention. Das mag am primär methodisch bestimmten Verständnis des Begriffs Konvention liegen. Unter Konvention ist natürlich nicht das triviale Verständnis zu verstehen, das etwa der Wahl von wissenschaftlichen Einheiten zugrunde liegt, etwa der Messung einer Strecke in Metern oder Yards. Gemeint ist die Möglichkeit, bestimmte Elemente theoretischer Erklärung auf Konvention zu gründen. Naheliegenderweise werden Duhems Ausführungen[13] zu einem methodisch bestimmten Verständnis von Konvention aufgegriffen, das in der Folge durch neuere Analysen geschärft wird. Wissenschaftliche Forschungsprozesse setzen bereits eine physikalische Theorie voraus und sind demnach vierstufig: *Erstens*, Definition und Messung der physikalischen Größen, die einen physikalischen Gegenstandsbereich konstituieren; *zweitens* die Bildung und freie Wahl von (wenigen) Hypothesen, als Ausgangspunkte theoretischer Deduktionen; *drittens* die Kombination dieser Hypothesen nach mathematischen Prinzipien; *viertens* die Ableitung von zahlreichen Konsequenzen, die mit den experimentell gefundenen Gesetzmäßigkeiten im Rahmen der geforderten und vereinbarten Messgenauigkeiten verglichen werden. Also: Definition und Messung der physikalischen Größen, Wahl der Hypothesen, die mathematische Entwicklung der Theorie und Vergleich der aus der Theorie abgeleiteten Konsequenzen mit der experimentellen Erfahrung machen das methodisch-wissenschaftliche Verfahren aus.[14] Dem wechselseitigen

12 Zeidler: *PzW*, 102.

13 Vgl. Pierre Duhem: *Ziel und Struktur der physikalischen Theorien*, Hamburg 1998.

14 Zeidler: *PzW*, 105f.

Zusammenhang von Entscheidungstheorie und Beweistheorie tritt ein entsprechender Zusammenhang von Theorie und Hypothese an die Seite. Darin glaubt Zeidler ein allgemeines Verfahren, bestehend aus acht universellen Methoden, erkennen zu können, für das er auf Werner Flachs methodologische Analysen verweist: „Das methodologische Apriori reguliert den Zusammenhang zwischen Erfahrung, Gegenstandsbereich, Hypothese und Theorie durch die konstruktiven Methoden der Festlegung des Problems durch *Definition* und *Konvention*, die induktiven Methoden des Entwurfs von Problemlösungen durch *Annahme* und *Versuch*, die deduktiven Methoden der entscheidungstheoretischen *Hypothesenauswahl* und beweistheoretischen *Theorienanalyse*, sowie die reduktiven Methoden der *Theorienüberprüfung* und *Theorienkonditionierung*."[15]

Zeidler spricht hier von universalen Methoden, die die Einheit und Wissenschaftlichkeit aller Wissenschaften garantieren, gewissermaßen nach Hübner „wissenschaftstheoretische Kategorien".[16] Zeidler hält diese für ein regulatives wissenschaftstheoretisches, methodologisches Apriori. Einerseits wird die Einheit des wissenschaftlichen Gegenstandes als gegeben vorausgesetzt, andererseits ist die Einheit immer auch als eine herzustellende aufgegeben. In diesem Sinne sind Wissenschaften geradezu „Problemlösungsverfahren". Festzuhalten ist, dass unter Konvention kein beliebiges Festsetzen im Sinne nihilistischer postmoderner Wissenschaftsdestruktion – etwa bei Feyerabend – gemeint ist. Im Gegenteil, als universale wissenschaftliche Methoden ermöglichen sie jede Wissenschaft erst, und die Wissenschaftsdynamik, die sich etwa in der „Progression" oder „Revolution" zeigt, ist geradezu Ausdruck des regulativen Charakters ihrer methodologischen Grundstrukturen. Notwendig sind Konvention und Definition als komplementäre Begriffe und Verfahren festzusetzen. Definitionen legen fest, Konventionen ermöglichen die Entwürfe alternativer Problemlösungen. Definitionen sind „statisch", Konventionen „dynamisch". Der Charme solcher Unterscheidungen liegt in dem Umstand, dass beide nur als Momente des universalmethodologischen Regelkreislaufs Sinn machen: Die Beliebigkeit freier konventionalistischer Auswahl alternativer Problemlösungen muss sich bewährender Prüfungsverfahren wie dem oben skizzierten unterziehen: nicht alle Annahmen lassen sich prüfen, im Experiment bestätigen, mathematisch widerspruchsfrei formulieren oder anwenden. Solche Annahmen scheiden früher oder später aus der Wissenschaft aus. Gerade darin liegt ihr theoriendynamischer

15 Zeidler: *PzW*, 119; Werner Flach: *Grundzüge der Erkenntnislehre*, Würzburg 1994, 394ff, 453ff. Zu finden sind diese Methoden größtenteils schon bei Wagner: *Philosophie und Reflexion*, § 22.

16 Kurt Hübner: *Kritik der wissenschaftlichen Vernunft*, Freiburg i. Br. 2002, 86f u. 120.

Charakter. Aus Zeidlers Sicht ergeben sich aus dem apriorischen Grundgefüge dieser acht universalen Methoden logisch die Beurteilungsmaßstäbe, die das Scheitern der empiristischen und analytischen Konzeptionen von Wissenschaftstheorie deutlich werden lassen: Sie alle setzen einen oder mehrere Komponenten des universalmethodischen Regelkreismodells für das methodische Ganze, das Wissenschaft ausmachen soll.

Diesem methodologischen Apriori universaler Methoden tritt eine Analyse des Methodenbegriffs an die Seite. Zeidler unterscheidet mit Flach zwischen allgemeinen und speziellen Methoden, von denen die spezifischen Methoden als wissenschaftsimmanente Methoden zu unterscheiden sind.[17] Diese sind folglich als Teil einer Wissenschaft Gegenstand diverser spezifischer Methodenlehren. Thema der Erkenntnis- und Wissenschaftstheorie sind daher allgemeine und spezielle Methodenlehre. Universale Methoden legen die Bedingungen fest, unter denen jede Wissenschaft als *Wissenschaft* steht. Doch Wissenschaften kommen als eine Gemeinschaft von vielen Einzelwissenschaften vor. Wissenschaftstheorie als Methodenlehre hat neben der Analyse der Gemeinsamkeiten auch die Besonderung der Wissenschaften zu erklären. Von den allgemeinen Methoden sind deshalb die speziellen Methoden zu unterscheiden. Spezielle Methoden begründen besondere Sachbestimmtheiten und Wissenschaftsgebiete. Dabei können zu einem Gebiet mehrere Wissenschaften gehören. Einerseits ist jede Einzelwissenschaft Wissenschaft durch die allgemeinen Methoden, die jeder Wissenschaft als Wissenschaft zukommen. Andererseits verfügt jede Einzelwissenschaft über verschiedene spezielle Methoden, die ihre Besonderheit bedingen. Die Einzelwissenschaften bilden damit einen methodisch organisierten Kontext nach Sach- und Methodengebieten, indem die allgemeinen Methoden den Zusammenhang der Wissenschaften, die speziellen Methoden dagegen ihre Verschiedenheiten begründen. Also sind methodologisch wissenschaftliche Theorien als besondere Theorien nur möglich als Verbindungen regulativer allgemeiner und spezieller Methoden.[18] Spezielle Methoden sind Arten der „konstruktiven Problemfestsetzung durch Definition und Konvention." Sie spezifizieren die Unterscheidung dieser universalen Methoden, im Hinblick spezieller Arten der Festlegung eines Gegenstandsbereiches und „speziellen Arten der Festlegung von Gegenständen innerhalb eines Gegenstandsbereiches".[19] Ihre kritische Prüfung und Analyse – ebenso die Frage, unter welchen Bedingungen

17 Flach: *Grundzüge der Erkenntnislehre*, 356f.
18 Flach: *Grundzüge der Erkenntnislehre*, 399, 541.
19 Zeidler: *PzW*, 125.

solche Festlegungen stehen und wie sie sich ausdifferenzieren – ist in einer allgemeinen Methodenlehre zu klären.

Um Aufgaben, Struktur und Umfang einer solchen allgemeinen Methodenlehre zu bestimmen, benutzt Zeidler den von Kant herkommenden Begriff der „Schematisierung", allerdings in einem von Kant abweichenden Sinne.[20] Die Festlegung eines Gegenstandsbereiches als Schematisierung ist prinzipiell in zweifacher Hinsicht möglich, entweder als „Schematisierung eines empirischen Gegenstandsbereiches oder Schematisierung von Schematen".[21] Die Schematisierung eines Gegenstandsbereichs in den empirischen Wissenschaften erfolgt durch Beobachtung – natürlich im Sinne einer methodengeleiteten Beobachtung, die in (theoretische) Beschreibung mündet: „Jede Wissenschaft, die mit Phänomenen, Fakten oder Tatsachen zu tun hat, gewinnt den Zugang zu ihren Gegenständen durch Beobachtug und Beschreibung."[22] Beobachtung und Beschreibung sind folglich spezielle Methoden aller empirischen Wissenschaft. Schematisierungen von Schematen haben dagegen nur einen indirekten empirischen Gegenstandsbezug. Sie schematisieren Beziehungsstrukturen, Relationen, in denen Beobachtungen sich unterscheiden und in dieser Unterscheidung aufeinander bezogen bleiben. Diese Relationen sind Raum und Zeit, sie erfolgen, wie Natorp das bereits ausgedrückt hat, als „*Konstruktion* von Ordnungen, die das zeitliche Nacheinander und räumliche Nebeneinander strukturieren".[23] Die solcherart konstruierten Gegenstandbereiche sind reine Ordnungsstrukturen oder Symbole, deren Funktion darin liegt, unanschauliche reine Ordnungsstruktur zu symbolisieren und damit – als Symbole – auch beobachtet und

20 Der Schematismus leistet nach Kant die (apriorische) Anwendung der Kategorien auf Gegenstände unter formalen Bedingungen der Sinnlichkeit. Er ist nicht Teil einer in der „transzendentalen Analytik" entwickelten Urteilslogik, sondern gehört zur „Analytik der Grundsätze", die die Elementarbestimmungen der transzendentalen Analytik bereits voraussetzen. Immanuel Kant: *Kritik der reinen Vernunft*, Akademieausgabe Bd. III, Berlin 1904/11, B 176–181. Zeidler hält die Schwierigkeiten des Schematismus-Kapitels der *Kritik der reinen Vernunft* „für den Ausdruck einer „ungelösten Voraussetzungsproblematik", hinter der sich „eine (wenn nicht gar die) grundsätzliche Schwierigkeit seiner Erkenntniskritik verbirgt". Zeidler: *GtL*[3], 76, 79.

21 Zeidler: *PzW*, 126.

22 Zeidler: *PzW*, 127.

23 Zeidler: *PzW*, 127. Vgl. etwa Paul Natorp: *Die logischen Grundlagen der exakten Wissenschaften*, Leipzig 1910, 341ff. Ausdrücklich bezieht sich Zeidler hier auf Wolfgang Cramer: *Das Problem der reinen Anschauung*, Tübingen 1937, 33ff. Zum Zusammenhang von Symbolen und Schematen vgl. auch Cassirer: *Philosophie der symbolischen Formen*, Bd. III, Kapitel 5.

beschrieben werden können. Die methodische Festsetzung der Symbole erfolgt nicht durch empirische Beschreidung, sondern, wie in der Mathematik, durch Axiomatisierung. Axiome bestimmen die Symbole, indem sie die Strukturrelationen festsetzen, die zwischen den Symbolen bestehen. Daher sind Konstruktion und Axiomatisierung die speziellen Methoden der Formalwissenschaften, worunter offenbar Mathematik, formale und mathematische Logik zu verstehen sind. Man sieht hier, wie Zeidler im wesentlichen Kant und nicht neoempiristisch-metamathematischen Auffassungen folgt und dessen Verständnis der Mathematik als einer synthetischen, auf Konstruktion beruhenden Formalwissenschaft gegenüber einem formallogisch-analytischen Mathematikverständnis verteidigt. Nebenbei gelingt Zeidler hier eine elegante Auflösung des durch Gödels Unentscheidbarkeitsbeweis herbeigeführten Selbstbegründungsdilemmas der Mathematik. Da durch Axiomatisierung nur bestimmte Gegenstände bzw. Symbole festgelegt werden, nicht aber der gesamte Gegenstandsbereich, der durch Konstruktion festgelegt wird, unterliegt die Axiomatisierung den Bedingungen der Konstruktion.

Insgesamt sind drei spezifische Methoden der Formalwissenschaften zu unterscheiden: geometrische Konstruktion, Arithmetik der Zahlsymbole und formallogische Ableitung. Gegenstandsbereiche, die eine solche formalisierende Strukturbeziehung nicht zulassen, lassen sich, wie in den Kulturwissenschaften, nicht mathematisieren. An die Stelle von mathematischen Beschreibungen treten Sinnbeziehungen.[24] Diese Unterscheidung wird an dieser Stelle nahezu unvermittelt eingeführt als Abwesenheit einer formalwissenschaftlichen Ordnung, die selbst Ordnung ist. Offenbar stößt hier der objektivistische Begründungsansatz an seine „natürlichen" Grenzen, oder, wie Zeidler feststellt, die „Spezifizierung der wissenschaftlichen Methoden erfolgt jedoch nicht nach logischen Kriterien."[25] Stattdessen wird er zu der Frage geführt, wie die spezifische Methode der Logik eine allgemeine Methode sein kann. Sie kann dies sein, wenn sie nicht als formale Logik, sondern als transzendentale Logik bestimmt wird. Die Lösung des Problems ist, folgt man Zeidler, in der Schlusslehre bei Peirce zu finden. Dort unterscheidet Peirce bekanntlich nicht nur zwischen deduktiven und induktiven Schlüssen, sondern er glaubt, davon abduktive Schlüsse

24 Zugrunde liegt Windelbands berühmte Unterscheidung zwischen nomothetischen und idiographischen Wissenschaften. Vgl, Wilhelm Windelband: Geschichte und Naturwissenschaft, in *Präludien II*, Achte Aufl., Tübingen 1921, 136–160, 145.

25 Zeidler: *PzW*, 132. Ein ausführlicher Begründungsversuch ist zu finden in: Zeidler: *Grundriss der transzendentalen Logik*.

unterscheiden zu müssen.[26] Während die Deduktion (im Modus Barbara) vom Obersatz (der allgemeinen Regel) und dem Untersatz (Fall) auf die Konklusion (Resultat) schließt, stellt die Induktion die Umkehrung dar: von einzelnen Fällen und Resultaten wird die allgemeine Regel abgeleitet. Deduktionen sind sicher, bringen aber nichts Neues hervor, Induktionsschlüsse sind erkenntniserweiternd, aber unsicher.[27] Der Abduktionsschluss schließt dagegen von Resultat und Regel auf den Fall, etwa: Alle Menschen sind sterblich (Regel) – Platon, Aristoteles und Kant sind Menschen und gestorben (Fall) – Platon, Aristoteles und Kant sind Menschen (Fall). Solche synthetischen Schlüsse sind hypothetisch und nehmen bestenfalls eine gewisse Plausibilität in Anspruch. Vorausgesetzt wird etwa die Gleichartigkeit der Resultate, die man aber nur kennen kann, wenn Regel und Fall bekannt sind; man nehme nur an, mit „Aristoteles" ist kein Mensch, sondern eine Katze gemeint, dann wäre der Abduktionsschluss falsch. Peirce hat deshalb Abduktionsschlüsse als Hypothesen bezeichnet. Möglicherweise überschätzt Zeidler den wissenschaftstheoretischen Wert der Abduktionsschlüsse, wenn er diese innerhalb einer transzendentalen Logik besonders hervorhebt: Die Abduktion erlaube es, den logischen Schluss als „rein logische Synthesis" zu denken, „denn während Induktion und Deduktion die logische Synthesis in die zwei getrennten Aspekte einer bloß formalen und einer bloß empirischen Begründung aufspalten, vermittelt die Abduktion beide Geltungsaspekte, indem sie die begriffliche Identifikation des Gegenstandes leistet und hierdurch der Deduktion ihre logischen Gegenstände und der Induktion ihre empirischen Begriffe liefert" und die „transzendentale Synthesis des Mannigfaltigen" leiste.[28] Das entspricht der Funktion regulativer Prinzipien oder, mit Kant, dem Prinzip der reflektierenden Urteilskraft. Dieses sei jedoch aus dem historisch bedingten bewusstseinstheoretischen Kontext bei Kant herauszulösen. Eine transzendentale Synthesis ohne diesen bewusstseinstheoretischen Bezug zu denken, ermögliche der abduktive Schluss, also genau das, was transzendentale Subjektslehren – von Kant bis Hans Wagner – niemals einzulösen imstande gewesen seien. Wer behaupte, „daß in Wahrheit nicht der abduktive

---

26 Inwiefern die Abduktion eine zulässige formallogische Methode ist und tatsächlich dazu verwendet werden kann, Neues logisch zu erschließen, ist umstritten. Vgl. Jo Reichertz: Abduktives Schlußfolgern und Typen(re)konstruktion, in: Thomas Jung u. Stefan Müller-Doohm (Hg.): *„Wirklichkeit" im Deutungsprozeß: Verstehen und Methoden in den Kultur- und Sozialwissenschaften*, Frankfurt/M. 1993, 258–282.

27 Vgl. etwa Wolfgang Stegmüller: *Das Problem der Induktion: Humes Herausforderung und moderne Antworten*, Repr. Nachdruck, Darmstadt 1986.

28 Zeidler: *PzW*, 160.

Schluss, sondern die realen erkennenden Subjekte die Vermittlung von Denken und Anschauung leisten, so beweise dieser populäre Einwand nur mangelndes Verständnis für die philosophische Problemstellung".[29]

Zeidlers Konzeption einer kritischen Wissenschaftstheorie ist Ertrag ihrer Rückbindung an eine transzendentalphilosophische Grundlagentheorie, die in kritischer Auseinandersetzung mit der Philosophie Kants entstanden ist. Sie ist zugleich einer „objektivistischen", „geltungslogischen" Vorstellung von Transzendentalphilosophie verpflichtet, die sich an Theorieelementen Fichtes, Hegels und Peirces orientiert, ohne diese jedoch dogmatisch unreflektiert zu übernehmen. Zeidler folgt hier außerdem Flachs Unterscheidung „zwischen allgemeinen, speziellen und spezifischen Methoden" sowie dessen „Abgrenzung von Wissenschaftstheorie und Methodenlehre".[30] Nach Flach müsse sich eine geltungstheoretische Analyse der Erkenntnis am sog. „funktionalen Modell des Wissens" orientieren. Dazu sei es notwendig, aus der Reflexion geltungsfremde Bestimmungen auszuschließen.[31] Nur so sei eine zureichende Bestimmung des Erkenntnisbegriffs allein als „Geltungsqualifikation des Wissens" zu finden. Diese Bestimmung müsse sich allein auf den Wissensgehalt beziehen und deshalb vorrangig Analyse der Geltungsbestimmtheit des Wissensgehaltes sein, sie sei „Lehre von der Geltungsdifferenz des Wissens."[32] Solange man sich auf die Analyse der Geltungsqualifikation des Wissens beschränke, ließe sich nicht nur die Möglichkeit der Erkenntnis als Selbstkonstitution begründen, sondern man könne die Erkenntniskritik ohne eine Analyse des Subjektsbegriffs durchführen. Damit wäre die mit den transzendentalpragmatischen Entwürfen verbundene Schwierigkeit vermieden, einen dogmatisch gesetzten Subjektsbegriff ansetzen zu müssen. Durchzuführen sei stattdessen eine Analyse der Erkenntnis selbst. Der Subjektsbegriff sei nicht vorauszusetzen, sondern erst im Anschluss an die Erkenntniskritik einzuführen und zu legitimieren. Es seien die „subjektivitätsspezifischen Eigenheiten des Wissens in der Funktionalität der Bestimmung, die den Begriff des erkennenden Subjektes in die geltungsfunktionale Beschreibung des Wissens einzuführen zwingen".[33] Flachs transzendentale Erkenntnislehre ist in ihren grundlegenden Teilen paradoxerweise eine solche ohne Subjekt. Sie gleicht darin dem geltungslogischen Objektivismus des Neukantianismus.

29 Zeidler: *PzW*, 160.
30 Zeidler: *PzW*, 120, Anm. 31.
31 Vgl. dazu und im folgenden Flach: *Grundzüge der Erkenntnislehre*, 151–185 u. 211ff.
32 Flach: *Grundzüge der Erkenntnislehre*, 172.
33 Flach: *Grundzüge der Erkenntnislehre*, 222.

Auch Zeidler favorisiert ein solches idealistisches Verständnis von Transzendentalphilosophie, das als „Vernunftobjektivismus" bezeichnet werden könnte. Zeidler greift hier den Begriff der transzendentalen Methode auf, in Verbindung mit der Überzeugung, „daß nicht das Urteil, sondern der Schluß die logische Form der Begründung ist".[34] Dementsprechend ist Transzendentalphilosophie die „Theorie der Vermittlung und der Selbst- und Letztbegründung […] als Lehre von den Bedingungen der Möglichkeit der Subjekt-Objekt-Beziehung – und darum zugleich als Konstitutionstheorie aller sogenannten Subjektivität und Objektivität".[35] Eine solche Auffassung steht, wie Zeidler selbst sieht, hier nicht nur dem Marburger Neukantianismus nahe, sondern weist noch über diesen zurück auf den transzendentalen Idealismus Fichtes, Hegels und Peirces.[36]

Systematischer Ausgangspunkt ist die Auseinandersetzung mit Kant. Hier muss die Studie *Grundriss der transzendentalen Logik* als eine umfassend angelegte kritische Auseinandersetzung mit Kants kritischer Philosophie, insbesondere der *Kritik der reinen Vernunft*, gelesen werden. Dabei bezieht sich Zeidler auf die unzulänglichen Aktualisierungsversuche der Erkenntnistheorie Kants, wie sie zur Klärung des Begriffs der wissenschaftlichen Erkenntnis etwa bei Stegmüller zu finden sind. Diese verfehlen nämlich die eigentliche Problemstellung Kants:

> Denn im Zentrum der Kantischen Fragestellung steht nicht eine Theorie des Bewußtseins, sondern das Problem der wissenschaftlichen Erkenntnis. Für Kant stellte sich dieses Problem im historischen Kontext seiner Zeit als das Problem der Vermittlung und Überwindung des Gegensatzes von Empirismus und Rationalismus dar. Im Horizont der gegenwärtigen Wissenschaftstheorie ergebe sich die nämliche Erkenntnisproblematik als das Problem der ‚Theoriendynamik' oder der Vermittlung von normativer Wissenschaftslogik und deskriptiver Wissenschaftsgeschichte.[37]

Hier stellt sich die Frage, ob eine Begründung der transzendentalen Bedingungen der Möglichkeit von Wissenschaft allein als Erkenntniskritik möglich ist, ohne zugleich die Subjekte zu berücksichtigen, die Wissenschaft ermöglichen und betreiben. Zum Beispiel ist die Bedeutung des Experiments ohne Bezüge auf einen Experimentator kaum zu verstehen. An welcher Stelle der transzendentalen Reflexion ist darauf einzugehen? Dass Wissenschaft als methodenbestimmte Beobachtung beginnt, stimmt natürlich,[38] allein, Beobachtung ist ein komplexer

---

34 Zeidler: *GtL*³, 299.
35 Zeidler: *GtL*³, 7.
36 Zeidler: *GtL*³, 299.
37 Zeidler: *PzW*, 100f.
38 Zeidler: *PzW*, 126.

Begriff, der sowohl bloßes Beobachten, aber auch Versuch, Experiment oder Feldstudie meinen kann. Doch die pragmatische Dimension von Wissenschaft, wie sie beispielsweise von Hacking hervorgehoben wurde, entgleitet hier.[39] Und welche Rolle spielen Gegebenheiten, die als theorieunbegriffene „Fakten" auftauchen, z.B. neue Phänomene, die sich gewissermaßen „theoriefrei" ergeben, da für diese (noch) keine wissenschaftliche Theorie vorhanden ist? Wie also sind aus einer transzendentalen Analyse des Begriffs der Erkenntnis gewissermaßen selbst- und letztbegründend die Bedingungen zu gewinnen, durch die Erkenntnis möglich ist. Philosophie ist Prinzipienwissenschaft, die nicht nur ihre eigenen Prinzipien, sondern auch die Prinzipien alles anderen Wissens zu begründen hat.[40] Dem ist uneingeschränkt zustimmen, zumal Zeidler diesen Fragen an anderen Stellen nachgegangen ist. Doch bedingen nicht die subjektivitätsspezifischen Eigenheiten des Wissens das, was Erkenntnis und Wissen ist? Wäre nicht auch die Lesart möglich, die Regulativität der wissenschaftlichen Methoden entstamme den erkenntnislimitierenden Grundmomenten der konkreten Subjektivität, die selbst zugleich Faktum wie auch Prinzip der Wissenschaften ist? Dann wäre sie die Art und Weise, wie konkrete, irrende und wahrheitssuchende Subjekte den Geltungsanspruch wissenschaftlicher Erkenntnis an einer konkreten Sachbestimmtheit aufweisen und rechtfertigen können. Über die allgemeine Erkenntnislehre ist damit auch die Wissenschaftstheorie als Methodenlehre der wissenschaftlichen Erkenntnis auf eine Theorie der konkreten Subjektivität zu beziehen, die zugleich philosophische Grundlehre ist. Neben die Logik (als formale und transzendentale Logik verstanden) und die allgemeine Erkenntnistheorie als Grundlegungen konstitutiver apriorischer Gegenstandsprinzipien tritt damit die Wissenschaftstheorie als Theorie der allgemeinen und speziellen regulativen Methoden der wissenschaftlichen Erkenntnis.

Daher ist die Erkenntnislehre vermutlich keine Theorie, die allein aus einer Vermittlung von Denken und Gegenstand im Begriff der Erkenntnis „an sich" zu gewinnen wäre. Diese hat entweder von den Bedingungen möglicher Subjektivität – als Subjektstheorie – auszugehen oder von den ontologischen Bedingungen möglichen Gegenständlichkeit. Das Vermittlungsproblem erschließt und stellt sich daher immer auch vom Ausgang der Reflexion auf eines der Relata. Dies spricht für einen Primat der theoretischen Philosophie in Gestalt einer auszuführenden Subjektstheorie. Wie schon Cassirer feststellte, sind Subjekt und Gegenstand in der Erkenntnisrelation nur in Beziehung aufeinander

39 Vgl. Ian Hacking: *Einführung in die Philosophie der Naturwissenschaften*, Stuttgart 1996.
40 Zeidler: *GtL*[3], 16f.

und mit den relationalen Bedingungen dieser Beziehung gleichermaßen möglich: Keine Relation ohne Relata, oder auch: Dem Bedenken von bloßer Relationalität als reine transzendentale Synthesis muss der ontologische wie auch der subjektstheoretische Zugang an die Seite treten.[41] Zeidler ist unbedingt darin zuzustimmen: Eine unvermittelt dogmatisch gesetzte Subjektivität hat in einer philosophischen Grundlehre keinen begründeten Ort und taugt darum auch nicht dazu, anderes zu begründen. Vielmehr gibt es einen unbedingten Vorrang des Theoretischen. Auch und gerade eine Theorie der Subjektivität muss bedenken, dass nicht das Subjekt an erster Stelle steht, sondern eine (transzendentale) *Theorie*, die eben dieses Subjekt (und auch dessen mögliche Objekte bestimmt und dass „in der Erkenntnistheorie selbst nicht jenes Bewußtsein, sondern erst die *Theorie* von jenem Bewußtsein das eine Glied des Erkenntnisverhältnisses bildet".[42] Der von uns gleichermaßen geschätzte – und von Zeidler bei aller Wertschätzung kritisch geprüfte – Hans Wagner schrieb deshalb, dass

> in der Erkenntnistheorie selbst jenes Bewußtsein nicht etwa die Stelle des theoretischen Subjekts einnimmt, sondern notwendiger Weise, als das eine Glied der Erkenntnisrelation zwischen Bewußtsein und Bewußtseinstranszendentem, zusammen mit dieser Relation nur als das *Objekt* der erkenntnistheoretischen Untersuchung auftreten kann. Das Bewußtsein wird also in Wahrheit *Problem* der Erkenntnistheorie.[43]

Eine alternative transzendentale Begründung, die der Differenzierung von theoretischer und praktischer Philosophie vorausgeht, ist beispielsweise in der herausragenden Kant-Interpretation Rudolf Zochers zu finden, insofern sie eine Fundierungsbeziehung zwischen transzendentaler Kritik, „Sachgrundlehre" und „Sachlehre" annimmt. Eine allgemeine Ontologie wäre demnach nur als eine traszendental fundierte Sachgrundlehre möglich. So sieht Zocher die drei Kritiken Kants in einer Abfolge, die einer Erweiterung der transzendentalen Begründung entspringt. Die *Kritik der reinen Vernunft* behauptet den theoretischen, die *Kritik der praktischen Vernunft* den praktischen Primat, den vor allem Fichte ausgeführt hat. Die *Kritik der Urteilskraft* schließlich behauptet eine Gleichrangigkeit der Selbst- und Fremdbegründungsfunktion der drei Kritiken

41 Vgl. Reinhold Breil: Hans Wagners Begründung einer Theorie der Wissenschaften, in: Christian Krijnen u. Kurt Walter Zeidler (Hg.): *Reflexion und konkrete Subjektivität*, Wien 2017, 43–73.

42 So Hans Wagner: Bewußtsein, in: ders.: *Gesammelte Schriften*, Bd. 3, hrsg. v. B. Grünewald, Paderborn 2015, 243–275, 274.

43 Wagner: Bewußtsein, 274. Zu Zeidlers Wagner-Kritik vgl. u.a. Zeidler: *Kritische Dialektik und Transzendentalontologie. Der Ausgang des Neukantianismus und die postneukantianische Systematik*, Bonn 1995.

mit einer verbindenden Position des Prinzips der reflektierenden Urteilskraft. Zugleich wird systematisch eine solche transzendentale Grundlehre einer allgemeinen (und dann auch den nachfolgenden regionalen Ontologien) begründend vorgeordnet. In diesem Fall ist eine solche Geltungsdifferenzierung nach Grundgebieten kaum von einer Urteils- und Schlusslogik allein zu leisten. Die transzendentale Logik wäre eben nicht nur als Lehre von der vermittelnden transzendentalen Synthesis und Methode möglich,[44] wie Zeidler richtig sieht, sondern auch von den selbst- und letztbegründenden Bedingungen der Subjektivität und Gegenständlichkeit, unter denen diese stehen sowie von der Subjektivität als Bedingung möglicher Gegenstandskonstitution.[45]

Diese wenigen Anmerkungen sind als Ausdruck prinzipientheoretischen Weiterfragens zu verstehen, zu dem die Arbeiten Zeidlers den Leser auffordern.[46] Zeidlers Analysen für den Begriff und die Stellung der Wissenschaftstheorie innerhalb einer philosophischen Systematik sind kaum zu unterschätzen. Ihm gelingt eine präzise Standortbestimmung der Wissenschaftstheorie. An ihnen hat jede weitere systematische Untersuchung zwingend anzuschließen. Wissenschaftstheorie thematisiert die tatsächlichen in den Wissenschaften und ihrer Geschichte auftretenden Probleme. Die allgemeine Methodenlehre als Teildisziplin der Philosophie bedenkt dagegen die Möglichkeit von Wissenschaft selbst. Philosophie, als transzendentale Logik verstanden, untersucht und begründet die Möglichkeit der Erkenntnis überhaupt.[47] In systematischer Hinsicht ist die Wissenschaftstheorie als ein systematisches Teilstück einer philosophischen Grundlehre konzipiert, die nicht nur Prinzipientheorie, sondern letztbegründete und letztbegründende Prinzipienlehre ist. Die Notwendigkeit, eine solche

44 Setzt nicht dieses Verfahren bereits voraus, dass es Wissenschaft gibt? Zumindest bei Cohen scheint ein Wissenschaftspositivismus vorzuliegen: „Denn wo die Wissenschaft Faktum geworden ist, da kann überall die transzendentale Methode einsetzen." *Hermann Cohen: Kants Begründung der Ethik*, 2. Aufl., 1910, 382. Ebenso Natorp: „Auch fragt Philosophie nicht bloss nach irgendwelcher Methode, die allenfalls für jede neue Aufgabe eine neue sein könnte, sondern nach ‚der' Methode, nach der schliesslichen Einheit der Methode, in der ‚die' Erkenntnis, die schliessliche Einheit der Erkenntnis, und damit der schaffenden Tat der Kultur, sich begründe." Paul Natorp: Kant und die Marburger Schule, 193–221, 200.

45 Vgl. Rudolf Zocher: *Kants Grundlehre. Ihr Sinn, ihre Problematik, ihre Aktualität*, Erlangen 1959.

46 Vgl. dazu auch Kurt Walter Zeidler: Rezension v. Reinhold Breil: Die Grundlagen der Naturwissenschaft, Würzburg 2011, in: *Philosophischer Literaturanzeiger* 68/2, 2015, 141–147.

47 Zeidler: *PzW*, 163.

zu entwickeln, folgt aus der Reflexion auf die Grundlagen der Wissenschaftstheorie. Zunächst gründen die Methoden der Wissenschaften in der allgemeinen Methodenlehre, die wiederum als Teil der Erkenntnistheorie auf eine philosophische Grundlehre mit konstituierten Fundamentalperspektiven theoretischer Geltungsprinzipien bezogen ist, die letztlich den Unterschied zwischen theoretischer und praktischer Philosophie aufheben, da sie einer solchen Differenzierung noch vorausliegt. Vorgedacht wurde solche Theorieelemente – mit Bezug auch auf Fichte – beim späten Natorp oder bei Ernst Cassirer.[48] Die allgemeinen und speziellen Methoden setzen also die transzendentale Konstitution von Objekten „als solchen" und die Möglichkeit der Konstitution „konkreter" wissenschaftlicher Objekte voraus. Wissenschaftstheorie ist daher allgemeine und spezielle Methodenlehre. Sie ist damit die vermittelnde systematische Disziplin zwischen einer allgemeinen Erkenntnistheorie und den empirischen Wissenschaften. Ihr Thema und ihr prinzipientheoretischer Kern sind die regulativen Methoden a priori, die Aufgliederung, Ordnung, Zusammenhang und Progress der wissenschaftlichen Erkenntnis bedingen. Die Grundlagen der Wissenschaftstheorie als allgemeine und spezielle Methodenlehre sind daher nicht in den empirischen Wissenschaften zu finden. Denn wissenschaftliches Methodenwissen ist Reflexionswissen. Da, wo in den Wissenschaften Methoden reflektiert werden, geschieht dies zum Zweck adäquater Sachbestimmung und ist damit Teil der Theoriebildung. Im Unterschied dazu untersucht die Wissenschaftstheorie die Voraussetzungen und Bedingungen, unter denen Wissenschaft methodisch möglich ist und wie sich Wissenschaft in verschiedenen Einzelwissenschaften regionalisiert. In der Wissenschaftstheorie ist deshalb die Methode mit ihren Differenzierungen selbst Thema. Da dies höchstens mittelbar zur konkreten Sachbestimmung in einer konkreten Wissenschaft beiträgt, erklärt dies das grundsätzliche Desinteresse der Einzelwissenschaften an theoretisch-begrifflichen, wissenschaftstheoretischen Konstruktions- und Rekonstruktionsversuchen. Diese sind als reflexive

48 Vgl. Zeidler: *GtL*[3], 260, 299f. u.ö. Vgl. dazu Natorps Auffassung von der Philosophie als Methode, deren Analyse jeder Besonderung vorausliegt: Paul Natorp: *Philosophie. Ihr Problem und ihre Probleme*, vierte Aufl., Göttingen 1929, 22f. und 155f; Natorp: Kant und die Marburger Schule, 210; auch Cassirer: *Philosophie der symbolischen Formen*, Bd. III, Einleitung, insb, 20ff. Zur Präsenz Fichtes in der Philosophie des Marburger Neukantianismus vgl. Geert Edel: Zum Fichte-Bild im Marburger Neukantianismus, in: *Wissen, Freiheit, Geschichte. Die Philosophie Fichtes im 19. Jahrhundert.* Beiträge des sechsten internationalen Kongresses der Johann-Gottlieb-Fichte-Gesellschaft in Halle (Saale) vom 3–7- Oktober 2006, Bd. III, Sek. 7–9, hrsg. v. Jürgen Stolzenberg u. Oliver Pierre Rudolph, Amsterdam/New York 2013, 15–32.

Themenstellungen weder einzelwissenschaftliches Sachthema noch tragen sie zur methodisch angemessenen, einzelwissenschaftlichen Bearbeitung von Sachthemen bei. Sie erschließen sich erst in der Reflexion einzelwissenschaftlicher Tätigkeit. Aus Sicht der Einzelwissenschaften ist deshalb die Methodenanalyse sekundär.

Nicht nur die systematischen Umrisse einer kritischen Wissenschaftslehre hat Zeidler entwickelt, sondern auch die Theorieelemente, die eine solche Wissenschaftstheorie ausmachen müssen. So bleibt zu hoffen und zu wünschen, dass Kurt Walter Zeidler den *Prolegomena* eine ausgeführte prinzipientheoretisch fundierte Wissenschaftstheorie nachfolgen lässt.

Literaturverzeichnis

Breil, Reinhold: *Die Grundlagen der Naturwissenschaften. Zu Begriff und Geschichte der Wissenschaftstheorie*, Würzburg 2011.

Breil, Reinhold: Hans Wagners Begründung einer Theorie der Wissenschaften, in: Christian Krijnen u. Kurt Walter Zeidler (Hg.): *Reflexion und konkrete Subjektivität*, Wien 2017, 43–73.

Cassirer, Ernst: *Philosophie der symbolischen Formen*, Bd. III, 10. Aufl., Darmstadt 1994.

Cohen, Hermann: *Kants Begründung der Ethik*, 2. Aufl., Berlin 1910.

Cramer, Wolfgang: *Das Problem der reinen Anschauung*, Tübingen 1937.

Duhem, Pierre: *Ziel und Struktur der physikalischen Theorien*, Hamburg 1998.

Edel, Geert: Zum Fichte-Bild im Marburger Neukantianismus, in: *Wissen, Freiheit, Geschichte. Die Philosophie Fichtes im 19. Jahrhundert*. Beiträge des sechsten internationalen Kongresses der Johann-Gottlieb-Fichte-Gesellschaft in Halle (Saale) vom 3–7- Oktober 2006, Bd. III, Sek. 7–9, hrsg. v. Jürgen Stolzenberg u. Oliver Pierre Rudolph, Amsterdam/New York 2013, 15–32.

Feyerabend, Paul: *Wider den Methodenzwang*, 3. Aufl., Frankfurt/M. 1983.

Flach, Werner: *Grundzüge der Erkenntnislehre*, Würzburg 1994.

Hacking, Ian: *Einführung in die Philosophie der Naturwissenschaften*, Stuttgart 1996.

Heidegger, Martin: *Kant und das Problem der Metaphysik*, Bonn 1929.

Hönigswald, Richard: *Die Grundlagen der allgemeinen Methodenlehre*, Bde. I u. II, hrsg. v. Hariolf Oberer, Bonn 1969/1970.

Hübner, Kurt: *Kritik der wissenschaftlichen Vernunft*, Freiburg i. Br. 2002.

Kant, Immanuel: Kritik der reinen Vernunft, 2. Aufl., Akademieausgabe Band III, Berlin 1904/11.

Kuhn, Thomas: *Die Struktur wissenschaftlicher Revolutionen*, 13. Aufl., Frankfurt/M. 1996.

Natorp, Paul: Kant und die Marburger Schule, in: *Kant-Studien* 17, 1912, 193–221.

Natorp, Paul: *Die logischen Grundlagen der exakten Wissenschaften*, Leipzig 1910.

Natorp, Paul: *Philosophie. Ihr Problem und ihre Probleme*, 4. Aufl., Göttingen 1929.

Reichertz, Jo: Abduktives Schlußfolgern und Typen(re)konstruktion, in: Thomas Jung u. Stefan Müller-Doohm (Hg.): *„Wirklichkeit" im Deutungsprozeß: Verstehen und Methoden in den Kultur- und Sozialwissenschaften*, Frankfurt/M. 1993, 258–282.

Reisch, Heiko: *Kleine Geschichte der Philosophie*, Wiesbaden 2018.

Stegmüller, Wolfgang: *Das Problem der Induktion: Humes Herausforderung und moderne Antworten*, repr. Nachdruck, Darmstadt 1986.

Wagner, Hans: Bewußtsein, in: ders.: *Gesammelte Schriften*, Bd. 3, hrsg. v. Bernward Grünewald, Paderborn 2015, 243–275.

Wagner, Hans: *Die Würde des Menschen. Wesen und Normfunktion*, in: ders.: *Gesammelte Schriften*, Bd. 2, hrsg. v. Stephan Nachtsheim, Paderborn 2014.

Wagner, Hans: *Philosophie und Reflexion*, in: ders.: *Gesammelte Schriften*, Bd. 1, hrsg. v. Bernward Grünewald, Paderborn 2013.

Windelband, Wilhelm: Geschichte und Naturwissenschaft, in *Präludien II*, 8. Aufl., Tübingen 1921, 136–160.

Radnitzky, Gerard u. Andersson, Gunnar: Gibt es objektive Kriterien für den Fortschritt der Wissenschaft?, in: Gerard Radnitzky u. Gunnar Andersson (Hg.): *Fortschritt und Rationalität der Wissenschaft*, Tübingen 1980, 3–24.

Zeidler, Kurt Walter: *Grundriss der transzendentalen Logik*, 3. erg. Auflage, Wien 2017.

Zeidler, Kurt Walter: *Kritische Dialektik und Transzendentalontologie. Der Ausgang des Neukantianismus und die post-neukantianische Systematik*, Bonn 1995.

Zeidler, Kurt Walter: *Prolegomena zur Wissenschaftstheorie*, 2. Aufl., Würzburg 2006.

Zeidler, Kurt Walter: Rezension v. Reinhold Breil: Die Grundlagen der Naturwissenschaft. Zu Begriff und Geschichte der Wissenschaftstheorie, Würzburg 2011, in: *Philosophischer Literaturanzeiger* 68/2, 2015, 141–147.

Zocher, Rudolf: *Kants Grundlehre. Ihr Sinn, ihre Problematik, ihre Aktualität*, Erlangen 1959.

Erhard Oeser (Wien)

Der Kreislauf wissenschaftlicher Erkenntnis

Sein Ursprung und seine Weiterentwicklung in der Wissenschaftsgeschichte

Der Ursprung des Kreislaufmodells der wissenschaftlichen Erkenntnis liegt bei Aristoteles, der in seinem Organon nicht nur die Formale Logik sondern auch die Erkenntnistheorie berücksichtigt und beide in seiner Methodenlehre als Induktion und Deduktion miteinander verbindet. Exemplarischer Hintergrund seiner Methodenanalyse ist die Naturwissenschaft, die ja bei ihm nicht von der Philosophie zu trennen ist – eine Auffassung die nicht nur von Galilei mit ausdrücklichem Hinweis auf Aristoteles geteilt wird, sondern unabhängig von diesem aristotelischen Ursprung auch bei Kant durch die Verbindung seiner methodologischen Grundbegriffe „apriori" und „aposteriori" festzustellen ist, die auf bestimmten Erkenntniskräften wie sinnliche Anschauung, Verstand und Vernunft beruhen. Diese wiederum bilden nicht nur eine hierarchische Anordnung als eine statische Struktur, sondern stehen vielmehr in einem dynamischen Funktionszusammenhang, in dem sie in dichter Reihenfolge aneinander anschließen und auf diese Weise ein topologisches System mit zirkulärem Charakter bilden.

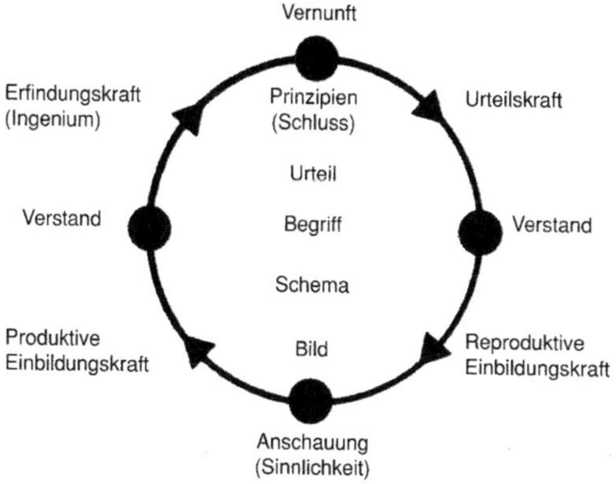

Abb. 1: Der Funktionszusammenhang der Erkenntniskräfte nach Kant[1]

1 Vgl. Erhard Oeser: Kants Beitrag zur progressiven Begründung der komparativen Wissenschaftstheorie, in: *Philosophia Naturalis* 19, 1982, 201–250.

Diese funktionelle Einheit aller Erkenntnisvermögen ist genau das, was für Kant das erkenntnistheoretische Subjekt oder das Selbstbewusstsein heißt. Es bildet die apriorische Bedingung der Möglichkeit der Erfahrung, tritt aber selbst erst im Prozess der Erfahrung in Erscheinung. Im Gegensatz zur üblichen Kantinterpretation lässt sich in einer anschaulichen Rekonstruktion der pragmatisch-erkenntnisanthropologischen Überlegungen Kants zeigen, dass er mit seinem System des synthetischen Apriori nicht nur eine Topologie des wahren Erkenntnisprozesses geliefert hat, sondern auch eine Topologie des Irrtums.[2] Die Grundidee dieser negativen Topologie der menschlichen Erkenntnisfähigkeit beruht darauf, dass auch der Irrtum erkenntnistheoretisch begründet werden kann, denn zur Wissenschaft gehört sowohl die Wahrheit als auch der Irrtum, der im Gesamtsystem der Wissenschaft immer vorhanden ist. Oder kurz – mit den Worten von Shakespeares Hamlet – ausgedrückt: Auch der Wahnsinn hat Methode.

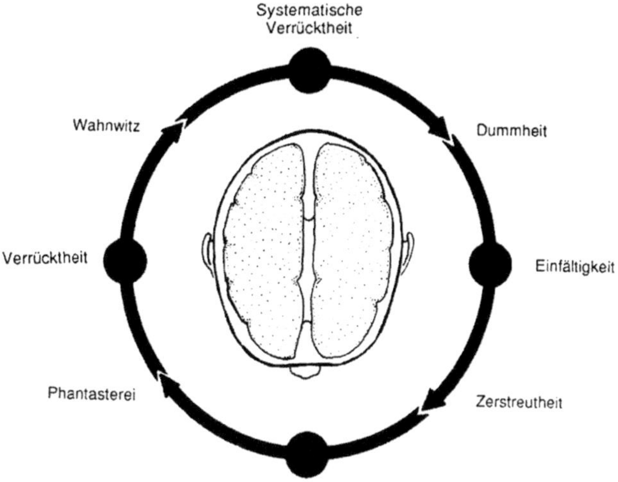

Abb. 2: Die methodische Struktur des Irrtums

2 Vgl. Erhard Oeser: Die Evolution der wissenschaftlichen Methode, in: K. Lorenz und F. M. Wuketits (Hg.): *Die Evolution des Denkens*, München/Zürich 1983, 282–284 und *Psychozoikum. Evolution und Mechanismus der menschlichen Erkenntnisfähigkeit*, Berlin/Hamburg 1987, 97–104.

Wie das Diagramm (Abb. 2) zeigt, besteht die methodische Struktur des Irrtums darin, dass auf der produktiv-heuristischen Seite eine krankhafte Übersteigerung der Erkenntnisvermögen und Erkenntniskräfte erfolgt, während auf der reproduktiv-stabilisierenden Seite ein Mangel und eine Schwächung auftreten. Diese Topologie des Irrtums, die selbstverständlich nie total in einem realen Individuum realisiert ist, begründet sowohl die individuell-private als auch die kollektiv-systematische Desinformation, die auch in der Wissenschaft auftritt. Die wissenschaftliche Erkenntnis ist zwar als eine Übersteigerung der Alltagserkenntnis zu betrachten, denn sie dient nicht primär der Lebenserhaltung, sondern der objektiven Erkenntnis, trotzdem kann aber die Überwindung unseres natürlichen Erkenntnisapparates nur mit Hilfe dieses Apparates selbst geschehen, und zwar lediglich durch eine Iteration des ursprünglichen Verfahrens. Das heißt, die wissenschaftliche Methode hat dieselbe quasizirkuläre Struktur wie der primitive Mechanismus von Versuch und Irrtumsbeseitigung, wie er bereits bei den niedrigsten Lebewesen feststellbar ist, nur mit dem Unterschied, dass er bewusst als überindividueller Mechanismus der Selbstkorrektur entwickelt ist, der jedoch nicht nur fehlerhafte Informationen beseitigt, sondern richtige Informationen speichert, oder genauer gesagt, abstrakt verdichtet.

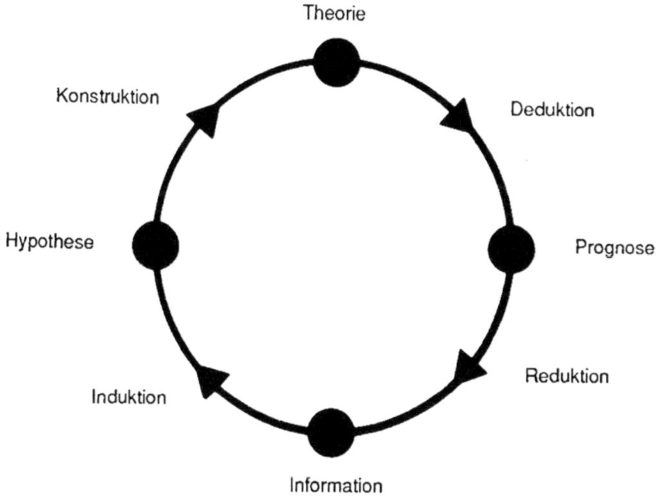

Abb. 3: Der Funktionszusammenhang der wissenschaftlichen Methoden[3]

3 Vgl. Erhard Oeser: *Wissenschaft und Information*, Bd. 3, Wien/München 1976, 119f.

Diese Ansicht lässt sich aus der Wissenschaftsgeschichte selbst rekonstruieren, denn jede Darstellung einer wissenschaftlichen Erkenntnis, die einen Fortschritt bringt, enthält nicht nur Aussagen über die Inhalte, sondern auch über die Methoden, wie man zu diesen Erkenntnissen gekommen ist. So spricht Kepler von Induktion und Analogie, Galilei von der Schritt-für-Schritt-Prozedur des metodo risolutivo und metodo compositivo und Newton von dem Zusammenhang von analytischer und synthetischer Methode, die im Wesentlichen mit der logischen Struktur von Induktion und Konstruktion bzw. Deduktion zusammenfällt. Alle diese methodologischen Aussagen enthalten eine bestimmte Modellvorstellung, die bei genauer Vergleichung erstaunlich einheitlich ist, und deren Einheitlichkeit auch sehr früh festgestellt worden ist und zum Allgemeingut wissenschaftstheoretischer Überlegungen gehört. So haben Mach, W. v. Ostwald, Paul Volkmann u. a. festgestellt, dass es sich um eine Art Kreislauf der Erkenntnis mit rückwirkender Verfestigung handelt.[4] Allerdings ist mit der Einsicht in ein solch grobes Modell zur Charakterisierung der naturwissenschaftlichen Methodik noch wenig erreicht, denn dieses Kreislaufmodell ist eine seit der Antike wohlbekannte Vorstellung, die nicht nur in den Naturwissenschaften, sondern auch in allen Bereichen menschlicher Erkenntnis anzutreffen ist. Eine wesentliche Verfeinerung und damit auch rekonstruktive Verbesserung erreicht man, wenn man zu den im Grunde genommen sehr dürftigen Aussagen über das allgemeine Modell (bei Galilei sind es nur wenige Zellen) auch jene in den Werken von Galilei und Newton weit verstreuten Aussagen sammelt, die auch die Stelle im Modell fixieren, an der die Methoden der Analogie, Induktion, Konstruktion, Deduktion usw. stehen. Das heißt also, es wird die Festlegung der Reihenfolge rekonstruiert, die eine wesentliche Einsicht in den Phasencharakter des naturwissenschaftlichen Erkenntnisprozesses gewinnen lässt. Trotz unterschiedlicher Bewertung der einzelnen Methoden ergibt sich auch in der Frage der Reihenfolge ihres funktionalen Zusammenhanges eine einheitliche Meinung: Induktion und Analogie werden als Verfahren der Hypothesenbildung angesehen, Konstruktion, was immer sie bedeuten mag, als Mittel der Theorienbildung, die Deduktion als Verfahren der logischen Ableitung von Erklärungen vergangener Ereignisse aus den Axiomen einer Theorie und zur Prognose zukünftiger Ereignisse, deren reduktive empirische Überprüfung zur Bestätigung oder Falsifikation der Theorie führt.

4 Vgl. dazu Erhard Oeser: *Wissenschaftstheorie als Rekonstruktion der Wissenschaftsgeschichte*, Bd. 1, Wien/München 1979, 24f.

Hier findet man keine „ebenso unnötige wie selbstzerstörerische Konkurrenz zur Philosophie" (Zeidler),[5] wie sie in der Wissenschaftslogik des Wiener Kreises vor allem bei Carnap festzustellen ist,[6] obwohl die Kompetenzbereiche von Philosophie und Wissenschaftstheorie auch hier auseinander gehalten werden. „Die Einsicht, ‚dass mit der Lösung wissenschaftstheoretischer Probleme noch keineswegs die Lösung spezifisch philosophischer Probleme gegeben ist', dass also die Vermengung des philosophischen und des wissenschaftstheoretischen Aufgaben- und Kompetenzbereich [...] ‚nur zu selbstgeschaffenen Scheinproblemen, uneinlösbaren Begründungsansprüchen und dogmatischen Abgrenzungskriterien geführt' hat", lässt sich „vor allem im Anschluss an den englischen Wissenschaftshistoriker William Whewell" begründen, der bereits in der „‚faktischen Wissenschaftsgeschichte' das bestimmende Kriterium für ‚die Unterscheidung zwischen spezifisch philosophischen Problemen und Problemen der Wissenschaftstheorie'" gesehen hat.[7] Zeidler zitiert in diesem Zusammenhang Oesers *Rekonstruktion der Wissenschaftsgeschichte*:

> Wissenschaftstheoretische Probleme entstehen erst im Laufe des Prozesses der Wissenschaftsentwicklung, das heißt sie sind von den Wissenschaften selbst vorgegeben und können von der Wissenschaftstheorie nur aufgegriffen, nicht aber unabhängig aufgestellt werden. Die Wissenschaftstheorie gründet daher auf der faktischen Wissenschaftsgeschichte, sie ist auf diese angewiesen. Spezifisch philosophische Probleme dagegen können bereits vor jeder wissenschaftlichen Erkenntnis und unabhängig von dieser vorhanden sein. Sie sind vorhanden mit der Existenz eines reflektierenden Bewusstseins, das über sich selbst nachzudenken beginnt.[8]

Stellt man aber, wie es in der modernen historistisch orientierten Wissenschaftstheorie geschieht (z.B. Hübner), die deskriptive Beschreibung des Ablaufs der Wissenschaftsgeschichte in den Vordergrund, so verliert die Wissenschaftstheorie ihren normativen Rechtfertigungscharakter. Dieser Gefahr kann man nur dadurch begegnen, dass man annimmt, dass der „‚objektive Bedingungszusammenhang in und zwischen den einzelnen Erkenntnisprozessen, die den Gesamtablauf der Wissenschaftsgeschichte bestimmen', zu jedem

5 K.W. Zeidler: *PzW*, 110.

6 Vgl. hierzu Erhard Oeser: *Popper, der Wiener Kreis und die Folgen. Die Grundlagendebatte der Wissenschaftstheorie*, Wien 2003, 105ff.

7 K.W. Zeidler: *PzW*, 110, der dort Erhard Oeser: *Wissenschaft und Information*, Bd. 1, Wien/München 1976, 20ff. zitiert.

8 Erhard Oeser: *Wissenschaft und Information*, Bd. 1, 23, vgl. K.W. Zeidler: *PzW*, 110.

beliebigen historischen Zeitpunkt bereits als ein ‚normativer Bedingungszusammenhang' vorliegt, […] so dass die Wissenschaftstheorie sich nicht in einer Mannigfaltigkeit bloß historischer Tatsachen zu verlieren braucht, […]."[9] Dieser normative Aspekt bedeutet jedoch nicht, dass ein derartiges normatives Modell des Wissenschaftsprozesses statisch oder zeitunabhängig ist. Denn es muss nicht nur

1. die Veränderungen in der Entwicklung erfahrungswissenschaftlicher Theorien erklären und bestimmen können, vor allem auch die sogenannten „wissenschaftlichen Revolutionen", sondern es muss auch
2. selbst einer historischen Entwicklung, entsprechend der realen faktischen Wissenschaftsentwicklung, unterworfen sein.

Der erste Aspekt erfordert eine Dynamisierung des systemtheoretischen Kreismodells. Auf der Ebene der wissenschaftlichen Erkenntnis erweist sich diese zyklische oder quasi zirkuläre Struktur als ein methodologisch geregeltes Korrekturverfahren. Die Grundstruktur dieses sich immer höher schraubenden Selbstkorrekturprozesses lässt sich am adäquatesten durch ein spiralenförmiges Iterationsverfahren beschreiben, in dem man sich schrittweise einem unbekannten Ziel nähert, ohne es jemals wirklich zu erreichen. Der Funktionszusammenhang der Methoden, die der Gewinnung, Systematisierung und Rechtfertigung dienen, liegt in der Gegenwart in vielen empirischen Wissenschaften bereits vollständig vor. Er stellt im Grunde genommen nichts anderes dar, als die Iteration des ursprünglich der Lebenserhaltung dienenden subjektiv-individuellen Mechanismus der Alltagserkenntnis. Dieser elementare Mechanismus, den die evolutionäre Erkenntnistheorie (Mach, Lorenz) bereits in den Verhaltensformen niedriger Lebewesen nachgewiesen hat, bildet sozusagen den Prototyp für den Mechanismus der wissenschaftlichen Erkenntnis, bei dem jeder einzelne methodologisch geregelte Schritt prinzipiell nachvollziehbar sein muss. Er lässt sich durch folgendes Diagramm darstellen, (vgl. Abb. 4).

9 K.W. Zeidler: *PzW*, 112, der dort Erhard Oeser: *Wissenschaftstheorie als Rekonstruktion der Wissenschaftsgeschichte*, Bd. 1, Wien/München 1979, 26 zitiert.

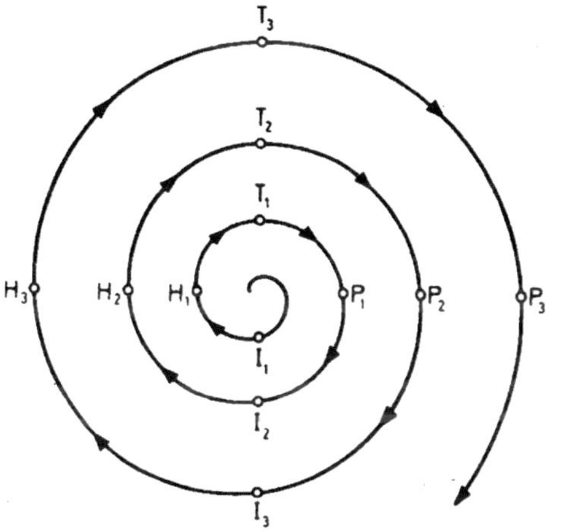

Abb. 4: Die Spirale der Entwicklung der naturwissenschaftlichen Erkenntnis

Der zweite Aspekt, der die Veränderung bzw. Erweiterung in der historischen Entwicklung des wissenschaftstheoretischen Models des Methodenzusammenhangs betrifft lässt sich ebenfalls aus der faktischen Wissenschaftsgeschichte rekonstruieren. A. Comte hatte schon vor Darwin und Spencer diese Entwicklung von einfacheren, konkreten zu komplizierteren, abstrakten Zusammenhängen in Form eines 3- Stadien-Gesetzes dargestellt. Dieses Gesetz besagt, dass verschiedene Wissenschaften entsprechend ihrem einfacheren oder komplizierteren Gegenstandsbereich verschiedene Entwicklungsstadien verschieden schnell erreichen. Während jedoch Comte im Sinne seines positivistischen Ideals die Entwicklungsstadien als einen Prozess der Befreiung der Wissenschaft von theologischen und metaphysischen Inhalten ansah, bekommt die Wissenschaftsgeschichte im Hinblick auf die Methodenevolution einen anderen Charakter. Sie stellt nicht mehr einen Prozess dar, der von einem theologischen über ein metaphysisches zu einem positiv-wissenschaftlichen Stadium übergeht, sondern kann primär als ein Prozess aufgefasst werden, der in seinem ersten Stadium die empirisch-induktive Methode entwickelt, in seinem zweiten Stadium die konstruktiv-systematische und in seinem dritten Stadium die deduktiv-formale Methode. Wobei sich diese Methoden in ihrer Entwicklung nicht gegenseitig ablösen oder ersetzen, sondern sich zu einem immer dichter werdenden Funktionszusammenhang verbinden. Diese Auffassung entspricht der Korrektur, die Spencer am 3-Stadien- Gesetz von Comte durchgeführt hat, denn Spencer hat im Gegensatz zu Comte betont, dass es nicht drei einander entgegengesetzte Methoden der menschlichen Erkenntnisgewinnung gibt, sondern nur eine einzige Methode, die stets im Wesentlichen ein und dieselbe bleibt. Im Gegensatz zu Spencers Kritik an Comte muss aber das 3-Stadien-Gesetz nach dem hier vorgeschlagenen Modell nicht aufgegeben werden. Denn die einzelnen Entwicklungsstadien der Wissenschaft sind hier als Phasen der Ausbildung eines einzigen, immer komplexer werdenden Methodenzusammenhanges anzusehen. Dabei bleibt grundsätzlich die wissenschaftssystematische Idee Comtes erhalten, dass verschiedene Wissenschaften verschieden schnell diese Stadien erreichen bzw. auch verschieden lang in einem bestimmten Stadium verbleiben. Wobei es vorkommen kann, dass bestimmte Wissenschaften, die einen komplexen Gegenstandsbereich haben, die letzte, axiomatisch-deduktive Phase überhaupt nicht erreichen. Im Modell gesprochen heißt das, dass die einzelnen Sektoren des quasizirkulären Prozesses nicht nur eine logisch-systematische, sondern auch eine historisch-genetische Reihenfolge bilden. Diese Entwicklung des Methodenzusammenhangs lässt sich daher auf folgende Weise darstellen:

Das erste Stadium der Wissenschaftsentwicklung ist methodologisch als eine prätheoretische Phase charakterisiert. In dieser Phase wird die induktive Methode in ihrer einfachsten enumerativ-aufzählenden Form ausgebildet. Es handelt sich in diesem Stadium der Wissenschaftsentwicklung um den Typus einer bloß beschreibenden, deskriptiven Wissenschaft. Beispiel einer solchen beschreibenden Wissenschaft ist die antike Historia naturalis. Trotzdem ist es aber bereits auf dieser Ebene der prätheoretischen Wissenschaft möglich, Prognosen über zukünftige Ereignisse zu erstellen. Voraussetzung für derartige theorielose Prognosen ist die Gleichförmigkeit bzw. ständige Wiederholung derartiger Ereignisse. Dadurch ist ein allgemeines Induktionsprinzip von der Gleichförmigkeit der Welt gerechtfertigt, und die theorielose Voraussage ist nichts anderes als die Extrapolation gleichförmiger Beobachtungsreihen in die Zukunft. Beispiel dafür ist die vorgriechische, babylonische Astronomie.

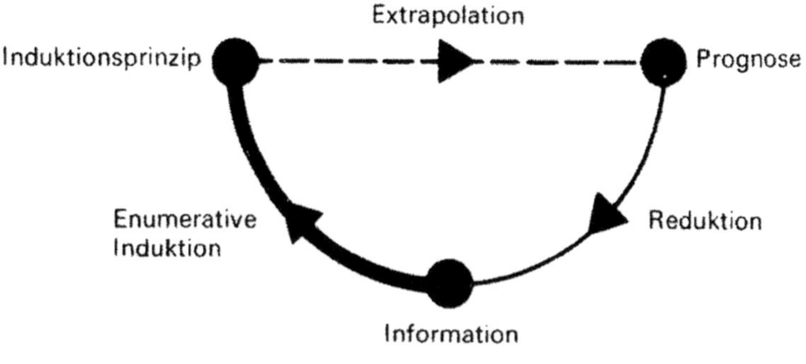

Abb. 5: Das induktive Stadium der Wissenschaftsentwicklung

Das zweite Stadium der wissenschaftlichen Erkenntnis ist durch die Phase der Theorienkonstruktion gekennzeichnet. In dieser Phase wird der Typensprung von induktiv-enumerativ gewonnenen besonderen Aussagen zu allgemeinen Gesetzesaussagen vollzogen. Dieser rein logisch nicht zu rechtfertigende Typensprung erfordert eine neue Art von Induktion, die über die bloße Enumeration hinausgeht. Es ist die von Whewell als „Superinduktion" bezeichnete heuristische Induktion, die immer ein „mysteriöses", formal-logisch nicht zu rationalisierendes kreatives Element enthält. Historisch ermöglicht wurde dieser Typensprung im Bereich der Erfahrungswissenschaften durch die Ausbildung der euklidischen Geometrie. Dadurch entstand ein Bereich von erfahrungsunabhängig konstruierten Gesetzmäßigkeiten, die jedoch auf die Erfahrungswelt übertragen werden konnten. Das glänzendste Beispiel einer solchen allgemeinen Analogie, in der die Gesetze der Mathematik auf die reale Welt übertragen wurden, ist in der Antike die Ptolemäische Astronomie. Damit bestätigt sich auch die Comte'sche Wissenschaftssystematik, die historisch-genetisch eine Entwicklungsreihe darstellt, die mit der Mathematik beginnt und über die Astronomie zur Physik, Chemie, Biologie und schließlich zur Soziologie führt. In der realen Entwicklungsgeschichte der Wissenschaften erreicht auch tatsächlich in der Neuzeit zunächst die Physik ihr konstruktiv-theoretisches Stadium. Während in der Theoriendynamik der Astronomie sich durch Kopernikus und Kepler der Wechsel vom geozentrischen zum heliozentrischen System vollzieht, bleibt die Methodenentwicklung in diesem Gebiet durchaus kontinuierlich. Die entscheidende methodologische Wende vollzieht sich jedoch dadurch, dass mit Galileis nuova scienza die Physik als terrestrische Mechanik in ihre zweite methodologische Phase übergeht. Galilei und später Newton und Huygens haben die Grundstruktur dieses methodologischen Schrittes selbst explizit als die Methode der entgegengesetzten Operationen, metodo risolutivo und metodo compositivo (Analyse und Synthese), bezeichnet. Das bedeutet, dass zwar in der Zerlegung des einheitlichen Bewegungsphänomens, z. B. der Bewegung der Kugel in der Fallrinne, die primitive enumerative Induktion erhalten bleibt, aber einem höheren Ziel, nämlich der Gewinnung allgemeiner Gesetze, dient, das nur über den durch die Geometrie vermittelten Typensprung der Superinduktion erreicht wird. Im Entdeckungsprozess dieser Gesetze spielt sich genau jener von Spencer und Mach bereits deutlich erkannte Prozess der Höherentwicklung von einfacheren, konkreteren Gesetzen zu komplizierteren und abstrakteren Gesetzen ab, z. B. vom einfachen Gesetz der Waage und des Hebels zu den komplizierteren Gesetzen des freien Falls und der Wurfbewegungen.

Der konstruktiv-synthetische Aufbau einer Theorie folgt daher einem Entwicklungsgesetz, in dem unter Variation der experimentellen Bedingungen immer komplexere Zusammenhänge erfasst werden können. Dieser Prozess ist konstruktiv aufbauend deswegen, weil die vorangegangenen Schritte für den weiteren Fortgang verwertet werden können. Je abstrakter und umfassender das Gesetz wird, umso komplexer und inhaltlich reicher wird es, weil es die vorangegangenen Gesetzmäßigkeiten als strukturelle Bedingungen in sich integriert. Das klassische Beispiel für ein derartiges integratives Wachstum ist die Gravitationstheorie Newtons, die sowohl die Gesetze der terrestrischen als auch der coelestischen Mechanik in sich enthält. Diese klassischen Theorien mit induktiv-synthetischem Charakter haben jedoch ihre Grenzen in dem schwerfälligen mathematischen Apparat der euklidischen Geometrie, die der weiteren Entwicklung zu umfassenderen nicht mehr anschaulich konstruktiv herstellbaren Prinzipien unüberwindliche Schranken setzt.

Die klassischen synthetischen Theorien sind daher als axiomatisch-deduktive Theorien logisch unvollständig. Kein Begriff ist so vollendet definiert im Sinne mathematisch-logischer Exaktheit, dass er nicht noch verändert werden könnte. Keines der Axiome ist so formuliert, dass es nicht noch korrigiert werden könnte; und kein Theorem ist so klar, dass es nicht noch eines besonderen Beweises seiner Ableitbarkeit aus den Axiomen bedarf. Erst in einem dritten Stadium, das methodologisch durch die Ausbildung der formalanalytischen Methode der Deduktion charakterisiert ist, erreicht die Wissenschaft jenen Grad systematischer Vollkommenheit, der es ermöglicht, Prognosen und Erklärungen individueller Phänomene in einem bestimmten Bereich in ständig gleich bleibender Weise im Sinne eines algorithmischen Lösungsprozesses zu erzeugen. Damit verlagert sich auch grundsätzlich das Schwergewicht von den beobachtenden, messenden und experimentellen Verfahren zur theoretischen Berechnung. Dies gilt zumindest für die normalen Probleme, für die bereits in Form von algebraischen Gleichungen ein Lösungsalgorithmus vorliegt. Das grandioseste, bis heute unübertroffene Beispiel liefert die analytische Mechanik von Lagrange und Laplace. Sie ist, wie bereits Mach festgestellt hat, eine rein formale Weiterentwicklung der ursprünglichen konstruktiv-synthetischen Theorie Newtons zu einem formalen axiomatisch-deduktiven System. Im Modell gesprochen heißt das, dass dem Schwergewicht auf der deduktiven Seite nun eine Abkehr von der induktiv-konstruktiven Methode entspricht (vgl. Abb. 6).

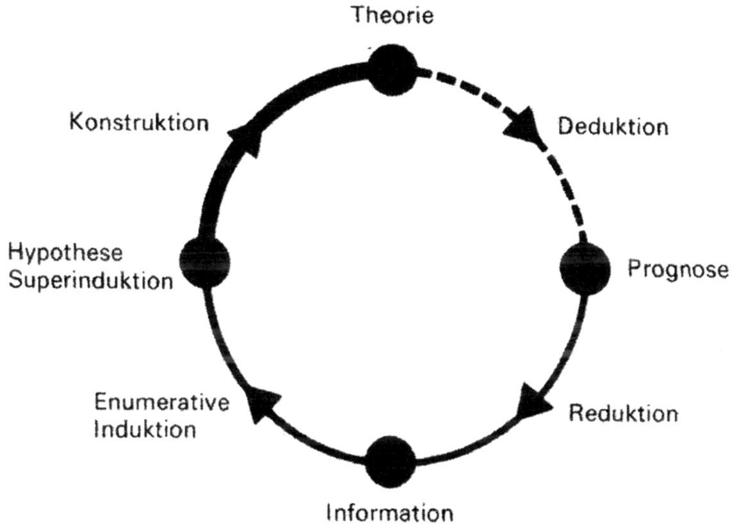

Abb. 6: Das konstruktiv-synthetische Stadium der Wissenschaftsentwicklung

Denn auch eine heuristische Weiterentwicklung oder sogar grundlegende Veränderung der axiomatisch-deduktiven Theorie in ihren Grundbegriffen und Axiomen, wie es die Einstein'sche Relativitätstheorie gegenüber der klassischen Mechanik darstellt, verändert nicht die bis dahin erreichte Grundstruktur der wissenschaftlichen Methodik. An die Stelle eines induktiv-konstruktiven Verfahrens der Heuristik, das noch eng an die unmittelbare Sinneserfahrung gebunden ist, tritt ein spekulativ-konstruktives Verfahren, das weit entfernt vom Boden der Erfahrung Begriffe entstehen lässt, die, wie Einstein selbst sagt, „freie Erfindungen des menschlichen Geistes" sind.[10] Aus diesem Grund charakterisiert auch Einstein den Weg zu den Axiomen einer hoch entwickelten, abstrakten Prinzipientheorie als einen „Sprung", der mit der traditionellen Vorgangsweise einer schrittweisen Induktion nicht zu rechtfertigen ist.[11]

10 Albert Einstein: Zur Methodik der theoretischen Physik, in: ders.: *Mein Weltbild*, Frankfurt/M 1955.

11 Vgl. Gerald Holton: Einsteins Methoden zur Theorienbildung, in: Peter C. Aichelburg und Roman U. Sexl (Hg.): *Albert Einstein. Sein Einfluß auf Physik, Philosophie und Politik*, Braunschweig/Wiesbaden 1979, 117. Vgl. dazu auch Erhard Oeser: *Wissenschaftstheorie als Rekonstruktion der Wissenschaftsgeschichte*, Band 2: Experiment, Erklärung, Prognose, Wien/München 1979, 154–170.

Während aber in der Konstruktiven Phase der Methodenentwicklung die deduktive Systematisierung nur als eine Zusatzleistung betrachtet wurde, die oft erst Generationen später erfolgte, verhält es sich bei den abstrakten Prinzipientheorien der modernen Physik dagegen anders. Gerade weil die darin enthaltenen Grundbegriffe so weit von der Erfahrung entfernt sind, muss die deduktive Systematisierung unmittelbar und mit größter Konsequenz durchgeführt werden, um aus dem „freien Spiel" der Gedanken einen wissenschaftlich relevanten, d. h. System gebundenen, Erkenntnisprozess zu machen. Wie streng Einstein selbst diesem logischen Weg der deduktiven Systematisierung gefolgt ist, zeigen seine eigenen Abhandlungen, in denen er den rein logischen Aspekt der Denkökonomie in einem Ausmaß realisiert, welches die Beschränkungen deutlich erkennen lässt, denen die schöpferische Intuition in der wissenschaftlichen Erkenntnis unterworfen ist. Deutlicher als je zuvor sind auf dieser Entwicklungsstufe deduktiver Systematisierung Hypothese und Theorie voneinander unterscheidbar. Isolierten Hypothesen kommt in diesem Stadium keine Bedeutung mehr zu. Diese gewinnen sie erst im Rahmen eines Axiomensystems. Dadurch wird auch eine nachträgliche induktive Stützung von solchen abstrakten Hypothesen vor dem Aufbau der Theorie überflüssig; abgesehen davon, dass in der Regel keine derartigen Möglichkeiten vorhanden sind. Hypothesen, welche die Spitze eines hochabstrakten Axiomensystems bilden, stützen sich vielmehr gegenseitig. Einstein hat diesem „Kriterium innerer Vollkommenheit",[12] das mit der Beziehung zu dem Beobachtungsmaterial nichts zu schaffen hat, besondere Bedeutung beigemessen, denn es führt vom induktiv-konstruktiven Flickwerk von Theorien zu einer erfahrungsunabhängigen Selbstentwicklung von Theorien, dessen hervorragendstes Beispiel Einsteins allgemeine Relativitätstheorie ist. Das aber bedeutet eine neue Einstellung des empirischen Wissenschaftlers zur Realität. Es ist nicht mehr allein die Beobachtung, die über die Wahrheit unserer Erkenntnis entscheidet, sondern ob eine Beobachtung wahr ist oder nicht, lässt sich erst im Rahmen einer Theorie entscheiden.

Das war auch die erkenntnistheoretische Selbstinterpretation, die Einstein den Grundbegriffen seiner Relativitätstheorie im Bezug zu den Newton'schen Begriffen gegeben hat. Denn es waren primär nicht empirische Falsifikationen der alten Theorien (wie etwa der Äthertheorie durch den Michelson-Morley Versuch) sondern die Doppeldeutigkeit des Massebegriffes bei Newton einerseits als träge Masse in den Bewegungsgleichungen und andererseits als

12 Vgl. Gerald Holton: Einsteins Methoden zur Theorienbildung, 125.

schwere Masse im Gravitationsgesetz, die Einstein zur Konstruktion der nächst höheren Schicht seines eigenen Begriffssystems führten. Während jedoch die Begriffe niedriger Schichten durch Abstraktion aus der Empirie gewonnen sind, stellen die Begriffe der höheren Schichten theoretische Gebilde dar, die weitab vom Boden der Erfahrung konstruiert worden sind. Deshalb ist es auch methodisch einsichtig, wenn Einstein den Weg zu den Axiomen einer hoch entwickelten abstrakten Theorie als einen „Sprung" charakterisiert, der mit der traditionellen Vorgangsweise einer schrittweisen Induktion nicht zu rechtfertigen ist. Die klassische Methode führte nur zu konstruktiven Theorien mit einer Vielzahl empirisch begründeter Gesetze, sie war jedoch ungeeignet zur Erreichung einer „Prinzipien-Theorie", deren Axiome so hoch über der Ebene der unmittelbaren Sinneserlebnisse liegen, dass keine direkte Verbindung mehr möglich ist. Einstein hat in seiner Selbstinterpretation die Entstehung seiner Theorie als einen Verzweiflungsakt geschildert: „Nach und nach verzweifelte ich an der Möglichkeit, die wahren Gesetze durch auf bekannte Tatsachen sich stützende konstruktive Bemühungen herauszufinden. Je länger und verzweifelter ich mich bemühte, desto mehr kam ich zu der Überzeugung, dass nur die Auffindung eines allgemeinen formalen Prinzips uns zu gesicherten Ergebnissen führen könnte."[13] Mit diesem Entschluss hat Einstein zum Unterschied von jenen Konstuktionsversuchen des 19. Jahrhunderts, die Newtons Gravitationstheorie einer leichten Korrektur unterziehen wollten, um sie den Beobachtungstatsachen (Merkur-Perihelbewegung) besser anzupassen, die Ebene der Newton'schen Begriffsbildung gänzlich verlassen. Entsprechend dem Abstraktionsgrad dieser neuen Begriffsschicht bedeutete dieser Übergang eine totale Veränderung der Grundbegriffe. Trotzdem verliert das neue Begriffssystem nicht jeden Kontakt mit dem Boden der Erfahrung, denn selbst diese hochabstrakten Begriffe sind durch einschränkende Bedingungen bestimmt, die ihr unkontrolliertes Schweben im geistigen Raum verhindern. Als erfahrungswissenschaftliche Begriffe haben sie „nur Sinn, sofern die Dinge aufgezeigt werden können, auf die sie sich beziehen, sowie die Gesichtspunkte, gemäß welchen sie diesen Dingen zugeordnet sind."[14]

---

13 Albert Einstein: Autobiographisches, in: Paul Arthur Schilpp: *Albert Einstein als Philosoph und Naturforscher*, Stuttgart 1955, 19f.

14 Zitiert nach Gerald Holton: Einsteins Methoden zur Theorienbildung, 117.

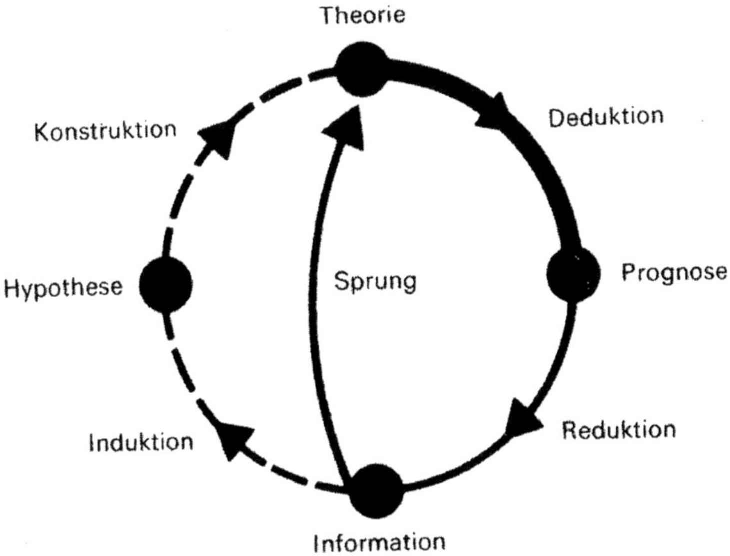

Abb. 7: Das axiomatisch-deduktive Stadium der Wissenschaftsentwicklung

Hat man einmal die Differenzen in der Methodenentwicklung begriffen, die sich auf den verschiedenen Ebenen der Theorienbildung notwendig einstellen müssen, dann ist leicht einzusehen, dass sich an der Grundstruktur des klassischen Modells des wissenschaftlichen Erkenntnisprozesses nicht nur nichts geändert hat, sondern dass Einsteins methodologische Einsichten eine weitere, entwicklungsgeschichtlich genau begründbare Variante dieses Modells darstellen. Wie G. Holton bereits ausführlich gezeigt hat, ist Einstein selbst in allen seinen Schriften der Grundidee eines Modells des wissenschaftlichen Denkens oder vielleicht sogar des Denkens im allgemeinen nachgegangen. Ähnlich wie Kepler, Galilei und Newton hat er derartige metatheoretische Reflexionen als notwendige Bestandteile der Wissenschaft selbst angesehen: „Erkenntnistheorie und Wissenschaft sind aufeinander angewiesen. Erkenntnistheorie ohne Kontakt mit Wissenschaft wird zum leeren Schema. Wissenschaft ohne Erkenntnistheorie ist – soweit überhaupt denkbar – primitiv und verworren."[15] Die prägnanteste und zugleich anschaulichste Darstellung seines Modells hat Einstein in Form

15 Zitiert nach Gerald Holton: Einsteins Methoden zur Theorienbildung, 111.

eines Diagramms geliefert, das nach Holton „keine statische Situation", sondern einen „im wesentlichen zyklischen Prozeß" andeutet.[16]

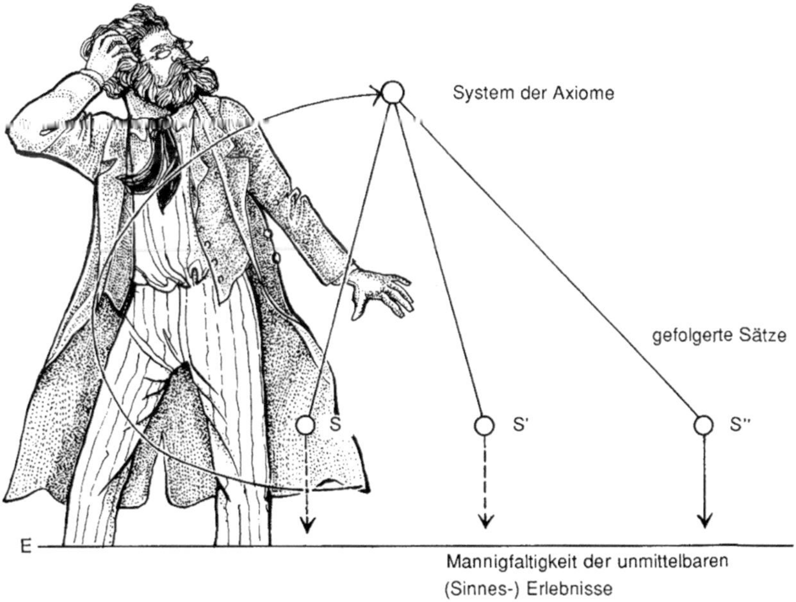

Abb. 8: Einsteins Modell des wissenschaftlichen Denkens

Dieser zyklische Prozeß wird von Einstein in vier Phasen zerlegt:

„1. Die E (Erlebnisse) sind uns gegeben."

„2. A sind die Axiome, aus denen wir Folgerungen ziehen. Psychologisch beruhen die A auf E. Es gibt aber keinen logischen Weg von den E zu A, sondern nur einen intuitiven (psychologischen) Zusammenhang, der immer ‚auf Widerruf' ist."

„3. Aus A werden auf logischem Wege Einzel-Aussagen S abgeleitet, welche Ableitungen den Anspruch auf Richtigkeit erheben können."

„4. Die S werden mit den E in Beziehung gebracht (Prüfung an der Erfahrung)."[17]

16 Gerald Holton: Einsteins Methoden zur Theorienbildung, 114.

17 Albert Einstein: *Lettres à Maurice Solovine*, Paris 1956, 120.

Vergleicht man nun Einsteins Modell mit der Grundstruktur jenes Modells, das die Entwicklung der klassischen Mechanik bestimmt hat, so zeigt sich schon durch die zyklische Vier-Phasen-Struktur eine so grundsätzliche Übereinstimmung, dass das Postulat von der Kontinuität der Methoden bereits dadurch eine weitgehende Rechtfertigung erfährt. Eine weitere Differenzierung dieses Vergleichs, die vor allem deswegen möglich ist, weil die philosophischen Schriften Einsteins fast zur Gänze als eine Interpretation seines Modells betrachtet werden können, bestätigt nicht nur diesen Eindruck, sondern liefert auch gegenüber den empiristischen Radikalisierungen, durch welche die klassische Methode bereits im 19. Jahrhundert verfälscht worden ist, eine entscheidende Korrektur. So hat Einstein mit Recht darauf hingewiesen, dass Sinneserfahrungen oder gar wissenschaftliche Beobachtungen niemals rein und unverfälscht sind, eine Auffassung, die sich in der Wissenschaftstheorie nach der gescheiterten Protokollsatzdiskussion des Wiener Kreises unter dem von Popper und Hanson geprägten Stichwort von der „Theorienbeladenheit" aller empirischen Begriffe bereits allgemein durchgesetzt hat. Da die empirischen Begriffe der Physik hauptsächlich quantitativ-metrische Begriffe sind, ergibt sich bereits hier auf der Ebene der exakten Darstellung der wissenschaftlichen Beobachtung ein Grad der Theoretisierung, der mit dem simplen positivistischen Konzept der „schlichten Wiedergabe" der Wahrnehmung nicht übereinstimmt. Vielmehr zeigt bereits das Problem der Metrisierung in der klassischen Mechanik, dass die Bildung quantitativ-metrischer Begriffe auf Grund eines Maßsystems einen Prozess von mehreren Zyklen darstellt, in denen die Maßeinheit auf Grund theoretischer Einsichten und Spekulationen ständig umkonstruiert worden ist. Das bedeutet aber, dass die unterste Absprungbasis zu den Axiomen einer Theorie niemals als ein problemlos sicherer und stabiler Boden angesehen worden ist. Deshalb ist Einstein auch zuzustimmen, wenn er bereits in der einfachsten empirischen Begriffsbildung einen ersten logischen Sprung sieht: „Vom Standpunkt der Logik ist der Begriff nicht identisch mit der Gesamtheit der Sinneseindrücke, auf die er sich bezieht: er ist vielmehr eine freie Schöpfung des menschlichen (oder tierischen) Geistes."[18] Entscheidend aber ist in diesem Zusammenhang die Einsicht in den aktiven, kreativen und spontanen Charakter des begriffsbildenden Abstraktionsprozesses, der die Grundlage eines schrittweisen Induktionsvorganges bildet. Denn nur in diesem Sinne ist die klassische Induktion zu sehen, nämlich als ein sekundäres Verfahren, das auf dem primären Verfahren der Abstraktion beruht und in seiner Grundform wiederum nichts anderes darstellt als einen ständigen

18 Albert Einstein: *Ideas and Opinions*, New York 1954, 291.

zyklischen Prozess des Aufstellens und Verwerfens von Begriffen, die schließlich als Endresultat auf den Grundbegriff einer Gesetzeshypothese hinführen. Diese auf Aristoteles beruhende, von den Logikern wie Mill wegen ihres sprunghaft kreativen Charakters als „uneigentliche Induktion" bezeichnete Methode bildet die Grundlage für die klassische Vorstellung einer „Philosophy of Discovery". Der zweite logische Sprung betrifft die Beziehungen der Begriffe untereinander, in denen sie bei der Formulierung eines Axiomensystems stehen. Das bedeutet, dass der konstruktive Aufbau eines Axiomensystems nicht in jedem Fall die glatte Fortsetzung der auf Erfahrung und Experiment basierenden Induktion darstellen muss. Der Ellipsensatz und der zum Flächensatz nachträglich verbesserte Radiensatz stützen sich zwar gegenseitig in Keplers Planetentheorie, da sie auch auf denselben Induktionsprozessen beruhen, das dritte Gesetz aber ist seiner Entstehung nach eine spekulative Konstruktion ganz im Sinne des Einsteinschen Begriffes einer „freien Schöpfung".

Literaturverzeichnis

Einstein, Albert: *Ideas and Opinions*, New York 1954.

Einstein, Albert: Zur Methodik der theoretischen Physik, in: ders.: *Mein Weltbild*, Frankfurt/M 1955.

Einstein, Albert: Autobiographisches, in: Paul Arthur Schilpp: *Albert Einstein als Philosoph und Naturforscher*, Stuttgart 1955.

Einstein, Albert: *Lettres à Maurice Solovine*, Paris 1956.

Holton, Gerald: Einsteins Methoden zur Theorienbildung, in: Peter C. Aichelburg und Roman U. Sexl (Hg.): *Albert Einstein. Sein Einfluß auf Physik, Philosophie und Politik*, Braunschweig/Wiesbaden 1979, 111–140.

Oeser, Erhard: *Wissenschaft und Information. Systematische Grundlagen einer Theorie der Wissenschaftsentwicklung*, Band 1: *Wissenschaftstheorie und empirische Wissenschaftsforschung*, Wien/München 1976.

Oeser, Erhard, *Wissenschaft und Information. Systematische Grundlagen einer Theorie der Wissenschaftsentwicklung*, Band. 3: *Struktur und Dynamik Erfahrungswissenschaftlicher Systeme*, Wien/München 1976.

Oeser, Erhard: *Wissenschaftstheorie als Rekonstruktion der Wissenschaftsgeschichte. Fallstudien zu einer Theorie der Wissenschaftsentwicklung*, Band 1: *Metrisierung, Hypothesenbildung, Theoriendynamik*, Wien/München 1979.

Oeser, Erhard: *Wissenschaftstheorie als Rekonstruktion der Wissenschaftsgeschichte*, Band 2: *Experiment, Erklärung, Prognose*, Wien/München 1979.

Oeser, Erhard: Kants Beitrag zur progressiven Begründung der komparativen Wissenschaftstheorie, in: *Philosophia Naturalis* 19, 1982, 201–250.

Oeser, Erhard: Die Evolution der wissenschaftlichen Methode, in: K. Lorenz und F. M. Wuketits (Hg.): *Die Evolution des Denkens*, München/Zürich 1983, 263–299.

Oeser, Erhard: *Psychozoikum. Evolution und Mechanismus der menschlichen Erkenntnisfähigkeit*, Berlin/Hamburg 1987.

Oeser, Erhard: *Popper, der Wiener Kreis und die Folgen. Die Grundlagendebatte der Wissenschaftstheorie*, Wien 2003.

Zeidler, Kurt Walter: *Prolegomena zur Wissenschaftstheorie*, Würzburg 2000.

Hans-Dieter Klein (Wien)

Schlußlogische Letztbegründung in Leibniz' monadologischem System

„Cum DEUS calculat et cogitationem exercet, fit mundus" (Gerhardt, VII, 191). Diese Randnotiz in einem „Dialogus" überschriebenem Manuskript aus dem Jahre 1677 steht gewissermaßen isoliert und wird nicht näher erläutert. Der Versuch, diesen Satz zu interpretieren, muss sich daher aus unserer sonstigen Kenntnis des Leibnizschen Gedankengebäudes begründen.

An vielen Stellen, z. B. auch im §33 der „Monadologie" behauptet Leibniz, dass es zwei Arten von Wahrheiten gäbe: Vernunftwahrheiten und Tatsachenwahrheiten. „Die Vernunftwahrheiten sind notwendig und ihr Gegenteil ist unmöglich, die Tatsachenwahrheiten hingegen sind zufällig und ihr Gegenteil ist möglich." Als methodisches Modell für die Gewinnung der Vernunftwahrheiten steht die Mathematik zur Verfügung, d. h. also die Vernunftwahrheiten müssen demonstriert werden in axiomatischen Systemen.

„Ist eine Wahrheit notwendig, so lässt sich ihr Grund mittels der Analyse aufzeigen, indem man sie in einfachere Ideen und Wahrheiten auflöst, bis man zu den ursprünglichen gelangt" (§33). „So werden bei den Mathematikern die theoretischen Lehrsätze und die praktischen Vorschriften vermittels der Analyse auf Definitionen, Axiome und Postulate zurückgeführt." (§34) „Man gelangt hierbei zuletzt auf einfache Ideen, von denen sich keine Definition geben lässt, wie auch auf Axiome und Postulate oder mit einem Worte: auf ursprüngliche Prinzipien, die keines Beweises fähig sind und auch keines bedürfen: es sind dies die identischen Sätze, deren Gegenteil einen ausdrücklichen Widerspruch enthält." (§35)

Nun geht Leibniz offenbar davon aus, dass aus diesen ursprünglichen Prinzipien durch Anwendung der Regeln der Schlusslogik alle weiteren, komplexeren Vernunftwahrheiten gefolgert werden können. Die Tatsachenwahrheiten sind hingegen zufällig, d. h. aus den Vernunftwahrheiten können zwar alle möglichen Welten gefolgert werden, es kann jedoch aus ihnen nicht abgeleitet werden, welche dieser Welten wirklich ist, bzw. dass überhaupt eine der möglichen Welten wirklich ist.

Zwar übersteigt die Erkenntnis aller möglichen Welten wegen ihrer unendlichen Komplexität das Fassungsvermögen jedes endlichen Verstandes. Der göttliche Verstand jedoch erkennt alle Vernunftwahrheiten und leitet aus ihnen alle möglichen Welten ab. Die Erkenntnis der Vernunftwahrheiten und das daraus erschlossene Insgesamt aller möglichen Welten wird von Leibniz in dem zu Beginn zitierten Satz, aber auch sonst, als Calculus aufgefasst. Gott vollzieht also einen Calculus, um das Insgesamt der möglichen Welten zu erkennen. Dieser Calculus ist, da zuletzt auf einem axiomatischen System der Vernunftwahrheiten gründend, als schlusslogisch verfasst gedacht.

Der göttliche Calculus allein genügt aber offensichtlich nicht. Sondern es muss hinzugefügt werden: „Et cogitationem exercet". Erst dann entsteht die Welt. Nach Leibniz müssen wir nämlich in Gott streng zwischen Gottes Verstand und Gottes Willen unterscheiden. Der göttliche Calculus wird vom göttlichen Verstand vollzogen. Aber der göttliche Wille ist der Grund dafür, dass überhaupt eine der möglichen Welten zur Existenz gelangt, und der göttliche Wille wählt die wirkliche Welt aus.

Aber der göttliche Wille will nicht blind, sondern geleitet durch Erkenntnisse, welche der göttliche Verstand begründet. Gott ist vollkommen – dieser Satz ist eine Vernunftwahrheit, welche der göttliche Verstand erkennt. Aus der Vollkommenheit Gottes lässt sich ableiten, dass Gott die vollkommenste aller möglichen Welten will. Vollkommen sind jedoch die unvollkommenen Monaden umso mehr, je mehr sie Gott ähnlich sind. Daher will Gott auf Grund seiner Vollkommenheit jene der möglichen Welten, in welcher die endlichen Monaden die maximal mögliche Vollkommenheit erreichen. Diese Welt ist trotz ihrer unvermeidlichen Unvollkommenheit vollkommener als die Nichtexistenz aller Welten: daher will Gott, dass überhaupt eine Welt existiert, und weiters will er, dass die beste aller möglichen existiert. Da der Wille Gottes zugleich allmächtig ist (dieser Satz ist eine weitere Vernunftwahrheit), tritt die von Gott gewollte Welt auch tatsächlich ins Dasein.

Sosehr Leibniz bedacht ist, den Graben zwischen Vernunft- und Tatsachenwahrheiten und ebenso den zwischen Gottes Verstand und Gottes Wille nicht einzuebnen, so könnte man doch auch ein Kontinuum zwischen Gottes Verstand und Gottes Willen sehen. Denn ex definitione verlässt ja der schaffende Gott nicht die Straße der Vernunft. Daher wurde ja auch in der philosophischen Tradition verschiedentlich behauptet, dass Gottes Denken eo ipso schon Schaffen ist.

Jedenfalls können wir zusammenfassend feststellen: Die Ontologie Leibniz' ist durchgängig schlusslogisch strukturiert. Wie steht es aber bei Leibniz mit dem Problem der Letztbegründung? Wenn Leibniz behauptet, dass die elementaren Grundbegriffe einfach und also einer Definition weder bedürftig noch fähig sind, wenn er weiters behauptet, dass die aus solchen einfachen Begriffen gebildeten ursprünglichen Prinzipien zwar als Axiome Grundlage aller Beweise, aber selbst eines Beweises weder bedürftig noch fähig seien, so scheint er auf den ersten Blick die Möglichkeit von argumentativer Letztbegründung zu leugnen, und für diese ersten Grundlagen der Vernunfterkenntnis eine Art von Evidenz anzunehmen.

Allerdings behauptet Leibniz, dass das Gegenteil der ursprünglichen Prinzipien einen Widerspruch enthalte. So wäre also der Aufweis dieses Widerspruchs zugleich eine Art Beweis der ursprünglichen Prinzipien. Dieser Widerspruch sei offenbar, weil die ursprünglichen Prinzipien „identische Sätze" seien. Das kann wohl nicht heißen, dass sie Tautologien sind; denn Tautologien sind überhaupt keine Aussagen.

Leibniz' Konzept der einfachen Begriffe und der ursprünglichen Prinzipien erinnert an Platons Konzept der *„symploké tôn megíston genôn"*, der Verflechtung der allgemeinsten Gattungen, beim Platon der Dialoge *Parmenides* und *Sophistes*, sowie an die daran anschließenden weiterführenden Überlegungen von Proklos, der ja auch einen Kommentar zur euklidischen Geometrie geschrieben hat und dadurch wegweisend für das methodische Prinzip, „more geometrico" zu argumentieren, geworden ist.

Bei Platon und Proklos werden die allgemeinsten Begriffe und die durch Selbst- und wechselseitige Prädikation derselben gebildeten ursprünglichen Prinzipien auf sich selbst angewandt, wobei die Forderung besteht, dass sie nur dann gültig sind, wenn bei ihrer Selbstanwendung kein Selbstwiderspruch auftritt. Möglicherweise ist mit „identischen Sätzen" letztlich gemeint, dass ursprüngliche Prinzipien ohne Selbstwiderspruch auf sich selbst anwendbar sein müssen. Soweit mir bekannt ist, können wir hinsichtlich des historischen Leibniz solche Fragen nicht klären, da er die projektierte Characteristica universalis ja nie ausgeführt hat.

Platon hat im Dialog *Parmenides* an einigen Beispielen nachgewiesen, dass die Selbstanwendung der allgemeinsten Begriffe zu unvermeidbaren Selbstwidersprüchen führt. Die Interpretation dieses Dialogs ist sehr umstritten. Vielleicht würden wir klarer sehen, wenn Platon den projektierten Dialog *Philosophos* hätte ausführen können. Mir sind keine Stellungnahmen Leibniz' zu den Problemen der Selbstanwendung der obersten Gattungen und der daraus folgenden Selbstwidersprüchlichkeit derselben bekannt.

Leibniz hatte ja das Programm, das System der Vernunftwahrheiten nach dem Muster bereits bestehender algebraischer Theorien zu formalisieren. Leibniz hat dieses Programm nicht durchgeführt. Aber gegen Ende des 19. Jahrhunderts und im Laufe des 20. Jahrhunderts ist es gelungen, die Logik zu formalisieren und sämtliche mathematische Theorien auf eine grundlegende Theorie, die Theorie der Klassen und Mengen, zurückzuführen. Dabei haben sich prinzipielle

Grenzen jeglicher Formalisierbarkeit gezeigt, aus denen wir heute wissen können, dass dieses Programm Leibniz' nicht durchführbar ist.

Leibniz hat selbst davon gesprochen, dass es „zwei Labyrinthe der Philosophie" gäbe: das Problem des Kontinuums und das Problem der Freiheit. Es ist nun interessant, dass es genau diese Probleme sind, an welchen sich die Grenzen möglicher Formalisierung zeigen, zumindest, wenn man den Gedanken des Logikers und Philosophen Ulrich Blau folgt. In einem kleinen Dialog *Zenon* läßt Ulrich Blau diesen sagen:

> Logisch-mathematische Strukturen sind und bestehen aus Objekten mit *ganz bestimmter* Identität: a = a oder a ist nicht b, *tertium non datur*. Solche Objekte gibt es, so weit wir wissen, weder physisch, in Raum und Zeit, noch psychisch, in der Zeit, sondern nur im zeitlosen Universum der reinen Mengen. Raum und Zeit und die Dinge in Raum und Zeit haben, so weit wir wissen, keine scharf getrennten Teile, weder endlich noch unendlich viele, weder Punkte noch Intervalle noch sonstige Strukturen. Das ist die dunkle gemeinsame Vermutung von Heraklit, Parmenides und Platon und vermutlich die Lösung meiner Paradoxien *sub specie aeternitatis*.[1]

Analog zu dieser Problematik des echten Kontinuums der Anschauung ist das mentale Kontinuum, welches sich für die formale Reflexionslogik beim sogenannten epistemischen Lügner („Diesen Satz glaube ich jetzt nicht") zeigt: hier lassen sich keine wohlgeordneten Reflexionsstufen mehr unterscheiden, sondern im mentalen Kontinuum des „Ich denke" fallen sich denkendes und von sich gedachtes Ich zusammen und sind nicht mehr säuberlich auf getrennten Reflexionsstufen festzuhalten.[2]

Wenn sich also durch die Errungenschaften von Logik und Mathematik im 20. Jahrhundert unverrückbar und definitiv gezeigt hat, dass Denken nicht vollständig formalisierbar ist, so müssen wir dennoch zugleich feststellen, dass es nichtformalisiertes Denken mit verbindlichen Resultaten geben muss, weil Formalisierung selbst nur durch solches Denken möglich ist. Denn wenn wir eine formalisierte Sprache festsetzen, wenn wir die Liste der Zeichen und die syntaktischen Regeln sowie die Axiome festsetzen, dann müssen wir uns in einer Sprache verständigen, die selbst nicht formalisiert ist und auch nicht formalisiert werden kann, die aber dennoch zu verbindlichen und konsensfähigen Argumenten in der Lage ist. Die von Platon erstmals aufgeworfenen Probleme der

---

1 Ulrich Blau: Zenon, in: *Wiener Jahrbuch für Philosophie*, Band XXII/1990, Wien 1991, 47.

2 Vgl. Ulrich Blau: *Die Logik der Unbestimmtheiten und Paradoxien*, Heidelberg 2008, 583ff.

philosophischen Letztbegründung gehen über die Möglichkeiten der Formalisierung hinaus und thematisieren deren Voraussetzungen, sie wurden in einer nicht formalisierten Sprache formuliert und sind gleichwohl einer argumentativen Prüfung mit Aussicht auf begründeten Konsens fähig.

Wenn Ulrich Blau seinem fingierten Dialogpartner Zenon die Berufung auf Parmenides und Platon in den Mund legt, so deutet er damit einen historischen Sachverhalt an, der sich durch die philosophiehistorische Forschung erhärten lässt.

Platons Konzept der Selbst- und wechselseitigen Anwendungen der allgemeinsten Allgemeinbegriffe (der „größten Gattungen") würde, wollte man es formalisieren, in Cantors Antinomie der Allklasse führen. Die verschiedenen Axiomensysteme für eine Theorie der Mengen und Klassen, die seither vorgelegt wurden und sich allgemeiner Anerkennung erfreuen, waren gezwungen, Klassen und Mengen so zu definieren und durch Axiome zu regeln, dass diese Selbstanwendung und somit der durch sie entstehende Selbstwiderspruch verhütet wird. Das bedeutet, dass formalisiertes Denken eingeschränkt ist, und somit nicht alles Denken formalisiert werden kann. Nichtformalisiertes Denken läßt sich jedoch nicht so, wie das bei formalen Systemen in der Logik und Mathematik mit Recht der Fall ist, gegen Widersprüche, Vagheiten und Begriffsverschiebungen vollständig schützen. Da Platon keine eingeschränkte Theorie beabsichtigt, so ist sein Konzept auch heute sicher nicht in einer formalisierten Theorie darstellbar. Daher müsste man, wollte man es ausformulieren, eine nicht formalisierte Sprache verwenden, welche Widersprüche, Vagheiten und Begriffsverschiebungen nicht vollständig vermeiden kann, vielmehr zulassen muss, soweit als nötig, und vermeiden soll, soweit als möglich, d. h. also eine Sprache, welche methodisch kontrollierte Widersprüche und Vagheiten zulässt und einsetzt, wie das vor allem Hegel vorgeführt hat. Im Dialog *Parmenides* sehen wir, dass Platon bestrebt war, das Entstehen unvermeidbarer Widersprüche aufzuzeigen. Der Dialog *Sophistes* belegt, dass Platon ebenso wie Aristoteles die universelle Gültigkeit des Satzes vom ausgeschlossenen Widerspruch lehrte. Wie der Dialog *Philosophos* mit dieser Frage umgegangen wäre, kann man nur vermuten. Ich könnte mir aber vorstellen, dass Platon ähnlich wie Aristoteles und schon der Dialog *Sophistes* nicht bei einer Vorwegnahme der Dialektik Hegels gelandet wäre, sondern dass er die Einführung von Hinsichten, wie schon im Dialog *Sophistes* angedeutet, für ausreichend gehalten hätte, um die Widersprüche des Dialogs *Parmenides* einer widerspruchsfreien Klärung zuzuführen. Natürlich war Platon weder mit den Überlegungen Hegels noch mit der Logik und Mathematik des 20. Jahrhunderts konfrontiert. Da wir jedoch philosophische Antworten auf diese beiden Herausforderungen finden müssen, wird Platons vermutliche Lösung zwar Grundlage für unsere Lösung bleiben, aber nicht ausreichen, sondern eines weiteren Ausbaus bedürfen.

> Durch die Erkenntnis der notwendigen Wahrheiten und durch ihre Abstraktionen werden wir auch zu den reflexiven Akten erhoben, die uns den Gedanken „Ich" fassen und Betrachtungen darüber anstellen lassen, dass dieses oder jenes „in uns" ist. Indem wir unsere Gedanken auf uns selbst richten, richten wir sie auch auf das „Sein", auf die „Substanz", auf „Einfaches" und „Zusammengesetztes", auf „Unendliches" und selbst auf „Gott", insofern wir das, was in uns beschränkt ist, in ihm als unbeschränkt begreifen. Jene reflexiven Akte liefern somit die Hauptgegenstände unseres Vernunftgebrauches.
> (Leibniz: *Monadologie*, §30)

Vermutlich denkt Leibniz bei der Formulierung „reflexive Akte" nicht an die Beziehung allgemeinster Begriffe auf sich selbst, wie dies Platon im Dialog *Parmenides* thematisiert hatte, sondern lediglich an das jeden Gedanken begleitende Bewusstsein, dass dieser Gedanke mein Gedanke ist. Interessant ist aber die Formulierung, dass wir durch die Erkenntnis der notwendigen Wahrheiten und deren Abstraktionen allererst zu den reflexiven Akten „erhoben" würden. Man wird dabei an den Aufbau von Hegels *Wissenschaft der Logik* erinnert. Diese geht ja aus von den inhaltsärmsten und abstraktesten logischen Bestimmungen. Durch dialektische Anreicherung wird zuletzt der Ichbegriff logisch konstituiert. Den gegenteiligen Weg nimmt Fichtes *Wissenschaftslehre* von 1794. Hier werden aus dem sich selbst setzenden Ich nach und nach alle Kategorien abgeleitet.

Man kann sagen, dass Kant einerseits an die Erkenntnistheorie Leibnizens anknüpft, andererseits die Konsequenzen aus der Einsicht in die Unmöglichkeit der Formalisierung der Transzendentalphilosophie zieht. Er zieht daraus folgende Konsequenzen: Erstens zeigt sich für ihn die Unmöglichkeit, das in der Anschauung in Raum und Zeit präsente Kontinuum zu intellektualisieren. Er trennt daher Verstand und Anschauung. Zweitens begrenzt er auch die Reichweite des Verstandes, welcher ebenso wie die Anschauung nicht in der Lage ist, die Wirklichkeit an sich zu erkennen, jedoch in der Lage ist, Erscheinungen für das endliche Erkennen zu objektivieren. Wie Leibniz im §30 der *Monadologie* sind sowohl Verstand als auch Anschauung bei Kant auf die Einheit des endlichen Ich bezogen. Wir gelangen auf diese Weise zu objektiver Erkenntnis der Erscheinungen, d. h. der Wirklichkeit, wie sie für jedes endliche Ich erscheint. Die Wirklichkeit an sich, d. h. die Wirklichkeit aus der absoluten Perspektive Gottes, ist für uns unzugänglich.

In der *Kritik der reinen Vernunft* B 39/40 schreibt Kant:

> Der Raum wird als eine unendliche gegebene Größe vorgestellt. Nun muß man zwar einen jeden Begriff als eine Vorstellung denken, die in einer unendlichen Menge von verschiedenen möglichen Vorstellungen (als ihr gemeinschaftliches Merkmal)

> enthalten ist, mithin diese unter sich enthält; aber kein Begriff als ein solcher kann so gedacht werden, als ob er eine unendliche Menge von Vorstellungen in sich enthielte. Gleichwohl wird der Raum so gedacht (denn alle Teile des Raumes ins Unendliche sind zugleich). Also ist die ursprüngliche Vorstellung vom Raume Anschauung a priori und nicht Begriff.

Das zitierte Argument Kants entspricht genau dem von Ulrich Blau im Aufsatz *Zenon* vorgetragenen Gedankengang. Denn, wenn wir die reellen Zahlen konstruieren, so müssen wir von einem ersten Element ausgehen und diesem zwei nachfolgende Elemente folgen lassen und diesen Vorgang ins Unendliche wiederholen. Das heißt aber, dass wir das sogenannte Kontinuum aus exakt abgegrenzten Elementen sukzessive herstellen. Das reale Kontinuum hat aber keine abgrenzbaren Elemente und wird nicht sukzessive durch wohl unterscheidbare und gegeneinander abgrenzbare Schritte sukzessive hergestellt, sondern ist immer schon zugleich da und hat in sich keine klar abgrenzbaren Elemente und Abschnitte. Obwohl weder Platon und Aristoteles noch Kant Kenntnis von der heutigen Theorie der Klassen und Mengen und von den Sätzen Gödels hatten, so hat man doch schon in der Antike die Grenze formalisierbaren Denkens intuitiv eingesehen.

Wenn Leibniz im zitierten §30 der *Monadologie* ausführt, dass wir durch die reflexiven Akte auch Gott erkennen, „insoferne wir das, was in uns beschränkt ist, in ihm als unbeschränkt begreifen", so folgt ihm Kant auch darin. Allerdings sieht er die Schranke, durch die unser endliches Ich zum Unterschied vom göttlichen beschränkt ist, nicht wie Leibniz vorwiegend quantitativ, sondern vor allem prinzipiell: während in unserer Erkenntnis Verstand und sinnliche Anschauung getrennt sind, ist in Gott beides vereinigt: Gott erkennt durch intellektuelle Anschauung bzw. anschauenden Verstand, weiters sind in Gott auch Erkenntnis und Wille eins. Daher lesen wir auch im §76 der *Kritik der Urteilskraft*, dass in der intellektuellen Anschauung Gottes die Kategorien der Modalität in eins zusammenfallen, in absolute Wirklichkeit. Nur Gott ist daher in der Lage, die Dinge an sich zu erkennen.

Diese Ansichten geben Kant auch die Möglichkeit, auf Voltaires Verspottung der Leibnizschen *Theodizee* in einer Weise zu antworten, welche Leibnizens Auffassung, dass die wirkliche Welt die beste aller möglichen sei, im Resultat, wenn auch nicht in allen Teilen der Argumentation Recht gibt. Kant glaubt nämlich nicht wie Leibniz, dass wir grundsätzlich in der Lage wären, Gottes Calculus nachzurechnen, mit dessen Hilfe er berechnet, dass z. B. die beste aller möglichen Welten die Opfer des Erdbebens von Lissabon inkludiert, dass die beste aller möglichen Welten auch inkludiert, dass dieses kleine Kind in Auschwitz zu Tode gequält und ermordet wird, weil jede andere mögliche Welt noch mehr

Übel enthielte. Vielmehr können wir in Ermangelung einer intellektuellen Anschauung dies alles nicht im Einzelnen nachrechnen und verstehen, dürfen aber postulieren, dass der Tod durch Verschüttung in Lissabon und die Ermordung in Auschwitz die beste aller möglichen Lösungen ist, zumal wir ja nach Kant zugleich ein unsterbliches Leben nach dem Tode postulieren müssen, welches zu erkennen ebenso unser Erkenntnisvermögen mangels intellektueller Anschauung übersteigt.

Kurt Walter Zeidlers *Grundriß der transzendentalen Logik*[3] knüpft einerseits an Kants Kritik an und baut auf dessen Positionen auf: so ist Zeidler z. B. von der Vollständigkeit der Kategorientafel Kants überzeugt. Andererseits sieht sich Zeidler jedoch genötigt, von einigen Überzeugungen Kantens abzurücken und diese zu kritisieren. So versucht er, Kants „Auseinanderreissung" von Verstand und Sinnlichkeit zu widerlegen. Stattdessen geht seine transzendentale Logik von der Einheit der Vorstellung im Begriff aus. Begriffe bringen ja Vorstellungen aller Art zur Einheit, mögen diese nun Anschauungen oder untergeordnete Begriffe oder beides sein.

Zum Unterschied von der formalen Logik greift die transzendentale Logik für Zeidler Denkformen nicht einfach als gegebene Objekte auf, sondern zeigt, wie das Denken seine Formen produktiv generiert. Der Anfang dieser Genese ist Denken als Einheit von Vorstellungen überhaupt: dies ist der Begriff.

Wenn man Verstand und Anschauung nicht auseinanderreißt, sondern als ursprüngliche Einheit begreift, dann sind die Denkformen zugleich Anschauungsformen. Einen ersten Schritt in diese Richtung hat Kant ja durch seine Lehre vom Schematismus getan. Die Schemata bei Kant entsprechen Stück für Stück den zwölf Kategorien. Jedoch sind sie nur Schemata der Zeit. Für Zeidler ist das inkonsequent. Es ist erforderlich, den Zeitschematismus durch einen Raumschematismus zu ergänzen. Weiters hat der Schematismus dann, wenn man Denken und Anschauung nicht auseinanderreißt, sondern als ursprüngliche Einheit begreift, nicht mehr die Aufgabe Anschauung und Denken, die zuerst getrennt wurden, hinterher wieder zusammenzuknüpfen, sondern ursprünglich differenzieren sich Denken und Anschauung durch dieselben Formen, die uns im Denken als Kategorien, in der Anschauung aber als Schemata des Raumes und der Zeit begegnen.

Kant ist nach Ansicht Zeidlers in den Fehler der Auseinanderreißung von Verstand und Anschauung gestolpert, weil er das Denken einseitig vom Urteilen her auffasst. Im Urteil, welches entweder wahr oder falsch ist, vergleicht jeweils

3 K. W. Zeidler: *Grundriß der transzendentalen Logik*, Cuxhaven 1992.

ein Ich seinen Urteilsinhalt mit einem Gegenstand. Hier sind Subjekt und Objekt einander gegenübergestellt. Deshalb sind dem Urteilen auch die kantischen Kategorien Realität und Negation zugeordnet, verbunden mit den von Kant vergessenen, aber bei Aristoteles wohl bedachten Kategorien Tun und Leiden. Daher kann im Urteil in der Differenz von Subjekt und Objekt die Theorie der Anschauung verknüpft werden mit der Theorie des Handelns und ist der Raum zentriert auf das Hier des handelnden Ich schematisiert als Richtungsraum, die Zeit aber schematisiert als Handlungszeit.

Kant verharrt nach Zeidler auf der Position des Urteils und konstruiert fälschlicherweise die Kategorientafel ausschließlich auf Grund seiner Analyse der Urteilsformen. Vielmehr müssen vor allem die grundlegenden Denkformen Begriff, Urteil und Schluss durch das Denken generiert werden. Diese Genese beginnt für Zeidler, wie schon gesagt, mit der Einheit der Vorstellung, in welcher Denken und Anschauung, Subjekt und Objekt, unmittelbar eins und verbunden sind. Das Denken kann sich aber nicht auf diese Einheit beschränken, denn sonst würde es der schon in dieser Einheit vereinigten Mannigfaltigkeit nicht gerecht. Dieses Heraustreten der Differenz aus der ursprünglichen Einheit des Begriffs ist sodann das Urteil, durch welches sich Tun und Leiden, Realität und Negation, Subjekt und Objekt voneinander scheiden und aufeinander durch Beachtung des Satzes vom zu vermeidenden Widerspruch beziehen. Aber auch hierbei kann das Denken nicht stehen bleiben, sondern es muss die Funktion der Einheit des möglichen Urteils im Denken herstellen: dies ist der Schluss. Hier erst, also nicht wie bei Kant durch einen bestimmten Aspekt der Urteilsform, werden die Kategorien der Relation vom Denken generiert. Der Schlussform entspricht im Raumschematismus die Verallgemeinerung des Richtungsraumes zum dreidimensionalen Raumkontinuum und die Verallgemeinerung der Handlungszeit zur Zeitordnung des Früher-Zugleich-Später. Hier ist die Ichzentriertheit im Hier und Jetzt von Richtungsraum und Handlungszeit aufgehoben in die allgemeinverbindliche Ordnung des Raumes und der Zeit. Zum Abschluss der Genese der Denkformen muss das Denken nach vollzogenem und im Schluss vollendetem Durchgang durch seine selbsterzeugten Differenzierungen die Einheit des Denkens als viertes Moment im Denken selbst generieren und damit thematisieren und differenzieren, wodurch einerseits die Kategorien der Modalität, andererseits die Schemata der modalen Raum- und Zeitinbegriffe erzeugt werden.

Wenn man dieses System von Zeidlers transzendentaler Logik zu Grunde legt, so kann man nachvollziehen, dass Zeidler daran Anstoß nimmt, dass Kant und Leibniz das Denken primär als Ich-denke verstehen: denn dadurch bleibt die auch von ihnen vorausgesetzte Einheit von Subjekt und Objekt stets eine subjektive Einheit von Subjekt und Objekt, welche daher notwendigerweise als Ich im Hier und Jetzt verharrt, also stets perspektivische Erscheinung von ihrem point de vue her erkennt. Daraus folgt das Postulat eines idealen Ich (Gott), welches nicht eingeschränkt ist durch einen bestimmten point de vue sondern in seinem absoluten point de vue alle möglichen points de vue nicht nur umfasst, sondern zugleich auch begründet.

Für Zeidler reduziert dieser Standpunkt das Denken auf eine seiner Ebenen, nämlich auf die Ebene des Urteils. Denn hier gilt im Raum- und Zeitschematismus die Positioniertheit im jeweiligen point de vue, und hier ist das Subjekt dem Objekt, auf welches es sich aktiv und passiv bezieht, gegenübergestellt, und kann die Einheit von Subjekt und Objekt jeweils nur partiell im unendlichen Streben nach Wahrheit in Befolgung des Satzes vom zu vermeidenden Widerspruch herstellen. Erhebt man sich mit Zeidler über die Ebene des Urteils auf die Ebene des Schlusses, dann ist die ursprüngliche Einheit von Subjekt und Objekt wieder hergestellt, ohne dass man zu diesem Zweck auf ein transzendentes absolutes Ich rekurrieren muss.

Was könnte man zugunsten der Monadologie Leibnizens und auch Kantens dieser Kritik entgegenhalten?

Dass Kant das Urteil und seine Form auf das „ich denke“ bezieht, lässt sich gut begründen. Da jedes Urteil den Wahrheitsanspruch stellt und stellen muss, so lässt sich die Frage nicht abweisen: „Wer sagt denn das?“. Wenn nun die Antwort ist: „NN sagt das“ oder „Wir sagen das“, dann folgt die weitere Frage: „Wer sagt, dass NN das sagt?“ bzw. „Wer sagt, dass ich das sage?“. Dies führt in einen unendlichen Regress, der sich nur an einer Stelle beenden lässt: Denn zuletzt ist die Antwort: „Ich sage, dass…“. Fragt man: „Wer sagt, dass ich das sage?“, dann ist die Antwort wieder: „Ich sage, dass ich das sage“. Nur hier endet der unendliche Regress bzw. wird aufgehoben in der Selbstbezüglichkeit des „Ich sage“.

Die Unvermeidbarkeit des Ichbezuges zeigt sich aber nicht nur bei den Urteilen, sondern auch bei den Schlüssen. Denn, wenn ich sage: „Alle Menschen sind sterblich“ und du sagst „Sokrates ist ein Mensch“, so bin weder ich noch du logisch gezwungen, zu sagen: „Sokrates ist sterblich“. Nur wenn ich sage: „Alle Menschen sind sterblich“ und ich sage: „Sokrates ist ein Mensch“, nur dann bin ich logisch gezwungen, zu sagen: „Sokrates ist sterblich“.

Das Problem dabei ist, dass das Ich, auf welches alle Denkformen bezogen sind, selbst jeder Formalisierbarkeit widerstrebt, wie sich am epistemischen Lügner zeigt, und dass die Urteile des Ich sich zuletzt auf ein Kontinuum beziehen, welches sich ebenfalls jeder Formalisierbarkeit entzieht. Daher ist es nicht gestattet, die logischen und mathematischen Formen einfach zu ontologisieren. Vielmehr muss man davon ausgehen, dass das ursprüngliche Subjekt-Objekt in sich widerspruchsvoll und vage ist, zugleich aber permanent bestrebt, seine Widerspruchsfreiheit und Wohldefiniertheit herzustellen, was immer nur partiell gelingt.

Obwohl Leibniz irrtümlich geglaubt hatte, dass sich diese primäre *Aóristos Dyás* letztlich vollständig formalisieren lässt, ist es von der eben vorgeschlagenen Ontologie einer nur werdenden Widerspruchsfreiheit und Exaktheit doch sinnvoll die Einheit des Subjekt-Objekts als Einheit von vagen und widerspruchsvollen Perzeptionen zu denken und davon auszugehen, dass der Appetitus das permanente Streben der Herstellung von Widerspruchsfreiheit und Exaktheit ist. Die jeweilige Unvollkommenheit dieses Strebens in jedem seiner Stadien hat die Annahme eine Vielheit von solchen Subjekt-Objekt-Monaden zur Folge. Die unüberwindbare Endlichkeit all dieser Monaden lässt sich nur formulieren, wenn man sie mißt am Ideal einer absolut unbeschränkten Monade, in welcher übrigens in Übereinstimmung mit dem §76 der *Kritik der Urteilskraft* die Formen der Modalität koinzidieren. Will man erklären, wie diese einzelnen Monaden dennoch in einem Kosmos zusammen existieren, dann muss man die absolut schrankenlose Monade zugleich als Grund aller beschränkten Monaden postulieren.

Es ist einleuchtend, dass der so ontologisch postulierte Perspektivismus der endlichen Monaden in Erkenntnistheorie und Ethik nicht zu relativistischen Resultaten führt. Denn sowohl von den Voraussetzungen Leibnizens her, als auch von der kritisch restaurierten Monadologie Kants her lässt sich die Nichtrelativierbarkeit der logischen, mathematischen und empirischen wissenschaftlichen Erkenntnisse und der grundlegenden Normen des Rechts und der Moralität begründen.

Eine Alternative zur von Kant im §76 der *KU* postulierten Koinzidenz der Modalitätskategorien und der Freiheit hat Hegel vorgeschlagen. Er beschränkt diese Koinzidenz auf das im Sichdenken die logischen Formen erzeugende Ich überhaupt, dass sich dann sein Gegenüber, die Natur, gegenüberstellt: in der Natur aber fallen die Kategorien der Modalität auseinander und Raum und Zeit sind bloße begrifflose Äußerlichkeit. Hier sorgt Gott natürlich nicht für die einzelnen Haare auf unseren Köpfen, so wie Leibniz und Kant glauben, sondern die empirischen Iche sind gehalten, die Zärtlichkeit für das Individuum zu überwinden und sich in die Straße der Vernunft einzuordnen und in der Ergebung in diese ihre wahre Freiheit zu finden.

Kurt Walter Zeidler sieht in diesem Konzept ebenfalls eine nur subjektive Einheit von Subjekt und Objekt wie bei Kant und übt daher auch an dieser Alternative Kritik. Wie dem auch immer sei: jedenfalls hat Kurt Walter Zeidler recht mit der Prognose, dass das empirische philosophische Denken sich nicht beruhigen würde, selbst wenn es jemandem gelänge, die endgültige und absolut wahre Lösung zu entdecken und darzulegen. Immer wieder werden wir von neuem die alten ewigen Fragen hin und her wälzen.

Literaturverzeichnis

Blau, Ulrich: Zenon, in: *Wiener Jahrbuch für Philosophie*, Band XXII, 1990, Wien 1991.

Blau, Ulrich: *Die Logik der Unbestimmtheiten und Paradoxien*, Heidelberg 2008.

Kant, Immanuel: *Gesammelte Schriften*, hrsg. v. der Königlichen Preußischen Akademie der Wissenschaften, 29 Bde., Berlin 1900ff.

Leibniz, Gottfried Wilhelm: *Die philosophischen Schriften*, hg. von C. J. Gerhardt, Hildesheim 1961.

Zeidler, Kurt Walter: *Grundriß der transzendentalen Logik*, Cuxhaven 1992.

Hans Martin Dober (Tübingen)

Die Metapher der Höhle

Ihre Bedeutung für einen Begriff der Kultur

Denn eben wo Begriffe fehlen, /
Da stellt ein Wort zur rechten Zeit sich ein.[1]

Die Sprache ist voll von Metaphern, diesen „indirekten Darstellungen", diesen „Übertragungen der Reflexion über einen Gegenstand der Anschauung auf einen ganz andern Begriff, dem vielleicht nie eine Anschauung direkt korrespondieren kann".[2] Metaphern gewinnen ihre Bedeutung in rhetorischem und poetischem, und in einem übertragenen Sinne im ästhetischen Gebrauch überhaupt, ohne dass sich darin ihre Bedeutsamkeit erschöpfte. Denn das metaphorische Vermögen wurzelt in früheren, tieferen Schichten menschlich symbolisierenden Verhaltens als in der propositionalen Sprache.

In seiner genealogischen Perspektive hat Nietzsche dem metaphorischen Verhalten des perzipierenden Menschen einen früheren, elementareren Stellenwert eingeräumt als der Begriffsbildung. Der „Trieb zur Metaphernbildung", so schreibt er in seiner frühen Schrift *Über Wahrheit und Lüge im außermoralischen Sinne* (1873), sei ein „Fundamentaltrieb des Menschen, den man keinen Augenblick wegrechnen kann, weil man damit den Menschen selbst wegrechnen würde".[3] Zu sehen sei das „im Mythus und überhaupt in der Kunst",[4] in dem Bereich, in dem „die originalen Anschauungsmetaphern" (Nietzsche: *KSA* I, 883) ihren Ort haben. Doch auch der „Sprachbildner", der mit Worten arbeitet und damit die Bedingungen schafft, Begriffe hervorzubringen, bildet zuerst einmal einen „Nervenreiz in Lauten" ab (Nietzsche: *KSA* I, 878). Hierbei wendet er schon ein doppeltes metaphorisches Verfahren an: „Ein Nervenreiz, zuerst übertragen in ein Bild! Erste Metapher. Das Bild wieder nachgeformt in einen Laut!

1 Goethe: *Faust I*, Vers 1995f.

2 Immanuel Kant: *Kritik der Urteilskraft*, Frankfurt a.M. 1974, B 257.

3 Friedrich Nietzsche: *Über Wahrheit und Lüge im außermoralischen Sinne*, in: *KSA I*, Berlin/N.Y. 1967–77, 887.

4 Ibid.

Zweite Metapher. Und jedesmal vollständiges Überspringen der Sphäre, mitten hinein in eine ganz andre und neue."[5]

Nietzsche hat mit trefflicher „Intuition"[6] die kulturanthropologische Dimension berührt, in der der Stellenwert und die Funktion der Metapher von späteren Autoren beschrieben und bestimmt worden sind. Er hat die Frage aufgeworfen, ob dem spielerischen Assoziieren nicht schon *vor* der Übersetzung in den Begriff eine „welterschließende und eben dadurch befreiende Kraft"[7] eigener Art zukommt, aber er hat sie noch nicht zufriedenstellend beantwortet. Hierbei mag ihm sein „erkenntnistheoretischer Nihilismus" im Wege gestanden sein, dem zufolge es

> zwischen zwei absolut verschiedenen Sphären, wie zwischen Subjekt und Objekt, [...] keine Causalität, keine Richtigkeit, keinen Ausdruck [gibt], sondern höchstens ein *ästhetisches* Verhalten, ich meine eine andeutende Uebertragung, eine nachstammelnde Uebersetzung in eine ganz fremde Sprache: wozu es aber jedenfalls einer frei dichtenden und frei erfindenden Mittel-Sphäre und Mittelkraft bedarf.[8]

In der Tat: Metaphern zu bilden, wenn man sie als spezifische Sprachformen des Vergleichs begreift, gehört in den Bereich des „ästhetischen Verhaltens", das auf der „produktiven Einbildungskraft" beruht, mit welcher Kant sich in der *Kritik der Urteilskraft* auseinandergesetzt hat. Auch „die Struktur von Kunstwerken [gleicht] der Struktur von Metaphern".[9]

---

5 Nietzsche: *KSA* I, 879. Wenn man die Differenz zwischen „Nervenreiz" und „chemischem Prozess" einklammert – beides sind somatische Zusammenhänge –, hat Nietzsche hier die metaphorische Leistung präformiert, die sich in Freuds späterem Ausdruck „Seele" wiederfinden lässt. Denn der Wiener Psychoanalytiker verwendet ihn als vorläufige Bezeichnung für das, „was sich als chemischer Prozess unserer reellen Analyse noch zu weit, vielleicht endgültig entzieht". Das sei ein bei Freud „nur gelegentlich" angedeuteter „Sachverhalt", „aber doch deutlich genug" (H. Blumenberg: *Die Lesbarkeit der Welt*, Frankfurt a.M. [9]2014, 343).

6 D.i. der Terminus, den er selbst dem „Begriff" gegenüberstellt (Nietzsche, *KSA* I, 888), dieser Entfärbung und Abkühlung der Eindrücke (vgl. ibid., 881), diesem „knöchernen" (ibid., 882) Instrumentarium des erkennenden Geistes.

7 K. W. Zeidler: *Grundlegungen. Zur Theorie der Vernunft und Letztbegründung*, Wien 2016, 56.

8 Zeidler: *Grundlegungen*, 55, zit. Nietzsche, *KSA* I, 875.

9 A. Danto: *Die Verklärung des Gewöhnlichen. Eine Philosophie der Kunst*, Frankfurt a.M. [9]2018, 252–315, bes. 266, 264, 287 u.ö. Das wird nicht nur für die Bildenden Künste gelten können, sondern auch für die Musik (vgl. D. Schnebel: „Sagbar – unsagbar. Gedanken zum Wesen der Musik", in: H.M. Dober/F. Th. Brinkmann (Hg.): *Religion. Geist.Musik. Theologisch-kulturwissenschaftliche Grenzübergänge*, Wiesbaden 2019, 127–135, 135)

Doch der große Skeptiker Nietzsche hat – so Kurt Walter Zeidler – „aus einer zutreffenden Diagnose vorschnell falsche Schlüsse" gezogen, als er empfahl, „dass der Mensch sich als Subjekt […] verg[esse]".[10] Das liegt Ernst Cassirer ferne, der die aufgeworfenen Fragen auf das bei Nietzsche schon anklingende „radikale" Verständnis der Metapher zurückgeführt hat, demzufolge die „Übertragung" zweier „Inhalte" sinnlicher Anschauung diese – wie die „Sprachbildung" überhaupt – bedingt. Die ästhetische Metapher nicht nur in ihrer sprachlichen, sondern auch in ihrer bildlichen Form verweist aber auf eine noch grundlegendere „‚Intensivierung' der Sinnesanschauung" durch „Übertragung" und Vergleich, wie sie Cassirers Analyse der „Grundschicht des mythischen Denkens und Fühlens" sich erschloss.[11]

Dass auch schon die Kunst am Mythos arbeitet, obwohl sie in ihm wurzelt,[12] ist für Cassirer zum Ansatzpunkt seiner Philosophie der Kultur geworden.[13] Diese Arbeit beginnt mit der subjektiven Sicht auf die Wirklichkeit, die sich dann – sei es in der bildenden Kunst, sei es in der Wortkunst – perspektivisch in den Werken zu sehen und zu hören gibt. So eröffnet schon das Bild die „Sicht" des Künstlers auf seinen Gegenstand,[14] wie naturgetreu auch immer dieser dann dargestellt wird oder auch nicht, und insofern ist das genuine Bild immer schon

---

10 K. W. Zeidler: *Grundlegungen*, 55.

11 Vgl. E. Cassirer: Sprache und Mythos, in: ders., *Gesammelte Werke*, Hamburg, 1998–2009 [= ECW] Bd. 16, 301–303

12 H. Cohen hat nicht erst in seiner *Ästhetik* dieses doppelte Verhältnis der Kunst zum Mythos anhand unterschiedlichster Formen analysiert, sondern auch in der *Ethik*. Schon in der antiken Tragödie habe sich der Held in einem spontanen Ereignis aus Freiheit gegen das Schicksal erhoben und so den Willen überhaupt erst zur Entdeckung gebracht. Der Held der Tragödie sei „zwar ein Geschöpf des Schicksals", bleibe dies aber nicht. Damit ist „das Problem des Willens" aufgestellt (H. Cohen: *Ethik des reinen Willens,* Werke Bd. 7, Hildesheim/Zürich/New York 2008, 110) und eine Arbeit am Mythos in Gang gesetzt, die im Medium der Kunst ihren Anfang nahm.

13 „Das künstlerische Schaffen, insbesondere die bildende Kunst, ist für Cassirer das Paradigma für die ‚Erzeugungsweisen des Bewusstseins', die er später ‚symbolische Formen' nennen wird" (K. W. Zeidler: *Provokationen. Zu Problemen des Neukantianismus*, Wien 2018, 215–240, hier 224f.).

14 K. W. Zeidler: *Provokationen*, 225. Cassirer geht von einer „*Synthesisfunktion* des Bildes und Symbols [aus], die von vornherein jede schlichte zweistellige Repräsentations- und Abbildtheorie der Erkenntnis ad absurdum führt" (ibid. 226). Vgl. auch A. Danto: *Die Verklärung des Gewöhnlichen,* 255: „Eine Hauptaufgabe der Kunst mag gerade darin bestehen, die Welt weniger darzustellen, als sie vielmehr in einer Weise darzustellen, die uns veranlaßt, sie mit einer bestimmten Einstellung und in einer besonderen Sicht zu sehen."

mehr gewesen als ein bloßes Abbild. Schon der frühe Höhlenmaler muss ein „geistiges Gesicht" in sich getragen haben, das *eidos* von der Gestalt etwa eines Bisons, der ihm an Ort und Stelle nicht Modell stehen konnte. Das Bild als Form, die „gleichsam nur das biologische Strukturbild dar[stellt]", ist aber die Voraussetzung dafür, „die Idee, zunächst als *Gestalt*" zu entdecken.[15]

Dichten und Denken stehen zwar in einem unauflöslichen Spannungsverhältnis, insofern das Denken sich kritisch gegen den Mythos stellt, den es mit den Mitteln des Logos in seine Schranken zu weisen bemüht ist, zugleich aber der Gleichnisse als ausgeführter Metaphern bedarf, um die Entdeckung der Idee so verständlich wie möglich mitzuteilen.[16] Auch die „psychologische" Betrachtung dieses Spannungsverhältnisses durch Hermann Cohen lässt sich als Spur zu einer kulturtheoretischen Erörterung der Metapher lesen, welche schon auf anthropologische Zusammenhänge verweist, die später von Hans Blumenberg ausgearbeitet worden sind. Ihm zufolge können Metaphern *Bedeutsamkeit* stiften, um so dem „Absolutismus der Wirklichkeit"[17] zu widersprechen. Bedeutsamkeit wäre die Kategorie, die auf allen Entwicklungsstufen des menschlichen Geistes, der durch das in der Welt Begegnende affiziert wird und es in symbolischen Formen erfasst, dieses Verhalten überhaupt als solches zu unterscheiden erlaubte von einem noch-nicht-menschlichen, und also eine anthropologische Kategorie.

Auf dem Hintergrund dieser Skizze eines kulturtheoretisch und anthropologisch erweiterten Metaphernbegriffs wende ich mich im Folgenden Zeidlers Interpretation des platonischen Höhlengleichnisses zu, um sie mit den „Höhlenausgängen" Blumenbergs in ein Gespräch zu bringen.[18] Dieses Werk ist an „Übertragungen" reich, die das weite Feld des Menschlichen erschließen, sofern es sich in kulturellen Phänomenen manifestiert. Diese Übertragungen verweisen stets auf die vielfältige metaphorische Fähigkeit des Menschen als eines „animal symbolicum".[19]

15 H. Cohen: *Ästhetik des reinen Gefühls Bd. 1*, Werke Bd. 8, Hildesheim/Zürich/New York 2005, 22.

16 Vgl. zum Verhältnis von Dichten und Denken bei Platon: H. Cohen: *Die platonische Ideenlehre, psychologisch entwickelt* (1866), neu abgedruckt in: ders.: *Werke Bd. 12* [= *Kleinere Schriften I*], bearb. v. H. Wiedebach u. H. Holzhey, Hildesheim/Zürich/New York 2012, 101–191.

17 H. Blumenberg: *Arbeit am Mythos*, Frankfurt a.M. ^{4}2014, 9ff.

18 H. Blumenberg: *Höhlenausgänge*, Frankfurt a.M. ^{5}2016.

19 E. Cassirer: *An Essay on Man. An Introduction to a Philosophy of Human Culture*, New Haven/London 1944, 26.

Das platonische Höhlengleichnis in der Perspektive der *Grundlegungen*

In seiner Auslegung hat Zeidler exemplarisch gezeigt, wie sich der Begriff durch seine Interpretation der Metapher zu bewähren vermag. Dieser erkenntnistheoretischen Arbeit am Mythos folgend kann man fragen, ob die platonische Höhle überhaupt einen Ausgang hat, wenn sie denn der Ort ist, an dem in aller Kultur- und Bildungsarbeit auch die Philosophen tätig sind, die sich in ihren Diskursen um Metaphysik und Postmetaphysik üben, um Systeme ebenso bemüht wie um deren Kritik. Aus diesen Diskursen, so scheint es, gibt es keinen Ausweg – es sei denn, man interpretiert ihn mit Zeidler als „Überstieg von der metaphysischen Ideenschau zu einer Logik der Ideenverknüpfung",[20] die Platons „Schüler Aristoteles zur Syllogistik ausgestalten wird".[21] Mit dieser Antwort hat Zeidler das Höhlengleichnis auf einen Begriff gebracht, der ihm Bedeutung im Zusammenhang schlusslogischer Letztbegründung verleiht. Angesichts aller möglichen Schattenspiele innerhalb muss der logische „Sinn der Welt" deutlich genug „außerhalb der Höhle liegen".[22]

Lässt aber nicht die „Logik der Ideenverknüpfung", wie sehr sie auch auf die *Grundlegungs*bedürfnisse antwortet, Fragen der *Vermittlung* offen – und mit ihnen den Gebrauch von Metaphern, die Arbeit an ihrer Bildlichkeit und an der sich stellenden Herausforderung, mit dem begrifflich nicht einholbaren Rest ihrer Vieldeutigkeit einen vernünftigen Umgang zu pflegen? Verhielte es sich so, wäre die Höhle nicht „nur" eine Metapher, die in eigentlicher Rede auf ihren Begriff gebracht ihren Mehrwert ihm gegenüber verlöre. Die Höhle wäre ein Gleichnis für die Wirklichkeiten, in denen wir leben, und diese Wirklichkeiten gäbe es für uns ohne die Medien der Vermittlungen nicht – nicht ohne den „symbolischen Anthropomorphismus", von dem auch Kant wusste.[23]

Mit Zeidlers Auslegung ist jedenfalls die Mehrdeutigkeit der Metapher nicht letztlich reduziert, denn die Höhlen-Metapher gestattet andere Deutungen.[24] Man könnte mit Arthur C. Danto fragen, ob diese „bekannteste der rhetorischen

---

20 K. W. Zeidler: *Vermittlungen*, 89. Vgl. ders., *Grundlegungen*, 264.

21 Zeidler: *Vermittlungen*, 90.

22 Ibid., 87.

23 I. Kant: *Prolegomena zu einer jeden zukünftigen Metaphysik,* Akademie-Ausgabe Bd. 4, hg.v. K. Pollock, Hamburg 2001, 357. Vgl. dazu: B. Dober: *Ethik des Trostes. Hans Blumenbergs Kritik des Unbegrifflichen,* Weilerswist 2019, 120–130.

24 K. W. Zeidler: *Vermittlungen*, 75.

Tropen"[25] nicht insofern auf die schlusslogische Ideenverknüpfung zugleich bezogen bliebe und von ihr zu unterscheiden ist, als sie „als rhetorische Figur eines unvollständigen Schlusses" verstanden werden kann, „dem entweder der Vorsatz oder die Konklusion mangelt".[26] Die Metapher „wäre dann eine Art elliptischer Syllogismus mit einem fehlenden Glied und somit eine enthymemische Konklusion",[27] d.h. ein „verkürzter Syllogismus".[28] Zur Interpretation des Höhlengleichnisses im Sinne einer „Logik der Ideenverknüpfung" bliebe sie „ein Phänomen des *Kontrastes*"[29] ähnlich wie das Phänomen eines „Bildes im Bild".[30] Dieser dem platonischen Höhlengleichnis immanente Kontrast gewönne umso mehr an Bedeutung, als die Einsicht ernst zu nehmen ist, dass Kultur durch symbolisches Handeln entsteht und Erkenntnis nur in ihren „provisorischen Heimstätten" gedeihen kann,[31] der Kultur, in der (im Verlauf ihrer Geschichte mehr oder weniger intensiv) die Frage nach dem *Prinzipiellen* mit der nach der *Erfahrung* untrennbar verwoben ist, auch der des Regresses, der Fragwürdigkeit und des Bruchs.[32]

Der metaphorische Mehrwert an Bedeutung

Die Metapher begegnet uns in den kultivierten Kommunikationsweisen, gewissermaßen oberhalb ihres mit Nietzsche und Cassirer angesprochenen „radikalen" Verständnisses, als eine sprachliche Form, die Aristoteles im Unterschied zur auf Wahrheit verpflichteten Philosophie dem Bereich der *Rhetorik* (und der *Poetik*) zugeordnet hat. Während der Dichter oder der Redner Gebrauch von „uneigentlichem Ausdruck zur Bezeichnung eines Sachverhalts" mache,[33] sei es

25 A. Danto: *Die Verklärung des Gewöhnlichen*, 256.

26 G. Boehm: „Die Wiederkehr der Bilder", in: ders. (Hg.), *Was ist ein Bild?* München 1994, 28 – mit Bezug auf A. Danto: *Die Verklärung des Gewöhnlichen*, 258ff.

27 A. Danto: *Die Verklärung des Gewöhnlichen*, 260.

28 Ibid., 259

29 Vgl. G. Boehm: *Die Wiederkehr der Bilder*, 29.

30 G. Boehm: Die Bilderfrage, in: ders., *Was ist ein Bild?* 325–343, bes. 332.

31 K. W. Zeidler: *Vermittlungen*, 291.

32 Vgl. dazu Cassirers Antwort auf G. Simmels *Der Begriff und die Tragödie der Kultur* (1911): Cassirer: Die ‚Tragödie der Kultur' (1942), in: *ECW* 24, 467f. (zit. nach K.W. Zeidler: *Provokationen*, 239).

33 E. Jüngel: Metaphorische Wahrheit. Erwägungen zur theologischen Relevanz der Metapher als Beitrag zur Hermeneutik einer narrativen Theologie, in: *Entsprechungen: Gott – Wahrheit – Mensch. Theologische Erörterungen*, München 1980, 103–157, hier 118.

dem Denker bzw. dem Philosophen um die eigentliche Bedeutung der Bilder, Worte und eben auch der Metaphern zu tun.

Doch schon im Ausgang von diesem aristotelischen Deutungsmuster lässt sich ein vertieftes und erweitertes Verständnis der Metapher gewinnen, das ihre Eigenart auch noch über die begrifflichen Bemühungen hinaus anerkennt, mit denen ihr „eigentlicher" Sinn bestimmt werden soll. Ich folge der Interpretation Eberhard Jüngels. Denn offensichtlich besteht die Möglichkeit nicht, „die Welt der Dinge ohne Metaphern bezeichnen (bedeuten) und aussagen zu können."[34] Zugleich wird gelten können, dass das Wahre in kunstvoll geformten Worten mitgeteilt werden muss, damit es sich durchsetzen kann.[35] Damit es gehört und verstanden wird, sollte dies auf *ansprechende* Weise geschehen.[36] „Die beste Sprache spricht nach Aristoteles [...] derjenige, der die Deutlichkeit der herrschenden, eigentlichen Bezeichnungen mit dem Reiz der Metaphern angemessen zu mischen versteht."[37]

Der metaphorische Mehrwert an Bedeutung lässt sich am Schulbeispiel des Aristoteles aufzeigen, *Achill sei ein Löwe*. Offensichtlich handelt es sich hier um „uneigentliche" Rede, denn Achill ist tatsächlich kein Löwe, sondern ein „tapferer Krieger". Eben die Eigenschaft dieses Tieres in der Wüste, besser als andere kämpfen zu können, wird metaphorisch auf Achill übertragen, „um die Rede interessanter, angenehmer zu machen".[38] Die Metapher stellt ihren Rezipienten vor die Aufgabe, ein „Mittelglied *t*" aufzufinden (und das wäre in diesem Fall die Tapferkeit eines Kriegers): „wenn *a* metaphorisch *b* ist, [muss es] irgendein *t* geben [...] derart, dass *a* gegenüber *t* das ist, was *t* gegenüber *b* ist."[39]

Wie Jüngel gezeigt hat, erschöpft sich die Bedeutung der Metapher aber nicht darin, bloßer Redeschmuck (ornatus) zu sein, der zudem seine rhetorische Funktion im Rahmen einer „Psychologie des Überzeugens"[40] gewinnt, so dass das Auffinden des Mittelglieds „den Geist zum Handeln"[41] bewegen könnte. Ihr spezieller „hermeneutischer Stellenwert"[42] geht noch über die rhetorische

---

34 E. Jüngel: Metaphorische Wahrheit, 121. Das kommt mit der Bemerkung Dantos überein, es könne „sehr wohl zutreffen, dass Rhetorik selbst bei der objektivsten Art des Schreibens unvermeidlich ist" (Ders., *Die Verklärung des Gewöhnlichen*, 253f.).

35 vgl. E. Jüngel: *Entsprechungen*, 120.

36 Ibid., 150.

37 Ibid., 124.

38 Ibid., 106f.

39 A. Danto: *Die Verklärung des Gewöhnlichen*, 260.

40 Ibid., 260.

41 Ibid., 260.

42 E. Jüngel: *Entsprechungen*, 112.

Funktion hinaus. Er erschließt sich erst der „Gleichnisfunktion“[43] der Sprache, die – wie man ergänzen könnte – in vorsprachlichen, bildlichen „Übertragungen“ und „Übersetzungen“ (Nietzsche) wurzelt. Die Gleichnisfunktion der Sprache aber reicht auch noch über das Bemühen hinaus, den Aussagen Deutlichkeit, Prägnanz und Schönheit zu verleihen.

Kraft der inhaltlichen Übertragungen im aristotelischen Verständnis verhilft die Metapher zu einem augenblicklichen Sehen, „wo die Seele jählings von Licht erfüllt wird“.[44] Eben darin besteht die Pointe einer Metapher, wenn sie denn erkannt wird. Dieses Aufblitzen im Zeitpunkt der Erkenntnis macht sie mit dem Spaß vergleichbar, der Kant zufolge „immer etwas in sich enthalten muss, welches auf einen Augenblick täuschen kann“.[45] In der Tat funktioniert die inhaltliche Übertragung im Fall eines Witzes nicht so wie im Fall der Metapher, weil dieser sie – anders als im Schulbeispiel des Aristoteles – verfremdet, etwa wenn man Achill mit einem Lamm vergleichen wollte. Kant folgend macht, dass besagter „Schein in nichts verschwindet“, die „Schwankung“ aus, welche sowohl „Ermüdung“ als auch „Aufheiterung (die Wirkungen einer zur Gesundheit gereichenden Motion)“ hervorzubringen vermag.[46]

Eine Schwankung erfährt allerdings auch der Rezipient einer Metapher, kann in ihr „doch allemal das Gemeinsame im Unterschiedenen, das Ähnliche im Unähnlichen“ aufscheinen.[47] Im Fall von Gleichnissen als ausgeführten Metaphern muss man im Spiel der Mehrdeutigkeit der Vergleiche den Sinn der Pointe manchmal erst suchen.[48] Wenn sie aber gefunden ist, wird dieses Schwanken stillgestellt. Das wird von geglückten Metaphern gelten können (wie der von Achill als einem Löwen). Doch es gibt auch (in einem ästhetischen und rhetorischen Verständnis) schlechte Metaphern, die den „Sinn für das Entsprechende“[49]

---

43 Ibid., 135.

44 Plotin, zit. bei H. Holzhey: *„Wir sehen jetzt durch einen Spiegel“ Erfahrungen an den Grenzen philosophischen Denkens*, Basel 2017, 15.

45 I. Kant: *Kritik der Urteilskraft*, B 227.

46 Ibid., B 227.

47 E. Jüngel: *Entsprechungen*, 130.

48 Das wird für nicht wenige der im Neuen Testament überlieferten Gleichnisse Jesu gelten können. So hat etwa der redaktionell bearbeitete biblische Text zuweilen die frohbotschaftliche Pointe eines Gleichnisses zerstört, wenn am Ende mit Strafen gedroht und das Verderben angekündigt wird – so im Gleichnis von der königlichen Hochzeit Mt 22, 1–14; par. Lk 14, 15–24. Vgl. auch E. Jüngel: *Unterbrechungen. Predigten IV*, München 1989, 86 (zu Mt 25, 14–30)

49 E. Jüngel: *Entsprechungen*, 127.

verfehlen, d.h. die „das Ähnliche“[50] verkennen. Auf der Seite des Produzenten, des Dichters oder Redners, ist die Suche nach einer gelungenen Übertragung dann nicht erfolgreich gewesen. Oder die „Dimension der Anrede“, um derentwillen nach Sprachbildern und Vergleichen gesucht worden war, führt „zur falschen Aussage“.[51] Metaphern können täuschen und die Sprache missbrauchen.

Doch wenn eine Metapher glückt und als solche in ihrem Mehrwert an Bedeutung verstanden werden kann, müsste sie „etwas aufblitzen lassen von der Entsprechung, die die Welt im Innersten zusammenhält“.[52] Die Unterscheidung von eigentlicher und uneigentlicher, angemessener und unangemessener Rede kehrt also auf der Ebene des poetisch bzw. rhetorisch verstandenen Metapherngebrauchs wieder, so dass man auch von einer „metaphorischen Wahrheit“ sprechen kann.[53] So verstanden sind Metaphern mehr als „uneigentliche“ Rede. Sie bringen einen Vergleich auf seine Pointe, sie kondensieren Mehrdeutigkeit in einem Bild, sie bewahren ihre Bindung an die sinnliche Welt, und verlieren sich dennoch nicht in empirischer Sinnlichkeit. Es gibt Erfahrungen, von denen ohne Metapher kaum zu sprechen ist – wie die Liebe. Dieses Phänomen ruft geradezu nach Vergleichen, die eine Ähnlichkeit benennen, diese dann aber ins Unähnliche steigern, um so dem Phänomen Bedeutung zu verleihen: „Deine Liebe ist lieblicher als Wein“, heißt es im Hohen Lied (1, 2b), oder „Dein Name ist eine ausgeschüttete Salbe“ (1, 3). Man könnte all die Metaphern dieses biblischen Buches daraufhin befragen, wie die Mehrdeutigkeit in der jeweils angesprochenen Ähnlichkeit auf eine bestimmtere Bedeutung zuläuft.

In den Bereich der Phänomene, von denen zu sprechen „eine gemäß dem Entsprechenden zu bildende Metapher notwendig“ wird,[54] gehört auch die Hoffnung auf eine Zukunft, in der Tugend und Glückseligkeit übereinstimmen. Kant hat dafür folgendes Beispiel parat:

> ‚Die Sonne quoll hervor, wie Ruh aus Tugend quillt.‘ Das Bewusstsein der Tugend, wenn man sich auch nur in Gedanken in die Stelle eines Tugendhaften versetzt, verbreitet im Gemüte eine Menge erhabener und beruhigender Gefühle, und eine grenzenlose Aussicht in eine frohe Zukunft, *die kein Ausdruck, welcher einem bestimmten Begriffe angemessen ist, völlig erreicht.*[55]

---

50 Ibid., 125.
51 Ibid., 143.
52 Ibid., 126.
53 Vgl. dazu auch: P. Ricoeur: *Die lebendige Metapher*, München 1986, 238–251.
54 E. Jüngel: *Entsprechungen*, 124.
55 I. Kant: *Kritik der Urteilskraft*, B 197; Hervorhebung H.M.D.

Schließlich gibt es Gegenstände wie das Wort „Gott“, von denen sich „überhaupt *nur* in Vergleichungen, sprich in Metaphern sprechen [lässt], obwohl sie notwendig ‚uneigentlich‘ […] sind.“[56] Die aristotelische Unterscheidung von „eigentlicher“ und „uneigentlicher“ Rede stößt hier an eine Grenze. Schon Kant zufolge ist „alle unsere Erkenntnis von Gott bloß symbolisch“ in dem Sinn, dass wir einen Begriff von ihm „nicht vermittels einer direkten Anschauung, sondern nur nach einer Analogie mit derselben“ gewinnen können.[57]

Über die Leistungen des Begriffs hinaus (der seine kontrollierende Aufgabe behält) stiften Metaphern auch als unbegriffliche Formen Sinn. Ihre Bedeutsamkeit ermöglicht es, den unentrinnbaren Zwangszusammenhang zu überschreiten, als der die Wirklichkeit erscheinen kann. Sie öffnen Türen, durch die das Licht der Freiheit zu scheinen vermag. Im Spiel zwischen Mehrdeutigkeit und Eindeutigkeit müssen die Dinge nicht so bleiben, wie sie sind – das gilt für die Mehrdeutigkeit von Metaphern überhaupt. Und es wird auch von der Metapher der Höhle gelten können, die in Platons Gleichnis nicht nur die Arbeit des Philosophen auf den Punkt bringt, der zwar um das Licht am Ausgang weiß, aber zu den anderen Höhlenbewohnern in die Tiefe zurückkehren muss. Die Höhle verweist vor dieser Festlegung der Bedeutung schon auf elementare Aspekte der Kulturentwicklung des Menschen, sie verweist auf die lebensweltlichen Anfänge aller Theorie. Auch in diesem Sinne ist die Metapher ein Spiegel, „in […] [dem] der, der sie gebraucht, seine eigene Kontur erkennt“.[58]

Das wird auch für den Philosophen gelten können. Denn die Philosophie bleibt mit den kulturtheoretisch erschlossenen Bedeutungen der Höhle verwoben, weil der Mensch sich „als Erkennender in eine Welt gestoßen [findet], die neu ist und neu bleibt […] [I]nmitten der Dinge und um sie herum [baut er] unermüdlich Welten der Kultur als *provisorische Heimstätten* […] Vielfältig sind […] die kulturellen Welten und ihre Ordnungsstrukturen.“[59]

---

56 H. Wiedebach: Stufen zu einer religiösen Metaphorik. Der ‚andere Cohen‘ in Skizzen eines Editors, in: *DZPhil* 59, 2011, 2, 295–309, 307

57 I. Kant: *Kritik der Urteilskraft*, B 257.

58 Formuliert in Anlehnung an: H. Wiedebach: *Stufen zu einer religiösen Metaphorik*, 308. Vgl. dazu auch: A. Danto: *Die Verklärung des Gewöhnlichen*, 263.

59 K. W. Zeidler: *Vermittlungen*, 290f. [Hervorhebung H.M.D.]

Die Höhle als empirische Gegebenheit, anthropologische und erkenntnistheoretische Metapher: Eine Herausforderung für die *Vermittlungen*

Blickt man in der Perspektive des Empirikers auf die Anfänge der menschlichen Kultur, führt kein Weg an der Höhle als dem frühen „Schonraum"[60] für die nicht an der Jagd teilnehmenden Mütter und der „sonst vom Jagdbetrieb Ausgeschlossenen" vorbei, die dort zu „Träumern, Erzählern, Narren, Bildermachern, Possenreißern" werden konnten,[61] zu den ersten Kulturschaffenden, wie es sich anhand der frühen Höhlenmalereien belegen lässt, etwa aus der Altsteinzeit in Altamira.[62] „Der Zusammenhang von Höhle und Bildlichkeit ist [...] [hier] von einer schönen Fasslichkeit".[63] Platon hat sich mit der „Sachhälfte" seines Gleichnisses auf diese kulturgeschichtlichen Realien bezogen – gewissermaßen als *Dichter*, der er auch war.[64] Als *Denker* hat er dann der „Bildhälfte" seiner Erzählung die Bedeutung gegeben,[65] die sein Verständnis des Philosophen auf den Punkt bringt. Es geht ihm nun um die Frage, wie Licht in das Dunkel der Höhle kommen kann, das Licht der Ideen, und letztlich der mit der Sonne verglichenen Idee des Guten. Es geht um Aufklärung inmitten des kulturellen Spiels, das in der Höhle stattfindet.

Die Gleichnisfunktion der Sprache, derer Platon sich auf der Bildebene bedient, wirkt sich schon auf der Sachebene der Höhle aus. Denn auch die Menschen fortgeschrittener Kulturen, die nicht mehr in Höhlen wohnen, sondern sich Häuser gebaut und diese zu Siedlungen verbunden haben – bis hin zur Polis –, sind den früheren Höhlenbewohnern in gewisser Weise noch ähnlich. Sie ziehen sich auf unterschiedliche Weisen in ihre metaphorischen Höhlen zurück und verlassen sie wieder, seien es die des Schlafes[66] und des Traums,[67] die der Erinnerung und der Phantasie[68] oder die „Seelentiefenhöhlen".[69] Der

60 Blumenberg, H.: *Höhlenausgänge*, 32.

61 Ibid., 33.

62 Ibid., 32.

63 Ibid., 26.

64 H. Cohen: *Die platonische Ideenlehre, psychologisch entwickelt*, 143, 180f.

65 Mit der Unterscheidung von Sach- und Bildhälfte eines Gleichnisses beziehe ich mich auf A. Jülicher.

66 H. Blumenberg: *Höhlenausgänge*, 27.

67 „Mit seinen Träumen wehrt sich jeder dagegen, zu einer Welt unerfüllbarer Wünsche ‚geboren' zu werden: zu erwachen" (Blumenberg, *Höhlenausgänge*, 68). Vgl. das Kapitel „Aus der Traumhöhle ins Labyrinth" (465ff.) und „Erfüllte Höhlenträume" (193ff.).

68 Ibid., 19, 29ff.

69 Ibid., 684ff.

„Zusammenhang von Höhle und Bildlichkeit"[70] verweist schließlich auch auf die „Kinohöhlenausgänge",[71] die sich in der „Stadt als Höhle"[72] finden, um es hier bei diesen Beispielen zu belassen.[73]

Das Gleichnis in Platons *Politeia* setzt diese kulturanthropologischen Bedeutungen voraus, ohne sie freilich schon in Blumenbergs Sinn zu interpretieren. Darüber hinaus ist die Höhle nun zur Metapher geworden für das Gros der Menschen, das in ihrer Tiefe sitzt, gebunden an ihren Platz und angewiesen auf künstliches Licht in der Dunkelheit. So bekommen sie nur Schattenbilder an der Wand zu Gesicht. „Die Gefangenen versuchen, diese Bilder und Laute [der Menschen, die hinter ihrem Rücken ... Gerätschaften hin- und hertragen] zu deuten, sie sehen aber in Wahrheit nur die Projektionen [dieser] künstlich hergestellten Gegenstände und hören nur die Stimmen derer, die diese [...] herumtragen."[74] Sie sehen nicht die Wirklichkeit als solche, sondern nur ihren Schein – als Schatten. Mit diesen Bestimmungen hat Platon die schon in anthropologischer Hinsicht stimmige Metapher der Höhle prägnant präzisiert, um auf diese Weise seinem Gleichnis die philosophische Bedeutung zu verleihen, auf die es ihm ankommt.

Einzig dem aus dem Jäger und Sammler hervorgegangenen Philosophen löst man nun die Fesseln. Widerstrebend wird er den „holprigen und steilen Ausstieg hinauf [...] an das Licht der Sonne" geführt.[75] So gewinnt er *Distanz* zum bisher unhinterfragt Selbstverständlichen und erkennt die Höhle als solche – mit allem, was sie anthropologisch bedeutet und an kulturellem Spiel bietet. An sich selbst erfährt er den Ausgang aus der selbstverschuldeten Unmündigkeit[76] in der Differenz zwischen der Realität dem „bloßen Augenschein" nach und dem „wahrhaft Realen".[77] „Ein holpriger und steiler Weg [ist das] [...], der eine Bühne kreuzt, auf der die Menschen die Artefakte herumtragen, deren Schattenbilder von den Gefangenen für real gehalten werden."[78]

---

70 Ibid., 26.

71 Ibid., 685.

72 Ibid., 76ff.

73 Als ein Beispiel für *Kinohöhlenausgänge* im Licht einer theologisch perspektivierten Kultur- und Religionshermeneutik seien meine Filmpredigten angeführt. Vgl. H.M. Dober: *Filmpredigten*, Göttingen, 2010/²2011. *Filmpredigten II*, Göttingen 2012. *Erlebnisse zu Erfahrungen bilden. Predigten mit Filmen im Gespräch*, Berlin 2016.

74 K. W. Zeidler: *Vermittlungen*, 75, mit Bezug auf Platon: *Politeia VII*, 514a-517a.

75 K. W. Zeidler: *Vermittlungen*, 76 zit. Platon: *Politeia VII*, 515e.

76 Vgl. H. Blumenberg: *Höhlenausgänge*, 90.

77 K. W. Zeidler: *Vermittlungen*, 77.

78 Ibid., 77.

Aus der Höhle als Metapher für eine Vielzahl von anthropologischen Befindlichkeiten und kulturellen Phänomenen ist ein philosophisches Gleichnis mit einer beeindruckenden Wirkungsgeschichte geworden. Ihm zufolge ist dem einen, Auserwählten, der von den Fesseln der Höhlenexistenz befreit den Weg zum Ausgang gefunden hat, das Bleiben im Sonnenlicht verwehrt, in dem er das wahre Wesen der Dinge, ihre Ideen zu schauen vermochte. Die Rückkehr ist unausweichlich – hiermit, so wird sich sagen lassen, bindet Platon den (an die praktische Frage der Regierung der Polis gebundenen) Bedeutungs-Mehrwert seines philosophischen Gleichnisses an die anthropologische Bedeutsamkeit der Metapher zurück. Die Aufklärungsarbeit den Verbliebenen gegenüber, die der Philosoph nun zu leisten hat, ist aber nicht nur aufwändig und anstrengend, sondern auch gefährlich – wie Sokrates droht auch ihm der Tod, weil die an Schattenbilder Gewöhnten sich gar nicht an ein Licht führen lassen wollen, das ihnen schmerzhafte Einsichten abverlangte, eine Veränderung des bisherigen Lebenswandels, sowie ein gutes Stück Selbstkritik. Wer in der Höhle sitzt, bleibt anfällig für Illusionen, mit denen auf den Bühnen der Kultur gespielt wird.

Die Metapher der Höhle in mythischer und religiöser Tradition

Das müsste dann auch für die religiösen Ausdeutungen der Metapher und ihrer bildlichen Darstellungen gelten – wenn man in der Höhle etwa das Grab erblicken will,[79] aus dem heraus Tote auferstehen, oder die Unterwelt, in die die Neugier treiben kann, ohne dass es einen sicheren Weg hinaus gäbe. Schon Orpheus hatte für diese Passage einen hohen Preis zu zahlen.[80] Mythisch und religiös konnotierte Bilder und Bedeutungen sind das. Mit Anklängen an solche Bilder ist dann auch das im griechisch-orthodoxen Christentum zu findende Motiv der Maria mit dem Jesuskind zu verstehen, die am Höhlenausgang sitzt. Die Geburt des christlichen Erlösers besetzt das ältere Motiv der „Göttergeburten in Höhlen“ neu,[81] das sich etwa am Dionysos-Mythos belegen lässt.[82] Der Stall von Bethlehem wäre dann nur eine „verfeinerte“ Höhle.[83]

---

79 „Das Grab […] ist Symbol der endgültigen Rückkehr an den Anfang, in die Höhle“ (H. Blumenberg: *Höhlenausgänge*, 74). Eine moderne Variante wäre die „Matratzengruft“ bei Heinrich Heine.

80 Vgl. den nach wie vor sehenswerten Film *Orphée* von J. Cocteau (F 1950). Vgl. dazu: H.M. Dober: *Erlebnisse zu Erfahrungen bilden*, 65–72.

81 H. Blumenberg: *Höhlenausgänge*, 39ff.

82 Ibid., 42.

83 Ibid., 43.

Griechische Ikone der Geburt Christi, 17. Jahrhundert[84]

Doch die Metapher der Höhle findet sich auch schon an wichtigen Stellen in der Hebräischen Bibel. Ihnen zufolge geschieht am Höhlenausgang die Gottesschau in einer eigentümlichen Differenz: so bei Mose, der wusste, dass niemand am Leben bleiben könne, der Gott von Angesicht gesehen hätte. Aus seinem Versteck in einer Felsspalte heraus vermag er den Ewigen nur zu sehen, nachdem er schon vorübergegangen ist (Ex 33,18–23). So auch bei Elia, der aus der Höhle tritt, um Gott in den Naturgewalten zu suchen, im Sturm, Gewitter und Erdbeben. Er findet ihn aber erst in der Ähnlichkeit, die das sanfte Säuseln des Windes mit der menschlichen Stimme hat (1 Kön 19, 11–13). Narrative Formen ausgeführter Metaphorik sind das, die (um es mit einer Formel Jüngels zu sagen)

84 K. Onasch, A. Schnieper: *Ikonen. Faszination und Wirklichkeit*, München 1995, 104.

in noch so großer Unähnlichkeit eine immer noch größere Ähnlichkeit auf den Punkt bringen, in der Ähnlichkeit aber zugleich die Unähnlichkeit bewahren, und mit ihr ein religiöses Spezifikum. Denn *mit wem wollt ihr denn Gott vergleichen?* (Jes 40,18). In biblischer Sprache bewährt sich die – jedenfalls mit Blick auf die Religion – unverzichtbare Bedeutung der Metapher, die weit über ihre Charakterisierung als „uneigentliche" Rede hinausgeht. Das wird – diesseits spezifisch religiöser Ausdeutungen – auch schon für die Erfahrung der Sehnsucht gelten können, die sich auf eine Ferne ausrichtet, die sie nicht erreichen, in ihren Metaphern aber diese Ferne dennoch dem Sprechenden und Hörenden nahe bringen kann.[85] In diesen Metaphern – man denke nur an das *Hohe Lied* – ist ein Umgang mit der Sehnsucht nach dem Unendlichen dokumentiert, bevor er dann die Form der metaphysischen Frage annahm, auf den auch ein nachmetaphysisches Zeitalter zurückkommen kann, ohne auf eine unredliche Weise unzeitgemäß werden zu müssen.[86]

Diese anthropologische Bedeutsamkeit eignet der Metapher als einer „unbegrifflichen" Form wie Narrationen und Legenden auch. Kraft ihrer Bedeutsamkeit entsprechen diese schon dem Bedürfnis nach Orientierung ebenso wie dem nach Trost.[87] Dieser erschließt sich aber nicht nur dem Mehrwert an Bedeutung, die einem glücklich aufgefundenen „Ausdruck" eignet, sondern durch diesen Ausdruck wird auch eine „subjektive Gemütsstimmung [...] mitgeteilt": „das Unnennbare in dem Gemütszustande bei einer gewissen Vorstellung auszudrücken und allgemein mitteilbar zu machen, der Ausdruck mag nun in Sprache, oder Malerei oder Plastik bestehen".[88]

Wollte man ein treffliches Beispiel für den Trost suchen, den Metaphern spenden können, so wäre an das „große deutsche Tröstelied" Paul Gerhards zu

---

85 Vgl. H. Cohen: *Religion der Vernunft aus den Quellen des Judentums*, Wiesbaden 1978, 434f. vgl. auch 188f.

86 Die zitierten biblischen Narrationen sind auch insofern außerordentliche Dichtungen, als sie in schwachen Spiegelungen ihrer Metaphorik bis heute zu denken geben. So hat sich etwa Heidegger – ob bewusst oder unbewusst – in seinen *Beiträgen zur Philosophie* auf den „Vorbeigang" bezogen, dem das Seiende sollte standhalten können (S. Möbuß: *Sternschatten. Martin Heideggers Adaption der Philosophie Franz Rosenzweigs*, Freiburg/München 2018, 309 zit. Heidegger). Auch der bloße Augenblick kann „vorbeigehen".

87 Für eine systematische Darstellung der Trostfunktion der Metapher vgl. B. Dober: *Ethik des Trostes*, 102–170.

88 I. Kant: *Kritik der Urteilskraft*, B 199f. In der Religionsschrift hat Kant den Symbolen explizit eine Trostkraft zugesprochen (I. Kant: *Die Religion innerhalb der Grenzen der bloßen Vernunft*, AA Bd. 6, 171; vgl. 76).

erinnern, in dessen 6. Strophe dieser Dichter der Metapher der Höhle eben jenen Gefühlston verliehen hat, der zu ihrer Trostfunktion hinzugehört: „Hoff, o du arme Seele, / hoff und sei unverzagt! / Gott wird dich aus der Höhle, / da dich der Kummer plagt, / mit großen Gnaden rücken; / erwarte nur die Zeit, / so wirst du schon erblicken / die Sonn der schönsten Freud."[89] Ohne Schwierigkeit lassen sich Momente des platonischen Gleichnisses in der Gestalt dieser Neuinterpretation der Metapher in protestantischer Frömmigkeit wiedererkennen.

Die Metapher der Höhle in narrativen Kontexten: Die Höhle als „provisorische Heimstätte"

Die Höhlen-Metapher im talmudischen Schrifttum erweitert das Spiel von *Bedeutsamkeit* und Bedeutung noch einmal. Die Höhle ist hier kein Gefängnis, sondern vielmehr Rückzugsort. In ihrem Dunkel muss das „wahrhaft Reale" nicht hinter Schattenspielen verborgen sein, aber es kann doch noch ausstehender Bestimmungen ermangeln. Zu den in der Zurückgezogenheit der Höhle diskutierten Fragen mögen zwar ebenso die metaphysischen „Einsichten über das Wesen der Welt und der Menschen und der Götter" gehören wie deren postmetaphysische Kritik,[90] die am Höhlenausgang sich stellende Herausforderung ist aber keine theoretische mehr, sondern eine praktische. Der Umgang mit dieser Differenz fordert nicht nur das Denken, sondern auch das Dichten – hier in Gestalt von Narrationen – heraus.

Mein erstes Beispiel ist die Legende aus dem Traktat Schabbat, mit der Blumenberg sein monumentales Werk zur Sache beschließt.[91] Ihr zufolge geriet

---

89 Dass Mittenwalde mit seiner St. Moritz-Kirche, der Sitz des Propstes Paul Gerhardt von 1651 bis 1657, zu einem Ziel der *Wanderungen durch die Mark Brandenburg* werden konnte – und nicht nur „Gohlis, um das Haus zu sehen, darin Schiller das Lied „an die Freude" dichtete (H. Blumenberg: *Vor allem Fontane*, Frankfurt a.M./Leipzig 2002, 99) – ist Blumenberg eine ganze Glosse wert. „Paul Gerhard hat mit seinem ‚großen deutschen Tröstelied' auch das ‚größere Lied an die Freude' gesungen – ohne Schillers Pompositát, weil er der ‚Teufel' und ‚Höhle' gedachte, bevor er ‚die Sonn der schönsten Freud' erblicken ließ" (Ibid., 102).

90 K. W. Zeidler: *Vermittlungen*, 78.

91 H. Blumenberg: *Höhlenausgänge*, 819f. zit. *Seder Moed, Traktat Schabbat* II 6 (Dt. L. Goldschmidt, [3]Königstein 1980, I 532f.). Die Schabbat-Stelle ist die Festtagslegende des Lag ba-Omerfestes. Vgl. dazu: I. M. Lau: *Wie Juden leben*, Gütersloh 2001, 274f. – E. L. Ehrmann: *Von Trauer zur Freude. Leitfäden und Texte zu den jüdischen Festen*, hg. von Peter von der Osten-Sacken, Berlin 2011, 238f. Diese Legende spielt in der Kabbala eine zentrale Rolle. (Diese Hinweise verdanke ich M. Morgenstern.)

Rabbi Simon ben Jochai nach einem Verrat seiner staatskritischen Äußerungen in Lebensgefahr.

> Da ging er hin und verbarg sich mit seinem Sohne[92] im Lehrhause; dahin brachte ihnen seine Frau täglich Brot und einen Krug Wasser, und sie speisten. Als aber [die Verfolgung] verschärft wurde, sprach er zu seinem Sohne: Frauen sind leichtsinnig; wenn man sie quält, könnte sie uns verraten. Hierauf gingen sie und versteckten sich in einer Höhle [...] nachdem sie zwölf Jahre in dieser Höhle gesessen hatten, kam Elijahu, stellte sich an den Eingang der Höhle und sprach: Wer verkündet dem Sohne Jochais, dass der Kaiser gestorben und sein Befehl [Rabbi Simon ben Jochai hinzurichten] aufgehoben ist? Darauf kamen sie heraus und sahen Leute pflügen und säen. Da sprach er [wohl Rabbi Simon]: Sie lassen das ewige Leben und befassen sich mit dem zeitlichen Leben. Jeder Ort, auf den sie ihre Augen richteten, ging sofort in Flammen auf. Da ertönte eine Hallstimme und sprach zu ihnen: Seid ihr herausgekommen, um meine Welt zu zerstören? Kehret in eure Höhle zurück. Darauf kehrten sie zurück und saßen da ein Jahr von zwölf Monaten. Sodann sprachen sie: Das Strafgericht der Frevler in der Hölle dauert ja nur zwölf Monate. Da ertönte die Hallstimme und sprach: Verlasset eure Höhle! Da kamen sie heraus. Überall, wo R. Eleasar schlug, heilte R. Simon. Er sprach zu ihm: mein Sohn, die Welt hat an mir und dir genug.[93]

Die Höhle fungiert hier als Fluchtort, nachdem sich das Lehrhaus in einer Zeit der Verfolgung als nicht mehr sicher genug erwiesen hatte. Doch dieses Versteck wird auch zum Ort des Studiums, ohne das nicht zwischen Zeitlichem und Ewigem unterschieden werden könnte. Bemerkenswerterweise ist es Elia, nach dem biblischen Narrativ erfahren in Höhlenaufenthalten und der Tradition zufolge Vorläufer des Messias (vgl. Mal 3,23), der zwischen der Außenwelt und der Innenwelt der Höhle vermittelt. Auf sein Wort hin verlassen die Studierenden ihr Refugium. Draußen vor der Höhle sehen sie nun: Das Zeitliche – die Welt der Schöpfung („meine Welt") – erfordert menschliches Kulturschaffen („pflügen und säen"). Nachdem sie sich lange Jahre um den Preis manchen Verzichts der Erkenntnis gewidmet hatten, stehen sie nun in der Gefahr, dies Zeitliche, Irdische dem Ewigen gegenüber abzuwerten, als könnte man es „in Flammen auf[gehen]" lassen. Sie vollziehen den Lernschritt, dass das Ewige sich nicht auf Fluchtwegen in der Welt durchsetzen kann, es sei denn durch Position *und* Negation, Zerstörung *und* Aufbau („schlagen" *und* „heilen").[94]

Nur ein Teil der Arbeit an der Kultur also findet in der Höhle statt – die Erkenntnis, das Studium. So sind auch „Theorien [...] Gehäuse, auf dem Rücken

92 G. Scholem zufolge ist Eleasar der Sohn von Rabbi Simon (Ders.: *Die jüdische Mystik in ihren Hauptströmungen*, Frankfurt a.M. 1980, 186).

93 Nachweis Anm. 91.

94 Alle Zitate aus: H. Blumenberg: *Höhlenausgänge*, 819f.

des geschichtlichen Schneckenganges mitgetragen; und dass sie es sind, bekundet sich an dem Energieaufwand zu ihrer Verteidigung mehr als an dem zu ihrer Erzeugung."[95] Auf die praktische Arbeit in den anderen Sphären der Kultur sind die Theorien ebenso wie die Erkenntnis am Höhlenausgang zu beziehen – auch die Theorien der Praxis, die nun erst ihre Tragfähigkeit zu erweisen haben – und d.i. seinerseits eine Herausforderung für die noch in der Höhle eingeübten Erkenntnispotentiale. Die Prüfung der Theorien im Angesicht der Praxis vollzieht sich in Konstruktion und Dekonstruktion, und tragfähige Theorien der Praxis werden sich sowohl aus Kritik und systematisierender Zusammenschau speisen.

… und als eine Passage der Kultur

Der Weg in das Leben außerhalb der Höhle erfordert aber nicht den Sprung, so wie man vom Wissen in den Glauben hat springen wollen, oder wie die Entscheidung in einem Ausnahmezustand den Sprung zu erfordern scheint, meist ohne Alternative, ohne eine Wahl. Aus einer Höhle springt man nicht. Man zieht sich in sie zurück und tritt aus ihr wieder hervor. Der Ausgang ist die Schwelle, die zu nehmen ist. Die Passage, nicht der Abgrund, nicht der garstige Graben. Sich am Höhlenausgang zu bewegen, heißt sich in den Passagen der Kultur zu bewegen – zwischen Mythos und Begriff, kulturellem Gedächtnis und aktuellem Deutungsanspruch, Theorie und Praxis. Dieser Weg setzt die „Höhlen des Lebens"[96] voraus. Der Weg über die Schwelle der Höhle als eine Passage der Kultur lässt das „Gehäuse der Reflexion"[97] für ein Kulturschaffen im Zeichen der Aktualität aber nicht vollkommen hinter sich, er vermag auch dahin zurückzuführen.

Wie die Höhlenexistenz ihre Selbstgenügsamkeit verlieren kann – das zu sehen weist eine weitere Legende den Weg. Auch sie findet sich im Talmud. Rosenzweig hat sie in einem Brief an Gertrud Oppenheim vom 5.2.1917 zitiert.

> Ein Rabbi trifft am Eingang einer Höhle den Profeten Elias […] und fragt ihn: Wo ist Messias? Drinnen in der Höhle. Da geht er hinein und findet Messias da sitzen. Da fragt er: Wann kommst du, Herr? Messias antwortet: Heute. Da geht er fröhlich heraus und wartet bis zum Abend. Als aber Messias immer noch nicht kommt, sagt der Rabbi zu Elias: Messias hat gelogen; er sagte, er käme heute. Antwortet Elias: Er meinte: ‚heute, wenn ihr auf meine Stimme hört'[98]

---

95 H. Blumenberg: *Höhlenausgänge*, 61.

96 Ibid., 9ff.

97 Ibid., 415ff.

98 F. Rosenzweig: *Gesammelte Schriften* I/1, Haag 1979, 345 zit. Traktat Sanhedrin 98a mit Bezug auf Psalm 95,7.

Rosenzweig hat diese Legende aus einem Kontext des talmudischen Traktats Sanhedrin herausgebrochen, der vielfach schon unter dem Gesichtspunkt der „künftigen Welt, der Auferstehung der Toten und der Hoffnung auf den Messias" interpretiert worden ist.[99] Es geht hier nicht um „Jenseitsfragen", denen gegenüber im Judentum „eine keusche Diskretion geübt wird",[100] sondern um die „Ankunft der messianischen Zeit", die – jedenfalls auch – vom Menschen abhängt.[101] Aus der Höhle, in der der Messias sitzt, eröffnet sich für Rosenzweig die Möglichkeit, das „heute" zu erfahren, welches er im zitierten Brief mit Blick auf die gesellschaftliche und politische Signatur der Gegenwart interpretiert.[102] Das Problem der *Vermittlung* mit dem *Grundsätzlichen*, wie es die Metapher der Passage impliziert, stellt sich auch hier. „Es steht keinem Tage an der Stirn geschrieben, ob er dieses oder jenes Heute ist": dasjenige, „das nur die Brücke zum Morgen sein will, und dem andern Heute, das das Sprungbrett zur Ewigkeit ist."[103]

Richtet man nun den Blick auf den *Stern der Erlösung*, so wird es – über die Briefstelle hinaus – deutlich genug, dass es Rosenzweig auf den Menschen ankommt, der das Wagnis eingehen muss, sein Leben zu führen. Aber die

99 Vgl. M. Morgenstern: Die künftige Welt, die Auferstehung der Toten und die Hoffnung auf den Messias. Eine Skizze zur Diskussion über die eschatologischen Vorstellungen im rabbinischen Judentum nach dem Talmud, in: Predrag Bukovec/Barbara Kolkmann-Klamt (Hg.): *Jenseitsvorstellungen im Orient*, Hamburg 2013, 351–377.

100 H. Cohen: *Religion und Sittlichkeit*, in: *Gesammelte Schriften*, Bd. 3, Berlin 1924, 98–168, hier 145.

101 E. Lévinas: *Schwierige Freiheit. Versuch über das Judentum*, Frankfurt a.M. 1992, 70–81,74.

102 Sein Beispiel ist der Zionismus als ein Phänomen der „Überschwänglichkeit", in dem das Wagnis sich zeige, das Ewige im Jetzt zu denken, das „Unendliche", das „Unbedingte" – als unbedingte Tat – im Bedingten. Er unterscheidet diese Bedeutung des „heute" von dem, was er „normal" nennt: „ein jüdisches Glück, eine jüdische Kultur, eine jüdische Nation, einen jüdischen Staat" – ein solcher Zionismus habe keine Ewigkeits-Bedeutung. Seine Wichtigkeit sei etwa der der „Börsianer [gleich], die uns einen jüdischen Reichtum schaffen". Das „friste" allerdings das Leben – ähnlich wie „der Verein zur Abwehr des Antisemitismus oder der deutschen Staatsbürger Jüdischen Glaubens", in denen durchaus „‚Funken' des messianischen ‚Heute' verstreut sein" mögen.

103 Alle Zitate aus: F. Rosenzweig: *Gesammelte Schriften*, Haag 1979, hier Bd. I/1, 344f. Mit dem Gebrauch der Metapher des Sprungs bewegt sich Rosenzweig ganz im Geist der Zeit. Doch diese Metapher hat – wie die der Höhle – bei Rosenzweig eine eigene Bedeutung. Ihm kommt es darauf an, den Tag zu ergreifen, und das schließt all die Aktivität ein, sein Leben „fristen" zu müssen. (F. Rosenzweig: *GS* I/1, 346)

Lebensführung in allen manchmal noch so verworrenen Alltagsgeschäften ist immer auf das „heute" in seinem messianisch qualifizierten Sinn zu beziehen, von dem die Legende erzählt. Ihr zufolge wird – so könnte man im Sinne philosophischer Formalisierungs- und Konzeptualisierungsbemühungen sagen[104] – die *Gegenwärtigkeit der Gegenwart* als die humane Lücke im Kontinuum der Zeit entdeckt, die durch den Anderen („seine Stimme") in ihrer diachronen und dialogischen Struktur erschlossen wird.

Doch welche Bedeutung kommt der Metapher der Höhle in der von Rosenzweig zitierten Legende zu? Man könnte meinen, der Messias verbirgt sich in einer Welt, in der nur sein Vorbote, der Elias zur Verfügung steht – einer, der auf ihn hindeutet, der das Sich-Verbergen des Messias dolmetscht und am Ende für die Pointe verantwortlich ist. Was wir unter Zukunft verstehen, hat immer mit Hermeneutik zu tun, und die neue Deutung, die uns eine Tür des Verstehens öffnet, kann selbst schon als ein Zukunft-eröffnendes Moment erfahren werden. Dank der Deutung des Elia erwacht der Rabbi dieser Legende gewissermaßen aus dem Traum seiner bisherigen Vorstellung, was auch immer er mit dem „Kommen" des Messias erwartet haben mag.

Es ist dann so wie in dem Witz, der einen Juden und einen Christen im Gespräch über ihre Paradiesvorstellungen findet. „Dann werden die himmlischen Chöre singen, und es wird sein wie bei einer großen Kantate, an der alle teilnehmen, in ewiger Freude", sagt der Christ. Und er fragt: „ist das bei Euch nicht so?" Da nimmt der Jude ihn bei der Hand und sagt: „Komm, ich zeig es Dir." Sie gehen gemeinsam eine Weile durch die Stadt, bis sie an einen kleinen Park kommen. „Das ist unser Paradies", sagt der Jude. „Aber das ist doch nur ein gewöhnlicher Stadtpark", antwortet sein christlicher Gesprächspartner, „und dazu noch ein nicht besonders schöner." „Komm, ich zeig Dir noch etwas", fährt der Jude fort. Im Garten sitzt nämlich ein alter Mann und liest in einem Buch. „Dieser Mann hat in seinem Leben alle Bücher der Welt gelesen, die er kriegen konnte", fährt er fort. – „Ja, aber warum liest er dann immer noch?" – „Nun, jetzt versteht er auch, was er liest."[105]

Entsprechend einer Interpretation, die auf diese paradiesischen Zustände noch warten muss, könnte die talmudische Legende allerdings auch noch etwas anderes bedeuten. Dadurch, dass er in der Höhle sitzt, teilt der Messias ja ein anthropologisch bedeutsames Charakteristikum mit dem Rabbi. Und d.h. er teilt die ambivalenten Konsequenzen, die schon im „Mythos vom Herauskommen

104 Vgl. dazu S. Möbuß: *Sternschatten* (s.o. Anm. 86).
105 Diesen Witz verdanke ich A. Poma.

der Menschen aus der Erdtiefe ans Licht“[106] liegen: nicht nur ist der Mensch ein Wesen, das mehr sehen will, das ruft: „mehr Licht“, sondern das sich zuweilen auch verstecken möchte und daher bittet: „nicht zu viel Licht“. Vor anderen ganz durchsichtig geworden zu sein, macht angreifbar und ist gefährlich. Deshalb bleiben die Menschen in ihrer Sehnsucht nach den Höhlenausgängen auch an diesen Rückzugsort gebunden, als eine „Zuflucht aus der Sichtbarkeit“.[107] Die Bedeutung der Höhle wäre dann ähnlich der, von der Walter Benjamin implizit gehandelt hat, als er in seinem Essay über Proust schrieb: „Das Wichtigste, was einer zu sagen hat, problematisiert er nicht immer laut.“[108] Entsprechend würde sich der Messias vor einer ihm feindlichen Welt verbergen, in der einzig die Interpretationen von der Zukunft bekannt würden, für die er steht.

Das Spiel von Sichtbarkeit und Unsichtbarkeit, Verborgenheit und Offenbarsein wäre im Kontext des „neuen Denkens“ von Rosenzweig schließlich in einem noch einmal anderen Sinn zu verstehen. Auch das Selbst der Metaethik bleibt sich in gewisser Weise verborgen, verschlossen in sich wie in einer Höhle, bevor es denn aus sich herausgerufen und zu einer sprechenden Seele werden kann.[109] Doch auch nach dieser Erfahrung der *Offenbarung* bleibt die Seele im Selbst verwurzelt. Sie spricht keineswegs unentwegt, sondern bedarf der Rückzugsorte der Einsamkeit und Stummheit. Ja, um am *Werk der Erlösung* teilnehmen zu können, muss die sprechende, im Angesicht des andern verantwortlich gewordene Seele sich der „Vorwelt“ erinnern, aus der sie kommt.[110] Auch das stumme Selbst trägt schon seine Vergangenheit mit sich herum; es hat in seiner Erinnerung mit den Schatten zu tun, die vor seinen Augen über die Höhlenwand laufen (um es mit dem platonischen Gleichnis zu sagen).

Wenn nun – auf den Spuren Rosenzweigs interpretiert – am Höhlenausgang die *Gegenwärtigkeit der Gegenwart* als solche im „heute“ zu entdecken ist, dann hat das mit einem Gewinn von Bewusstheit darüber zu tun, dass die in der Höhle wurzelnde Kulturarbeit im Erinnern des Vergangenen wie in der Hoffnung auf das „Kommen“ der Zukunft besteht: in der Spannung von „Wartenmüssen“ und Vorwegnahme.[111] Doch dieses Bewusstsein ist nicht mehr eine

---

106 H. Blumenberg: *Höhlenausgänge*, 40.

107 H. Blumenberg: *Höhlenausgänge*, 55ff.

108 W. Benjamin: *Gesammelte Schriften*, Bände I–VII, Frankfurt a.M. 1978–1989, hier: Bd. II/1, 314.

109 Vgl. hierzu die trefflichen Bemerkungen Zeidlers über das Verhältnis von Vernunft und Wort (Ders.: *Provokationen*, 259–290, hier 274–276).

110 F. Rosenzweig: *GS II*, 3ff. [Die Elemente oder die immerwährende Vorwelt].

111 F. Rosenzweig: *Kleinere Schriften*, Berlin 1937, 373–398, bes. 386f.

Sache der einsamen, nur mit sich selbst beschäftigten Vernunft. Es entsteht in kommunikativen Verhältnissen, und wenn dieser Ausdruck zu technisch klingt, lässt sich sagen: in einer Begegnung mit dem Anderen, wie die *nachträglichen Bemerkungen zum Stern der Erlösung* sie beschreiben (ebd.). In solchen Begegnungen wird die Seele allzeit erneuert geboren. Am Höhlenausgang erwacht sie gewissermaßen aus dem Traumschlaf, in den ungestört fallen zu können sie sich in die Höhle zurückgezogen hatte.

So verstanden kann es für das metaethische Selbst nach der Erfahrung der Offenbarung keine selbstgenügsame Höhlenexistenz in Einsamkeit und Stummheit mehr geben. Ihr Ausgang führt ins Leben in jedem Augenblick des Erwachens aus dem Traum, der aus der Tiefe der Seele hervorgeht. Das „Heute" ist dieser Ausgang, an dem sich die Aufgabe stellt, von der Christian Morgenstern einmal sehr schön gesagt hat: „Es ist viel schwerer, einen Tag von Anfang bis Ende in voller Aufmerksamkeit durchzuhalten als ein Jahr in großen Absichten und hochfliegenden Plänen."[112]

Literaturverzeichnis

Benjamin, Walter: *Gesammelte Schriften*, Bände I–VII, Frankfurt a.M. 1978–1989.

Blumenberg, Hans: *Vor allem Fontane*, Frankfurt a.M. u. Leipzig 2002.

Blumenberg, Hans: *Die Lesbarkeit der Welt*, Frankfurt a.M. ⁹2014.

Blumenberg, Hans: *Arbeit am Mythos*, Frankfurt a.M. ⁴2014.

Blumenberg, Hans: *Höhlenausgänge*, Frankfurt a.M. ⁵2016.

Boehm, Gottfried (Hg.): *Was ist ein Bild?*, München 1994.

Bukovec, Predrag, Kolkmann-Klamt, Barbara (Hg.): *Jenseitsvorstellungen im Orient*, Hamburg 2013.

Cassirer, Ernst: *Gesammelte Werke*, Hamburg 1998–2009.

Cohen, Hermann: *Werke*, Hildesheim/Zürich/New York 1987–2012.

Cohen, Hermann: *Religion der Vernunft aus den Quellen des Judentums*, Wiesbaden 1978.

---

112 *Evangelisches Gesangbuch*. Ausgabe für die Evangelische Landeskirche in Württemberg, Stuttgart 1996, 1177.
Ich danke Benjamin Dober für die kritische Durchsicht des Textes, manche erhellende Diskussion und vor allem für den Hinweis auf das vertiefte Verständnis der Metapher durch Cassirer.

Danto, Arthur C.: *Die Verklärung des Gewöhnlichen. Eine Philosophie der Kunst*, Frankfurt a.M. 92018.

Dober, Benjamin: *Ethik des Trostes. Hans Blumenbergs Kritik des Unbegrifflichen*, Weilerswist 2019.

Dober, Hans M.: *Filmpredigten*, Göttingen 2010/22011.

Dober, Hans M: *Filmpredigten II*, Göttingen 2012.

Dober, Hans M: *Erlebnisse zu Erfahrungen bilden. Predigten mit Filmen im Gespräch*, Berlin 2016.

Ehrmann, Elieser L.: *Von Trauer zur Freude. Leitfäden und Texte zu den jüdischen Festen*, hg. von Peter von der Osten-Sacken, Berlin 2011.

Evangelisches Gesangbuch. Ausgabe für die Evangelische Landeskirche in Württemberg, Stuttgart 1996.

Goethe, Johann Wolfgang von: *Faust 1. Der Tragödie erster Teil*, Ditzingen 1992.

Goldschmit, Lazarus (Üs.): *Seder Moed, Traktat Schabbat* II 6, 3Königstein 1980.

Holzhey, Helmut: „*Wir sehen jetzt durch einen Spiegel*" *Erfahrungen an den Grenzen philosophischen Denkens*, Basel 2017.

Jüngel, Eberhard: *Entsprechungen: Gott – Wahrheit – Mensch. Theologische Erörterungen*, München 1980.

Jüngel, Eberhard: *Unterbrechungen. Predigten IV*, München 1989.

Kant, Immanuel: *Gesammelte Schriften*, hg. v. der Königlichen Preußischen Akademie der Wissenschaften, 29 Bde., Berlin 1900ff.

Lau, Israel M.: *Wie Juden leben*, Gütersloh 2001.

Lévinas, Emmanuel: *Schwierige Freiheit. Versuch über das Judentum*, Frankfurt a.M. 1992.

Möbuß, Susanne: *Sternschatten. Martin Heideggers Adaption der Philosophie Franz Rosenzweigs*, Freiburg/München 2018.

Nietzsche, Friedrich: *Sämtliche Werke*, Kritische Studienausgabe in 15 Bänden (*KSA*), hg. von Giorgio Colli und Mazzino Montinari. München/New York 1980.

Onasch, Konrad, Schnieper, Annemarie: *Ikonen. Faszination und Wirklichkeit*, München 1995.

Ricoeur, Paul: *Die lebendige Metapher*, München 1986.

Rosenzweig, Franz: *Gesammelte Schriften*, Haag 1976–1984.

Rosenzweig, F.: *Kleinere Schriften*, Berlin 1937.

Schnebel, Dieter: Sagbar – unsagbar. Gedanken zum Wesen der Musik, in: Dober, H.M./Brinkmann, F. Th. (Hg.): *Religion.Geist.Musik. Theologisch-kulturwissenschaftliche Grenzübergänge*, Wiesbaden 2019, 127–135.

Scholem, Gershom: *Die jüdische Mystik in ihren Hauptströmungen*, Frankfurt a.M. 1980.

Wiedebach, Hartwig: Stufen zu einer religiösen Metaphorik. Der ‚andere Cohen' in Skizzen eines Editors, in: *DZPhil* 59, 2011.

Zeidler, Kurt Walter: *Grundlegungen. Zur Theorie der Vernunft und Letztbegründung*, Wien 2016.

Zeidler, Kurt Walter: *Vermittlungen. Zum antiken und neueren Idealismus*, Wien 2016.

Zeidler, Kurt Walter: *Provokationen. Zu Problemen des Neukantianismus*, Wien 2018.

Kurt Walter Zeidler (Wien)

Anmerkungen zur ,Schlußlogischen Letztbegründung'

Der Dank an alle, die zu dieser ,Festschrift' beigetragen haben, ist vor allem abzustatten durch die Suche nach Antworten auf Einwände und Fragen, die in den unerwartet zahlreichen Beiträgen formuliert wurden. Aus unterschiedlichen und teils gegensätzlichen Blickwinkeln formuliert, bezeugen die kritischen Anfragen und Einwände ein erfreulich lebendiges Interesse an prinzipientheoretischen Problemen. Gleiches gilt für die Beiträge, die weniger der Kritik, als der Darstellung und Kommentierung meiner Arbeiten gewidmet sind. Ihre Anzahl und Qualität erlauben, auf eine gesonderte Selbstdarstellung zu verzichten.

Steinar Mathisen hat für die norwegische Internetzeitschrift *SALONGEN. Nettidskrift for filosofi og idéhistorie* zwei umfangreiche Rezensionen verfaßt: *Fornuften som grunn* (2018) zu den *Grundlegungen* und den *Vermittlungen*, sowie *Nykantianismen som provokasjon* (2019) zu den *Provokationen*. Die Übersetzung der ersten Rezension eröffnet glücklich den Reigen der Beiträge, da sie eine vorzügliche Einführung in meine Arbeiten bietet. Als ausgewiesenem Kenner der deutschen Philosophie ist es Mathisen gelungen, spröde und für seine Leserschaft vermutlich eher abseitige Themen meisterhaft zu vermitteln. Als Skandinavier hebt er zudem Bezüge zur zeitgenössischen englischsprachigen Philosophie hervor, welche die alberne Konfrontation von Kontinentaler und Angelsächsischer Tradition durchkreuzen. Die Konfrontation ist albern, denn sie ist Ausdruck eines Szientismus, der sich mit nationalen Untertönen vom Historizismus und Obskurantismus der ,Continental Philosophy' distanziert und dabei verkennt, daß er selbst ganz und gar dem Cartesianismus der neueren Philosophie verpflichtet ist. Denkt man in kurzen Zeiträumen und nimmt die Geschichte der Philosophie und ihrer Problementwicklungen nur selektiv zur Kenntnis, da man ihren universalen Anspruch ohnehin aufgegeben hat, entbehrt die Distanzierung leider nicht einer gewissen Plausibilität, ist die Philosophie der letzten hundert Jahre ihrem universalen Anspruch doch kaum gerecht geworden. Sie hat vielmehr versucht, im Gefolge erfolgreicher Einzelwissenschaften oder politischer Ideologien zu profitieren, sofern sie sich nicht als philologische Disziplin selbst ihre systematische Bedeutungslosigkeit bescheinigt. Der Zerfallsprozeß der Philosophie in verschiedenste Forschungsprogramme ist die Kehrseite des metatheoretischen Anspruchs und Selbstmißverständnisses, das die akademische

Philosophie spätestens seit dem Neukantianismus bestimmt. Es geht Hand in Hand mit ihrer erkenntnistheoretischen Orientierung an der Subjekt-Objekt-Differenz und ist Folge des Nominalismus, der die Philosophie der neueren Zeit schier unumschränkt beherrscht. Der Nominalismus – Mathisen hat in seinen beiden Rezensionen das Problem ausführlich diskutiert – versetzt das Subjekt in die Position des ‚unbeteiligten Beobachters', der gleichsam aus einem außerweltlichen Standpunkt über Ereignisse und Gegenstände in der Welt urteilt. Das ist genau die methodische Fiktion, von der die neuzeitliche Physik ausging oder vielmehr glauben konnte ausgegangen zu sein, nachdem sie ihre Gegenstände durch Experiment und Messung der Bedingung ihrer wiederholbaren Objektivierung unterworfen hatte. Der Nominalismus geht darum einher mit dem Szientismus und mit einem Logikverständnis, das der retrospektiven Perspektive des Beobachters angemessen ist: Logik ist für ihn Logik des Urteils. Bekanntlich vertritt auch Kant diese Auffassung. Seine gesamte Philosophie ist von nominalistischen Voraussetzungen durchtränkt, obwohl seine Frage nach dem *synthetischen Apriori* diesen Voraussetzungen widerspricht. Kant hat den Widerspruch nie durchschaut, hat sich aber unermüdlich daran abgearbeitet, sich dabei immer wieder auf halbem Wege selbst widersprochen und auf halbem Wege korrigiert. Von Kant kann man darum viel lernen und, je nach dem was man gelernt hat, aus seiner Philosophie recht unterschiedliche Lehren ziehen. –

Steinar Mathisen richtet an meinen Versuch der „Überwindung des Nominalismus [...] über rein philosophische Argumente" abschließend die Frage, ob die rein philosophischen Argumente genügen: „Wenn man bedenkt, dass die treibende Kraft hinter dem Nominalismus theologischer Natur war, ist es dann nicht naheliegend anzunehmen, dass seine Überwindung auch theologischer Natur sein muss, d.h. als Teil des Problems *Gott und Welt* begriffen werden muss?" Die Frage ist berechtigt. Wenn es mir bislang gelungen ist, den Theologen zu verbergen, muß ich nunmehr bekennen, daß ich mein Leben lang theologische Traktate geschrieben habe. Darin unterscheidet sich der Idealismus ja grundsätzlich von dem heute gängigen Philosophieverständnis, daß ihm der Gottesgedanke kein Thema ist, das man beliebig aufgreifen oder beiseitelassen könnte. Die drei Ideen der reinen Vernunft, Seele, Welt und Gott, sind uns nicht ‚bloße' Ideen, sondern die drei ursprünglichen Synthesisfunktionen des Begriffs, die das Selbst- und Weltverständnis erschließen. Das scheint leicht dahingesagt und am Gott des Glaubens vorbeigeredet. Aber man muß die Konsequenz der Aussage bedenken: das Selbst- und Weltverständnis wird erschlossen, nicht aber Gott. Versuchen wir ihn zu erschließen, gewinnen wir nur das *ens necessarium* und *realissimum* der Schulmetaphysik, dem seine Schöpfung wie ein Klotz am Bein hängt, sofern es nicht ohnehin ein leerer Gedanke bleibt.

Gegen diesen Gottesgedanken hat der theologische Nominalismus zurecht protestiert. Der Gott des Glaubens ist, in aller Kürze gesagt, das worin Selbst- und Weltverständnis zusammentreffen: er ist in Luthers Worten das, dem wir „von Herzen vertrauen und glauben". In die Sprache des Historikers übersetzt, bedeutet das: „Jede Epoche ist unmittelbar zu Gott" (Leopold von Ranke). Wie aber ist das in die Sprache der Philosophie zu übersetzen? Das ist die theo-logische Frage, auf die ich Antwort suchte.

Lois Marie Rendl spürt in dem umfangreichen Beitrag *Transzendentalität als Verhältnis aller Verhältnisse und Konkretisierung alles Konkreten. Zur Problementfaltung von Zeidlers Schlusslogischer Letztbegründung im Ausgang von Peirce, Hegel und Schelling,* meinen philosophischen Anfängen nach. Seine archäologische Untersuchung bringt Einflüsse und Zusammenhänge ans Licht, die mir teils im Laufe der Zeit entrückten, teils mir selbst seinerzeit kaum bewußt waren. Vor allem der von Rendl rekonstruierte Einfluß Schellings war mir nie in der Deutlichkeit bewußt, obwohl ich ihn rückblickend nicht abstreiten kann. In der transzendentalphilosophischen Tradition, die Robert Reininger an der Universität Wien begründet hatte, war Schelling unterschwellig präsent. Zunächst indirekt über den Schopenhauerianismus und die lebensphilosophischen Bezüge im Denken Reiningers, sodann verstärkt durch das naturphilosophische Interesse seines Schülers Erich Heintel und dessen Hinwendung zum Deutschen Idealismus. Der latente Schellingianismus dieser Wiener Tradition manifestierte sich sodann in den Arbeiten von Heintels Schülern Erhard Oeser und Wolfdietrich Schmied-Kowarzik. Da sich Oeser der Wissenschaftstheorie und Evolutionären Erkenntnistheorie zuwandte und Schmied-Kowarzik seine akademische Laufbahn nach Bonn und Kassel geführt hatte, fand Schelling während meines Studiums in Wien freilich nur mehr beiläufig Erwähnung und auch meine Schelling-Lektüre blieb kursorisch. Gleichwohl habe ich da und dort Argumente Schellings übernommen, die meine eigene Argumentation stützten. Das läßt nachträglich auf eine tiefere Verbundenheit mit Schellings Denken schließen, als mir damals bewußt war. Da wir ohnehin nur das verstehen, was wir selbst denken, ist im Reich des Geistes das Eigene vom Angeeigneten nicht zu trennen und ist jeder Gläubiger wie Schuldner. Und so kann ich Rendl nicht zustimmen, ihm aber auch nicht widersprechen, wenn er feststellt, die „Philosophie Schellings ist [...] der programmatische Leitfaden, anhand dessen Zeidler, ausgehend von der von Peirce und Hegel übernommenen begriffsrealistischen und schlusslogischen und damit *dialektischen* Interpretation der *ursprünglich synthetischen Einheit der Apperzeption*, daran geht, Kants *Transzendentale Analytik* systematisch zu rekonstruieren."

Für mich greifbarer ist der Bezug, den Rendl zwischen Schellings Philosophie und den programmatischen Schlußworten meiner *Transformationen der Logik* (Rendl, Anm. 103) herstellt. Für Rendl „ist ersichtlich, dass ‚*das Zeichen das Realität ist*, der *existierende Begriff*', der ‚*in actu* mediationis sich *offenbart* als Wirklich' und insofern ‚Gegenwart der Vermittlung' ist, von dem Zeidler spricht [*Grundlegungen*, 84], nichts anderes ist als das, was Schelling Gott nennt, die *reine Wirklichkeit* als ‚über die Vernunft Hinausgehendes' und ‚allem Denken zuvorkommendes Seyn', die sich in der Erfahrung offenbart und in dieser gegenwärtig ist." Ein ‚über die Vernunft Hinausgehendes' und ‚allem Denken zuvorkommendes Seyn' hatte ich dabei nicht im Sinn, aber eine „*Logik der Offenbarung*", die „der als Erscheinung bestimmten Idee und der als Idee offenbarten Erscheinung" bedarf. Das ist ein Gedanke, der durchaus der Programmatik Schellings entspricht, obgleich ich ihn wohl weniger Schelling als dem Versuch der Vermittlung zwischen dem Hegelschen Idealismus und dem Peirceschen Pragmatismus verdanke. Wichtiger als eine letztlich nur hypothetisch zu rekonstruierende Chronologie gedanklicher Anregungen und Einflüsse, ist jedoch der Gedanke selbst. Und an dem habe ich immer festgehalten: an einer Prinzipientheorie von systematischer Strenge, die der Offenheit des menschlichen Selbst- und Weltbezugs und mit ihr dem ‚Staunen' keinen Abbruch tut, das nach Platon der Ursprung aller Philosophie ist.

Der Gedanke scheint die Vereinbarung von Unvereinbarem zu fordern und verlangt doch nicht mehr als das Begreifen der *Identität von Denken und Sein*, von der wir jederzeit unbefangen ausgehen, die uns aber jedesmal entwischt, sobald wir versuchen, ihrer habhaft zu werden. Diese Paradoxie läßt vermuten, daß die Identität von Denken und Sein nicht auf der Ebene der Gegenstandserkenntnis festzumachen ist. Die Vermutung hat vordergründig nur weitere Paradoxien provoziert. Sie motivierte die Unterscheidung zwischen den Gründen und den Gegenständen der Erkenntnis: zwischen den Ideen und den Dingen (Platon) oder den Dingen-an-sich und den Erscheinungen (Kant). Die Unterscheidungen bieten freilich keine Lösung, sind vielmehr nur andere Beschreibungen der Paradoxie, die sie zu einer Zwei-Welten-Theorie fest- und fortschreiben. Viele sehen darin den Ertrag des antiken und des neueren Idealismus. So gesehen, wäre der Idealismus tatsächlich die alberne Lehre von einer metaphysischen ‚Hinterwelt' (Nietzsche), für die er so oft gehalten wird. Aber bei der schlichten Trennung von Ideen- und Sinnenwelt hat es weder Platon noch Kant belassen, haben sie doch deren Einheit und mit ihr die Identität von Denken und Sein in der *Gemeinschaft der Ideen* oder einer *apriorischen Synthesis* gesucht. Und genau da knüpft die ‚schlußlogische Letztbegründung' an: sie hat am dreifältigen Schluß die apriorische Synthesis oder Gemeinschaft der Ideen, die als Mittelbegriffe der drei Schlüsse die fundamentalen Synthesen von Regel und Fall leisten (unten, Anm. 2) und dadurch die Identität von Denken und Sein als gleichermaßen sich differenzierende wie vermittelnde Einheit erschließen. Diese ‚dialektische Einheit', diese gleichermaßen sich differenzierende wie vermittelnde Einheit und damit die sowohl zeitliche wie überzeitliche Vermittlung verschiedener Formen der Einheit zu denken, ist zweifellos schwierig. Sie berührt – in Kantischer Begrifflichkeit gesprochen – ebenso das Problem der ‚Selbstaffektion', dessen „Schwierigkeit [...] jeder Theorie gemein" ist (*KrV* B 68), wie die Auflösung der ‚Freiheitsantinomie', die „doch viel Schweres in sich [hat] und [...] einer hellen Darstellung kaum empfänglich [ist]" (*KpV* A 184; vgl. *KrV* A 532/B 560ff.), folgt zur Auflösung der Schwierigkeiten aber nicht dem Lehrbegriff des „transzendentalen Idealismus", sondern bricht die Engführung von empirischer Realität und transzendentaler Idealität auf zugunsten der auch ‚transzendentalen Realität' von Raum und Zeit, die Kant zwar nicht schlechthin verworfen, aber nur dem mundus intelligibilis zugeschrieben hatte. Die schlichte Trennung von Ideen- und Sinnenwelt, die Kant mit Rücksicht auf den Erfahrungs- und Gegenstandsbegriff der klassischen Physik vornahm, weicht damit einer differenzierteren Anschauungslehre und Ontologie (vgl. *GtL* §§ 23, 34; *Vermittlungen*, 209–298), die gleichsam den mundus intelligibilis in die Sinnenwelt zurückholt und zudem ungleich strengeren systematischen Forderungen genügt, weil die Differenzierungen in den Ideen, d.i. in den drei ursprünglichen Synthesisfunktionen des Begriffs gründen.

Größte Schwierigkeiten bereitet in dem Zusammenhang offenbar die Synthesisfunktion, die im *Grundriß* über den Satz der Identität *A ist A* und das ‚Ist der Existenz' als übergegenständliche Einheit oder ‚reine Beziehung' von Denken und Sein eingeführt wurde (*GtL* § 19): das *Sinnallgemeine* oder *universale ante rem* (*GtL* § 30), das als Mittelbegriff des abduktiven Schlusses die logische Grundhandlung der Identifikation von etwas als Fall einer Regel und eodem actu die Exemplifizierung der Regel an einem Fall leistet Die Ursprünglichkeit dieser Synthesisfunktion ist von der „Gegenwart der Vermittlung" her zu verstehen, von der „*Logik der Offenbarung*", die „der als Erscheinung bestimmten Idee und der als Idee offenbarten Erscheinung" bedarf (*Grundlegungen*, 84). Sie ist nicht zu verwechseln mit der im dreifältigen Schluß sich vollbringenden Einheit aller drei logischen Grundhandlungen, die man mit Platon die *Idee des Guten*, mit Aristoteles die *Selbstanschauung der Vernunft* (*nóesis noéseos*), mit Kant den *intellectus archetypus* und mit Hegel die *absolute Idee* nennen könnte. Ich sage bewußt, daß man sie so ‚nennen könnte', weil wir dieser *höchsten Einheit* einerseits nicht vorschreiben können, wann und wo und wie sie sich offenbart, andererseits aber fest darauf vertrauen, daß sie sich offenbart, wann immer wir etwas als Fall einer Regel identifizieren und dadurch die Regel an einem Fall exemplifizieren.[1] Die ‚schlußlogische Letztbegründung' trägt damit der Paradoxie Rechnung, daß wir jederzeit unbefangen von der *Identität von Denken und Sein* ausgehen, sie uns aber jedesmal entwischt, sobald wir versuchen, ihrer habhaft zu werden. Sie bekämpft darum entschieden jeden *Dogmatismus*, verfällt aber nicht dem *Skeptizismus*, da sie um die im dreifältigen Schluß sich vollbringende Einheit aller drei logischen Grundhandlungen weiß und daher mit dem *Idealismus* Platons die „kühne Zuversicht" teilt, „daß, wenn wir annehmen, suchen zu müssen, was wir nicht wissen, wir tüchtiger werden und mannhafter und weniger träge, als bei der Annahme, das Unbekannte sei unmöglich zu finden und daher auch gar nicht erst zu suchen" (*Menon* 86b).

Rendl bringt die eben genannten Schwierigkeiten mit Blick auf den Begriff, der als „dialektische Einheit von analytischer und synthetischer Einheit der Apperzeption […] *Erkenntnisgrund im Sinne möglicher Wahrheitsdifferenz* ist, mithin als problematische adaequatio rei et intellectus (Verstand als ‚Vermögen der Begriffe') der assertorischen Bestimmung im Urteil (Urteilskraft) und der apodiktischen im Schlusse (Vernunft) bedarf" zur Sprache: „Gerade das Verständnis dieser ‚dialektische[n] Einheit von analytischer und synthetischer Einheit der Apperzeption', d.h. des Verhältnisses der ursprünglichen Synthesishandlungen als Bedingungen der Möglichkeit der Erfahrung zu dem spontanen Verstandesgebrauch bzw. von konstitutiven und regulativen Prinzipien, das Zeidler als *Realisierung der Erfahrung* oder reflexive *Selbstauslegung der Vernunft* bestimmt, erscheint uns der schwierigste Punkt seiner *schlusslogischen Letztbegründung* zu sein. Denn wenn die Einheit von Denken und Sein, von Begriff und Anschauung, in der Abduktion bzw. dem *Begriff als Erkenntnisgrund* ursprünglich begründet ist, inwiefern ist diese dann bloß eine ‚problematische adaequatio rei et intellectus'? Wenn diese ‚adaequatio' wiederum nur ‚problematisch' ist, inwiefern ist sie dann überhaupt in dieser ursprünglichen Einheit begründet und wie kann sie sich dann überhaupt bewähren? In gewisser Weise erneuert sich hier die Frage

1 Empiristen belächeln eine solch verstiegene Redeweise. Sie sprechen in diesen Zusammenhängen von ‚Gewohnheit', ‚Instinkt', ‚Natur' etc. und haben damit insoweit recht, soweit der Mensch ein Tier ist. Als endliche Vernunftwesen wären wir hoffnungslos überfordert, folgten wir nicht in den allermeisten Fällen „der Regel *blind*" (Wittgenstein). Als vernunftbegabte Wesen sind wir aber nicht ausschließlich darauf konditioniert, den Regeln eines ‚Sprachspiels' zu ‚folgen' (vgl. *PzW*, 142); wir können Regeln hinterfragen, sie modifizieren und neue Spielregeln einführen. Vermöchten wir dies nicht, wäre nicht allein ‚Freiheit', sondern auch der ‚Fortschritt' undenkbar, auf den gerade Empiristen so großen Wert legen.

nach dem Verhältnis von transzendentalem und empirischem Subjekt bzw. von absolutem oder unendlichem und endlichem. Letztlich, so glauben wir Zeidler verstehen zu müssen, bleibt dies ein Mysterium, zwar ist die Einheit von Denken und Sein im Begriff als Erkenntnisgrund begründet, dennoch muss er als diese Einheit auch immer erst gesetzt werden bzw. sich selbst setzen, ja besteht überhaupt nur in dieser ursprünglichen Handlung, damit aber auch in der *möglichen Wahrheitsdifferenz*. Seine Wahrheit oder sein Sein besteht demnach eben nur darin, dass er sich bewährt, d.h. in seiner *Wirklichkeit*. Dennoch ist dieses *Setzen* des Begriffs eben nicht bloß *willkürlich*, sondern aller Subjekt-Objekt-Differenz vorgängig." – Wie wir an weiteren Beiträgen sehen werden, steht Rendl mit seinen Bedenken nicht allein. Vor allem „die Frage nach dem Verhältnis von transzendentalem und empirischem Subjekt" wird zur Quelle manch herber Kritik, da die ‚dialektische Einheit' von Denken und Sein der Gelehrsamkeit und dem Scharfsinn des bloßen Nachdenkens und Beobachtens verschlossen bleibt. Sie erschließt sich nur dem Selbstdenker, der sich von ihr betroffen weiß.

Dieses Wissen ist angesprochen in Rendls Rede von der ‚ursprünglichen Handlung' und dem ‚Setzen des Begriffs', das ‚aller Subjekt-Objekt-Differenz vorgängig' ist. Es ist das Wissen, das jederzeit unbefangen die *Identität von Denken und Sein* setzend voraussetzt. Darum sprach ich von seiner *möglichen Wahrheitsdifferenz* und spricht Rendl davon, daß seine Wahrheit sich zu bewähren hat. Die ‚Wahrheit, die sich bewährt', ist allerdings nur eine halbe Wahrheit. Sie ist die Halbwahrheit des Pragmatismus, die zwar den Vorzug vor anderen ‚Theorien' der Wahrheit verdient, da sie deren Prozeßcharakter betont, die aber die Momente des Prozesses und damit dessen Zeitstruktur im Dunklen läßt. Auch die gängigen ‚Wahrheitstheorien' lassen die Momente im Dunklen: Korrespondenz-, Konsens- und Kohärenztheorien der Wahrheit bemühen sich mit großem Aufwand und beeindruckendem Scharfsinn um die Klärung des Wahrheitsbegriffs, bemerken aber nicht, daß sie ihr Interesse jeweils nur einem der drei Momente zuwenden, deren Zusammen die schillernde ‚Idee' der Wahrheit ausmacht: dem objektiv-subjektiv *Zutreffenden* oder dem intersubjektiv *Geltenden* oder dem formal *Richtigen*. Schillernd ist die ‚Idee' der Wahrheit, weil sie weniger eine Idee als vielmehr ein Ideal, nämlich die Vorstellung eines definitiven Resultats aller Ideen ist, und so sind ihre drei Momente denn auch nichts anderes als die vorgestellten Resultate der drei logischen Grundhandlungen: das *Zutreffende* verdankt sich der Synthesisleistung des Sinnallgemeinen, das *Geltende* dem Repräsentationsallgemeinen und das *Richtige* dem Subsumtionsallgemeinen (*PzW*, 160 Anm.). Die ‚Wahrheit' der abduktiven Identifikation von etwas als Fall einer Regel besteht sonach nicht „nur darin, dass er [sc. der Begriff] sich bewährt", denn das Zutreffende ist jederzeit hier und jetzt für mich

‚wahr'. Das Zutreffende ist ‚wahr', weil es ‚sich offenbart'. Aufgrund seines Offenbarungscharakters ist das Zutreffende sinnstiftend. Es ist das jeglichen Sinn stiftende Resultat der Synthesisleistung des Sinnallgemeinen und ist – da das Sinnallgemeine sich selbst exemplifiziert, wann immer es etwas als Fall identifiziert – zugleich die Voraussetzung seiner Setzung. Sogenannte ‚Empiristen' und ‚Realisten' schielen nur auf die Voraussetzung und sind – das ist der Pferdefuß aller empiristischen ‚Korrespondenztheorien' – unangenehm überrascht, daß das Zutreffende aufgrund seines Offenbarungscharakters jederzeit nur hier und jetzt und für mich ‚wahr' ist. Man hat darum bisweilen sogar von einem ‚Wahrheitserlebnis' gesprochen. Das scheint eine unschickliche Redeweise, wenn man unter dem Erleben eine bloß subjektive und in sich verschlossene Privatheit versteht, die sich womöglich gar nicht mitteilen läßt. Die Befürchtung ist Folge des Nominalismus, der nur Subsumtionsallgemeines und darunter fallende ‚Gegenstände' kennt. Dieser ärmlichen Vorstellung, die sich im Horizont des neuzeitlichen Szientismus allein an Resultate der *Erkenntnis* klammert und das *Erleben* und die *Erfahrung* nachträglich an ihnen mißt, ist schon von Seiten des natürlichen Bewußtseins zu widersprechen. Seinem Widerspruch liefert die ‚schlußlogische Letztbegründung' die Begründung nach, indem sie der Offenheit des menschlichen Selbst- und Weltbezugs und darum der ‚dialektischen Einheit' von Denken und Sein Rechnung trägt.

Wolfdietrich Schmied-Kowarzik berührt in seinem Beitrag *Zur widerspenstigen Affinität von Denken und Sein*, ähnliche Themen wie Lois Marie Rendl, bringt sie aber aus einem ganz anderen Blickwinkel zur Sprache. Während ich aus Rendls Sicht ein Schellingianer bin, bedauert Schmied-Kowarzik, daß „Zeidler Hegels *Wissenschaft der Logik* erstaunlicher Weise mehr Sympathie entgegenbringt" als den vergleichbaren Bemühungen Schellings und sich trotz der „zustimmenden Berufung auf Schellings berechtigte Einmahnung der Unaufhebbarkeit der Anschauung [*Vermittlungen*, 252f.] immer wieder der hegelschen Polemik [bedient], wenn er auf Schellings Philosophie oder ähnliche und nachfolgende Ansätze (Hans Ehrenberg, Franz Rosenzweig, Franz Fischer) zu sprechen kommt, die sich ebenfalls um eine grundsätzliche Klärung der Affinität von Anschauung und Begriff bzw. von Sein und Denken bemühen." Das Bedauern mag erklären, warum mich Schmied-Kowarzik als Kantianer interpretiert, mich einleitend „in die Tradition des österreichischen Kantianismus – Alois Riehl, Richard Hönigswald, Robert Reininger" stellt und meint, ich grenzte mich „entschieden vom absoluten Idealismus ab, wie ihn Schelling und Hegel ab 1801 – mit unterschiedlichen Stoßrichtungen zwar – zu etablieren versuchten." – Was die „Tradition des österreichischen Kantianismus" betrifft, so habe ich in dieser Variante des

‚realistischen Kritizismus' (*KDT*, 65ff.) zwar Anknüpfungspunkte gefunden, aber das Entscheidende vermißt: ein ausgearbeitetes Logikkonzept, wie es Kant, Hegel oder auch Cohen vorgelegt haben. Dies erklärt meine Sympathie für Hegels *Wissenschaft der Logik*, obwohl ich in vielem der Position Schellings näher stehe. Schmied-Kowarzik rennt daher bei mir viele offene Türen ein, wenn er für Schellings Philosophie und ähnliche Ansätze bei Hans Ehrenberg, Franz Rosenzweig und Franz Fischer Partei ergreift. An seinen meisterhaften Darstellungen dieser Positionen habe ich nichts zu ergänzen und mit Bezug auf Rosenzweig nur zu bemerken, daß ich seine „drei ‚Nichtse'" (*Provokationen*, 259ff.) von vornherein als die drei Ideen der reinen Vernunft interpretierte, weil mir Rosenzweigs Reflexionen über ein „‚Kellergewölbe' aus ‚Urworten'" wenig erhellend und zielführend schienen (ebd., 282); Schmied-Kowarziks Ausführungen demonstrieren denn auch, daß das Verständnis der ‚Urworte' erheblichen interpretatorischen Aufwand verlangt.

In seiner ‚*Nachbemerkung in eigener Sache*' nennt Wolfdietrich Schmied-Kowarzik den „letzten entscheidenden Differenzpunkt", der mich aus seiner Sicht einerseits mit der Traditionslinie „von Hegel über die Kantianer Hönigswald und Reininger" verbindet, „von Schelling, Ehrenberg, Rosenzweig und Fischer andererseits grundlegend trennt." Schmied-Kowarzik versteht meine Kritik an Kants Lehre vom ‚Primat der praktischen Vernunft', sowie an der Trennung von theoretischer und praktischer Vernunft (*Vermittlungen*, 292f.), offenbar als ein Plädoyer für die Abwertung der praktischen zugunsten der theoretischen Vernunft. Dies ist keineswegs meine Intention, vielmehr spreche ich mich für beider Einheit aus und erkläre, daß Kant im Grunde genommen „die gesuchte Einheit von praktischer und theoretischer Vernunft bereits gefunden hatte, daß er die in der Formulierung des Kategorischen Imperativs vereinigten Momente der Unbedingtheit, Allgemeinheit und Gesetzmäßigkeit und die drei Ideen der reinen Vernunft nur hätte schlußlogisch vermitteln müssen, um das selbst- und letztbegründende Prinzip aller Prinzipien auszubuchstabieren und die Vernunfttheorie zu vollenden." (ebd., 293). Es liegt mir also völlig fern, „die theoretische Vernunft zur alleinigen und somit absoluten Aufgabe der philosophischen Reflexion zu erklären" und ich teile sogar ausdrücklich Schellings Kritik am Theoretizismus der Hegelschen Philosophie (vgl. ebd., 189, 203). Soweit stimme ich mit Schmied-Kowarzik überein. – Gleichwohl bleibt ein ‚entscheidender Differenzpunkt'. Dieser betrifft nicht die Hegel-Kritik Schellings oder sein philosophisches Programm, sondern dessen Durchführung. Schelling ist ein ahndungsvoller, feinsinniger, vielseitig angeregter und anregender Denker, dem es weder an Scharfsinn noch an literarischem Talent gebricht, aber er hat nie eine Logik ausgearbeitet. Seine Philosophie ist daher wesentlich eine Folge von Programmen. Programm ist auch seine ‚positive Philosophie' geblieben, der Schmied-Kowarzik insofern den Primat zuerkennt, als „sie uns – mitsamt unserer theoretischen Erkenntnis – in den Wirklichkeitszusammenhang gestellt zu thematisieren vermag, was die Vernunfterkenntnis niemals können wird." Aber wer oder was soll können, was die Vernunfterkenntnis nicht kann? Etwa ein „höherer Geist, vom Himmel gesandt", wie es im *ältesten Systemprogramm* heißt? Der Gedanke klingt auch noch beim spätesten Schelling an, wenn er über die künftige „philosophische Religion" spricht. Die ist freilich nicht das Thema Schmied-Kowarziks; ihm geht es – und an dem Punkt biegt sein Weg von dem Schellings ab – um den Primat der Praxis. Es geht ihm „darum, den absolut gesetzten Anspruch der reinrationalen Philosophie, das Übergreifende über sich und die Wirklichkeit sein zu wollen, zurückzunehmen, um Raum zu schaffen für eine Verwirklichung der philosophischen Vernunft aus dem und im Primat menschlicher Praxis." – Insoweit die Forderung auf die „Verwirklichung der philosophischen Vernunft" zielt, wird man sie im Lichte der Formulierung interpretieren dürfen, daß „eine ‚positive Philosophie' (Schelling) gefordert werden muss, die uns in unserem existentiellen Denken und Handeln betrifft."

Eine umfassende Vernunfttheorie, d.i. eine praktische und theoretische Vernunft gleichermaßen umfassende Theorie, verschließt sich der Forderung nicht. Soll Kants Forderung nach dem „System [...], was noch nichts als gegeben zum Grunde legt außer die Vernunft selbst und also, ohne sich auf irgend ein Factum zu stützen, die Erkenntnis aus ihren ursprünglichen Keimen zu entwickeln sucht" (*Prolegomena* § 4), endlich eingelöst werden oder soll, wie Schelling sich ausdrückt, „die Wissenschaft aus der Schranke der bloß dienenden, auch nach Kant nur instrumentalen Vernunft in das Gebiet der freien, von sich aus setzenden, nur sich selbst folgenden Vernunft" gelangen (*Schelling SW* II, 1, 282f.), kann sich die Vernunfttheorie nicht auf den Standpunkt der Erkenntnis beschränken, die im Nachhinein „ihr Gau in Grau malt" (Hegel). Ohne logischen Kompaß kann sie sich aber nicht in offene See wagen. Darum habe ich den „ursprünglichen Keimen" der Erkenntnis (Kant) mit Hegels Schlußlogik nachgespürt. Mit einer Schlußlogik freilich, die nie Hegels Systematik folgte (s. unten, die Bemerkungen zu Krijnen), sondern von Anbeginn sowohl aus Peirce wie aus Hegels eigenen Quellen geschöpft war: aus der Dialektik Platons und der Syllogistik des Aristoteles. Damit stand von vornherein die Logik im Mittelpunkt meiner Überlegungen, auf die Kant seine Systematik stützt, d.i. die Logik, die angeblich „seit dem *Aristoteles* keinen Schritt rückwärts hat tun dürfen", da in ihr „der Verstand es mit nichts weiter, als sich selbst und seiner Form zu tun hat" (*KrV* B VIIIf.), die Kant aber nicht als Begriffs- und Schlußlogik, sondern als Urteilslogik begreift. Daß hier ein fundamentales Mißverständnis vorliegt, das die Vernunftkritik auf eine Kritik des urteilenden Verstandes reduziert, hat Hegel klar erkannt, weshalb ich ihn oft zustimmend zitiere. Die grundlegenden begriffslogischen Zusammenhänge hat Hegel jedoch nicht erkannt. Sie sind auch mir erst nach und nach bewußt geworden (*GtL*³, 317ff.): obwohl mit den Mittelbegriffen dreier Schlüsse drei Arten des Begriffs, das Subsumtionsallgemeine (Deduktion), das Repräsentationsallgemeine (Induktion) und das Sinnallgemeine (Abduktion) unterschieden waren, erkannte ich in ihnen erst auf dem Umweg über Montesquieus Lehre von der Gewaltenverteilung (vgl. *Vermittlungen*, 185ff., 206) die drei logischen Grundhandlungen der Vermittlung von Regel und Fall,[2] denn die regulative Selbstkonstitution von allem, was als lebendige und wahrhafte Einheit ebenso sehr in sich wie über sich hinaus vermittelt ist, erschließt sich höchst einleuchtend am Beispiel der regulativen Selbstkonstitution eines vernünftig organisierten Gemeinwesens als Funktionszusammenhang von Regelformulierung (Legislative), Regelausführung (Exekutive) und Regelauslegung (Judikative). Da die logischen Grundhandlungen als ursprüngliche Synthesisfunktionen des Begriffs in den drei Schlußfiguren vermittelt sind, ist Kants Zutrauen in die Logik des Aristoteles bestätigt, wenngleich in einem anderen, fruchtbareren und tieferen Sinn als Kant vermutete. Und in einem klareren Sinne bestätigt sich auch Hegels These, daß *„alles Vernünftige* [...] *ein Schluß*" ist (*HTW* 6, 352), denn als Vermittlung der drei ursprünglichen begriffslogischen Vermittlungen von Regel und Fall expliziert der Schluß die ‚triviale' Logik der Regeletablierung, kraft derer sich die Vernunft und alles Vernünftige konstituiert. Aber auch Schellings Einwand gegen Hegel, daß es die Natur der „Idee [...] ist, eine Seite zu haben, von der sie Begriff, und eine, von der sie Anschauung ist", dem ich der Sache nach in der Anschauungslehre bereits Rechnung getragen hatte (*GtL* §§ 23, 34), ist damit zu apodiktischer Gewißheit gebracht, finden die ursprünglichen begriffslogischen Synthesen von Regel und Fall doch ihre realphilosophischen Entsprechungen in der Anschauungslehre, Ontologie und Subjekttheorie (*Vermittlungen*, 209–298). Mit dem Alleinvertretungsanspruch des Subsumtionsallgemeinen und damit des Nominalismus fällt eben auch die einseitige erkenntnistheoretische Orientierung am Gegenstand und an der Subjekt-Objekt-Differenz und wird der Weg frei

2 Der deduktive Schluß exekutiert vermittels des Subsumtionsallgemeinen eine Regel, indem ein Fall unter die Regel subsumiert wird. Der induktive Schluß formuliert vermittels des Repräsentationsallgemeinen eine Regel, indem er die Fälle ihrer Anwendung antizipiert. Und der abduktive Schluß exemplifiziert vermittels des Sinnallgemeinen eine Regel, indem etwas als Fall der Regel identifiziert wird (vgl. *Grundlegungen*, 26f., 37ff.).

für die von Schmied-Kowarzik geforderte „‚positive Philosophie‘ (Schelling) [...], die uns in unserem existentiellen Denken und Handeln betrifft“, da sich die Philosophie nun nicht mehr ausschließlich auf den *Beobachter* (das Regeln exekutierende und Fälle unter Regeln subsumierende Subjekt der Erkenntnis) kaprizieren kann, sondern ebenso sehr den *Beteiligten* (das Regeln formulierende und Fälle antizipierende Subjekt der Erfahrung) und den *Betroffenen* (das Regeln exemplifizierende und Fälle identifizierende Subjekt des Erlebens) zu berücksichtigen hat (*GtL*[3], 320ff.).

Die ‚schlußlogische Letztbegründung‘ eröffnet mithin ein weites Feld für künftige systematische Untersuchungen. Vor allem die vielfältigen Bezüge zur Phänomenologie sind unübersehbar. Das stößt leider gerade von der Seite auf Widerstand, mit der mich mehr verbindet als mit jeder anderen Richtung der gegenwärtigen Philosophie, weil sie als einzige das Projekt einer systematischen Erneuerung des Kantianismus energisch vorangetrieben hat. Sie betreibt die Erneuerung des Kantianismus allerdings – und darin liegt die Wurzel des Widerstands – im Ausgang von der Südwestdeutschen Schule des Neukantianismus. – Der Neukantianismus war die letzte Philosophie von Weltgeltung, die den idealistischen Ansatz und den universalen Anspruch der Philosophie festhielt, scheiterte aber geradewegs an den szientistischen Vorgaben, die sie teils bereits von Kant übernommen, teils im Vertrauen auf die Fortschritte der Wissenschaft und Kultur zusätzlich bekräftigt hatte. Da die Philosophie der Gegenwart vom Erbe des Neukantianismus zehrt, von dieser Erbschaft aber kaum weiß, trägt die Sammlung meiner Aufsätze zum Neukantianismus den Titel *Provokationen*: die Erinnerung an die ‚Probleme des Neukantianismus‘ sollte Aufforderung sein, seine Irrtümer nicht länger fortzuschreiben, sondern aus ihnen zu lernen, damit wir womöglich auf alternativen Wegen seinem systematischem philosophischem Anspruch gerecht werden. Wenige haben diesen Anspruch in den letzten Jahrzehnten noch im Munde geführt und kaum jemand hat ernsthafte Anstrengungen zu seiner Durchführung unternommen. Einzig Hans Wagner und sein Schüler Werner Flach haben ihn in bewußter Anknüpfung an den Neukantianismus in Angriff genommen. Im Anschluß an die Südwestdeutsche Schule des Neukantianismus verstehen sie ihr prinzipientheoretisches Projekt als *Geltungstheorie*. So sehr ich ihr Verständnis der Philosophie als Prinzipientheorie teile, so wenig kann ich der Orientierung an der Geltungs- oder Werttheorie der Südwestdeutschen Schule abgewinnen. Die Rede von Werten, die ‚gelten‘, aber nicht wirklich sind, dient – ebenso wie Kants Unterscheidung zwischen quaestio iuris und quaestio facti – der vorläufigen und in ihrer Vorläufigkeit zunächst höchst plausibel erscheinenden Abgrenzung der Philosophie von den empirischen Wissenschaften, belastet die Prinzipientheorie aber mit Anwendungsproblemen, mit denen der Kantianismus ebenso wenig zu Rande gekommen ist, wie jede andere Prinzipientheorie, die sich als Metatheorie in den Schranken des neuzeitlichen Nominalismus bewegt.

Werner Flach konzediert in *Geltungsnoematische oder geltungsparalysierende Letztbegründungslehre?*, daß ich die Geltungstheorie als „die systematisch vielversprechendste wenn nicht die allein tragfähige Lehre" einschätze, wenngleich dies „kein durch und durch zustimmendes Urteil" ist. In der Tat stimme ich in wesentlichen Punkten, nämlich in Punkten, die ihr Alleinstellungsmerkmal in der Gegenwartsphilosophie ausmachen, mit der Geltungstheorie überein: Halten wir an dem universalen Anspruch und somit an der prinzipientheoretischen Aufgabe der Philosophie fest, dann hat sie eine Theorie der Letztbegründung zu formulieren, die alle ihre Inhalte zu fundieren imstande ist; und soweit es sich bei diesen Inhalten um ‚Gegenstände' handelt, wird sie auch eine urteilslogische Theorie der Gegenstandsbestimmung ausarbeiten müssen. Der Einschränkung wegen ist mein Urteil über die Geltungstheorie „kein durch und durch zustimmendes"; da ich Kants Vorurteil zugunsten des Urteils und des Gegenstandes nicht teile, unterscheide ich zwischen schlußlogischer Begründungs- und urteilslogischer Bestimmungstheorie. Hingegen will die Geltungstheorie die urteilslogische Bestimmungstheorie als Letztbegründung verstanden wissen. Sie gründet ihr Selbstverständnis auf das Urteil: weil das Urteil die logische Form des wahrheitsdifferenten (gültigen oder ungültigen) Wissens ist, habe die Geltungstheorie ihre logische Grundlegung in der Analyse der Urteilsstruktur zu suchen. Der Ausschließlichkeit dieser Behauptung ist jedoch zu widersprechen, denn gerade die Wahrheitsdifferenz des Urteils widerspricht ihr. Das Urteil ist wahrheitsdifferent, weil es über sich hinausweist: es verweist auf seinen Gegenstand, auf den Urteilenden und auf andere Urteile. Unbestritten logisch relevant ist der Verweis des Urteils auf andere Urteile. Er verweist auf den Urteilszusammenhang und verweist die Geltungstheorie zuletzt auf ein „Totum der Begriffe", dem jegliches Prädikat seine Bestimmtheit und somit jedes Urteil seine mögliche Geltung verdanke. In konsequenter Ausarbeitung ihres urteilslogischen Ansatzes widerspricht die Geltungstheorie damit selbst der Ausschließlichkeit ihres urteilslogischen Ansatzes. Zudem ist das letztbegründende „Totum der Begriffe" eine Fiktion: es ist das fiktive Wissen eines Allwissenden, womit sich der Kreis zum ‚unbeteiligten Beobachter' schließt, denn nur ein Allwissender könnte in der Position des Unbeteiligten verharren. Unübersehbar übernimmt die Geltungstheorie mit der Lehre vom „Totum der Begriffe" – greifbar werden die Bezüge, wenn man die Gedankenentwicklung von Werner Flach über Hans Wagner zu Bruno Bauch zurückverfolgt (vgl. *GtL*[3], 134) – onto-theologische Lehrstücke der rationalistischen Schulmetaphysik. Auf diese Lehrstücke hat auch Kant mit seinen Lehren vom Transzendentalen Ideal, dem intellectus archetypus und einem ‚höchsten Verstand' zurückgegriffen. Jedesmal handelt es sich um Verlegenheitslösungen, die unter dem fiktionalistischen Vorbehalt des ‚Als ob' stehen, weil sie abschließend die ursprüngliche apriorische Synthesis in Sicht bringen sollen, deren Logizität Kant aufgrund seiner urteilslogischen Vorentscheidungen nicht artikulieren kann. Dabei fehlt es Kant keineswegs an Ansätzen, die ihm erlaubt hätten, die Logizität der ursprünglichen apriorischen Synthesis zu artikulieren.

Werner Flach nennt einen dieser Ansätze, wenn er vom Schluß und dem Urteilszusammenhang spricht, dem „die von der Allgemeinheit und Apodiktizität bis zur Einzelheit und Kontingenz reichende noematische Selbstregulation einschließlich der Selbstrevision, somit die umfassende Erkenntnisorganisation des Wissens eigen [ist], weil für ihn mit Kant gesprochen die Homogenität, die Kontinuität und die Spezifikation unabdingbar sind. Diese betreffen nämlich die internen wie die externen Beziehungen des Urteils, das eben dieser Beziehungen wegen das Wissen in sich selbst determinierender Prozeß-, Progreß-, Differentiations- und Integrationshaftigkeit auf einem jeweiligen Objektionsstand, d.i. in jeweiliger Begrifflichkeit, der Sachadäquanz verbunden sein läßt." Mit der Rede vom Schluß und Urteilszusammenhang, dem kraft der Prinzipien der *Homogenität*, *Spezifikation* und *Kontinuität* die „Selbstregulation einschließlich der Selbstrevision [...] des Wissens" eignet, da diese Prinzipien „die internen wie die externen Beziehungen des Urteils [betreffen]", kommt Flach der schlußlogischen Letztbegründung nahe.[3] Er kommt ihr aus geltungstheoretischer Sicht so gefährlich nahe, daß er die Nähe bestreiten muß und sogleich erklärt: „Die Zeidlersche Schlußlehre arbeitet im Speziellen nichts dergleichen heraus." Warum Flach dieses Urteil fällt, warum er – obwohl er einräumt, daß „Zeidler die Lehre von den logischen Grundprinzipien positiv beurteilt" – dennoch behauptet, die „in Selbstdetermination sich aufbauende Prozeß-, Progreß-, Differentiations- und Integrationsstruktur des Wissens [...] taucht in Zeidlers Schlußlehre überhaupt nicht auf", bedarf der Erklärung.

Die Kritik Flachs ist ebenso erklärungsbedürftig, wie die Auslassungen eines Rezensenten, der sich jüngst über meine Kritik an Hans Wagner (in dem gemeinsam mit Ch. Krijnen herausgegebenen Gedenkband zu Wagners 100. Geburtstag) mit den Worten ereiferte: „Um all diese gravierenden Mängel zu beheben, auf die er [Zeidler] in schriller Diktion und harscher Polemik hinweist, gebe es ein einfaches Rezept: Zu bedenken sei lediglich, eine jede begriffliche

3 Dazu der Beitrag von Rudolf Meer: Zwischen Bestimmungs- und Begründungstheorie.

Identifikation könne nur Hier und Jetzt und nur durch ein Ich erfolgen. Die Identifikation von etwas als Fall einer Regel sei die logische Grundhandlung, durch die sich Vernunft selbst konstituiere und die jedes vernunftbegabte Wesen nur selbst vollziehen könne (347 f.). Man mag sich mehr als wundern: Der Versuch Zeidlers läuft damit auf eine naiv-realistische, monistisch-begriffslogische, im konkret-empirischen Ich irgendwie verortete ‚onto-logische' ‚Vermittlung' hinaus, aus der der Gedanke der Geltung mit einer solchen Gründlichkeit eskamotiert ist, dass man in Zeidlers Vorschlag seinen eigenen Worten zufolge tatsächlich wohl kaum mehr als eine ‚Trivialität' (347) zu erblicken vermag."[4] Der Rezensent wäre im Recht, hätte ich nur dieses wahrlich ‚einfache Rezept' anzubieten. In seinem Eifer hat er die ‚triviale' Logik der Regeletablierung jedoch zu einer Einbahnstraße verengt und übersehen, daß in meinem Beitrag in der Folge (S. 348f.) ausdrücklich von den „drei ursprünglichen Synthesisfunktionen des Begriffs" und „von dem ursprünglichen schlußlogisch vermittelten Zusammenhang der Synthesishandlungen" die Rede ist, „durch die sich die Vernunft als ‚Vermögen der Prinzipien' konstituiert". – Leider muß ich feststellen, daß Werner Flach – in der Diktion ungleich wohlwollender, aber in der Sache nicht minder entschieden – die Fehlinterpretation des Rezensenten teilt, wenn er behauptet, „der Zeidlersche Schluß ist entgegen aller Rede vom Logischen nichts Logisches, sondern etwas Pragmatisches. Er hat nicht wirklich etwas mit der Prädikation zu tun [...], weil in der Prädikation nicht ein als Mensch verstandenes empirisches Subjekt als das transzendentale Subjekt sich konkretisiert, das Zeidlers, seine die pragmatische Orientierung wiedergebenden Worte, die in geltungsnoetischer Akzentuierung auch Wagners Worte sein könnten – Zeidler ist Wagner viel näher als er einräumt und je einräumen würde –, sondern weil der Mensch mit der Prädikation geltungsfunktionalen Status, Subjektskompetenz, beansprucht, und hiermit sein Wissen geltungstheoretischen Statuskriterien unterwirft." Da Flach der Philosophie Hans Wagners hohe Wertschätzung entgegenbringt, könnte ich den Vergleich mit Wagner als Kompliment verstehen, gleichwohl muß ich festhalten, daß Flach den Sinn meiner Aussage geradezu ins Gegenteil verkehrt: wenn gesagt wurde, daß sich in der Prädikation das empirische Subjekt als das transzendentale Subjekt konkretisiert (vgl. *GtL* § 30; *Vermittlungen*, 364), dann ist das zum einen als Kritik an den transzendental-ontologischen Koalitionsbemühungen Hans Wagners, Erich Heintels und manch

4 Thomas Göller: Rezension von Christian Krijnen, Kurt Walter Zeidler (Hg.): Reflexion und konkrete Subjektivität. Beiträge zum 100. Geburtstag von Hans Wagner (1917–2000), in: *Philosophischer Literaturanzeiger* 71/2018, 249–260; 253.

anderer zu verstehen, die Mitte des vorigen Jahrhunderts unter dem Einfluß von Neo-Ontologie, Phänomenologie und Existentialismus meinten, das knochendürre ‚transzendentale Subjekt' bedürfe einer ‚Konkretisierung' oder Ergänzung durch das ‚konkrete Subjekt' (*GtL* § 15, Anm. 30), zum anderen besagt die Rede von der Konkretisierung des empirischen zum transzendentalen Subjekt kraft der Prädikation genau das, worauf Flach in vermeintlichem Widerspruch gegen meine Aussage insistiert: mit der Prädikation beansprucht der Mensch „geltungsfunktionalen Status". Welchen Sinn hätte die Rede vom ‚transzendentalen Subjekt', von ‚Vernunft', von ‚Prinzipien' und welchen Sinn machten all meine Bemühungen um die ‚transzendentale Logik', wenn dabei nicht stets das im Blick wäre, was Flach ‚Geltungsfunktionalität' nennt?

Mit der Geltungsterminologie kann ich mich dennoch nicht anfreunden. Bereits ihr Urheber Lotze hat die Warnung ausgesprochen, daß „wir, wenn wir die den Ideen und Gesetzen zukommende Wirklichkeit als *Geltung* von der Wirklichkeit der Dinge als dem *Sein* unterscheiden, zunächst bloß durch die Gunst unserer Sprache eine bequeme Bezeichnung gefunden haben, die uns vor Verwechselungen beider warnen kann".[5] Die „bequeme Bezeichnung" hat leider zu intellektueller Bequemlichkeit verleitet. Wollte man in früheren Zeiten über die Seinsweise der Ideen, Gesetze oder Prinzipien sprechen, hatte man die Unbequemlichkeit, von Intelligiblem oder Übersinnlichem sprechen zu müssen, hatte dafür aber die Gewähr, daß das Problem der Unterscheidung zwischen Prinzipien- und Seinssphäre als gleichermaßen prinzipientheoretisches wie ontologisches Problem präsent blieb: es blieb als das onto-logische ‚Universalienproblem' präsent. Bei Kant rückt der Problemzusammenhang unter nominalistischen Vorzeichen in Gestalt der Kategorienlehre, d.i. der transzendentalen Logik der Gegenstandsbestimmung, in das Zentrum seiner Philosophie. Aufgrund ihrer unzulänglichen Voraussetzungen erweist sich die als Angelpunkt des ganzen Systems gedachte Kategorienlehre allerdings als dessen systematische Achillesferse. Die Geltungsterminologie konnte davon profitieren, denn sie erlaubt scheinbar dem Problemzusammenhang auszuweichen: sie verleitet dazu, den ontologischen Aspekt des Problems auszublenden und seinen prinzipientheoretischen Aspekt zugunsten logischer oder meta-empirischer Strukturanalysen zu nivellieren. Das führte im Neukantianismus und führt auch in Flachs *Erkenntnislehre* zur methodologischen Aufweichung und letztlich zur Verabschiedung des Kantischen Kategorienkonzepts. In Flachs Rede von dem Menschen, der

5 R. H. Lotze: *Logik. Drei Bücher vom Denken, vom Untersuchen und vom Erkennen*, Leipzig 1874, 507.

„geltungsfunktionalen Status, Subjektskompetenz, beansprucht", klingt zudem die Gefahr der anthropologischen Nivellierung an; verlegt man den Akzent von der ‚Geltungsfunktionalität' auf den ‚Geltungsanspruch', den ein Mensch oder eine Aussage erheben, dann wird aus der Geltungstheorie genau das, was im 20. Jahrhundert bei den meisten aus ihr geworden ist: Argumentations- und Kommunikationstheorie, Hermeneutik und Sozialphilosophie. Die Tendenz zur anthropologischen Nivellierung ist zudem keine neuere Erfindung. Mit Wilhelm Windelbands Lehre vom ‚Normalbewußtsein' begleitet sie die Geltungstheorie von Anbeginn. Werner Flach hat gegen die – zumal in der Gegenwart so zahlreichen und erfolgreichen – anthropologischen Nivellierungen der Geltungstheorie stets den prinzipientheoretischen Anspruch der Philosophie verteidigt. Das ist ihm hoch anzurechnen. Aber so hartnäckig Flach einerseits den prinzipientheoretischen Ansatz verteidigt, blendet er andererseits die ontologischen Probleme aus: aufgrund der Fixierung auf die „geltungsnoematische Normierung" können „Ontologisch-subjektstheoretische Fragen […] nur nachgeordnete Fragen sein", da man andernfalls „die geltungsnoematische Normierungsproblematik ausblenden bzw. wie bei Wagner […] in eine noetische transformieren" müsse. Unter der Voraussetzung wird nachvollziehbar, warum Flach zu dem Ergebnis kommt, ich betriebe eine „Verschmelzung von Logik und Ontologie in einer vermeintlich geltungstheoretischen, aber in der Sache den geltungstheoretischen Bekundungen entgegen wahrhaft trivialen geltungsanäretischen Subjektsontologie". – Flach wird dieses Urteil nicht revidieren. Die Konsequenz, mit der er seinen Weg gegangen ist und der – von mir mehrfach und nachdrücklich gewürdigte – Erfolg, mit dem er die „geltungstheoretische Tradition […], die über Hans Wagner und Bruno Bauch an den Neukantianismus und über Lotze an den deutschen Idealismus und dabei insbesondere an die Fichtesche Prinzipientheorie anknüpft […] vollendet, indem er die systematischen Konsequenzen aus dem urteilslogischen Ansatz zieht, den die neukantianische Geltungstheorie von Kant übernommen hat" (*GtL*[3], 132), erlauben keine Rücksicht auf Probleme, die auf der Wegstrecke zurückgeblieben sein mögen.

Das bedeutet nicht, daß Flach problemblind wäre. Den Großteil seines Beitrags nehmen Überlegungen zur „Lage in der deutschen systematischen Philosophie am Ende des Neukantianismus (um etwa 1930)" ein. An die damalige Diskussionslage, insbesondere an die aufgrund der politischen Umstände vorzeitig abgebrochene Diskussion zwischen dem Neukantianismus und Husserls Transzendentalphänomenologie, sei anzuknüpfen, wenn man „die philosophische Grundlegungsarbeit, die mit Kants Transzendentalphilosophie gestartet wurde" weiterführen will. Mit Blick auf den „neukantianischen Kritizismus" bedeutet das ihre strikt prinzipientheoretische Ausrichtung: indem

„die Philosophie mit den Prinzipien der Geltungsbestimmtheit überhaupt der Erkenntnis auch die Prinzipien der Gültigkeit ihrer eigenen Aussagen erforscht, d.h. eruiert und bestimmt, erweist sie sich als [...] die letztbegründende Wissenschaft, d.h. die Wissenschaft, die die Möglichkeit ihrer selbst wie jeder anderen Wissenschaft begreift." Allerdings habe der Neukantianismus „In Sachen der Vorordnung der Erkenntnisthematik vor die Seinsthematik wie in Sachen der Relation von Prinzipieninbegriff der Geltung, des reinen Denkens, und des Begriffs des konkreten Subjektes, des aktualen Denkens, [...] schwerwiegende Fragen offen gelassen." Unter den Richtungen, die sich dieser offenen Fragen annahmen und damit in Konkurrenz zum Neukantianismus traten, sei „der einschlägige Versuch E. Husserls der beachtenswerteste", weil seine transzendental gewendete Phänomenologie „sozusagen als Gegenmodell zu dem des neukantianischen Kritizismus gedacht war". In Übereinstimmung mit Hans Wagner schätzt Flach an „der Husserlschen transzendentalen Phänomenologie", daß sie alle Probleme des neukantianischen Kritizismus „aufgenommen und einer mehr oder weniger neuartigen Behandlung zugeführt" hat, wobei „vor allem die Subjektivitätsproblematik in Husserls Ausführungen entschieden gefördert" wurde. Alle „Vorzüge der Husserlschen Position gegenüber der des neukantianischen Kritizismus" könnten jedoch nicht den „besonders schwerwiegenden Nachteil des Mangels der Striktheit der Geltungsbegründung" aufwiegen. Sie können nicht aufwiegen, daß Husserl „den Begründungsabschluß aus der logischen Sphäre der Geltungsprinzipien heraus in die Sphäre evidenter apriorischer Erfahrung" verlegt, womit ihm letztlich nur „die Evidenz, soweit sie originär gebend ist" zur Verfügung steht: dieser „völlig kriterienirreferente bewußtseinstheoretische Vorschlag ist allerdings nichts anderes als eine Bankrotterklärung des ganzen Letztbegründungsgedankens." – Die Problementwicklung der systematischen Philosophie hat sich damit aus Flachs Sicht im wesentlichen auf die Alternative *Geltungstheorie* versus *Theorie des konkreten Subjekts* zugespitzt. Er folgt mit dieser Einschätzung Hans Wagner, der mit seiner Reflexionstheorie versuchte, zwischen beiden Positionen zu vermitteln. Das Resultat der Wagnerschen Koalitionsbemühungen ist allerdings enttäuschend: seine, „die Position des neukantianischen Kritizismus wie die Position der Husserlschen Transzendentalphänomenologie [...] zusammen weiterführende Analyse von Aktleben und Geltungsqualifikation des Wissens", nimmt sich zwar „wie eine prinzipientheoretische Deduktion" aus, leistet aber keine „Geltungsdeduktion". Flach stimmt soweit meiner Kritik an Wagners transzendental-ontologischen Koalitionsbemühungen zu, hegt aber den Verdacht, daß mich die Kritik an Hans Wagner „sozusagen mitlaufend [...] in die Gegenposition" zu seiner Position bringe. In dem Punkt überschätzt Flach bei weitem den Einfluß, den Wagners

Denken auf meine Überlegungen hatte. Was mich „in die Gegenposition“ zur Geltungstheorie brachte, war die Kritik an Kants szientistischer Engführung des Erfahrungs- und Gegenstandsbegriffs und – in der Folge – am Nominalismus der neueren Philosophie. Diese Kritik hat mit den von Flach skizzierten Problementwicklungen zu tun. Sie hat insbesondere mit der Diskussion zwischen dem Kantianismus und der Phänomenologie zu tun, stellt aber grundsätzlich die logischen Voraussetzungen in Frage, in deren Rahmen sich diese und manch andere fruchtlose Diskussion bewegt. Werner Flach hat viele dieser Diskussionen aufmerksam verfolgt und kritisch kommentiert. Meist kann ich mich seiner Kritik anschließen. Nicht anschließen kann ich mich seiner schroffen Kritik am evidenztheoretischen Ansatz der Brentano-Schule und der damit zusammenhängenden Abschiebung des Anschauungsproblems in eine bloße ‚Geltungskontingenz‘, obwohl ich seine Motive durchaus verstehe: Der betrübliche Umstand, daß Brentano und seine Schule dem Gegenstands-Modell verpflichtet blieben, das ihren evidenztheoretischen Ansatz durchkreuzt, hat dazu geführt, daß die Diskussion zwischen dem Kantianismus und der Phänomenologie bislang auf bewußtseinsphilosophischen Nebengeleisen verläuft. Eine fruchtbare Diskussion findet auf diesen Nebengeleisen nicht statt: man redet aneinander vorbei, weil man Voraussetzungen teilt, die man nur verschieden interpretiert oder sich der Diskussion entzieht, indem man kurzerhand irgendwelche Phänomene des Bewußtseins zu fundierenden Instanzen stilisiert. Vergegenwärtigt man sich zudem den Zuspruch, den die anthropologischen Nivellierungen der Geltungstheorie gerade in den 60er und 70er Jahren fanden, wird verständlich, daß Flach seine Position über die Jahrzehnte durch eine Fülle defizienter Positionen gleichermaßen bedroht wie bestätigt sah. Insoweit kann ich das Motiv für seine strikte Absage an die ‚schlußlogische Letztbegründung‘ nachvollziehen: da sich ihm die Problementwicklung der systematischen Philosophie auf die Alternative entweder Geltungstheorie oder geltungsirrelevante Subjekttheorie zuspitzte und verhärtete, interpretiert er meine Kritik an der Geltungstheorie „sozusagen mitlaufend“ als Plädoyer für eine kriterienirreferente Bewußtseinstheorie oder ‚geltungsanäretische Subjektsontologie‘.

Thomas Knoppe liefert in *Der Haltepunkt des Begründens und der Ausgangspunkt des Beweises. Zur Disposition der Existenzphilosophie Kurt Walter Zeidlers*, eine Interpretation, die Werner Flachs Kritik bestätigt. Knoppe versucht in textimmanenter Auseinandersetzung mit meinem *Grundriß der transzendentalen Logik* nachzuweisen, daß – wie er erhellend im letzten Satz seines Beitrages schreibt – „das letztbegründende Ziel [...] nicht die Entdeckung von Ideen [ist], die mehr oder weniger geeignet sind, den Abgrund intelligibler Zufälligkeit zuzudecken, sondern die Bestimmung der Bedingungen, die die Erkenntnisfunktion des Denkens in der Bestimmung des Funktionssinns von Voraussetzungen überhaupt sichern." Das bedeutet im Klartext: die Begründungstheorie ist Bestimmungstheorie. Sie ist Bestimmungstheorie, da sie andernfalls nur Bewußtseinstheorie sein könne. Dazu findet sich – ebenfalls im letzten Absatz seines Beitrags – der deutliche Hinweis: „Wenn die Selbstbegründung der Philosophie sich daher nicht im abduktiven Selbst erschöpfen, sondern gleichbedeutend mit ihrer Letztbegründung sein soll, muss sie auf eine dem Erkennen vorausgesetzte und also vorbegriffliche Identität von Denken und Sein ebenso verzichten, wie sie Zeidlers Annahme einer jedweder Unterscheidung von Ich und Welt, Subjekt und Objekt vorgängigen, Sinn generierenden Unmittelbarkeit des Erlebens absagen muss." Das Argument bestätigt sich selbst: Wenn an der Subjekt-Objekt-Differenz nicht zu rütteln ist, gründet der – wenn nicht naturalistisch, dann nur bewußtseinstheoretisch interpretierbare – Versuch einer Überwindung der Subjekt-Objekt-Differenz in einem autistischen „abduktiven Selbst", in einer kriterienirreferenten Bewußtseinstheorie oder „geltungsanäretischen Subjektsontologie" (Flach). Von einem „abduktiven Selbst" habe ich freilich nie gesprochen, sondern von dem schlußlogisch vermittelten Begründungszusammenhang dreier Synthesishandlungen, kraft derer sich ein Selbst regulativ konstituiert. Aber von der schlußlogisch zu explizierenden regulativen Selbstkonstitution, von der schlußlogischen Letztbegründung und ihrem Zusammenhang mit den Argumenten des Begründungsskeptizismus, sowie mit der ‚trivialen' Logik der Regeletablierung und ihren begriffslogischen, ontologischen und subjekttheoretischen Konsequenzen, finden sich in Knoppes Ausführungen nur Andeutungen. Es finden sich einzelne Fährten, die kreuz und quer ins Leere laufen, weil sie konsequent an meiner Argumentation vorbeilaufen. An einer Stelle spricht Knoppe auch unumwunden aus, warum er munter an mir vorbeiargumentiert. Die „eigentlich transzendentale Frage nach der ursprünglichen Einheit von Ich- und Welt-Konstitution" (*Vermittlungen*, 63) finde ihre Antwort nämlich „nur auf kritischem Wege. Denn ihre Bearbeitung kann ihren Ausgang weder von einer positiven Logostheorie nehmen, noch kann sie in einer solchen terminieren – jedenfalls solange das philosophierende Subjekt sich im Gebrauch seines Verstandes [!] der Aufgabe verpflichtet weiß, sämtliche Wahrheitsansprüche an ihnen selbst zu prüfen und also auch den eigenen Ort in Frage zu stellen [*GtL*³, 273]. Ich widerspreche Zeidler daher, wenn er die Vernunft als tätigen LOGOS begreift, der uns hat [*GtL*³, 316]. Ich widerspreche der Behauptung Zeidlers, die Vernunft habe uns und mache sich uns als die ‚Notwendigkeit, urteilen zu müssen' [*GtL*³, 270] vernehmbar. Denn was sollten wir hier anderes ‚vernehmen' als die Aufforderung zur Grundlegung der Erkenntnisfunktion des Denkens im Urteil?" Knoppe spannt einen unüberbrückbaren Gegensatz zwischen Vernunft und Verstand auf, indem er die Möglichkeit einer „positiven Logostheorie" verneint, „solange das philosophierende Subjekt sich im Gebrauch seines Verstandes [!] der Aufgabe verpflichtet weiß, sämtliche Wahrheitsansprüche an ihnen selbst zu prüfen und also auch den eigenen Ort in Frage zu stellen". An der hier indirekt zitierten und unglücklich als Argumentationshilfe genutzten Stelle (*GtL³*, 273), spreche ich jedoch nicht vom *Verstand*, sondern von der *Vernunft*. Da die Vernunft laut Knoppe sonach nichts mehr zu tun hat, kann er sie klarerweise nicht „als tätigen LOGOS" begreifen, „der uns hat" und zu seiner Verendlichung im Urteilen aufruft. Bleibt somit nur der ‚kritische Weg' eines vernunftlosen Urteilens? Oder ‚vernehmen' wir doch die Aufforderung der Vernunft „zur Grundlegung der Erkenntnisfunktion des Denkens im Urteil?" Wie aber können wir dieser Aufforderung ohne ‚positive Logostheorie' bzw. Vernunfttheorie gerecht werden? – Knoppe läßt uns nicht nur an der Stelle ratlos zurück.

Sein eigenwilliger Umgang mit Zitaten sei noch an zwei Beispielen illustriert, die sich im ersten Teil seines Beitrags finden. So spricht Knoppe davon, daß ideelle „Bestimmungen, Zeidler zufolge, nur ‚ostensiv', d.h. durch „Einsicht in die Quellen […] der Überzeugung von der Wahrheit" (*GtL³*, 47) qualifizierbar sein sollen", verschweigt aber, daß es sich bei dem „ostensiven Beweis" um eine methodologische Forderung Kants (*KrV* A 789/B 817) handelt, die ihn – darin besteht für mich ihr argumentativer Wert – in eine Dialektik von Vernunft und Erfahrung treibt, die nur aufzulösen ist, sofern die Vernunft als der Erfahrung immanente Vernunft verstanden werden kann (*GtL³*, 47). Um so unverständlicher, daß Knoppe bereits im nächsten Satz behauptet, ich verböte mir auf eine die „Erfahrung […] durchwaltende objektive Vernunft zu schließen", weil ich angeblich den „Erste[n] Weltkrieg als faktische Negation objektiver Vernunft" verstünde. Das mag „für die deutschsprachige Philosophie des zwanzigsten Jahrhunderts […] ein geläufiger Topos" sein, zeugt aber nur von ihrer Unsicherheit in prinzipientheoretischen Fragen, die durch die Wucht der geschichtlichen Ereignisse offenbar wurde. Knoppe strapaziert eine von mir an der Stelle nicht als Zitat nachgewiesene Äußerung Glockners zu den Ursachen des Niedergangs des Neukantianismus (*GtL³*, 38; vgl. *KDT*, 18; *Provokationen*, 334), die ich ausdrücklich nur auf die am „‚Faktum' der Wissenschaft" orientierte Kant-Interpretation der Neukantianer beziehe und daraufhin feststelle, es gelte nun „um so mehr den universalen vernunftarchitektonischen Anspruch der Transzendentalphilosophie gegenüber einem wandelbaren und wechselnden Auffassungen unterliegenden ‚Faktum' sicher zu stellen, soll die theoretische Philosophie sich nicht für immer in dem wissenschaftstheoretischen Reduktionismus verlieren, der Ende der zwanziger Jahre (mit einiger historischer Berechtigung) das

Erbe der neukantianischen *Erkenntnistheorie* antrat." Keine Rede also von dem Vernunftdefätismus, dem nach 1918 viele verfallen sind, weil sie die Vernunft nicht als Anspruch verstanden, sondern als eine ‚vernünftige' Ordnung oder ein Besitztum, das ihnen zustünde.

Die Vernunft ist uns nicht als Besitztum oder Eigenschaft gegeben, vielmehr gilt es ihren Anspruch auf Unbedingtheit, Allgemeinheit und Gesetzmäßigkeit zu erfüllen, weshalb ich sie denn auch „als tätigen LOGOS […], der uns hat" begreife. Knoppe widerspricht dem. Begründendes und begründetes Denken kann für ihn nur Sache des Verstandes und des Urteilens sein. Die ‚Vernunft', die ich als schlußlogisch vermittelten Zusammenhang der ursprünglichen Synthesishandlungen des Begriffs verstehe, schnurrt ihm hingegen zu einem bloß subjektiven und endlichen ‚Bewußtsein' zusammen. Und so wird ihm auch die ‚Idee' zur bewußtseinsimmanenten Vorstellung: sie wird zu der „Idee, mit der das Bewusstsein [!] den Abgrund bedeckt, den es im Erkennen der Kontingenz seiner selbst und seiner Erfahrungen aufreißt". Immerhin attestiert mir Knoppe in diesem Zusammenhang „sokratische Ironie", weil „das philosophierende Subjekt sich selbst zu dem Abgrund [wird], den es sich mit seinen […] Ideen bedeckt. Es negiert den *logischen* Ursprung der Grundlagen der Erfahrung insgesamt, indem es den Abgrund seiner Kontingenz zum Urgrund seines Erfahrens umprägt." – Diese Formulierung greife ich dankbar auf, da sie, aus der Perspektive des Verstandes, mithin ex negativo, trefflich die „sokratische Ironie" der ‚schlußlogischen Letztbegründung' zur Sprache bringt. Denn worin gründet die Ironie des Sokrates? Sie gründet in der Spannung zwischen der Wißbegier des Sokrates und dem Wissen um sein eigenes Unwissen, sowie das bloß angemaßte Wissen seiner Gesprächspartner. Sie erliegt weder dem *Dogmatismus* des angemaßten Wissens, noch dem *Skeptizismus*, der mit der eigenen und der Unwissenheit der anderen kokettiert. Seine unermüdliche Wahrheitssuche, sein philosophischer Eros, bewahrt den Sokrates vor der Borniertheit des Dogmatikers, wie vor der Frivolität des Skeptikers. Beiden Versuchungen hält seine Ironie stand. Darum ist Sokrates das unsterbliche Urbild des Philosophen und das Vorbild, das Platon den Weg des *Idealismus* weist. Während Sokrates in der Ausweglosigkeit (Aporie) unter Einsatz seines Lebens standhält, geht Platon den Weg, der die Aporie überwindet. Die Aporie ist überwunden, wenn es gelingt, den Dogmatismus und den Skeptizismus gleichermaßen zu überwinden. Beide sind überwunden, wenn sich die „sokratische Ironie" im Wissen um die Kontingenz zur tätigen Vernunft ermächtigt und die „zweitbeste Fahrt" antritt, d.h. für uns endliche Vernunftwesen: wir dürfen nicht – als sogenannte ‚Empiristen' oder ‚Realisten' – auf günstige Winde vertrauen, die uns den Weg zur Wahrheit weisen, sondern „müssen die Ruder in die Hand nehmen (*Phaidon* 99c-e) und selbst

‚den einen Begriff (μίαν ἰδέαν) von allem jedesmal setzend suchen (θεμένους ζητεῖν)' (*Philebos* 16d), müssen die Hypothesis oder Abduktion [*GtL*³, 212] aber auch induktiv bewähren und deduktiv stabilisieren" (*GtL*³, 316). Genau das meint die Rede von der Vernunft, die „keine Grundlage [hat], die nicht auch ihre Grundlegung wäre", weshalb sich für diese „aufgeklärte und tätige Vernunft [...] die Aufgabe [stellt], auch ihren eigenen Ort in Frage zu stellen und die Gültigkeit aller Wahrheitsansprüche an ihnen selbst zu prüfen" (*GtL*³, 273). Genau die Aufgabe expliziert die ‚schlußlogische Letztbegründung'. Und genau das hat schon Platon und hat auf seine Weise auch Aristoteles gesagt.[6] Die Akten liegen seit 23 Jahrhunderten für jeden einsehbar auf dem Tisch. Ich sage also nichts Neues; ich sage nur Unerhörtes.

Dem Unerhörten, das über zwei Jahrtausende in schulmeisterlichem Logikverständnis eingekerkert und unter theologischen Vorstellungen begraben war, hat Kants Frage nach dem *synthetischen Apriori* erneut eine Bresche geschlagen. Kant und die allermeisten seiner Anhänger und Gegner erkannten das freilich nicht. Zu tief waren sie in die nominalistischen Vorurteile der neueren Zeit verstrickt. Die wenigsten vermochten sich von diesen Vorurteilen zumindest soweit zu befreien, daß sie der Begründungsfunktion des Schlusses Gehör gaben. Hegel und Peirce und Cohen sind hier vor allem zu nennen. Schulbildend war zwar jeder der drei, dennoch vermochten ihre Schlußlogiken nicht, der schlichten Einsicht zum Durchbruch zu verhelfen, daß der Schluß die logische Form der Begründung ist. Keiner der drei hat die Einsicht in der nötigen Klarheit herausgearbeitet, da sie jeder nach eigener Manier durch systematische und methodologische Absichten und historische Rücksichtnahmen verstellte. Bei Hermann Cohen steht die Rücksichtnahme auf Kants urteilslogische Direktive sogar derart im Vordergrund, daß man seine schlußlogische Prädikationstheorie und Begründungslehre bislang überlesen konnte, zumal der systematische Grundgedanke aus verstreuten Textstellen rekonstruiert werden muß. Meine einschlägige Rekonstruktionsbemühung[7] hat Thomas Knoppe zwar registriert, aber nicht zur Kenntnis genommen. Cohens Lehre vom Schluß und den Ideen, die den „Abgrund der intelligiblen Zufälligkeit" bedecken (*Provokationen*, 206), bleibt ihm ebenso unzugänglich, wie „die Transsubstantiation des Unbegriffenen in den Begriff" (*Grundlegungen*, 36; vgl. *Provokationen*, 197), von der Cohen im Syllogistikkapitel seiner *Logik der reinen Erkenntniss* spricht. Beides bleibt ihm

6 Dazu der Beitrag von Robert König: Syllogistik und Dialektik bei Aristoteles und Platon.

7 Verf.: Das Problem des Einzelnen (2012), in: *Provokationen*, 173–213.

unzugänglich, da Knoppe hinter beidem ein autokratisches Subjekt der Willkür wittert: das von ihm kreierte „abduktive Selbst", das „den *logischen* Ursprung der Grundlagen der Erfahrung insgesamt [negiert], indem es den Abgrund seiner Kontingenz zum Urgrund seines Erfahrens umprägt." – Mit Willkür und Irrsinn, mit unbelehrbarem Eigensinn und ausgeklügeltem Wahnsinn ist unter endlichen Vernunftwesen fraglos zu rechnen. Geschichte und Gegenwart der Menschheit bieten dafür Beispiele zuhauf. Die „sokratische Ironie", die den Weg des Idealismus geht, läßt sich dadurch aber nicht beirren, denn sie weiß, *indem das endliche Vernunftwesen den Abgrund seiner Kontingenz zum Urgrund seines Erfahrens umprägt, schafft es den logischen Ursprung der Grundlagen der Erfahrung.* Wo sollen wir „den *logischen* Ursprung der Grundlagen der Erfahrung" hernehmen, wenn nicht von den Voraussetzungen, die wir durch unsere Setzungen schaffen? Die Setzungen sind als solche unbedingt und daher beliebig, die durch sie geschaffenen Voraussetzungen sind es aber nicht: sie sind Festlegungen aus denen sich Verpflichtungen ergeben.[8] Die Festlegungen verpflichten die endlichen Vernunftwesen, dem Anspruch der Vernunft auf *Unbedingtheit* ebenso gerecht zu werden, wie dem auf *Allgemeinheit* und *Gesetzmäßigkeit*. Die logische Form der Vernunft ist darum ein Schluß aus drei Schlüssen: Abduktion, Induktion und Deduktion vertreten den dreifachen Anspruch der Vernunft auf Unbedingtheit, Allgemeinheit und Gesetzmäßigkeit. Das erklärt, warum ich mit Schelling von der *Vernunft* spreche, *die uns hat*: sie hat uns, weil die Vernunftfähigkeit uns verpflichtet, alle unsere Festlegungen, alle unsere „Wahrheitsansprüche an ihnen selbst zu prüfen" (*GtL*[3], 273).

Thomas Knoppe ist ein ausgewiesener Kenner der Philosophie Ernst Cassirers, des Meisterschülers von Hermann Cohen. Da ich zunächst nicht bei Cohen, wohl aber in seiner Schule, bei Paul Natorp und Ernst Cassirer, Hinweise auf vernunfttheoretische und schlußlogische Begründungsansätze gefunden hatte (vgl. *PzW*, 159; *Provokationen*, 33ff., 272ff., 350ff.) und zudem vor wenigen Jahren, bei erneuter Lektüre der ‚Einleitung' in den dritten Band der *Philosophie der symbolischen Formen* (*ECW* XIII, 1–47), ebenso überrascht wie erfreut feststellte, daß man Cassirers Ausführungen geradewegs als problemgeschichtliche Einführung in meinen *Grundriß* lesen könnte, bin ich begreiflicherweise verwundert, nun gleichsam von Seite der ‚Marburger Schule' auf strikteste Vorbehalte zu stoßen. Aber in der Philosophie, und selbst innerhalb philosophischer ‚Schulen', gehen die Meinungen bekanntlich weit auseinander, stehen wir doch – Knoppe weist

8 In dem Punkt treffe ich mich mit dem heute viel diskutierten ‚Inferentialismus' von Robert Brandom, gehe aber nicht seine sprach-analytischen und sozial-aprioristischen Wege.

gleich zu Beginn seines Beitrags mit einem längeren Zitat aus Geert Edels *Hypothesis versus Linguistic Turn* darauf hin – immer vor dem „Problem der Interpretation“.

Auch Geert Edel spricht in seinem Beitrag *Zur Frage der Einheit der Vernunft. Kurt Walter Zeidlers schlusslogische Alternative zu Kant und Cohen,* von einem schlechterdings unvermeidbaren „Dilemma der *Konkurrenz der Interpretationen*“. Edel versucht das Dilemma durch eine textnahe, Schritt für Schritt die Argumente analysierende Interpretation zu entschärfen. Freilich ist auch eine textnahe Interpretation eine Interpretation: allein schon die Auswahl der für relevant erachteten Argumente und Textstellen ist Interpretation. Edel wählt unter der Überschrift „V. Drei ‚Interpretationsthesen‘ Zeidlers“ drei Argumente aus, welche „die Abweichung Zeidlers von der ursprünglich-kantischen Theorie [indizieren], wie sie im Text der *Kritik der reinen Vernunft* (und deren überkommenen ‚Standardinterpretationen‘) vorliegt“. Sie betreffen die Einschätzung des Stellenwerts der ‚metaphysischen Deduktion‘, das Verhältnis von ‚subjektiver‘ und ‚objektiver Deduktion‘, sowie den ‚Zirkel‘ in Kants ‚Deduktionen‘. Über jede der drei Abweichungen „von der ursprünglich-kantischen Theorie“ läßt sich lange und mit zweifelhaftem Erfolg streiten, solang man nicht den Grund der „Abweichung“ bestimmt: das ist in allen drei Fällen Kants szientifisch verkürzter Erfahrungs- und Gegenstandsbegriff, der ihn verleitet, die Bedingungen der Möglichkeit der ‚Erfahrung überhaupt‘ und die der ‚Einheit des Gegenstandes‘ von vornherein an die Handlungen des urteilenden Verstandes zu knüpfen, ohne sich zuvor der ‚Bedingungen der Möglichkeit‘ sowohl der Erfahrung, wie auch des Gegenstandes, wie auch des urteilenden Verstandes versichert zu haben. Edel spricht das zugrundeliegende Problem an, wenn er „zwei unterschiedliche Begriffe von Erfahrung“, nämlich „einen strikt empiristisch gedachten ([…] à la Locke) und dann den Transzendentalen, wonach Erfahrung eben allererst kategorial konstituiert wird“, ins Spiel bringt. Allerdings ist der ‚strikt empiristische‘ Datensensualismus Lockes eine szientistische Fiktion, deren von Hume aufgezeigte skeptische Konsequenzen Kant zu seinem kritischen Geschäft motivieren, die er daher zu überwinden sucht, aber nicht mit durchschlagendem Erfolg überwinden kann, weil sie mit seinem szientifischen Begriff der ‚Erfahrung überhaupt‘ die nominalistischen Voraussetzungen teilt. Solang man diese Voraussetzungen und damit sowohl den Anschauungs-, Erfahrungs- und Gegenstandsbegriff, wie auch das urteilslogische Logikverständnis Kants nicht hinterfragt, wird man sich in Interpretationen und Interpretationen von Interpretationen bewegen, die im Rahmen ihrer Voraussetzungen alle mehr oder weniger ‚richtig‘ sein mögen, aber allesamt wenig erhellend sind. Der Versuch, Licht in das Dunkel der Begründungs-,

Rechtfertigungs- und Anwendungsprobleme zu bringen, in die sich Kant in der Transzendentalen Analytik verstrickt, hat mir darum früh die Grenzen bloßer Interpretationen aufgezeigt und mich auf Bahnen gelenkt, die dem prinzipientheoretischen Anspruch „der ursprünglich-kantischen Theorie" stärker verpflichtet sind, als einzelnen Lehrstücken dieser Theorie.

Der prinzipientheoretische Anspruch gipfelt in der Forderung nach ‚Letztbegründung', der Edel die beiden letzten Abschnitte seines Beitrags widmet. Nachdem die ‚Zirkularität der Letztbegründung' einem an sich ersten Gedanken und „jedem einsinnig-linearen Modell der Letztbegründung eine klare Absage erteilt", bleiben für Edel „hier dennoch zwei systematische Fragen": denn (1) müsse auch „eine ‚zirkuläre' Letztbegründung [...] an *einer* Stelle im Fluss der Gedanken, mit einem (irgendeinem) Gedanken einsetzen" und bleibe (2) zu fragen, ob „die Vernunft bereits dadurch, dass man sie als „Letztprinzip" tituliert und proklamiert, und dann beschreibt und durchdiskutiert, was für ein Letztprinzip gelten soll [...], bereits *als* dieses Letztprinzip nicht nur proklamiert, sondern als solches *begründet* herangezogen und die vorliegende systematische Problemlage damit bereits ‚eingehegt' ist, [...] zumal es ja andere Stimmen gibt, die nicht die Vernunft, sondern das Selbstbewusstsein als Prinzip der Transzendentalphilosophie favorisieren." Die Frage (1) ist dahingehend zu beantworten, daß die Letztbegründung bei jedem bestimmten Gedanken einsetzt, „sind die Willkürlichkeit des Anfangs und die Verflochtenheit der Probleme doch nur zwei Seiten des Letztbegründungsproblems" (*Grundlegungen*, 11), weil jede Identifikation von etwas als Fall einer Regel eodem actu die Regel exemplifiziert und die ‚triviale' Logik der Regeletablierung (ebda., 26f.) in Gang bringt, die durch die ‚schlußlogische Letztbegründung' expliziert wird (ebda., 37ff.). Damit ist im Grunde auch bereits Frage (2) beantwortet: die ‚schlußlogische Letztbegründung' versteht sich nicht als Reflexions-, Bewußtseins- oder Selbstbewußtseinstheorie, sondern als Lehre von den logischen Grundhandlungen (den ursprünglichen Synthesisleistungen des Begriffs) und ihrer schlußlogischen Vermittlung, die jegliches Selbst- und Weltverständnis fundieren. Vernunft, Ratio oder Logos sind die passenden Namen für den damit indizierten Inbegriff universaler Prinzipien. Die Rede von ‚Bewußtsein' und ‚Selbstbewußtsein' impliziert hingegen ein spezifisches, nämlich das nominalistische Selbst- und Weltverständnis, das *über* sich und die Welt und Gott mit Gedanken reflektiert, die es *hat*. Auf dieses Metatheoretisieren, das auf dem Boden des Satzes vom ausgeschlossenen Dritten (*GtL* § 21) über bereits gedachte Gedanken und Gegenstände reflektiert, paßt trefflich Wolfgang Marxens Formulierung, die Edel (Anm. 37) zitiert: „Der Zusammenhang der Gedanken ist nichts anderes als ihr *Ineinanderzerfallensein*". Das Ineinanderzerfallensein einander gleich-gültiger Gedanken eröffnet das Spielfeld für formales und taktisches Kalkül: für Rechenkünste und Rhetorik. Dergleichen Sophistik übertönt in aufgeregten Zeiten die Philosophie, ist aber auch stets der Anstoß für prinzipientheoretische Bemühungen, denn will man sich nicht von Meinungen und Moden herumtreiben lassen, muß man ihnen auf den Grund gehen.

Den Grund finden wir weder in einer starren Ideenwelt oder einem imaginären ‚Totum der Begriffe‘, noch in einem System von Grundsätzen. Wir finden ihn in der schlußlogischen Vermittlung der drei ursprünglichen Synthesisleistungen des Begriffs, durch die sich die Einheit der Vernunft regulativ selbst konstituiert. Das ist der in der idealistischen Überlieferung immer wieder angedeutete, aber nie deutlich ausgesprochene Grundgedanke der ‚schlußlogischen Letztbegründung‘. Geert Edel findet, trotz der Bedenken, die sich mit Rücksicht auf die strikt urteilslogische Programmatik Kants und Cohens erheben, die „Überlegenheit des Schlusses über das Urteil hinsichtlich der Selbstbegründung der Philosophie [...] höchst plausibel“. Sie erscheint ihm vor allem plausibel mit Blick auf den „Bereich der praktischen Philosophie“. – Vor dem Hintergrund der kantianischen und neukantianischen Überlieferung bedeutet das ein großes Zugeständnis. Ein Zugeständnis bedeutet freilich noch keine Zustimmung. Offenbar fällt Edel die Zustimmung schwer, weil viele vertraute und altbekannte Lehrstücke im Lichte der ‚schlußlogischen Letztbegründung‘ plötzlich ungewohnt und neu erscheinen. Das Ungewohnte und Neue macht den Reiz der Sophistik aus, kann universalen Prinzipien aber keinesfalls zur Empfehlung dienen,[9] weshalb ich in prinzipientheoretischen Fragen stets bemüht war, Gemeinsamkeiten zu betonen und Übereinstimmungen herauszuarbeiten. Das kann wiederum den Verdacht erregen, daß ich die Interpretationsmaxime, einen Autor besser verstehen zu wollen als er sich selbst verstanden hat, womöglich überstrapaziere und Übereinstimmungen rekonstruiere, die gar keine sind. Der Verdacht liegt besonders bei Hermann Cohen nahe, dem ich ein schlußlogisches Begründungstheorem zuschreibe, das seine ‚Hypothesis‘ begründet, das er aber aufgrund seiner explizit urteilslogischen Programmatik nicht nur vor seinen Lesern, sondern auch vor sich selbst verbirgt (oben, Anm. 7). Da Geert Edel einer der vorzüglichsten Kenner der theoretischen Philosophie Hermann Cohens ist, hätte ich mir in dem Punkt mehr Aufklärung durch Zu- oder Widerspruch erhofft, als durch das unbestreitbare Zugeständnis, daß „Cohens *Logik der reinen Erkenntnis* in aller

9 Darum das Motto des Vorworts zur zweiten Auflage des *Grundriß*: *Wenn man Erfinder sein will, so verlangt man der Erste zu sein; will man nur Wahrheit, so verlangt man Vorgänger* (Immanuel Kant).

Ausdrücklichkeit als Logik des Urteils konzipiert ist". – So bleibt zu hoffen, daß sich an anderer Stelle noch Gelegenheit zu vertiefter Auseinandersetzung ergibt.

Martin Bunte legt mit *Vernunfteinheit und Architektonik. Zum Verhältnis von Transzendentaler Analytik und Dialektik bei I. Kant und K. W. Zeidler*, eine gedanken- und lehreiche Untersuchung vor, die insofern den Eindruck bekräftigt, den Edels Beitrag vermittelt, als er versucht, das Ungewohnte und Neue an der ‚schlußlogischen Letztbegründung' in vertraute und altbekannte Lehrstücke zurückzuübersetzen. Trefflich stellt Bunte den „Springpunkt der Letztbegründung" heraus, der darin liegt, „dass die drei Schlussformen als grundlegende Funktionen der Synthesis zum einen das Ganze ihrer Form ausmachen, d. h. die jeder Begründung zugrundeliegende logische Handlung bestimmen und zum anderen gleichzeitig ihren Zusammenhang innerhalb der Synthesis begründen und damit den Begriff rationaler Begründung selbst vollständig explizieren." Gleichwohl kündige sich „von anderer Seite [...], nämlich von der des Verstandes", eine „Schwierigkeit" an, müßten doch die „Unbedingtheit, Allgemeinheit, Gesetzmäßigkeit und Selbstreflexivität [...] als Bestimmungen des letztbestimmenden Prinzips selbst durch dieses bestimmt sein, andernfalls blieben die Voraussetzungen des Prinzips als Letztprinzip diesem äußerlich. Auf einen solchen Nachweis verzichtet Zeidler jedoch." Wenn allerdings Buntes Einschätzung zutreffen soll, daß „Zeidlers Beschreibung der Funktionen der Vernunft [...] tatsächlich abgeschlossen [ist]", bedarf die ‚schlußlogische Letztbegründung' eines solchen zusätzlichen Nachweises nicht: Da Unbedingtheit, Allgemeinheit, Gesetzmäßigkeit und Selbstreflexivität nicht äußerliche „Voraussetzungen" des Letztprinzips sind, sondern die unabdingbaren Bestimmungen denen das Letztprinzip zu genügen hat, muß die Letztbegründung aus eigenen Stücken explizieren, wie diese „Bestimmungen des letztbestimmenden Prinzips selbst durch dieses bestimmt" sind. Und die schlußlogische Letztbegründung erbringt genau diesen Nachweis, indem sie den letztbegründenden Zusammenhang von Unbedingtheit, Allgemeinheit und Gesetzmäßigkeit als den ‚selbstreflexiven' Vermittlungszusammenhang von Abduktion, Induktion und Deduktion expliziert.

Die von „Seite [...] des Verstandes" eingemahnte „Reflexion auf die Bedingungen der Letztbegründung" betrifft denn auch letztlich nicht die unabdingbaren Bestimmungen des Letztprinzips, sondern bezieht sich, wie Bunte richtig herausstellt, „auf den Zusammenhang der kategorialen Momente zum Prinzip aller Prinzipien", d.h. auf den Zusammenhang von Urteils- und Schlußlehre bzw. von Analytik und Dialektik. Klar und präzise exponiert Bunte die doppelte Aufgabe, die mit der Frage nach dem ‚Zusammenhang von Analytik und Dialektik' gestellt ist: (1) da dem Denken „transzendental betrachtet noch gar kein Gegenstand gegeben [ist], setzt dieser doch seiner Möglichkeit nach eine transzendentale Leistung des Denkens voraus, [...] muss die im Denken bereits präsente Subjekt-Objekt-Differenz transzendental erst erarbeitet werden“. Das kann freilich „nicht bloß mit den Mitteln der Analytik gelingen“, weil „die Logik des Bestimmens noch keine des Begründens ist“, weshalb (2) die Dialektik gefordert ist, deren Aufgabe darin besteht, „die in der Analytik bestimmten Momente der Einheit aus dieser zu begründen und damit gleichzeitig diese als Form der sich selbst-begründenden Einheit als letztbegründend für alle anderen Formen des Wissens zu stellen.“ Kants Hinweis folgend, wonach „zu der synthetischen Einheit überhaupt [...] 1) Bedingung, 2) ein Bedingtes, 3) der Begriff, der aus der Vereinigung des Bedingten mit seiner Bedingung entspringt, [...] erforderlich ist“ (*KU* LVII; *AA* V, 197), nimmt Bunte die Dialektik in Angriff, indem er den für die transzendentale Analytik maßgeblichen Problemzusammenhang von Vorstellung, Gegenstand, Erkenntnis und Einheit in drei Sätzen (*Alle Erkenntnis setzt den Bezug auf die Einheit voraus. Die Vorstellung dieses Gegenstandes ist eine Erkenntnis. Die Vorstellung dieses Gegenstandes setzt den Bezug auf die Einheit voraus*) zusammenfaßt und diese in drei Schlüssen durchdekliniert, in welchen die ‚Einheit‘ als Bedingung im Obersatz, als Bedingtes im Untersatz und schließlich als Mittelbegriff im Ober- und im Untersatz fungiert. Auf diesem Wege gelingt es, den Zusammenhang der Begriffsfunktionen (Subsumtions-, Repräsentations- und Sinnallgemeines), der Kategorien und „der drei logischen Grundaxiome, i.e. das der Identität, das des ausgeschlossenen Widerspruchs und das des ausgeschlossenen Dritten“ auf elegante Weise zu rekonstruieren und somit „die transzendentale Logik als Einheit von Analytik und Dialektik“ zu einem Abschluß zu bringen, der sowohl meinem Ansatz wie auch „in weiten Teilen“ dem von Bunte „in *Erkenntnis und Funktion* Dargelegten entspricht“.

Bei genauerem Hinsehen erweist sich die Entsprechung freilich als höchst erklärungsbedürftig und so bringt Bunte denn auch selbst zwei Irritationen zur Sprache, die aus seiner Sicht beide darauf zurückzuführen sind, „dass Zeidler im *Grundriss* seine Reflexion nicht mit einer Reflexion auf die Momente der Einheit beginnt, sondern gleichsam in einem negativen Verfahren die methodologischen und rationalen Voraussetzungen des Wissenserwerbs freilegt.“ – Dies führe erstens, „bereits zu Anfang zur Annahme einer mitgeführten faktischen Voraussetzung, welche im Weiteren unaufgelöst bleibt“ bzw. in Hegelscher Manier „die Differenz von Denken und Sein in ihrem Grunde unterläuft“, wie sich am Grundsatz der Identität und „an der doppelten Bedeutung des Sinnallgemeinen“ zeige. Wird der „Grundsatz der Identität“ nicht „als Funktion der Sich-selbst-Bestimmung des sich denkenden Denkens gefasst“, sondern „als primordiale

Voraussetzung der ‚Bestimmbarkeit überhaupt', d.h. der Intelligibilität als vorgegebene Einheit von Denken und Sein", werde von einer Voraussetzung ausgegangen, „welche es transzendental in der Reflexion auf die Reflexibilität doch erst einzusehen gilt", weshalb sie als Voraussetzung „durch eine Äquivokation der Copula ‚ist', nämlich einmal in ihrer kategorischen, zum anderen in ihrer assertorischen Bedeutung" erschlichen sei. Zeidler tappe somit in die „rationalistische Falle des Panlogismus, welcher bei ihm jedoch eher das Ansehen einer *Panarchie des Logos* hat, indem er die Geltungsbetroffenheit des Seins bereits als Unvorgängliche fasst", wie sich deutlich „an der doppelten Bedeutung des Sinnallgemeinen" zeige, das „einerseits als logischer Inbegriff aller möglichen Bestimmtheit, andererseits als Sinn- und damit Geltungsbestimmtes, in und durch welches der Logos seine Welt erschließt, fungiert". – Die zweite Irritation, die „unmittelbar mit Zeidlers Didaktik verbunden ist, besteht in der Ordnung der Schlüsse. Zeidler folgt in dieser einem Hinweis Kants, nämlich die Modalbestimmungen, Möglichkeit, Wirklichkeit und Notwendigkeit, als Stufenfolge eines immer sicherer werdenden Wissens aufzufassen. Gegen diese Lesart ist sicherlich nicht das Geringste einzuwenden, problematisch ist jedoch, dass Zeidler die Ordnung der Schlüsse und damit ihre Zuordnung zu den Funktionsreihen der Urteile entsprechend festlegt: Der abduktive Schluss als bloß hypothetischer rückt an die erste, der deduktive Schluss an die dritte Stelle. Dadurch kehrt sich jedoch die transzendentale Logik um, so dass Zeidler sich gezwungen sieht, die Stellung der Qualitätskategorien zu vertauschen und so die Limitation an die erste Position zu setzen." Dies scheint erneut den Vorwurf des ‚rationalistischen Panlogismus' zu bestätigen, weil – Bunte expliziert den Vorwurf an dieser Stelle nicht, er ist aber aus dem Gedankenzusammenhang zu erschließen – mit der Versetzung der Limitation aus der dritten in die erste Reihe, „das Ideal der durchgängigen Bestimmung" in die erste Reihe zu rücken scheint, „nach der jeder Vorstellung im System des Wissens notwendig genau eine einzige Position zukommt, welche alle anderen disjunktiv ausschließt". Glücklicherweise löse sich aber „die Verwirrung [...] auf, wenn man sich vergegenwärtigt, dass die Apperzeption als das ‚Ich denke, muß alle meine Vorstellungen begleiten *können*' nicht bloß eine hypothetische Möglichkeit zum Ausdruck bringt, sondern die notwendige Voraussetzung, dass Vorstellungen überhaupt als solche möglich sind: Alle Vorstellungen fallen als solche unter die transzendentale Einheit und sind durch diesen Bezug überhaupt erst möglich. Dabei sollte auch klar sein, dass Setzung und Gegensetzung der ersten und zweiten Reihe direkt abhängig sind von der dritten, in welcher Setzung und Gegensetzung im Prinzip des Wissens überhaupt identisch gesetzt sind. Sie hängen in einer in sich geschlossenen Dreiheit zusammen, deren Explikation Sache der transzendentalen Deduktion ist. Zeidlers Eingriff in die Ordnung der transzendentalen Logik erweist sich entsprechend als unnötig, gleichwohl unbeschadet seiner methodischen Absicht revidierbar.“

Martin Buntes eindringliche Kritik ist höchst lehr- und voraussetzungsreich: indem sie „den formalen Grundsatz der Identität [...] als Funktion der Sich-selbst-Bestimmung des sich denkenden Denkens“ faßt, dementsprechend die transzendentale Einheit der Apperzeption exklusiv als „die notwendige Voraussetzung, dass Vorstellungen überhaupt als solche möglich sind“ in Stellung bringt und eben diese Einheit, als Bedingung, als Bedingtes und als Vereinigung des Bedingten mit seiner Bedingung, in drei – urteilslogisch als Zusammensetzung dreier Sätze gedachten – Schlüssen durchdekliniert, folgt sie vor allem Fichteschen Vorgaben. Hätte Fichte den *Grundriß* wohlwollend rezipiert und in einer *Wissenschaftslehre 1994* versucht, die ‚schlußlogische Letztbegründung‘ mit seiner Grundsatz- und Ich-Philosophie in Übereinstimmung zu bringen, wäre er wohl ebenso vorgegangen wie Bunte: er hätte an die Stelle der möglichen Intelligibilität das sich selbst setzende Ich seines Ersten Grundsatzes gesetzt, diese Einheit als Bedingung in den ersten Schluß eingesetzt, aus dem zweiten Schluß, in dem die Einheit als Bedingtes firmiert, seinen Zweiten Grundsatz herausgelesen und aus der Vereinigung des Bedingten mit seiner Bedingung im dritten Schluß seinen Dritten Grundsatz gewonnen. – Zweifellos kann man sich die Prinzipienverhältnisse so zurechtlegen. Man kann sie sich sogar nur auf diese Weise zurechtlegen, wenn man urteilslogisch denkt und daher die Letztbegründung in eine Grundsatzlehre und Reflexionstheorie umdeutet.

Das ist die Tragik Fichtes: er hatte die richtige Einsicht, daß sich die Prinzipientheorie nicht auf irgendein Faktum, weder auf Vorstellungen, noch auf Erkenntnisvermögen, stützen kann, sondern von den Synthesishandlungen ausgehen muß, die jegliches Faktum begründen, doch fehlte ihm die passende Logik um seiner ‚ursprünglichen Einsicht‘ in die ‚Thathandlung‘ adäquaten Ausdruck zu verleihen. Es ist qualvoll mitansehen zu müssen, wie der wackere Mann um Formulierungen für seine Grundeinsicht ringt, wie er mit jeder neuen Bearbeitung seiner *Wissenschaftslehre* das Ziel erreicht glaubt und erneut scheitert, weil er jedesmal Synthesishandlungen beschreibt und über sie reflektiert, sie aber nicht als solche zu denken vermag. Fichtes Philosophie bleibt darum ‚Reflexionsphilosophie‘ und man hat sie nicht zu Unrecht einen ‚subjektiven Idealismus‘ gescholten, weil der ‚ethische Idealismus‘, der recht eigentlich sein Denken beseelt, ein steter Appell bleibt, der nicht begreiflich macht, wie sich das endliche Subjekt je zu der Absolutheit erheben könne, die das ‚Ich‘ des Ersten Grundsatzes in Anspruch nimmt. Fichtes Philosophie hat dadurch einen Zug ins Großartige, aber leider zugleich ins Lächerliche – und es tut weh zu sehen, wie sie den neueren Idealismus auf Irrwege leitete. Denn die Verbesserer oder gar ‚Vollender' des Deutschen Idealismus haben ihre Sache nicht viel besser gemacht. Sie haben sich zu Ergänzungs- und Überbietungsstrategien hinreißen lassen: den ‚subjektiven Idealismus' Fichtes sucht Schelling durch den ‚objektiven Idealismus' seiner Naturphilosophie zu ergänzen, Hegel versucht beide mit seiner Geistphilosophie in einem ‚absoluten Idealismus' zu überbieten, wogegen der späte Schelling konstatiert, daß diese ganze Gedankenbewegung eben nur im Denken, in einer bloß ‚negativen Philosophie', vor sich gegangen sei, die der Ergänzung durch eine ‚positive Philosophie' bedürfe, welche die Geschichte des existierenden und in der Geschichte wirklichen Absoluten nachzeichnet. Die nach-idealistische Philosophie hat diese Spirale an Ergänzungs- und Überbietungsstrategien als hypertrophe Entwicklung abgetan und ihr im übrigen nur die Endlichkeit des Subjekts, sowie die Erfolge der exakten und objektiven Wissenschaften entgegen zu setzen gewußt. Und dabei, d.i. bei dem, was ich einmal den „existentialistisch-positivistischen Verblendungszusammenhang" nannte, „der das Denken der Gegenwart beherrscht" (*GtL*[3], 147), ist es geblieben.

Martin Buntes grundsatztheoretische Reformulierung der Schlußlehre ist darum höchst lehrreich und herausfordernd: sie fordert, den Springpunkt herauszustellen, an dem die ‚schlußlogische Letztbegründung' – ungeachtet vieler Übereinstimmungen – von Fichte, von der nach-kantischen Philosophie und letztlich von der gesamten Philosophie der neueren Zeit abweicht. Bunte deutet den Springpunkt an, wenn er erklärt, in seinen Überlegungen bleibe der „wichtige Problemkreis der Aisthesis […] bewusst unangetastet", obwohl ein „Grundriss der gesamten Transzendentalphilosophie […] beide umspannen [müsste]", also nicht allein die Logik, sondern auch die Anschauungslehre. Es gibt einen guten Grund, warum Bunte den „Problemkreis der Aisthesis […] bewusst unangetastet" läßt, bewegt er sich mit Fichtes reflexionstheoretischem Ansatz doch im Bannkreis des neuzeitlichen Nominalismus, der „die im Denken bereits präsente Subjekt-Objekt-Differenz" nicht – wie zunächst zu Recht gefordert – „transzendental erst erarbeitet", sondern immer schon voraussetzt. Aufgrund dieser Voraussetzung bleibt die Erarbeitung der Subjekt-Objekt-Differenz, die mit der Frage nach dem ‚Zusammenhang von Analytik und Dialektik' gestellt ist, entweder ungelöst oder kann über gedankliche Fiktionen nur scheinbar gelöst werden, zumal der mit ihr untrennbar verbundene „Problemkreis der Aisthesis" von vornherein in die Mühle der Subjekt-Objekt-Differenz gerät, welche die Anschauung in eine intellektualisierte Anschauung transformiert, die dennoch auf wundersame Weise das Füll- und Bindemittel liefern soll, das die Differenz kittet. Darum gehe ich keineswegs, wie Bunte vermutet, „mit Hegel" konform, der „versucht aus dem Sein selbst zu denken", dabei jedoch das

Sein mit dem bloßen Gedanken ‚Sein‘ verwechselt: Mein Versuch, „die Differenz von Denken und Sein in ihrem Grunde“ zu unterlaufen, geht weder aus von einem gedachten ‚Sein‘, das ebenso sehr ‚Nichts‘ ist, noch von einer gleichfalls bloß gedachten ‚sinnlichen Gewißheit‘, die sich in beliebigem ‚Hier‘ und ‚Jetzt‘ verläuft, sondern von der Intelligibilität oder Identität von Denken und Sein. Mit dieser Voraussetzung wird auch nicht vorweg über eine „vorgegebene Einheit von Denken und Sein“ ein kategorisches und/oder assertorisches Urteil gefällt, das es, so Bunte, „transzendental in der Reflexion auf die Reflexibilität doch erst einzusehen gilt“, vielmehr gilt es bloß einzusehen, *daß* jede Reflexion die Identität von Denken und Sein voraussetzt, so sie sich nicht von vornherein als leere Reflexion negiert. Das bloße *Daß* dieser ursprünglichen Einheit und unhintergehbaren Voraussetzung jeder weiteren Reflexion bringt der Satz der Identität *A ist A* zum Ausdruck, weshalb denn auch das ‚ist‘ hier als das ‚Ist der Existenz‘ zu verstehen ist, die Existenz – das ist die wesentliche Pointe dieser Überlegungen – also nicht an irgendeiner Vorgegebenheit klebt und die ursprüngliche Einheit nicht als eine „vorgegebene Einheit“ ihrer Ursprünglichkeit beraubt und zu einem Gegenstand der Reflexion verfestigt wird, sondern als die übergegenständliche Einheit oder ‚reine Beziehung‘ von Denken und Sein zu verstehen ist, die in der schlußlogischen „Reflexion auf die Reflexibilität“ das *Sinnallgemeine* oder *universale ante rem* ist, das als Mittelbegriff des abduktiven Schlusses die logische Grundhandlung der Identifikation von etwas als Fall einer Regel und eodem actu die Exemplifizierung der Regel an einem Fall leistet. Diese logische Grundhandlung unterläuft die Differenz von Denken und Sein sowie die Subjekt-Objekt-Differenz. Sie ist daher für ein im Banne dieser Differenzen stehendes Denken undenkbar, muß aber als logische Grundhandlung dennoch irgendwie in Sicht gebracht werden, weshalb man notgedrungen zu leeren Vorstellungen und gedanklichen Fiktionen Zuflucht genommen hat.

Da Martin Bunte ein gründlicher Denker ist, bringt seine reflexionstheoretische Deutung des Sinnallgemeinen in aller nur wünschenswerten Deutlichkeit die Mystifikationen zur Sprache, die sich unweigerlich einstellen, wenn man die logische Grundhandlung im Lichte der Differenzen zu denken versucht, denen sie den Boden bereitet: „Die dritte Form der Einheit lässt sich einerseits von der Idee der vollständigen Bestimmung her denken, d.h. als vollständige Limitation der gesamten Begriffssphäre durch Anwendung der Disjunktion bis hin zum Ideal eines notwendigen Singulums, oder man beginnt mit der Idee eines notwendigen Seins, welches sich selbst limitierend in alle Begriffe disjungiert. Dies ist die Funktion des transzendentalen Substrates bzw. Ideals, welches bei Zeidler als Sinnallgemeines firmiert.“ – Hier wird auf rationalistischem Umweg aus der ursprünglichen Einheit eine „dritte Form der Einheit“, die aus einer fingierten Vollkommenheit des Denkens (‚Idee der vollständigen Bestimmung') oder des Seins (‚Idee eines notwendigen Seins') durch Limitation abzuleiten sei. Spätestens an der Stelle wird offenbar, daß Bunte selbst in die „rationalistische Falle des Panlogismus" getappt ist: die Falle schnappt zu, weil er „die Einheit des Ich, d.h. diejenige Einheit, welche die transzendentale Apperzeption bedeutet", exklusiv als *Subsumtionsallgemeines* versteht. Als Subsumtionsallgemeines ist die Einheit des Ich jedoch nur die *analytische Einheit* der Apperzeption.

Wie aber ist das *synthetische Apriori* oder die *synthetische Einheit* der Apperzeption zu denken? Das ist nicht allein die Grundfrage Kants. Das ist die ontologische Frage, wie eine *ursprüngliche Einheit* zu denken ist oder auch die Frage nach der Identität von Denken und Sein oder, in neuerer Zeit, nach der Überwindung der Subjekt-Objekt-Differenz, die seit Parmenides die abendländische Philosophie umtreibt. Gleichwohl sind die Lösungsansätze in dem dadurch entbrannten ‚Gigantenkampf' überschaubar: da das Subsumtionsallgemeine keine Lösung erbringt, mußte man sie zwangsläufig auf Seiten des Repräsentationsallgemeinen oder des Sinnallgemeinen suchen. Auf der einen oder der anderen Seite konnte man sie freilich nur im Lichte des Subsumtionsallgemeinen suchen und hat sie darum auf beiden Wegen verfehlt, denn im Lichte des Subsumtionsallgemeinen gerinnt die ursprüngliche oder apriorische Synthesis zu einem Postulat: sie wird zur metaphysischen Fiktion eines naturalen oder rationalen Urgrundes, der beidemale ebenso hypothetisch bleibt, wie die Reihe der von ihm weg- oder zu ihm hinführenden Zwischenglieder. Während die übliche Sophisterei vom Hypothesenmachen lebt und unverdrossen ihre losen Fäden spinnt, hat Kant die metaphysische Fiktion als solche durchschaut und das metaphysische zu einem methodischen Postulat entschärft: die Ideen der reinen Vernunft – so lernen wir von ihm – sind keine meta-physischen Gegenstände, sondern nur regulative Prinzipien, die uns dazu anleiten, die größtmögliche systematische Vollständigkeit und Einheit unserer Erkenntnisse zu suchen. Der Primat des Subsumtionsallgemeinen ist damit glücklich behauptet, aber zu Ungunsten der ursprünglichen oder apriorischen Synthesis erkauft, die sich in eine aposteriorische Synthesis verkehrt: in ein methodologisches Apriori, das der nachträglichen Systematisierung der mannigfaltigen Erkenntnisse des Verstandes dient. Mitsamt den Ideen gerät dadurch auch die Vernunft in eine schiefe Stellung. Sie gerät in eine Abhängigkeit vom Verstand, die durch den ‚Primat der praktischen Vernunft' nicht etwa behoben, sondern bestätigt und kompliziert wird, zumal in Gestalt der ‚Postulatenlehre' die metaphysische Fiktion erneut auf den Plan tritt und zugleich das Problem der Einheit von theoretischer und praktischer Vernunft aufbricht, das Kant mit der unverhofften Entdeckung einer ‚reflektierenden Urteilskraft' zwar auf eine neue Spur bringt, die er aber letztlich nur für Hilfskonstruktionen nützt, die ihm erlauben, unter ‚kritischen' Vorbehalten auf den alten rationalistischen und subsumtionslogischen Gleisen weiterzufahren.

Versuchen wir diese Gleise mit Kant zu verlassen und endlich seine unerhörte Forderung nach einem „System" einzulösen, „was noch nichts als gegeben zum Grunde legt außer die Vernunft selbst und also, ohne sich auf irgend ein Factum zu stützen, die Erkenntnis aus ihren ursprünglichen Keimen zu entwickeln sucht" (*Prolegomena* § 4), dann bergen insbesondere seine Lehren von den Vernunftschlüssen, den regulativen Vernunftmaximen und den Maximen des gemeinen Menschenverstandes fruchtbare Hinweise auf die begriffs- und schlußlogischen Synthesisfunktionen, die erlauben, die *Vernunft* als das *ursprüngliche* – weil regulativ sich selbst konstituierende – *synthetische Apriori* zu bestimmen. Man könnte die Vernunft oder das ursprüngliche synthetische Apriori auch die *sich selbst reflektierende Urteilskraft* nennen, so man den Zusammenhang von ästhetischer und teleologischer Urteilskraft und damit die onto-logische Frage im Auge behält, wie eine *ursprüngliche Einheit* zu denken ist. Das ist eben der Springpunkt der ‚schlußlogischen Letztbegründung', daß sie die Synthesisfunktion der ursprünglichen Synthesisfunktionen ernst nimmt und sie von vornherein als ebenso logische wie ontologische Prinzipien begreift. Sie bedarf daher keiner Anwendungs-, Brücken- oder Zuordnungsfunktionen, die im Nachhinein einen Bezug zwischen ‚reinen' Denkformen und ihren Inhalten herstellen sollen, denn die ursprünglichen Synthesisfunktionen sind nichts anderes als die ursprünglichen Funktionen der Synthesis von Regel und Fall: eine Regel kann die wesentliche Bestimmung eines Falls (Sinnallgemeines) oder das durch einen Fall repräsentierte Allgemeine (Repräsentationsallgemeines) oder das Allgemeine sein, unter das ein Fall subsumiert wird (Subsumtionsallgemeines). Und dementsprechend ist ein Fall unmittelbare Präsenz eines Sinnallgemeinen (Zustand) oder sich bezeugende und bewährende Erscheinung eines Repräsentationsallgemeinen (Umstand) oder das Zustandegebrachte eines Subsumtionsallgemeinen (Gegenstand). Die gängigen Reden von *dem Begriff*, *dem Gegenstand* oder auch *dem Raum* und *der Zeit*, sowie *dem Ich*, sind hingegen grobe Vereinfachungen, die zugunsten des Subsumtionsallgemeinen und eines jeweils univoken Anschauungs-, Gegenstands-, Seins- und Subjektbegriffs ausschlagen. Statt dieser Inbegriffe, die bloß Resultate der Synthesen benennen, die sie zu leisten vorgeben, bringt die ‚schlußlogische Letztbegründung' die drei Synthesisfunktionen für jeden der genannten Begriffe am Leitfaden der Schlußlehre zur Sprache. Jeder ist dreifach dimensioniert und so ist auch das ‚Ich' nicht bloß das ‚Ich denke' unter das als Subsumtionsallgemeines „alle Vorstellungen fallen", sondern ist sowohl jede der drei ursprünglichen Funktionen der Synthesis von Regel und Fall, wie auch deren Vermittlung und steht obendrein unter dem Anspruch, diese Synthesis, nicht nur als objektiv daseiende Vermittlung (als organisiertes Wesen) zu sein, sondern sie darüber hinaus selbsttätig zu vollziehen. Das Wissen um den Anspruch, die Synthesis selbst vollziehen zu müssen, macht den doppelten Widerspruch des existierenden Begriffs aus: seinen Widerspruch gegen den einfachen Widerspruch, in dem das in sein Sein und sein Sollen zerfallene endliche Dasein befangen ist (vgl. *Vermittlungen*, 294). Diesen doppelten Widerspruch des existierenden Begriffs und damit dessen Freiheit vermag allein der Idealismus zu denken. Er denkt ihn aber nur gründlich, wenn er vor der Einsicht nicht zurückschreckt, daß die ‚schlußlogische Letztbegründung' zugleich die Argumente des Begründungsskeptizismus begründet und den daraus scheinbar resultierenden Widerspruch aufhebt, indem die sorgsame Analyse der drei ursprünglichen Synthesisfunktionen aufzeigt, wie „die im Denken bereits präsente Subjekt-Objekt-Differenz transzendental [...] erarbeitet werden" kann und dadurch die logische Struktur erarbeitet wird, deren Funktionalität die ‚schlußlogische Letztbegründung' entschlüsselt.[10]

Da der *Grundriß*, in möglichst engem Anschluß an Kants Vernunftkritik, zunächst dem Weg der Analytik folgt, der „gleichsam in einem negativen Verfahren die methodologischen und rationalen Voraussetzungen des Wissenserwerbs freilegt" (Bunte), konnte die schlußlogische Begründung dort nur nachgereicht werden. Martin Bunte stellt darum zurecht die Frage nach dem ‚Zusammenhang von Analytik und Dialektik': die Frage nach dem Verhältnis von Analytik und Dialektik, von Urteils- und Schlußlogik, von kritischem und spekulativem Idealismus, wurde im *Grundriß* zwar ständig angesprochen, konnte aber nur bruchstückhaft und indirekt beantwortet werden, weil sich die Antwort erst im Rückblick auf den gesamten Argumentationszusammenhang ergibt. Der gesamte Argumentationszusammenhang beschreibt den ‚dialektischen' Zirkel der Letztbegründung: er beschreibt den Weg, auf dem die Vernunft über ihre Verendlichung im urteilenden Verstand zu sich zurückfindet. Der Weg bestätigt die ‚schlußlogische Letztbegründung', denn die Formel, die den Weg auf seinen Begriff bringt, findet sich in dem dreifältigen Schluß, der eben so sehr in sich wie über sich hinaus vermittelt ist und damit den Widerspruch gegen den einfachen Widerspruch formuliert, in dem das endliche Dasein befangen bleibt, weil es die Zirkularität des in sich vermittelten Schlusses nicht zusammendenken kann mit

10 Vgl. den Beitrag von Hans-Jürgen Müller: Die ursprüngliche transzendentale Prinzipienfunktion der drei syllogistischen Dukte nach Zeidler im Zusammenspiel von formaler Logik und kategorialer Schematisierung.

seiner über sich hinaus Vermitteltheit. Logik und Faktizität fallen daher dem Verstand auseinander, so sehr er sich auch bemüht, sie zusammenzubringen und als Anwalt des endlichen Daseins nie müde wird, den Widerspruch ausschließen zu wollen, der ihn umtreibt. Der doppelte Widerspruch der Vernunft ist dagegen nicht ausschließend: sie hebt den einfachen Widerspruch des Verstandes in sich auf, indem sie die Synthesisfunktionen des Begriffs und den Schluß im Durchgang durch die Verstandesprinzipien als deren Grund und Ziel erweist.[11] – Kant hat dem Gedanken Rechnung zu tragen versucht, indem er den Ideen der reinen Vernunft nicht nur regulative, sondern unter dem fiktionalistischen Vorbehalt des ‚Als ob' auch konstitutive Bedeutung zuschrieb. Den bereits in der *Vernunftkritik* ausgesprochenen und sodann in der *Kritik der teleologischen Urteilskraft* breit ausgeführten Gedanken hat Kant im Sinne einer kritizistischen Reformulierung der vormaligen Ontotheologie verstanden, er hat daraus aber – sieht man vom *Opus postumum* ab – keine systematischen Konsequenzen für seine Lehre von den konstitutiven Verstandesprinzipien gezogen. Diese Konsequenzen haben erst Kants spekulative Nachfolger gezogen. Martin Buntes Frage nach dem ‚Zusammenhang von Analytik und Dialektik' ist darum vor allem in Auseinandersetzung mit den Vertretern des Deutschen Idealismus weiter zu diskutieren.

Reinhard Hiltscher rekonstruiert in *Die drei Grundsätze der WL von 1794/95 als geltungsfunktionale Letztbegründungsreflexion* das Verhältnis von endlichem und absolutem ‚Ich' bei Fichte, wobei er die vordergründigen subjekttheoretischen Aspekte des Themas zurückstellt, da er vor allem „den geltungstheoretischen Aspekt der Wissenschaftslehre zu isolieren und herauszuarbeiten" sucht. Hiltschers Beitrag schlägt mithin glücklich den Bogen von der Geltungstheorie seines

---

11 Indem ich dies niederschreibe bin ich mir des Widerspruchs von Seiten des Verstandes bewußt: Der Eigensinn und die Empörung des endlichen Daseins melden sich in allen Strömungen des Zeitgeists unüberhörbar zu Wort und bekämpfen in seltener Eintracht jeden Versuch einer Erneuerung der idealistischen Denkfigur, die von Parmenides bis Hegel die Philosophie auf identitätslogische, metaphysische und letztlich theologische Irrwege geleitet habe. Da Enttäuschung und Verzweiflung über das Ausbleiben jedes metaphysischen Trostes sie zu ihrer aufgeregten Eintracht zusammengeführt hat, klingt ihnen die Aussage, daß die Vernunft den Widerspruch des Verstandes in sich aufhebt, wie Hohn in den Ohren. Sie klingt ihnen wie Hohn, weil sie in ihrer Enttäuschung und Verzweiflung Liebhabern gleichen, denen die Gunst verwehrt ist, die sie sich erhofften. Hier tut sich die Kluft auf, welche die Liebhaber und Gunstbewerber der Philosophie von den Philosophen trennt und von jenen allein durch Selbstbesinnung und ernste Selbstprüfung überwunden werden kann und muß.

Lehrers Werner Flach zu der Frage nach dem ‚Zusammenhang von Analytik und Dialektik', denn Fichte hat den Zusammenhang in seinen drei Grundsätzen energisch angedacht und zudem folgt die „Flach-Wagnersche Prinzipienlogik", auf die Hiltscher seine Fichte-Interpretation stützt,[12] dem grundsatztheoretischen und urteilslogischen Ansatz Fichtes. Auch ich bin im *Grundriß*, im Sinne einer möglichst nahe an Kant orientierten ‚Entfaltung der kategorialen Systematik' (*GtL* §§ 19–21), diesem Ansatz gefolgt, habe in der 2ten Auflage (1997) aber sogleich die Gelegenheit ergriffen, die Übereinstimmungen und Differenzen zwischen Flachs geltungstheoretischer Analyse der Urteils*struktur* und meiner Analyse des Urteils*sinns* aufzuzeigen (*GtL*[3], 131ff.). Hiltscher liefert nun ungewollt einen geltungstheoretischen Kommentar zu meiner Differenzierung von Urteils*struktur* und Urteils*sinn*, wenn er, vor dem Hintergrund der Kantischen Unterscheidung von göttlichem (unendlichem) und menschlichem (endlichem) Verstand, feststellt: „Geltungsanspruch und Sinnbestimmung des endlichen Verstandes sind […] unabhängige Momente, die anders als beim unendlichen Verstand nicht auseinander abzuleiten sind. Der unbedingte Wirklichkeitsanspruch kommt dem endlichen Verstand letztlich deshalb zu, weil er durch die *bloße Form* seiner Urteile, genauer gesagt, allein schon durch die Urteilsstruktur, *formal* (!) unhintergehbar die Wahrheit seiner Urteile affirmieren muss." Obwohl „das Urteil […] bezüglich seines Inhaltes stets auch der *Alternative* von wahr und falsch [unterliegt]", müsse es dennoch in „*bedingungsloser Notwendigkeit* […] *kraft seiner Formstruktur* die Wahrheit seines gegenstandsreferenten Sinnes affirmieren." Demnach verbürgt die *Form* des Urteils „das *Unbedingtheitsmoment* menschlichen Wissens", während im *Inhalt* des Urteils sein „*Kontingenzmoment*" liegt, wobei anders „als bei der unendlichen Vernunft […] jedes dieser Momente eine unabhängige Seite dem jeweils anderen gegenüber bei[behält]". – Wenn Hiltscher die „unbedingte Selbstrealisierungsprätentionalität" oder „ursprüngliche Realitätsprätention der Vernunft […] wie sie im ersten Grundsatz entfaltet wird", exklusiv an die *Form* des Urteils bindet, obwohl er feststellen muß, daß beim „ersten Grundsatz […] Form und Gehalt des Wissens [koinzidieren] und […] keine echte Differenz einander gegenüber auf[weisen]", wird allerdings deutlich, daß die „Flach-Wagnersche Prinzipienlogik", ungeachtet des grundsatztheoretischen und urteilslogischen Ansatzes den sie mit Fichte teilt, in wesentlichen Punkten von Fichte abweicht. Die Abweichungen sind motiviert durch die Kritik

12 R. Hiltscher: *Einführung in die Philosophie des deutschen Idealismus*, Darmstadt 2016, 74. Vgl. Hans Wagner: *Philosophie und Reflexion*, München/Basel 1959, 99ff.; Werner Flach: *Grundzüge der Erkenntnislehre*, Würzburg 1994, 264ff.

an Fichtes Ich-Philosophie. Den durch die Ich-Terminologie provozierten Darstellungsproblemen und bewußtseinsphilosophischen Mißverständnissen, mit denen Fichte selbst ständig gerungen hat, sucht die Geltungstheorie zu entgehen, indem sie den egologischen Ansatz durch die Analyse der Urteilsstruktur ersetzt. Die Analyse der ‚geltungsnoematischen Struktur‘ krankt jedoch an der Voraussetzung, die nahezu die gesamte Philosophie der Neuzeit in die Irre geführt und ihr ‚erkenntnistheoretisches‘ Profil geprägt hat: man formuliert aus der Perspektive der dritten Person im Nachhinein Theorien *über* die Erkenntnis. Denn erst bei der ‚Beurteilung‘, erst bei der nachträglichen Bewertung konkurrierender Wahrheitsansprüche,[13] unterscheiden wir zwischen der notwendigen Form und dem zufälligen (kontingenten) Inhalt des Urteils, im Urteilsvollzug ist diese Unterscheidung jedoch allererst und ständig aufs neue herzustellen und es ist das unvergeßliche Verdienst Fichtes, daß er mit seiner Grundsatzlehre die logischen Handlungen (die Differenzierungen des Urteilssinns) zu thematisieren versucht, die überhaupt erst erlauben, von Form und Inhalt und Wahrheit oder Falschheit eines Urteils zu sprechen. Für Fichtes Ersten Grundsatz sind die Unterscheidungen von unendlichem und endlichem Verstand[14] und von Form und Inhalt des Urteils daher irrelevant. Relevant ist allein die Unbedingtheit der ‚Thathandlung‘. Gleichwohl muß man für das Moment Unbedingtheit im Nachhinein einen unendlichen Verstand oder ein absolutes Ich bemühen, wenn man Fichtes egologischem Ansatz folgt. Dem folgt auch Hiltscher, weshalb sich sein Versuch, der ‚geltungsnoematischen Struktur‘ Unbedingtheit und Ursprünglichkeit zu vindizieren, im Gegensatz von egologischem und geltungstheoretischem Ansatz verfängt. Der Gegensatz bricht auf, weil die ‚Thathandlung‘ ein handelndes Subjekt (ein ‚Ich‘) und ihre Unbedingtheit ein absolutes Subjekt suggeriert. Die Geltungstheorie widerspricht der Suggestion zurecht, denn als Handlung eines tätigen Subjekts verstanden, wäre die ‚Thathandlung‘ nicht mehr unbedingt, sondern eine durch ein ‚Ich‘ bedingte Handlung. Zwar widerspricht auch die Selbstsetzungslehre des Ersten Grundsatzes der Suggestion, die unglückliche Ich-Terminologie hält sie aber aufrecht und die Unterscheidung zwischen dem endlichen Ich und dem absoluten Ich des Ersten Grundsatzes scheint sie zuletzt sogar zu bestätigen und spitzt die ganze

---

13 Wilhelm Windelband hat denn auch die wert- bzw. geltungstheoretische Konzeption auf die Unterscheidung der philosophischen „Beurteilungen“ von den „Urteilen“ gegründet, welche die übrigen Wissenschaften über bestimmte Gegenstände fällen. Vgl. W. Windelband: Was ist Philosophie? (1882), in: ders.: *Präludien*, Bd. 1, Tübingen ^{6}1919, 1–54, 34; Verf.: *Provokationen*, 175ff.

14 Für Fichte wird die Unterscheidung darum bezeichnenderweise erst im § 5 seiner *WL von 1794/95* thematisch.

Problemlage auf die Frage zu, was denn nun eigentlich unter dem ‚absoluten Ich' zu verstehen ist.

Ehe man nach Unerforschlichem fragt und sich in abgründigen Vorstellungen oder vorschnellen Scheinlösungen verliert, ist mit Blick auf die Beweisabsicht der Fichteschen Grundsatzlehre festzuhalten, daß die Rede von einem ‚absoluten Ich' nicht primär und ausschließlich auf die nachträgliche Unterscheidung des absoluten vom endlichen Ich zielt, sondern auf die Unbedingtheit und Ursprünglichkeit der ‚Thathandlung'. Die Beweisabsicht Fichtes bringt Hiltscher mit Bezug auf die „Grundstruktur, die der zweite Grundsatz beschreibt", zur Sprache: es geht um die „Selbstdifferenzierung der ursprünglichen Geltungsprätentionalität des Wissens, die das absolute Ich ist." Versteht man die Grundsatzlehre nicht als eine bloße Aufzählung, sondern als einen Zusammenhang von Prinzipien, dann ist ihr Zusammenhang in der „Selbstdifferenzierung der ursprünglichen Geltungsprätentionalität des Wissens" zu suchen und mithin „das absolute Ich" als Geltungsprinzip und zugleich als Ursprungsprinzip des endlichen Ich (als sein Ideal- und Real-Grund) zu denken (dazu *GtL*[3], 162). Auf Fichtes Dritten Grundsatz bezogen, bedeutet das in Hiltschers Worten: das ‚absolute Ich' „ist der Grund von Ich und Nicht-Ich – die Geltungsprätentionsvollzüge von teilbarem Ich und die Geltungsforderungen von teilbarem Nicht-Ich sind jedoch die *Bedingungen* dafür, dass sich das absolute Ich als realer Grund ausweisen kann." Wenn die „Geltungsprätentionalität des absoluten Ich [...] als letzter Grund des Wissens, der er sein soll, dennoch eines sie bedingenden Vollzuges [...] durch das teilbare Ich und durch das teilbare Nicht-Ich [bedarf]", stellt sich freilich erneut die Frage, wie das Geltungsprinzip zugleich als Ursprungsprinzip gedacht werden kann: Wie kann die Ursprünglichkeit der „Geltungsprätentionalität des absoluten Ich" gewahrt bleiben, wenn sie „eines sie bedingenden Vollzuges [...] durch das teilbare Ich und durch das teilbare Nicht-Ich [bedarf]"? – Die Frage verlangt, den bedingenden Vollzug als sich selbst bedingenden Vollzug der ursprünglichen Geltungsprätentionalität zu denken, d.h. als deren Selbstdifferenzierung. Man argwöhne nicht, daß es sich dabei um eine spezifische Problemstellung der nach-kantischen Philosophie handelt. Die Frage nach der Einheit von Geltungs- und Ursprungsprinzip ist ein Grundproblem der abendländischen Philosophie, dessen Lösung Platon mit seiner Lehre von den ‚höchsten Gattungen' andeutete (vgl. *Grundlegungen*, 190, Anm. 32; *GtL* § 35), dem die maßgeblich durch Aristoteles bestimmte Tradition aber die am endlichen Seienden (dem teilbaren Ich und Nicht-Ich) abgelesene Differenz von bestimmbarer Materie und bestimmender Form unterschob, so daß sich die Selbstdifferenzierung des Geltungs- und Ursprungsprinzips in einen teleologischen Prozeß der Form- und Selbstwerdung verkehrte und das prinzipientheoretische Problem auf die theologischen und naturphilosophischen Geleise einer Hierarchisierung von Seinsebenen verschoben wurde. Nachdem Kants Kategorienlehre der Frage neuen und kräftigen Anstoß gab, hat Fichte das prinzipientheoretische Problem zwar deutlich gesehen, es aber auf höchst unglückliche Weise in einer bewußtseinsphilosophischen Manier formuliert, die den nach-kantischen Idealismus verleitete, die überkommene ontologische Problemverschiebung unter entwicklungsgeschichtlichen Vorzeichen zu erneuern. Der Entwicklungs- und Fortschrittsgedanke, der die vormalige Teleologie ablöste, bewegt das Denken der neueren Zeit mächtig. In ihm bündelt die ‚Moderne' all ihre Hoffnungen – und verschiebt sie auf einen morgigen Tag. Des Wartens überdrüssig, zieht mittlerweile die sogenannte ‚Post-Moderne' die skeptischen bis zynischen Konsequenzen, die sich unweigerlich aufdrängen, wenn man den Widerspruch der empirischen Realität in dieser selbst aufzuheben sucht: Denn eine „künftige Zeit heilt den Widerspruch nicht. Wäre die Zeit des Heils nicht schon angebrochen, käme sie für immer zu spät." (*Vermittlungen*, 286f.)

Eingedenk dieser Problemzusammenhänge, die hier nur zusammengerafft benannt werden konnten, ist die Selbstdifferenzierung des Geltungs- und Ursprungsprinzips weder an einem ‚absoluten Ich', noch an der bloßen ‚Form des Urteils' festzumachen. Soll dem Geltungsprinzip die Morgenröte des Ursprungs leuchten, dann muß ihm die Selbstdifferenzierung von vornherein zugedacht und die *ursprüngliche Einheit* als jeder zeitlichen Entwicklung zuvorkommende Ursprungseinheit bestimmt werden. Auf dem geradesten Wege ist die Ursprungseinheit begriffslogisch zu bestimmen als das *Sinnallgemeine* oder *universale ante rem*, das die logische Grundhandlung der Identifikation von etwas als Fall einer Regel und eodem actu die Exemplifizierung der Regel an einem Fall ermöglicht. Der *Grundriß* geht diesen geradesten Weg nicht, da er die Prinzipienreflexion in möglichst engem Anschluß an Kant, aber unter der Vorgabe, „den Einheitsgrund von Form und Inhalt der bestimmten Erscheinung zu bestimmen" (*GtL*[3], 109), als vernunftgeleitete Selbstdifferenzierung des ‚Verstandes' (*GtL* § 17) und des ‚Urteilssinnes' (*GtL* §§ 18–21) entfaltet, der sich freilich – und hierin liegt ungeachtet aller thematischen Nähe die grundsätzliche Differenz zu Kant und allem Kantianismus – nicht darin erschöpft, „nur ‚die Art' anzuzeigen, wie ‚gegebene Erkenntnisse zur objektiven Einheit der Apperzeption zu bringen' sind, sondern *die Arten der Gegenstandssynthesis überhaupt*" anzeigt (*GtL*[3], 118). Die Differenzierung des Urteilssinnes anhand einer transzendentallogischen Interpretation der traditionellen urteilslogischen Prinzipientheorie geht aus von der im *Satz der Identität* (*GtL* § 19) ausdrückten übergegenständlichen Einheit oder ‚reinen Beziehung' von Denken und Sein, die sodann als das *Sinnallgemeine* oder *universale ante rem* ausgewiesen wird, das als Mittelbegriff des *abduktiven Schlusses* fungiert, der die Identifikation von etwas als Fall einer Regel leistet und seine Konkretion – da etwas als Fall einer Regel nur jeweils Hier und Jetzt von einem Ich identifiziert werden kann – in der je ursprünglichen *raum-zeitlichen Präsenz* hat. Die urteilslogische Exposition und sonach begriffslogische Explikation dieser logischen Grundhandlung und ihre schlußlogische Vermittlung mit den beiden anderen Synthesisfunktionen des Begriffs hat mithin bedeutsame realphilosophische Konsequenzen, die der *Grundriß* vor allem mit Bezug auf die Lehren von Zeit (*GtL* § 23) und Raum (*GtL* § 34) zieht; denn ist das nominalistische Vorurteil zugunsten des *universale post rem* und des Gegenstandes der Erkenntnis durchbrochen, ist eine mehrdimensionale Anschauungslehre, Ontologie und Subjekttheorie gefordert, welche die realphilosophischen Korrelate der logischen Synthesisfunktionen zur Sprache bringt. Die hiermit geforderte und in ihren Grundzügen bereits scharf umrissene ‚Transzendentale Phänomenologie' (*Vermittlungen*, 209ff.) tritt sonach an die Stelle der vormaligen Ontologie, beschränkt sich aber keineswegs als *Analytik des reinen Verstandes* (*KrV* A 247/B 303) auf die logische Theorie der Gegenstandsbestimmung. Indem sie als *Analytik der Vernunft* die realphilosophischen Konsequenzen der ursprünglichen logischen Synthesisfunktionen ausbuchstabiert, ist sie vielmehr Metaphysik im Vollsinn und eröffnet ein weites Feld für künftige Untersuchungen, bietet sie dem spekulativen Idealismus doch erstmals das logische und ontologische Rüstzeug, das ihm erlaubt, seinen notorischen und nachgerade langweiligen Selbstbespiegelungen zu entrinnen und in fruchtbare Auseinandersetzung nicht nur mit konkurrierenden philosophischen Positionen, sondern vor allem auch mit den Sachproblemen zu treten. – Bleibt dies bloß so dahingesagt, muß ich freilich fürchten, „in dem Gesichte des Lesers einen mit Verachtung vermischten Unwillen über dem Anscheine nach so ruhmredige und unbescheidene Ansprüche wahrzunehmen" (*KrV* A XIIIf.), weshalb es zur Bewährung des Gesagten gilt, sich den Beiträgen zu widmen, die mit Hegel den exponiertesten Vertreter des spekulativen Idealismus in den Blick rücken.

Walter Tydecks widmet *Das Prinzip der Philosophie nach Hegel* unserem gemeinsamen Freund Urs Richli, der über der Arbeit an seinem Beitrag zu Hegels Schlußlehre für diese Festschrift gestorben ist. Und er zitiert mehrfach den früh verstorbenen Platoniker und Hegelianer Franz Ungler, der mir ein stets hilfreicher und gütiger Weggefährte am Wiener Philosophischen Institut war. In Dankbarkeit erinnere ich in dem Zusammenhang auch an Wolfgang Marx und an den Theologen Falk Wagner, deren Denken gleichfalls entscheidend durch Hegel geprägt war. Mein Verhältnis zu Hegel berührt insoweit Persönliches und da auch nicht zu leugnen ist, daß ich ihm entscheidende Anregungen verdanke, habe ich mit Kritik zwar nie zurückgehalten, aber doch das Gemeinsame über Trennendes gestellt. Das Gemeinsame ist vor allem die Lehre vom dreifältigen Schluß, verstanden als Form der Vernunft und Prinzip des Idealismus (*Vermittlungen*, 109–127). Die triadische Schlußlehre wurde mir allerdings auch durch Ch. S. Peirce vermittelt (*Grundlegungen*, 61ff.), ihre systematische Bedeutung bestätigte sich mir in der Auseinandersetzung mit Kants Ideenlehre (*Grundlegungen*, 124ff.), und bald entdeckte ich in Platons Dialektik und der Analytik des Aristoteles die Quellen der Hegelschen Schlußlehre. Als Hegelianer habe ich mich daher nie verstanden, zumal mir der methodische und systematische Anspruch Hegels gerade im Lichte der Schlußlehre von vornherein fragwürdig erschien (vgl. *Grundlegungen*, 80ff., 136). Gleichwohl halte ich an der Autonomie der Philosophie und damit am Anspruch des spekulativen Denkens fest. Urs Richli hat diesen Anspruch – Tydecks zitiert die Stelle – in die Worte gefaßt: „Das Logische hat nur sich selbst zum Inhalt. Es *ist* die Einheit von Gedanke und Sache und *stellt sich* zugleich als diese Einheit *dar*. Es ist also die Einheit des Gedankens und der Sache ‚Einheit von Gedanke und Sache‘, und zwar ist es das eine nur insofern und dadurch, daß es das andere ist. Die spekulative Dialektik in allen ihren Aspekten ist *nichts anderes* als der genuine Ausdruck dieser Einheit.“[15] Hegel hat diesen Anspruch im enzyklopädischen Zusammenhang von Logik, Natur- und Geistphilosophie einzulösen versucht, da ihm bewußt war, daß die in seiner Logik erreichte „Einheit von Gedanke und Sache“ eine bloße Gedankenbestimmung bleibt, ist doch selbst die *absolute Idee* „noch logisch, sie ist in den reinen Gedanken eingeschlossen, die Wissenschaft nur des göttlichen *Begriffs*“ (*HTW* 6, 572). Man darf Hegel hier durchaus beim Wort nehmen und die Frage stellen: Was soll der ganze logisch-spekulative Aufwand, den er bisher betrieben hat, wenn die Logik letztlich in „reinen Gedanken eingeschlossen“ bleibt und daher „die Wissenschaft nur [!] des göttlichen *Begriffs*“ ist? Die Frage zielt auf Hegels eigentümliches Begriffs- und Methodenverständnis und berührt erneut den ‚Zusammenhang von Analytik und Dialektik‘. Tydecks widmet dem Zusammenhang einen Großteil seiner Ausführungen, indem er skizziert, „wie Hegel in der Entwicklung vom Begriff über das Urteil zum Schluss die Genese des Prinzips aufzeigt.“ Die Formulierung „Genese des Prinzips“ benennt präzise das Methodenproblem mit dem Hegel unablässig ringt: er versucht tatsächlich Prinzipien zu generieren, muß darum von begrifflichen Abstraktionen ausgehen, die ebenso gut Alles wie Nichts bedeuten und von unbestimmten zu immer bestimmteren Prinzipien voranschreiten. Wie dieser Prozeß einer angeblich prinzipienimmanenten Selbstaufstufung und

15 U. Richli: *Form und Inhalt in Hegels „Wissenschaft der Logik“*, Wien/München 1982, 16.

Selbstbestimmung in nachvollziehbarer Weise vor sich geht, verraten uns weder Hegels gelegentliche Methodenreflexionen, noch die Interpretationsanstrengungen der Hegelianer, die sich bald in der Nacherzählung und Wiederholung Hegelscher Thesen verlieren und methodenkritische Anfragen schnell als ‚äußere Reflexion' abtun. Einen äußeren Maßstab an Hegel anzulegen, liegt mir freilich fern, da ich mit ihm an dem Maßstab des spekulativen Denkens festhalte, den Tydecks sehr schön in die Worte faßt: „Für das spekulative Denken ist die Lebendigkeit der von ihm gedachten Begriffe das letzte Prinzip. […] Die Lebendigkeit der Begriffe zeigt sich in der Fähigkeit, mit ihnen schließen zu können." Die entscheidende Frage, die an Hegel zu richten ist, lautet darum, inwieweit es ihm gelungen ist, den lebendigen Begriff als Letztprinzip und Schluß zu denken.

Christian Krijnen begrüßt in *Radikale Vermittlung. Über eine Lücke in Kurt Walter Zeidlers Letztbegründungslehre*, meine Stellungnahme zugunsten des „spekulativ-logischen oder absoluten Idealismus", beklagt jedoch, daß mein „Verweis auf Hegel […] eine systematische Nähe [suggeriert], die es *im Grunde* gar nicht gibt", da ich „Hegels spekulative Begriffsentwicklung […] und damit den methodischen Nukleus seiner Philosophie" ablehne. Eher Kants als Hegels Konzeption verpflichtet, sei mein „Idealismus ein kritizistischer und kein spekulativer Idealismus (im Sinne Hegels), betrifft das Spekulative doch primär die methodische und nicht die thematische Bestimmtheit der Philosophie, die sie als Ideenlehre oder Idealismus hat." Da ich Hegels Methode ablehne, bleibt mir denn auch der Vorwurf nicht erspart, daß ich mit dem Kantianismus die „methodische Schwachstelle" des „Formalismus" teile, was dazu führt „daß Zeidlers Ausführungen sich philosophiemethodisch gesehen im Geltungsmodus einer, mit Hegel gesprochen, ‚äußeren Reflexion' bewegen."

Krijnen charakterisiert aus Hegelscher Sicht völlig zutreffend meine Konzeption, deren Letztbegründungsanspruch er anschließend anhand von ‚Vernunft und Letztbegründung' (*Grundlegungen*, 11–60) skizziert, den er aber zurückweist, weil „Zeidler […] die Schlußlehre […] durchaus abstrakt oder ‚bloß' formal [denkt]. Zeidler denkt das Prinzipiationsverhältnis nicht selbst als ein sich prinzipiierendes Verhältnis, als reflexives Prinzip, als eine in sich wie über sich hinaus vermittelte Einheit: als Ineins von Methode und Inhalt." Soweit der Fokus auf dem „Ineins von Methode und Inhalt" liegt, ist auch diese Kritik aus Hegelscher Sicht korrekt, insoweit ich die schlußlogisch „in sich wie über sich hinaus vermittelte Einheit" anders als Hegel denke, geht die Kritik allerdings an meinen Argumenten vorbei. Dafür expliziert Krijnen im dritten und längsten Abschnitt seines Beitrags warum mit Hegels Philosophie „eine wahrhaft durchgeführte ‚Letztbegründung' vor[liegt]: ein ausgeführtes Programm radikaler

Selbstbestimmung des Denkens, in der jeder Fortgang im Weiterbestimmen des unbestimmten Anfangs einen Rückgang zu diesem Anfang bildet.“ An diesem Programm gemessen, mögen sich meine Überlegungen dürftig und fragmentarisch ausnehmen: „Was Zeidler bislang zutage gefördert hat, wie interessant es im einzelnen auch ist, ist nicht das Ergebnis eines radikalen Selbstbestimmungsprozesses des Denkens [...]. Vielmehr ist es das Ergebnis einer äußeren Reflexion. Nicht durch räsonierende oder historische Betrachtungen jedoch läßt sich der Begriff der Logik philosophisch beweisen, sondern nur durch den Aufweis der Notwendigkeit des ‚Hergangs‘ seiner Bestimmungen [...], jedenfalls für eine Letztbegründungsphilosophie der Vernunft, die ihrem Anspruch gerecht werden will. Einer Zeidlerschen ‚Logik der Regeletablierung‘ dreier logischer Grundhandlungen bzw. Schlüsse fehlt das methodische Format, um den Letztbegründungsanspruch einzulösen. Sie expliziert weder den Anfang noch den Ursprung der Philosophie. Nicht der Zusammenhang der ‚drei ursprünglichen Begriffssynthesen‘ ist ‚letztbegründend‘, sondern das System der Philosophie: es ist begründet, indem es ‚letztbegründet‘ ist, also System, Begriff der Einheit, Manifestation der Idee.“

Krijnens Plädoyer für Hegels System ehrt ihn als engagierten Kämpfer für die Sache des spekulativen Idealismus. Dennoch muß ich seine Hoffnung enttäuschen, „daß Zeidler eine wahrhaft spekulative Logik ausarbeiten wird“. Ich muß diese Hoffnung enttäuschen, weil die „wahrhaft spekulative Logik [...], in der die Vernunft als ‚selbstreflexives Prinzip‘, ‚forma formarum‘, ‚Prinzip aller Prinzipien‘ selbst zum Prinzip der Begriffsentwicklung wird“, bereits ausgearbeitet ist. Die ‚schlußlogische Letztbegründung‘ leistet genau dies, indem sie als immanente Selbstreflexion der Reflexion weder einer bloß ‚äußeren Reflexion‘ anheimfällt, noch eines enzyklopädischen Systems von Begriffsbestimmungen bedarf, das den Letztbegründungsanspruch stützen soll. Die ‚schlußlogische Letztbegründung‘ bedarf keines Stützkorsetts, das die Begriffsentwicklung auf vorgegebenen Bahnen einsargt und den Hegelianismus zu sich ständig wiederholenden Selbstbespiegelungen verurteilt. Sie braucht das Systemkorsett nicht, weil sie *die Lücke in Hegels Letztbegründungslehre* schließt.

Die Lücke wird offenbar, wenn wir die vorhin formulierte Frage stellen, inwieweit es Hegel gelungen ist, den lebendigen Begriff als Letztprinzip und Schluß zu denken. Fraglos nimmt Hegel den lebendigen Begriff als Letztprinzip und Schluß in Anspruch: alle seine Beweisstrategien laufen darauf hinaus und auch sein System als Ganzes ist konsequenterweise als ein Schluß aus drei Schlüssen zu verstehen. Aber nie hat er die schlichte Frage gestellt, wodurch sich ein Prinzip überhaupt zu einem Prinzip und womöglich gar zu einem Prinzip aller Prinzipien qualifiziert. Er hat Antworten aus der philosophischen Überlieferung aufgegriffen, sich in Prinzipienfragen insbesondere bei Platon, Aristoteles, dem Neuplatonismus, Spinoza, Kant, Fichte und Schelling bedient, und daraus mit Blick auf den ‚spekulativen Karfreitag' (*HTW* 2, 432f.) seine eigene Theorie gezimmert. Das Eigene nennt er dann die spekulative Bewegung des Begriffs und der Sache selbst. Damit man mich recht verstehe: keineswegs werfe ich Hegel eine schelmische Selbstimmunisierung oder einen Taschenspielertrick vor. Als spekulativer Idealist behauptet Hegel zurecht die Einheit des lebendigen Begriffs mit der Sache selbst. Zurecht wird man darum aber auch fragen dürfen, ob Hegel diese Einheit gründlich genug bedacht und zu deutlicher Darstellung gebracht hat. Die Frage rührt an das Allerheiligste, an den Nerv des spekulativen Idealismus oder, mit Hegel gesprochen, an den Begriff des Begriffs. Sie ist identisch mit der zuvor erörterten Frage nach der Einheit von Geltungs- und Ursprungsprinzip, eröffnet sich doch „im *Begriffe* [...] das Reich der *Freiheit*", da die „Dunkelheit der im Kausalverhältnisse stehenden Substanzen füreinander [...] zur sich selbst durchsichtigen *Klarheit* geworden" ist, indem „die *ursprüngliche* Sache [...] nur die *Ursache ihrer selbst* ist, und dies ist die *zum Begriffe befreite Substanz*." (*HTW* 6, 251) – Gleichwohl wird niemand behaupten wollen, daß Hegels *Begriffslogik* von ‚durchsichtiger Klarheit' sei. Klar sind allenfalls die Beweisabsichten und die literarischen Vorgaben, an denen sich Hegel orientiert.

In Dunkelheiten führt hingegen sein angestrengter Versuch, die *autonome* „Entwicklung" des Begriffs mitzuvollziehen und somit gleichsam das von allen Prinzipiata isolierte Prinzip rein als solches zu denken. In der Exposition des Begriffs muß er daher das Allgemeine, Besondere und Einzelne als abstrakte Bestimmungen aus der Syllogistik des Aristoteles aufgreifen und Unterscheidungen setzen, die sich nicht festhalten lassen. Wie Hegel selbst ausführt, „fällt von selbst auf, daß jede Bestimmung, die in der bisherigen Exposition des Begriffs gemacht worden, sich unmittelbar aufgelöst und in ihre andere verloren hat. Jede Unterscheidung konfundiert sich in der Betrachtung, welche sie isolieren und festhalten soll. Nur die bloße *Vorstellung*, für welche sie das Abstrahieren isoliert hat, vermag sich das Allgemeine, Besondere und Einzelne fest auseinanderzuhalten" (*HTW* 6, 298f.). Das klingt weniger nach der von Hegel immer wieder angemahnten ‚Strenge des Begriffs', als nach einer Vorwegnahme post-moderner Beliebigkeit. Allgemeines, Besonderes und Einzelnes sind jedoch keine ‚frei flottierenden Signifikanten', die nur durch „das Abstrahieren isoliert" und durch „die bloße *Vorstellung* [...] fest auseinanderzuhalten" sind. Die ‚triviale' Logik der Regeletablierung und die schlußlogische Analyse der Begriffsfunktionen demonstrieren, daß die Momente des Begriffs trotz ihrer Vermitteltheit sehr wohl als Sinnallgemeines (Allgemeines), Subsumtionsallgemeines (Besonderes) und Repräsentationsallgemeines (Einzelnes) auseinanderzuhalten sind. Sie demonstrieren, daß der Begriff nicht nur ein Subsumtionsallgemeines ist, das wir als Namen den Dingen anheften. Hegel verfügt hingegen über kein Konzept, das den Nominalismus von vornherein in die Schranken weist.

Da Hegel nicht von den elementaren Synthesisfunktionen des Begriffs und ihren ursprünglichen Synthesen von Regel und Fall ausgeht, muß er versuchen, den Nominalismus im Ausgang von dessen eigenen Voraussetzungen zu überwinden. Darum stehen die isolierte ‚sinnliche Gewißheit' und das abstrakte ‚Sein' am Anfang der *Phänomenologie* und der *Logik*, darum müssen *Phänomenologie* wie *Logik* eine Selbstaufstufung der Bewußtseinsgestalten bzw. Begriffsbestimmungen vorantreiben, die sie nach und nach mit dem Leben erfüllen soll, das dem Begriff eignet, der sich und seine Welt erschließt. Diesem lebendigen Begriff nähert sich die *Begriffslogik* mit der Lehre von den Reflexionsschlüssen, zumal an der Stelle auch der Zusammenhang anklingt zwischen den Argumenten des Begründungsskeptizismus und den drei Schlüssen. Hegel deutet den Zusammenhang in seiner Rekapitulation der Lehre von den Reflexionsschlüssen in der *Enzyklopädie* folgendermaßen an: der Obersatz des ‚Schlusses der Allheit' (der Deduktion), hat „die besondere Bestimmtheit, den *terminus medius*, als Allheit zum Subjekte [...], setzt aber den *Schlußsatz*, der jenen zur Voraussetzung haben sollte, vielmehr selbst *voraus*. Er beruht daher 2) auf der *Induktion*, deren Mitte die *vollständigen* Einzelnen als solche, a, b, c, d usf. sind. Indem aber die unmittelbare, empirische Einzelnheit von der Allgemeinheit verschieden ist und darum keine Vollständigkeit gewähren kann, so beruht die Induktion 3) auf der *Analogie*, deren Mitte ein Einzelnes, aber in dem Sinne seiner wesentlichen Allgemeinheit, seiner Gattung oder wesentlichen Bestimmtheit ist." (*HTW* 10, 341).

Den Zusammenhang zwischen den drei Schlüssen und den Argumenten des Begründungsskeptizismus kann Hegel jedoch nicht explizieren: die systematische Explikation des Zusammenhanges würde die in den ursprünglichen Synthesen von Regel und Fall gegründete natürliche Dialektik des Begriffs entbergen und damit die Hegelsche Systemkonzeption sprengen. Hegel bricht darum die in den Reflexionsschlüssen angedachten Synthesen von Regel und Fall auf, indem er einseitig die skeptischen Argumente stark macht und einwendet, daß in den Reflexionsschlüssen „die Unmittelbarkeit" oder „das Moment der *Einzelheit* [...] noch als solches wesentliche Bestimmung der Mitte" ist (*HTW* 6, 390f.). Die Analogie beruht demnach auf einer *quaternio terminorum*, da noch unbestimmt ist, „ob dem einen Subjekt die Bestimmtheit, die auch für das andere erschlossen wird, vermöge seiner *Natur* oder vermöge seiner *Besonderheit* zukommt" (*HTW* 6, 389). Insofern wäre die Analogie gar kein Schluß, sondern eine ungegründete (dogmatische) Behauptung, weshalb „der Schluß der Analogie die Forderung der Vermittlung gegen die Unmittelbarkeit ist, mit welcher seine Vermittlung behaftet ist" (*HTW* 6, 390). Die Forderung motiviert den Übergang vom *Schluß der Analogie* zum *kategorischen Schluß* und damit den Übergang von den *Schlüssen der Reflexion* zu denen *der Notwendigkeit*, deren „Mitte kein [...] unmittelbarer Inhalt" mehr ist, „sondern die Reflexion der Bestimmtheit der Extreme in sich", hiermit aber ist „das, wodurch sich die Termini unterscheiden, als *äußerliche* und *unwesentliche* Form, und sie sind als Momente *eines notwendigen* Daseins" (*HTW* 6, 391f.). Die an der Exposition des Begriffs monierte bloß abstrakte Unterscheidung der Begriffsmomente scheint sonach durch die Schlußlehre bestätigt. Sie scheint freilich nur bestätigt, weil Hegel die ursprünglichen begriffslogischen Synthesen von Regel und Fall negiert und damit *die Lücke in seiner Letztbegründungslehre* provoziert: indem er die *Abduktion* in den *Schluß der Analogie* und den *kategorischen Schluß* spaltet, zerbricht er die schlußlogische – im Zusammenwirken von abduktivem, induktivem und deduktivem Schluß sich vollziehende – Vermittlung der „Unmittelbarkeit" mit der „Reflexion der Bestimmtheit der Extreme in sich" und schafft Bahn für sein an historischen Vorgaben und enzyklopädischen Absichten orientiertes System, das auf mühseligen Umwegen, über ‚Die Objektivität' und ‚Die Idee', sowie durch den Sprung von der Logik in die Natur- und von dort in die Geistphilosophie, der Vermittlung von Unmittelbarkeit und Reflexion nachhinkt, die der schlußlogischen Vermittlung abgesprochen wurde.

Hartwig Wiedebach deckt in *Widerspruch und Identität bei Cohen und Hegel. Schutz des Denkens vor Selbstvernichtung* Bezüge auf zwischen den einander scheinbar diametral entgegengesetzten Logikkonzeptionen Hegels und Hermann Cohens. Während ich diese Bezüge anhand der Ideenlehre in *Kants Begründung der Ethik* (1877) und des Syllogistikkapitels in der *Logik der reinen Erkenntniss* (1902) andeutete (oben, Anm. 7), macht Wiedebach sie an der ersten Urteilsklasse der Cohenschen Ursprungslogik fest. Seine eindringliche Analyse der „Urteile der Denkgesetze", insbesondere des Urteils der Identität und des Widerspruchs, bestätigt meine Einschätzung, daß Cohen trotz seiner urteilslogischen Programmatik und der Ausrichtung seiner ‚transzendentalen Methode' an der ‚analytischen' Methode der *Prolegomena*, ein spekulativer Denker ist. Denn Cohen denkt das Urteil wesentlich von der „Tätigkeit" des Urteils her. Mit Kant gesprochen, denkt er es als Verstandeshandlung, d.i. als apriorische Synthesis. Die *apriorische Synthesis* darf nichts voraussetzen, darum stellt das *Urteil des Ursprungs* „auf dem Umweg des Nichts [...] den Ursprung des Etwas dar". Von einem „Umweg", sogar von einem „abenteuerlichen Umweg", spricht Cohen aus der Perspektive des Urteils. Aus schlußlogischer Perspektive ist das „Nichts" aber der geradeste Weg: denn es ist formallogisch die *Negation* der Vermittlung, die bei Aristoteles die Schlüsse der Zweiten Figur aussprechen und ist transzendentallogisch die *Setzung* der Einen Idee (Platon, *Philebos* 16d), die den „Abgrund der intelligiblen Zufälligkeit" bedeckt (Cohen) oder, nun mit dem Platoniker und spekulativen Logiker Aristoteles gesprochen, „das Bejahende [...] aufdeckt" (*An. pr.* II 13, 62b 26). Die Unbedingtheit der in diesem Schluß, der Hypothesis oder Abduktion, wirksamen logischen Grundhandlung, d.i. die Identifikation von etwas als Fall einer Regel, die eodem actu die Exemplifizierung der Regel an einem Fall leistet, erhellt zudem auch abseits aller historischen Reminiszenzen, warum Hegel den Begriff als „das freie selbständige, sich in sich bestimmende Subjektive oder vielmehr das Subjekt selbst" verstehen konnte (*HTW* 5, 62).

Max Gottschlich greift in *Welche Implikationen hat formale Logik für die Bestimmung der Normativität und der Freiheit?* das Freiheitsproblem auf, wobei er in den letzten Abschnitten seiner Arbeit vor allem Defizite der formalen Logik und der auf ihr aufbauenden „deontischen Logik" thematisiert. Als Schüler Franz Unglers steht er, ebenso wie Thomas Sören Hoffmann, in der Tradition des Hegelianers Bruno Liebrucks. – Die gehaltvolle Darstellung Gottschlichs lenkt mich behutsam in Hegelsche Fahrwasser, denen ich gerne folge, soweit sie zur Erkundung und Klärung der idealistischen Überlieferung beitragen. Vorbehaltlos kann ich jedenfalls die Programmatik unterschreiben, in die Gottschlich meine Antwort auf das Freiheitsproblem faßt: „*Nur eine Logik, die die Schlussform als die Form der Vermittlung ernst nimmt, vermag auch eine Logik der Freiheit – im zweifachen Sinne des Genetivs – zu sein.* Denn wie sich die logische Form erst im Schluss *als Selbstverhältnis* (bzw. Einheit von Selbst- und Gegenstandsverhältnis) begreift, so wird Freiheit erst begreifbar, wenn sie als Selbstverhältnis konzipiert wird."

Thomas Sören Hoffmann legt mit *Kants ‚Kontextualismus'. Zur Logik des Machens der Erfahrung nach Kant* eine feinsinnige Studie zu Kants Erfahrungsbegriff von der *Vernunftkritik* bis zum *Opus postumum* vor. Überzeugend weist Hoffmann nach, „daß in Kants Ansatz zuletzt mehr genuin schlußlogisches Bewußtsein enthalten ist, als der gewöhnliche Blick auf die Kritik der reinen Vernunft (*KrV*) suggerieren mag", weil nach Kant „der Vollzug der ‚Erfahrung' als *schließender Schluß* zu verstehen [ist], eben darum aber verweist Erfahrung – jenseits jedes empiristischen Erfahrungsbegriffs – durch sich selbst auf die Ideen wie auch ihre eigene Systematizität". – Der Befund stimmt mit den Ergebnissen überein, die der *Grundriß* erarbeitet. Da Hoffmann meisterhaft die Kunst der äquilibrierenden Darstellung beherrscht, bleibt allerdings ungewiß, wie weit die Übereinstimmung tatsächlich reicht. Inwieweit ist das „Machen" oder „der Vollzug der ‚Erfahrung' als *schließender Schluß* zu verstehen", kraft dessen die

Erfahrung „durch sich selbst auf die Ideen" verweist? Wie ist der ‚Verweis' zu verstehen? Verweist er nur auf die regulative und methodologische Funktion der Ideen im Vollzug der ‚Erfahrung' oder gewinnen die Ideen konstitutive Funktion für die Erfahrung? Erneut stellt sich die Frage nach dem ‚Zusammenhang von Analytik und Dialektik' und sie ist nicht zuletzt deshalb erneut zu stellen, weil Hoffmann in einer früheren Stellungnahme die Lehre vom „Raumschematismus" (*GtL* § 34), mit dem Argument abwies, daß die „Transzendentalphilosophie [...] gerade *in* der regulativen Wendung der Idee davon aus[geht], daß die Idee *nicht* realisiert werden kann: daß die Form objektiver Erkenntnis ihrem ‚Gegenstand' *immer* äußerlich bleiben wird". Darum sei nicht anzunehmen, daß „ein Raumschematismus im transzendentalphilosophischen Zusammenhang etwas anderes als eine *Metareflexion* auf das faktische (real-zeitliche) Machen der Erfahrung zum Ausdruck bringen kann".[16] Die vorliegende Untersuchung *Zur Logik des Machens der Erfahrung nach Kant* scheint dieses Urteil in dem Maße zu korrigieren, in dem sie „de[n] gewöhnliche[n] Blick auf die Kritik der reinen Vernunft" korrigiert.

Der „Kontextualismus" Kants, von dem Hoffmann spricht, besagt zunächst, „daß es aus transzendentallogischen Gründen keine unmittelbare Korrespondenz zwischen einem Erfahrungsurteil und einer unmittelbaren äußeren Instanz geben kann, sondern *all* unser Bezug auf äußere Instanzen im Sinne von deren objektiver Bestimmung immer vermittelt ist über das Insgesamt bzw. den Kontext der Erfahrung überhaupt", so daß „alle Erfahrung in Wahrheit ein Schluß über Erfahrungsurteile ist, die selbst nichts anderes als Mittelbegriffe im Sich-Vollziehen des Erfahrens sind." Der „Kontextualismus" Kants impliziert denn auch eine „temporale Kontextualisierung alles Gewußten, die der Tatsache entspricht, daß das allgemeine Schema der Erfahrung die Zeit und das ebenso allgemeine Schema der sich auf sich beziehenden Erfahrung der Zeitinbegriff ist." Die Zeit ist somit „nicht nur reine Anschauungsform a priori, sie ist ebenso reine Form der Erfahrung, insofern diese sich kontextuell in ihren wechselnden Inhalten entfaltet."

Mit Kants Lehre vom regulativen Gebrauch der Ideen der reinen Vernunft, also mit den „drei Prinzipien der Homogeneität, der Spezifikation und der Kontinuität", stellt sich für Hoffmann schließlich die Frage nach dem „Subjekt der Erfahrung": denn ist Erfahrung „ein sich selbst zeitlich darstellender Prozeß, in welchem sich das Erkennen aber zugleich auf sich selbst bezieht und reflexiv wird", muß man „die Frage stellen, wer denn das Subjekt der Erfahrung bzw. des Erfahrens ist." Ist es schlicht der *Verstand*? Oder die als „Identitätsimperativ" zu

16 Th. S. Hoffmann: *Philosophische Physiologie*, Stuttgart/Bad Cannstatt 2003, 48f.

interpretierende *transzendentale Apperzeption*? Oder bietet sich mit Blick auf das *Opus postumum* nicht auch noch eine dritte Möglichkeit? „Diese dritte Möglichkeit würde die eigentliche Vollendung des Kantischen Kontextualismus implizieren, insofern in ihr kein dem Kontext der Erfahrung äußeres Subjekt mehr gesucht wird, das die Erfahrung ‚macht'. Es wäre dann davon zu sprechen, daß die Erfahrung *sich selbst macht* [...] in dem Sinne, wie ihn das *Opus postumum* umreißt: daß die logische Bewegung der Erfahrung nur das Komplement einer sinnlichen Erfahrung der Bewegung ist, die Erfahrung als ganze aber als Linienziehen und sinnliche Affektion, als Bilden von Begriffen und Anschauen von sich wandelnden Bildern, als Denk- und Zeitvollzug eben das Leben der Vorstellung als realer Einheit von Anschauung und Begriff, Sensibilität und Intelligibilität ist."

Sichtlich präferiert Hoffmann die „eigentliche Vollendung des Kantischen Kontextualismus". Sie transformiert den ‚kritischen' in einen ‚spekulativen Idealismus'. Genauer gesagt: sie zieht die spekulativen Konsequenzen, die ansatzweise schon Kant gezogen hat, weil sie aus dem ‚kritischen Idealismus' zu ziehen sind, sofern er sich als Philosophie behaupten und nicht zu einer empiristischen Bewußtseinstheorie oder formalistischen Strukturtheorie verkommen will. Ein konsequenter Idealismus ist nur als ‚spekulativer' oder ‚absoluter Idealismus' zu haben. Darin gehe ich mit Hoffmann konform. Aber ist der ‚absolute Idealismus' nur im Sinne Hegels zu verstehen? Oder konkreter gefragt (weil man sich bei Hegel nie sicher sein kann, ob und wie er sich selbst verstanden hat), muß man ihn als averroistische Auflösung oder – im Lichte des ‚spekulativen Karfreitag' – als christologische ‚Aufhebung' des Endlichen im Absoluten verstehen? Hoffmann plädiert dafür, „Kants kontextualistischen Erfahrungsbegriff [...] auf eine *Autonomisierung der Erfahrung* hin zu lesen, die als sich erfüllende Form des Wissens explizit unabhängig von den sie mitvollziehenden Individuen ist. Die in diesem Sinne aber autonom gesetzte Erfahrung ist die Erfahrung als schließender Schluß, die in ihrer Vollendungsgestalt reiner Vollzug ist, in den hinein auch die sonst gegeneinander äußerlichen Instanzen Ich und Welt, Subjekt und Objekt verschwinden." – Mir scheint eine alternative Lesart, die den ‚kontextualistischen Erfahrungsbegriff' mit dem Ursprungs- und Offenbarungsbegriff verbindet, fruchtbarer und plausibler. Am Verschwinden der „gegeneinander äußerlichen Instanzen Ich und Welt, Subjekt und Objekt" muß sich der Idealismus nicht bewähren, wohl aber an der Frage, wie es zu den scheinbar „gegeneinander äußerlichen Instanzen" kommt. Auf die Frage bietet der *Grundriß* im Ausgang von Kants Prinzipien der Homogeneität, Spezifikation und Kontinuität mit der Lehre vom „Raumschematismus" (*GtL* § 34) eine Antwort: brechen wir Kants Engführung des Kontexts der Erfahrung mit der szientifischen ‚Erfahrung überhaupt' auf, dann gewinnen die regulativen Prinzipien konstitutive Bedeutung. Die Ideen bezeugen sich dann als die ursprünglichen Synthesisfunktionen des Begriffs und ebenso sehr als die ‚reinen Schemate', die Zeit (*GtL* § 23) und Raum (*GtL* § 34) dimensionieren, die einzelnen Dimensionen aber nicht nur scharf auseinanderhalten, da wir die Ideen vermittelt wissen in dem Einen dreifältigen Schluß, in dem die Vernunft sich selbst denkt.

Rudolf Meer widmet sich in seinem Beitrag *Zwischen Bestimmungs- und Begründungstheorie. Kants Vorbereitung einer metaphysischen Deduktion der Vernunftbegriffe aus Kurt Walter Zeidlers schlusslogischer Perspektive,* einer schrittweisen Analyse und Interpretation der Argumente, die ich in dem Aufsatz *Bestimmung und Begründung. Zu Kants Deduktion der Ideen der reinen Vernunft* (*Vermittlungen*, 333–365), für die schlußlogische Reinterpretation und Fortführung der Kantischen Prinzipientheorie stark mache. Meer liefert eine umsichtige und klare Interpretation, die sich an Kants historischen Vorgaben ebenso bewährt, wie in der Auseinandersetzung mit der neueren Kantliteratur. Hervorzuheben ist zudem, daß der vorliegende Beitrag eine systematische Ergänzung zu seiner jüngst erschienenen Dissertation bietet,[17] auf die an dieser Stelle nachdrücklich hinzuweisen ist.

Hans-Jürgen Müller ist ein entschlossener und gründlicher Leser, wie man ihn sich als philosophischer Autor nur wünschen kann. Der glänzenden Darstellung meiner Systematik in *Die ursprüngliche transzendentale Prinzipienfunktion der drei syllogistischen Dukte nach Zeidler im Zusammenspiel von formaler Logik und kategorialer Schematisierung*, folgt eine Skizze seiner Begriffslogik,[18] die vor allem die Logikarbeit von Bruno v. Freytag-Löringhoff und Lutz Geldsetzer fortführt. Wenn ich Müllers begriffslogischen Ansatz richtig verstehe, geht er mit dem „Maschenquadrupel" von Begriffen höherer (Gattungen), niedrigerer (Arten) und gleicher Allgemeinheit (Nebenarten) aus, sowie vom Widerspruch (für das Begriffsverhältnis der Exklusion). So verstanden, ist das „Maschenquadrupel" die begriffslogische Explikation des Satzes vom ausgeschlossenen Dritten: *A ist entweder B oder Non-B*, wobei A als ‚Gattung' über den ‚Arten' B und Non-B steht und letztere als ‚Nebenarten' nebeneinander, sowie über

17 R. Meer: *Der transzendentale Grundsatz der Vernunft. Funktion und Struktur des Anhangs zur Transzendentalen Dialektik der Kritik der reinen Vernunft* (Kantstudien-Ergänzungshefte 207), Berlin/Boston 2019.

18 H.-J. Müller: *Logik neu denken. Pragmatisch-philosophische Systematik des Vernetzens von Begriffen. Einführung in die Begriffslogik*, Fft/M 2016.

ihre Relation zu A im ‚Widerspruch‘ zueinander stehen. Das entspricht meiner Deutung des Satzes vom ausgeschlossenen Dritten (*GtL* § 21) als dem Grundgesetz der Logik, das in der Lehre vom Schluß seine letztgültige Explikation findet (vgl. *GtL*[3], 142, 197f.); eine Explikation, die Müller in der „Darstellung der transzendentalen Prinzipienfunktion der drei Dukte", mit seiner „pragmatisch-performative[n] Interpretation des Schließens als kategorisches Setzen, hypothetisches Folgern und disjunktives Verknüpfen" für alle drei Schlüsse mustergültig durchführt.

Da er aus „pragmatisch-performativer" Sicht den Vollzugscharakter des (Er-)Schließens betont, wird für Müller „eine eigenständige Urteilslogik überflüssig" und richtet er an mich die „kritische Anfrage", ob denn die im *Grundriß* unternommene Rekonstruktion von Kants transzendentaler Analytik (von Fragen der Kant-Interpretation abgesehen) zwingend erforderlich ist oder nicht vielmehr „die als Synthesishandlung zu fassenden und in den Dukten sich manifestierenden Weisen der ‚ursprünglichen transzendentalen Beziehungseinheit‘ von Selbst- und Gegenstandsbewusstsein in der dreigliedrigen schlusslogischen Präsentation der transzendentallogischen Dimension dieser drei Dukte selbst aufgewiesen werden [können]? Dies könnte die in der *transzendentalen Dialektik* anzusiedelnde [...] Ideenlehre selbst (in Analogie zur Kategorienlehre von *Erstheit, Zweiheit* und *Drittheit* bei *Charles Sanders Peirce*) zur notwendig vollständigen und hinreichenden transzendentalen Kategorienlehre werden lassen." Hans-Jürgen Müller hat zweifellos recht (und demonstriert das ja auch an den ‚drei Dukten‘), daß die Schlußlehre allein auf der Grundlage der Begriffslogik entwickelt werden kann. In den *Grundlegungen* (37ff.) habe ich die Schlußlehre ebenfalls rein begriffslogisch entwickelt. Allerdings halte ich die Urteilslogik nicht für überflüssig und unterscheide im Gegensatz zu Peirce weiterhin zwischen Ideen- und Kategorienlehre. Mit seinen ‚Kategorien‘ *Erstheit, Zweiheit* und *Drittheit* hat Peirce die ontologischen Korrelate der drei Ideen, also der ursprünglichen Synthesisfunktionen des Begriffs angedacht, die ich als *Zustände, Umstände* und *Gegenstände* bezeichne (vgl. *GtL*[3], 320ff.; *Vermittlungen*, 237ff.). Die Kategorienlehre liefert hingegen die prinzipientheoretische Explikation der begrifflichen Synthesisfunktionen: die urteilslogische Explikation der begrifflichen Synthesisfunktionen erweist sie als Prinzipien der Gegenstandsbestimmung und dient zugleich als Leitfaden, der den Verstand zur Vernunft und damit zum Schluß führt.

Robert König spürt in *Syllogistik und Dialektik bei Aristoteles und Platon. Zu Zeidlers Weiterentwicklung aristotelischer Logik*, den Bezügen zu Platon und Aristoteles nach, die mir von besonderer Bedeutung waren und sind, weil dieser *antike Idealismus* noch nicht vom Nominalismus angekränkelt ist. Das Stichwort ‚antiker Idealismus' deutet die Präzisierung an, die in diesem Zusammenhang vorzunehmen ist und die König in seinem Beitrag mit bewundernswerter Klarheit herausgearbeitet hat, indem er der Frage nachgeht, inwieweit Aristoteles ein Platoniker und damit ein ‚Philosoph' oder ob er nicht doch ein ‚Sophist' und somit der Empirist ist, als der er seit Jahrhunderten von der Gelehrtenwelt gepriesen wird. Da „das Spekulative der sich auf sich beziehenden *Ousia* des Kapitels 16 ihm durch das Kapitel 17 des siebenten Buches der *Metaphysik* doch zu einem Übergewicht des Formal- und Urteilslogischen gegenüber dem Begriffs- und Schlusslogischen gerät", fällt die Entscheidung zwiespältig aus, denn insofern „sein eigener Logos als auf die erste Figur reduzierter *Syllogismos* nicht mehr zeigen kann, dass und wo er seine eigenen transzendentallogischen Voraussetzung mitentwickelt, rückt aus dieser platonischen Sicht Aristoteles vielerorts selbst in die gefährliche Nähe eines Sophisten." Die „Doppelköpfigkeit" des Aristoteles, die König präzise herausgearbeitet hat, ist nicht abzustreiten. Daß er spekulativer Kopf und trockener Gelehrter in einer Person ist, könnte man aber auch positiv bewerten, zumal die ‚schlußlogische Letztbegründung' keineswegs Partei für einen einseitigen Pseudo-Platonismus ergreift.

Das ist auch nicht Königs Intention, hat er doch in seinem 1000seitigen Opus magnum *Logik + Mystik* eine Interpretation der Schlußlehre vorgelegt,[19] die deren Mehrköpfigkeit betont und die drei Figuren des Schlusses am Beispiel des Aristoteles, Platon und Sokrates individuiert. Am Ende seines Beitrags greift König auf diese Interpretation zurück, wenn er betont, daß der „Syllogismos […] nicht bloß konsequenzenlogisch harmonisches Gefüge seiner selbst [ist], er ist zugleich absoluter Irrsinn (im Sinne auch von „umherirrender Sinn"). Dieser nur der rationalisierten Konsequenzenlogik als Irrsinn erscheinende Irrsinn ist der Einzelne, dessen wir weder in Aristoteles, noch in Platon vollständig ansichtig werden, sondern – wollte man das Trio vervollkommnen – in *Sokrates*. Dass Sokrates als der absurd handelnde Einzelne, der sich hierdurch überhaupt zur Freiheit seines Sinnstiftens befreit, bei Zeidler gegenüber Platon und Aristoteles unterbelichtet bleibt, lässt […] die oben genannte Frage der weiteren Entwicklung der abduktiven Affirmativität des Einzelnen übrig, das nicht nur Grund- und Schlussstein der schlusslogischen Letztbegründung verbürgen muss, sondern auch das notwendige Moment des Absurden, Irrsinnigen und Irrelevanten in die sich hierdurch erst sinnstiftende

19 R. König: Die Interimsliebenden, in: ders.: *Logik + Mystik*, Bd. 1, Norderstedt 2019, 203–323.

trichotomische Vernunft hineinträgt." – Über Sokrates und die „sokratische Ironie" der ‚schlußlogischen Letztbegründung' wurde bereits in den Anmerkungen zu Thomas Knoppes Beitrag gesprochen. Mit Blick auf den Zusammenhang dürfte verständlich werden, warum ich Königs existentialistisch und post-modern inspirierte Deutung der Schlußlogik bedenklich finde, leistet sie doch dem Mißverständnis Vorschub, daß die ‚schlußlogische Letztbegründung' in einem irrationalen „abduktiven Selbst" (Knoppe) gründet. Aber die Letztbegründung verdiente ihren Namen nicht, könnte sie nicht erklären, wie es zu diesem Mißverständnis kommt. Letztbegründend ist der dreifältige Schluß aus drei Schlüssen. Zerreißt man diesen Begründungszusammenhang und isoliert die drei Schlüsse von einander, dann mutieren sie zu den Argumenten des Begründungsskeptizismus. Der abduktive Schluß wird dann zur dogmatischen Behauptung. Formal- und konsequenzenlogisch gesehen, ist er auch gar kein Schluß, weil die Schlüsse der Zweiten Figur nicht positiv schließen. Dennoch vollziehen wir ständig abduktive Schlüsse, denn wir schließen abduktiv, wann immer wir etwas begrifflich identifizieren. Das wird uns freilich in den seltensten Fällen bewußt, denn wäre das anders, wäre es buchstäblich zum Verrücktwerden. Lebten wir nicht weitgehend unreflektiert im Gehäuse tierischer Instinkte und kultureller Konventionen, könnten wir als endliche Vernunftwesen gar nicht leben. Insoweit sind die Empiristen und ihre Untersekten Naturalisten und Kulturalisten durchaus im Recht (oben, Anm. 1). Aber Menschen sind nun einmal keine Tiere. An den Tieren gemessen, sind sie verrückte Tiere. Und Sokrates war, gemessen an den Konventionen der athenischen Biedermänner, ein verrückter Athener: er sprengte den kulturellen Sinnhorizont in dem sie sich eingerichtet hatten und wurde daher als Gottesleugner zum Tode verurteilt. Die Athener urteilten insofern konsequent und insofern hat Robert König durchaus recht, wenn er gegen die Biedermänner, Beckmesser und Büttel eines jeweiligen Zeitgeistes das Anarchische und Irr-Sinnige der Abduktion stark macht und es in die „hierdurch erst sinnstiftende trichotomische Vernunft hineinträgt".

Ulrich Blau diskutiert in *Der uralte logisch-philosophische Rückstand der Physik* mit der Präzision und dem Scharfsinn des Logikers und Mathematikers „die vier antiken Grundrätsel": R1 – die semantische Selbstreferenz (Lügner), R2 – semantische Vagheit (Sorites), R3 – mathematische Inkommensurabilität (Pythagoreer) und R4 – das Problem des Kontinuums (Zenon). Die beiden semantischen „Grundrätsel" motivierten Ulrich Blau zu seiner sechswertigen Reflexionslogik, die ich im *Grundriß* als ‚Selbstreflexion des Logikkalküls' interpretierte (*GtL* § 37). Das „geometrisch-arithmetische Grundrätsel von Pythagoras" (R3) und das

„physikalisch-geometrisch-arithmetische Grundrätsel von Zenon" (R4) motivieren ihn zu der „physikalischen Hypothese RZB über Raum, Zeit und Bewegung", der zufolge der Raum gequantelt ist, die Zeit hingegen kontinuierlich vergeht, sodaß „jede scheinbar kontinuierliche Bewegung scheinbarer physikalischer Partikel p […] in Wahrheit eine Kausalwelle zeitlich sprunghafter Änderungen der physikalischen Eigenschaften scharf strukturierter Raumquanten r [ist], die sich nie bewegen und in denen sich nie etwas kontinuierlich ändert". Die Unterscheidung zwischen räumlicher *Diskontinuität* und zeitlicher *Kontinuität* soll den, letztlich auf die Pythagoreer zurückgehenden „erkenntnistheoretische Grundirrtum […] der letzten zweieinhalbtausend Jahre" beheben, der „die wundersame Verflechtung der ontologischen Grundkategorien in unserem subjektiven Verständnis der objektiven Außenwelt: *Subjekt* | *Objekt* | *Raum* | *Zeit* bis heute logisch-philosophisch vernachlässigt", da „der Annäherungserfolg der reellen Standard-analyse raumzeitlicher Bewegungen und Veränderungen, […] die Tatsache vernebelt, dass die geometrisch *scheinbar* unverzichtbare Kontinuität *räumlicher* Linien arithmetisch ebenso unbegreiflich bleibt wie die *absolut* unverzichtbare lineare Kontinuität unserer *Zeit.*" Folglich bleibt auch die „Hypothese RZB […] zuletzt spekulativ", da „jede praktische Anwendung von RZB eine Projektion fiktiver, formal unverständlicher Zeitpunkte ins lineare Zeitkontinuum [erfordert]. Darauf folgt für mich zwingend: *Das Ziel unserer Naturwissenschaft seit Pythagoras: unsere Bemühung um ein formal präzises Verständnis raumzeitlicher Veränderungen im physischen Universum* $\mathbb{U}$ *können wir bestenfalls approximativ erreichen.*"

Dieser Folgerung stimme ich vorbehaltlos zu, ebenso der Erklärung, daß der „kategoriale Unterschied zwischen unserem raumzeitlichen physischen Universum $\mathbb{U}$ und dem raumzeitlosen rein formalen Mengenuniversum $\mathbb{V}$" durch den „Annäherungserfolg der reellen Standard-analyse raumzeitlicher Bewegungen und Veränderungen, […] vernebelt" wurde und die Physiker in ihrem „akademische[n] Pragmatismus" bestärkte. Dennoch schlage ich eine alternative Erklärung für die Paradoxie vor, die das scheinbar zwanglose Zusammenspiel von Geometrie, Arithmetik und Physik und mit ihm das Fundament der mathematischen Naturwissenschaft in Frage stellt. Die alternative Erklärung impliziert eine alternative Theorie der Anschauung, die streng zwischen der geometrischen und der empirischen Anschauung unterscheidet. Die Notwendigkeit der Unterscheidung ist anhand des „physikalisch-geometrisch-arithmetische[n] Grundrätsel[s] von Zenon" (R4) zu demonstrieren: die unendliche Teilbarkeit einer endlichen Strecke bringt den Achill in Zenons bekannter Aporie zum Stehen, wenn wir die unendliche ‚Teilbarkeit' einer kontinuierlichen Größe mit einer realen empirischen ‚Teilung' verwechseln. Die endliche Strecke ist empirisch real. Ihre unendliche ‚Teilbarkeit' und ‚Kontinuität' sind jedoch nicht empirisch real. Sie verdanken sich der gedanklichen Konstruktion, die der gesamten Mathematik zugrunde liegt. Ulrich Blau hat am Beispiel der natürlichen Zahlen selbst darauf hingewiesen: die Reihe 0, 1, 2, … verstehen wir nur, „weil wir das Symbol ‚…' verstehen. Dieses vielleicht wichtigste logisch-mathematische Symbol drückt selbstreferentielle Regeln aus; in diesem Fall: (R) Addiere 1 und dann befolge den ersten Teil von (R)."[20] Auch die Geometrie folgt als mathematische Disziplin dem Prinzip der Reihenbildung, kraft dessen die Mathematik reine Ordnungsstrukturen konstruiert. Anhand solcher reinen Ordnungsstrukturen werden Gegenstände und Ereignisse in Raum und Zeit gemessen, weshalb die klassische Physik Raum und Zeit als Raum- und Zeitkontinua interpretiert. Empirische und geometrische Anschauung erschienen folglich identisch. Daß sie – wie man schon aus Zenons Aporien hätte lernen können – nicht identisch sind, zeigte sich an neueren Entwicklungen in Mathematik und Physik seit dem 19. Jahrhundert. Es zeigte sich, daß an den üblichen Vorstellungen von Raum und Zeit und dem Anschauungsbegriff etwas nicht stimmt. Das führte zu einer anhaltenden mathematisch-physikalischen Grundlagenkrise, auf die Ulrich Blau mit der „physikalischen Hypothese RZB" antwortet, indem er zwischen räumlicher *Diskontinuität* und zeitlicher *Kontinuität* unterscheidet. Die Unterscheidung konserviert die Vorstellung, daß es *den* Raum und *die* Zeit gibt. Meines Erachtens gibt es prinzipientheoretische und auch sachliche Argumente, die dafür sprechen, diese vertraute Vorstellung aufzugeben und statt dessen zu unterscheiden zwischen der *Diskontinuität* des *empirisch realen* Raumes und der empirisch realen Zeit, sowie der *Kontinuität* der von uns konstruierten und daher *transzendental idealen* Raum- und Zeitordnung (vgl. *Vermittlungen*, 263ff., 277ff.). Die Unterscheidung bricht mit Kants Lehrbegriff des „transzendentalen Idealismus", der mit der klassischen Physik steht und fällt (*Vermittlungen*, 232). Vor allem bricht sie von vornherein mit der Vorstellung, daß die Physik in der Lage sei, die empirische Realität vollständig zu erfassen: aufgrund ihrer Diskontinuität ist die empirische Realität von Raum und Zeit nur näherungsweise und partiell durch das ideale mathematisch konstruierte Raum- und Zeitkontinuum zu beschreiben. Das bedeutet einen Bruch mit scheinbaren Selbstverständlichkeiten unserer neuzeitlichen Wissenschaftskultur. Ihre Selbstverständlichkeiten werden zu methodischen Fiktionen, wenn zutrifft, daß die klassische Physik und Kant und auch unser technisch geprägtes Alltagsverständnis das mathematische

20 U. Blau: Die Logik der Unbestimmtheiten und Paradoxien, in: *Erkenntnis* 22, 1985, 383 (zit. *GtL*, Anm. 69).

Raum- und Zeitkontinuum mit der empirisch realen Diskontinuität von Raum und Zeit vermengen, weil alle Techniken und auch die mathematische Naturwissenschaft von der für sie konstitutiven methodischen Fiktion ausgehen, daß sich ihre Handlungen wiederholen lassen: „Die Wiederholbarkeit derselben Handlung aber ist das Prinzip jeder Konstruktion – der technischen Konstruktion (der handwerklichen Fertigung und industriellen Produktion) ebenso, wie der mathematischen Konstruktion reiner Ordnungsstrukturen. Insoweit ist eine partielle empirische Realität des ‚mathematischen' Raum- und Zeitkontinuums keineswegs zu bestreiten: die gemessenen Räume und Zeiten sind empirisch real. Das bedeutet jedoch nicht, daß die empirische Realität selbst vollständig auszumessen und verrechenbar sei." (*Vermittlungen*, 281).

Wenn ich recht sehe, stimme ich im Resultat mit Blau überein, obwohl unsere Wege von einander abweichen. Auch auf meinem alternativen Weg habe ich keine Lösung für die Welträtsel gefunden, die Ulrich Blau auf den letzten Seiten seines Beitrags diskutiert. Allerdings stellen sich mir die Probleme in einem etwas anderen Licht dar. Dazu nur eine Bemerkung: Wissenschaftler, die den Idealen der Exaktheit und Objektivität verpflichtet sind, neigen zum Ausgleich vielfach zur Mystik, empfinden den unprofessionellen „mystisch-monistischen *Subjekt*= *Objekt*-Kollaps jenseits aller praktischen und theoretischen Vernunft" aber als ‚peinlich'. Die Peinlichkeit entsteht, weil der vorgeblich neutrale *Beobachter* sich gleichsam ertappt fühlt, wenn er seiner selbst als *Beteiligter* und *Betroffener* gewahr wird. Die ‚schlußlogische Letztbegründung' hat diese Skrupel nicht, weil ihre Subjekttheorie von vornherein alle drei Positionen berücksichtigt. Und wenn sie die Einheit von praktischer und theoretischer Vernunft als dreifältigen Schluß denkt, der sich selbst regulativ konstituiert und jedes Selbst und auch Raum und Zeit dimensioniert, drängt sich wie von selbst der Gedanke auf an „*ein absolutes Selbst*, das sich in kosmischen Prozessen myriadenfach raumzeitlich fragmentiert" und „sich in jedem winzigen raumzeitlichen Selbst ein wenig spiegelt, um sich vielleicht schon irdisch ein wenig zu ahnen." Der Gedanke ist in unserer philosophischen Tradition vor allem mit dem Namen Leibniz verbunden, damit unglücklicherweise auch mit seiner schiefen Lösung des Theodizeeproblems: aufgrund der Allmacht, des Allwissens und der Allgüte Gottes hatte Leibniz messerscharf geschlossen, daß wir in der besten aller möglichen Welten leben. Das endliche Vernunftwesen weiß jedoch weder ob es ein solch vollkommenes Wesen überhaupt gibt, noch kann es in seiner Unvollkommenheit begreifen, warum gerade diese Welt die beste aller möglichen ist. Hier schafft nur die idealistische Wende Abhilfe: von dem was ‚es gibt', zu dem was ‚wird' (*GtL*^{3}, 152) und von dem was ‚ist' zu dem was ‚sein soll', indem wir das ‚absolute

Selbst' aus unserer endlichen Vernunftperspektive als ein Werdendes verstehen, an dessen Werdeprozeß wir teilhaben.

Karen Gloy präsentiert in *Phänomenologische Begründung von Raum und Zeit* sowohl aus kulturanthropologischer Perspektive wie auch in systematischer Absicht eine Fülle an Raum- und Zeitkonzeptionen, wobei sie betont, daß in „der Tendenz, die Vielfältigkeit der Zugänge zur Wirklichkeit zu beachten, [...] unser beider Ansätze überein[stimmen]". Mir scheint, daß wir nicht nur in der Tendenz, sondern auch in den Ergebnissen weitestgehend übereinstimmen. Die Übereinstimmung mag auch darin gründen, daß wir uns in zentralen Fragen auf die gleichen Autoren beziehen, bekräftigt aber auch meine Überzeugung, daß sich eine strikt an logischen Kriterien orientierte prinzipientheoretische Untersuchung an der phänomenologischen Analyse der Sachprobleme bewähren kann und muß.

Reinhold Breil gibt in *Grundlagen und Methoden wissenschaftlicher Erkenntnis. Zu Kurt Walter Zeidlers Prolegomena zur Wissenschaftstheorie*, eine kenntnis- und detailreiche Darstellung meiner *Prolegomena*, wobei er vor allem die systematischen Bezüge zur Geltungstheorie und die Übereinstimmungen mit Werner Flachs Methodologie hervorhebt. Wie ihr Titel bereits verrät, sind die *Prolegomena* als Grundlegungen zu einer künftigen Wissenschaftstheorie zu verstehen, weshalb Breil abschließend zu Recht „eine ausgeführte prinzipientheoretisch fundierte Wissenschaftstheorie" fordert. In ihr wären zweifellos die „selbst- und letztbegründenden Bedingungen der Subjektivität und Gegenständlichkeit" bzw. die „Subjektivität als Bedingung möglicher Gegenstandskonstitution" nachzutragen, die Breil in den *Prolegomena* vermißt. Auf diese Problemzusammenhänge bin ich erst später in meinen transzendental-phänomenologischen Untersuchungen eingegangen (*Vermittlungen*, 231ff., 251ff.). Nachzutragen wäre sodann in diesem Zusammenhang auch eine differenziertere Klassifikation und Systematik der Wissenschaften. – Große Neigung, diese Aufgaben noch in Angriff zu nehmen, habe ich allerdings nicht. Mein Angebot an die Wissenschaftstheorie liegt seit bald 20 Jahren unberührt auf dem Tisch und sollte man jemals darauf zurückgreifen wollen, sind die noch leeren oder auch nur halbleeren Fächer unschwer zu füllen.

Erhard Oeser bietet in *Der Kreislauf wissenschaftlicher Erkenntnis. Sein Ursprung und seine Weiterentwicklung in der Wissenschaftsgeschichte*, eine Darstellung und auch weitergehende Erläuterungen seines Funktionsmodells der Wissenschaftsentwicklung (Abb. 3), das ich in meiner Habilitationsschrift im Rückgriff auf Pierre Duhems Vier-Stufen-Konzeption modifizierte und schließlich in den *Prolegomena zur Wissenschaftstheorie* als „Regelkreismodell" präsentierte (vgl. *PzW*, 111, 113, 115). Oesers Beitrag demonstriert durchweg die Verschränkung von historischer und systematischer Argumentation. Das ist ein Argumentationsstil, von dem ich viel gelernt habe und den ich in meinen eigenen Arbeiten fruchtbar zu machen suchte.

Hans-Dieter Klein bezieht sich in *Schlußlogische Letztbegründung in Leibniz´ monadologischem System*, mehrfach auf Überlegungen von Ulrich Blau, weshalb ich mich unmittelbar auf meine letzten Bemerkungen zu Blau berufen kann, wenn ich feststelle, daß ich der von Klein „vorgeschlagenen Ontologie einer nur werdenden Widerspruchsfreiheit und Exaktheit" keineswegs widerspreche. Widersprechen muß ich darum der Deutung, „dass Zeidler daran Anstoß nimmt, dass Kant und Leibniz das Denken primär als Ich-denke verstehen: denn dadurch bleibt die auch von ihnen vorausgesetzte Einheit von Subjekt und Objekt stets eine subjektive Einheit von Subjekt und Objekt, welche daher notwendigerweise als Ich im Hier und Jetzt verharrt, also stets perspektivische Erscheinung von ihrem point de vue her erkennt" und folglich „das Denken auf eine seiner Ebenen, nämlich auf die Ebene des Urteils [reduziert]." Meine Kritik an der Urteilslogik bezieht sich auf ein Denken das „im Hier und Jetzt verharrt", nicht aber auf die „Einheit von Subjekt und Objekt […] im Hier und Jetzt", die sich mir eben nicht als Urteil darstellt, sondern als der absonderliche Schluß, dessen Mitte das Sinnallgemeine ist, das sich selbst exemplifiziert, indem es etwas als Fall identifiziert und somit Voraussetzung und Setzung zugleich ist.

Hans Martin Dober führt uns in *Die Metapher der Höhle. Ihre Bedeutung für einen Begriff der Kultur*, feinsinnig durch die Welt der Metapher und damit an den Ursprung und die Grenze der begrifflichen Erkenntnis, die ich schlußlogisch durch den – ich wiederhole mich – absonderlichen abduktiven Schluß zu beleuchten suche, dessen Mitte das Sinnallgemeine ist, das sich selbst exemplifiziert, indem es etwas als Fall identifiziert und somit Voraussetzung und Setzung zugleich ist. Die Rede von der ‚Metapher' betont den Aspekt der Setzung: Metaphern können „*Bedeutsamkeit* stiften" und erlauben, „den unentrinnbaren Zwangszusammenhang zu überschreiten, als der die Wirklichkeit erscheinen kann. Sie öffnen Türen, durch die das Licht der Freiheit zu scheinen vermag." Dobers Ausführungen belegen nachdrücklich, daß sich der Mensch als „animal symbolicum" (Cassirer) sein Selbst- und Weltverständnis und damit seine ‚Kultur' durch Metaphern erschließt. Aber die Setzung ist der eine Aspekt, die Voraussetzung der andere. Die ‚schlußlogische Letztbegründung' versteht die *Vernunft* oder das *ursprüngliche synthetische Apriori* als *sich selbst reflektierende Urteilskraft* im Zusammenhang von ästhetischer und teleologischer Urteilskraft. Sie versucht darum auch zu sagen, „was der ‚metaphorische Gegenstand' ist, an dem die Regel exemplifiziert wird, indem etwas als Fall der Regel identifiziert wird" (*Vermittlungen*, 250), wenn sie vom *Zustand* spricht, in dem „das Ich sich selbst und zugleich dem Ich seine Welt unmittelbar präsent ist" (ebd., 247). Die Beispiele, die Dober anführt, deuten alle an: die Nicht-Gegenstände der Metapher sind von den *Umständen* der Erfahrung und den *Gegenständen* der Erkenntnis zu unterscheiden. Sie sind *Zustände,* die unmittelbar erlebt werden. Das bedeutet nicht, daß sie bloß ‚subjektiv' sind, wie unsere neuzeitliche Verstandeskultur uns weismachen will. Sie können nur nicht wie Umstände der Erfahrung dargestellt oder wie Gegenstände der Erkenntnis bezeichnet, sondern aufgrund ihres Offenbarungscharakters nur ausgedrückt werden. Sie werden durch Metaphern ausgedrückt. Könnten wir sie erkennen, hätten wir die Identität von Denken und Sein erkannt und fänden uns in dem Paradies, von dem gleichnishaft der jüdische Witz erzählt, den Hans Martin Dober zitiert: wir verstünden endlich, was immer wir lesen.

Literaturverzeichnis

Blau, Ulrich: Die Logik der Unbestimmtheiten und Paradoxien, in: *Erkenntnis* 22, 1985, 369–459.

Bunte, Martin: *Erkenntnis und Funktion. Zur Vollständigkeit der Urteilstafel und Einheit des kantischen Systems*, Berlin 2016.

Cassirer, Ernst: *Philosophie der symbolischen Formen*, 3. Bd., *ECW* XIII, 1–47.

Cohen, Hermann: *Kants Begründung der Ethik*, Berlin 1877.

Cohen, Hermann: *Logik der reinen Erkenntniss*, Berlin 1902.

Edel, Geert: *Hypothesis versus Linguistic Turn. Zur Kritik der sprachanalytischen Philosophie*, Waldkirch 2010.

Fichte, Johann Gottlieb: *Grundlage der gesammten Wissenschaftslehre (1794/95)*.

Flach, Werner: *Grundzüge der Erkenntnislehre*, Würzburg 1994.

Thomas Göller: Rezension von Christian Krijnen, Kurt Walter Zeidler (Hg.): Reflexion und konkrete Subjektivität. Beiträge zum 100. Geburtstag von Hans Wagner (1917–2000), in: *Philosophischer Literaturanzeiger* 71/2018, 249–260; 253.

Hegel, Georg Wilhelm Friedrich: *Werke* in 20 Bden., Frankfurt a.M. 1969ff.

Hiltscher, Reinhard: *Einführung in die Philosophie des deutschen Idealismus*, Darmstadt 2016.

Hoffmann, Thomas Sören: *Philosophische Physiologie*, Stuttgart/Bad Cannstatt 2003.

König, Robert: Die Interimsliebenden, in: ders.: *Logik + Mystik*, Bd. 1, Norderstedt 2019, 203–323.

Meer, Rudolf: *Der transzendentale Grundsatz der Vernunft. Funktion und Struktur des Anhangs zur Transzendentalen Dialektik der Kritik der reinen Vernunft* (Kantstudien-Ergänzungshefte 207), Berlin/Boston 2019.

Müller, Hans-Jürgen: *Logik neu denken. Pragmatisch-philosophische Systematik des Vernetzens von Begriffen. Einführung in die Begriffslogik*, Fft/M 2016.

Richli, Urs: *Form und Inhalt in Hegels „Wissenschaft der Logik"*, Wien/München 1982.

Lotze, Rudolf Hermann: *Logik. Drei Bücher vom Denken, vom Untersuchen und vom Erkennen*, Leipzig 1874.

Mathisen, Steinar: Fornuften som grunn (2018) und Nykantianismen som provokasjon (2019) in: *SALONGEN. Nettidskrift for filosofi og idéhistorie.*

Schelling, Friedrich Wilhelm Joseph: *Sämmtliche Werke*, 14 Bde., Stuttgart 1856ff.

Windelband, Wilhelm: Was ist Philosophie? (1882), in: ders.: *Präludien*, Bd. 1, Tübingen [6]1919, 1–54.

Wagner, Hans: *Philosophie und Reflexion*, München/Basel 1959.

Siglen- und Abkürzungsverzeichnis

GtL[1] = *Grundriß der transzendentalen Logik*, Cuxhaven 1992

GtL[2] = *Grundriß der transzendentalen Logik*, 2. überarb. Auflage, Cuxhaven/Dartford 1997

GtL[3] = *Grundriß der transzendentalen Logik*, 3. ergänzte Aufl., Wien 2017

KDT = *Kritische Dialektik und Transzendentalontologie. Der Ausgang des Neukantianismus und die post-neukantianische Systematik*, Bonn 1995

PzW = *Prolegomena zur Wissenschaftstheorie*, Würzburg 2000, 2. unveränd. Neuauflage 2006

Grundlegungen = *Grundlegungen. Zur Theorie der Vernunft und Letztbegründung*, Wien 2016

Vermittlungen = *Vermittlungen. Zum antiken und neueren Idealismus*, Wien 2016

Provokationen = *Provokationen. Zu Problemen des Neukantianismus*, Wien 2018

Bibliographie Kurt Walter Zeidler

A) Monographien

A 1) **Logik des Erkenntnisprozesses**. Deduktion-Induktion-Abduktion, Wien (masch.schr. Phil. Diss.) 1979, 91 S.

A 2) **Vernunft und Erfahrung**, Untersuchungen zum Erkenntnisproblem in Philosophie und Wissenschaftstheorie, Wien (masch.schr. Habil.-Schrift) 1986, 243 S.

A 3a) **Grundriß der transzendentalen Logik**, Cuxhaven (Junghans) 1992, 206 S.
A 3b) 2. überarb. Auflage, Cuxhaven-Dartford 1997, 218 S.
A 3c) 3. ergänzte Auflage, Wien (Ferstl&Perz) 2017, 330 S.
Rezensionen:
Geert Edel, in: Philosophischer Literaturanzeiger 46, 4 (1993)
Thomas S. Hoffmann, in: Kant-Studien 83, 3 (1993)

A 4) **Kritische Dialektik und Transzendentalontologie**. Der Ausgang des Neukantianismus und die post-neukantianische Systematik R. Hönigswalds, W. Cramers, B. Bauchs, H. Wagners, R. Reiningers und E. Heintels, Bonn (Bouvier) 1995, 372 S.
Rezensionen:
Geert Edel, in: Archiv für Geschichte der Philosophie 80, 3 (1998)
Hans-Ludwig Ollig, in: Vierteljahresschrift Theologie und Philosophie 71, 1 (1999)

A 5) **Prolegomena zur Wissenschaftstheorie**, Würzburg (Königshausen&Neumann) 2000, 2. unveränd. Aufl. 2006, 184 S.
Rezension: Rainer E. Zimmermann, in: Widerspruch 43 (2005)

A 6) Hrsg. gem. mit Ch. Krijnen: **Gegenstandsbestimmung und Selbstgestaltung.** Transzendentalphilosophie im Anschluss an Werner Flach, Würzburg (Königshausen&Neumann) 2011, 325 S.

A 7) Hrsg. gem. mit Ch. Krijnen: **Wissenschaftsphilosophie im Neukantianismus**, Würzburg (Königshausen&Neumann) 2014, 380 S.
Rezension: Lois Marie Rendl, in: Philosophischer Literaturanzeiger 69, 1 (2016)

A 8) Hrsg. gem. mit W. Schweidler: **Bioethik und Bildung/Bioethics and Education.** Beiträge des 2. Südosteuropäischen Bioethik-Forums, Mali Lošinj/ Proceedings of the 2nd Southeast European Bioethics Forum, Mali Lošinj, St. Augustin (Academia Verlag) 2014, 258 S.

A 9) Grundlegungen. Zur Theorie der Vernunft und Letztbegründung, Wien (Ferstl & Perz) 2016, 308 S.
Rezensionen:
Robert Pfeiffer, in: Philosophischer Literaturanzeiger 69, 4 (2016)
Steinar Mathisen, Fornuften som grunn (1–2), in: SALONGEN. Nettidskrift for filosofi og idéhistorie (2018)

A 10) Vermittlungen. Zum antiken und neueren Idealismus, Wien (Ferstl & Perz) 2016, 370 S.
Rezensionen:
Robert Pfeiffer, in: Philosophischer Literaturanzeiger 70, 4 (2017)
Steinar Mathisen, Fornuften som grunn (1–2), in: SALONGEN. Nettidskrift for filosofi og idéhistorie (2018)

A 11) Hrsg. gem. mit Ch. Krijnen: **Reflexion und konkrete Subjektivität.** Beiträge zum 100. Geburtstag von Hans Wagner (1917–2000), Wien (Ferstl & Perz) 2017, 350 S.
Rezension: Thomas Göller, in: Philosophischer Literaturanzeiger 71 (2018)

A 12) Provokationen. Zu Problemen des Neukantianismus, Wien (Ferstl & Perz) 2018, 358 S.
Rezension: Steinar Mathisen, Nykantianismen som provokasjon (1–3), in: SALONGEN. Nettidskrift for filosofi og idéhistorie (2019)

B) Aufsätze

B 1) Transformationen der Logik, in: Wiener Jahrbuch für Philosophie XIV/1981, S. 7–22. In: Grundlegungen (**A 9**), S. 61–84.
B 2) Urteil und Schluß. Anmerkungen zur Kritik der reinen Vernunft, in: Wiener Jahrbuch für Philosophie XV/1983, S. 213–224. In: Grundlegungen (**A 9**), S. 85–103.
B 3) Reflexivität und Begründung. Zur Frage nach den Voraussetzungen rationaler Argumentation, in: Wiener Jahrbuch für Philosophie XVI/1984, S. 27–46. In: Grundlegungen (**A 9**), S. 105–140.

B 4) Die transzendentale Geschichte des Ichs. Deduktion und Schematismus der reinen Verstandesbegriffe, in: Wiener Jahrbuch für Philosophie XVIII/1986, S. 95–125. In: Grundlegungen (**A 9**), S. 141–195.

B 5) Peirce und Hegel: Zeichen und Schluß, in: L. Nagl et al. (Hgg.), Philosophie und Semiotik, Wien 1990, S. 153–165. In: Grundlegungen (**A 9**), S. 197–215.

B 6) Die Dialektik der praktischen Vernunft und ihre Maximen, in: H.-D. Klein, J. Reikerstorfer (Hgg.), Philosophia perennis. Erich Heintel zum 80. Geburtstag, Teil 1, Fft/M 1993, S. 257–276. In: Grundlegungen (**A 9**), S. 217–247.

B 7) Bruno Bauchs Frege-Rezeption, in: E. W. Orth, H. Holzhey (Hgg.), Neukantianismus. Perspektiven und Probleme, Würzburg 1994, S. 214–232.

B 8) Die Heautonomie der Vernunft, in: Th. S. Hoffmann, F. Ungler (Hgg.), Aufhebung der Transzendentalphilosophie?, Würzburg 1994, S. 25–39. In: Grundlegungen (**A 9**), S. 249–274.

B 9) Hönigswalds Kritik der Husserlschen Phänomenologie, in: E. W. Orth, D. Aleksandrowicz (Hgg.), Studien zur Philosophie Richard Hönigswalds. Studien und Materialien zum Neukantianismus, Bd. 7, Würzburg 1996, S. 147–162.

B 10) Die Kopernikanische und die semiotische Wende der Philosophie, in: »prima philosophia« Bd. 9, Heft 4 (1996), S. 377–398. In: Grundlegungen (**A 9**), S. 275–306.

B 11) Genetischer Naturalismus und Idealismus. Überlegungen zum genetischen Naturalismus von Günter Dux, in: F. Wagner, M. Murrmann-Kahl (Hgg.), Ende der Religion – Religion ohne Ende? Zur Theorie der „Geistesgeschichte" von Günter Dux, Wien 1996, S. 153–172, 296–299. In: Vermittlungen (**A 10**), S. 11–42.

B 12) Richard Hönigswalds Weg zur Denkpsychologie, in: W. Schmied-Kowarzik (Hg.), Erkennen – Monas – Sprache. Internationales Richard-Hönigswald-Symposion Kassel 1995 (Studien und Materialien zum Neukantianismus, Bd. 9), Würzburg 1997, S. 43–59.

B 13) Der Neukantianismus Robert Reiningers. Ein Beitrag zur Geschichte des ‚Österreichischen Neukantianismus', in: Wiener Jahrbuch für Philosophie XXIX/1997, S. 141–152.

B 14) Der ‚Österreichische' Neukantianismus, in: M. Benedikt, E. Kiss, R. Knoll (Hgg.), Verdrängter Humanismus – Verzögerte Aufklärung. Bd. 4, Klausen 1998, S. 253–268.

B 15) Natur und Freiheit, mit Blick auf Cassirer und Heidegger, in: H. Eidam et al. (Hgg.), Kritik und Praxis. Zur Problematik menschlicher Emanzipation. W. Schmied-Kowarzik zum 60. Geburtstag, Lüneburg 1999, S. 107–118. In: Vermittlungen (**A 10**), S. 43–57.

B 16) Das Problem der metaphysischen Deduktion im ausgehenden Neukantianismus, in: »prima philosophia« Bd. 13, Heft 3 (2000), S. 279–294. In: Provokationen (**A 12**), S. 11–43.

B 17) Die Wirklichkeit der Vernunft (Formale, empirische und rationale Begründung), in: L. Nagl, R. Langthaler (Hgg.), System der Philosophie? Festgabe für Hans-Dieter Klein, Fft/M 2000, S. 241–252.

B 18) Das Problem der Psychologie im System Cohens (mit Blick auf P. Natorp), in: W. Marx, E. W. Orth (Hgg.), Hermann Cohen und die Erkenntnistheorie, Würzburg 2001, S. 135–146. In: Provokationen (**A 12**), S. 45–66.

B 19) Maximengeleitete Vernunft – Kants Logik der endlichen Vernunft, in: V. Gerhart, R. P. Horstmann, R. Schumacher (Hgg.), Kant und die Berliner Aufklärung. Akten des IX. Int. Kant-Kongresses, Bd. V, Berlin 2001, S. 123–130.

B 20) Die Wesentlichkeit einer subjektiven Deduktion, in: M. Asiáin, A. Eckl, et al. (Hgg.), Der Grund, die Not und die Freude des Bewußtseins, Beiträge zum Int. Symposion in Venedig zu Ehren von Wolfgang Marx, Würzburg 2002, S. 43–50. In: Vermittlungen (**A 10**), S. 59–73.

B 21) Kulturfrömmigkeit und Geltungsobjektivismus: Zur neukantianischen Revision des Apriori, in: R. Alexy, L. H. Meyer, S. L. Paulson, G. Sprenger (Hgg.), Neukantianismus und Rechtsphilosophie, Baden-Baden 2002, S. 457–466. In: Provokationen (**A 12**), S. 67–86.

B 22) Versuche einer kritischen Aneignung der Dialektik bei Hönigswald und Bauch, in: Chr. Krijnen, D. Pätzold (Hgg.), Der Neukantianismus und das Erbe des deutschen Idealismus: die philosophische Methode, Würzburg 2002, S. 181–194. In: Provokationen (**A 12**), S. 87–109.

B 23) Richard Hönigswald: Prinzip und Faktum, in: »prima philosophia« Bd. 16, Heft 2 (2003), S. 233–254.

B 23a) in: S. Gehlhaar (Hg.), Zur Präsenz der Philosophie. Kleine Studien zu N. Hartmann, E. Husserl und R. Hönigswald, Cuxhaven-Dartford 2004, S. 129–156.

B 24) Transzendentalphilosophie, in: K. Acham (Hg.), Geschichte der österreichischen Humanwissenschaften, Bd. 6.1: Philosophie und Religion: Erleben, Wissen, Erkennen, Wien 2004, S. 113–139.

B 25) Hat Platons Höhle einen Ausgang? Zum Verhältnis von Metaphysik und Post-Metaphysik, in: K. Gloy (Hg.), Unser Zeitalter – ein postmetaphysisches? Würzburg 2004, S. 209–217. In: Vermittlungen (**A 10**), S. 75–90.

B 26) Unerledigte Probleme der Vernunftkritik (serb. Otworeni problemi kritike uma), in: D. Basta (Hg.), Aktuelnost i buducnost kantowe filosofije, Beograd 2004, S. 347–357 (S. 358–368). In: Vermittlungen (**A 10**), S. 91–107.

B 27) Syllogismus est principium Idealismi, in: M. Gottschlich, M. Wladika (Hgg.), Dialektische Logik. Hegels „Wissenschaft der Logik" und ihre realphilosophischen Wirklichkeitsweisen. Gedenkschrift für Franz Ungler, Würzburg 2005, S. 239–251. In: Vermittlungen (**A 10**), S. 109–127.
B 28) Das Grundproblem des Wiener Kreises, in: M. Benedikt, R. Knoll, C. Zehetner (Hgg.), Verdrängter Humanismus - Verzögerte Aufklärung. Bd. 5, Wien 2005, S. 200–206.
B 29) Zur transzendentalphilosophischen Systematik Robert Reiningers, in: M. Benedikt, R. Knoll, C. Zehetner (Hgg.), Verdrängter Humanismus - Verzögerte Aufklärung. Bd. 5, Wien 2005, S. 354–363.
B 30) Natura naturans - Annäherung an einen Begriff, in: R. E. Zimmermann (Hg.), Naturallianz. Von der Physik zur Politik in der Philosophie Ernst Blochs, Hamburg 2006, S. 39–54.
B 31) Selbstkontinuation, Korrelation und Dialektik, in: H. F. Fulda, Chr. Krijnen (Hgg.), Systemphilosophie als Selbsterkenntnis? Hegel und der Neukantianismus, Würzburg 2006, S. 159–176. In: Provokationen (**A 12**), S. 111–137.
B 32) Ontologie, in: K. Acham (Hg.), Geschichte der österreichischen Humanwissenschaften, Bd. 6.2: Philosophie und Religion, Wien 2006, S. 171–186.
B 33) Die Antinomien in der „Kritik der Urteilskraft", in: R. Hiltscher, St. Klingner, D. Süß (Hgg.), Die Vollendung der Transzendentalphilosophie in Kants „Kritik der Urteilskraft", Berlin 2006, S. 41–57. In: Vermittlungen (**A 10**), S. 129–155.
B 34) Die Logik der Gottesbeweise und die Logik der (Post-)Moderne, in: K. Dethloff, L. Nagl, F. Wolfram (Hgg.), „Die Grenze des Menschen ist göttlich". Beiträge zur Religionsphilosophie (Schriften der Österreichischen Gesellschaft für Religionsphilosophie, Band 7), Berlin 2007, S. 225–238. In: Vermittlungen (**A 10**), S. 157–173.
B 35) Geltung und Genese. Zum Problem der Dialektik, in: Th. Göller, Chr. Krijnen (Hgg.), Geltung und Begründung. Perspektiven der Philosophie Werner Flachs, Würzburg 2007, S. 101–114.
B 36) Das Ethos der Wissenschaft, in: A. Čović, Th. S. Hoffmann (Hgg.), Bioethik, St. Augustin 2007, S. 60–67.
B 37) Die Selbst-Überschreitung der Person, in: Anthropos 1–2 (205–206) 2007, S. 287–297.
B 38) Warum Totgesagte länger leben, in: Skeptiker 21/2008, S. 135–137.
B 39) Bioethik, Menschenwürde und reflektierende Urteilskraft, in: Synthesis Philosophica 46/2008, S. 215–223.
B 40) Negation, Andersheit und Unendlichkeit im realistischen Kritizismus, in: P. Fiorato (Hg.), Verneinung, Andersheit und Unendlichkeit im

Neukantianismus, Würzburg 2009, S. 125–136. In: Provokationen (**A 12**), S. 139–155.

B 41) Überlegungen zu einer anthropozentrischen Bioethik ohne Anthropozentrismus, in: W. Schweidler (Hg.), Wert und Würde der nichtmenschlichen Kreatur, St. Augustin 2009, S. 67–73.

B 42) Daseiende Transzendentalität. Zur Philosophie Erich Heintels, in: M. Benedikt, R. Knoll, F. Schwediauer, C. Zehetner (Hgg.), Verdrängter Humanismus - Verzögerte Aufklärung. Bd. 6, Wien 2010, S. 1091–1103.

B 43) F. A. Trendelenburg. Ein Beitrag zur Vorgeschichte des Neukantianismus, in: ARHE 13/2010, S. 191–200. In: Provokationen (**A 12**), S. 157–172.

B 44) Franz Rosenzweig: Das „Neue Denken", in: ARHE 14/2010, S. 121–131.

B 45) Platons Antizipation und Überwindung des Universalienstreits, in: H.-D. Klein, R. Langthaler (Hgg.), Transzendentale Konzepte in aktuellen Bezügen, Würzburg 2010, S. 9–19. (**A10**), S. 191–207.

B 46) Letztbegründung als transzendentale Theorie konstitutiver Relationalität, in: M. Woesler (Hg.), Festschrift für Harald Holz, Berlin u.ö. 2010, S. 196–208. In: Vermittlungen (**A 10**), S. 299–315.

B 47) Der logische Ort der Freiheit, in: H.-D. Klein (Hg.), Ethik als prima philosophia?, Würzburg 2011, S. 141–149. In: Vermittlungen (**A 10**), S. 175–189.

B 48) Monade und System oder Perspektivismus versus System? in: R. Langthaler, M. Hofer (Hgg.), Monade und System, Wiener Jahrbuch für Philosophie XLII/2010 (erschienen 2011), S. 59–69. In: Vermittlungen (**A 10**), S. 317–332.

B 49) Bestimmung und Begründung. Zu Kants Deduktionen der Ideen der reinen Vernunft, in: Ch. Krijnen, K. W. Zeidler (Hgg.), Gegenstandsbestimmung und Selbstgestaltung, Würzburg 2011, S. 297–320. In: Vermittlungen (**A 10**), S. 333–365.

B 50) Ontologischer Pluralismus und Pluriperspektivische Bioethik, in: A. Čović (Hg.), Integrative Bioethik und Pluriperspektivismus, St. Augustin 2011, S. 78–85.

B 51) Neokantyści i psychologia. Przyczynek do metodologii Kurta Lewina (Neukantianismus in der Psychologie. Ein Beitrag zur Methodenlehre von Kurt Lewin), in: W. Zeidler i Helmut E. Lück (Eds.), Psychologia Europejska w oresie międzywojennym, Warszawa 2011, str. 291–300.

B 52) Das Problem des Einzelnen. Heinrich Rickert und Hermann Cohen zum ‚härtesten Problem der Logik', in: Ch. Krijnen, A. J. Noras (Hgg.), Marburg versus Südwestdeutschland, Würzburg 2012, S. 175–204. In: Provokationen (**A 12**), S. 173–213.

B 53) Skeptizismus oder Letztbegründung? In: Ph. Schmidt/A. Weiberg (Hgg.), Einheit und Vielfalt der Gegenwartsphilosophie, Fft/M 2012, S. 203–215.

B 54) Transzendentalphilosophie der Transzendentalphilosophie, in: R. Langthaler, M. Hofer (Hgg.), Transzendentalphilosophie. Möglichkeiten und Grenzen, Wiener Jahrbuch für Philosophie XLIV/2012, S. 9–34.

B 55) Zur Logik des spekulativen Satzes, in: M. Gerten (Hg.): Hegel und die *Phänomenologie des Geistes*. Neue Perspektiven und Interpretationsansätze, Würzburg 2012, S. 141–149.

B 56) Ernst Cassirers ästhetischer Idealismus, in: T. Kubalica (Hg.), Bild, Abbild und Wahrheit. Von der Gegenwart des Neukantianismus, Würzburg 2013, S. 123–138. In: Provokationen (**A 12**), S. 215–240.

B 57) Geschichte und System im Marburger Neukantianismus, in: Ch. Krijnen, M. de Launay (Hgg.), Der Begriff der Geschichte im Marburger und Südwestdeutschen Neukantianismus und seine Aktualität, Würzburg 2013, S. 145–157. In: Provokationen (**A 12**), S. 241–258.

B 58) Unzeitgemäße Bemerkungen zu Franz Rosenzweigs Beitrag zum Universalienproblem, in: H. Wiedebach (Hg.), Die Denkfigur des Systems im Ausgang von Franz Rosenzweigs »Stern der Erlösung«, Berlin 2013, S. 89–107. In: Provokationen (**A 12**), S. 259–290.

B 59) Anerkennung: Ein Ausweg aus einer Verlegenheit? In: Ch. Krijnen (Ed.), Recognition – German Idealism as an Ongoing Challenge, Leiden-Boston 2013, S. 191–205.

B 60) Begriff und ‚Faktum' der Wissenschaft, in: Ch. Krijnen, K. W. Zeidler (Hgg.), Wissenschaftsphilosophie im Neukantianismus, Würzburg 2014, S. 85–111. In: Provokationen (**A 12**), S. 291–328.

B 61) Zur Biopolitik und bioethischen Bildung in Österreich, in: W. Schweidler, K. W. Zeidler (Hgg.), Bioethik und Bildung, St. Augustin 2014, S. 199–206.

B 62) Das unvollendete Projekt. Theorie der Kultur oder der Vernunft? In: Ch. Krijnen, M. Ferrari, P. Fiorato (Hgg.), Kulturphilosophie. Probleme und Perspektiven des Neukantianismus, Würzburg 2014, S. 187–206. In: Provokationen (**A 12**), S. 329–355.

B 63) Protestantismus der Vernunft. Zu Falk Wagners Theo-Logie, in: Chr. Danz, M. Murrmann-Kahl (Hgg.), Spekulative Theologie und gelebte Religion. Falk Wagner und die Diskurse der Moderne, Tübingen 2015, S. 213–226.

B 64) Idealizm a sceptyczyzm (Idealismus und Skeptizimus), in: Folia Philosophica 33, Katowice 2015, str. 13–27.

B 65) Herbartianismus – Rembold, von Thun und Hohenstein, Exner, Zimmermann, in: V. L. Waibel (Hg.), Umwege. Annäherungen an Immanuel Kant in Wien, in Österreich und in Osteuropa, Göttingen 2015, S. 39–47; 552f.

B 65a) Herbartianism – Rembold, von Thun und Hohenstein, Exner, Zimmermann, in: V. L. Waibel (Ed.), Detours. Approaches to Immanuel

Kant in Vienna, in Austria, and in Eastern Europe, Göttingen 2015, pp. 39–47; 532f.
B 66) Kantianismus im Wien des 20. Jahrhunderts, in: V. L. Waibel (Hg.), Umwege. Annäherungen an Immanuel Kant in Wien, in Österreich und in Osteuropa, Göttingen 2015, S. 474–484; 622–624.
B 66a) Kantianism in 20th Century Vienna, in: V. L. Waibel (Ed.), Detours. Approaches to Immanuel Kant in Vienna, in Austria, and in Eastern Europe, Göttingen 2015, pp. 458–468; 600–602.
B 67) Die Brentano-Schule in Wien und Graz, in: V. L. Waibel (Hg.), Umwege. Annäherungen an Immanuel Kant in Wien, in Österreich und in Osteuropa, Göttingen 2015, S. 509–515; 628–630.
B 67a) The Brentano-School in Vienna and Graz, in: V. L. Waibel (Ed.), Detours. Approaches to Immanuel Kant in Vienna, in Austria, and in Eastern Europe, Göttingen 2015, pp. 492–499; 607f.
B 68) Vernunft und Letztbegründung, in: K. W. Zeidler, Grundlegungen. Zur Theorie der Vernunft und Letztbegründung, Wien 2016 (**A 9**), S. 11–60.
B 69) Vom Objektiven Idealismus zur Hermeneutik: Trendelenburg und Dilthey, in: Chr. Damböck, H.-U. Lessing (Hgg.), Dilthey als Wissenschaftsphilosoph, Freiburg-München 2016, S. 143–155.
B 70) Elementarlehre oder Transzendentale Phänomenologie, in: K. W. Zeidler, Vermittlungen. Zum antiken und neueren Idealismus, Wien 2016 (**A 10**), S. 209–298.
B 71) Umstände, in: I. Gurschler, S. Panteliadou u. Chr. Schlembach (Hgg.), Sehen und Sagen. FS für Walter Seitter, Wien 2017, S. 240–245.
B 72) Zu den Wiener Anfängen Franz Fischers: Robert Reininger und Erich Heintel, in: Th. Altfelix, R. Aulke, H. Freter u. R. Semler (Hgg.), Sinnbildung als Bildungssinn (Jahrbuch der Franz-Fischer-Gesellschaft 2015), Berlin 2017, S. 15–32.
B 73) Scherz, Satire, Ironie und tiefere Bedeutung, in: H. M. Dober (Hg.), Religion und Humor, Göttingen 2017, S. 29–36.
B 74) Stufen der Apriorität oder apriorische Synthesis? In: Ch. Krijnen, K. W. Zeidler (Hgg.), Reflexion und konkrete Subjektivität. Beiträge zum 100. Geburtstag von Hans Wagner (1917–2000), Wien 2017 (**A 11**), S. 331–354.
B75) Nachtrag zur Metaphysischen Deduktion, in: K. W. Zeidler, Grundriß der transzendentalen Logik, 3. ergänzte Auflage, Wien 2017 (**A 3c**), S. 283–324.
B 76) Hermann Lotze – Ahnherr und Kritiker des Neukantianismus, in: J. Vollbrecht (Hg.), Denken im Zwiespalt. Zum 200. Geburtstag des Philosophen Rudolph Hermann Lotze, Bautzen 2017, S. 77–84.

B 77) Hönigswald und Reininger: Objektivation versus Explikation des Logos, in: Chr. Swertz et al. (Hgg.), Heimkehr des Logos. Beiträge anlässlich der 70. Wiederkehr des Todestages von Richard Hönigswald am 11. Juni 1947, Köln 2019, S. 41–60.

C) Lexikonartikel

C 1) Nicolai Hartmann, in: Deutsche Biographische Enzyklopädie, hgg. von Walther Killy und R. Vierhaus, Bd. 4, München 1996, S. 411f.

C2) Richard Hönigswald, in: Deutschsprachige Psychologinnen und Psychologen 1933–1945, hgg. von Uwe Wolfradt et al., Wiesbaden 2015, S. 196–198.

C3) Moritz Löwi, in: Deutschsprachige Psychologinnen und Psychologen 1933–1945, hgg. von Uwe Wolfradt et al., Wiesbaden 2015, S. 290.

D) Rezensionen

D 1) Laszlo Erdei, Das Urteil. Die dialektisch-logische Theorie des Urteils, Budapest 1981, in: Wiener Jahrbuch für Philosophie XV/1983, S. 281–282.

D 2) Winfried Franzen, Die Bedeutung von ‚wahr' und ‚Wahrheit'. Analysen zum Wahrheitsbegriff und zu einigen neueren Wahrheitstheorien, Freiburg-München 1982, in: Wiener Jahrbuch für Philosophie XV/1983, S. 283.

D 3) Malte Hossenfelder, Kants Konstitutionstheorie und die Transzendentale Deduktion, Berlin-New York 1978, in: Wiener Jahrbuch für Philosophie XV/1983, S. 288–289.

D 4) Gotthard Günther, Beiträge zur Grundlegung einer operationsfähigen Dialektik, 3 Bde., Hamburg 1976, 1979, 1980, in: Wiener Jahrbuch für Philosophie XV/1983, S. 289–293.

D 5) Alfred Racek, Philosophie der Grenze. Ein Entwurf, Wien-Freiburg-Basel 1983, in: Wiener Jahrbuch für Philosophie XVI/1984, S. 252–254.

D 6) Neue Literatur zu Kants praktischer Philosophie, in: Allgemeine Zeitschrift für Philosophie 16.2/1991, S. 65–76.

D 7) Gerhard Gotz, Letztbegründung und systematische Einheit. Kants Denken bis 1772, in: Philosophischer Literaturanzeiger 47/1994, S. 330–332.

D 8) Thomas Knoppe, Die theoretische Philosophie Ernst Cassirers. Zu den Grundlagen transzendentaler Wissenschafts- und Kulturtheorie, Hamburg 1992, in: Philosophischer Literaturanzeiger 48/1995, S. 134–136.

D 9) Neue Literatur zu Kants praktischer Philosophie, in: Allgemeine Zeitschrift für Philosophie 21.3/1996, S. 289–299.

D 10) Werner Flach, Grundzüge der Erkenntnislehre, Würzburg 1994, in: Wiener Jahrbuch für Philosophie XXVIII/1996, S. 187–194.

D 11) Friedrich Kuhn, Ein anderes Bild des Pragmatismus. Wahrscheinlichkeitstheorie und Begründung der Induktion als maßgebliche Einflußgrößen in den „Illustrations of the Logic of Science“ von Charles Sanders Peirce, Frankfurt/M 1996, in: Philosophischer Literaturanzeiger 51/1998, S. 25–27.

D 12) Peter Rohs, Feld-Zeit-Ich. Entwurf einer feldtheoretischen Transzendentalphilosophie, Frankfurt/M 1996, in: Philosophischer Literaturanzeiger 51/1998, S. 137–141.

D 13) The Reception of Kant's Critical Philosophy. Fichte, Schelling, & Hegel, ed. by Sally Sedgwick, Cambridge 2000, in: Internat. Jahrbuch des Deutschen Idealismus 1/2003, S. 279–282.

D 14) Ralf Elm (Hrsg.), Vernunft und Freiheit in der Kultur Europas. Ursprünge, Wandel, Herausforderungen, Freiburg-München 2006, in: Synthesis Philosophica 43/2007, S. 245–247.

D 15) Reinhold Breil, Die Grundlagen der Naturwissenschaft. Zu Begriff und Geschichte der Wissenschaftstheorie, Würzburg 2011, in: Philosophischer Literaturanzeiger 68/2015, S. 141–148.

D 16) Werner Flach, Kant zu Geschichte, Kultur und Recht, hrsg. von Wolfgang Bock, Berlin 2015, in: Zeitschrift für Rechtsphilosophie, Neue Folge 2/2018, S. 137–141.